W0254060

HANDBUCH DER HAUT- UND GESCHLECHTSKRANKHEITEN

J. JADASSOHN

ERGÄNZUNGSWERK

BEARBEITET VON

J. ALKIEWICZ · R. ANDRADE · R. D. AZULAY · H. J. BANDMANN · L. M. BECHELLI · M. BETETTO H. H. BIBERSTEIN · R. M. BOHNSTEDT · G. BONSE · S. BORELLI · W. BORN · O. BRAUN-FALCO W. BURCKHARDT · F. T. CALLOMON · C. CARRIÉ · H. CHIARI · G. B. COTTINI · R. DOEPFMER CHR. EBERHARTINGER · G. EHRMANN · F. FEGELER · E. FISCHER · G. FLADUNG · H. FLEISCHHACKER · H. GÄRTNER · O. GANS · M. GARZA TOBA · P. E. GEHRELS · H. GÖTZ · L. GOLDMAN H. GOLDSCHMIDT · K. GREGORZCYK · A. GREITHER · H. GRIMMER · P. GROSS · TH. GRÜNEBERG · J. HÄMEL · D. HARDER · W. HAUSER · E. HEINKE · H.-J. HEITE · S. HELLERSTRÖM A. HENSCHLER-GREIFELT · J. J. HERZBERG · H. HILMER · H. HOBITZ · H. HOFF · G. HOPF L. ILLIG · W. JADASSOHN · M. JÄNNER · R. KADEN · K. H. KÄRCHER · FR. KAIL · K. W. KALKOFF · W. D. KEIDEL · PH. KELLER · J. KIMMIG · G. KLINGMÜLLER · N. KLÜKEN · A. G. KOCHS · FR. KOGOJ · G. W. KORTING · E. KRÜGER-THIEMER · H. KUSKE . F. LATAPI H. LAUSECKER† · P. LAVALLE · A. LEINBROCK · K. LENNERT · G. LEONHARDI · W. F. LEVER P. G. LIEBALDT · W. LINDEMAYR · K. LINSER · H. LÖHE† · L. J. A. LOEWENTHAL · A. LUGER · E. MACHER · F. D. MALKINSON · J. T. McCARTHY · K. MEINICKE · W. MEISTERERNST · N. MELCZER · A. MEMMESHEIMER · J. MEYER-ROHN · G. MIESCHER† · P. MIESCHER · A. MUSGER · TH. NASEMANN . FR. NEUWALD · G. NIEBAUER · W. NIKOLOWSKI · F. NÖDL · R. ORTMANN B. OSTERTAG · R. PFISTER · K. PHILIPP · A. PILLAT · H. PINKUS · W. POHLIT · H. PORTUGAL · M. I. QUIROGA · W. RAAB · R. V. RAJAM · B. RAJEWSKY · J. RAMOS E SILVA · H. REICH · R. RICHTER G. RIEHL · H. RIETH · H. RÖCKL · ST. ROTHMAN · S. A. P. SAMPAIO · R. SANTLER · C. SCHIRREN C. G. SCHIRREN · H. SCHLIACK · W. SCHMIDT · R. SCHMITZ · W. SCHNEIDER · U. W. SCHNYDER · H. E. SCHREINER · H. SCHUERMANN · K.-H. SCHULZ · R. SCHUPPLI · J. SCHWARZ · H.-P.-R SEELIGER · H. W. SIEMENS · R. D. G. PH. SIMONS · J. SÖLTZ'SZÖTS · C. E. SONCK · H. W. SPIER R. SPITZER · D. STARCK · Z. STARY · G. K. STEIGLEDER · H. STORCK · G. STÜTTGEN · A. SZAKALL · J. TAPPEINER · J. THEUNE · W. THIES · J. VONKENNEL · F. WACHSMANN · G. WAGNER W. H. WAGNER · E. WALCH · R. WEHRMANN · K. WEINGARTEN · A. WIEDMANN · H. WILDE A. WINKLER · A. WISKEMANN · P. WODNIANSKY · KH. WOEBER · H. WÜST · K. WULF J. ZEITLHOFER · J. ZELGER · P. ZIERZ · M. ZINGSHEIM

HERAUSGEGEBEN GEMEINSAM MIT

O. GANS · H. A. GOTTRON · J. KIMMIG · G. MIESCHER† · H. SCHUERMANN
H. W. SPIER · A. WIEDMANN

VON

A. MARCHIONINI

FÜNFTER BAND · ERSTER TEIL

BANDTEIL B

SPRINGER-VERLAG BERLIN HEIDELBERG GMBH

1962

THERAPIE DER HAUT- UND GESCHLECHTSKRANKHEITEN

BEARBEITET VON

J. J. HERZBERG · H. HILMER · J. KIMMIG · E. KRÜGER-THIEMER
J. MEYER-ROHN · FR. NEUWALD · H. RIETH · C. SCHIRREN
H. E. SCHREINER · K.-H. SCHULZ · W. H. WAGNER
R. WEHRMANN · K. WULF

HERAUSGEGEBEN VON

J. KIMMIG

BANDTEIL B

MIT 66 ABBILDUNGEN

SPRINGER-VERLAG BERLIN HEIDELBERG GMBH

ISBN 978-3-642-94851-0 ISBN 978-3-642-94850-3 (eBook)
DOI 10.1007/978-3-642-94850-3

Originaaly published by Springer-Verlag OHG · Berlin · Göttingen · Heidelberg 1961
Softcover reprint of the hardcover 1st edition 1961

Inhaltsverzeichnis

Bandteil B

Arsenverbindungen

Von

Wolf-Helmut Wagner und **Hans Hilmer**-Frankfurt a. M.

Mit 1 Abbildung

A. Einleitung

Eine systematische Chemotherapie der Infektionskrankheiten im heutigen Sinne gibt es erst seit P. EHRLICH. Wohl waren, vor allem durch die Versuche UHLENHUTHs, Arsenverbindungen als wirksam gegen eine Reihe von Infektionserregern erkannt worden, aber erst durch EHRLICH wurden die bereits vorhandenen Erkenntnisse infolge einer besonders glücklichen Synthese von Medizin und Chemie derart gesammelt und erweitert, daß es gelang, mit dem Salvarsan eine neue Ära der Therapie zu eröffnen. Eine Übersicht über die weitere Entwicklung dieser Therapierichtung im Rahmen des vorliegenden Handbuchs zu geben erscheint daher berechtigt.

Aromatische Arsenverbindungen — vor allem die Monoarylarsenverbindungen — haben in der Therapie der Geschlechtskrankheiten größte Bedeutung erlangt und werden heute noch vielfach angewendet. Größere zusammenfassende Arbeiten über dieses Thema sind in den letzten 2 Jahrzehnten im deutschen Schrifttum nicht mehr erschienen; es soll daher die Aufgabe dieser Arbeit sein, die Fortschritte und neueren Erkenntnisse auf dem Arsengebiet etwa seit dem Erscheinen der letzten Auflage des vorliegenden Handbuchs zusammenfassend darzustellen[1].

Es ist nicht möglich, in diesem Rahmen alle Anwendungsgebiete von chemotherapeutischen Arsenverbindungen zu berühren; vielmehr wird auf die Verwendung aromatischer Arsenverbindungen bei solchen Erkrankungen, die nicht unbedingt zum Gebiet der Geschlechtskrankheiten gehören, nur insoweit eingegangen, als dies zur Abrundung der Darstellung zweckmäßig erscheint. Neben den Arbeiten im Zusammenhang mit der Suche nach neuen chemotherapeutisch wirksamen Arsenverbindungen und ihren praktischen Ergebnissen sollen auch die theoretischen Erkenntnisse über die Zusammenhänge von Konstitution und Wirkung sowie über den Wirkungsmechanismus berücksichtigt werden. Das vorliegende Kapitel behandelt in erster Linie die experimentelle Chemotherapie der Arsenverbindungen und nur in geringerem Grad die klinischen Anwendungen, die sich vor allem in dem entsprechenden Kapitel von EBERHARTINGER dieses Handbuches (Therapie der Syphilis mit Arsenverbindungen) dargestellt finden.

Außer der Übersicht über bereits publizierte Ergebnisse werden auch verschiedene noch nicht veröffentlichte Resultate mitgeteilt.

Der *Grundcharakter der Arsenwirkung* ist in geringem Maße schon in den einfachen anorganischen Arsenverbindungen vorhanden. Eine wesentliche Erhöhung

---

[1] Es sei auch in diesem Zusammenhang auf die entsprechenden Kapitel bzw. monographischen Abhandlungen über die Arsentherapie bei KOLLE und ZIELER (1924), FISCHL und SCHLOSSBERGER (1934), OESTERLIN (1939) und WAGNER-JAUREGG (1949) verwiesen.

der Heilwirkung des Arsens gelang aber erst durch seine chemische Bindung an aromatische Reste, vor allem an Monoarylverbindungen. Diese Körper mit ihren zahlreichen Möglichkeiten chemischer Nuancierung und verschiedenartiger Substitution am aromatischen Kern geben es dem Chemotherapeuten in die Hand, Verträglichkeit und Heilwirkung weitgehend zu variieren.

Die organischen Arsenikalien (H. SCHMIDT 1912; BERTHEIM 1913; MORGAN 1918; RAIZISS u. GAVRON 1923; GODDARD 1930; HOUBEN-WEYL im Druck) kommen in 4 Oxydations- bzw. Reduktionsstufen vor:

$$\underset{\text{I}}{R\text{—}As(=O)(OH)_2} \qquad \underset{\text{II}}{R\text{—}As{=}O} \qquad \underset{\text{III}}{R\text{—}As{=}As\text{—}R} \qquad \underset{\text{IV}}{R\text{—}AsH_2}$$

Wenn $R{=}C_6H_5$ ist, heißen die entsprechenden Körper:

I: Phenylarsonsäure[1], II: Phenylarsenoxyde; III: Arsenobenzole; IV: Phenylarsine.

Diese Verbindungen gehen durch Oxydation bzw. Reduktion leicht ineinander über. Die Oxydation erfolgt meist viel leichter als die Reduktion und tritt oft bei Gegenwart von Luftsauerstoff spontan ein.

Tabelle 1 gibt die allgemeinen Eigenschaften dieser Verbindungen in stark schematisierter Form wieder:

Tabelle 1. *Allgemeine Eigenschaften aromatischer Arsenverbindungen*

	I *Arsonsäuren* $R\text{—}As(=O)(OH)_2$	$\underset{H_2}{\overset{O}{\rightleftharpoons}}$ II *Arsenoxyde* $R\text{—}As{=}O$[1]	$\underset{H_2}{\overset{O}{\rightleftharpoons}}$ III *Arsenoverbindungen* $R\text{—}As{=}As\text{—}R$	$\underset{H_2}{\overset{O}{\rightleftharpoons}}$ IV *Arsine* $R\text{—}AsH_2$
Gegen Sauerstoff:	unempfindlich	wenig empfindlich	mäßig empfindlich	sehr empfindlich
Verträglichkeit	in hohen Dosen verträglich	nur in kleinen Dosen verträglich	in mittleren Dosen verträglich	—[2]
in vitro	nicht wirksam	sehr gut wirksam	wenig wirksam	—[3]
in vivo	in hohen Dosen wirksam	in kleinen Dosen wirksam	in mittleren Dosen wirksam	—[2]

[1] Sehr ähnliche Eigenschaften haben die Dithiolderivate der Phenylarsenoxyde.
[2] Tierversuche unsicher.
[3] In vitro wenig stabil, daher nicht nachprüfbar.

Die Überführung einer Reduktionsstufe in eine andere läßt sich in folgender Weise durchführen.

1. Schweflige Säure (besonders bei Gegenwart von HJ), Phosphortrichlorid, Phenylhydrazin, Schwefelwasserstoff und Sulfhydrylverbindungen reduzieren Stufe I zu Stufe II. Diese Reduktion geht unter gewissen Bedingungen auch im Organismus vor sich.
2. Natrium-dithionit, phosphorige und unterphosphorige Säure (+HJ), Zinnchlorür und Natriumamalgam reduzieren Stufe I und II zu III.
3. Zinkstaub in Salzsäure reduziert I, II und III direkt zu IV.
4. Umgekehrt geht Stufe IV schon beim Stehen an der Luft rasch in III über; die weitere Aufnahme von Sauerstoff zu Stufe II vollzieht sich merklich langsamer (rascher nur bei Anwesenheit eines Katalysators wie Eisen). Die Arsenoxyde sind schon ziemlich beständig. Durch stärkere Oxydationsmittel wie Wasserstoffsuperoxyd oder Halogene werden die Stufen II, III und IV in heftiger Reaktion zu Stufe I oxydiert.

[1] Verbindungen mit der Gruppe $\text{—}AsO_3H_2$ tragen nicht mehr die im Hauptwerk gebräuchliche Bezeichnung „Arsinsäure", sondern werden entsprechend der modernen Nomenklatur als „Arsonsäure" bezeichnet. Die Bezeichnung „Arsinsäure" ist nur mehr für sekundäre organische Arsenverbindungen üblich.

Die Neigung der aromatischen Arsenverbindungen, durch die Aufnahme von Sauerstoff in eine höhere Oxydationsstufe überzugehen, nimmt in der Reihenfolge von Stufe IV nach Stufe I ab. Die Leichtigkeit, mit der die Aufnahme bzw. die Abgabe des Sauerstoffs erfolgt, ist von größter Wichtigkeit für die Chemie wie für die Pharmakologie dieser Stoffe. Auf dieser Eigenschaft beruht überhaupt ihre chemotherapeutische Wirksamkeit.

B. Aromatische und heterocyclische Arsenoxyde

Die im Vergleich zu den entsprechenden Arsenobenzolen erhöhte Giftigkeit der Phenylarsenoxyde hatte EHRLICH seinerzeit veranlaßt, diese Verbindungen für den klinischen Gebrauch außer acht zu lassen; sie wird aber durch eine etwa in derselben Größenordnung erhöhte Wirksamkeit wieder wettgemacht. Es war schon lange bekannt, daß die Arsenoxyde die eigentlichen Träger der chemotherapeutischen Wirkung sind und im Organismus aus den Arsenobenzolen entstehen. Diese Erkenntnis hat sehr viel später die weitere Entwicklung dieser Therapieform — zuerst in den USA — in neue Bahnen gelenkt. Als Vorteil dieser Verbindungen ist die chemische Stabilität und vergleichsweise einfache Synthese anzusehen. Es erscheint sinnvoll, die Besprechung der Arsenverbindungen mit den Phenylarsenoxyden zu beginnen, da hier die Verhältnisse — vor allem in chemotherapeutischer Hinsicht — am übersichtlichsten sind.

I. Allgemeine Eigenschaften

Chemisch sind die aromatischen Arsenoxyde als die Anhydride der entsprechenden arsenigen Säure aufzufassen:

$$R\cdot As{=}O \rightleftharpoons R\cdot As\begin{matrix}\diagup OH\\ \diagdown OH\end{matrix}$$

Sie sind sehr giftige, in Wasser wenig lösliche Substanzen, deren Staub die Schleimhäute stark reizt. Sie haben sowohl saure als auch basische Eigenschaften und lösen sich daher in kaustischen Alkalien wie in Säuren unter Bildung von Salzen.

Die Alkalisalze leiten sich von der Hydratform ab. In Alkalicarbonaten und in Ammoniak sind die Arsenoxyde — außer den Nitrophenylarsenoxyden, die auch in Soda löslich sind — unlöslich und können aus ihren Alkalisalzlösungen durch Kohlensäure und Ammonchlorid gefällt werden.

Die Ester leiten sich ebenfalls von der Hydratform ab und werden durch Wasser hydrolysiert.

Phenyl-, Tolyl- und Anisylarsenoxyd sind in ihrer Hydratform unbeständig, außer als Salze und Ester. Von den substituierten Arylarsenoxyden ist ein Teil nur in der Anhydridform, ein anderer nur in der Hydratform, besonders diejenigen mit negativen Substituenten, beständig. Andere Arsenoxyde wie Acetylamino-, -oxy-, -amino-oxy- und Acetylaminooxyphenylarsenoxyd sind in der Oxyd- wie in der Hydratform bekannt. Die Entstehung verschiedener Hydratstufen des 3-Amino-4-oxy-phenylarsenoxyd ist eingehend von BANKS, CONTROULIS, WALKER und SULTZABERGER (1947) bearbeitet worden. Durch Reduktion der Arylarsenoxyde entstehen Arsenoverbindungen und Arsine, durch Oxydation Arsonsäuren. Halogen wird leicht angelagert unter Bildung von Verbindungen der fünfwertigen Redoxstufe I.

Mit Halogenalkylen oder Chloressigsäure entstehen Arsinsäuren, z.B.

$$R{-}As\begin{matrix}\diagup CH_2COONa\\ {=}O\\ \diagdown ONa\end{matrix}$$

In verschiedenen Lösungsmitteln sind die Arylarsenoxyde zu größeren Molekülverbänden assoziiert.

Die am meisten geübte und allgemein anwendbare Methode zur Herstellung organischer Arsenoxyde besteht in der Reduktion von Arylarsonsäuren mit Hilfe von schwefliger Säure bei

Gegenwart katalytischer Mengen von Jodwasserstoff. Bei dieser Reaktion wird die Reduktion urch den Jodwasserstoff eingeleitet und das hierbei gebildete Jod durch das SO_2 jeweils wieder zu Jodwasserstoff reduziert.

Wird die Reduktion in konzentrierten Halogenwasserstoffsäuren durchgeführt, so entstehen die entsprechenden Halogenarsine, in verdünnten Säuren, besonders in verdünnter H_2SO_4, dagegen das Oxyd.

Die Reduktion kann sowohl in wäßriger als auch in alkoholischer Lösung oder in Eisessig erfolgen.

Beim Erhitzen über den Schmelzpunkt oder auch beim Stehen der Lösung tritt eine Disproportionierungsreaktion ein (EHRLICH u. BERTHEIM 1910) nach folgendem Schema:

$$3\,R{-}As{=}O \rightarrow R_3{-}As + As_2O_3$$

$$2\,C_6H_5{-}AsO + H_2O \rightarrow (C_6H_5)_2As{-}OH + As\begin{matrix}\nearrow O\\ \searrow OH\end{matrix}$$

Dieser Abbau spielt sicher bei der Ausscheidung der Arsenikalien eine Rolle.

Wesentlich wichtiger als bei den Arsonsäuren sind bei den Arsenoxyden die Schwefelverbindungen, weil sie mit größter Wahrscheinlichkeit bei der chemotherapeutischen Wirkung sowie bei der Speicherung und Entgiftung der Arsenikalien im Organismus eine bedeutende Rolle spielen.

Die große Bedeutung, die den schwefelhaltigen Gruppierungen der Eiweißmolekel in den Geweben und Fermenten für das biologische Geschehen zukommt, sowie die große Reaktionsfähigkeit der Arsenikalien mit Sulfhydrylgruppen hat schon frühzeitig zu der Vermutung Anlaß gegeben, daß diese bei der Speicherung, Ausscheidung und Wirkung der Arsenverbindungen eine Rolle spielen, und bereits EHRLICH hat bei der Vorstellung seiner Arsenoceptoren in erster Linie an SH-Gruppen gedacht (EHRLICH 1909). Diese Vermutung war der Anlaß zu den zahlreichen Untersuchungen, die im Laufe der letzten Jahrzehnte über die chemischen und physiologischen Eigenschaften der Dithioarsenite unternommen wurden. Sie haben wesentlich zum Verständnis chemotherapeutischer Vorgänge beigetragen (s. hierzu und zu den folgenden Ausführungen auch S. 735).

Die beiden Reaktionen, die zur Bildung der Dithioarsinite führen, sowohl die Kondensation von Arsenoxyden mit Sulfhydrylverbindungen als auch die Reduktion der Arsonsäuren durch diese Verbindungen sind umkehrbar (GOUGH u. KING 1930; COHEN, KING u. STRANGEWAYS 1931[1, 2]):

$$R{-}As(OH)_2 + 2\,R'SH \underset{OH'}{\overset{H'}{\rightleftharpoons}} R{-}As(SR')_2 + H_2O$$

Die rückläufige Reaktion, d.h. die Hydrolyse der Arsen-Schwefelbindung geht in alkalischer Lösung schon bei Zimmertemperatur, wenn auch in bescheidenem Umfang, vor sich, was durch Auftreten der Nitroprussidnatriumreaktion angezeigt wird. Da diese Reaktion jedoch p_H-abhängig ist, kann sie zur quantitativen Verfolgung des Gleichgewichtes nicht benützt werden (KING 1931; BARBER 1931, 1932). Die Umkehrung der Reduktion von Arsonsäuren durch Sulfhydrylverbindungen (s. o.) kann ebenfalls experimentell verwirklicht werden (GOUGH u. KING 1930; COHEN, KING u. STRANGEWAYS 1931[1]):

$$R{-}As\begin{matrix}\nearrow OH\\ = O\\ \searrow OH\end{matrix} + 2\,R'SH \rightleftharpoons R{-}As(OH)_2 + R'{-}S{-}S{-}R' + H_2O$$

Alkylarsenoxyde werden durch Disulfide in alkalischer Lösung zu Arsonsäuren oxydiert. Die hierbei entstehende Thioverbindung kann durch die Nitroprussidreaktion nachgewiesen werden. Die Reaktionsgeschwindigkeit kann infolge der Änderung der spezifischen Drehung messend verfolgt werden, wenn eine optische aktive Disulfidverbindung, z.B. Cystin, als Oxydationsmittel verwendet wird (COHEN, KING u. STRANGEWAYS 1931[1]).

Ebenso reduzieren *Arsenobenzole* in alkalischer Lösung Cystin zu Cystein, wobei sie selbst zur Arsenoxydstufe oxydiert werden unter Bildung von Dithioarsiniten (GOUGH u. KING 1930):

$$R{-}As{=}As{-}R + 2\,R'{-}S{-}S{-}R' \rightarrow 2\,R{-}As(SR')_2$$

Die Kenntnis dieser Reaktionen macht es verständlich, daß im Organismus durch das Redoxsystem

$$R{-}S{-}S{-}R \rightleftharpoons 2\,R{-}SH \quad \text{(Cystin — Cystein)}$$

sowohl Arsonsäuren und Arsenoxyde reduziert, als auch Arsenoverbindungen zur Arsenoxydstufe oxydiert werden können und daß die Fixierung der Arsenoxyde vorzugsweise an bestimmten Zellsystemen erfolgt.

Das Ineinanderspiel der geschilderten Reaktionen wird wahrscheinlich durch „Thiolwanderungen“ ergänzt, die im Sinne des folgenden Schemas durch Massenwirkung ausgelöst werden:

$$R{-}As\begin{matrix} \diagup SR' \\ \diagdown SR' \end{matrix} + 2\,HS{-}R'' \rightleftharpoons R{-}As\begin{matrix} \diagup SR'' \\ \diagdown SR'' \end{matrix} + 2\,HS{-}R'$$

Die Thioarsenite sind im allgemeinen weniger giftig, aber auch weniger wirksam als die schwefelfreien Arsenoxyde. OECHSLIN konnte eine direkte Interferenz zwischen Arsen- und Merkaptoverbindungen nachweisen (vgl. EAGLE 1939[1]). Durch die Umsetzung mit Merkaptosäuren lassen sich die meist schwer löslichen Arsenoxyde in leicht lösliche Alkalisalze überführen.

Eine der wichtigsten Erkenntnisse, die EHRLICH zur Entdeckung des Salvarsan verhalfen, war das unterschiedliche chemotherapeutische Verhalten der Arylarsonsäuren und ihrer Reduktionsprodukte. Es bestanden dabei zum Teil erhebliche Unterschiede in der Verträglichkeit und der kurativen Wirkung; außerdem war die Wirkung vieler Verbindungen bei Trypanosen und Spirochätosen nicht gleichsinnig (EHRLICH u. HATA 1910).

Aus den Untersuchungen vieler arsenhaltiger Verbindungen aller 4 Redoxstufen ergab sich die eindeutige Feststellung, daß die Arsenoxyde im allgemeinen giftiger, aber gleichzeitig auch wirksamer sind als die entsprechenden Arsonsäuren oder Arsenobenzole.

In der Tabelle 2 kommt die Abhängigkeit der Verträglichkeit von der vorliegenden Redoxstufe deutlich zum Ausdruck. Wie aus Tabelle 3 zu ersehen ist,

Tabelle 2. *Größe der toxischen Dosis (dl_{90}) bei aromatischen Arsenverbindungen bei gleicher Substitution am Benzolkern und Variation der Redoxstufe (angegeben in mg/20 g Maus).* (Nach KOLLE u. ZIELER 1924)

R	$R{-}AsO_3HNa$	$R{-}As{=}O$	$R{-}As{=}As{-}R$
$-C_6H_4-NH_2$	5,0 mg	0,067 mg	0,166 mg
$-C_6H_4-OH$	13,3 mg	0,77 mg	1,0 mg
$-C_6H_3(NH_2)-OH$	25,0 mg	0,33 mg	3,33 mg

nimmt aber auch die Wirksamkeit, bei verschiedenen Infektionen bestimmt, entsprechend zu. Daß sich diese Beziehungen durchaus nicht immer gleichsinnig ändern, wurde bereits erwähnt.

Tabelle 3. *Vergleich der Wirksamkeit (dos. cur. minima) der 3 Redoxstufen bei verschiedenen Infektionen.* (Nach EHRLICH und HATA 1910)

	3-Amino-4-hydroxyphenylarsonsäure	3-Amino-4-hydroxyphenylarsenoxyd	3,3′-Diamino-4,4′-dihydroxyarsenobenzol
Europ. Recurrens, mg/20 g Maus subcutan . .	12,5—16,6	0,25	1,25
Hühnerspirillose, mg/kg Huhn intramuskulär .	—	1,5	3,5
Syphilis, mg/kg Kaninchen intravenös	—	3	10—15

Zwischen den Arylarsenoxyden und den entsprechenden Arylarsonsäuren bzw. Arsenobenzolen besteht eine Reihe wichtiger Unterschiede:

1. Die Wirkung der Arsenoxyde setzt sofort nach der Applikation voll ein, während sie bei den Arsenobenzolen erst nach einer gewissen Latenzzeit beginnt und langsam ansteigt.

2. Die Arsenoxyde sind befähigt, schon in großer Verdünnung Trypanosomen und Treponemen in vitro abzutöten. Die Arsenobenzole sind hierzu nur in größerer Konzentration und die Arylarsonsäuren überhaupt nicht imstande.

3. Einwirkung von Leberbrei sowie von Thiolverbindungen wie Thioglykolsäure oder Glutathion und ähnlichen Körpern auf Arsonsäuren in bestimmten Mengen führt zu einer Erhöhung der Toxicität und einer Vergrößerung und Beschleunigung der Wirkung. Arsenoxyde werden in dieser Weise nicht beeinflußt.

Das Redoxystem Arsonsäure—Arsenoxyd—Arsenobenzol ist außerordentlich beweglich:

$$R{-}As(OH)_2{=}O \rightleftarrows R{-}As{=}O \rightleftarrows R{-}As{=}As{-}R$$

Es gilt die allgemeine Annahme, daß die Wirkung der Arsenikalien im Organismus auf das Vorhandensein von Arsenoxyd zurückzuführen ist, d.h. daß der Organismus die Arsonsäuren zu Arsenobenzolen reduziert und diese zu Arsenoxyden oxydiert, also erst durch Reduktion-Oxydation die wirksame Form herstellt. Bei diesen Vorgängen sind natürlich noch andere Faktoren konstitutioneller und physikalisch-chemischer Natur im Hinblick auf Verteilung, Speicherung und Ausscheidung der Arsenoxyde wesentlich mitbeteiligt.

II. 3-Amino-4-hydroxy-phenylarsenoxyd

Erst relativ spät wurden Arsenoxyde in die Therapie der Syphilis eingeführt; lange Zeit hatte man sich fast ausschließlich mit den im allgemeinen besser verträglichen Arsenobenzolen abgegeben. TATUM (1935) und TATUM und COOPER (1934) wiesen aber mit Recht darauf hin, daß nicht die absolute Toxicität einer Verbindung ihren chemotherapeutischen Wert festlegt, sondern ihre therapeutische Breite, also das Verhältnis von Verträglichkeit und Wirksamkeit. TATUM und COOPER (1934) benützten zur Bestimmung dieses Wertes die dosis curativa minima und die dosis tolerata maxima, während jetzt hierfür zahlenmäßig exakter definierbare Angaben zur Verfügung stehen (dl_{50}, dc_{50}, dl_{5}, dc_{95}; WAGNER u. SCHULZ 1952; s. u.). Mapharsen (TATUM und COOPER 1932) wurde in diesem Zusammenhang näher untersucht (Mapharsen = *M*eta-*a*mino-*p*ara-*h*ydroxy-phenyl*arsen*-oxyd). Diese Autoren heben einige chemische und physikalische Vorteile dieser Substanz hervor: keine Ausfällung der Lösung bei Neutralisierung, gute Haltbarkeit bei Aufbewahrung in trockenen Ampullen, keine oder nur geringe Veränderung der toxikologischen Eigenschaften bei Zutritt kleiner Feuchtigkeitsmengen. O_2-Zufuhr zu Mapharsenlösungen bewirkt, etwa proportional zur Dauer der Belüftung, eine Reduktion der Toxicität im Gegensatz zu den Arsenobenzolen. Verträglichkeitsbestimmungen an Ratten, Kaninchen und Hunden sowie prophylaktische und therapeutische Versuche (Kaninchensyphilis) führten TATUM und COOPER (s. o.) zu der Ansicht, daß die therapeutische Breite von Mapharsen deutlich größer ist als die des entsprechenden Arsenobenzols; sie befürworteten daher die klinische Prüfung. Diese Behauptung blieb freilich nicht unwidersprochen. Bereits VOEGTLIN (1925) hatte, wie EHRLICH lange vor ihm (s. u.), unter der Annahme, daß aus Arsenobenzol in vivo Arsenoxyd entsteht, die therapeutische Anwendung dieser Substanzen diskutiert, ihrer geringen chemotherapeutischen Breite wegen jedoch abgelehnt. Während TATUM und COOPER (1934) den Chemotherapeutischen Index von Mapharsen mit 1,66 bestimmten gegenüber dem von Neoarsphenamine (Neosalvarsan) von 1,11 (experimentelle Kaninchensyphilis), kamen RAIZISS und SEVERAC (1935) zu wesentlich anderen Ergebnissen (0,92:5,0). GRUHZIT (1935) fand etwa gleiche Indices beider Substanzen. In Nachprüfung dieser widerspruchsvollen Befunde am Modell der Kaninchensyphilis ergab sich für PROBEY

(1947) ein wesentlich geringerer Chemotherapeutischer Index von Mapharsen gegenüber den gebräuchlichsten Arsenobenzolen mit einer geringen Sicherheitsquote.

3-Amino-4-hydroxy-phenylarsenoxyd wurde seit den Versuchen von TATUM und COOPER in größerem Umfang klinisch angewendet; bezüglich der klinischen Resultate s. EBERHARTINGER (dieses Handbuch, Ergänzungswerk Bd. VI/2).

III. Treponemicide Wirksamkeit in vitro und in vivo

1. Ein- und mehrfach substituierte Derivate des Phenylarsenoxyds

TATUM und COOPER (1934) hatten mit ihrer Arbeit über 3-Amino-4-hydroxy-phenylarsenoxyd das Interesse an den Arsenoxyden neu belebt; ihre Untersuchung war der Anstoß, sich experimentell und klinisch auch mit anderen Verbindungen dieses Typs zu beschäftigen.

Es erscheint in diesem Zusammenhang notwendig, etwas näher auf die *Methodik* der chemotherapeutischen Prüfung einzugehen. Seit EHRLICH werden zur Prüfung von Arsenverbindungen neben Treponema pallidum — meist im Kaninchenversuch — verschiedene Trypanosomenarten herangezogen. Der Vorteil dieser Prüfmethodik liegt nicht zuletzt darin, daß kleine Nagetiere wie Mäuse und Ratten hierbei verwendet werden können. Wertvolle Hinweise auf Wirkungsstärke, Wirkungsmechanismus, chemotherapeutische Breite, Resistenzverhältnisse und andere Faktoren wurden am Trypanosomenmodell erarbeitet; für die Therapie der Syphilis und auch der Frambösie ist aber in erster Linie der Treponemenversuch maßgebend, da Trypanosomen- und Treponemenwirksamkeit durchaus nicht immer parallel gehen. Hier hat EAGLE (1940) eine Methodik ausgearbeitet, die in vitro relativ einfach eine chemotherapeutische Auslese gestattet. Es handelt sich dabei um die Feststellung der immobilisierenden Wirkung eines Präparates als Vorstufe für die Abtötung der Treponemen. Benützt wird eine in O_2-armer Atmosphäre gehaltene Treponemensuspension, die durch geeignete Aufbereitung von Kaninchenschankern hergestellt wird. Die Wirksamkeit der geprüften Verbindungen wird nicht absolut ermittelt, sondern als Prozentsatz der Wirkung einer jedesmal mitgeführten Standardsubstanz. Die Wahl dieses Standards, nämlich des unsubstituierten Phenylarsenoxyds, muß aus methodischen Gründen als besonders glücklich angesehen werden. Es handelt sich dabei um eine Verbindung, die eine sehr starke treponemicide und trypanocide Wirkung aufweist, deren große Giftigkeit aber eine praktische Anwendung nicht erlaubt. Sie wirkt jedoch, wie noch weiter unten ausgeführt wird, auf normal empfindliche und „arsenresistente“ Stämme gleich stark ein.

Mit Hilfe der oben beschriebenen Methodik und dem in Ergänzung hinzugezogenen klassischen Kaninchenversuch haben EAGLE u. Mitarb. eine größere Reihe von mono- und disubstituierten Phenylarsenoxyden untersucht (EAGLE, DOAK, HOGAN u. STEINMAN 1940; EAGLE, HOGAN, DOAK u. STEINMAN 1940, 1942, 1943, 1944; EAGLE u. DOAK 1951; DOAK, STEINMAN u. EAGLE 1940, 1941, 1944; DOAK, EAGLE u. STEINMAN 1940[1, 2]). Die Tabellen 4—6 zeigen das Verhalten einiger einfach substituierter Verbindungen in vitro. Sehr viele dieser Verbindungen wurden von verschiedenen Autoren auf ihre Wirkung gegenüber anderen Erregern (vor allem Trypanosomen, aber auch Amöben, Filarien u. a. Protozoen und Helminthen) mit teilweise sehr interessanten Ergebnissen geprüft, doch sind in diesem Zusammenhang nur die treponemiciden Eigenschaften berücksichtigt. Die in Tabelle 4 und 5 aufgeführten monosubstituierten Phenylarsenoxyde lassen folgende Zusammenhänge zwischen Konstitution und Wirksamkeit erkennen (s. dazu auch EAGLE u. DOAK 1951):

Bei den *nicht sauer substituierten Verbindungen* sind folgende Substituenten ohne wesentlichen Einfluß auf Toxicität und Wirksamkeit: $—NO_2$, $—CH_3$, —Cl, $—NH_2$, —OH und —F (in Tabelle 4 und 5 nicht aufgeführt). Auch ist die Stellung dieser Substituenten am Ring ohne besondere Bedeutung. $—RNH_2$, —ROH, $—NHCOCH_3$, $—R—NHCOCH_3$ und $—OCOCH_3$ verbessern den Quotienten $\frac{\text{in vitro-Wirksamkeit}}{\text{relative Mäusetoxicität}}$ bzw. den Chemotherapeutischen Index.

Tabelle 4. *Relative treponemicide Wirksamkeit verschieden monosubstituierter Phenylarsenoxyde.* (Nach EAGLE, DOAK, HOGAN u. STEINMAN 1940)

Verbindung	Relative treponemicide Wirksamkeit in vitro je g Verbindung; bezogen auf $C_6H_5AsO = 100$	Relative treponemicide Wirksamkeit in vitro je g As; bezogen auf $C_6H_5AsO = 100$
C_6H_5AsO (Phenylarsenoxyd)	100	100
3-Amino-4-hydoxy-phenyl-arsenoxyd-hydrochlorid · $^1/_2$ C_2H_5OH	27,4[1] ± 0,83[2]	42,2[1] ± 1,3[2]
Substituenten am Phenylarsenoxyd-Molekül:		
o-OH	77 ± 4,0	84 ± 4,4
m-OH · 2 H_2O	60 ± 3,5	78,6 ± 4,8
p-OH · 2 H_2O	60 ± 3,8	72 ± 4,5
p-$OCOCH_3$	48,6 ± 2,8	65,5 ± 3,8
p-OCH_2CH_2OH	20,9 ± 2,8	28,4 ± 3,0
p-OCH_3	107 ± 2,85	127 ± 3,4
p-$C(CH_3)=NOH$	42,9 ± 3,5	57,2 ± 4,7
o-NH_2	81 ± 2,5	88 ± 2,7
m-NH_2	95 ± 4,24	104 ± 4,6
m-$NHCOCH_3$ · H_2O	28,6 ± 1,4	41,5 ± 1,6
p-NH_2 · 2 H_2O	64 ± 4,1	83 ± 5,2
p-$NHCOCH_3$	42 ± 2,54	56,7 ± 3,4
p-$N(CH_3)_2$	46,8 ± 4,5	59,0 ± 5,6
p-$NHCOC_6H_4NH_2$	23,5 ± 2,9	42,3 ± 5,1
p-$NHCOC_6H_4$ · $NHCOCH_3$	15,6 ± 0,45	32,0 ± 0,9
p-CH_2NH_2	28,8 ± 1,4	33,7 ± 1,6
p-$CH_2NHCOCH_3$	14,9 ± 0,7	21,2 ± 0,9
p-C_2H_4OH	49,4 ± 3,6	78,5 ± 5,7
o-Cl	69 ± 4,9	83 ± 5,9
m-Cl	91 ± 3,2	110 ± 3,8
p-Cl	70 ± 6,9	85 ± 8,36
o-CH_3	78 ± 3,4	84 ± 3,7
m-CH_3	90 ± 4,0	97 ± 4,4
p-CH_3	94 ± 4,3	102 ± 4,7
o-NO_2	28,7 ± 1,0	36,3 ± 1,3
m-NO_2	70 ± 3,8	89 ± 4,8
p-NO_2	116 ± 3,7	147 ± 4,7

[1] Mittelwert aus mehreren Bestimmungen.
[2] Mittlerer Fehler des Mittelwertes.

Die Einführung eines *sauren Substituenten* setzt zwar die Toxicität des Moleküls herab, aber auch die treponemicide Wirksamkeit (s. Tabelle 6). Ausnahmen bilden hier Phenylbuttersäure-4-arsenoxyd, Phenylvaleriansäure-4-arsenoxyd sowie Phenylcapronsäure-4-arsenoxyd, von denen die beiden ersten gegen Trypanosomen eine starke Wirkung entfalten (s. o.), aber gegen Treponemen keine Aktivität aufweisen, während bei der letzten Verbindung die Verhältnisse umgekehrt liegen. Diese Verbindung scheint aber therapeutisch nicht verwendet worden zu sein.

Die Wirkungsbedingungen sauer substituierter Phenylarsenoxyde wurden von EAGLE, HOGAN, DOAK und STEINMAN (1940) sowie EAGLE (1945) genauer untersucht. Es zeigte sich, daß die direkte Erregerwirkung vom Dissoziationsgrad der Verbindung abhängig ist. Variationen des p_H im Testmedium und damit eine Verschiebung im Verhältnis dissoziierter: nichtdissoziierter Verbindung ergaben nämlich, daß die Wirkung bei fallendem p_H, also bei Zunahme des nichtdissoziierten Anteils der Verbindung, stärker wird; dies gilt, soweit untersucht, für

Tabelle 5. *Treponemicide Wirksamkeit und Verträglichkeit monosubstituierter Phenylarsenoxyde.* (Nach EAGLE, DOAK, HOGAN u. STEINMAN 1940)

Verbindung	Index: In vitro-Wirksamkeit[1] / relative Mäusetoxicität	Chemotherapeutischer Index[2]
C_6H_5AsO (Phenylarsenoxyd)	1	<1
3-Amino-4-hydroxy-phenylarsenoxyd-hydrochlorid · $^1/_2$ C_2H_5OH	6,0	7,3
Substituenten am Phenylarsenoxyd-Molekül:		
o-OH	0,99	—[3]
m-OH · 2 H_2O	1,61	—
p-OH · H_2O	1,47	1,3
p-$OCOCH_3$	1,49	—
p-OCH_2CH_2OH	0,63	—
p-OCH_3	1,08	—
p-C(CH_3)=NOH	0,74	—
o-NH_2	1,05	<1
m-NH_2	1,31	—
m-$NHCOCH_3$ · H_2O	2,18	—
p-NH_2 · 2 H_2O	1,46	—
p-$NHCOCH_3$	2,76	3,1
p-N(CH_3)$_2$	0,69	—
p-$NHCOC_6H_4NH_2$	1,72	—
p-$NHCOC_6H_4NHCOCH_3$	4,0	—
p-CH_2NH_2	2,55	—
p-$CH_2NHCOCH_3$	2,91	—
p-C_2H_4OH	1,52	—
o-Cl	1,08	<1
m-Cl	1,01	—
p-Cl	0,86	—
o-CH_3	0,95	—
m-CH_3	0,98	<1
p-CH_3	0,83	—
o-NO_2	1,03	—
m-NO_2	1,11	—
p-NO_2	1,23	—

[1] $\frac{\text{relative treponemicide Wirksamkeit in vitro}}{\text{relative Verträglichkeit bei Albinomäusen}}$, bezogen auf Phenylarsenoxyd = 1.

[2] $\frac{\text{dosis letalis 50\% (dl}_{50}\text{) bei Kaninchen}}{\text{dosis curativa 50\% (dc}_{50}\text{) bei Kaninchen}}$. Als Maß für die Heilung zur Bestimmung der dc_{50} diente der Ausfall von Popliteallymphknotenübertragungen auf frische Tiere.

[3] Bestimmung nicht durchgeführt.

Treponemen und Trypanosomen. Wird die Säurefunktion durch Ester- oder Amidbildung blockiert, verschwindet die Abhängigkeit der Wirkung von der H˙-Konzentration des umgebenden Milieus. Die Autoren nehmen an, daß der dissoziierte Anteil der sauren Phenylarsenoxyde durch die Zellwand des Erregers in geringerem Ausmaß permeiert als der nichtdissoziierte Anteil. Der pK-Wert der betreffenden Verbindung, wie in Tabelle 6 aufgeführt, der ja um so höher ist, je kleiner die Dissoziationskonstante und je größer der nichtdissoziierte Anteil, steht im allgemeinen in guter Übereinstimmung mit dem Hemmwert. Ähnliche Verhältnisse bei anderen Säuren (Salicyl-, Benzoe-, Butter-, Capron- und neuerdings auch Sorbinsäure) wurden schon von anderen Autoren beobachtet (VERMAST 1921; LABES 1922; WAGNER 1947 sowie NOMOTO u. NARAHASHI 1957),

Tabelle 6. *Relative treponemicide Wirksamkeit sauer substituierter Phenylarsenoxyde.* (Nach EAGLE 1945)

Verbindung	Relative molare treponemicide Wirksamkeit in vitro[1]	pK
C_6H_5AsO (Phenylarsenoxyd)	100	—
Substituenten am Phenylarsenoxyd-Molekül:		
o-COOH—	28	5,55
m-COOH—	13	4,25
p-COOH—	6,7	4,0
o-SO_3H—	1,5	—
p-SO_3H—	3,3	2,0
p-CH_2COOH.	4,2	4,35
p-$(CH_2)_2COOH$—	4,1	4,7
p-$(CH_2)_5$-COOH—	22	5,35
m-CH=CHCOOH—	3,9	—
p-CH=CHCOOH	17	—
p-OCH_2COOH—	5,2	3,3
p-CHOHCOOH—	2,8	—
p-NHCO$(CH_2)_2$COOH— . . .	6,4	4,75
p-$CONHCH_2COOH$—	0,7	—
3-NO_2-4-COOH—	18	2,6
3-NO_2-4-SO_3H	3,5	—
2-COOH-4-$CONH_2$	2,6	—
3-NH_2-4-COOH—	20	4,7

[1] In vitro festgestellte Wirksamkeit, bezogen auf Phenylarsenoxyd = 100.

denen die höhere Wirksamkeit der betreffenden Säure im Vergleich zur dissozierten Form bei der Prüfung der antibakteriellen Wirkung aufgefallen war.

Sicherlich spielen in diesem Zusammenhang die Ladungsverhältnisse der in Frage kommenden Verbindungen und der Erregeroberfläche, auf die bei Besprechung des Wirkungsmechanismus noch einzugehen sein wird, eine Rolle; EAGLE (1945) betont aber, unseres Erachtens zu Recht, daß es sich bei diesen komplexen Verhältnissen nicht um den einzigen verantwortlichen Faktor handelt.

Die *Einführung von Säureamiden als jeweils einzige Substituenten* führt bei den meisten Substanzen zu einer ausgeprägten Senkung von Wirksamkeit und Toxicität, wie aus Tabelle 7 hervorgeht (EAGLE, HOGAN, DOAK u. STEINMAN 1943, 1944; EAGLE u. DOAK 1951). Bei diesen Substanzen wird aber im allgemeinen die Toxicität stärker reduziert als die Wirksamkeit, so daß der Wirksamkeit-Toxicitäts-Quotient gegenüber dem nicht substituierten Phenylarsenoxyd zum Teil ganz erheblich verbessert wird. Ob es sich um Amide der Sulfo- oder Benzoesäure handelt, ist ziemlich gleichgültig; ebenfalls spielt die Stellung am Ring keine besondere Rolle. Für den günstigen Effekt ist die freie Aminogruppe Voraussetzung; Substitution mit Methyl- oder Äthylgruppen verstärkt die Toxicität in höherem Maße als die Aktivität und verschlechtert daher den Quotienten.

Die *Veresterung* der sauren Substituenten hat dagegen nach den genannten Autoren eine ungünstige Wirkung, so daß kein besserer Index resultiert als bei den Ausgangssubstanzen; ein großer Teil dieser Präparate hydrolysiert zudem in wäßriger Lösung.

Die Analyse der einfach substituierten Verbindungen läßt eine gewisse Gesetzmäßigkeit erkennen, die aber auch durchbrochen werden kann, wie vor allem die

Tabelle 7. *Treponemicide Wirksamkeit und Verträglichkeit von Phenylarsenoxyden mit Säureamidsubstituenten.* (In Anlehnung an EAGLE u. DOAK 1951)

Verbindung	Relative treponemicide Wirksamkeit in vitro	Relative Toxicität bei der weißen Maus	Relative in vitro-Wirksamkeit / relative Mäusetoxicität
C_6H_5AsO (Phenylarsenoxyd) . .	100	100	1,00
Substituenten am Phenylarsenoxyd-Molekül:			
m-$CONH_2$	41	9,8	4,18
p-$CONH_2$	45	9,6	4,68
p-$CH{=}CHCONH_2$	42	9,7	4,38
p-CH_2CONH_2	20	8,6	2,32
p-$(CH_2)_3CONH_2$	33	13,5	2,44
p-$CONHCONH_2$	34	6,4	5,31
p-$CONHCH_2CONH_2$ . . .	24	3,86	6,21
p-$CONHCH_2CH_2CONH_2$ . .	13	3,2	4,06
p-$CH_2CONHCH_2CONH_2$ . .	11	3,4	3,23
p-OCH_2CONH_2	52	9,0	5,77
p-$NHCONH_2$	38	8,1	4,69
p-$NHCH_2CONH_2$	22	4,5	4,88
p-$NHCO(CH_2)_2CONH_2$ . .	25	9,0	2,77
m-SO_2NH_2	21	6,1	3,44
p-SO_2NH_2	29	4,8	6,04
p-$SO_2NHCH \cdot CONH_2$ . . .	17	3,5	4,85

sauer substituierten Körper erkennen lassen. Dabei ist die Länge der Seitenkette von viel geringerem Einfluß als das Endglied der Kette, das meist für die Gesamtwirkung entscheidend ist, worauf vor allem EAGLE und DOAK (1951) hinweisen.

EAGLE, HOGAN, DOAK und STEINMAN (1942) untersuchten eine Reihe *zweifach substituierter Phenylarsenoxyde* (s. Tabelle 8). Wie schwer dabei Voraussagen bezüglich des therapeutischen Wertes möglich sind, zeigt das Beispiel der verschiedenen Aminophenole. Von den 10 möglichen Isomeren wurden 6 synthetisiert. Während die Reagensglaswirkung dieser Körper nur wenig differiert, verhalten sich die Toxicitäten der beiden Extremen wie etwa 1:11. Dementsprechend sind auch die Wirksamkeit-Toxicitäts-Indices stark verschieden; das Optimum (5,5) liegt bei der 3-NH_2-4-OH-Substitution, während der schlechteste Quotient (0,54) bei der 2-OH-3-NH_2-Substitution sich ergibt. Keine der übrigen in Tabelle 8 aufgeführten Substitutionen übertrifft die o-Aminophenolkonfiguration mit der OH-Gruppe in p-Stellung zur Arsenoxydgruppe.

Von anderen Autoren wurde sodann die Einwirkung von Thioarseniten auf Treponema pallidum untersucht, nachdem sich BARBER (1929), COHEN, KING und STRANGEWAYS (1931[1]) sowie STRANGEWAYS (1937) bereits mit Konstitution und trypanocider Wirksamkeit dieser Körper beschäftigt hatten. Der große Vorteil der Thioarsenite liegt in ihrer gegenüber den Ausgangssubstanzen meist wesentlich besseren Wasserlöslichkeit. Dabei ist bezüglich des Wirkungsmechanismus nicht völlig klar, ob Wirksamkeit und Toxicität der Thioarsenite nur auf dem Ausmaß beruht, in dem sie zu den entsprechenden Arsenoxyden hydrolysiert werden (s. dazu auch EAGLE u. DOAK 1951; STRANGEWAYS 1937; GOUGH u. KING 1930). Im allgemeinen sind die Thioarsenite weniger toxisch, aber auch weniger wirksam als die Ausgangssubstanzen, wie Tabelle 9 nach Versuchen von EAGLE und DOAK (1951) zeigt. Ein wirklicher Vorteil ergibt sich nicht, wie aus dem Vergleich der Ch. I.-Werte hervorgeht. Die Tabellen 10 und 11 bringen Übersichten über eine Reihe noch nicht veröffentlichter Thioarsenite, die aber ebenfalls keine Verbesserung darstellen. Bezüglich der in Tabelle 10 und 11 mitgeteilten Indexwerte

Tabelle 8. *Treponemicide Wirksamkeit und Verträglichkeit disubstituierter Phenylarsenoxyde.* (Nach EAGLE, HOGAN, DOAK u. STEINMAN 1942)

Verbindung	Relative molare treponemicide Wirksamkeit in vitro[1]	Relative molare Toxicität[2]	In vitro-Wirksamkeit[3] / relative Mäusetoxicität
C_6H_5AsO (Phenylarsenoxyd)	100	100	1,0
3-Amino-4-hydroxyphenylarsenoxyd-hydrochlorid · $^1/_2$ C_2H_5OH	38,2 ± 1,3	6,94	5,5
Substituenten am Phenylarsenoxyd-Molekül:			
2,6-di-CH_3	50,1 ± 4,7	71,7	0,70
3-NO_2-4-Cl · H_2O	107 ± 6,1	100	1,07
2-Cl-4-Cl	100 ± 7,4	169	0,59
3-NO_2-4-OCH_3	71,1 ± 3,4	85	0,84
3-NO_2-4-COOH · H_2O	17,6 ± 1,3	26,5	0,66
3-NO_2-4-SO_3Na · H_2O	3,47 ± 0,16	6,2	0,56
3-NH_2-4-Cl	98,7 ± 2,9	93,5	1,06
3-NH_2-4-OCH_3	97,1 ± 4,8	104	0,93
3-$N(CH_3)_2$-4-OH	57,2 ± (angenähert)	75	0,77
3-NO_2-4-OH · H_2O	64,2 ± 4,2	87	0,74
3-Cl-4-OH	50,2 ± 4,8	91,5	0,55
3-NH_2-4-COOH	20,1 ± 0,45	15,1	1,33
3-$NHCOCH_3$-4-OH · 2 H_2O . .	24,1 ± 2,1	12,5	1,93
3,4-di-$NHCOCH_3$	7,95 ± 0,5	5,8	1,37
3-NH_2-4-C_2H_4OH	70,0 ± 3,5	44,1	1,59
3-NH_2-4-$CONH_2$	27,7 ± 0,8	5,55	5,0
3-OH-4-$CONH_2$	44,7 ± 3,7	19	2,35
3-OH-4-NH_2 · HCl · 2 H_2O . . .	40,2 ± 2,3	10,5	3,88
2-NH_2 · HCl-3-OH · 3 H_2O . . .	34 ± 1,6	10,4	3,27
2-OH-5-NH_2	39 ± 1,5	21,5	1,81
3-OH-5-NH_2 · 3 H_2O	57,4 ± 4,2	74,1	0,78
2-OH-3-NH_2	42,8 ± 2,2	78,9	0,54
3,4-di-NH_2 · HCl · 3 H_2O	53 ± 2,9	15,1	3,5
3,4-di-OH · H_2O	65,7 ± 2,2	112	0,59
3-NH_2 · HCl-4-OH-5-$NHCOCH_3$	9,2 ± 0,8	7,54	1,23
3,5-di-NH_2 · HCl-4-OH	10,0 ± 1,0	3,72	2,7

[1] Mittelwert aus mehreren Bestimmungen mit Angabe des mittleren Fehlers. In vitro festgestellte Wirksamkeit bezogen auf Phenylarsenoxyd = 100.
[2] dl_{50} bei der Albinomaus; relative molare Toxicität bezogen auf Phenylarsenoxyd ≙ 100.
[3] Quotient aus [1] und [2].

Tabelle 9. *Relative Toxicität und Wirksamkeit von Thioarseniten und den entsprechenden Phenylarsenoxyden bei der experimentellen Kaninchensyphilis.* (Gekürzt nach EAGLE u. DOAK 1951. Es handelt sich bei den Thioarseniten um die Dicysteinylverbindungen)

	Therapeutischer Index $\frac{dl_{50}}{dc_{50}}$	
	—AsO	—$As(SR)_2$
p-OCH_2CONH_2	$\frac{10,5}{3,8} = 2,8$	$\frac{15—20}{4—6} = 3—4$
p-$NHCONH_2$	$\frac{11,7}{4,6} = 2,5$	$\frac{35}{10} = 3,5$
p-SO_2NH_2	$\frac{16,1}{6,0} = 2,7$	$\frac{30*}{15*} = 2*$
3-NH_2-4-OH	$\frac{13,0}{3,0} = 3,4$	$\frac{30}{8} = 3,8$

* Näherungswert

Tabelle 10. *Treponemicide Wirksamkeit in vivo (Kaninchen) und Verträglichkeit von Phenyl-bis-(carboxymethylmercapto)-arsenit und Derivaten.* (Versuche von R. SCHNITZER und R. FUSSGÄNGER, Chemotherapeutisches Institut der Farbwerke Hoechst AG.)

Verbindung	d. t. max.[1] (mg/kg)	dos. cur.[2] (mg/kg)	Ch. I.[3]
Phenyl-bis-(carboxymethylmercapto)-arsenit C_6H_5—As—$(S—CH_2COONa)_2$ = I	2,5	0	Ø
Substituenten an I:			
m-NH_2—, p-OH Ca-Salz	10	0,25	40
p-OH	5	$>2{,}5$	<2
p-CH_3—	2,5	2,5	1
p-Cl—	2,5	—	—
p-NO_2	2,5	—	—
p-NH · CO · NH · C_2H_4 · OH ···	15	0	Ø
p-NH · CH_2 · COOH ···	10	0	Ø
p-NH · CH_2 · $CONH_2$ ···	25	10	2,5
p-NH · CO · NH_2	10	0	Ø
p-CH_2 · NH · CO · NH_2	5	2,5	2
m-NH_2-p-OCH_2—CH_2—COOH	10	>5	<2
m-NH · CO · C_2H_4 · N<(CH_2—CH_2)(CH_2—CH_2) (Ring), p-OH	0,4—1,0[4]	—	—
m-$NHCOCH_3$···, p-OH	5	5	1
p-NH · OC · CH_2 · OH	0,4—1,0[4]	—	—
m-NH_2—, p-Cl	2,5	$>2{,}5$	<1
m-NO_2—, p-Cl	2,5	0	Ø
m-Cl—, p-OCH_3	2,5	0	Ø
m-Cl—, p-OH	2,5	1	2,5
m-Cl, p-Cl	2,5	0	Ø
m-NO_2, p-NH_2	2,5	2,5	1
m-CF_3, -6-CF_3	2,5	0	Ø
p-NH · CO · CH_3—, o-OCH_2 · COO Na-Salz	10	0	Ø
p-NH · CO · CH_3—, o-OCH_2 · COOH	10	0	Ø
m-CF_3, -6-SO_2 · C_2H_5	5	0	Ø
m-NH · CO · CH_2 · Cl_2···, p-OH ···	10	5	2

[1] Dosis tolerata maxima; am Kaninchen nach einmaliger Gabe festgestellt. Entspricht etwa der dl_5 anderer Autoren.

[2] Dosis curativa minima; am Kaninchen ermittelt als geringste heilende Dosis; Ergebnis durch Überimpfung der Popliteallymphknoten auf je ein weiteres Kaninchen gesichert.

[3] Chemotherapeutischer Index $= \frac{\text{dos. tol. max.}}{\text{dos. cur. min.}}$.

[4] Pro 20 g Maus.

muß berücksichtigt werden, daß diese Zahlen mit einer anderen Technik gewonnen wurden und daher mit den Werten der Tabellen 4—9 nicht ohne weiteres zu vergleichen sind.

Zahlreiche Untersucher haben Wirksamkeit und Toxicität aromatischer Arsenverbindungen in Korrelation gesetzt zum Arsenbindungsvermögen von Erreger- und Körperzelle. Es ist schon lange bekannt, daß Treponemen und Trypanosomen Arsen aufnehmen; die Trypanosomen um so mehr, je empfindlicher sie sind (s. o.). Von besonderer Bedeutung für Wirksamkeit und Toxicität eines Arsenoxyds ist aber die Menge des durch Erreger- und Körperzelle aufgenommenen Arsens. So konnte THURET (1938) als erster zeigen, daß nur die hochwirksamen Arsenoxyde, nicht aber die verhältnismäßig unwirksamen Arsonsäuren von Erythrocytensuspensionen gebunden werden. Nach Arbeiten von

Tabelle 11. *Treponemicide Wirksamkeit und Verträglichkeit von Phenyl-dimercapto-propionsäure-arsenit und Derivaten.* (Versuche von R. SCHNITZER und R. FUSSGÄNGER, Chemotherapeutisches Institut der Farbwerke Hoechst AG.)

Verbindung	d. t. max.[1] (mg/kg)	dos. cur.[2] (mg/kg)	Ch. I.[3]
Phenyl-dimercapto-propionsäurearsenit-Na			
C_6H_5–As$<$(S–CH_2, S–CH_2–COONa) = I			
Substituenten zu I:			
3-NH_2, 4-OH	100	10	10
4-NH · CO · NH_2	25	10	2,5
4-NH · CO · NH · C_2H_5	350[4]	0	∅
3-NH · CO · CH_3, 4-OH	200[4]	0	∅
3-NO_2, 4-Cl	5	>5	~ 1

[1] Dosis tolerata maxima; am Kaninchen nach einmaliger Gabe festgestellt. Entspricht etwa der dl_5 anderer Autoren.

[2] Dosis curativa minima; am Kaninchen ermittelt als geringste heilende Dosis; Ergebnis durch Überimpfung der Popliteallymphknoten auf je ein weiteres Kaninchen gesichert.

[3] Chemotherapeutischer Index $= \frac{\text{dos. tol. max.}}{\text{dos. cur. min.}}$.

[4] Bei der Maus ermittelt.

HOGAN und EAGLE (1944) besteht eine direkte Beziehung zwischen Absorption von Arsen in vitro durch rote Blutkörperchen und Allgemeintoxicität der gleichen Arsenoxyde. Eine ähnliche Beziehung fanden diese Autoren für die Bindung von Arsen an die Erythrocyten des Kreislaufs und die Toxicität von Arsenoxyd nach intravenöser Injektion. Die Größe der an Erythrocyten und Leber- und Nierengewebe gebundenen Arsenmenge geht der Allgemeintoxicität parallel. So betrug z.B. der Quotient $\frac{\text{Konzentration As in Erythrocyten}}{\text{Konzentration As im Blutplasma}}$ bei 3-Amino-4-hydroxy-phenylarsenoxyd: 1,3; der entsprechende Wert für das nicht substituierte Phenylarsenoxyd war 94! Die Ausscheidungsgeschwindigkeit stand im umgekehrten Verhältnis zur Toxicität: Je schneller die Substanzen ausgeschieden werden, desto besser verträglich sind sie auch. Im Gegensatz zu diesen Autoren nehmen FINK und WRIGHT (1948) eine nur physikalische Bindung der Arsenikalien an Erythrocyten an.

Eine Ausnahme von diesen experimentell gefundenen Gesetzmäßigkeiten machen nur Phenylarsenoxyde mit sauren Substituenten: trotz relativ hoher Toxicität werden sie in geringer Menge an Erythrocyten oder Gewebe gebunden. Die Autoren nehmen an, daß diese Verbindungen nicht als solche toxisch wirken, sondern daß sie im Organismus erst zu giftigen Körpern verändert werden. In Übereinstimmung mit dieser Hypothese steht die Beobachtung, daß nach anfänglich rascher Ausscheidung mit dem Urin diese nach einigen Stunden plötzlich aufhört; entsprechend wird bei der Toxicitätsbestimmung an der Maus ein auffallend verspätetes Eingehen der Tiere nach Injektion letaler Dosen beobachtet.

2. Heterocyclische Arsenoxyde

In Tabelle 12 und 13 finden sich die bisher noch nicht veröffentlichten Ergebnisse der Prüfung einer Reihe heterocyclischer Arsenoxyde bei der Kaninchen-

Tabelle 12. *Treponemicide Wirksamkeit in vivo und Verträglichkeit im Kaninchenversuch von Benzimidazolarsenoxyd und Derivaten*

Verbindung	d. t. max.[1] (mg/kg)	dos. cur.[2] (mg/kg)	Ch. I.[3]
Benzimidazol-5-arsenoxyd (= I)			
Substituenten an I:			
1-H; 2-CH_2OH	5	0	—
1-H; 2-SH	5	2	2,5
1-H; 2-S—CH_2—COOH	10[4]	0	—
1-CH_3; 2-OH	10	5	2
1-CH_2; CH_2—OH—; 2-SH	25	>5	<5
1-CH_3—; 2-SH	2,5	2,5	1
1-CH_3—; 2-S—CH_2—CH_2 · COONa	<10	0	—
Benzimidazol-2-mercapto-4-chlor-7-arsenoxyd	2,5	2,5	1
Benzoxazol-2-mercapto-5-arsenoxyd	10	1	10
Benzoxazol-2-mercapto-propionsäure-5-arsenoxyd (C—S · CH_2 · CH_2 · COOH)	5	2	2,5
2-Mercapto-benzthiazol-5-arsenoxyd	7,5	0	—

[1] Dosis tolerata maxima; am Kaninchen nach einmaliger Gabe festgestellt. Entspricht etwa der dl_5 anderer Autoren.

[2] Dosis curativa minima; am Kaninchen ermittelt als geringste heilende Dosis; Ergebnis durch Überempfindung der Popliteallymphknoten auf je ein weiteres Kaninchen gesichert.

[3] Chemotherapeutischer Index $= \frac{\text{dos. tol. max.}}{\text{dos. cur. min.}}$.

[4] An der Ratte ermittelt.

syphilis*. Einzelne dieser Derivate hatten einen Ch.I. >1, doch waren die Verbindungen, wie vergleichende (hier nicht aufgeführte) Prüfungen ergaben, nicht

* Diese Untersuchungen wurden von R. FUSSGÄNGER, Chemotherapeutisches Institut der Farbwerke Hoechst AG., durchgeführt.

Tabelle 13. *Treponemicide Wirksamkeit in vivo und Verträglichkeit im Kaninchenversuch von 2-Pyridon-5-arsendichlorid-Verbindungen*

Verbindung	d. t. max.[1] (mg/kg)	dos. cur.[2] (mg/kg)	Ch. I.[3]
2-Pyridon-5-arsendichlorid 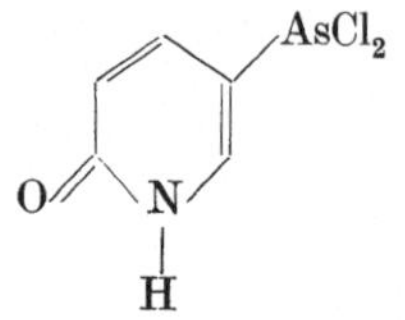 $AsCl_2$ O N H	15	5	3
2-Pyridon-N-essigsäure-5-arsendichlorid 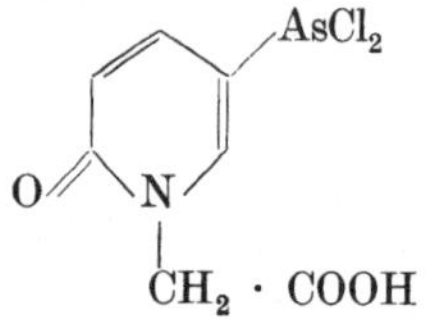 $AsCl_2$ O N $CH_2 \cdot COOH$	5	0	—

[1] Dosis tolerata maxima; am Kaninchen nach einmaliger Gabe festgestellt. Entspricht etwa der dl_5 anderer Autoren.

[2] Dosis curativa minima; am Kaninchen ermittelt als geringste heilende Dosis; Ergebnis durch Überimpfung der Popliteallymphknoten auf je ein weiteres Kaninchen gesichert.

[3] Chemotherapeutischer Index $= \frac{\text{dos. tol. max.}}{\text{dos. cur. min.}}$.

besser und im allgemeinen chemotherapeutisch weniger wertvoll als 3-Amino-4-hydroxy-phenylarsenoxyd. Eine klinische Prüfung dieser Substanzen hat nicht stattgefunden.

IV. 3-Amino-4-hydroxy-phenylarsenoxyd als Mittel zur Verhütung der Transfusionssyphilis

Blutübertragungen haben größte Bedeutung für die Therapie verschiedenster Erkrankungen gewonnen; die Vermeidung der Gefährdung von Spender und Empfänger ist daher besonders wichtig. Die Transfusionssyphilis spielt in diesem Zusammenhang eine besondere Rolle.

Was die Häufigkeit derartiger Infektionen anlangt, so liegen exakte Zahlen naturgemäß nicht vor. Nach SCHWEDT (1949) rechnete man früher mit einer Lues-Infektion auf 70000 Transfusionen, während für 1949 der gleiche Autor eine Infektion auf 4000 Transfusionen annahm. Die Transfusionssyphilis ist in normalen Zeiten zahlenmäßig sicher von geringerer Bedeutung als in Kriegs- und Nachkriegsjahren, wie sie hinter uns liegen; als möglich muß sie jedoch unter bestimmten Bedingungen immer in Rechnung gestellt werden. In der gesamten Weltliteratur waren bis 1943 etwa 100 Fälle von Transfusionssyphilis publiziert worden, wobei die wirkliche Zahl wohl schon damals sicher ein Vielfaches davon betrug. REIN, WISE und CUKERBAUM (zit. nach GREBER 1952) zählten im Jahre 1938 68 derartige publizierte Fälle, nehmen aber allein für die USA 2000 Fälle als wahrscheinlich an (s. dazu noch GREBER 1952 und andere Autoren). In Deutschland waren nach dem letzten Krieg mehrere Fälle bekanntgeworden, die eine eingehende Bearbeitung von Präventivmaßnahmen als dringend notwendig erscheinen ließen.

Klinisch nimmt die Transfusionssyphilis eine Mittelstellung zwischen konnataler und der auf dem üblichen Wege erworbenen Syphilis ein. Primäraffekt und regionale Lymphknotenentzündung fehlen; die Inkubationszeit beträgt zwischen 4 und 14 Wochen. Danach treten Sekundärerscheinungen mit Hauptbefall der inneren Organe auf. Vielfach kommt es zu einem schweren Verlauf (SCHWEDT 1949; HERZOG 1948).

Die Möglichkeit einer Transfusionssyphilis auch bei korrekter Spenderuntersuchung liegt vor allem in der sog. „stummen Phase" der Syphilis zwischen dem Zeitpunkt der stattgehabten Infektion und dem Auftreten des Primäraffektes bzw. serologisch erfaßbarer Blutreaktionen begründet. Blut, das in dieser Zeit entnommen wird, kann infektiös sein, ohne daß der Spender als syphilitisch erkannt werden *kann*. Andererseits weiß man seit KOLLE und LEUPOLD (1927) von Kaninchenversuchen, daß die Treponemen vom Ort der Infektion sehr schnell in die regionären Lymphknoten einwandern und Allgemeininfektionen setzen. Man muß also annehmen, daß Blut eines nicht erkannten luischen Spenders schon nach sehr kurzer Zeit eine syphilitische Allgemeininfektion herbeiführt, so daß die zu einem späteren Termin erfolgende klinische oder serologische Diagnose beim Spender für den Empfänger viel zu spät kommt.

Eine Reihe von Mitteilungen aus neuester Zeit beweist, daß Indolenz und wissentlich oder unwissentlich falsche Angaben des Spenders, Fehler bei der Untersuchung, Scheinnegativität nach ungenügenden Kuren und andere Momente immer wieder gefährliche Situationen heraufbeschwören können, die nicht nur für den Patienten, sondern auch für den verantwortlichen Arzt schwerwiegende Folgen haben können (Heidelberger Transfusionsunglück; GRÜNEBERG u. KUNISS 1952; GREBER 1952; KRUSPE 1952; HEIM 1952; MAASSEN 1948; SCHULZ 1953 u.a. Für die richtige Auswahl des Spenders s. ARZT 1949; STOKES, BEERMAN u. INGRAHAM 1944 sowie andere Autoren).

Die Gefahr einer Transfusionssyphilis ist vor allem bei der Verwendung frischen, weniger bei der Übertragung konservierten und länger aufbewahrten Blutes gegeben. Aus früheren Versuchen von TURNER und DISEKER (1941) ist bekannt, daß eine Blutkonserve mit einem Zusatz von Pallida-Treponemen aus einer Schankeraufschwemmung Kaninchen nach 48 Std, nicht aber nach 72 Std intratesticulär infizierte, wenn die Konserve bei $+2^0$C aufbewahrt wurde. Wurde Blut eines syphilitischen Kaninchens intravenös und intratesticulär auf andere Kaninchen übertragen, kam es nach 48 Std dauernder Aufbewahrung nicht mehr zur Infektion. KOLMER (1941) fand die Treponemen bei Aufbewahrung bei 4^0 und 6^0C schon nach 24 Std sicher abgetötet (s. dazu auch DOMANIG 1954; ORTH 1951; BREHME 1949; MAURER 1951; LUTZEYER 1950 und andere Autoren). Demnach genügt also Aufbewahrung von Blut in den genannten Zeiträumen, um eine sichere Vernichtung der Treponemen zu erreichen. BINDER (1951) dagegen weist darauf hin, daß Kälteeinwirkung Mikroorganismen und insbesondere Treponemen eher konserviert als abtötet, wie aus Versuchen und Beobachtungen zahlreicher Autoren hervorgeht (s. dazu die ausführliche Zusammenfassung von BELKE 1951). Nach BINDER „kann es nicht als erwiesen gelten, daß die treponemiciden Eigenschaften des Blutes (besonders bei Kühlschranktemperatur) dazu ausreichen, das Treponema pallidum in einigen Tagen abzutöten".

Die Frage nach einem sicher wirksamen, nicht schädlichen Zusatz zum Spenderblut ist schon relativ früh erörtert worden. (Die anderen theoretisch gangbaren Wege zur Vermeidung einer Transfusionssyphilis — prophylaktische Behandlung des Blutspenders und des Empfängers — unter Verwendung treponemicider Substanzen sind aus Gründen, die hier nicht näher erörtert zu werden brauchen, wohl kaum beschritten worden.) So versuchte MUTERMILCH (1932), Quecksilbercyanür zu diesem Zweck einzusetzen; zur treponemiciden Wirkung benötigte er jedoch im Verhältnis zur Verträglichkeit viel zu große Mengen. Nach ORGANESJAN, SALKIND und KUDRJAVCECA (1934) hat Citratlösung einen deletären Einfluß auf die Treponemen im Blut, allerdings erst nach einer ziemlich langen Latenzzeit. Chinin. bimuriat. (1 mg/ml) übte dagegen eine wesentlich bessere Wirkung aus. KAST, PETERSON und KOLMER (1939) schlugen die Verwendung von Arsenobenzolen (Arsphenamine und Neoarsphenamine) vor. EICHENLAUB, STOLAR und WODE (1941) endlich berichteten über erfolgreiche Versuche zur Verhütung von Transfusionssyphilis unter Verwendung von Mapharsen.

Unabhängig von diesen bereits vorliegenden Erkenntnissen nahm FUSSGÄNGER auf Grund der besonderen Dringlichkeit in der unmittelbaren Nachkriegszeit und angeregt durch Anfragen aus der Klinik (BROCK, Hamburg) das Problem von der experimentellen Seite nochmals auf. Er berichtete (FUSSGÄNGER 1948), daß Phenylarsenoxyde Recurrensspirochäten (Borellia recurrentis) schon in höheren Verdünnungen abtöten, und baute darauf einen Test auf. In seinen Versuchen verwendete er das dem Salvarsan entsprechende 3-Amino-4-hydroxyphenyl-arsenoxyd. FUSSGÄNGER bevorzugte ein Phenylarsenoxyd, weil es direkt treponemicid wirkt und beim Stehen nicht giftiger wird, sondern — durch Umwandlung in die entsprechende Arsonsäure — höchstens an Toxicität einbüßt (FUSSGÄNGER 1950). Dabei zeigte sich, daß diese Substanz bereits in sehr geringen Konzentrationen (1:100000 bis 1:500000 nach einer Einwirkungszeit von 10—30 min) Recurrensspirochäten abtötet. Der Nachweis dieser Wirkung wurde durch Überimpfung von mit Recurrensspirochäten infizierten und mit dem zu prüfenden Mittel versetzten Blut (Hammel-, Rinder- und Menschenblut) auf Mäuse geführt, die für diese Spirochäten sehr empfänglich sind und bei denen sich die Erreger im Blut sehr rasch vermehren. Langdauernde mikroskopische Kontrollen des Blutes und — bei negativem Befund — später erfolgende Reinfektion der Mäuse sicherte das Ergebnis. Interessanterweise stellte sich bei diesen Versuchen heraus, daß eine mit Recurrensspirochäten versetzte und bei $+4^0$ C aufbewahrte Blutkonserve noch nach 21 Tagen infektiös war. Rivanol, Cialit und Merthiolat wirkten erst bei Konzentrationen von 1:500 bis 1:1000, Salvarsan und Solusalvarsan erst bei Konzentrationen von 1:20000 bis 1:30000.

Diese Befunde veranlaßten Fussgänger, 3-Amino-4-hydroxy-phenylarsenoxyd als Mittel zur Verhütung der Transfusionssyphilis (Haemosept) vorzuschlagen.

In der Folgezeit wurde eine Reihe experimenteller und klinischer Befunde dazu erhoben. So ließ sich Schwalm mit seinem Mitarbeiter Stöppler (1950, 1951) 200 ml Blut eines an einer unbehandelten Lues II leidenden Mannes übertragen. Dieser Spender zeigte eine Reihe klinischer Symptome; seine serologischen Reaktionen waren stark positiv. Das Blut des Spenders war mit 4%iger Glucosecitrat-Lösung und mit Haemosept (Endkonzentration 1:50000) versetzt worden. Danach hatte es 3 Tage im Kühlschrank gestanden. Stöppler ließ sich in gleicher Weise Blut übertragen, das 6 Tage bei $+4^0$ C aufbewahrt worden war. Es wurden keinerlei Zeichen einer Syphilis bei beiden Empfängern festgestellt. Eine Reihe von weiteren Empfängern, denen in gleicher Weise Blut transfundiert worden war, zeigte ebenfalls keine klinischen Erscheinungen. Schwalm bezeichnete auf Grund dieser Selbstversuche das Problem der Transfusionssyphilis als gelöst.

Dahr (1951) sowie Dahr und Regenbogen (1952) erhoben gegen die Beweisführung Fussgängers Einspruch mit dem Hinweis, daß die an sich klaren Versuche zwar für Rückfallspirochäten, nicht aber für Treponema pallidum Geltung hätten, und lehnten einen derartigen Analogieschluß ab. Auch den Selbstversuch von Schwalm und Stöppler konnten diese Autoren in seiner Beweiskraft nicht als bindend ansehen, da „die Kälteeinwirkung als mögliche Ursache für die Abtötung der Spirochäten“ nicht ausgeschaltet worden war und außerdem der Beweis fehlte, daß die Luesinfektion angegangen wäre, wenn das Arsenoxyd der Blutkonserve nicht beigefügt worden wäre.

Daraufhin überprüfte Schmidt (1953) die Wirkung von Haemosept an Treponema palladium in vitro und im Kaninchenversuch, um die Versuche auf eine breitere Basis zu stellen.

Unter Verwendung der von Eagle (s. o.) angegebenen Methodik prüfte er den immobilisierenden Einfluß von Haemosept auf Treponema pallidum in vitro (Nichols-Stamm). Er stellte einen deutlichen Einfluß von Haemosept fest; schwach bewegliche Treponemen waren bereits so sehr geschädigt, daß sie im Kaninchenversuch nicht mehr angingen. Arsenobenzole (Neosalvarsan, Solusalvarsan, Spirotrypan), Penicillin, bestimmte Farbstoffe, Desinfektionsmittel und Metallverbindungen, die ebenfalls unter gleichen Bedingungen geprüft wurden, zeigten unbefriedigende Ergebnisse.

Bei Tierversuchen zeigte sich zunächst, daß nach einer Zugabe von Haemosept zu mit Treponemen versetztem Blut diese in der Endkonzentration von 1:25000 und 1:50000 nur bei der erstgenannten Konzentration schon nach 15 min abgetötet waren; dagegen reichte die Konzentration von 1:50000 bei einer Einwirkungszeit von 30 min noch nicht zur völligen Abtötung der Treponemen aus, da 33% der mit einer solchen Konzentration beimpften Tiere noch ein Spätrezidiv bekamen. Die Versuche waren so durchgeführt, daß pro Konzentration und Zeit je 8 Tiere benützt wurden, die nicht nur auf die Ausbildung von Schankern beobachtet wurden, sondern bei denen bei Fehlen syphilitischer Reaktionen Lymphknotenmaterial auf die Testes weiterer Tiere überimpft wurden, um auf diese Weise die sog. „Nuller“ auszuschalten. Das oben mitgeteilte Ergebnis war weniger gut als das früher von Eichenlaub, Stolar und Wode (1941) für Mapharsen erzielte. Schmidt führt das auf die in seinem Versuch benützte sehr große Treponemenmenge im Blut zurück, die sich auf das zugesetzte Mittel hemmend auswirkt. Es wurden deshalb Versuche mit einer mehr den natürlichen Verhältnissen angepaßten Methodik durchgeführt. Junge Kaninchen wurden intrakardial infiziert. Hierdurch kommt es zu einer Allgemeininfektion, die fast regelmäßig nachgewiesen werden kann durch Übertragung von Blut solcher Tiere auf Kaninchenhoden. Das Blut derartig infizierter Tiere wurde mit Haemosept in einer Konzentration von 1:50000 versetzt. Nach verschieden langer Einwirkungszeit erfolgte intratesticuläre Abimpfung auf neue Kaninchen. In keinem Falle kam es bei der ersten Übertragung auf Kaninchen zur Ausbildung von Schankern; erst die Drüsenüberimpfung dieser Tiere ergab nach 120 Tagen Beobachtung, daß bei den Kontrollen tatsächlich eine Inoculationssyphilis vorgelegen hatte. Die mit Haemosept versetzten Blutproben der intrakardial infizierten Kaninchen ergaben unter Zugrundelegung des Ergebnisses der Lymphknotenüberimpfung niemals ein Angehen der Infektion. In diesem Versuch hatte man Haemosept 15 min, 30 min und 45 min auf das Blut einwirken lassen, ehe es intratesticulär verimpft worden war. Bei Wiederholung dieses Versuchs, wobei etwas ältere Kaninchen wiederholt mit Treponemen-Suspensionen intravenös infiziert wurden, ergaben sich ähnliche Befunde.

SCHMIDT zieht aus seinen Versuchen den Schluß, daß ein Zusatz von Haemosept 1:50000 (10 mg auf 500 ml Blut) „als Prophylacticum gegen Transfusionssyphilis genügt, wenn man die Substanz 15 min bei Zimmertemperatur einwirken läßt". Der Zusatz soll nach SCHMIDT vor allem bei dringend nötiger Transfusion mit Frischblut angewendet werden sowie dann, wenn Blut vor Ablauf der 72 Std-Grenze zur Transfusion verwendet werden soll.

Von Treponema pertenue muß man eine höhere Empfindlichkeit gegen Arsenikalien annehmen. Trypanosomen der Brucei-Gruppe erweisen sich unter diesen Umständen nach SCHMIDT ebenfalls als hoch empfindlich, was man auch von den Erregern der Schlafkrankheit (Trypanosoma rhodesiense und Tr. gambiense) annehmen muß. Dagegen ist Schizotrypanum cruzi, der Erreger der Chagas-Krankheit, unempfindlich.

Nach FUSSGÄNGER (1952) hat Haemosept auch stark bakteriostatische Eigenschaften, die sich in erster Linie gegen grampositive und in zweiter gegen gramnegative Keime richten.

Warum Penicillin in vitro nicht befriedigend wirkt trotz seiner guten Erfolge beim Menschen und beim experimentell infizierten Kaninchen, ist noch nicht geklärt. So sind nach den Versuchen von SCHMIDT (1953) und FUSSGÄNGER (1952) 5000 IE pro ml Blut nötig, um dort eingebrachte Recurrensspirochäten bzw. Treponema pallidum abzutöten. Ähnliche Resultate liegen von BESSEMANS, DEROM und DEROM (1951) vor. Vielleicht ist die relative Unwirksamkeit von Penicillin damit zu erklären, daß es, wie Versuche von HIRSCH (1943/44) zeigen, nur auf proliferierende Keime, nicht aber auf ruhende, nicht mehr vermehrungsfähige einwirkt. Daß diese Verhältnisse auch im Organismus nachgewiesen werden können, zeigte EAGLE (1952) am Beispiel der mit Streptokokken infizierten Maus. Sollte hier ein Analogieschluß möglich sein, müßte man annehmen, daß unter den in vitro-Bedingungen die Treponemen nicht mehr teilungsfähig, d.h. in der „Ruhephase" sind; tatsächlich kommt es unter den oben beschriebenen Bedingungen ja auch nicht mehr zu einer Vermehrung, sondern nur zu einem zeitlich eng begrenzten Überleben. Ob aber die für das System „Penicillin—Streptokokken" in vitro und im infizierten Organismus nachgewiesenen Beziehungen für Treponema pallidum gelten, ist noch nicht experimentell belegt.

Die Frage, ob das mit dem Transfusionsblut in den Empfängerorganismus gelangte Arsen zu Schädigungen führen kann, hat schon FUSSGÄNGER (1952) diskutiert. Er geht dabei von der Erfahrungstatsache aus, daß zahlreiche Patienten eine einmalige intravenöse Verabreichung von 50 mg Arsenoxyd vertragen. So viel ist aber erst in 4 Litern transfundiertem Blut enthalten — einem Volumen, das aber kaum jemals auf einmal übertragen wird. In Fällen, in denen eine derartige Gesamtmenge Blut transfundiert wird, geschieht es sicher in mehreren Portionen, und man kann annehmen, daß in den Intervallen eine mehr oder minder große Menge des zugeführten Arsens wieder ausgeschieden ist. Eine Ausnahme, auf die FUSSGÄNGER ausdrücklich hinweist und die er als Gegenindikation bezeichnet, ist die Austauschtransfusion, besonders bei Säuglingen.

Eine Reihe von Autoren untersuchte die Veränderungen, die durch den Haemosept-Zusatz auf das zu transfundierende Blut ausgeübt werden könnten. Inwieweit tritt etwa eine *Hämolyse* in vermehrtem Umfang auf?

SCHNEIDER (1954) sowie SCHNEIDER und BAADER (1956) stellten dazu fest, daß in den ersten 4 Tagen eine nennenswerte Zunahme des freien Hämoglobins bei der Haemosept-Konserve nicht stattfindet; auch nach 8 Tagen dauernder Lagerung erreicht die Menge freien Hämoglobins nicht die von den meisten Autoren angenommene obere Sicherheitsgrenze von 300 mg-% freien Hämoglobins im Plasma. Bei schwerer Schüttelbelastung entstanden bei den mit Haemosept versetzten Konserven und den entsprechenden Kontrollen etwa gleiche Mengen freien Hämoglobins. BROCK und CONRADI (1950) untersuchten die osmotische Resistenz von Erythrocyten nach der Methode von SIMMEL ohne und mit Arsenzusatz. Auch nach 3 Tage langer Aufbewahrung zeigten sich bei der Resistenzprüfung höchstens geringe Unterschiede, die nach diesen Autoren in die Fehlerbreite der Methode fallen.

Von besonderem Interesse ist natürlich die Frage, wie das mit Haemosept versetzte Blut vom Empfänger vertragen wird. Hier liegen größere Erfahrungen vor.

SCHWALM (1950) sah bei der Anwendung von Haemosept (1:50000) bei 400 Transfusionen in der Geburtshilfe und Gynäkologie „keinerlei schädliche Wirkung auf den Konservierungsvorgang oder auf den Empfänger". BROCK und CONRADI (1950) beobachteten bei 324 Patienten (212 Säuglinge, 112 Kinder) ebenfalls keine Nebenerscheinungen. STADLER (1954) berichtete über 2000 Transfusionen mit Haemosept, wobei insgesamt 868 Liter Blut übertragen wurden. Obgleich teilweise ganz erhebliche Mengen übertragen werden mußten (mit 14 und 16 Litern und dementsprechend 395 mg bzw. 385 mg Haemosept), wurde kein Fall von Unverträglichkeit festgestellt. SCHNEIDER und BAADER (1956) werteten 8852 Transfusionen, von denen 12,3% (= 1089) mit Haemosept durchgeführt worden waren, aus. Der größte Teil der mit Haemosept versetzten Blutkonserven wurde in den ersten 30 min nach Haemosept-Zusatz gegeben. Die statistische Auswertung der dabei beobachteten Transfusionsreaktionen mit der χ^2-Methode ergab, daß „die Bluttransfusionen mit einem Zusatz von Haemosept besser vertragen werden als die Transfusionen ohne Haemoseptzusatz".

Betrachtet man die experimentellen und klinischen Ergebnisse, so stellt der Haemosept-Zusatz für bestimmte Transfusionsformen (Übertragung von Frischblut, Notfalltransfusionen, fehlende Spenderkontrolle) zweifellos einen Fortschritt in Richtung auf die Vermeidung der Transfusionssyphilis dar, so daß die Zugabe von Haemosept von einer größeren Zahl von Autoren hierfür empfohlen wird (Bergmann 1954; Gartmann 1951; Heim 1952; Maurer 1951; Oberbeck 1950; Orth 1951; zur Verth u. Maier 1953, sowie ein Teil der bereits zitierten Autoren).

V. Wirkungsmechanismus der Phenylarsenoxyde

1. Natürliche und experimentell erzeugte Resistenz von Trypanosomen gegen Phenylarsenoxyde und andere organische Arsenikalien

Wenn es nicht gelingt, den direkten Angriffspunkt eines Chemotherapeuticums aufzudecken, oder wenn die Verhältnisse zu komplex sind, um eine einfache Erklärung des Wirkungsmechanismus zu erlauben, gestatten unter Umständen die Resistenzverhältnisse beim Erreger diesen Mechanismus zu erhellen.

Treponema pallidum ist für Resistenzversuche ein ungeeignetes Objekt; es gelang keinem Untersucher, eine wirklich bedeutende Abnahme der Empfindlichkeit des Syphiliserregers gegenüber Arsenverbindungen nachzuweisen, wie dies neuerdings erst wieder Probey (1948) zeigte (s. dazu auch Schnitzer und Grunberg 1957). Dagegen können Trypanosomen eine ausgeprägte Resistenz gegen arsenhaltige Körper entwickeln bzw. haben je nach der Eigenart der Trypanosomenspecies oder des Stammes bereits eine natürliche Festigkeit gegen derartige Verbindungen. Seit 1908 (Brownings Beschreibung der Arsanilsäureresistenz von Trypanosomen) bis 1956 (Eagle u. Doak 1951; Schumacher u. Schnitzer 1956) sind weit mehr als 60 resistente Trypanosomenstämme beschrieben und untersucht worden; ein großer Teil der in diesem Zusammenhang durchgeführten Versuche diente der Aufklärung des Wirkungsmechanismus.

Es hat sich nun gezeigt, daß die Beziehungen zwischen chemischer Konstitution und Art der Resistenz dann am klarsten zu erkennen sind, wenn zur Resistenzanalyse nicht Arsenobenzole, sondern Arsenoxyde benützt werden, die ja die endgültigen Träger der chemotherapeutischen Wirkung sind. Es wird deshalb die Besprechung der Resistenzphänomene an dieser Stelle abgehandelt.

Zwei Grundtatsachen sind bei der Resistenz von Trypanosomen gegen Arsenverbindungen zutage getreten:

1. Es besteht keine Resistenz gegen Arsenikalien schlechthin, sondern stets nur gegen bestimmte Verbindungen, die gewisse Gemeinsamkeiten zeigen. So war bereits Ehrlich bekannt, daß gegen Salvarsan gefestigte Stämme von Arsenophenylglycin

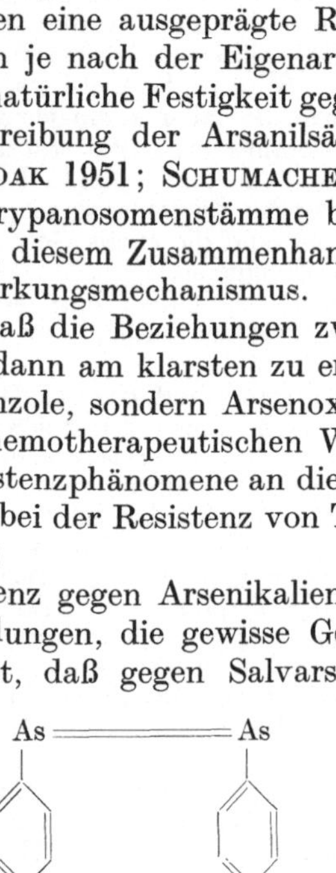

$$\begin{array}{ccc} As & = & As \\ | & & | \\ C_6H_4 & & C_6H_4 \\ | & & | \\ NH & & NH \\ | & & | \\ CH_2 & & CH_2 \\ | & & | \\ COOH & & COOH \end{array}$$

abgetötet werden; hier besteht also eine Durchbrechung der Resistenz.

2. Die gegen bestimmte Arsenikalien gerichtete Festigkeit erstreckt sich auch gegen völlig andere, nicht arsenhaltige Körper, wie z.B. Trypaflavin

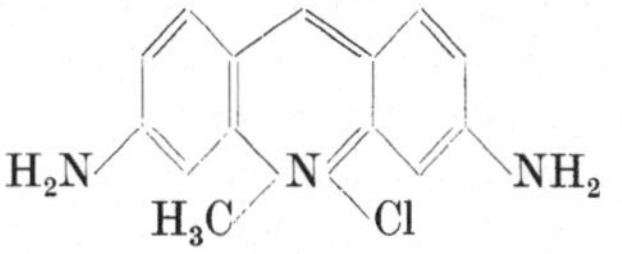

H_2N N NH_2
H_3C Cl

und ähnliche Substanzen, wie etwa Pyronin. Es bestehen hier zum Teil verwickelte Verhältnisse mit reziproker und nichtreziproker Festigkeit, auf die in diesem Rahmen nicht näher eingegangen werden kann* (s. dazu die eingehende Darstellung von Schnitzer u. Grunberg 1957).

Die Tatsache, daß innerhalb der Arsenverbindungen keine auf alle Körper übergreifende Resistenz besteht, hat zur Aufstellung des heuristisch wertvollen Prinzips der „Avidität" geführt; Substanzen mit größerer Avidität wirken noch chemotherapeutisch auf solche Trypanosomen ein, die gegen Verbindungen geringerer Avidität gefestigt wurden.

Man kann also nicht von einer „Arsenresistenz" schlechthin sprechen, sondern muß die Art der Arsenverbindungen angeben, gegen die Arzneifestigkeit besteht. Bei der Analyse der Resistenzverhältnisse ergab sich nun eine ausgesprochene „Gruppenspezifität". So schlossen Yorke und Murgatroyd (1930) aus ihrer Beobachtung, daß ein gegen Atoxyl gefestigter Stamm zwar gegen viele andere organische Arsenikalien, nicht aber gegen Natriumarsenit und Phenylglycinarsonsäure resistent war, daß die Festigung von der Art der am Grundkörper befindlichen Substituenten abhängig ist, nicht aber vom Arsen selbst (s. dazu auch Yorke, Murgatroyd u. Hawking 1931[1]). Gough und King (1930) fanden, daß eine Gruppe von Arsonsäuren mit sauren Substituenten nur dann eine kurative Wirkung bei der Mäusetrypanosomiasis hat, wenn sie in der Amidform vorliegen, andererseits besteht zwischen Trypaflavin und arsenhaltigen Verbindungen nur dann eine Kreuzresistenz, wenn diese als Substituenten eine Amino- bzw. Säureamidgruppe aufweisen (Yorke, Murgatroyd u. Hawking 1932). King (1943) sowie King und Strangeways (1942) beobachteten, daß ausnahmslos Phenylarsenoxyde mit Carboxylgruppen normale und tryparsamidfeste Stämme gleichmäßig beeinflußten, und Eagle und Magnuson (1944) fanden, daß solche Trypanosomen, die gegen *ein* basisch substituiertes Phenylarsenoxyd gefestigt waren, eine gleichsinnige Resistenz auch gegen andere basische Arsenoxyde aufwiesen. Diese Autoren sowie Hawking (1937) stellten ferner fest, daß derartige Stämme gegen das unsubstituierte Phenylarsenoxyd und solche Verbindungen, die ausschließlich neutrale Reste wie NO_2- oder CH_3-Gruppen oder Cl-Atome enthalten, nicht zu festigen sind und daß solche Verbindungen die gegen basische Arsenkörper gerichtete Resistenz durchbrechen. Derartige Beobachtungen und ferner solche von Tatum (1937) sowie Kuhs und Tatum (1937) und anderen Autoren legten die Vermutung nahe, daß der basische, saure oder neutrale Charakter der Gesamtverbindung bzw. der Ladungszustand die entscheidende Rolle bei dieser eigenartigen Spezifität spielt. Die Trypanosomen sind entweder gegen basische oder gegen saure Arsenverbindungen resistent, und die oben erwähnte „Gruppenspezifität" richtet sich nach diesen Eigenschaften. Gut paßt sich ein in diese Vorstellung, daß eine Resistenz gegen neutrale Phenylarsenoxyde, wie sie oben aufgeführt wurden, nicht erzielt werden kann. Umgekehrt weiß man

* Es ist, vor allem im Hinblick auf den Wirkungsmechanismus und die weiter unten entwickelten Gedankengänge, von Interesse, daß diese Resistenz nicht auf alle anderen basischen Verbindungen mit trypanocidem Charakter übergreift, wie z.B. 4,4'-Diamidino-stilben (siehe dazu Hawking 1944).

schon lange, daß bestimmte Trypanosomenarten eine natürliche Resistenz gegen bestimmte organische Arsenikalien aufweisen. So wird das normalerweise nicht pathogene Tryp. lewisi (Rattentrypanosoma) nicht nur durch Arsenophenylglycin abgetötet, sondern auch durch eine Reihe von Phenylarsenoxyden und -arsonsäuren mit Seitenketten saurer Natur. Andererseits sind diese Verbindungen unwirksam gegen pathogene Trypanosomen wie Tryp. equiperdum und rhodesiense (Untersuchungen von KUHS u. TATUM 1937), während organische Arsenikalien mit basischen Resten die letztgenannten Arten wirksam beeinflussen, nicht aber Tryp. lewisi.

Für das Zustandekommen der chemotherapeutischen Wirkung muß man mindestens 2 Hauptphasen annehmen, deren erste in einer Anlagerung der Wirkstoffmoleküle an die Oberfläche der Trypanosomen besteht, welcher sodann das Eindringen in die Zelle folgt. In der zweiten Hauptphase findet die eigentliche trypanocide Wirkung statt durch Inaktivierung lebenswichtiger Enzyme (s. u.). CLARK (1933) nimmt für die pharmakologische Wirkung von Medikamenten 3 Stadien an:

1. Die Bindung der Wirkstoffe durch die Zellen,
2. sekundäre chemische Reaktionen zwischen Medikament und Zellbestandteilen sowie
3. die biologische Antwort auf die Schädigung.

Für die 1. Phase, d.h. die Anlagerung der Moleküle an die Erregeroberfläche, ist die Wechselwirkung zwischen Zustand von Trypanosomen- und Zelloberfläche mitverantwortlich. Schon frühzeitig hat man hier auf die Bedeutung des Ladungszustandes von Erreger und Chemotherapeuticum hingewiesen (TRAUBE 1912). Es lag nahe, den Ladungszustand der Trypanosomenoberfläche direkt zu messen, wie dies SZENT-GYÖRGYI (1920, 1921), COMMANDON (1911) und HÖBER (1914) getan haben. Diese Untersuchungen führten jedoch zu keinem eindeutigen Ergebnis. BROWN und BROOM (1936) sowie BROOM, BROWN und HOARE (1936) haben zur Bestimmung der Ladung von Trypanosomen eingehende Untersuchungen unternommen, konnten aber bei normal empfindlichen und gegen basische Arsenobenzole resistenten Trypanosomen keine Beobachtungen machen, die auf gesetzmäßige Änderungen der Oberflächenladung von Trypanosomen in Abhängigkeit von ihrer Chemoresistenz schließen lassen. Trotzdem liegt die Vermutung nahe, daß elektrostatische Kräfte bei der Anlagerung der Wirkstoffmoleküle an die Trypanosomenoberfläche eine große Rolle spielen und daß dieses Kräftespiel bei resistenten Trypanosomen verändert ist gegenüber normal empfindlichen Zellen. Neuerdings hat SCHUELER (1947) wieder unter Berücksichtigung dieser Gedankengänge die Hypothese aufgestellt, daß die Festigung von Trypanosomen gegen organische Arsenverbindungen mit einer Veränderung des isoelektrischen Punkts der Trypanosomenoberfläche einhergeht; der Ausfall von Färbungen unter Benützung von sauren und basischen Farbstoffen bei normalen und resistenten Trypanosomen scheint diese Hypothese zu stützen.

WAGNER (1947, 1952), WAGNER und PEDAL (1951) sowie WAGNER, PEDAL und SCHÖNEBERGER (1954) griffen in neuerer Zeit diesen Problemenkomplex nochmals auf und versuchten, den Zusammenhang zwischen dem Ladungscharakter des einwirkenden Moleküls (verschiedenartig substituierte Phenylarsenoxyde) und der Art der Trypanosomenresistenz zu ermitteln.

Zuerst wurde versucht, die Resistenzverhältnisse bei verschiedenen Trypanosomenstämmen quantitativ zu erfassen, was durch Messung der O_2-Aufnahme gewaschener Trypanosomensuspensionen in der Warburg-Apparatur geschah. Als Maß der Wirksamkeit diente hierbei die Verminderung des O_2-Verbrauchs derjenigen Suspensionen, die unter dem Einfluß der Vergleichspräparate standen, gegenüber einer unbeeinflußten Kontrolle. Die zahlenmäßige Auswertung der Versuchsergebnisse erfolgte derart, daß als gemeinsamer Standard in allen Versuchen das unsubstituierte Phenylarsenoxyd diente, dessen Hemmung, d.h. die in jedem Einzelversuch beobachtete Wirkung, mit 100 bezeichnet wurde. Bereits EAGLE hatte in seinen Versuchen diese Verbindung als Standardsubstanz verwendet. Die Hemmwirksamkeit aller anderen Präparate wurde in Prozenten der Standardhemmung ausgedrückt und als „Relative Wirksamkeit“ (RW) bezeichnet.

In den folgenden Tabellen (Tabelle 14, 15, 16) sind die mit diesem Verfahren erhaltenen relativen Werte bei zwei verschiedenen Stämmen wiedergegeben. Der erste bei diesen Versuchen verwendete Stamm von Tryp. brucei war normalempfindlich gegen basisch substituierte Arsenikalien, der andere durch „Gewöhnung“ in vielen Passagen Spirotrypan-fest geworden. Spirotrypan ist ein aus einem basischen und einem sauren Rest zusammengesetztes Arsenobenzol (s. o.).

Tabelle 14. *Relative Wirksamkeit basischer Phenylarsenoxyde auf Trypanosomenstämme unterschiedlicher Empfindlichkeit.* (Nach WAGNER u. PEDAL 1951)

Substanz	Relative Wirksamkeit	
	normal empfindlicher Stamm	Spirotrypan-fester Stamm
Phenylarsenoxyd	100	100
3-Amino-4-hydroxy-phenylarsenoxyd-HCl	31,5	15
3-Amino-4-hydroxy-phenylarsen-dichlorid-HCl	26	14
3-[Di-(γ,β-dihydroxypropyl)]-amino-4-hydroxy-phenylarsen oxyd	8	4,9
3-Acetylamino-4-hydroxy-phenylarsenoxyd	21,5	3,0
4-Phenylglycinamid-1-arsendichlorid-HCl	71	41

Tabelle 15. *Relative Wirksamkeit saurer Phenylarsenoxyde auf Trypanosomenstämme unterschiedlicher Empfindlichkeit.* (Nach WAGNER u. PEDAL 1951)

Substanz	Relative Wirksamkeit	
	normal empfindlicher Stamm	Spirotrypan-fester Stamm
Phenylarsenoxyd	100	100
Phenylbuttersäure-4-arsenoxyd	92	23,4
2-Mercapto-propionsäure-benzoxazolarsenoxyd-natrium	18,5	5,8
4-Phenoxy-essigsäurearsenoxyd	6	21
2-Phenoxyessigsäure-4-acetylaminoarsenoxyd-mononatrium	0	3

Aus den tabellarischen Übersichten geht hervor, daß die Empfindlichkeit des Spirotrypan-festen Stammes gegenüber basischen Substanzen auf etwa die Hälfte reduziert ist, während dieser Stamm sauer substituierten Phenylarsenoxyden gegenüber etwa um den gleichen Betrag empfindlicher geworden ist. Neutrale Verbindungen sind bei beiden Stämmen etwa gleich wirksam. Eine besonders gute Wirksamkeit besitzt unter den sauer substituierten Verbindungen Phenylbuttersäure-4-arsenoxyd. Diese Substanz wurde von EAGLE (1945[2], 1946) als wirksam bei Trypanosomen, besonders den Erregern der Schlafkrankheit, erkannt (s. o.). Sie müßte, den oben angeführten Vorstellungen entsprechend, beim Spirotrypan-festen Stamm mit den Eigenschaften eines überwiegend basisch resistenten Stammes stärker wirken als beim normalempfindlichen. Dies ist aber nicht der Fall. Nun geht nach EAGLE (1945[1]) die Wirkung sauer substituierter Phenylarsenoxyde auf den undissoziierten Anteil der Verbindungen zurück; von Phenylbuttersäure-4-arsenoxyd ist jedoch bekannt, daß es als schwach dissoziierte Säure mit steigender $H^{\cdot}$-Konzentration, also abnehmender Dissoziation, wirksamer wird. Wie diese Verhältnisse bei 2-Mercaptopropionsäure-benzoxazolarsenoxyd-natrium liegen, das sich in den aufgeführten Versuchen ähnlich verhält wie die Eagle-Substanz, ist unbekannt. Man kann immerhin annehmen, daß die den oben beschriebenen Gesetzmäßigkeiten scheinbar widersprechenden hohen

Tabelle 16. *Relative Wirksamkeit neutraler Phenylarsenoxyde auf Trypanosomenstämme unterschiedlicher Empfindlichkeit.* (Nach WAGNER u. PEDAL 1951)

Substanz	Relative Wirksamkeit	
	normal empfindlicher Stamm	Spirotrypan-fester Stamm
Phenylarsenoxyd	100	100
4-Chlor-phenylarsenoxyd	98	102
4-Methylphenylarsenoxyd	66,5[1]	62,5[1]

[1] Substanz nicht völlig gelöst.

relativen Wirksamkeiten dieser beiden sauren Phenylarsenoxyde beim normalempfindlichen Stamm dadurch zustande kommen, daß in beiden Fällen der undissoziierte Anteil der Moleküle der Träger der Wirkung ist; in diesem Falle kann aber die Ladung der Trypanosomenoberfläche für die chemotherapeutische Wirksamkeit dieser Substanzen nicht von Bedeutung sein.

WAGNER, PEDAL und SCHÖNEBERGER (1954) versuchten nun, weitere Beweise dafür zu erbringen, daß der Ladungscharakter einwirkender Moleküle bzw. der chemisch-physikalische Zustand der Erregeroberfläche für das Resistenzphänomen bei Trypanosomen von Bedeutung ist. Es wurde zu diesem Zwecke die Absorption von basischen, sauren und neutralen Farbstoffen gemessen, denen keine chemo-therapeutische Wirksamkeit zukommt.

Tabelle 17. *Übersicht über die zu den Speicherungsversuchen verwendeten Farbstoffe und ihre Konzentrationsbereiche.* (Nach WAGNER, PEDAL u. SCHÖNEBERGER 1954)

Ladungscharakter	Farbstoff	Konzentrationsbereich
basisch	Methylenblau	6,5— 9,0 γ/ml
basisch	Acridinorange	65 — 90 γ/ml
sauer	Eosin-Natrium	6,5— 10 γ/ml
sauer	Rhodamin B	1 — 10 γ/ml
neutral	Berberinsulfat-neutral	65 —100 γ/ml

Es ist schon lange bekannt, daß zwischen chemotherapeutischer Aktivität einer Substanz und ihrer Resorption durch das Protozoon eine direkte Beziehung besteht. SINGER und FISCHL (1934) konnten mit Hilfe einer einfachen und genauen Methode quantitativ nachweisen, daß Spirochäten und Trypanosomen Arsen enthalten, wenn die mit diesen Erregern infizierten Mäuse mit chemotherapeutisch wirksamen Arsenikalien behandelt waren. Eine Reihe von Forschern versuchte, diese Beziehungen quantitativ zu erfassen. JANCSÓ (1931, 1932[1, 2]) sowie JANCSÓ und JANCSÓ (1933) konnten mittels photodynamischer und colorimetrischer Messungen bei Acridin- und Styrylverbindungen nachweisen, daß derartige Stoffe von empfindlichen Trypanosomen in relativ großer, von gegen diese Präparate resistenten Trypanosomen jedoch nur in sehr geringer Konzentration aufgenommen werden. Für dreiwertige Arsenikalien und Trypaflavin ist dies von YORKE, MURGATROYD und HAWKING (1931[2]), HAWKING (1937, 1938) sowie REINER, LEONARD und CHAO (1932) nachgewiesen worden. Vor allem HAWKING hat den Bindungsvorgang dieser Substanzen an normalempfindliche und resistente Trypanosomen eingehend studiert und genaue Zeit-Wirkungskurven aufgestellt.

Die Arbeiten von WAGNER, PEDAL und SCHÖNEBERGER sollten in Fortführung dieser Experimente klären, ob die Bindungsverhältnisse von in Beziehung auf ihren Ladungscharakter verschiedenartigen Farbstoffen an Trypanosomen differenter Resistenz im Lichte der oben dargelegten Hypothese verständlich sind.

Tabelle 17 gibt Aufschluß über Ladungscharakter und Art der gewählten Farbstoffe und den Konzentrationsbereich, in dem die Messungen durchgeführt wurden. Außer den beiden bereits oben erwähnten Trypanosomenstämmen wurde noch ein weiterer in die Untersuchungen einbezogen, der durch „Gewöhnung“ in vielen Passagen Salvarsan-fest geworden war, also den reinen Typ eines basisch resistenten Stammes darstellt. Die Ergebnisse der colorimetrischen Messungen (Aufnahme des jeweiligen Farbstoffes durch die verschieden resistenten Trypanosomen) gibt Tabelle 18 wieder.

Es zeigt sich demnach, daß gegenüber chemotherapeutisch indifferenten, aber verschiedenartig geladenen Farbstoffen die beiden gefestigten Stämme ein gleichsinniges, im Vergleich zum Ausgangsstamm aber entgegengesetztes Verhalten aufweisen. Dieser absorbiert in erhöhtem Maße basische Farbstoffe und in geringerem Umfang saure; bei den resistenten Stämmen ist es umgekehrt. Die Unterschiede gegenüber dem neutralen Farbstoff sind dagegen gering. Es besteht also eine sehr ausgesprochene Parallelität zum chemotherapeutischen Verhalten, da ja auch hier der Ausgangsstamm von basischen Arsenverbindungen stärker beeinflußt wird als von sauren, während im großen ganzen bei den basisch

Tabelle 18. *Speicherungsmaxima in γ/10^8 Trypanosomen bei verschiedenen Farbstoffen. In Klammern Angabe des p_H-Bereiches, in dem dieses Maximum beobachtet wurde.* (% Sp.: Speicherung; Stamm 1: Tryp. brucei normal empfindlich; Stamm 4: Tryp. brucei Salvarsan-resistent; Stamm 6: Tryp. brucei Spirotrypan-resistent. (Nach WAGNER, PEDAL u. SCHÖNEBERGER 1954)

Stamm	Methylenblau		Acridinorange		Rhodamin B		Eosin-Natrium		Berberinsulfat	
	% Sp.		% Sp.		% Sp.		% Sp.		% Sp.	
1	100	0,805 (6,5)	100	14,5 (6,5)	72,4	0,34 (7—7,5)	68,3	0,56 (6,5)	88,5	3,23 (7,5)
4	53,4	0,430 (6,5)	39,7	5,75 (8,0)	100	0,47 (6—6,5)	100	0,82 (7,0)	100	3,65 (7,5)
6	51,5	0,415 (6,5)	37,2	5,40 (8,0)	100	0,47 (6,0)	95,2	0,78 (6,5)	100	3,65 (7,5)

resistenten Stämmen die Verhältnisse umgekehrt liegen. Da die chemotherapeutische Wirkung aber eine direkte ist, muß der Enzymhemmung, die letztlich das Absterben der Erreger bewirkt, eine Anlagerung der einwirkenden Moleküle vorangehen; hier scheint nun das entscheidende Moment bei der Resistenzerhöhung zu liegen.

Wie oben ausgeführt, hat eine direkte Bestimmung des Oberflächenpotentials von Trypanosomen keine klaren Ergebnisse gebracht. Die Versuche von WAGNER, PEDAL und SCHÖNEBERGER (1954) scheinen aber indirekt dafür zu sprechen, daß sich die Anlagerung von chemotherapeutisch indifferenten Farbstoffmolekülen an die Trypanosomenoberfläche in charakteristischer Weise ändert, wenn die Erreger resistent gemacht worden sind. Es liegt sehr nahe, hier an Änderungen der Oberflächenladung der Trypanosomen zu denken. Diese scheint aber doch nur *ein* Faktor unter mehreren zu sein, da ja auch elektrisch neutrale Farbstoffe aufgenommen werden, so daß für die Adsorption eines Farbstoffes und wohl auch eines Phenylarsenoxyds nicht nur die gegenseitige Ladung (Hauptvalenzkräfte), sondern auch van der Waalsche Kräfte bestimmend sind. Daß aber nicht nur elektrostatische Kräfte eine Rolle spielen, beweisen unter anderem Untersuchungen von SCHWIETZER (1951) über die chemotherapeutische Aktivität heterocyclischer Verbindungen gegenüber Bakterien in Abhängigkeit von der coplanaren und in sich gewinkelten Molekülform. Ob es sich bei der Änderung der Oberflächenladung der Trypanosomen um eine Verschiebung des isoelektrischen Punkts handelt, konnte durch die Versuche der genannten Autoren nicht geklärt werden.

2. Wechselwirkungen von arsen- und thiolgruppenhaltigen Substanzen

Für den chemotherapeutischen Effekt der organischen Arsenikalien ist ihre chemische Bindung am Wirkungsort im Erreger — nach der Anlagerung an die Zelloberfläche — von ausschlaggebender Bedeutung. Die Frage nach dem Wirkungsmechanismus ist zugleich auch die Frage nach den Enzymen oder Enzymsystemen, die von den eingreifenden Wirkstoffmolekülen inaktiviert werden.

Bereits EHRLICH (1909) vermutete als Receptoren der Arsenwirkung thiolgruppenhaltige Verbindungen (s. o.), jedoch fehlten klare Beweise hierfür. Wie unten ausgeführt wird, nahmen VOEGTLIN und SMITH (1920, 1921) für die Arsenobenzole eine Umwandlung in die entsprechenden Arsenoxyde an; diese sollen dann mit SH-Gruppen enthaltenden Gewebssubstanzen reagieren nach dem Schema:

$$R{-}AsO + 2\,R'SH \rightarrow R{-}As(SR')_2 + H_2O,$$

wobei Voegtlin, Dyer und Leonard (1923, 1925) in erster Linie an Glutathion dachten, während Rosenthal (1932), Rosenthal und Voegtlin (1930), Schmitt und Skow (1925) sowie andere Autoren eine Reihe weiterer thiolhaltiger Substanzen in Erwägung zogen. Da nur die reduzierten, nicht aber die Disulfidformen dieser Substanzen wirkten, konnten nur die Thiolgruppen als Receptoren angesehen werden (Voegtlin 1923). Bei diesen Versuchen wurden meist Trypanosomen als chemotherapeutisches Objekt verwendet, es wurde aber auch schon damals die entgiftende Wirkung von SH-haltigen Verbindungen auf den Makroorganismus beobachtet.

Eagle (1939[2]) sah bei Zugabe von Cystein, Glutathion und Thioglykolsäure zu Arsenikalien (Arsenobenzole, Arsenoxyde), Quecksilberchlorid und drei nicht näher bezeichneten Wismutverbindungen, daß auch die treponemicide Wirkung dieser Substanzen in vitro aufgehoben wird. Bei der Aufstellung von Zeit-Wirkungskurven ergab sich, daß die Aufhebung der toxischen bzw. chemotherapeutischen Wirkung durch Thiole und Dithiole (meist BAL, s.u.) noch Stunden nach Applikation der Arsenverbindungen erfolgen kann (Eagle 1949; Eagle, Magnuson u. Fleischman 1946; Pfeiffer, Jenney u. Ross 1947). Daß Thiole auch gegenüber organischen Antimonverbindungen antagonistisch wirken, bewiesen Chen, Geiling und MacHatton (1945) sowie Chen und Geiling (1948) am Beispiel des Cysteins. Diese Autoren fanden bei fünfwertigen Antimonverbindungen ebenfalls eine Latenzphase wie bei den Arsenikalien und nahmen auch für diese Substanzgruppe vor der Überführung in die Wirkform eine Reduktion zur dreiwertigen Stufe an, wenn auch hierfür endgültige Beweise fehlen.

Eagle und Doak (1951) heben hervor, daß dem gegen Arsenikalien, d.h. in erster Linie Arsenoxyde, gerichteten antagonistischen Effekt von Thiolen zwei verschiedene Mechanismen zugrunde liegen. Im Überschuß zugegeben, verbinden sich Thiolsubstanzen mit Arsenikalien zu Thioarseniten, verhindern ihre Hydrolyse und damit die Freisetzung der wirksamen Substanzen. Andererseits vermögen Substanzen mit freien SH-Gruppen, die Verankerung von Arsenoxyden im Gewebe oder in Erregern rückgängig zu machen und die Arsenikalien freizusetzen. So konnte beobachtet werden, daß immobilisierte und scheinbar abgetötete Treponemen reaktiviert und vergiftete Organismen wieder entgiftet wurden (Eagle 1940, 1949; Eagle, Magnuson u. Fleischman 1940).

Über die chemische Natur des Arsenreceptors in Körperzelle und Erreger liegen zahlreiche Arbeiten vor. In mehreren Untersuchungen wurde die Wichtigkeit von SH-Gruppen für die Aktivität und Reaktivierung von Enzymen festgestellt; auch die Bedeutung dieser Gruppen für die Enzymhemmung durch Schwermetalle wurde erkannt (Hellerman, Perkins u. Clark 1933; Bersin u. Logermann 1933); Maschmann und Helmert (1933) nahmen für den Vorgang einer solchen Reaktivierung im Falle von Papain bzw. Kathepsin die Reduktion von S—S-Bindungen zu SH-Gruppen als wesentliche Voraussetzung an. Cohen, King und Strangeways (1931[1]) untersuchten eingehend die Einwirkung von Arsenikalien auf thiolgruppenhaltige Verbindungen in vitro (s. o.); Bersin (1933) konnte am Beispiel von Papain die Hemmwirkung von Arsenoxyden und auch Arsonsäuren eingehender nachprüfen und nahm eine Reaktion der in diesem Enzym enthaltenen Thiolgruppen mit dem arsenhaltigen Rest der Arsenikalien an. Die durch Arsenverbindungen bewirkte Hemmung von Papain konnte durch Glutathion aufgehoben werden, doch kommt dieser Substanz, wie die folgenden Ausführungen zeigen, für die Erklärung der Arsenwirkung nicht mehr die Rolle zu, die ihr die oben genannten Autoren zuschrieben. Die Einwirkung von Arsenoxyden und dem Kampfstoff „Lewisite" ($ClCH{=}CHAsCl_2$) auf eine größere Reihe von Stoffwechselenzymen untersuchten Barron, Miller, Bartlett,

MEYER und SINGER (1947), BARRON, MILLER und MEYER (1947) sowie BARRON und SINGER (1943, 1945) und nahmen ebenfalls bei der reversiblen Hemmung arsenempfindlicher Enzyme die entscheidende Bedeutung von Thiolgruppen für den Wirkungsmechanismus an. Ähnliche Untersuchungen wurden von GORDON und QUASTEL (1947, 1948) mit drei- und fünfwertigen Arsenverbindungen an einer größeren Anzahl von Fermenten durchgeführt. Urease, Cholinesterase, Cholindehydrogenase und Brenztraubensäureoxyde sowie die Oxydationssysteme von Milchsäure und Glucose erwiesen sich als arsenempfindlich. Aus dieser Tatsache schließen diese Autoren auf die Anwesenheit reaktiver Thiolgruppen in den entsprechenden Enzymen. Milchsäuredehydrogenase, Cytochromoxydase, Katalase und Invertase sind dagegen arsenresistent. Auch bei diesen Untersuchungen wirken die fünfwertigen Arsenikalien nicht bzw. erst nach ihrer Reduktion zur dreiwertigen Stufe. CHEN (1948) untersuchte die durch 3-Amino-4-hydroxy-phenylarsenoxyd bewirkte Hemmung der Aktivität von Hexokinase, 3-Phosphoglycerinaldehyd-dehydrogenase und Adenosintriphosphatase (hergestellt aus Tryp. equiperdum-Suspensionen), allerdings bei der sehr hohen Konzentration von 1 mg/ml, und erklärte auf Grund dieser Befunde die trypanocide Wirkung dieser Substanz durch eine Störung der Glykolyse. In Ergänzung dazu seien Arbeiten von MARSHALL (1948) angeführt, nach denen bei Tryp. evansi durch die Blokkierung der Hexokinase die Glucoseverwertung unterbunden würde. CANTRELL (1953, 1954) verwarf diese Schlüsse auf Grund der Schwierigkeit, die von den genannten Autoren benützten hemmwirksamen Arsenkonzentrationen in Beziehung zu setzen zu den praktisch verwendeten; außerdem fand er, daß auch bei unter Arsenwirkung stehenden Trypanosomen noch 82% der normalen Menge von Brenztraubensäure gebildet werden.

Große praktische Bedeutung hatten Arbeiten von PETERS, SINCLAIR und THOMPSON (1946), PETERS und STOCKEN (1947), STOCKEN und THOMPSON (1946[1,2,3], 1949) sowie WHITTAKER (1947), die ebenfalls die Reaktion von Fermenten und dreiwertigen Arsenverbindungen zum Gegenstand hatten. Sie befaßten sich besonders mit dem gegen Arsenikalien hoch empfindlichen Brenztraubensäureoxydasesystem und betonten die wichtige Rolle von Dithiolen. Diese Arbeiten führten zu der Entdeckung von STOCKEN und THOMPSON (1946[2]), daß Dithiole, und zwar besonders

$$HS \cdot CH_2 \cdot CH \cdot SH \cdot CH_2OH$$

British Anti-Lewisite (BAL): 2,3-Dimercaptopropanol,

eine besonders starke entgiftende Wirkung bei Schwermetallvergiftungen haben (s. dazu auch RAUSCH u. GLODNY 1956). Im Rahmen dieser Darstellung kann aber auf diesen wichtigen Fortschritt nicht näher eingegangen werden.

Die Fülle dieser Beobachtungen erlaubt nicht, *einen* Angriffspunkt der Arsenikalien zu bestimmen; vermutlich ist dies auch nicht möglich. Organische Arsenverbindungen müssen offenbar als Arsenoxyde vorliegen, um zu reagieren; es kann als sicher angenommen werden, daß sie mit Sulfhydrylverbindungen Thioarsenite bilden. EAGLE und DOAK (1951) heben für die Erklärung des Wirkungsmechanismus als wichtig hervor:

daß viele Enzyme SH-Gruppen enthalten, die für die Wirksamkeit verantwortlich sind, und daß solche Fermente durch Arsenoxyde inaktiviert werden, die ihrerseits fähig sind, mit Thiolen zu reagieren,

daß eine derartige Inaktivierung durch Thiole und besonders Dithiole aufgehoben werden kann und

daß Thiolgruppen enthaltende Verbindungen Erreger und Makroorganismus gegen die Arsenwirkung schützen und unter bestimmten Bedingungen die Kombination von Arsenpräparat und Zelle wieder rückgängig machen können.

Wenige Substanzklassen sind so eingehend untersucht worden wie die Phenylarsenoxyde und die heterocyclischen Arsenoxyde. Zahlreiche theoretisch und praktisch wichtigen Erkenntnisse sind dabei gesammelt worden, doch ist, wenigstens auf dem Gebiet der Syphilistherapie, kein Präparat gefunden worden, das chemotherapeutisch wertvoller ist als das 3-Amino-4-hydroxy-phenylarsenoxyd. Dies ist aber das schon von EHRLICH erkannte chemische Grundprinzip.

C. Arsenobenzole

I. Allgemeine Eigenschaften

Arsenobenzole wurden lange Zeit als einzige organische Arsenikalien chemotherapeutisch angewendet. Aus der Feststellung von BINZ und SCHULZ (1879), daß Arsensäure durch Gewebssubstanzen zu arseniger Säure reduziert wird, und aus der Tatsache, daß Kakodylsäure im Körper eine Reduktion erfährt, schloß EHRLICH, daß alle angewandten Präparate mit fünfwertigem Arsen im Organismus reduziert werden und erst als solche dann antiparasitär wirken. EHRLICH stellte aus dieser Erkenntnis heraus die Forderung auf, dem Organismus die Reduktionsarbeit abzunehmen und ihm von vornherein aromatische Arsenverbindungen mit dreiwertigem Arsen anzubieten, also solche, die sich vom Arsenik ableiten.

Die Frage der direkten oder indirekten Wirkung organischer Arsenikalien ist bekanntlich sehr eingehend untersucht worden. Bereits EHRLICH (1913) sowie EHRLICH und BERTHEIM (1910) hatten nachgewiesen, daß Phenylarsonsäuren zwar im Organismus, nicht aber im Reagensglas wirken. Für diese Verbindungen nahm EHRLICH, wie schon erwähnt, die Reduktion zur dreiwertigen Stufe an (EHRLICH u. HATA 1910). Phenylarsenoxyde und auch Arsenobenzole hatten aber nach seinen Beobachtungen eine direkte Wirkung auf den Erreger, die auch im Reagensglas nachgewiesen werden kann (EHRLICH 1908[1,2]). Da, wie bereits oben ausgeführt, die Phenylarsenoxyde als zu giftig angesehen wurden, blieben EHRLICH zur Chemotherapie also nur die Arsenobenzole. VOEGTLIN und SMITH (1920[1]) konnten nun zeigen, daß nach Injektion von Arsonsäuren und Arsenobenzolen in den Organismus Trypanosomen erst nach einer Latenzphase abgetötet werden, die bei entsprechenden Versuchen mit Phenylarsenoxyden nicht auftrat. Sie schlossen daraus auf eine Umwandlung von Arsonsäuren und Arsenobenzolen in die wirksame Substanz, die nur im Organismus erfolgt und die bei den Arsenobenzolen in der Oxydation zu den entsprechenden Arsenoxyden besteht. VOEGTLIN und SMITH (1920[1,2]) sowie VOEGTLIN, DYER und LEONARD (1923) hatten bekanntlich diese Hypothese auf Grund ihrer Oxydations-Reduktionstheorie aufgestellt. Einen Beweis dafür lieferte freilich erst ROSENTHAL (1932), als er mit β-Naphthochinon einen Farbtest für Arsenoxyde angab. Nach Injektion von Arsenobenzolen konnte mit dieser Methode Arsenoxyd in den Geweben nachgewiesen werden. Von SCHAMBERG, RAIZISS und KOLMER (1922), SCHAMBERG, KOLMER und RAIZISS (1913) und anderen Autoren (s. dazu auch YORKE u. MURGATROYD 1930) wurde eine direkte Wirkung auch der Arsenobenzole berichtet, die in einem gewissen Widerspruch zu den eben genannten Vorstellungen steht. EAGLE (1939[1]) konnte diese Diskrepanz aufklären. Wurden nämlich die zum Versuch notwendigen Lösungen mit normaler Technik, d.h. in O_2-haltigem Milieu bereitet, so konnte ein beträchtlicher in vitro-Effekt nachgewiesen werden, der aber viel geringer wurde, wenn alle Manipulationen unter Stickstoff ausgeführt wurden. Offenbar geht die Oxydation zum Arsenoxyd sehr rasch vor sich.

Für das Verständnis der biologischen Besonderheiten der Arsenobenzole ist die Kenntnis der chemischen Struktur wichtig.

Vor der Anwendung der Arsenoxyde in der Luestherapie wurden außer einigen Arsonsäuren fast ausschließlich Arsenobenzole in der Therapie der Treponemen- und Trypanosomeninfektionen verwendet. Sie entstehen aus den Arsonsäuren und Arsenoxyden durch Reduktion mit Natriumdithionit, durch unterphosphorige Säure mit Jodwasserstoff, durch Zinnchlorür oder auch Natriumamalgam. Die ersten beiden Methoden sind die wichtigsten, wobei zu bemerken ist, daß durch unterphosphorige Säure bei Nitrophenylarsonsäuren nur die Arsengruppen, nicht aber die Nitrogruppe angegriffen wird. Durch Dithionit wird dagegen zuerst die Nitrogruppe und dann erst die Arsengruppe reduziert.

Ferner ist die Darstellung aus Arsin und Arsenoxyd nach folgender Gleichung möglich:

$$R{-}AsH_2 + OAs{-}R' \rightarrow R{-}As{=}As{-}R' + H_2O,$$

wobei sich Arsin und Arsenoxyd gegenseitig reduzieren bzw. oxydieren. Diese Methode findet öfter Anwendung bei der Herstellung asymmetrischer Arsenobenzole, die allerdings auch am einfachsten durch gemeinsame Reduktion verschiedener Arsonsäuren oder Arsenoxyde erfolgt. Ein weiterer Weg zu ihrer Herstellung besteht noch in einer Mischung verschiedener Arsenobenzole in äquivalenten Mengen unter bestimmten Bedingungen nach der Gleichung:

$$R\text{—As=As—}R + R'\text{—As=As—}R' \rightarrow 2\,R\text{—As=As—}R'$$

Die substituierten Arsenobenzole sind gelbe Substanzen. Sie kristallisieren meist nur schwer und lassen sich nicht umkristallisieren.

Arsenoverbindungen, die auxochrome Gruppen wie Amino- oder Hydroxylgruppen enthalten, sind in Säuren bzw. Alkalien löslich; durch die Einführung von Formaldehydsulfoxylat oder Formaldehydbisulfit in die Aminogruppe werden sie wasserlöslich. Ihre Salze zeigen in wäßriger Lösung die Eigenschaften eines hydrophilen Kolloids.

Die Arsenoverbindungen können an Stelle von Sauerstoff auch Schwefel (MICHAELIS u. SCHULTE 1882) unter Spaltung des Moleküls aufnehmen:

$$R\text{—As=As—}R + 2\,S \rightarrow 2\,R\text{—As=S}$$

Durch Einwirkung von Halogen tritt ebenfalls eine Spaltung der —As=As-Gruppierung ein unter Bildung von Halogenarsinen.

Toxicität und Wirkung der Arsenoverbindungen (WRIGHT, BIEDERMANN, HANSER u. COOPER 1941) sind — wie dies besonders sinnfällig am Salvarsan und seinen Derivaten studiert werden konnte — häufig von Assoziationsgrad und Molekulargröße des in Lösung befindlichen Arsenobenzols abhängig. Diese Eigenschaften sind bei verschiedenen Herstellungsbedingungen oft verschieden, so daß scheinbar geringfügige Änderungen im Herstellungsverfahren die Qualität des Arsenobenzols empfindlich beeinflussen können.

Aus diesem Grunde wie infolge der Tatsache, daß die Arsenoverbindungen — wegen ihrer kolloidalen Natur — nicht oder nur schwer kristallisieren, daß sie durch Kristallisation nicht gereinigt und durch einen wohldefinierten Schmelzpunkt nicht identifiziert werden können, ist eine staatliche Prüfung auf ihre chemischen, biologischen und klinischen Eigenschaften erforderlich (s. u.).

II. Neu entwickelte Verbindungen

Zum Verständnis der Zusammenhänge sei auch an dieser Stelle auf die Darstellung von WIESE in Band XVIII der letzten Auflage dieses Handbuches verwiesen; dort wurden vor allem diejenigen Arsenobenzole beschrieben, die sich von der Arsanilsäure bzw. der 3-Nitro-4-hydroxyphenyl-arsonsäure ableiten und zur Synthese von Salvarsan geführt haben. Einzelne Daten zu verschiedenen unten beschriebenen Arsenobenzolen finden sich zudem bei FISCHL und SCHLOSSBERGER (1934), das bis 1934 die beste Darstellung der Chemotherapie mit diesen Substanzen ist.

Die folgenden Ausführungen sollen Aufschluß geben über die weitere Entwicklung und Vervollkommnung der aromatischen Arsenverbindungen seit der Herausgabe der letzten Auflage.

Diese Arbeiten waren im wesentlichen darauf abgestimmt, durch geeignete Modifizierung und Variierung die Toxicität der Verbindungen herabzusetzen, ihre Verträglichkeit zu steigern und die Anwendung der Präparate zu erleichtern. Das Endziel dieser Versuche war die Herstellung eines mit neutraler Reaktion in Wasser löslichen und in Lösung zuverlässig haltbaren Arsenobenzols, das sowohl zur intravenösen wie intramuskulären Applikation geeignet war.

Zur Darstellung neuer symmetrischer wie unsymmetrischer Arsenobenzole wurden besonders Arsonsäuren mit einer anderen als der Salvarsan zugrunde liegenden o-Amino-phenolstruktur bevorzugt, wobei besonders heterocyclische Substanzen verwendet wurden.

Die ersten Produkte dieser Untersuchungen waren das noch im Hauptwerk erwähnte Sulfoxylsalvarsan (DRP 313320) und das Solu-Salvarsan (DRP 554951, DRP 560218, DRP 568231).

Während sich die Struktur von Sulfoxylsalvarsan grundsätzlich von der von Salvarsan unterscheidet, stehen sich diese Präparate in biologischer Hinsicht doch sehr nahe. Beide unterscheiden sich nämlich prinzipiell von den Derivaten des 4,4'-Diaminoarsenobenzols, z.B. dem Arsenophenylglycin, durch ihre spezifische Wirkung auf die Erreger der Syphilis, des Rückfallfiebers und ihre Wirkungslosigkeit bei Trypanosomeninfektionen.

Das Sulfoxylsalvarsan wurde durch das Solu-Salvarsan abgelöst. Es ist ein aus dem Grundgerüst des Spirocid und des Orsanin (s. u.) unsymmetrisch aufgebautes Arsenobenzol folgender Konstitution:

As=As

—NHCOCH$_3$ —OCH$_2$COONa

OH NHCOCH$_3$

3,4'-Diacetylamino-4-hydroxyarsenobenzol-2'-natriumglykolat

Hierin kommt dem in der Seitenkette stehenden sauren Rest eine besondere Bedeutung zu. Das Präparat wirkt bei salvarsanfesten Trypanosomen ähnlich wie Arsenophenylglycin; es hat also eine ausgesprochene „Avidität".

Besonders bei der Suche nach neuen, besser wirksamen Arsenobenzolen ist das Prinzip der „Avidität" (s. o.) benützt worden. Die Ausdrücke „avid" und „Avidität" beziehen sich nach der Begriffsbestimmung von EHRLICH auf die Wirksamkeit von Substanzen, die resistent sind gegen andere Angehörige der gleichen Klasse. SCHNITZER (1934) gab zur zahlenmäßigen Bestimmung einen „Aviditätsindex" an (Quotient aus dem Ch. I. von normal empfindlichem Stamm zum resistenten Stamm). Als Idealfall sah er einen Aviditätsindex = 1 an; in diesem Fall wirkt eine Arsenoverbindung in gleicher Weise auf Salvarsan-gefestigte und normal empfindliche Parasiten. Über die Grundlagen dieser zum Teil sehr verwickelten Verhältnisse ist oben referiert worden. Es sei aber auch hier nochmals darauf hingewiesen, daß diese Beziehungen, die ja eng mit der Arzneimittelresistenz verknüpft sind, vor allem für die Trypanosomen gelten, da bei Trep. pallidum eine echte Festigkeit gegen Arsenikalien kaum beobachtet wird.

WAGNER und SCHULZ (1952) haben freilich darauf aufmerksam gemacht, daß im Laufe der Forschungen auf dem Gebiet der sog. Arsenresistenz der Aviditätsbegriff einen Bedeutungswechsel durchgemacht hat. Ihm liegt ja die Anschauung zugrunde, daß innerhalb einer Gruppe „ähnlich gebauter Substanzen" eine aus ihr solche Trypanosomen noch abtöten kann, die gegen eine andere aus der gleichen Gruppe gefestigt sind. Innerhalb der Arsenobenzolklasse darf man aber nur solche Verbindungen als „ähnlich" im engeren Sinne ansprechen, die auf Grund der Ladung zur gleichen Gruppe gehören. Solu-Salvarsan und auch Spirotrypan (s. u.) enthalten beide neben einer basischen auch eine saure Gruppe und gehören daher strenggenommen zu einer anderen Gruppe als das Bezugspräparat Salvarsan. Für den praktischen Zweck, die Durchbrechung der Resistenz, sind diese Unterscheidungen aber von untergeordneter Bedeutung.

Besondere Bedeutung erlangten in den neueren Arbeiten die *unsymmetrisch aufgebauten Arsenobenzole.* In ihnen ließen sich vorteilhaft hochavide Komponenten mit treponemenwirksamen Substanzen kombinieren.

Aus der Arsalytreihe (FISCHL u. SCHLOSSBERGER 1934), deren Grundtyp folgende Konfiguration besitzt

As=As

H$_2$N— —NH$_2$ NH$_2$— —NH$_2$

NH$_2$ NH$_2$

3,4,5,3',4',5'-Hexaamino-arsenobenzol,

erwies sich Arsutyl*

As=As

H_2N— —$NH \cdot CH_2 \cdot SO_3Na$ —$NH \cdot CH_2 \cdot SO_3Na$

NHC_4H_9 OH

3,3'-Diamino-methansulfonsäure-4-butylamino-4'-hydroxy-5-amino-arsenobenzol-Natriumsalz

als chemotherapeutisch gut wirksam. So konnten bereits mit Dosen von 1 mg pro 20 g Maus sonst schwer beeinflußbare Infektionen durch bestimmte Borrelienstämme im Tierexperiment abgeheilt werden.

Weitere wertvolle und gut verträgliche Arsenoverbindungen waren das Ergebnis der Untersuchungen über den entgiftenden Einfluß des die Wasserlöslichkeit erhöhenden Dioxypropylrestes auf Aminogruppen tragende Arsenverbindungen. Diese Verbindungen, Vertreter der *Proparsanreihe*, sind zwar unsymmetrisch aufgebaut, tragen aber im Kerngerüst die bewährte o-Aminophenolgruppierung (s. dazu auch HERRMANN u. HILMER 1954).

Die beiden wichtigsten Verbindungen sind das Proparsan** (DRP 614941, DRP 618447, DRP 623450, DRP 635398, DRP 638265, DRP 646409, DRP 666573, DRP 667844, DRP 667845)

As=As

—$N(CH_2CHOHCH_2OH)_2$ —$NHCH_2SO_3Na$

OH OH

3-Di-(dihydroxypropyl)-amino-3'-aminomethansulfonsäure-4,4'-dihydroxy-arsenobenzol-Natriumsalz

und das Neoproparsan***.

As=As

H_3COCHN— —$N(CH_2CHOHCH_2OH)_2$ —$NHCH_2SO_3Na$

OH OH

3-Di-(dihydroxypropyl)-amino-3'-aminomethansulfonsäure-4,4'-dihydroxy-5-acetylamino-arsenobenzol-Natriumsalz

Beide Präparate boten aber keinen wesentlichen Vorteil gegen Neosalvarsan, so daß sie keine klinische Anwendung fanden.

Tabelle 19 gibt einen Überblick über die Wirksamkeit der erwähnten Präparate im Vergleich zu Neosalvarsan und Myosalvarsan.

Bei der Bearbeitung von *Ureido-arseno-Verbindungen* konnten 2 Verbindungen aufgefunden werden mit einer Wirkung gegen Tryp. brucei, wie sie sonst nur Arsenoxyde aufweisen. Es waren die Präparate

HO— —As=As— —$NHCOCH_3$

H_2NOCHN OCH_2COONa

Arseno-3-ureido-4-hydroxy-4'-acetylamino-benzol-2'-oxyessigsäure-Natrium (Präparat Hoechst 9803, DRP 729341)

* Präparat Hoechst 8452. ** Präparat Hoechst 7314. *** Präparat Hoechst 8329.

Tabelle 19. *Vergleich der chemotherapeutischen Wirkung verschiedener Arsenobenzole.* (Versuche von R. FUSSGÄNGER und R. SCHNITZER, Farbwerke Hoechst AG., nach HERRMANN und HILMER 1954)

Substanz	Applikation	Dosis tolerata			Dosis curativa			
		Maus mg/20 g	Ratte mg/kg	Kaninchen mg/kg	Maus Tryp. brucei normal empfindlich	Maus Borrelia recurr.	Kaninchen Trep. pall.	Maus Tryp. brucei Salvarsan-fest
Neosalvarsan . .	intravenös	5—8	225	225	0,1—0,2	4	10	—
Myosalvarsan . .	subcutan	13	400	300			7,5	—
Sulfoxylsalvarsan	intravenös	13		250	—	4	20	—
Solu-Salvarsan .	intravenös	13—20	300	200	1	2—4	10	4
	subcutan	25—30	400	300	0,7	2—4	10	
Arsalyt	intravenös	4	100	150	2	2	25	—
Arsutyl (Präparat 8452) . . .	intravenös	3—5	100	100	0,2	2—3	5	—
Proparsan . . .	intravenös	20	50	300	0,2	10	10	20
Neoproparsan . .	intravenös	4	100	200	0,1	2	10	2—4

und

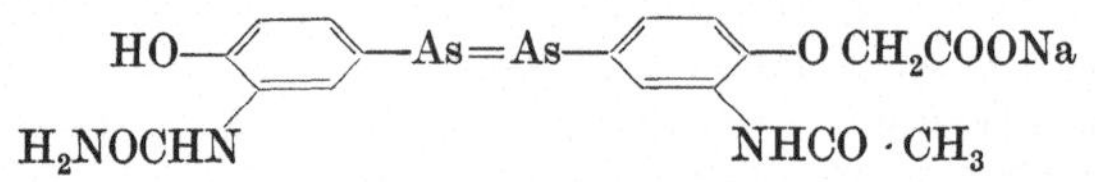

HO—C_6H_3(—NHCONH$_2$)—As=As—C_6H_3(—NHCO · CH_3)—O CH_2COONa

(H_2NOCHN ... $NHCO \cdot CH_3$)

Arseno-3-ureido-3′-acetylamino-4-hydroxy-benzol-4′-oxyessigsäure-Natrium
(Präparat Hoechst 9804)

Tabelle 20. *Vergleich der chemotherapeutischen Wirkung von 2 Ureido-arseno-Verbindungen* (Dosisangabe in mg). (Nach HERRMANN und HILMER 1954)

Präparat	Applikation	Dosis tolerata			Dosis curativa			
		Maus 20 g	Ratte 1 kg	Kaninchen 1 kg	Maus Tryp. brucei normal empfindlich	Maus Borrelia recurr.	Kaninchen Trep. pall.	Maus Tryp. brucei Salvarsan-fest
9803	intravenös	10	200	300	0,033	4	5	1
	subcutan	10						
9804	intravenös	4	100	100	0,05—0,1	4	5	1
	subcutan	10						

Die ausgezeichneten Ergebnisse, die die beiden Präparate im Tierversuch erbrachten, ließen sich in der klinischen Prüfung (Syphilis) nicht erzielen (unveröffentlichte Befunde).

Der Herstellung von Hydrazonen, Phenylhydrazonen, Semicarbazonen und Thiosemicarbazonen von aromatischen bzw. aliphatisch-aromatischen Aldehyden und Ketonen lag die Absicht zugrunde, durch Verwendung von Verbindungen ohne o-Aminophenolstruktur die Luftempfindlichkeit der Arsenoverbindungen zu beseitigen.

Aus dieser Körperklasse, die von ALBERT entwickelt (s. FISCHL u. SCHLOSSBERGER 1934) und später in Gemeinschaft mit dem Salvarsan-Laboratorium der Farbwerke Hoechst AG. (früher I. G. Farben, Werk Hoechst) einer eingehenden Bearbeitung unterzogen wurde (DRP 483212; DRP 490421; DRP 499629), kamen die folgenden Präparate zur klinischen Prüfung. Dabei wurde das Präparat Albert 102 durch

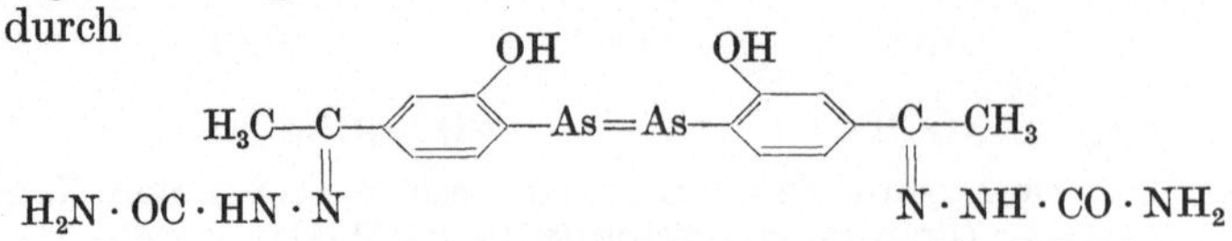

H_3C—C(=N · NH · CO · NH_2)—C_6H_3(OH)—As=As—C_6H_3(OH)—C(=N · NH · CO · NH_2)—CH_3

4,4′-Arseno-3,3′-dihydroxy-di-(acetophenon-semicarbazon),

das Präparat Albert 188, Benzazon,

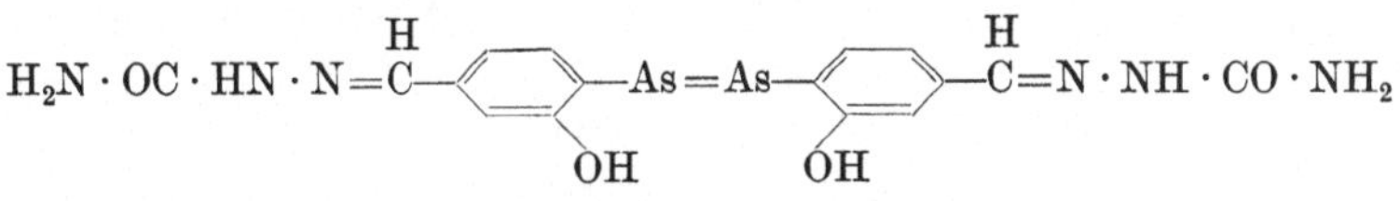

$H_2N \cdot OC \cdot HN \cdot N{=}CH{-}C_6H_3(OH){-}As{=}As{-}C_6H_3(OH){-}CH{=}N \cdot NH \cdot CO \cdot NH_2$

4,4′-Arseno-3,3′-dihydroxy-di-(benzaldehyd-semicarbazon)

bzw. das Thiobenzazon

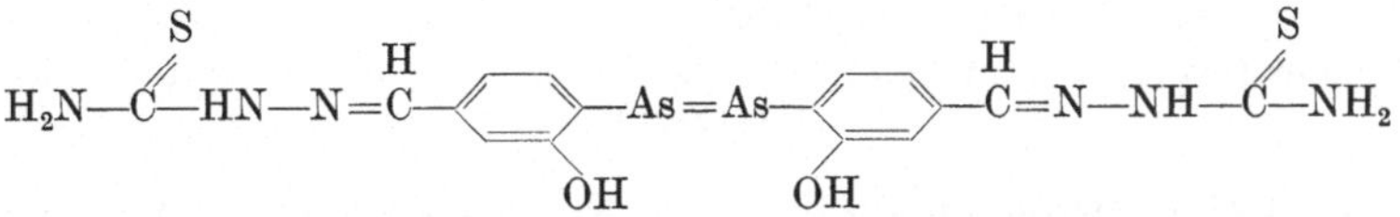

$H_2N{-}C({=}S){-}HN{-}N{=}CH{-}C_6H_3(OH){-}As{=}As{-}C_6H_3(OH){-}CH{=}N{-}NH{-}C({=}S){-}NH_2$

4,4′-Arseno-3,3′-dihydroxy-di-(benzaldehyd-thiosemicarbazon)

ersetzt.

In der klinischen Prüfung erbrachten die Verbindungen keinen Vorteil gegenüber Neosalvarsan und erlangten daher keine praktische Bedeutung (s. dazu auch Herrmann u. Hilmer 1954).

Aus der Reihe der Pyridin- und Chinolinarsenverbindungen, wie sie zuerst von Binz u. Mitarb. (Binz u. Räth 1927, 1930; Binz, Räth u. Urbschat 1929; Binz, Räth u. Maier-Bode 1930), später in Gemeinschaft mit den Farbwerken Hoechst entwickelt wurden, kamen nur folgende Präparate

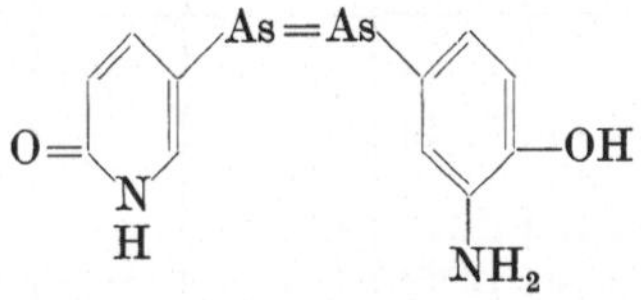

As=As; O=; N; H; OH; NH_2

2-Pyridon-⟨5-arseno-1⟩-3-amino-4-hydroxybenzol
(Präparat BR 34)

und

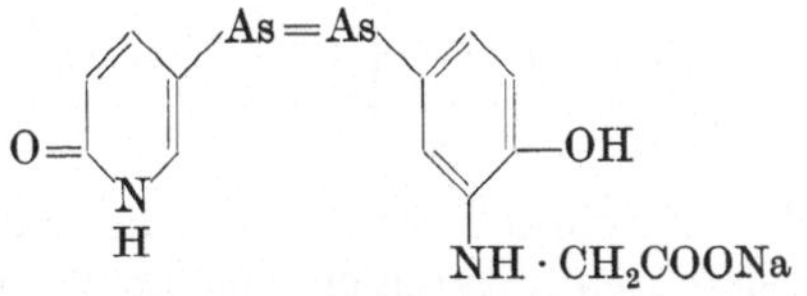

As=As; O=; N; H; OH; $NH \cdot CH_2COONa$

2-Pyridon-⟨5-arseno-1⟩-3-aminoessigsäure-4-hydroxy-benzol-Natriumsalz
(Präparat BR 68)

auf Grund der Ergebnisse im Tierversuch:

Präparat	Trypanosoma brucei	
	Dosis tolerata pro 20 g Maus intravenös	Dosis curativa pro 20 g Maus intravenös
BR 34 . .	2,0 mg	0,06 mg
BR 68 . .	3,3 mg	0,166 mg

zur klinischen Prüfung. Sie waren im Tierversuch bei Tryp. brucei sehr gut wirksam, doch zeigten auch sie in der klinischen Prüfung bei Syphilis keinen Vorteil gegenüber Neosalvarsan.

Der Ersatz des Sauerstoffes in den Salvarsan-Präparaten durch Schwefel bewirkt keine Erhöhung des therapeutischen Effekts.

Unter den unsymmetrischen Arsenobenzolen erlangte besondere Bedeutung das neu entwickelte Spirotrypan (DRP 727403; DBP 822993) folgender Konstitution:

As═══As

—N   —N(CH$_2$CHOH—CH$_2$OH)$_2$

O——C—S—CH$_2$—CH$_2$—COONa   OH

2-Di-(β,γ-dihydroxypropyl)-amino-phenol-⟨4-arseno-5⟩-β-[benzoxazolyl-(2′)-mercapto]-propion-saures Natrium.

Im Molekül ist eine basische und eine saure Komponente miteinander verknüpft. FEHRLE, HERRMANN und HILMER (unveröffentlicht) hatten 1938 eine neuartige

Tabelle 21. *Chemotherapeutischer Index von Spirotrypan, Neosalvarsan und Solu-Salvarsan versuche nach intravenöser Applikation.* (Nach

1	2	3	4	5	6	7	8	9	10
Präparat	Stamm	$\tilde{dl}_{50}$ mg/kg	Fehlerfaktor	$\tilde{dc}_{50}$ mg/kg	Fehlerfaktor	$\tilde{R}$	$\tilde{dl}_5$ mg/kg	Fehlerfaktor für Mittelwerte	Fehlerfaktor für Einzelwerte
Spirotrypan. . .	1	1484,15	1,046	241,15	1,086	6,77	848,35	1,065	—
Spirotrypan. . .	4	1484,15	1,046	108,4	—	6,77	848,35	1,065	1,232
Spirotrypan. . .	5	1484,15	1,046	75	—	6,77	848,35	1,065	
Spirotrypan. . .	16	1484,15	1,046	615,15	—	6,77	848,35	1,065	
Spirotrypan. . .	19	1484,15	1,046	551	—	6,77	848,35	1,065	
Neosalvarsan . .	1	445,32	1,012	6,4	1,184	8,85	290,25	1,077	—
Neosalvarsan . .	16	445,32	1,012	88	—	8,85	290,25	1,077	1,198
Neosalvarsan . .	19	445,32	1,012	150	—	8,85	290,25	1,077	1,198
Solu-Salvarsan .	1	866,3	1,096	120,6	1,043	5,00	405,85	1,147	—
Solu-Salvarsan .	16	866,3	1,096	70	—	5,00	405,85	1,147	1,378

Gruppe von Arsonsäuren synthetisiert (s. o.), die eine hohe Wirksamkeit gegenüber vielen „arsenresistenten" Stämmen von Tryp. brucei aufwiesen. Eine dieser Arsonsäuren entspricht der in der oben aufgeführten Formel links stehenden

Tabelle 22. *Chemotherapeutischer Index von Spirotrypan und Neosalvarsan bei der Kaninchen-* (Nach WAGNER und SCHULZ

1	2	3	4	5	6	7	8	9	10
Präparat	Stamm	$\tilde{dl}_{50}$ mg/kg	Fehlerfaktor	$\tilde{dt}_{50}$ mg/kg	Fehlerfaktor	$\tilde{R}$	$\tilde{dl}_5$ mg/kg	Fehlerfaktor für Mittelwerte	Fehlerfaktor für Einzelwerte
Spirotrypan . .	Truffi	556	1,07	22,8	1,07	9,4	372	1,12	1,27
Neosalvarsan . .	Truffi	354	1,04	9,2	1,04	4,9	163	1,05	1,09

Komponente des Spirotrypan; die rechte Komponente ist basischer Natur. Beiden Bestandteilen liegt, wenn auch in der sauren Komponente in kaschierter Form, die von EHRLICH als optimal wirksam bezeichnete o-Aminophenol-Konfiguration zugrunde. Der besondere technische Vorteil ist die Stabilität der in Ampullen abgegebenen Lösung.

Bei der zuerst von FUSSGÄNGER (1951) durchgeführten experimentellen Prüfung an kleinen Nagern wurde eine besonders hohe Avidität gegenüber Salvarsan- und auch Solu-Salvarsan-festen Stämmen von Tryp. brucei festgestellt, die sich auch auf solche Rhodesiense-Stämme erstreckte, die eine maximale Festigung gegen Tryparsamid erfahren hatten. Auch bei dem primär gegen basisch substituierte Arsenikalien resistenten Rattentrypanosomenstamm (Tryp. lewisi) war Spirotrypan mit 20 mg/kg gut und wesentlich besser wirksam als Arsenophenylglycin. Gegen Tryp. evansi und equinum war nach diesem Forscher ebenfalls eine gute Wirkung zu konstatieren; auch die Blutform von Sch. cruzi war empfindlich. Die Gewebsformen (Leishmaniaformen) dieses Erregers der Chagaskrankheit konnten jedoch nicht abgetötet werden. Wesentlich geringere Dosen als zur Ab-

für verschiedene Trypanosomen- und Borrelienstämme (Mäuse). Alle Toxicitäts- und Heil-
WAGNER und SCHULZ 1952. Erklärung s. Text)

11	12	13	14	15	16	17	18	19	20
$\tilde{d}c_{95}$ mg/kg	Fehlerfaktor	Ch. I.	Fehlerfaktor	Anzahl der Tox- Versuche n_T	Anzahl der Heil- Versuche n_H	Anzahl der F.G. n_T+n_H-3 (n_T-2)	t	P	Bemerkungen
421,86	1,098	2,01	1,119	4	6	7	6,21	$<0{,}001$	
189,7	—	4,47	(1,232)	4	1	2	7,18	$0{,}01<P<0{,}02$	gr
130,9	—	6,48	(1,232)	4	2	3	8,96	$0{,}001<P<0{,}01$	gr
(1075,2)	—	0,79	(1,232)	4	1	2			
(963,8)	—	0,88	(1,232)	4	2	3			gr
9,81	1,202	29,58	1,220	2	4	3	17,03	$<0{,}001$	
135,1	—	2,15	(1,198)	2	1	1	4,24	$0{,}1<P<0{,}2$	
229,6	—	1,26	(1,198)	2	1	1	1,28	$0{,}4<P<0{,}5$	gr
257,5	1,117	1,58	1,193	2	3	2	2,59	$0{,}05<P<0{,}10$	
149,2	—	2,72	(1,378)	2	2	1	3,12	$0{,}1<P<0{,}2$	gr

heilung der Trypanosomeninfektionen wurden hingegen zur Heilung der Kaninchensyphilis benötigt, so daß die Indikation von Spirotrypan vor allem bei der Syphilis liegt.

Syphilis (Truffi-Stamm). Alle Toxicitäts- und Heilversuche nach intravenöser Applikation.
1952. Erklärung s. Text)

11	12	13	14	15	16	17	18	19	20
$\tilde{d}t_{95}$ mg/kg	Fehlerfaktor	Ch. I.	Fehlerfaktor	Anzahl der Tox- Versuche n_T	Anzahl der Heil- Versuche n_H	Anzahl der F.G. n_T+n_H-3 (n_T-2)	t	P	Bemerkungen
34,2	1,12	10,9	1,17	4	4	5	14,9	$<0{,}001$	gr
19,9	1,15	8,2	1,16	2	3	2	14,2	$0{,}001<P<0{,}01$	gr

WAGNER und SCHULZ (1952) haben unter Benutzung moderner biometrischer Methoden die chemotherapeutischen Eigenschaften von Spirotrypan näher geprüft. Ihre Ergebnisse sind in Tabelle 21 und 22 aufgeführt.

Sie bestimmten in ihrer Arbeit, die unter anderem der Gewinnung der für die staatliche Prüfung nötigen Daten diente, die chemotherapeutische Breite von Spirotrypan an einem großen Tiermaterial bei verschiedenen Erregern. Als Maß hierfür diente der „Chemotherapeutische Index" Ch. I. $= \frac{dl_5}{dc_{95}}$. Dabei wird die dc_{50} und dl_{50} experimentell bestimmt; durch Extrapolation werden dl_5 und dc_{95} unter Zuhilfenahme der „Steilheit" R (= Wirkungsgeraden) gewonnen. Die in Tabelle 21 und 22 mit ~ gekennzeichneten Werte sind geometrische Mittel mehrerer Einzelwerte. Mittels einer von den genannten Autoren entwickelten Fehlerrechnung wurden Fehlerfaktoren bestimmt, mit denen man die links von ihnen aufgeführten Werte dividieren bzw. multiplizieren muß, um den einfachen Fehlerbereich zu erhalten. F.G. bedeutet in der Tabelle die Zahl der für die statistische Auswertung benützten Freiheitsgrade. Die in der Rubrik t und P angegebenen Zahlen beziehen sich auf die statistische Sicherung des Ch.I. Ist P klein, z.B. 0,01, so darf man mit Signifikanz des Unterschieds von dl_5 und dc_{95} rechnen. „gr" in Spalte 20 bedeutet, daß die Heilwertkurve (Gerade im Wahrscheinlichkeitsnetz nach HAZEN) nur graphisch bestimmt wurde; dieses Verfahren liefert Anhaltspunkte für dc_{50} und R, jedoch keine Fehlerangaben.

Die in Tabelle 21 mit Zahlen bezeichneten Stämme sind:

Nr. 1: Trypanosoma brucei,
Nr. 4: Trypanosoma brucei (Salvarsan-fest),
Nr. 5: Trypanosoma brucei (Solu-Salvarsan-fest),
Nr. 16: Borrelia recurrentis (Spirochaeta obermeieri),
Nr. 19: Borrelia duttonii (Spirochaeta duttonii).

Eine Analyse der in Tabelle 21 und 22 aufgeführten Werte ergibt bei Spirotrypan einen kleinen chemotherapeutischen Index für normalresistente Trypanosomen, der aber größer ist als der von Solu-Salvarsan, einen ebenfalls geringen für Borrelien und einen hohen für Treponema pallidum.

Bei der Bestimmung der Avidität von Spirotrypan ergaben sich folgende Beziehungen:

Tabelle 23. *Bestimmung der Avidität von Spirotrypan nach der Methode von* SCHNITZER (1934) *und* SCHNITZER und GRUNBERG (1957)

	Chemotherapeutischer Index bei				
	Ausgangsstamm	resistenter Stamm		Quotient	
	N	R⁴ *	R⁵ **	N:R⁴	N:R⁵
Spirotrypan	2,01	4,47	6,48	0,45	0,32

* Salvarsan-fester Stamm. ** Solusalvarsan-fester Stamm.

Diese Werte stehen in guter Übereinstimmung mit den von FUSSGÄNGER bestimmten (s. o.) und zeigen, daß die gegen Salvarsan und Solu-Salvarsan gefestigten Stämme chemotherapeutisch besser beeinflußt werden als der Normalstamm. Damit ist der Aviditätsindex unter 1,0 abgesunken, was weit über das hinausgeht, was SCHNITZER (s. o.) als Idealfall ansah.

WAGNER und PEDAL (1951) prüften die Wirksamkeit der den beiden Spirotrypankomponenten entsprechenden Phenylarsenoxyde und fanden bei einem normalempfindlichen Stamm von Tryp. brucei eine höhere Wirksamkeit der sauren Verbindung; zugleich war diese auch gegenüber Tryp. lewisi und einem Salvarsan-festen Stamm sehr gut wirksam (WAGNER u. PEDAL, unveröffentlicht). Dies entspricht den von FUSSGÄNGER (s. o.) ermittelten Befunden bei den analogen Arsonsäuren. Die gute Wirkung des Spirotrypanmoleküls bei resistenten Stämmen ist also auf den sauer substituierten Anteil zurückzuführen, wie dies auch nach den oben gemachten Ausführungen nicht anders zu erwarten ist.

Die Hauptindikation von Spirotrypan ist aber nach den experimentell gewonnenen und später von der Praxis bestätigten Befunden die Syphilis. Der von

WAGNER und SCHULZ (s. o.) bestimmte Wert für den Ch.I. (hier als $dl_5:dt_{95}$* angegeben) war mit 10,9 zwar höher als der von Neosalvarsan mit 8,2; der Unterschied war aber nicht signifikant. Die später von WAGNER und PEDAL (1954) an einem großen Tiermaterial durchgeführte Feststellung der sterilisierenden Dosis erfolgte nach Überimpfung der Popliteal-, Inguinal- und Mesenteriallymphknoten auf nichtinfizierte Tiere, die nach ausreichend langer Beobachtung keine Syphilombildung mehr aufweisen durften. Diese sterilisierende Dosis liegt bei intravenöser Anwendung wenig über 30 mg/kg und ist damit etwas höher als die von FUSSGÄNGER beim Nichols-Stamm festgestellte von 20 mg/kg intravenös.

Weitere experimentelle Daten zur Spirotrypanwirkung stammen von SCHLOSSBERGER und BRANDIS (1953), HÜLLSTRUNG (1949), HERRMANN (1952) sowie HERRMANN und THER (1953). Eine größere Zahl von Autoren hat über die klinische Anwendung von Spirotrypan berichtet (BANCK 1951; KÜHNER 1951; FÖLSCH, GLÄSER u. KRIEGK 1951; s. dazu auch den Beitrag von EBERHARTINGER in diesem Handbuch). Somit ist Spirotrypan das vorläufig letzte Glied der langen Reihe von klinisch erprobten Arsenobenzolen.

Von SCHMIDT und KIKUTH (1950) wurden *Arsen-Antimonverbindungen* (Arseno-stibioverbindungen) hergestellt und auf ihren chemotherapeutischen Wert bei Lues untersucht. Zur experimentellen Prüfung bei Lues wurde vor allem das Präparat Sdt 544 (Arsant) folgender Konstitution

OH NH · CO · NH_2

NaO_3SH_2C · HN— —NH · CH_2SO_3Na

As ═══ Sb

3,3'Diaminomethansulfosaures-natrium-4-hydroxy-4'-ureido-arseno-stibiobenzol

herangezogen. Im Vergleich mit Neosalvarsan ergaben sich folgende Daten:

	Neosalvarsan (19% As)	Arsant (9,5% As, 15% Sb)
Dos. tox. . .	300 mg/kg	400 mg/kg
Dos. tol. . . .	250 mg/kg	300 mg/kg
Dos. cur. . .	20 mg/kg	20 mg/kg
Ch. I.	1:12	1:15

Wenn auch die Wirkung etwa der von Neosalvarsan entspricht, wurde die weitere Prüfung des Präparates wegen der häufigen Nebenwirkungen (Exanthem) eingestellt.

III. Biologische Standardisierung von Arsenobenzolen

Die chemischen Eigenschaften der Arsenobenzole machen die biologische und klinische Prüfung jeder dem Handel zu übergebenden Herstellungseinheit (Charge) notwendig. Schon EHRLICH hatte die Notwendigkeit dieser Maßnahme erkannt, die biologische Prüfung des Salvarsans eingeführt und gefordert, vor der Anwendung in der Klinik alle Salvarsan-Derivate auf Unschädlichkeit und Heilwirkung am Tier zu prüfen. Das in Jahrzehnten bei dieser Prüfung angefallene

* dt_{95} (dosis treponemicida): diejenige Dosis, die bei 95% der infizierten Kaninchen (Trep. pall. Stamm Truffi) 3 Tage nach Behandlung unter sorgfältigster mikroskopischer Kontrolle die Schanker treponemenfrei macht.

Material ist besonders gründlich bearbeitet worden und hat die Einführung einer neuen, auf dem „allgemeinen Standardprinzip“ (PRIGGE 1935, 1939, 1946) beruhenden Prüfungsordnung zur Folge gehabt.

Bei der Prüfung auf Toxicität sah die ursprüngliche, von KOLLE und LEUPOLD (1927) ausgearbeitete Salvarsan-Prüfungsvorschrift die Auswertung des zu prüfenden Präparates mit zwei festgelegten Dosen an Mäusen und einer ebenfalls festgelegten Dosis an Ratten vor. Wesentlich dabei war der Verzicht auf Mitführung eines Standardpräparates. Die Heilwertprüfung arbeitete zwar mit einem Standard, benützte aber vier verschiedene Dosierungen. Voraussetzung für die Verläßlichkeit einer biologischen Prüfung ohne Standard ist die Konstanz des Tiermaterials. Diese Voraussetzung ist aber noch nicht einmal bei erbreinem Versuchstiermaterial gegeben. Beobachtungen von ROTHERMUND (1942) bei der Prüfung von Salvarsan-Präparaten zeigten, daß auch für die biologische Prüfung von Arsenobenzolen die Giftresistenz der Versuchstiere ausschlaggebend und keineswegs immer gleichmäßig ist; Fütterungsversuche dieses Autors mit saurer, alkalischer, vitaminreicher und -armer Ernährung ergaben unter Umständen eine Herabsetzung der Resistenz eines ganzen Tierkollektivs. Dies kann zur Zurückweisung eines an sich dem Standard in seiner Toxicität entsprechenden Prüfpräparates führen, da der Bezugswert fehlt. Das Standardprinzip ist inzwischen, vor allem auf Grund der von PRIGGE durchgeführten Untersuchungen, in vielen biologischen Prüfungen eingeführt worden. ROTHERMUND (s. o.) schloß daher, daß „die staatliche Salvarsanprüfung ... in der bisherigen Form nicht mehr allen Anforderungen gewachsen“ ist, „die an sie gestellt werden“ und „daß sie infolgedessen den neueren biologischen Meßmethoden mehr angepaßt werden“ muß.

SCHÄFER (1943) hat in einer grundlegenden Arbeit unter Benutzung von Prinzipien, die PRIGGE (1937[1,2], 1939) sowie PRIGGE und SCHÄFER (1939) aufgestellt haben, eine große Reihe von Salvarsan-Prüfungen und ihre Ergebnisse nach biometrischer Methodik untersucht.

Als ein gut zu reproduzierender Wert erwies sich — nach Konstruktion der Wirkungsgeraden aus den Resultaten der Toxicitäts- und Heilwertsprüfung im logarithmischen Wahrscheinlichkeitsnetz — das Steigungsmaß R der Hazenschen Geraden (Steilheit der Wirkungsgeraden), das ein Ausdruck der Streuung des Tiermaterials ist. Für Neosalvarsan und das Frankfurter Tiermaterial war $R = 11{,}03 \pm 0{,}61$ (Toxicitätsbestimmung an Mäusen). WAGNER und SCHULZ (1952) fanden bei einer Nachprüfung dieses Wertes im Zusammenhang mit der chemotherapeutischen Untersuchung von Spirotrypan einen etwas kleineren Wert: $R = 8{,}85$. Das diesen Autoren zur Verfügung stehende Tiermaterial war jedoch viel kleiner als das von SCHÄFER, der das gesamte Prüfungsmaterial der Jahre 1926—1939 mit insgesamt 964 Operationsnummern ausgewertet hatte. Außerdem hatten WAGNER und SCHULZ die R-Werte für den Verträglichkeits- und Heilwertsversuch gemittelt, da sich beide Werte nicht signifikant unterschieden.

Demnach ist R recht konstant, doch darf man diese Konstanz nicht für die bei der Toxicitätsprüfung mit festgelegten Dosen zu beobachtende Mortalität der Versuchstiere erwarten. Hier wird durch geringe Änderungen der dl_{50} in Abhängigkeit von der Empfindlichkeit der zur Prüfung herangezogenen Versuchstiere die Anwendbarkeit der ohne Standard arbeitenden Prüfverfahren stark beeinträchtigt. Dabei ist die Gefahr der Zulassung von Präparaten mit einer höheren Toxicität als der des Standards von geringerer Bedeutung als die Möglichkeit, daß bei einer recht geringen Reduktion der Resistenz des Versuchstiermaterials Präparate zurückgewiesen werden können, die eine an sich zulässige Toxicität aufweisen. So berechnete SCHÄFER (s. o.), daß bei einer Resistenzminderung der Versuchstiere, die einem Dosenverhältnis von 1,2:1 entspricht, 99,25% aller der Präparate zurückgewiesen werden, die eine dem Standard zukommende Toxicität aufweisen.

Auf Grund dieses Sachverhaltes schlug SCHÄFER (1943) zur Reform der staatlichen Salvarsan-Prüfung vor, daß Prüf- und Standardpräparat an nach

Möglichkeit zwei gleichgroßen Tierkollektiven mit *einer* Dosis geprüft werden. Dabei ist die Prüfungsdosis so zu bemessen, daß „nach Möglichkeit etwas weniger als die Hälfte des Standardkollektives ... getötet werden".

Als Kriterium für die *Zurückweisung* einer Charge ist nach SCHÄFER der Ausdruck

$$k = (a_2 - a_1)\sqrt{\frac{N-1}{A\,B}}\,{}^{*}$$

anzusehen. Bei $k > 2{,}326$ ist das Prüfungspräparat mit hoher Wahrscheinlichkeit toxischer als der Standard; nur in 1% aller Prüfungen darf man bei $k < 2{,}326$ Standardtoxicität erwarten.

Die Gewinnung eines Kriteriums für die *Zulassung* eines Präparates in der vergleichenden Prüfung ist sehr viel schwieriger. Wenn $k \leqq 2{,}326$ ist, so liegt kein zwingender Grund für die Annahme vor, die Toxicität der verglichenen Präparate sei nicht gleich. Liegt aber ein in bezug auf den Standard höher toxisches Prüfpräparat vor, so muß sich bei der Prüfung nicht immer ein signifikanter k-Wert (d.h. $k > 2{,}326$) ergeben, vor allem dann nicht, wenn die beim Standard beobachtete Mortalität zufällig eine Minusvariante und die beim Prüfpräparat beobachtete Mortalität zufällig eine Plusvariante der (unbekannten) wahren Mortalitäten sind. SCHÄFERs Reformvorschlag sah für den Fall der Zulassung eines Präparates vor, daß der Wert des bei der Prüfung festgestellten Toxicitätsverhältnisses kleiner sein muß als 1,55. Die Wahrscheinlichkeitsberechnung ergibt, daß nur 1% der Präparate, deren Toxicität 1,55mal so groß ist wie die des Standards oder größer, die Prüfung besteht.

Die neue „Vorschrift für die staatliche Prüfung für Salvarsanpräparate" vom 25. 6. 1948 und die Ergänzung dieser Vorschrift (Staatliche Prüfung von Spirotrypan) vom 7. 5. 1951 sind auf diesen Grundlagen aufgebaut (s. dazu auch ROTHERMUND 1942). Sie sehen eine Toxicitätsprüfung bei Mäusen und Ratten sowie eine Prüfung auf Heilwirkung an trypanosomeninfizierten Mäusen (in Stichprüfung auch an mit Trep. pall. infizierten Kaninchen) vor. Die Prüfungen an Mäusen werden — bei Toxicitäts- und Heilwertsprüfungen nach dem gleichen Bewertungsschlüssel, wenn auch mit verschiedenen Dosen — mit Kollektiven zu je 10 Mäusen (Prüf- und Standardpräparat) durchgeführt. Entsprechend den oben skizzierten Grundlagen erfolgt entweder die Zulassung oder Zurückweisung des Präparates; in Zweifelsfällen wird eine Wiederholung der Prüfung angesetzt und das Ergebnis der 1. und 2. Prüfung vereinigt und dann bewertet. Die Ablesung des Resultates ist sehr einfach, da in „Bewertungstabellen" die möglichen Differenzen der Mortalität bei Prüf- und Standardpräparat aufgeführt und entsprechend vorhandener oder fehlender Signifikanz des Unterschieds im Sinne der Zulassung bzw. Zurückweisung eines Präparates interpretiert sind. — Bei Ratten werden Prüfpräparate ohne Kontrolle eines mitgeführten Standards injiziert; bei zu hoher Sterblichkeit (> 40%) wird die Prüfung unter Kontrolle durch den Standard wiederholt. Als Kriterium für die Zulassung eines Präparates gilt hier ein Toxicitätsverhältnis < 1,65 und für die Zurückweisung ein solches, das größer ist als 1,65.

Somit ist die geltende Prüfungsvorschrift den neueren Erkenntnissen auf dem Gebiet biologischer Meßmethoden angepaßt; außerdem hat sie, wie auch OTTO (1948) hervorhebt, den Vorteil einer außerordentlichen Ersparnis an Tiermaterial.

---

* In dieser Formel bedeuten a_1 und a_2 die getöteten Tiere des Standard- und Prüfkollektives. A ist die Gesamtheit der getöteten und B die Gesamtheit der am Leben gebliebenen Tiere; $N = A + B$. Die oben angeführte Formel gilt nur für den Fall, daß in Prüf- und Standardkollektiv gleich viel Tiere enthalten sind.

D. Phenylarsonsäuren

I. Allgemeine Eigenschaften

Von den zahlreichen Phenylarsonsäuren werden nur ganz wenige in der Behandlung der Syphilis angewendet. Um eine Übersicht über die Fülle der Möglichkeiten auf diesem Gebiet zu erhalten, ist es daher mehr als in den vorhergehenden Kapiteln nötig, auf die Wirkung bei solchen Erregern einzugehen, die nicht unmittelbar in das Gebiet der Haut- und Geschlechtskrankheiten gehören. Außer ihrer direkten therapeutischen Wirksamkeit sind die aromatischen Arsonsäuren auch als Ausgangsmaterial für Arsenobenzole wichtig.

Die aromatischen Arsonsäuren sind zweibasische Säuren, die 2 Arten von Salzen bilden. Die Dissoziation ist von der Substitution im Benzolkern abhängig. Die wäßrigen Lösungen der Mononatriumsalze reagieren gewöhnlich neutral bis schwach sauer, die der Dinatriumsalze curcuma-alkalisch. Die Calcium- und Magnesiumsalze sind in kaltem Wasser meist löslich, in der Hitze fallen sie jedoch als schwerlösliche Verbindungen aus. Dieses Verhalten, besonders der Magnesium- und Calciumsalze, wird mit Erfolg zur Trennung der aromatischen Arsonsäuren von der Arsensäure angewandt, deren Calcium- und Magnesiumsalze bereits aus kalten Lösungen ausfallen. Auch die Stabilität der Arsonsäuren ist von der Substitution im Benzolring abhängig. Während Atoxyl beim Kochen der wäßrigen Lösung in Anilin und arsensaures Natrium gespalten wird, läßt sich Arsacetin sterilisieren. Die aromatischen Arsonsäuren sind meist gut kristallisierende Verbindungen, die zu einer Reihe chemischer Umsetzungen geeignet sind. Ihre Darstellung kann in vielen Fällen nach dem Béchamp-Verfahren (Béchamp 1863[1,2]), am vorteilhaftesten aber nach der später gefundenen und allgemein anwendbaren Bart-Schmidtschen Reaktion (Bart 1922[1,2], DRP 254092; Schmidt 1920, DRP 264924; Literatur der Diazosynthese bis 1946 s. bei Hamilton u. Morgan 1947; Houben-Weyl, im Druck) erfolgen.

Nach dem Béchamp-Verfahren lassen sich primäre Amine, Phenole, Indol, Pyridin u.a. beim Schmelzen mit Arsensäure in Arsonsäuren überführen:

$$H_2N\text{—}C_6H_4 + H_3AsO_4 \longrightarrow H_2N\text{—}C_6H_4\text{—}AsO_3H_2 + H_2O$$

Diese Reaktion wird vielfach mit der Sulfurierung aromatischer Verbindungen verglichen. Sie ist aber nicht so allgemein anwendbar wie die letztere und liefert auch nur in bestimmten Fällen befriedigende Ausbeuten. Sie hat aber bei der Auffindung von Salvarsan eine wichtige Rolle gespielt und wird auch heute noch in speziellen Fällen angewandt.

Nach dem Bart-Schmidtschen Verfahren entstehen Arsonsäuren durch Umsetzung von Diazoniumverbindungen mit arsenigsauren Salzen nach der Gleichung

$$C_6H_5\text{—}N{=}N\cdot OH + As(OH)_3 \longrightarrow C_6H_5\text{—}As(=O)(OH)_2 + H_2O + N_2$$

Hierbei geht das Arsen von der dreiwertigen in die fünfwertige Form über. Die Reaktion ist p_H-abhängig je nach Art und Stellung der Substituenten im Benzolkern. Diazotierte Dinitroaniline lassen sich am besten in stark salzsaurer Lösung mit arseniger Säure umsetzen, während andere Basen wieder Reaktionsbedingungen bis p_H 10 erforderlich machen. Auch Katalysatoren wie Kupferpulver oder ammoniakalische Kupferlösung beeinflussen den Reaktionsverlauf und die Ausbeute.

Im Laufe der letzten Jahrzehnte sind verschiedene Modifikationen der Bart-Schmidtschen Reaktion bekanntgeworden, die sich besonders in Spezialfällen bewährten (DRP 264924; Lewis u. Cheetman 1921; Phillips 1930; Ruddy, Starkey u. Hartung 1942; DRP 522892; Doak 1940).

Das Arsen ist in den Monoarylarsonsäuren meist fest gebunden, doch kann das Arsen durch Schmelzen mit Ätzkalk abgespalten und gegen Hydroxyl ausgetauscht werden. Die Haftfestigkeit des Arsens wird aber vor allem durch die Substituenten beeinflußt; so gibt z.B. die p-Aminophenylarsonsäure mit Brom in wäßriger Lösung Tribromanilin, die Meta-Aminophenylarsonsäure dagegen läßt sich glatt bromieren (Bertheim 1910). Eine Bromierung der p-Verbindung ist nur unter besonderen Bedingungen möglich (Benda u. Bertheim 1911). Die meta-ständige Nitrogruppe übt einen auflockernden Einfluß auf die Arsonogruppe aus; so spaltet die diazotierte m-Nitro-p-aminophenylarsonsäure beim Erwärmen das Arsen ab. Umgekehrt kann aber auch der Arsonsäurerest seinerseits auf die m-ständige Nitrogruppe auflockernd wirken und den Austausch gegen die OH-Gruppe ermöglichen (Benda 1911[2]).

Durch Kalischmelze entsteht aus Phenylarsonsäure Phenol und Kaliumarsenit. Beim Erhitzen mit Jodkalium und Schwefelsäure bildet sich gewöhnlich das entsprechende Jodbenzol.

Beim Trocknen der Arsonsäuren oder Erhitzen über ihren Schmelzpunkt entstehen Anhydride: Arsinobenzole, R—AsO_2, deren Bildung allerdings durch negative Substituenten erschwert wird. Durch Einwirkung von konzentrierter Salzsäure entstehen Oxychloride oder Tetrachloride — besonders leicht in alkoholischer Lösung —, die durch Wasser wieder unter Bildung von Arsonsäuren hydrolysiert werden:

$$R{-}As(=O)(OH)_2 \longrightarrow R{-}As(=O)Cl_2 \longrightarrow R{-}AsCl_4$$

Bei der Umsetzung von Jodalkyl mit phenylarsonsaurem Silber entstehen Ester, die sich aber sofort mit Wasser zersetzen.

Mit Schwefelwasserstoff geben die Arsonsäuren schwefelhaltige Produkte.

Bei vorsichtiger Behandlung mit Jodwasserstoff entstehen aus Arsonsäuren jodhaltige Derivate. Bei kräftiger Einwirkung von Jodwasserstoff auf Arsonsäuren wird Jod in Freiheit gesetzt und Arsenoxyd gebildet. Schwach wirkende Reduktionsmittel wie Phenylhydrazin oder schweflige Säure reduzieren die Arsonsäuren nur bis zur Arsenoxydstufe, Zinnchlorür, phosphorige und unterphosphorige Säure und Natriumdithionit reduzieren aber bis zu den Arsenoverbindungen. Die Reduktion der Arsonsäuren zur Arsenostufe mit Natriumdithionit geht nur durch Erwärmen oder durch längeres Stehen, die der Arsenoxyde aber sofort bei Raumtemperatur vor sich.

Mit der Aufklärung der Konstitution von Atoxyl, dem Natriumsalz der p-Aminophenyl-arsonsäure, gewannen die Arsanilsäure und ihre Salze in chemischer, pharmakologischer und chemotherapeutischer Hinsicht größte Bedeutung, und sie zählen neben Salvarsan zu den bestuntersuchten Arsenverbindungen.

Die chemotherapeutische Anwendung dieser Verbindung führte häufig zu gefährlichen Nebenerscheinungen. Deshalb gingen die Bemühungen Ehrlichs und anderer Forscher in erster Linie dahin, durch eine systematische Abwandlung der Arsanilsäuremolekel die therapeutische Wirkung zu verstärken und die Nebenwirkungen zu beseitigen.

Diese Versuche haben zur Herstellung einer großen Zahl neuer Arsenoverbindungen geführt, die auf breitester Basis chemotherapeutisch ausgewertet wurden.

Da Ehrlich in konsequenter Verfolgung seines Ziels bei der chemotherapeutischen Untersuchung sein Hauptaugenmerk ausschließlich auf die Wirksamkeit bei Spirochäten- und Trypanosomeninfektionen richtete, haben manche Verbindungen, die damals schon bekannt waren, erst später in anderer Richtung Bedeutung erlangt.

In den weiteren Ausführungen ist nur die Entwicklung auf dem Gebiete der aromatischen Arsonsäuren seit Erscheinen der letzten Auflage berücksichtigt.

II. Neu entwickelte Verbindungen

Nach Untersuchungen von Giemsa (1929) hat unter den Umsetzungsprodukten von Aminoarylarsonsäuren mit Halogenfettsäurehalogeniden (DRP 191548; DRP 268923; Giemsa u. Tropp 1926; Newberry, Phillips u. Stickings 1928; Balaban 1928; DRP 513210; DRP 524804; DBP 853167) (z.B. Chloracetylchlorid u. a.) das p-Glykolylaminophenylarsonsäure-Natrium (Präparat Hoechst 4002) wegen seiner geringen Giftigkeit und seiner guten trypanociden wie treponemiciden Wirksamkeit große Bedeutung erlangt. Es ist wasserlöslich und hat folgende Konstitution:

AsO_3HNa

$NH \cdot CO \cdot CH_2 \cdot OH$

Es gelangte unter dem Namen „Allegan" in den Handel und wurde gegen bestimmte Nematoden, vor allem die Strongyliden der Pferde, verwendet.

Nachdem 1939 aus Untersuchungen von FUSSGÄNGER (unveröffentlicht) bekannt wurde, daß Wismutverbindungen (DRP 518516) von Arsonsäuren wegen ihrer guten Verträglichkeit und Wirkung sich ausgezeichnet zur oralen Behandlung von Lues und Frambösie eignen und nach HAUER (1943) und O. WAGNER (1951) auch einen guten Heilwert bei Amoebiasis besitzen, wurde das basische Wismutsalz der p-Glykolylaminophenylarsonsäure (Präparat Hoechst 9659a) als Heilmittel bei Amoebiasis in die Tropenpraxis eingeführt (Viasept*, Milibis**).

Arsonsäureamide mit einer ähnlichen Wirkung wie Phenylglycin-p-arsonsäure sind die Verbindungen Phenylaminopropionamid-p-arsonsäure („Proparsamid") und das Methylsuccindiaminobenzol-p-arsonsäure-natrium („Neocryl") folgender Konstitution:

$NH \cdot CO \cdot CH_2 \cdot CH_2 \cdot CO \cdot NHCH_3$

AsO_3HNa

das in den USA als Heilmittel bei Trypanosomeninfektionen Anwendung fand (FISCHL u. SCHLOSSBERGER 1934).

Die Farbwerke Hoechst haben eine Reihe neuer Derivate der Phenylglycin-p-arsonsäure hergestellt, unter denen besonders das Phenylglycin-methylglucamid-p-arsonsäure-natrium („Dextrarsin", Präparat Hoechst 8299, DRP 754544)

$NH \cdot CH_2 \cdot CO \cdot N\langle^{CH_3}_{C_6H_{13}O_5}$

AsO_3HNa

eine gute Verträglichkeit besitzt und keine neurotoxischen Nebenerscheinungen zeigt. Infolge eines Zuckerrestes ist es leicht wasserlöslich. Trotz seiner guten Eigenschaften fand es keinen Eingang in den Arzneimittelschatz.

Von den vielen direkten Abkömmlingen der Arsanilsäure seien noch folgende Verbindungen erwähnt: das Etharsanol (I) und das Proparsanol (II) von HAMILTON, RAIZISS u. Mitarb. (FISCHL u. SCHLOSSBERGER 1934).

Sie wurden bei der Trypanosomen- und Syphilisinfektion der Versuchstiere geprüft und erwiesen sich in ihrer Wirkung bei Schlafkrankheit etwa dem Tryparsamid gleichwertig. Wegen der häufigen Opticus-Schädigungen kamen sie aber nicht zur Anwendung.

* Farbwerke Hoechst AG. ** Winthrop-Sterling (USA).

$NH \cdot CH_2 \cdot CH_2 \cdot OH$	$NH \cdot CH_2 \cdot CH_2 \cdot CH_2 \cdot OH$
AsO_3HNa	AsO_3HNa
I	II
p-Hydroxäthylaminophenylarsonsaures Natrium	p-Hydroxypropylaminophenylarsonsaures Natrium

Die *Ureido-* bzw. *Thioureidoverbindungen*, wie sie durch die nachstehenden Strukturformeln dargestellt sind, haben bei Protozoeninfektionen keine Bedeutung erlangt.

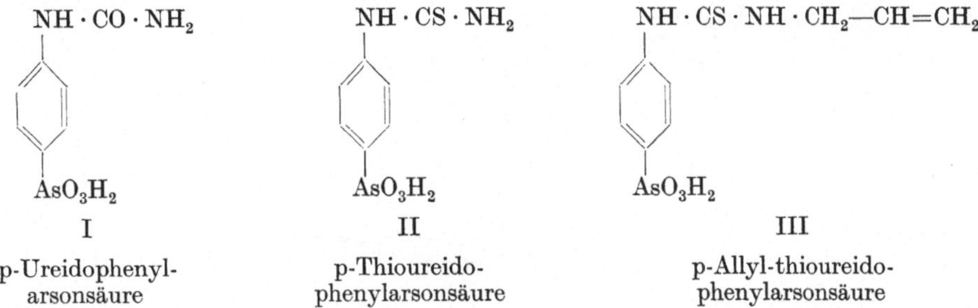

I p-Ureidophenylarsonsäure — II p-Thioureidophenylarsonsäure — III p-Allyl-thioureidophenylarsonsäure

Die Verbindung I hat keine trypanociden Eigenschaften und war EHRLICH schon 1909 bekannt. Im Jahre 1921 wurde von LEAKE, REED, ANDERSON u. a. (vgl. FISCHL u. SCHLOSSBERGER 1934, S. 422) ihre amöbicide Wirksamkeit bei oraler Anwendung festgestellt. Sie kam unter dem Namen „Carbasone" (DRP 213155), das Natriumsalz unter der Bezeichnung „Asuran" in den Handel.

Auch die nachstehenden Verbindungen zeichnen sich durch eine sehr gute Amöbenruhrwirksamkeit aus (O. WAGNER 1951):

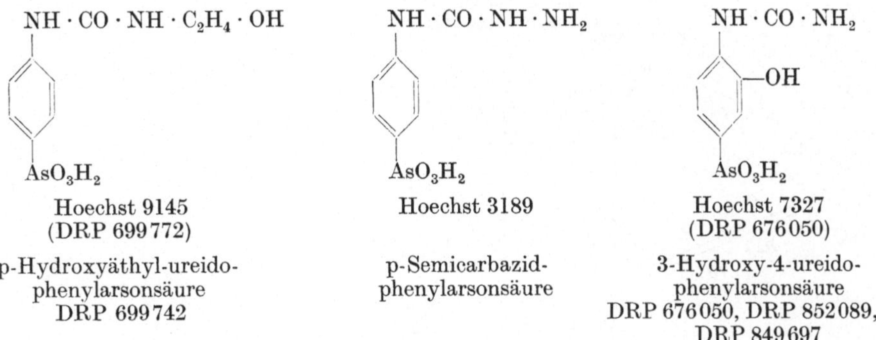

Hoechst 9145 (DRP 699772) p-Hydroxyäthyl-ureidophenylarsonsäure DRP 699742 — Hoechst 3189 p-Semicarbazidphenylarsonsäure — Hoechst 7327 (DRP 676050) 3-Hydroxy-4-ureidophenylarsonsäure DRP 676050, DRP 852089, DRP 849697

Die bekannteste Vertreterin der *Oxybenzol-arsonsäuren* ist die p-Oxyphenylarsonsäure. Sie zeigt eine geringe Toxicität, aber auch keine besondere Heilwirkung. Chemisch war sie vor allem wichtig als Ausgangsmaterial für weitere chemische Umsetzungen.

Unter den *Dioxybenzol-arsonsäuren* ist die Resorcinarsonsäure fast ohne Wirkung auf Protozoen. Dagegen besitzt die 3,4-Dioxybenzol-1-arsonsäure (Brenzcatechinarsonsäure, Präparat Hoechst 5028, DRP 555004; 556458) wegen ihrer trypanociden Wirkung chemotherapeutisches Interesse.

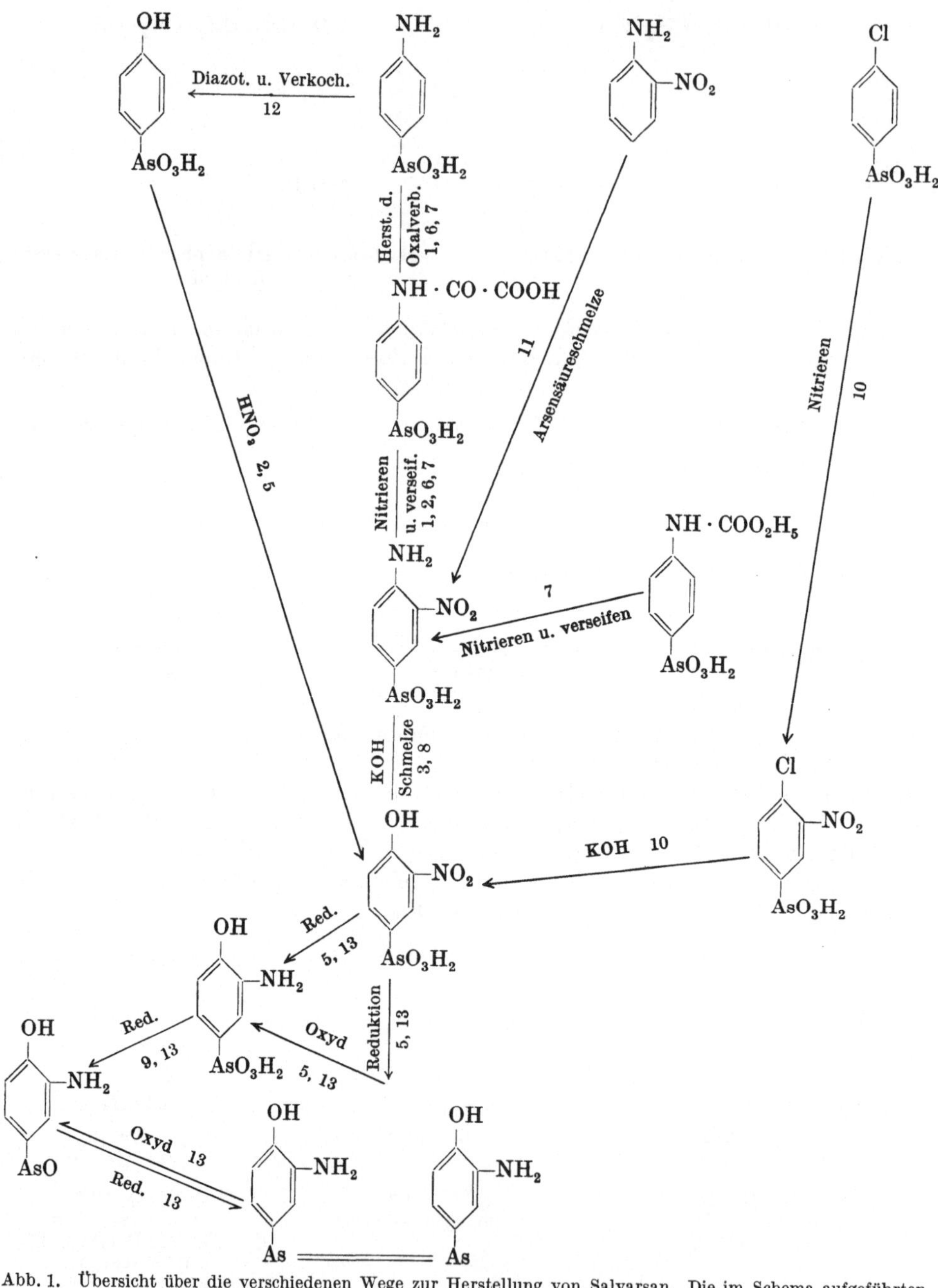

Abb. 1. Übersicht über die verschiedenen Wege zur Herstellung von Salvarsan. Die im Schema aufgeführten Zahlen beziehen sich auf die unten angegebenen Literaturhinweise

[1] Bertheim, A.: B. **44**, 3092 (1911).
[2] Benda, L., u. A. Bertheim: B. **44**, 3445 (1911).
[3] Benda, L.: B. **44**, 3449 (1911).
[4] Benda, L.: B. **45**, 53 (1912).
[5] Farbwerke Hoechst, DRP 224953 (1910).
[6] Farbwerke Hoechst, DRP 231969 (1911).
[7] Farbwerke Hoechst, DRP 232879 (1911).
[8] Farbwerke Hoechst, DRP 235391 (1911).
[9] Farbwerke Hoechst, DRP. 235 391 (1911).
[10] Farbwerke Hoechst, DRP 245536 (1912).
[11] Mamdi, C.: 1909 II, 1856.
[12] Bertheim, A.: B. **41**, 1845 (1908). — DRP 223796 (1910). — Barrowcliff: C. 1909 I, 162.
[13] Ehrlich, P., u. A. Bertheim: B. **45**, 756 (1912).

Die Wismutverbindung der Brenzcatechinarsonsäure (DRP 557726) hat eine stärkere Wirkung bei Syphilis, die Kupferverbindung bei Abortus Bang (Versuche des Chemotherapeutischen Instituts der Farbwerke Hoechst AG., unveröffentlicht).

Zur wichtigsten Gruppe der fünfwertigen organischen Arsenverbindungen zählen die *Amino-hydroxy-phenylarsonsäuren*. EHRLICH war, wie er selbst berichtet, „schon lange vor der Auffindung des Salvarsans der Auffassung, daß bei therapeutisch wirksamen Benzolderivaten, die zwei differente pharmakodynamische Substituenten enthalten, von denen einer salzbildend wirkt (OH- oder NH_2-Gruppe), eine Erhöhung der Wirkung eintreten müßte, wenn ein dritter Substituent in ortho-Stellung zur salzbildenden Gruppe tritt" (EHRLICH u. HATA 1910) und führt als Beispiel Trypanrot, Trypanblau und Halogenparafuchsin an.

Auch bei den Arsonsäuren zeigt sich das allgemeine Prinzip, daß Nitro- und Methylgruppen als ortho-Substituenten im allgemeinen dystherapeutisch, Halogenverbindungen aber vielfach eutherapeutisch wirken. Weiter konnte festgestellt werden, daß Jod, in den Komplex des Arsenobenzols eingeführt, die trypanocide Wirkung aufhebt, aber die spirillocide Wirkung erhöht.

Diese Ergebnisse veranlaßten EHRLICH zur Einführung der o-Amino-phenol-Gruppierung, die zudem aus Arsanilsäure relativ leicht zugänglich war. Es sei vorweggenommen, „daß die Einführung von Aminoresten in o-Stellung zur Hydroxylgruppe ein eutherapeutisches Maximum darstellt". Die Bemühungen zahlreicher Chemiker aller Kulturstaaten, die in den vergangenen 40 Jahren unternommen wurden, um das Salvarsan in seiner chemotherapeutischen Leistung zu übertreffen, konnten die Richtigkeit dieser Anschauung bestätigen.

Andererseits hat die Einführung eines vierten Substituenten im allgemeinen keine Verbesserung, eher eine Verschlechterung des Heileffektes bewirkt.

Aus der p-Hydroxyphenylarsonsäure entsteht durch Nitrieren die 3-Nitro-4-hydroxy-phenylarsonsäure, die allerdings auch auf verschiedenen anderen, technisch vorteilhafteren Wegen dargestellt werden kann, wie dies aus Abb. 1 ersichtlich ist. Die 3-Nitro-4-hydroxy-phenylarsonsäure dient als Ausgangsmaterial für Salvarsan. Sie wurde erstmals von BENDA und BERTHEIM (1911) dargestellt.

Die 3-Amino-4-hydroxy-phenylarsonsäure entsteht durch Reduktion mit 1 Mol Natriumdithionit (DRP 224953), ferner mit Eisen (BENDA 1911[1]) oder Ferrosalzen, mit Glucose (BENDA u. BERTHEIM 1911), auf katalytischem Wege mit Wasserstoff, durch elektrochemische Reduktion oder durch Reduktion mit Hydrazinhydrat (BALCOM u. FURST 1953).

Neben der 3-Hydroxy-4-aminobenzolarsonsäure sind 10 weitere isomere Amino-hydroxy-phenyl-arsonsäuren theoretisch möglich, die im Laufe der Zeit teils im Ehrlichschen Institut, teils in den Farbwerken Hoechst und von FOURNEAU am Institut Pasteur dargestellt wurden.

Die Wirkung dieser 10 isomeren Arsonsäuren und ihrer Acetylderivate bei der Tryp. brucei-Infektion der Maus wurde von FOURNEAU, NAVARRO-MARTIN und TRÉFOUEL (1923) und FOURNEAU, TRÉFOUEL und LESTRANGE-TRÉVISE (1926) zusammengestellt (s. Tabelle 24).

Von den Acetylderivaten der 3-Amino-4-hydroxy-phenylarsonsäure und ihren Isomeren wird heute noch in der Therapie verwendet: die 3-Acetylamino-4-hydroxy-phenylarsonsäure (Spirocid, Stovarsol):

OH

$NH—CO—CH_3$

AsO_3H_2

Das Spirocid wurde von EHRLICH und HATA unter der Nr. 495 geprüft, wegen der relativ geringen Wirkung bei Trypanosomen und seiner neurotoxischen Eigenschaften jedoch nicht weiter verfolgt. Erst als FOURNEAU im Jahre 1921 seine prophylaktische Wirkung bei oraler Applikation gegen Spirochäten erkannte, wurde es in größerem Umfang klinisch angewendet. Heute wird es vor allem in der Kinderheilkunde und als Wirkstoff gegen Trichomonadenfluor (Devegan) verwendet.

Zur Herstellung von gebrauchsfertigen Injektionslösungen stehen folgende Salze der 3-Acetylamino-4-hydroxy-phenylarsonsäure zur Verfügung: Solvarsin, das Aminoäthanolsalz (DRP 527715) (Farbwerke Hoechst), Acetylarsan, das Diäthylaminsalz (May & Baker).

In weiteren Untersuchungen wurde geprüft, ob den Imidazolsalzen der Aminohydroxyphenylarsonsäure bzw. ihren Derivaten eine größere Wirkung und bessere Verträglichkeit zukommt. Es wurde festgestellt, daß das 3-Acetylamino-4-hydroxyphenylarsonsaure Glyoxalin-(Präparat Hoechst 8573) wenig giftig, nicht neurotoxisch und bei Syphilis doppelt so wirksam wie Spirocid ist. Außerdem hat es eine bei Arsonsäuren seltene Wirkung bei Recurrens. Das 2-Oxyessigsäure-glyoxalin-3,4-diacetylamino-4'-hydroxy-arsenobenzol (Präparat Hoechst 8595) ist ebenfalls eine gut verträgliche Verbindung, deren Wirkung bei Recurrens und Kaninchensyphilis den Verbindungen der Arsalytreihe gleichwertig ist (Untersuchungen des Chemotherapeutischen Instituts der Farbwerke Hoechst, unveröffentlicht).

Tabelle 24. *Trypanocide Wirksamkeit in vivo und Verträglichkeit im Mäuseversuch von Acetylamino- und Amino-hydroxy-phenylarsonsäuren.* (Zusammengestellt nach Angaben von FOURNEAU, NAVARRO-MARTIN u. TRÉFOUEL 1923 und FOURNEAU, TRÉFOUEL u. LESTRANGE-TRÉVISE 1926)

Stellung		Amino-hydroxy-phenylarsonsäure			Acetylamino-hydroxy-phenylarsonsäure		
OH	NH_2	d. t. m.[1]	d. cur.[2]	Ch. I.[3]	d. t. m.[1]	d. cur.[2]	Ch. I.[3]
2	3	4	4	1	5	5	1
2	4	15	2	7,5	{20 25	1 2	20 12,5
2	6	18	18	1	50	—	0
3	2	6—7	3	~2,2			
3	4	30	15	2	35	15—20	2
3	5	55	20	2,8			
4	2	28—30	28	~1	15	2	8
4	3	35	7	5			
5	2	20	10	2			
6	3	8	5	1,6			

[1] Dosis tolerata maxima, an der Albinomaus nach einmaliger Gabe festgestellt.

[2] Dosis curativa minima; an mit Tryp. brucei infizierten Albinomäusen ermittelt als geringste heilende Dosis.

[3] Chemotherapeutischer Index $= \frac{\text{dos. tol. max.}}{\text{dos. cur. min.}}$.

Arsanilsaures Methylglyoxalin (Präparat Hoechst 9072) erwies sich als giftiger und nicht besser wirksam als Atoxyl, so daß nicht von einer allgemeinen Entgiftung und Wirkungsverbesserung von Arsenikalien durch Glyoxalin gesprochen werden kann.

Die Formaldehydbisulfitverbindung wurde unter dem Namen „Aldarson" ebenfalls zur Behandlung des Trichomonadenfluors verwandt:

$$NaO_3As—C_6H_3(—OH)(—NH \cdot CH_2SO_3Na)$$

3-Aminomethansulfonsäure-4-hydroxy-arsonsäure-di-Natrium

Die Einführung des Dihydroxypropylrestes mit Hilfe des 3-Hydroxypropylenoxyds in die Aminogruppe wirkt stark entgiftend und erhöht beträchtlich die

Wasserlöslichkeit. Die 3-Di-(β,γ-dihydroxypropyl)-amino-4-hydroxyphenylarsonsäure bewährte sich ausgezeichnet bei der Herstellung wertvoller unsymmetrischer Arsenobenzole (Spirotrypan, Neoproparsan).

Durch Nitrieren von Spirocid entsteht die entsprechende 5-Nitroverbindung, die sich leicht zur Aminoverbindung folgender Konstitution

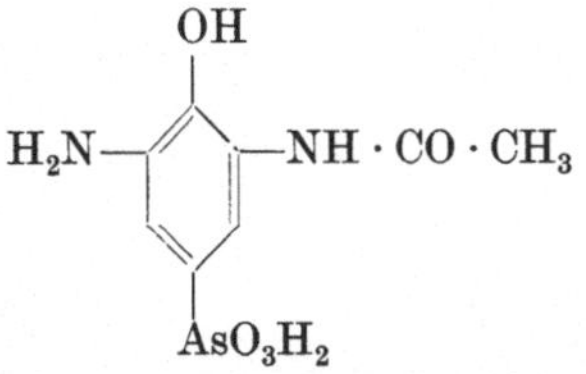

OH

H_2N— —$NH \cdot CO \cdot CH_3$

AsO_3H_2

3-Acetylamino-4-hydroxy-5-amino-phenylarsonsäure

reduzieren läßt. Sie kann nochmals acetyliert werden. Diese Verbindung hat sich als Komponente bei der Herstellung unsymmetrischer Arsenobenzole bewährt (Neoproparsan; DRP 614941; DRP 618447; DRP 623450; DRP 635398; DRP 638265; DRP 646409; DRP 666573; DRP 667844; DRP 667845 und Vorgänger von Spirotrypan, DRP 727403).

Das 2-Hydroxy-4-acetylamino-phenylarsonsäure-Natrium (Orsanin)

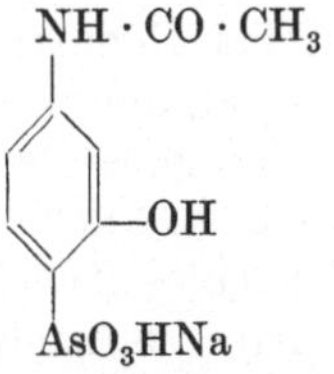

$NH \cdot CO \cdot CH_3$

—OH

AsO_3HNa

hat einen sehr guten Index bei Trypanosomeninfektionen und wurde von FOURNEAU und LEVADITI zur Bekämpfung der Schlafkrankheit empfohlen (vgl. FISCHL u. SCHLOSSBERGER 1934, S. 432). Es gleicht in der Wirkung mehr dem Arsacetin als dem Spirocid. Diese Säure hat später Anwendung bei der Herstellung von Solu-Salvarsan gefunden.

Die 3-Isobutylamino-4-hydroxyphenylarsonsäure hat bei Recurrens einen höheren therapeutischen Index als Spirocid (BURSCHKIES, ROTHERMUND; vgl. FISCHL u. SCHLOSSBERGER 1934, S. 431).

Auch die 3-Amino-4-hydroxy-5-methoxy-phenylarsonsäure (Präparat Hoechst 4876, DRP 555241) steht Spirocid nahe. Diese Verbindung fällt aber insofern aus der Reihe der Arsonsäuren heraus, als sie sich durch einen besonders günstigen chemotherapeutischen Index auszeichnet und sich für die orale Behandlung der Lues als geeignet erwies. Die Indices bei diesen beiden Infektionen kommen denen der Arsenobenzole sehr nahe. Im Vergleich zu Spirocid ist das Präparat 4876 bei Syphilis 8mal und bei Frambösie sogar 20mal stärker wirksam (Versuche des Chemotherapeutischen Instituts der Farbwerke Hoechst, unveröffentlicht).

Zur Herstellung von Ureido-phenylarsonsäuren, die bisher durch die Umsetzung der entsprechenden Carbäthoxyaminoverbindungen mit Basen (DRP 699772) oder durch Umsetzung aminogruppenhaltiger Phenylarsonsäuren mit Kaliumcyanat oder mit Nitroharnstoff (DRP 213155, DRP 676050) zugänglich waren (s. o.), konnten zwei weitere allgemein anwendbare Herstellungsverfahren aufgefunden werden. Einmal bilden sich bei der Einwirkung organischer Basen auf Benzoxazolonarsonsäuren (DPB 852089), die ihrerseits aus den o-Aminohydroxyphenylarsonsäuren mit Phosgen entstehen, in guter Ausbeute arsenhaltige

Ureidoverbindungen. Ferner entstehen aus Azidoarsonsäuren und organischen Basen Harnstoffderivate:

O—CO

NH + H_2N—R ⟶ OH, NH · CO · NH · R

AsO_3H_2 AsO_3H_2

NH · CO · N(N=N) + H_2N · R ⟶ NH · CO · NH · CH_3 + N_3H

AsO_3H_2 AsO_3H_2

Auf diese Weise ließ sich eine Reihe wirksamer Arsenverbindungen gewinnen.

Die nach dem ersten Verfahren hergestellte 3-Propanol-ureido-4-hydroxyphenylarsonsäure (Präparat Hoechst 9800, DBP 852089) zeigt bei oraler Anwendung einen guten Heileffekt bei Recurrens, insbesondere bei Borrelia crucidurae. Die 3-Ureido-4-hydroxy-5-jodphenyl-arsonsäure (Präparat Hoechst 9112a, DBP 849697) zeigte gleichfalls eine gute Recurrenswirkung.

Eine neue Körperklasse hatte ALBERT (DRP 461831, DRP 461832, DRP 462842, DRP 520225) in der Absicht entwickelt, die luftempfindliche o-Aminophenolstruktur in Arsenobenzolen auszuschalten. Er hatte Hydrazinverbindungen von Carbonylarsenderivaten in Zusammenarbeit mit Hoechst hergestellt. Diese Substanzen wurden von verschiedenen Prüfern auf ihren chemotherapeutischen Wert bei den verschiedenen Infektionen untersucht.

Die Arsonsäuren selbst hatten keine chemotherapeutische Bedeutung erlangt. Sie wurden zur Herstellung von Arsenobenzolen verwandt, die an der diesbezüglichen Stelle (s. o.) beschrieben sind.

Angeregt durch die Erfolge der Sulfonamidtherapie wurden *Arsenverbindungen, die Sulfonamidgruppen* (FOX 1947) enthalten, wie z.B. die Benzolsulfonamid-p-arsonsäure (I) oder Verbindungen des Salvarsantyps (US-Pat. 2409291) (II)

H_2NO_2S—C_6H_4—AsO_3H_2

I

Benzolsulfonamid-p-arsonsäure

As=As

—OH —OH

H_2N—C_6H_4—SO_2HN NH · O_2S—C_6H_4—NH_2

II

3,3′-Di-hydroxy-4,4′-di-(aminobenzol-p,p′-sulfonamid)-arsenobenzol

dargestellt. Sie zeigten aber weder eine Protozoenwirkung noch eine Wirksamkeit bei Lues.

Es war bekannt, daß Triazinylverbindungen durch schrittweisen Umsatz von Cyanurchlorid mit Basen bzw. Aminosäuren entstehen und farblos auf die

Faser aufziehen. Diese färberische Erkenntnis wurde etwa zur gleichen Zeit von Hoechst, FRIEDHEIM (1944) und BANKS, GRUHZIT, TILLITSON und CONTROULIS (1944) zur Grundlage chemotherapeutischer Studien gemacht.

Die Ergebnisse seien hier nur zum Teil angeführt, da sie, wie selten ein anderes Beispiel, den starken Einfluß geringfügiger Änderungen auf die Wirkung von Arsenikalien zeigen.

Tabelle 25 gibt einen Überblick über die wirksamen Verbindungen dieser Reihe. Wird in der ersten Verbindung, die als „Melarsin" gegen Schlafkrankheit verwendet wird, aber auch bei Spirochätenerkrankungen wirksam ist, die NH_2-Gruppe z.B. durch $-NH \cdot CH_3$, $-NH \cdot C_2H_4 \cdot OH$, $-NH \cdot NH_2$ oder $-NH \cdot CO \cdot NH \cdot NH_2$ ersetzt, so verschwindet die Wirkung. Sie bleibt lediglich bei der Ureidoverbindung bestehen:

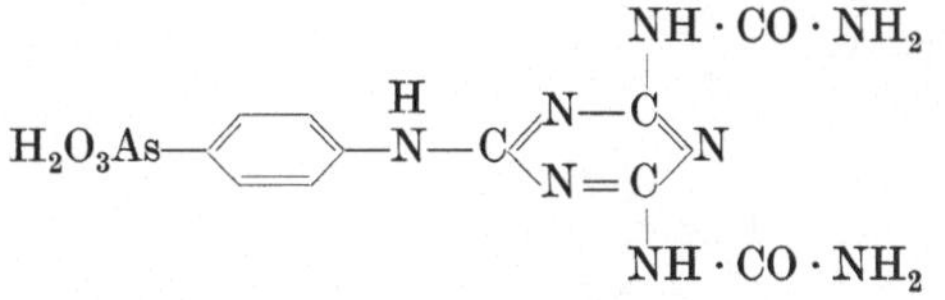

NH · CO · NH_2

H_2O_3As—⟨⟩—N(H)—C⟨N—C / N=C⟩N

NH · CO · NH_2

2-(4′-Arson-anilino)-4,6-di-ureido-triazin

Dieser Unterschied tritt noch viel deutlicher bei den entsprechenden Arsenoxyden in Erscheinung.

Arsenverbindungen des Pyridins wurden zuerst von BINZ u. Mitarb. dargestellt (BINZ u. RÄTH 1927[1,2]; BINZ, RÄTH u. URBSCHAT 1929; BINZ, RÄTH u. MAIER-BODE 1930; BINZ, RÄTH u. v. LICHTENBERG 1930; BINZ, MAIER-BODE u. ROST 1931; DRP 633867) und später mit BINZ in den Farbwerken Hoechst auf breiter Basis weiterbearbeitet und chemotherapeutisch geprüft. Sie waren, nachdem das 2-Aminopyridin und seine Derivate nach einem Herstellungsverfahren von TSCHITSCHIBABIN und SLIDE (1915) zugänglich waren, verhältnismäßig einfach darstellbar.

Es entstand eine Reihe neuer Arsonsäuren, Arsenoxyde sowie symmetrischer und unsymmetrischer Arsenobenzole.

Das 2-Aminopyridin bzw. das 2-Hydroxypyridin (Pyridon) geben beim Verschmelzen mit Arsensäure die 2-Aminopyridin-5-arsonsäure (I) bzw. die 2-Hydroxypyridin-5-arsonsäure (II). Zwischen beiden Verbindungen besteht eine Isomerie, wie das Formelschema zeigt:

I	II
H_2N–Pyridin–AsO_3H_2 ⇅ $HN=$Pyridin(NH)–AsO_3H_2	HO–Pyridin–AsO_3H_2 ⇅ $O=$Pyridin(NH)–AsO_3H_2
Präparat Hoechst 6447	Präparat Hoechst 3453

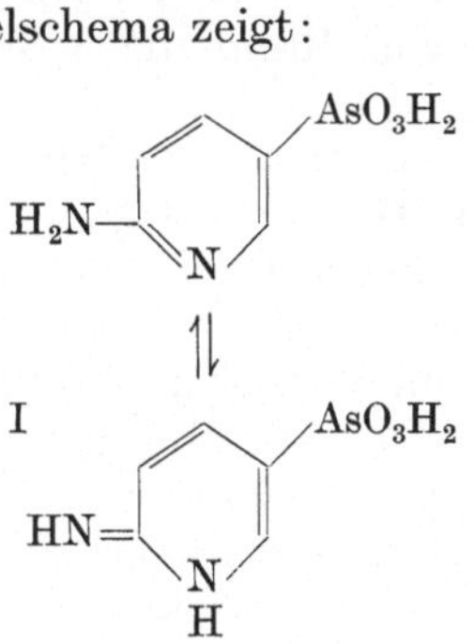

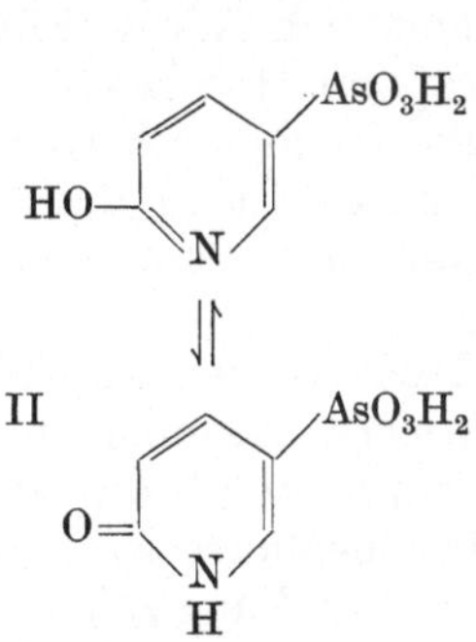

Zum Teil tritt bei der Béchamp-Schmelze auch Arsenierung in der 3-Stellung ein; die 2-Pyridon-5-arsonsäure kann aber auch nach der Bart-Schmidtschen Reaktion erhalten werden. Durch Nitrieren und Reduktion entsteht die 3-Amino-2-pyridon-5-arsonsäure (Präparat BR 23, Hoechst 6139). Aus der 2-Pyridon-

Tabelle 25. *Verträglichkeit und trypanocide Wirksamkeit in vivo von Triazinyl-arsonsäuren (Albinoratte). Tryp. equiperdum.* (Nach BANKS, GRUHZIT, TILLITSON u. CONTROULIS 1944)

	dl_{50} [1] mg/kg	Dosis cur. min. [2] mg/kg	Chemotherapeutischer Index [3]
2-(4'-Arsono-anilino)-4,6-diamino-triazin	2000	60	33
2-(4'Arsono-anilino)-4-hydroxy-6-amino-triazin	4500	150	30
2-(3'-Hydroxy-4'-arsono-anilino)-4,6-diamino-triazin	120	15	8
2-(2'-Hydroxy-5'-arsono-anilino)-4,6-diamino-triazin	90	40	2,3

[1] dl_{50} nach intravenöser Applikation.
[2] Dosis cur. min.: kleinste Dosis, die nach einer Beobachtungsdauer von 4 Wochen noch Rezidive verhütet.
[3] $\frac{dl_{50}}{\text{Dosis cur. min.}}$.

5-arsonsäure bildet sich durch Einwirkung von Brom die 3-Brom-2-pyridon-5-arsonsäure (Präparat Hoechst 3560).

Tabelle 26 gibt die chemotherapeutischen Indices der vorstehenden Präparate an. Wegen des guten Index des Präparates 3453 bei Tryp. brucei wurde das Gebiet der Pyridin- und Chinolinarsenverbindungen einer eingehenden Bearbeitung unterzogen.

Die Arsono-Derivate des 2-Pyridons sind im Vergleich zu anderen anorganischen und organischen Arsenikalien wenig toxisch. Die Giftigkeit steigt aber an, wenn die Oxy-Gruppe durch die Amino-Gruppe ersetzt und die Arsono-Gruppe n die 3-Stellung eingeführt wird. Nur die Pyridonarsenverbindungen mit der Arsono-Gruppe in 5-Stellung zeigen trypanocide Wirksamkeit.

Chinolinarsonsäuren, arsenhaltige Acridinverbindungen, kondensierte Ringsysteme wie z.B. die Dibenzofurfuryl-2-arsonsäure und die 9-Methylcarbazol-3-arsonsäure (BURTON u. GIBSON 1927) sowie Indol- (DRP 240973) und Thienylarsonverbindungen haben keine chemotherapeutischen Besonderheiten gezeigt.

Pyrrylarsonsäuren sind nur in geringer Zahl in der Literatur bekanntgeworden. Die bekannteste Verbindung dieser Körperklasse ist das „Ikterogen" (Dimethyl-

Tabelle 26. *Chemotherapeutische Indices der Pyridinarsonsäuren.* (Versuche von R. SCHNITZER, Chemotherapeutisches Institut der Farbwerke Hoechst)

Substanz[4]	Intravenös			Subcutan		
	d. t. m.[1] (mg/kg)	d. cur.[2] (mg/kg)	Ch. I.[3]	d. t. m.[1] (mg/kg)	d. cur.[2] (mg/kg)	Ch. I.[3]
6447	33	5	6,6	33	6,6	5
3453	85	20	4,3	125	20	6,3
6139	40	2	20	30	4	7,5
3560	85	14	6	33	10	3,3

[1] Dosis tolerata maxima; an der Albinomaus nach einmaliger Gabe ermittelt.

[2] Dosis curativa minima; an mit Tryp. brucei infizierten Albinomäusen ermittelt als geringste heilende Dosis.

[3] Chemotherapeutischer Index $= \frac{\text{dos. tol. max.}}{\text{dos. cur. min.}}$.

[4] Bezeichnung der Substanzen s. Text.

pyrrolarsanilsäure; FISCHL u. SCHLOSSBERGER 1934). Weitere Verbindungen wurden von H. FISCHER und R. MÜLLER (1925) beschrieben. Wegen ihrer hohen Giftigkeit eignen sie sich nicht zur chemotherapeutischen Anwendung. Versuche zur Darstellung amino-hydroxy-substituierter Pyrrylarsonsäuren sind ergebnislos verlaufen.

*Arsono-phenylimidazole**

H_2O_3As—C₆H₄—C—N=C·R / HC—N(H) (Imidazolring)

Die direkte Einführung von Arsen in den Imidazolring ist bisher noch nicht gelungen. Der Grund für die geringe Affinität des Arsens zum Imidazol mag vielleicht darin zu suchen sein, daß die beiden Stickstoffatome in dem fünfgliedrigen System die organischen Eigenschaften weitgehend zurücktreten lassen zugunsten eines mehr ammoniakähnlichen Verhaltens.

Die Versuche von BALABAN und KING (1925), den Imidazolring unter Vermittlung weiterer Atome mit Arsen in Reaktion zu bringen, waren erfolgreich. Aber in den Imidazol-carbonsäure-p-arsonoaniliden

H_2O_3As—C₆H₄—NH·CO·C—N=CH / HC—N(H) (Imidazolring)

ist der Imidazolring mit dem Benzolring durch eine Säureamidbindung verknüpft, die durch Kochen mit Alkali spaltbar ist. Die weiteren Versuche der beiden Forscher, durch Arsenieren des 2-(p-Aminophenyl)-imidazols zur Imidazolyl-phenylarsonsäure zu gelangen, scheiterten. Dagegen gelang WEIDENHAGEN und HERRMANN (1935) die Synthese des 4 (bzw. 5)-Arsono-phenyl-imidazols in guter Ausbeute aus der Benzoylcarbinol-p-arsonsäure mit ammoniakalischer Kupferoxydlösung bei Gegenwart eines Aldehyds. Diese Verbindung, wie ihre Alkylderivate, zeigt einen brauchbaren chemotherapeutischen Index bei Lues. Sie fanden aber trotzdem keine Verwendung in der Luestherapie.

Eine wichtige Gruppe heterocyclischer Arsenverbindungen sind die Benzimidazolon- (DRP 446545; DRP 489459; DRP 507525), die Merkaptobenzimidazol-, Merkapto-benzoxazol- und die Merkaptobenzthiazolarsonsäuren (DRP 519987) und ihre Derivate.

* WEIDENHAGEN u. RIENÄCKER (1939)

Die *Benzimidazolonarsonsäuren* entstehen leicht aus o-Diaminobenzolverbindungen durch Einwirkung von Phosgen oder Chlorkohlensäureester. Das wirksamste Präparat ist die 1-Benzmethylimidazolon-5-arsonsäure (Präparat Hoechst 2754) folgender Konstitution:

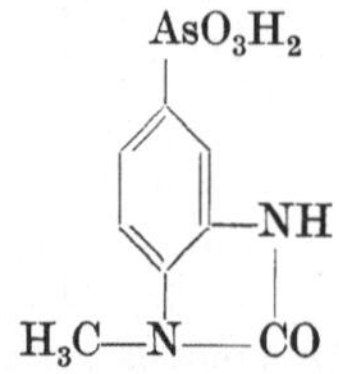

AsO_3H_2 — NH — H_3C—N—CO

Nach KOLLE (vgl. FISCHL u. SCHLOSSBERGER 1934, S. 513) übertrifft sie alle bisher bekannten Arsonsäuren an Heilwert bei Tryp. brucei.

In ihrer Wirkung schwächer sind die beiden Derivate:

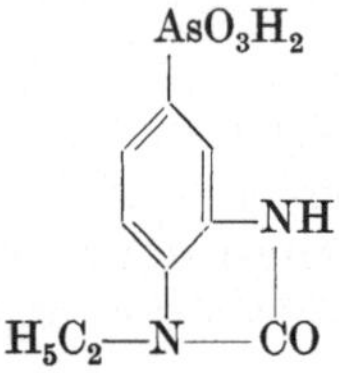

AsO_3H_2 — NH — H_5C_2—N—CO

Präparat Hoechst 2828

1-Benzäthylimidazolon-5-arsonsäure

und

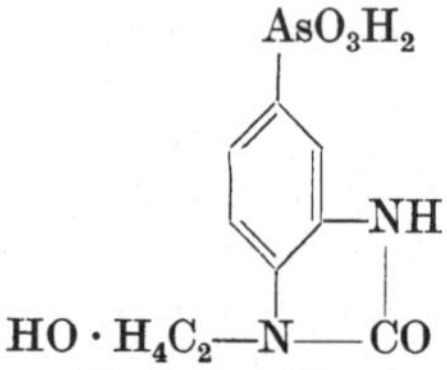

AsO_3H_2 — NH — $HO \cdot H_4C_2$—N—CO

Präparat Hoechst 2830

1-Hydroxäthylbenzimidazolon-5-arsonsäure

Tabelle 27. *Trypanocide Wirksamkeit in vivo und Verträglichkeit im Mäuseversuch von 3,4-Benz-imidazolonarsonsäurederivaten.* (Versuche des Chemotherapeutischen Instituts der Farbwerke Hoechst AG, unveröffentlicht. Erklärung der Bezeichnung s. Text)

Präparat	Dos. max. tol. mg/20 g Maus subcutan	Dos. curativa mg/20 g Maus subcutan	Chemotherapeutischer Index
2754	20	0,4—0,5	~44
2828	20	5	4
2830	66	20	3,3

In Tabelle 27 ist die Wirksamkeit dieser 3 Verbindungen angegeben.

Aus der Reihe der schwefelhaltigen aromatischen Arsonsäuren haben die folgenden Grundtypen, die 2-Merkaptobenzoxazol-, 2-Merkapto-benzimidazol- und die 2-Merkaptobenzthiazol-5-arsonsäure (DRP 519987)

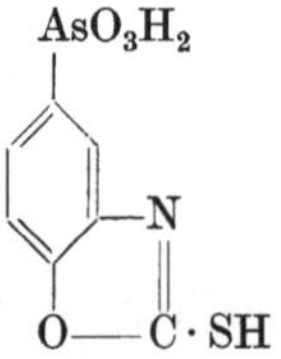

AsO_3H_2 — N — O—C·SH

Präparat Hoechst 5572

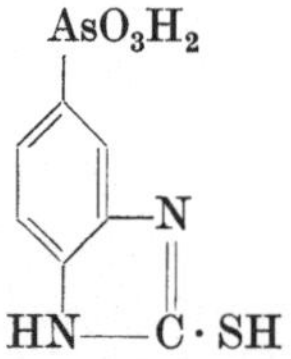

AsO_3H_2 — N — HN—C·SH

Präparat Hoechst 5557

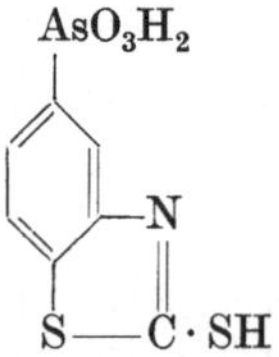

AsO_3H_2 — N — S—C·SH

Präparat Hoechst 4560

sich als wertvolle Ausgangsmaterialien für schwefelhaltige Arsonsäureverbindungen erwiesen. Ein Derivat der ersten Verbindung, die 2-Merkapto-propionsäure-benzoxazol-5-arsonsäure (Präparat Hoechst 7152) erlangte eine besondere chemotherapeutische Bedeutung.

Beim Studium dieser Verbindung konnte FUSSGÄNGER (unveröffentlicht) feststellen, daß sie bei künstlich und natürlich Salvarsan-festen Trypanosomenstämmen eine stärkere Wirkung entfaltet als bei nicht Salvarsan-festen Trypanosomenarten. Wegen ihrer hohen Avidität wurde sie daher zur Herstellung neuer unsymmetrischer Arsenobenzole verwandt in der Absicht, in einer Molekel systematisch die Eigenschaft der Avidität mit der Wirkung gegen Treponemen und Trypanosomen zu vereinigen (Spirotrypan S. 744).

E. Schlußbetrachtung

Von allen Chemotherapeutica zählen die organischen Arsenverbindungen zu den best untersuchten Verbindungen. Dies hängt wohl in erster Linie mit der Entwicklung der modernen Chemotherapie zusammen, die ihren Ausgang von diesen Substanzen nahm. Organische Arsenikalien waren aber nicht nur die ersten, sondern — außer dem später als wirksam erkannten Wismut — für lange Zeit auch die einzigen chemotherapeutisch angewendeten Substanzen in der Syphilisbehandlung, bis nach dem zweiten Weltkrieg Antibiotica, in erster Linie Penicillin, hinzukamen.

Die Entwicklung auf dem Arsengebiet, die in den letzten Jahrzehnten eine Fülle von Fortschritten aufweist, ihre Voraussetzungen und ihre Ergebnisse in chemotherapeutischer Hinsicht sind im Rahmen dieses Handbuches in erster Linie im Hinblick auf ihre Wirkung auf den Syphiliserreger behandelt worden. Der therapeutische Wert organischer Arsenverbindungen bei Protozoeninfektionen (vor allem bei Trypanosomen, aber auch Trichomonaden, Amöben, Anaplasmen u. a.), Borrelien, Helminthen und anderen Krankheitserregern ist deshalb in der vorstehenden Abhandlung nur gestreift worden; sie stellt daher keinen Abriß über die gesamte Chemotherapie mit organischen Arsenikalien dar. Zudem wurde bevorzugt die experimentell-therapeutische Seite des Arsenproblems berücksichtigt, während die klinischen Ergebnisse an anderer Stelle dargestellt werden.

Als Ergebnis umfangreicher experimenteller Forschungen sind zahlreiche neue, zum Teil hochwirksame Präparate aufgefunden worden, von denen einige wohl auf längere Sicht eine bedeutende Rolle im Arzneischatz spielen werden. Außer diesen praktischen Resultaten ist aber auch eine Fülle von Erkenntnissen gewonnen worden, die den Zusammenhang von Konstitution und Wirkung bei Arsenverbindungen, ihren Wirkungsmechanismus, enzymatische und schließlich Probleme der biologischen Standardisierung von Wirkstoffen betreffen. So stellt das weite Gebiet der Arsenverbindungen ein verhältnismäßig abgerundetes Kapitel der gesamten Chemotherapie dar, dessen Studium wertvolle Anregungen für diese gesamte therapeutische Richtung bietet.

Literatur

ALBERT, A., J. E. FALK and S. D. RUBBO: Antibacterial action of arsenic. Nature (Lond.) **153**, 712 (1944). — AMMON, G.: Die Transfusionslues und ihre Bedeutung für das Blutspendewesen. Z. Haut- u. Geschl.-Kr. **17**, 216 (1954). — ANDERSON, H. H., H. G. JOHNSTONE, W. BOSTICK, A. P. CHEVARRIA and H. PACKER: Thioarsenites in amoebiasis. J. Amer. med. Ass. **140**, 1251 (1949). — ARZT, L.: Die Transfusionssyphilis. Wien. klin. Wschr. **61**, 105 (1949).

BALABAN, J. E.: Heterocyclic compounds containing arsenic. III. Some derivatives of 4-amino-3-hydroxyphenylarsine acid. J. chem. Soc. **1928**, 3066. — 3:4-Methylenedioxyphenylarsinic acid. J. chem. Soc. **1929**, 1088. — BALABAN, J. E., and K. H. KING: Trypanocidal action and chemical constitution. Part III. Arsinic acids containing the glyoxaline nucleus. J. chem. Soc. **127**, 2701 (1925). — BALCOM, D., and A. FURST: Reductions with hydrazine hydrate catalyzed by Raneynickel. I. Aromatic nitro compounds to amines. J. Amer. chem. Soc. **75**, 4334 (1953). — BANCK, K.: Über die Verträglichkeit von Spirotrypan, einem neuen Chemotherapeuticum zur Behandlung der Lues. Z. Haut- u. Geschl.-Kr. **11**, 280 (1951). — BANKS, C. K., J. CONTROULIS, D. F. WALKER and J. A. SULTZABERGER: 3-Amino-4-hydroxybenzenearsonous acid. I. Salts and structural considerations. J. Amer. chem. Soc. **69**, 5 (1947). — BANKS, C. K., O. M. GRUHZIT, E. W. TILLITSON and J. CONTROULIS: Arylaminoheterocycles. III. Arsenicals of anilino-triazenes. J. Amer. chem. Soc. **66**, 1771 (1944). — BARBER, H. J.: Some derivatives of arylthioarsinous acids. J. chem. Soc. **1929**, 1020. — Der Mechanismus der Wirkung von Arsenikalien. Eine Erwiderung. J. Soc. chem. Ind. (Lond.) **49**, 802 (1930). — The hydrolysis of arylthioarsinites. J. chem. Soc. **1932**, 1365. — BARRON, E. S. G., Z. B. MILLER, G. R. BARTLETT, J. MEYER and T. P. SINGER: Reactivation by dithiols of enzymes inhibited by Lewisite. Biochem. J. **41**, 69 (1947). — BARRON, E. S. G., Z. B. MILLER and J. MEYER: The effect of 2,3-dimercaptopropanol on the activity of enzymes and on the metabolism of tissues. Biochem. J. **41**, 78 (1947). — BARRON, E. S. G., and T. P. SINGER: Enzyme systems containing active sulfhydryl groups. The role of glutathione. Science **97**, 356 (1943). — Studies on biological oxidations. XIX. Sulfhydryl enzymes in carbohydrate metabolism. J. biol. Chem. **157**, 221 (1945). — BARROWCLIFF, M., F. L. PYMAN u. F. G. P. REMFRY: Aromatische Arsonsäuren. Proc. chem. Soc. **24**, 229 (1908). — BART, H.: Über die Synthese aromatischer Arsinsäuren. Justus Liebigs Ann. Chem. **429**, 55 (1922[1]). — Bildung aromatischer Arsinsäuren durch Umsetzung von Isodiazokörpern mit Arsenigsäureionen. Justus Liebigs Ann. Chem. **429**, 103 (1922[2]). — BÉCHAMP, M. A.: De l'action de la chaleur sur l'arséniate, d'aniline et de la formation d'un anilide de l'acide arsénique. C. R. Acad. Sci. (Paris) **56**, 1172 (1863[1]). — Action de la chaleur sur l'arséniate d'aniline. Bull. Soc. chim. **1863**[2], 518. — BELKE, W.: Betrachtungen über das Verhalten pathogener Mikroorganismen bei niedrigen Temperaturen unter besonderer Berücksichtigung der Versuche mit dem Gonococcus (Neisseria gonorrhoeae) sowie der mit Spirochaeta pallida (Treponema pallidum). Inaug.-Diss. Würzburg 1951. — BENDA, L.: Über p-Phenylendiaminarsinsäure. Ber. dtsch. chem. Ges. **44**, 3300 (1911[1]). — Über Nitro-oxy-phenyl-arsinsäure ($AsO_3H_2:NO_2:OH = 1:3:4$). Ber. dtsch. chem. Ges. **44**, 3449 (1911[2]). — Über die 4-Amino-3-oxyphenyl-arsinsäure und deren Oxydationsprodukte. Ber. dtsch. chem. Ges. **44**, 3578 (1911[3]). — Über die Nitrierung der Arsanilsäure. Ber. dtsch. chem. Ges. **45**, 53 (1912). — Über Arsenverbindungen der Anthrachinonreihe. J. prakt. Chem. **95**, 74 (1917). — BENDA, L., u. A. BERTHEIM: Über die Nitro-oxy-aryl-arsinsäuren. Ber. dtsch. chem. Ges. **44**, 3445 (1911). — BERGMANN, H.: Zwischenfälle und Gefahren der Bluttransfusion. Wien. klin. Wschr. **66**, 309 (1954). — BERSIN, T. S.: Über die Einwirkung von Oxydations- und Reduktionsmitteln auf Papain. II. Die Aktivitätsbeeinflussung durch Licht, Organoarsenverbindungen und Ascorbinsäure. Hoppe-Seylers Z. physiol. Chem. **222**, 177 (1933). — BERSIN, T. S., u. W. LOGERMANN: Über den Einfluß von Oxydations- und Reduktionsmitteln auf die Aktivität von Papain. Hoppe-Seylers Z. physiol. Chem. **220**, 109 (1933). — BERTHEIM, A.: Eine isomere Aminophenyl-arsinsäure. Ber. dtsch. chem. Ges. **41**, 1655 (1908[1]). — Diazophenyl-arsinsäure und ihre Umwandlungsprodukte. Ber. dtsch. chem. Ges. **41**, 1853 (1908[2]). — Über halogenierte p-Amino-phenylarsinsäuren. Ber. dtsch. chem. Ges. **43**, 529 (1910). — Derivate des p-Aminophenyl-arsenoxyds. Ber. dtsch. chem. Ges. **44**, 1070 (1911[1]). — Nitro- und Amino-arsanilsäure. Ber. dtsch. chem. Ges. **44**, 3092 (1911[2]). — Handbuch der organischen Arsenverbindungen. Stuttgart: Ferdinand Enke 1913. — BESSEMANS, A., R. DEROM et P. DEROM: Nouvelles données sur la résistance du treponème pale et sur la prophylaxie de la syphilis transfusionnelle. Ann. Inst. Pasteur **80**, 148 (1951). — BIELIG, H. J., G. LÜTZEL u. A. REIDIES: Spaltung von Disulfiden zu Arsen(III)-mercaptiden. Chem. Ber. **89**, 775 (1956). — BINDER, E.: Über den Einfluß niedriger Temperaturen (insbesondere bei Eisschrankaufbewahrung von Transfusionsblut) auf die Syphilisspirochaete. Ärztl. Wschr. **6**, 901 (1951). BINZ, A., H. MAIER-BODE u. A. ROST: Über N-substituierte Pyridonarsinsäuren. 16. Mitteilung zur Kenntnis der Derivate des Pyridins. Angew. Chem. **44**, 835 (1931). — BINZ, A., u. C. RÄTH: Über Arsenverbindungen der Pyridinreihe. 2. Mitteilung über Derivate des Pyridins und Chinolins. Justus Liebigs Ann. Chem. **455**, 127 (1927[1]). — Chemotherapeutica aus der Pyridinreihe. Angew. Chem. **40**, 1437 (1927[2]). — Über die Hydrierung des Pyridons und seiner N-Alkylderivate. 15. Mitteilung über Derivate des Pyridins. Justus Liebigs Ann. Chem. **489**, 107 (1931). — BINZ, A., C. RÄTH u. A. v. LICHTENBERG: Die Wiedergabe von Nieren und Harnwegen im Röntgenbilde durch Jodpyridonderivate. Angew. Chem. **43**, 452 (1930). — BINZ, A., C. RÄTH u. H. MAIER-BODE: Über Tautomerie bei der 2-Oxy-pyridin-5-arsinsäure. 6. Mitteilung über Derivate des Pyridins. Justus Liebigs Ann. Chem. **478**, 22 (1930). — BINZ, A., C. RÄTH u. E. URBSCHAT: Über Derivate der 2-Oxy-pyridin-5-arsinsäure. 5. Mitteilung über Derivate des Pyridins und Chinolins. Justus Liebigs Ann. Chem. **475**, 136 (1929). — BINZ, A., u. O. v. SCHICKH: Zur Kenntnis des 3-Amino-pyridins und seiner Derivate. Ber. dtsch. chem. Ges. **68**, 315 (1935). — BINZ, C., u. H. SCHULZ: Die Arsengiftwirkungen vom chemischen Standpunkt betrachtet. Naunyn-Schmiedeberg's Arch. exp. Path. Pharmak. **11**, 200 (1879). — BREHME: Zur Organisation des Blutspendewesens in der Kinderklinik. (Vortrag) Verh. 48. ordentl. Verslg Dtsch. Ges. Kinderheilk. in Göttingen, 1948. — Mschr. Kinderheilk. **97**, 151 (1949). — BREINL, A., and M. NIERENSTEIN: Biochemical and therapeutical studies on trypanosomiasis. Ann. trop. Med. Parasit. **1909** (III), 395. — BROCK, J., u. G. CONRADI: Die Bluttransfusion in der Kinderklinik unter Zusatz eines Arsenoxyds gegen die Transfusionssyphilis. Dtsch. med. Wschr. **75**, 1021 (1950). — BROOM, J. C., H. C. BROWN and A. HOARE: Studies in microcataphoresis. Electric charge of haemoflagellates. Trans. roy. Soc. trop. Med. Hyg. **30**, 87 (1936). — BROWN, H. C., and J. C. BROOM: Studies in microcataphoresis. I. Technique. Proc. roy. Soc. B **119**, 231 (1936). — BURTON, H., and C. S. GIBSON: 9-Methylcarbazole-3-arsinic acid and its reduction products. J. chem. Soc. **1927**, 2386.

CALVERY, H. O., C. R. NOLLER and R. ADAMS: Arsonophenyl-cinchoninic acid (Arsonocinchophen) and derivatives II. J. Amer. chem. Soc. **47**, 3058 (1925). — CANTRELL, W.: The effect of mapharsen on the glucose metabolism of trypanosoma equiperdum. J. infect. Dis. **92**, 191 (1953). — The effect of oxophenarsine on the phosphate metabolism of trypanosoma equiperdum in the rat. J. infect. Dis. **95**, 92 (1954). — CAPPS, J. D., and C. S. HAMILTON: Syntheses in the quinoline series. I. 2-Hydroxy- and 2-chloroquinolinolinearsonic acids. J. Amer. chem. Soc. **60**, 2104 (1938). — CHEN, G.: Effect of arsenicals and antimonials on the activity of glycolytic enzymes in lysed preparation of trypanosoma equiperdum. J. infect. Dis. **82**, 226 (1948). — CHEN, G., and E. M. K. GEILING: The effect of cysteine on the antitrypanosome activity of antimonials. J. infect. Dis. **82**, 131 (1948). — CHEN, G., E. M. K. GEILING and R. M. MACHATTON: The effect of cysteine on the trypanocidal activity and toxicity of antimonials. J. infect. Dis. **76**, 152 (1945). — CLARK, A. J.: The mode of action of drugs on cells. London: Edward Arnold & Co. 1933. — COHEN, A., H. KING and W. I. STRANGEWAYS: Trypanocidal action and chemical constitution. X. Arylthioarsinites. J. chem. Soc. **1931**[1], 3043. — XI. Aromatic arsonic acids containing amide groups. J. chem. Soc. **1931**[2], 3236. — XIV. The relative velocity of oxydation of arylarsenoxides. J. chem. Soc. **1932**, 2866. — COMMANDON, H. (1911): Zit. nach J. TRAUBE: Bemerkungen zu der Mitteilung von R. HÖBER, Beitrag zur physikalischen Chemie der Vitalfärbung. Biochem. Z. **69**, 309 (1915).

DAHR, P.: Zum Problem der Transfusionssyphilis. Ärztl. Wschr. **6**, 466 (1951). — DAHR, P., u. J. REGENBOGEN: Infektionen durch Blutübertragung und ihre Vermeidung. Aus: Blutgruppenbestimmung und Bluttransfusion. 1952. — DBP 822933 (1952) (Farbwerke Hoechst AG); DBP 849697 (1952) (Farbwerke Hoechst AG); DBP 852089 (1952) (Farbwerke Hoechst AG); DBP 853167 (1952) (Farbwerke Hoechst AG). — DOAK, G. O.: A modified Bart reaction. J. Amer. chem. Soc. **62**, 167 (1940). — DOAK, G. O., H. EAGLE and H. G. STEINMAN: The preparation of phenylarsenoxides in relation to a projected study of their chemotherapeutic activity. I. Monosubstituted derivatives. J. Amer. chem. Soc. **62**, 168 (1940[1]). — The preparation of phenylarsenoxides. II. Derivatives of amino- and hydroxy-phenylarsenoxides. J. Amer. chem. Soc. **62**, 3010 (1940[2]). — Arsine oxides of naphthalene and biphenyl. J. Amer. chem. Soc. **64**, 1064 (1942). — DOAK, G. O., H. G. STEINMAN and H. EAGLE: The preparation of phenylarsenoxides. III. Derivatives of carboxy- and sulfo-phenylarsenoxides. J. Amer. chem. Soc. **62**, 3012 (1940). — The preparation of phenylarsenoxides. IV. Disubstituted compounds. J. Amer. chem. Soc. **63**, 99 (1941). — Arsenoso compounds containing amide groups. J. Amer. chem. Soc. **66**, 194 (1944). — DOMANIG, E.: Zur Sicherung der Blutübertragung. Wien. klin. Wschr. **20**, 356 (1954). — DRP 191548 (1907) (Speyer-Haus); DRP 213155 (1909) (Farbwerke Hoechst); DRP 223796 (1910) (Farbwerke Hoechst); DRP 224953 (1910) (Farbwerke Hoechst); DRP 231969 (1911) (Farbwerke Hoechst); DRP 232879 (1911) (Farbwerke Hoechst); DRP 235141 (1911) (Farbwerke Hoechst); DRP 235391 (1911) (Farbwerke Hoechst); DRP 240973 (1912) (Boehringer); DRP 243468 (1912) (Farbwerke Hoechst); DRP 244789 (1912) (Farbwerke Hoechst); DRP 244790 (1912) (Farbwerke Hoechst); DRP 254092 (1912) (Bart); DRP 264924 (1913) (Heyden); DRP 268923 (1913) (Schering); DRP 271892 (1914) (Farbwerke Hoechst); DRP 313320 (1921) (Farbwerke Hoechst); DRP 445669 (1927) (Albert); DRP 446459 (1927) (I.G. Farben); DRP 453466 (1927) (Albert); DRP 459649 (1928) (Albert); DRP 461831 (1928) (Albert); DRP 461832 (1928) (Albert); DRP 462842 (1928) (Albert); DRP 463313 (1928) (Albert); DRP 483212 (1929) (I.G. Farben); DRP 489459 (1930) (I.G. Farben); DRP 490421 (1930) (I.G. Farben); DRP 495629 (1930) (I.G. Farben); DRP 497807 (1930) (I.G. Farben); DRP 507525 (1930) (I.G. Farben); DRP 513210 (1930) (I.G. Farben); DRP 518516 (1931) (I.G. Farben); DRP 519987 (1931) (I.G.Farben); DRP 520225 (1931) (I.G. Farben); DRP 522892 (1931) (Scheller); DRP 524804 (1931) (I.G. Farben); DRP 527715 (1931) (I.G. Farben); DRP 554951 (1932) (I.G. Farben); DRP 555004 (1932) (I.G. Farben); DRP 556458 (1932) (I.G. Farben); DRP 557726 (1932) (I.G. Farben); DRP 559733 (1932) (I.G. Farben); DRP 560218 (1932) (I.G. Farben); DRP 568231 (1933) (I.G. Farben); DRP 614941 (1935) (I.G. Farben); DRP 618447 (1935) (I.G. Farben); DRP 623450 (1935) (I.G. Farben); DRP 633867 (1936) (I.G. Farben); DRP 635398 (1936) (I.G. Farben); DRP 638265 (1936) (I.G. Farben); DRP 646409 (1937) (I.G. Farben); DRP 666573 (1938) (I.G. Farben); DRP 667844 (1938) (I.G. Farben); DRP 667845 (1938) (I.G. Farben); DRP 676050 (1939) (I.G. Farben); DRP 699772 (1940) (I.G. Farben); DRP 727403 (1942) (I.G. Farben); DRP 729341 (1942) (I.G. Farben); DRP 754544 (1952) (I.G. Farben); DRP 852089 (I.G. Farben); DRP 849697 (I.G. Farben).

EAGLE, H.: The role of molecular oxygen in the antispirochetal action of arsenic, bismuth, and mercury compounds in vitro. J. Pharmacol. exp. Ther. **66**, 423 (1939[1]). — The effect of sulfhydryl compounds on the antispirochetal action of arsenic, bismuth, and mercury compounds in vitro. J. Pharmacol. exp. Ther. **66**, 436 (1939[2]). — The toxicity, treponemicidal activity, and potential therapeutic utility of substituted phenylarsenoxides. I. Methods of assay. J. Pharmacol. exp. Ther. **69**, 342 (1940). — The spirocheticidal and trypanocidal action of acidsubstituted phenylarsenoxides as a function of pH and dissociation constants. J. Pharmacol. exp. Ther. **85**, 265 (1945[1]). — A new trypanocidal agent: γ-(p-arsenosophenyl)-butyric acid. Science **101**, 69 (1945[2]). — The treatment of trypanosomiasis with p-arsenosophenylbutyric acid. I. Results in 319 cases of early tryp. gambiense infections. Publ. Hlth Rep. **61**, 1019 (1946). — Blood levels, renal clearance, and chemotherapeutic activity with particular reference to arsenicals and penicillin. From: Evaluation of chemotherapeutic agents. New York: Columbia University Press 1949. — Experimental approach to the problem of treatment failure with penicillin; group A streptococcal infection in mice. Amer. J. Med. **13**, 389 (1952). — EAGLE, H., and G. O. DOAK: The biological activity of arsenosobenzenes in relation to their structure. Pharmacol. Rev. **3**, 107 (1951). — EAGLE, H., G. O. DOAK, R. B. HOGAN and H. G. STEINMAN: The toxicity, treponemicidal activity, and potential therapeutic utility of substituted phenylarsenoxides. II. Monosubstituted phenylarsenoxides (Cl; NO_2; CH_3; C_2H_4OH; $C(CH_3)$:NOH; NH_2; OH; CH_2NH_2 and derivatives). J. Pharmacol. exp. Ther. **70**, 211 (1940). — EAGLE, H., F. G. GERMUTH, H. J. MAGNUSON and R. FLEISCHMANN: The protective action of BAL in experimental antimony poisoning. J. Pharmacol. exp. Ther. **89**, 196 (1947). — EAGLE, H., and R. B. HOGAN: An experimental evaluation of intensive methods for the treatment of early syphilis. I. Toxicity and excretion. J. vener. Dis. Inform. **24**, 33 (1943[1]). — II. Therapeutic efficacy and margin of safety. J. vener. Dis. Inform. **24**, 69 (1943[2]). — III. Clinical implications. J. vener. Dis. Inform. **24**, 159 (1943[3]). — EAGLE, H., R. B. HOGAN, G. O. DOAK and H. G. STEINMAN: The toxicity, treponemicidal activity, and potential therapeutic utility of substituted phenylarsenoxides. III. Monosubstituted compounds: Acids, esters, benzophenone, methylsulfone. J. Pharmacol. exp. Ther. **70**, 221 (1940). — The effect of multiple substituents on the toxicity and treponemicidal activity of phenylarsenoxides. J. Pharmacol. exp. Ther. **74**, 210 (1942). — Amide-substituted phenylarsineoxides and their derivatives: A group of compounds of possible utility in the treatment of syphilis. J. Amer. chem. Soc. **65**, 1236 (1943). — The toxicity and treponemicidal activity of amide-substituted phenylarsenoxides and their derivatives. J. Pharmacol. exp. Ther. **81**, 142 (1944[1]). — The therapeutic efficacy of phenylarsenoxide in mouse and rabbit trypanosomiasis (tryp. equiperdum). Publ. Hlth Rep. (Wash.) **59**, 765 (1944[2]). — EAGLE, H., and H. J. MAGNUSON: The spontaneous development of arsenic-resistance in trypanosoma equiperdum and its mechanism. J. Pharmacol. exp. Ther. **82**, 137 (1944). — The systemic treatment of 227 case of arsenic poisoning (encephalitis, dermatitis, blood dyscrasias, jaundice, fever) with 2,3 dimercaptopropanol (BAL). Amer. J. Syph. **30**, 420 (1946). — EAGLE, H., H. J. MAGNUSON and R. FLEISCHMANN: Clinical uses of 2,3-dimercaptopropanol (BAL). I. The systemic treatment of experimental arsenic poisoning (marpharsen, lewisite, phenylarsenoxide) with BAL. J. clin. Invest. **25**, 451 (1946). — EHRLICH, P.: Über moderne Chemotherapie. Verh. dtsch. derm. Ges., X. Kongr., S. 52 (1908). — Über den jetzigen Stand der Chemotherapie. Ber. dtsch. chem. Ges. **42**, 17 (1909). — Address in pathology on chemotherapeutics: Scientific principles, methods and results. Lancet **1913**, 445; Brit. med. J. **1913**, 353. — EHRLICH, P., u. A. BERTHEIM: Reduktionsprodukte der Arsanilsäure und ihrer Derivate. I. Über p-Aminophenyl-arsenoxyd. Ber. dtsch. chem. Ges. **43**, 917 (1910). — Über das salzsaure 3,3′-Diamin-4,4′-dioxy-arsenobenzol und seine nächsten Verwandten. Ber. dtsch. chem. Ges. **45**, 576 (1912). — EHRLICH, P., u. S. HATA: Die experimentelle Chemotherapie der Spirillosen. Berlin: Springer 1910. — EICHENLAUB, F. J., R. STOLAR and A. WODE: Prevention of transfusion syphilis. Arch. Derm. Syph. (Chicago) **44**, 441 (1941). — *Ergänzung der Vorschrift für die staatliche Prüfung der Salvarsanpräparate* (staatliche Prüfung von Spirotrypan) vom 7. 5. 1951. Staatsanzeiger für das Land Hessen, 1951, Nr 23.

FINK, L. D., and H. N. WRIGHT: An investigation of the nature and extent of the binding of oxophenarsine (marpharsen) by the red blood cell of the rabbit in vitro. I. Adsorption on the cell surface. J. Pharmacol. exp. Ther. **94**, 455 (1948). — FISCHER, H., u. R. MÜLLER: Über Quecksilber- und Arsenverbindungen einiger Pyrrole. Hoppe-Seylers Z. physiol. Chem. **148**, 155 (1925). — FISCHL, V., u. H. SCHLOSSBERGER: Handbuch der Chemotherapie. Leipzig: Fischers med. Buchhandlung 1934. — FOURNEAU, E.: Sur l'emploi de l'acide oxyaminophénylarsinique et des acides arylarsiniques en général dans le traitement des spirilloses et des trypanosomiases. Ann. Inst. Pasteur **35**, 571 (1921). — FOURNEAU, E., A. NAVARRO-MARTIN et M. et J. TRÉFOUEL: Les dérivés de l'acide phénylarsinique (arsenic pentavalent) dans le traitement des trypanosomiases et des spirilloses expérimentales. Relation entre l'action thérapeutique des acides arsiniques aromatiques et leur constitution. Ann. Inst. Pasteur **37**, 551 (1923). — FOURNEAU, M. E., J. TRÉFOUEL et G. BENIOT: Préparation de dérivés en vue d'essais thérapeutiques. I. Amino-alcools. II. Dérivés de l'atophan. III. Dérivés du carbostyryle. IV. Dérivés quinoléiniques et quinoléine arsinique. Ann. Inst. Pasteur **44**, 719 (1930). — FOURNEAU, M. E., M. et J. TRÉFOUEL et DE LESTRANGE-TRÉVISE: Les dérivés de l'acide phénylarsinique (arsenic pentavalent) dans le traitement des trypanosomiases. Relation entre l'action thérapeutique des acides arsiniques aromatiques et leur constitution. Ann. Inst. Pasteur **40**, 933 (1926). — FOX, H. H.: Arsenicals. I. Sulfonyloxy, sulfonamido, and benzyloxy derivatives of phenylarsonic acids and their reduction products. J. org. Chem. **12**, 872 (1947). — FÖLSCH, F., J. GLÄSER u. H. J. KRIEGK: Klinischer Beitrag zur Beurteilung des neuen Arsenobenzol-Präparates Spirotrypan. Z. Haut- u. Geschl.-Kr. **10**, 288 (1951). — FRIEDBERGER, E.: Über die Behandlung der experimentellen Nagana mit Mischungen von Atoxyl und Thioglycolsäure. Berl. klin. Wschr. **45**, 1714 (1908). — FRIEDHEIM, E. A. H.: L'acide triazine-arsinique dans le traitement de la maladie du sommeil. Ann. Inst. Pasteur **65**, 108 (1940). — L'acide triazine-arsinique dans le traitement de la maladie du sommeil africaine. Schweiz. med. Wschr. **22**, 116 (1941). — Trypanocidal and spirochetocidal arsenicals derived from s-triazine. J. Amer. chem. Soc. **66**, 1775 (1944). — FUSSGÄNGER, R.: Diskuss.-Beitr. anläßl. der 6. Arbeitstagg der Ärzte an den V.D.-Hospitälern Groß-Hessens. Ref. in: Z. Haut- u. Geschl.-Kr. **4**, 140 (1948). — Kann eine Transfusionssyphilis durch chemotherapeutische Mittel verhindert werden? Dtsch. med. Wschr. **75**, 1024 (1950). — Spirotrypan. (Ein neues Arsenobenzolpräparat.) Hautarzt **2**, 413 (1951). — Über das Problem der Transfusions-Syphilis. Vortr. anläßl. der 2. Dtsch. Bluttransfusions-Konf. am 27. u. 28. 9. 1952 in Göttingen.

GARDA, J.: Klinische Erfahrungen mit B.A.L. Dtsch. med. Wschr. **74**, 1406 (1949). — GARTMANN: Diskuss.-Bemerkg anläßl. der 6. Tagg der Med. Wiss. Ges. für Chirurgie, Urologie, Röntgenologie u. Orthopädie in Leipzig. Zbl. Chir. **76**, 850 (1951). — GIEMSA, G.: Über chemotherapeutische Studien mit einer neuen, für die Behandlung der Schlafkrankheit und anderer Trypanosen aussichtsreichen Benzolarsinsäure („Arsenpräparat 4002"). Arch. Schiffs- u. Tropenhyg. **33** (Beih. III), 130 (1929). — GIEMSA, G., u. C. TROPP: Synthese polypeptidartiger Derivate der Arsanilsäure. Ber. dtsch. chem. Ges. **59**, 1776 (1926). — GODDARD, A. E.: Derivatives of arsine. In: A textbook of inorganic chemistry. Herausgeb. J. N. FRIEND, vol. XI/2. London: Charles Griffin & Comp. 1930. — GORDON, J. J., and J. H. QUASTEL: Effects of organic arsenic compounds on tissue enzymes and proteins on tissue metabolism. Nature (Lond.) **159**, 97 (1947). — Effects of organic arsenicals on enzyme systems. Biochem. J. **42**, 337 (1948). — GOUGH, G. A. C., and H. KING: Trypanocidal action and chemical constitution. IX. Aromatic acids containing an amide group. J. chem. Soc. **1930**, 669. — GREBER, K.: Über Transfusionslues. Z. Haut- u. Geschl.-Kr. **13**, 51 (1952). — GRÜNEBERG, T. H., u. G. KUNISS: Ein Beitrag zur Frage der Syphilis-Heilung. Transfusionsübertragung nach abgeschlossener Behandlung. Z. Haut- u. Geschl.-Kr. **13**, 67 (1952). — GRUHZIT, O. M.: Mapharsen („arsenoxide") in the therapy of experimental syphilis and trypanosomiasis. Arch. Derm. Syph. (Chicago) **32**, 848 (1935).

HAMILTON, C. S., and J. F. MORGAN: The preparation of aromatic arsonic and arsinic acids by the Bart, Bechamp, and Rosenmund reactions. Organic reactions, 4. edit., vol. II, p. 415. New York: John Wiley & Sons 1947. — HAUER, A.: Erfahrungen mit einem neuen Mittel gegen Ruhr-Amöben-Infektion. Dtsch. trop. med. Z. **47**, 153 (1943). — HAWKING, F.: Studies on chemotherapeutic action. I. The absorption of arsenical compounds and tartar emetic by normal and resistant trypanosomes and its relation to drug-resistance. J. Pharmacol. exp. Ther. **59**, 123 (1937). — Analysis of trypanocidal action of trivalent arsenicals and acriflavine. Ann. trop. Med. Parasit. **32**, 313 (1938). — The absorption of 4:4'-diamidino stilbene (stilbamidine) by trypanosomes and its blood concentration in animals. J. Pharmacol. exp. Ther. **82**, 31 (1944). — HEIM, W.: Die Transfusions-Syphilis. Medizinische **1952**, 318. — HELLERMANN, L., H. E. PERKINS and W. H. CLARK: Urease activity as influenced by oxidation and reduction. Proc. nat. Acad. Sci. (Wash.) **19**, 855 (1933). — HERRMANN, W. P.: Untersuchungen über Speicherung und Ausscheidung von Spirotrypan, einem neuen Antiluicum der Arsenobenzolreihe. Hautarzt **3**, 134 (1952). — HERRMANN, W. P., u. H. HILMER: Entwicklungsarbeiten auf dem Arsen-Gebiet. Angew. Chem. **66**, 349 (1954). — HERRMANN, W. P., u. L. THER: Über Resorption und Ausscheidung von Spirotrypan, einem neuen Antiluicum der Arsenobenzolreihe. Arch. Derm. Syph. (Berl.) **195**, 670 (1953). — HERZOG: Diskuss.-Beitr. anläßl. der 6. Arbeitstagg der Ärzte an den V.D.-Hospitälern Hessens (31. 10. 1947). Med. Klin. **43**, 75 (1948). — HIRSCH, J.: Penicillin-Studien in vitro. I—III. C. R. Ann. et Arch. Soc. Turque Sci. phys.-nat. **12**, fasc. 12 (1943/44). — HÖBER, R.: Beitrag zur physikalischen Chemie der Vitalfärbung. Biochem. Z. **67**, 420 (1914). — HOGAN, R. B., and H. EAGLE: The pharmacological basis for the widely varying toxicity of arsenicals. J. Pharmacol. exp. Ther. **80**, 93 (1944). — HOUBEN-WEYL: Methoden der organischen Chemie. Herausgeb. E. MÜLLER, 4. Aufl., Bd. 12. Stuttgart: Georg Thieme (im Druck). — HÜLLSTRUNG, H.: Zur Frage der Durchlässigkeit der Blut-Liquorschranke für organische Arsenverbindungen. Arch. Derm. Syph. (Berl.) **188**, 58 (1949).

JACOBS, W. A., M. HEIDELBERGER and J. P. ROLF: On nitro- and aminoaryl arsonic acids. J. Amer. chem. Soc. **40**, 1580 (1918). — JANCSÓ, N. V.: Photobiologische Studien in der Chemotherapie. III. Therapeutische und photodynamische Festigung von Naganatrypanosomen durch systematische Behandlung mit Trypaflavin. Zbl. Bakt., I. Abt. Orig. **123**, 129 (1931). — Wirkungsmechanismus der Chemotherapeutica bei Trypanosen. Klin. Wschr. **11**, 1305 (1932[1]). — Mechanismus der Arzneifestigkeit bei Protozoen. Zur Frage der

Parasitotropie chemotherapeutischer Mittel. Zbl. Bakt., I. Abt. Orig. **124**, 167 (1932[2]). — JANCSÓ, N. V., u. H. V. JANCSÓ: Chemotherapeutische Wirkung und Permeabilität. Arb. II. Abt. ungar. biol. Forsch.-Inst. **6**, 299 (1933).

KAPELLER-ADLER, R., u. G. BOXER: Über arsenhaltige Azoproteine und über die Kuppelungsfähigkeit von Phenylalanin, Tryptophan, Prolin und Oxyprolin mit Diazobenzolarsinsäure. Biochem. Z. **285**, 55 (1936). — KARRER, P.: Zur Kenntnis aromatischer Arsenverbindungen. IX. Über einige Stilben-arsinsäuren und ihre Derivate. Ber. dtsch. chem. Ges. **48**, 305 (1915[1]). — Zur Kenntnis aromatischer Arsenverbindungen. X. Über orthocarboxyliertes Diamino-dioxy-arsenobenzol. Ber. dtsch. chem. Ges. **48**, 1058 (1915[2]). — KAST, C. C., CH. W. PETERSON and J. A. KOLMER: The treponemicidal activity of arsphenamine and neoarsphenamine in vitro with special reference to citrated blood and a suggested method for the prevention of transfusion syphilis. Amer. J. Syph. **23**, 150 (1939). — KING, H.: Der Mechanismus der Wirkung von Arsenikalien. J. Soc. chem. Industr. **49**, 786 (1930). — Chemical structure of arsenicals and drug resistance of trypanosomes. Trans. Faraday Soc. **39**, 383 (1943). — KING, H., and W. I. STRANGEWAYS: Some observations on the relation between chemical structure and drug-resistance among arsenicals. Ann. trop. Med. Parasit. **36**, 47 (1942). — KOLLE, W., u. F. LEUPOLD: Die staatliche Prüfung der Salvarsanpräparate und ihre experimentellen Grundlagen. Arb. aus dem Staatsinst. für exper. Therapie u. des Georg-Speyer-Hauses, Heft 18, 1927. — KOLLE, W., u. K. ZIELER: Handbuch der Salvarsantherapie. Wien: Urban & Schwarzenberg 1924. — KOLMER, J. A.: Preserved blood "banks" in relation to transfusion in the treatment of the disease. J. Lab. clin. Med. **26**, 82 (1940). — KRUSPE, M.: Ergebnisse der Zusammenarbeit von Blutspenderzentrale und Geschlechtskrankenberatungsstelle in Solingen. Ärztl. Wschr. **7**, 755 (1952). — KÜHNER, H. A.: Behandlung der menschlichen Syphilis mit Spirotrypan. Z. Haut- u. Geschl.-Kr. **10**, 175 (1951). — KUHS, M. L., and A. L. TATUM: Specifity relationships between types of arsenicals and types of trypanosomes. J. Pharmacol. exp. Ther. **61**, 451 (1937).

LABES, R.: Über die Steigerung der Schnelligkeit und Intensität der Giftwirkung einiger Gruppen giftig bzw. pharmakologisch wirkender Stoffe auf Bakterien und Kaulquappen durch Variation des Aciditäts- bzw. Alkalinitätsgrades. Ein Beitrag zu der Frage der Permeabilität. Biochem. Z. **130**, 14 (1922). — LEWIS, W. L., and H. C. CHEETMAN: Arsenited benzophenone and its derivatives. J. Amer. chem. Soc. **43**, 2117 (1921). — LOURIE, E. M., F. MURGATROYD and W. YORKE: Studies in chemotherapy. XII. The diffusibility of the aromatic arsenicals into erythrocytes and the action of the latter on the pentavalent arsenicals. Ann. trop. Med. Parasit. **29**, 265 (1935). — LUTZEYER, W.: Blutkonservierung und Konservenblut-Infusion mit dem geschlossenen System. Ärztl. Wschr. **5**, 987 (1950).

MAASSEN, W.: Zur Bluttransfusionssyphilis. Schlesw.-Holst. Ärztebl. **1948**, 228. — MAMELI, E.: Über die 1-Amino-2-nitro-4-phenylarsinsäure. Chem. Zbl. **1909 II**, 1856. — MAMELI, E., u. G. CIUFFO: Über das Asiphyl. Boll. Soc. med.-chir. Pavia Ref. Chem. Zbl. **1908 II**, 1891. — MARSHALL, P. B.: The glucose metabolism of trypanosoma evansi and the action of trypanocides. Brit. J. Pharmacol. **3**, 8 (1948). — MASCHMANN, E., u. E. HELMERT: Zur Kenntnis des Kathepsins und Papains. Hoppe-Seylers Z. physiol. Chem. **219**, 99 (1933). — MAURER, G.: Unvermeidliche Untersuchungen vor Blutübertragung. — Vorschläge zu ihrer notwendigen Vereinfachung. Krankenhausarzt **1951**, 44. — MICHAELIS, A., u. H. LOESNER: Über nitrierte Phenyl-arsenverbindungen. Ber. dtsch. chem. Ges. **27**, 263 (1894). — MICHAELIS, A., u. C. SCHULTE: Über Arsenobenzol, Arsenonaphthalin und Phenylkakodyl. Ber. dtsch. chem. Ges. **15**, 1952 (1882). — MORGAN, G. T.: Organic compounds of arsenic and antimony. London: Longmans, Green & Co. 1918. — MORGAN, G. T., and J. W. COOK: Aromatic stibinic acids containing phenyl and quinolyl radicals. J. chem. Soc. **1930**, 737. — MUTERMILCH, S.: Recherches expérimentales sur les moyens d'éviter la contamination syphilitique au cours de transfusion du sang. Bull. Soc. franç. Derm. Syph. **39**, 273 (1932).

NEWBERY, G., M. A. PHILLIPS and R. W. E. STICKINGS: Heterocyclic compounds containing arsenic. II. Derivatives of 1:4 benzisooxazine. J. chem. Soc. **1928**, 3051. — NOMOTO, M., u. Y. NARAHASHI: Untersuchung über die antimikrobielle Wirkung von Sorbinsäure. Einfluß des p_H des Mediums auf die Hemmwirkung. J. agric. chem. Soc. Jap. **29**, 805 (1955).

OBERBECK, V.: Bluttransfusionsstörungen und ihre Verhütung. Dtsch. Gesundh.-Wes. **1950**, 53. — OESTERLIN, M.: Chemotherapie. Ergebnisse, Probleme und Arbeitsmethoden. Braunschweig: F. Vieweg & Sohn 1939. — OGDEN, K., and R. ADAMS: Arsonophenyl-cinchoninic acid and derivatives. J. Amer. chem. Soc. **47**, 826 (1925). — ONETO, J. F.: Sulfophenylarsonic acids and certain of their derivatives. I. p-Sulfophenylarsonic acid. J. Amer. chem. Soc. **60**, 2058 (1938). — ORGANESJAN, P., E. SALKIND u. V. KUDRJAVCECA: Weitere Beobachtungen über die Zerstörung des syphilitischen Virus im konservierten Blut. Zbl. Chir. **61**, 2144 (1934). — ORTH, J. W.: Arsenoxyd gegen Syphilisspirochaeten? Ärztl. Praxis **3**, 6 (1951). — OTTO, R.: Vorbemerkung. Arb. a. d. Paul-Ehrlich-Inst. u. dem Georg-Speyer-Hause zu Frankfurt a. Main, Heft 47, 1948.

PETERS, R. A., H. M. SINCLAIR and R. H. S. THOMPSON: An analysis of the inhibition of pyrurate oxidation by arsenicals in relation to the enzyme theory of vesication. Biochem. J. **40**, 516 (1946). — PETERS, R. A., and L. A. STOCKEN: Preparation and pharmacological properties of 4-hydroxy-methyl-2-(3′-amino-4′hydroxyphenyl)-1:3-dithia-2-arsacyclopentane (mapharside-BAL-compound). Biochem. J. **41**, 53 (1947). — PFEIFFER, C. C., E. H. JENNEY and C. A. ROSS: Time relationships in the reversal by BAL of the chemotherapeutic effect of mapharsen. Fed. Proc. **6**, 363 (1947). — PHILLIPS, M. A.: The arsinic acids of p-aminophenol. J. chem. Soc. **1930**, 1910. — The preparation of 4-acetamido-2-hydroxyphenylarsenoxide. J. chem. Soc. **1941**, 192. — PRIGGE, R.: Die staatliche Prüfung der Diphtherieimpfstoffe und ihre experimentellen Grundlagen. Arb. a. d. Staatsinst. für exper. Therapie u. dem Georg-Speyer-Hause, Heft 32, 1935. — Fehlerrechnung bei biologischen Messungen. Naturwissenschaften **25**, 169 (1937[1]). — Über Wirksamkeit und Antitoxingehalt des Gasbrandserums. Dtsch. med. Wschr. **63**, 1906 (1937[2]). — Neue Problemstellung der Immunbiologie. Klin. Wschr. **18**, 337 (1939). — Wertbemessung von Heilseren, Impfstoffen, Bakteriengiften und Salvarsanen. In: Naturforschung und Medizin in Deutschland 1939—1946. Bd. 67, Hygiene, II: Vorbeugende Hygiene, S. 64. 1946. — PRIGGE, R., u. W. SCHÄFER: Methoden der Wertbemessung biologisch wirksamer Substanzen. Naunyn-Schmiedeberg's Arch. exp. Path. Pharmak. **191**, 281 (1939). — PROBEY, T. F.: Comparison of the spirochaeticidal activity of arsphenamines and phenarsines (arsenoxides) in experimental syphilis. Publ. Hlth Rep. (Wash.) **62**, 1041 (1947). — Attempt to produce arsenic resistant strains of spirochaeta pallida in experimental syphilis. Publ. Hlth Rep. (Wash.) **63**, 1654 (1948).

RAIZISS, G. W., and J. L. GAVRON: Organic arsenical compounds. New York: Chemical Catalog Company 1923. — RAIZISS, G. W., and M. SEVERAC: Comparative chemotherapeutic studies of „arsenoxyde“ (3-amino-4-hydroxy-phenylarsenoxide) and neoarsphenamine. Amer. J. Syph. **19**, 473 (1935). — RAUSCH, L., u. H. GLODNY: Entwicklungen und Ergebnisse der Thiolforschung in dermatologischer Sicht. Zbl. Haut- u. Geschl.-Kr. **94**, 1 (1956). — REINER, L., C. S. LEONARD and S. S. CHAO: Studies on the mechanism of chemotherapeutic action. IV. The binding of arsenicals by trypanosomes in vitro. Arch. int. Pharmacodyn. **43**, 186 (1932). — *Richtlinien für das Blutspendewesen in Berlin.* Amtsbl. Berlin **5**, Nr 3 (1955). — ROEHL, W.: Über den Wirkungsmechanismus des Atoxyls. Berl. klin. Wschr. **46**, 494 (1909). — ROSENTHAL, S. M.: Action of arsenic upon the fixed sulphhydryl groups of proteins. Publ. Hlth Rep. (Wash.) **47**, 241 (1932). — ROSENTHAL, S. M., and H. BAUER: Studies in chemotherapy. X. Colorimetric tests for aromatic hydroxylamines and for further oxydation products of aromatic amines. Their demonstration in urine following sulfanilamide administration. Publ. Hlth Rep. (Wash.) **54**, 1880 (1939). — ROSENTHAL, S. M., and C. VOEGTLIN: Biological and chemical studies of the relationship between arsenic and crystalline glutathione. J. Pharmacol. exp. Ther. **39**, 347 (1930). — ROTHERMUND, M.: Über die Bedeutung und Bewährung der staatlichen Salvarsanprüfung. Ein Vorschlag zur Reform der staatlichen Prüfung. Z. Hyg. Infekt.-Kr. **124**, 386 (1942). — RUDDY, A. W., E. B. STARKEY and W. H. HARTUNG: Diazonium borofluorides. III. Their use in the Bart reaction. J. Amer. chem. Soc. **64**, 828 (1942).

SCHÄFER, W.: Die variations-statistischen Grundlagen einer Reform der staatlichen Salvarsanprüfung. Z. Hyg. Infekt.-Kr. **124**, 401 (1943). — SCHAMBERG, J. F., J. A. KOLMER and G. W. RAIZISS: The chemotherapy of mercurial compounds. Amer. J. Syph. **1**, 1 (1917). — SCHAMBERG, J. F., G. W. RAIZISS and J. A. KOLMER: Chemotherapeutic considerations of pentavalent and trivalent arsenic. J. Amer. med. Ass. **78**, 402 (1922). — SCHLOSSBERGER, H., u. H. BRANDIS: Über die chemotherapeutische Wirksamkeit einiger öllöslicher organischer Hg-Verbindungen, sowie von Ebesal und Spirotrypan auf die experimentelle Kaninchensyphilis. Derm. Wschr. **1953**, 127. — SCHMIDT, H.: Die aromatischen Arsenverbindungen. Berlin: Springer 1912. — Die Diazosynthese aromatischer Arsinsäuren und ihre theoretische Deutung im Zusammenhang mit ähnlichen Reaktionen. Ein arsenhaltiges Nebenprodukt. Justus Liebigs Ann. Chem. **421**, 159 (1920). — Zur vergleichenden Betrachtung chemotherapeutisch wirksamer Elemente. Med. u. Chem. **1**, 111 (1933). — SCHMIDT, H., u. W. KIKUTH: Arsenantimonverbindungen in der Chemotherapie. Z. Immun.-Forsch. **107**, 206 (1950). — SCHMIDT, K.-H.: Über ein Arsenoxydpräparat zur Verhütung der Transfusions-Syphilis. Z. Hyg. Infekt.-Kr. **137**, 35 (1953). — SCHMITT, F. O., and R. K. SKOW: The mechanism of the arsenite action on medullated nerve. Amer. J. Physiol. **111**, 711 (1935). — SCHNEIDER, W.: Erfahrungen mit einem Arsenoxydpräparat bei Transfusionslues. Ärztl. Praxis **1954**[1], 3. — Verhütung der Transfusionslues durch ein Arsenoxydderivat (Haemosept Hoechst). Dtsch. med. Wschr. **79**, 1284 (1954[2]). — SCHNEIDER, W., u. H. BAADER: Haemoseptzusatz zur Blutkonserve als Luesprophylacticum. Medizinische **1956**, 1818. — SCHNITZER, R. J.: Zur Aviditätsbestimmung neuerer Arsenobenzolpräparate (Myo-Salvarsan, Solu-Salvarsan). Med. u. Chem. **2**, 253 (1934). — SCHNITZER, R. J., and E. GRUNBERG: Drug resistance of microorganisms. New York: Acad. Press 1957. — SCHUELER, F. W.: Mechanism of drug resistance in trypanosomes. Method for differential staining of normal and drug resistant trypanosomes and its possible relation to mechanics of drug resistance. J. infect. Dis. 81, 139 (1947). — SCHULZ, G.: Luesinfektion durch Bluttransfusion. Münch. med. Wschr. 45, 1219 (1953). — SCHUMACHER, A., and R. J. SCHNITZER: Cross resistance of butarsen fast strains of T. equiperdum. Arch. int. Pharmacodyn. 107, 368 (1956). — SCHWALM, H.: Fortschritte der Bluttransfusionstherapie in der Geburtshilfe und Gynäkologie. Z. Geburtsh. Frauenheilk. 10, 559 (1950). — Verhütung der Transfusions-Syphilis durch Arsenoxyd. Klin. Wschr. 29, 319 (1951). — SCHWEDT, E. W.: Die Bedeutung der Blutkonserve für die Klinik. Z. Geburtsh. Gynäk. 131, 130 (1949). — SCHWENZER, A. W.: Neuzeitliche Sicherungen bei Bluttransfusionen. Ergebn. inn. Med. Kinderheilk., N. F. 5, 360 (1954). — SCHWIETZER, H.: Chemische Konstitution und sekundäre Bindungskräfte als Ursachen bakteriostatischer Wirksamkeit. Arzneimittel-Forsch. 1, 402 (1951). — SINGER, E., u. V. FISCHL: Der Nachweis von Arsenikalien in Spirochaeten und Trypanosomen. Z. Hyg. Infekt.-Kr. 116, 36 (1934). — SKILES, B. F., and C. S. HAMILTON: Arsenicals containing the dibenzofuran nucleus. J. Amer. chem. Soc. 59, 1006 (1937). — SLATER, R. H.: Quinoline compounds containing arsenic. I. Synthesis of 6-methoxyquinoline derivatives of aminophenylarsinic acids. J. chem. Soc. 1930, 1209. — Quinoline compounds containing arsenic. IV. Synthesis of derivatives of quinoline-5- and -8-arsonic acids. J. chem. Soc. 1932[1], 2104. — Quinoline compounds containing arsenic. V. Synthesis of 7:8-triazolquinoline-5-arsonic acid. J. chem. Soc. 1932[2], 2196. — STADLER, H.: Erfahrungen mit Haemosept. Bluttransfusion 3, 30 (1954). — STEINKOPF, W., u. P. JÄGER: Über aromatische Sulfofluoride. II. J. prakt. Chem. 128, 63 (1930). — STOCKEN, L. A., and R. H. S. THOMPSON: British Anti-Lewisite. I. Arsenic derivatives of thiol proteins. Biochem. J. 40, 529 (1946[1]). — British Anti-Lewisite. II. Dithiol compounds as antidotes for arsenic. Biochem. J. 40, 535 (1946[2]). — British Anti-Lewisite. III. Arsenic and thiol excretion in animals after treatment of Lewisite burns. Biochem. J. 40, 548 (1946[3]). — Reactions of British Anti-Lewisite with arsenic and other metals in living systems. Physiol. Rev. 29, 168 (1949). — STOCKEN, L. A., R. H. S. THOMPSON and V. P. WHITTAKER: British Anti-Lewisite. IV. Antidotal effects against therapeutic arsenicals. Biochem. J. 41, 47 (1947). — STOKES, J. H., H. BEERMAN and N. R. INGRAHAM jr.: Modern clinical syphilology. Syphilis and transfusion. Philadelphia and London: W. B. Saunders Company 1944. — STRANGEWAYS, W. I.: Trypanocidal activity in vitro of aromatic thioarsenites and neoarsphenamine. Ann. trop. Med. Parasit. 31, 387 (1937). — SZENT-GYÖRGYI, A. v.: Eine mikroskopische Überführungsmethode. Studien über Eiweißreaktionen. I. u. II. Biochem. Z. 110, 116 (1920). — Kataphoreseversuche an Kleinlebewesen. Studien über Eiweißreaktionen. III. Biochem. Z. 113, 29 (1921).

TATUM, A. L.: Some studies in specific arsenical chemotherapy. Proc. Inst. Med. Chicago 10, No 17 (1935). — Some relationships between structure and function of organic arsenicals in experimental chemotherapy. Science 85, 54 (1937). — TATUM, A. L., and G. A. COOPER: Meta-amino-para-hydroxy phenyl arsine oxide as an antisyphilitic agent. Science 75, 541 (1932). — An experimental study of mapharsen (meta-amino-para-hydroxyphenylarsenoxide) as an antisyphilitic agent. J. Pharmacol. exp. Ther. 50, 198 (1934). — THURET, M. J.: La fixation (in vitro) des composées arsénicaux par les globules rouges du sang. J. Pharm. Chim. (Paris) 28, 22 (1938). — TRAUBE, J.: Über Oberflächenspannung und Flockung kolloider Systeme. Beitrag zur Theorie der Gifte, Arzneimittel und Farbstoffe. Kolloidchem.-Beih. 3, 237 (1912). — TSCHITSCHIBABIN, A., u. O. SLIDE: Eine neue Reaktion der Verbindungen, welche den Pyridinring enthalten. J. Russ. Phys. Chem. Ges. 46, 1216 (1914). Ref. Chem. Zbl. 1915I, 1064. — TURNER, TH. B., and TH. H. DISEKER: Duration of infectivity of treponema pallidum in citrated blood stored under conditions obtained in blood tanks. Bull. Johns Hopkins Hosp. 68, 269 (1941).

UHLENHUT, P., u. MANTEUFEL: Chemotherapeutische Versuche mit einigen neueren Atoxylpräparaten bei Spirochaetenkrankheiten mit besonderer Berücksichtigung der experimentellen Syphilis. Z. Immun.-Forsch. 1, 108 (1908). — U.S. Pat. 2409291 (1946) (Squibb & Sons).

VERMAST, P. G. F.: Beitrag zur Theorie der Desinfektion im Lichte der Meyer-Overtonschen Lipoidtheorie. Biochem. Z. 125, 106 (1921). — VERTH, CH. z., u. K. MAIER: Frischblut oder Blutkonserve? Dtsch. med. Wschr. 78, 1224 (1953). — VOEGTLIN, C.: The pharmacology of arsphenamine (salvarsan) and related arsenicals. Physiol. Rev. 5, 63 (1925). — VOEGTLIN, C., H. H. DYER and C. S. LEONARD: On the mechanism of the action of arsenic upon protoplasm. Publ. Hlth Rep. (Wash.) 38, 1882 (1923). — On the specificity of the so-called arsenic receptor in the higher animals. J. Pharmacol. exp. Ther. 25, 297 (1925). — VOEGTLIN, C., S. M. ROSENTHAL u. J. M. JOHNSON: Der Einfluß von Arsenikalien und krystallischem Glutathion auf den Sauerstoffverbrauch von Geweben. Publ. Hlth Rep. (Wash.) 46, 339 (1931). Ref. nach Chem. Zbl. 1931I, 3017. — VOEGTLIN, C., and H. W. E. SMITH: Quantitative studies in chemotherapy. II. The trypanocidal action of arsenic compounds. J. Pharmacol. exp. Ther. 15, 475 (1920[1]). — Quantitative studies in chemotherapy. III. The oxidation of arsphenamine. J. Pharmacol. exp. Ther. 16, 199 (1920[2]). — *Vorschrift für die staatliche Prü-*

fung der Salvarsanpräparate. Erlaß des Hessischen Ministers des Inneren, Abt. Öffentliches Gesundheitswesen, vom 25. 6. 1948. — *Vorschriften über die staatliche Prüfung der Salvarsanpräparate.* Arb. a. d. Paul-Ehrlich-Inst. u. dem Georg-Speyer-Hause, Frankfurt a. Main, Heft 47, 1948.

WAGNER, O.: Fortschritte in der Amöbenruhr-Therapie auf biologischen und methodischen Grundlagen. Z. Tropenmed. **3**, 47 (1951). — WAGNER, W.-H.: Zum Wirkungsmechanismus von Salicylsäure und Dibromsalicil. Dtsch. med. Wschr. **72**, 85 (1947). — Oberflächenstrukturen von Mikroorganismen und ihre Beziehung zu chemotherapeutischen und serologischen Phänomenen. Arzneimittel-Forsch. **2**, 143 (1952[1]). — Untersuchungen über die Wirkung von Arsenoxyden in vitro. Zbl. Bakt., I. Abt. Orig. **158**, 338 (1952[2]). — WAGNER, W.-H., u. H. W. PEDAL: Zur Bestimmung der trypanociden Wirksamkeit von Phenylarsenoxyden in vitro. Arb. a. d. Paul-Ehrlich-Inst. u. dem Georg-Speyer-Hause, Frankfurt a. Main, Heft 49, S. 120, 1951. — Untersuchungen über die Wirkung von Spirotrypan bei der experimentellen Kaninchensyphilis. Arzneimittel-Forsch. **4**, 137 (1954). — WAGNER, W.-H., H. W. PEDAL u. A. SCHÖNEBERGER: Untersuchungen über das Wesen der erworbenen Resistenz von Trypanosomen gegenüber Phenylarsenoxyden. Z. Tropenmed. **5**, 81 (1954). — WAGNER, W.-H., u. W. SCHULZ: Chemotherapeutische Untersuchungen über Spirotrypan. Z. ges. exp. Med. **119**, 204 (1952). — WAGNER-JAUREGG, TH.: Therapeutische Chemie. Arznei- und Desinfektionsmittel zur Bekämpfung von Infektionskrankheiten. Bern: H. Huber 1949. — WEIDENHAGEN, R., u. R. HERRMANN: Eine neue Synthese von Imidazolderivaten. Ber. dtsch. chem. Ges. **68**, 1953 (1935). — WEIDENHAGEN, R., u. H. RIENÄCKER: Die Synthese von Arsonophenylimidazolen. VIII. Mitt. über Imidazole. Ber. dtsch. chem. Ges. **72**, 57 (1939). — WHITTAKER, V. D.: The effect of BAL on pyruvate oxydation in pigeon brain dispensions. Biochem. J. **41**, 52 (1947). — WIESE, W.: Salvarsan. Chemisches und Experimentelles. In: Handbuch der Haut- und Geschlechtskrankheiten, herausgeg. von J. JADASSOHN. Bd. 18: Syphilis-Therapie, S. 500. Berlin: Springer 1928. — WRIGHT, H. N., A. BIEDERMANN, E. HANSER and C. J. COOPER: Physico-chemical properties of the arsphenamines in relation to toxicity and therapeutic efficiency. J. Pharmacol. exp. Ther. **73**, 12 (1941).

YORKE, W., and F. MURGATROYD: Studies in chemotherapy. III. The action in vitro of certain arsenical and antimonial compounds on T. rhodesiense and on atoxyl- and acriflavine-resistant strains of this parasite. Ann. trop. Med. Parasit. **24**, 449 (1930). — YORKE, W., F. MURGATROYD and F. HAWKING: Studies in chemotherapy. IV. The action in vitro of certain arsenical and antimonial compounds and of Bayer 205 on T. rhodesiense and on atoxyl- and acriflavine-resistant strains of this parasite. Ann. trop. Med. Parasit. **25**, 313 (1931[1]). — Studies in chemotherapy. V. Preliminary contribution on the nature of drug resistance. Ann. trop. Med. Parasit. **25**, 351 (1931[2]). — Studies in chemotherapy. VIII. Comparison of strains of T. rhodesiense made resistant to various arsenicals and antimonials, to Bayer 205, and to acriflavine, respectively. Ann. trop. Med. Parasit. **26**, 577 (1932).

Die Antibiotica

Von

Johannes Meyer-Rohn-Hamburg

Mit 27 Abbildungen

A. Mikrobiologischer und pharmakologischer Teil

I. Begriffsbestimmung und Geschichtliches

Antibiotica sind chemische Substanzen, die von verschiedenen Gruppen von Mikroorganismen produziert werden (Bakterien, Fungi, Actinomyceten); diese Substanzen unterdrücken das Wachstum anderer Mikroorganismen, ja sie können diese sogar zerstören. Eine strenge Trennung der Begriffe Chemotherapeutica (synthetisch hergestellte Substanzen) und Antibiotica (aus Mikroorganismen gewonnene Stoffe) ist mit fortschreitender Aufklärung der chemischen Struktur der meisten Antibiotica nicht mehr möglich. Letzten Endes sind alle Antibiotica Chemotherapeutica.

Die Beobachtung, daß Mikroorganismen sich gegenseitig in ihrem Wachstum beeinflussen können, ist schon alt; sie geht auf PASTEUR und JOUBERT zurück, die 1877 bei Studien über Milzbrandbacillen bemerkten, daß gewisse Mikroorganismen das Wachstum von Bac. anthracis zu verhindern vermögen. PASTEUR deutete damals schon weit vorausschauend auf die großen Hoffnungen hin, die sich daraus einmal für therapeutische Zwecke ergeben könnten. DE BARY wies 2 Jahre später in seinem Buch über „Die Erscheinungen der Symbiose" darauf hin, daß in Mischkulturen häufig nur eine Gruppe von Mikroorganismen zu ungestörtem Wachstum befähigt ist, während andere überhaupt nicht oder nur sehr kümmerlich gedeihen. Der Ausdruck „Antibiose" geht wahrscheinlich auf VUILLEMIN zurück, der ihn 1889 im Zusammenhang mit Betrachtungen über das Überleben der Tüchtigsten geprägt hat: Ein Lebewesen zerstört das Leben eines anderen, um sein eigenes zu erhalten. WARD hat dann 10 Jahre später das Wort als Begriff für den mikrobiellen Antagonismus übernommen. Heute werden nach WAKSMAN unter Antibiotica nicht ausschließlich Wirkstoffe aus Mikroorganismen, sondern auch solche, die aus niederen und höheren Pflanzen, ja sogar aus tierischem Gewebe gewonnen werden, verstanden. Dabei könnte man den terminus technicus „Antibioticum" in manchen Fällen — schon um die Wirkungsweise anzudeuten — durch Worte oder Begriffe wie Antimikrobicum, Antagonist oder Bakteriostaticum ersetzen. Das erscheint aber nicht opportun, denn durch die Flut von Veröffentlichungen in den vergangenen 12 Jahren ist der Ausdruck Antibioticum in der wissenschaftlichen wie in der Laienwelt regelrecht fixiert worden.

1887 berichten GARRE und OLITSKY unabhängig voneinander, daß Staphylokokken, Salmonella typhi, Vibrio cholerae, Bac. anthracis u. a. durch Keime der Fluorescensgruppe stark gehemmt werden. Im Jahre 1889 beobachtete v. FREUDENREICH Wachstumshemmung von Typhus- und Cholerabakterien durch Bouillonfiltrate von Serratia marcescens, Pseudomonas aeruginosa, Pseudomonas fluorescens u. a.; BOUCHARD konnte diese Beobachtung bestätigen und EMMERICH und Löw gelang es schließlich 10 Jahre später, Konzentrate der aktiven Substanz darzustellen, die sie Pyocyanase nannten. Diese Pyocyanase ist als Vorgänger der heutigen Antibiotica zu werten; man kann sie auch als erstes Antibioticum überhaupt bezeichnen, denn sie wurde in den zwanziger Jahren von den Sächsischen Serumwerken in Dresden hergestellt. Bezüglich anderer bis 1928 einwandfreier und von anderen Autoren bestätigter Beobachtungen, wie die Wirkung von Penicillium luteum auf Citromyces, von Bac. mesenterius auf Corynebakterien, von Aspergillus fumigatus auf Mycobacterium tuberculosis und viele andere, muß im Rahmen dieses Artikels auf die einschlägige Antibioticaliteratur (SCHÖNFELD und KIMMIG, WAKSMAN u. Mitarb., WALLENFELS u. a.) verwiesen werden. So haben VOGEL, WELCH und viele andere gute Überblicke über die geschichtliche Entwicklung dieses neuen Wissenszweiges gegeben.

Wenn sich die Pyocyanase nicht durchsetzen konnte, oder wenn dieses hochinteressante Forschungsgebiet der mikrobiellen Hemmstoffe überhaupt vernachlässigt wurde, so lag das einerseits daran, daß diesbezügliche Veröffentlichungen zum größten Teil in Fachzeitschriften erschienen, die dem Biochemiker schwer zugänglich waren. Andererseits hatten die Sulfanilamide ihren Siegeszug angetreten und ließen das Interesse für nicht synthetische Stoffe in den Hintergrund treten. Das um so mehr, als das Auffinden, die Isolierung und das Studium dieser Naturstoffe nicht gerade zu den einfachen Arbeiten gehört. So ist auch verständlich, warum eine für die Folgezeit so epochale Entdeckung, wie die des Penicillins durch ALEXANDER FLEMING im Jahre 1929, genauso in die Vergessenheit zu geraten drohte, wie die früheren Arbeiten über mikrobielle Hemmstoffe. Die Flemingsche Entdeckung blieb über 10 Jahre lang unbeachtet, obgleich in diese Zeit eine Reihe von Veröffentlichungen über antagonistische Wirkstoffe aus Bakterien fallen: So gelang DUBOS u. Mitarb. die Entdeckung und Reindarstellung mehrerer Hemmstoffe aus Bodenbakterien und Bac. brevis; von ihnen ist das Tyrothricin, das sich aus Gramicidin und Tyrocidin zusammensetzt, am bekanntesten geworden. WAKSMAN u. Mitarb. führten Untersuchungen an Actinomyceten durch; GUNDEL und WAGNER sowie HETTCHE erzielten Fortschritte in der Isolierung und Aufklärung der aktiven Substanz aus Pseudomonas aeruginosa, die schließlich zum Pyocyanin führten. Schließlich fällt die Entdeckung des Gliotoxins aus Gliocladium fimbriatum durch R. WEINDLING ins Jahr 1937. Es mußte erst der zweite Weltkrieg mit seinem hohen Bedarf an Medikamenten zur Wundbehandlung kommen, um als „Katalysator“ für die antibiotische Forschung vor allem aber für die Überführung der Entdeckung vom Laboratorium in die Produktion zu wirken.

Die Amerikaner haben das Penicillin aus diesem Grund mit Recht als „war drug“ bezeichnet; auch wenn FLOREY und CHAIN schon im Juli 1939 mit ihren ausgezeichneten Versuchen am Penicillin begonnen haben. Diese beiden hervorragenden Forscher, die sich sehr für die Anwendung des Penicillins bei Staphylokokkeninfektionen interessierten, hatten sich nicht mit der von FLEMING, CLUTTERBUCK u. Mitarb. sowie REID mitgeteilten Instabilität des Penicillins zufriedengegeben. Den Arbeiten von FLOREY und CHAIN ist es in erster Linie zu danken, daß das Penicillin in relativ kurzer Zeit aus dem Versuchsstadium zur Großproduktion gekommen ist. Mit der Massenproduktion von Penicillin wird eine neue Ära in der Behandlung von Infektionskrankheiten eingeleitet: die Ära der Antibiotica. Eine fieberhafte Suche nach anderen Wirkstoffen mit einem noch breiteren Wirkungskreis begann. Hunderttausende von Bodenproben aus allen Teilen der Erde wurden nach bisher unbekannten Mikroorganismen mit antibiotischen Eigenschaften untersucht und bakteriologisch aufgearbeitet.

Unermeßliche Summen wurden vor allem seitens der chemisch-pharmazeutischen Industrie in diese Forschungsarbeiten investiert, die in relativ kurzer Zeit zum Streptomycin, den Tetracyclinen, Chloramphenicol, Erythromycin, Oleandomycin und vielen anderen Antibiotica führten. Heute sind Hunderte von aus Mikroorganismen gewonnenen Wirkstoffen mit bakteriostatischer, tuberkulostatischer

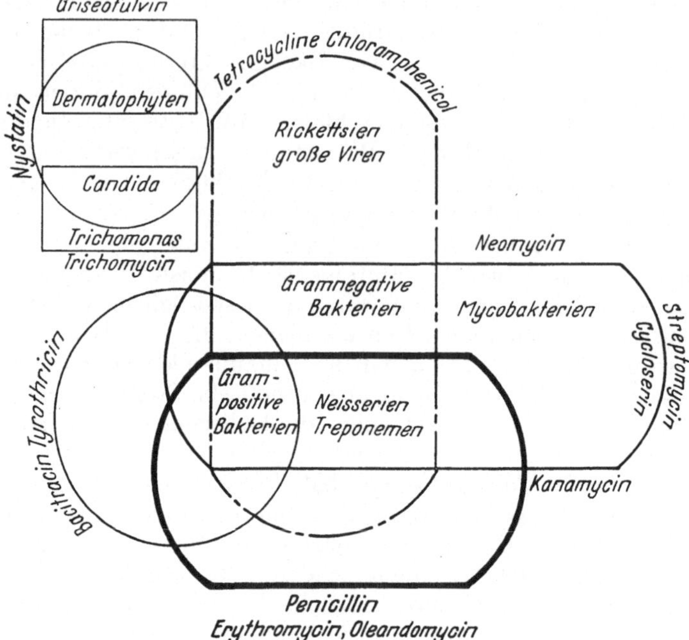

Abb. 1. Wirkungsbereich der bekanntesten Antibiotica

oder fungistatischer Aktivität bekannt; laufend werden neue gefunden. Für die Klinik wichtig sind aber nur relativ wenige; es sind dies:

Penicillin	Neomycin
Streptomycin	Tyrothricin
Tetracycline	Oleandomycin
Chloramphenicol	Nystatin
Erythromycin	Kanamycin
Polymyxin B	Griseofulvin
Bacitracin	Trichomycin

Mit der Entwicklung der Antibiotica und der Häufigkeit ihrer klinischen Anwendung parallel ging eine Flut von Veröffentlichungen im naturwissenschaftlichen und medizinischen internationalen Schrifttum. Nicht nur der Kliniker, auch der Theoretiker ist nicht mehr in der Lage, das Gesamtschrifttum über die Antibiotica zu übersehen: Die Zahl der Arbeiten geht in die Zehntausende. RICHARD KUHN hat im Rahmen seines Vortrages zur 100-Jahr-Feier des naturhist.-mediz. Vereins in Heidelberg „Vom Lehren und Lernen an unseren Hochschulen" festgestellt, daß es heute 12864 medizinische, regelmäßig erscheinende Zeitschriften gibt. KUHN glossierte die Literaturflut mit folgender Rechnung: „Ein Chemiker hat es schon leichter. Die Zahl der Zeitschriften, aus denen Referate in das Chemische Zentralblatt aufgenommen werden, beträgt zur Zeit ‚nur' etwa 2500 bis 3500, bei einem Jahresumfang des Zentralblatts von 14400 Seiten werden schätzungsweise pro Seite durchschnittlich 15 Seiten Originalliteratur referiert, d.h.

etwa 216000 Originalseiten im Jahr. Wir wollen annehmen, daß man zum Lesen einer Seite 2 Minuten benötigt. Dann sind insgesamt 432000 Minuten erforderlich. Wir dividieren durch 365 und kommen auf 1200 Minuten am Tag. Glücklicherweise haben Tag und Nacht zusammen 1440 Minuten. Wir sind also heute bei unserer Jahrhundertfeier so weit, daß ein einzelner — wenn er mit 4 Stunden für Schlaf und alles sonstige auskommt — die chemische Literatur gerade noch lesen könnte. Für einen Mediziner ist die Sache schon lange hoffnungslos geworden."

So können auch heute in einem Handbuchartikel nur die wichtigsten und grundlegendsten Arbeiten als kleiner Bruchteil der in die Zehntausende gehenden Veröffentlichungen berücksichtigt werden. Im übrigen wird auf die zahlreichen guten Monographien hauptsächlich des amerikanischen Schrifttums verwiesen.

Die einzelnen Antibiotica werden im folgenden in der Reihenfolge ihrer Bedeutung für Dermatologie und Venerologie abgehandelt, wobei es uns aus Gründen der leichteren Übersicht zweckmäßig erscheint, bei jedem einzelnen Antibioticum nach dem gleichen Einteilungsprinzip — Geschichte, Herkunft, Chemie, Wirkungsspektrum, Antibioticakombinationen, Resistenzproblem usw. — zu verfahren. Das von PULASKI stammende und auf den jetzigen Stand erweiterte Schema über den Wirkungsbereich der wichtigsten Antibiotica (Abb. 1) soll zur leichten optischen Orientierung dienen.

II. Penicillin (Pc)

Die Entdeckung des Penicillins ist ein Meilenstein in der Therapie bakterieller Infektionen; man muß auch heute noch das Penicillin als das wichtigste und erfolgreichste Antibioticum bezeichnen. Seine Entwicklung leitete die antibiotische Ära und die Suche nach neueren noch besseren Substanzen ein.

1. Geschichtliches

Die Geschichte der Entdeckung und Entwicklung des Penicillins gehört heute zur Allgemeinbildung. In ausgedehnten Monographien und Übersichten haben der Entdecker und ein Kreis von Chemikern und Medizinern dieses Stück Medizingeschichte niedergelegt (FLEMING 1946; FLOREY 1946, 1949; ABRAHAM 1949; CHAIN 1954). SCHÖNFELD und KIMMIG gliedern die Geschichte in 3 Abschnitte:

1. Entdeckung der wachstumshemmenden Wirkung von Schimmelpilzen auf Staphylokokken im Jahre 1929. Bestätigung der Flemingschen Ergebnisse durch R. D. REID 1935. Isolierung des Penicillins aus dem Kulturfiltrat durch RAISTRICK u. Mitarb. im Jahre 1932, also dem gleichen Jahr, in dem DOMAGK, MIETZSCH und KLARER in Deutschland mit ihren Arbeiten über sulfonamidhaltige Farbstoffe hervortraten.

2. 1938 nimmt der Oxforder Pathologe FLOREY die experimentelle Bearbeitung des Penicillins wieder auf. In systematischer Arbeit, an der sich eine ganze Gruppe von Wissenschaftlern beteiligt, die später im Schrifttum als „Oxford-Gruppe" bekannt wird, gelingt es 1940, den wirksamen Stoff des Pilzes aus einem modifizierten Czapek-Dox-Nährboden in Form eines gelblichen Pulvers zu gewinnen. Im Lancet erscheint am 24. August 1940 die erste kurze Mitteilung des engeren Oxforder Arbeitskreises (CHAIN, FLOREY, HEATLEY u. a.): „Das Penicillin als chemotherapeutisches Agens." Aus Reagensglas- und Tierversuchen ergibt sich, daß Penicillin die wichtigsten Eigenschaften eines Chemotherapeuticums in hervorragendem Maße aufweist: Geringe Giftigkeit bei starkem bactericiden Effekt. Am 16. August 1941 berichtet der gleiche Kreis (ABRAHAM, CHAIN, FLETCHER, FLOREY, GARDNER, HEATLEY u. JENNINGS) im Lancet ausführlicher über die

Ergebnisse seiner experimentellen und technischen Arbeiten und gibt die ersten klinischen Erfahrungen über 10 Fälle bekannt.

3. Der 3. Abschnitt umschließt die Einführung des Penicillins in die Praxis, seine weitere chemische Reinigung und seine Großproduktion in den USA und England bis 1943.

In Deutschland haben VONKENNEL, LEMBKE und KIMMIG wohl als erste das Penicillin in der Hand gehabt. Die Gemeinschaftsarbeit ging zurück auf eine Veröffentlichung im Chemischen Zentralblatt aus dem Jahre 1939. KIMMIG gelang dann 1943 unter ungünstigsten Verhältnissen die Gewinnung von Penicillin aus der Submerskultur in den Laboratorien der Universitäts-Hautklinik Leipzig. Es konnten damals Mengen isoliert werden, die ausreichten, um eine Reihe von Gonorrhoekranken auszuheilen.

2. Herkunft

Penicillin wird von Penicillium notatum Westling, einem Schimmelpilz, der unter etwa 50 gewöhnlichen Schimmelpilzen nur einmal vorkommt, gebildet. Es war ein besonderer Glückszufall, daß FLEMING gerade einen Stamm mit relativ hohem Wirkstoffvermögen fand. Man hat diesen Stamm physikalischen und chemischen Einflüssen ausgesetzt, um das Penicillin-Produktionsvermögen zu erhöhen. Durch Röntgen- und UV-Bestrahlung ist dies auch gelungen und die heutigen Ausgangsstämme produzieren ein Vielfaches früherer Stämme. Die fundamentalste Entdeckung für die Steigerung der Ausbeute war der „corn-steeps Liquor" (Maisquellwasser) als Zusatz zum Nährmedium, die schon 1941 in den USA gemacht wurde und eine Massenproduktion erst ermöglichte. Heute wird in den USA meist der Stamm Penicillium chrysogenum Thom, NRRL 1951 B 25, davon wieder die Rö-Mutante X1612, zur Großproduktion benutzt. Von Großproduktion muß schon gesprochen werden; ein Vergleich der Herstellungsmengen in den USA von 1943 und 1956 lehrt dies:

1943: 6 Billionen Oxford-Einheiten.

1956: 500 Trillionen Oxford-Einheiten = 325 Tonnen.

3. Chemie

Es gibt mehrere Penicilline, die sich chemisch und biologisch unterscheiden. Allen gemeinsam ist die Struktur (1), nur die Reste (R) sind jeweils verschieden:

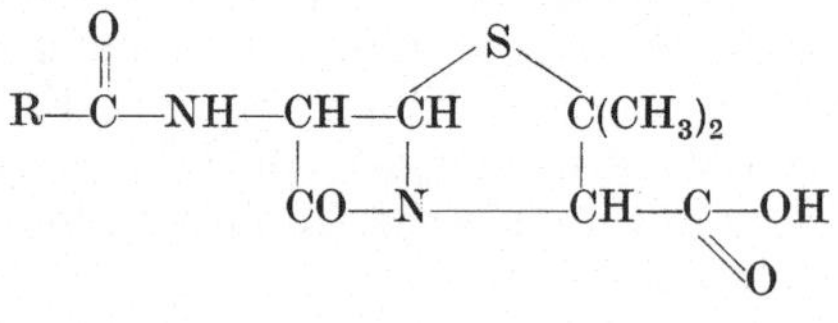

```
        O            S
        ‖         ／   ＼
R—C—NH—CH—CH       C(CH3)2
          |   |        |                    (1)
          CO—N ————— CH—C—OH
                         ⟍
                          O
```

R	
$—CH_2—CH{=}CH—CH_2—CH_3$	= Δ^2-Pentenylpenicillin (I oder F)
$—CH_2—CH_2—CH_2—CH_2—CH_3$	= n-Amylpenicillin
$—CH_2—(CH_2)_5—CH_3$	= n-Heptylpenicillin (K)
$—CH_2—CH \cdot CH_2 \cdot CHSH$	= Allylmercaptomethylpenicillin (O)
$—CH_2—C_6H_5$	= Benzylpenicillin (II oder G)
$—CH_2—C_6H_4—OH$	= p-Hydroxy-benzylpenicillin (III oder X)
$—CH_2—O—C_6H_5$	= Phenoxymethylpenicillin (V)

Bezüglich weiterer chemischer Daten über Konstitutionsermittlung, Synthese, Trennung der einzelnen Penicilline, Technologie, Pilzaufzucht, Nährlösungen, Züchtungsverfahren (Oberfläche, Tiefktank), Herstellungsvorgänge, sterile Abfüllung usw. wird auf den Artikel von KIMMIG, ÖPPINGER, WEYGAND und WACKER in ULLMANNs Enzyklopädie verwiesen.

Nach der Aufklärung der Konstitution des Penicillins hat man Wege zur Synthese gesucht und auch geeignete gefunden. Sie sind aber im Vergleich zur biologischen Herstellung sehr kostspielig und es schien so, als ob das Tieftankverfahren für die industrielle Produktion die Methode der Wahl bleiben würde.

Man hat sich seit Jahren bemüht, den natürlichen Penicillinen, also denen, die der Schimmelpilz Penicillium chrysogenum von sich aus bildet, durch menschliche Kunstgriffe weitere hinzuzufügen. So hat man zunächst versucht, dem Schimmelpilz mit der Nährlösung Säuren anzubieten, die als Seitenketten in Betracht kommen. In der Tat ist es — vor allem bei den Untersuchungen von O. K. Behrens — gelungen, auf diese Weise durch eine Lenkung der Biosynthese den Pilz zur Synthese neuer Penicilline anzuregen.

Die immense Arbeit blieb jedoch ohne praktisches Ergebnis, bis E. Brandl und H. Margreiter beobachteten, daß Phenoxymethyl-Penicillin oder Penicillin V säurestabil ist und sogar als freie Säure kristallisiert werden kann. Da diese Penicillin V-Säure von der Salzsäure des Magens nicht angegriffen wird, wurde damit die orale Penicillintherapie auf eine neue Basis gestellt.

Man weiß heute, daß die Biosynthese der Penicilline viele bisher noch nicht erforschte Stufen durchläuft, und man nimmt heute an, daß eine der letzten Zwischenstufen darin besteht, daß der penicillinbildende Pilz im Rahmen des Aminosäurestoffwechsels die 6-Aminopenicillansäure bildet. Vermutlich wird diese Säure endlich an der freien Aminogruppe mit einer Carbonsäure unter Wasserabspaltung verknüpft. Nimmt man zum Beispiel an, daß 6-Aminopenicillansäure mit Phenylessigsäure reagiert, so entsteht als Reaktionsprodukt das Penicillin G.

Alle Versuche, die gemeinsame Vorstufe der Penicilline, die 6-Aminopenicillansäure, auf biologischem Wege in der gewünschten Weise zu acylieren, sind nun dadurch begrenzt, daß viele für die Verknüpfung vorgesehenen Substanzen entweder für den Pilz zu giftig sind oder keine amidartige Bindung mit der 6-Aminopenicillansäure eingehen. Die Möglichkeiten, durch Zusatz von synthetischen Stoffen die Penicillinsynthese in der Pilzkultur in eine gewünschte Richtung zu lenken, sind also begrenzt.

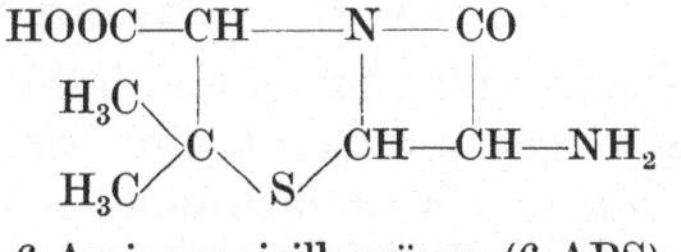

```
HOOC—CH——N——CO
       |      |      |
H3C\   |      |      |
     >C\     /CH—CH—NH2
H3C/    \S/
```

6-Aminopenicillansäure (6-APS)

Eine andere Möglichkeit zur Gewinnung von 6-Aminopenicillansäure-Derivaten mit einem erwünschten Acylrest in der Seitenkette, wäre die Totalsynthese. So haben J. C. Sheehan u. Mitarb. 1957 über eine Synthese des Penicillin V ohne Zuhilfenahme von natürlichen Ausgangsmaterialien berichtet. Durch die Arbeiten dieser Gruppe sind außerdem viele wertvolle chemische Reaktionen am Penicillin bekannt geworden. Diese Verfahren haben jedoch wegen der außerordentlichen Schwierigkeiten und niedrigen Ausbeuten keinen Eingang in die Technik gefunden.

Es muß daher als ein entscheidender Fortschritt angesehen werden, daß es kürzlich gelang, die bisher nur theoretische 6-Aminopenicillansäure nunmehr als Reinsubstanz zu gewinnen, da hierdurch die Möglichkeit eröffnet wird, auf rein chemischem Weg praktisch beliebige Acylreste in einem verhältnismäßig einfachen Arbeitsprozeß mit der 6-Aminogruppe zu verknüpfen. Auf diese Weise kann man theoretisch Penicilline mit einer beliebigen Seitenkette herstellen und auf ihre therapeutische Wirkung prüfen. Die ersten Versuche zur Isolierung der

Aminopenicillansäure gehen auf den Japaner MURAO zurück; er konnte allerdings die reine 6-Aminopenicillansäure noch nicht gewinnen. Erst im Jahre 1959 teilten BATCHELOR u. Mitarb. die Isolierung von reiner 6-Aminopenicillansäure mit, die sie aus Kulturen von Penicillium chrysogenum ohne jegliche Zusätze erhalten hatten. Dieser Erfolg führte zur Entwicklung eines Oralpenicillins, das in England als Broxil im Handel ist. In den Elberfelder Laboratorien der Farbenfabriken Bayer wurde ein Verfahren ausgearbeitet, das es erlaubt, die 6-Aminopenicillansäure in einfacher Weise und in praktisch beliebigen Mengen zu erhalten (KAUFMANN, BAUER u. OFFE). Dieses Verfahren besteht darin, daß man aus Penicillin G enzymatisch den Phenacetylrest abspaltet und auf diese Weise reine 6-Aminopenicillansäure erhält. Es war sehr überraschend, daß es auf diese Weise gelang, eine normale Amidbindung zu spalten, ohne den viel empfindlicheren β-Lactamring zu öffnen. Nachdem die so hergestellte 6-Aminopenicillansäure zur Verfügung stand, konnte durch Einwirkung von acylierenden Mitteln die Synthese von bisher mehr als 500 neuen Penicillinen durchgeführt werden. Damit ist ein Weg gefunden worden, auf halbsynthetischem Weg neue Penicilline herzustellen. Das Kaliumsalz der 6-α-Phenoxypropionamidopenicillansäure — als erstes deutsches synthetisches Penicillinderivat — hat sich klinisch bereits gut bewährt. Es hat folgende Formel:

```
          KOOC—CH——N——CO
     H3C\     |     |    |
         >C\     /CH—CH—NH—CO—CH—O—C6H5
     H3C/    \S/                |
                                CH3
```

Ein weiteres halbsynthetisches Penicillin, das wie Broxil in den Beecham Laboratorien entwickelt worden ist (KNUDSEN, GARROD, ROLINSON, RENTCHNIK), ist das Hydrochlorid des 6-(2,6-dimethoxybenzamido) penicillansauren Natriums. Die Konstitutionsformel ist:

```
          /OMe              S
                          /   \
  C6H3  —CO · NH · CH—CH      C · Me2
                      |   |      |
          \OMe        CO—N——CH · COONa · H2O
```

Die Substanz ist als Celbenine im Handel und hat den Vorteil, daß sie absolut penicillinase-fest ist; sie ist dagegen nicht absolut säurestabil und auch weniger wirksam als andere Penicilline. Da es noch nicht gelungen ist, eine Depotform herzustellen, muß Celbenine alle 4 Std i.m. injiziert werden. Aus der Klinik liegen bereits günstige Berichte vor (THOMPSEN, WITBY u. HARDING; STEWART, NIXON, COLES, KESSON u. a.).

4. Chemische und physikalische Eigenschaften

a) Stabilität

Während Penicilline als freie Säuren bei Zimmertemperatur schnell ihre antibakterielle Wirkung verlieren, sind die reinen Na- und K-Salze der Penicilline im trockenen Zustand viele Monate völlig stabil, auch bei Zimmertemperatur. Nach Untersuchungen von ABRAHAM und CHAIN wird Penicillin durch Kontakt mit Schwermetallen, wenn diese in ionisierter Form vorliegen, inaktiviert: z.B. Kupfer, Blei, Zink und Cadmium. Gegen die Verwendung von Metallspritzen bestehen nach neueren Untersuchungen jedoch keine Bedenken mehr, da Penicillin-Lösungen hierin selbst innerhalb 24 Std nicht aktiviert werden (WORATZ). Am beständigsten ist Penicillin im Bereich p_H 4,5—7,0. Die Haltbarkeit des in

Aqua bidest. gelösten Penicillins beträgt bei Raumtemperatur (+4°C) bis zu 2 Wochen. Eigene Versuche haben ergeben, daß sich Penicillinlösungen im Kühlschrank mehrere Monate halten. Bei 40° C treten dagegen schon nach 12 Std Wirkungsverluste über 50% auf. Das kristallisierte Penicillin G-Natriumsalz ist in getrocknetem Zustand außerordentlich stabil und zeigt auch nach jahrelanger Lagerung bei Zimmertemperatur und Luftabschluß keine nennenswerten Wirkungseinbußen (Buckwalter und Hollerau).

b) Löslichkeit

Penicillin als freie Säure löst sich gut in den gewöhnlichen organischen Lösungsmitteln, jedoch schlecht in Wasser, worin es auch seine Wirkung schnell einbüßt. Die alkalischen Salze des Penicillins sind dagegen sehr gut in Wasser löslich, weniger gut in Äthylalkohol. In Alkohol gelöst erfolgt bei Zimmertemperatur eine rasche Inaktivierung des Penicillins in wenigen Tagen. Dagegen ist es unter besonderen Bedingungen, wie Luftabschluß und Kühlschranktemperatur, 2 bis 3 Wochen auch in Alkohol stabil.

c) Standardisierung

Penicillin wird standardisiert nach internationalen Einheiten (iE). Eine internationale Einheit entspricht der früheren Oxford-Einheit, deren Definition von den Forschern des Oxford-Kreises wie folgt gegeben wird:

Eine Oxford-Einheit ist die Menge von Penicillin, die, in 50 ml Fleischbrühextrakt gelöst, gerade vollständig das Wachstum von Staph. aureus zu hemmen vermag. Ein Milligramm reinsten Penicillin-G-Na-Salzes enthält 1667 iE.

Die Standardisierung kann nach verschiedenen Bestimmungsmethoden erfolgen: die bekannteste ist der von Abraham, Chain u. Mitarb. angegebene Zylinder-Plattentest, der 1947 von der Food and Drug-Administration (Federal-Register 4. April 1947; 12 F.R. 2215, 2217—2226) als Standardmethode angegeben wurde: auf Agarplatten, die unter Zusatz einer Staphylokokkenkultur ausgegossen worden sind, werden in bestimmten Abständen zueinander 6 Metallzylinder aufgesetzt, deren Hohlraum mit der zu prüfenden Penicillinlösung ausgefüllt wird. Je 2 der 6 Zylinder erhalten zur Kontrolle Verdünnungen eines Standardpräparates. Die Platten werden jetzt 18 Std bei 37° C bebrütet. Nach dieser Zeit haben sich um die Zylinder herum mehr oder weniger große keimfreie Höfe gebildet, während der Rest des Agars gleichmäßig mit Staphylokokkenkolonien durchsetzt ist und getrübt erscheint. Die Durchmesser der sog. Hemmhöfe werden exakt ausgemessen. Mit Hilfe einer aus dem Mittelwert von 10 bis 20 Standardplatten aufgestellten Eichkurve und bekannten Umrechnungstabellen wird die biologische Aktivität des Präparates in internationalen Einheiten festgestellt.

Eine weitere Methode ist der Reihenverdünnungstest, bei der eine Reihe von mit einer Nährbouillon gefüllten Reagensröhrchen in fallenden Konzentrationen mit dem zu prüfenden Penicillinpräparat beschickt wird. Jedes Röhrchen wird nun mit einem Tropfen einer 24 Std bebrüteten Staphylokokkenlösung beimpft. Nach 24 Std Brutzeit bei 37° C wird die Wachstumsgrenze (sind die Testkeime gewachsen, dann ist die vorher klare Nährlösung getrübt) „klar-trüb“ festgestellt. Es wird also das Röhrchen ermittelt, in dem die Penicillinkonzentration so gering war, daß die Staphylokokken anwachsen konnten. Das letzte klare Röhrchen ist der Grenzwert. Ist also Röhrchen 3 klar, Röhrchen 4 trüb, so ist der Grenzwert 3. Multipliziert man diesen mit der Ausgangslösung 1:100, so erhält man die sog.

bakteriostatischen Einheiten, im vorliegenden Fall 300 Bakt.E. Die Umrechnung in internationalen Einheiten erfolgt unter Zuhilfenahme des Penicillin-Empfindlichkeitswertes des verwendeten Testkeimes. Ist dieser z. B. 0,04, so entsprechen $\sim$25 Bakt.E = 1 i E, d. h. für vorliegendes Beispiel: die Lösung hat 300 : 25 = 12 i E (KNÖLL, IRRGANG, DORNER und LAMMERS). Da durch ausfallendes Eiweiß auch leichte Trübungen entstehen können, empfiehlt es sich, dem Nährboden einen Indicator zuzusetzen. Wir nehmen Bromthymolblau; durch p_H-Verschiebung ins Saure infolge des Staphylokokkenwachstums schlägt der vorher blaugrüne Farbton in gelb um. Ebensogut können für diesen Zweck Phenolrot oder Wasserblau benutzt werden.

KNÖLL hat weiterhin einen Schnelltest angegeben, bei dem statt Staphylokokken das schnell wachsende Bact. lacticola SG 340 im Zylindertest bei 45° C Bruttemperatur verwendet wird. Schon nach 2—3 Std können die Hemmhöfe abgelesen und ausgemessen werden.

Schließlich muß noch der Objektträgerzellentest nach WRIGHT (HERREL und SCHULZE) angeführt werden. Mittels paraffinierter Papierstreifen stellt man sich aus 2 Objektträgern capillare Zellen her. Diese werden mit defibriniertem, 2 Tage im Eisschrank gelagertem Blut gefüllt, dem als Testkeim hämolysierende Streptokokken und Penicillin in ansteigenden Konzentrationen (Prüflösung) zugesetzt werden. Die Grenze Hämolyse/keine Hämolyse wird abgelesen und analog zum Röhrchen-Reihenverdünnungstest ausgewertet.

Voraussetzung für all diese Methoden sind steriles Arbeiten, Fachkenntnis und die Zuhilfenahme von positiven und negativen Kontrollen bei jeder Versuchsanordnung.

5. Wirkungsbereich

In vitro. Penicillin zeigt im Reagensglas sehr gute Aktivität gegenüber Staphylokokken, Streptokokken, Pneumokokken, Gonokokken, Meningokokken, ferner gegen Corynebact. diphtheriae, Bac. anthracis und Clostridien. Dagegen ist Pc praktisch wirkungslos gegen gramnegative Bakterien wie Pseudomonas aeruginosa, Bact. proteus, Escherichia coli, Klebsiella pneumoniae usw. Gegen Treponemen zeigt es höchste Aktivität (EAGLE und MUSSELMAN); hier nicht nur gegen die nichtpathogenen Kulturspirochäten vom Typ Reiter, sondern auch gegen die für die Kaninchensyphilis verantwortlichen vom Typ Truffi und Nichols. Penicillin ist dabei von allen Antibiotica das wirksamste. FEGELER konnte am Nicholsstamm zeigen, daß Penicillin eine treponemenimmobilisierende Wirkung hat, die um 4—6 Zehnerpotenzen höher liegt als die der Tetracycline, des Streptomycins und des Erythromycins. Praktisch unwirksam ist das Penicillin gegenüber Plasmodien, Amöben, Rickettsien und die meisten Fungi- und Virusarten. JENNINGS hat bereits 1949 die enorm reichhaltige Literatur über den Wirkungsbereich des Pc gesichtet, geordnet und ausgewertet. In den seither vergangenen 11 Jahren ist die Zahl der Veröffentlichungen zu diesem Thema Legion geworden.

Von all den erwähnten Keimen sind die Staphylokokken wohl am intensivsten bearbeitet worden. Dabei zeigt sich, daß diese Keime in ihrer Empfindlichkeit gegenüber Pc stark variieren. Aber weder die Herkunft der Stämme noch ihre Stoffwechselcharakteristica, wie die Bildung von Phosphatase, Hyaluronidase, ihr Fibrinolysevermögen oder ihre Plasmakoagulase, geben genaue Auskunft über den Grund dieses Verhaltens. Stämme mit negativer Plasmakoagulase scheinen besonders empfindlich zu sein. Von den Streptokokken sind die Gruppen A, C, G, H, L und M sehr empfindlich, die Gruppen B, E, F, K und N zeigen mäßige Sensibilität, während die Gruppe D meist resistent ist (BORNSTEIN). Zur

Gruppe D gehört Str. faecalis. Die Sensibilität verschiedener Streptokokkenstämme mit α-Hämolyse zeigt keine Relationen zu ihrem serologischen Typ. Pneumokokken sind — ohne Korrelation zwischen serologischem Typ und Sensibilität — meist hochempfindlich; ebenso Neisserien: hier N. gonorrhoeae mehr als N. meningitidis. Penicillinresistente Gonokokkenstämme sind nicht bekannt. Auch Actinomyceten, vor allem A. bovis und A. muris, zeigen hohe Sensibilität. Mäßige Empfindlichkeit zeigen in vitro die meisten Leptospirenarten, ferner die sog. größeren Virusarten, wie Ornithose oder Lymphogranuloma inguinale.

Auf reine Gewichtsbasis bezogen ist Pc in vitro wohl das stärkste aller Chemotherapeutica. So werden Staphylokokkenstämme noch in Konzentrationen von 1:50 Millionen (Sulfonamidvergleich: Sulfathiazol 1:1000!), Neisseria gonorrhoeae noch in den fast schon homöopathischen Dosen von 1:150 Millionen gehemmt. Da bleiben Streptomycin, Tetracycline, Chloramphenicol und Polymyxin weit im Hintergrund, deren entsprechende Hemmzahlen für Staphylokokken etwa bei 1:500000 bis 1:2 Millionen liegen.

Unter unseren Versuchsbedingungen zeigt reines Penicillin G die in Tabelle 1 aufgeführten Hemmwerte. Die Ermittlung der Grenzkonzentrationen erfolgte nach dem oben angeführten Reihenverdünnungstest. Die benutzten Bakterienstämme stammen bis auf den international für Antibioticaauswertungen gebräuchlichen Staph. aur. haemol.-Stamm Oxford sämtlich aus der Stammsammlung der Universitäts-Hautklinik Hamburg-Eppendorf. Alle Stämme sind aus Krankheitsmaterial von Patienten der Hautklinik gewonnen. Auch bei den Wirkungstabellen der anderen Antibiotica wurde nach der gleichen Versuchsanordnung unter konstanten Versuchsbedingungen verfahren.

Tabelle 1. *Wirkungsgrenzkonzentrationen für Penicillin*

Keimart	Grenzkonzentration in E/ml
Staphylococcus aureus „Oxford"	0,05
Staphylococcus albus	0,05
Streptococcus mit Hämolyse	$<$0,0062
Bacillus subtilis	1,625
Bacillus anthracis	0,4
Corynebacterium pseudodiphtheriae	0,0125
Neisseria gonorrhoeae	0,003
Streptococcus faecalis	1,625
Escherichia coli	208
Bacterium Proteus vulgare	6,5
Pseudomonas aeruginosa	$>$1666
Klebsiella pneumoniae	6,5

6. Wirkungsmechanismus

Über den Wirkungsmechanismus des Pc auf Bakterien hat E. F. Gale ausführlich berichtet. Danach ist sicher, daß die Wirkungsweise des Pc mit der Proteinsynthese verknüpft ist. Auf- und Abbau der Ribonucleinsäure werden durch Pc gehemmt; da aber eine Proteinsynthese ohne Ribonucleinsäure nicht möglich ist, können wir verstehen, warum das Pc gerade bei sich stark und damit schnell vermehrenden Bakterien besonders wirksam ist. Der Verlauf der Atmungskurven beweist — wie Hirsch gezeigt hat und wie sie Lommel an unserer Klinik in der Warburgschen Apparatur gemessen hat —, daß es sich bei den gebräuchlichsten Anwendungsformen des Penicillins um eine bakteriostatische Wirkung handelt (Abb. 2). Bactericid wirkende Konzentrationen liegen höher und werden nach Kimmig unter normalen Behandlungsbedingungen nicht erreicht. Durch die Bactericidie unterscheidet sich Pc grundlegend von den Sulfonamiden (Eagle). Eagle und Musselman konnten zeigen, daß die Bakteriostase schnell erfolgt, während der Bactericidieprozeß sich über Stunden Einwirkungszeit erstreckt; dabei kann auch durch Erhöhung der Penicillin-Konzentration auf ein Vieltausendfaches der Eintritt der Bactericidie, also des Bakterientodes, nicht beschleunigt werden. Der Endeffekt der Penicillinwirkung auf empfindliche Keime ist immer eine Bakteriolyse, wobei das Pc selbst weniger für die Lyse verantwortlich ist, als vielmehr Bakterienenzyme, die nach dem Abtötungsvorgang die Autolyse verursachen.

An den Bakterienleibern kommt es zu ganz erheblichen Gestaltsveränderungen. E. coli zeigt unter Pc charakteristische Riesenwuchsformen mit rascher Teilung der „Hellzonen", Anschwellungen und Protoplasmaverdichtungen, Langformen mit verminderter Beweglichkeit, Fadenbildungen mit Ausstülpungen, Plasmaaustritten usw. In den fadenförmigen, verlängerten Zellen sieht man häufig Hunderte von „Kernäquivalenten". Bei Mikrokokken verschiedener Art kommt es hauptsächlich zu Aufquellungsformen oder zu Schrumpfungen. Beide Arten zeigen gegenüber der Gramfärbung eine gewisse Labilität. Echte Bakterienmutation im Sinne einer Transformation von Kokken in Stäbchen werden dabei nicht beobachtet; die ganzen morphologischen Veränderungen bleiben noch im Rahmen der außerordentlich starken Variabilität von Bakterien. Werden die Keime wieder auf Normalnährmedien (ohne Penicillin) gebracht, so kommt es meist wieder zu normalen Wachstumsformen, sofern die Exposition nicht zum Absterben des Keimes geführt hatte. Die Veränderungen sind also größtenteils reversibel. LEMBKE und BÖNICKE, KNÖLL und ZAPF, SCHUERMANN, GRIEDER, NEIPP u. Mitarb., BRINGMANN, MEYER-ROHN und TUDYKA, ZIERZ und viele andere haben ausführlich über diese Phänomene berichtet (Abb. 3).

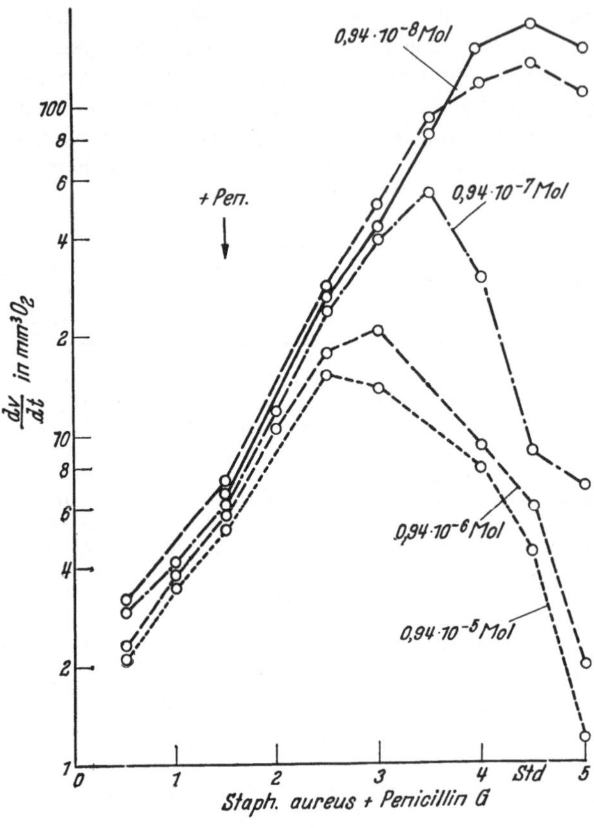

Abb. 2. Warburg-Kurve für Penicillin

Wenn Penicillin in bakteriostatischen Dosen auf Mikroorganismen einwirkt, dann können sich diese Keime — solange die Penicillin-Gaben gestoppt werden — wieder erholen. Sie fangen zwar nicht unmittelbar nach Eintritt des penicillin freien Intervalls mit der Vermehrung (= Teilung) an, sondern erst nach mehreren Stunden, aber sie erholen sich wieder vollkommen. Diese Beobachtung hat vor allen Dingen Bedeutung bei der Verabfolgung von wäßrigen Penicillinpräparaten ohne Depotwirkung. EAGLE u. Mitarb. haben auch über diese für in vitro- wie in vivo-Verhältnisse gleich bedeutsame Fragestellung grundlegende Untersuchungen durchgeführt.

In vivo. Penicillin zeigt im Tierversuch bei einer Reihe von Modellversuchen Wirkungen, wie sie praktisch von keiner anderen Substanz auch nur annähernd erreicht wird. Wir benutzen schon seit der Sulfonamidära die Aronson-Streptokokkensepsis der weißen Maus als Versuchsmodell zum Austesten chemotherapeutischer Substanzen (KIMMIG, MEYER-ROHN). Mit welch geringen Mengen Penicillin eine Streptokokkensepsis bei der Maus ausgeheilt werden kann, zeigt die Tabelle 2. Als Vergleich dienen die entsprechenden Werte von Sulfadiazin, die unter gleichen Versuchsbedingungen ermittelt wurden.

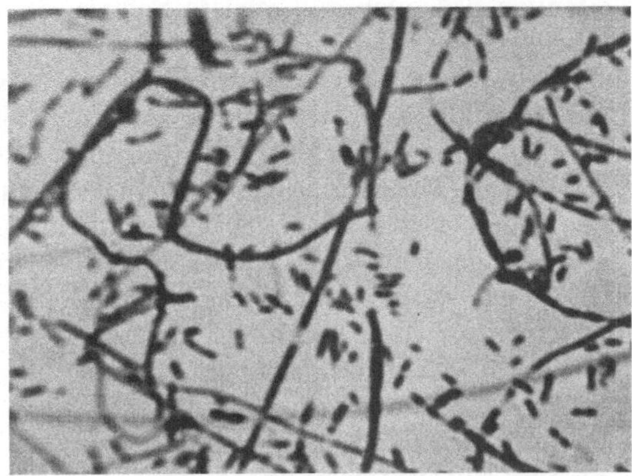

Abb. 3. Gestaltsveränderungen von E. coli unter Penicillin

Für die experimentelle Kaninchensyphilis haben BEERMAN sowie EAGLE und sein Arbeitskreis schon ab 1946 die hervorragende Wirkung von Pc, seine Dosierung usw. festgestellt. Sie haben schon früh darauf hingewiesen, daß in vitro eine treponemicide Wirkung schon in Konzentrationen von 1:160 Millionen nachweisbar ist, daß aber im Tierexperiment das Penicillin über eine relativ lange Zeitdauer auf die Treponemen einwirken muß, um eine Ausheilung zu erreichen; sie stellten dabei weiterhin fest, daß auch die Steigerung der Penicillindosis um das Zehntausendfache der wirksamen in vitro-Dosis die Ausheilung der Krankheit nicht zu beschleunigen vermag.

Tabelle 2. *Bestimmung der therapeutischen Schwellendosis von Penicillin und Sulfadiazin bei der Aronson-Streptokokkensepsis der weißen Maus*

Präparat	Dosierung in E pro 20 g Maus				Zahl der Tiere	Es leben nach der Infektion am Tage:										Bakt. Befund
	2 Std	4 Std	6 Std	Gesamtdosis		1.	2.	3.	4.	5.	6.	7.	8.	9.	10.	
Penicillin . .	100	100	100	300	10	10	10	10	10	10	10	10	10	10	10	
Penicillin . .	75	75	75	225	10	10	10	10	10	10	10	10	10	10	10	
Penicillin . .	50	50	50	150	10	10	10	19	10	10	10	10	10	10	10	
Penicillin . .	25	25	25	75	10	10	10	9	9	×8	8	8	8	8	8	+
Penicillin . .	10	10	10	30	10	10	9	×8	8	8	8	8	8	8	8	+
Penicillin . .	5	5	5	15	10	10	8	×3	3	3	2	2	2	2	2	+
Kontrolle 10^{-6}	—	—	—	—	10	×5	0	0	0	0	0	0	0	0	0	+

Präparat	Dosierung in mg pro 20 g Maus				Zahl der Tiere	Es leben nach der Infektion am Tage:										Bakt. Befund
	1. Tag	2. Tag	3. Tag	Gesamtdosis		1.	2.	3.	4.	5.	6.	7.	8.	9.	10.	
Sulfadiazin .	2	2	2	6	10	10	10	10	10	10	10	10	10	10	10	
Sulfadiazin .	1,5	1,5	1,5	4,5	10	10	10	10	9	8	8	7	5	4	4	
Sulfadiazin .	1	1	1	3	10	10	7	×5	0	0	0	0	0	0	0	+
Kontrolle 10^{-6}	—	—	—	—	10	×5	0	0	0	0	0	0	0	0	0	+

7. Toxicität

Einer der Hauptvorteile des Penicillins als Chemotherapeuticum ist seine außerordentlich geringe Toxicität. Irgendwelche direkte schädigende Einflüsse auf Leber, Nieren oder hämatopoetisches System sind bisher nicht mitgeteilt worden. Tägliche Dosen von 100 Millionen E = 60 g sind von Patienten über Wochen und Monate ohne jegliche Nebenwirkungen vertragen worden. Blutspiegel über 300 E/ml konnten über viele Stunden ohne jegliche Toxicitätserscheinungen für den Patienten aufrechterhalten werden. Die DL_{50} von Penicillinsalzen an der Maus zu ermitteln, stößt wegen der Toxicität der diese Salze begleitenden Kationen auf gewisse Schwierigkeiten. Das Penicillin selbst zeigt bei der weißen Maus keinerlei Toxicitätserscheinungen auch bei täglichen Gaben von 3000 E und mehr. Für Meerschweinchen ist dagegen Penicillin stark toxisch; allerdings handelt es sich, wie RUSCHMANN nachweisen konnte, nicht um eine unmittelbare Penicillinwirkung, sondern um eine mittelbare. Penicillin ist an sich für Meerschweinchen auch nicht toxischer als für andere Tierspecies. Penicillin löst aber beim Meerschweinchen eine tödliche Colienteritis durch Vernichtung der grampositiven Darmflora aus. Der Meerschweinchendarm enthält normalerweise nicht E. coli, sondern nur grampositive Kokken und Stäbchen; werden diese durch Pc vernichtet, dann kommt es zu einer Störung im bakteriellen Gleichgewicht. Die durch die Nahrung aufgenommenen Coli können sich jetzt ungehindert ausbreiten und es kommt zu oben angeführtem Krankheitsbild, das bei Meerschweinchen immer letal verläuft.

Wenn Nebenerscheinungen nach Penicillin auftreten, dann handelt es sich meistens um allergische Reaktionen. Die Art dieser Nebenerscheinungen hängt dabei weitgehend von der Art der Applikation ab. Bei der epidermalen Anwendung in Form von Salben, Pudern, Sprays, Aerosolen usw. kommt es durch den direkten Kontakt des Penicillins mit der Haut zu einer cutanen Allergie in Form einer Kontaktdermatitis, wobei zu berücksichtigen ist, daß auch die Trägersubstanzen Anlaß zu solchen lokalen Reaktionen geben können. Ernster zu nehmen sind die cutan-vasculären Allergien, in deren Verlauf es zu urticariellen, morbilliformen, skarlatiniformen Exanthemen kommt und bei denen alle Organe und Organsysteme bis zu Schockzuständen beteiligt sein können. Über diese Formen wird im klinischen Teil dieses Artikels gesondert berichtet werden. Über die Toxicitätsverhältnisse des Penicillins haben KIMMIG, MIESCHER u. BOHM; GRIMMER, ROMANSKY; WELLMAN und HERRELL; ANDERSON und KEEFER; LEPPER u. Mitarb.; KUTSCHER u. Mitarb. und viele andere ausführlich berichtet.

8. Klinische Pharmakologie

Penicillin wird nach subcutaner und intramuskulärer Applikation von der Haut, den Schleimhäuten und von den serösen Häuten der verschiedenen Körperhöhlen resorbiert. Dabei hängt die Resorptionsgeschwindigkeit vom Penicillintyp und dem Penicillinpräparat (wäßrige oder ölige Lösung u. dgl.), aber auch von der Applikationsart ab.

a) Resorption nach subcutaner und intramuskulärer Gabe

Wäßrige Lösungen kristalliner Penicillinsalze werden sowohl nach subcutanen als auch intramuskulären Gaben so schnell resorbiert, daß die Gipfelhöhe im Blutspiegel schon 15—30 min nach der Injektion erreicht wird (Abb. 4); parallel damit geht die rasche Ausscheidung durch die Nieren. Zu Beginn der Penicillinära mußte — um den Blutspiegel über eine längere Zeit auf wirksamer Höhe zu halten — in sehr kurzen Abständen erneut injiziert werden. Später ging man dazu über, sog. Depotpräparate zu entwickeln; das ist auf 2 Wegen gelungen: 1. durch die Injektion schwer löslicher Penicillinsalze (mit aromatischen, aliphatischen und heterocyclischen Basen). Die Darstellung dieser schwer löslichen Salze des Pc ist mit unvorstellbarem Aufwand betrieben worden, ohne daß es gelungen wäre, die guten Eigenschaften des Novocainsalzes des Pc zu übertreffen. Der 2. Weg, die Verweildauer des Penicillins in Blut und Gewebe zu erhöhen, hatte eine Nierenblockade durch sulfonamidähnliche Substanzen als Grundidee. Eine Verbindung, der diese Eigenschaft zukommt, ist das *Caronamid*, das Benzylsulfonamid der para-Aminobenzoesäure:

$$\langle\ \rangle CH_2 \cdot SO_2{—}NH{—}\langle\ \rangle{—}C\begin{smallmatrix} {\nearrow}O \\ {\searrow}OH \end{smallmatrix}$$

Allerdings werden 12 g Caronamid pro die benötigt, um das Fermentsystem, das die Ausscheidung durch die Tubuli reguliert, zu inaktivieren. Wesentlich wirksamer ist hier das *Benemid*, mit dem die gleiche Wirkung schon durch eine Tagesdosis von 2 g erreicht wird. Benemid-p(-di-n-propyl-sulfanyl)benzoesäure mit folgender Konstitution

$$(CH_3{—}CH_2{—}CH_2)_2N{—}\langle\ \rangle{—}SO_2{—}\langle\ \rangle{—}C\begin{smallmatrix} {\nearrow}O \\ {\searrow}OH \end{smallmatrix}$$

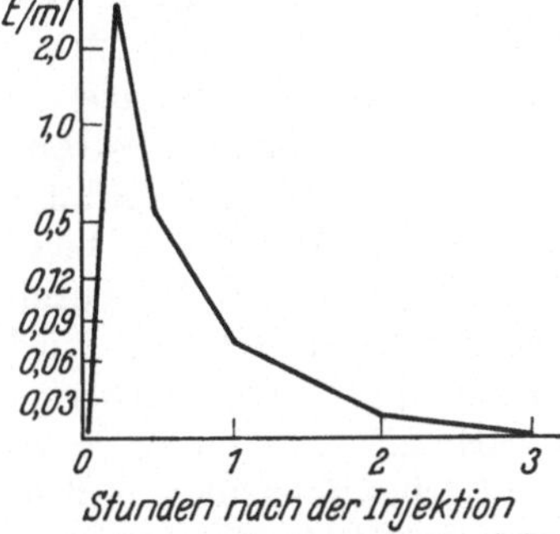

Abb. 4. Penicillinblutspiegel nach intramuskulärer Injektion von 5000 E Penicillin G-Kalium in 2,5 ml physiologischer NaCl-Lösung

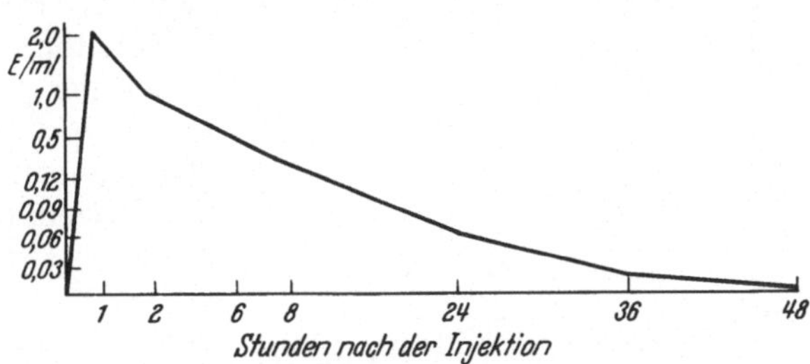

Abb. 5. Penicillinblutspiegel nach intramuskulärer Injektion von 40000 E Depotpenicillin (75% kristallisiertes Procain-Penicillin + 25% kristallisiertes Penicillin G-Kalium)

Von den Depotpräparaten hat sich das schwer lösliche Novocainsalz bzw. Procainsalz der Penicilline (als ölige oder wäßrige Emulsion) am besten bewährt (Abb. 5). Das Oxyprocain verhält sich im wesentlichen wie das Procain-Penicillin. Um den sensibilisierenden Faktor von Novocain und Procain auszuschalten, hat man Pc mit gut verträglichen Antihistaminen kombiniert. Diese Präparate enthalten neben dem Penicillin G-Natrium sehr schwer lösliche Antihistamin-Penicilline. Der Depoteffekt ist mindestens gleich dem der Novocain- und Procain-Penicilline (Vonkennel, Schulemann und Friebel, Mückter u. a.). Milberg u. Mitarb. fanden höhere und langdauernde Blut- und Gewebspiegel bei Kombination verschiedener Penicilline mit Polyvinylpyrrolidon. Williams u. Mitarb. berichten über das Benethamin-Penicillin (N-benzyl-β-phenyl-äthylaminsalz des Penicillin G), das sich durch eine Depotwirkung über 3 Tage auszeichnet; eine einmalige Injektion von 600000 E Benethamin-Penicillin ist ebenso wirksam wie 300000 E Procain-Penicillin an 3 aufeinanderfolgenden Tagen (s. auch Basil, Ireland u. Mitarb.). Putnam u. Mitarb. hatten mit Benzathine-Penicillin (N,N-dibenzyl-äthylendiamin) langfristige, über Wochen währende Depotwirkungen erzielt. Nach einmaliger Injektion von 1,2 Mega-E dieses Depotpräparates lagen die Blutspiegel von 9 Patienten zwischen 5 und 39 Tagen nach der Injektion noch zwischen 0,02 und 0,21 E/ml (s. auch Bushby).

Die Höhe und Dauer des Blutpiegels ist abhängig von verschiedenen Faktoren:

Applikationsart, Dosis, Trägersubstanz, Penicillin-Konzentration, Löslichkeit der einzelnen Penicillin-Salze oder Ester und Geschwindigkeit der Nierenausscheidung.

α) Orale Applikation

Die perorale Verabreichung von Penicillin ist dadurch erschwert, daß Penicillin von der Magensalzsäure (p_H 2) zerstört wird. Diese Schwierigkeit läßt sich dadurch umgehen, daß man Salze des Penicillins mit Dibenzyläthylendiamin, die relativ beständig gegen Säuren sind, anwendet. Eine solche Verbindung stellt das Tardocillin dar, das sehr schwer wasserlöslich, säure- und alkalibeständig ist und das doch wiederum so gut resorbiert wird, daß wirksame Blut- und Gewebskonzentrationen nachgewiesen werden können. Die Versuche, Penicillin peroral zu verabreichen, sind wegen der Einfachheit und Schmerzlosigkeit der Applikation schon Ende der vierziger Jahre (MCDERMOTT), Anfang der fünfziger Jahre (KIMMIG, CERNEA, BOGER u. a., HURIEZ u. a., FRISK u. a., FISHER) gemacht worden. Bei Säuglingen bis zu 6 Monaten ist die orale Penicillin-Gabe wegen der p_H-Verhältnisse (Magen-HCl bis p_H 4) nicht so problematisch wie beim erwachsenen Menschen, wo das Pc durch die Magensalzsäure rascher zerstört wird (DOXIADIS u. Mitarb.). Durch vorherige Gaben von Na. carbonic., Na. citric., Probenecid oder p-Carboxybenzolsulfo-di-n-butylamid (BACHMANN) hat man teilweise erfolgreich versucht, die Penicillin-Konzentrationen im Serum zu erhöhen. Im Penicillin V, das mit Hilfe besonderer Nährmedien biosynthetisch aus Penicillium chrysogenum Q 176 gewonnen wird, hat man heute ein Penicillin in der Hand, das sich im Gegensatz zum Penicillin G durch seine Stabilität gegenüber Säuren sowie metallischen oder organischen Salzen auszeichnet. Bei oralen Gaben von 200000 E werden therapeutisch ausreichende Blutspiegelwerte erreicht, die etwa 4 Std anhalten (Abb. 6). Bei einer Kombination von Penicillin V mit Benemid wird die Ausscheidung durch die Nieren verzögert und damit der Blutspiegel länger gehalten. Man braucht also nicht mehr die 5fache Menge wie die wirksame intramuskuläre Dosis zu verabreichen. Die Verträglichkeit ist gleich gut wie bei den anderen Penicillinen (MARTIN u. Mitarb.).

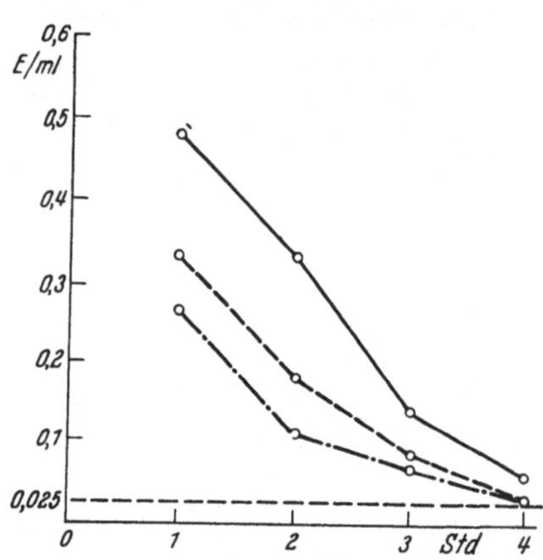

Abb. 6. Penicillin-Serumkonzentrationen nach je 100000 E per os von: o——o Oratren (kristallisierte Penicillin V-Säure), o- - - - -o Penicillin V-Kalium, o—·—·—o Penicillin G-Kalium

Die stürmische und laufend sich im Fluß befindliche Entwicklung der Antibiotica ist besonders augenfällig auf dem Gebiet der oralen Penicilline. Dem Penicillin V folgte das Penicillin V-Kalium und schließlich das Kaliumsalz der 6-α-Phenoxypropionamidopenicillansäure. Die neuen Oral-Penicilline zeichnen sich durch gute Wasserlöslichkeit und hohe Stabilität gegen Säuren aus. MARGET untersuchte die Resorptionsverhältnisse und Konzentrationsabläufe des Kaliumsalzes der 6-α-Phenoxypropionamidopenicillansäure, das unter dem Namen Oralopen im Handel ist, an Säuglingen und Kleinkindern und fand eine außerordentlich rasche Resorption des Präparates und die hiermit verbundenen, bisher mit keinem oral anwendbaren Penicillin erreichbaren Konzentrationsspitzen. Dementsprechend war der Abfall steiler als bei Penicillin V-Säure oder ihrem Kaliumsalz. MÖSSNER untersuchte Oralopen unter den gleichen Bedingungen bei Erwachsenen und kam zu fast identischen Spiegelverläufen. Daß bei Erwachsenen der Oralopen-Spiegel auf einen tieferen Wert absinkt als bei Säuglingen oder Kleinkindern, erklärt sich aus der relativ wesentlich höheren Dosis, die die Kinder gegenüber Erwachsenen erhalten hatten, da beide Untersucher mit der Einzeldosis von 200000 Einheiten arbeiteten und die Medikation nicht in Einheiten/Kilogramm durchführten. Nur auf diese Weise wäre es zu direkt vergleichbaren Werten gekommen. Immerhin zeigen die Ergebnisse übereinstimmend, daß Oralopen annähernd doppelt so hohe Konzentrationen im Blut ermöglicht als Oratren oder sein Kaliumsalz bei gleicher Dosierung. Dieser Befund ist für Infektionen mit penicillinempfindlichen Keimen von Bedeutung, bei denen die Überschreitung der minimalen Hemmgrenze des pathogenen Keims für den therapeutischen Erfolg bedeutsamer ist als die Aufrechterhaltung eines durchschnittlichen Dauerspiegels.

Die Gefahren einer Sensibilisierung breiter Kreise durch Gebrauch von Penicillin-Kaugummis, Lutschtabletten u. a. gegen Halsschmerzen sind die Kehrseite der bequemen Applikationsart.

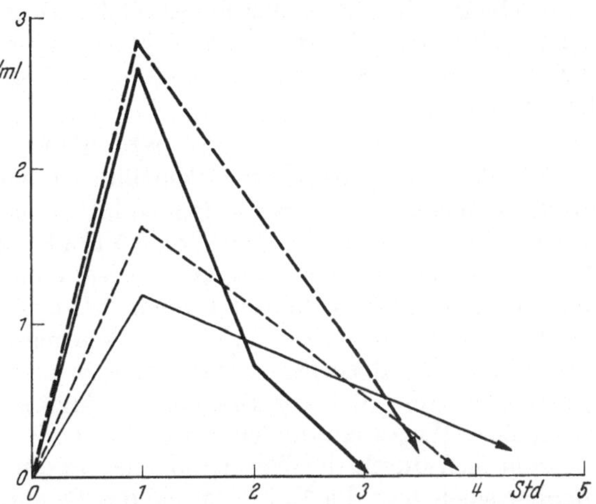

Abb. 7. Vergleich der Resorption von Penicillin V-Kalium und dem Kaliumsalz der 6-α-Phenoxypropionamidopenicillinsäure (Oralopen). Je 200000 E ▬ ▬ ▬ Oralopen bei Kindern, ▬▬ Oralopen bei Erwachsenen, – – – Penicillin V-Kalium (Kinder), —— Penicillin V-Säure (Kinder) (Nach MARGET und MÖSSNER)

β) Rectale Applikation

Wirksame Blutspiegel können wohl mit Suppositorien, die 0,5—1 Mega-E enthalten, erzielt werden; meist erfolgt aber eine rasche Zerstörung der eingeführten Penicillin-Mengen durch Penicillinase gewisser Darmbakterien. Die rectale Applikation hat dadurch nur bedingten Wert. Auf die rectale Insufflation von penicillinhaltigen Pudern sollte schon wegen der Sensibilisierungsgefahr verzichtet werden.

γ) Vaginale Resorption

Pc wird leicht von der Vaginalschleimhaut Jugendlicher resorbiert und führt zu therapeutischen Blutspiegeln. So wird durch die intravaginale Applikation von 500000 E Penicillin-Calcium in Kakaobutter nach 1 Std ein Blutspiegel von über 1 E/ml erreicht. Die Resorption ist aber großen Schwankungen unterworfen und eine vaginale Anwendung von Pc bleibt im allgemeinen einer Lokalbehandlung von Genitalinfektionen vorbehalten, die wiederum wegen der Sensibilisierungsgefahr abgelehnt werden sollte.

δ) Pleura, Perikard, Peritoneum

Die Resorption von Pc von diesen Körperhöhlen erfolgt erwartungsgemäß rasch. Das Einbringen von 100000 E in die Bauchhöhle führt zu einem Spiegel von 1,2 E/ml in wenigen Sekunden. Auch die Inhalation von penicillinhaltigen Aerosolen erbringt ausreichende örtliche und Serumkonzentrationen. Selbst vom Ventrikelsystem und dem Subarachnoidalraum wird Pc resorbiert; jedoch werden dabei nur selten therapeutische Serumspiegel erreicht. Von der intakten Haut aus wird Penicillin nur unbedeutend resorbiert. Die im Blut erscheinenden Mengen sind unzureichend; wohl aber lassen sich örtlich wirksame Stärkegrade im Gewebe erreichen.

b) Verteilung im Organismus

Wenngleich das Pc sich überall im Körper gut verteilt, so weichen die Penicillin-Konzentrationen der verschiedenen Körperflüssigkeiten und -gewebe zum Teil erheblich voneinander ab. Nur kleine Mengen erscheinen bei normalen Meningen im Liquor, ebenso in Kammerwasser, Pleura- und Perikardflüssigkeiten; wogegen etwas höhere Konzentrationen in Bauchhöhlenflüssigkeit erreicht werden. Gehirn, Nerven, Dura und Knochenmark enthalten nur sehr wenig Pc, ebenso Skelet- und Herzmuskeln, Pankreas, Nebenniere und Milz; dagegen erscheinen große Mengen im Blut, der Leber, Galle, Haut und Intestinum; die höchsten Mengen aber in den Nieren. Vergleicht man einmal grob Plasma und das gesamte übrige Gewebe, so sind die Plasmakonzentrationen an Pc etwa 4mal so hoch wie die der Gewebe.

α) Liquor

Die Blutliquorschranke für Penicillin ist bei intakten Meningen sehr stabil. So führen massive intravenöse Penicillin-Dosen von 25 Mega-E innerhalb 24 Std selten zu Liquorkonzentrationen von 0,5 E/ml, obgleich zur gleichen Entnahmezeit 50 E/ml im Plasma nachgewiesen werden können. Selbst bei Blutspiegeln von 100—300 E/ml (mit Hilfe von Probenecid) erscheinen nur 1—6 E/ml im Liquor. Bei akut entzündlichen Meningen kann dagegen Pc wesentlich besser in den Liquor diffundieren; die Resorptionsgröße ist aber auch hier sehr großen Schwankungen unterworfen, so daß bei purulenter Meningitis der intrathecale statt des intramuskulären Weges empfohlen wird. Die geringe Durchdringungsfähigkeit kann nur zum Teil durch die Absorption des Pc an Plasmaproteine erklärt werden; offenbar spielt hier die Molekülgröße des Pc eine Rolle.

β) Placenta

Wenn man Frauen unter der Geburt Pc intramuskulär verabfolgt, so erscheinen signifikante Spiegel im placentaren Nabelschnurblut, im fetalen Blut und in der Amnionflüssigkeit. Die Penicillin-Konzentration liegt dabei im fetalen Blut beträchtlich unter der des mütterlichen Blutes. Das Maximum im fetalen Blut wird 60—90 min nach intramuskulärer Applikation einer wäßrigen Penicillinlösung bei der Mutter erreicht. KAYSER hat den diaplacentaren Übertritt von radioaktivem Penicillin untersucht; danach werden im Feten 50% der mütterlichen Penicillin-Konzentration erreicht. Die Placenta funktioniert lediglich als Durchgangsorgan. Beim Feten ist nur bis zu 4 Std ein therapeutisch wirksamer Penicillin-Blutspiegel vorhanden.

c) Schicksal im Organismus, Ausscheidung

Über den rein chemischen Abbau des Pc im Körper ist noch wenig bekannt. Die Fraktion, die nicht in biologisch aktiver Form ausgeschieden wird, wird anscheinend im Gewebe inaktiviert. Über den Mechanismus dieses Prozesses ist noch zu wenig bekannt. ROWLANDS u. Mitarb. haben bereits 1948 Versuche mit S 35-markiertem Pc an Katzen vorgenommen. Sie konnten zeigen, daß nach intramuskulärer Injektion 100% des S 35-Penicillins kurz nach der Injektion im Urin erscheinen; jedoch nur die knappe Hälfte des verabfolgten Penicillins in aktiver Form.

Penicillin wird rasch aus dem Körper wieder ausgeschieden, wobei die Nieren den Hauptanteil tragen. Im Tierexperiment kann man nach doppelseitiger Nephrektomie und beim Menschen bei vollständiger Blockade der Nieren beobachten, daß das Pc sich außerordentlich lange im Körper hält: die Eliminierungsrate von Pc aus dem Blut ist dabei um das 4fache herabgesetzt. Die in der Regel schnelle Ausscheidung durch die Nieren, die in der Chemotherapie einerseits erwünscht ist, andererseits aber wirksame Wirkstoffkonzentrationen im Serum über längere Dauer nicht aufkommen läßt, führte auch zur Entwicklung schwer löslicher Penicillinsalze und zur Anwendung von Probenecid (Beyer), mit dem es gelingt, die Ausscheidungsgeschwindigkeit der Nieren herabzusetzen. 60—90% der intramuskulär aufgenommenen Penicillin-Mengen werden zum größten Teil innerhalb der 1. Std nach der Darreichung im Urin ausgeschieden. Dabei werden hohe Penicillin-Konzentrationen im Urin erreicht: 100000 E wäßrigen Penicillins alle 3 Std injiziert führen zu Konzentrationen von 300—1000 E/ml im Urin. Die Ausscheidung erfolgt so rasch, daß Penicillin-Blutspiegel nach wäßrigen Penicillinen ohne Depotwirkung sich durch hohe Gipfel auszeichnen. Von den ausgeschiedenen Mengen werden wiederum 20% durch glomeruläre Filtration und 80% durch tubuläre Exkretion produziert. Die Amerikaner haben diese Verhältnisse schon sehr früh untersucht; so konnten BRYNER u. Mitarb. nachweisen, daß ein erwachsener junger Mann 3 Mega-E (= 1,8 g Pc) in 1 Std ausscheiden kann. In Deutschland haben sich VONKENNEL und KIMMIG schon während des Krieges in Leipzig intensiv mit diesen Ausscheidungsverhältnissen beschäftigt. Die Ausscheidung durch die Nieren ist bei Säuglingen und Kleinkindern infolge der noch nicht voll ausgebildeten Nierenfunktion anders als beim Erwachsenen (BARNETT). Die Nieren-Clearance ist für die einzelnen Penicilline verschieden; vor allem weicht Penicillin-K von den übrigen zum Teil erheblich ab.

Eine Ausscheidung durch andere Organe wie Galle, Speicheldrüsen, Milchdrüsen spielt im Vergleich zur Niere nur eine untergeordnete Rolle. Sowohl in Lebergalle als auch in der Blasengalle kann Pc nachgewiesen werden. Pc erscheint in der Galle für mehrere Stunden, und zwar nach seinem Verschwinden aus dem Blut. In die Gallenblase kommt es über den Ductus cysticus. Aus der Penicillinausscheidung durch die Galle hat man sogar Schlüsse für die Leberfunktion gezogen: 0,5 E Penicillin/ml müssen 3 Std nach intramuskulärer Applikation von 15000 E in der Lebergalle erscheinen bei ungestörter Leberfunktion. Das weitere Schicksal des Pc aus der Gallenblase erfüllt sich entweder in einer Inaktivierung durch stark alkalische Gallenflüssigkeit oder es wird durch die Mucosa des Duodenums rückresorbiert.

Kleine Penicillinmengen werden durch die Milch — hier ist die Konzentration wesentlich niedriger als im Plasma — und durch den Speichel ausgeschieden. Im Schweiß erscheint Pc in nicht meßbaren Mengen und in der Tränenflüssigkeit überhaupt nicht.

9. Resistenz

Ein Problem, das seit der Sulfonamidära jede Therapie bakterieller Infektionen mit synthetischen und pilzlichen Wirkstoffen überschattet, muß besonders eingehend diskutiert werden: die Resistenzfrage.

Mißerfolge bei der anfänglich so vielversprechenden Sulfanilamidtherapie der Gonorrhoe und solche bei der Penicillintherapie bakterieller Infektionen hatten schon bald die Aufmerksamkeit auf die Entwicklung von Resistenzerscheinungen gewisser Bakterienstämme gegenüber dem zur Anwendung gebrachten Chemotherapeuticum gerichtet. Die Ursachen für die Resistenzentwicklung z.B. von Staphylokokken gegenüber Penicillin sind multikausaler Natur: Anpassung, Mutation, Stoffwechselprodukte von Mikroorganismen, die das Penicillin inaktivieren, wie die Penicillinase.

Es gibt eine primäre = natürliche und eine erworbene Penicillinresistenz. Natürliche Resistenz liegt vor bei Bakterienstämmen, die primär refraktär gegen die bactericide Wirkung des Penicillins sind; aber auch unter sonst sensiblen Species gibt es Stämme mit natürlicher Resistenz und selbst innerhalb eines Stammes gibt es wiederum Varianten hinsichtlich der Stärke ihrer Sensibilität oder Resistenz gegenüber Pc. Penicillinase ist hier ein wirklicher, aber nicht der einzige Faktor. Die erworbene Resistenz zeigt dagegen eine langsame Entwicklungsreihe, die aus dem Kontakt von ursprünglich sensiblen Staphylokokken mit zum Teil unterschwelligen Penicillin-Dosen resultiert.

In vitro können z.B. ursprünglich sensible Staphylokokken hochgradig resistent gegen Pc gemacht werden. Man erreicht das dadurch, daß man den Nährmedien unterschwellige Penicillindosen, d.h. Penicillin-Mengen zusetzt, die den Staphylokokken gerade noch ein Wachstum ermöglichen. Bei der nächsten Passage wird die zugesetzte Penicillin-Menge erhöht usw., bis sich schließlich die Keime an das Antibioticum gewöhnt haben oder anders ausgedrückt, bis sich ihr Stoffwechsel an das Pc angepaßt hat. ABRAHAM u. Mitarb. haben bereits 1941 entsprechende Untersuchungen durchgeführt; sie konnten Staphylokokkenstämme so weitgehend an Pc anpassen, daß sie ein 1000faches der ursprünglich bactericiden Menge jetzt ohne Schädigung vertrugen. Viele Untersucher haben diese Ergebnisse bestätigt. Wir konnten Staphylokokken, deren Sensibilität ursprünglich bei 0,05 E/ml lag, an 6000 E/ml und mehr gewöhnen. Hämolysierende Streptokokken lassen sich in vitro weniger leicht an Pc gewöhnen, ebenso Pneumokokken; einfacher dagegen Neisseria meningitidis und N. catarrhalis; bei Neisseria gonorrhoeae ist uns die Adaptation an Pc auch bei großen Passagezahlen (150 und mehr) nicht gelungen. Die Adaptation von Bakterien an Pc oder andere Chemotherapeutica ist völlig unabhängig vom Wirt: Der Mikroorganismus und nicht der Patient wird resistent, was als Zeichen der direkten Wirkung des Pc auf den Mikroorganismus aufgefaßt werden kann. Resistent gewordene Keime zeigen manchmal morphologische oder färberische Alterationen (z.B. Gramlabilität) im Vergleich zu den Ausgangspopulationen; auch das biochemische Verhalten solcher Keime kann sich ändern: so wird die Fähigkeit von Staph. aureus, freie Glutaminsäure zu assimilieren, reduziert; diese Reduktion erfolgt in direkter Proportion zum Grad der erworbenen Resistenz. Auch die Fähigkeit, anaerob zu wachsen, kann verlorengehen. Diese morphologischen und biologischen Abweichungen können wieder rückgängig gemacht werden, wenn der Staphylokokkenstamm wieder auf penicillinfreie Nährmedien gebracht wird. Dabei bedarf es gar keiner langfristigen „Erholungs“-Passagen. Wir haben bei 30 Staphylokokkenstämmen aus Krankheitsmaterial, die sich als penicillinresistent herausgestellt hatten, folgendes beobachtet: die Stämme sollten auf Penicillinasebildung untersucht werden; da die Versuchsreihen jedoch nicht sofort durchgeführt werden konnten, wurden die Stämme zunächst 8 Wochen beiseite gestellt. Als dann die Bestimmungen durchgeführt werden sollten, zeigten sie volle Sensibilität gegenüber Pc; es war also eine völlige Erholung eingetreten. STADTSBAEDER und VAN DEN BOSCH sprechen von einer Resensibilisierung penicillinresistenter Staphylokokken, die sie dadurch erzielt haben, daß sie resistente Varianten mit sensiblen in Kontakt gebracht haben. Die Resensibilisierung ist mit einer Änderung des Stoffwechsels der Staphylokokken verknüpft, in dem Sinne, daß die Keime nicht mehr fähig sind, das gegen Pc gerichtete Enzym Penicillinase zu bilden. — In vitro gegen Pc resistent gemachte Mikroorganismen zeigen gewöhnlich im Tierversuch eine Virulenzabschwächung, ein Phänomen, wie es später auch bei der erworbenen Isonicotinsäurehydrazid-Resistenz von Tuberkelbakterien offenbar wurde. — Hier besteht aber ein erheblicher Unterschied zwischen Reagensglas- und Tierversuch; denn die in vivo erworbene Penicillin-Resistenz führt zu keinerlei Virulenzverlusten der entsprechenden Keime. Sowohl in vitro als auch in vivo penicillinresistent gewordene Bakterien behalten ihre Sensibilität gegenüber anderen Antibiotica oder synthetischen Wirkstoffen; so bleiben z. B. penicillinadaptierte Pneumokokken empfindlich gegen Sulfanilamide oder Streptomycin u. dgl.

Für das Zustandekommen einer erworbenen Resistenz haben EAGLE u. Mitarb. (1952) drei mögliche Mechanismen angegeben: 1. Eine kleine Zahl resistenter Keime sind als Spontanmutanten in einer Bakterienpopulation anwesend; diese resistenten Varianten überleben, wenn die Population Penicillin ausgesetzt wird. 2. Eine seltene Spontanmutation tritt plötzlich zu dem Zeitpunkt ein, zu dem die Exposition der Keime gegen Penicillin geschieht; diese resistenten Mutanten vermehren sich dann selektiv. 3. Reine Adaptation.

10. Penicillinase

Die Achillesferse des Penicillins liegt nach KIMMIG in seiner Lactamgruppierung, die außerdem noch einem viergliedrigen Ringsystem angehört. Die Penicillinase, ein Ferment, das von einer beträchtlichen Anzahl von Bakterien gebildet wird, spaltet das Penicillin an der Lactamgruppierung zum Penicillamin, einer vollkommen inaktiven Verbindung, auf. An der gleichen Stelle wird übrigens das Molekül auch durch Säure und Alkali hydrolytisch aufgespalten. ABRAHAM und CHAIN haben bereits 1940 als erste dieses Enzym bei einem E. coli-Stamm entdeckt. Seither sind in der Weltliteratur eine Anzahl von Arbeiten erschienen, die sich mit diesem Problem befassen. MELENY u. Mitarb. und GILSON u. Mitarb. berichteten über weitere Penicillinasebildner; GRUMBACH, DIETZ, HARBER und CRONHEIM teilen Untersuchungen mit, die sich mit der Bildung, der Aktivität, mit Mäuseversuchen und Inhibitoren der Penicillinase befassen.

Die Penicillinase ist kein Antagonist im Sinne der Verdrängungstheorie, sie reagiert vielmehr wie oben schon erwähnt, mit Penicillin unter Bildung einer inaktiven Verbindung, dem Penicillamin. Man hat Wirksamkeitsbestimmungen und eine Standardisierung der Penicillinase vorgenommen. Nach ROTHE ist die Penicillinase-Einheit so festgelegt, daß sie in 1 ml desjenigen Reaktionsansatzes angenommen wird, in dem bei einem p_H von 7,8 (m/15-Phosphatpuffer), der Temperatur von 25^0 C und einer Reaktionszeit von 10 min die Penicillinkonzentration (Na-Salz) von 10 E/ml auf die Hälfte vermindert wird.

Wir wissen heute, daß unter den gramnegativen Erregern neben E. coli auch Pseudomonas aeruginosa und Bact. vulgare proteus starke Penicillinasebildner sind. Dadurch wird auch die absolute Resistenz dieser Bakterien gegen Penicillin erklärt. Aber auch unter den Staphylokokken und Streptokokken gibt es eine Reihe von Stämmen mit erheblicher Penicillinasebildung, die die Resistenz dieser Keime gegen Pc erklärt. Es muß aber betont werden, daß die Penicillinresistenz von Staphylokokken und Streptokokken nicht schlechthin durch Penicillinaseproduktion solcher Stämme erklärt werden kann. Mutation und Adaptation spielen wahrscheinlich bei den Mikrokokken die dominierende Rolle.

Das Auffinden von Inhibitoren der Penicillinase erscheint vom klinischen Standpunkt aus bedeutungsvoll und vom mikrobiologischen aus hochinteressant. Wir haben uns eingehend mit diesem Ferment beschäftigt (MEYER-ROHN). Der von verschiedenen amerikanischen Autoren (DOWLING u. Mitarb., GOTTLIEB und FORSYTH, KOLMER) beschriebene Synergismus zwischen Penicillin und Sulfanilamiden wies uns bei unseren Untersuchungen zunächst auf die Sulfanilamide. Unter geeigneten Versuchsbedingungen konnten wir in Bestätigung der amerikanischen Arbeiten nachweisen, daß Sulfanilamide in vitro Penicillinase zu inaktivieren vermögen. Der Antagonist der Sulfanilamide, die para-Aminobenzoesäure, ferner Thiosemicarbazone und Isonicotinsäurehydrazid zeigen den gleichen Effekt, während Paraaminosalicylsäure keine Penicillinase-inhibierende Wirkung zeigt (Tabelle 3).

Tabelle 3. *Inhibition der Penicillinase durch Sulfanilamide u. a. in vitro*

E Penicillinase	Globucid		Eleudron		Irgafen		Salthion		Eubasin		Badional		Sulfadiazin		PAB		INH		PAS	
	I	II	I	II	I	II	I	II	I	II	I	II	I	II	I	II	I	II	I	II
0	60	62	64	68	56	55	66	65	63	58	62	68	63	60	66	62	63	60	56	56
1	55	63	63	65	55	53	60	64	60	58	58	68	60	60	60	56	60	56	55	54
2	53	64	60	65	50	48	53	60	46	58	55	70	46	60	53	56	46	55	50	43
4	47	62	28	64	0	45	30	59	30	58	49	70	30	58	30	62	30	45	0	43
8	0	60	0	64	0	39	0	59	0	55	0	68	0	46	0	52	0	36	0	20
16	0	55	0	64	0	30	0	51	0	52	0	68	0	36	0	53	0	34	0	0
32	0	55	0	62	0	51	0	25	0	50	0	68	0	36	0	50	0	36	0	0
Substanzkontrolle .	41		36		20		22		31		32		30		22		21		33	

Zahlen unter E = Penicillinase-Einheiten. Zahlen unter I = Durchmesser der Hemmhöfe mit Penicillin + Penicillinase. Zahlen unter II = Durchmesser der Hemmhöfe mit Penicillin + Penicillinase + Sulfanilamid bzw. p-Aminobenzoesäure (PAB), Isonicotinsäurehydrazid (INH) oder Para-Aminosalicylsäure (PAS).

KÜSTERMANN konnte darüber hinaus eine Penicillinase-inhibitorische Wirkung feststellen bei der p-Äthanolamino-acetylaminobenzoesäure, der p-Äthanolaminopropionyl-aminobenzoesäure und einem Phenylthioharnstoffderivat der

Tabelle 4. *Penicillinase-Inhibierung durch Sulfonamide (Aronson-Sepsis)*

	Substanz	Dosierung pro 20 g Maus				Zahl der Tiere	Es leben nach der Infektion am Tage									
		1. Tag	2. Tag	3. Tag	Gesamt		1.	2.	3.	4.	5.	6.	7.	8.	9.	10.
1.	Novocain-Penicillin (NPc) . .	1000 E	1000 E	1000 E	3000 E	10	10	10	10	10	10	10	×9	9	9	9
2.	NPc. . . . . Penicillinase .	1000 E 25 E	1000 E 25 E	—	2000 E 50 E	10	10	5	2	0	0	0	0	0	0	0
3.	Globucid. . .	4 mg	4 mg	—	8 mg	10	10	10	6	2	0	0	0	0	0	0
4.	NPc. . . . . Penicillinase . Globucid. . .	1000 E 25 E 4 mg	1000 E 25 E 4 mg	1000 E 25 E 4 mg	3000 E 75 E 12 mg	10	10	10	10	10	10	10	10	10	9	9
5.	Badional. . .	9 mg	9 mg	—	18 mg	10	10	10	8	0	0	0	0	0	0	0
6.	NPc. . . . . Penicillinase . Badional. . .	1000 E 25 E 9 mg	1000 E 25 E 9 mg	1000 E 25 E 9 mg	3000 E 75 E 27 mg	10	10	10	10	6	6	4	3	0	0	0
7.	Kontrolle 10^{-6}	—	—	—	—	10	5	0	0	0	0	0	0	0	0	0

p-Aminosalicylsäure. Die zunächst im Reagensglas festgestellte Wirkung konnte im Tierversuch bei der Aronson-Sepsis der weißen Maus einwandfrei verifiziert werden.

FUSSGÄNGER und ROLLY konnten sowohl in vitro (Warburgsche Apparatur) als auch im Phlegmoneversuch den gleichen Effekt für Surfen und Rivanol nachweisen. Das Kaliumsalz der 6-α-Phenoxypropionamidopenicillinsäure wird in geringerem Maße von Penicillinase zerstört als die anderen Penicilline. Die Zerstörung von 15000 E beträgt nach 2 Std etwa 35% der eingesetzten Menge, die von Penicillin G und Penicillin V etwa 55%. Das Hydrochlorid des 6-(2,6-dimethoxybenzamido)penicillansauren Natriums (Celbenine) ist absolut penicillinasefest.

Eine in vivo entstandene Penicillinresistenz von Bakterien unterscheidet sich in verschiedenen Punkten von einer im Reagensglas induzierten Resistenz. So entsprechen in vivo resistent gewordene Staphylokokken in ihrem Verhalten etwa primär resistenten Varianten, die nie mit Pc in Kontakt gekommen sind. Während in vitro an Pc adaptierte Staphylokokken wieder empfindlich werden können, behalten die in vivo resistent gewordenen Varianten ihre Resistenz über lange Zeiträume, sie produzieren Penicillinase, sie behalten ihre ursprüngliche Virulenz oder werden noch virulenter, schließlich zeigen sie keinerlei Abweichungen in ihrem morphologischen Verhalten und ihren Stoffwechselverhältnissen. Eine Erklärung für diese Tatsachen hat man noch nicht gefunden.

Während die Penicillinresistenz bei Infektionen durch Pneumokokken, hämolysierende Streptokokken, Meningokokken praktisch keine Rolle spielt, stellen die penicillinresistenten Staphylokokken ein ernst zu nehmendes klinisches Problem dar. Der Prozentsatz penicillinresistenter Staphylokokken ist zunehmend im Wachsen begriffen. BEIGELMANN und RANTZ berichteten 1950 über 64 koagulasepositive, also pathogene, aus Krankheitsmaterial gewonnene Stämme, von denen über die Hälfte penicillinresistent waren. Die meisten dieser Stämme waren zwar von Patienten isoliert worden, die früher mit Pc behandelt worden waren; aber 20% waren nie mit Pc in Kontakt gekommen. Man schloß daraus, daß Patienten, die mit Penicillin behandelt worden sind oder die mit Behandelten in Kontakt gekommen sind, z.B. innerhalb des Krankenhauses — zu dieser Gruppe wäre auch das Pflegepersonal zu rechnen — zu Trägern penicillinresistenter Staphylokokken werden können. Zu ähnlichen Ergebnissen kamen FINLAND u. Mitarb.; sie fanden, daß 85% von 120 im Jahre 1946 untersuchten Staphylokokkenstämmen schon durch 0,04 γ/ml Penicillin im Wachstum gehemmt werden, während von 141 Stämmen, die 1948/49 getestet wurden, nur noch 25% auf diese kleine Menge Pc ansprachen. Die meisten Stämme mußten mehr als 200 γ/ml Pc ausgesetzt werden. FINLAND und HAIGHT berichteten 1953 von weiteren Resistenzzunahmen; WELCH gibt dabei aber zu bedenken, daß sich das Gros der penicillinresistenten Staphylokokkenstämme aus Krankheitsmaterial von hospitalisierten Patienten und Pflegepersonal rekrutiert, während die entsprechenden Zahlen bei der Allgemeinheit niedriger liegen. Die Resistenzsteigerungen müssen — auch wenn diese Keime durch andere neu gefundene Antibiotica erfaßt werden können — ernst genommen werden; KIKUTH und GRÜN warnen — um der Gefahr eines Staphylokokken-Hospitalismus wirksam zu begegnen — vor einer Anwendung von Antibiotica bei Bagatellinfekten und vor ungezielter antibiotischer Therapie. Sie fordern eine wirksame Eindämmung der Staphylokokkenreservoirs in Kliniken durch Raumluftdesinfektion. Prinzipiell darf die Asepsis nie vernachlässigt werden. Man muß zugeben, daß vor allem die jüngere Ärtzegeneration die Infektionsgefahren völlig unterschätzt, weil sie nur noch selten schwere Infektionsbilder zu sehen bekommt, und weil sie durch die Erfolge der antibiotischen Therapie, die glücklicherweise in den meisten Fällen noch wirksam ist, verwöhnt ist.

11. Methoden zur Resistenzbestimmung

Für die Behandlung von Staphylokokkeninfektionen — und nicht nur für diese — muß heute eine gezielte antibiotische Therapie gefordert werden. Das heißt, vor Beginn der Behandlung ist durch bakteriologische Untersuchungsmethoden der Erreger und seine Sensibilität gegen verschiedene Antibiotica festzustellen (GÖTZ und RÖCKL, NAPP und CLAUS, EUFINGER und MOLLOWITZ, MORCH-LUND, KIMMIG, HACKL, HOFMANN, MARCHIONINI, MEYER-ROHN, WORATZ, GARROD u. SCOWEN, GOULD u. a.). Nur auf diese Weise können frustrane Penicillin-Behandlungen vermieden werden.

Wir stellen seit 10 Jahren vor jeder Behandlung bakterieller Dermatosen erst die bakteriologische Diagnose, prüfen die isolierten und in Reinkultur vorliegenden Erreger gegen verschiedene Antibiotica oder Sulfanilamide und bestimmen dann erst die einzuschlagende Therapie. Zeitverluste, die für den Patienten durch die Resistenzanalyse gefährlich werden können, brauchen dabei nicht zu entstehen. Man kann die Sensibilität im Schnellverfahren schon bei 4—6stündiger Bebrütung nach Ansetzen der Analyse ermitteln. Im allgemeinen kann die Sensibilität im halbquantitativen Blättchentest, der für klinische Zwecke völlig ausreichend ist, ermittelt werden. Dieser Bestimmungstest wird wie folgt ausgeführt.

Der zu prüfende Bakterienstamm wird in dichtem Rasen auf einer 5%igen Blutagarplatte ausgesät; dann werden Filterpapierblättchen in standardisierte

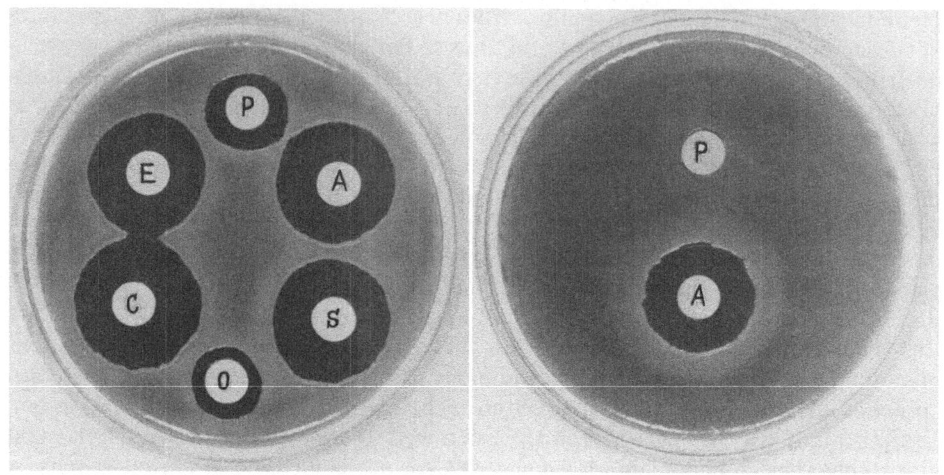

Abb. 8. Blättchentest Abb. 9. Blättchentest

P=Penicillin, E=Erythromycin, C=Chloramphenicol, O=Oleandomycin, S=Streptomycin, A=Aureomycin.

Antibioticalösungen eingetaucht, die pro ml Flüssigkeit folgende Mengen Wirkstoff enthalten:

Antibiotica		*Sulfanilamide*	
Penicillin	40 E	Globucid	80 mg
Aureomycin	1 mg	Badional	80 mg
Streptomycin	1 mg	Aristamid	80 mg
Chloramphenicol	1 mg	Supronal	80 mg usw.
Erythromycin	1 mg		
Oleandomycin	1 mg usw.		

Die so vorbereiteten Blättchen werden so auf die beimpften Blutplatten verbracht, daß in einem Arbeitsgang 6 verschiedene Wirkstoffe geprüft werden können. Es folgt dann Bebrütung über 18—24 Std bei 37° C und Ablesung der Hemmhöfe, wobei nachstehende Graduierung vorgenommen werden kann:

Ø keine Hemmzone	= resistent
+ bis 20 mm Hemmzone	= gering sensibel
++ 20—29 mm Hemmzone	= gut empfindlich
+++ über 30 mm Hemmzone	= sehr gut empfindlich

Der Blättchentest gestattet durch Ausmessen der Hemmhöfe mit dem Stechzirkel eine halbquantitative Resistenzanalyse. Er ist einfach und kann ohne Schwierigkeiten und auch ohne spezielle Ausbildung im klinisch-bakteriologischen

Laboratorium durchgeführt werden (Abb. 8 und 9). Das Ansetzen der Wirkstofflösungen verbilligt den Test außerordentlich im Gegensatz zu den im Handel befindlichen mit Antibiotica präparierten Blättchen. Man hat dabei sogar den Vorteil, daß man die Lösungen alle 14 Tage neu ansetzen kann, was die Zuverlässigkeit der Ergebnisse steigert. Neuerdings werden von der pharmazeutischen Industrie die von den betreffenden Firmen produzierten Antibiotica in Testblättchen inkorporiert gern zur Verfügung gestellt. Ein sehr bequemes im Handel befindliches „Testbesteck" stellt der von der Fa. Dr. Wild & Co., Basel, hergestellte Sebas-Test dar. Der Kasten enthält 17 Flakons mit je 50 mit Antibiotica und Chemotherapeutica imprägnierten Filterscheiben: 15 Antibiotica, 1 Sulfonamid und Furadantin.

Eine dem Blättchentest analoge Versuchsanordnung ist der Streifentest. Hier werden Filterpapierstreifen mit Antibiotica präpariert und genau wie bei der Blättchenmethode auf beimpfte Blutplatten verbracht. Vorteile gegenüber der oben angeführten Versuchsmethode lassen sich beim Streifentest nicht erkennen (Abb. 10).

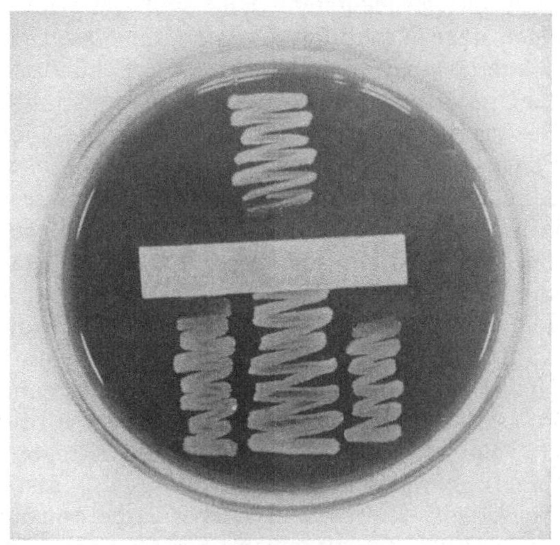

Abb. 10. Streifentest

Neuerdings hat SCHERR ein Verfahren entwickelt, bei dem nach der Blättchentestmethode in einem einzigen Arbeitsgang die Sensibilität von 6 verschiedenen Antibiotica auf einer Platte ermittelt werden kann. Es handelt sich dabei um eine Art 6blättriges Kleeblatt aus Papier, bei dem durch bestimmte Imprägnierung ein Überschneiden unmöglich gemacht worden ist.

PITAL u. Mitarb. haben eine Schnellmethode zur Sensibilitätsbestimmung geschaffen, die eine Modifikation des Standard-Blättchentestes darstellt und auf der antibiotischen Interferenz mit der mikrobiellen Reduktion von Resazurin beruht. Die Sensibilität wird durch Farbeffekte (rot und blau bzw. farblos) sichtbar gemacht. Mit dieser Methode kann die Empfindlichkeit von Staphylokokken in 2,3 Std, von Pasteurella pestis in 3,4 Std usw. exakt ermittelt werden.

RUGE hat in einer Literaturübersicht eingehend über die verschiedenen Methoden, unter anderem von Resistenzbestimmungen bei Eitererregern, berichtet.

Will man die Sensibilität eines Bakterienstammes quantitativ ermitteln, so müssen der Röhrchenverdünnungstest oder der Zylindertest herangezogen werden, die genaue Aussagen über die Sensibilitätsschwelle gestatten. Staphylokokken gelten im allgemeinen als resistent, wenn sie durch eine Penicillinkonzentration von 5—10 E/ml nicht mehr im Wachstum gehemmt werden. Wir haben Stämme isoliert, die auf penicillinhaltigen Nährböden von 5000 und mehr E/ml noch gut gediehen. Wir stehen mit DOWLING, GARROD u. SCOWEN, GOULD, HALLERMANN und RIESER, KIMMIG, MARCHIONINI, GÖTZ und RÖCKL und den meisten Klinikern auf dem Standpunkt, daß eine antibiotische Behandlung ohne vorherige Resistenzanalyse nicht denkbar ist und daß diese gezielte Therapie heute notwendiger denn je ist.

Der Wert der Resistenzbestimmungen für die Klinik wird heute wohl manchmal mit dem Hinweis, daß Diskrepanzen zwischen bakteriologischem Befund und Therapieerfolgen bestehen, angezweifelt. Solche Unstimmigkeiten in den Befunden zwischen Laboratorium und Klinik hat es schon immer gegeben; sie haben mancherlei Gründe. Werden z.B. im Laboratorium hochempfindliche Keime gefunden, die aber klinisch unter Pc keine Besserung aufweisen, so kann das daran liegen, daß die für das Krankheitsbild verantwortlichen Keime durch unsachgemäße Entnahme gar nicht im Untersuchungsmaterial vorhanden waren, oder daß eine Mischinfektion vorliegt und der eigentlich verantwortliche Erreger von der Mischflora völlig überwuchert ist, wie wir es von Proteussuperinfektionen her kennen. Das Versagen einer Penicillin-Therapie nach Resistenzanalyse kann durch Enzymhemmung des Antibioticums (z.B. Penicillinase bei Superinfektion durch Penicillinasebildner) erklärt werden. Der umgekehrte Fall ist auch möglich; nämlich, daß Infektionen trotz festgestellter Penicillin-Resistenz unter Penicillin-Therapie zurückgehen. Hier sind die ermittelten resistenten Keime oft nicht als eigentliche Krankheitserreger aufzufassen; möglicherweise hat es sich um einen Sekundärkeim gehandelt (HACKL). Schließlich sollte man immer daran denken, daß der Organismus kein Reagensglas ist und daß eine Reihe von Faktoren, die wir durch Resistenzanalysen nicht erfassen können, beim Heilungsprozeß eine Rolle spielen: Phagocytose, Opsonine, Bakteriotropine usw. Oft entstehen solche Divergenzen dann, wenn das Material in einem klinikfremden Institut untersucht wird. Im klinikeigenen Labor wird man durch erneute Entnahme und genaue Überprüfung meist diese Unstimmigkeiten aus dem Wege räumen können. In diesem Zusammenhang muß auf die Untersuchungen von MAYOUX u. Mitarb. hingewiesen werden, die an Hand von Tierversuchen (mit Heatley-Staphylokokken infizierte Kaninchen) und klinischen Beobachtungen festgestellt haben, daß ein und derselbe Bakterienstamm eines Kranken in seinem Empfindlichkeitsgrad gegenüber Pc variieren kann, je nachdem, ob er aus Blut, Eiter oder Gewebe isoliert worden ist. Bei Mastoiditiden zeigten die Erreger verschiedene Empfindlichkeit nach Züchtung aus dem äußeren Gehörgang, aus dem Eiter des Antrum und aus Mastoidzellen. In einem Drittel war die Sensibilität gleich, zu einem Drittel zeigte sie geringe und zu einem Drittel zum Teil erhebliche Schwankungen bis zu 2 Zehnerpotenzen. Zu ähnlichen Resultaten kommen auch SUTER und ULRICH auf Grund von 7858 Routineuntersuchungen.

HENRY WELCH hat 1956 den dankenswerten Versuch unternommen, durch Standardisierung der verwendeten Konzentrationen und durch Einführen von 3 Beurteilungsgraden, die wiederum genau definiert sind, zu einer auch international vergleichbaren Basis der Resistenzanalysen zu gelangen. WELCH schlägt als Antibioticakonzentrationen für den Blättchentest folgende vor:

Bacitracin	2 E	10 E	20 E
Carbomycin	2 γ	5 γ	15 γ
Chloramphenicol	5 γ	10 γ	30 γ
Chlortetracyclin	5 γ	10 γ	30 γ
Erythromycin	2 γ	5 γ	15 γ
Neomycin	5 γ	10 γ	30 γ
Oxytetracyclin	5 γ	10 γ	30 γ
Penicillin	2 E = 1,2 γ	5 E = 3,0 γ	10 E = 6,0 γ
Polymyxin B	5 E	10 E	30 E
Streptomycin	2 γ	10 γ	100 γ
Tetracyclin	5 γ	10 γ	30 γ
Viomycin	2 γ	10 γ	100 γ

Bei der Auswertung wird wie nachstehend verfahren:

	Sensibel	Mäßig sensibel	Resistent
Penicillin	0,5 E	0,5—1 E	10 E
Tetracyclin . . . . . . Oxytetracyclin . . . . Chlortetracyclin	} 0,5 γ	5—10 γ	10 γ
Chloramphenicol. . . .	15 γ	15—25 γ	25 γ

Im Interesse genauer und auch vergleichbarer Werte sollte in allen Laboratorien und Kliniken einheitlich nach diesem Schema verfahren werden.

12. Kombinationen

Bevor auf die speziellen Kombinationsmöglichkeiten von Penicillin mit anderen Antibiotica eingegangen wird, ist es notwendig, grundsätzlich zur Kombination von Antibiotica überhaupt Stellung zu nehmen.

Diesem in der Pharmakologie alten Behandlungsprinzip liegen — auf die Antibiotica angewendet — folgende Überlegungen zugrunde:

1. Wirkungssteigerung durch Addition oder Synergismus.
2. Verzögerung von Resistenzentwicklungen.
3. Steigerung der Verträglichkeit durch Dosisherabsetzung.
4. Verhütung von Infektionswechsel.

Eine Kombinationstherapie darf — wie jede Antibioticabehandlung — ebenfalls nur nach vorausgegangener Resistenzanalyse und immer nur dann, wenn von einem einzigen Antibioticum kein Erfolg zu erwarten ist, eingeleitet werden. Vor allem muß man vorher genau ermittelt haben, ob die oben angeführten 4 Punkte wirklich durch eine Kombination erreicht werden. Nicht immer wird ja eine Addition oder gar eine Potenzierung durch Kombination erzielt. Vielfach verhalten sich Mischungen völlig indifferent, d.h. es tritt keinerlei Wirkungsbeeinflussung ein, sondern der Effekt entspricht nur der wirksamen Substanz. Verhängnisvoll kann aber eine Antibioticakombination in therapeutischer Hinsicht sein, wenn ein Antagonismus aus der Mischung resultiert. In diesem Fall wird eine eindeutige Verminderung der Wirkung der Einzelkomponenten festgestellt. Man unterscheidet dabei einen *absoluten* Antagonismus, der mit einer völligen Wirkungsaufhebung verbunden ist, von einem *relativen*, dessen teilweise Wirkungsaufhebung meist nur auf einer Ausschaltung der bactericiden Wirkungsdeterminante beruht. Die Frage nach dem Wirkungsmechanismus eines solchen Antagonismus beantworten Jawetz, Coleman u. Mitarb. wie folgt:

1. Zwei Arzneimittel wirken chemisch und physikalisch so aufeinander ein, daß sie ihre Wirkung gegenseitig neutralisieren; wenngleich dabei auch kein Anhalt für das Vorliegen einer Komplexverbindung vorzuliegen braucht.

2. Ein Antibioticum A wirkt auf einen Mikroorganismus in der Weise ein, daß er seine Empfindlichkeit gegenüber einem Antibioticum B herabsetzt. In dieser Einwirkung eingeschlossen sind aber alle Möglichkeiten einer Veränderung in Entwicklung, Wachstum, Teilungsfähigkeit, Vermehrung und den damit verknüpften enzymatischen Prozessen. Jawetz bezeichnet so den Antagonismus als „eine Funktion der biologischen Wirksamkeit zweier Antibiotica". Jawetz und Gunnison haben — um hier gewisse Richtlinien zu schaffen — die Antibiotica in 2 große Gruppen eingeteilt und ein Schema angegeben, aus dem die durch Kombinationen erreichbaren Ergebnisse abgelesen werden können: Kombination

von Antibiotica ein und derselben Gruppe und Kombination zwischen solchen verschiedener Gruppen:

Gruppe I: Penicillin, Streptomycin, Bacitracin, Neomycin.

Gruppe II: Tetracycline, Chloramphenicol und Sulfanilamide.

Kombination I + I: häufig Addition untereinander, gelegentlich Synergismus, niemals Antagonismus.

Kombination II + II: gewöhnlich additiver Effekt, niemals Synergismus oder Antagonismus.

Kombination I + II: bei Sensibilität gegen Gruppe I: Antagonismus; bei Resistenz gegen Gruppe I: Synergismus.

MANTEN gab ein sehr übersichtliches Schema (Abb. 11) über die gegenseitige Beeinflussung von Antibiotica an.

Nach KIMMIG ist eine Erweiterung des Wirkungsspektrums des Pc durch Sulfanilamide durchaus möglich, schon weil den meisten Sulfanilamidabkömmlingen eine hemmende Wirkung auf die Penicillinase zukommt. Da insbesondere Staphylokokken Penicillinase bilden können, hat eine gleichzeitige Verabreichung von Penicillin + Sulfanilamid ihre Berechtigung. MILLER und VERWEY konnten durch Kombination von Probenecid, Penicillin und Tripelsulfonamiden deutlich synergistische Effekte im Tierexperiment erzielen (Streptokokkeninfektion weißer Mäuse). Aus theoretischen und klinischen Erwägungen sollten jedoch Präparate, die neben Pc und Sulfadiazin noch Aminomethylsulfanilamid enthalten, nicht verwendet werden, da letzterer Verbindung keine besondere Wirksamkeit zukommt, sie aber stark sensibilisierend wirkt. Dem Marfanil soll ähnlich wie dem Caron amid und Benemid eine nierenblockierende Wirkung im Sinne einer verzögerten Penicillin-Ausscheidung zukommen. Die sensibilisierende Wirkung des Marfanils ist aber so ausgeprägt, daß es in Kombination mit Pc nicht verwendet werden sollte.

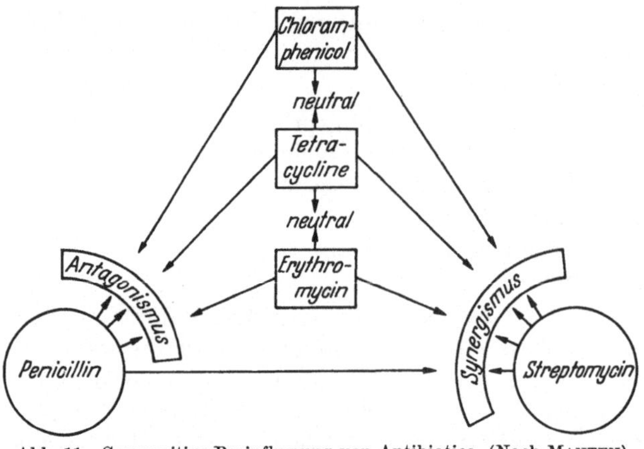

Abb. 11. Gegenseitige Beeinflussung von Antibiotica. (Nach MANTEN)

BASSALLECK warnt vor einer planlosen Kombination von Antibiotica. Praktisch bewährt haben sich die Kombinationen Penicillin + Sulfanilamid und Penicillin + Streptomycin. Die Kombination Penicillin + Aureomycin zeigt dagegen eine Wirkungsherabsetzung, die auch klinisch bei Endokarditiden, Lungenabscessen, Bronchopneumonien beobachtet wird.

JAWETZ u. Mitarb. warnen ebenfalls vor einer unüberlegten Anwendung von Antibioticakombinationen; so haben Versuche an Mäusen, die mit Streptokokken infiziert waren, ergeben, daß die nur mit Pc behandelten Gruppen überleben, während der größte Teil der mit Penicillin + Chloramphenicol oder Tetracyclinen behandelten Tiere der Infektion erlag. Die gutgemeinte „Addition" hat also hier den Heilerfolg, der durch alleinige Penicillin-Gaben erzielt worden war, stark reduziert.

Im Reagensglas läßt sich eine synergistische Wirkung von Antibioticakombinationen nach Untersuchungen von KLEIN und auch eigenen Versuchen (LUDWIG) kaum nachweisen, wohl aber ein additiver Effekt. Dabei ist die Intensivierung des Penicillineffektes weitgehend von der Konzentration des Adjuvans abhängig.

Mit den Ausdrücken Addition, Synergismus, Potenzierung usw. sollte daher vorsichtiger umgegangen werden. LOEWE hat Untersuchungen über die Dosis-Wirkungs-Beziehungen von Pharmaka angestellt und kommt dabei zu dem Schluß, daß Synergismus und Antagonismus, die ja nur als über- und unteradditive Abweichung von einer sichergestellten Dosis-Wirkungsbeziehung erkennbar sind, imaginäre Größen ohne Bezugsgröße und ohne praktische Anwendbarkeit sind.

DOWLING u. Mitarb. haben die Frage „Wann sollen Antibiotica-Kombinationen zur Therapie verwendet werden?" eingehend an Hand der Literatur untersucht und folgende Schlüsse gezogen: Im allgemeinen kommt man mit *einem* Antibioticum aus, vor allem, wenn die Infektion durch *einen* Erreger hervorgerufen wird. Bei Mischinfektionen kommt man ebenfalls mit einem Breitspektrum-Antibioticum aus (Tetracycline, Chloramphenicol). Kombinationen von Streptomycin mit Tetracyclin oder Chloramphenicol bewähren sich dagegen bei Brucellosen besser als eines dieser Antibiotica allein (AKERN und BURNELL). Bei schweren durch Enterokokken bedingten Endokarditiden sind die Kombination Penicillin + Streptomycin und bei schweren Staphylokokkeninfektionen die Kombination Penicillin + Tetracyclin erfolgversprechender. Auf jeden Fall sollte vor Anwendung von Kombinationen — sofern der Zustand des Patienten es gestattet — ein in vitro-Test vorgenommen werden, welche Kombination den besten Effekt für den Erreger aufweist. DOWLING weist auf die bekannten Untersuchungen von JAWETZ hin, der eine Einteilung der Antibiotica in 2 Gruppen vorgenommen hat: 1. Bactericide Gruppe mit Penicillin, Streptomycin, Bacitracin und Neomycin. 2. Bakteriostatische Gruppe mit Tetracyclin und Chloramphenicol. Wenn keine Zeit oder Möglichkeit zur Resistenzanalyse besteht, dann soll in erster Linie eine Kombination der Gruppe 1 und erst in zweiter Linie eine Kombination der Gruppen 1 + 2 benutzt werden.

Einen anderen Weg zur Wirkungssteigerung von Penicillin schlugen KOLMER u. RULE ein. Sie kombinierten Pc mit Quecksilbersuccinimid oder Jodkali. Während Hg-Succinimid in der Dosierung von 0,0004 g/kg intramuskulär die syphilitische Orchitis beim Kaninchen nicht vollständig auszuheilen vermag, zeigt die Substanz in Kombination mit Pc analog zum Wismut eine additive Wirkung zum Pc dergestalt, daß die Penicillin-Dosis reduziert werden kann. Jodkali, das in der Dosierung von 0,1 g/kg peroral 2mal täglich gegeben wurde, zeigt analoges Verhalten. Die optimale Therapie der Kaninchensyphilis wurde mit der Kombination Hg-Penicillin G-Jodkali erzielt.

Wir haben, wie auch TRACE und EDDS, PRATT, PITAL u. a., die Frage einer Wirkungssteigerung von Pc durch Kombination mit Kobalt oder Wismut eingehend bearbeitet. TRACE konnte in vitro durch Kobalt Wirkungssteigerungen bei Pc, Streptomycin und Bacitracin erzielen, nicht aber bei Chloramphenicol oder Tetracyclin.

Wir haben Kobaltcitrat, Co-Salicylat und Co-Tartrat allein und in Kombination mit Penicillin an der Aronson-Sepsis der weißen Maus getestet. Dabei zeigten schon die reinen Kobaltpräparate gegenüber den unbehandelten Kontrollen längere Überlebenszeiten, wobei Co-Tartrat am günstigsten liegt. Kombinationen mit Penicillin ergeben für das Citrat und das Tartrat günstigere Werte als für Co-Salicylat. Im Vergleich zu alleiniger Penicillin-Behandlung zeigt jedoch nur die Kombination Pc + Co-Citrat signifikante Unterschiede.

Über klinische Erfolge bei 25 Fällen von chronischer Otitis hat LIQUORI berichtet.

Kombinationen von Vitamin B_{12} mit Penicillin (B_{12} enthält 4,5% Kobalt) zeigten bei der Aronson-Sepsis keine nennenswerten Unterschiede im Vergleich zu reiner Penicillin-Therapie.

LÜTZENKIRCHEN und SCHOOG erzielten bei der Aronson-Sepsis eine beträchtliche Erhöhung der Überlebensraten durch Kombinationen von Pc mit Megaphen oder verschiedenen Antihistaminsubstanzen (VONKENNEL und SCHOOG).

Schließlich muß noch auf Versuche eingegangen werden, mit unspezifischen Reizkörpern die Wirkung des Penicillins zu erhöhen. REPLOH und CHEMNITZ haben als erste darüber berichtet und Erfolge bei der Behandlung der Aronson-Sepsis mit dieser Kombination gesehen. Wir haben uns eingehend mit dieser Frage befaßt, konnten aber im Tierexperiment die guten Ergebnisse von REPLOH nicht bestätigen. GEKS, LÜTZENKIRCHEN u. Mitarb. und andere sahen bei der Aronson-Sepsis ebenfalls bei Vergleichen mit reiner Penicillinbehandlung keine besseren Resultate durch diese Kombination. LÜTZENKIRCHEN sah auch bei Kombination mit Echinacin und verschiedenen anderen „histotropen" Stoffen keine signifikanten Wirkungssteigerungen des Pc im Tierexperiment. Wir glauben, daß die Aronson-Sepsis in der üblichen Methodik kein geeignetes Versuchsmodell für den Nachweis der Steigerung der Phagocytoseintensität — damit soll der Wirkungsmechanismus der Reizkörperkombination erklärt werden — darstellt. Eine solche Intensivierung kann nur durch Aktivierung der humoralen Abwehrkräfte (Opsonine, Bakteriolysine usw.) erreicht werden; diese Mobilisierung erfordert aber eine längere Zeit, die bei der foudroyant verlaufenden Sepsis nicht gegeben ist.

Tabelle 5. *Steigerung der Penicillinwirkung durch Kobalt (Aronson-Sepsis)*

Präparat	Dosierung pro 20 g Maus				Zahl der Tiere	Es leben nach der Infektion am Tage:									
	1. Tag	2. Tag	3. Tag	Gesamtdosis		1.	2.	3.	4.	5.	6.	7.	8.	9.	10.
Kobaltcitrat 500 γ.	500	500	500	1,5 mg	10	10	6	0							
Co-Salicylat 1 mg .	1	1	1	3 mg	10	10	8	6	2	0	0	0	0	0	0
Co-Tartrat 1 mg. .	1	1	1	3 mg	10	10	7	2	2	2	2	0	0	0	0
Aronson-Kontrolle 10^{-6}	—	—	—	—	5	5	0	0							
NPc + Co-Salicylat	100 E 0,5	100 E 0,5	100 E 0,5	300 E 1,5 mg	10	10	10	6	2	2	0	0	0	0	0
NPc + Co-Citrat .	100 E 0,5	100 E 0,5	100 E 0,5	300 E 1,5 mg	10	10	10	6	4	4	4	4	4	4	4
NPc + Co-Tartrat .	100 E 0,5	100 E 0,5	100 E 0,5	300 E 1,5 mg	10	10	10	8	6	2	2	2	2	2	2
NPc	100 E	100 E	100 E	300 E	10	10	5	2	2	2	2	2	2	1	1
Aronson-Kontrolle 10^{-6}	—	—	—	—	5	4	0	0							

Der kombinierten Reizkörper-Penicillinbehandlung liegt als Leitgedanke die Steigerung der Phagocytoseintensität der Leukocyten zugrunde. Der direkten Wirkung des Pc auf das Bacterium soll also eine körpereigene Kraft, die dazu noch durch Immunisierungsvorgänge geliefert wird, zur Seite gestellt werden. Eine Messung solcher Steigerungen ist schon vor fast 50 Jahren durch die Versuchsanordnung von WRIGHT möglich gemacht worden. Wir haben uns dieser Methode wie auch VOGT ebenfalls bedient, um eine Objektivierung des Steigerungseffektes zu versuchen. In 18 von 22 Untersuchungen konnten wir ein eindeutiges Ansteigen des opsonischen Index nach Gaben von Omnadin/Penicillin beobachten.

13. Nachweis

Der Nachweis von Penicillin wird in erster Linie mit mikrobiologischen Bestimmungsmethoden erbracht. Hier gibt es Diffusionsmethoden wie der oben angeführte Papierscheiben- oder Papierstreifentest, der Zylindertest, der Lochtest oder die Agarstichmethode. Oder es wird nach Verdünnungsmethoden gearbeitet wie: Reihenverdünnungstest in verschiedenen Variationen und Modifikationen, z.B. für Antibioticakombinationen. Hier zeigen Trübung oder Farbumschlag die Grenze einer Penicillinwirkung an.

Schließlich gibt es noch chemische und physikalische Nachweismethoden, z.B. die Adsorptionschromatographie, die Infrarotanalyse (WRIGHT) oder die Papierchromatographie, die für bestimmte Fragestellungen sehr gutes leisten. Für rein klinische Belange genügen aber die biologischen Bestimmungsmethoden vollauf. KIMMIG hat alle biologischen und chemisch-physikalischen Bestimmungsmethoden zusammenfassend und ausführlich in Hoppe-Seilers Archiv zusammengestellt.

III. Streptomycin und Dihydrostreptomycin

Streptomycin wurde 1944 von SCHATZ, BUGIE und WAKSMAN in Kulturen des Strahlenpilzes Streptomyces griseus entdeckt. Die Entdeckung war die Krönung einer 5jährigen systematischen Suche. 1939 schon hatten WAKSMAN u. Mitarb. begonnen, einige 1000 Aktinomycesarten, Pilze und Bakterien auf ihre antibiotischen Eigenschaften hin zu untersuchen. Das Ergebnis dieser mühseligen Arbeiten war zunächst das Streptothricin, später das Streptomycin. Bei der Bestimmung des Wirkungsspektrums wurde ein überragender Effekt auf Mykobakterien festgestellt. Die Produktion von Streptomycin in den USA betrug 1946 noch 250 g, im Jahre 1951 bereits 200 Tonnen. Die schnelle, schon beinahe sprunghafte Entwicklung des Streptomycins hat mehrere Gründe: Die Unwirksamkeit des Pc gegen gramnegative Bakterien hatte die Suche nach Antibiotica mit einem breiteren Wirkungsbereich intensiviert; frühere Arbeiten mit Streptothricin, das dem Streptomycin ähnelt, aber wesentlich toxischer ist, gaben eine gute Grundlage für die Streptomycin-Forschung; die klinischen Untersuchungen wurden vom Committee on Chemotherapy of the National Research Council gesteuert und gefördert; schließlich — und das ist wohl das Entscheidendste — war Streptomycin das erste Antibioticum mit hoher tuberkulostatischer Aktivität.

Übersichtliche Darstellungen liegen vor von WAKSMAN (1949, 1951, 1953) und RIGGINS und HINSHAW.

1. Herkunft

Der Aktinomycetenstamm Streptomyces griseus gehört zu einer Gruppe von Fungi, die sich in Komposterde, Flußschlamm, tierischen Ausscheidungen, Staub, Boden und Wasser finden. Streptomycesarten sind reich an antibiotischen Wirkstoffen; Chloramphenicol, Tetracycline, Erythromycin, Carbomycin und Neomycin sind im Laufe der Zeit aus der Streptomycesgruppe isoliert worden. Industriell wird Streptomycin im Submersverfahren in großen Fermentern gewonnen. Dihydrostreptomycin erhält man durch katalytische Hydratation aus Streptomycin; sein antibakterielles Spektrum und seine Aktivität sind denen der Ausgangssubstanz analog. Es ist aber stabiler, weniger toxisch und neigt weniger zu Sensibilisierungen. Die streptomycinbildenden Eigenschaften von Streptomyces griseus hat man durch Stammauswahl und Röntgen- sowie UV-Bestrahlung verbessert. Man hat so Mutanten erhalten, die Streptomycin-Ausbeuten von mehr als 1000 γ/ml ergaben, obgleich die Schwierigkeiten bezüglich der Stabilität solcher Stämme beträchtlich waren.

2. Chemie

Streptomycin ist eine wasserlösliche Base mit der Summenformel $C_{21}H_{39}O_{12}N_7$. Bei der Hydrolyse entstehen Streptidin $C_8H_{18}O_4N_6$ und Streptobiosamin $C_{13}H_{23}O_9N$.

Strukturformel des Streptomycins

Streptobiosamin

Streptidin Streptose N-Methyl-L-glucosamin

Streptidin soll für den neurotoxischen Effekt des Streptomycins verantwortlich sein. Vom Streptomycin sind verschiedene Salze in kristalliner Form dargestellt worden, so das Sulfat, das Hydrochlorid, das Phosphat und ein Calciumchloridkomplex. Das Dihydrostreptomycin bildet keinen Calciumchloridkomplex; es läßt sich nicht als Base darstellen, wohl aber als Hydrochlorid oder als Sulfat.

a) Stabilität und Löslichkeit

Streptomycin ist weitgehend stabil sowohl als Trockensubstanz als auch als Lösung. Als Trockenampulle bleibt es bei Zimmertemperatur ungeöffnet bis zu 2 Jahren stabil. Die freie Base wie auch ihre Salze mit anorganischen Säuren sind hygroskopisch und damit sehr gut wasserlöslich. Handelsübliche Lösungen (p_H 3—7) können bis zu 60 Tagen Temperaturen zwischen 7 und 25° C ausgesetzt werden, ohne daß es zu nennenswerten Aktivitätsverlusten kommt. Dagegen sind alkalische (über p_H 8) und saure (unter p_H 3) Lösungen besonders bei höheren Temperaturen erheblich weniger stabil. Man soll daher nur frisch zubereitete Lösungen zur Injektion benutzen, die unter sterilen Kautelen angesetzt werden müssen, weil sie nicht autoklaviert werden dürfen. Dihydrostreptomycin zeigt praktisch die gleichen Verhältnisse. Streptomycin zeigt Wirksamkeitsverluste, wenn man es mit Serum stehen läßt; hier kommt es wahrscheinlich zur Bildung unwirksamer Komplexsalze. Bei Kulturversuchen und auch bei Behandlung von Erkrankungen des Nieren-Blasentraktes muß immer daran gedacht werden, daß Streptomycin in saurem Milieu weniger wirksam ist als in leicht alkalischem. Streptomycin wird nicht durch Bakterienenzyme ähnlich der Penicillinase zerstört. Derartige Enzyme sind bisher jedenfalls noch nicht bekanntgeworden.

b) Standardisierung

Nach WAKSMAN werden für die klinische Verwendung folgende Einheiten gebraucht:

1. Die S-Einheit ist gleich jener Streptomycin-Menge, die das Wachstum eines Standardstammes von E. coli in 1 ml Nährbouillon oder in einem anderen geeigneten Medium hemmt.

2. Die L-Einheit = jene Streptomycin-Menge, welche das Wachstum eines Standardstammes von E. coli in 1000 ml Nährbouillon hemmt; 1 L-Einheit = 1000 S-Einheiten.

3. Die G-Einheit = 1 g Streptomycinbase = 1 Million S-Einheiten. 1 S-Einheit = 1 γ Streptomycinbase.

Heute werden die üblichen Handelspräparate praktisch alle in Gramm angegeben.

3. Wirkungsbereich

Streptomycin ist gegen grampositive, in erster Linie aber gegen gramnegative Keime und Mycobakterien wirksam. Dadurch stellt es eine sehr wünschenswerte Ergänzung des Penicillins dar. Die Streptomycin-Empfindlichkeit der verschiedenen Bakterien liegt zwischen 0,04 und 110 γ/ml unter unseren Versuchsbedingungen.

Tabelle 6. *Wirkungsgrenzkonzentrationen für Streptomycin*

Keimart	Grenzkonzentration in γ/ml
Staphylococcus aureus „Oxford"	5
Staphylococcus albus	2,6
Streptokokken mit Hämolyse	0,04
Bacillus subtilis	1,25
Bacillus anthracis	110
Corynebacterium pseudodiphtheriae	0,15
Neisseria gonorrhoeae	0,8
Streptococcus faecalis	10
Escherichia coli	80
Bact. proteus vulgare	20
Pseudomonas aeruginosa	110
Klebsiella pneumoniae	1,25
Mycobact. tuberculosis var. hum. „Greifswald"	2

Ein Vergleich der Grenzkonzentrationen von Penicillin und Streptomycin zeigt deutlich, welch große Bereicherung der antibiotischen Therapie das Streptomycin darstellt. Dabei sind in unserem Spektrum praktisch nur die für die Dermatologie wichtigsten Keimarten enthalten. Streptomycin zeigt darüber hinaus antibakterielle Aktivität bei Brucellen, Bact. tularense, Erysipelothrix rhusiopathiae (Erysipeloid Rosenbach), Haemophilus ducreyi, influenzae et pertussis; ferner bei Pasteurellen, Salmonellen, Shigellen und vibrio cholerae. Schwache Wirkung wurde bei Treponemen, Rickettsien und größeren Viren festgestellt. Gegen Blastomyceten und Fungi ist Streptomycin völlig unwirksam.

Bei Vergleichen von Hemmwerten muß immer daran gedacht werden, daß die Empfindlichkeit gegen ein Antibioticum nicht nur innerhalb der verschiedenen Bakterienarten, sondern auch der verschiedenen Stämme ein und derselben Art schwanken kann. Wir möchten uns aus diesem Grunde auch nicht auf Angaben aus der Literatur beziehen, sondern bringen die Grenzkonzentrationen aus eigenen Versuchsreihen. Damit ist die Gewähr gegeben, daß immer die gleichen Stämme unter jeweils gleichkonstanten Versuchsbedingungen (wie konstante standardisierte Keim-Einsaatmengen, Einsaat bei gleicher Wachstumsphase, gleiche Nährmedien, gleiche Ablesung durch *einen* Untersucher usw.) benutzt worden sind. Die Relation sagt bei diesen Versuchen mehr aus als absolute Zahlen.

In vitro kann Streptomycin durch bestimmte Aminosäuren wie Cystin, Cystein und Gluthation inaktiviert werden; durch Serum wird die Wirkung um 50% reduziert; dieser Effekt kann durch geringe Mengen Sulfanilamid aufgehoben werden. Auch durch $Ca^{2}+$ und $Mg^{2}+$ wird Streptomycin gehemmt, während einwertige Elektrolyte diese Wirkung nicht zeigen. Genau wie Penicillin ist Streptomycin von größerer Aktivität gegen Bakterien in der Wachstumsphase als in der Ruhephase. Man weiß heute, daß man in vitro-Ergebnisse nicht ohne weiteres auf in vivo-Verhältnisse übertragen kann. So zeigt Streptomycin auch trotz guter Reagensglas-Wirksamkeit bei Salmonellen- oder Brucellen-Infektionen in vivo nur relativ geringe Wirkung.

Im Tierexperiment zeigt Streptomycin nach HEILMAN und RAKE gute Heileffekte, zumindest aber Verlängerung der Überlebensraten bei experimentellen Infektionen, die durch nachfolgende Erreger ausgelöst werden:

H. influenzae,	P. tularensis,
B. anthracis,	Salmonella Schottmülleri,
Donovania granulomatosis,	Salmonella typhosa,
Klebs. pneumoniae,	Neisseria meningitidis,
Past. pestis,	Diplococcus pneumoniae.

Wir haben Streptomycin bei der Aronsonsepsis angewandt und konnten mit einer einmaligen intraperitonealen Gabe von 1 mg/20 g Maus die Sepsis sicher ausheilen; mit 0,5 mg/20 g Maus gelingt es, nur die Hälfte der infizierten Tiere auszuheilen, bei einer Nachbeobachtungszeit von 10 Tagen. Die nichtbehandelten Kontrolltiere waren sämtlich 24 Std post infect. gestorben. Ein Vergleich mit der aus der Reihe der Sulfanilamide wirksamsten Verbindung, dem Sulfadiazin, zeigt, daß hiervon die dreifache Menge gegeben werden muß, wenn man analoge kurative Effekte erreichen will.

Tabelle 7. *Streptomycin im screening-Test (Mäusetuberkulose).*
Therapiebeginn: 2 Tage post infect. Dosierung: 5 mg/20 g Maus täglich intraperitoneal. Therapiedauer: 40 Tage

Streptomycin		Unbehandelte Kontrollen	
Lebenstage	Befund	Lebenstage	Befund
33	++	1	+++
34	++	3	+++
111	+++	15	++++!
127	+	15	++++!
127	+	16	++++!
140	+	16	++++!
188	∅	18	++++!
188	+	19	++++!
188	(+)	19	++++!
188	∅	28	++++!

Zeichenerklärung: ∅ keine Tuberkelbakterien nachweisbar; (+) ganz vereinzelt Tuberkelbakterien; + vereinzelt Tuberkelbakterien; ++ mäßig viele Tuberkelbakterien; +++ viele Tuberkelbakterien; ++++ reichlich Tuberkelbakterien; ++++! massenhaft Tuberkelbakterien.

Tabelle 8. *Streptomycin bei der Meerschweinchentuberkulose.*
Dosierung: 60 mg/kg täglich intramuskulär. Therapiebeginn: 14 Tage post infect. Therapiedauer: 73 Tage

Lebenstage	Milz	Lunge	Leber	Lymphknoten	
				inguinal	iliacal
Unter der Behandlung:					
28	+	∅	∅	+	(+)
+87	∅	∅	∅	+	∅
+87	∅	∅	∅	+	(+)
+87	∅	∅	∅	(+)	∅
+87	∅	∅	∅	+	∅
+87	∅	∅	∅	+	∅
+87	∅	∅	∅	(+)	(+)
Nach Absetzen der Behandlung:					
96	+	∅	∅	+	+
+110	+	∅	∅	+	+
142	+	(+)	∅	+	+
+145	+	∅	∅	+	+
150	+	∅	∅	+	++
159	+	+	(+)	(+)	++
+165	+	+	∅	++	++
+165	+	+	∅	+	++
Unbehandelte Kontrollen:					
30	+	+	∅	+	+
47	+++	+++	+++	+++	+++
50	+++	+++	+++	+++	++
67	+++	+++	+++	+++	+++
90	+++	+++	+++	+++	+++

Wenngleich Streptomycin bei der Behandlung der Hauttuberkulose — aus Gründen, die weiter unten dargelegt werden — keine nennenswerte Verwendung gefunden hat, sollen hier die hervorragenden Ergebnisse bei der Behandlung der experimentellen Mäuse- und Meerschweinchentuberkulose aufgezeigt werden.

Aus den Tabellen 7 und 8 ist die sehr gute Wirksamkeit des Streptomycins bei den experimentellen Tuberkulosen der beiden Tierspecies so gut ersichtlich, daß nicht viel zu kommentieren bleibt. Daß man die experimentelle Meerschweinchentuberkulose überhaupt günstig beeinflussen kann, hielt man bei der Resistenzlosigkeit dieser Tiere gegen die tuberkulöse Infektion für unmöglich. Wir selbst waren durch diese Versuchsergebnisse tief beeindruckt. Streptomycin ist in der Lage, Mäuse auch nach massiver intravenöser Infektion bis 188 Tage nach erfolgter Infektion am Leben zu erhalten, während die unbehandelten Kontrollen spätestens 4 Wochen nach der Infektion an einer generalisierten Tuberkulose zugrunde gegangen waren. Streptomycin vermag den Verlauf der experimentellen Meerschweinchentuberkulose abzustoppen; allerdings nur, solange die Tiere in Behandlung stehen. Wird die Therapie ausgesetzt, dann kommt es von den nichtsanierten Lymphomen zur Generalisierung (KIMMIG, MEYER-ROHN).

4. Wirkungsmechanismus

Streptomycin greift unmittelbar in den Nucleoproteinstoffwechsel der Bakterien ein. Die freien Guanidinreste bilden mit den Ribonucleoproteinen stabile Absorptionsverbindungen (Komplexe), die durch Ribonucleasen nicht mehr abgebaut werden können (FITZGERALD). LICHTSTEIN u. Mitarb. konnten zeigen, daß Panthotensäure, ein wichtiger Ergänzungsstoff für Bakterien, nicht mehr aufgebaut werden kann, da durch Streptomycin die Verknüpfung von β-Alanin mit Pantoyl-Lakton gehemmt wird. Nach Untersuchungen von UMBREIT soll Streptomycin hemmend auf den Citronensäurecyclus wirken, indem es die Kondensation von Oxalessigsäure mit Brenztraubensäure hemmt, außerdem soll es den Abbau von Fettsäuren hemmen. Eine weitere Theorie: Streptomycin verbindet sich mit Sulfhydrilgruppen und verhindert dadurch den Proteinaufbau der Bakterien, indem es die funktionelle Cysteingruppe blockiert. Alle diese Theorien sind nicht unwidersprochen geblieben; sie mögen sich einmal als richtig erweisen, sie stellen aber möglicherweise nur Teilstücke des Streptomycin-Wirkungsmechanismus dar (HENRY und HOBBY, WYSS u. Mitarb., UMBREIT).

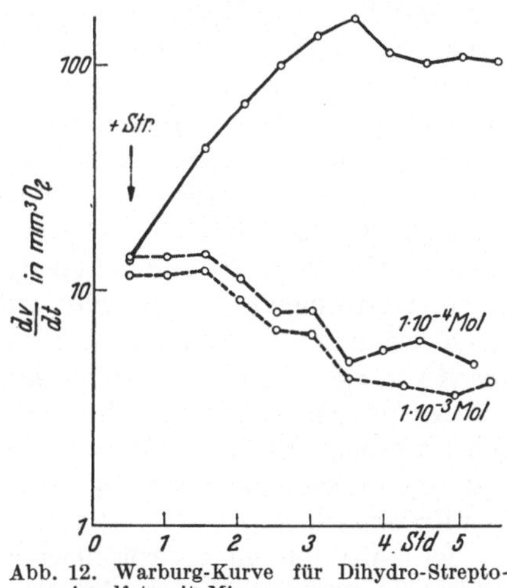

Abb. 12. Warburg-Kurve für Dihydro-Streptomycinsulfat mit Microc. pyogen. var. aureus

Die Frage, ob das Streptomycin bactericid oder bakteriostatisch wirkt, läßt sich am besten mit Hilfe der Warburgschen Atmungskurven entscheiden. LOMMEL hat ausgedehnte Untersuchungen an den bekanntesten Antibiotica unter den Bedingungen der Warburgschen Apparatur durchgeführt. Darnach wirkt Streptomycin bei einer Konzentration von 10^{-4} Mol bakteriostatisch, das Wirkungsoptimum wird bei proliferierenden Bakterien erreicht (Abb. 12).

5. Toxicität

Der chemotherapeutische Index ist beim Streptomycin wesentlich weniger günstig als beim Penicillin (Penicillin 1:1000, Streptomycin 1:20). Die üblichen Laboratoriumstiere vertragen bei intravenöser Applikation 225 mg/kg. Peroral vertragen Katzen 1 g/kg mehrere Wochen ohne sichtbare Schäden, über kurze Zeit sogar 2 g/kg. Sehr toxisch ist Streptomycin bei intrazisternaler Anwendung; hier ist die DL_{50} nur etwa $^1/_{10}$ der entsprechenden intravenösen Dosis. Große

Dosen (täglich über 4 g) verhindern die Blutgerinnung, ein Phänomen, das auch nach extrem großen Penicillin-Dosen beobachtet werden kann. Unter kleinen Streptomycin-Dosen soll die Blutgerinnungszeit beschleunigt werden können.

Wesentlich schwerwiegender sind die Neurotoxicität und die stark sensibilisierende Wirkung des Streptomycins. Streptomycin selbst führt bei Tagesdosen von 3—4 g zu schweren Störungen der Cochlearis- und Vestibularisfunktion; es kommt zu Schwindelanfällen, Erbrechen usw. Für die Schäden werden die Guanidingruppen im Inositteil des Moleküls verantwortlich gemacht. Da das Dihydrostreptomycin bei gleicher Wirkung besser verträglich ist, hat es das reine Streptomycin fast verdrängt. Aber auch nach Dihydrostreptomycin sind Leberparenchymschäden beobachtet worden. Die schweren toxischen Nebenwirkungen wurden hauptsächlich nach langdauernder Streptomycin-Medikation, z.B. bei der Lungentuberkulose usw., beobachtet. Über die sehr unangenehmen Sensibilisierungen vor allem durch Kontakt mit Streptomycin soll an anderer Stelle ausführlich berichtet werden.

KELLER u. Mitarb. haben Versuche zur Toxicitätsminderung des Streptomycins durchgeführt. Die Versuche basieren auf der Tatsache, daß Pantothensäure — bisher nur als Vitamin therapeutisch eingesetzt — im Tierexperiment eine Erhöhung der Streptomycin-Toleranz bewirkt. MARQUARDT konnte an der narkotisierten Katze zeigen, daß es nach Streptomycin-Sulfat zu einem Blutdruckabfall kommt, während das Streptomycin-Pantothenat eine geringere Beeinträchtigung des Kreislaufes bewirkt. Zwischen Streptomycin-Sulfat und Streptomycin-Pantothenat fanden sich — gemessen am postrotatorischen Nystagmus der Maus — Unterschiede zugunsten der Streptomycin-Pantothenate. Die Streptomycin-Pantothenat-Gruppe wies außerdem eine größere Gewichtszunahme und einen besseren Allgemeinzustand auf. Nach JACCARD und BECHT liegen Tagesdosen von 1,5—2 g (= 30—40 mg/kg) innerhalb der Sicherheitsgrenze und dürfen bei der intermittierenden Therapie der Lungentuberkulose über 3 Monate gegeben werden. Einzel- oder Tagesdosen von 3—4 g führen dagegen — auch wenn man sie intermittierend 3—4mal pro Woche gibt — über kurz oder lang zu Vestibularisschäden.

Bei auftretenden neurotoxischen Schädigungen sind die Cochlearisschäden nach O'CONNOR u. Mitarb. im Vergleich zu den Vestibularisschädigungen als wesentlich schwerwiegender zu betrachten. Während bei Ausfall der Gleichgewichtsfunktion im Laufe der Zeit mehr oder weniger visuell kompensiert werden kann, ist bei den ertaubten oder gehörgeschädigten Kranken keine Besserung zu erwarten. Die Schäden sind also irreversibel. Weitere Angaben über die Toxicität des Streptomycins auch im Tierexperiment finden sich bei VANDERHAEGHE, COURVOISIER und vielen anderen.

Von anderen Versuchen, die Toxicität des Streptomycins zu mindern, ist die Schutzfunktion des Vitamin A erwähnenswert. ESCHER u. RUPP konnten beim Kaninchen durch gleichzeitige Gaben von Vitamin A sowohl die Vestibularisschäden als auch die Urämie verhüten. TSCHIRREN konnte bei Meerschweinchen, die über 30 Tage täglich 300 mg/kg subcutan Streptomycin erhalten hatten, durch gleichzeitige Verabreichung von Vitamin A (120000 E/kg intramuskulär) die Störungen des Hörorgans deutlich abschwächen. Bei Neomycinschädigungen zeigten sich analoge Verhältnisse. Da Streptomycin und auch Neomycin auf Grund anderer Untersuchungen vor allem die Sinnesepithelien des Cortischen Organs schädigen, dürfte sich die Schutzwirkung von Vitamin A hauptsächlich auf die Haarzellen erstrecken. KLUYSKENS und VAN LINDT erreichten bei der Maus durch eine der eigentlichen Streptomycin-Behandlung vorausgehende Injektion von 5 mg β-Mercaptoäthylamin eine deutliche Abschwächung sowohl der akuten allgemein-toxischen Wirkungen als auch der chronisch-toxischen Nebenwirkungen von Dihydrostreptomycin. Die antibakterielle Wirksamkeit bleibt — wie Versuche an Klebsiella pneumoniae gezeigt haben — dabei unbeeinflußt. FREERKSEN und WOLTER machten bei orientierenden Toxicitätsversuchen an Mäusen die interessante Beobachtung, daß sich die DL_{50} für Streptomycin durch Isonicotinsäurehydrazid oder Isonicotinsäurehydrazid-Derivate heraufsetzen läßt:

DL_{50}: Streptomycin 200 mg/kg; Streptomycin + Isonicotinsäurehydrazid 240 mg/kg; Streptomycin + Isonicotinsäurehydrazid-Derivat 270 mg/kg.

Weitere Standardarbeiten — meist im amerikanischen Schrifttum — stammen von McDERMOTT (1947), FARRINGTON u. Mitarb. (1947), Report to the Council (1948, 1950), BUNN und WESTLAKE (1949), FOWLER und FEIND (1949), WINSTON (1953), CLINE u. Mitarb. (1954) und anderen.

6. Klinische Pharmakologie

Streptomycin wird in der Regel intramuskulär, seltener intravenös, intrameningeal, intrapleural oder intraperitoneal gegeben, da diese Applikationsformen mit Gefahren verbunden sind. Es kann auch subcutan oder peroral appliziert werden. Die intramuskuläre Gabe ist bei weitem die vorteilhafteste. Streptomycin wird dabei ziemlich schnell resorbiert; bereits 15 min nach der Injektion von Streptomycin werden im Serum therapeutisch wirksame Werte, nach 30 min bis 2 Std der Höhepunkt erreicht (Abb. 13).

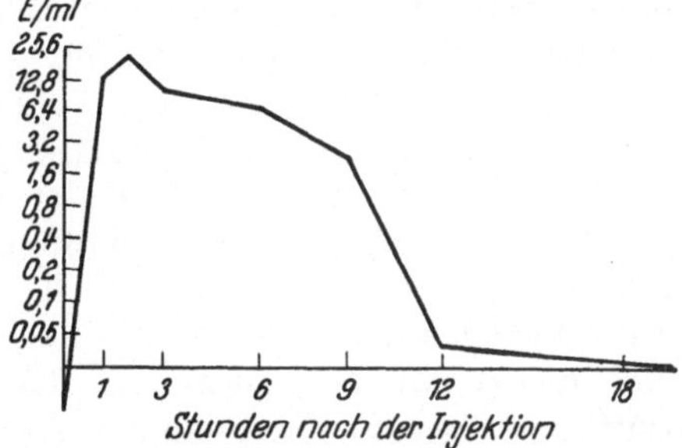

Abb. 13. Blutspiegel nach 500000 E Streptomycin intramuskulär

Nach KIMMIG beträgt der Blutspiegel nach einmaliger intramuskulärer Injektion von 200 mg: 3,2 mg-%.

Man hat auch beim Streptomycin versucht, die Resorption mit den gleichen Methoden wie beim Penicillin zu verlangsamen, ohne daß man aber zu befriedigenden Resultaten gekommen wäre.

Vom Verdauungstrakt wird Streptomycin nur in minimalen Mengen aufgenommen; selbst nach größeren peroralen Gaben erscheinen nur geringste Mengen im Blut oder im Urin. Der Grund liegt dabei nicht in einer Zerstörung oder Abbau des Streptomycins; in den Faeces kann nämlich Streptomycin beinahe quantitativ wieder nachgewiesen werden.

a) Verteilung im Organismus

Bei der Verteilung im Gewebe dringt das Streptomycin weniger in die Zellen als vielmehr in die die Zellen umgebende Flüssigkeit ein. In Erythrocyten kann es nur in spärlichen Mengen nachgewiesen werden, die Streptomycin-Plasmakonzentration ist demgemäß auch zweimal so hoch wie die des Gesamtblutes. Nahezu $^1/_3$ des Plasma-Streptomycins ist an Proteine gebunden, diese Bindung führt zu einer beachtlichen Fraktion des Antibioticums, die für die Glomerulusfiltration nicht faßbar ist. Die Nieren enthalten relativ hohe Konzentrationen; meßbare Werte finden sich in Leber, Muskeln und Thyreoidea; dagegen praktisch nichts in Gehirn, Milz, Lungen und Lymphknoten. Streptomycin diffundiert leicht in Peritonealflüssigkeit; hier erreicht es Spiegel, die denen im Plasma entsprechen; das ist vor allem bei Patienten mit Peritonitis der Fall. In die Pleuraflüssigkeit gelangt es schwerer; es erreicht hier nur die knappe Hälfte der Plasmakonzentration, ist jedoch praktisch nicht in Empyemen nachweisbar. In Cerebrospinalflüssigkeit erscheinen selbst nach massiven parenteralen Gaben nur extrem geringe Mengen (0,15—0,6 γ/ml) und diese nur sehr langsam. Bei Meningitiskranken jedoch — und hier liegen analoge Verhältnisse wie beim Penicillin vor — werden therapeutisch wirksame Konzentrationen erreicht, die $^1/_3$—$^1/_2$ des Plasmaspiegels betragen. In das Kammerwasser gelangt Streptomycin nur sehr schwer; in Gelenkflüssigkeiten können bei Arthritispatienten nach intramuskulärer Injektion großer Dosen 2,5—5 γ/ml gefunden werden; Streptomycin gelangt auch in Perikardflüssigkeit. Nach Streptomycin-Therapie bei schwangeren Frauen kann Streptomycin in Amnionflüssigkeit und in fetalem Plasma nachgewiesen werden. Hier beträgt der Anteil bis zu 50% des mütterlichen Blutspiegels.

b) Schicksal im Organismus, Ausscheidung

10—30% der applizierten Streptomycin-Mengen erscheinen nicht wieder in den Ausscheidungen; der Grund hierfür ist nicht bekannt. Streptomycin wird auf jeden Fall nicht abgebaut oder durch Enzyme zerstört, eine Streptomycinase ist bisher noch nicht gefunden worden. Nahezu 70% des einverleibten Streptomycins erscheinen innerhalb 24 Std bei Menschen mit normaler Nierenfunktion in unveränderter Form im Urin wieder. Die Ausscheidungsgeschwindigkeit ist dabei in den ersten 2—4 Std nach der Applikation am größten; die Hauptmenge wird in den ersten 12 Std ausgeschieden. Die Clearance-Rate für Streptomycin liegt um 30% niedriger als die Rate der Glomerulusfiltration (Thiosulfat-Clearance nach BOXER u. Mitarb.). Die Bindung des Streptomycins an Plasmaproteine ist für dieses Verhalten verantwortlich. Da Streptomycin nicht durch die Tubuli ausgeschieden wird, kann auch eine Verzögerung der Nierenausscheidung durch Nierenblocker wie Probenecid oder Caronamid nicht erreicht werden. Bei Niereninsuffizienz ist die Streptomycin-Ausscheidung naturgemäß herabgesetzt; das kann bei schweren Nierenschädigungen bis zur Ausscheidung von nur 2% Streptomycin führen. Dadurch kann der Plasmaspiegel auf extrem hohe und dadurch toxische Werte ansteigen, die ein sofortiges Absetzen des Streptomycins verlangen. Bei nierengeschädigten Patienten muß bei notwendig gewordener Streptomycin-Behandlung der Plasmaspiegel laufend kontrolliert werden.

Kleine Mengen Streptomycin werden durch die Leber in die Galle ausgeschieden; als Maximum können hier nach hoher Dosierung 10—20 γ/ml nachgewiesen werden. Die Fähigkeit der Leber, Streptomycin auszuscheiden, ist ein gutes Zeugnis für ihre Funktion: 1,5 γ/ml Gallenflüssigkeit 4 Std nach Applikation von 100 mg intramuskulär sprechen für eine normale Leberfunktion.

In den Faeces finden sich nach intravenöser Injektion größerer Dosen nur geringe Mengen Streptomycin. Im Prostatasekret erscheint kein Streptomycin. — Die Resorptions- und Ausscheidungsverhältnisse des Dihydrostreptomycins entsprechen denen des Streptomycins weitgehend.

Die Höhe der Blutspiegel und die Größe der Urinausscheidung hängt von vielen Faktoren ab, wie Dosierung, Anwendungsart, Zeitraum zwischen den einzelnen Gaben und Nierenfunktion.

7. Resistenz

Das Resistenzproblem spielt beim Streptomycin eine sehr große Rolle. Obgleich man über den Wirkungsmechanismus des Streptomycins heute schon sehr viel weiß, sind die eigentlichen Gründe für die Streptomycin-Resistenz, die im höchsten Grade bis zur Wachstumsabhängigkeit von Bakterien an Streptomycin führt, zum größten Teil noch unbekannt. Einen Faktor, der zur Inhibierung der Streptomycin-Wirkung führt, ohne daß man damit die Resistenzentwicklung schlechthin erklären könnte, haben BERGMAN u. Mitarb. aufgeklärt. Diese Autoren fanden in Kulturfiltraten von Pseudomonas aeruginosa einen Stoff, der die Wirkung von Streptomycin, Dihydrostreptomycin und auch Neomycin inhibiert. Dieser Stoff ist nicht identisch mit Pyocyanin oder Pyolipinsäure. Die inhibierende Wirkung dieser Substanz scheint nur in vitro, nicht aber — wie z.B. Penicillinase — in vivo zu bestehen. Bei keinem anderen Antibioticum kann sowohl in vitro als auch in vivo so schnell eine Resistenz erworben werden wie beim Streptomycin. Das wird nicht nur bei der Behandlung chronischer Infektionen wie der Tuberkulose oder der bakteriellen Endokarditis beobachtet, sondern auch bei akuten Infekten, z.B. der Harnwege durch E. coli, Pseudomonas aeruginosa, Proteus vulgaris, Aerobact. aerogenes oder gar bei banalen Infektionen durch grampositive Kokken. Aber nicht nur die erworbene Resistenz, sondern auch die Primärresistenz spielt beim Streptomycin eine weit größere Rolle als z.B. beim Penicillin. Übersichtliche Darstellungen finden sich schon relativ früh in der angloamerikanischen Literatur, vor allem bezüglich der Resistenzentwicklung von Tuberkelbakterien gegen Streptomycin (MILLER u. BOHNHOFF 1949, STEENKEN und WOLINSKY 1949 und HENRY und HOBBY 1949). Ursprünglich sensible Stämme von Mycobact. tuberculosis oder Brucella arbortus oder E. coli können schon nach 4 Wochen Streptomycin-Therapie völlig resistent werden: Mycobact. tuberculosis von einer Sensibilität von 1 γ/ml auf 7,5 mg/ml oder Brucella abortus von 0,4 γ auf 10 mg/ml oder E. coli von 10 γ auf 1 g und mehr pro ml. Wir haben Neisseria gonorrhoeae mit einer Sensibilität von 0,01 γ innerhalb 80 Passagen in vitro bis zu einer Resistenz von 8 g/ml gebracht. Das ist die eine Form der Resistenz, die bis zur Abhängigkeit des Keimes in vitro führt. Diese Stämme können nur noch kultiviert werden, wenn man dem Nährmedium Streptomycin zugibt. Infiziert man mit diesen Stämmen Tiere, so geht die Infektion nur an, wenn man die Versuchstiere mit Streptomycin „behandelt". Das Abhängigkeitsphänomen zeigt dabei eine strenge Spezifität; nur Dihydrostreptomycin, Mannosidostreptomycin und gewisse N-substitutierte Alkyl-Streptomycylamine von geradzahliger Kettenlänge können dabei als Substituenten des Streptomycins eintreten (PAINE und FINLAND, RAKE u. a.). — Daneben gibt es die primäre Streptomycin-Resistenz. Interessant ist dabei die Tatsache, daß streptomycinresistente Varianten von Bakterien im Tierexperiment gewisse Virulenzverluste aufweisen können; die streptomycinabhängigen Varianten sind meist apathogen, man hat sie vielfach aus dem Rachen langfristig streptomycinbehandelter Patienten isoliert. Die Resistenz bleibt für lange Zeit erhalten und die durch Mutation eingetretene Resistenz kann nur durch eine zufällige Rückmutation aufgehoben werden. KARLSON und GAINER konnten nachweisen, daß Viomycin auch streptomycinresistente Tuberkelbakterien bei der experimentellen Meerschweinchentuberkulose zu erfassen vermag.

8. Wirkungssteigerung durch Kombination mit anderen Antibiotica

Unter den Kombinationen ist die des Streptomycins mit Penicillin wohl die wichtigste. Durch die gleichzeitige Anwendung beider Antibiotica wird das Wirkungsspektrum zweifellos erweitert. Bakterien, die gleichzeitig Penicillinasebildner *und* streptomycinresistent sind, werden durch die Kombination *nicht* erfaßt, weil Penicillinase durch Streptomycin nicht inhibiert wird. Die Frage, ob es durch Kombination zu einer Potenzierung der Wirkung kommt, ist von vielen Autoren (wie schon im Abschnitt Penicillin erläutert) bearbeitet worden. Nach unseren eigenen Versuchsergebnissen möchten wir der Kombination in vitro lediglich einen additiven Effekt zubilligen. Da das Problem nur unter quantitativen

Bedingungen exakt entschieden werden kann, muß für solche Versuche der Röhrchenverdünnungstest benutzt werden.

Auch die Atmungskurve zeigt einwandfrei, daß es sich nur um einen additiven Effekt handelt (Abb. 14).

Andere Kombinationen spielen in der Dermato-Venerologie keine Rolle und können vernachlässigt werden. Im Tierexperiment läßt sich die Frage Potenzierung oder Addition signifikant auch nur im Sinne einer Addition entscheiden. Bei der Chemotherapie der Stefansky-Lepra konnten KIMMIG und FEGELER keine additiven Effekte mit der Kombination Penicillin/Streptomycin nachweisen.

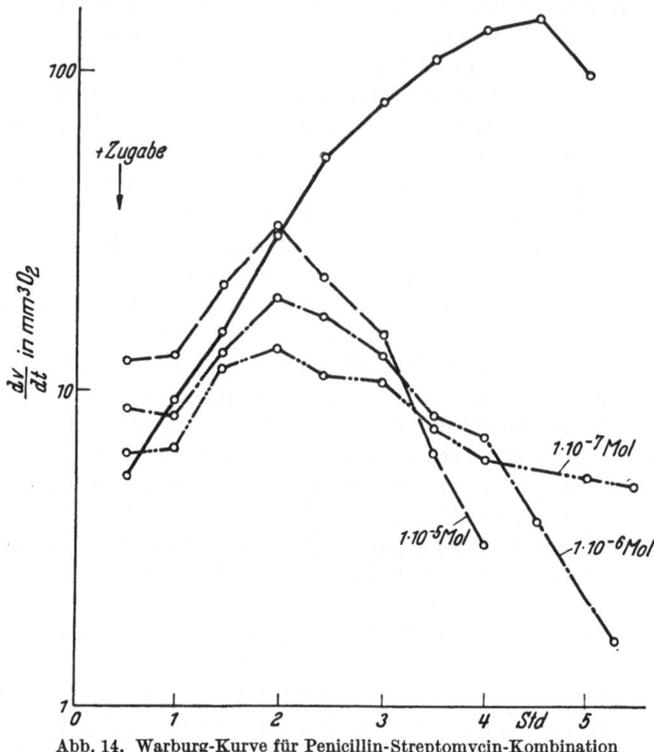

Abb. 14. Warburg-Kurve für Penicillin-Streptomycin-Kombination

Durch Zusatz von Omnadin zur Kombination Penicillin/Streptomycin hat man versucht, eine Wirkungssteigerung im Sinne einer Stimulierung der körpereigenen Abwehr zu erzielen. (Erhöhung des abgesunkenen Antikörpertiters, Steigerung der Serumbactericide, Leukocytose und dadurch erhöhte Phagocytose.)

9. Nachweis

Streptomycin wird im allgemeinen mikrobiologisch im Röhrchenverdünnungstest (DONOVICK u. Mitarb.) nachgewiesen, mit dem auch Blutspiegeluntersuchungen durchgeführt werden. An chemischen Bestimmungsmethoden sind als qualitative Methoden die Maltolreaktion (SCHENCK u. Mitarb.), der Glucosamintest (SCUDI u. Mitarb.), der Guanidintest mit Nitroprussidnatrium (MONASTERO) und als quantitative Methoden die Argininbestimmung (TIBALDI) und mehrere andere zu erwähnen (KIMMIG u. Mitarb. in ULLMANNS Enzyklopädie, Bd. 3, S. 790, sowie KIMMIG in Hoppe-Seylers Archiv). Streptomycin kann auch colorimetrisch nachgewiesen und bestimmt werden (P. WEISS).

IV. Die Tetracycline

Chlortetracyclin = Aureomycin,
Oxytetracyclin = Terramycin,
Tetracyclin = Achromycin, Tetracyn, Hostacyclin u. a.,
Pyrrolidino-methyl-tetracyclin, Demethylchlortetracyclin.

Während das Penicillin von FLEMING letzten Endes zufällig gefunden wurde, ist die Entdeckung der Tetracycline der Abschluß einer Entwicklung oder das Ergebnis einer systematischen Suche. Hunderttausende von Bodenproben wurden planmäßig auf Keime mit antibakteriellen Fähigkeiten untersucht. Diese Suche war durch die eminente Bedeutung des Penicillins für das gesamte Gesundheitswesen angeregt und durch die Entdeckung des Streptomycins stimuliert worden; sie führte schließlich zum Chlortetracyclin = Aureomycin 1948, zum Oxytetracyclin = Terramycin im Jahre 1950, zum halbsynthetischen Tetracyclin 1952, zum Demethylchlortetracyclin 1957 und zum Pyrrolidino-methyl-tetracyclin 1958. Da zwischen den einzelnen Substanzen der Gruppe nur geringe, graduelle Unterschiede hinsichtlich Wirkungsbereich, -mechanismus, Toxicität usw. bestehen, können die 5 Tetracycline gemeinsam abgehandelt werden.

Die Tetracycline zeigen hohe Wirksamkeit gegenüber Rickettsien, einer Reihe gramnegativer und grampositiver Kokken und Stäbchen. Sie sollen auch auf große Virusarten eine gewisse Wirkung haben. Auf diese Weise überschneidet das Wirkungsspektrum das von Penicillin und Streptomycin. Die Kenntnisse und Erfahrungen mit diesen beiden Antibiotica waren der Ausgangspunkt für eine rasche wissenschaftliche und industrielle Entwicklung der Tetracycline, vor allem, nachdem man ihr breites Wirkungsspektrum und ihre geringe Toxicität festgestellt hatte. 1948 entdeckt, wurden 1951 schon 250 Tonnen in den USA hergestellt.

Bei individuell bedingter besserer Verträglichkeit mag eines der Tetracycline dem anderen vorzuziehen sein; die antibakteriellen Fähigkeiten, das pharmakologische Verhalten und die therapeutischen Möglichkeiten sind jedoch — wie schon oben erwähnt — bei allen 5 Substanzen so ähnlich, daß sie als eine Gruppe diskutiert werden können. Die wohl einzigen Unterschiede liegen in der geringeren Stabilität des Chlortetracyclins, der höheren des Demethylchlortetracyclins (DMCT) und in der vielfach besseren klinischen Verträglichkeit des reinen Tetracyclins und des DMCT.

1. Herkunft

1948 fand DUGGAR von der *Lederle Laboratories Division of the American Cyanamid Company* im Rahmen einer systematischen Suche nach neuen Antibiotica aus über 5000 Bodenproben das Aureomycin. Aureomycin wurde aus Streptomyces aureofaciens isoliert und als Antibioticum Nr. A 377 am 21. Juli 1948 der mykologischen Abteilung der Biologischen Sektion der New Yorker Akademie der Wissenschaften präsentiert. In den ersten 5 Jahren erschienen bereits über 1300 Publikationen darüber im amerikanischen Schrifttum. Terramycin wurde 1950 von einer aus 11 Wissenschaftlern bestehenden Forschergruppe der Charles Pfizer Comp. aus Streptomyces rimosus isoliert (FINLEY u. Mitarb.). Das reine Tetracyclin kann halbsynthetisch aus Chlortetracyclin oder Oxytetracyclin, sowie biologisch hergestellt werden. Auf dem ersten jährlichen Antibiotica-Symposion, das unter dem Protektorat der obersten amerikanischen Gesundheitsbehörde, Abt. für Nahrungsmittel und Medikamente (Gruppe Antibiotica) in Zusammenarbeit mit der Zeitschrift „Antibiotics and Chemotherapy" vom 28.—30. 10. 53 in Washington abgehalten wurde, wurden 10 Vorträge gehalten, die sich mit Tetracyclin befaßten (WELCH). Die Chemie, die Pharmakologie und klinische Erfahrungen waren die Themen dieser Vorträge. Am 13. November 1953 wurde das Präparat als Achromycin oder Tetracyn in den Handel gebracht. Demethylchlortetracyclin schließlich wurde 1957 von MCCORMICK u. Mitarb. aus einer Mutante von Streptomyces aureofaciens isoliert (KNOTHE; HIRSCH u. Mitarb.; MEYER-ROHN, SCHOOG u. a.).

2. Chemie

In seiner chemischen Struktur stellt Achromycin oder Tetracyn die aktive Kernsubstanz der bereits bekannten Tetracyclinverbindungen (Oxy- und Chlortetracyclin) dar. Folgende Strukturformeln veranschaulichen die enge chemische Verwandtschaft der vier genannten Antibiotica.

Die kristallinen Basen der Tetracycline sind schwach-gelbe, geruchlose, leicht bittere Verbindungen. Sie sind nur schwach wasserlöslich bei p_H 7 (0,25—0,5 mg je ml), bilden aber lösliche Natriumsalze und Hydrochloride.

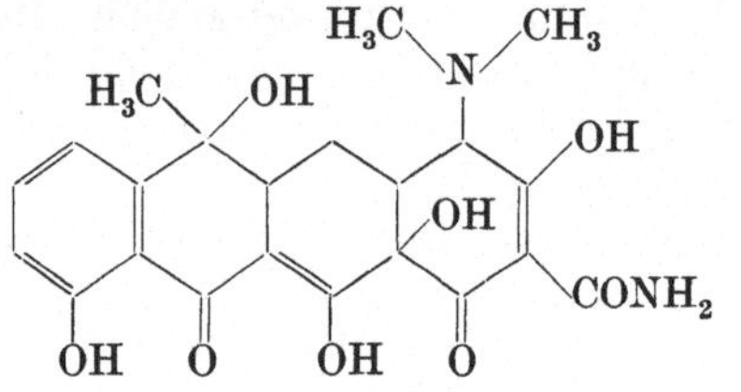

Tetracyclin

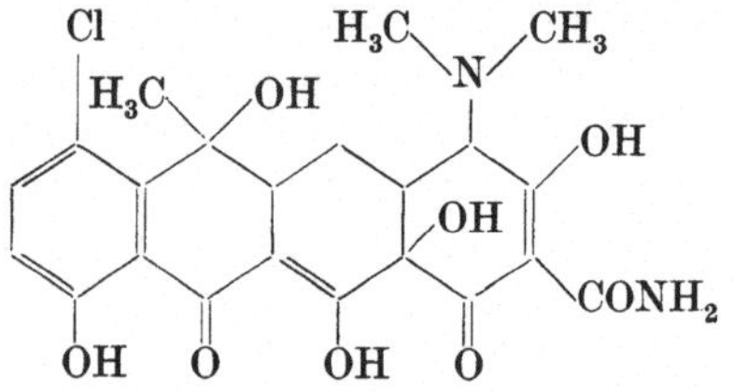

Chlortetracyclin

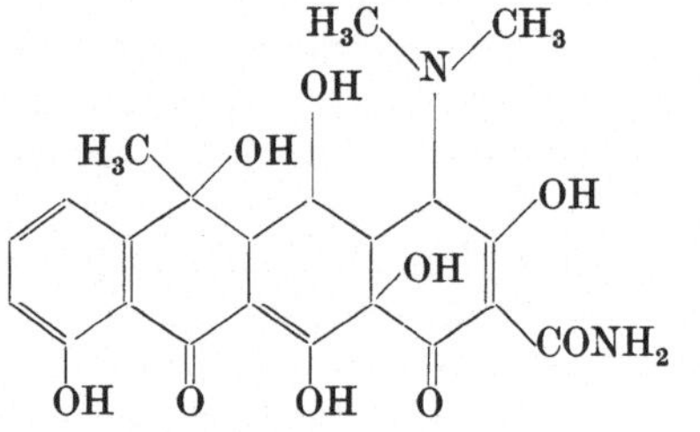

Oxytetracyclin

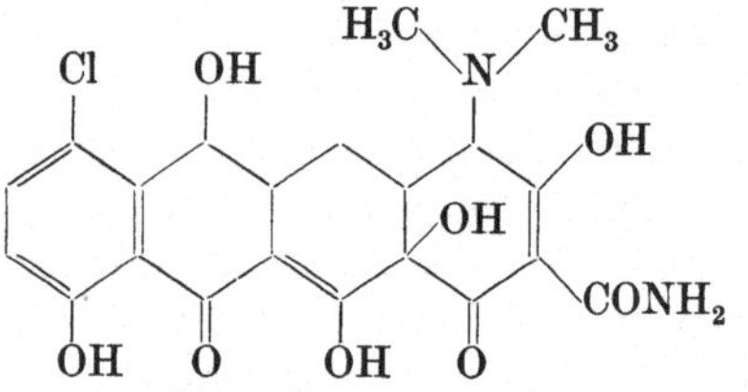

Demethylchlortetracyclin

a) Stabilität

Die Stabilitätsprüfungen zeigen, daß alle 5 Tetracycline in der Kälte und in saurem Milieu (p_H 2,5) gleich gut stabil sind. Unter physiologischen Bedingungen, nämlich im neutralen und alkalischen Milieu, weist reines Tetracyclin im Vergleich zu Oxy- und Chlortetracyclin die größte Stabilität auf, eine Tatsache, die bei Betrachtungen über den therapeutischen Effekt einer Substanz in Erwägung zu ziehen ist. Für die Hitzestabilität sind die in Tabelle 9 niedergelegten Zahlen kennzeichnend.

Tabelle 9. *Hitzestabilität der Tetracycline.* Aktivitätsverlust in % nach Erhitzen auf 100° C für 15 min

	Chlortetracyclin	Oxytetracyclin	Tetracyclin
p_H 2,5 . . .	64	63	45
p_H 7,0 . . .	98	93	55
p_H 9,0 . . .	98	86	63

Tabelle 10. *Stabilitätsvergleich Chlortetracyclin, Tetracyclin und Demethylchlortetracyclin.* (Nach MCCORMICK)

	Halbwertzeiten gegenüber	
	1,0 norm. H_2SO_4 100° C	0,1 norm. NaOH 100° C
Demethylchlortetracyclin .	445,0 min	40,0 min
Chlortetracyclin	2,1 min	0,3 min
Tetracyclin	1,0 min	6,8 min

Außer seiner größeren Stabilität unterscheiden sich reines Tetracyclin und Demethylchlortetracyclin auch durch eine bessere Löslichkeit von den beiden ersten Tetracyclinen. Es sind amphotere Verbindungen, die mit Säuren und Basen Salze bilden.

Die Basen und Hydrochloride aller Tetracycline sind als Trockenpulver unbegrenzt haltbar. (Ausführliche Literatur über die Chemie der Tetracycline bei VONDERBANK, M. M. MUSSELMAN, Symposien 1948, 1950, 1953; McCORMICK u. Mitarb. u. a.).

b) Standardisierung

Eine Standardisierung analog zu Penicillin in Einheiten ist bei den Tetracyclinen nicht gebräuchlich. Die Tetracycline werden in Kapseln zu 250 mg oder in Lösungen, die auch in mg-Größe abgefüllt sind, gehandelt. Die Aktivitätsangaben erfolgen daher auch als Gewichtseinheiten.

3. Wirkungsbereich

Der Wirkungsbereich der Tetracycline ist sehr groß und überschneidet die Spektra von Penicillin, Streptomycin und Chloramphenicol. Man hat aus diesem Grund den Begriff „Breitspektrum-Antibioticum" geprägt, der den Tetracyclinen mit vollem Recht gebührt. Sie sind wirksam gegen Mikroorganismen, die gegen Penicillin und Streptomycin resistent sind, ferner gegen Rickettsien und die großen Virusarten der Lymphogranuloma venereum-Psittakose-Gruppe und eine große Reihe von Kokken und Stäbchen. Dabei werden nur offensichtlich sich schnell vermehrende Keime angegriffen; die bactericiden Tetracyclinkonzentrationen liegen dabei wesentlich höher als die bakteriostatischen. Im großen ganzen geht die Wirksamkeit der Tetracycline im Reagensglas der in vivo-Aktivität parallel. Wie beim Pc so wird auch bei den Tetracyclinen die in vitro-Wirksamkeit bis zu einem gewissen Grad beeinflußt durch die Größe der Keimeinsaat, die Zusammensetzung des Nährmediums, Anwesenheit von Serum und p_H-Verschiebungen. Sensibilität und Resistenz verhalten sich bei allen 5 Tetracyclinen praktisch gleichlautend. Es gibt wohl Stämme, die in vitro besser auf Chlortetracyclin oder besser auf Oxytetracyclin ansprechen. Die Unterschiede in der Sensibilität, die bei solchen Vergleichsuntersuchungen nur im Röhrchenverdünnungstest ermittelt werden können, spielen aber für klinische Belange nur eine untergeordnete Rolle. REEDY, RANDALL und WELCH haben in ausgedehnten Versuchen mit Hunderten von Stämmen verschiedener Genus teilweise signifikante Unterschiede in der Sensibilität auf die Tetracycline feststellen können. Die Behauptung, daß Aureomycin weniger wirksam gegen die meisten Stämme der gramnegativen Darmbakterien, dagegen stärker wirksam gegen Enterokokken und Staphylokokken ist, ist noch nicht voll bestätigt worden (HOBBY u. Mitarb. 1951, ENGLISH u. Mitarb. 1954, FINLAND u. Mitarb. 1954, LOVE u. Mitarb. 1954, MEYER-ROHN 1955 u. a.).

In vitro-Wirkung. Das antibakterielle Spektrum der Tetracycline im Reagensglas ist sehr groß und schließt eine große Reihe von grampositiven und gramnegativen Kokken und Stäbchen ein; dabei werden die grampositiven durch niedrigere Konzentrationen angegriffen, als die gramnegativen Arten. Am wirksamsten sind die Tetracycline gegen α- und β-hämolysierende Streptokokken, Streptokokken ohne Hämolyse, Pneumokokken, Gonokokken, Clostridien, Klebsiella pneumoniae, Brucellen, Haemophilus influenzae et pertussis; weniger wirksam, aber immer noch ausreichend aktiv sind die Tetracycline gegenüber Meningokokken, Corynebact. diphtheriae, E. coli, Aerobact. aerogenes, Salmonellen, Shigellen, Bac. anthracis und auch gegen einige Mycobakterienstämme. Nahezu alle Stämme von Proteus vulg., Pseudomonas aeruginosa und auch manche Enterokokkenstämme verhalten sich resistent. Will man eine Rangliste der Antibiotica in ihrer Wirksamkeit gegen die meisten gramnegativen

Bakterien aufstellen, so rangiert Tetracyclin auf gleicher Stufe wie Chloramphenicol vor Streptomycin. Gegen die meisten Kokken ist es weniger wirksam als Penicillin, aber wiederum wirksamer als Chloramphenicol und Streptomycin. Blut- und Serumzusätze zum Nährmedium beeinträchtigen die Wirkung der Tetracycline nicht, sie können aber die Stabilität z.B. des Chlortetracyclins teilweise herabsetzen. Bei der Bestimmung der Wirksamkeit der Tetracycline muß darauf geachtet werden, daß der Reaktionsansatz nicht länger als 24 Std im Brutschrank (37° C) verbleibt, da sonst durch Aktivitätseinbußen — vor allem des Aureomycins — irreführende Ergebnisse erhalten werden können.

Die Grenzkonzentrationen unter unseren Versuchsbedingungen im Röhrchenverdünnungstest sind in Tabelle 11 niedergelegt.

Die Tetracycline sind unwirksam gegen Hefen und Pilze.

Gegen *Rickettsien* sind die Tetracycline ähnlich wirksam wie das Chloramphenicol; die Wirksamkeit kann jedoch nur im Tierexperiment exakt nachgewiesen werden.

Gegen *Virus* zeigen die Tetracycline ebenso wie auch das Chloramphenicol keine Aktivität in vitro; im Tierversuch kann jedoch — wie noch zu erörtern ist — durch Tetracyclin-Therapie eine Menge erreicht werden.

Tabelle 11. *Grenzkonzentrationen der Tetracycline in γ/ml*

Keimart	Aureomycin	Terramycin	Tetracyn	Demethylchlortetracyclin
Staphylococcus aureus „Oxford“	0,156	0,312	0,312	0,06
Staphylococcus albus	0,625	0,156	0,156	0,06
Streptococcus haemolyticus	0,078	0,015	0,005	0,25
Streptococcus faecalis	0,312	0,625	0,625	0,62
Bac. subtilis	0,019	0,156	0,078	0,25
Bac. anthracis	0,156	0,156	0,078	0,02
Corynebact. pseudodiphtheriae	0,312	0,312	0,312	0,06
Neisseria gonorrhoeae	0,312	0,312	0,156	0,31
Escherichia coli	2,5	1,25	1,25	1,25
Bact. proteus vulgare	20	40	10	50,0
Pseudomonas aeruginosa	55	30	50	5,0
Klebsiella pneumoniae	0,312	0,625	0,625	1,2

In vivo. Die Tetracycline zeigen hervorragende Wirkungen im Tierexperiment, so können Mäuse gegen 1- bis mehrere 1000fach tödliche Infektionsdosen folgender Keimarten geschützt werden:

S. typhosa,
S. thyphimurium,
E. coli,
K. pneumoniae,
Proteus vulgaris,
Str. haemolyticus β,
D. pneumoniae Typ I,
Cl. tetani,
Cl. septicum.

Auf Gewichtsbasis bezogen zeigen dabei die Tetracycline nicht die hohe Wirksamkeit wie z.B. Penicillin oder Streptomycin.

Bei der Aronson-Sepsis der weißen Maus werden mit den Tetracyclinen hervorragende Ergebnisse erzielt. Die Tabelle 12 und 13 zeigen unsere Resultate bei verschiedenen Dosierungen.

Mit täglichen Gaben von 150 γ/20 g Maus i.p. über 3 Tage gegeben (= Gesamtmenge 450 γ) gelingt es, die Aronson-Streptokokkensepsis der weißen Maus mit Sicherheit auszuheilen. Alle 5 Tetracycline zeigen praktisch die gleiche Wirksamkeit auch im Tierexperiment. Mit Demethylchlortetracyclin gelingt es, selbst noch mit Tagesdosen von 80 γ/20 g Maus die Aronson-Sepsis auszuheilen. Man kann bei 8stündlicher Dosierungsform die Gesamtdosis noch ganz erheblich herabdrücken, so daß man bei 3tägiger Behandlung mit Gesamtmengen von 180 γ mit Sicherheit eine Ausheilung erzielen kann. Ein Versuchsprotokoll ist in Tabelle 13 wiedergegeben.

Tabelle 12

Präparat		Dosierung in γ pro 20 g Maus				Zahl der Tiere	Es leben nach der Infektion am Tage:									
		1. Tag	2. Tag	3. Tag	Gesamtdosis		1.	2.	3.	4.	5.	6.	7.	8.	9.	10.
Chlortetracyclin	i.p.	150	150	150	450	10	10	10	10	10	10	10	10	10	10	10
	i.p.	100	100	100	300	10	10	10	10	10	9	9	9	8	8	8
Oxytetracyclin	i.p.	150	150	150	450	10	10	10	10	10	10	10	10	10	10	10
	i.p.	100	100	100	300	10	10	10	9	9	8	7	7	7	7	7
Tetracyclin	i.p.	150	150	150	450	10	10	10	10	10	10	10	10	10	10	10
	i.p.	100	100	100	300	10	10	9	7	7	7	5	5	5	5	5
Demethylchlortetracyclin	i. p.	150	150	150	450	10	10	10	10	10	10	10	9	9	9	9
		100	100	100	300	10	10	10	10	9	9	8	8	8	8	8
		80	80	80	240	10	10	10	10	8	8	8	8	8	7	7
		50	50	50	150	10	10	9	9	5	5	2	2	2	2	2
Kontrolle Aronson 10^{-6}	i.p.	—	—	—	—	10	5	1	0							

Tabelle 13

Präparat	Dosierung in γ pro 20 g Maus										Zahl der Tiere	Es leben nach der Infektion am Tage:										Bakt. Befund
	1. Tag			2. Tag			3. Tag			Gesamtdosis												
	0h	8h	16h	0h	8h	16h	0h	8h	16h			1.	2.	3.	4.	5.	6.	7.	8.	9.	10.	
Chlortetracyclin i.p.	20			20			20			180	10	10	10	10	10	10	10	10	10	10	10	
		20			20			20														
			20			20			20													
	10			10			10			90	10	10	9	9	8	7	7	7	7	6	6	
		10			10			10														
			10			10			10													
Oxytetracyclin i.p.	20			20			20			180	10	10	10	10	10	10	10	10	10	10	10	
		20			20			20														
			20			20			20													
	10			10			10			90	10	10	10	9	9	8	6	6	6	6	6	
		10			10			10														
			10			10			10													
Tetracyclin i.p.	20			20			20			180	10	10	10	10	10	10	10	10	10	10	9	Aronson ∅
		20			20			20														
			20			20			20													
	10			10			10			90	10	10	10	8	8	8	8	7	7	7	7	
		10			10			10														
			10			10			10													
Kontrolle Aronson 10^{-6}	—			—			—			—	10	6	0									

Bei Infektionen der Maus mit H. pertussis und H. influenzae (Typ B) sind die Tetracycline ebenfalls wirksam, wenngleich auch nicht in dem hohen Maße wie Polymyxin B oder Streptomycin. Tetracycline schützen Mäuse gegen Pasteurella tularensis ebensogut wie Streptomycin und besser noch als Chloramphenicol. Die Wirksamkeit der Tetracycline gegenüber Brucelleninfektionen kann auf der Hühnerallantois nachgewiesen werden; diese Versuchsergebnisse entsprechen auch den klinischen Resultaten.

Die Tetracycline zeigen ferner gute Wirkung bei der Behandlung von experimentellen Spirochätosen der Maus und des Meerschweinchens, wie durch Borrelia novyi, Borrelia recurrentis, Leptospira icterohaemorrhagica. Auch bei der experimentellen Kaninchensyphilis zeigen die Tetracycline gute Wirkungen. Die Schanker kommen unter Tetracyclinen schnell und vollständig zur Abheilung und die syphilitische Orchitis wird verhindert. Die Amöbiasis bei Affen wird durch Tetracycline nicht beeinflußt, obgleich E. histolytica von 200—400 γ/ml absolut gehemmt werden (PHILLIPS).

Rickettsiosen wie das Rocky mountain spotted fever, Fleckfieber, Q-Fieber und andere werden durch Tetracycline im Tierexperiment (Mäuse und Meerschweinchen) und auf Hühnerembryonen signifikant beeinflußt. Dabei richtet sich der kurative Effekt weitgehend nach der Infektionsdosis. Bei massiven Infektionen und Einleitung der Behandlung vor Ausbruch der Krankheitserscheinungen kann die Schwere der Krankheit durch Tetracycline gemildert werden. Antikörper werden dabei in so großen Mengen gebildet, daß eine Immunität gegen weitere Infektionen erzielt wird. Bei Infektion durch kleinste Infektionsdosen kann der Ausbruch der Krankheit wohl durch Tetracycline verhindert werden; jedoch werden dann so wenig Antikörper gebildet, daß keine Immunität erzielt wird. Die Tetracycline wirken also primär rickettsiostatisch und die Immunität entwickelt sich als Ergebnis einer symptomenarmen Infektion; bei unterschwelligen Infektionen können sie sogar rickettsiocid wirken. Auch die experimentelle Toxoplasmose der Maus wird nach EYLES und COLEMAN sehr gut beeinflußt.

Virusinfektionen mit Viren der Lymphogranuloma-Psittakose-Gruppe werden durch Tetracycline im Tierexperiment (Mäuse, Meerschweinchen) oder auf der Allantois ebenfalls günstig beeinflußt. Dabei zeigt sich im Tierexperiment unter geeigneten Versuchsbedingungen, daß die Entwicklung einer Immunität durch die Bildung von Antikörpern durch den therapeutischen Effekt nicht ungünstig beeinflußt wird.

4. Wirkungsmechanismus

Über den Wirkungsmechanismus der Tetracycline existieren eine Reihe von Einzelarbeiten, die aber noch nicht zur vollständigen Erkenntnis der Stoffwechselvorgänge in den gehemmten Mikroorganismen geführt haben. Die bisher erarbeiteten Versuchsergebnisse erfassen Teilgebiete des Zellstoffwechsels von Mikro- und Makroorganismen. VONDERBANK berichtet in einer umfassenden Literaturübersicht über verschiedene bisher bekanntgewordene Teilmechanismen. So beeinflussen die Tetracycline die biologische Phosphorylierung und andere fermentative Reaktionen in vivo und in vitro. MULLI, UHLENBROOK und LUDWIG konnten in der Warburgschen Apparatur die Oxydation von Citronensäure im Citronensäurecyclus, sowie einiger ihr nahestehenden Säuren im intermediären Kohlenhydratstoffwechsel (Essigsäure, Brenztraubensäure) durch Aureomycin nachweisen. Durch die Beeinflussung des Aminosäurestoffwechsels ist auch eine Hemmung im Ablauf der bakteriellen Eiweißsynthese anzunehmen. Bei Untersuchungen über die Hemmung des adaptiven Ferments Benzoesäureoxydase in Mycobact. smegmatis, einer saprophytären Mycobakterienart, fand WAGNER, daß Aureomycin wie Streptomycin, jedoch stärker spezifisch, die adaptive Bildung dieses Fermentes bei solchen säurefesten Bakterien hemmt, die Benzoesäure abbauen können. Auch die Oxydations- und Reduktionsenzyme werden durch Aureomycin beeinträchtigt, wie MACHT und HOFFMASTER an Lupinus-Samen nachweisen konnten. SAZ und SLIE konnten zeigen, daß eine zellfreie Nitrat-Reduktase-Zubereitung durch Aureomycin gehemmt wird und daß diese Hemmung durch Mn^{++} antagonisiert werden kann. — Eine Fülle von Spezialarbeiten über den

Wirkungsmechanismus der Tetracycline sind von VONDERBANK in seiner Monographie „Aureomycin und Achromycin“ referiert worden.

LOMMEL hat die Atmung von Staphylokokken unter Aureomycin und Terramycin in der Warburgschen Apparatur bestimmt. Dabei wirken Konzentrationen von 10^{-4} Mol bereits bactericid, während Konzentrationen darüber nur bakteriostatisch wirken (Abbildung 15).

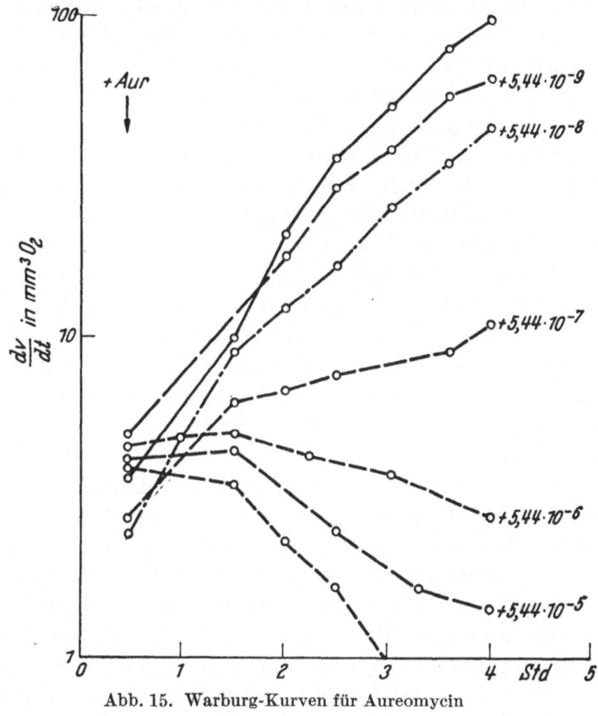

Abb. 15. Warburg-Kurven für Aureomycin

5. Toxicität

Die Toxicität der Tetracycline ist im Verhältnis zu ihrer Wirksamkeit gering. Die DL_{50} des Aureomycins beträgt nach eigenen Untersuchungen für Mäuse 100 bis 134 mg/kg bei intravenöser, 190 mg/kg bei intraperitonealer, $^1/_2$ bis 1 g/kg bei subcutaner Verabreichung. Die Dosis tolerata liegt für Menschen bei parenteraler Applikation bei 50 mg/kg und peroral bei 2—3 g/kg. Da man normalerweise mit einer Dosierung von etwa 20 mg/kg peroral (= 1—2 g/die pro 60 kg Mensch) auskommt, ist der chemotherapeutische Index im Vergleich zu Chemo therapeutica der Sulfanilamidreihe bzw. der Arsenobenzole hervorragend. Terramycin und Tetracyclin sind dabei im akuten Toxicitätsversuch noch etwas besser verträglich, wie nachfolgende Zusammenstellung zeigt:

Tabelle 14. DL_{50} *für die 3 Tetracycline* (in mg/kg Maus)

	Intravenös	Intraperitoneal	Subcutan	Peroral
Chlortetracyclin	100—130	190—200	500—1000	bis 2000
Oxytetracyclin	190—220	250—300	700—1200	bis 4000
Tetracyclin	150—170	190—320	500—1000	bis 2500

Bei Erreichen der letalen Dosis kommen die Tiere meist innerhalb 30 min unter Konvulsionen und Atembeschwerden ad exitum.

Meerschweinchen sind dagegen wesentlich empfindlicher gegen Tetrazykline. Schon Gaben von 1 mg/kg intravenös führen innerhalb von 7—10 Tagen ad exitum. Der Grund hierfür ist in den gleichen Ursachen, die für das Penicillin gelten, zu suchen (AMBRUS u. Mitarb.).

Auch über längere Zeiträume werden Tetracyclingaben gut vertragen, ohne daß es zu toxischen Erscheinungen kommt. Es tritt aber dann ein Phänomen ein, das mit dem Begriff des Infektionswechsels durch Antibiotica erklärt werden kann: die physiologische Darmflora wird durch Tetracycline weitgehend geschädigt.

Da die Tetracycline im Gastrointestinaltrakt nur unvollständig resorbiert werden, werden hohe Konzentrationen im Darminhalt erreicht. Schon 24—48 Std nach Tetracyclingaben kann es zu Störungen der normalen Intestinalflora kommen. E. coli, Enterokokken, coliforme Bakterien und grampositive Sporenbildner (Clostridien) können durch Tetracycline bei längerer Medikation völlig unterdrückt werden; das dauert solange, bis tetracyclinresistente Varianten auftreten. Da dieser Fall nur sehr selten eintritt, kommt es schon sehr bald zum Überwuchern der spärlich gewordenen Normalflora durch tetracyclinresistente Keime wie Proteus, Pseudomonas, Klebsiellen, coagulasepositive Staphylokokken und Hefen. Während die Überwucherung mit Proteus oder Pseudomonas nur zu Diarrhoen führt, ist das Auftreten und die rapide Vermehrung coagulasepositiver Mikrokokken im Darmtrakt als ernste Komplikation aufzufassen, die nicht selten zum Letalfaktor wird. BIERMAN und JAWETZ, MCGOVERN u. Mitarb., MEADS u. Mitarb., METZGER und SHAPSE, KIMMIG, MEYER-ROHN, LUNDSGAARD-HANSEN u. SENN u. a. haben zu diesem Problem Stellung genommen.

Wir haben die Darmflora von 56 Patienten, die mit Tetracyclinen behandelt wurden, systematisch vor, während und nach Abschluß der Behandlung untersucht und stellten dabei fest, daß oft schon nach Gaben von 1—2 g Tetracyclin E. coli von fakultativ pathogenen Keimen wie Proteus, Pseudomonas, Alkaligenes faecalis u. a. verdrängt wird. Nach Absetzen der Tetracyclin-Therapie kommt es langsam wieder zur Normalisierung der Darmflora; der Normalisierungsprozeß ist 8 Tage bis 3 Wochen nach Beendigung der Tetracyclin-Behandlung abgeschlossen. Unterschiede in der Wirkung der einzelnen Tetracycline auf die Darmflora konnten wir bei unseren Untersuchungen nicht feststellen. Die völlige Vernichtung der Normalflora des Darmes kann zu einer Verarmung an Vitaminen der B-Gruppe führen und eine B-Substitution bei langdauernder Tetracyclin-Therapie wurde bald von den meisten Klinikern reflektorisch durchgeführt. Neuerdings werden seitens der Industrie Tetracyclin-Präparate mit Vitaminzusätzen geliefert. Eine gesonderte Verabreichung der wichtigen Vitamine des B-Komplexes sowie der C-Gruppe und K erübrigt sich dabei, was für den Patienten zweifellos eine Erleichterung bedeutet. Wenngleich die durch Tetracyclin-Gaben hervorgerufenen Dysbakterieformen symptomenarm verlaufen und im allgemeinen nach Absetzen der Tetracycline vom Therapieplan von allein wieder verschwinden, so gibt es doch Fälle, bei denen eine Implantation von Coli oder anderen physiologischen Darmkeimen erforderlich erscheint. Hier gibt es nun eine Reihe von Handelspräparaten, die eine Sanierung der Darmflora versprechen. Diese Präparate bestehen entweder aus Reinkulturen von E. coli in einem flüssigen Medium (Colifer) oder es handelt sich um Trockenpräparate, die Bacterium acidophilum, E. coli, Milcheiweiß, Milchzucker und Vitamine enthalten. Die Schwäche dieser Präparate liegt in der leichten Zerstörbarkeit der Keime durch die Magensalzsäure (p_H 1,2—1,7) oder das p_H im Duodenum (4,7—6,5). Sinnvoller erscheint wohl eine Substitution durch Einläufe oder die Applikation der Darmbakterien in darmlöslichen Kapseln wie z. B. durch das Präparat Omniflora. Eine Substitution während der Therapie kann schließlich nur ihren Zweck erfüllen, wenn tetracyclinresistente Keime zur Anwendung kommen. GEKS, GEKS und WILMANNS, KÜMMERLE, MEYER-ROHN u. a. haben sich mit diesem Problem befaßt.

Die „Dysbakterie" — heute für viele ein Modebegriff — durch Tetracycline sollte aber nicht überwertet werden. Schließlich stehen die wenigen Fälle mit ernsthaften Störungen in gar keinem Verhältnis zum Nutzen der Tetracycline. Auf der anderen Seite soll man gegen Zwischenfälle gerüstet sein. HINES hat in ausgedehnten Untersuchungen an 120 Frühgeburten, 423 Kindern, 158 Jugendlichen und 188 Greisen, die über lange Zeit mit Tetracyclin behandelt wurden, ermittelt, daß eine Langzeitbehandlung mit den derzeit empfohlenen Dosierungen nicht schädlich ist.

Ein Teilproblem im Fragenkreis des Infektionswechsels nach oder unter antibiotischer Therapie ist das gehäufte Vorkommen von Candida albicans auf den

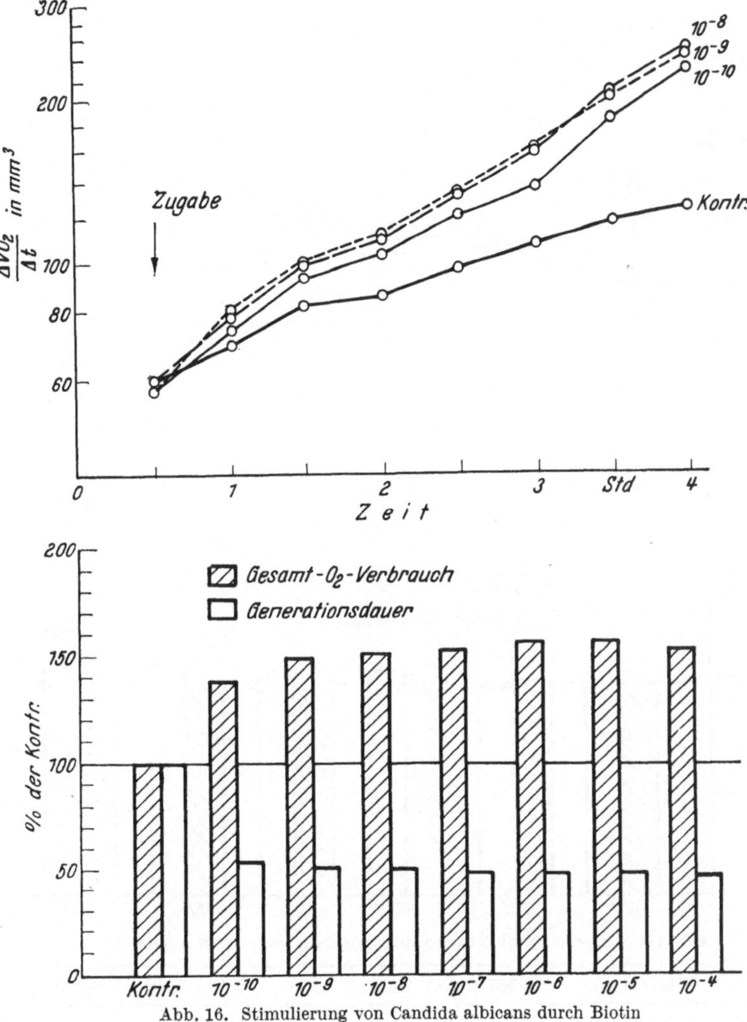

Abb. 16. Stimulierung von Candida albicans durch Biotin

Schleimhäuten des Respirations-, Gastrointestinal- und Genitaltraktes. Entsprechende Beobachtungen liegen vor nach Anwendung von Penicillin, Streptomycin, Chloramphenicol und vor allem von den sich durch ein breites Wirkungsspektrum auszeichnenden Tetracyclinen.

Zur Erklärung dieses klinisch beobachteten und bakteriologisch bestätigten Phänomens werden im Schrifttum verschiedene Mechanismen diskutiert.

1. Die Antibiotica selbst oder Beimengungen und Verunreinigungen der Präparate wirken direkt stimulierend auf das Wachstum von Candida albicans (Campbell und Saslaw, Foley und Winter, Moore, Pappenfort und Schnall, Woods, Lipnik u. Mitarb., R. G. Janke u. a.).

2. Quantitative und qualitative Veränderungen der normalen Bakterienflora der verschiedenen Schleimhautbereiche unter der Einwirkung von Antibiotica

können zu einer Verbesserung der Lebensbedingungen für Candida albicans führen, wenn Mikroorganismen vernichtet werden, die normalerweise durch Sekretion spezifischer Stoffe die Entwicklung von C. albicans hemmen (McGovern u. Mitarb., Smith, Paine, Huppert u. Mitarb.), oder wenn durch eine Reduktion der Gesamtkeimzahl den Individuen der gegen das Antibioticum resistenten Restflora eine relativ große Nährstoffmenge zur Verfügung gestellt wird, oder

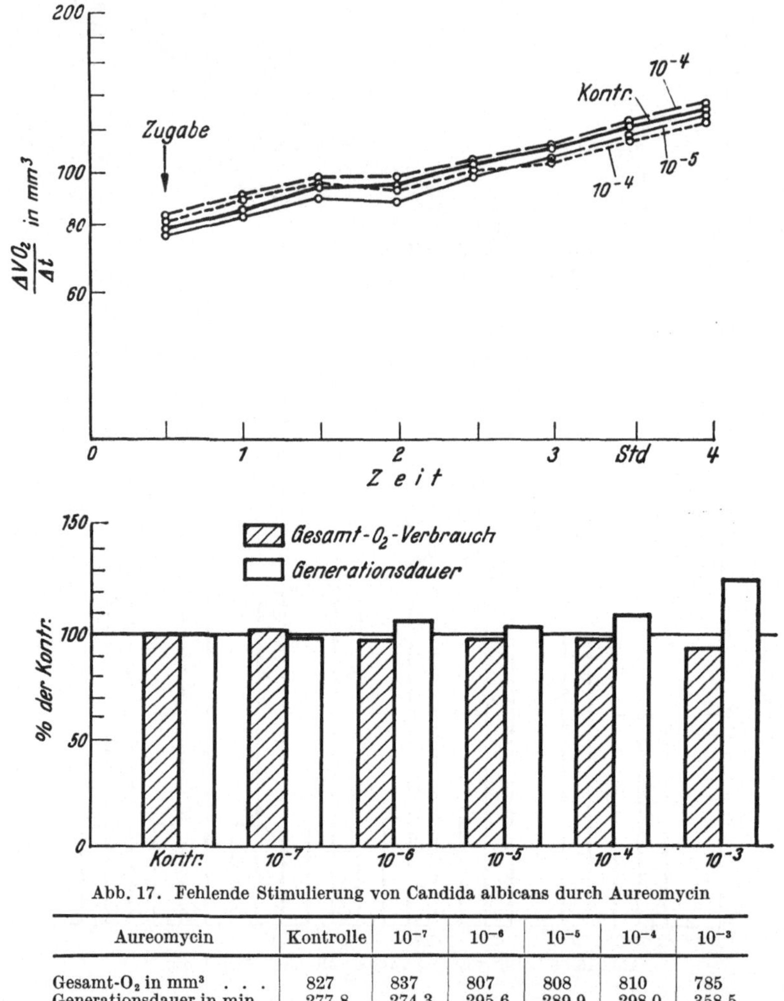

Abb. 17. Fehlende Stimulierung von Candida albicans durch Aureomycin

Aureomycin	Kontrolle	10^{-7}	10^{-6}	10^{-5}	10^{-4}	10^{-3}
Gesamt-O_2 in mm³ . . .	827	837	807	808	810	785
Generationsdauer in min .	277,8	274,3	295,6	289,9	298,0	358,5

wenn beim Zerfall nicht resistenter Keime Stoffe frei werden, welche das Pilzwachstum fördern. Dabei bleibt die zahlenmäßige Zunahme von Candida glücklicherweise meist ohne ernsthafte Konsequenzen; sie erhöht jedoch die Wahrscheinlichkeit für das Auftreten einer lokal begrenzten aber möglicherweise im weiteren Verlauf generalisierenden Candidiasis, deren Prognose infaust ist.

Die Zusammenhänge zwischen Candidiasis und antibiotischer Therapie erscheinen heute in vielen Punkten noch ungeklärt. Experimentelle und klinische Untersuchungen ergaben bei gleicher Fragestellung unterschiedliche Resultate oder gleiche Ergebnisse wurden von verschiedenen Autoren anders ausgelegt.

Besonders in der Diskussion über die sog. „direkte Stimulierung“ bestehen gegensätzliche Auffassungen. Gerade hier wäre aber eine Klärung von großem

Interesse, da eine unmittelbare Wachstumsförderung der Candida durch Antibiotica ursächlich gar nicht oder doch wesentlich schwieriger zu beeinflussen sein dürfte als andere Auswirkungen der Antibiotica (z. B. Allergie).

Es erschien daher wünschenswert, mit einer geeigneten Versuchsanordnung das Phänomen in vitro erneut zu überprüfen. Dabei glauben wir, daß manometrische Messungen in der Warburg-Apparatur gewisse Aussagen liefern können. In einer Reihe von Vorversuchen konnten wir die stimulierende Wirkung des Wuchsstoffes Biotin (Abb. 16) und auch die eines Vitamin B-Präparates auf das Wachstum von Candida albicans noch in sehr niedrigen Konzentrationen deutlich nachweisen.

So prüften wir nach dieser Methode Penicillin, Streptomycin, Chloramphenicol, Erythromycin, Bacitracin und die Tetracycline auf ihre Fähigkeit, den Sauerstoffverbrauch von Candida albicans zu beeinflussen.

Von den geprüften Antibiotica zeigen nur Bacitracin und Streptomycin vergleichbare Wirkungen, welche gleichfalls eine erhebliche Steigerung der Vermehrungsgeschwindigkeit hervorrufen. Penicillin zeigt eine wesentlich geringere, Chloramphenicol eine eben noch nachweisbare wachstumsfördernde Wirkung. Erythromycin, Chlortetracyclin und Oxytetracyclin lassen positive Einflüsse auf den O_2-Verbrauch von Candida albicans vermissen (Abb. 17).

Schlüssige Aussagen über die Auswirkung der beobachteten wachstumsfördernden Effekte auf die Praxis der antibiotischen Therapie sind allein auf Grund der experimentellen Befunde nicht möglich. Weitere Untersuchungen sollten die sog. „direkte Stimulation" dem Einfluß von Veränderungen des mikrobiologischen Gleichgewichtes in Mund- und Darmflora gegenüberstellen und dadurch eventuell ihre praktische Bedeutung abgrenzen.

Der im Zusammenhang mit der Frage der Vitaminsubstitution während antibiotischer Therapie untersuchte Vitamin B-Komplex zeigte unter den gleichen Versuchsbedingungen eine erhebliche wachstumsfördernde Wirkung auf Candida albicans. Als Konsequenz dieser Beobachtung empfehlen wir für die Zufuhr von Vitaminen während antibiotischer Medikation die parenterale Applikation.

6. Klinische Pharmakologie

Im Gegensatz zu Penicillin und Streptomycin werden die Tetracycline hauptsächlich peroral verabreicht; sie werden auch in ausreichenden Mengen von der Schleimhaut des Magen-Darmtraktes resorbiert. Eine Einzelgabe von 250 mg Tetracyclin führt zu Blutspiegeln, deren Gipfel bei 1,3 γ/ml bereits nach 2 Std erreicht ist und der 12 Std nach der Gabe etwa bei 0,3 γ/ml liegt. Tetracycline sollen daher in Einzelgaben von 250 mg in 6stündigem Intervall gegeben werden; es werden dann Blutspiegel erreicht, die nach der zweiten Gabe bei 1—3 γ/ml liegen und auf dieser Höhe gehalten werden können. Bei Einzelgaben von 500 mg sind die Werte entsprechend höher (3—5 γ/ml). Unterschiede zwischen den einzelnen Tetracyclinen zeigen sich bei Blutspiegeluntersuchungen insofern, als reines Tetracyclin (Achromycin, Tetracyn) die höchsten Gipfelwerte erreicht. Intravenös zugeführte Einzeldosen von 250 und 500 mg führen zu Plasmakonzentrationen von 5—10 γ bzw. 15—30 γ/ml; noch 12 Std nach der Applikation sind im Serum 1—2 γ/ml nachweisbar. Während Chlortetracyclin unregelmäßig und ungenügend nach intramuskulärer Injektion resorbiert wird, führt die intramuskuläre Gabe beim reinen Tetracyclin zu Blutspiegeln, die 15 min nach der Injektion signifikant sind, Gipfelwerte 1 Std nach der Gabe erreichen und für 12 Std und länger anhalten. Von 100 mg intramuskulär alle 6 Std gegeben, erscheinen 4—5 γ/ml in gleicher Höhe und über längere Zeit anhaltend im Plasma

(MONTMORENCY u. Mitarb.). Eigene Versuche ergaben nach einer einmaligen intravenösen Gabe von 250 mg Tetracyclin nach 1 Std 8 γ, nach 3 Std 4 γ, nach 6 Std 4 γ und nach 12 Std 1 γ/ml im Plasma. Nach einer einmaligen intramuskulären Gabe von 100 mg Tetracyclin waren nach 1 Std 1,5 γ im Serum nachweisbar, die sich bis zu 24 Std hielten.

Das Demethylchlortetracyclin hat infolge seiner niedrigen Nierenclearance (35,2 ml/min) und seiner großen Stabilität eine längere Halbwertszeit im Blut (12,7 Std) als die anderen Tetracycline. Hinzu kommt noch die gute Resorption nach oralen Gaben und die niedrige Stuhlausscheidung. HIRSCH und FINLAND erzielten nach oralen Gaben von 500 mg Blutspiegelwerte von 3 γ nach 1 Std, 5,8 γ nach 3 Std, 6 γ nach 6 Std, 4 γ nach 12 Std und 2,3 γ nach 24 Std.

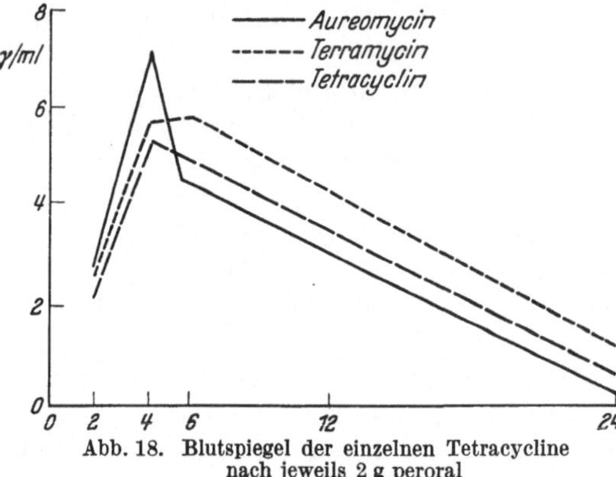

Abb. 18. Blutspiegel der einzelnen Tetracycline nach jeweils 2 g peroral

Im Pyrrolidino-methyl-tetracyclin, das von den Farbwerken Hoechst entwickelt und unter dem Namen Reverin in den Handel gebracht wurde, liegt ein Tetracyclinpräparat von höchster Wirksamkeit und guter Verträglichkeit vor. Es wird intravenös oder intramuskulär verabfolgt; die Tagesdosis beträgt im allgemeinen 250 mg und führt zu ausreichenden Serumspiegeln, die nach 24 Std noch Konzentrationen besitzen, welche für die meisten pathogenen Keimarten noch immer antibiotisch wirksam sind. Eine Beeinflussung der physiologischen Darmflora kann zwar nicht verhütet werden (LUNDSGAARD-HANSEN und SENN), sie ist aber im allgemeinen nicht so intensiv wie nach peroralen Gaben, außerdem kommt es sehr viel schneller zur Normalisierung nach Absetzen. Im Tierexperiment zeigt das Präparat hervorragende Ergebnisse bei der Aronson-Streptokokkensepsis, der Pneumokokkeninfektion und Proteus- sowie Pseudomonasinfektionen der weißen Maus.

In der Klinik hat sich das Präparat ebenfalls bestens bewährt; hier vor allen Dingen bei Infektionen der ableitenden Harnwege. (Literatur bei: SIEDEL u. Mitarb., HERGOTT u. THER, FUSSGÄNGER, STRAUCH u. KOCH, BOHN u. KOCH, DIMLING u. Mitarb., VAN MARWYCK, STRAUCH u. NITZSCHKE, ALBRECHT, BÜNGER u. Mitarb., KNOTHE, LAMBRECHT, PLATEN, HAUDE, BAUR, MEYER-ROHN u. SCHIRREN u. a.)

Die Resorption der Tetracycline durch die Rectalschleimhaut ist gering und unzureichend.

Die Frage, ob Tetracycline nach peroralen oder intravenösen bzw. intramuskulären Gaben im Liquor erscheinen, ist noch nicht entschieden. Die Angaben angloamerikanischer Autoren über die Ergebnisse bei Hunden sind widersprechend (VONDERBANK).

Wir fanden nach peroralen Gaben im Serum Werte, die aus Abb. 18 ersichtlich sind.

a) Verteilung im Organismus

Die höchsten Konzentrationen von Tetracyclin finden sich in Niere, Milz, Leber und Lunge. Die Tetracycline gelangen aus dem mütterlichen in den fetalen Kreislauf, erreichen aber hier nur Werte, die etwa $^1/_4$—$^3/_4$ der mütterlichen Serumkonzentrationen betragen. Bei Patienten mit normalen Leberfunktionen und nicht behinderten Gallenwegen liegt die Konzentration in der Gallenblase

10—15mal höher als im Plasma. Beim Menschen kommen die Tetracycline nur langsam und in minimalen Konzentrationen in den Liquor; bei massiven Dosen erscheinen kaum 1 γ/ml im Liquor; offensichtlich besteht im Gegensatz zu Penicillin oder Streptomycin keine Beeinflussung der Durchlässigkeit der Blut-Liquorschranke durch Entzündungsvorgänge an den Meningen. Sehr hohe intravenöse Gaben erscheinen allerdings in antibakteriell wirksamen Konzentrationen in der Rückenmarksflüssigkeit. In Speichel, Pleuraexsudat und Ascites erscheinen die Tetracycline nur in sehr kleinen Konzentrationen. Pyrrolidino-methyl-tetracyclin (Reverin) wird in therapeutischen Dosen (0,4 γ/ml) im Ejaculat ausgeschieden (MEYER-ROHN u. SCHIRREN).

b) Schicksal im Organismus, Ausscheidung

Die Tetracycline werden langsam im Urin ausgeschieden, ein Befund, der zum Teil erklärt, weshalb Tetracyclin-Konzentrationen im Blut noch geraume Zeit nach der Tetracyclin-Applikation persistieren. Die höchste Urinkonzentration findet sich zwischen 2 und 8 Std nach einmaliger peroraler Gabe; im Urin können aber antibiotische Effekte noch 3 Tage und länger nach Absetzen der Tetracycline nachgewiesen werden. 10—20% der applizierten Tetracycline werden in aktiver Form in den ersten 12 Std und 30—50% nach weiteren 3 Tagen ausgeschieden. Die Urinkonzentration ist dabei abhängig von der gegebenen Menge Tetracyclin und der Urinmenge. Bei langdauernder Darreichung werden 100—300 γ/ml Urin gefunden; das sind Konzentrationen, die vollauf genügen für die Inhibition der meisten Erreger von Infektionen der Harnwege.

Demethylchlortetracyclin wird vorwiegend über die Niere aus dem Körper ausgeschieden. Die Ausscheidung beträgt im Durchschnitt nur 43% der vergleichsweisen Ausscheidung von Tetracyclin. In 96 Std werden insgesamt 42% einer intravenös verabfolgten Demethylchlortetracyclin-Dosis im Harn unverändert ausgeschieden (KUNIN u. Mitarb.). Über den Darm werden trotz der starken Anreicherung dieses Präparates in der Galle infolge guter Resorption nur kleine Mengen ausgeschieden.

BORSKI u. Mitarb. haben Penicillin, Bacitracin, Streptomycin, Chloramphenicol und die Tetracycline intravenös gegeben und die Antibioticaspiegel in Serum und Prostatasekret vergleichend untersucht. Danach kommt es in der Prostata zu beachtlichen Tetracyclin-Gewebsspiegeln.

Nach parenteralen Gaben erscheinen die Tetracycline im Stuhl als Ausdruck der Ausscheidung durch die Gallenwege. Infolge der beschränkten Resorption durch den Gastrointestinaltrakt bleiben hohe Konzentrationen nach peroralen Gaben in den Verdauungswegen; z.B. enthalten die Faeces 1 mg/g Tetracyclin und mehr nach langanhaltender Tetracyclin-Behandlung. Jedoch beträgt der Anteil der Ausscheidung durch die Faeces nach oraler Gabe nur 10% der eingeführten Mengen. Über das Schicksal der restlichen zugeführten Mengen ist nichts bekannt; möglicherweise wird es im Körper abgebaut und dann in inaktiver Form ausgeschieden (s. auch Symposium 1948, 1950, 1953; O'REGAN und SCHWARZER, FINLAND u. Mitarb. 1954; PURCELL u. Mitarb. 1954 u. a.).

7. Resistenz

Obgleich die Entwicklung der bakteriellen Resistenz gegen Tetracycline durch geeignete Versuchsanordnungen in vitro induziert werden kann, liegen die Sensibilitätsverluste nicht in der gleichen Größenordnung wie beim Streptomycin oder Penicillin. BERGER und MARGGRAF haben diesen Befund an Reitertreponemen bei einem Vergleich zwischen Penicillin und Terramycin erhoben.

Die Tetracyclin-Resistenz entwickelt sich langsam Schritt für Schritt und ist mit der Penicillin-Resistenz vergleichbar. Besteht Resistenz z. B. gegen Aureomycin, so kann eine Kreuzresistenz in gleicher Höhe gegen die drei anderen Tetracycline nachgewiesen werden; die Empfindlichkeit des Keimes gegenüber anderen Antibiotica erfährt dabei — sieht man vom Chloramphenicol ab — keinerlei Änderungen. Bei diesem Antibioticum verhalten sich die gegen Tetracycline resistent gemachten grampositiven Keime anders als gramnegative Erreger. Während tetracyclinresistente grampositive Keime gegen Chloramphenicol keine Kreuzresistenz aufweisen, tun es die tetracyclinresistenten gramnegativen in starkem Ausmaß. Andererseits zeigen sich Mikroorganismen mit induzierter Chloramphenicol-Resistenz auch widerstandsfähiger gegen Tetracycline. Bei tetracyclinresistenten Keimen finden sich Änderungen im färberischen und morphologischen Verhalten, jedoch keine Anzeichen dafür, daß gegen Tetracycline gerichtete Stoffwechselprodukte — analog zur Penicillinase — ausgeschieden werden (PAUSY u. Mitarb. 1950, FUSILLO u. Mitarb. 1953, WRIGHT u. Mitarb. 1954).

Das Auftreten gegen Tetracycline resistenter Varianten kann meist auf die folgenden Vorgänge zurückgeführt werden:

1. Ungehinderte Proliferation überlebender, a priori resistenter Mikroorganismen, die in jeder Population in geringer Zahl vorkommen.

2. Spontane genetische Mutation.

Mit Hilfe des Newcombe-Testes kann die Anzahl der durch spontane Mutation entstehenden, gegen Breitspektrum-Antibiotica resistenten Bakterien auf etwa 10^{-6}—10^{-9} festgelegt werden (AUHAGEN; DIETRICH und HÖHNE).

Klinisch ist — zumindest in Europa — die Resistenz gegen die Tetracycline noch nicht so bedeutungsvoll wie z. B. die gegen Penicillin oder Streptomycin. Es besteht aber kein Zweifel, daß die Zahl der gegen Tetracycline resistenten Keime stetig in Zunahme begriffen ist. So ergaben 1953 in amerikanischen Kliniken durchgeführte Untersuchungen, daß die von Patienten isolierten Staphylokokkenstämme zu 50—60% resistent gegen Tetracycline waren. Wenngleich man diesen relativ hohen Prozentsatz zu einem nicht geringen Anteil auf Kreuzresistenzen zurückführen muß, so darf doch auf die Dauer gesehen das Resistenzproblem bei den Tetracyclinen nicht bagatellisiert werden (WELCH). Die Erscheinung der Kreuzresistenz, d. h. der gleichzeitig auftretenden Resistenz eines Erregerstammes gegen verschiedene, oft chemisch ähnlich konfigurierte antibakterielle Wirkstoffe (Analogien in der chemischen Struktur) ist schon lange bekannt und bereits bei den Sulfanilamiden beobachtet worden. Kreuzresistenz (cross-resistance) ist in der Regel dann möglich, wenn 2 Hemmstoffe in die gleiche oder übergeordnete Stoffwechselphase eingreifen. Nach ENGLISH u. Mitarb. muß die Möglichkeit einer Kreuzresistenz auch zwischen den 4 Tetracyclinen auf Grund von Untersuchungen am Modell eines oxy- und chlortetracyclinresistenten mäusepathogenen Staph. aureus-Stammes in Erwägung gezogen werden.

Einen Vergleich der Sensibilitätsverhältnisse von Penicillin, Aureomycin und Streptomycin am Material der Universitäts-Hautklinik Hamburg-Eppendorf aus den Jahren 1952 und 1957 (jeweils die ersten 6 Monate der Jahre) bringt Tabelle 15.

Es wird nochmals darauf hingewiesen, daß bei der Resistenzanalyse beim Aureomycin und auch Terramycin ganz besonders darauf geachtet werden muß, daß die Ablesung spätestens 20—24 Std nach Ansetzen des Versuches erfolgt, da sich bei längerer Bebrütung die Instabilität dieser beiden Tetracycline auswirkt und das Ergebnis im Sinne von Resistenzzunahmen abfälschen kann (TUNEVALL und ERICSSON).

Tabelle 15. *Empfindlichkeit verschiedener Bakterienstämme gegenüber Penicillin, Streptomycin und Aureomycin.* (Vergleich des Materials der ersten Halbjahre 1952 und 1957)

Keimarten	Penicillin						Streptomycin						Aureomycin					
	1952			1957			1952			1957			1952			1957		
	Z	S	R	Z	S	R	Z	S	R	Z	S	R	Z	S	R	Z	S	R
Staph. aureus . .	305	196	109	212	126	86	305	178	127	212	123	89	305	202	103	212	143	69
Staph. albus . . .	159	97	62	163	108	55	159	114	45	163	120	43	159	105	54	163	97	66
Strept. m. Haem. .	45	43	2	27	24	3	45	21	24	27	19	8	45	43	2	27	26	1
Strept. o. Haem. .	23	12	11	37	29	8	23	8	15	37	26	11	23	20	3	37	36	1
E. coli	29	—	29	27	—	27	29	12	17	27	21	6	29	12	17	27	9	18
Proteus	16	—	16	13	—	13	16	5	11	13	9	4	16	5	11	13	—	13
Pseudom. aeruginosa	8	—	8	17	—	17	8	2	6	17	7	10	8	—	8	17	2	15

Z = Gesamtzahl; S = Sensibel; R = Resistent. Wegen der relativ kleinen Materialzahlen konnte keine Angabe in % erfolgen.

8. Kombinationen

Hier gilt ganz allgemein das unter Penicillin Gesagte. Die Zahl der Versuche und Untersuchungen, durch Kombination der Tetracycline mit anderen chemotherapeutisch wirksamen Substanzen eine Wirkungssteigerung, eine Minderung der Toxicität und eine Verzögerung der Resistenzentwicklung zu erzielen, ist sehr groß. Aus in vitro-Versuchen von KAIPAINEN über die Wirkung von Antibiotica-Kombinationen auf die Bakterienresistenz weiß man, daß gramnegative Bakterien (E. coli, A. aerogenes, S. typhi und Proteus vulgaris) bei Resistenz gegen Tetracyclin und Chloramphenicol Sensibilität gegen Streptomycin und umgekehrt zeigen. Die Kombinationen Tetracycline + Streptomycin sowie Chloramphenicol + Streptomycin verhindern eine Resistenzentwicklung gegen eines der 3 Antibiotica. EISENBERG u. Mitarb. fanden bei Untersuchungen an 255 Staph. aureus- und 135 albus-Stämmen, sowie an 150 α- und 52 β-Enterokokkenstämmen, daß die Sensibilität dieser Stämme durch die Kombination Tetracyclin + Chloramphenicol erhöht werden kann. Die Kombination Tetracyclin + Penicillin kann dagegen bei Pneumokokken-Meningitis ausgesprochenen Antagonismus zeigen. Kombinationen von Tetracyclin + Streptomycin führen zu signifikanten Wirkungssteigerungen im Tierversuch.

Eigene Untersuchungen am Versuchsmodell der Aronson-Sepsis der weißen Maus haben ergeben, daß man bei einer Kombination Tetracyclin-Chloramphenicol mit einem Drittel der sonst für die einzelnen Antibiotica kurativen Dosis auskommen kann. In Zahlen ausgedrückt:

Kurativer Effekt für Tetracyclin	450 γ
Kurativer Effekt für Chloramphenicol	10,0 mg
Kurativer Effekt für Tetracyclin + Chloramphenicol-Kombination . .	120 γ + 3 mg

Wenngleich die Interferenz zwischen Penicillin und Tetracyclin unter klinischen Verhältnissen nicht obligat auftreten muß, weist die Möglichkeit eines Antagonismus allein schon darauf hin, daß Kombinationen von Antibiotica — wenn man sie überhaupt für erforderlich hält — nicht kritiklos, sondern erst nach gründlicher Prüfung eines Synergismus bzw. Antagonismus angewandt werden dürfen (LEPPER und DOWLING 1951, AHERN und KIRBY 1953).

WEINBERG untersuchte den Einfluß anorganischer Salze auf die in vitro-Aktivität von Oxytetracyclin. Von den getesteten Anionen zeigten Na^+- und K^+-Phosphat antagonistische Wirkung, während die Kationen Na^+, K^+, Li^+ und NH_4^+ zu einer leichten Wirkungssteigerung des Antibioticums führten. Dagegen setzten Mg^{++}, Mn^{++} und $Fe^{++(+)}$ die Oxytetracyclinwirkung herab.

In jüngster Zeit hat man reines Tetracyclin und Chlortetracyclin kombiniert und als Supramycin in den Handel gebracht. Bei einer Medikation mit einer Einzeldosis von 2 Kapseln, die je 125 mg der beiden Tetracycline, also insgesamt 2mal 250 mg Wirkstoff enthalten — morgens 1 Std *vor* dem Frühstück gegeben —, sollen sich rasch einsetzende, besonders hohe und über 24 Std anhaltende Blutspiegel erreichen lassen. Wir konnten bei eigenen Untersuchungen die von der Herstellerfirma angegebenen hohen Spiegelwerte (nach 3 Std 4 γ/ml, 6 Std 3,5 γ/ml und 12 Std 1,3 γ/ml) nicht bestätigen. Auch im Tierexperiment sahen wir keinerlei Wirkungssteigerungen von dieser Kombination.

9. Nachweismethoden

Tetracyclin-Bestimmungen können im Röhrchenverdünnungstest durchgeführt werden; hier muß wegen des relativ schnellen Aktivitätsverlustes bei 37° C darauf geachtet werden, daß die Beurteilung des Versuchs spätestens nach 20—24stündiger Bebrütung erfolgt. Schneiderson hat dem schnellen Aktivitätsverlust des Aureomycins durch die Entwicklung eines Schnelltestes Rechnung getragen. Zur Schnellbestimmung von Aureomycin im Blut verwendet er Proteus X 19 in einem Harnstoff-Phenolrot-Medium, da dieser Keim bereits nach 4 Std infolge Ammoniakbildung einen Farbumschlag erzielt. Einen colorimetrischen Nachweis geben Levine u. Mitarb. an, bei dem die bei Säureüberschuß gebildete gelbe Farbe (max. 445 μ) bestimmt wird. Nach Hiscox können Aureomycin und Terramycin durch Messung der Absorption bestimmter Wellenlängen im UV-Licht quantitativ bestimmt werden, wenn sie zuvor bei 100° C mit verdünnter Schwefelsäure behandelt worden sind. Seed und Wilson geben eine fluorometrische Methode an. Bird und Pugh beschrieben eine Methode zur Trennung der 3 Tetracycline durch Papierchromatographie, ebenso Fischbach und Levine.

V. Chloramphenicol

Chloramphenicol wurde von Burkholder 1947 aus einer Bodenprobe isoliert, die bei Caracas (Venezuela) entnommen worden war. Burkholder beschrieb die antibakterielle Wirkung dieses Wirkstoffes gegen gewisse pathogene Keime. Ehrlich, Bartz, Smith und Joslyn von der Parke, Davis Comp. berichten dann im Oktober 1947 gemeinsam mit Burkholder über Wirkungsspektrum, Chemie, Kristallisation, in vivo-Wirksamkeit und die physikalischen Eigenschaften des Chloramphenicols, das wegen seines Chlorgehaltes und seiner Herkunft aus einer Aktinomycetenart das Warenzeichen Chloromycetin erhielt. Unabhängig von dieser Forschergruppe wurde das Chloramphenicol fast zu gleicher Zeit von Carter, Gottlieb und Anderson aus einer Probe Komposterde aus Urbana in Illinois gefunden. Nach Aufklärung der Strukturformel der kristallinen Reinsubstanz wurde von Smadel u. Mitarb. die Pharmakologie dieses neuen Wirkstoffes bearbeitet. Ende 1947 wurde Chloramphenicol beim Ausbruch einer Typhusepidemie in Bolivien erstmalig klinisch erprobt und zeigte dramatische Erfolge. Dann wurde es mit glänzendem Erfolg bei der Tsutsugamushi-Krankheit in Malaya erprobt. 1948 wurde es in größeren Mengen hergestellt und konnte in großem Umfang klinisch geprüft werden, wobei es gute Resultate zeitigte bei:

Fleckfieber,
Unterleibstyphus,
Bangscher Krankheit,
Rocky Mountain-Fieber,
Lymphopathia venera,
atypischen Pneumonien,
Infektionen des Urogenitaltraktes.

So trat das Chloramphenicol in eine gesunde Konkurrenz zu den Tetracyclinen. 1950 mußte man aber die Beobachtung machen, daß das Chloramphenicol schwere, ja letale Nebenwirkungen hauptsächlich von seiten des hämatopoetischen Systems auslösen konnte, die zu einschneidenden Einschränkungen der innerlichen Verabreichung zwangen. Das amerikanische Council on Pharmacy and Chemistry hat 1952 genaue Richtlinien über die Anwendung des Chloramphenicols herausgegeben; danach darf Chloramphenicol nur bei Unterleibstyphus und anderen schweren Infektionskrankheiten, die durch chloramphenicolempfindliche Mikroorganismen ausgelöst werden, angewandt werden; ferner bei schweren Infekten durch gegen andere Antibiotica resistente Keime oder bei völligem Versagen der üblichen Therapieformen.

1. Herkunft

Burkholder isolierte Chloramphenicol erstmalig aus einer Aktinomycetenart, die aus einer venezuelanischen Bodenprobe stammte. Der Pilz wurde später Streptomyces venezuelae bzw. Streptomyces illinois genannt, wobei aus Prioritätsgründen der Name Streptomyces venezuelae richtiger erscheint. Der Pilz wächst gut in flüssigen Nährmedien, wobei Zusätze von Glycerin, Pepton, Trypton und pflanzlichen Proteinen die Ausbeuten an Wirkstoff erhöhen (Smith u. Mitarb.). Die Züchtung erfolgt submers bei Temperaturen von 23—27° C. Die Ausbeute beträgt dann etwa 140 mg/l. Nach Aufklärung der Konstitution wurde bald eine geeignete Synthese gefunden. Chloramphenicol ist das einzige Antibioticum, dessen vollständige Synthese wirtschaftlich durchgeführt werden kann. Heute ist Chloramphenicol ausschließlich in der synthetisch hergestellten Form im Handel.

2. Chemie

Chloramphenicol ist die erste in der Natur gefundene Nitroverbindung. Seine Summenformel ist $C_{11}H_{12}N_2O_5—Cl_2$, der ein Molekulargewicht von 323 entspricht. Chloramphenicol ist das D(—)-threo-1-p-nitrophenyl-2-dichlor-acetylaminopropandiol (1,3). Die Strukturformel ist:

$$O_2N-C_6H_4-\underset{\displaystyle OH}{CH}-\underset{\displaystyle CH_2OH}{CH}-NH-\underset{\displaystyle O}{C}-CHCl_2$$

Die antibiotische Wirkung ist streng an die Strukturformel gebunden und von den 4 möglichen Isomeren erwies sich nur eine als wirksam. Das biologisch gewonnene Chloramphenicol ist hinsichtlich seiner chemischen, physikalischen, antibakteriellen, therapeutischen und auch toxischen Eigenschaften völlig identisch mit dem synthetischen Chloramphenicol. Das Antibioticum bildet farblose Nadeln oder feine Plättchen von bitterem Geschmack. Die biologisch aktive Form ist linksdrehend.

a) Löslichkeit

Chloramphenicol ist in Wasser bis 1:400 löslich, besser löst es sich in Äthanol.

b) Stabilität

Chloramphenicol ist sehr stabil in den p_H-Bereichen von p_H 2 bis p_H 9; es bleibt auch beim Kochen stabil. Gesättigte wäßrige Lösungen (0,25%) können im Eisschrank über Monate aufbewahrt werden, während schwächere Lösungen schon nach wenigen Tagen oder Wochen Aktivitätsverluste aufweisen. Chloramphenicol kann durch gewisse Bakterienenzyme inaktiviert werden. Diese

Enzyme reduzieren die Nitrogruppe zu einem primären aromatischen Amin und hydrolysieren die Amidgruppe, so daß Dichloressigsäure und das korrespondierende primäre aliphatische Amin entstehen. Chloramphenicol wird in Gewichtseinheiten (Gramm) angegeben; die Wirksamkeit wird mikrobiologisch bestimmt.

3. Wirkungsbereich

Chloramphenicol besitzt ein breites Wirkungsspektrum (MCLEAN u. Mitarb. 1949, SMADEL u. Mitarb. 1949, HEWITT und WILLIAMS 1950 u. a.). Es ist wirksam gegenüber vielen Bakterien, gegen Rickettsien und gewisse Viren. Von den vielen gramnegativen Keimen, die innerhalb des Spektrums liegen, sind zu nennen: A. aerogenes, E. coli, K. pneumoniae, H. pertussis, S. typhosa, Proteus, Neisseria, Salmonella, Shigella, Brucella und V. cholerae, die schon durch relativ geringe Konzentrationen gehemmt werden. Ps. aeruginosa zeigt wechselndes Verhalten. Streptokokken und Staphylokokken benötigen im allgemeinen etwas höhere Konzentrationen. — Gegenüber Hefen und Fungi ist Chloramphenicol wirkungslos, während Actinomyceten in klinisch vertretbaren Dosen gehemmt werden.

Die wirksamen antibakteriellen Grenzkonzentrationen, wie sie unter unseren Versuchsbedingungen erreicht werden, sind in Tabelle 16 niedergelegt.

Tabelle 16. *Wirksame Grenzkonzentrationen für Chloramphenicol*

Keimart	Grenzkonzentration in γ/ml
Staphylococcus aureus „Oxford"	15,62
Staphylococcus albus	10
Streptococcus haemolyticus	1
Streptococcus faecalis	3,9
Bac. subtilis	1
Bac. anthracis	3,9
Corynebact. pseudodiphtheriae	3,9
Neisseria gonorrhoeae	0,6
Escherichia coli	7,8
Bact. proteus vulgare	62,5
Pseudomonas aeruginosa	250
Klebsiella pneumoniae	62,5

Im Tierexperiment wirkt Chloramphenicol gut gegen Rickettsiosen verschiedenster Art wie Fleckfieber, Tsutsugamushi, Rocky Mountain-, Q-Fieber u. a.; man hat Tierversuche bei Nagern und Meerschweinchen sowie an der Hühnerallantois angestellt. Obgleich man unter gewissen Versuchsbedingungen rickettsiocide Wirkung beobachten kann, wirkt Chloramphenicol im Tierversuch dadurch, daß es das Wachstum der Rickettsien unterdrückt; damit gewinnt der Wirtsorganismus Zeit zur Bildung von Antikörpern, die dann den Heilungsprozeß einleiten.

Tabelle 17. *Chloramphenicolwirkung bei der Aronson-Sepsis im Vergleich zu Sulfadiazin*

Präparat	Dosierung in mg pro 20 g Maus				Zahl der Tiere	Es leben nach der Infektion am Tage:									
	1. Tag	2. Tag	3. Tag	Gesamtdosis		1.	2.	3.	4.	5.	6.	7.	8.	9.	10.
Chloramphenicol i.m.	10,0	—	—	10,0	10	10	10	10	10	10	10	10	10	10	10
	5,0	—	—	5,0	10	10	10	8	7	6	6	6	6	5	5
	3,3	3,3	3,3	10,0	10	10	10	8	4	4	4	4	4	4	4
Chloramphenicol i.m.	0 Std 8 Std	16 Std 24 Std													
	1,88 1,88	1,88 1,88		7,5	10	10	10	10	10	10	10	10	10	10	10
Sulfadiazin, i.p.	2,0	2,0	2,0	6,0	10	10	10	10	10	10	10	10	10	10	10
Kontrolle Aronson 10^{-6}	—	—	—	—	10	8	0	0	0	0	0	0	0	0	0

Chloramphenicol wirkt in vivo auch gegen die Gruppe der Psittakose-Lymphogranuloma venereum-Viren. Streptokokkeninfektionen der weißen Maus (Aronson-Sepsis) werden durch Chloramphenicol mit Dosen, die etwa in der Größenordnung des Sulfadiazins liegen, günstig beeinflußt.

4. Wirkungsmechanismus

Der Wirkungsmechanismus des Chloramphenicols ist noch nicht völlig aufgeklärt. Man weiß, daß bei Staph. aureus die Bildung von Glutaminsäure gehemmt wird; bei E. coli soll Chloramphenicol in den Tryptophanstoffwechsel eingreifen, ebenso soll die Diaminoxydase gehemmt werden. LOMMEL hat die Wirkungsweise des Chloramphenicols unter den Bedingungen der Warburgschen Apparatur untersucht. Danach tritt eine Hemmung der Bakterienatmung (Staph. aureus Oxford) bereits bei einer Konzentration von $1 \cdot 10^{-7}$ ein. Der Einfluß auf die Vermehrungsgeschwindigkeit ist deutlich erkennbar. Die Konzentration von 10^{-7} Chloramphenicol erweist sich aber als unwirksam bei doppelter Keimeinsaat. Chloramphenicol ist demnach keimmengenempfindlich. Chloramphenicol wirkt bakteriostatisch; dabei ist mit *Bakteriostase* die Herbeiführung einer Unterbrechung der Keimvermehrung ohne Abtötung der Bakterien gemeint, ohne daß eine Aussage über die Reversibilität des Vorganges gemacht wird. Unter *Bactericidie* wird dagegen die Abtötung von proliferierenden und „ruhenden" Keimen ohne Aussagen über die Irreversibilität des Prozesses zu machen, verstanden. Unter „Abtötung" wird unter den Bedingungen der Warburg-Apparatur das Verschwinden (bzw. Unmeßbarwerden) der Sauerstoffatmung angesehen. Unter „*bedingter Bactericidie*" versteht man schließlich Vorgänge, bei denen die Forderungen der Bakteriostase nicht, und die der Bactericidie nur beschränkt erfüllt sind. Abb. 19 zeigt die von LOMMEL ermittelte Atmungskurve für Chloramphenicol.

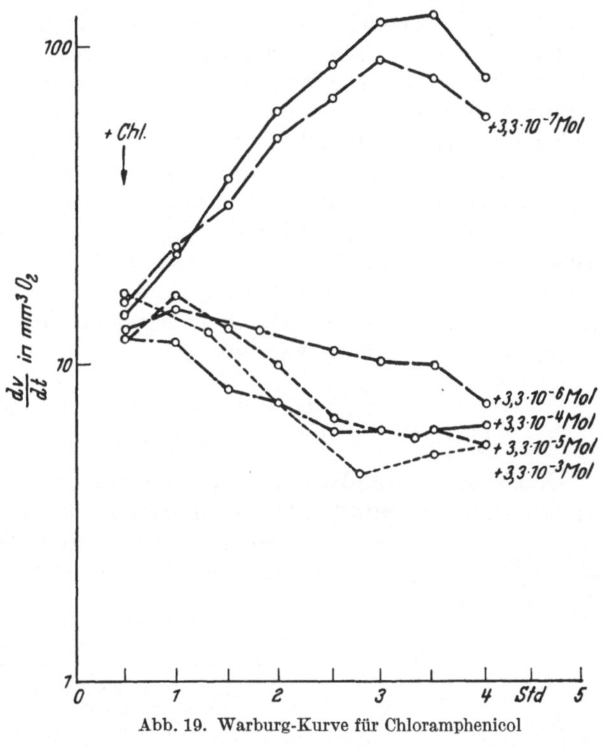

Abb. 19. Warburg-Kurve für Chloramphenicol

Neben dem rein antibiotischen Effekt kommen dem Chloramphenicol noch gewisse pharmakodynamische Wirkungen zu; so konnte BUSSE eine Hemmung der Peristaltik am isolierten Meerschweinchendarm feststellen; FEYEL-CABANES beobachtete im Tierexperiment an Ratten und Kaninchen eine Verstärkung der Phagocytose, eine Vermehrung der Fibroblasten, Förderung der Gefäßneubildung und Aufhebung der Cortisoneffekte auf Entzündungsreaktionen. VIVARELLI berichtet schließlich über granulationsfördernde Wirkungen des Chloramphenicols und eine daraus resultierende Verkürzung der Vernarbungszeit um 25—30%.

5. Toxicität

Im akuten Versuch beträgt die DL_{50} für Mäuse bei oraler Verabreichung 2640 mg/kg; für Hunde liegt der entsprechende Wert noch oberhalb 300 mg/kg. Die DL_{50} für Mäuse nach intravenöser Gabe beträgt 245 mg/kg. Im chronischen Toxicitätsversuch wurden von Hunden bei oraler Applikation 100—200 mg/kg/die länger als 4 Monate ohne Störung vertragen. Nach subcutaner Injektion von täglich 400 mg/kg tritt bei Mäusen nach wenigen Tagen der Tod ein. — Trotz dieser günstig erscheinenden Zahlen im Tierversuch und trotz des — auf den ersten Blick — günstigen chemotherapeutischen Index, ist die Anwendung des Chloramphenicols beim Menschen mit beträchtlichen Gefahren verbunden. Die Affinität der Nitrogruppe zum Knochenmark ist seit langem bekannt; es ist daher nicht verwunderlich, daß nach Chloramphenicol Agranulocytosen und Panmyelophthisen beobachtet worden sind. So berichtet die amerikanische Literatur über Todesfälle nach Agranulocytosen. Diese Tatsache hat auch zu der 1954 erfolgten Stellungnahme des Council of Pharmacy geführt (VOLINI u. Mitarb. 1950, SMILEY u. Mitarb. 1952, ERSLEV 1953, HODGKINSON 1954 u. v. a.). Wird die Nitrogruppe bei der synthetischen Herstellung aus dem Chloramphenicol-Molekül herausgenommen, so ist das dann entstehende Präparat wiederum weitgehend unwirksam (HOTTER u. WAISBREN).

6. Klinische Pharmakologie

a) Resorption

Nach oraler Applikation wird Chloramphenicol rasch vom Magen-Darmkanal resorbiert und bereits 2 Std nach Einnahme von 1 g/60 kg können 6,5 γ/ml im Serum nachgewiesen werden. 6—8 Std nach der Applikation sind die Blutspiegelwerte auf 0 abgesunken (Abb. 20).

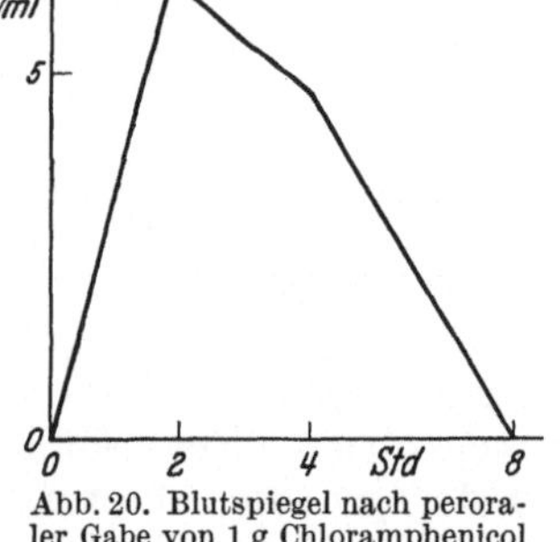

Abb. 20. Blutspiegel nach peroraler Gabe von 1 g Chloramphenicol

Tabelle 18. *Chloramphenicol-Blutspiegel in γ/ml.* (Nach WELCH, SMADEL und WALTER)

Orale Einzeldosis in g	1—2 Std nach oraler Gabe	3—4 Std nach oraler Gabe	5—6 Std nach oraler Gabe	10—12 Std nach oraler Gabe	24 Std nach oraler Gabe
0,5	2—3	3—4	2—1	—	—
1,0	4—6	8—10	7—5	3—4	—
2,0	15—20	12—15	10—12	4—6	—
3,0	40—60	30—40	20—30	8—12	2—3

Die Resorption vom Magen-Darmtrakt ist vollständiger als die der Tetracycline, dadurch sind die Stuhlkonzentrationen niedriger und die Schädigungen der normalen Darmflora weniger bedeutungsvoll. Durch intravenöse Applikation werden keine höheren Blutspiegelwerte erreicht, desgleichen nicht nach intramuskulären Gaben, die in Form von öligen Kristallsuspensionen möglich sind. Auch nach rectaler Gabe wird Chloramphenicol resorbiert, jedoch unter ungünstigeren und unzuverlässigeren Verhältnissen als nach oraler Gabe (s. auch GRUHZIT, FISKEN u. Mitarb., GLAZKO, WOLF u. Mitarb. u. a.).

b) Verteilung im Organismus

Chloramphenicol passiert die Blut-Liquorschranke und läßt sich bei Serumkonzentrationen von 10 γ/ml im Liquor in Konzentrationen von 2—3 γ/ml nachweisen. Um wirksame Liquorspiegel zu erhalten, sind also Serumkonzentrationen von 25—30 γ/ml erforderlich. Die Diffusion erfolgt dabei rasch: bereits 2—3 Std nach peroralen Gaben werden Gipfelwerte im Liquor erreicht. Ebenso günstig liegen die Diffusionsverhältnisse in die Pleura- und Peritonealflüssigkeit, in denen nach peroralen Gaben wirksame Konzentrationen erzielt werden. Chloramphenicol tritt leicht durch die Placenta in den fetalen Kreislauf über; bei mütterlichem Mindestspiegel von 10 γ/ml können 30—50% der mütterlichen Serumkonzentration im fetalen Blut nachgewiesen werden (Ross). In die Muttermilch diffundieren Mengen, die etwa 50% der Serumkonzentrationen betragen.

c) Ausscheidung

Im Organismus wird Chloramphenicol an der CH_2OH-Gruppierung teilweise mit Glucuronsäure verknüpft und im Urin ausgeschieden, teilweise erscheint es unverändert im Urin, von einem weiteren Anteil wird die Dichloressigsäure abgespalten. Über die Reduktion der Nitrogruppe im Körper ist noch nichts sicheres bekannt; es ist aber wahrscheinlich, daß ein Teil reduziert wird. Im Urin können bis 90% der gegebenen Chloramphenicol-Mengen — meist unwirksame Abbauprodukte — nachgewiesen werden. Das wichtigste Abbauprodukt, das Monoglucuronid des Chloramphenicols, kann durch Hydrolyse mit β-Glucuronidase wieder in biologisch wirksames Chloramphenicol überführt werden (Glazko). Etwa 8—12% der oral gegebenen Menge kann als biologisch aktives Chloramphenicol im Urin wieder festgestellt werden. Nach Applikation von 0,1 g Chloramphenicol erscheinen Urinkonzentrationen von 50 γ/ml; nach 1 g bis zu 150 γ/ml und nach 2 g bis zu 250 γ/ml. Durch Nierenfunktionsstörungen, ebenso durch die Gabe von nierenblockierenden Substanzen wird die Chloramphenicol-Ausscheidung nicht beeinflußt. Während das unveränderte Chloramphenicol durch glomeruläre Filtration ausgeschieden wird, werden die unwirksamen Abbauprodukte durch die Tubuli sezerniert.

In den Faeces erscheinen nach einer oralen Gabe von 0,5 g Chloramphenico 500—600 γ/g, nach 1 g 400—500 γ/g und nach 2 g etwa 300 γ/g Faeces. Diese auffallende Konzentrationsabnahme bei steigender Dosierung wird durch stärkere inaktivierende Fermentwirkung von Darmkeimen gegenüber höheren Chloramphenicol-Konzentrationen erklärt.

Ein Teil wird über die Galle in Konzentrationen, die etwa 50% der Plasmakonzentrationen betragen, ausgeschieden. Nach Gaben von 3 g Chloramphenicol konnten Heilmeyer und Walter bei 10 Patienten Konzentrationen von 6—20 γ/ml Gallenflüssigkeit, die durch Duodenalsondierung oder aus Operationsmaterial gewonnen wurde, nachweisen. Auch in der Milch erscheint Chloramphenicol nach oraler Applikation.

7. Resistenz

In vitro kann eine Chloramphenicol-Resistenz für Bakterien, aber nicht für Rickettsien induziert werden. Die Chloramphenicol-Resistenz spielt aber klinisoh keine Rolle, wie die Erfahrungen bei der Behandlung von Ty-Infektionen usw. gezeigt haben. Während nach Untersuchungen von Peter an 3400 Bakterienstämmen die durchschnittliche Resistenzquote beim Penicillin mit 69% am höchsten liegt, ist sie beim Chloramphenicol mit 6,6% am niedrigsten. Für die Staphylokokken lauten die entsprechenden Zahlen: Penicillin 63,2%, Streptomycin 41,8%, Tetracyclin 16,1% und Chloramphenicol 2,7%. Die Ursachen für die Resistenzentwicklung sind die gleichen wie für die anderen Antibiotica.

Es ist möglich, daß Chloramphenicol durch Bakterienenzyme inaktiviert werden kann, analog zur Penicillinase. Über Isolierung solcher Fermente ist aber noch nichts bekannt.

8. Kombinationen

Von einer Kombination Chloramphenicol + Sulfanilamid erhoffte man sich — ohne daß entsprechende Hinweise in vitro vorlagen — günstigere Wirkungen bei Meningitis mit gramnegativen Erregern oder bei Mischinfektionen der Harnwege durch Proteus u. a. In vitro kann ein additiver Effekt mit der Kombination Tetracycline/Chloramphenicol bei Salm. typhi und Proteus und ein Antagonismus mit den Kombinationen Penicillin/Chloramphenicol und Streptomycin/Chloramphenicol nachgewiesen werden. Auch für Chloramphenicol gilt hinsichtlich einer Kombination mit anderen Antibiotica prinzipiell das im Penicillinkapitel zu den „Kombinationen" Gesagte.

9. Nachweismethoden

Zum Nachweis von Chloramphenicol können die üblichen mikrobiologischen Methoden herangezogen werden; diese haben den Vorteil, daß sie das biologisch aktive Chloramphenicol erfassen. Einen colorimetrischen Nachweis geben BESSMANN und STEVENS an: durch chemische Reduktion der Nitro-Gruppe mit Zink und Salzsäure und anschließender Diazotierung und Kuppelung mit β-Naphthylamin läßt sich das Chloramphenicol als Azofarbstoff colorimetrisch erfassen. Der Nachteil bei diesem Verfahren: es werden auch inaktive Abbauprodukte mit erfaßt.

VI. Erythromycin

MCGUIRE u. Mitarb. isolierten 1952 aus Stoffwechselprodukten einer Streptomycesart ein Antibioticum, dem sie den Namen Erythromycin gaben. Diese Forschergruppe ermittelte auch das antibakterielle Spektrum in vitro und im Tierversuch, stellte seine sehr geringe Toxicität fest und berichtete über die ersten klinischen Versuche mit diesem Antibioticum bei Infektionen mit Pneumokokken und β-hämolysierenden Streptokokken. Erythromycin zeichnet sich besonders dadurch aus, daß es die gegen Penicillin resistent gewordenen Staphylokokkenstämme erfaßt.

1. Herkunft

Erythromycin ist ein Stoffwechselprodukt eines von WAKSMAN aus Erdproben isolierten Strahlenpilzes, des Streptomyces erythreus Waksman. Die Erdproben stammten von den Philippinen.

2. Chemische und physikalische Eigenschaften

Erythromycin ist ein weißes kristallines Pulver von bitterem Geschmack. In Wasser ist es nur wenig löslich (bis 2 mg/ml), in verschiedenen organischen Lösungsmitteln wie Alkohol, Aceton, Chloroform dagegen sehr gut. Eine gesättigte wäßrige Lösung hat ein p_H von 9. Erythromycin ist eine Base und bildet Salze mit allen organischen und anorganischen Säuren. Seine Strukturformel ist noch nicht bekannt. Die exakte empirische Formel des sehr großen Moleküls konnte noch nicht bestimmt werden; sie wird auf Grund der Analysen wie folgt angegeben: $C_{34-36}H_{60-65}NO_{11-14}$. Erythromycin hat ein Molekulargewicht von etwa 725 (durch Titration ermittelt).

Erythromycin ist in saurer Lösung nicht stabil; da Erythromycin hauptsächlich peroral gegeben wird, muß es gegen die Magensalzsäure durch eine säurefeste Dragierung geschützt werden. In wäßriger Lösung ist Erythromycin nur mäßig stabil bei Zimmertemperatur, aber weitgehend stabil in der Kälte. In alkalischem Milieu ist Erythromycin am wirksamsten. Seine antibakterielle Wirkung wird durch Substanzen, die Penicillin und Streptomycin in ihrer Wirkung beeinträchtigen oder gar inaktivieren, nicht signifikant beeinflußt. Erythromycin wird nicht nach Einheiten, sondern nach Gewichtsteilen angegeben (McGuire, R. K. Clark).

3. Wirkungsbereich

Im Reagensglas ist Erythromycin wirksam gegen folgende Erreger: Staph. aureus, Streptococcus pyogenes (haemolyticus), viridans et salivarius, Diplococcus pneumoniae, Neisseria gonorrhoeae et meningitidis, Enterokokken, Corynebact. diphtheriae, Haemophilus pertussis, influenzae et Unna-Ducreyi, Clostridium tetani, Fraenckel-Welch, Pararauschbrand, Bac. anthracis, Erysipelothrix rhusiopathiae, Brucella abortus, melitensis et suis, Rickettsia prowaczeki, Treponema pallidum, Leptospira icterohaemorrhagica (Ormsbee). Dagegen sind E. coli, K. pneumoniae, Pseudomonas aeruginosa, Salmonella, Shigella, A. aerogenes, Proteus und PPLO (Keller und Morton) praktisch resistent gegen Erythromycin; d. h. es müßten schon so hohe Konzentrationen zur Anwendung kommen, die im Körper nie erreicht werden können. Erythromycin zeigt weiterhin Wirkung gegen die Viren der Psittakose-Lymphogranuloma-Gruppe, ferner auf das Mäuse-Meningo-Pneumonie-Virus, Toxoplasmose, Listeria monocytogenes (Pfeiffersches Drüsenfieber), Entamoeba histolytica, Pasteurella tularensis, Trichomonas vaginalis und Trypanosomen (McCowen u. Mitarb.). Erythromycin hat etwa das gleiche Wirkungsspektrum wie Penicillin; es ist beträchtlich wirksamer gegenüber grampositiven Keimen und weniger wirksam gegenüber coliformen und anderen Darmbakterien, wenn man es mit den Tetracyclinen und Streptomycin vergleicht. Erythromycin ist sowohl gegen penicillinempfindliche, wie gegen penicillinresistente Staphylokokken wirksam; ebenso verhält es sich gegen Keime, die gegen Streptomycin resistent geworden sind (s. auch Fusillo, Noyes u. Mitarb., Hara, Watanabe u. Mitarb., Powell, Boniece u. Mitarb., Welch, Randali u. Mitarb., Haviland, Fischlewitz u. Allemann; Delmotte u. a.).

Tabelle 19. *Wirksame Grenzkonzentrationen für Erythromycin*

Keimart	Grenzkonzentration in γ-ml
Staphylococcus aureus „Oxford“ . . .	0,625
Staphylococcus albus	0,078
Streptococcus haemolyticus	<0,019
Streptococcus faecalis	1,25
Bac. subtilis	170
Bac. anthracis	0,312
Corynebacterium pseudodiphtheriae . .	0,625
Neisseria gonorrhoeae	0,1
Escherichia coli	400
Bact. proteus vulgare	400
Pseudomonas aeruginosa	>400
Klebsiella pneumoniae	100

Unter unseren Versuchsbedingungen zeigt Erythromycin die in Tabelle 19 niedergelegten Hemmwerte.

Im Tierexperiment zeigt Erythromycin praktisch die gleichen Verhältnisse wie Penicillin, nur mit dem Unterschied, daß Erythromycin auch Infektionen, die mit penicillinresistenten Keimen verursacht worden sind, wirksam beeinflußt bzw. zur Abheilung bringt. Tabelle 20 zeigt entsprechende Versuchsprotokolle

Tabelle 20. *Erythromycin bei der Aronson-Sepsis und bei einer durch penicillinresistente Staphylokokken ausgelösten Sepsis der weißen Maus*

Präparat	Dosierung pro 20 g Maus in mg				Zahl der Tiere	Es leben nach der Infektion am Tage									
	1. Tag	2. Tag	3. Tag	Gesamtdosis		1.	2.	3.	4.	5.	6.	7.	8.	9.	10.
Erythromycin, peroral	5	5	5	15	10	10	10	10	10	10	10	10	10	10	10
Erythromycin, peroral	2,5	2,5	2,5	7,5	10	10	9	9	7	3	3	3	3	3	3
Erythromycin, i.p.. .	2	2	2	6	10	10	10	10	10	10	10	10	10	10	10
Erythromycin, i.p.. .	0,5	0,5	0,5	1,5	10	10	7	5	4	4	2	1	1	1	1
Kontrollen Aronson 10^{-6}	—	—	—	—	10	7	0								
Erythromycin, i.p.. .	2	2	2	6	10	10	10	10	9	9	8	8	8	7	7
Penicillin, i.p. . . .	500 E	500 E	500 E	1500 E	10	6	6	3	1	0	0	0	0	0	0
Kontrolle: Pc-resistente mäusepathogene Staphylokokken	—	—	—	—	10	10	8	8	4	2	2	0	0	0	0

für die Aronson-Sepsis und eine Staphylokokkensepsis mit einem penicillinresistenten Staphylokokkenstamm. Den Stamm hatten wir aus Krankheitsmaterial (Impetigo) isoliert und in mehreren Passagen an die Maus adaptiert und virulent gemacht.

4. Wirkungsmechanismus

Der Wirkungsmechanismus des Erythromycins ist noch nicht exakt geklärt; es scheint nur gegen Bakterien zu wirken, die sich in der Proliferationsphase befinden; es wirkt am besten auf rasch wachsende Keime. Erythromycin kann sowohl bakteriostatisch als auch bactericid wirken; das ist abhängig von der Sensibilität der Keime und der Höhe der Konzentration, in der es auf diese einwirkt (HEILMAN u. Mitarb., HAIGHT u. Mitarb., KIRBY u. Mitarb.).

5. Toxicität

Erythromycin besitzt nur eine geringe Toxicität. Die DL_{50} bei der Maus beträgt etwa 3,2 g/kg nach peroraler Verabreichung von Erythromycin als Base. Die DL_{50} nach intravenöser Applikation von Erythromycin-Hydrochlorid ist 0,5 g/kg. Ratten, die 3 Monate 0,2% Erythromycin im Futter erhielten, zeigten keinerlei pathologische Veränderungen der inneren Organe. Hunde vertrugen 50—100 mg/kg Erythromycin 3 Monate ohne Nebenerscheinungen; Untersuchungen des Blutbildes, des Knochenmarkes und Urinanalysen ergaben keine pathologischen Veränderungen oder Bestandteile. Die Fermentwirkung von Lipase, Cholinesterase, Thiaminase und Fumurase wird durch Erythromycin nicht gehemmt. Verschiedentlich wurde sogar eine Wirkungssteigerung durch Erythromycin beobachtet. In der Klinik konnten ausgesprochen toxische Symptome — außer vereinzelten reversiblen Leukopenien nach langdauernder Anwendung bei Kindern — bisher nicht beobachtet werden (MARTIN). Magen-Darmsymptome wie Brechreiz, Erbrechen, Diarrhoen werden vorwiegend bei hohen Einzelgaben (500 mg und mehr) beobachtet (ANDERSON). Über weitere Nebenerscheinungen wird an anderer Stelle ausführlich berichtet.

6. Klinische Pharmakologie

Erythromycin kommt oral, intramuskulär, intravenös und lokal zur Anwendung. Nach oraler Gabe wird Erythromycin gut resorbiert. Wirksame Blutspiegel werden schon 2—4 Std nach der Applikation erreicht, die nach 6—8 Std wieder abfallen. Erythromycin wird dabei von den oberen Partien des Dünndarms resorbiert. Von der Magensalzsäure wird Erythromycin zerstört und muß daher säurefest dragiert gegeben werden. Folgende Serumkonzentrationen wurden von KIRBY u. Mitarb., TUNEVALL und HEDENIUS; DAVIS u. ROMANSKI; GRIFFITH u. a. beobachtet:

500 mg peroral nach 3—4 Std	1,3—2,5—5 γ/ml
500 mg peroral nach 4—5 Std	0,3—0,6 γ/ml
500 mg peroral 6stündlich, Durchschnitt	2—6—8 γ/ml
300 mg peroral 6stündlich, Durchschnitt	0,5—4—7 γ/ml

Nach intravenöser Injektion von 250—500 mg können zunächst maximale Werte, die bei 10 bis 30 und mehr γ/ml liegen, erzielt werden, die jedoch rasch auf minimale Werte absinken (GRIGSBY, MAPLE). Wenn Erythromycin intravenös gegeben werden soll, dann nach Möglichkeit als Dauertropfinfusion, um einen gleichmäßig hohen Spiegel zu gewährleisten. Bei Betrachtungen über Serumspiegel muß immer an die Grenzkonzentrationen des Antibioticums für die einzelnen Bakterien gedacht werden. Für Staph. aur. m. Haem. liegt diese bei 0,625 γ/ml. Die Verhältnisse bei intramuskulärer Applikation gibt die Abb. 21 wieder.

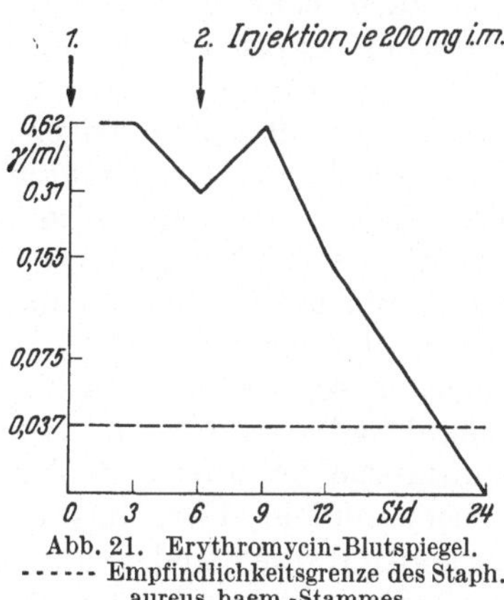

Abb. 21. Erythromycin-Blutspiegel. ------ Empfindlichkeitsgrenze des Staph. aureus haem.-Stammes

a) Verteilung im Körper

Erythromycin passiert nur in minimalen Mengen die Blut-Liquorschranke; es werden im Liquor Konzentrationen erreicht, die maximal $^1/_8$—$^1/_{64}$ der Serumwerte betragen. Anders liegen die Verhältnisse — wie auch bei anderen Antibiotica beobachtet — bei entzündlichen Meningen; die im Liquor erscheinenden Erythromycin-Mengen sind dann etwas höher. Wesentlich besser diffundiert Erythromycin in Peritoneal- und Pleuraflüssigkeit; hier werden je nach Häufigkeit und Größe der verabfolgten Mengen 10—50% der jeweiligen Blutspiegelwerte gefunden.

b) Ausscheidung

Erythromycin wird zu 10—15% der eingenommenen Mengen in aktiver Form durch die Nieren ausgeschieden. Die Ausscheidung erfolgt rasch (nach 1—2 Std) und ist nach 4—6 Std zum großen Teil beendet. Kleine Konzentrationen sind nach 12—18 Std noch nachweisbar. Bei mehrfachen Gaben können 100—1000 γ/ml im Urin nachgewiesen werden. Bei normaler Leberfunktion wird Erythromycin in biologisch aktiver Form durch die Lebergalle ausgeschieden; bei hohen Plasmaspiegeln können Erythromycin-Gallenkonzentrationen bis 250 γ/ml erreicht werden (LEE, ANDERSON und CHEN). Ein großer Teil Erythromycin wird durch die Faeces ausgeschieden. Die Faeceskonzentrationen richten sich weitgehend nach der Höhe der applizierten Erythromycin-Mengen. HEILMAN u. a. konnten bis zu 600 γ/g Faeces nachweisen. Während die Coliflora nur unwesentlich angegriffen wird, werden die im Darmtrakt befindlichen Clostridien fast völlig eliminiert. Die Patienten haben dann beinahe geruchlose Stühle (s. auch HAIGHT und FINLAND, JOSSELYN u. SYLVESTER 1953, KIRBY u. Mitarb. 1953, SMITH u. Mitarb. 1953).

7. Resistenz

Eine primäre Erythromycin-Resistenz bei Staphylokokken kommt außerordentlich selten vor (SCHEIERSON; KNOTHE und DEL CAMPO). In vitro kann dagegen eine Resistenzentwicklung induziert werden; sie gleicht dann dem Penicillintyp (HAIGHT und FINLAND). Resistenzprüfungen gegenüber Erythromycin ergaben, daß es durch wiederholte Überimpfung von erythromycinempfindlichen Erregern auf erythromycinhaltige Nährböden möglich ist, eine allmähliche Erythromycin-Resistenz herauszuzüchten. Die so erhaltenen resistenten Keime sind auch nach wiederholter Überimpfung auf erythromycinfreie Nährböden erythromycinresistent geblieben. Das Verhalten dieser künstlich erythromycinresistent gemachten Erreger verschiedener Art gegenüber den anderen Antibiotica war mit einer einzigen Ausnahme anders als sonst. Die Ausnahme betraf einen erythromycinresistenten Stamm Typus 3 des Pneumococcus, der nach wiederholten Überimpfungen auf Erythromycin-Nährböden eine deutliche Empfindlichkeitssteigerung gegenüber dem Antibioticum Neomycin zeigte. Viele Stoffe, welche die Wirkung anderer antibakterieller Mittel beeinträchtigen, hatten keinen deutlichen Effekt auf die Erythromycin-Wirksamkeit, z. B. Serum, Penicillinase, Folsäure, p-Aminobenzoesäure, Glutaminsäure, Harnstoff, Natriumchlorid, Glucose, Cystein, Semicarbacid und andere. Erythromycinhemmende Substanzen konnten in Kulturen von erythromycinresistenten Bakterien nicht isoliert werden. Über das Vorhandensein einer „Erythromycinase" ist nichts bekannt (HAIGHT und FINLAND).

Daß mit steigendem Antibioticaverbrauch die Zahl resistenter Varianten ansteigt, ist eine Tatsache, mit der man sich abgefunden hat, die aber die Suche nach neueren Antibiotica zweifellos aktiviert. Zahllos sind die Veröffentlichungen über das Anwachsen resistenter Varianten. Daß man bei kritikloser Anwendung des Erythromycins genau der gleichen Entwicklung bei diesem wertvollen Antibioticum Vorschub leistet, liegt klar auf der Hand. Während KIRBY und AHERN im Januar bis April 1953 nur 2% von 102 Staphylokokkenstämmen als resistent fanden, wie Tabelle 21 zeigt, sind die Befunde von LEPPER u. a. schon beunruhigender. Bei

Tabelle 21. *Empfindlichkeits- bzw. Resistenztabelle von 102 Staphylokokkenstämmen gegen die erwähnten Antibiotica*

Jahr	Zahl der Staphylokokkenstämme		Penicillin	Chlortetracyclin	Oxytetracyclin	Chloramphenicol	Bacitracin	Erythromycin
August 1951 bis Mai 1952	102	%-resistent	73	42	42	20	3	
		%-empfindlich	27	58	58	80	97	
Januar bis April 1953	102	%-resistent	68	61	61	6	5	2
		%-empfindlich	32	39	39	94	95	98

weitgehender Verwendung von Erythromycin in einer Klinik konnten diese Autoren innerhalb von 5 Beobachtungsmonaten eine Zunahme von erythromycinresistenten Staphylokokken (Resistenzgrad über 100 γ/ml) von 0 auf 75% beobachten. Nach vollkommenem Absetzen von Erythromycin ging die Häufigkeit innerhalb von 4 Monaten auf 30% zurück. GRIGSBY u. Mitarb. berichten ähnliches. — Am Material der Universitäts-Hautklinik Hamburg-Eppendorf konnten wir diese düsteren Befunde zwar nicht bestätigen, müssen aber einschränkend dazu bemerken, daß Erythromycin nur bei absolut notwendigen Indikationen gegeben wird. Trotzdem beträgt auch hier der Anteil an erythromycinresistenten Staphylokokkenstämmen im Jahr 1960 32% gegenüber 2% im Jahr 1954. Wir möchten ebenso wie DEUCHER vor einer kritiklosen Anwendung von Erythromycin warnen.

Abgesehen von Oleandomycin und Carbomycin gibt es keine Kreuzresistenz zwischen Erythromycin und anderen Antibiotica.

8. Kombinationen

Durch Kombination von Erythromycin mit Penicillin oder Streptomycin läßt sich in vitro eine Erythromycin-Resistenz hinauszögern. Erythromycin verhält sich bezüglich einer Kombination mit anderen Antibiotica wie die Tetracycline oder das Chloramphenicol. Zwischen Erythromycin und Streptomycin besteht Synergismus analog zur Kombination Streptomycin-Chloramphenicol (MANTEN, ELEK und HILSON, CHAPRA und GUPTA). Im Handel ist bisher ein Kombinationspräparat Erythromycin + Sulfanilamide. Diese Erythrosulfa-Tabletten enthalten 100 mg Erythromycin + je 0,083 g Sulfadiacin, Sulfameracin und Sulfamethacin.

9. Nachweis

Erythromycin wird sicher und quantitativ mit den üblichen mikrobiologischen Methoden nachgewiesen. Es kann aber auch papierchromatographisch von Carbomycin, Methmycin und Proactinomycin getrennt (SOKOLSKI u. Mitarb.) oder spektro-photometrisch bestimmt werden (KUZEL u. Mitarb.).

VII. Carbomycin

Carbomycin (Magnamycin) soll im Anschluß an Erythromycin nur aus zwei Gründen erwähnt werden:

1. Die Kreuzresistenz zwischen Carbomycin und Erythromycin ist vollkommen.

2. Penicillinresistente Staphylokokken bleiben genau wie beim Erythromycin auch gegen Carbomycin empfindlich.

Carbomycin wurde aus Stoffwechselprodukten von Streptomyces halstedii (TANNER u. Mitarb.) isoliert. Es ist wenig löslich in Wasser, bildet aber mit Säuren gut lösliche Salze. Die Strukturformel ist noch nicht ermittelt, die Bruttoformel beträgt $C_{48}H_{69-71}O_{16}N$. Vom Erythromycin unterscheidet es sich dadurch, daß es in saurem Milieu seine Aktivität nicht einbüßt; sein Molekulargewicht ist 860. Seine antibakterielle Wirkung, seine Resorptions- und Ausscheidungsverhältnisse, seine Wirkungsweise, Verträglichkeit usw. ähneln weitgehend denen des Erythromycin oder sind mit denen des Erythromycins identisch. In der Dermato-Venerologie hat es keine Bedeutung erlangt.

VIII. Polymyxin

Die Polymyxine wurden 1947 praktisch gleichzeitig, aber völlig unabhängig von 3 Forschergruppen in den USA entdeckt (AINSWORTH, BENEDICT u. LANGLYKKE, STANSLY). Polymyxin ist der Sammelname für fünf verschiedene Polymyxintypen (A, B, C, D, E). Von diesen 5 Typen ist Polymyxin B am wenigsten toxisch und hat dadurch Eingang in die Therapie gefunden (STANSLY 1949, Symposion 1949, BROWNLEE u. Mitarb. 1952, LEDUC 1953).

1. Herkunft

Die Polymyxine sind Stoffwechselprodukte verschiedener Stämme von Bacillus polymyxa (B. aerosporus Greer), einem aeroben Sporenbildner, der im Erdboden gefunden wird. Der Mikroorganismus wird auch in der Industrie bei der Herstellung von 2,3-butandiol durch Stärkevergärung benützt. Die von den verschiedenen Stämmen stammenden Polymyxine werden alphabetisch mit A bis E bezeichnet.

2. Chemie

Die genauen Strukturformeln der Polymyxine sind nicht bekannt. Man nimmt aber eine ringförmige Struktur an, wobei der Säurerest mit der freien Aminogruppe der α, γ-Diaminobuttersäure amidartig verknüpft sind. KIMMIG hat darauf hingewiesen, daß die Konstitutionsformel nur eine recht rohe Vorstellung von dem wirklichen Aufbau ergibt, da auf Grund der isolierten Bausteine immerhin 5000 verschiedene Konstitutionsformeln möglich sind. Es sind relativ einfache basische Polypeptide mit Molekulargewichten um 1000, die leicht wasserlösliche Salze mit Mineralsäuren bilden. Die Polymyxine enthalten alle L-Threonin, L-α-γ-Diaminobuttersäure und eine Fettsäure, die (+)-6-Methylcaprylsäure (WILKINSON). Sie differieren nur in ihrem Gehalt an D-Leucin, L-Phenylalanin und D-Serin voneinander (Tabelle 22).

Tabelle 22. *Differenzierung der verschiedenen Polymyxine*

Aminosäuren	Polymyxine				
	A	B	C	D	E
D-Leucin	+	+	–	+	+
L-Phenylalanin	–	+	+	–	–
L-Threonin	+	+	+	+	+
D-Serin	–	–	–	+	–
L-α,γ-Diaminobuttersäure	+	+	+	+	+

Polymyxin ist in Wasser zu 40% löslich, ebenso in Methylalkohol, unlöslich in Aceton, Äther, Chloroform und Kohlenwasserstoffen. Sowohl in Pulverform als auch in wäßriger Lösung sind die Polymyxine unter physiologischen Temperatur- und p_H-Verhältnissen weitgehend stabil. In stark saurem und in alkalischem Milieu wird Polymyxin rasch inaktiviert.

Standardisierung. Der Reinheitsgrad der jetzt vorliegenden Polymyxin-Präparate beträgt 75%; die Wirksamkeit wird entsprechend einer theoretisch reinen Substanz, die 10000 E pro mg enthalten würde, angegeben. Die Handelspräparate enthalten das entsprechende Äquivalent zu 10000 E/mg. Die Wirksamkeit wird dabei nach mikrobiologischen Verfahren bestimmt.

3. Wirkungsbereich

Da für die Therapie wegen der relativ besten Verträglichkeit vorwiegend Polymyxin B-Sulfat (nach neueren Berichten auch Polymyxin E) geeignet ist (LEPPER u. Mitarb.), sollen lediglich die Daten für Polymyxin B angeführt werden, zumal auch keine signifikanten Unterschiede in den antibakteriellen Eigenschaften der 5 verschiedenen Polymyxine bestehen. Das im Reagensglas ermittelte Spektrum ist schmal und bezieht sich in erster Linie auf gramnegative Bakterien: Aerobacter, Eberthella typhi, Escherichia coli, Haemophilus, Klebsiellen, Salmonellen, Shigellen, Pasteurellen, Pseudomonas und Vibrio commae. Brucellen sind nur mäßig empfindlich; die meisten Proteusstämme werden von Polymyxin nicht angegriffen; einige Neisseria-Arten zeigen Resistenz, ebenso grampositive Bakterien. In unserem Spektrum zeigt das Polymyxin B die in Tabelle 23 niedergelegten Hemmwerte.

Im Tierexperiment entsprechen die Resultate den Verhältnissen in vitro. Mit Typhusbakterien oder Haemophilus pertussis infizierte Mäuse können durch Polymyxin weitgehend geschützt bzw. nach Ausbruch der Infektion zum großen Teil geheilt werden.

Tabelle 23. *Wirksame Grenzkonzentrationen für Polymyxin B*

Keimart	Grenzkonzentration in γ/ml
Staphylococcus aureus „Oxford" . . .	5
Staphylococcus albus	5
Streptococcus haemolyticus	2,5
Streptococcus faecalis	10
Bac. subtilis	10
Bac. anthracis	10
Corynebacterium pseudodiphtheriae . .	7,5
Neisseria gonorrhoeae	2,5
Escherichia coli	1,25
Bact. proteus vulgare	200
Pseudomonas aeruginosa	2,5
Klebsiella pneumoniae	0,625

4. Wirkungsmechanismus

Polymyxin wirkt bakteriostatisch und bei höheren Konzentrationen bactericid (Abbildung 22). Es ist in seiner Wirkungsweise abhängig von der Keimeinsaat, vom p_H des Nährmediums und vom Erregertyp (Jawetz, Lommel).

5. Toxicität

Da die Toxicitätsverhältnisse der einzelnen Polymyxine nur unwesentlich differieren, wird nur über Polymyxin B berichtet. Die DL_{50} für Mäuse beträgt bei intravenöser Gabe 6,1 mg/kg, nach intraperitonealer Gabe 12,1 mg/kg und subcutan 82,5 mg/kg (Brownlee u. Mitarb.). Für Hunde liegt die DL_{50} intravenös bei 1—3 mg/kg; Polymyxin unterdrückt dabei die glomeruläre Filtration, wodurch es zur Reduktion des Urinvolumens kommt. Dieser Effekt ist reversibel. Auf der anderen Seite hat man Hunden 2—6 Wochen lang täglich 2,5 mg/kg Polymyxin intramuskulär gegeben und dabei nur eine vorübergehende Abschwächung der Tubulustätigkeit beobachtet, ohne daß dabei allerdings die Ausscheidungsverhältnisse nachgehend gestört worden wären. Histologisch findet man bei schweren Schädigungen durch letale Dosen trübe Schwellung an den Tubuli. Nach Light u. Mitarb. kann man den nephrotoxischen Effekt von Polymyxin mit Hg-Schädigungen vergleichen. In Konzentrationen von 1 mg/ml verursacht Polymyxin weder Tod noch schwere Schädigungen in der Gewebekultur; bei 0,2 mg/ml wird die Gewebekultur nicht beeinflußt und bei noch geringeren Dosen kann eine

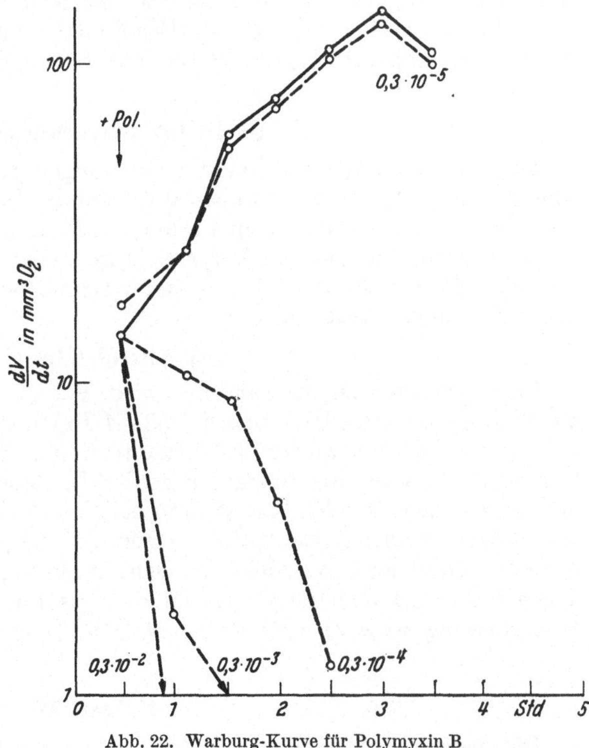

Abb. 22. Warburg-Kurve für Polymyxin B

Stimulation von Epithelien beobachtet werden. SENECA und IDES beobachteten, daß Polymyxin in Konzentrationen von 1—10 γ/ml die Bewegung der Spermatozoen anregt; sie konnten nachweisen, daß Konzentrationen, die unter 2 mg/ml liegen, keinen toxischen Effekt auf Spermatozoen haben.

Beim Menschen kommt es zu neurotoxischen Erscheinungen wie Schwindel, Kopfschmerzen, Par- und Hypästhesien, eventuell Ataxien; an nephrotoxischen Schäden werden beobachtet: Albuminurie, Cylindrurie, Rest-N-Erhöhung, Herabsetzung der Kreatininclearancewerte; ferner lokale Reizerscheinungen nach intramuskulärer Gabe, Fieberreaktionen und Allergien. Das alles sind Gründe dafür, weshalb Polymyxin nur lokal als Lösung, Salbe oder Puder angewandt wird.

6. Klinische Pharmakologie

Nach peroraler Gabe wird Polymyxin nur in ganz minimalen Mengen, die nie zu wirksamen Serumkonzentrationen führen, resorbiert. Das gleiche gilt für die lokale Anwendung, wie bei ausgedehnten Verbrennungen beobachtet werden konnte (KAGAN u. Mitarb., JAWETZ u. BIERMAN, JACKSON u. a.). Als Aerosol wird Polymyxin jedoch in Mengen von den Alveolen aufgenommen, die zu wirksamen Plasmaspiegeln führen können (KAPLAN u. Mitarb.). Intramuskuläre Applikation von 2—4 mg/kg täglich führen nach PULASKI und ROSENBERG zu Serumspiegeln von etwa 1—8 γ/ml mit einem Gipfel, der 2—4 Std nach der Injektion erreicht wird. Bei Patienten mit Rest-N-Erhöhungen von 60—70 mg-% werden nach JAWETZ und COLEMAN höhere Polymyxin-Serumspiegel erreicht als bei Menschen mit normalem Rest-N.

a) Diffusionsverhältnisse

Polymyxin gelangt nur in kleinsten Mengen vom Blut in die Pleura-, Gelenk- oder Bauchhöhle; es passiert ebenso schwer die Blut-Liquorschranke. Sollen also wirksame Konzentrationen im Liquor, im Pleuraraum oder in den Gelenkhöhlen erzielt werden, dann müßte Polymyxin intrathecal bzw. intrapleural bzw. intraartikulär gegeben werden. Ein weiterer Grund, weshalb Polymyxin nur lokal als Salbe usw. angewandt wird.

b) Ausscheidung

Nach parenteraler Anwendung wird Polymyxin in der Hauptsache durch die Nieren ausgeschieden; innerhalb 3—4 Tagen erscheinen 60% des zugeführten Polymyxins im Urin wieder in Konzentrationen von 10—160 γ/ml. Bei täglichen Dosen von 3 mg/kg intramuskulär werden Urinkonzentrationen von 40—400 γ/ml nach dem 2. Tag erreicht. KAGAN fand bei Kindern nach Einzelgaben von 0,8 mg/kg intramuskulär Urinkonzentrationen von 0,2—50 γ/ml. Indes weichen die Ergebnisse der einzelnen Untersucher in vielen Punkten voneinander ab, was zum Teil daran liegt, daß das Polymyxin in den gesammelten Urinen durch bakterielle Beeinflussung zersetzt wird, woraus falsche Werte resultieren können.

7. Resistenz

Die meisten Untersucher stimmen darin überein, daß sich Resistenzerscheinungen bei ursprünglich sensiblen Keimen nur selten entwickeln. Setzt man polymyxinempfindliche Keime im Verlauf von mehreren Passagen unterschwelligen Polymyxin-Dosen aus, so kommt es nicht zu einer stürmischen Resistenzentwicklung wie bei manchen bakteriostatisch wirkenden Substanzen (STANSLY). Bei Aerobacter aerogenes oder Pseudomonas aeruginosa mit einer ursprünglichen Empfindlichkeit gegen Polymyxin von 0,2 γ/ml — also einer mittelguten Sensibilität — kommt es wie JAWETZ und COLEMAN zeigen konnten, innerhalb von 14 Tagen zu einer Resistenzsteigerung um das 1000fache, wenn die Keime täglich unterschwelligen Polymyxin-Dosen ausgesetzt werden; bei sehr gut sensiblen Keimen — wie E. coli (0,05 γ pro ml) — beträgt dagegen die Resistenzsteigerung nur das 5—20fache. Bei örtlicher Therapie kommen die Keime mit so hohen Polymyxin-Konzentrationen in Kontakt, daß mit einer Resistenzentwicklung nicht gerechnet zu werden braucht. Interessant ist auch folgendes Phänomen, das noch nicht geklärt ist und von HERMAN beschrieben wurde (persönliche Mitteilung an H. WELCH): Einen nur mäßig empfindlichen Stamm von Ps. aeruginosa kann man in 6—12 Passagen von 8 γ/ml Ausgangssensibilität im flüssigen Medium auf 50 γ/ml bringen. Der gleiche Stamm wird aber im festen Medium mit der gleichen Konzentration, bei der im flüssigen Milieu die Keime noch gut gedeihen, schnell und sicher abgetötet. Kreuzresistenz zwischen Polymyxin B und anderen bekannten Antibiotica ist bisher nicht beobachtet worden.

8. Kombinationen

Wegen der vorwiegend bactericiden Wirkung von Polymyxin sind exakte Aussagen über synergistische Effekte bei Kombination mit anderen Antibiotica nur schwer möglich. Nach JAWETZ und GUNNISON sowie VACCA kann Polymyxin gut mit Tetracyclinen, Streptomycin und Chloramphenicol kombiniert werden. Diese Kombination bewährt sich bei Coli- und coliformen Infektionen mehr als bei Proteus, Pseudomonas oder Salmonella. Eine Kombination ist insofern erstrebenswert, als dadurch eine Polymyxin-Darreichung (man kommt mit kleinsten Dosen aus) über längere Zeit ohne Toxicitätszeichen ermöglicht wird. Eine Kombination mit Neomycin zeigt nach Untersuchungen von BARR, CARMAN und HARRIS einen signifikant synergistischen Effekt in vitro. Antagonismus zwischen Polymyxin und anderen Antibiotica wurde bisher noch nicht beobachtet.

9. Nachweis

Polymyxin wird mit den üblichen mikrobiologischen Testverfahren (Röhrchenverdünnungstest, Papierscheibenmethode, Agar-Inkorporation) oder papierchromatographisch nachgewiesen (MISTRETTA).

IX. Neomycin

Neomycin wurde 1949 von WAKSMAN und LECHEVALIER anläßlich ihrer Suche nach Substanzen, die streptomycinresistente Keime angreifen, entdeckt. Neomycin sollte ursprünglich nur zur äußerlichen Behandlung und zur oralen Therapie zum Zwecke einer antibakteriellen Beeinflussung im Darmlumen verwandt werden. Nur unter bestimmten Bedingungen ist eine Allgemeinbehandlung mit Neomycin gerechtfertigt. WAKSMAN hat Geschichte, Chemie, Klinik und Bakteriologie 1953 in einer ausgedehnten Monographie niedergelegt. Auf diese muß verwiesen werden, weil im nachfolgenden nur die Hauptdaten besprochen werden können.

1. Herkunft

Neomycin wurde aus Stoffwechselprodukten von Streptomyces fradiae, einem Bodenpilz, isoliert. Nach Untersuchungen von BENEDICT u. Mitarb. kann der gesamte Neomycin-Komplex auch aus Streptomyces albogriseolus, nov. sp. gewonnen werden. Aus Kulturfiltraten dieser Strahlenpilzarten konnten vier verschiedene Antibiotica dargestellt werden: Neomycin A (= Neamin), Neomycin B und C (nur Isomerenunterschiede) und Fradicin (mit fungistatischer Wirkung). Von therapeutischem Interesse ist aber nur Neomycin B.

2. Chemische und physikalische Eigenschaften

Man weiß heute durch die Untersuchungen REGNAS, daß die aus Streptomyces fradiae isolierten Substanzen eine Mischung aus dem fungistatischen Fradicin ($C_{30}H_{34}N_4O_4$) und dem Neomycinkomplex (A, B und C) ist, der nur antibakterielle Wirkung zeigt. In Anbetracht der Ähnlichkeit in antimikrobiellem Effekt und pharmakologischen Eigenschaften zwischen Neomycin und Streptomycin ist es interessant, daß Streptomycin (genau wie Neomycin B) einen Diaminopolyhydroxycyclohexan-Anteil, das Streptidin, enthält. Das handelsübliche Neomycin ist eine weiße wasserlösliche Substanz mit basischen Eigenschaften. Die Summenformel ist $C_{29}H_{58}O_{16}N_8$ mit einem Molekulargewicht von etwa 771. Die chemische Struktur ist noch nicht aufgeklärt. Neomycin ist gut wasserlöslich und in Lösung über einen weiten p_H-Bereich thermostabil. In alkalischer Lösung ist es bei Zimmertemperatur über 1 Jahr haltbar; um die dabei auftretende Verfärbung (Neomycin wird dunkel) zu vermeiden, sollte man Lösungen im Kühlschrank aufbewahren. Das Wirkungsoptimum liegt im alkalischen Bereich. Durch Ölsäure und Nucleinsäure wird es rasch, durch Cystein und Hydroxylamin geringgradig inaktiviert. Durch Serum, Eiweiß, Eiter, Exsudate, Bakterienstoffwechselprodukte und Bakterienenzyme wird Neomycin nicht beeinflußt. Neomycinsulfat ist als Trockenpulver praktisch unbegrenzt haltbar.

Standardisierung. Die Wirkungsangabe des Neomycins erfolgt in Waksman-Einheiten (W.E. bzw. E). Die Handelspräparate enthalten Neomycin B-Sulfat von mindestens 200 W.E. bzw. 665 γ Neomycinbase (DUTCHER) 1 W.E. = 3,3 γ der Neomycinbase entspricht 5 γ Neomycinsulfat.

3. Wirkungsbereich

Neomycin hat ein breiteres Wirkungsspektrum als Penicillin, Bacitracin oder Streptomycin; es ist nicht nur wirksam gegen eine Reihe von grampositiven, sondern auch gegen gramnegative und säurefeste Bakterien sowie Aktinomyceten. Es ist wirksamer gegen Staphylokokken als gegen Streptococcus faecalis; Proteus und Pseudomonas sind teilweise sehr empfindlich; gegen Clostridien ist Neomycin unterschiedlich wirksam. Neomycin wirkt schnell und gut auf E. coli, während die zur normalen Darmflora gehörenden Clostridienarten und Bakteriodes, also Anaerobier, nicht nennenswert beeinflußt werden. Fungi und Virusarten werden von Neomycin nicht erfaßt. Durch Neomycin-Konzentrationen von 5—10 γ/ml oder weniger werden gehemmt: A. aerogenes, Bac. anthracis, B. subtilis, Brucellen, Corynebacterium

Tabelle 24. *Wirksame Grenzkonzentrationen für Neomycin*

Keimart	Grenzkonzentration in γ/ml
Staphylococcus aureus „Oxford"	1,25
Staphylococcus albus	0,156
Streptococcus haemolyticus	0,04
Streptococcus faecalis	5
Bac. subtilis	0,625
Bac. anthracis	2,5
Corynebact. pseudodiphtheriae	0,04
Neisseria gonorrhoeae	0,1
Escherichia coli	20
Bact. Proteus vulgare	20
Pseudomonas aeruginosa	40
Klebsiella pneumoniae	5
Mycobact. tuberculosis var. humanus „Greifswald"	2

diphtheriae et pseudodiphtheriae, E. coli, Klebsiella pneumoniae, Micrococcus pyogenes, Mycobact. tuberculosis, Pasteurella pestis, Proteus vulgaris, Salmonellaarten, Serratia marcescens, Shigellaarten u. a. (CLANCY, FELSENFELD, KADISON, WAISBREN, WAKSMAN u. a.).

Die Resultate im Tierexperiment entsprechen weitgehend den im Reagensglas erzielten Hemmwerten.

Unter unseren Versuchsbedingungen zeigt Neomycin die in Tabelle 24 niedergelegten Hemmwerte.

4. Wirkungsweise

Neomycin wirkt bakteriostatisch; in höheren Konzentrationen bactericid.

5. Toxicität

Durch seine ausgesprochene Neuro- und Nephrotoxicität ist die parenterale Anwendung von Neomycin begrenzt. Die DL_{50} für Mäuse beträgt bei intraperitonealer Gabe etwa 200 mg/kg. Bei Katzen verursachen schon kleinere Dosen (40 bis 100 mg/kg über 8—60 Tage gegeben) neurotoxische Störungen (Cochlearis- und Vestibularisdegeneration) (HAWKINS u. Mitarb.). Bei Hunden und Ratten verursachen analoge Dosen schwere Nierenschäden mit Schädigungen der Tubulusepithelien (NELSON u. Mitarb.) und schwere ototoxische Schäden (COURVOISIER und LEAU). Da Neomycin beim Menschen ebenfalls Nierenschäden, irreversible Taubheit usw. verursachen kann, ist die parenterale Applikation im allgemeinen kontraindiziert. Neomycin ähnelt in seinem toxischen Verhalten dem Polymyxin und Bacitracin. Orale Gaben führen infolge der geringen gastrointestinalen Resorption kaum zu toxischen Effekten. Neomycin kann jedoch — über längere Zeit gegeben — zu Störungen der normalen Darmflora in dem Sinne führen, daß resistente Keime überwuchern, z. B. A. aerogenes und — schon schlimmer — Hefen.

6. Klinische Pharmakologie

Neomycin wird vom Intestinaltrakt nur spärlich resorbiert; 3 g per os führen nur zu einem Plasmaspiegel von 1—4 γ/ml und tägliche Gaben von 10 g über 3 Tage gegeben, führen neben erheblichen toxischen Erscheinungen nur zu einem Spiegel, der unter 200 γ/ml liegt. Etwa 97% des peroral verabfolgten Neomycins erscheinen unverändert in den Faeces; Neomycin kann also die Darmflora schädigen. Nach intramuskulärer Applikation von 1—2 g werden Serumkonzentrationen von 1—3 E je ml = 10—20 γ/ml erreicht, die 6—8 Std aufrechterhalten werden. Neomycin wird schnell durch die Nieren ausgeschieden, und zwar in aktiver Form. Intramuskuläre Injektionen von 0,5 g alle 4 Std gegeben, führen zu Urinkonzentrationen von 100—200 γ/ml.

7. Resistenz

Unterschiede in der Empfindlichkeit gibt es schon bei verschiedenen Stämmen ein und derselben Bakterienart und neomycinresistente Varianten werden praktisch bei allen Bakterienarten angetroffen. Resistenzsteigerungen werden in vitro nur langsam erzielt, sie gleichen dann mehr dem Penicillin- als dem Streptomycintyp. WAISBREN und SPRINK prüften je 20 Stämme von E. coli, A. aerogenes, Ps. aeruginosa und Proteus: nur 4 von den 80 Stämmen erforderten höhere Grenzkonzentrationen als 31,2 γ/ml. Neomycin führt weniger häufig zu Resistenzerscheinungen als Streptomycin. Unter der Therapie kommt es aber nicht so selten zu Resistenzentwicklung bei Tuberkelbakterien, Pseudomonas und Proteus, die Resistenz scheint dann aber durch gewisse Bakterienenzyme ausgelöst zu werden, die Streptomycin und Neomycin inaktivieren können. Solche Substanzen konnten von BERGMAN u. Mitarb. in Kulturfiltraten von Ps. aeruginosa nachgewiesen werden. Sie sind sehr widerstandsfähig und werden durch Kochen in Alkali nicht zerstört, wohl aber durch Licht und Luftexposition. Über die Natur dieser Stoffe ist noch nichts Näheres bekannt. Gegen Neomycin resistent gemachte Bakterien zeigen gegenüber Tetracyclinen oder Chloramphenicol volle Sensibilität; dagegen besteht eine ausgesprochene einseitige Kreuzresistenz solcher Varianten mit Streptomycin; diese Stämme zeigen dann gegen Streptomycin eine höhere Resistenz als bei Beginn der entsprechenden Induktionsversuche vorgelegen hatte (GOCKE und FINLAND).

8. Kombinationen

Neomycin wirkt nach Untersuchungen von JAWETZ und GUNNISON synergistisch mit Penicillin, Streptomycin und Bacitracin. In vitro kann unter ganz bestimmten Bedingungen gelegentlich ein Antagonismus zwischen Neomycin und den Tetracyclinen oder Chloramphenicol festgestellt werden; aus diesem Grund wurde Neomycin auch in Gruppe I des Jawetz-Schemas eingeordnet. Während die bisher bekannten Untersuchungen über Neomycin-Kombinationen nur sehr mangelhaft sind, hat man Neomycin in der Klinik häufig mit Sulfonamiden, Polymyxin B, Erythromycin, Tetracyclinen kombiniert, sei es nun, daß man die Mischflora des Intestinaltraktes unterdrücken wollte (JAWETZ und BIERMAN) oder bakterielle Mischinfektionen von Wunden usw. In diesen Fällen tritt keine Interferenz zwischen Neomycin und den genannten Substanzen ein; Neomycin wirkt vielmehr für sich gemäß seinem Spektrum. FUSSGÄNGER und ROLLY konnten dieses Verhalten auch am Beispiel der Kombination Neomycin/Surfen (3-bis-2-methyl-4-aminochinolyl-6-carbamidhydrochlorid) sowohl unter den Bedingungen der Warburgschen Apparatur als auch im Tierexperiment bestätigen.

9. Nachweis

Der Nachweis von Neomycin geschieht mit den üblichen mikrobiologischen Bestimmungsmethoden.

X. Bacitracin

JOHNSON, ANKER und MELENEY beobachteten bereits 1943, daß in Kulturen von menschlichem Wundmaterial Bakterien wohl auf der Blutplatte, aber nicht in damit angesetzten Bouillonkulturen anwuchsen. Sie führten dieses Phänomen auf das Vorhandensein von Substanzen zurück, die von Mikroorganismen stammten, die gewöhnlich in solchen Wunden zu finden waren. Obgleich seit langem bekannt war, daß verschiedene Stämme der Subtilis-Gruppe, antibakterielle Eigenschaften haben, ist Bacitracin die einzige Substanz dieser Gruppe, die schließlich 1945 durch JOHNSON u. Mitarb. in die Therapie eingeführt werden konnte.

1. Herkunft

Bacitracin stammt aus Kulturfiltraten von Bac. subtilis Stamm Tracey I. Dieser Stamm war aus einer durch Straßendreck verunreinigten Wunde bei einer komplizierten Fraktur mit Osteomyelitis isoliert worden. Der Name Tracey rührt von der Patientin, einem jungen Mädchen, her. Neuerdings konnte der ursprünglich der Subtilis-Gruppe zugeordnete Keim als Bac. licheniformis identifiziert werden (Welch). Meleney und Johnson gaben dem Antibioticum den Namen „Bacitracin"; es wird wegen seiner zwar geringen neuro- aber sehr starken nephrotoxischen Eigenschaften klinisch fast ausschließlich lokal angewandt, obgleich es hohe Wirkung gegen Gasbrand und grampositive Kokken zeigt.

2. Chemie

Bacitracin ist ein Gemisch von mindestens 10 Polypeptiden (A, A', B, C, D, E, F_1, F_2, F_3, G). Bacitracin A ist das antibakteriell aktivste Mitglied dieser Gruppe; es besitzt die vermutliche Summenformel $C_{65}H_{103}O_{17}N_{16}S$, der ein Molekulargewicht von 1470 ($\pm$10%) bzw. 1390 entspricht. Bacitracin ist ein Polypeptid, in dessen Komplex 9 Aminosäuren nachgewiesen werden konnten: Leucin, Isoleucin, Cystin, Histidin, Lysin, Phenylalanin, Ornithin, Glutaminsäure und Asparaginsäure (Craig u. Mitarb., Newton u. Abraham). Bacitracin ist ein hellbraunes neutrales Pulver, das leicht in Wasser, physiologischer NaCl-Lösung, Methanol, Äthanol, Isopropanol, n-Butanol und Cyclohexanol löslich ist. In Cyclohexanon ist es wenig löslich, in Aceton, Benzol, Chloroform, Äther und Essigester ist es unlöslich. Als Trockensubstanz ist Bacitracin bei einem Reinheitsgrad von 80% (40—50 E/mg) 18 Monate lang haltbar. Unter Temperatureinwirkung von 56° C und mehr wird Bacitracin rasch zersetzt und inaktiviert. In neutraler und leicht saurer Lösung (p_H 5—7) ist Bacitracin bei 4° nicht länger als 4 Wochen haltbar. In alkalischem Milieu wird Bacitracin rasch inaktiviert, ebenso bei Erhitzung auf 100° über 15 min. Blut, Serum, Eiter, Penicillinase oder andere Bakterienenzyme beeinflussen die Wirkung von Bacitracin nicht.

Standardisierung. Die antibakterielle Aktivität von Bacitracin wird entsprechend der Hemmwirkung unter festgelegten Testmethoden in Einheiten angegeben. Eine Einheit entspricht 26 γ Bacitracin bzw. 23,8 γ „Bacitracin master standard" der *Federal Food and Drug Administration.* Die Handelspräparate enthalten (42 bis) 50 E/mg Bacitracin. Hochgereinigtes Bacitracin, das eine Wirksamkeit von 66 E/mg besitzt, ist relativ unstabil. Die Standardisierung in Einheiten mußte deshalb vorgenommen werden, weil Bacitracin keine reine chemische Substanz ist und seine antibiotische Wirkung Schwankungen unterworfen ist. Da 1 g Bacitracin in 1,5 ml Wasser oder Äthylalkohol löslich ist, ist es möglich, etwa 30000 E des Antibioticums in 1 ml zu lösen.

3. Wirkungsbereich

Bacitracin hemmt das Wachstum von Pneumokokken, Staphylokokken und Streptokokken, wobei es solche Stämme mit einschließt, die gegen andere Antibiotica primär oder sekundär resistent sind. Es wirkt auch gegen Clostridien und gramnegative Kokken wie Meningokokken und Gonokokken; ferner gegen E. histolytica, Treponema pallidum und Borrelia Vincenti. Bacitracin ist unwirksam gegen Fungi und die meisten aeroben gramnegativen Bakterien ausgenommen Haemophilus influenzae. Das Wachstum von Candida wird durch Bacitracin unter den Bedingungen der Warburg-Apparatur stimuliert (Abb. 23).

Die Ergebnisse der Bacitracin-Therapie im Tierexperiment entsprechen den in vitro-Verhältnissen bei verschiedenen Infektionen. Auch die Kaninchensyphilis wird nach Eagle u. Mitarb. von Bacitracin wirksam erfaßt (0,004 E/ml) und ausgeheilt (66 E/kg). Unter dem Abschnitt Kombinationen wird noch auf das Verhalten des Bacitracins in Gegenwart von Penicillin hinzuweisen sein.

Unter unseren Versuchsbedingungen zeigt Bacitracin die in Tabelle 25 niedergelegten Hemmwerte.

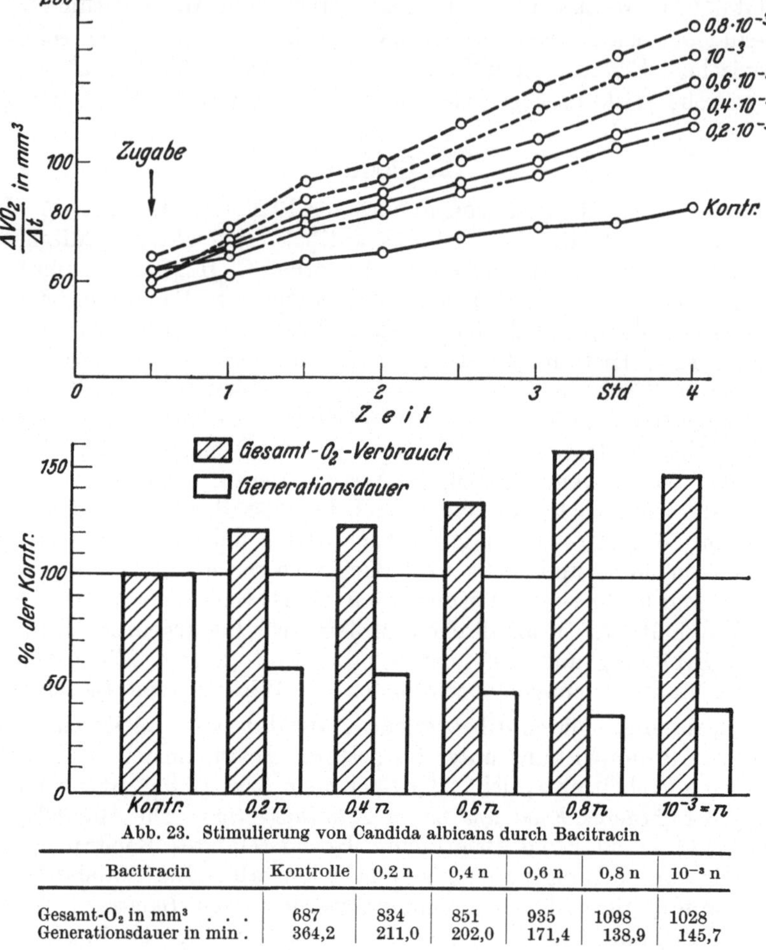

Abb. 23. Stimulierung von Candida albicans durch Bacitracin

Bacitracin	Kontrolle	0,2 n	0,4 n	0,6 n	0,8 n	10^{-3} n
Gesamt-O_2 in mm³ . . .	687	834	851	935	1098	1028
Generationsdauer in min .	364,2	211,0	202,0	171,4	138,9	145,7

Tabelle 25. *Wirksame Grenzkonzentrationen für Bacitracin*

Keimart	Grenzkonzentration in γ/ml
Staphylococcus aureus „Oxford"	10
Staphylococcus albus	12,5
Streptococcus haemolyticus	0,156
Streptococcus faecalis	10
Bac. subtilis	220
Bac. anthracis	200
Corynebacterium pseudodiphtheriae	10
Neisseria gonorrhoeae	0,1
Escherichia coli	>500
Bact. proteus vulgaris	>500
Pseudomonas aeruginosa	>500
Klebsiella pneumoniae	>500

4. Wirkungsmechanismus

Über den genauen Wirkungsmechanismus ist noch wenig bekannt. Nach HEIN wirkt Bacitracin in niedrigen Konzentrationen bakteriostatisch, in höheren bactericid. In manchen Punkten verhält sich Bacitracin ähnlich wie Penicillin. So konnte PAINE zeigen, daß Bacitracin den Glutaminsäureverbrauch von Staphylokokken stark zu reduzieren vermag.

Normal beträgt die Glutaminsäureaufnahme schnellwachsender Staphylokokken 320 γ/100 mg Trockengewicht Bakterienzellen. Dieser Hemmeffekt des Bacitracins bezieht sich nur auf die schnellwachsende und nicht auf die ruhende Bakterienzelle. Penicillin zeigt unter den gleichen Versuchsbedingungen analoges Verhalten.

5. Toxicität

Über die akute Toxicität haben SCUDI und ANTOPOL und NELSON und HAGAN ausführlich berichtet. Danach kommt es bei subletalen Dosen zu Erscheinungen seitens der Nieren bei Mäusen und Ratten: Ischämie, Ödeme, Nekrosen an den Tubuli und Henleschen Schleifen. Nach 12tägiger Applikation zeigen sich bei der Maus kollabierte und cystisch erweiterte Tubuli und eine hyperplastische Thyreoidea. Beim Hund zeigen sich nach Einzeldosen von 6000 E/kg noch keine Nierenschäden, jedoch dann, wenn Bacitracin in Gaben von 3000 E/kg täglich über 24 Tage gegeben wird. Bei Affen liegen die toxischen Wirkungen in der gleichen Größenordnung. Das Auftreten nephrotoxischer Symptome ist nach MELENEY u. Mitarb. von der pro die applizierten Bacitracin-Menge abhängig. Indes die Angaben der einzelnen Untersucher weichen zum Teil voneinander ab; Toxicitätsfragen sind beim Bacitracin auch von geringerer Bedeutung, weil Bacitracin praktisch ausschließlich lokal zur Anwendung kommt. Bei örtlichen Gaben werden aber nur so geringe Mengen resorbiert, daß keine toxischen Erscheinungen beobachtet werden.

6. Klinische Pharmakologie

Hierüber liegt eine große Reihe von Mitteilungen von FINLAND und WRIGHT, EAGLE u. Mitarb., ZINTEL u. Mitarb. u. v. a. vor. Danach wird Bacitracin nach oraler Gabe so gut wie nicht resorbiert; es sind deshalb auch nur minimale Mengen im Urin nachweisbar (0,1—1 E/ml). In den Faeces findet man hohe Konzentrationen, von denen ein großer Teil aktiven Bacitracins durch bakterielle Zersetzung inaktiviert worden ist. Als Polypeptid wird Bacitracin im Darmkanal abgebaut (ORZECHOWSKI). Nach intramuskulärer Applikation wird Bacitracin langsam resorbiert. 4 Std nach einer Gabe von 50000 E können im Plasma Maximalspiegel von 0,03—0,8 E/ml nachgewiesen werden, die nach 6—8 Std langsam abgesunken sind. Bacitracin tritt rasch in Pleura- und Peritonealflüssigkeit über, während bei normalen Meningen nur Spuren die Blut-Liquorschranke durchbrechen. 10—30% der intramuskulär applizierten Bacitracin-Menge werden innerhalb 24 Std mit dem Urin ausgeschieden. Bacitracin wird dabei langsam hauptsächlich durch Glomerulus-Filtration aus dem Körper eliminiert. Über das Schicksal der verbleibenden Bacitracin-Mengen ist noch nichts bekannt.

7. Resistenz

Resistenzerscheinungen bei vorher empfindlichen Keimen treten unter Bacitracin-Therapie nur selten und dann langsam ein. Die Resistenzentwicklung gegen Bacitracin gleicht der beim Penicillin. In vitro kann relativ einfach eine Bacitracin-Resistenz mit Hilfe der gebräuchlichen Verfahren induziert werden. GEZON konnte eine Resistenzsteigerung um das 3750fache bei β-hämolysierenden Streptokokken im Zeitraum von 40 Passagen beobachten. Diese Resistenz war aber nicht stabil; sie konnte sehr bald rückgängig gemacht werden, wenn die

Keime auf bacitracinfreie Nährböden gebracht wurden, oder wenn Mäusepassagen eingeschaltet wurden. STONE führte entsprechende Versuche an Staph. aureus durch: in 30—40 Passagen auf Nährböden mit unterschwelligen Bacitracin-Dosen erreichte er eine Resistenzsteigerung um das 50- bis 60fache. Diese induzierte Resistenz war ebenfalls reversibel durch Subkulturen auf bacitracinfreien Nährmedien. STONE führte auch Untersuchungen über eine mögliche Kreuzresistenz zwischen Bacitracin und Penicillin durch. Dabei zeigte sich, daß die in vitro langsam gegen Bacitracin resistent werdenden Staphylokokken ihre Sensibilität gegenüber Penicillin nicht ändern; im umgekehrten Versuch, also bei Gewöhnung von Staphylokokken an Penicillin, ließen die gleichen Staph.-Stämme jedoch deutliche Sensibilitätsverluste gegen Bacitracin erkennen. Bei diesen Stämmen hielt die Bacitracin-Resistenz an, während die Penicillin-Resistenz durch Subkulturen wieder aufgehoben werden konnte.

8. Kombinationen

Die Kombinationsmöglichkeiten zwischen Bacitracin und anderen Antibiotica sind sehr intensiv untersucht worden. BACHMAN konnte in vitro einen synergistischen Effekt zwischen Bacitracin und Penicillin nachweisen, wenn beide Antibiotica gleichzeitig auf gewisse Streptokokken einwirkten. EAGLE und FLEISHMAN fanden einen deutlichen synergistischen Effekt der beiden Antibiotica bei der experimentellen Kaninchensyphilis. Hier ist es möglich, mit $^1/_{40}$ der mittleren kurativen Dosis Penicillin und $^1/_7$ der mittleren kurativen Dosis Bacitracin die Kaninchensyphilis völlig auszuheilen. JAWETZ und GUNNISON bearbeiteten die Frage Synergismus und Antagonismus ebenfalls. Sie fanden dabei, daß Bacitracin nicht nur in Kombination mit Penicillin, sondern auch mit Streptomycin, vor allem aber mit Neomycin in seiner Wirkung gesteigert werden kann. Gegenüber Tetracyclin und Chloramphenicol verhält sich Bacitracin wechselnd; durch geeignete Versuchsbedingungen kann man sowohl Antagonismus als auch Synergismus dieser beiden Gruppen feststellen. In dem Bestreben, durch Kombinationen ein breiteres Spektrum zu erzielen, hat man Bacitracin, das in erster Linie auf grampositive Kokken wirkt, mit Antibiotica kombiniert, die gramnegative Bakterien erfassen, also mit Neomycin, Polymyxin B, Thyrothricin und auch den Tetracyclinen. Besonders wirksam erscheint uns aus eigenen Versuchen und Erfahrungen am Krankenbett die Kombination Bacitracin mit Neomycin, die im Nebacetin vorliegt (HEIN).

9. Nachweismethoden

Bacitracin wird hauptsächlich mikrobiologisch nachgewiesen: Zylinder-Plattentest in verschiedenen Variationen und Röhrchenverdünnungstest. Chemische Bestimmungsmethoden für Bacitracin sind für klinische Zwecke nicht brauchbar bzw. sind zu kompliziert und dadurch den mikrobiologischen Methoden unterlegen.

XI. Tyrothricin

Tyrothricin wurde zuerst 1939 — 10 Jahre nach der Entdeckung des Penicillins — von DUBOS beschrieben. Die Auffindung des Tyrothricins war das Resultat einer planmäßigen Suche nach einem Bakterienenzym, welches imstande sein sollte, die Kapsel von kapselbildenden Bakterien aufzulösen. In einer Reihe ausgezeichneter Arbeiten konnten DUBOS u. Mitarb. nachweisen, daß Tyrothricin aus 2 Komponenten besteht, Gramicidin und Tyrocidin, die schließlich in kristalliner Form dargestellt werden konnten. Es handelt sich chemisch um Polypeptide.

1. Herkunft

Tyrothricin wird aus Kulturfiltraten von Bacillus brevis, einem im Erdboden vorkommenden apathogenen grampositiven aerob wachsenden Sporenbildner, gewonnen. Der Name Tyrothricin ist abgeleitet worden von Tyrothrix, einer alten Bezeichnung für eine bestimmte Gruppe aerober Sporenbildner. Tyrothricin ist von historischem Interesse; es war das erste der modernen Antibiotica und hat die Entwicklung des Penicillins ganz maßgebend beeinflußt.

2. Chemie

Gewichtsmäßig enthält Tyrothricin 20% Gramicidin (der Name Gramicidin rührt von seiner Wirkung gegen grampositive Bakterien her) und 80% Tyrocidin. Gramicidin ist ein neutrales cyclisches Polypeptid mit einem Molekulargewicht von nahezu 8700. Gramicidin kann wieder aufgegliedert werden in 4 Komponenten, die sich in ihrem Gehalt an mehr oder weniger Aminosäuren unterscheiden. Tyrocidin ist ein basisches Polypeptid, das aus vielen verschiedenen Aminosäuren zusammengesetzt ist. Sein Molekulargewicht beträgt etwa 2500. Einzelheiten über Aufbau usw. der beiden Tyrothricin-Komponenten sind aus den Arbeiten von DUBOS und seinem Kreis zu entnehmen.

Tyrothricin selbst ist in Alkohol, Propylenglykol, Aceton leicht löslich, in Wasser, Chloroform und Äther aber unlöslich. Die Herstellung wäßriger Lösungen ist erst durch den Lösungsvermittler Cetylpyridiniumchlorid (einer quarternären Ammoniumbase) möglich; man erhält dann isotonische stabile Lösungen mit einem p_H von 7,5, die in 1 ml 250 γ Tyrothricin enthalten. Tyrothricin ist als Trockensubstanz weitgehend stabil; als wäßrige Lösung kann es ohne Aktivitätseinbußen 2 Std lang auf 100° erhitzt werden. Durch p_H-Änderungen in den Stufen p_H 3—8 wird es nicht beeinflußt; sein Wirkungsoptimum liegt bei p_H 5,5—7, also im sauren Milieu. Durch Blut, Serum, Ascites und andere Körperflüssigkeiten, sowie durch Peptonzusatz wird Tyrothricin in vitro inaktiviert, was seinen Wert als Antibioticum naturgemäß herabsetzen muß.

3. Wirkungsbereich

Tyrothricin wirkt vorwiegend auf grampositive und gramnegative Kokken (Streptokokken, Staphylokokken, Pneumokokken, weniger Enterokokken), ferner auf Corynebact. diphtheriae und pseudodiphtheriae, Clostridien und Neisserien. Gegenüber gramnegativen Bakterien ist es unwirksam. Im Tierexperiment konnte HAC die mit Clostridium welchii infizierte Maus durch lokale Applikation von Tyrothricin *nicht* schützen; MCKEE u. Mitarb. hatten dagegen in vitro eine stark bakteriostatische Wirkung des Tyrothricins auf Gasbranderreger festgestellt. Diese Wirkung übertraf die des Penicillins, des Sulfadiazins und anderer Sulfanilamide sowie von Aspergillinsäure und Gliotoxin.

Tabelle 26. *Wirksame Grenzkonzentrationen für Tyrothricin*

Keimart	Grenzkonzentration in γ/ml
Staphylococcus aureus „Oxford“	0,31
Staphylococcus albus	0,62
Streptococcus haemolyticus	0,019
Streptococcus faecalis	0,31
Bac. subtilis	1,25
Bac. anthracis	0,62
Corynebact. pseudodiphtheriae	0,62
Neisseria gonorrhoeae	0,1
Escherichia coli	1500
Bact. proteus vulgare	1500
Pseudomonas aeruginosa	1500
Klebsiella pneumoniae	1500

Unter unseren Versuchsbedingungen zeigt Tyrothricin die in Tabelle 26 niedergelegten Hemmwerte.

4. Wirkungsmechanismus

Tyrothricin wirkt genau wie ein Desinfiziens, indem es die Redoxsysteme der Bakterienzelle völlig inaktiviert. Vermöge seiner basischen Gruppen hat Tyrocidin einen deutlich lytischen Effekt, ähnlich der oberflächenaktiver Substanzen auf Bakterien. Gramicidin löst Bakterien nicht auf und wirkt in therapeutischen Konzentrationen bakteriostatisch; indem es einen abnormen Typ des Kohlenhydratabbaus ohne Phosphorylierung stimuliert, verhindert Gramicidin den normalen Energieaustausch und macht dadurch Wachstum und Teilung von Bakterien unmöglich. In kleinen Konzentrationen wirkt Tyrothricin bakteriostatisch, in großen aber bactericid. Die antibakterielle Wirkung des Tyrothricins kann durch Eiweiß inhibiert werden. Diese Tatsache und die erhebliche Toxicität lassen eine parenterale Anwendung von Tyrothricin nicht zu; Tyrothricin wird daher ausschließlich lokal zur Anwendung gebracht. In vivo ist Tyrothricin infolge der Serumhemmung wirkungslos. Auch das nicht ionisierte Tween 80, welches selbst kaum antibakteriell wirkt, hebt die Tyrothricinwirkung mit steigender Konzentration auf (Fenner).

5. Toxicität

Gibt man Versuchstieren (Mäuse, Kaninchen, Katzen usw.) Tyrothricin intravenös, so kommt es zu Lebernekrosen und starken Blutungen in Leber, Milz und Nieren. Für diese toxischen Effekte des Tyrothricins ist das Tyrocidin weitgehend veranwortlich zu machen. Tyrothricin und seine beiden Komponenten Gramicidin und Tyrocidin sind starke Hämatotoxine. Tyrothricin darf daher nie so appliziert werden, daß es in die Blutbahn kommen kann. Selbst bei örtlicher Anwendung — namentlich bei frisch blutenden Wunden oder im Operationsgebiet — sind Hämolyseeffekte und leichte Nierenblutungen beobachtet worden. Tyrothricin führt andererseits praktisch nicht zu Sensibilisierungen; auch stört es den Heilungsverlauf nicht. Infolge seiner hohen antibakteriellen Aktivität braucht es auch nur kurzfristig angewendet zu werden. Bei örtlicher Anwendung auf Schleimhäuten muß dagegen sehr vorsichtig verfahren werden. So beobachteten Seydell u. Mitarb. bei intranasaler Applikation von Tyrothricin Parosmie und Anosmie. Nach postoperativer Instillation bei Sinusitis frontalis und Ethmoiditis sahen Otenasek u. Mitarb. in 2 Fällen abakterielle toxische Meningitiden, von denen eine tödlich verlief. Die Schädigung des Geruchsinnes beruht auf einer direkten Wirkung auf die neuralen Elemente der Nasenschleimhaut; die Rückbildung solcher Störungen erfolgt nur langsam und oft unvollständig. Weitere Angaben über die Toxicität des Tyrothricins finden sich bei Heilman und Herrel, Mann u. Mitarb., Rammelkamp u. Mitarb., Robinson und Molitor u. a.

6. Resistenz

In Staphylokokkenkulturen entsteht nach Untersuchungen von Rammelkamp bei längerer Berührung mit Tyrothricin eine Resistenzzunahme. Diese Entwicklung ist bei den einzelnen Stämmen verschieden; in vitro gelingt meist in relativ kurzer Zeit eine absolute Resistenzentwicklung. Lind und Swanton haben Kinder 2 Jahre lang eine tyrothricinhaltige Zahnpaste benutzen lassen und dann die Mundflora auf Tyrothricin-Resistenz untersucht. Zwischen den Versuchspersonen und der Kontrollgruppe zeigten sich hinsichtlich Resistenzentwicklung und Entstehung von Kreuzresistenz zwischen Tyrothricin und anderen Antibiotica (Penicillin, Streptomycin, Tetracyclin und Chloramphenicol) keine signifikanten Unterschiede.

7. Kombinationen

Tyrothricin hat ein relativ schmales Wirkungsspektrum. Eine Kombination mit einem Antibioticum von größerer Wirkungsbreite erschien daher erstrebenswert. Man hat Xanthocillin, einen von ROTHE aus dem Mycel von Penicillium notatum isolierten Wirkstoff, der nach LANGER, BEIERSDORF und AHRENS auch gramnegative Bakterien erfaßt und sogar einen fungistatischen Effekt besitzt, dazu verwendet. SCHOOG hat die mikrobiologischen Wirkungen des Xanthocillins eingehend untersucht. SOUS u. Mitarb. haben die experimentellen Grundlagen für die Anwendung der Tyrothricin-Xanthocillin-Kombination zur Lokalbehandlung bakterieller Infektionen aufgezeigt. Ein im Handel befindliches Kombinationspräparat enthält 10% Tyrothricin und 90% Xanthocillin. Das bactericide Tyrothricin und das bakteriostatisch wirkende Xanthocillin sollen in Kombination keine Kreuzresistenz gegen Penicillin, Sulfonamide und andere Antibiotica zeigen.

Leider führt dieses Kombinationspräparat durch seinen Xanthocillin = Penicillin-Anteil sehr häufig zur Sensibilisierung und dadurch zu Kontaktdermatitiden.

8. Nachweismethoden

Tyrothricin wird mit den bekannten mikrobiologischen Methoden nachgewiesen.

XII. Nystatin

1951 beschrieben ELISABETH HAZEN und RACHEL BROWN unter dem Namen Fungicidin ein fungistatisch wie fungizid wirkendes, gegen Bakterien und Aktinomyceten aber praktisch unwirksames Antibioticum. Bereits 2 Jahre später erschien eine Reihe von Arbeiten vorwiegend amerikanischer Autorinnen, die sich mit der Wirkung des inzwischen Nystatin genannten Fungicidin im Tierexperiment befaßten. Nystatin war das erste Antibioticum von Bedeutung, das auf Fungi und Fungi imperfecti, vor allem aber auf Candida starke Hemmwirkungen zeigte. Es ist nun interessant, daß zur gleichen Zeit noch zwei weitere gegen Candida gerichtete Antibiotica aufgefunden wurden: LECHEVALIER u. Mitarb. gelang die Isolierung des Candicidin aus Streptomyces griseus und TABER u. Mitarb. fanden das Candidin aus Streptomyces viridoflavus. Die bemerkenswerte Aktivität dieser beiden neuen Antibiotica gegen Candida albicans hat auch für die Namensgebung Pate gestanden. Klinische Bedeutung hat aber nur das Nystatin erlangt.

1. Herkunft

Nystatin war aus einem in flüssigen Nährmedien oberflächlich gewachsenen Kulturmaterial isoliert worden. Die Kultur konnte als Streptomyces noursei identifiziert werden. Die Isolierung des Nystatins aus Streptomyces noursei wird mit Methylalkohol vorgenommen; die Reinigung durch Fraktionierung mittels Äthylacetat und Äther.

2. Chemie

Nystatin ist ein amphoteres, kristallines Polyen mit der wahrscheinlichen empirischen Formel $C_{46}H_{77}NO_{19}$ oder $C_{46}H_{83}NO_{18}$ und einem Molekulargewicht von 939 (DUTCHER u. Mitarb.). In Wasser ist Nystatin praktisch unlöslich; löslich ist es dagegen in N,N-dimethylformamid, N,N-Dimethylacetamid und Propylenglykol, während es in Methanol, Äthanol, Propanol und Isopropanol nur mäßig löslich ist. Der Grad der Löslichkeit ist dabei weitgehend abhängig von der Teilchengröße; so löst sich lyophilisiertes Nystatin schneller und leichter als kristallines. Die ungesättigte Natur des Nystatin-Moleküls ist verantwortlich für seine Instabilität in Lösung und für seine schnelle Inaktivierung durch Wasserstoff- und Hydroxyl-Ionen, durch Hitze, Licht und Sauerstoff. Ungesättigte Fettsäuren reduzieren die in vitro-Wirkung des Nystatins um $^1/_3$—$^1/_2$, Cystein sogar bis zu 75% (DONOVICK u. Mitarb.). Die Stabilität des Nystatins ist weitgehend abhängig von der Präparation und der Aufbewahrung (SQUIBB, BROWN und HAZEN). Nystatin als Trockensubstanz bei Kühlschranktemperatur aufbewahrt, zeigt bei 4° C keine wesentlichen Aktivitätsverluste. Bei höheren Temperaturen treten solche auf; bei 40° C betragen diese 25% innerhalb von 3 Monaten. Frisch angesetzte Lösungen müssen bei 0° aufbewahrt werden; sie behalten dann über 8 Tage ihre volle Aktivität.

Standardisierung. Nystatin wird in Einheiten angegeben. 1 E Nystatin ist die kleinste Menge dieses Antibioticums, die das Wachstum eines Standard-Teststammes von Saccharomyces cerevisiae in 1 ml Bouillon völlig hemmt. Man hat aus dieser biologischen Einheit eine Gewichtseinheit entwickelt, danach entsprechen 2500 E = 1 mg Trockensubstanz Nystatin.

3. Wirkungsbereich

Nystatin zeigt in vitro fungistatische Wirkung auf verschiedene Candidaarten (C. albicans, stellatoidea, krusei, parapsilosis), Cryptococcus neoformans, Histoplasma capsulatum, Paracoccidioides brasiliensis, Blastomyces dermatitidis, verschiedene Dermatophyten wie Trichophyton rosaceum, rubrum, tonsurans, Epidermophyton floccosum, Mikrosporon canis, Audouini, ferner Penicillien, Aspergillus, Alternarien usw. Bakterien und Viren werden in ihrem Wachstum auch durch hohe Nystatin-Dosen in vitro nicht gehemmt (WIGMORE und HENDERSON, HAZEN u. BROWN u. a.). Im Tierexperiment zeigt Nystatin sehr gute Wirkung bei der Candidainfektion weißer Mäuse und bei mit Histoplasma capsulatum infizierten Mäusen (CAMPBELL u. Mitarb., MEYER-ROHN u. Mitarb., MILLBERGER und BLANK).

Tabelle 27. *In vitro-Effekt von Nystatin*

Medium: Traubenzucker-Indicatorbouillon. Teststamm: Candida albicans 3296. Einsaat: 1 Tropfen einer 10^{-4}-Aufschwemmung. Bebrütung: 48 Std bei 37° C. Lösungsmittel: Propylenglykol.

	1:1000	1:10000	1:100000	1:200000	1:300000	1:400000	1:500000	Kontrolle
Nystatin	∅	∅	∅	∅	∅	(+)	+	+
Malachitgrün . .	∅	∅	∅	∅	+	+	+	+

Tabelle 28. *In vivo-Effekt von Nystatin*

Versuchstier: weiße Maus. Impfstamm: Candida albicans 3296. Infektionsdosis: 0,1 ml Impflösung intravenös ($^1/_2$ Normalöse auf 10 ml physiol. NaCl). Therapiebeginn: 8 Std post infectionem peroral. Dauer der Therapie: 5 mg 10 Tage; 2 mg 10 Tage; 1 mg 20 Tage; 0,5 mg 30 Tage.

Tägliche Dosierung	Anzahl	Überlebenstage						
		1	5	10	15	20	25	30
5 mg p.o. . .	20	17	12	10	10	8	6	2
2 mg p.o. . .	20	20	18	18	14	14	12	10
1 mg p.o. . .	20	20	18	16	16	16	16	13
0,5 mg p.o. .	20	17	9	8	8	8	6	4
Kontrollen .	20	20	8	0				
		1	5	7	10	15	20	
500 γ i.p. . .	10	10	6	3	1	1	1	
1 mg p.o. . .	10	10	4	4	3	3	1	
2 mg p.o. . .	10	9	7	7	5	4	4	
Kontrollen .	10	8	5	0				

Wir prüften die Charge Nystatin HA 246 KX (650 units/mg) im Röhrchenverdünnungstest im Vergleich zum Malachitgrün gegen Candida albicans und konnten eine absolute Wachstumshemmung noch in einer Verdünnung von 1:300000 feststellen (Tabelle 27).

Die hohe in vitro-Aktivität des Nystatins läßt sich auch auf den Tierversuch übertragen (Tabelle 28).

Bei der zweiten Versuchsreihe wurde ein Stamm mit noch höherer Virulenz benutzt, außerdem mit der Therapie erst 24 Std post infectionen begonnen. Auch unter diesen besonders erschwerten Versuchsbedingungen zeigt Nystatin beachtliche Ergebnisse.

Im Tierversuch zeigt Nystatin hervorragende Ergebnisse: hier scheint die Dosierung 1—2 mg die günstigste zu sein. 0,5 mg ist zu schwach und 5 mg wahrscheinlich zu hoch; das braucht nicht in Widerspruch mit unseren orientierenden Verträglichkeitsbestimmungen zu stehen. Wir müssen bedenken, daß die infizierten Tiere ja gleichzeitig noch mit ihrer schweren (unbehandelt letalen) Infektion fertig werden müssen.

4. Wirkungsmechanismus

Unter den Bedingungen der Warburg-Apparatur wirkt Nystatin genau wie Malachitgrün oder Gentianaviolett fungizid. Es zeigt sich dabei allerdings eine Abhängigkeit der Wirkung von der Keimeinsaat. Diese Abhängigkeit läßt es empfehlenswert erscheinen, die geringe Toxicität des Nystatins bei der therapeutischen Anwendung voll auszunützen und maximal zu dosieren, um die fungiziden Eigenschaften voll zur Wirkung zu bringen (Abb. 24).

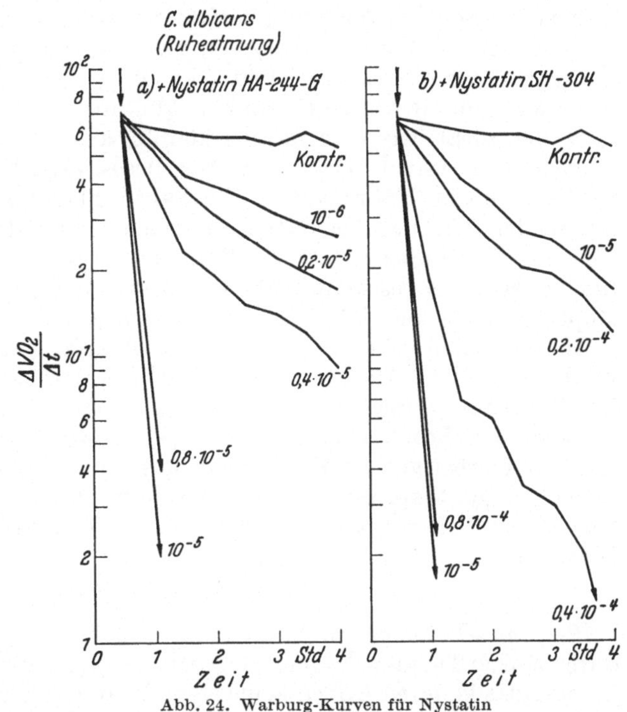

Abb. 24. Warburg-Kurven für Nystatin

5. Toxicität

20 mg peroral/20 g Maus werden über 10 Tage gut vertragen. Dagegen ist bei intraperitonealer Applikation 1 mg gerade noch verträglich, während hier 0,5 mg gut vertragen werden. Daß bei peroraler Applikation 20mal mehr als bei intraperitonealer vertragen werden, liegt an den schlechten Resorptionsverhältnissen des Nystatins bei peroralen Gaben. Die DL_{50} beträgt bei intraperitonealer Anwendung 14 mg/kg für die Maus. Subcutan werden wesentlich größere Mengen vertragen: etwa 780 mg/kg. Für Ratten und Hunde (DL_{50} intravenös etwa 42 mg/kg) sind die Werte entsprechend. Damit gehört Nystatin zu den gut verträglichen Substanzen. Auch bei langfristiger Anwendung wird Nystatin von der Maus und vom Hamster gut vertragen (Drouhet u. Mitarb.)

Über die klinische Pharmakologie des Nystatins, insbesondere seine Resorption nach verschiedenen Applikationsformen, seine Verteilung im Organismus, seine

Ausscheidung ist noch wenig bekannt. RAVENA und ELOY konnten lediglich zeigen, daß Nystatin schlecht resorbiert wird.

6. Resistenzentwicklung

In den Laboratorien der Squibb & Sons wurden zahllose Versuche durchgeführt, um eine Resistenzentwicklung von Fungi und Hefen gegen Nystatin zu induzieren; bis auf 2 Stämme ist dies nicht gelungen. Ein Candida albicans-Stamm und ein Stamm von Ceratostomella ulmi zeigten lediglich eine Sensibilitätsminderung um 30—50% (STOUT und PAGANO), die aber auf Subkulturen nicht aufrechterhalten werden konnte. Bei der Beurteilung von Aktivitätsverlusten muß ganz besonders vorsichtig verfahren werden; man hat nämlich die Beobachtung gemacht, daß auf Agarplatten, die Nystatin in ausreichend fungistatischen Konzentrationen enthielten und die einige Tage aufbewahrt worden waren bevor sie beimpft wurden, Candida albicans gewachsen war. Diese Kolonien bestanden nicht, wie man meinen könnte, aus resistenten Varianten, sie waren vielmehr vollsensibel. Der Grund für dieses Verhalten lag in der Inaktivierung des Nystatins im Nährmedium. Wir haben 30 Candidastämme unter den Bedingungen der Warburg-Apparatur untersucht. Vier davon waren gegen Nystatin resistent. Drei dieser resistenten Stämme waren auch gegenüber Amphotericin B und Trichomycin resistent, während der vierte in seinem Baustoffwechsel durch Amphotericin B und Trichomycin wirksam reduziert wurde.

In der Klinik sind noch keine Resistenzerscheinungen beim Nystatin beobachtet worden. DOWLING hat allerdings vor einer kritiklosen Anwendung des Nystatins, vornehmlich in Kombination mit Tetracyclinen lediglich aus Gründen der Prophylaxe gewarnt. DOWLING glaubt, daß eine Resistenzentwicklung hierbei auf die Dauer nicht ausbleiben kann. Nystatin soll daher ausschließlich für therapeutische Zwecke Verwendung finden. Über Fermente, die analog zur Penicillinase das Nystatin inhibieren, ist bisher nichts bekanntgeworden.

7. Kombinationen

Es liegt sehr nahe, zur Vermeidung von Pilzinfektionen unter langdauernder antibiotischer Therapie Nystatin mit verschiedenen Antibiotica zu kombinieren. Im Reagensglas konnten jedoch keine signifikanten Effekte hinsichtlich einer Unterbindung der Stimulierung von Fungi unter Antibioticaeinwirkung durch Nystatin erzielt werden; ganz abgesehen davon bedarf das Stimulierungsproblem noch der exakten experimentellen Klärung. Wenn eine Kombination aus prophylaktischen Gründen sehr dubiös erscheint und von den meisten Autoren abgelehnt wird, so kann andererseits die Kombination von Nystatin mit anderen Antibiotica oder auch synthetischen Chemotherapeutica bei kulturell nachgewiesenen Mischinfektionen sehr sinnvoll sein.

8. Nachweismethoden

Man bedient sich mehrerer Methoden zum Nachweis von Nystatin:

1. die Molisch-Reaktion;
2. intensive Blaufärbung mit einer Mischung aus Eisenchlorid und Ferricyankali;
3. konzentrierte H_2SO_4 gibt mit Nystatin Violettfärbung, die über Blau zu Schwarz führt;
4. im UV-Spektrum und durch optische Drehung kann Nystatin von anderen Antibiotica getrennt werden;
5. leichte Reaktion mit dem Schiffschen Reagens.

Von den übrigen Antibiotica mit spezifischer Wirkung gegen Fungi, die keine oder nur sehr begrenzte Wirkung auf Bakterien besitzen, sind noch zu nennen: Aktidion, Antimycin, Fradicin, C 381, C 135 (WAKSMAN), Candicidin, Candidin, Clavacin, Rimocidin, Streptothricin, Gliotoxin, Actinomycin, Fumigacin, Chaetomin, Streptamin, Pyocyanin, Hemipyocyanin, Clavacol, Bacillomycin, Patulin, Citrinin, Gladiolin, Viridin, Tomatin, β-Diäthylamino-äthyl-Fencholat (LUDWIG u. Mitarb.), Azaserin (COFFEE u. Mitarb., HALVORSON u. a.), Oligomycin (SMITH, PETERSON u. MCCOY), Coliformin (FREYSCHUSS u. Mitarb.), Mycolutein (SCHMITZ u. WOODSIDE).

Bisher hat keines von ihnen einen bleibenden Platz in der Behandlung von Pilzkrankheiten gefunden. Meist stehen zu hohe Toxicität, schwierige und ungünstige pharmakologische und physikalisch-chemische Eigenschaften einer klinischen, speziell einer parenteralen Anwendung entgegen (DROUHET, KIMMIG, KIMMIG und RIETH).

XIII. Amphotericin

1. Herkunft

Amphotericin ist ein antimykotisch wirkendes Antibioticum, das 1956 aus einer bisher noch nicht sicher identifizierten Streptomyces-Art gewonnen wurde. Der Pilz wurde aus einer Bodenprobe des venezolanischen Orinoko isoliert. Es wird von E. R. Squibb & Sons, USA, hergestellt und ist in den USA unter dem Warenzeichen Fungizone mit der internationalen Bezeichnung Amphotericin B im Handel. Man kennt das Amphotericin A und B. Beide Fraktionen sind gegen Mäuse und im Reagensglas wirksamer als beim Menschen (HALDE, NEWCOMER, WRIGHT und STERNBERG; KOZINN u. Mitarb.).

2. Chemie

Amphothericin steht als lyophilisierte gelbe Trockensubstanz zur Verfügung, die für intravenöse Infusionen mit 5%iger Dextroselösung versetzt wird. Jedes Fläschchen enthält 50 mg Amphotericin-Wirksubstanz, sowie zur Pufferung etwa 41 mg Natriumdesoxycholat und Natriumphosphat. Die Löslichkeit dieser Form in der Pufferlösung ist gut. Zur Herstellung von Amphotericin-Lösung dürfen nur kochsalzfreie Flüssigkeiten verwandt werden, da sonst Ausfällungen auftreten. Die Trockensubstanz wie auch frisch hergestellte Lösungen sollen unter Lichtabschluß im Kühlschrank (4^0 C) aufbewahrt werden. Unter diesen Bedingungen sind frische Lösungen 24 Std, die Trockensubstanz 2 Jahre haltbar. Lösungen können zur Not auch 24 Std bei Zimmertemperatur aufbewahrt werden, müssen aber unmittelbar nach dieser Zeitspanne verworfen werden. Über die Chemie des Amphotericins ist noch nichts bekannt.

3. Wirkungsbereich

Im Reagensglas ist Amphotericin nach Untersuchungen von APPLEBAUM, RUBIN, KLAPPER u. a. wirksam gegen:

Candida albicans,
Blastomyces capsulatum,
Cryptococcus neoformans,
Trichophyton violaceum,
Epidermophyton,
Mikrosporon Audouini.

Die wirksame Dosis wird von FUGA mit 0,25 γ/ml für Epidermophyton, mit 0,25 γ/ml für Cryptococcus neoformans, mit 1 γ/ml für Candida albicans und 10,0 γ/ml für Trichophyton violaceum angegeben.

Eigene Untersuchungen, bei denen nach der Warburg-Methode noch 2,0 γ/ml Amphotericin B gegen Candida albicans wirksam waren, bestätigen diese Befunde. Dagegen waren bei Parallelversuchen mit Nystatin zur Erzielung der dem Amphotericin B entsprechenden gleichen Hemmwirkung 5,3 γ/ml Nystatin (1:190000) notwendig. Diese geringere Wirkung des Nystatins in vitro wird aber durch seine bessere klinische Verträglichkeit wettgemacht.

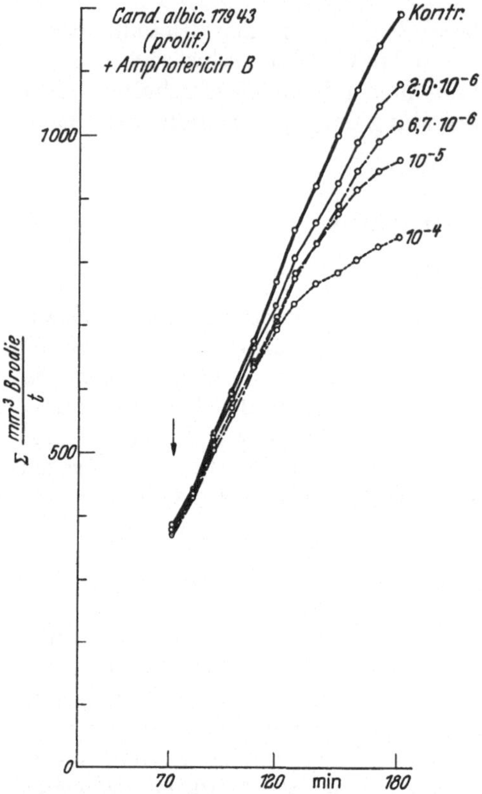

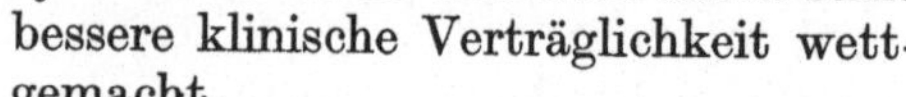

Abb. 25. Warburg-Kurve für Amphotericin B. *Kontr.* Pufferlösung; ↓ Zugabe von Amphotericin B

Nach HALDE u. Mitarb. besitzt Amphotericin A ein breiteres Wirkungsspektrum als Amphotericin B; doch ist letzteres im ganzen wirksamer. Diese Fraktion wurde aus diesem Grunde auch in die Therapie eingeführt.

4. Wirkungsmechanismus

Unter den Bedingungen der Warburgschen Apparatur wirkt Amphotericin B auf Candida albicans bakteriostatisch (Abb. 25). Zu den graphischen Darstellungen über die Wirkung von Amphotericin B in der Warburg-Apparatur wird folgendes bemerkt:

Die graphische Darstellung bedient sich des numerischen Systems, wobei auf der Abszisse die Zeit und auf der Ordinate die mm³ Brodielösung der Manometersäule aufgetragen sind.

Zur genauen Bestimmung des absoluten O_2-Verbrauchs sind die Werte der Kurve mit einer Konstanten $K = 1{,}13 \pm 0{,}1$ zu multiplizieren. Dies kann jedoch vernachlässigt werden, da bei den Versuchen nicht die Bestimmung des absoluten O_2-Verbrauchs, sondern nur die relativen Unterschiede in der Reaktion der verschiedenen Stämme ermittelt werden sollten.

5. Toxicität

1. Akute intravenöse Toxicität bei Mäusen (KULESZA).

a) Niedrigste Dosis letalis (DL_2): etwa 4—5 mg/kg Körpergewicht, entsprechend 1,8—2,3 mg Amphotericin B-Wirksubstanz pro kg.

b) Mittlere Dosis letalis (DL_{50}): 8,7—9,4 mg/kg Körpergewicht, entsprechend 4,0—4,3 mg Amphotericin B-Wirksubstanz pro kg.

2. Intravenöse Infusion von Amphotericin B-Suspension (MOE). Nach den bisher vorliegenden Versuchsergebnissen scheinen artspezifische Unterschiede hinsichtlich der Toxicität von Amphotericin B zu bestehen. Vor allem bei Hunden kommen gastrointestinale Blutungen und andere Veränderungen zur Beobachtung, die auf die intravenöse Zufuhr dieses Präparates in der angegebenen Dosierung zurückzuführen sind.

3. Intrazisternale Toxicität bei Hunden (Moe). In einer kleinen Versuchsreihe wurde Amphotericin B intrazisternal in einer einzigen täglichen Dosis von 1,12 bis 6,75 mg Amphotericin B-Wirksubstanz an 7 Hunde unter Lokalanaesthesie oder in Narkose verabreicht. Die höheren Dosierungen (4,5—6,75 mg) verursachten bei 3 Hunden für 30—120 min Störungen des Allgemeinbefindens, Rigidität der Hinterläufe, Speichelfluß und Urinabgang. Eine Augenschädigung trat bei zwei mit Nembutal narkotisierten Hunden an einem bzw. beiden Augen 24 Std nach der Verabreichung auf. Nach Ansicht der Untersucher kann die Narkose die Rigidität und andere Symptome verdecken, andererseits unter Umständen eine Prädisposition für die Augenschädigung schaffen. Die Zahl der Untersuchungen war jedoch zu begrenzt, um eine endgültige Beurteilung zu ermöglichen.

Toxische Nebenwirkungen bei parenteraler Amphotericin B-Verabreichung *in der Klinik:*

Fast alle Untersucher, die Amphotericin B parenteral verwendeten, berichten über toxische Effekte. Bei der ersten intravenösen Infusion des Antibioticums kommt es meist zu einem Fieberanstieg, oft mit Schüttelfrösten. Diese Reaktionen nehmen bei den folgenden Infusionen ab und können durch prophylaktische perorale Gaben von Antipyretica, wie Acetyl-Salicylsäure oder Antihistaminica, gemildert werden. Auch Kopfschmerzen, Brechreiz und Erbrechen werden bei Behandlungsbeginn beobachtet, lassen sich aber durch Herabsetzung der Dosis vermeiden.

Während einer langdauernden oder sehr hohen Dosierung von parenteralem Amphotericin B kann es über die normalen Werte hinaus zu einem beträchtlichen Anstieg des Reststickstoffes im Blut ohne andere erkennbare Zeichen einer Niereninsuffizienz kommen.

Gelegentlich entwickelt sich im Anschluß an die intravenöse Infusion von Amphotericin B eine Phlebitis. Diese Erscheinung beruht auf der Verwendung ungenügend verdünnter Lösungen oder aber auf zu rascher Injektion durch dünne Nadeln.

6. Klinische Pharmakologie

Wie bei anderen Wirksubstanzen, wird auch die Wirksamkeit von Amphotericin B durch die Körperflüssigkeiten beeinträchtigt. Bei Bestimmungen der Blut-, Liquor- und Harnspiegel bei 3 Patienten, die Amphotericin B intravenös erhielten, fand Louria die nachfolgenden Verhältnisse:

Diagnose	Tägliche Dosis	Blutspiegel		Liquorspiegel bei Bluthöchstwert	Ausscheidung im Harn
		Höchstwert	20 Std nach Infusion		
	mg/kg	γ/ml	γ/ml	γ/ml	mg/24 Std
Cryptokokkose	0,37	3,5	1,5	0,075	—
Blastomykose	0,5	1,8	0,5	—	—
Cryptokokkose	0,65	2,6	1,12	0,07	1,5—2,5

7. Resistenz

Über Resistenzerscheinungen liegen bis auf 3 (von 30 untersuchten) von uns beobachtete primär resistente Candidastämme 1960 weder Reagensglasversuche noch tierexperimentelle oder klinische Erfahrungen vor.

XIV. Trichomycin

1. Herkunft

Aus einer Bodenprobe der Insel Hachijo isolierten HOSOYA, KOMATSU, SOEDA und SONODA 1952 Streptomyces hachijoensis. Dieser Pilz produziert ein Antibioticum, das gegen Fungi, Blastomyceten und Trichomonaden, nicht aber gegen Bakterien wirksam ist und das den Namen Trichomycin erhielt. Es wird von der Fujisawa Pharmaceutical Co., Ltd., Japan, hergestellt und in den Handel gebracht. Aceton- oder Methanolextrakte aus dem Mycel des Pilzes enthalten etwa 100mal mehr Trichomycin als Kulturfiltrate.

2. Chemie

Die Extraktion des Antibioticums aus nassem Mycel wird mit heißem 80%igen Aceton vorgenommen, bei einem p_H von 7,4—8,0. Das Rohprodukt wird mittels der Gegenstromverteilungsmethode gereinigt. Trichomycin ist löslich — zwar nicht vollständig, aber weitgehend — in Butanol, Äthanol, Methanol und Aceton. Es wird wasserlöslich bei schwach alkalischem p_H. Reines Trichomycin zeigt Absorptionsmaxima bei 286, 346, 364, 384 und 405 mμ. Bei Temperaturen von 155° C wird Trichomycin zerstört. Die chemische Struktur ist noch nicht aufgeklärt; durch Untersuchungen im UV-Spektrum vermutet man allenfalls die Anwesenheit von Polyen-Gruppen (NAKANO) und man bezeichnet das Antibioticum als Heptaen zu den Polyenen gehörig; es sind dies Verbindungen, denen auch verschiedene andere Antibiotica zugeordnet werden. In Reinsubstanz handelt es sich um ein amorphes gelbes Pulver, das in trockener Form stabil ist, in Lösung jedoch durch Hitze, Lichteinwirkung und Sonnenbestrahlung inaktiviert wird.

3. Wirkungsbereich

Trichomycin ist im Reagensglas wirksam gegen Protozoen, Sproß- und Fadenpilze, nicht aber gegen Bakterien. Die Wirkungslosigkeit gegen Bakterien ist wichtig bei der Therapie von Trichomonaden- und Candidainfektionen der Vagina: die physiologische Vaginalflora, in erster Linie Döderleinsche Stäbchen, werden von Trichomycin nicht angegriffen.

Auf Trichomonas vaginalis und Trichomonas foetus wirkt es in einer Konzentration von 0,628 γ/ml trichomonazid. Candida albicans wird nach Untersuchungen von MAGARA u. Mitarb. auf festen Nährböden bei deutlichen Stammunterschieden in Konzentrationen zwischen 0,005 und 0,0005 mg/ml gehemmt. Treponema pallidum wird rasch immobilisiert. Ferner liegen im Wirkungsspektrum:

Trichophyton mentagrophytes,
Botrytis brassiana,
Saccharomyces cerevisiae Sake,
Willia anomala,
Rhizopus nigrans,
Aspergillus niger.

Entamoeba histolytica (TAKADA), Leishmania donovani (HOSOYA und NAKAZAWA), Trypanosoma cruzi (SOEDA und SOEDA), Trypanosoma gambiense und Borellia duttoni (YAGI und NISHIMOTO) werden von Trichomycin immobilisiert.

Im Tierexperiment wird die Candidainfektion der Maus nach Untersuchungen von HOSOYA u. Mitarb., SUZUKI und NAKAZAWA sowie YOSHIMOTO günstig beeinflußt und teilweise sogar völlig inhibiert. LYNCH u. Mitarb. werteten Trichomycin an der Trichomonadeninfektion der Maus im Vergleich zu 21 anderen

Chemotherapeutica aus. Trichomycin erwies sich dabei als am wirksamsten. Dosen von 0,8—1,7 mg/kg peroral machten 50% der infizierten Mäuse frei von Trichomonaden.

4. Wirkungsmechanismus

Trichomycin wirkt auf die in seinem Wirkungsbereich liegenden Mikroorganismen als Enzymgift und hemmt die Zellatmung von Protozoen und Blastomyceten je nach Konzentration völlig oder partiell.

Wir haben unter den Bedingungen der Warburgschen Apparatur 30 Candidastämme vergleichend mit Nystatin und Amphotericin untersucht. Dabei zeigte sich, daß 27 Stämme durch diese 3 Antibiotica in ihrem O_2-Verbrauch bei gewissen Stammesindividualitäten gleichmäßig wirksam reduziert wurden. Die Mindestkonzentrationen der 3 Antibiotica waren dabei verschieden:

Nystatin etwa 5,3 γ/ml,
Amphotericin B etwa 2,0 γ/ml,
Trichomycin etwa 0,2—1,0 γ/ml.

Drei Stämme erwiesen sich gegenüber allen 3 Wirkstoffen noch bei Konzentrationen von über 100 γ/ml als resistent. Unter unseren Versuchsbedingungen erwies sich Trichomycin etwa 4mal wirksamer als Amphotericin B und 10mal wirksamer als Nystatin gegenüber Candida albicans. Abbildung 26 zeigt die Warburg-Kurve von Trichomycin. Bezüglich der graphischen Darstellungsweise solcher Versuche gilt das für Abb. 25 auf S. 856 Gesagte.

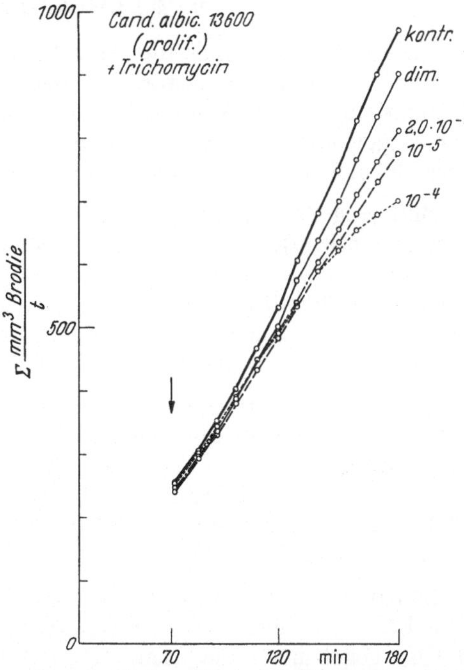

Abb. 26. Warburg-Kurve für Trichomycin. *Kontr.* nur Zugabe von Pufferlösung; *dim.* Dimethylformamid; ↓ Zugabe von Trichomycin

5. Toxicität

Die DL_{50} beträgt für die Maus 34000 E bei subcutaner, 4200 E bei intraperitonealer und 4300 E bei intravenöser Applikation pro kg Körpergewicht. Klinische Zeichen der Überdosierung bei Mäusen und Kaninchen sind Tachypnoe und Stauungslunge. Trichomycin hat keinen Einfluß auf Erythrocyten und Hämoglobin in vivo; es verursacht aber eine temporäre Leukopenie ohne Veränderungen des Differentialblutbildes. Im Reagensglas jedoch wird Kaninchenblut durch Trichomycin, hämolysiert und zwar schon in einer Konzentration von 1,2 E/ml. Die Intestinalmuskulatur wird durch Trichomycin stimuliert in Konzentrationen von 0,5—1 E/ml mit Heraufsetzung des Tonus und Inhibition der Peristaltik. Auf die Leberfunktion hat Trichomycin nach Untersuchungen mit der Bromsulfaleinprobe und anderen Funktionsprüfungsmethoden keinen Einfluß (Ozaki u. Mitarb., Seiga u. Mitarb.). Die Harnblase wird in ihrem Tonus ebenfalls heraufgesetzt. Bei lokaler Applikation verursacht Trichomycin am Kaninchenauge Tränenfluß, Hyperämie und Chemosis; die Endfasern der sensiblen Nerven werden jedoch nicht gereizt. Die Gewebsatmung von Herzmuskel, Niere und Milz wird beim Kaninchen herabgesetzt, nicht aber die der Leber.

Die Verträglichkeit beim Menschen wird übereinstimmend als gut bezeichnet. Bei hoher und langdauernder peroraler Darreichung kann es zu leichten Diarrhoen kommen, die durch Verringerung der Dosis wieder abklingen. Allergische Reaktionen sind bisher noch nicht beobachtet worden. Am Blutbild zeigen sich keine Veränderungen.

6. Klinische Pharmakologie

Untersuchungen über die Ausscheidung von Trichomycin durch die Nieren wurden von HOSOYA u. Mitarb. an Meerschweinchen angestellt. Danach wird das Antibioticum in einem hohen Prozentsatz in aktiver Form wieder ausgeschieden. Der so gewonnene Urin zeigt volle Aktivität gegen Candida und Trichomonas sowie Hämolyse von Kaninchenerythrocyten in vitro.

Blutspiegelbestimmungen nach intravenöser, intraperitonealer, intramuskulärer und peroraler Applikation am Kaninchen wurden vornehmlich von KARASAKI und WATANABE durchgeführt. Danach werden bei all diesen Darreichungsarten ausreichende Trichomycinkonzentrationen im Serum erreicht. Auch bei Kaninchen zeigen sich intraindividuelle Schwankungen in der Resorption. Trichomycin wird durch Bluteiweiße nicht inaktiviert.

Bei intravenösen Gaben von 500 E/kg werden im Kaninchenblut Konzentrationen von 5 E/ml und nach 100 E/kg intravenös solche von 1 E/ml erreicht. Bei intraperitonealen Gaben von 1000 E/kg werden dagegen nur Spiegel von 0,5 E/ml nach 6 Std erreicht und bei intramuskulären Dosen von 1000 bzw. 2000 E/kg solche von 0,1 und 0,5 E/ml. Bei peroraler Medikation von 200000 E Trichomycin/kg Kaninchen beträgt die Blutkonzentration 0,1—0,6 E/ml.

ASHIDA u. Mitarb. untersuchten den Einfluß von Trichomycin auf das menschliche Blut. Tägliche perorale Gaben von 200000 E wurden Erwachsenen über 21 Tage gegeben — insgesamt 4200000 E. Dabei wurden spezifisches Gewicht, Hämoglobingehalt, Prothrombinzeit, Blutungszeit, Gerinnungszeit, Leukocytenzahl, Thrombocytenzahl, Capillarfragilität, Calciumspiegel usw. laufend kontrolliert. Die Verschiebung der Werte vor und nach Trichomycin lag innerhalb der normalen Schwankungsbreite.

7. Resistenz

Untersuchungen über Resistenzentwicklung von Trichomonas vaginalis liegen von HOSOYA und NAKAZAWA vor. Trichomycin wurde dabei über 30 Passagen (60 Tage) mit Trichomonaden in Kontakt gebracht, ohne daß es zu Resistenzerscheinungen gekommen ist. Auch Morphologie- und Wachstumsbedingungen wiesen keine Unterschiede auf. STOUT und PAGANO untersuchten 5 Candidastämme auf die Möglichkeit einer Resistenzentwicklung gegenüber Nystatin und fanden dabei einen, der nach Passageversuchen eine 3fach geringere Sensibilität als die der Ausgangsstämme zeigte. Der betreffende Stamm war auch gegen andere Antibiotica aus der Polyen-Reihe in seiner Sensibilität abgeschwächt, so daß der Resistenzfrage zweifellos Aufmerksamkeit geschenkt werden muß. Echte Resistenz und auch Kreuzresistenz konnten nach Literaturangaben bei Trichomycin bisher noch nicht beobachtet werden. Das bestätigen teilweise auch eigene Versuche mit der Warburg-Apparatur: von 30 geprüften Candidastämmen waren 3 primär resistent; eine erworbene, also induzierte Resistenz lag nicht vor. Diese Stämme zeigten allerdings Kreuzresistenz mit Nystatin und Amphotericin B.

XV. Oleandomycin

1954 berichteten SOBIN, ENGLISH und CELMER aus den Laboratorien der Chas. Pfizer über die Isolierung eines neuen Antibioticums aus einer Streptomycesart. Dieser zunächst als PA 105 bezeichnete Wirkstoff wurde später Oleandomycin genannt und in gemeinsamer Arbeit von den Firmen Pfizer (New York) und Hoffmann-La Roche (Basel) eingehend bearbeitet und erprobt. In Deutschland wurde es bereits 1956 in den Handel gebracht.

1. Herkunft

Oleandomycin wird von Streptomyces antibioticus produziert. Dieser Pilz wächst auf organischen Medien unter submersen, aeroben Bedingungen. Die Gewinnung geschieht durch Filtration und anschließende chemische Aufarbeitung bis zur Kristallisation.

2. Chemie

Oleandomycin ist eine weiße, kristalline, monobasische Substanz mit der Summenformel $C_{37}H_{67}NO_{13}$ bzw. nach neueren Untersuchungen wahrscheinlich $C_{35}H_{63}NO_{12}$. In kristallinem Zustand ist Oleandomycin weitgehend stabil, in wäßriger Lösung ist es in einem weiten p_H-Bereich von 2—9 über 24 Std haltbar — im Gegensatz zu Erythromycin und Carbomycin, die in saurem Milieu rasch inaktiviert werden. In Wasser ist Oleandomycin als Hydrochlorid bis zu 5% löslich. Die Standardisierung erfolgt auf Gewichtsbasis (SOBIN u. Mitarb., WALTER, NEEDHAM).

3. Wirkungsbereich

In vitro hemmt Oleandomycin Staphylokokken, Streptokokken, Pneumokokken, Diphtheriebakterien, Enterokokken, Anthrax, Erysipelothrix rhusiopathiae, Listeria monocytogenes, Neisserien, Tetanus, Clostridien, Brucellen und Haemophilus pertussis. Mycobakterien, die Gruppe der gramnegativen Bakterien (Coli, Proteus usw.), Hefen und Dermatophyten werden dagegen von Oleandomycin nicht angegriffen. Im Tierexperiment ist Oleandomycin bei der Pneumokokkensepsis der Maus wirksamer als Carbomycin, ohne jedoch die Aktivität von Penicillin, Tetracyclin oder Erythromycin zu erreichen. Oleandomycin ist weiterhin hochwirksam bei der Streptokokkensepsis der Maus und bei Staphylokokkeninfektionen von Maus und Ratte, bei Typhus murium, Trypanosomiasis und Rückfallfieber der Maus. Schließlich heilt Oleandomycin die Kaninchensyphilis klinisch aus (FUST u. Mitarb., GARROD u. a.).

Tabelle 29. *Wirkungsspektren und Endkonzentrationen Oleandomycin — Tetracyclin — Sigmamycin*

	Wirksame Endkonzentration in γ/ml		
	Oleandomycin	Tetracyclin	Sigmamycin
Staph. aur. haem. „Oxford“ . .	2,5	1,25	1,25
Staph. albus	0,62	0,31	0,62
Strept. m. Haemol.	0,07	0,15	0,15
Enterokokken	100	0,6	20
Bac. cereus	0,07	0,078	0,07
Corynebact. pseudodiphtheriae .	0,31	0,62	0,62
Bac. anthracis	0,07	0,07	0,039
Escherichia coli	1000	7,7	31,1
Klebsiella pneumoniae	1000	31,2	31,1
Proteus	1000	31,1	62,2
Pseudomonas aeruginosa . . .	1000	62,2	31,1

Unter unseren Versuchsbedingungen ermittelten wir die in Tabelle 29 niedergelegten Grenzkonzentrationen für Oleandomycin.

Oleandomycin wirkt in therapeutisch erreichbaren Konzentrationen bakteriostatisch. Gegenüber Staphylokokken entfaltet Oleandomycin stärkere bakteriostatische und stärkere relativ bactericide Eigenschaften als z.B. die Tetracycline, es erreicht aber die Aktivität von Penicillin und Erythromycin nicht.

4. Toxicität

Nach Untersuchungen von FUST u. Mitarb. sowie eigenen Erfahrungen ist Oleandomycin sehr gut verträglich; es liegt in seiner Toxicität niedriger als Erythromycin. Tabelle 30 von FUST vermittelt die gute Verträglichkeit von Oleandomycin bei einmaliger Anwendung in mg/kg.

Tabelle 30. *Toxicität von Oleandomycin bei verschiedenen Tierarten und verschiedenartigen Applikationsarten* (nach FUST)

Tierart	Applikation	DL_{90}	DL_{50}	DL_{10}
Maus	per os	>100000	8200	6000
	s.c.	3600	2500	1800
	i.v.	840	600	420
Ratte	per os			>10000
	s.c.	>10000	10000	6500
	i.v.	550	440	350
Meerschweinchen	i.p.	5000	2343	625
Kaninchen	i.v.	440	300	220

Auch bei langdauernder Applikation ist Oleandomycin gut verträglich. Die Entwicklung junger männlicher Ratten, die während 13 Wochen täglich 100 oder 200 mg/kg peroral erhielten, wurde nicht gestört (FUST u. Mitarb.). Bei täglichen Gaben von 2 mg werden entsprechend dem Wirkungsspektrum nur die grampositiven Keime der physiologischen Darmflora vernichtet (SHIDLOVSKY u. Mitarb.).

5. Klinische Pharmakologie

Nach Gaben von 0,25 g in 4stündigem Intervall können nach 2—4 Std Serumspiegel von 0,5—5 γ/ml beobachtet werden; gleiche Titer werden bei einmaliger Gabe von 0,5 g erreicht. Die Serumkonzentrationen fallen nach 5—6 Std wieder ab. Nach intravenöser Gabe werden relativ hohe, doch rasch wieder absinkende Werte beobachtet:

$$0{,}5\text{ g intravenös} \rightarrow 10\text{ min: } 17{,}2 \rightarrow 30\text{ min: } 6{,}4 \rightarrow 60\text{ min: } 3{,}7\ \gamma/\text{ml}.$$

Der Übertritt in den Liquor ist gering und kann nur bei gleichzeitig hohen Serumkonzentrationen bzw. bei Meningitiden in ausreichenden Mengen erwartet werden. Im Ascites entsprechen die Werte der Serumkonzentration. Die Ausscheidung erfolgt nach peroraler Applikation zu 10—40% (durchschnittlich 18%) durch die Nieren; die Hauptmenge davon ist bereits nach 2—3 Std ausgeschieden. Die Urinkonzentrationen liegen zwischen 10 und 360 γ/ml. Nach intravenöser Gabe werden Urinkonzentrationen bis 600 γ/ml erreicht. Über Konzentrationen in den Faeces liegen noch keine Angaben vor. Durch die Galle wird Oleandomycin in sehr hohen Konzentrationen, die bei intravenöser Gabe dem 10—30fachen der Serumkonzentration entsprechen, ausgeschieden (BAADJ u. Mitarb., BERNSTEIN u. Mitarb.). Über erste klinische Erfahrungen haben BÜNGER u. SCHÜTZE sowie ESSELLIER u. KEITH berichtet.

6. Resistenz

Sensible Populationen wachsen nicht mehr in Gegenwart von 0,045—3 γ Oleandomycin pro ml Nährmedium. Ungehemmtes Wachstum in Gegenwart von $> 3\ \gamma$ Oleandomycin bedeutet daher Resistenz. Nach Untersuchungen von FUST u. Mitarb. war von 9 geprüften Pneumokokkenstämmen keiner resistent gegenüber Oleandomycin. Von 91 Streptokokkenstämmen erwiesen sich 8%, von 80 Staphylokokkenstämmen 25% und von 19 Enterokokkenstämmen 53% als primär

Oleandomycinresistent. An unserem Material sahen wir weniger Oleandomycinresistente Varianten.

In vitro gelingt es, Staphylokokken in 1—4 Passagen gegen Oleandomycin resistent zu machen, was den Verhältnissen beim Erythromycin entspricht. Bei Streptokokken werden mindestens 12 Passagen benötigt. Die so induzierten resistenten Stämme zeigen Kreuzresistenz mit Erythromycin und Carbomycin. Am wichtigsten erscheint die Tatsache, daß die meisten der gegen Penicillin resistenten Staphylokokken Oleandomycinsensibel sind. Bakterienenzyme, die, analog zur Penicillinase, die Oleandomycin-Wirkung inhibieren, sind noch nicht bekanntgeworden.

7. Kombinationen

Die Kombination Oleandomycin/Tetracyclin (= Sigmamycin) nimmt heute einen wichtigen Platz in der Behandlung bakterieller Infektionen ein. Über die Vorzüge dieser Kombination haben im amerikanischen Schrifttum WELCH, ENGLISH u. Mitarb., KAISER u. Mitarb., LOUGHLIN u. Mitarb., im deutschsprachigen Schrifttum BRODHAGE sowie KNÖRR und WALLNER berichtet. Wir selbst haben ausgedehnte in vitro- und in vivo-Versuche durchgeführt, um den im Schrifttum niedergelegten Synergismus dieser Kombination bestätigen zu können. BRODHAGE konnte unter seinen Versuchsbedingungen bei 5 von 6 untersuchten Staphylokokken-Stämmen einen eindeutigen synergistischen Effekt des Sigmamycins beobachten. KNÖRR und WALLNER sehen im Sigmamycin Möglichkeiten zur Bekämpfung des Staphylokokken-Hospitalismus. Die amerikanischen Autoren heben neben dem synergistischen und resistenzverzögernden Effekt der Kombination noch ihre geringe Toxicität im Tierexperiment hervor. Wir konnten unter unseren Versuchsbedingungen (Tabelle 29) keinen ausgesprochen synergistischen, höchstens einen additiven Effekt des Sigmamycins in vitro feststellen. Über resistenzverzögernde Effekte können wir nichts aussagen, möchten aber auf Grund

Tabelle 31. *Oleandomycin, Tetracyclin und Sigmamycin bei der Aronson-Sepsis der weißen Maus*

Präparat	Dosierung in γ pro 20 g Maus				Zahl der Tiere	Es leben nach der Infektion am Tage:									
	2 Std	4 Std	6 Std	Gesamtdosis		1.	2.	3.	4.	5.	6.	7.	8.	9.	10.
Tetracyclin	25	25	25	75	10	10	9	2	2	2	2	2	2	2	2
Oleandomycin	25	25	25	75	10	10	9	1	1	0					
Sigmamycin	25	25	25	75	10	10	9	3	1	1	1	1	1	1	1
Kontrolle Aronson 10^{-5}	—	—	—	—	10	8	3	0							
Tetracyclin	35	35	35	105	10	10	10	7	5	5	5	5	5	4	4
Oleandomycin	35	35	35	105	10	10	10	3	3	3	3	3	3	2	2
Sigmamycin	35	35	35	105	10	10	9	9	9	7	7	6	5	4	3
Kontrolle Aronson 10^{-5}	—	—	—	—	10	10	2	0							
Tetracyclin	45	45	45	135	10	10	7	5	5	4	4	4	4	3	3
Oleandomycin	45	45	45	135	10	10	4	1	1	1	1	1	1	1	1
Sigmamycin	45	45	45	135	10	10	10	7	7	7	6	6	6	5	5
Kontrolle Aronson 10^{-5}	—	—	—	—	10	7	0								

von Erfahrungen mit anderen Kombinationen zur Zurückhaltung mahnen. Im Tierexperiment gaben wir die Kombination — die 67% Tetracyclin und 33% Oleandomycin enthält — bei der Aronson-Streptokokkensepsis der Maus (Tabelle 31). Auch hier konnten wir bei 10tägiger Versuchsdauer keinen signifikanten Synergismus feststellen. Wir möchten damit nicht zum Ausdruck bringen, daß die Untersuchungen der amerikanischen Autoren falsch sind. Die Diskrepanz zwischen ihren und unseren Ergebnissen im Tierexperiment beruhen auf verschiedenen Versuchsanordnungen. Während die Amerikaner den Tierversuch bereits nach 4tägiger Dauer abschließend beurteilen, tun wir das prinzipiell erst nach 10 Tagen. Wir haben in Tabelle 31 ein Protokoll über Sigmamycin, Tetracyclin und Oleandomycin bei verschiedenen Dosierungen wiedergegeben. Bei einer Dosierung von 35 γ in 2stündigem Intervall zeigt sich nach 4tägiger Versuchsdauer wohl ein deutlicher Effekt im Sinne einer Addition, nach 10tägiger Versuchsdauer ist dieser aber völlig nivelliert. Ein weiteres Beispiel dafür, wie schwierig es oft ist, Versuchsresultate verschiedener Institute absolut zu vergleichen und wie wichtig es ist, genaue und detaillierte Angaben über die eingeschlagene Versuchsanordnung und Auswertung zu machen.

8. Nachweismethoden

Von den bekannten mikrobiologischen Methoden kann Oleandomycin im Infrarot- und UV-Spektrum nachgewiesen werden. Oleandomycin reduziert Fehlingsche Lösung sehr langsam, gibt einen positiven Tollens-Test, aber negative Eisenchlorid- und Ninhydrin-Tests.

XVI. Kanamycin

Das Antibioticum wurde 1955 von UMEZAWA u. Mitarb. in Japan aufgefunden und ist seither unter dem Namen Kanamycin intensiv wissenschaftlich bearbeitet worden. In Deutschland ist es unter den Firmennamen Resistomycin (Bayer), Kanamytrex (Boehringer-Ingelheim) und Kanamycin „Grünenthal" in den Handel gebracht worden. Die Substanz gleicht in ihrem antibakteriellen Spektrum weitgehend dem Neomycin, hat aber diesem Antibioticum gegenüber den Vorzug der geringeren Toxicität.

1. Herkunft

Kanamycin wird auf biologischem Weg aus Kulturen von Streptomyces kanamyceticus gewonnen.

2. Chemische und physikalische Eigenschaften

Kanamycin ist ein basisches Antibioticum, das dem Streptomycin und Neomycin nahesteht. Mit Mineralsäuren (HCl und H_2SO_4) bildet die Kanamycin-Base gut wasserlösliche Salze. Das Sulfat ist bei Zimmertemperatur bis zu 36° C wasserlöslich. Bei einer 5%igen Lösung werden p_H-Werte zwischen 6 und 7,5 gemessen. Chemisch ist es ein Streptamin mit 2 Aminozuckern von der Summenformel $C_{18}H_{36}O_{11}N_4$; dieser entspricht folgende wahrscheinliche Strukturformel:

```
                                                  H   CH2NH2
                                                   \ /
                                          O--------C
                                    H    /          \   H
                                     \  /            \ /
                                      C               C
                                     ...              / \
     H   NH2 H    O............             \        /   OH
      \ /     \  /                           C------C
       C-------C                            / \    / \
  H   /         \   H                      H   OH H   OH
   \ /           \ /
    C             C
   / \           / \
  H   \         /   OH
       C-------C
      / \     / \                           H   CH2OH
     H   NH2 H   O............               \ /
                                      O--------C
                                     /          \   H
                                    C            \ /
                                   / \            C
                                  H   \          / \
                                       C--------C   OH
                                      / \      / \
                                     H   OH   H   NH2
```

Sowohl die Kanamycin-Base als auch ihre Salze sind in Form des weißen Trockenpulvers in Kristallform und in wäßriger Lösung stabil. Bei p_H 7 zeigt die wäßrige Lösung nach 6monatiger Lagerung keinen signifikanten Aktivitätsverlust; nach halbstündigem Kochen tritt ebenfalls kein Verlust der Wirksamkeit ein. In Methanol, Äther, Aceton und Benzol ist Kanamycin als Sulfat nicht löslich (CRON u. Mitarb.; SCHMITZ u. Mitarb.).

3. Wirkungsbereich

Das Wirkungsspektrum des Kanamycins umfaßt grampositive und gramnegative Erreger sowie Mycobakterien (Tabelle 32). 5—10 γ/ml sind gegen Staph. aureus bereits bactericid; Serumzusatz beeinträchtigt die Wirksamkeit nicht (LINZENMEIER).

Tabelle 32. *Wirksame Grenzkonzentrationen für Kanamycin*

Keimart	Grenzkonzentration in γ/ml
Staphylococcus aureus „Oxford"	1,25
Staphylococcus albus	0,038
Streptococcus mit Hämolyse	0,038
Bac. subtilis	0,25
Bac. anthracis	1,25
Corynebact. pseudodiphtheriae	0,75
Neisseria gonorrhoeae	2,5
Streptococcus faecalis	2,5
Bact. proteus vulgare	125
Escherichia coli	15,5
Pseudomonas aeruginosa	500
Klebsiella pneumoniae	7,8
Mycobacterium tuberculosis	10,0

4. Wirkungsmechanismus

Über die Angriffspunkte des Kanamycins im Bakterienstoffwechsel ist noch nichts bekannt. Nach experimentellen Erfahrungen kann man unter klinischen Bedingungen nach Verabreichung von Kanamycin nicht nur mit einem bakteriostatischen, sondern sogar mit bactericiden Effekten rechnen, die allerdings abhängig sind vom Erreger und den individuellen Verhältnissen.

5. Toxicität

Die DL_{50} liegt bei Mäusen, Ratten und Kaninchen nach intravenöser Gabe zwischen 200 und 300 mg/kg, während nach subcutaner Applikation bei der Maus eine DL_{50} von 1,7 g/kg und nach Fütterung mehr als 10 g/kg als DL_{50} ermittelt wurden. Bei langdauernder Verabreichung vertragen Mäuse 400 mg/kg subcutan 30 Tage lang und Ratten eine subcutane Dosis von 355 mg/kg täglich über 6 Wochen ohne Nebenwirkungen.

Das blutbildende System, Herz und Kreislauf werden nie, die Haut nur selten alteriert; in der Mehrzahl der Fälle tritt aber ab 4. Woche bei täglichen Gaben von 0,5—3 g eine Eosinophilie auf. Nach Dosen von mehr als 50 g kommt es bei älteren Patienten zu Störungen im Bereich des Acusticus mit Ohrensausen und Hörstörungen. Nierenreizungen zeigen sich durch das Auftreten von granulierten Zylindern, Erythrocyten und Leukocyten im Sediment an, begleitet von einer Albuminurie und gelegentlich einer leichten Erhöhung des Reststickstoffes (LINZENMEIER). Die Patienten klagen über Schmerzen bei der Injektion. Nach oralen Gaben wird die aerobe Darmflora geschädigt: sie verschwindet unter gleichzeitigem Auftreten von Hefen. Die Störungen beheben sich schnell wieder nach Absetzen von Kanamycin.

Tierversuch. Experimentelle Infektionen der weißen Maus mit Staphylokokken, Streptokokken (Aronson), Dipl. pneumoniae, Klebsiella pneumoniae, Pseudomonas aeruginosa, Proteus und Mycobact. tuberculosis lassen sich mit

Kanamycin beherrschen. Auch die experimentelle Meerschweinchentuberkulose spricht auf Kanamycin ebensogut an wie auf Streptomycin; auch bei Infektion mit streptomycinresistenten Stämmen. Die Wirksamkeit des Isoniacids wird durch Kanamycin aber bei weitem nicht erreicht.

6. Klinische Pharmakologie

Nach subcutaner und intramuskulärer Injektion wird Kanamycin gut resorbiert, nach peroraler Gabe dagegen überhaupt nicht. Intramuskuläre Gaben von 1 g führen nach 1 Std zu Serumspiegeln von etwa 100 γ/ml, die bald absinken und nach 12 Std nur noch 1 γ/ml betragen (Abb. 27). Kanamycin wird rasch durch die Nieren wieder ausgeschieden. Bei Urinspiegeln von 170—315 γ/ml innerhalb der ersten 8 Std nach der Injektion verlassen 70—90% des injizierten Kanamycins nach 24 Std den Körper (LINZENMEIER). Kumulationserscheinungen sind unter normalen Abbau- und Ausscheidungsverhältnissen bei den therapeutisch verwendeten Dosen nicht zu befürchten. Im Liquor erscheint Kanamycin in therapeutisch wirksamen Konzentrationen, in der Galle nur in Höhe von 20% des Serumspiegels. Über die Gewebeverteilung von Kanamycin bei Kaninchen nach intramuskulärer Gabe von 37,5 mg/kg liegen genaue Angaben aus den Laboratorien von Bayer-Leverkusen vor (Tabelle 33).

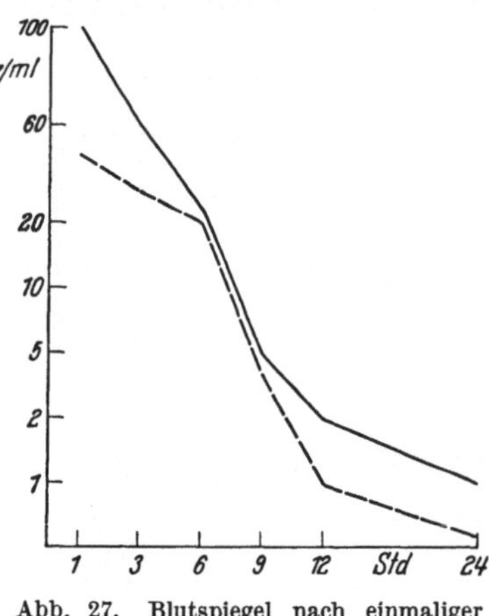

Abb. 27. Blutspiegel nach einmaliger intramuskulärer Injektion von —— 1,5 g, ------ 1,0 g Kanamycin

Tabelle 33. *Verteilung von Kanamycin in den verschiedenen Geweben*

Gewebe	Nach 2 Std	Nach 5 Std	Nach 24 Std
Blut	24,0 γ/ml	2,3 γ/ml	0
Urin	6300,0 γ/ml	1014,0 γ/ml	345,0 g/ml
Niere	67,2 γ/g	33,6 γ/g	30,9 γ/g
Nebenniere .	0	0	0
Milz	9,3 γ/g	8,4 γ/g	2,1 γ/g
Leber	2,3 γ/g	2,0 γ/g	0
Galle	7,5 γ/ml	6,9 γ/ml	4,8 γ/ml
Herz	3,9 γ/g	1,8 γ/g	0
Lunge . . .	23,7 γ/g	5,6 γ/g	0
Gehirn . . .	0	0	0
Muskel . . .	0	0	0
Ovar	3,8 γ/g	0	0

7. Resistenz

Kanamycin beeinflußt auch solche Keime, die gegen Penicillin und Streptomycin sowie Mittel- und Breitspektrum-Antibiotica resistent sind. Wir haben Staphylokokken, die gegen Penicillin, Streptomycin und Tetracyclin völlig resistent waren, gegenüber Kanamycin geprüft und diese Stämme als vollsensibel gefunden.

Experimentell läßt sich durch Adaptation eine langsame Resistenzsteigerung von Staphylokokken und E. coli erzeugen; diese Keime tolerieren nach 19 Passagen etwa 12 γ/ml Kanamycin (Penicillintyp). Mycobact. tuberculosis kann wesentlich schneller an Kanamycin adaptiert werden, schon nach 1—2 Passagen. Kanamycinresistente Tuberkelbakterien sind für Meerschweinchen voll virulent.

Zwischen Kanamycin und Neomycin besteht eine komplette Kreuzresistenz, gegenüber Streptomycin nur eine partielle. Streptomycinresistente Keime sind selten gegen Kanamycin resistent, wohl aber fast immer kanamycinresistente gegen Streptomycin.

8. Indikationen

Kanamycin ist insbesondere dann angezeigt, wenn es sich um Infektionen mit Erregern handelt, die gegenüber anderen Antibiotica resistent sind; in erster Linie also Staphylokokkeninfektionen (BAYER; MEYER-ROHN; YOW u. WOMACK; RUTENBERG u. Mitarb.). HOFMANN sieht im Kanamycin eine wichtige Waffe zur Bekämpfung des Staphylokokkenhospitalismus.

Bei Infektionen der Harnwege kann es gegeben werden bei akuter und chronischer Cystitis, Urethritis, Prostatitis (DUBE, ICHIKAWA).

Auch die Gonorrhoe wird vom Kanamycin miterfaßt; die Therapie der Wahl bleibt aber hier nach wie vor das Penicillin (ICHIKAWA).

Außer Hauttuberkulose alle Tuberkuloseformen, vor allem Infektionen mit isonicotinsäurehydrazidresistenten Stämmen.

XVII. Griseofulvin

Nachdem die Therapie der Hautpilzerkrankungen jahrzehntelang nur durch örtliche Maßnahmen möglich erschien, waren die Entdeckung von Nystatin, Amphotericin und Trichomycin die ersten Lichtblicke hinsichtlich einer reinen Chemotherapie dieser therapierefraktären Infektionen.

Am 27. November 1958 wurde nun im europäischen Schrifttum von dem Wiener RIEHL über das Griseofulvin als peroral wirksames Antimykoticum berichtet (15 Fälle, darunter 3 Onychomykosen). Anfang Dezember haben BLANK und ROTH bereits über 31 Fälle publiziert. Zur gleichen Zeit teilten WILLIAMS, MARTEN und SARKANY ihre Behandlungsergebnisse bei Trichophyton rubrum- und Mikrosporon Audouini-Infektionen des Menschen mit. In der Zwischenzeit ist die Zahl der Veröffentlichungen über Griseofulvin lawinenartig gewachsen. Über den Stand der Griseofulvinforschung bis zum Mai 1960 wurde ausführlich auf dem von TAPPEINER und RIEHL geleiteten Symposium „Die neuzeitliche Erkennung und Behandlung der Dermatomykosen unter besonderer Berücksichtigung der Therapie mit Griseofulvin“ anläßlich der XXV. Tagung der Deutschen Dermatologischen Gesellschaft in Hamburg berichtet.

1. Herkunft

Griseofulvin wurde bereits 1939 von OXFORD, RAISTRICK und SIMONET als Stoffwechselprodukt von Penicillium griseofulvum Dierckx entdeckt. 1946 haben es BRIAN u. Mitarb. in reiner Form auch aus Penicillium janczewski dargestellt. GROVE und MCGOVAN haben die von BRIAN dargestellte Substanz 1947 als Griseofulvin identifiziert. Griseofulvin fand dann Verwendung in der pflanzlichen Schädlingsbekämpfung bei Mehltaubefall durch Alternariaarten bei Tomaten und Lattichgewächsen (BRIAN) sowie als Antimykoticum in der Veterinärmedizin (GENTLES). Tierversuche an Kälbern mit Trichophyton verrucosum-Infektionen ergaben Heilungen innerhalb von 2—3 Wochen bei oraler Medikation. Hergestellt wird Griseofulvin von den Glaxo-Laboratories Greenford, Middlesex (England). In Deutschland ist es unter den Namen Likuden (Farbwerke Hoechst) und Fulcin (Rhein-Chemie) im Handel.

2. Chemie

Griseofulvin ist eine in Pulverform vorliegende farblose, neutrale Substanz, die thermostabil ist. Es hat die Summenformel $C_{17}H_{17}O_6Cl$ mit folgender Struktur:

H_3C—O O O—CH_3
C C=CH
C C=O
H_3C—O— O CH—H_2C
Cl CH_3

Griseofulvin ist in Dimethylformamid und Aceton löslich; es wird in Gewichtseinheiten angegeben.

3. Wirkungsbereich

Nach bisher vorliegenden Ermittlungen von BRIAN; GROVE, ISMAY u. Mitarb.; GROVE, MACMILLAN u. Mitarb.; WORK, JACOBSEN u. a. wirkt Griseofulvin auf eine Reihe von Dermatophyten, nicht aber auf Actinomyceten, Blastomyceten, Cryptococcus usw. (Tabelle 34).

Tabelle 34. *Wirkungsbereich des Griseofulvins*

Wirksam	Unwirksam	Umstritten
Epidermophyton floccosum	Actinomyces	Nocardia minutissima
Trichophyton mentagrophytes	Aspergillus	
Trichophyton rubrum	Candida albicans	
Trichophyton tonsurans	Blastomyceten	
Trichophyton crateriforme	Histoplasma capsulatum	
Trichophyton sulfureum	Cryptococcus neoformans	
Trichophyton Schoenleinii	Coccidioides immitis	
Trichophyton Megnini		
Trichophyton gallinae		
Microsporon Audouini		
Microsporon canis		
Microsporon gypseum		

Über die Hemmkonzentrationen liegen bei Niederschrift dieses Artikels noch keine einheitlichen Werte vor. Trichophyton rubrum soll noch in Konzentrationen von 0,14 γ/ml total gehemmt werden.

Über den Wirkungsmechanismus, Resorption, Verteilung im Organismus, Resistenzentwicklung, Nachweis ist bei Niederschrift dieses Artikels noch wenig bekannt. 50% der zugeführten Substanz soll durch die Nieren ausgeschieden im Urin erscheinen. RIETH hat in jüngster Zeit hinsichtlich des Wirkungsmechanismus hochinteressante Beobachtungen gemacht. Danach kommt es unter Griseofulvin zunächst zu einer Wachstumsstimulierung der Keimhyphen, die auf Kosten der Wand vor sich geht; diese platzt und an der Stelle der Läsion keimt ein neuer Schlauch mit ebenso miserabler Wand aus. Das wiederholt sich laufend. Griseofulvin stört anscheinend den Nucleinsäurestoffwechsel in der Zellwand, die schließlich nur noch als dünnes Häutchen imponiert. Diese Wand hat auch nicht mehr die nötige Stabilität, sich in die Nagelsubstanz vorzuarbeiten, womit wiederum die Therapieerfolge bei Onychomykosen erklärt werden können.

Nebenwirkungen. Allergische Reaktionen nach Griseofulvin scheinen selten zu sein, kommen aber vor. Menschen, die gegen Penicillin allergisch sind, scheinen es auch gegen Griseofulvin zu sein. Seitens des Intestinaltraktes wird manchmal über Magenbeschwerden geklagt; ebenso über Kopfschmerzen. Nach Absetzen von Griseofulvin oder Reduzieren der Dosis verschwinden diese Erscheinungen sehr schnell.

4. Toxicität

Mäuse haben Einzeldosen von 50 g/kg und Ratten solche von 10 g/kg überlebt. Auch bei Dauergaben über ein Jahr fanden sich keine toxischen Erscheinungen im Tierexperiment. PAGET und WALPOLE konnten bei Ratten nach extrem hohen Dosen Griseofulvin Mitosehemmungen und Störungen der Karyokinese im Knochenmark feststellen. Bei langfristigen Fütterungsversuchen an Ratten konnten wir gemeinsam mit C. SCHIRREN keine Störungen der Spermiogenese nachweisen.

Weitere Ergebnisse und Daten über Griseofulvin finden sich im Kapitel Antimykotica von H. RIETH in diesem Band.

XVIII. Weitere Antibiotica

Eingangs dieses Artikels wurde bereits darauf hingewiesen, daß heute Hunderte von Wirkstoffen bekanntgeworden sind, von denen aber nur wenige einen bleibenden Platz in der Medizin bekommen haben. Es kann nicht die Absicht des Verfassers sein, dem bisher Gesagten ein weiteres ausführliches Kapitel über die in den letzten Jahren gefundenen Antibiotica anzufügen. Dafür ist deren Bedeutung noch zu gering. Einige haben aber in Salben oder Lösungen Eingang in die Therapie gefunden und es erscheint angebracht, diese Wirkstoffe stichwortartig und mit Literaturangaben versehen zur Orientierung hier aufzuzählen. Da es unmöglich ist, diese Wirkstoffe in der Reihenfolge ihrer Bedeutung, die man noch nicht übersehen kann, darzustellen, wird ausnahmsweise die alphabetische Ordnung gewählt.

Albomycin wird aus Actinomyces subtropicus isoliert und hat etwa das gleiche Spektrum wie Penicillin; es soll dabei 10mal wirksamer als Penicillin sein und alle penicillinresistenten Staphylokokken erfassen. Es zeigt infolge eines reversiblen Komplexes mit Serumeiweiß eine gute Eindringtiefe (GAUSE).

Amaromycin wurde von HATA u. Mitarb. aus Streptomyces flavochromogenes isoliert und erfaßt grampositive Keime sowie die Hämophilusgruppe.

Amphomycin wird aus Streptomyces canus isoliert; sein Wirkungsspektrum umfaßt grampositive Kokken, während es gegen gramnegative Stäbchen unwirksam ist. Es ist in wäßriger Lösung beständiger als Bacitracin, so daß es auch in Salbengrundlagen vom Typ „Öl-in-Wasser“ zur Verwendung kommen kann. Amphomycin findet entweder allein oder in Kombination mit Neomycin ausschließlich als Lokalantibioticum Verwendung (E. LUND, THEISEN, F. H. REITER, SYLVEST; MATRAS u. KOHLER, HÖPPNER).

Anisomycin wird aus Streptomyces sp. gewonnen und zeigt Aktivität gegen Trichomonas vaginalis (LYNCH u. Mitarb.).

Bryamycin stammt aus Streptomyces hawaiiensis, es wirkt hauptsächlich auf grampositive Bakterien (CRON u. Mitarb.).

Cathomycin wird aus Streptomyces spheroides isoliert. Es ist identisch mit dem aus Streptomyces niveus gewonnenen Streptonivicin, das von der Firma Upjohn unter dem Handelsnamen Albamycin hergestellt wird; es ist weiterhin identisch mit dem von der Firma Chas. Pfizer in den Handel gebrachten Cardelmycin. Man hat diese 3 Antibiotica im Infrarotspektrum einwandfrei als identisch erkannt (WELCH und WRIGHT, SMITH u. Mitarb., HOEKSEMA u. Mitarb., WILKINS

u. Mitarb., TAYLOR u. Mitarb.). Neuerdings nennt man dieses Antibioticum einheitlich Novobiocin (LARSON u. Mitarb.). Der Wirkungsbereich erstreckt sich analog zum Penicillin auf grampositive Bakterien und gramnegative Kokken (SOLOTOROVSKY u. Mitarb.; RITZERFELD; MARTIN u. Mitarb.; LIN u. CORIELL; LIMSON u. ROMANSKY; MORTON u. Mitarb.; MILBERG u. Mitarb. u. a.). Leider neigt das Antibioticum nach eigenen Erfahrungen zur Sensibilisierung.

Chartreusin wird aus Actinomyces viridis gewonnen und richtet sich gegen grampositive Bakterien und Mycobakterien (ARCAMONE u. Mitarb.).

Cinnamycin wurde von BENEDICT, DVOUCH u. Mitarb. aus Streptomyces cinnamoneus isoliert. Das Antibioticum ist wegen seiner Polypeptidstruktur bemerkenswert. Sein Wirkungsbereich erstreckt sich auf grampositive Bakterien.

Colimycin wurde 1950 von Y. KOYAMA aus Kulturfiltraten von Bacillus colistinus isoliert. Sein Wirkungsspektrum ist relativ schmal: Salmonella, Escherichia, Pseudomonas, Haemophilus und Candida. Erworbene Resistenzerscheinungen sind selten und haben, außer gegenüber Polymyxin, keine Kreuzresistenz im Gefolge. Chemisch gehört es zu den Polypeptiden mit der Summenformel $C_{45}H_{85}O_{10}N_{13}$ und dem Molekulargewicht 1200. Seine Struktur umfaßt

1 Molekül d-Leucin,
1 Molekül l-Leucin,
1 Molekül l-Threonin,
5 Moleküle l-α-γ-Diaminobuttersäure,
1 Molekül 6-Methyloktansäure.

Colimycin wird in Einheiten angegeben: 1 E = die Minimalkonzentration, die das Wachstum von E. coli in 1 ml Nährlösung mit p_H 7,2 zu hemmen vermag. 1 mg Colimycinsulfat = 18000 E, 1 mg Methansulfonat = 12500 E. Die Verträglichkeit ist gut: weder hämatologische, hepatische oder renale, noch nennenswerte allergische Nebenwirkungen wurden bisher in der Klinik beobachtet. Die Dosierung beträgt 4—6 Mill. E peroral in 3—4 Gaben täglich für Erwachsene bei Krankheiten des Verdauungstraktes. Die Höchstdosis von 100000 E/kg/die soll nicht überschritten werden (BRETON u. Mitarb., BATTISTELLI u. TOUTEE; MARTIN u. Mitarb.; ZAOUI, FLEISCHHAUER, SCHÖNENBERG u. a.).

Cycloserin wurde aus Streptomyces garyphalus und orchidaceus dargestellt; sein Wirkungsbereich umfaßt vorwiegend grampositive, weniger gramnegative Bakterien, vor allem aber Tuberkelbakterien. Es wird von Merck (USA) als Oxamycin und von Lilly (USA) als Seromycin in den Handel gebracht (HARNED u. Mitarb., HARRIS, RUGER u. Mitarb., CUCKLER, FROST u. Mitarb., A. M. WALTER, RAVINA). Die Beurteilung des Cycloserins seitens der Phthisiologen ist nicht einheitlich. Für die Behandlung der Hauttuberkulose spielt es keine Rolle; mit dem Isoniacid kann es sich auf keinen Fall messen. Interessant ist, daß Cycloserin von Mycobactin, einem Wuchsstoff für Mycobakterien partiell zerstört wird (SUTTON u. STANFIELD).

Elaiomycin wurde aus Streptomyces hepaticus isoliert und zeigt tuberkulostatische Wirkung (HASKELL, RYDER u. BARTZ; EHRLICH, ANDERSON u. Mitarb.).

Framycetin wurde aus Streptomyces lavendulae isoliert. Es wirkt auf grampositive Kokken, Klebsiellen und Salmonellen sowie Tuberkelbakterien. Es ist als 1%ige Salbe unter dem Handelsnamen Soframycin im Handel (MASSINAT-DEROCHE; DECARIS; JANOT u. Mitarb.; ROSENKRÄNZER, AUBERTIN, LE COULANT, MACCABE u. a.).

Griseomycin aus Streptomyces griseolus entspricht in seinem Wirkungsspektrum dem Carbomycin (DE SOMER u. Mitarb.).

Novobiocin s. Cathomycin.

Raisnomycin wird aus Streptomyces kentuckensis gewonnen und wirkt auf grampositive und einen kleinen Teil gramnegativer Erreger; nicht aber auf Pseudomonas, Klebsiella und Proteus (Barr u. Mitarb.).

Ristocetin. Das Antibioticum wurde in den Abbott-Laboratorien aus einer Actinomycetenart Nocardia lurida isoliert und unter dem Namen Spontin in den Handel gebracht. Es wirkt vor allen Dingen auf grampositive Keime und erfaßt auch solche Staphylokokkenstämme, die gegen andere Antibiotica resistent sind. Gegenüber gramnegativen Bakterien zeigt es nur geringe Wirkung.

Wir ermittelten unter unseren Versuchsbedingungen folgende Hemmwerte (Tabelle 35).

Tabelle 35. *Wirksame Grenzkonzentrationen für Ristocetin*

Keimart	Grenzkonzentration in γ/ml
Staphylococcus aureus Oxford	1,55
Staphylococcus albus	1,55
Streptococcus haemolyticus	0,19
Streptococcus faecalis	3,1
Bacillus anthracis	0,19
Corynebact. pseudodiphtheriae	0,12
Bac. cereus	12,5
Neisseria gonorrhoeae	50
Escherichia coli	>1000
Proteus vulgaris	>1000
Pseudomonas aeruginosa	>1000
Klebsiella pneumoniae	>1000
Mycobacterium tuberculosis hum.	2
Candida albicans	>1000

Resistenzerscheinungen sollen nach Untersuchungen von Grundy u. Mitarb. nur sehr zögernd eintreten. Die Wirkungsweise ist in höheren Konzentrationen bakteriostatisch (Literatur bei Philip u. Mitarb., Holper u. Mitarb. sowie Romansky u. Mitarb.).

Spiramycin wurde aus Streptomyces ambofaciens isoliert. Es ist ein sog. Mittelspektrum-Antibioticum und zeigt gute Wirksamkeit gegen grampositive Bakterien, wobei die Ergebnisse der Tierexperimente besonders günstig erscheinen, weil mit kleinster Dosierung viel erreicht wird (Pinnert-Sindico, Pinnert-Sindico u. Mitarb., Ravina und Pestel, Lepper u. Mitarb., Pinnert-Sindico u. Pellerat; Jolly u. a.).

Streptonivicin s. Cathomycin.

Usninsäure. Die jahrhundertealte empirische Erfahrung in der Anwendung verschiedener Flechten und Renntiermoose gegen Infektionen haben durch die bestätigte antibakterielle Wirkung von Flechtensäure ihre exakte Grundlage erhalten. Die Usninsäure (Usniacin) kommt in zahlreichen Flechten vor; sie erfaßt in ihrem Spektrum grampositive Erreger (Mikrokokken, Streptokokken, Clostridien), Neisserien und Tuberkelbakterien. Über gute Ergebnisse bei verschiedenen bakteriell bedingten Dermatosen, die mit Usninsäure behandelt wurden, haben J. P. Berger und H. Königsbauer berichtet.

Vancomycin wurde aus Streptomyces orientalis isoliert und wirkt in erster Linie auf grampositive Bakterien [Pittenger und Brigham; redaktionelle Notiz in Chemistry a. Engeneering **14**, 4916 (1955)].

Viomycin. Viomycin gehört zu den Antibiotica mit einzelnen Wirkungsspitzen (Walter und Heilmeyer). Es wurde 1949 bzw. 1951 von verschiedenen Forschergruppen unter Finlay (Chas. Pfizer), Bartz (Parke Davis Co.) und Mayer (Ciba Pharm. Prod.) aus Kulturfiltraten von Streptomyces puniceus bzw. floridae bzw. vinaceus isoliert und wirkt elektiv auf Tuberkelbakterien noch in Konzentrationen von 1—5—10 γ/ml. Resistenzerscheinungen stellen sich ähnlich wie beim Streptomycin relativ rasch ein. Aus diesem Grund und wegen der relativ hohen Nephro- und Neurotoxicität hat es sich nicht durchsetzen können;

es ist ein sog. „kleines" Tuberkulostaticum geblieben. Daran haben auch die Versuche zur Toleranzsteigerung durch Ausnutzung des Thenat-Prinzips (Viothenat) nichts ändern können.

Xanthothricin wurde aus Streptomyces albus isoliert und wirkt gegen grampositive und gramnegative Bakterien (MACHLOWITZ, FISCHER u. Mitarb.).

XIX. Synonyma

Das riesige Angebot der pharmazeutischen Industrie an bewährten und neuen zum Teil nur selten angewandten Antibiotica bringt es mit sich, daß nur noch der Spezialist durch die verwirrende Nomenklatur durchfindet. Die Aufstellung von Synonyma-Listen ist daher gerechtfertigt.

Liste I enthält die Antibiotica in alphabetischer Reihenfolge und die dazugehörenden Markennamen. Liste II enthält die Markennamen in alphabetischer Reihenfolge mit den entsprechenden Antibiotica.

Die Aufstellung hat keinen Anspruch auf Vollständigkeit; sie bedarf bei der stetigen Weiterentwicklung der Antibiotica laufend der Ergänzung.

Synonyma-Liste I

Antibioticum	Markennamen
Amphotericin A u. B.	Amphotericin A u. B
	Fungizone
Bacitracin	Bacidrin
	Baciguent
	Bacitracin
	Neotracin
	Penitracin
	Sarbatracine
Carbomycin	Carbomycin
	Magnamycin
Chloramphenicol	Alficetin
	Amphemycetin
	Amphémycine
	Biophenicol
	Chemicetina
	Chloramphenicol
	Chloromycetin
	Comecetin
	Kemicetin
	Leucomycin
	Lévomycétine
	Micochlorine
	Novomycetin
	Paraxin
	Pharmacetina
	Spamicetina
	Synthomycetine
	Tifomycine
Chlortetracyclin	Aureomycin
	Chlortetracyclin
Colimycin	Colimycin
	Colimycine
	Colistin
Cycloserin	Oxamycin
	Serocyclin
Demethylchlortetracyclin	Declomycin
	Ledermycin
Erythromycin	Erycinum
	Erythromycin
	Erythrocin
	Ilosone
	Ilotycin
Framycetin	Soframycin
Griseofulvin	Griseofulvin
	Fulcin
	Likuden
Kanamycin	Kamycine
	Kanamycin
	Kanamytrex
	Kantrex
	Kappaxan
	Keimicina
	Resistomycin
Neomycin	Buccamycin
	Myacine
	Mycifradin
	Myciguent
	Neomycin
Novobiocin	Albamycin
	Biotexin
	Cardelmycin
	Cathomycin
	Inamycin
	Streptonivicin
	Vulcamycine
Nystatin	Moronal
	Mycostatin
	Nystatin

Synonyma-Liste I (Fortsetzung)

Antibioticum	Markennamen	Antibioticum	Markennamen
Oleandomycin	Matromycin	Penicillin	Maxipan
	Oleandocyn		Methacillin
	Oleandomycin		Opocillin
	Romicil		Oralopen
			Oratren
Oxytetracyclin	Ossimecina		Oricillin
	Oxytetracyclin		Pasticillin
	Terobon		Penadur-V
	Terramycin		Pencridin
			Penidural
Penicillin	*parenteral:*		Penifen
	Aquacillin		Pénivé
	Bicilline		Pentids
	Bipenicilline		Pen 200
	Bonapen		Permapen
	Celbenine		Pradulcin
	Cer-O-Cillin		Rocillin
	Cinopenil		Stabicillin
	Crystacillin		Syncillin
	Crystapen		
	Depotcillin	Polymyxin-B	Aerosporin
	Estocillin		Polymyxin
	Extencillin		
	Flo-Cillin	Ristocetin	Ristocetin
	Gonerol-Syner-Penicillin		Riston
			Spontin
	Hypercillin	Spiramycin	Rovamacine
	Lentocillin		Selectomycin
	Leocillin		Spiramycin
	Leomypen		
	Megacillin	Streptomycin Dihydrostreptomycin	Albitenat
	Neopenyl		Ambistryn
	Novocillin		Amphomycin
	Omnacillin		Biostrep
	Penadur		Combistrep
	Penicillin		Didromycin
	Pronapen		Didrotheant
	Pronapen-Plus		Dihydrostreptomycin
	Pulmo 500		Dihydrostreptomycine-Pantothenate
	Rapidocillin		Dimycin
	Solucillin		Diplostrep
	Spécilline-G		Distreptocin
	Tardocillin		Duostrep
	Tenepenin		Kabistrep
	Triplopen		Miscomycin
	V-Cillin		Mixtamycin
			Mutamycin
	peroral:		Polystrep
	Aristocillin		Protomycin
	Beromycin		Protothenat
	Broxil		Scheromycin
	Calcipen		Stellamycin
	Cer-O-Cillin-V		Streptoquaine
	Citocillin		Streptoduocin
	Compocillin		Streptomycin
	Compracillin		Streptopolin
	Crystapen-V		Streptothenat
	Duracillin		Strycin
	Fenoxypen		
	Gelocillin		
	Kabipenin		

Synonyma-Liste I (Fortsetzung)

Antibioticum	Markennamen
Trichomycin	Trichomycin
	Trichosept
Tetracyclin	Achromycin
	Ambramycine
	Bristocycline
	Hostacyclin
	Panmycine
	Policycline
Tetracyclin	Resomycine
	Reverin
	Sanclomycine
	Steclin
	Tetracyclin
	Tetracyn
	Tetrex
Vancomycin	Vancocin

Synonyma-Liste II

Markennamen	Antibioticum
Achromycin	Tetracyclin
Aerosporin	Polymyxin
Albamycin	Novobiocin
Albitenat	Streptomycin
Alficetin	Chloramphenicol
Ambistryn	Streptomycin
Ambramycine	Tetracyclin
Amphemycetin	Chloramphenicol
Amphémycine	Chloramphenicol
Amphomycin	Streptomycin
Amphotericin B	Amphotericin B
Aquacillin	Penicillin
Aristocillin	Penicillin
Aureomycin	Chlortetracyclin
Bacidrin	Bacitracin
Baciguent	Bacitracin
Bacitracin	Bacitracin
Beromycin	Penicillin
Bicilline	Penicillin
Biophenicol	Chloramphenicol
Biostrep	Streptomycin
Biotexin	Novobiocin
Bipenicilline	Penicillin
Bonapen	Penicillin
Bristocycline	Tetracyclin
Broxil	Penicillin
Buccamycin	Neomycin
Calcipen	Penicillin
Carbomycin	Carbomycin
Cardelmycin	Novobiocin
Cathomycin	Novobiocin
Celbenine	Penicillin
Cer-O-Cillin	Penicillin
Cer-O-Cillin V	Penicillin
Chemicetina	Chloramphenicol
Chloramphenicol	Chloramphenicol
Chloromycetin	Chloramphenicol
Chlortetracyclin	Chlortetracyclin
Cinopenil	Penicillin
Citocillin	Penicillin
Colistin	Colimycin
Colimycin	Colimycin
Colimycine	Colimycin
Combistrep	Streptomycin
Comecetin	Chloramphenicol
Compocillin	Penicillin
Compracillin	Penicillin
Crystacillin	Penicillin
Crystapen	Penicillin
Crystapen-V	Penicillin
Cyclosterin	Cycloserin
Declomycin	Demethylchlortetra-cyclin
Depotcillin	Penicillin
Didromycin	Streptomycin
Didrothenat	Streptomycin
Dihydrostreptomycin	Streptomycin
Dihydrostrepto-mycine-Panto-thenate	Streptomycin
Dimycin	Streptomycin
Diplostrep	Streptomycin
Distreptocin	Streptomycin
Duostrep	Streptomycin
Duracillin	Penicillin
Erycinum	Erythromycin
Erythrocin	Erythromycin
Erythromycin	Erythromycin
Estocillin	Penicillin
Extencillin	Penicillin
Fenoxypen	Penicillin
Fio-Cillin	Penicillin
Fulcin	Griseofulvin
Fungizone	Amphotericin B
Gelocillin	Penicillin
Generol-Syner-Peni-cillin	Penicillin
Hostacyclin	Tetracyclin
Hypercillin	Penicillin
Ilosone	Erythromycin
Ilotycin	Erythromycin
Inamycin	Novobiocin
Kabipenin	Penicillin
Kabistrep	Streptomycin
Kamycine	Kanamycin

Synonyma-Liste II (Fortsetzung)

Markennamen	Antibioticum
Kanamycin	Kanamycin
Kanamytrex	Kanamycin
Kantrex	Kanamycin
Kappaxan	Kanamycin
Keimicina	Kanamycin
Kemicetin	Chloramphenicol
Ledermycin	Demethylchlortetracyclin
Lentocillin	Penicillin
Leocillin	Penicillin
Leomypen	Penicillin
Leukomycin	Chloramphenicol
Lévomycétine	Chloramphenicol
Likuden	Griseofulvin
Magnamycin	Carbomycin
Matromycin	Oleandomycin
Maxipan	Penicillin
Médiamycétine	Chloramphenicol
Megacillin	Penicillin
Methacillin	Penicillin
Micochlorine	Chloramphenicol
Miscomycin	Streptomycin
Mixtamycin	Streptomycin
Moronal	Nystatin
Mutamycin	Streptomycin
Myacine	Neomycin
Mycifradin	Neomycin
Myciguent	Neomycin
Mycostatin	Nystatin
Neomycin	Neomycin
Neopenyl	Penicillin
Neo-Tracin	Bacitracin
Novobiocin	Novobiocin
Novocillin	Penicillin
Novomycetin	Chloramphenicol
Nystatin	Nystatin
Oleandocyn	Oleandomycin
Oleandomycin	Oleandomycin
Omnacillin	Penicillin
Opocillin	Penicillin
Oralopen	Penicillin
Oratren	Penicillin
Oricillin	Penicillin
Ossimecina	Oxytetracyclin
Oxamycin	Cycloserin
Oxytetracyclin	Oxytetracyclin
Panmycine	Tetracyclin
Paraxin	Chloramphenicol
Pasticillin	Penicillin
Penadur	Penicillin
Penadur-V	Penicillin
Pencridin	Penicillin
Penicillin	Penicillin
Penidural	Penicillin
Penifen	Penicillin
Penitracin	Bacitracin
Pénivé	Penicillin
Pentids	Penicillin
Pen 200	Penicillin
Permapen	Penicillin
Pharmacetina	Chloramphenicol
Policyclin	Tetracyclin
Polymyxin	Polymyxin
Polystrep	Streptomycin
Pradulcin	Penicillin
Pronapen	Penicillin
Pronapen-Plus	Penicillin
Protomycin	Streptomycin
Protothenat	Streptomycin
Pulmo 500	Penicillin
Rapidocillin	Penicillin
Resistomycin	Kanamycin
Resomycine	Tetracyclin
Reverin	Tetracyclin
Ristocetin	Ristocetin
Riston	Ristocetin
Rocillin	Penicillin
Romicil	Oleandomycin
Rovamycine	Spiramycin
Sanclomycine	Tetracyclin
Sarbatracine	Bacitracin
Scheromycin	Streptomycin
Selectomycin	Spiramycin
Serocyclin	Cycloserin
Sigmamycin	Oleandomycin + Tetracyclin
Solucillin	Penicillin
Soframycin	Framycetin
Spamycetina	Chloramphenicol
Spécilline-G	Penicillin
Spiramycin	Spiramycin
Spontin	Ristocetin
Stabicillin	Penicillin
Steclin	Tetracyclin
Stellamycin	Streptomycin
Streptoduocin	Streptomycin
Streptomycin	Streptomycin
Streptonivicin	Novobiocin
Streptopolin	Streptomycin
Streptoquaine	Streptomycin
Streptothenat	Streptomycin
Strycin	Streptomycin
Syncillin	Penicillin
Synthomycetine	Chloramphenicol
Tardocillin	Penicillin
Tenepenin	Penicillin
Terobon	Tetracyclin
Terramycin	Oxytetracyclin
Tetracyclin	Tetracyclin
Tetracyn	Tetracyclin
Tetrex	Tetracyclin
Tifomycine	Chloramphenicol
Trichomycin	Trichomycin
Trichosept	Trichomycin
Vancocin	Vancomycin
V-Cillin	Penicillin
Vulcamycine	Novobiocin

B. Klinische Anwendung

Der Fall eines 43jährigen Polizisten aus Oxford, der wegen einer durch Streptokokken und Staphylokokken bedingten Sepsis als erster Mensch mit Penicillin behandelt wurde, ist in die Geschichte der Medizin eingegangen. ABRAHAM, CHAIN, FLETCHER, FLOREY, GARDNER, HEATLEY und JENNINGS haben 1941 im Rahmen einer Gemeinschaftsarbeit „Further observations on penicillin" über diesen und 9 weitere Fälle eingehend berichtet. Fünf Kranke hatten Staphylo-Streptokokkeninfektionen und wurden intravenös, ein Säugling mit einer Staphylokokkeninfektion der Harnwege wurde peroral und 4 weitere Kranke mit infektiösen Augenleiden wurden örtlich mit Penicillin behandelt: die Behandlungsergebnisse waren sehr gut.

Wenn auch der erste mit Penicillin behandelte Patient, eben jener oben erwähnte Polizist infolge Erschöpfung des geringen Penicillinvorrates verlorenging — in der Krankengeschichte findet sich der Vermerk „Penicillinvorrat aufgebraucht" —, so hatte doch dieser praktische Fall die außerordentliche Wirksamkeit des Präparates gezeigt.

Über die globale Bedeutung der Antibiotica brauchen keine Worte verloren zu werden; sie sind echte Marksteine in der Behandlung bakterieller und treponemaler Infektionen und bilden die Krönung in der Reihe Salvarsan, Germanin, Atebrin, Resochin, Fuadin, Yatren, Sulfanilamide. Der Zeitpunkt des Erscheinens der Antibiotica war dabei besonders günstig; es war die Zeit, als die Gonorrhoe infolge der Resistenzentwicklung gegenüber den Sulfanilamiden wieder zum therapeutischen Problem geworden war und man resignierend auf alte örtliche Behandlungsmethoden zurückgreifen mußte. In Deutschland hatten die Erfolgszahlen der Sulfanilamidtherapie 1945 ihren Tiefstand erreicht; nur in 25% der Fälle wurden noch Heilungen erzielt (SCHÖNFELD, SCHUERMANN). Hier kam das Penicillin als erstes Antibioticum zur rechten Zeit und es ist interessant, daß es gerade auf diesem Gebiet, auf dem man nach den ersten Resistenzerscheinungen gegenüber Staphylokokken eine ähnliche Entwicklung auch für die Erreger der Gonorrhoe befürchten mußte, seine dominierende Stellung behauptet hat.

Die Zahl der rein klinischen Veröffentlichungen über Antibiotica geht in die Zehntausende; es können daher nur die wichtigsten und grundlegenden Arbeiten für das nachfolgende Kapitel berücksichtigt werden. Im übrigen gilt auch hierfür das im mikrobiologisch-pharmakologischen Teil schon Gesagte.

Bei der Gliederung des umfangreichen Stoffes glauben wir, die beste Übersicht dadurch zu erzielen, daß die einzelnen Hautkrankheiten vom Blickwinkel der Ätiologie abgehandelt werden. Die Nützlichkeit der einzelnen Antibiotica wird dann für die jeweiligen Krankheitsbilder, teilweise in Gruppen zusammengefaßt, besprochen. Da praktisch jeder Wirkstoff auch Wirkungen ungewünschter Art entfalten kann, ist ein großer Abschnitt den Nebenwirkungen gewidmet. Schließlich wird noch etwas zu sagen sein über die körpereigenen Abwehrkräfte, die bei rein bakteriostatischem Denken so leicht übersehen werden, denen aber auch in der antibiotischen Ära der Medizin ein Großteil am Heilungsprozeß zugeschrieben werden muß. Die Alarmzeichen der Resistenzerscheinungen haben dafür gesorgt, daß die Abwehrvorgänge im Organismus heute wieder mehr berücksichtigt werden.

I. Mikrobiell bedingte Dermatosen

1. Kokkenerkrankungen

Während die rein epidermalen Formen der durch Micrococcus pyogenes oder Streptokokken hervorgerufenen Hautkrankheiten nicht unbedingt antibiotisch behandelt werden müssen — man kommt hier vielfach mit altbewährten Salben wie 5%ige Salicylvaseline oder 10%ige Globucidsalbe aus —, sind die epidermaldermalen und in noch höherem Maße die dermal-hypodermalen Formen heute die Domäne antibiotischer Behandlungsmethoden.

Es liegt auf der Hand, daß viele dieser äußerlich sichtbaren Kokkenerkrankungen durch lokale Applikation von Antibiotica behandelt werden. Ganz prinzipiell soll zur Lokalbehandlung folgendes bemerkt werden:

Örtlich darf Penicillin auf keinen Fall angewandt werden. Die Nebenwirkungen allergischer Natur, die wir heute beim Penicillin beobachten, sind nicht nur durch Mykosen im Sinne von Leitallergenen bedingt, sondern haben zum beträchtlichen Teil die Ursache in der kritiklosen lokalen Anwendung aller möglichen Penicillinpräparate wie Salben, Puder, Mixturen, Lösungen usw. In der Weltliteratur wurde bereits über mehr als 100 Todesfälle berichtet auf Grund allergischer Schockreaktionen, schwerer allergo-toxischer Exantheme, schwerer allergischer Dermatitiden nach parenteraler Verabreichung von Penicillin. In den meisten Fällen war diesen Reaktionen eine örtliche Behandlung mit Penicillin vorausgegangen (Kimmig, Meenan u. a.). Für Streptomycin gilt das gleiche. Dagegen ist nichts einzuwenden gegen die Lokaltherapie mit Tetracyclinen und Antibiotica anderer Herkunft.

a) Folliculitis superficialis, Impetigo contagiosa, Pemphigoid neonatorum, Streptodermia bullosa, Pityriasis alba faciei, Angulus infectiosus

Diese epidermalen Kokkenerkrankungen werden — sofern mit den alten „konventionellen“ Lokaltherapeutica kein Erfolg erzielt worden ist — mit tetracyclinhaltigen Salben (2—3%ig) oder -spiritus oder mit Chloramphenicolsalben schnell und nachhaltig zur Abheilung gebracht (Marchionini und Röckl, Ludwig, Spier und Wolff, Kimmig, Meyer-Rohn, Wright und Tschan, Kwoczek und v. Moers-Messmer, Duval und Sebald, Nerson, Keizer; Forfar u. Mitarb., Grund; Zeligman u. Sinesi, Dale und Hang; Hörhold, Fogarasi; Nichols und Finland, Kochter; Mullius und Wilson, Goldberg; Freeman u. Scott, Appel; Livingood u. Mitarb.; Hagermann, Garnier; Peyri u. Mitarb., Lutz; Newman u. Feldman, Derzavis u. Mitarb, Trice u. Shafer, Flood; Hollander u. Hardy, Solomons; Prigot u. Mitarb.; Magauran; Flint u. Mitarb.; Motti, Coppleson, Alderson; Vilanova u. Mitarb. u. v. a.).

Neben den Tetracyclinen sollte Chloramphenicol in Salbenform noch mehr als bisher berücksichtigt werden. Nach eigenen Untersuchungen und den Erfahrungen von Lamont ist Chloramphenicol auch heute noch das Antibioticum mit den geringsten Resistenzerscheinungen.

Erythromycin sollte nur bei resistenten Kokkenstämmen Verwendung finden. Auf Neomycin, Bacitracin, Polymyxin, Tyrothricin, Magnamycin kann bei den oben angeführten Kokkenerkrankungen — wenn nicht besondere Sensibilitätsverhältnisse der Erreger dazu zwingen — verzichtet werden. Eine parenterale antibiotische Therapie ist nur bei Komplikationen indiziert.

b) Folliculitis (Sycosis) barbae, schankriforme Pyodermie, Ecthyma, Erysipel, chronisch vegetierende und ulcerierende Pyodermien

Während von diesen epidermal-dermalen Kokkenerkrankungen die Ecthyma und die schankriforme Pyodermie meist durch lokale Applikation von Tetracyclinen oder Chloramphenicol allein zur Abheilung gebracht werden, wobei bei der Behandlung der Ecthyma noch roborierende Maßnahmen hinzukommen, verlangen die Bartflechte und das Erysipel praktisch immer eine parenterale antibiotische Therapie. Die chronisch vegetierenden Pyodermien nehmen im Rahmen der Kokkenerkrankungen wohl eine Sonderstellung ein.

Folliculitis barbae. Nach vorhergehender Resistenzanalyse wird parenteral antibiotisch behandelt, unterstützt durch gleichzeitige örtliche Applikation von Antibiotica (ausgenommen auf jeden Fall Penicillin und Streptomycin). Wichtig ist dabei in besonders hartnäckigen Fällen die gleichzeitige Behandlung der Nasenschleimhaut, da von dort aus laufend Staphylokokken oder Streptokokken in den Bartbereich gestreut werden, die für die Rezidive verantwortlich sind. Marchionini und Götz sowie Meyer-Rohn haben wiederholt darauf hingewiesen. Wenn keine Möglichkeit zur Resistenzanalyse besteht, so sollte sofort die Behandlung mit der Kombination Penicillin/Streptomycin oder einem Breitspektrum-Antibioticum wie Tetracyclin eingeleitet werden. Bei Resistenz gegen Penicillin und Tetracyclin wird Erythromycin täglich 1 g oder Oleandomycin in der gleichen Dosierung gegeben. Auf die Arbeiten von Marchionini und Röckl, Kimmig, Marioconda und Montilli, Duval und Sebald, Hoops, Huriez u. Mitarb., Robinson sen. und jr. u. a. darf hier verwiesen werden. Die Behandlung mit Neomycin (Church, Kile u. Mitarb.), der Kombination Neomycin/Bacitracin in Form des Nebacetins (Peyri u. Mitarb., Drews, Friederich, Johne; Gade u. Mitarb.; Szabo u. a.), Novobiocin (Mullins u. Wilson), Tyrothricin (Johne; Dorner; Lammers u. Dorner; Kwoczek u. v. Moers-Messmer; Franks, Dobes u. Jones u. a.) und anderen Antibiotica tritt dagegen — wenngleich im Einzelfall Vorzügliches leistend — in den Hintergrund.

Erysipel. Die Erysipelbehandlung ist auch heute noch eine Domäne der Penicillintherapie. Das ist dadurch zu erklären, daß als Erreger an weitaus erster Stelle Streptokokken, die wesentlich weniger Resistenzerscheinungen gegen Penicillin zeigen als Staphylokokken, rangieren. Günstige Erfahrungsberichte liegen vor von Wilde, Götz, Endres, Altmann, Moncorps, Liljedahl und Romans, Carpentier, Mortensen, Marchionini u. Götz, Marchionini und Röckl, Kimmig u. v. a. Wir geben täglich 800000 E Penicillin bis zu einer Gesamtdosis von 4—6 Millionen. Beim chronisch rezidivierenden Erysipel geben wir gern Omnacillin. Beim schweren gangränös-nekrotischen Erysipel reicht Penicillin allein vielfach nicht aus. Ludwig sah Gutes von der Kombination Penicillin/Streptomycin. Mit einer konsequent durchgeführten Tetracyclinbehandlung bei einer Tagesdosis von 1 g über mehrere Wochen oder mit der Kombination Tetracyclin/Oleandomycin (Handelspräparat Sigmamycin) bei einer Tagesdosis von 1,5—2 g wird man auch bei diesen Fällen zum Ziel kommen. Im Falle von Penicillin- oder Tetracyclinresistenz muß auf Erythromycin oder Oleandomycin übergegangen werden.

Die *Acne necroticans* oder varioliformis — eine Streptokokkenerkrankung — ist die Domäne der Aureomycinbehandlung. Wir geben Tetracycline in alkoholischer Lösung ($^1/_4$% Tetracyclin in 70% Alkohol) oder Tetracyclinsalben (Wulf). Die von Johnson, Kumer u. a. empfohlene örtliche Penicillinbehandlung lehnen wir wegen der damit verbundenen Sensibilisierungsgefahr ab. Erythromycin und Oleandomycin zeigen örtlich in Salbenform oder in alkoholischer Lösung ebenfalls gute Wirkung.

Chronisch vegetierende und ulcerierende Pyodermien. Bei diesem schweren Krankheitsbild hat nach eigenen Erfahrungen, die Marchionini und Röckl bestätigen, die alleinige Antibioticatherapie oft nur geringe, vielfach aber gar keine Erfolge aufzuweisen. Die aus den Läsionen isolierten Keime sprechen zwar im allgemeinen auf das bei der Resistenzanalyse für zweckmäßig ermittelte Antibioticum an, die Hauterscheinungen werden jedoch merkwürdigerweise kaum beeinflußt. Wir haben einen 58jährigen Mann mit einer chronisch vegetierenden Pyodermie in Beobachtung, bei dem neben Staphylokokken und Streptokokken regelmäßig Pseudomonas aeruginosa und zeitweise Proteus, Klebsiellen, E. coli, Candida albicans und andere Keime aus den Ulcera isoliert werden konnten. Eine entsprechende antibiotische Behandlung mit Penicillin, Tetracyclinen, Chloramphenicol, Penicillin/Streptomycin, Erythromycin, Nystatin u. a. hatte aber keinen signifikanten Erfolg. Erst ein interkurrent aufgetretenes Pfeiffersches Drüsenfieber brachte den Prozeß für 2 Jahre zum Stillstand. R. WILLIAMS berichtet über einen durch Bacterioides funduliformis unterhaltenen Fall, der auf Streptomycintherapie gut ansprach.

c) Staphylodermia sudoripara suppurativa (Säuglinge), Hydradenitis suppurativa (Erwachsene), Furunkel, Karbunkel, Abscesse und Phlegmonen

Diese tiefer liegenden Kokkenerkrankungen bilden ein günstiges Indikationsgebiet für Antibiotica, die auf jeden Fall gezielt zur Anwendung kommen müssen. Neben Penicillin und der Kombination Penicillin/Streptomycin leisten die Tetracycline, Chloramphenicol, Erythromycin, Oleandomycin und Novobiocin sehr Gutes. Die parenterale Therapie wird dabei unterstützt durch lokale Applikation von Antibiotica wie Chloramphenicol, Neomycin, Tetracycline, Framycetin u. a. und durch einschmelzende Maßnahmen. Der Riesenkreuzschnitt beim Nackenkarbunkel sollte der Vergangenheit angehören bei rechtzeitiger und sachgemäßer antibiotischer Therapie. Unübersehbar sind die Veröffentlichungen auf diesem Gebiet; es darf auf die Arbeiten der in dem vorhergehenden Abschnitt zitierten Autoren verwiesen werden.

2. Bakteriell bedingte Dermatosen

Erysipeloid (Rosenbach). Ebenso wie das Erysipel reagiert das durch Erysipelothrix rhusiopathiae hervorgerufene Erysipeloid prompt auf Penicillin. Neben eigenen Erfahrungen liegen Veröffentlichungen vor von GÖTZ, WILDE, ENDRES, MISSGELD, ZINZLI, BESSONE u. a. Eine Kombinationsbehandlung mit Penicillin/Streptomycingemisch ist ebenfalls erfolgreich; nicht dagegen Erythromycin und Oleandomycin, deren Wirkungsspektrum die Erysipelothrix nur am Rande erfaßt. Eine örtliche Behandlung mit Tetracyclinsalben hat sich nach WRIGHT und TSCHAN als erfolglos erwiesen. Wir behandeln das Erysipeloid mit 800000 E Penicillin pro die über 5 Tage.

Diphtherie. Penicillin, Tetracycline oder Erythromycin (KRAUSE, ALEXANDER, SURMANN) zeigen in der gleichen Dosierung wie bei Anthrax gute Ergebnisse. Die Diphtherie darf aber nie allein mit Antibiotica behandelt werden; immer ist gleichzeitig antitoxisches Serum zu geben (5000—20000 AE). Örtlich sind zur Unterstützung Tetracyclinsalben oder -puder zu empfehlen.

Ecthyma gangraenosum terebrans. Da sich in vielen Fällen Pseudomonas aeruginosa findet, ist eine Penicillinbehandlung praktisch immer zwecklos. Eine Resistenzanalyse ist hier besonders wichtig, weil sich die einzelnen Pseudomonasstämme verschieden gegen Tetracycline, Neomycin, Bacitracin und auch Streptomycin verhalten. Eine antibiotische Therapie wird sich nach dem Ausfall dieser Untersuchung richten. VON DER MEIREN brachte eine durch E. coli unterhaltene Ecthyma durch Streptomycin intramuskulär zur Abheilung.

Hautbrucellose. Wenngleich die durch Brucellen ausgelösten Hauterscheinungen zum Teil als echte allergische Reaktionen der Haut gegenüber den Toxinen dieser Bakterien aufzufassen sind (SCHÖNFELD), so sollte doch auf jeden Fall antibiotisch behandelt werden. Hautbrucellose scheint in den letzten Jahren häufiger, als man ursprünglich angenommen hatte, vorzukommen (BÜRGER).

CASTANEDA empfiehlt als optimale Therapie eine Kombinationsbehandlung mit Aureomycin/Sulfadiazin und Streptomycin in folgender Dosierung: 0,5 g Aureomycin + 3 g Sulfadiazin peroral und 1 g Streptomycin intramuskulär täglich über 10 Tage. Mit Chloramphenicol kann die Brucellose ebenfalls behandelt werden.

Pyocyaneus-Infektionen. Diese durch Pseudomonas aeruginosa ausgelösten Infektionen zeichnen sich durch große Therapieresistenz aus. Hier ist die Resistenzanalyse besonders wichtig, wie PROPPE an einem Fall einer Pyocyaneus-Sepsis bei einem 4jährigen Jungen zeigen konnte. Innerlich kommen Tetracycline, Streptomycin oder Chloramphenicol, äußerlich Neomycin, Bacitracin, Chloramphenicol, Colimycin und Polymyxin für die Therapie in Frage.

Rhinosklerom. Klebsiella rhinoskleromatis ist in vitro wohl sehr gut empfindlich gegenüber Streptomycin, Tetracyclin, Chloramphenicol und Neomycin. In der Klinik zeichnet sich diese Erkrankung auch nach langfristiger Behandlung mit Terramycin und Streptomycin durch starke Rezidivfreudigkeit aus, wie K. SCHÖNFELD an einem casus demonstrieren konnte. Trotzdem sollte das Rhinosklerom nach vorheriger Resistenzanalyse der Erreger mit Streptomycin, den Kombinationen Penicillin/Streptomycin oder Tetracyclin/Chloramphenicol konsequent über mehrere Wochen behandelt werden, wobei die parenterale Therapie durch lokale Applikation von Chloramphenicol-, Neomycin- oder Polymyxinsalbe unterstützt werden muß.

Tularämie. Der Erreger der „Hasenpest" Pasteurella tularensis spricht in vitro gut auf Streptomycin, Tetracycline und Chloramphenicol an. In der Klinik hat sich Streptomycin sehr gut bewährt. RABL und KRUSE haben bei einer Epidemie in Schleswig-Holstein täglich 1 g bis zu einer Gesamtdosis von 7—12 g gegeben. Eine Reihe amerikanischer Autoren empfiehlt im Falle von Rezidiven nach Streptomycin hohe Gaben von Tetracyclinen (2—4 g/die oder eine Kombinationsbehandlung mit beiden Antibiotica (VONDERBANK).

Malleus. Bei der selten einmal auch auf Menschen übertragenen ernsten Infektionskrankheit haben sich Streptomycin (WOMACK, FELSENFELD) ebenso Aureomycin und Chloramphenicol (GREEN und MAKIKAR) gut bewährt, während vor der antibiotischen Ära jede angegebene Therapie nutzlos war.

Hauttuberkulose. Trotz der sehr günstigen Ergebnisse bei der Behandlung anderer Tuberkuloseformen hat sich Streptomycin bei der Behandlung der Hauttuberkulose nicht durchgesetzt. Der Hauptgrund liegt neben der Entwicklung des Isoniacids in den Nebenwirkungen des Streptomycins, die eine Therapie, welche sich bei der Hauttuberkulose über Monate bis zu 1 Jahr und darüber erstrecken muß, nicht opportun erscheinen läßt. Außerdem ist bei solchen Zeiträumen mit ziemlicher Sicherheit der Stamm streptomycinresistent geworden. Das Cycloserin hat sich nach eigenen Erfahrungen bei der Therapie der Hauttuberkulose nicht bewährt.

Lepra. Das für die Tuberkulose Gesagte gilt ebenso für die Lepra.

Periarteriitis nodosa. Dieses Krankheitsbild wird wie die Phlebitis migrans als vorwiegend bakteriell bedingte, allergotoxische Gefäßerkrankung aufgefaßt. Eine antibiotische Therapie mit der Kombination Penicillin/Streptomycin oder mit Tetracyclinen in Verbindung mit Prednison halten wir hier für absolut indiziert.

Die *Thrombophlebitis* behandeln wir neben Ruhigstellung und Ichthyolpackungen mit Penicillin/Streptomycin täglich 1 Mega-E bis 10 Millionen insgesamt oder Tetracyclinen täglich 1 g bis 10—15 g Gesamtdosis. Gleichzeitig geben wir immer Prednison täglich 20 mg für die Dauer der antibiotischen Kur.

3. Bacillär bedingte Hautkrankheiten

Wenn die bacillär bedingten Dermatosen von den bakteriell bedingten getrennt abgehandelt werden, so geschieht das aus Gründen der international festgelegten Nomenklatur in der Bakteriologie. Der Ausdruck Bacillus ist bekanntlich der Gattungsname für sporenbildende, aerobe, grampositive Stäbchen. Da durch Clostridien — der Gattungsname ist allein den anaeroben grampositiven Sporenbildnern vorbehalten — ausgelöste Hautkrankheiten jedoch extrem selten sind, werden auch diese mit in diesen Abschnitt einbezogen.

Milzbrand. Die Überlegenheit des Penicillins gegenüber Anthraxserum wurde in Tierversuchen von McCULLOCK u. v. AUERSPERG bewiesen. MOHR hat 1954 Richtlinien für die Milzbrandbehandlung herausgegeben, nach denen die parenterale antibiotische Therapie nach vorheriger Resistenzanalyse durch lokale Anwendung von antibiotischen Salben und Pudern unterstützt werden soll. Erfahrungsberichte von GÖTZ, WILDE, ENDRES, MISSGELD, CARPENTIER u. a. bestätigen übereinstimmend die außerordentlich gute Wirksamkeit des Penicillins beim Anthrax. Nach MARCHIONINI und RÖCKL sowie RUIZ SANCHEZ u. Mitarb. erwies sich das Aureomycin als besonders wirksam in den Fällen, in denen sich bakteriologisch atypische hämolysierende Milzbranzbacillen nachweisen ließen. DUVAL und SEBALD konnten bei einer größeren Anzahl von Patienten mit Terramycin täglich 2,0 g 3 Tage lang gute Erfolge erzielen. Wir behandeln den Milzbrand mit Penicillin und geben täglich 800000 E über eine Woche oder mit Erythromycin, von dem wir täglich 1—2 g peroral ebenfalls über 7 Tage verabfolgen. Unterstützend applizieren wir in Übereinstimmung mit anderen Klinikern Tetracycline in Salbenform. Eine Unter- oder Umspritzung der eigentlichen Krankheitsherde, wie sie auch von MOHR empfohlen wird, nehmen wir nicht vor.

Clostridieninfektionen (Gasbrand, malignes Ödem, Tetanus usw.) kommen fast ausschließlich in die chirurgischen Kliniken. Die Keime sprechen gut an auf Tetracycline, Sigmamycin, Vancomycin und Bacitracin. Clostridien sind durchweg starke Toxinbildner. Neben einer antibiotischen Behandlung sollten daher immer antitoxische Seren gegeben werden.

4. Die Geschlechtskrankheiten

In dem von SCHUERMANN herausgegebenen Band VI/1 dieses Handbuches wird die Chemotherapie und antibiotische Therapie der Gonorrhoe von KIMMIG, die spezielle Therapie der genitalen Gonorrhoe von SCHUERMANN und GREGORCZYK und die Therapie des Lymphogranuloma inguinale von LÖHE und SCHMIDT abgehandelt. Die Syphilistherapie ist Gegenstand mehrerer Kapitel von LUGER, SÖLZT-SZÖTS und EBERHARTINGER in dem von WIEDMANN herausgegebenen Band VI/2. Auf diese beiden Bände wird an dieser Stelle verwiesen, wenn im nachfolgenden nur die an der Eppendorfer Hautklinik übliche antibiotische Therapie der Geschlechtskrankheiten angegeben wird.

a) Gonorrhoe

Penicillin. 1942 beschrieben HERRELL, HEILMAN und WILLIAMS die hervorragende Wirksamkeit des Penicillins bei der Gonorrhoe. Eine einmalige Injektion von 300000—400000 E Depotpenicillin genügt bei der frischen unkomplizierten Gonorrhoe zur Ausheilung. Bei Rezidiven wird die gleiche oder auch doppelte Dosis noch einmal verabfolgt. Da Rezidive bei der Frau häufiger vorkommen als beim Mann, behandeln wir die Gonorrhoe der Frau von vornherein mit 800000 E. Bei Vorliegen von Komplikationen wie Periurethritis, Prostatitis,

Epididymitis usw. beim Mann oder Endometritis, Adnexitis, Bartholinitis usw. bei der Frau oder Fernmetastasen wie Monarthritis, Meningitis u. a. muß die Dosis erhöht werden. Wir behandeln dann mit 1,6—4 Mill. E, wobei täglich 800000—1200000 E injiziert werden.

Die Erfolge der Penicillintherapie sind bisher von keinem anderen Heilmittel bei der Behandlung der Gonorrhoe erreicht worden. Sie liegen zwischen 85 und 95% nach einer und zwischen 95 und 100% nach der 2. oder 3. Kur. In der nachfolgenden Tabelle 36 sind die Heilerfolge verschiedener Autoren, die über ein großes Krankengut verfügen, zusammengefaßt.

Penicillinversager, über die immer wieder berichtet wird, können verschiedene Gründe haben.

1. Scheinversager auf Grund diagnostischer Irrtümer, z. B. andere Neisseriaarten, die 1000mal weniger penicillinsensibel sein können als echte Gonokokken.

2. Scheinversager auf Grund von Neuansteckungen.

3. Konstitutionsversager auf Grund anatomischer Besonderheiten wie paraurethrale Gänge, Krypten, Bartholinische Cysten usw. (KIMMIG).

4. Mischinfektionen mit penicillinasebildenden Keimen (RÖCKL; MEYER-ROHN u. LEHMANN).

5. Penicillin erreicht die durch Leukocyten und Fibrocyten phagocytierten Gonokokken nicht; diese überleben und führen nach Absetzen des Penicillins zum „endogenen“ Rezidiv (THAYER u. Mitarb., MEYER-ROHN u. ROHDE).

Über eine Penicillinresistenz der Gonokokken wird nach wie vor heftig diskutiert. Bisher ist es aber weder uns noch vielen anderen Autoren trotz jahrelanger Suche gelungen, einen absolut penicillinresistenten Gonokokkenstamm mit Sicherheit nachzuweisen. Man darf allerdings nicht übersehen, daß manche Gonokokkenstämme im Verlauf der letzten 3 Jahre Sensibilitätseinbußen gegenüber Penicillin erlitten haben (RÖCKL, MEYER-ROHN; REYN, KORNER und WEIS BENTZON). Die weitere Entwicklung muß hier abgewartet werden. In vitro gelingt es nicht, Gonokokken an Penicillin zu adaptieren, während sie an Streptomycin, Oleandomycin und Erythromycin leicht gewöhnt werden können; dies in so hohem Maß, daß sie ohne Streptomycinzusatz zum Nährmedium nicht mehr wachsen (MEYER-ROHN).

Tabelle 36. *Heilerfolge der Penicillintherapie nach* KIMMIG

Autor	Zahl der Patienten	Dosierung E	Heilerfolge in %			Versager %
			1. Kur	2. Kur	3. Kur	
HARTUNG u. TRAUTMANN	14396 ♀		88,4			
HOEDE u. HOEDE	2122	200000	99,6	100		keine
LANGER	34842	100000 200000 400000	87,2	98,7	99,5	0,5
SCHÖNFELD	1655 ♀	100000 200000 400000	90,5	98,7	100	keine
SCHÖNFELD	1877 ♀	200000 400000 400000	96,2	99,6	100	keine
SCHUERMANN u. BÖHLER	8733 ♀ 2123 ♀	4 × 50000	81,0 95,2	95,0 99,7		0,3
ARZT, GABRIEL, HOFBAUER	2234	200000	insgesamt 89%			

Streptomycin. Die klinische Wirksamkeit mit Dosen zwischen 0,5 und 1 g in 6stündigem Intervall 2mal intramuskulär gegeben ist erwiesen. Die Erfolgsziffern liegen zwischen 90 und 100%. Streptomycin hat den „Vorteil", daß es eine relativ geringe Wirkung auf Treponemen besitzt; damit ist die Gefahr einer Verschleierung einer gleichzeitig bestehenden Syphilis wesentlich geringer als bei der Penicillinbehandlung. Der Nachteil des Streptomycins liegt aber darin, daß sich die Gonokokken daran gewöhnen können (ZIERZ und JAKOB), wenngleich man diesen Punkt bei der kurzen Behandlungszeit nicht überschätzen sollte.

Tetracycline in Tagesdosen von 2—3 g (Gesamt 6—9 g),

Chloramphenicol in Gesamtdosen bis 4 g,

Erythromycin in der Dosierung von 1,5 g täglich (Gesamt 6 g) und

Oleandomycin in der gleichen Dosierung

heilen die Gonorrhoe sicher aus. Die Therapie der Wahl ist aber Penicillin.

b) Syphilis

Die gute therapeutische Wirksamkeit von Penicillin bei der Syphilis wurde 1943 von MAHONEY, ARNOLD und HARRIS entdeckt. Penicillin leitete eine neue Epoche in der Luestherapie ein. Treponema pallidum ist gegen Penicillin außerordentlich empfindlich: 0,025 E/ml vermögen 50% einer Treponemenaufschwemmung zu immobilisieren. Tierexperimentell hat sich bei der Kaninchensyphilis ergeben, daß die notwendige Penicillin-Heildosis vom Alter der Infektion, von der Zahl und der Proliferationsgeschwindigkeit der Erreger abhängig ist. MOORE hat an diesem Versuchsmodell ermittelt, daß 3 Std nach der Infektion etwa 2000 E Penicillin/kg zur Heilung genügen, nach 14 Tagen 20000 E und nach 42 Tagen 50000 E. Für die Behandlung der menschlichen Syphilis waren diese Untersuchungen richtungweisend. In der Klinik hat es sich als ratsam erwiesen, einen Blut- und Gewebsspiegel zu halten, der über dem therapeutischen Minimum liegt und die Behandlung über 10—14 Tage zu erstrecken. Hinsichtlich der Dosierung schwanken die Angaben zwischen 2,4 und 60 Mill. E.

Uns hat sich ein Mehrkurensystem bewährt (KIMMIG), wobei eine Gesamtdosis von 12 Mill. E pro Kur in 4wöchigen Abständen gegeben wird. Die tägliche Einzeldosis beträgt hierbei 800000—1200000 E. Für die seronegative Lues des Primärstadiums genügen 2 Kuren, während bei seropositiver Frühlues und bei den Spätformen immer 5 Kuren gegeben werden. Bei älteren Latenzfällen, tertiärer Syphilis, kardiovasculärer und Neurosyphilis wird Penicillin mit Wismut kombiniert, von dem 2mal wöchentlich 1—2 ml eines ölig suspendierten Präparates gegeben werden. Tritt bei durchbehandelten Luetikerinnen eine Gravidität ein, so bekommt die Patientin aus Sicherheitsgründen während der Schwangerschaft noch 2 Penicillinkuren zu je 12 Mill. E.

Tetracycline und Chloramphenicol zeigen ebenfalls antiluische Wirkung. Bei der menschlichen Syphilis im Primärstadium waren 24—48 Std nach Beginn der Behandlung die Treponemen aus den Läsionen verschwunden. Gegenüber dem Penicillin haben diese Antibiotica ebenso wie Erythromycin und Oleandomycin jedoch nur eine untergeordnete Bedeutung; sie treten praktisch nur in Funktion bei Penicillin-Überempfindlichkeit.

c) Ulcus molle

Der Erreger Haemophilus ducrey ist sehr gut empfindlich gegenüber Streptomycin, Tetracyclinen, Erythromycin und Oleandomycin, wenig oder gar nicht dagegen gegenüber Penicillin.

Bei der *Streptomycinbehandlung* haben sich nach WALTER-HEILMEYER folgende Dosierungen als wirksam erwiesen.

Tagesdosis: 2 g intramuskulär (4mal 0,5 g täglich). Gesamt: 10 g. Dauer: 5 Tage.

Tagesdosis: 1 g intramuskulär (2mal 0,5 g täglich). Gesamt: 5—7 g. Dauer: 5—7 Tage.

Tagesdosis: 4—5 g (4—5mal 1 g täglich). Gesamt: 4—5 g. Dauer: 1 Tag.

Tetracycline gibt man 2 g als Initialdosis, dann 0,5 g alle 6 Std bis zu einer Tagesdosis von 4 später 2 g über 5—7 Tage bis zur Gesamtdosis von 12—16 g.

Chloramphenicol erweist sich bei geringerer Dosis als wirksam: 0,75 g/die über 3 Tage.

Wegen der Gefahr der Maskierung einer gleichzeitig bestehenden Lues muß eine sorgfältige Nachkontrolle des Patienten gewährleistet sein.

Wir geben gern Erythromycin oder Oleandomycin täglich 1,5 g in Einzeldosen von 250 mg über *einen* Zeitraum von 3—5 Tagen, oder Tetracyclin täglich 1 g bis 5—8 g insgesamt. Penicillin ist nicht empfehlenswert: es ist nur bei sehr hoher Dosierung und dann nicht einmal absolut sicher wirksam; in dieser hohen Dosierung wird aber eine maskierte Syphilis mit Sicherheit nicht erkannt. Die einzige Indikation für Penicillin ist das Ulcus molle gangraenosum (Haemophilus ducrey und Fusospirochätose); aber auch hier leisten die Tetracycline lokal und parenteral gegeben mehr; vor allem ist die Wirkung, da hier eine ausgedehnte Mischflora vorliegt, durch die Breitspektrum-Antibiotica sicherer.

d) Lymphogranuloma inguinale

Penicillin hat sich in der Klinik als unwirksam erwiesen, ebenso das Magnamycin (WHITAKER, PRIGOT, MARMELL und MORGAN). Über gute Erfolge mit Tetracyclinen berichten SCHAMBERG, CARAZZANI und BOGER, ROTSCHILD und HIGGIN, MOORE, BAZIL, JEZIC, HENLEY; MAYNARD u. Mitarb. u. a. Gute und schnelle Wirkungen sahen WRIGHT, WITHAKER, WILKINSON und BEINFIELD sowie WOODWARD nach Chloramphenicol, sowie DORN; MARMELL und PRIGOT nach Erythromycin. Neuerdings haben PEDOYA und auch LACROUX und GALLEY das Lymphogranuloma inguinale erfolgreich mit Spiramycin behandelt.

Uns haben sich die Tetracycline als am besten bewährt, und zwar in Dosierungen von täglich 1—2 g über einen Zeitraum von 30 Tagen. Die antibiotische Therapie steht und fällt mit der Frühbehandlung, die ganz konsequent durchgeführt werden muß. Im fortgeschrittenen Stadium mit multiplen Harnröhrenfisteln, Mastdarmstrikturen und entzündlichen Wucherungen ist auch die massivste antibiotische Therapie auf die Dauer gesehen wirkungslos, sie kann nur vorübergehend lindern.

5. Protozoenerkrankungen

a) Frambösie

Wie Treponema pallidum hat auch Treponema pertenue eine hohe Empfindlichkeit gegenüber Penicillin, das die Arsenobenzole aus der Behandlung der Frambösie völlig verdrängt hat. Penicillin wird von der Weltgesundheitsorganisation zur Behandlung empfohlen, und zwar die Gesamtmenge von 1,2 bis 2,4 Mill. E Novocain-Penicillin, die mit einer einmaligen Gabe oder in täglichen Dosen von 400000 E injiziert werden sollen. Penicillin ist in allen Krankheitsstadien wirksam. 16—24 Std nach den Injektionen sind in den Läsionen keine Treponemen mehr nachweisbar; nach 1—3 Wochen sind alle Erscheinungen der Frühframbösie abgeheilt. Mit den Seroreaktionen verhält es sich dabei genau wie bei der Syphilis.

LOUGHLIN und JOSEPH haben 150 Kranke mit jeweils 21 g Tetracyclinen in 7 Tagen bzw. mit 10 g in 5 Tagen behandelt und in einem Beobachtungszeitraum von 3 Monaten klinische Abheilung erzielt (KIMMIG). Die bisherigen Erfahrungen zeigen, daß die Tetracycline wohl wirksam sind, daß die Abheilung aber wesentlich langsamer erfolgt als nach Penicillin.

Die Ergebnisse der Chloramphenicolbehandlung mit einer Gesamtdosierung von 10—20 g entsprechen etwa denen der Tetracyclintherapie.

b) Pinta

Penicillin hat sich nach MOOSER als wirksames Specificum erwiesen. Auch die Seroreaktionen werden nach Erhebungen von KITCHEN in einem hohen Prozentsatz der Fälle negativ, was bei der früheren Salvarsan-Wismut-Behandlung nicht der Fall war. Der Wert der Tetracyclintherapie ist noch nicht geklärt.

c) Hautleishmaniase (Orientbeule)

Die Orientbeule wird durch Antibiotica nicht beeinflußt. Nach den großen Erfahrungen von MARCHIONINI ist Solustibosan das Mittel der Wahl. Da jedoch in vielen Fällen eine Sekundärinfektion besteht, wird man die parenterale Solustibosan- oder Fuadintherapie durch örtliche Applikation von Tetracyclinsalben unterstützen.

Eine sekundäre Ansiedlung von Keimen führt vielfach zur Vergrößerung der Beulen, die bei einer solchen Entwicklung statt der spontanen Abheilung innerhalb eines Jahres bis zu 15 Jahren bestehenbleiben können. Durch eine Penicillintherapie (MARCHIONINI) oder eine parenterale Behandlung mit anderen, vor allem Breitspektrumantibiotica, kommt es zu einer erstaunlich raschen Rückbildung der Pyodermisierung.

d) Sodoku

Penicillin ist nach den Berichten von BROCKSALER, ANDERSON und KEEFER, FRANK und PERLMAN u. a. ein sehr gutes Mittel bei der Behandlung der durch Spirillum minus (der Erreger steht den Treponemen sehr nahe) hervorgerufenen Rattenbißkrankheit. Dosierung: täglich 1 Mega-E bis 10 Mega-E Penicillin insgesamt. Nach VONDERBANK, der ein reichhaltiges Schrifttum anführt, bieten die Tetracycline gegenwärtig wohl die besten Möglichkeiten zur Bekämpfung dieser Infektion. Oral werden täglich 2—3 g oder 50 mg/kg/die gegeben; intravenös: hohe Initialdosis (bis zu 1 g), dann 500 mg alle 12 Std. Die Therapie wird 10 Tage oder länger durchgeführt.

e) Trichomonaden

Im Nystatin und Trichomycin stehen 2 wirksame Antibiotica zur Behandlung von Trichomonadenerkrankungen bei Mann und Frau zur Verfügung. Die Behandlungsergebnisse sind ausgezeichnet. Nystatin wird in Form von Vaginaltabletten 1—2mal täglich 1 Tablette à 100000 E Nystatin für die Dauer von 6 Tagen gegeben. Bei der Trichomonaden-Urethritis des Mannes empfiehlt sich wegen der schlechten Resorptionsverhältnisse des peroral zugeführten Nystatins das Trichomycin, von dem 3mal täglich 2 Kapseln à 50000 E für die Dauer von 8—10 Tagen gegeben werden. Eine Kombination von Ovula (1—2 Ovula 10 Tage lang) und Kapseln (3mal täglich 2 Kapseln Trichomycin 14 Tage lang) ist bei der Trichomoniasis urogenitalis der Frau zu empfehlen. Über die klinische Anwendung des Trichomycins liegt bereits ein umfangreiches Schrifttum vor: MAGARA u. Mitarb., MENDIZABAL u. Mitarb., MIYAHARA u. MATSUMOTO, SEIGA; CHAPPAZ u. BERTRAND, IWASAKI u. Mitarb., ISHIGAMI u. TAKAGI; TAMURA u.

FUJI, SASAKI u. Mitarb., BERTRAND u. MARTIN, BERTRAND, IMAMURA; LUTZ u. WITZ, TSUBURA; HOSOYA u. Mitarb., ISHIGAMI, IMAMURA u. a. Durch die Entwicklung des synthetischen Fragyl, einem Imidazolderivat [(Hydroxy-2 äthyl)-1 methyl-2 nitro-5 imidazol], sind die Antibiotica bei der Therapie von Trichomonadeninfektionen verdrängt worden (SYLVESTRE, GALLAI u. ETHIER). In Deutschland ist es unter dem Namen Clont im Handel.

6. Viruskrankheiten

Wenn man von den Miyagawanellen (Erreger der Psittacose-Lymphogranuloma inguinale-Gruppe), den sog. großen Virusarten, die durch Tetracycline und Chloramphenicol beeinflußt werden, absieht, gibt es kein Antibioticum, das Viren klinisch-therapeutisch beeinflussen könnte. Oft liegen bei Virusinfektionen der Haut zusätzlich bakterielle sekundäre Mischinfektionen vor, die man wohl verantwortlich machen muß für manche Berichte in der Literatur über spezifische Viruswirkungen von Antibiotica. Viele Unsicherheitsfaktoren wie der launische klinische Verlauf mancher Viruserkrankung und die schon zitierte Sekundärinfektion durch antibioticasensible Bakterien täuschen manchmal therapeutische Erfolge vor und erschweren eine kritische Beurteilung. Man darf wohl konzidieren, daß durch die Beseitigung der Mischinfektion durch eine antibiotische Therapie dem Körper Gelegenheit gegeben wird, genügend spezifische körpereigene Abwehrkräfte gegen die Virusinfektion zu mobilisieren (WALTER-HEILMEYER). Wenn man die Dinge so sieht, dann haben die Antibiotica einen wertvollen Platz in der Therapie von Virusinfektionen. Mit dem von WAKSMAN aus Streptomyces lavendulae isolierten „Ehrlichin“ ist wohl erstmalig ein Antibioticum mit virostatischem Effekt (gegen Influenza A- und B-Virus) gefunden worden; ob dieser und andere isolierte Wirkstoffe praktische klinische Bedeutung erlangen, bleibt abzuwarten.

Verrucae planae juveniles
Verrucae vulgares
Condylomata acuminata
Molluscum contagiosum
Melkerknoten
Aphthosis epizootica } Diese durch Virusarten bedingten Dermatosen zeigen keinerlei Beeinflussung durch Antibiotica.

Bei der Maladie des griffes du chat scheint eine Behandlung mit Tetracyclinen gerechtfertigt. Beim Herpes simplex, den Varicellen und Zoster sind örtliche Gaben von Tetracyclinen in Form von Schüttelmixturen, Pudern und zum Teil auch Salben gegen die meist eintretende Sekundärinfektion durch auf der Haut vorkommende Mikrokokkenarten sehr nützlich. Die parenterale Therapie dieser Krankheitsbilder mit Antibiotica wird dagegen unterschiedlich beurteilt (BEINHAUER; GUY u. Mitarb., BLUMENTHAL, HARDING; HOLLANDER u. HARDY, KALZ u. Mitarb., KEINING und DORNER, FINLAND u. Mitarb., GARDHENGI; SCHAFFER und SVENDSEN, GIULIANI, HOFFMEISTER, HVID-HANSEN, BINDER u. STUBBS u. a.). Beobachtete Therapieerfolge müssen hier besonders vorsichtig beurteilt werden, da die Erfolge — wie oben schon angedeutet — meist auf Konto der beherrschten Sekundärinfektion zu buchen sind.

Absolute Indikationen für eine parenterale antibiotische Therapie, die durch lokale Gaben von Antibiotica unterstützt werden muß, stellen folgende Viruskrankheiten der Haut dar: Variola, Vaccinationsschäden wie die Vaccina inoculata oder das Eczema vaccinatum und das Eczema herpeticatum.

Wir wissen heute, daß die Schwere dieser Krankheitsbilder zum großen Teil durch die Sekundärinfektion meist mit Staphylococcus aureus haemolyticus bedingt ist. Bei der Variola vera, aber auch beim Eczema vaccinatum, wird der

Organismus von bakteriellen Hämotoxinen förmlich überschwemmt. Eine gezielte energische Antibiotica-Behandlung mit Penicillin, Tetrazyklinen, Erythromycin usw. wirkt oft lebensrettend. Wir haben selbst Gelegenheit gehabt, eine Reihe von solchen Fällen zu behandeln: das Fieber sinkt meist nach wenigen Tagen, es kommt zu dramatischen Besserungen. Freilich sind wir uns völlig im klaren, daß wir machtlos sind, wenn das Virus in die Meningen und ins Hirn kommt. Die daraus resultierende Virusmeningitis oder Virusencephalitis durch das Variola-, Vaccine- oder Herpes simplex-Virus endet vielfach letal oder führt zu Defektheilungen.

Die Dosierung der Antibiotica — meist Tetracycline, die Kombination Tetracyclin/Oleandomycin oder Erythromycin — muß hoch sein. Wir geben Tetracycline bei Erwachsenen in Tagesdosen von 2—3 g, Tetracyclin/Oleandomycin 3 g oder Erythromycin 1,5—2 g bis zum Fieberabfall, dann noch weitere 5 Tage. Örtlich geben wir wegen der guten Verträglichkeit Chloramphenicol- oder Tetracyclinsalben oder -schüttelmixturen, je nach dem Zustand der Haut (Literatur bei Kimmig, Borrie, Hyman, Hagedorn, Fasal; Baer u. Miller, Bereston u. Carliner, Freedman u. Barret, King u. Forrest, Perry u. Martineau, Meyer-Rohn, Meyer-Rohn u. Rohde u. a.).

7. Pilzerkrankungen

Die Therapie von Pilzerkrankungen der Haut durch Antibiotica war bis 1959 über das Anfangsstadium noch nicht hinausgekommen. Es hat nicht an Versuchen gefehlt, die Pilzerkrankungen mit Penicillin, Streptomycin, Tetracyclinen usw. zu behandeln. Wenn über Erfolge berichtet worden ist, so beruhen diese auf Trugschlüssen insofern, als durch die verabfolgten Antibiotica die vielfach bestehende Sekundärinfektion günstig beeinflußt und dadurch Heilerfolge vorgetäuscht werden. Die Dermatophyten selbst werden durch die bekanntesten Antibiotica jedenfalls nicht beeinflußt.

Bei den Therapieversuchen mit Penicillin hat man erleben müssen, daß es plötzlich zu Exanthemen kommt, zu allergischen Reaktionen, bei denen man die Pilzhyphen als Leitallergene für die Penicillinallergie aufgefaßt hat.

Wie oben schon erwähnt, ist bei starker Sekundärinfektion eine antibiotische Therapie durchaus indiziert. Penicillin meiden wir dabei wegen der oben angeführten Sensibilisierungsgefahr. Dagegen leisten die aus Streptomycesarten gewonnenen Antibiotica Gutes: also vor allem Tetracycline, Erythromycin, Oleandomycin, selten einmal Chloramphenicol oler Streptomycin. Allgemein gültige Richtlinien für die Behandlung können dabei nicht aufgestellt werden. Die Wahl des Antibioticums richtet sich nach den die Sekundärinfektion auslösenden Keimarten und der Resistenzanalyse. Meist kommt man schon mit örtlicher Behandlung aus, wobei wir den Tetracyclinen wegen ihrer guten Hautverträglichkeit den Vorzug geben. Ob diese dann in Form von Lösungen, Schüttelmixturen, Salben usw. gegeben werden müssen, richtet sich wiederum nach dem jeweiligen Zustand der Haut.

Eine rein antibiotische Therapie von Pilzerkrankungen im Sinne einer echten Chemotherapie ist erst durch das *Griseofulvin* möglich geworden. Die Erfolge vor allem bei Onychomykosen sind ganz erstaunlich. Voraussetzung jeder Griseofulvintherapie ist genaue Indikationsstellung und exakter Pilznachweis. Infektionen durch Candida albicans, Actinomyceten, Cryptococcus neoformans, Coccidioides immitis, Histoplasma capsulatum, Blastomyces dermatitidis et brasiliensis, Sporotrichum Schenckii, Nocardia minutissima (Erythrasma) und Malassezia furfur (Pityriasis versicolor) sprechen auf eine Behandlung mit

Grisoefulvin nicht an. Die Indikationen sind Pilzerkrankungen der Haut, Haare und Nägel, die auf Trichophyton-, Epidermophyton- und Mikrosporuminfektionen beruhen:

Epidermophytie,
Trichophytie,
Favus,
Mikrosporie.

Im allgemeinen wird eine Tagesdosis von 1 g Griseofulvin gegeben in 4 Einzeldosen nach den Mahlzeiten. Kinder erhalten 250—500 mg täglich in 4 Einzeldosen. Die Dauer der Behandlung richtet sich nach dem klinischen Bild und dem mikroskopischen Befund. Bei Nagelmykosen muß 6—8 Monate behandelt werden.

Nebenwirkungen werden nur selten beobachtet und bestehen in gelegentlichen Kopf- und Magenschmerzen, die bei weitergeführter Therapie meist verschwinden und nur ausnahmsweise zum Absetzen des Antibioticums zwingen.

Es gibt noch eine Reihe anderer Antibiotica mit Teilwirkungen auf Dermatophyten, die aber keinen Eingang in die Klinik gefunden haben. Auf den von RIETH bearbeiteten Artikel „Antimykotica“ in diesem Band muß an dieser Stelle verwiesen werden.

In der Therapie von durch Hefen ausgelösten Hauterkrankungen ist man auf dem antibiotischen Sektor ebenfalls gut vorangekommen. Als Hauptvertreter ist hier das *Nystatin* anzuführen, in dessen Reagensglaswirkungsbereich nicht nur eine Reihe von Candidaarten und anderen Blastomyceten liegen, sondern bis zu einem gewissen Grad auch Dermatophyten wie Trichophyton rosaceum, rubrum und tonsurans, Epidermophyton floccosum, Mikrosporon canis und Audouini, ja auch einige Penicillien, Aspergillen und Alternariaarten, während Bakterien auch durch hohe Dosen in vitro nicht angegriffen werden. Bei der experimentellen Candidainfektion der weißen Maus und bei mit Histoplasma capsulatum infizierten Mäusen zeigt Nystatin sehr gute Resultate (MEYER-ROHN u. Mitarb., CAMPELL u. Mitarb., MILLBERGER und BLANK). Die hohen Erwartungen, die man seitens der Klinik an dieses neue Antibioticum (das in den USA unter dem Namen Mycostatin und in Deutschland als Moronal im Handel ist) gestellt hat, haben sich allerdings nicht bestätigt. Eine parenterale und auch lokale Therapie von Dermatomykosen mit Nystatin ist wirkungslos. Candidainfektionen werden dagegen durch lokale Applikation von Nystatin sehr günstig beeinflußt, so die durch Candida bedingte Erosio interdigitalis, Paronychien, Follikulitiden und manche Fälle von durch Candida unterhaltener Perlèche. Hier leisten nystatinhaltige Salben wirklich Gutes. Ebenso bei durch Candida unterhaltenen Colpitiden und Balanitiden; hier wird Nystatin in Form von Vaginalkugeln oder ebenfalls als Salbe zur Anwendung gebracht. Bei Lungenbefall mit Candida albicans sollte auf jeden Fall Nystatin parenteral oder als Spray gegeben werden, wenngleich hier die Therapieerfolge zumindest sehr umstritten sind. Bei Lungenaffektionen im Kindesalter sahen wir Gutes; hierbei ist aber zu bedenken, daß die Candidainfektionen im Säuglings- und Kindesalter sowieso leichter verlaufen und — soweit sie auf die Mundschleimhäute beschränkt sind — meist spontan zur Abheilung kommen. Der Nachweis von Candida albicans in den Bronchien oder Lungen Erwachsener wird meist nur bei dekrepiden Individuen, deren Abwehrkräfte infolge auszehrender Krankheiten wie Carcinomen, Bronchiektasen oder schweren kavernösen Lungentuberkulosen herabgesetzt sind, geführt. Hier ist der Candida-Befall immer sekundär und wenn es nicht gelingt, die Grundkrankheit zu heilen, dann gelingt es auch nicht, die Candida parenteral mit Nystatin zu eliminieren. Da das Nystatin schwer resorbiert wird, können diese Therapieversager nicht wundernehmen. (Weitere

Nystatinliteratur bei BLANK, LEPPER; WRIGHT, NEWCOMER u. Mitarb., KOZINN u. Mitarb., LANG u. STELLA, DOBIAS, ROBINSON, DROUHET und anderen.) Wir wenden bei Candidainfektionen der Luftwege Nystatin ausschließlich örtlich an. Dabei bewährt sich der Drägersche Inhalator, der eine Teilchengröße von 5 μ garantiert, hervorragend.

Inwieweit *Amphotericin A und B* auch den klinischen Erwartungen bei Cryptokokkose und Coccidioidomykose entspricht, kann noch nicht übersehen werden (APPLEBAUM u. SHTOKALKO, KLAPPER u. Mitarb., RUBIN u. Mitarb., UTZ; STEIN u. BURDON, PERRY u. KIRBY). Anscheinend kann das Amphotericin den schweren Verlauf dieser beiden Krankheitsbilder zeitweise günstig beeinflussen. Wegen seiner relativ schlechten Resorptionsverhältnisse durch den Intestinaltrakt, seiner hohen fungiziden und seiner geringen bactericiden Wirkung, wird es bei Candidainfektionen des Gastrointestinaltraktes empfohlen.

Bei den verschiedenen Formen der Blastomykose und bei der Sporotrichose sollte auf jeden Fall eine Therapie mit Amphotericin B versucht werden. Diese kann wegen der schlechten Resorptionsverhältnisse im Intestinaltrakt nur intravenös erfolgen. Da es gefährlich ist, höhere intravenöse Tagesdosen von 1,5 mg/kg zu verabreichen, ist Vorsicht geboten. Man beginnt mit 0,25 mg Amphotericin B-Wirksubstanz pro kg Körpergewicht. Diese Dosis muß schrittweise erhöht werden bis auf 0,5—1,0 mg/kg. Tagesdosen von 1 mg/kg scheinen optimal zu sein. Amphotericin B wird im Dauertropf infundiert. Dauer der Infusion von 1 mg/kg: 4—6 Std. Dauer der Therapie: 4—6 Wochen. Treten während der Infusion Kopfschmerzen, Schwindel, Erbrechen und Fieberreaktionen auf, muß die Infusion zeitweise bis zum Abklingen der Erscheinungen unterbrochen werden.

Trichomycin hat sich als Lokaltherapeuticum bei Soorinfektionen der Vagina und vor allen Dingen bei Trichomonadenerkrankungen von Frau und Mann gut bewährt. Zur lokalen Behandlung werden abends 1—2 Trichomycin-Ovula tief in die Vagina eingeführt. Kurdauer 10—12 Tage. Bei Organmykosen werden etwa 10 Tage lang 3mal täglich 2 Kapseln à 50000 E Trichomycin nach den Mahlzeiten gegeben (RÖTTER u. STAIB). Kinder erhalten 3000—5000 E/kg Körpergewicht. Dauer und Beendigung der Behandlung ist abhängig von den zwischenzeitlichen Untersuchungsergebnissen.

Aktinomykose und Nokardiose. Beide Erkrankungen werden durch Strahlenpilze hervorgerufen, die eine Sonderstellung unter den Bakterien einnehmen und mit Dermatophyten nichts gemein haben. Gleichwohl wird die Therapie dieser Krankheitsbilder in diesem Abschnitt abgehandelt, weil sie in allen einschlägigen Lehr- und auch Handbüchern bei den Pilzerkrankungen stehen. Die Aktinomykose wird durch den streng anaerob wachsenden Actinomyces israeli ausgelöst. Wenn Penicillin gegeben wird, dann nur langfristig und in hohen Dosen (MARCHIONINI und RÖCKL); von den Tetracyclinen müssen 30—40 g verabreicht werden. Wir geben Penicillin in täglichen Dosen von 500000 E bis zu insgesamt 15 Mega-E pro Kur. 2—3 solcher Kuren mit Zwischenabständen von 2 Wochen müssen durchgeführt werden. Auch die Kombination Penicillin/Sulfonamide halten wir für zweckmäßig. Sulfonamide müssen dabei bis zu einer Gesamtdosis von 1 kg gegeben werden. Streptomycin und Chloramphenicol sind ebenfalls hochwirksam. GÖTZ, SANTORI und ENDRES machen gewisse Einschränkungen bei der Penicillintherapie geltend; nach diesen Autoren wird die Aktinomykose durch Aureomycin sehr gut beeinflußt.

Die Nokardiose wird durch im Boden ubiquitär vorkommende saprophytäre aerobe Actinomyceten ausgelöst (z. B. N. asteroides, brasiliensis, madurae u. a.). Therapeutisch gilt hier das gleiche wie bei der Aktinomykose; nur sprechen die

Nokardiosen besser auf Sulfonamide an. Aus der Reihe der Antibiotica gilt für Streptomycin, Chloramphenicol und Penicillin das gleiche: in vitro gut, in der Klinik sehr unterschiedlich. Dagegen sind die Erfolge mit Tetracyclinen eindeutig gut.

8. Sekundär infizierte Dermatosen

Prinzipiell kann jede Hauterkrankung, die mit Kontinuitätstrennung der Haut, mit Exsudation, Blasenbildung usw. einhergeht, durch Kokken oder Bakterien sekundär infiziert werden. Auf die Rolle der Antibiotica bei der Therapie solcher Sekundärinfekte bei den schweren Virusinfektionen Eczema vaccinatum und herpeticatum, bei den Pilzerkrankungen usw. ist in den entsprechenden Abschnitten bereits hingewiesen worden. Es ist unmöglich und auch gar nicht notwendig, alle Hautkrankheiten, bei denen der Sekundärinfekt eine Rolle spielt, einzeln aufzuzählen; es sei nur auf die verschiedenen Formen des Ekzems hingewiesen, die Neurodermitis im Exsudationsstadium, die blasenbildenden Dermatosen, das Ulcus cruris usw. Einige solcher Krankheitsbilder, bei denen die Erfolge antibiotischer Therapie besonders augenfällig sind, sollen im nachfolgenden aber besprochen werden, außerdem die Acne vulgaris und andere Acneformen, bei denen die Sekundärinfektion ein zum Krankheitsbild gehörendes Symptom ist. Ganz prinzipiell muß gesagt werden, daß bei all diesen Sekundärinfektionen eine sorgfältige bakteriologische Untersuchung mit Resistenzanalyse der isolierten Keime die Voraussetzung für jegliche antibiotische Therapie darstellt.

a) Mikrobielles Ekzem

Wir behandeln das nummuläre bakterielle Ekzem kombiniert mit ACTH 20 E intramuskulär täglich und parenteral gezielt antibiotisch. Zur Unterstützung geben wir in den meisten Fällen örtlich tetracyclinhaltige Salben oder Schüttelmixturen.

Ganz allgemein als einleitende Maßnahme bei impetiginisierten Ekzemen zur Entfernung von Schuppen, Krusten und sonstigen Auflagerungen — kurzum zur Schaffung klarer Arbeitsverhältnisse — hat sich an der Eppendorfer Hautklinik seit Jahren die Anwendung einer 0,25% Aureomycin und 2—5% Salicylsäure enthaltenden Vaseline (ASV) in Verbindung mit Umschlägen mit 3% Borsäure oder 1‰ Tetracyclinlösung hervorragend bewährt. Am behaarten Kopf und anderen behaarten Körperpartien benutzen wir an Stelle der schwerer auswaschbaren Vaseline Adeps suillus oder Lygal-Grundsalbe. Nach 1—2 Tagen dieser „Vorbereitung" beginnen wir dann mit der eigentlichen antibiotischen Lokalbehandlung. Oft ist aber der therapeutische Effekt der Vorbehandlung mit ASV so gut, daß wir bei dieser bleiben können bis zur Abheilung. Die Verträglichkeit der ASV ist sehr gut; für beobachtete seltene Reizungen erwies sich bei Epicutantestungen meist die Salbengrundlage verantwortlich.

Während beim bakteriellen Ekzem durch die antibiotische Therapie der circulus vitiosus, der zur Sensibilisierung auf die eigenen Bakterienstoffwechselprodukte geführt hat, unterbrochen wird und so das Ekzem zur Abheilung kommt, liegen die Verhältnisse bei den übrigen Ekzemformen anders. H. M. ROBINSON hat ausdrücklich darauf hingewiesen — und wir möchten das unterstreichen —, daß durch Antibiotica das Grundleiden beim endogenen Ekzem, beim seborrhoischen Ekzem oder bei den Berufsekzemen nicht beeinflußt werden kann.

Bei den sonstigen sekundär infizierten Ekzemen haben sich die Antibiotica Chloramphenicol, Erythromycin, Neomycin, Bacitracin u. a. ebenfalls gut bei der Lokalbehandlung bewährt.

Das Schrifttum über die antibiotische Behandlung des mikrobiellen Ekzems und der anderen Ekzemformen ist sehr umfangreich: MARCHIONINI u. GÖTZ, MARCHIONINI und RÖCKL, KIMMIG, MEYER-ROHN und SCHRÖDER, PIPER, DAINOW, GARNIER, LEONE u. Mitarb., SAWICKY u. Mitarb., SOLOMONS, WRIGHT und TSCHAN, WELSH und EDE, R. H. FISCHER, COFANO, ROBINSON jr. u. Mitarb., NEWMAN und FELDMAN, DUPERRAT u. GOETSCHEL, LIVINGOOD u. Mitarb., CHURCH, MULLINS u. WILSON, MILLER u. Mitarb., FINNERTY, DREWS u. v. a.

b) Ulcus cruris

Bei der Behandlung des Ulcus cruris verschiedener Genese und anderer Ulcera leisten Antibiotica als Lokaltherapeutica gute Dienste. Die spezielle Bedeutung liegt hier in der Beseitigung der Sekundärinfektion, die meist für die Schmerzen verantwortlich ist. Eine bakteriologische Analyse der Flora und deren Resistenzbestimmung ist hier besonders indiziert. Besteht die Möglichkeit hierzu nicht, dann wird mit Breitspektrumantibiotica in Salben-, Lösungs- oder Puderform begonnen. Bei völliger Resistenz der Keime hat sich die Applikation von reinem Traubenzucker oder Traubenzuckerlösungen von 30—60% gut bewährt (MEYER-ROHN); durch osmotische Einflüsse werden bei dieser Behandlung die Keime vernichtet. Über die gute Beeinflussung der Sekundärinfektion bei Ulcera verschiedenster Genese, wie Noma u. a., liegen eine Anzahl von Mitteilungen vor von MARCHIONINI und RÖCKL, KIMMIG; LUDWIG, SPIER und WOLF, LOGAN u. Mitarb., SAWICKY u. Mitarb., GARNIER, LEONE u. Mitarb., DUVAL u. SEBALD, HURIEZ u. Mitarb., HENNEBERG, SABRY u. a. Unter den lokal applizierbaren Antibiotica rangieren die Tetracycline an der Spitze gefolgt von Chloramphenicol, Neomycin, Bacitracin, Erythromycin usw.

c) Dermatitis

Bei sekundär infizierten, meist nässenden Dermatitiden haben sich Umschläge mit 1‰ Lösungen von Tetracyclin oder Chloramphenicol je nach Empfindlichkeit der gefundenen Keime hervorragend bewährt. Man wird hier allerdings erst zu Antibiotica übergehen, wenn mit abgekochtem Wasser, Borsäure 3%, Kal. permang. 1‰, Globucid 1% usw. kein Erfolg erzielt werden konnte. Neomycin, Erythromycin, Bacitracin sollten prinzipiell für besonders schwierig gelagerte Fälle aufgespart werden. QUIE, COLLIN und CARDLE bezeichnen den Einsatz von Neomycin bei oberflächlichen Infektionen der Haut im Hinblick auf das Resistenzproblem als unverantwortlich. Wir möchten uns diesem Standpunkt anschließen.

d) Blasenbildende Dermatosen

Pemphigus. Wenngleich sich die anfänglich in die antibiotische Behandlung gesetzten Hoffnungen nicht erfüllt haben (MARCHIONINI und RÖCKL, KIMMIG, GOLDMAN u. Mitarb., MONCORPS, SABRY, WILDE, CACCIALANZA u. BELLONE, CHARPY, KWOCZEK u. v. MOERS-MESSMER, SANTORI, BUREAU u. a.), sind die Antibiotica doch Marksteine in der Behandlung des Pemphigus vor der Einführung der Cortisone in die Therapie. Während vor der antibiotischen Ära die Blasen regelmäßig durch einwandernde Staphylokokken oder andere Keime infiziert und dadurch die Kranken in ihrem Allgemeinbefinden durch die Bakterientoxine stark reduziert wurden, ja durch bakterielle Infektionen ad exitum kamen, gelingt es, durch antibiotische Behandlung mit der Infektion fertig zu werden. Der Pemphigus verläuft unter Antibiotica langsamer. MIESCHER hat für diese Wirkung der Antibiotica den Begriff „Abschirmwirkung“ geprägt. Die parenterale Behandlung wird dabei durch eine örtliche Therapie wirksam unterstützt.

Dermatitis herpetiformis Duhring. Hier liegen die Verhältnisse ähnlich wie beim Pemphigus. Wir wissen heute trotz der Mitteilungen von ROBINSON u. Mitarb., die später abgeschwächt wurden, und GARNIER über die günstige Beeinflussung dieser Erkrankung durch Aureomycin, daß ihre Ursache auch durch noch so hohe Dosen von Aureomycin (TZANK u. MEYER) oder Chloramphenicol (SHAW) oder Erythromycin (HURIEZ) nicht erfaßt werden kann. Die Antibiotica haben hier lediglich eine Abschirmwirkung gegen Sekundärinfekte (SHEARD; DE GRACIANSKY u. HARDONIN, ROBINSON u. ROBINSON, SAFFRON u. a.).

Für die anderen blasenbildenden Dermatosen wie Herpes gestationis, Lichen ruber pemphigoides, Epidermolysis bullosa oder die pustelbildenden Dermatosen unbekannter Genese wie Impetigo herpetiformis, Acrodermatitis suppurativa continua Hallopeau u. a. gilt sinngemäß das gleiche. NEWMAN u. FELDMAN haben bei der Acrodermatitis continua bei lokaler Anwendung von Chloramphenicol und APPEL von Terramycin-Polymyxinsalbe keinerlei Wirkung gesehen. Auch hier können nur die sekundär infizierten Pusteln eiterfrei gemacht werden. RÖCKL berichtete allerdings über eine Heilung unter Terramycin in einem Fall.

e) Acne vulgaris und conglobata

Während die Sekundärinfektion bei den bisher besprochenen Krankheitsbildern nicht unmittelbar zum klinischen Bild gehört, ist sie bei den Acneformen praktisch obligatorisch. Der Wert der Antibiotica in der Behandlung der Acne ist nur gering (MARCHIONINI und RÖCKL, MARCHIONINI und GÖTZ, KIMMIG u. a.). Bei ausgedehnten pustulösen bzw. suppurativen Formen wird man anfänglich unter Antibiotica gewisse Erfolge sehen (LANGIER), eine endgültige Heilung ist jedoch nicht zu erzielen, weil die Grundursache des Leidens dadurch nicht erfaßt wird. Durch die Ausschaltung der sekundären Keimbesiedlung werden also zweifellos Besserungen erzielt. WRIGHT und GROSS sowie HAGERMANN sahen keinen Erfolg bei örtlicher oder parenteraler Penicillinbehandlung der Acne, ebenso WILDE und STUMPKE. JANSON berichtet über wechselnde Erfolge und MONCORPS zeigte, daß Penicillin bei der Acne conglobata den Sulfonamiden überlegen ist. ROYL erzielte bei pustulöser Acne gute Wirkung mit 4 Mill. E Omnacillin.

Die Behandlung mit Tetracyclinen ergab ebenfalls keine eindeutigen Resultate. So behandelte SOLOMONS 8 Fälle von pustulöser Acne lokal mit Aureomycinsalbe über 8 Wochen und 6 Patienten mit Achromycinsalbe über 6 Wochen, ohne eine Besserung zu erreichen. Auch mit Terramycinsalbe konnten WRIGHT und TSCHAN bei Acne vulgaris keinen therapeutischen Effekt beobachten. REIN u. Mitarb. konstatierten bei 120 Kranken mit pustulöser Acne, denen Achromycin peroral verabreicht wurde, wohl zum Teil eine Besserung, jedoch benötigten 89 Patienten eine Weiterbehandlung von 100—500 mg/die zur Aufrechterhaltung dieses Erfolges. Es wurden nur die Sekundärinfektionen bis zu einem gewissen Grad beseitigt. GOLDBERG berichtete über gute Erfahrungen bei Acne vulgaris mit Dosen von 250—1500 mg/die Tetracyclin. CRONK u. Mitarb. behandelten 72 Patienten mit Acne vulgaris bis zu 5 Monaten mit anfangs täglich 1,0 g, später 250 mg Tetracyclin. Bei der Mehrzahl der Patienten war eine Abnahme der Erscheinungen um 50% nach 30 Tagen und um 75% nach 90 Tagen der Medikation zu verzeichnen. 7 Patienten sprachen gar nicht auf die Therapie an. Eine Beziehung zwischen der klinischen Besserung und der Antibioticaempfindlichkeit der aus den Pusteln gezüchteten Keime wurde nicht gefunden. DUVAL und SEBALD konnten bei etlichen Patienten mit stark infizierter Acne mit Terramycin 2,0 g/die gute Wirkung erzielen. BECKER und FREDERICKS betrachten die Tetracycline, Erythromycin und Carbomycin als eine wirksame Unterstützung der üblichen Acnetherapie, vor allem der pustulösen Formen. — Mit Chloramphenicol in lokaler Anwendung hatten weder NEWMAN und FELDMAN bei A. varioliformis noch DUPERRAT und GOETSCHEL bei A. vulgaris einen Erfolg zu verzeichnen. Das Bacitracin erwies sich nach Untersuchungen von DREWS bei A. vulgaris im Sinne einer Besserung bei der Mehrzahl der Patienten als erfolgreich.

Wir behandeln die Acne mit Schälkuren, geben innerlich Cortiron 2mal 10 mg wöchentlich und örtlich ein Liniment folgender Zusammensetzung:

Rp.	Hydrarg. sulf.	1,2
	Sulf. praecip.	7,5
	Tetracyclin	3,0
	Ol. oliv.	40,0
	Eucerin anhydr.	10,0
	Zinc oxyd.	
	Talc.	aa 35,0
	Ichthyol	10,0
M. D. S.:	Gesichtsliniment.	

Gleichzeitig geben wir bei stark pustulösen Formen gern täglich 250 mg Tetracyclin über 3 Monate. Dabei haben wir den Eindruck, als ob die Tetracycline, die in dieser Dosierung kaum tiefgreifende bakteriostatische Effekte haben können, zusätzlich eine noch unbekannte pharmakodynamische Wirkung bei der Acne entfalten.

f) Rosacea

Bei dieser Erkrankung erzielte GOLDBERG mit Achromycin 250—1500 mg/die, MOTTI mit Chloramphenicolsalbe und ARON-BRUNETIÈRE u. Mitarb. mit parenteralen Gaben von Chloramphenicol (insgesamt 6 g) günstige Ergebnisse. Es braucht wohl kaum betont zu werden, daß die Antibiotica nur bei der pustulösen Form der Rosacea Erfolg haben können und auch nur im Sinne einer Abschirmwirkung; das Grundleiden kann antibiotisch nicht beeinflußt werden. Wir geben unter anderem mit gutem Erfolg das oben angeführte Liniment.

g) Verbrennungen

Jede Brandwunde kann nach einiger Zeit als infiziert gelten, auch wenn sie primär als frei von pathogenen Keimen angesehen werden darf. In der Regel siedeln sich von der normalen Haut stammende Staphylokokken und Streptokokken, aber auch je nach der Lokalisation E. coli, Proteus oder Pseudomonas aeruginosa an. Eine parenterale antibiotische Therapie ist im allgemeinen nur bei ausgedehnteren Verbrennungen, die als Zeichen der Resorption toxischer Substanzen und der Sekundärinfektion mit Fieber einhergehen, notwendig. Das einzusetzende Antibioticum wird durch die Resistenzanalyse ermittelt. Örtlich haben sich in den meisten Fällen Tetracyclinsalben, -puder oder -lösungen sehr gut bewährt (LUDWIG, SPIER und WOLFF). Ein Befall mit Pseudomonas, Coli usw. erfordert Chloramphenicol, Bacitracin oder Polymyxin B in Salben- oder anderer Form zur Lokaltherapie.

II. Dermatosen ungeklärter Genese mit sicherer Wirkung antibiotischer Therapie

1. Lymphadenosis cutis benigna

Die guten Behandlungsergebnisse mit Penicillin bei der Acrodermatitis chronica atrophicans Herxheimer, bei der sich auch lymphadenoide Prozesse abspielen, hatte zur Penicillin-Therapie der Lymphocytome angeregt (MIESCHER).

BIANCHI konnte mit 12 Mega-E Penicillin bei Erwachsenen und 2 Mega-E Penicillin bei kleinen Kindern in 6 Fällen beachtenswerte Erfolge erzielen. Wir selbst konnten bei einer Patientin mit einer ausgedehnten disseminierten Lymphadenosis cutis benigna durch mehrere Penicillinkuren zu je 12 Mill. E eine weitgehende Regression erzielen.

2. Acrodermatitis chronica atrophicans Herxheimer

Die Acrodermatitis chronica atrophicans Herxheimer nimmt unter den Dermatosen unklarer Genese insofern eine Sonderstellung ein, als sie sich im Gegensatz zu den übrigen einer antibiotischen Behandlung zugänglich erwiesen hat. Nach der Einführung des Penicillins wurden fast ausnahmslos alle Dermatosen unklarer Ätiologie zunächst mit diesem und später mit allen weiteren Antibiotica sozusagen versuchsweise behandelt. All diesen therapeutischen Versuchen war kein Erfolg beschieden.

Die Penicillinbehandlung der Akrodermatitis erfolgte wenigstens zum Teil gezielt. Für den Entschluß von N. SVARTZ, 1946 erstmalig eine Akrodermatitis mit Penicillin zu behandeln, war der klinisch und histologisch so eindeutig entzündliche Charakter der Dermatose und die in der Regel deutlich erhöhte Blutsenkungsgeschwindigkeit maßgebend. Diese Zeichen der Entzündung waren mit der Annahme einer Infektion mit einem noch unbekannten Agens vereinbar. Der bei einer Patientin mit nur 600000 E erzielte Erfolg war äußerst eindrucksvoll. Obwohl die Krankheit seit Jahren bestand und die Blutsenkungsgeschwindigkeit allmählich auf 60 in der ersten Stunde angestiegen war, wurde innerhalb von 3 Monaten praktisch eine restitutio ad integrum erzielt.

Diese und zwei weitere Einzelbeobachtungen gaben Veranlassung, an der Stockholmer Hautklinik eine große Reihe von Patienten systematisch mit Penicillin zu behandeln. An Hand eines 57 Patienten umfassenden Krankengutes konnte THYRESSON nachweisen, daß Penicillin bei dieser Dermatose zuverlässig wirkt. Es gelang, mit Dosen von 1,2—12 Mill. E (in den meisten Fällen 4,8 Mill. E) den der Dermatose zugrunde liegenden entzündlichen Prozeß endgültig zum Stillstand und die Folgeerscheinungen derselben zum Teil weitgehend zur Rückbildung zu bringen.

Die in Stockholm erzielten therapeutischen Erfolge wurden später von MIESCHER und an der Hamburger Hautklinik von MARCHIONINI, GÖTZ und LUDWIG vollauf bestätigt.

Vornehmlich um den bis dahin umstrittenen Wirkungsmechanismus des Penicillins zu klären, wurden ebenfalls an der Hamburger Hautklinik 1951 die ersten Patienten mit Aureomycin behandelt. LUDWIG konnte nachweisen, daß sich mit diesem Antibioticum, welches das antibakterielle Wirkungsspektrum des Penicillins einschließt, ohne dessen vegetative Nebenwirkungen zu besitzen, ähnliche Erfolge wie mit Penicillin erzielen lassen. Gleiche Beobachtungen machten auch BURKHARDT und GOUGEROT. Später zeigte sich, daß die Akrodermatitis auch auf Chloramphenicol (GÖTZ), Terramycin, Tetracyclin, Erythromycin (LUDWIG) anspricht. Die Wirksamkeit des Streptomycins wird von HAUSER, LUDWIG und SCHLOCKERMANN unterschiedlich beurteilt.

Heute stellt Penicillin in einer Dosierung von insgesamt 6—9 Mill. E (Depotpenicillin in wäßriger Suspension) unbestritten das Mittel der Wahl dar. An unserer Klinik besteht die Standardbehandlung in 10 intramuskulären Injektionen zu je 600000 E Depotpenicillin. Im Falle einer Procainallergie kann man auf novocainfreie Penicillinsalze, z. B. Neopenyl oder Aqua-Peni- Quinil, zurückgreifen. Bei Vorliegen einer echten Penicillinüberempfindlichkeit empfiehlt sich die Behandlung mit insgesamt 20 g eines Tetracyclins (Aureo-, Terra- oder Achromycin).

Frische Fälle im entzündlich-infiltrativen Stadium können geheilt werden. Das Fortschreiten des sonst jahrelang schwelenden Prozesses wird gestoppt, die entzündlichen Veränderungen bilden sich vollständig zurück. Die Rückbildung der dichten, vorwiegend perivasculären Rund- und Plasmazelleninfiltrate läßt sich histologisch verifizieren. Die Wirkung tritt in den meisten Fällen schon unter der Therapie ein. Die in Gang gekommene Rückbildung der entzündlichen Veränderungen hält noch lange nach Abschluß der Behandlung an. Die häufig vorhandenen subjektiven Beschwerden (Gefühl der Schwere und Kraftlosigkeit in den Extremitäten, Kribbeln und namentlich die häufig hochgradige Berührungs- und Klopfempfindlichkeit) bessern sich bereits nach wenigen Gaben, um später völlig zu verschwinden. Die charakteristische diffuse oder wolkige Rötung verliert ihre typisch livide Nuance und blaßt deutlich allmählich ab, um oft schließlich völlig zu verschwinden. Vorhandene Schwellungen bilden sich prompt zurück. Die in den befallenen Bereichen häufig fehlende Behaarung kommt wieder. Die von HAUSER nachgewiesenen pathologischen Knochenmarksbefunde normalisieren sich. Im entzündlich infiltrativen Frühstadium behandelte Fälle sind nach wenigen Monaten, sicher aber nach Jahren nicht mehr diagnostizierbar.

Die an sich eher seltener, aber gelegentlich schon früh auftretenden, meist juxtaartikulären Fibromknoten bilden sich völlig, zum Teil schon unter der Behandlung zurück. Das gleiche gilt für die strangförmigen, fibrösen Verdickungen längs der Ulna (Ulnarstreifen).

Die in etwa 70% der Fälle mäßig oder stark beschleunigte Blutsenkungsgeschwindigkeit bessert sich regelmäßig, um sich — wenn überhaupt — erst nach Jahren zu normalisieren.

Bei den veralteten Fällen, die durch deutliche schlaffe Atrophie (zigarettenpapierartig fältelbare Haut) und straff atrophische Hautveränderungen (sklerodermiform imponierende, elfenbeinfarbene Hautverdickungen) gekennzeichnet sind, ist der antibiotische Effekt nicht so augenfällig. Auch hier wird ein Fortschreiten der sonst in Schüben vor sich gehenden Dermatose aufgehalten. Die schlaff atrophischen Hautveränderungen bleiben bis auf die Normalisierung der Hautfarbe praktisch unverändert, wenn auch oft sowohl Arzt als auch Patient den Eindruck haben, die Haut sei dicker oder fester geworden. Die straff atrophischen (pseudosklerodermatischen) Hautveränderungen werden erfahrungsgemäß wenig beeinflußt. Sie werden allerdings im Laufe der Jahre nach der Behandlung etwas weicher.

Ein von NÖDL publizierter Fall mit ausgedehnten, flächenhaften Indurationen, bei dem mit 19 Mill. E Penicillin ein eindrucksvoller Erfolg erzielt wurde, zeigt, daß es gelegentlich wohl doch möglich ist, die straff atrophischen Veränderungen zu erweichen, wenn man die Gesamtdosis erheblich erhöht. Man sollte daher in ähnlich gelagerten Fällen versuchen, eventuell auch mehrere antibiotische Kuren durchzuführen.

Die gelegentlich mit der Akrodermatitis einhergehenden umschriebenen lymphoreticulären Infiltrate einerseits und schwere deformierende Gelenkveränderungen (Acrodermatitis arthropathia nach GANS) sind durch die antibiotische Behandlung nicht beeinflußbar.

3. Erythema chronicum migrans

Nach den in den letzten Jahren einerseits von BINDER, DOEPFMER und HORNSTEIN, andererseits von PASCHOUD durchgeführten erfolgreichen Übertragungsversuchen am Menschen darf man das Erythema chronicum migrans als eine vorwiegend durch Zecken (Ixodiae) übertragene Infektion der Haut betrachten. Da aber bisher kein Erreger, auch nicht das mehrfach postulierte penicillinempfindliche Virus nachgewiesen werden konnte und somit die Kochschen Postulate nicht erfüllt sind, muß das Erythema migrans bis auf weiteres unter den Dermatosen unklarer Ätiologie besprochen werden.

Die Wirksamkeit des Penicillins beim Erythema chronicum migrans, das sich unbehandelt über weite Hautflächen auszubreiten pflegt, und nach mehrmonatigem bis zu 2jährigem Bestand spontan abzuheilen pflegt, ist seit langem bekannt. Seitdem HELLERSTRÖM ein Erythema chronicum migrans, das von meningealen Reizerscheinungen begleitet war, durch Penicillin zur Abheilung bringen konnte, ist in der Literatur über zahlreiche mit Penicillin erfolgreich behandelte Fälle berichtet worden.

SUTTON bezeichnet das Penicillin als heilend (curative), ohne die Dosis anzugeben. MARCHIONINI und RÖCKL sprechen von der ausgezeichneten Wirkung von Penicillin. PASCHOUD konnte die „in der Literatur übereinstimmend anerkannte Empfindlichkeit des Erythema chronicum migrans auf Penicillin bestätigen“. Das im Selbstversuch übertragene Erythema chronicum migrans von DOEPFMER wurde nach 8wöchigem Bestand durch 1,6 Mill. E Penicillin zur Abheilung gebracht. Das ebenfalls experimentell übertragene Erythema chronicum migrans von BINDER verschwand nach 4monatigem Bestand nach 1,2 Mill. E Penicillin innerhalb von 2 Tagen.

An der Hamburger Hautklinik behandeln wir seit Jahren jedes Erythema chronicum migrans mit Penicillin. Bei einer Dosierung nicht unter 3 Mill. E, im allgemeinen 6 Mill. E, haben wir in jedem Fall innerhalb von wenigen Tagen Erscheinungsfreiheit erzielt. Wir können daher weder BRUDER, der von „vergeblichen Behandlungsversuchen mit Penicillin“ schreibt, noch GREITHER, der die „Antibiotica als Mittel von zweifelhaftem Wert“ bezeichnet, zustimmen. Versager sind unseres Erachtens nur auf ungenügende Dosierung zurückzuführen.

III. Dermatosen ungeklärter Genese mit unsicherer Wirkung antibiotischer Therapie

Es gibt wohl keine Krankheit, nicht nur auf dem dermatologischen Sektor, die nicht auch mit Antibiotica „behandelt“ worden wäre. Das gilt im besonderen für die Dermatosen unklarer Genese. Über die Berechtigung solcher Versuche braucht nicht weiter diskutiert zu werden; der rein therapeutisch eingestellte Arzt wird sie immer bejahen.

1. Erythema exsudativum multiforme

Überzeugende Erfolge nach Penicillin konnten nicht erzielt werden (MARCHIONINI und GÖTZ, WENTZ und SEIPLE, FITZGERALD), wenngleich auch ROBINSON sowie WRIGHT, GOLD und JENNINGS über günstige Resultate berichten. Zweifellos wird besonders beim Stevens-Johnson-Syndrom und schweren Fällen des Erythema exsudativum multiforme die Sekundärinfektion beherrscht, das Grundleiden aber nicht beeinflußt. Das gleiche gilt für Streptomycin, die Tetracycline, Chloramphenicol, Erythromycin, Oleandomycin, Novobiocin und andere Antibiotica.

2. Erythema nodosum

Auch hier üben die Antibiotica keinen nennenswerten Einfluß aus; lediglich durch Beeinflussung sekundärer Infektionen kann der Krankheitsverlauf abgekürzt werden. Das Erythema nodosum auf der Basis eines M. Koch kann durch eine Streptomycintherapie naturgemäß günstig beeinflußt werden. Da der Großteil der Erythema nodosum-Fälle zum rheumatischen Formenkreis gehört, sollten Salicylpräparate nicht vergessen werden.

3. Lichen ruber

FRANKES, ROBES und ROMANO sahen nach Penicillingaben keine Besserung, ebenso CACCIALANZA und BELLONE. Dagegen sah man nach Beobachtungen von MARCHIONINI (GOETZ) an der Stockholmer Klinik (STIG u. HOLMBERG) eine bemerkenswert günstige Beeinflussung des Lichen ruber nach parenteralen Penicillingaben, vor allen Dingen bei den Fällen, die bis dahin allen üblichen Behandlungsmethoden getrotzt hatten. FERREIRA-MARQUES und VANUDEN haben eingehend über die Penicillinbehandlung des Lichen ruber in Kombination mit Nicotinsäureamid bei 16 Patienten berichtet. Sie verwendeten dabei folgendes Schema: 1. Injektion 50000 E, 2. Injektion 75000 E, 3. Injektion 100000 E, 4. Injektion und folgende 150000 E Penicillin bis zur Gesamtmenge von 4 Mill. E. Gleichzeitig werden bei jeder Injektion 0,2 g Nicotinsäureamid peroral gegeben. Nach Abschluß der Penicillinkur werden täglich 5mal 0,3 g Nicotinsäureamid gegeben; diese Dosis wird bis 0,5 g erhöht und so lange beibehalten, bis jeder Juckreiz verschwunden ist: durchschnittlich 15 Tage.

Wir halten nur die frischen exanthematischen Formen für eine Penicillintherapie als geeignet und geben in diesen Fällen täglich 400000 E Penicillin bis insgesamt 10—12 Mega-E; gleichzeitig verabfolgen wir während der gesamten Kurzeit täglich 20 E ACTH intramuskulär. Bei der Beurteilung von Heilerfolgen soll man aber sehr skeptisch sein und immer an die Spontanheilungsquote denken. Heilungen innerhalb einer Quote von 30% sollten dabei nicht als Heilungen nach Penicillin usw. bezeichnet werden.

Bezüglich der Tetracycline sprechen sich H. M. ROBINSON sen., WILLCOX und auch GARNIER günstig aus; die Zahl der von ihnen behandelten Fälle ist jedoch zu klein, um daraus bindende Schlüsse ziehen zu können.

4. Erythematodes discoides et disseminatus

Wenn man den Erythematodes als Streptokokkeninfektion auffaßt (O'LEARY) oder auch als eine durch Streptokokken ausgelöste Fokaltoxikose, dann erscheint eine Penicillinbehandlung auf jeden Fall berechtigt. Tatsächlich hat sich aber im Laufe der Jahre gezeigt, daß Penicillin in den eigentlichen Krankheitsprozeß nicht eingreifen kann. Das Für und Wider der Meinungen über den Wert der Penicillintherapie ist von MARCHIONINI und GÖTZ ausführlich diskutiert worden, es darf hier darauf verwiesen werden. Mit den anderen Antibiotica verhält es sich ähnlich: Streptomycin erwies sich nach SABRY, CACCIALANZA und BELLONE, SANTORI u. a. ebenfalls als wirkungslos; ebenso das Aureomycin nach einer Mitteilung von CHARPY und das Chloramphenicol nach Veröffentlichungen von ROBINSON u. Mitarb., sowie JOHNSON u. Mitarb. Der Wert der Antibiotica liegt wohl auch hier nur in der Abschirmwirkung.

Wir behandeln den Erythematodes nur mit Antibiotica, wenn Foci nachgewiesen werden konnten, die zunächst beseitigt werden müssen. Dabei geben wir entweder Tetracycline täglich 1—1,5 g bis 10—15 g insgesamt, die Kombination Penicillin/Streptomycin täglich 1 Mill. E bis 10 Mega-E Gesamtdosis, die Kombination Oleandomycin/Tetracyclin (Sigmamycin) täglich 1,5—2 g bis zu einer Gesamtdosis von 20 g oder Erythromycin täglich 1 g bis 10 g insgesamt.

Unterstützend verabfolgen wir 20 mg Prednison täglich oder 20 E ACTH während der antibiotischen Therapie.

Beim *Erythematodes cum exacerbatione* acuta verfahren wir immer so. Der *akute Erythematodes*, den wir als eine Streptokokkensepsis mit Hauterscheinungen auffassen — wir konnten in einem Fall vergründende Streptokokken im strömenden Blut nachweisen — ist eine absolute Indikation für antibiotische Therapie, die mit hohen Dosen über längere Zeiträume und kombiniert mit Corticosteroiden durchgeführt werden muß.

5. Dermatomyositis

SCHUERMANN und HORNSTEIN haben den Therapieabschnitt in ihrem Handbuchartikel eingeleitet: „Für die Dermatomyositis gibt es keine Therapie der Wahl.“ MCHOLMES hat wohl als erster über eine erfolgreiche Penicillinbehandlung einer Dermatomyositis bei einem 15jährigen Jungen berichtet, bei dem aus dem Muskelgewebe Strept. viridans isoliert worden war. POR und FRIEDMANN, BÖGER und GROS, TRAPL und HANZLIĆOWÀ sahen ebenfalls günstige Resultate nach Penicillin. HALTER wirft dagegen an Hand zweier chronischer bzw. subchronischer Fälle die Frage auf, ob das Penicillin etwa nur bei der akuten Form helfe, bei der chronischen jedoch versage. RICHTER, BENEDETTI und CONTI sowie BARWASSER äußern sich weniger günstig bzw. sogar ablehnend; ebenso CACCIALANZA und BELLONE, die weder von Penicillin noch Streptomycin noch Chloramphenicol Heileffekte sahen. SCHREINER von der Eppendorfer Hautklinik hat dagegen einen Fall beschrieben, bei dem es unter Terramycin zu einer dramatischen Heilung kam, ohne Rezidiv bei 3jähriger Nachbeobachtung. Über einen ähnlichen Fall hat FUGA berichtet. Wir behandeln die akuten und auch die chronischen Formen immer mit anfänglich hohen Antibioticagaben (Penicillin, Penicillin/Streptomycin, Tetracycline, Erythromycin usw.); die Dosis wird dann sehr reduziert: z. B. Tetracyclin täglich 250 mg über Monate. Wir glauben, daß wir in Kombination mit Steroidhormonen bei der chronischen Form zumindest längere Remissionen erreichen.

6. Sklerodermie

MIESCHER hat, angeregt durch die guten Ergebnisse der Penicillintherapie bei der Akrodermatitis, dieses Antibioticum auch in einem Fall einer circumscripten Sklerodermie angewandt und sah ein vollkommenes Abklingen der Rötung und Rückgang der Infiltration. DOERR sowie MEYER DE SCHMID berichten ebenfalls über gute Erfolge nach Penicillingaben; seine Gesamtdosierung belief sich auf 5—10 Mill. E. Nicht nur frische, sondern auch über 40 Jahre bestehende Herde wurden gebessert. MARCHIONINI und GÖTZ sahen wechselnde Ergebnisse; MARCHIONINI und RÖCKL empfehlen neben parenteralen Penicillin-Gaben auch eine Unterspritzung von Einzelherden mit Penicillin. CACCIALANZA und BELLONE sahen im Falle einer Sclerodermie en coup de sabre nach Penicillin dramatische Besserung, in drei anderen Fällen jedoch weder nach Penicillin noch Streptomycin oder Chloramphenicol wesentliche Veränderungen. Bei der diffusen progressiven Sklerodermie ist eine Penicillinkur zu empfehlen, da vereinzelt zumindest ein Stillstand der Veränderungen erzielt werden kann. Mit allen anderen Antibiotica sind bislang keine Erfolge erzielt worden.

Wir behandeln die frischen Fälle immer mit Penicillin und geben täglich 400000—600000 E bis zu einer Gesamtdosis von 10 Mill. E; wir haben damit gute Ergebnisse erzielt. Bei Versagern geben wir p-Aminobenzoesäure oder Novocain intravenös; in letzter Zeit sahen wir Regressionen auch bei der progressiven Form unter Penicillin in Kombination mit Steroidhormonen.

7. Die Erythrodermien

Durch die Einführung der Steroidhormone (Cortisone, Prednisone usw.) in die Therapie der Erythrodermien ist die antibiotische Behandlung völlig in den Hintergrund getreten. Der Streit der Meinungen für und gegen die Penicillintherapie (MARCHIONINI und GÖTZ, LÖHE und TELLER, LAMMERS; MERKLEN, MANSOUR und RAYNAUD; HANDIN, DEGOS und GOUGEROT, zit. nach MERKLEN) ist damit praktisch gegenstandslos geworden. Antibiotica werden bei den verschiedenen Erythrodermieformen nicht zur kausalen Therapie, sondern nur zur Beherrschung von Sekundärinfektionen verwandt. Dabei sollte Penicillin prinzipiell nicht mehr angewandt werden, sondern nur Tetracycline, Erythromycin oder Oleandomycin.

8. Panniculitis nodularis non suppurativa Weber-Christian

Die zum Teil recht optimistischen Berichte über die Penicillinbehandlung dieser mit schmerzhaften Knoten im subcutanen Fettgewebe einhergehenden Erkrankung von ZEE, ARANDES ADAN und auch REQUE müssen sicher mit Zurückhaltung betrachtet werden, da die Krankheit mit Remissionen einhergeht und die Besserungen in den Beginn einer solchen gefallen sein können. Wir haben bei zwei derartigen Fällen weder vom Penicillin noch von Tetracyclinen oder Erythromycin Beeinflussungen gesehen, halten aber weitere Behandlungsversuche für gerechtfertigt.

9. Psoriasis

Wenngleich die Ätiologie der Psoriasis weiterhin unbekannt ist, so hat es nicht an Versuchen gefehlt, diese häufige Dermatose antibiotisch zu beeinflussen. Keine Wirkung des Penicillins bei der Psoriasis sahen FRANKS, DOBES und ROMANO, CANIZARES, GOLDMAN, SUSKIND u. FRIEND; ROXBURGH, CHRISTIE und ROXBURGH sowie BARWASSER. Wenn RESL und KOGOJ die pustulöse Psoriasis günstig mit Penicillin beeinflussen konnten, dann dürfte dieser Effekt sicher auf die gute Beeinflussung der sekundär infizierten Pusteln zurückzuführen sein.

10. Sarcoma idiopathicum multiplex haemorrhagicum Kaposi

BALINA, PIERINI und GRINSPAN (zit. nach MARCHIONINI und GÖTZ) haben über günstige Behandlungsresultate mit Penicillin berichtet. Wenngleich die Autoren ausdrücklich auf die bekannten Remissionen bei dieser Krankheit hinweisen, glauben sie doch bei ihren Fällen nicht an ein zufälliges Zusammentreffen mit der Penicillin-Therapie. Wir haben dagegen bei einem ausgedehnten Krankheitsfall weder unter Penicillin noch Streptomycin, Tetracyclinen u. a. eine Beeinflussung des klinischen Bildes gesehen.

IV. Die Nebenwirkungen der Antibiotica

Es ist bekannt, daß nahezu alle Arzneimittel neben ihren höchst wertvollen Eigenschaften auch unerwünschte Wirkungen aufweisen können, die mit Nebenwirkungen bezeichnet werden. Diese „side effects“ gewinnen mit steigender Anzahl neuer in die Therapie eingeführter chemischen Stoffgruppen immer mehr an Bedeutung; sie sind heute ein fester Begriff in der klinischen Medizin (KUEMMERLE u. Mitarb., LUDWIG u. SCHULZ, VONKENNEL und SCHOOG, DOHN, WALTHER u. a.). Die Antibiotica bilden hier keine Ausnahme (DUNLOP und MURDOCH). Man soll diese Nebenerscheinungen weder bagatellisieren noch sollte man sie überwerten: auf jeden Fall aber muß man sie kennen, um bei Nebenwirkungen ernsterer Art — und diese scheinen mit steigendem Antibioticaverbrauch zuzunehmen — gleich mit Gegenmaßnahmen bei der Hand zu sein. Der verantwortungsbewußte Therapeut wird bei genauer Kenntnis der Nebenerscheinungen und möglichen Schädigungen durch Antibiotica den Nutzen, aber auch den möglichen Schaden dieser hochwirksamen Substanzen vor Einleitung jeder Behandlung abwägen und auf dieser Basis die Indikation für ihre Anwendung stellen. Auf keinen Fall dürfen Antibiotica bei sog. Bagatellkrankheiten, die oft spontan abheilen oder mit indifferenten Mitteln erfolgreich behandelt werden können, eingesetzt werden.

Die durch Antibiotica ausgelösten Nebenwirkungen sind verschiedener Natur: einmal können sie toxischer Art sein; sie können Erscheinungen vom Typ der Jarisch-Herxheimerschen Reaktion auslösen, ein erheblicher Teil ist allergischer Natur; sie können biologisch bedingt sein, schließlich gibt es Nebenwirkungen, die komplexer Natur sind, d.h. man kann sie nicht einfach toxischen, allergischen oder biologischen Vorgängen zuordnen. Sie verlangen aus diesem Grund eine gesonderte Besprechung (LUDWIG und SCHULZ).

Eine Einteilung der Nebenwirkungen ist von verschiedenen Autoren vorgenommen worden. ORZECHOWSKI gibt folgendes Einteilungsschema:

A. Primäre Nebenwirkungen = pharmakologische Nebenwirkungen mit objektiver Abhängigkeit von der Dosis.

B. Sekundäre Nebenwirkungen durch:
1. direkte Sensibilisierung bei Bevorzugung von Personen mit allergischer Diathese.
2. Gruppenallergie, d.h. Sensibilisierung durch eine Klasse von Substanzen mit chemisch „verwandten“ und biologisch wirksamen Gruppen.
3. Überempfindlichkeit gegen Trägerstoffe.

C. Tertiäre = „iatrogene“ = „abionome“ Nebenwirkungen durch Beeinflussung der Erreger.
1. Jarisch-Herxheimersche Reaktion.
2. Störung der Immunitätsausbildung; Verschleierung klinischer Symptome durch Resistenzentwicklung, durch Infektionswechsel mit Überwuchern resistenter Keime, durch Störung des biologischen Gleichgewichtes mit Überwuchern von Pilzen und Hefen.

WEINSTEIN teilt dagegen die Nebenwirkungen auf Grund ihres Entstehungsmechanismus in 3 Gruppen ein:

1. Allergische Reaktionen mit den klinischen Bildern verschiedener Exantheme, Kontaktdermatitis, Erythema exsudativum multiforme, Fieber, Glossitis, Stomatitis, Cheilitis, Asthma, Arthusphänomen, angioneurotisches Ödem, Serumkrankheit, anaphylaktische Reaktionen, Eosinophilie.

2. Toxische und irritative Reaktionen mit den klinischen Bildern Albuminurie, Hämaturie, Cylindrurie, renale Dekompensation, Glossitis, Stomatitis, Übelkeit, Erbrechen, Durchfall, Hepatitis, Knochenmarkschädigungen, periphere Neuritis, Schädigung von Hirnnerven, Thrombophlebitis, Lokalschmerz an der Injektionsstelle.

3. Biologische Veränderungen des Wirtes oder des Erregers. Ausdruck solcher Schädigungen sind Störungen im Elektrolythaushalt, negative Stickstoffbilanz, Unterdrückung der Urobilinogenausscheidung, bakterielle und mykotische Superinfektionen, Auftreten resistenter Stämme und Beeinträchtigung der Immunisierungsvorgänge.

Bezüglich ähnlicher oder anderer Einteilungsprinzipien sei auf die Veröffentlichungen von RODMAN, ZINZIUS, von OETTINGEN, SENN, BATAILLE, WILSON u. a. hingewiesen. Wir legen im folgenden die oben angeführte Einteilung von SCHULZ und LUDWIG zugrunde.

1. Toxische Nebenwirkungen

a) Penicillin

Zu den bestechendsten Eigenschaften des Penicillins gehört seine geringe Toxicität. Tagesdosen bis 50 Mill. E und darüber werden beim Menschen ohne weiteres vertragen. Von toxischen Wirkungen kann also nicht gesprochen werden.

b) Streptomycin

Bei der Therapie mit Streptomycin muß dagegen mit toxischen Nebenwirkungen gerechnet werden; sie erstrecken sich auf das Zentralnervensystem und auf die Nieren.

Hinshaw und Feldman haben bei ihren ersten Versuchen mit Streptomycin bei der Behandlung der Miliartuberkulose und der Meningitis tuberculosa erstmalig auf die neurotoxischen Eigenschaften hingewiesen. Sie beruhen auf einer selektiven Schädigung des N. statoacusticus, die auch tierexperimentell ausgelöst werden kann. Die Wirkung ist dabei dosisabhängig; die ersten Zeichen einer Schädigung zeigen sich bei Tagesdosen von 1—2 g Streptomycin bzw. Dihydrostreptomycin etwa 4—5 Wochen nach Beginn der Behandlung; bei täglichen Gaben von 3 g werden Schädigungen schon in der 3. Behandlungswoche oder noch früher manifest. Als zu Beginn der Streptomycintherapie der Tuberkulose noch relativ hohe Tagesdosen gegeben wurden, traten Nervenschädigungen in einem hohen Prozentsatz auf; sie beeinträchtigen die sonst so wirkungsvolle antituberkulöse Therapie ganz beträchtlich. Man hat versucht, die neurotoxische Wirkung des Streptomycins zu reduzieren. Aber die in das Dihydrostreptomycin gesetzten Hoffnungen haben sich leider nicht in dem Maße erfüllt: Dihydrostreptomycin ist für den Vestibularisanteil des VIII. Hirnnerven zwar weniger schädlich als das Streptomycin, es weist aber umgekehrt eine stärkere toxische Wirkung auf den N. cochlearis auf. Die heutigen Handelspräparate enthalten Streptomycin und Dihydrostreptomycin im Mischungsverhältnis 1:1, dadurch ist die Toxicität bei gleichbleibender antibiotischer Wirkung insgesamt verringert.

Die ersten subjektiven Beschwerden einer Vestibularisschädigung bestehen vorwiegend in Schwindelerscheinungen verschiedenen Grades, ataktischen Gangstörungen, Gleichgewichtsstörungen, Übelkeit und Erbrechen. Objektiv besteht Spontannystagmus und Untererregbarkeit des N. vestibularis auf calorische und rotatorische Reize. Ernster noch sind die nach Dihydrostreptomycin auftretenden Cochlearisschädigungen, die alle Grade von Hörstörungen umfassen können: Ohrenklingen, Ohrensausen, Ausfälle der oberen Tongrenzen über eine erhebliche Schwerhörigkeit bis zur völligen Taubheit. Gefährlich ist die Tatsache, daß irreversible progrediente Gehörausfälle erst nach Absetzen der Dihydrostreptomycin-Therapie auftreten können. Eine intralumbale Dihydrostreptomycin-Applikation ist aus diesem Grund kontraindiziert.

Panthotensäure soll nach Untersuchungen von Keller sowie Keller, Krupe, Sous und Mückter die Neurotoxicität von Streptomycin und Dihydrostreptomycin im Tierexperiment zu verringern. Die ersten klinischen Berichte mit Streptomycin-Panthotenat scheinen die experimentellen Befunde auch zu bestätigen (Jaccard u. Becht). Für eine endgültige Beurteilung reichen die bisherigen Erfahrungen jedoch noch nicht aus.

Streptomycin ruft gelegentlich leichte, reversible Nierenschädigungen hervor, besonders wenn der Urin sauer reagiert: es treten dann — meist schon nach einwöchiger Behandlung — Albuminurie sowie hyaline und granulierte Zylinder im Sediment auf. Bei Tagesdosen von 2 g Streptomycin treten diese Symptome bei etwa 20% der Behandelten auf, nur selten jedoch bei einer Dosis von 1 g/die.

Zu Funktionsstörungen mit Rest-N-Erhöhung kommt es indes extrem selten. Bei Vorliegen einer chronischen Nierenerkrankung mit Niereninsuffizienz ist die Indikation für eine Streptomycin-Behandlung besonders streng zu stellen und wenn unbedingt erforderlich, dann unter den größtmöglichen Kautelen mit laufender Urinkontrolle usw. durchzuführen.

Blutbildveränderungen können in Form einer Leukopenie und Thrombocytopenie mit Hämaturie und Nasenbluten einhergehen. Nur selten sind schwere, zum Teil letal endende Fälle von Agranulocytose und Panmyelophthise bekanntgeworden (GAEDE und PALM). Der Vollständigkeit halber sei hier noch erwähnt, daß gelegentlich leichte Leberschädigungen passagerer Art nach Streptomycin-Therapie auftreten können.

c) Chloramphenicol

Durch die aromatische Nitrogruppe im Chloramphenicolmolekül nimmt dieses Antibioticum hinsichtlich seiner Nebenwirkungen eine Sonderstellung im Rahmen der Breitspektrumantibiotica ein. Bereits 1948 hatte SMADEL angesichts der Nitrobenzolgruppe im Molekül auf die Möglichkeit toxischer Wirkungen auf das hämatopoetische System aufmerksam gemacht. Eine Bestätigung dieser Vermutung konnte in Tierversuchen nach parenteraler Applikation von Chloramphenicol erbracht werden: hier kam es zum Auftreten von Anämien, die durch perorale Applikation der gleichen Mengen allerdings nicht ausgelöst werden konnten. 2 Jahre nach der Mitteilung von SMADEL berichteten VOLINI u. Mitarb. über 3 Krankheitsfälle, bei denen es nicht nur zu schwersten anämischen Zuständen (Absinken der Erythrocyten auf 800000/mm^3 und des Hämoglobins auf 17%) gekommen war, sondern auch Granulocytopenien bei völlig normalem Verhalten der Lympho- und Monocyten aufgetreten sind. Auch JAUBON und BERTRAND konnten einige schwere Anämien nach Chloramphenicol beobachten. Während diese Komplikationen beherrscht werden konnten, kam es noch im selben Jahr zu einer von RICH mitgeteilten tödlich verlaufenden aplastischen Anämie. In den folgenden Jahren erschienen dann vorwiegend im angloamerikanischen Schrifttum zahlreiche Veröffentlichungen über aplastische Anämien bzw. Panmyelophthisen mit häufig letalem Ausgang (CLAUDON und HOLBROOK, DAMESHEK und CAMPBELL, GLASER und SMITH, HAWKINS u. LEDERER, RHEINGOLD und SPURLING, ROBINSON u. Mitarb., SMILEY u. Mitarb., STURGEON; WILSON und HARRIS, WOLMAN).

Das klinische Bild ist recht stereotyp und imponiert durch plötzlich auftretende Blutungen, die auf eine hochgradige Thrombocytopenie zurückzuführen sind, und in den meisten Fällen auch die unmittelbare Ursache des letalen Ausgangs darstellen. Entsprechend der allgemeinen Schädigung des Knochenmarkes kommt es gleichzeitig zu einer Leukopenie mit Granulocytopenie oder Agranulocytose und einer erheblichen Anämie. Im Sternalpunktat findet sich ein an normalen zelligen Elementen armes Mark, in tabula ein völlig aplastisches Knochenmark neben schweren Hämorrhagien (SCHULZ und LUDWIG).

Amerikanische Autoren führen diese Schädigungen am blutbildenden Apparat im allgemeinen auf das Nitrobenzolradikal im Chloramphenicol zurück. Andererseits sprechen auch manche Anzeichen für ein Mitwirken allergischer oder sonstwie prädisponierender Faktoren beim Zustandekommen der geschilderten Komplikationen, insbesondere die Beobachtung, daß relativ kleine Mengen von 2—3 g schon Knochenmarksschädigungen auslösen können. BICKEL u. Mitarb. halten eine gewisse Parallele zu anderen Medikamenten, die eine Nitrobenzolgruppe enthalten oder zu den Schwermetallverbindungen, bei denen Agranulocytosen auch nur bei einigen bestimmten Patienten auftreten, für möglich.

Das Auftreten dieser Blutdyskrasien hat die „United States Food and Drug Administration" bewogen, Untersuchungen zu veranlassen, bei denen sich nach LEWIS, PUTNAM u. Mitarb. folgendes herausstellte: Von 539 in den Jahren 1942 bis 1952 aufgetretenen Blutdyskrasien waren nur 55 (davon 44 aplastische Anämien) sicher und 143 (davon 95 aplastische Anämien) wahrscheinlich auf Chloramphenicol zurückzuführen. Bei etwa 70% der Patienten waren entweder Dauerkuren über 1—7 Monate oder aber mehrfache Kuren innerhalb von 6 Monaten bzw. intermittierende Kuren über längere Zeit verabfolgt worden. Bei 30% der Fälle wurden Schädigungen aber auch nach einmaliger kurzfristiger Therapie in üblicher Dosierung festgestellt. Die geschätzte Gesamtzahl der mit Chloramphenicol in dem angegebenen Zeitraum behandelten Patienten betrug 8 Mill., so daß an dieser Zahl gemessen die Häufigkeit der zum Teil allerdings schweren Schädigungen gering erscheint. Das „National Research Council" hat zur Chloramphenicol-Therapie folgende Richtlinien herausgegeben:

1. Einige Fälle schwerer Bluterkrankungen wie aplastische Anämie, thrombocytopenische Purpura, Agranulocytosen u. a. sind in Verbindung mit Chloramphenicol-Verabreichungen aufgetreten.

2. Obgleich diese Komplikationen bis 1952 selten sind, ist auf jeder Handelspackung Chloramphenicol darauf hinzuweisen, daß es nicht wahllos oder bei kleinen Infektionen angewandt werden darf.

3. Bei länger dauernder oder wiederholter Chloramphenicol-Behandlung müssen entsprechende Blutuntersuchungen durchgeführt werden.

Sicher sind die hämatotoxischen Nebenwirkungen des Chloramphenicol überbewertet worden, und es besteht kein Grund, dieses hochwirksame, für Typhus geradezu spezifische Antibioticum nicht zu geben, wenn die Indikation es erfordert. Als günstigste Dosierung haben sich nach HEWITT und WILLIAM jr. 35—50 mg/kg/die über 7—10 Tage erwiesen. Eine laufende Kontrolle des Blutbildes ist dabei selbstverständlich.

d) Tetracycline

Die Toxicität der Tetracycline ist relativ gering, besonders bei peroraler Verabreichung. Nebenwirkungen toxischer Art sind auch nur selten beobachtet worden und beziehen sich fast ausnahmslos auf Funktionsstörungen der Leber. Diese Hepatotoxicität scheint allerdings im wesentlichen an die parenterale, vorwiegend intravenöse Verabreichung gebunden zu sein, bei der das Antibioticum auf dem Wege über die A. hepatica in höherer Konzentration in die Leber gelangt. Bei peroraler Applikation in normaler Dosierung sind Leberschädigungen nicht zu erwarten. Diese toxische Wirkung, die vor allen Dingen nach Aureomycingaben beobachtet worden ist, ist in ihrer Ursache noch nicht geklärt. Fest steht nur, daß intravenöse Dosen von 1—2 g/die zu Lebervergrößerungen und Ikterus führen können (LEPPER u. Mitarb.), wobei sich histologisch bei bioptischen Untersuchungen eine fettige Degeneration der Leberzellen zeigt. Der Ikterus läßt sich von Ikteren anderer Genese leicht dadurch unterscheiden, daß er nach Absetzen der Tetracycline schnell wieder verschwindet (RUTENBURG u. PINKES). Auch die fettige Degeneration der Leberzellen ist reversibler Natur. Nach LOOMIS (zit. bei BATEMAN u. Mitarb.) beruht die Toxicität des Chlortetracyclins auf der Fähigkeit, die aerobe Phosphorylierung zu hindern. Leber- und Nierenzellen sind infolge ihres starken Stoffwechsels deshalb besonders empfindlich (sog. hepatorenales Syndrom). Zusammenhänge mit dem Vitamin A-Stoffwechsel werden vermutet und als Leberschutz entsprechende Diät und reichlich Milch empfohlen. Der Ikterus beruht nach oben angeführten Autoren vermutlich auf einer

Erhöhung der Leber- und Nierenschwelle für Galle infolge konkurrierender Ausscheidung des Aureomycins.

Eine weitere Eigenart der Tetracycline ist die Reizung der Schleimhäute und des Gefäßendothels in einer Konzentration von 1:1000. Nicht betroffen sind dagegen die gesunde wie die pathologisch veränderte Haut. Hier sind bei lokaler Applikation nur extrem selten Reizungen beobachtet worden. Dieser Irritation der Schleimhäute kommt bei den häufigen Unverträglichkeitserscheinungen wie Übelkeit und Erbrechen sowie Stomatitiden und Glossititiden usw. wahrscheinlich eine Bedeutung zu. Die Tetracycline sollten deshalb nur in Kapseln eingenommen und unzerkaut geschluckt werden. Dennoch sind die Patienten mit Ulcus ventriculi besonders gefährdet, da bei ihnen auch nach vorschriftsmäßiger Einnahme die Tetracycline zu schweren Reizungen der Magenschleimhaut und zu tödlich verlaufenden Magenblutungen bzw. Perforationen führen können (DEARING und HEILMAN, KLEITSCH, RICHET und DUCROT). Bei Patienten mit Magengeschwüren ist also besondere Vorsicht bei peroraler Verabreichung der Tetracycline geboten.

Als Ausdruck einer direkten reizenden Wirkung sind die in zahlreichen Fällen nach intravenösen Injektionen von Tetracyclinen auftretenden Phlebitiden aufzufassen, die nach SANDERS in 30—40% der Fälle nach Aureomycin-Injektionen vorkommen. Diese heilen normalerweise in wenigen Tagen komplikationslos ab. Bei intravenöser Applikation ist es also empfehlenswert, die Venen zur Injektion zu wechseln und langsam (1 ml/min) zu injizieren.

e) Erythromycin

In der Klinik konnten toxische Symptome nur vereinzelt beobachtet werden. MARTIN beschrieb vereinzelt auftretende Leukopenien bei langdauernder Applikation, die aber reversibel waren. Eine Beeinflussung des Knochenmarks in degenerativem Sinn ist schon mehrfach angenommen worden. GATTMAN und ROSENBAUM; KEATING und CHESLEY sowie SMITH u. Mitarb. haben zu dieser Frage eingehend Stellung genommen. Sie konnten in keinem Fall pathologische Veränderungen im Blutbild, die auf Knochenmarksschädigungen hinweisen würden, finden. Magen-Darmsymptome wie Brechreiz, Erbrechen, Diarrhoen kommen nur bei hohen Einzelgaben über 500 mg gelegentlich vor. ZINZIUS beschrieb einen Fall mit Kopfschmerzen, Magenkrämpfen, Stomatitis, Pruritus universalis nach einer Gesamtdosis von 2,4 g; nach Absetzen von Erythromycin gingen die Erscheinungen schnell zurück.

f) Oleandomycin, Neomycin, Bacitracin, Polymyxin, Tyrothricin, Nystatin

Über die Toxicitätsverhältnisse und toxischen Nebenwirkungen dieser Antibiotica ist im pharmakologischen Teil dieses Abschnittes berichtet worden; es wird hier darauf verwiesen.

2. Allergische Nebenwirkungen

Allergische Krankheitserscheinungen entstehen als Folge einer spezifischen Sensibilisierung des Organismus gegenüber primär nichttoxischen Stoffen, den Allergenen (SCHULZ und LUDWIG). Nach der Definition von DOERR laufen allergische Reaktionen ab als Folge einer in der Zelle sich abspielenden Antigen-Antikörperreaktion. Als konstante biologische Kennzeichen der Allergie hat DOERR folgende Punkte herausgestellt: eine individuell erworbene abnorme Reaktivität, die Chemospezifität der Reaktion und die antigene Funktion des Allergens, d.h. die Fähigkeit des Allergens, Antikörper zu bilden.

a) Penicillin (Pc)

Die Sensibilisierungsquote gegenüber Pc wird von den verschiedenen Autoren recht unterschiedlich angegeben. Sie ist weitgehend abhängig von der Applikationsform. So fanden BERRY und FERBER in einem Massenexperiment an 33827 US-Luftwaffenangehörigen nur in 0,3% der Fälle Überempfindlichkeitsreaktionen bei peroraler Penicillin-Verabfolgung. Nach parenteraler Applikation schwanken die Werte zwischen 2 und 10% (TEMPLETON u. Mitarb., McJUNIS; PECK u. Mitarb., VONKENNEL, STORCK, ROBINSON jr. u. a.). PECK u. Mitarb. fanden sogar 25% bei wiederholter Anwendung. Die Diskrepanz in den Angaben der einzelnen Autoren wird von LINDEMAYR auf die regionale Häufigkeit von Pilzerkrankungen, verschiedenes Krankengut, verschiedene Penicillin-Präparate, Penicillin-Menge, Behandlungsdauer und vor allen Dingen verschiedene Häufigkeit der Penicillin-Behandlung einer Gesamtbevölkerung zurückgeführt. So fanden BOLET und MARIN in Spanien und EPPING in Deutschland weniger Penicillin-Allergien als in den angelsächsischen Ländern.

Bei Ekzempatienten und Personen mit positiver Trichophytinreaktion liegt die Penicillin-Sensibilisierungsquote höher: HOPKINS u. LAWRENCE 25%, CORMIN 40%, STORCK 4,5%, BURCKHARDT u. BIGLIARDI 7,7%. Man kann diese Häufung als Vorsensibilisierung durch Dermatophyten auffassen. FEINBERG macht die laufende Inhalation von ubiquitär vorkommenden Schimmelpilzsporen verantwortlich. Nach lokaler Penicillin-Applikation in Form von Salben, Pudern, Lösungen, Schüttelmixturen, Aerosolen usw. sind Sensibilisierungen so häufig (10—25%), daß diese Penicillin-Applikation nach FEINBERG in den USA bereits 1952 verlassen worden ist. Es wird Zeit, daß sich dies auch in Deutschland durchsetzt.

Nicht alle allergischen Reaktionen sind auf das Pc selbst zurückzuführen. So können das Novocain nach HITCHMAN u. Mitarb., SCHULZ und LUDWIG u. a., ferner Öl und Wachs nach LEPPER u. Mitarb. sowie andere Trägersubstanzen sensibilisieren, dagegen Pc selbst gut vertragen werden. SCHULZ und LUDWIG konnten bei 5 Patienten mit Penicillin-Allergie die Novocainkomponente als auslösende Noxe nachweisen. Es bestand bei diesen Patienten gleichzeitig eine Überempfindlichkeit gegenüber anderen Lokalanaesthetica der p-Aminobenzoesäurereihe und Sulfonamiden als Ausdruck der bekannten Gruppensensibilisierung gegenüber Substanzen mit paraständigen, aromatischen primären Aminogruppen, bei denen nach R. L. MAYER intermediär enstehende Verbindungen von Chinonstruktur als Hapten wirken. Nach LIPMAN und OLEMAN soll die Penicillin-Allergie nach Einführung kristalliner Penicilline von 16% (mit zum Teil ungereinigten Penicillinen) auf 1,2—5% zurückgegangen sein. Interessant ist, daß nach Untersuchungen von LAPIN an 402 Kindern eine Penicillin-Allergie bei Kindern offenbar seltener vorkommt; nur in 0,5% fanden sich unterschwellige Reaktionen.

Ursache der zunehmenden Penicillin-Allergien sind 1. der stetig ansteigende Penicillin-Verbrauch; 2. die Häufigkeit von Pilzaffektionen.

CORMIA, LEWIS und HOPPER konnten im Tierexperiment mit der Schultz-Daleschen Versuchsanordnung eine Antigenverwandtschaft zwischen Pc und Dermatophyten nachweisen. SCHUPPLI bestätigt auf Grund eigener Untersuchungen, daß den Dermatomykosen für das Zustandekommen der Penicillin-Allergie eine Rolle zukommt. Pilzprodukte vorwiegend aus Trichophyton rubrum können sicher zur Penicillin-Sensibilisierung führen. (Weitere Literatur bei GRAUL und MENZEL, GÖTZ; PECK, SIEGAL u. Mitarb., REYER u. a.) Eine schon in utero einsetzende Sensibilisierungsmöglichkeit wird von BICKEL, ENGEL, CREDER und FALBRIARD sowie GOLTMAN für möglich gehalten, wenngleich sie noch nicht bewiesen ist. Klinische Beobachtungen von Penicillin-Allergien bei Säuglingen und Kleinkindern, die weder mit Pc vorbehandelt waren, noch an einer Mykose litten, deren Mütter aber während der Gravidität mit Penicillin behandelt worden waren, sprechen dafür.

Welche Atomgruppierung im Penicillin-Molekül das eigentliche Allergen darstellt, ist bisher noch unklar. Sicher ist nur, daß dem Benzylrest im Molekül des Penicillin G dabei keine Bedeutung zukommt, denn die übrigen weniger wichtigen Penicilline F, X, O, die an Stelle des Benzylrestes andere Seitenketten (n-Amyl, p-Hydroxybenzyl, Allylmercaptomethylreste) haben, sensibilisieren nach SIEGAL, RISMAN und BOGER, ADAIR u. Mitarb. in gleichem Maße. GRAUL und MENZEL halten als allergophore Gruppe den im Grundgerüst des Pc enthaltenen Thiazolidinring für sehr verdächtig, da ein ähnlicher Ring, der Thiazolring, für manche Fälle von Sulfathiazolallergie verantwortlich zu sein scheint. Eine Beobachtung von SCHULZ und LUDWIG scheint diese Annahme zu bestätigen. Die früher von einigen Autoren (LIPMAN und OLEMAN) vertretene Auffassung, daß die allergischen Nebenerscheinungen allein auf Verunreinigung des Pc zurückzuführen seien, hat sich indes nicht bestätigt, denn seit Einführung reiner kristalliner Penicilline haben die Penicillin-Allergien nicht ab-, sondern zugenommen.

Die klinischen Erscheinungen der Penicillin-Allergie spielen sich vorwiegend auf der Haut ab und sind in ihrem Erscheinungsbild sehr mannigfaltig; sie haben häufig nur leichten vorübergehenden Charakter. Die Erscheinungsformen sind bis zu einem gewissen Grad abhängig von der Applikationsart des Pc. Bei lokaler Anwendung in Form von Salben, Pudern, Umschlägen, Augensalben, Mundpastillen, Vaginalstyli usw. entwickelt sich an der Haut das Bild des akuten Kontaktekzems; an den Augen treten Blepharitiden, Conjunctivitiden, an den Schleimhäuten Stomatitiden, Kolpitiden auf. Die Sensibilisierung durch äußerlichen Kontakt führt häufig auf hämatogenem Wege zu einer latenten allgemeinen Sensibilisierung des Organismus, so daß bei späteren parenteralen Penicillin-Gaben Allgemeinreaktionen auftreten können, die zum Abbruch einer Penicillin-Behandlung zwingen. Dies sowie der hohe Sensibilisierungsindex bei lokaler Applikation haben uns in Übereinstimmung mit vielen anderen Autoren veranlaßt, die äußerliche Anwendung von Penicillin strikt abzulehnen; dies um so mehr, als heute der größte Teil der für Hautaffektionen verantwortlichen Staphylokokken penicillinresistent ist.

Weitere Reaktionsformen der Haut, die sich am cutanvasculären Apparat abspielen und vorwiegend nach parenteralen Penicillin-Gaben auftreten, sind morbilliforme, scarlatiniforme, urticarielle Exantheme bis zum Quincke-Ödem. Sie entwickeln sich im allgemeinen am 7.—12. Tag, manchmal auch erst einige Wochen nach Beginn der Penicillin-Behandlung und bleiben 1—2 Wochen bestehen. Tritt eine allergische Reaktion schon nach der 1. Penicillin-Injektion auf, so spricht das für eine früher stattgefundene, latente Sensibilisierung. Urticarielle Spätreaktionen gehen oft einher mit Fieber, Gelenkschmerzen und -schwellungen usw.

Das nach einer Penicillin-Injektion nicht selten zu beobachtende Aufflammen älterer Dermatomykosen, bei dem gleichzeitig papulo-vesiculöse Mykide in exanthematischer Aussaat auftreten können, weist auf die antigenen Beziehungen zwischen Penicillin und Dermatophyten hin.

Ernstere Reaktionen sind die seltener auftretende Purpura, Erythema multiforme-artige Veränderungen und die allerdings extrem seltene generalisierte exfoliative Dermatitis. Die Purpura ist meist Ausdruck einer Gefäßwandschädigung, die mit gleichzeitigen Störungen im Gerinnungssystem und einer Thrombocytopenie einhergeht.

Die allergischen Allgemeinreaktionen umfassen vom einfachen Arzneifieber über transitorische asthmatische Zustände bis zum schweren anaphylaktischen Schock alle Übergänge. Meist sind sie mit urticariellen Erscheinungen vergesellschaftet und gehen mit einer Eosinophilie im Blutbild einher. Zu den schwersten allergischen Reaktionen gehört der anaphylaktische Schock, der nicht selten zum Tode führt. Bei kaum einem anderen Arzneimittel sind solche Schockreaktionen in derartiger Häufung und Schwere beobachtet worden wie bei der Penicillin-Therapie.

Die Symptome setzen wenige Minuten nach der Injektion ein; die Kranken bekommen plötzlich ein ausgeprägtes Angstgefühl, klagen über Schmerzen im Leib und im Thoraxbereich; Dyspnoe, Cyanose, Kreislaufkollaps mit Bewußtlosigkeit kommen meistens hinzu und trotz sofort eingeleiteter Gegenmaßnahmen ist ein großer Teil solcher Patienten ad exitum gekommen. Meist handelt es sich um konstitutionelle Allergiker mit Asthma, Heufieber und anderen allergischen Krankheiten in der Anamnese.

Seltene Formen der Arzneimittelallergie wie generalisierte, irreversible Gefäßschäden, die pathologisch-anatomisch das Bild der Periarteriitis nodosa oder der nekrotisierenden Angitis mit granulomatösen Reaktionen des Gefäßbindegewebes aufweisen, sind vereinzelt auch nach Penicillin beschrieben worden (Harkavy, Weinstein). Die klinischen Symptome sind mannigfaltig und entwickeln sich ähnlich wie bei der Serumkrankheit, meist 9—12 Tage nach Therapiebeginn; sie sind abhängig von Grad und Ausdehnung der Gefäßveränderungen in den einzelnen Organen (Nieren, Gehirn, Lungen, Haut, Gelenke). Der Ausgang ist fast immer letal.

Die in der Allergiediagnostik üblichen Methoden der Haut-, Expositions- und Inhalationsteste werden auch bei der Penicillin-Allergie angewandt. Größte Vorsicht bei der Durchführung derartiger Teste, vornehmlich des Inhalationstestes und des recht unkontrollierbaren Expositionstetes, ist am Platze.

Für die Therapie der Penicillin-Allergie gelten die gleichen Richtlinien wie für die Behandlung aller Arzneimittelallergien: die leichteren Formen verschwinden schnell nach Absetzen des Pc. In schwereren Fällen haben sich ACTH und die nebennierenrindenwirksamen Steroide vom Typ der Cortisone sehr gut bewährt. Bei schwersten anaphylaktischen Schockzuständen wirkt die intravenöse Injektion von 25 mg Prednisolon (wasserlöslich) oder 4 mg Dexamethason solubile oft lebensrettend, ebenso die sofortige Injektion von 0,5—1,0 ml Adrenalin 1:1000, am besten am Ort der Penicillin-Injektion. Auch Antihistaminica sollten injiziert werden und Calcium als Thiosulfat in Form des Tecesals. An weiteren Maßnahmen allgemeiner Schockbekämpfung seien genannt: intravenöse Infusionen von Kreislaufanaleptica, Sauerstoffzufuhr.

Der Wert spezifischer Desensibilisierung bei Penicillin-Allergien ist umstritten (Schulz und Ludwig); besser ist es schon, wenn man auf ein anderes Antibioticum ausweicht.

Becker geht einen ganz neuen Weg bei der Behandlung von Penicillinreaktionen: Er behandelte 46 Patienten mit derartigen Krankheitserscheinungen mittels Penicillinase. 24 dieser Patienten erhielten Penicillinase (intramuskulär) allein mit einheitlich günstigen Resultaten. Die 22 anderen Patienten hatten vorher oder gleichzeitig Antihistaminica und/oder ACTH und Prednison erhalten. Bei 20 dieser Patienten schien die günstige Beeinflussung der Penicillinase direkt zuschreibbar zu sein. Toxische Allgemeinreaktionen wurden nicht beobachtet.

Infolge der Zunahme der Penicillin-Allergien sind von verschiedenen Autoren Richtlinien zu deren Vermeidung gegeben worden (Schulz und Ludwig, Lindemayr, Liebner u. a.), denen auch wir uns anschließen:

1. Sorgfältige Anamnese in bezug auf allergische und Pilzerkrankungen sowie vorangegangene Penicillin-Behandlung mit eventuell aufgetretenen Nebenerscheinungen.

2. Penicillin sollte wie jedes andere wertvolle Medikament nur nach strengster Indikation intramuskulär oder peroral gegeben werden.

3. Besondere Vorsicht ist bei Patienten mit allergischer Diathese geboten.

4. Die Lokalbehandlung mit Penicillin ist wegen der erhöhten Sensibilisierungsgefahr und der nur bedingten Wirksamkeit (Staphylokokkenresistenz) in jeder Form abzulehnen.

Diese Richtlinien gelten sinngemäß auch für andere Antibiotica, die zu Sensibilisierungen neigen.

b) Streptomycin

Streptomycin besitzt eine größere Sensibilisierungsfähigkeit als das Dihydrostreptomycin. Die beobachteten Reaktionen treten vorwiegend auf der Haut in Erscheinung und entsprechen in ihrem klinischen Bild denen nach Pc. Nach RAUCHWERGER u. Mitarb. spielen Pilzinfektionen als „Leitallergene" für Streptomycin keine Rolle. Als Folge parenteraler Sensibilisierung treten Erscheinungen vom cutanvasculären Typ wie urticarielle, morbilliforme und scarlatiniforme Exantheme auf, aber auch vereinzelt im Anschluß an ein Erythem auftretende exfoliative Dermatitiden (COHEN und GLINSKY, LINDARS). Das Auftreten der Erscheinungen, die nach Absetzen von Streptomycin im allgemeinen schnell wieder abklingen, steht nach COHEN und GLINSKY in linearer Abhängigkeit von der Höhe der Dosierung: bei 2 g Streptomycin/die sahen diese Autoren in 11%, bei 1 g/die in 6% und bei 0,5 g/die in 3% der Fälle Exantheme.

Relativ viel häufiger und bedeutungsvoller sind die nach exogener Sensibilisierung auftretenden Kontaktekzeme, von denen vorwiegend Krankenpflegepersonal, das täglich bei der Berufsausübung mit dem Allergen in Kontakt kommt, befallen wird. Zahlreiche Berichte darüber liegen vor, unter anderen von SCHÄFER und OPPERMANN, RAUCHWERGER und ERSKINE, JOHNSON und DAVIS, CANIZARES und SHATIN, SIMON, CROFTON und FOREMAN, GÜTTICH, WEIK und WENTZ, MARCUSSEN, AMSLER u. a. Der Sensibilisierungsindex liegt bei exogenem Kontakt sehr hoch. Bis man darauf kam, den Kontakt durch Tragen von Gummihandschuhen zu vermeiden, wurden $^1/_4$—$^1/_3$ aller mit Streptomycin arbeitenden Personen sensibilisiert. Die Anlaufzeit ist dabei ziemlich lang und beträgt im Durchschnitt 2—5 Monate bis zum Auftreten der ersten Symptome. Das ist auch ein Grund, weshalb nach Streptomycin-Lokalbehandlung relativ wenige Kontaktdermatitiden beobachtet bzw. registriert werden. Die Hautsymptome treten an den unbekleideten Körperstellen auf, zuerst an Händen und Unterarm, später auch im Gesicht. Während der Intracutantest meist negativ ist, zeigt der Epicutantest immer positiv an.

Schwere allergische Allgemeinreaktionen, wie z.B. anaphylaktischer Schock, asthmatische Reaktionen usw. sind nach Streptomycin nur selten beobachtet worden. Häufig besteht Eosinophilie, die nach BICKEL u. Mitarb. in mehr als der Hälfte der beobachteten Fälle vorkommt und als allergisches Phänomen aufzufassen ist. Sehr selten sind Purpura und Gelenkschwellungen sowie Stomatitiden (GOLDFEDER und WACKER).

c) Chloramphenicol

Die allergischen Nebenwirkungen treten beim Chloramphenicol gegenüber den toxischen völlig in den Hintergrund. Bei Lokalbehandlung mit Chloramphenicol-Salbe kommt es nach ROBINSON in 4% der Fälle zu Überempfindlichkeitsreaktionen leichter Art. Als Kontaktdermatitiden sind wohl auch die von CHEYMOL erwähnten Hautveränderungen aufzufassen, die bei chloramphenicolbehandelten Typhuskranken an jenen Körperstellen auftreten, die mit Erbrochenem in Berührung gekommen sind. Der relativ hohe Kontaktsensibilisierungsindex ist insofern bedeutungsvoll, als Patienten, die bei der örtlichen Behandlung allergische Erscheinungen zeigen, später auch auf parenterale Gaben allergisch reagieren. Bei der Behandlung mit Chloramphenicol-Cortisonsalben, können mögliche Hautreizungen leicht übersehen werden, weil die Cortisonkomponente der Salbe entzündliche Reaktionen dämpft. ROBINSON berichtet über eine entsprechende Beobachtung einer Patientin, bei der es bei späterer parenteraler Chloramphenicol-Gabe zu einer schweren exfoliativen Dermatitis kam (MEYER-ROHN).

d) Tetracycline

Im Gegensatz zu Pc und Streptomycin spielen die sicher allergisch bedingten Nebenwirkungen bei der Behandlung mit Tetracyclinen nur eine untergeordnete Rolle. Das hat seine Ursache neben dem niedrigen Sensibilisierungsindex in der Tatsache, daß die Tetracycline hauptsächlich peroral verabreicht werden; bei dieser Applikationsart treten Sensibilisierungen bekanntlich seltener auf als nach parenteralen Gaben. Es bleibt abzuwarten, ob sich diese zur Zeit günstigen Verhältnisse mit steigender intravenöser Applikation ändern.

Kontaktdermatitiden sind nach lokaler Anwendung von Tetracyclinen extrem selten und in der Literatur nur sporadisch erwähnt (SALOMONS; SIEGEL und SCHANTZ; GARNIER, HOLLANDER und HARDY; DOHN). Auch LUDWIG und SCHULZ bestätigen auf Grund eines großen Krankengutes, daß positive Epicutanteste auf Tetracycline Seltenheitswert haben; oft liegt dann bei einer Dermatitis nach Tetracyclinsalbe eine Überempfindlichkeit gegenüber der Salbengrundlage vor. DESMONTS, GOUJON u. BERNARD haben eine Photosensibilisierung durch Aureomycin im Verlauf einer Behandlung beobachtet und beschrieben.

Allergische (Haut-) Reaktionen nach oraler Verabreichung von Tetracyclin sind ebenfalls sehr selten. WELCH; TZANCK, SIDI und HUBATOLT, PARETS; JOHNSTON und CAZORT, BROWN und GOODGOLD, BEDFORD; WEINSTEIN und WELCH u. a. haben darüber veröffentlicht. Immerhin können die Tetracycline mit Ausnahme des anaphylaktischen Schocks klinisch alle Arten allergischer Manifestationen, wie sie vom Penicillin her bekannt sind, auslösen. FALK hat 4 Fälle und MORRIS einen von Photosensibilität nach oralen Gaben von Demethylchlortetracyclin beobachtet. Bei der Analyse von 2682 Prüfungsberichten wurde 40mal eine Photosensibilität registriert (CAREY). Diese Reaktion entsteht bei demethylchlortetracyclin-behandelten Patienten unter der Einwirkung einer intensiven Sonnenbestrahlung. Nach Verringerung der Dosis oder Absetzen des Präparates klingen die Erscheinungen in 1—2 Tagen ab. Ambulante Patienten, bei denen die Möglichkeit einer Reaktion am ehesten gegeben ist, sollen davor gewarnt werden, sich mehr als nötig dem Sonnenlicht auszusetzen. Außerdem kann man bei diesen Patienten die empfohlene Tagesdosis von 600 mg etwas niedriger halten (was sich aber wohl nur auf Kosten der therapeutischen Wirkung durchführen läßt).

Bevorzugt befallen werden auch hier primäre Allergiker bzw. Kranke mit Pilzaffektionen. So bestand bei einem von BEDFORD beschriebenen Fall eine seit Jahren bekannte Penicillin-Allergie und eine Fußmykose. Ob das von DESMONTS u. Mitarb. bei 11 Patienten gesehene, während einer Aureomycinbehandlung aufgetretene Erythema solare, das auftrat, wenn sich die Patienten der Sonne aussetzten, eine leichte Kontaktdermatitis war, oder ob hier eine echte

Photosensibilisierung durch Aureomycin vorlag, ist schwer zu entscheiden. Auf jeden Fall sollte auch vor der Behandlung mit Tetracyclin eine sorgfältige Anamnese bezüglich früherer allergischer Reaktionen erhoben werden.

e) Erythromycin, Oleandomycin, Neomycin, Bacitracin, Tyrothricin, Polymyxin, Nystatin

Bis auf Erythromycin und Oleandomycin werden diese Antibiotica in der Dermatologie nur örtlich angewandt. Während allergische Reaktionen nach parenteralen Gaben von Erythromycin und Oleandomycin praktisch nicht bekannt sind, kann es nach Lokalbehandlung mit allen diesen Wirkstoffen gelegentlich zu Kontaktdermatitiden kommen, die aber praktisch bedeutungslos sind wegen ihrer Seltenheit. Eine Ausnahme bildet hier das Kombinationspräparat Tyrocid-X, das neben Tyrothricin noch Xanthocillin enthält; es ist ein Bestandteil der antimykotisch und antibakteriell wirkenden Polycidsalbe. Der Xanthocillin-Penicillin-Anteil führt nach unseren Erfahrungen häufig zur Sensibilisierung, die in Kontaktdermatitiden ihren Ausdruck findet.

3. Jarisch-Herxheimersche Reaktionen

Unerwünschte Nebenerscheinungen vom Typ der Jarisch-Herxheimerschen Reaktion können nach Antibiotica mit stark bakteriostatischer oder gar bactericider Wirkung auftreten. Die Pathogenese dieser Reaktion ist noch nicht befriedigend geklärt. Der von den meisten Autoren befürworteten Annahme, daß die Reaktion auf eine plötzlich einsetzende Freisetzung von Bakterienzerfallsprodukten oder Toxinen infolge einer massenhaften Keimvernichtung zurückzuführen ist, stehen experimentelle Befunde entgegen, die dafür sprechen, daß es sich um allergische Phänomene vom Typ der Tuberkulinreaktion handelt, wobei die Bakterienzerfallsprodukte als Antigene wirken. Herxheimersche Reaktionen sind nach der Toxintheorie bei der Therapie mit allen parenteral oder peroral verabfolgbaren Antibiotica denkbar; sie spielen aber nur eine Rolle beim Penicillin und Chloramphenicol.

a) Penicillin

Wie bei der Salvarsantherapie der Syphilis, kommen in fast der gleichen Häufigkeit Jarisch-Herxheimersche Reaktionen bei der Penicillinbehandlung vor. Die Erscheinungen sind gekennzeichnet durch die allgemeinen und fokalen Reaktionen, die wenige Stunden nach der Penicillin-Injektion auftreten; sie sind meist harmloser Natur und klingen trotz Weiterbehandlung schnell wieder ab. Sie treten am häufigsten bei der Penicillin-Therapie der Frühsyphilis, der kongenitalen Lues (SEELEMANN und KORNATZ-STEGMANN) und bei der progressiven Paralyse im aktiven Stadium auf. Die Allgemeinreaktionen bestehen in Fieber, Mattigkeit, Kopfschmerzen, sehr selten kommt es zum Kreislaufkollaps.

Von größerer Bedeutung sind aber die Herdreaktionen; hier weniger bei der Frühsyphilis als vielmehr bei der kardiovasculären und Neurolues. Wenngleich die Gefahren zunächst überschätzt wurden, so sind doch eine Reihe von schweren, zum Teil tödlichen Zwischenfällen bei der Penicillin-Therapie dieser Erkrankungen bekanntgeworden, die auf die teilweise mit Hämorrhagien einhergehenden akut-entzündlichen Infiltrationen im Bereich der Aorta, der Coronararterien und des Zentralnervensystems zurückzuführen waren (MOORE, DIEFFENBACH u. a.).

Über den Wert der Verhütungsmaßnahmen besteht noch keine einheitliche Meinung. Während manche Autoren eine Vorbehandlung mit Wismut und eine einschleichende Penicillin-Behandlung für wertlos halten, werden von anderen diese Maßnahmen gefordert. Wir möchten besonders bei der kardiovasculären und Neurolues zu einer Einleitung der Therapie mit Wismut oder Jodkali und vorsichtiger Anfangsdosierung des Penicillins raten. Eine Unterbrechung der Penicillin-Therapie bei eingetretener Herxheimerscher Reaktion hat wenig Sinn.

b) Chloramphenicol

Die unter der Chloramphenicol-Behandlung des Typhus bei Verabreichung hoher Initialdosen beobachteten, mit kritischem Temperaturabfall einsetzenden Kreislaufkollapse, die gelegentlich letal verlaufen, gehören ebenfalls in dieses Gebiet (Bickel et Falbriard). Sie beruhen auf einer Überschwemmung des Organismus mit den Endotoxinen der unter Chloramphenicol-Therapie zugrunde gegangenen Typhusbakterien und stellen somit eine Herxheimersche Reaktion dar. Bei der heute geübten Behandlung mit steigenden Dosen kommen derartige Komplikationen praktisch nicht mehr vor.

4. Biologische Nebenwirkungen

Man versteht unter biologischen Nebenwirkungen diejenigen Zustände, die auf einer Veränderung der physiologischen Bakterienflora in den verschiedenen Organen beruhen. Durch Wegfall dieser Flora, die durch antibiotische Therapie mit den Krankheitserregern gleichzeitig vernichtet werden kann, kommt es zu einer schrankenlosen Vermehrung von Keimen, die durch das Antibioticum nicht erfaßt werden, die aber sonst durch natürliche Antagonisten kleingehalten werden. Dadurch kann es zu schweren Störungen des biologischen Gleichgewichtes kommen, aus dem wiederum Superinfektionen, z.B. des Darmes mit resistenten Staphylokokken, mit Candidaarten, ferner Vitaminmangelerscheinungen und andere pathologische Zustände resultieren können. Je breiter das Spektrum eines Antibioticums ist, um so größer ist die Gefahr biologischer Nebenwirkungen.

a) Penicillin

Wenn man will, kann man die Jarisch-Herxheimerschen Reaktionen auch zu den biologischen Nebenwirkungen zählen. Außerordentlich selten und damit klinisch bedeutungslos sind beim Pc die auf Verschiebungen biologischer Gleichgewichte innerhalb einer saprophytären Bakterien- und Pilzflora sowie auf Superinfektionen mit penicillinresistenten Keimen beruhenden Veränderungen. Pc wird im Darm durch Penicillinase aus E. coli rasch zerstört und kann die penicillinempfindliche Darmflora (Milchsäurestreptokokken, Clostridien) praktisch nicht schädigen. Die „schwarze Haarzunge", die durch Besiedlung der Zunge mit nicht in die Mundhöhle gehörenden Fungi entsteht, muß zu den wenigen biologischen Penicillin-Nebenwirkungen gezählt werden.

b) Streptomycin

Das Wirkungsspektrum von Streptomycin ist breiter als das von Pc. Neben Mykobakterien, Kokken aller Art, Clostridien wird vor allem die große Gruppe der gramnegativen Bakterien erfaßt. Unter langdauernder Streptomycin-Therapie kann die physiologische Darmflora zerstört werden, dadurch kann es im Darm zum Überhandnehmen von resistenten Staphylokokkenstämmen, von Proteus, Candida u. a. kommen. Wenn solche biologischen Schädigungen nach Streptomycin-Behandlung nur selten zur Beobachtung kommen, dann liegt es einmal daran, daß Streptomycin nur über begrenzte Zeiträume gegeben wird und vor allen Dingen, daß es vorwiegend parenteral als intramuskuläre Injektion appliziert wird. Von seiten des Darmtraktes äußern sich diese extrem selten beobachteten Nebenwirkungen in Form von Tenesmen und auch Durchfällen. Schleimhautveränderungen und Stomatitiden können gelegentlich auftreten; sie werden von FISCHER als Vitamindefizitwirkungen aufgefaßt.

c) Chloramphenicol

Als Breitspektrum-Antibioticum kann Chloramphenicol Umschichtungen der physiologischen Keimflora verursachen. Das relativ seltene Auftreten schwerer Superinfektionen nach Chloramphenicol hat seine Gründe in der weniger häufigen Anwendung dieses Antibioticums wegen der gefürchteten hämatotoxischen Wirkungen und des infolgedessen auch bedeutend niedriger liegenden Prozentsatzes Chloramphenicol-resistenter Staphylokokkenstämme. Nach RENTCHNIK waren 1953 26—31% der von ihm getesteten Staphylokokken Tetracyclin-, aber nur 17% Chloramphenicol-resistent. Fälle von pseudomembranöser Staphylokokkenenteritis sind vor allem bei chirurgischen Patienten beschrieben worden, die präoperativ zur Sterilisierung des Darmes Chloramphenicol erhalten hatten. Zu den biologischen Nebenwirkungen des Chloramphenicols zählen auch die oben schon beschriebenen Jarisch-Herxheimerschen Reaktionen bei Typhuskranken. Vielleicht kann man auch die bei 30% liegenden Rezidive bei der Chloramphenicol-Therapie des Typhus hierzu rechnen: sie beruhen wenigstens zum Teil auf einer ungenügenden Immunitätsentwicklung, sprechen allerdings auf eine erneute Chloramphenicol-Behandlung gut an.

d) Tetracycline

Die Verabreichung von Tetracyclinen führt nicht nur zu einer Beseitigung der pathogenen Keime, für deren Bekämpfung sie ursprünglich gedacht sind; sie bewirken auch eine tiefgreifende Veränderung der saprophytären Keimflora, die bestimmte Organe und Gewebe des menschlichen Körpers normalerweise besiedelt. Durch die gleichzeitige Schädigung der normalen Bakterienflora kann es infolge Wegfalls der natürlichen Antagonisten zu einer schrankenlosen Vermehrung tetracyclinresistenter oder -unempfindlicher Keime und damit zu einer Störung des biologischen Gleichgewichtes kommen. Dieser auch Infektionswechsel genannte Vorgang ist zwar reversibel, führt aber gelegentlich zu Superinfektionen, welche das ursprüngliche Krankheitsbild an Schwere weit übertreffen können und ein ernstes Problem darstellen. Solche Superinfektionen — WEINSTEIN definiert sie als das Auftreten einer sowohl klinisch wie bakteriologisch evidenten neuen Infektion zu einem Zeitpunkt, in dem die ursprüngliche Infektion sowohl klinisch als auch bakteriologisch auf ein Chemotherapeuticum anspricht oder angesprochen hat — betreffen vorwiegend die Luftwege, den Magen-Darmkanal (vor allem das Colon), die Harnwege und das Mittelohr (BOLLABÁS).

Als eine Ursache für Superinfektionen im Rahmen der Tetracycline-Therapie muß die Veränderung der Dickdarmflora angesehen werden. In eingehenden Untersuchungen von DEARING u. Mitarb., GOVERN u. Mitarb., PULASKI u. SHAEFFER, METZGER u. Mitarb., KIMMIG, MEYER-ROHN u. a. wurde übereinstimmend eine Schädigung von E. coli, sowie das Auftreten und Überwuchern von Pseudomonas aeruginosa, enterotoxinbildenden Staphylokokken und Streptokokken, Proteus vulgaris, Paracoli, Candida u. a. gefunden. Nach BRISON vollzieht sich die Veränderung der Darmflora in Etappen. Zunächst verschwinden die tetracyclineempfindlichen Keime, unter ihnen sind solche, die Vitamine des B-Komplexes synthetisieren können, später die an sich tetracyclin-unempfindlichen, die aber auf die von den anderen Keimen synthetisierten Vitamine angewiesen sind.

Die wichtigsten Vertreter dieser Gruppe sind Proteus, Pseudomonas und verschiedene Hefen, ferner die nicht zur physiologischen Darmflora gehörenden penicillin-, streptomycin- und tetracyclin-resistenten koagulasepositiven Staphylokokkenstämme. Ein weiterer disponierender Faktor für diese ernsten Komplikationen ist nach FINLAND und BERNHART ein Mangel oder das Fehlen der Abwehrkräfte des Patienten. Darauf deutet auch die Tatsache hin, daß die letal verlaufenden Superinfektionen vorwiegend bei Kleinkindern und bei älteren Leuten mit weitgehendem Kräfteverfall infolge eines kräfteverzehrenden Grundleidens wie maligne Tumoren, kavernöse Phthisen u. a. auftreten.

Für die Klinik bedeutungsvoll sind Superinfektionen mit resistenten Staphylokokken, Proteus, Pseudomonas und Candida. WEINSTEIN berichtete über einen Prozentsatz von 2,19% bei einem Krankengut von 3095 mit den verschiedensten Antibiotica einschließlich Penicillin und Streptomycin behandelten Patienten.

α) Superinfektion mit Staphylococcus aureus haemolyticus

Die am meisten gefürchtete und am häufigsten auftretende Superinfektion wird durch Staphylokokken, die alle Pathogenitätszeichen besitzen, hervorgerufen. Diese Keime verursachen eine hämorrhagisch-pseudomembranöse Enterocolitis, die klinisch unter dem Bilde des sog. choleriformen Syndroms (JAUBON) auftritt und häufig ad exitum führt. Die Symptomatologie dieses Krankheitsbildes ist charakterisiert durch plötzlich im Verlauf der Tetracyclinen-Behandlung auftretende schwere Durchfälle mit oder ohne septische Temperaturen, unbestimmte Bauchbeschwerden, Appetitlosigkeit, Erbrechen, nach einigen Tagen profuse Stuhlentleerungen und gleichzeitig rasche Verschlechterung des Allgemeinzustandes mit Schockzuständen, Benommenheit, Exsiccose. Der autoptische Befund zeigt ausgedehnte pseudomembranöse Beläge auf der entzündeten, teilweise ulcerierten Darmschleimhaut. Bakteriologisch finden sich die Staphylokokken fast in Reinkultur. Derartige tödlich verlaufende Staphylokokken-Enterocolitiden wurden beschrieben von: JACKSON u. Mitarb., WOMACK u. Mitarb., BROWN u. Mitarb., DEARING u. HEILMAN, REINER, SCHLESINGER u. MILLER, JAUBON u. Mitarb., BERNHART; HONERLA, RENTCHNICK, NEUHOLD u. THALHAMMER, SENN, GSELL u. KESSELRING. FINLAND u. Mitarb. machen auf die Abhängigkeit des Auftretens dieser Zwischenfälle von der Höhe der verabfolgten Dosis aufmerksam.

Ebenfalls relativ häufig sind Staphylokokken-Superinfektionen der Lunge, die vorwiegend bei Patienten mit darniederliegender Abwehr auftreten und als Pneumonien oft letal enden. RENTCHNIK hat Parotitiden nach Tetracyclinen-Behandlung beobachtet.

Zur Vermeidung derartiger schwerster Komplikationen ist eine regelmäßige bakteriologische Kontrolle der Faeces während der Tetracyclinen-Therapie dringend erforderlich. Massenhaftes Auftreten von Staphylokokken im Stuhl verlangt sofortiges Absetzen von Tetracyclinen und Verordnung von Erythro- oder Oleandomycin in Verbindung mit ACTH. Liegt bereits eine Erythro- oder Oleandomycin-Resistenz der Keime vor, so ist Sulfadiazin zu geben. Zur schnelleren Normalisierung der Darmflora wird die therapeutische Implantation von möglich tetracyclin-resistenten Colibakterien in Form von Einläufen oder mittels darmlöslicher Kapseln empfohlen (MEYER-ROHN, KRÜGER). Außerdem ist es zweckmäßig, Vitamine vornehmlich solcher des B-Komplexes zu verabreichen, weil infolge der Zerstörung der vitaminsynthetisierenden Bakterien (E. coli, Aerobacter aerogenes, Milchsäurebakterien) und des Überwucherns der vitaminhungrigen Blastomyceten ein Vitaminmangel entstehen kann. Verhindern lassen sich jedoch derartige

Schäden nicht durch prophylaktische Vitamingaben, die neuerdings den einzelnen Tetracyclinen-Präparaten gleich beigefügt sind. Man hat die neuentwickelten intravenös zu verabfolgenden Tetracyclinpräparate dank der nur geringen Ausscheidung in den Darmkanal zunächst als weitgehend risikofrei hinsichtlich der Entwicklung einer Staphylokokkenenteritis betrachtet. Daß dem nicht so ist, beschreiben LUNDSGAARD-HANSEN und SENN anhand von 7 Fällen, von denen einer tödlich verlief.

β) Superinfektionen durch Hefen

Meist handelt es sich um Candidaarten, vorwiegend Candida albicans. ORZECHOWSKI hat die bisher nachgewiesenen Hefeansiedlungen in den verschiedenen Organen tabellarisch zusammengestellt; danach sind solche gefunden worden im Endokard, Nieren, Lungen, Peritoneum, Nebenhoden, Nebennieren, Schilddrüse, Parotis, Mittelohr usw. Ob diese Hefearten als primär oder sekundär pathogen anzusehen sind, läßt sich oft schwer oder gar nicht entscheiden (MOZER). Für die Beurteilung spielen Zeitpunkt und Ort der Entnahme, Zeitraum zwischen Entnahme und bakteriologischer Verarbeitung, Allgemeinzustand des Patienten und andere Faktoren eine Rolle. Dementsprechend sind sicher nur ein Teil der beobachteten, meist letal verlaufenden visceralen Candida-Superinfektionen wie Candida-Endokarditiden (ZIMMERMANN, KUNSTADER u. Mitarb.), -Bronchopneumonien (OBLATH u. Mitarb., MOZER u. Mitarb., ROSSIER, ORMEROD und FRIEDMAN, FLORANGE) und -Septicopyämien (RANKIN, GAUSEWITZ u. Mitarb.) der antibiotischen Behandlung zur Last zu legen, zumal bekannt ist, daß der Soor bevorzugt dystrophische Säuglinge und kachektische Patienten befällt. So fassen auch BROWN u. Mitarb. die bei 5 mit Tetracyclinen behandelten Patienten aufgetretenen Superinfektionen als sekundär präfinale Infektionen auf. Autoptisch fanden sich in diesen Fällen Pneumonien, Hirnabscesse, Myokard- und Nierenabscesse mit massenhaft Hefen, in je einem Fall ein paranephritischer Absceß durch Hefen und eine Cavathrombose mit Hefen im Gerinnsel (als Ausdruck einer Candidaämie).

Zur Prophylaxe derartiger Zwischenfälle wird heute gern Nystatin gleichzeitig mit Tetracyclinen verabreicht; ob das der richtige Weg ist, muß bezweifelt werden. Sinnvoller erscheint die Nystatin- oder Amphotericin-Therapie bei Candidiasis des Magen-Darmtraktes. Bei Befall anderer Organe, z.B. der Lunge, mit Candida albicans erscheint das Nystatin sehr problematisch wegen seiner ungünstigen Resorptionsverhältnisse, es sei denn, daß es als Aerosol gegeben wird; günstiger ist das gut lösliche und gut resorbierbare wenn auch sehr toxische Amphotericin; ausgedehnte Erfahrungen liegen jedoch noch nicht vor.

γ) Superinfektionen durch Proteus und Pseudomonas aeruginosa

Sie beruhen gleichfalls auf einer Störung der biologischen Darmflora und stellen eine sehr häufige Begleiterscheinung der Tetracyclinen-Behandlung dar. Durch das Verschwinden von E. coli aus dem Stuhl kommt es zum Überwuchern von Proteus, seltener Pseudomonas; daraus resultieren die vermehrten weichen Stühle bzw. banale Durchfälle, die von chronisch Obstipierten als willkommene Begleiterscheinung begrüßt werden (RAVINA). Echte choleriforme Syndrome sind hier relativ selten. Häufig treten Proteus und Pseudomonas im Urin auf, nachdem die primär vorherrschenden Keime (E. coli, Aerobacter und Enterokokken) vorwiegend bei chronischen Harnwegsinfektionen durch die Tetracycline beseitigt sind. WOMACK; JACKSON u. Mitarb. beobachteten diese Komplikationen bei urologischen Patienten in 30% der Fälle. Über seltene zum Teil letal verlaufende Superinfektionen (Bakteriämie, Meningitis, Lungeninfektion) hat Yow berichtet. Liebegott und Wolff veröffentlichten einen Fall einer letal verlaufenen fibrinösen Colitis, bei der sich im Darminhalt hauptsächlich Proteus neben Pseudomonas und Enterokokken fanden.

e) Erythromycin, Oleandomycin, Neomycin

Biologische Nebenwirkungen nach Erythromycin und Oleandomycin sind denkbar durch Schädigung der Milchsäurebakterien, Milchsäurestreptokokken und Clostridien in der Darmflora und daraus resultierende Störungen des biologischen Gleichgewichtes. Sie verlaufen aber unterschwellig und haben damit keine klinische Bedeutung. Es kommt noch hinzu, daß es sich um Antibiotica mit begrenztem Spektrum handelt, die nicht so häufig zur Anwendung kommen wie z. B. die Tetracycline. Neomycin wird nur selten parenteral gegeben, biologische Schädigungen sind hier ebenfalls denkbar, treten gegenüber den toxischen Nebenwirkungen von Neomycin aber völlig in den Hintergrund.

f) Bacitracin, Polymyxin, Tyrothricin, Nystatin

Die drei erstgenannten Antibiotica werden vorwiegend lokal angewandt, wodurch tiefgreifende biologische Nebenwirkungen schon ausgeschlossen werden. Vom Nystatin, das sowohl peroral als auch lokal zur Anwendung kommt, sind schon im Hinblick auf sein Wirkungsspektrum keine biologischen Nebenwirkungen zu erwarten.

5. Nebenwirkungen komplexer Genese

Die Entstehungsweise einer Reihe von als banal geltenden Nebenwirkungen bei der Therapie mit Chloramphenicol und Tetracyclinen wie Brechreiz, Erbrechen, Schleimhautveränderungen der Mundhöhle, des Rectums und der Vagina, sowie deren Umgebung ist bis heute nicht einwandfrei geklärt. Sie einfach toxischen und allergischen Vorgängen oder örtlichen Superinfektionen zuordnen zu wollen, bedeutet, den Dingen Zwang anzutun. Die sich widersprechenden Erklärungsversuche berechtigen zu der Annahme, daß den genannten Nebenwirkungen komplexe Vorgänge zugrunde liegen (Schulz und Ludwig).

a) Chloramphenicol

Brechreiz, Erbrechen, Durchfälle, Mundschleimhautveränderungen und anorectale und genitale Schleimhautaffektionen können schon nach kleinen Chloramphenicol-Gaben auftreten und zwar in gleicher Weise wie weiter unten beschrieben. Eine gewisse Einschränkung gegenüber den Tetracyclinen besteht nur insofern, als gastro-intestinale Störungen nach Chloramphenicol vielleicht nicht ganz so häufig sind; dafür werden aber Schleimhautveränderungen öfters beobachtet. Möglicherweise spielt hierbei der höhere Sensibilisierungsindex des Chloramphenicols eine Rolle. Ausführliche Beschreibungen der Schleimhautveränderungen gaben Harris, Williams und Tomaszewski. Hillemand u. Mitarb. haben in einem Fall Schleimhautveränderungen papulo-vesiculöser Art im Oesophagus und gastroskopisch auch im Magen nachgewiesen.

b) Tetracycline

Es gibt kaum eine Arbeit über die Therapie mit Tetracyclinen, in der im Abschnitt Nebenwirkungen nicht auch *Brechreiz* und *Erbrechen* aufgeführt werden. Es handelt sich hier wahrscheinlich um eine Reizwirkung der Tetracycline auf die Magenschleimhaut; dafür spricht die Tatsache, daß durch gleichzeitige Gaben von Milch, Schleim, Aluminiumhydroxyd-Gel oder Methylcellulosepräparaten die Verträglichkeit erheblich verbessert werden kann. Sicher besteht auch eine Korrelation zwischen Höhe und zeitlichem Abstand der Tetracyclin-Gaben und dem Auftreten der Erscheinungen. Ob noch andere Faktoren bei ihrer Entstehung beteiligt sind, muß noch offenbleiben.

Durchfälle. Mit dem Auftreten von Durchfällen während der Tetracyclin-Behandlung kann gleichfalls bei einer verhältnismäßig großen Anzahl von Patienten gerechnet werden. Auch hier scheint eine Abhängigkeit von der Höhe und Dauer der Medikation zu bestehen. Bemerkenswerterweise ist hier eine deutliche Abhängigkeit von der Art des verabfolgten Tetracyclins vorhanden. Einem Bericht über das Antibioticasymposium der US-Gesundheitsbehörde 1953 zufolge kommt es nach Oxy- in 19%, nach Chlor- in 10% und nach reinem Tetracyclin in 5% der Fälle zu Diarrhoen. Wahrscheinlich beruhen diese sowohl auf der schleimhautreizenden Wirkung der Tetracycline als auch auf Störungen im biologischen Gleichgewicht der Darmflora (RAVINA). Auffällig sind die steatorrhoeartigen Stühle (MERLISS und HOFFMAN u. a.), welche sehr an jene bei Sprue erinnern und gut auf Gaben von Vitamin B-Komplex sowie Leberextraktpräparaten ansprechen. Die Genese all dieser Nebenwirkungen ist ebenfalls noch nicht einwandfrei geklärt.

Mundschleimhautveränderungen. Veränderungen der Mund- und Rachenschleimhaut werden gleichfalls in einer relativ großen Häufigkeit (bis 20%) nach Tetracyclin beobachtet; sie greifen ausnahmsweise auch auf Nase und Oesophagus über und treten in Form von Stomatitiden und Pharyngitiden mit Schleimhautrötungen und Schleimhautschwellungen bis zum gefürchteten Glottis- und Kehlkopfödem, ferner papulovesiculösen Eruptionen, disseminierten Ulcerationen und weißlichen Auflagerungen, atrophischer (glatte glänzende Zunge) und hypertrophischer (gelblich bis braunschwarz verfärbte Zunge) Glossitiden auf, deren letzterer Typ anscheinend häufiger ist und mehrfach als „schwarze Haarzunge“ (black tongue) beschrieben wurde (DOWNING, SMITH, TOMASZEWSKI u. a.). All diese Irritationen verursachen recht unangenehme Beschwerden wie Trockenheit im Mund, Brennen, Heiserkeit, Schluckschmerzen, Geschmacksmißempfindungen usw. Sie treten schon in den ersten Behandlungstagen auf (schwarze Haarzunge erst später) und klingen nach Absetzen der Medikation mehr oder weniger schnell wieder ab. Die Ähnlichkeit der Glossitis und der Mundwinkelrhagaden mit bekannten Vitamin B-Mangelzuständen hatte zu der Annahme geführt, daß es sich um Symptome einer Avitaminose handelt, die auf das Zugrundegehen der Vitamin B-synthetisierenden Darmflora zurückzuführen ist. Dem steht aber die Tatsache entgegen, daß der Vitamin B-Bedarf des Menschen weitgehend durch die Nahrung gedeckt wird. Auch erfolgt die bakterielle Vitaminsynthese vom Coecum abwärts, wo der Resorptionsprozeß weitgehend abgeschlossen ist. Es ist sehr aufschlußreich, daß z. B. Kranke mit perniziöser Anämie reichlich Vitamin B_{12} ausscheiden. Dies ist selbst bei eiweißfreier Ernährung und im Hungerzustand der Fall (L. LUDWIG). Gegen die Vitamin-Mangel-Genese spricht auch die Beobachtung, daß eine massive Zufuhr von B-Komplex die geschilderten Erscheinungen nur ausnahmsweise bessert und eine Vitamin B-Prophylaxe sich als wirkungslos erweist (TOMASZEWSKI, KUTSCHER u. Mitarb.). Von manchen Autoren wird das Wiederaufflammen der Veränderungen bei Patienten, die Tetracycline nach längerer Unterbrechung wieder nehmen, als Beweis für eine allergische Genese angesehen. Wären nicht ähnliche Schleimhautveränderungen bei fehlendem Überwuchern von Hefen beschrieben worden (KLIGMAN, LENETTE u. Mitarb., MEADS u. Mitarb., LIPNIK u. Mitarb.), so müßte man mit PAPPENFORT und SCHNALL, LIGHTERMAN, TOMASZEWSKI u. a. annehmen, daß sie auf eine Superinfektion mit Candida zurückzuführen sind. Angesichts der sich widersprechenden Ansichten erscheint der Gedanke an eine komplexe Genese berechtigt.

Anorectale und genitale Schleimhautveränderungen. Veränderungen dieser Art treten bei 10—20% aller Tetracyclin-behandelten Patienten auf. Die Erscheinungen sind gekennzeichnet durch analen oder perianalen Pruritus, in schweren Fällen durch das anogenito-rectale Syndrom, welches sich in Hautrötung, Infiltration, Juckreiz und Brennen, Analfissuren und Tenesmen äußert, zuweilen auch unter dem Bild einer starken Proctitis mit circumanaler Schmerzhaftigkeit und Diarrhoen (WILLCOX, REICHES und WEBB, REICHERT u. a.). Diese Symptome beginnen meist am 4.—5. Behandlungstag und bleiben oft auch nach Absetzen der Tetracycline für längere Zeit bestehen. Am Genitale zeigen sich Balanitiden, Kolpitiden und Vulvovaginitis. Die Veränderungen können auf die Umgebung übergreifen und Scrotum, Genitocruralfalten und Perianalgegend befallen (MÜLLER und VOGT), sowie Streuherde an entfernten Körperstellen auslösen, wie letztgenannte Autoren am Handgelenk, Nacken und in den Achselhöhlen sahen und in denen sie zum Teil Candida nachweisen konnten. REICHES sieht die von HARRIS u. a. vertretene Ansicht einer gestörten B-Synthese durch Darmfloraveränderungen als Ursache für die „monilial phase" dieser Dermatitiden als zutreffend an, stellt jedoch die Überempfindlichkeit gegen Tetracyclin in den Vordergrund, da der perianale Juckreiz zuerst, d.h. vor einem Candidabefall aufzutreten pflegt. REICHERT glaubt, daß proteolytische Substanzen aus dem Rectum das Auftreten der Erscheinungen begünstigen.

Trotz all dieser Nebenwirkungen darf der Arzt nicht zögern mit dem Einsatz von Antibiotica, wenn die Indikation dazu besteht. Ist eine sorgfältige Überwachung des Patienten *in jedem Fall* unerläßlich, so sind Vorsicht und Zurückhaltung bei der antibiotischen Therapie erst recht geboten, wenn die Indikation keine absolute ist. Man kann WEINSTEIN nur zustimmen, wenn er daran erinnert, daß die Anwendung eines jeden hochwirksamen Mittels mit einem bestimmten Risiko verbunden ist. Die Antibiotica stellen in dem Punkt keine Ausnahme dar. Sie auf Grund der mit der Anwendung verbundenen Gefahren zu verurteilen, wäre ebenso unrealistisch und unklug, wie sie als universal anwendbar, unbedingt wirksam und völlig harmlos hinzustellen.

V. Einfluß der Antibiotica auf immunbiologische Vorgänge im Organismus

Es war eingangs schon erwähnt worden, daß bei rein bakteriostatischem Denken in der Therapie mit Antibiotica die körpereigenen Abwehrmechanismen leicht übersehen werden. Die steigenden Zahlen resistenter Staphylokokkenstämme, aber auch die zum Teil sehr unangenehmen Nebenwirkungen mancher Antibiotica haben zu einer strengeren Indikationsstellung geführt und gleichzeitig den Blick wieder auf immunbiologische Vorgänge gelenkt.

Der moderne Mensch hat ja keine Zeit mehr, sich bei einer Angina 8 Tage ins Bett zu legen; er fordert vielmehr von „seinem" Hausarzt eine antibiotische Behandlung. Dabei erlebt man immer wieder, daß die akuten Erscheinungen unter Antibiotica-Gaben wohl schnell beseitigt werden, daß die Zahl der Rezidive aber erschreckend groß ist; offenbar tritt hier gleichzeitig mit der Vermehrungshemmung der Erreger eine Verminderung des Antigenreizes auf die Antikörperbildung im Organismus ein.

Es wäre also völlig verfehlt, nur die rein antibakterielle Wirkungsweise der Antibiotica in den Vordergrund zu stellen. Entscheidend für die Überwindung der Infektion ist die Mithilfe körpereigener Abwehrvorgänge (WALTER und HEILMEYER). Bei frühzeitiger Antibioticatherapie können zwar z.B. bei Typhus und Rickettsiosen die Erreger rasch unterdrückt werden — der Wirtsorganismus findet jedoch keine Zeit, seine eigene Verteidigung aufzubauen. Die Folge einer fehlenden Durchimmunisierung können Rezidive sein, die bei Typhus, Rickettsiosen und Tularämie recht häufig beobachtet werden.

Dieser Nachteil der Antibiotica hat aber andererseits große praktische Bedeutung bei der Prophylaxe des Rheumatismus erreicht: durch frühzeitigen Therapiebeginn bei Streptokokkeninfektion können der Ablauf komplizierter Antigen-Antikörper-Reaktionen bzw. Sensibilisierungsvorgänge verhindert werden, die zu den spezifischen Veränderungen eines Rheumatismus führen können.

Eine Änderung von immunbiologischen Vorgängen durch Antibiotica kann theoretisch durch Beeinflussung des reticulo-endothelialen Systems (RES) im Organismus oder durch Änderung der antigenen Eigenschaften des Erregers ausgelöst werden. Beide Möglichkeiten sind beim Tier schon experimentell belegt worden. Zweifellos können derartige Ergebnisse nur begrenzte Teilgebiete des gesamten Problems erfassen und erlauben keine verallgemeinernden Rückschlüsse.

AVEZZU (zit. nach VONDERBANK) hat 1953 experimentelle Daten über die Änderung immunologischer Eigenschaften von E. coli unter Aureomycingaben mitgeteilt. Er brachte einen Colistamm in Kontakt mit unterschwelligen Hemmkonzentrationen von Aureomycin; dabei stellte er fest, daß sich dieser Stamm in morphologischer und physiologisch-chemischer Hinsicht ändert und die Eigenschaft verliert, mit Immunseren zu agglutinieren, die mit unbehandelten Colistämmen gewonnen worden waren. Gleichzeitig verliert dieser Stamm auch die Fähigkeit, als Antigen für ein agglutinierendes Immunserum gegen den gleichen, auf normalen Nährböden gezüchteten E. coli-Stamm zu wirken. Demgegenüber fanden GIUNCHI, SCURO und SORICE, daß Antibiotica in nichttoxischen Mengen keine Veränderung der Immunreaktionen von Versuchstieren auf Antigene nichtbakteriellen Ursprungs bewirken. Ratten wurden mit verschiedenen Antibiotica behandelt und gleichzeitig gegen menschliche Erythrocyten (Gruppe 0, Rh-negativ) immunisiert. Die wiederholt durchgeführte Bestimmung der Hämagglutinine zeigte eindeutig, daß Antibiotica die Fähigkeit der Tiere zur Bildung gegen Erythrocyten gerichteter Antikörper nicht beeinflußt.

Die Frage, wieweit Antibiotica die immunologischen Reaktionen auf Antigene bakterieller Genese beeinflussen können, ist von großer Bedeutung. Aus bisher vorliegenden Untersuchungen von SLANETZ und STEVENS ist ersichtlich, daß Antibiotica, allerdings nur bei konstanter Einhaltung bestimmter Versuchsbedingungen, die Ausbildung der Immunität beim Versuchstier hemmen können. Auf die kritische Betrachtung dieser Ergebnisse von ALLEN und COOPER wird in diesem Zusammenhang verwiesen.

Während bei der Immunisierung oder Antikörperbildung durch abgetötete Keime als Antigene deren mögliche Beeinflussung durch Antibiotica offenbar nicht zur antibakteriellen Wirksamkeit dieser in Beziehung steht, spielt der spezifisch antibiotische, d.h. erregerhemmende Effekt, bei der Immunisierung mit lebenden Keimen sicher eine größere Rolle. So kann bei frühzeitig behandelten experimentellen Infektionen infolge einer Vermehrungshemmung der Erreger durch das Antibioticum gleichzeitig auch eine Hemmung der Bildung löslicher Antigene eintreten, durch welche — oft auch in Verbindung mit anderen Faktoren, wie z.B. der Phagocytose — der Antigenreiz auf die antikörperproduzierenden Systeme des Organismus verhindert wird. Dies kann unzureichende Immunitätsreaktionen zur Folge haben. Wenngleich die Verhältnisse des Tierexperiments nicht ohne weiteres auf den Menschen übertragen werden dürfen, so liegen doch eine Reihe von klinischen Beobachtungen vor, die dafür sprechen, daß der Mensch sich ähnlich verhält.

Nun ist die Ausbildung einer Immunität unter Antibioticagaben je nach Art des Erregers und der Infektion oft recht unterschiedlich und von einer Reihe von Faktoren abhängig, auf die hier nicht näher eingegangen werden kann. Eine Beeinflussung der unspezifischen bactericiden Kraft des Blutes unter hohen (eventuell toxischen) Antibioticakonzentrationen ist denkbar.

Über den Einfluß der Antibiotica auf die Opsonine, die in enger Beziehung zur Phagocytose stehen, besteht noch keine Klarheit. Nach HEWES und SHAI ergaben Präcipitationsreaktionen mit Penicillin oder Aureomycin als Antigene bei jungen mit Aureomycin- oder Penicillin-haltigem Futter gefütterten Meerschweinchen keine gegen diese Antibiotica gerichteten spezifischen Antikörper.

HENNEBERG hat darauf hingewiesen, daß bei gewissen Erkrankungen wie Rickettsiosen oder Virusinfektionen das zu frühe Einsetzen der antibiotischen Therapie zu einer verminderten Ausbildung der Immunität führen kann. Nach Untersuchungen von BREINERD u. Mitarb. kann Aureomycin bei Psittakose mit der Bildung komplementbindender Antikörper interferieren. HANSEN u. SCHÜTZ haben bei Pertussis eine vorübergehende Titersenkung nach Aureomycingaben festgestellt, die um so deutlicher war, je höher der Agglutinationstiter bei Beginn der Behandlung war. Penicillin bewirkt keine derartige Veränderung des Agglutinationstiters. HAZEN u. Mitarb. haben beobachten können, daß die nach Verabfolgung von Chlortetracyclin, Oxytetracyclin oder Chloramphenicol auftretenden Titerveränderungen je nach dem Antibioticum verschieden sind.

Alle diese Beobachtungen haben den Blick des Therapeuten wieder auf die natürlichen Abwehrfunktionen des Organismus gelenkt, die seit jeher ein klassisches Problem ärztlichen Denkens darstellen, das freilich durch die hervorragenden Erfolge der spezifischen Chemotherapie zeitweilig in den Hintergrund getreten war (HOFF). Es hat auch in den letzten Jahren nicht an Versuchen gefehlt, die Therapie mit Antibiotica gewissermaßen zu restaurieren. Auf die Möglichkeit, das leukocytäre Abwehrsystem mit Hilfe unspezifischer Reizkörper wie z.B. Olobintin, Omnadin, Echinacin, mit Pyrifer, Auto- und Polyvalenten Vaccinen oder mit Reizstoffen aus der Gruppe der Westphalschen Lipopolysaccharide, z.B. Pyrexal, anzuregen und damit die Erfolgsaussichten antibiotischer Behandlungsmaßnahmen zu verbessern, sei hingewiesen. Die Reizstofftherapie bewirkt eine Verstärkung der Leukocytose und damit der Phagocytose und erstrebt eine Steigerung der bactericiden Eigenschaften des Serums. Die Anschauungen über den Wert der kombinierten Anwendung unspezifischer Reizkörper wie Echinacin oder Omnadin mit Penicillin oder anderen Antibiotica sind nicht einheitlich. Die Gefahr gebrauchsfertiger Kombinationspräparate liegt darin, daß das Mengenverhältnis beider Komponenten durch die industrielle Abpackung festgelegt ist. Damit werden therapeutische Maßnahmen in ein Schema gepreßt, das nicht opportun sein kann. Zur Durchführung einer erfolgreichen Therapie mancher Krankheitsbilder (z.B. mikrobielle Ekzeme oder hartnäckige Pyodermien) ist es aber oft notwendig, Reizkörper in hoher Dosierung und über längere Zeit zu applizieren, während die Antibiotica bei diesen Krankheitsbildern im allgemeinen nur für kürzere Zeiträume angewendet werden. Wir geben aus diesen Gründen im Sinne einer individuellen Dosierung neben dem Antibioticum eines der Westphalschen Lipopolysaccharide, wie es z.B. im Pyrexal vorliegt (Literatur bei BÜSING; KOCH und HAASE; REPLOH und CHEMNITZ; MEYER-ROHN, GERICKE, BORKENSTEIN u. a.).

VI. Applikations- und Handelsformen der Antibiotica

Eine Zusammenstellung der Applikations- und Handelsformen ist schon aus medizinhistorischem Interesse von Bedeutung. Der Verfasser ist sich darüber klar, daß er auch hier nur eine Auswahl treffen kann und beschränkt sich nur auf die in Deutschland hergestellten oder in Lizenz vertriebenen Präparate. Die Einschränkung wird noch erleichtert durch zwei Dinge: einmal werden die vielen Penicillin- und Streptomycinpräparate, die nur der Lokalbehandlung dienen, nicht berücksichtigt, weil ihr Gebrauch wegen der Sensibilisierungsgefahr abgelehnt werden muß. Zum anderen werden die vielen Sulfonamid-Antibiotica-Kombinationen aus dem gleichen Grund nicht ausgeführt.

Der nachfolgenden Zusammenstellung liegt der von KIMMIG bearbeitete Abschnitt im Medizinkalender 1959 zugrunde. Es liegt in der Natur des Themas begründet, daß eine solche Sammlung schon durch die laufende Weiterentwicklung auf dem Antibioticagebiet einem dauernden Wechsel unterworfen ist und niemals Anspruch auf Vollständigkeit haben kann. Zur leichten und schnellen Orientierung ist die alphabetische Einteilung gewählt worden.

Amphotericin B

Handelsform: Fungizone for infusion. OP 50 mg.
Firma: E. R. Squibb & Sons, New York. Chemische Fabrik von Heyden AG, München.

Aureomycin (Chlortetracyclin): gereinigtes, rekristallisiertes Aureomycin.
Handelsform: OP mit 4, 8, 16, 100 und 500 Kapseln zu 250 mg. OP mit 25 und 100 Kapseln zu 50 mg.
SV-Kapseln: zu 250 mg. Flaschen zu 8, 16 und AP zu 100 und 500 Stück.
Schokoladenpulver (Spersoids): für die Kinderpraxis, OP mit 12 und 25 Portionen zu je 50 mg Aureomycin.
Tropfen: Flaschen zu 10 und 20 ml mit 100 mg Aureomycin/ml.
Sirup: Flasche zu 60 ml mit 100 mg Aureomycin/4 ml.
Salbe (3%ig): Tuben zu 5, 14,2 und 28,4 g.
Augentropfen: Flasche mit 25 mg Aureomycin-Substanz (Zusatz von 5 ml Aqua dest. ergibt gebrauchsfertige Lösung).
Augensalbe (1%ig): Tube mit etwa 3,5 g, Packung mit 6 Tuben.
Nasentropfen: OP mit 10 mg Aureomycin.
Ohrentropfen: OP mit 50 mg Aureomycin.
Lösungstabletten: OP zu 12 Tabletten à 50 mg Aureomycin.
Wundpuder: Streuglas mit 5 g (200 mg Aureomycin/g).
Vaginal-Suppositorien: OP mit 8 Stück zu je 100 mg Aureomycin.
Intravenös: Ampullen zu 100 und 500 mg.
Firma: Cyanamid GmbH, München.

Bacitracin. Nur in Kombinationspräparaten mit Neomycin im Handel; s. Neomycin.

Chloramphenicol

Handelsform: *Leukomycin.*
Kapseln mit Polyvitaminzusatz: Glas mit 25 Kapseln zu 0,05 g (Kinder); Glas mit 8 und 16 Kapseln zu 0,25 g.
Dragées mit Polyvitaminzusatz: Glas mit 25 Dragées zu 0,05 g (Kinder); Glas mit 16 Dragées zu 0,25 g.
Leukomycin-Saft: Flasche mit 60 ml (1 Teelöffel etwa 4 ml = 125 mg Leukomycin).
Leukomycin-Suppositorien: OP mit 6 und 12 Stück zu 0,1 g (Kinder); OP mit 5 Stück zu 0,25 g.
Leukomycin-Salbe (1%ig): Tuben mit etwa 5 und 25 g.
Leukomycin-Augensalbe (1%ig): Tuben mit etwa 5 und 25 g.
Leukomycin-Silicon-Paste (1%ig): Tuben mit etwa 5 und 25 g.
Leukomycin-Puder (3%ig): Streudose mit etwa 10 g.
Leukomycin-Ohrentropfen (5%ig): Flasche zu etwa 6 cm^3 mit Tropfpipette.
Firma: „Bayer", Leverkusen.

Handelsform: *Paraxin (Chloramphenicol „Boehringer").* Alle Dragées, Kapseln und Tabletten haben einen Zusatz von Vitamin B-Komplex.
OP mit 8 und 16 Dragées zu 0,25 g; OP mit 16 Kapseln zu 0,25 g; OP mit 12 und 25 Dragées zu 0,05 g; OP mit 25 Kapseln zu 0,05 g; OP mit 12 und 25 Tabletten zu 0,05 g.

Trockensaft: OFl. = 30 g Granulat für 60 ml Saft mit 1,5 g Chloramphenicol + Vitaminzusatz.
Pro infusione: 3 Ampullen zu je 1 g.
Augensalbe (1%ig): OP = 5 g.
Salbe (2%ig): OP = 15 g.
Ohrentropfen (5%ig): OP = 6 ml.
Substanz: OP = 1 g.
Suppositorien: OP = 5 Suppositorien zu 0,25 g; OP = 5 Suppositorien zu 0,1 g.
Firma: C. F. Boehringer & Soehne GmbH, Mannheim.

Handelsform: *Chloronitrin.*
Flasche mit 12 Gelatinekapseln à 250 mg; Flasche mit 25 Gelatinekapseln à 50 mg; Flasche mit 5 g Substanz zur Rezeptur.
Firma: VEB Jenapharm, Jena.

Colimycin

Handelsform: Colistin. OP = 20 Tabletten zu 500000 E (als Sulfonat); AP = 10 Flaschen zu 1000000 E (als Methansulfonat).
Firma: Chemie Grünenthal GmbH, Stolberg/Rhld.

Cycloserin

Handelsform: OP zu 12, 50, 250 und 500 Tabletten.
Firma: Deutsche Hoffmann-La Roche AG., Grenzach/Baden.

Demethylchlortetracyclin

Ledermycin: 1 Kapsel = 150 mg Wirkstoff.
Handelsform: OP zu 8 und 16 Kapseln; AP zu 100 Kapseln.
Firma: Cyanamid GmbH, München.

Erythromycin

Handelsform: *Erycinum.* OP zu 16, AP zu 100 und 300 Dragées zu 0,25 g.
OP Granulat zur Herstellung von 75 ml Suspension, entspricht 1,5 g Erythromycin.
Zur intramuskulären Injektion: OP = 3 Ampullen zu je 100 mg Erythromycinbase in Diäthyl-Carbonat. AP = 20 Ampullen.
Zur intravenösen Injektion: OP mit 250 mg Erythromycinbase (als Glucoheptonat). AP = 20 Flaschen.
Zur Resistenzbestimmung: OP = 5 Ampullen zu je 2 ml = 10 mg Erythromycinbase (als Glucoheptonat).
Firma: Schering AG, Berlin (West).

Handelsform: Ilosone OP zu 16 und 100 Kapseln à 250 mg. Ilosone Suspension OP à 60 ml. 5 ml = 125 mg Erythromycin-Base-Äquivalent. Ilosone Tropfen OP à 10 ml. 1 Tropfen = 5 mg Erythromycin-Base-Äquivalent.
Firma: Eli Lilly GmbH, Gießen.

Griseofulvin

Fulcin: 1 Tablette = 250 mg Wirkstoff.
Handelsform: OP zu 25 Tabletten.
Firma: Rhein-Chemie Heidelberg.
Likuden: 1 Tablette = 250 mg Wirkstoff.
Handelsform: OP zu 25 und 100 Tabletten.
Firma: Farbwerke Hoechst AG, Frankfurt a. M.-Höchst.

Kanamycin

Handelsform: *Resistomycin.* OP = 1 Flasche entspricht 1 g reiner Base.
Firma: „Bayer", Leverkusen.

Handelsform: *Kanamycin „Grünenthal".* OP = 1 Flasche = 1 g reine Base.
Firma: Chemie Grünenthal GmbH, Stolberg/Rhld.

Handelsform: *Kanamytrex.* OP = Injektionsflasche mit 3 ml = 1 g.
Kanamyson-Salbe enthält 0,5% Kanamycin und 0,5% Hydrocortison. OP zu 5 und 20 g.
Firma: C. H. Boehringer Sohn, Ingelheim a. Rhein.

Neomycin

Bykomycin F (1 g = 3,3 mg Neomycinbase, 2 mg Cetylpyridiniumchlorid, 10 mg Hydrocortisonacetat).
Handelsform: *Bykomycin.* OP = 0,5 g.
OP = 5 und 15 g Salbe.
Bykomycin F-Augensalbe (1 g = 4 mg Neomycinbase, 10 mg Hydrocortisonacetat).
OP = 2,5 g.
Firma: Byk-Gulden, Konstanz.

OFl. mit 0,5 g; AP = 20 OFl.
Handelsform: *Myacine* = Neomycin-Sulfat O.W.G.
Myacine-Salbe = 1000 WE Neomycin-Sulfat/ml. OP = 5 und 20 ml; AP = 250 ml.
Myacine-Puder = 1000 WE Neomycin-Sulfat/g. OP = Spritzflasche zu 5 und 60 g.
Nedicol = Gel mit 1000 WE Neomycin-Sulfat/g + Cholin-Stearat und Ascorbinsäure. OP = 2 g.
Firma: O.W.G.-Chemie GmbH, Kiel.

Neomycin-Kombinationen

Combison (antibakterielle Prednisolon-Salbe): 1 g Salbe = 2,5 bzw. 5 mg Hostacortin „H“ (Prednisolon), 1,6 mg Neomycinbase, 3 mg Surfen.
Handelsform: $^1/_4$- und $^1/_2$%ig: OP = Tube zu etwa 5 g. AP = 1 und 5 Tuben zu etwa 20 g.
Firma: Farbwerke Hoechst AG, Frankfurt a. M.-Höchst.

Hydrocortison-Neomycin-Salbe Vermehren: Hydrocortison 1%, Neomycin 0,5%.
Handelsform: OP zu 5 g.
Firma: Gebr. Vermehren, Hamburg.

Oto-Flexiole c. Neomycin: 1,4% Neomycin-Oleat.
Handelsform: OP = 5 ml.

Rhino-Flexiole c. Neomycin: 1,4% Neomycin-Oleat.
Handelsform: OP = 5 ml.

Sulfa-Ophtiole c. Neomycin: + 0,5% Neomycin-Sulfat.
Handelsform: OP = 5 ml.
Firma: Dr. G. Mann, Berlin-Charlottenburg 2.

Nebacetin: Kombinationspräparat aus den beiden Oberflächenantibiotica Neomycin und Bacitracin.
Handelsform: Nebacetin-Tabletten. 1 Tablette = 165 Neomycinbase + 12500 E und Bacitracin. OP zu 6,24 und 96 Tabletten.
Nebacetin-Salbe OP zu 15 g.
Nebacetin-Augensalbe: 1 g = 3,3 mg Neomycinbase + 250 E Bacitracin. OP = Tube zu 2,5 g.
Nebacetin-Puder: OP zu 5 mg.
Nebacetin-Lösung: OP = Pipettenflasche mit Nebacetinsubstanz und Ampullen mit 10 ml Lösungsmittel.
Firma: Byk-Gulden, Konstanz.

Polyfen: Kombination von Neomycin und Surfen = Bis(2-methyl-4-aminochinolyl-6)-carbamid-hydrochlorid.
Handelsform: OP = 15 Pastillen. AP = 250 Pastillen und 1000 Pastillen.
Firma: Farbwerke Hoechst AG, Frankfurt a. M.-Höchst.

Thesit-Pastillen:
Handelsform: 5 mg Thesit, 2 mg Neomycin und 1 mg Tyrothricin/Stück.
Thesit-Gel: 40 mg Thesit, 2 mg Neomycin und 1 mg Tyrothricin/g.
Firma: Desitin-Werke, Hamburg.

Novobiocin

Handelsform: *Inamycin.*
OP = 25, AP = 100 Kapseln zu 50 mg. OP = 16, AP = 100 Kapseln zu 250 mg.
Trockensubstanz zur Injektion: OFl. = 250 mg.
Firma: Farbwerke Hoechst AG, Frankfurt a. M.-Höchst.

Inacilum: Novobiocin-Na und Penicillin V-Ca $\overline{aa}$.
Handelsform: OP = 25, AP = 100 Kapseln zu 100000 E. OP = 8 und 16, AP = 100 Kapseln zu 250000 E.
Firma: Farbwerke Hoechst AG, Frankfurt a. M.-Höchst.

Nystatin

Handelsform: *Moronal*
Dragées 12 und 100 Stück. Salbe 1 und 12 Tuben zu 10 g.
Ovula 12 und 100 Stück. Suspension für 24 Dosen. Reinsubstanz 1 Ampulle.
Puder OP zu 15 g.
Firma: Chemische Fabrik von Heyden AG, München.

Oleandomycin

Handelsform: *Oleandocyn.*
OP = 25, AP = 100 Kapseln zu 50 mg. OP = 6 und 12, AP = 100 und 500 Kapseln zu 250 mg.

Zur intravenösen Injektion: OP = Trockenampulle mit 500 mg, AP = 10 Trockenampullen.
Firma: Pfizer GmbH, Karlsruhe.

Handelsform: *Romicil.*
OP = 12, AP = 100 Tabletten zu 100 mg. OP = 6 und 12, AP = 100 Tabletten zu 250 mg. Ampullenflasche mit 500 mg Trockensubstanz + Solvens-Ampullen (10 ml NaCl-Lösung).
Firma: Deutsche Hoffmann-La Roche AG, Grenzach, Baden.

Handelsform: *Sigmamycin.* Doppelspektrum-Antibioticum mit 33% Oleandomycin und 67% Tetracyclin.
OP = 6 und 12 Kapseln zu 250 mg. AP = 100 und 500 Kapseln zu 250 mg.
OP = 25 Kapseln zu 50 mg, AP = 100 und 500 Kapseln zu 50 mg.
Zur intravenösen Injektion: OP = Trockenampulle mit 500 mg. AP = 10 Trockenampullen.
Firma: Pfizer GmbH, Karlsruhe.

Penicilline

Cinopenil: Natrium-Dimethoxyphenyl-Penicillin „Hoechst" = teilsynthetisches Penicillin aus 6-Aminopenicillansäure; penicillinase-fest. OP = 5 Ampullen zu 1,0 g; AP = 25 Ampullen zu 1,0 g.
Firma: Farbwerke Hoechst AG, Frankfurt a. M.-Höchst.

Kristalline Penicilline

Penicillin „Bayer": Kristallisiertes Penicillin G-Kalium.
Handelsform: OFl. = 50000 iE, OFl. = 200000 iE, OFl. = 1000000 iE.
Kristallisiertes Penicillin G-Natrium. OFl. = 1000000 iE.
Firma: Bayer, Leverkusen.

Penicillin G: Kristallisiertes Penicillin G, Na-Salz.
Handelsform: OP = 200000 iE, OP = 500000 iE, OP = 1000000 iE.
Firma: Glutan-Chemie GmbH, Würzburg.

Penicillin „Göttingen" (solubile) (wasserlösliches, kristallisiertes Penicillin G).
Handelsform: Ampulle = 2000 iE, Ampulle = 10000 iE, OFl. = 50000 iE, OFl. = 100000 iE.
1 und 25 OFl. = 200000 iE, 1 und 25 OFl. = 500000 iE.
Firma: Penicillin-Ges. Dauelsberg & Co., Göttingen.

Penicillin G „Grünenthal": Natriumsalz des Penicillins (kristallisiert).
Handelsform: Ampulle = 200000 iE.
Firma: Chemie Grünenthal, Stolberg/Rhld.

Penicillin „Heyl": Pulvis-Packung.
Form a = Penicillin G-Na, 400000 iE.
Handelsform: OP = 1 Flasche, Casus-Packung = 3 Flaschen, AP = 6 und 25 Flaschen.
Firma: Heyl & Co., Berlin-Steglitz.

Penicillin G „Hoechst": Kristallisiertes Natriumsalz des Penicillins.
Handelsform: Flasche mit 200000 iE, Flasche mit 500000 iE.
Firma: Farbwerke Hoechst AG, Frankfurt a. M.-Höchst.

Penicillin G (Jenapharm)
Handelsform: Flasche à 200000 iE, Flasche à 500000 iE.
Firma: VEB Jenapharm, Jena.

Penicillin „Dr. Lachmann": Calcium oder Natrium-Salz des Penicillins.
Handelsform: Ampulle zu 200000 iE, Ampulle zu 500000 iE, Ampulle zu 1000000 iE.
Firma: O.W.G.-Chemie, Hamburg und Kiel.

Penicillin Pasing: Wasserlösliches, kristallisiertes Natrium-Penicillin G.
Handelsform: OFl. zu 200000 iE und 1 Ampulle Aqua bidest. AP = 50 Fläschchen zu 200000 iE.
Firma: Chemische Fabrik G. Robisch GmbH, München 25.

Depot-Penicilline, wäßrige Suspension

Aquasuspen Prestule: Spritzampulle mit 400000 iE. Procainpenicillin G.
Handelsform: OP = 1 Prestule, Dreierpackungen.
Firma: Penicillin-Gesellschaft Dauelsberg & Co., Göttingen.

Deposuspen (Procain-Penicillin G in wäßriger Suspension) gebrauchsfertig.
Handelsform: OFl. zu 300000 iE, OFl. zu 400000 iE.
Firma: Penicillin-Gesellschaft Dauelsberg & Co., Göttingen.

Megacillin: Antihistamin-Penicillin G und Penicillin G-Na 2:1.
Handelsform: OFl. = 1000000 iE, Kurpackung = 6 OFl.
Firma: Chemie Grünenthal GmbH., Stolberg/Rhld.

Neopenyl: 300000 iE Antihistamin-Penicillin. 100000 iE Penicillin G-Natrium.
Indikation: Infektionen mit penicillinempfindlichern Erregern bei Novocainüberempfindlichkeit!
Handelsform: OP = Ampulle mit 400000 iE.
Firma: Chemie Grünenthal GmbH, Stolberg/Rhld.

Novocillin: Kristallisiertes Procain-Penicillin G für wäßrige Suspension.
Handelsform: OFl. zu 200000 iE mit Lösungsmittel-Ampulle, OFl. zu 300000 iE mit Lösungsmittel-Ampulle, OFl. zu 1500000 iE mit Lösungsmittel-Ampulle.
AP: 25 Fläschchen zu je 300000 iE.
Firma: Chemische Fabrik G. Robisch GmbH, München 25.

Novocillin S: Spritzfertige, stabile wäßrige Suspension von Procain-Penicillin G.
Handelsform: OFl. zu 300000 iE, OFl. zu 400000 iE.
AP: 25 Fläschchen zu je 300000 iE, 25 Fläschchen zu je 400000 iE.
Firma: Chemische Fabrik G. Robisch GmbH, München 25.

Penicillin „Heyl“: Pulvis-Packung.
Form b = Procain-Penicillin G 400000 E.
Handelsform OP = 1 Flasche, Casus-Packung = 3 OP, AP = 6 und 25 OP.
„Aqua-Packung“: Spritzfertige Dauersuspension von 400000 E. Procain-Penicillin.
Handelsform: OP = 1 Flasche, Casus-Packung = 3 OP, AP = 6 und 25 OP.
Firma: Heyl & Co., Berlin-Steglitz.

Penicillin-Manole: Depot-Penicillin „Hoechst“ in spritzfertiger, wäßriger Suspension.
Handelsform: 1, 3 und 20 Manolen zu 400000 iE, 1, 3 und 20 Manolen zu 600000 iE.
Firma: Farbwerke Hoechst AG, Frankfurt a. M.-Höchst.

Penicillin Steraject: Spritzampulle mit 400000 iE Procain-Penicillin G.
Handelsform: OP = 1 und 3 Ampullen.
Firma: Pfizer GmbH, Karlsruhe.

Praepacillin Grünenthal: Depot-Penicillin (Procain-Penicillin) in gebrauchsfertiger wäßriger Suspension.
Handelsform: Praepacillin-Spritzampulle = 400000 iE Procain-Penicillin.
OP = 1 Spritzampulle, Casuspackung = 3 Spritzampullen.
Praepacillin „400“ = 400000 iE Procain-Penicillin, OP = 1 Klarampulle, Casuspackung = 3 Klarampullen.
Praepacillin „200“, OP = 1 Klar-Ampulle in Alu-Röhre zu 200000 iE.
Firma: Chemie Grünenthal GmbH., Stolberg/Rhld.

Solucillin: Depot-Penicillin. Injektionsfertige, wäßrige Suspension.
OFl. mit 200000 iE (für Kinder), OFl. mit 300000 iE, OFl. mit 400000 iE.
Solucillin „Citole“: OP = 1 und 3 „Citole“ je 400000 iE.
Solucillin „forte“: OFl. mit 600000 iE.
Firma: Bayer, Leverkusen.

Jenacillin A
Handelsform: OFl. mit 400000 iE, OFl. mit 200000 iE.
Firma: VEB Jenapharm, Jena.

Ölige Suspensionen

Depocillin „O“ (oleosum): Procain-Penicillin G mit Aluminiummonostearat in öliger Suspension.
Handeslform: Flasche zu 4 ml = 1200000 iE.
Firma: Chemie Grünenthal GmbH, Stolberg/Rhld.

Depot-Penicillin „Göttingen“: Spritzfertige, ölige Suspension von Procain-Penicillin.
Handelsform: Je 1 und 25 OFl. zu 300000 iE, 500000 iE, 1000000 iE, 3000000 iE.
Firma: Penicillin-Gesellschaft Dauelsberg & Co., Göttingen.

Novocillin B oleosum: Procain-Penicillin G in öliger Suspension mit 2% Aluminiummonostearat, das mit 100000 iE Natrium-Penicillin G kombiniert ist in gebrauchsfertiger öliger Suspension.
Handelsform: OFl zu 400000 iE = 300000 iE Procain-Penicillin und 100000 iE Natrium-Penicillin G.
Firma: Chemische Fabrik G. Robisch GmbH, München 25.

Novocillin oleosum: Procain-Penicillin G in Sesamöl mit 2% Aluminiummonostearat.
Handelsform: OFl. zu 300000 iE.
Firma: Chemische Fabrik G. Robisch GmbH, München 25.

N-Pc „ol" = Novocain-Penicillin oleosum Hoechst: Gebrauchsfertiges Depotpenicillin in dünnflüssiger, öliger Suspension (Novocain-Salz des Penicillins mit 2% Aluminiummonostearat in Sesamöl).
Handelsform: Flasche zu 1 ml = 300000 iE, Flasche zu 4 ml = 1200000 iE, Flasche zu 10 ml = 3000000 iE.
„Manole": OP zu 1 und 5, AP = 20mal 300000 iE, OP zu 1 und 5, AP = 20mal 600000 iE.
Firma: Farbwerke Hoechst AG, Frankfurt a. M.-Höchst.

Pulmo 500: „Lungen- und liquoraffiner" Penicillin-Ester (Penicillin G-Diäthyl-aminoäthylester-Hydrojodid).
Handelsform: 1 Packung zu 500000 iE.
Firma: Chemie Grünenthal GmbH, Stolberg/Rhld.

Jenacillin O
Handelsform: OFl. mit 300000 iE, OFl. mit 3000000 iE.
Firma: VEB Jenapharm, Jena.

Kombinierte Depot-Präparate

Aquacillin comp.: Durch kristallisiertes Penicillin G-Kalium verstärktes Depot-Penicillin, enthält 75% kristallisiertes Procain-Penicillin G und 25% kristallisiertes Penicillin G-Kalium. Trockenpräparat für wäßrige Suspension.
Handelsform: Flasche mit 400000 iE und 1 Ampulle zu 2 ml Aqua redest. steril, Flasche mit 200000 iE und 1 Ampulle zu 1 ml Aqua redest. steril, Fl. mit 2000000 iE und 1 Ampulle zu 5 ml Aqua rest. steril.
Firma: Bayer, Leverkusen.

Depocillin „A" (aquosum): 75% kristallisiertes Procain-Penicillin G in Kombination mit 25% gepuffertem, kristallisiertem Penicillin G-Kalium zur Anwendung in wäßriger Suspension.
Handelsform: Ampullen zu 400000 iE mit Lösungsmittel (0,9 ml Aqua bidest. steril).
Firma: Chemie Grünenthal GmbH, Stolberg/Rhld.

Depot-Penicillin „König": Kristallisiertes Penicillin G-Natrium-Salz unter Zusatz von Adrenalin wasserlöslich.
Handelsform: OP mit 300000 iE.
Firma: Ernst König, Chem.-pharm. Präparate, Würzburg.

Depot-Penicillin nach Dr. Lachmann: Kombiniertes Depot-Penicillin mit 75% Procain-Penicillin und 25% Penicillin-Na in Spezial-Lösungsmittel zur Herstellung einer Suspension (wäßrig).
Handelsform: Flaschen zu 400000 iE mit Lösungsmittel, Flaschen zu 2000000 iE mit Lösungsmittel.
Gonocillin (150000 iE Procain-P. und 50000 iE Penicillin-Na mit Spezial-Lösungsmittel wäßrig).
Lucillin: 1500000 iE Procain-Penicillin mit besonderem „Verzögerer" in leicht flüssigem Öl.
Pneumocillin: 200000 iE Procain-Penicillin und 50000 iE Penicillin-Natrium in wäßriger Suspension, 1 OFl mit 250000 iE Penicillin und Spezial-Lösungsmittel.
Firma: O.W.G.-Chemie, Hamburg-Kiel.

Hydracillin: Kombinations-Präparat von 75% Procain-Penicillin G und 25% kristallisiertem Penicillin G für wäßrige Suspension.
Handelsform: Je 1 und 25 OFl zu 200000, 400000, 600000 und 1000000 iE.
Firma: Penicillin-Gesellschaft Dauelsberg & Co., Göttingen.

Novocillin B: Kristallisiertes Präparat für wäßrige Suspension von 25% kristallisiertem Natrium-Penicillin G und 75% kristallisiertem Procain-Penicillin G.
Handelsform: OFl mit 400000 iE mit Lösungsmittel-Ampulle, AP = 50 Fläschchen zu je 400000 iE.
Firma: Chemische Fabrik G. Robisch GmbH, München 25.

N-Pc aqu. = Novocain-Penicillin aquosum „Hoechst": Wassersuspendierbares Depot-Penicillin-Präparat aus 75% Novocain-Penicillin und 25% kristallisiertem Penicillin G, „gepuffert".
Handelsform: Trockensubstanz, Flasche mit 400000 iE, Flasche mit 2000000 iE (jeweils mit Lösungsmittelampulle).
Firma: Farbwerke Hoechst AG, Frankfurt a. M.-Höchst.

Omnacillin: Gebrauchsfertige Suspension von Novocain-Penicillin G in 1 ml einer konzentrierten Omnadin-Lösung, die 2 ml des handelsüblichen Omnadin entspricht.
Handelsform: Flasche zu 1 ml mit 200000 iE, Flasche zu 1 ml mit 300000 iE, Flasche zu 1,3 ml mit 400000 iE, 3 Flaschen zu 1,3 ml mit 400000 iE.

„Manole“ 1mal 200000 iE, 1mal 400000 iE, 3mal 400000 iE.
Firma: Farbwerke Hoechst AG, Frankfurt a. M.-Höchst.

Omnacillin „forte“: 75% Novacain-Penicillin G, 25% Penicillin G-Natrium und Omnadin-Trockenkonzentrat entsprechend 2 ml Omnadin-Lösung.
Handelsform: Flasche zu 200000 iE, Flasche zu 400000 iE, 3 Flaschen zu 400000 iE.
Firma: Farbwerke Hoechst AG, Frankfurt a. M.-Höchst.

Penicillin „Heyl“: Pulvis-Packung. Form c = Penicillin-Na 100000 E, Procain-Penicillin 300000 E.
Handelsform: OP = 1 Flasche, Casus-Packung = 3 OP, AP = 6 und 25 OP.
Firma: Heyl & Co., Berlin-Steglitz.

Pronapen: 25% Penicillin G-Na und 75% Procain-Penicillin G.
Handelsform: OP = 400000 iE und Lösungsmittelampullen, Kl.P = 25mal 400000 iE und Lösungsmittelampullen, OP = 2000000 iE und Lösungsmittelampullen.
Firma: Pfizer GmbH, Karlsruhe.

Ruticillin comp.: Kristallisiertes Procain-Penicillin, kristallisiertes G-Natrium zur Herstellung einer wäßrigen Suspension.
Handelsform: Fläschchen zu 300000 iE (= 200000 iE kristallisiertes Procain-Penicillin und 100000 iE kristallisiertes gepuffertes Penicillin G-Natrium).
Fläschchen zu 400000 iE (= 300000 iE kristallisiertes Procain-Penicillin und 100000 iE kristallisiertes gepuffertes Penicillin G-Natrium).
Flaschen zu 2000000 iE.
Firma: Rhein-Chemie, Pharm. Abt., Heidelberg.

Tardocillin comp.: 300000 iE kristallisiertes Procain-Penicillin G und 300000 iE „Tardocillin“.
Handelsform: OFl. mit 600000 iE + Ampulle mit Aqua. Tardocillin comp. „Citole“: OP = 1 und 3 „Citole“ je 600000 iE.
Firma: „Bayer“, Leverkusen.

Penicillin zur oralen Anwendung

Beromycin: 1 Tablette à 200000 E = 130 mg Phenoxymethyl-Penicillin-Kalium.
Handelsform: Röhre mit 12 Tabletten, Klinikpackung mit 100 Tabletten.
Firma: C. H. Boehringer Sohn, Ingelheim a. Rh.

Fenoxypen Novo Kerntabletten: 1 Tablette = 300000 E Kalium-Penicillin V.
Handelsformen: 3 Tage-Packung mit 9 Tabletten zu 300000 iE, 4 Tage-Page-Packung mit 12 Tabletten zu 300000 iE, 5 Tage-Packung mit 15 Tabletten zu 300000 iE.

Fenoxypen Novo Mixtur (5 ml enthalten 150000 iE).
Handelsform: Flasche mit 45 ml, Flasche mit 75 ml.
Firma: Novo Industrie GmbH, Pharmazeutika, Mainz.

Ispenoral: 1 Tablette à 200000 E = 130 mg Phenoxymethyl-Penicillin-Kalium.
Handelsform: OP = 12 Tabletten, AP = 100 Tabletten.
Firma: C. F. Boehringer & Soehne GmbH, Mannheim.

Oralopen: 1 Tablette à 200000 E = 125 mg 6α-Phenoxypropionamido-penicillansäure als Kaliumsalz.
Handelsform: Röhrchen mit 12 Tabletten; AP mit 100 Tabletten.
Firma: „Bayer“, Leverkusen.

Oratren: 1 Tablette = 60 mg Penicillin V (Phenoxymethyl-Penicillin als freie kristallisierte Säure), entsprechend 100000 iE.
Handelsform: OP mit 10 Tabletten, OP mit 20 Tabletten.
Firma: „Bayer“, Leverkusen.

Oricillin: 1 Kapsel = 100000 iE Penicillin V-Kalium.
Handelsform: OFl zu 10 und 20 Kapseln.
Firma: Chemie Grünenthal GmbH, Stolberg/Rhld.

„Pen-200“: 1 Tablette = 125 mg (200000 E) α-Phenoxyäthyl-Penicillin als Kaliumsalz.
Handelsform: OP = 12 Tabletten zu 125 mg (= 200000 E), AP = 100 Tabletten.
Firma: Pfizer GmbH, Karlsruhe.

Tardocillin-Saft: 1 ml = 60000 iE Penicillin G.
Handelsform: Flasche mit etwa 40 ml.
Firma: „Bayer“, Leverkusen.

Polymyxin

Handelsform: Trockenampulle mit 500000 E Polymyxin B-Sulfat (entsprechend 50 mg Polymyxin B-Standard).

Terracortil-Augensalbe: 5 mg Terramycin, 10 mg Hydrocortison-Acetat und 10000 iE Polymyxin B-Sulf./g.
Handelsform: OP = 2 g, Kl.P. = 10 OP.
Firma: Pfizer GmbH, Karlsruhe.

Spiramycin

Handelsform: Selectomycin.
OP = 16 Kapseln zu 250 mg, OP = 25 Tabletten zu 100 mg.
Firma: Chemie Grünenthal GmbH, Stolberg/Rhld.

Streptomycin

Entera-strept: Streptomycin zur oralen Anwendung.
Handelsform: OP zu 10 und 20 Tabletten à 0,05 g, AP zu 100 Tabletten à 0,05 g.

Streptomycin „Heyl“
Handelsform: OP zu 1 und 5 g.
Firma: Heyl & Co., Berlin-Steglitz.

Streptomycin-Sulfat
Handelsform: OP zu 1,0 g (Base), OP zu 2,0 g (Base), OP zu 5,0 g (Base).
Firma: Rhein-Chemie, Heidelberg.

Streptomycin-Sulfat „Bayer“
Handelsform: OP zu 1 g, OP zu 5 g.
Firma: „Bayer“, Leverkusen.

Streptomycin-Sulfat „Hoechst“:
Handelsform: Flasche zu 1,0 g, Flasche zu 5,0 g.
Firma: Farbwerke Hoechst AG, Frankfurt a. M.-Höchst.

Streptomycin-Sulfat (Jenapharm)
Handelsform: Flasche à 1 g, Flasche à 5 g.

Streptomycin-Calciumchlorid-Komplex (Jenapharm)
Handelsform: Flasche à 1 g, Flasche à 5 g.
Firma: VEB Jenapharm, Jena.

Streptomycin-Sulfat Pasing (Schwefelsaures Streptomycin-Salz in kristallisierter Form).
Handelsform: Flasche zu 1 g Streptomycin-Base, Flasche zu 5 g Streptomycin-Base, AP = 100 Fläschchen zu 1,0 g, 25 Fläschchen zu 5,0 g.
Firma: Chemische Fabrik G. Robisch GmbH, München 25.

Streptomycin-Sulfat Pfizer
Handelsform: Trockenampulle mit 1,0 g (entsprechend 1,0 g Streptomycin-Base), Trockenampulle mit 5,0 g (entsprechend 5,0 g Streptomycin-Base).
Firma: Pfizer GmbH, Karlsruhe.

20% Streptomycin-Pantothenat + 80% Streptomycin-Sulfat.
Handelsform: OFl = 1 g (Base).
Firma: Chemie Grünenthal GmbH, Stolberg/Rhld.

Dihydrostreptomycin

Didromycin: Dihydrostreptomycin-Sulfat.
Handelsform: Sterile Fläschchen zu 1 g.
Dihydrostreptomycin (Base) in Form des Sulfats. Als Lösungsmittel: 5—20 ml isoton. Kochsalz-Bicarbonat-Lag. oder physiologisches Serum.

Didrotheant: 20% Dihydrostreptomycin-Pantothenat + 80% Dihydrostreptomycin-Sulfat.
Handelsform: OFl = 1 g und 5 g (Base).
Firma: Chemie Grünenthal GmbH., Stolberg/Rhld.

Dihydrostreptomycin-Heyl
Handelsform: OP zu 1 und 5 g.
Firma: Heyl & Co., Berlin-Steglitz.

Dihydro-Streptomycin-Sulfat
Handelsform: OP zu 1,0 g (Base), OP zu 2,0 g (Base), OP zu 5,0 g (Base).
Firma: Rhein-Chemie, Heidelberg.

Dihydro-Streptomycin-Sulfat „Bayer“
Handelsform: OP zu 1 g, OP zu 5 g.

Dihydrostreptomycin-Lösung „Bayer“
Handelsform: 2 Ampullen zu 2 ml (entsprechend 0,5 g Base), 10 Ampullen zu 2 ml (entsprechend 0,5 g Base).
Firma: „Bayer“, Leverkusen.

Dihydro-Streptomycin-Sulfat „Hoechst“
Handelsform: Flasche zu 1,0 g (Base), Flasche zu 5,0 g (Base).
Firma: Farbwerke Hoechst AG, Frankfurt a. M.-Höchst.

Dihydrostreptomycin (Jenapharm)
Handelsform: Flasche zu 1 g.
Firma: VEB Jenapharm, Jena.

Dihydro-Streptomycin-Sulfat Pasing: Schwefelsaures Salz des Dihydrostreptomycins in kristallisierter Form.
Handelsform: Flasche zu 1 g Streptomycin-Base, Flasche zu 5 g Streptomycin-Base. AP = 100 Fläschchen zu 1,0 g, 25 Fläschchen zu 5,0 g.
Firma: Chemische Fabrik G. Robisch GmbH, München 25.

Dihydrostreptomycin-Sulfat „Pfizer“
Handelsform: Trockenampulle mit 1,0 g (entsprechend 1,0 g Dihydrostreptomycin-Base), Trockenampulle mit 5,0 g (entsprechend 5,0 g Dihydrostreptomycin-Base).
Firma: Pfizer GmbH, Karlsruhe

Novomycin S: Spritzfertige, wäßrige Lösung von Dihydrostreptomycin-Sulfat.
Handelsform: Flasche mit 1 g Streptomycin-Base, Flasche mit 5 g Streptomycin-Base.
Firma: Chemische Fabrik G. Robisch GmbH, München 25.

Solvo-strept: Injektionsfertige Lösung von 0,5 g Dihydrostreptomycin.
Handelsform: OP zu 1 und 3 Ampullen, AP zu 10 Ampullen.

Solvo-strept „forte“: Ampullen zu 2 ml mit 1 g Dihydrostreptomycin.
Handelsform: OP = 1 und 3 Ampullen, AP = 10 Ampullen.

Solvo-strept-Injektionsgläser
Handelsform: Glas mit 20 ml = 5 g Dihydrostreptomycin = 0,25 g/ml, Glas mit 10 ml = 5 g Dihydrostreptomycin = 0,5 g/ml.

Streptosol: Stabil. Lösung von Dihydrostreptomycin.
Handelsform: Ampulle (500000 iE), 3 Ampullen (500000 iE).
Firma: Heyl & Co., Berlin-Steglitz.

Kombinationspräparate Streptomycin-Dihydrostreptomycin

Amphomycin: Streptomycin-Sulfat und Dihydrostreptomycin-Sulfat zu gleichen Teilen.
Handelsform: AP = 100 Fläschchen zu 1,0 g, 25 Fläschchen zu 5,0 g.
Firma: Chemische Fabrik G. Robisch GmbH, München 25.

Atoxi-strept.: Streptomycinsulfat + Dihydrostreptomycinsulfat $\overline{aa}$.
Handelsform: OP zu 1 und 5 g + Lösungsmittel „cum Panthenol“ = 0,2 g Panthenol + 0,025 g Procain in 2 cm³.
Firma: Heyl & Co., Berlin-Steglitz.

Combistrep: Kombinationspräparat aus Dihydrostreptomycin und Streptomycin-Sulfat zu gleichen Teilen.
Handelsform: Trockenampulle mit 1,0 g (entsprechend 0,5 g Dihydrostreptomycin und 0,5 g Streptomycin-Base), Trockenampulle mit 5,0 g (entsprechend 2,5 g Dihydrostreptomycin-Base und 2,5 g Streptomycin-Base).
Firma: Pfizer GmbH., Karlsruhe.

Miscomycin: Kombinationspräparat aus Streptomycin-Sulfat und Dihydrostreptomycin-Sulfat zu gleichen Teilen.
Handelsform: Flasche mit 1,0 g Miscomycin, Flasche mit 5,0 g Miscomycin.
Firma: „Bayer“, Leverkusen.

Protothenat: 10% Streptomycin-, 10% Dihydrostreptomycin-Pantothenat, 40% Streptomycin- und 40% Dihydrostreptomycin-Sulfat.
Handelsform: OFl = 1 g (Base).
Firma: Chemie Grünenthal GmbH, Stolberg/Rhld.

Scheromycin: Kombination von Streptomycin-Sulfat und Dihydrostreptomycin-Sulfat zu gleichen Teilen.

Handelsform: Flasche mit 1 g Substanz, Flasche mit 5 g Substanz.
Firma: Schering AG, Berlin-West.

Solvo-strept. „A“: Injektionsfertige Lösung von je 0,25 g Streptomycin und Dihydrostreptomycin.
Handelsform: OP zu 1 und 3 Ampullen, AP zu 10 Ampullen.

Solvo-strept A „forte“: Ampullen zu 2 ml mit 0,5 g Streptomycin + 0,5 g Dihydrostreptomycin.
Handelsform: OP = 1 und 3 Ampullen, AP = 10 Ampullen.

Solvo-strept A-Injektionsgläser
Handelsform: Glas mit 20 ml = je 2,5 g Streptomycin und Dihydrostreptomycin = 0,25 g je ml, Glas mit 10 ml = je 2,5 g Streptomycin und Dihydrostreptomycin = 0,5 g/ml.
Firma: Heyl & Co., Berlin-Steglitz.

Stellamycin: Streptomycin-Dihydrostreptomycin „Hoechst“ zu gleichen Teilen.
Handelsform: Flasche mit 1,0 g, Flasche mit 5,0 g.
Firma: Farbwerke Hoechst AG, Frankfurt a. M.-Höchst.

Kombination Penicillin und Streptomycin

Cobiotic: 1 Ampulle = 0,5 g Dihydrostreptomycin, 400000 iE Procain-Penicillin G, 100000 iE gepuffertes Penicillin G-Kalium.
Handelsform: OP mit 1 Trockenampulle, AP mit 25 Trockenampullen. Cobiotic Steraject OP = 1 und 3 Spritzampullen.
Firma: Pfizer GmbH, Karlsruhe.

Double-mycin
Handeslform: Double-mycin „O.P.“ = 500000 iE Dihydrostreptomycin, 400000 iE Procain-Penicillin, 100000 iE Penicillin G-Na crist.
OP = 1 Flasche, Casuspackung = 3 Flaschen, AP = 6 und 25 Flaschen.
Double-mycin (1/2) = 250000 iE Dihydrostreptomycin, 200000 iE Procain-Penicillin, 50000 iE Penicillin G-Na crist.
OP = 1 Flasche, AP = 6 und 25 Flaschen.
Double-mycin „forte“ = 1000000 iE Dihydrostreptomycin, 300000 iE Procain-Penicillin, 100000 iE Penicillin G-Na crist.
OP = 1, AP = 6 Flaschen, mit Lösungsmittel „cum Panthenol“.
Firma: Heyl & Co., Berlin-Steglitz und Hildesheim.

Fortecillin
Handelsform: Flasche = 400000 iE Procain-Penicillin G, 100000 iE gepuffertes Penicillin G-Kalium, 500000 iE kristallisiertes Dihydrostreptomycin-Sulfat mit Ampulle zu 1,5 ml Aqua redest. steril.
Citole: OP = 1 und 3 Stück.
Firma: „Bayer“, Leverkusen.

Fortemycin
Handelsform: Flasche = 400000 iE Aquacillin comp., 1000000 iE Dihydrostreptomycin-Sulfat.
Firma: „Bayer“, Leverkusen.

Hostamycin
Handelsform 400000 iE Novocain-Penicillin G, 100000 iE Penicillin B-Natrium, 500000 iE Dihydrostreptomycin-Sulfat (entsprechend 0,5 g reiner Streptomycin-Base). Mit Lösungsmittel-Ampulle (enthaltend 2 ml Aqua bidest. steril „pyrogenfrei“).

Hostamycin „forte“
Handelsform: 300000 iE Novocain-Penicillin, 100000 iE Penicillin G, 1000000 iE Dihydrostreptomycin-Sulfat mit Lösungsmittel-Ampulle (enthaltend 2 ml Aqua bidest. steril „pyrogenfrei“).
Firma: Farbwerke Hoechst AG, Frankfurt a. M.-Höchst.

Mycipen: 1 Fläschchen = 400000 iE Procain-Penicillin G, 100000 iE Penicillin G-Natrium, 250000 E Streptomycin-Sulfat, 250000 E Dihydrostreptomycin-Sulfat.
Handelsform: OP = 1 und 3 Fläschchen. AP zu 25 Fläschchen.

Mycipen D, Prestule: 1 Prestule = 500000 iE Procain-Penicillin G und 500000 iE Dihydrostreptomycin-Sulfat.
Handelsform: OP = 1 Spritzampulle, Dreierpackung, AP = 25 Spritzampullen.
Firma: Penicillin-Gesellschaft Dauelsberg & Co., Göttingen.

Neo-Fortecillin
Handelsform: 1 Flasche = 400000 iE kristallisiertes Procain-Penicillin G, 100000 iE kristallisiertes Penicillin G-Natrium, 250000 iE Streptomycin-Sulfat, 250000 iE Dihydrostreptomycin-Sulfat.
Firma: „Bayer", Leverkusen.

Neo-Fortemycin
Handelsform: 1 Flasche = 500000 E Streptomycin-Sulfat, 500000 E Dihydrostreptomycin-Sulfat, 400000 iE Aquacillin comp.
Firma: „Bayer", Leverkusen.

Paratebin
Handelsform: OFl = 400000 iE Oxyprocain-Penicillin G + 1 g Didrothenat.
Firma: Chemie Grünenthal GmbH, Stolberg/Rhld.

Pasimyxin „schwach"
Handelsform: Fläschchen mit 300000 iE Procain-Penicillin G, 100000 iE Natrium-Penicillin G, 500000 E Dihydrostreptomycin-Sulfat. AP 10 Fläschchen.

Pasimyxin
Handelsform: Fläschchen mit 400000 iE Procain-Penicillin G, 100000 iE Natrium-Penicillin G, 500000 iE Dihydrostreptomycin-Sulfat, AP = 50 Fläschchen.

Pasimyxin „forte"
Handelsform: Fläschchen mit 300000 iE Procain Penicillin G, 100000 iE Natrium-Penicillin G, 1000000 E Dihydrostreptomycin-Sulfat. AP = 50 Fläschchen.
Firma: Chemische Fabrik G. Robisch GmbH, München 25

Peni-strept
Handelsform: OP zu 300000 E DHS + 200000 iE Pc.
Kurpackung zu 6 Flaschen, AP zu 25, 50 und 100 Flaschen.
Doppelpackung zu 600000 E DHS + 400000 iE Pc, Kurpackung zu 6 Flaschen, AP zu 25, 50 und 100 Flaschen.
Firma: Heyl & Co., Berlin-Steglitz.

Strepto-Penicillin Novo
Handelsform: Spritzfertige Suspension in Flaschen zu 10 ml zu 5 Dosen. Eine Dosis (2 ml) enthält: Dihydrostreptomycinsulfat 0,5 g Base, Procain-Penicillin G 500000 iE.
Firma: Novo Industrie GmbH, Pharmazeutika, Mainz.

Supracillin Grünenthal: Kombinations-Präparat mit 400000 iE Procain-Penicillin G kristallisiert, 100000 iE Penicillin G-Kalium kristallisiert, gepuffert; 500000 iE Didrothenat = 0,5 g Streptomycin-Base (Trockenpräparat).
Handelsform: OP = 1 Flasche und Casuspackung mit 3 Ampullen.

Supracillin-Spritzampullen: 500000 iE Procain-Penicillin G und 0,5 g Dihydrostreptomycin.
Handelsform: OP = 1 Spritzampulle, Casuspackung = 3 Spritzampullen.
Firma: Chemie Grünenthal GmbH, Stolberg/Rhld.

Kombination von Penicillin, Streptomycin und anderen Wirkstoffen

Entera-strept „cumsulfa": 20% Streptomycin + 80% Sulfaguanidin zur oralen Anwendung.
Handelsform: OP zu 10 und 20 Tabletten zu 0,25 g, AP zu 100 Tabletten à 0,25 g.
Firma: Heyl & Co., Berlin-Steglitz.

Omnamycin: Wassersuspendierbare Kombination von Omnadin, Penicillin und Dihydrostreptomycin.
Handelsform: OP = Fläschchen mit 100000 iE Penicillin G-Natrium, 400000 iE Novocain-Penicillin G, 500000 E Dihydrostreptomycin-Sulfat.

Omnamycin-Manole: 500000 iE Novocain-Penicillin G, 500000 iE Dihydrostreptomycin-Sulfat (entsprechend 0,5 g Base) und Omnadin-Konzentrat entsprechend 2 ml Omnadin.
Handelsform: OP = 1 und 3mal 1, AP = 20mal 1 Manole.

Omnamycin $^1/_2$: = 200000 iE Novocain-Penicillin G, 500000 iE Penicillin G-Na, 250000 iE Dihydrostreptomycin-Sulfat (entsprechend 0,25 g Base) und Trocken-Omnadin (entsprechend 2 ml Omnadin).
Handelsform: OP = 1 Flasche.

Omnamycin $^1/_2$ *Manole:* = 250000 iE Novocain-Penicillin G, 250000 iE Dihydrostreptomycin-Sulfat (entsprechend 0,25 g Base) und Omnadin-Konzentrat (entsprechend 2 ml Omnadin.
Handelsform: OP = 1 Manole.

Omnamycin „S“: Wassersuspendierbare Kombination von Omnadin, Penicillin und Streptomycin/Dihydrostreptomycin.
Handelsform: OP = Fläschchen mit 250000 E Dihydrostreptomycin-Sulfat, 250000 E Streptomycin-Sulfat, sonst wie Omnamycin.
Firma: Farbwerke Hoechst AG, Frankfurt a. M.-Höchst.

Orthomycin
Handelsform: 1 Flasche = 0,5 g Dihydrostreptomycin-Sulfat, 0,3 g Neoteben.

Orthomycin „forte“
Handelsform: 1 Flasche = 1,0 g Dihydrostreptomycin-Sulfat, 0,3 g Neoteben.
Firma: „Bayer“, Leverkusen.

Rutimycin: 200000 iE Penicillin A-Na, 400000 iE Streptomycin-Sulfat, 0,02 g Dimethylaminophenazon, 2 ml Rutinion (1%).
Handelsform: OP = 1 Trockenampulle + Lösungsmittelampulle, KlP = 25 Trockenampullen + Lösungsmittelampullen.
Firma: Rhein-Chemie, Heidelberg.

Supracillin E
Handelsform: OP = 400000 iE Procain-Penicillin G kristallisiert, 100000 iE Penicillin G-Natrium kristallisiert gepuffert, 500000 E Didrothenat, 1 Lösungsmittel-Ampulle mit 2 ml Echinacin Spezial.
Firma: Chemie Grünenthal GmbH, Stolberg/Rhld.

Terramycin (Oxytetracyclin)

Handelsformen:
Zur oralen Anwendung:
Terramycin-Dragées: Glas mit 16 Stück zu 250 mg, Klinikpackungen mit 100 bzs. 500 Stück zu 250 mg.
Terramycin-Kapseln: Glas mit 4 Stück zu 250 mg, Glas mit 8 Stück zu 250 mg, Glas mit 16 Stück zu 250 mg, Klinikpackungen mit 100 bzw. 500 Stück zu 50 mg; Glas mit 25 Stück zu 50 mg, Klinikpackungen mit 100 bzw. 500 Stück zu 50 mg.
Terramycin SF-Kapseln (mit Multivitaminzusatz): Glas mit 4 Stück zu 250 mg, Glas mit 8 Stück zu 250 mg, Glas mit 16 Stück zu 250 mg, Klinikpackungen mit 100 bzw. 500 Stück zu 250 mg.
Terramycin Sirup (gebrauchsfertig): Flasche mit 60 ml (= 1,5 g Terramycin) und Meßlöffel.
Terramycin für Kinder (gebrauchsfertig): Plastik-Tropfflasche mit 10 ml (= 1 g Terramycin).
Zur parenteralen Anwendung:
Terramycin Depot (in spritzfertiger Lösung) 1 Ampulle zu 3 ml mit 250 mg, 3 Ampullen zu 3 ml mit 250 mg. Klinikpackungen: 25 Ampullen zu 3 ml mit 250 mg, 100 Ampullen zu 3 ml mit 250 mg.
Terramycin Depot für Kinder: 1 Ampulle zu 2 ml mit 100 mg, 3 Ampullen zu 2 ml mit 100 mg. Klinikpackungen: 25 Ampullen zu 2 ml mit 100 mg, 100 Ampullen zu 2 ml mit 100 mg.
Terramycin Intramuskulär: Trockenampulle mit 100 mg und Lösungsmittelampulle. Klinikpackungen: 25 Trockenampullen mit 100 mg und Lösungsmittelampullen, 100 Trockenampullen mit 100 mg und Lösungsmittelampullen.
Terramycin intravenös: Trockenampulle mit 250 mg; Klinikpackung: 25 Trockenampullen mit 250 mg. Trockenampulle mit 500 mg; Klinikpackung: 25 Trockenampullen mit 500 mg.
Terravenös (Terramycin zur intravenösen Injektion, in spritzfertiger Lösung): 1 Ampulle zu 3 ml mit 250 mg, 3 Ampullen zu 3 ml mit 250 mg. Klinikpackungen: 25 Ampullen zu 3 ml mit 250 mg, 100 Ampullen zu 3 ml mit 250 mg.

Zur lokalen Anwendung:
Terramycin Puder mit Polymyxin B: Flaschen mit 5 g und 28 g.
Terramycin Hautsalbe mit Polymyxin B: Tuben mit 5 g und 14 g.
Terramycin Augensalbe mit Polymyxin B: Tube mit 3,5 g.
Terramycin Vaginaltabletten mit Polymyxin B: Packung mit 4 Stück zu 100 mg, Klinikpackung mit 10 Stück zu 100 mg.
Terracortril: Augensuspension: 15 mg Hydrocortisonacetat + 5 mg Terramycin-Hydrochlorid je 1 ml.
Augensalbe: 1 g = 5 mg Terramycin, 10 mg Hydrocortisonacetat und 10000 iE Polymyxin B. OP = Tube mit 2 g.
Hautsalbe: 10 mg Hydrocortisonacetat + 30 mg Terramycin. OP zu 5 und 20 g.
Firma: Pfizer GmbH, Karlsruhe.

Tetracyclin ist die aktive Kernsubstanz aller Antibiotica der Tetracyclinreihe.

Handelspräparate

Achromycin „Lederle", Tetracyclin-Hydrochlorid.
Handelsform: Reinsubstanz, Glas mit 2 g.
Kapseln zu 250 mg, Flaschen mit 4, 8, 16 und AP zu 100 und 500 Stück, zu 50 mg, Flaschen mit 16 und AP zu 100 Stück.
P-Kapseln (mit Natriummetaphosphat) zu 250 mg Flaschen mit 8, 16 und AP zu 100 und 500 Stück.
SV-Kapseln (mit Multivitaminkomponente) zu 250 mg, Flaschen zu 4, 8, 16 und AP mit 100 und 500 Stück.
Dragées zu 250 mg, Flaschen mit 16 und AP mit 100 Stück.
Spersoid (Schokoladenpulver): OP mit 12 und 25 Portionen à 50 mg Achromycin.
Tropfen (gebrauchsfertig): Flasche mit 1 g Achromycin und AP zu 12 Flaschen.
Suspension: Flasche mit 1,5 g Achromycin.
Intramuskulär: Ampulle mit 100 mg, AP zu 24 und 120 Ampullen.
Intravenös: Ampullen mit 100, 250 und 500 mg, Ampullen mit 24mal 500 mg.
Salbe (3%ig): Tuben zu 5 und 28,4 g, Salbe (3%ig) mit Hydrocortison (1%ig): Tuben zu 5 g, AP zu 12 Tuben.
Augensalbe (1%ig): Tube zu 3,5 g; Augensalbe (1%ig) mit Hydrocortison (1,5%ig): Tube zu 2,5 g.
Firma: Cyanamid GmbH, München.

Hostacyclin, Tetracyclin „Hoechst": Kristallisiertes Tetracyclin-hydrochlorid.
Handelsform: Kapseln = 25mal 50 mg, 100mal 50 mg, 8mal 250 mg, 16mal 250 mg, 100mal 250 mg, 500mal 250 mg.
Dragées: 8mal 250 mg, 16mal 250 mg, 100mal 250 mg.
Saft (50 mg/ml): Flasche mit 40 ml.
Tropfen (100 mg/ml): Flasche mit 10 ml (mit Pipette).
Intramuskulär: 1 Flasche mit 100 mg, 25 Flaschen mit 100 mg.
Intravenös: 1 Flasche mit 250 mg, 1 Flasche mit 500 mg.

Hostacyclin „P": Phosphat-Komplexsalz des Tetracyclins, zeichnet sich aus durch verbesserte Resorption, schnellen Blutspiegelanstieg, höhere Anfangsserumkonzentration und optimale Konzentrationen in den ableitenden Harnwegen.
Handelsform: OP = 25, AP = 100 Kapseln zu 50 mg; OP = 8 und 16, AP = 100 und 500 Kapseln zu 250 mg.
Sirup: OP = Flasche mit 60 ml (25 mg/ml).
Tropfen: OP = Kunststoffflasche mit 10 ml, AP = 10 Flaschen zu 10 ml (100 mg/ml).

Reverin, Pyrrolidino-methyl-tetracyclin
Handelsform: Intramuskulär: 1 Ampulle zu 100 mg + 2 ml Lösungsmittelampulle, 3 Ampullen zu 100 mg + 2 ml-Lösungsmittelampulle, 25 Ampullen zu 100 mg + 2 ml-Lösungsmittelampulle, 100 Ampullen zu 100 mg + 2 ml-Lösungsmittelampulle.
1 Ampulle zu 250 mg + 2 ml-Lösungsmittelampulle, 3 Ampullen zu 250 mg + 2 ml-Lösungsmittelampulle, 25 Ampullen zu 250 mg + 2 ml-Lösungsmittelampulle, 100 Ampullen zu 250 mg + 2 ml-Lösungsmittelampulle.
Intravenös: 1 Ampulle zu 100 mg + 5 ml-Lösungsmittelampulle, 3 Ampullen zu 100 mg + 5 ml-Lösungsmittelampulle, 25 Ampullen zu 100 mg + 5 ml-Lösungsmittelampulle,
1 Ampulle zu 250 mg + 10 ml-Lösungsmittelampulle, 3 Ampullen zu 250 mg + 10 ml-Lösungsmittelampulle, 25 Ampullen zu 250 mg + 10 ml-Lösungsmittelampulle, 100 Ampullen zu 250 mg + 10 ml-Lösungsmittelampulle.
Firma: Farbwerke Hoechst AG, Frankfurt a. M.-Höchst.

Supramycin. 1 Kapsel enthält 125 mg Tetracyclin und 125 mg Chlortetracyclin.
Handelsform: Kapseln: OP zu 8, 12 und 100 Stück. Tropfen: Flasche zu 10 ml = 1,0 g Wirkstoff.
Firma: Chemie Grünenthal, Stolberg/Rhld.

Tetracyclin „Bayer"
Handelsform: Kapseln. OP mit 25 Kapseln zu 0,05 g (Kinder), AP mit 100 Kapseln zu 0,05 g, OP mit 8 und 16 Kapseln zu 0,25 g, AP mit 100 und 500 Kapseln zu 0,25 g.
Kapseln mit Polyvitaminzusatz: OP mit 16 Kapseln zu 0,25 g, AP mit 100 und 500 Kapseln zu 0,25 g.
Dragées: OP mit 8 und 16 Dragées zu 0,25 g, AP mit 100 und 500 Dragées zu 0,25 g.
Tropfen: Flasche mit 10 ml (100 mg/ml).
Intramuskulär: OP = Flasche zu 100 mg, AP = 25 und 100 Flaschen zu 100 mg.
Intravenös: OP = Flasche zu 250 und 500 mg, AP = 25 Flaschen zu 250 und 500 mg.

Tetracyclin P
Handelsform: OP = 25 und 100 Kapseln zu 50 mg; OP = 8 und 16, AP = 100, AP = 100, AP = 100 und 500 Kapseln zu 250 mg.
Firma: „Bayer“, Leverkusen.

Tetracyn (Tetracyclin)
Handelsform: Dragées: 4, 8 und 16 Stück zu 250 mg, Kl.P 100 und 500 Stück zu 250 mg.
Kapsel SF (Sonderform mit Vitaminzusatz): Glas mit 4, 8 und 16 Stück à 250 mg, Kl.P mit 100 und 500 Stück à 250 mg.
Suspensionen: OP mit 1,5 g Tetracyn.
Intramuskulär: 1 und 100 Trockenampullen mit 100 mg und Lösungsmittelampulle, Kl.P = 25 Trockenampullen mit 100 mg und Lösungsmittelampulle.
Intravenös: 1 und 25 Trockenampullen mit 500 mg, Trockenampulle mit 250 mg.

Tetracyn Plus: Tetracyclin + Na-Metaphosphat.
Handelsform: OP = 8 und 16, Kl.P = 100 und 500 Kapseln zu 250 mg.
Firma: Pfizer GmbH, Karlsruhe.

Trichomycin

Trichonat. 1 Kapsel = 50000 E Trichomycin. 1 Ovulum = 50000 E Trichomycin in Milchzucker.
Handelsform: Ovula: OP = 10, AP = 100. Kapseln: OP = 30, AP = 100.
Firma: Chemie Grünenthal, Stolberg i. Rhld.

Tyrothricin

Handelspräparate: *Thesit-Gel, -Pastillen* s. Neomycin.

Tyrocid-X: Rezepturbezeichnung: TX (Kombination von Tyrothricin + Xanthocillin im Verhältnis 1:9, bei Pastillen 1:1).
Handelsform: TX-Pastillen: 1000 γ TX pro Pastille; Röhre bzw. Ring zu 12 Pastillen und Röhre zu 20 Pastillen.
TX-Puder: 5000 γ TX pro 1 g Puder, Streudosen à 5 g und elastische Sprühflasche à 50 g.
TX-Salbe: 10000 γ TX pro 1 g Salbe, Tuben zu 5 g und zu 20 g.
TX-Gel: 5000 γ TX in 1 g Gel-Grundlage, Tuben zu 20 g.
TX-Reinsubstanz: Glas mit 2 g.
Firma: Chemie Grünenthal GmbH, Stolberg/Rhld.

Tyrosolvin: 100 ml Tyrosolvin-Lösung enthalten 0,025 g Tyrothricin, 0,025 g Cetylpyridiniumchlorid, Glucose und Aqua dest.
Tyrosolvin-liquidum: OP = 10, Gr.P = 250 und 1000 ml.
Tyrosolvin-Aerosol: OP = 20, Gr.P = 250 und 1000 ml.
Tyrosolvin-Sable: OP = 20, Gr.P = 350 und 1250 g.
Tyrosolvetten: OP = 20, Gr.P = 200, 500 und 1000 Stück.
Tyrosolvin-Puder: OP = 5, Gr.P = 50 g.
Firma: Byk-Gulden GmbH, Konstanz.

Vancomycin

Vancocin = Vancomycin als Hydrochlorid.
Handelsform: Vancocin, intravenös 500 mg in 10 ml-Stechampullen.
Firma: Eli Lilly GmbH, Gießen.

Viomycin

Viocin = Viomycinsulfat.
Handelsform: OP mit 1 g Viocin entspricht 1 g Viomycin-Base. AP mit 25 Ampullen à 1 g.
Firma: Pfizer GmbH, Karlsruhe.

Viothenat = Viomycinpantothenat-Sulfat.
Handelsform: OP = Flasche zu 1 g.
Firma: Chemie Grünenthal GmbH., Stolberg/Rhld.

Literatur

A. Mikrobiologischer und pharmakologischer Teil

Abraham, E. P.: The action of antibiotics on bacteria. Chapt. 47, in Antibiotics, vol. II (H. W. Florey et al.). New York: Oxford University Press 1949. — Abraham, E. P., and E. Chain: An enzyme from bacteria able to destroy penicillin. Nature (Lond.) **146**, 837 (1940). — Abraham, E. P., E. Chain, C. M. Fletcher, H. W. Florey, A. D. Gardner, N. G. Heatley and M. A. Jennings: Further observations on penicillin. Lancet **1941 II**,

177. — AHERN, J. J., and J. M. BURNELL: Lack of interference of chloramphenicol with penicillin in a hemolytic streptococcal infection in mice. A.M.A. Arch. intern. Med. **91**, 197 (1953). — AHERN, J. J., and W. M. M. KIRBY: Lack of interference of aureomycin with penicillin in the treatment of pneumococcic pneumonia. A.M.A. Arch. intern. Med. **91**, 197 (1953). — AINSWORTH, G. C., A. M. BROWN and G. BROWNLEE: „Aerosporin" an antibiotic produced by bacillus aerosporus Greer. Nature (Lond.) **160**, 263 (1947). — ALBRECHT, K. F.: Klinische Erfahrungen in der Chirurgie mit dem neuen intravenös injizierbaren Breitspektrum-antibiotikum Reverin. Chirurg **29**, 445 (1958). — AMBRUS, C. A., C. N. SIDERI, G. C. JOHNSON and W. E. J. HARRISON: Toxicity of penicillin and aureomycin in guinea pigs. Antibiot. and Chemother. **2**, 521 (1952). — ANDERSON, D. G., and C. S. KEEFER: The therapeutic value of penicillin; a study of 10000 cases. Ann. Arbor. Mich.: J. W. Edwards Publ. 1948. — ANDERSON, E. A.: Cure of resistant meningococcemia with erythromycin. Antibiot. and Chemother. **3**, 1091 (1953). — APPLEBAUM, E., and S. SHTOKALKO: Cryptococcus meningitis arrested with amphotericin B. Ann. intern. Med. **47**, 346 (1957). — ARCAMONE, F., F. BIZIOLI and T. SCOTTI: Studies on the chemistry of a glucoside antibiotic from a streptomyces sp. Antibiot. and Chemother. **6**, 283 (1956). — ASHIDA, Y., M. FUKAMI, K. SEIGA and Y. TANAKA: Influences of trichomycin orally administered upon the human blood. J. Obstet. Gynaec. **10**, 757 (1956). — AUBERTIN, E.: Staphylokokkenerkrankungen. II. Die Antibiotica. J. Méd. Bordeaux **12**, 1315 (1956). — AUHAGEN, H.: Die Errichtung deutscher Standarde für die Antibiotica Penicillin und Aureomycin. Arzneimittel-Forsch. **6**, 519 (1956). — AUHAGEN, H., W. DITTRICH u. G. HÖHNE: Untersuchungen über die Entstehung chemoresistenter Varianten bei Escherichia coli. Z. Hyg. Infekt.-Kr. **140**, 511 (1955).

BAADJ, A. G., E. E. CORBIN and A. PRIGOT: Observations on the absorption, diffusion and excretion of oleandomycin in human beings. Antibiot. Ann. 72 (1956/57). — BACHMANN, H.: Blutspiegelwerte nach peroraler Gabe von Penicillin und der Hemmsubstanz p-Carboxybenzolsulfo-di-n-butylamid. Z. Haut- u. Geschl.-Kr. **18**, 153 (1955). — BACHMAN, M. C.: In vitro studies on possible synergistic action between penicillin and bacitracin. J. clin. Invest. **28**, 864 (1949). — BARNETT, H. L., H. MCNAMARA, S. SHULTZ u. R. TOMPSETT: Renal clearances of sodium penicillin G, procaine penicillin G and inulin in infants and children. Pediatrics **3**, 418 (1949). — BARR, F. S., and P. C. CARMAN: Streptomyces kentuckensis, a new species, the producer of Raisnomycin. Antibiot. and Chemother. **6**, 286 (1956). — BARR, F. S., P. E. CARMAN and J. R. HARRIS: Synergism and antagonism in antibiotic combinations. Antibiot. and Chemother. **4**, 818 (1954). — BARTZ, Q. R.: Isolation and characterization of chloromycetin. J. biol. Chem. **172**, 445 (1948). — BARY, DE: Die Erscheinung der Symbiose. Straßburg 1879. — BASIL, B., D. M. IRELAND, A. G. THORN, E. G. TOMICH and G. F. SOMERS: The pharmacological properties of Benethamine Penicillin. Antibiot. and Chemother. **5**, 152 (1955). — BASSALLECK, H.: Probleme und Ergebnisse kombinierter antibiotischer Behandlung. Dtsch. med. Wschr. **1951**, 1373. — BATCHELOR, F. R.: Synthesis of penicillin: 6-Aminopenicillanic acid in penicillin fermentations. Nature (Lond.) **183**, 257 (1959). — BATTISTELLI, F., et F. TOUTEE: La colimycine. Gaz. méd. Fr. **65**, 2029 (1958). — BAUER, K., W. KAUFMANN u. H. A. OFFE: Enzymatische Synthese von α-phenoxypropion-6-aminopenicillansäure. Naturwissenschaften **47**, 469 (1960). — BAUR, A.: Antibiotische Behandlung urologischer Leiden. Ärztl. Prax. **10**, 35, 782 (1958). — BAYER, W.: Klinische Erfahrungen mit Kanamycin. Dtsch. med. Wschr. **85**, 155 (1960). — BEERMAN, H.: The action of penicillin on Treponema pallidum. Amer. J. med. Sci. **214**, 442 (1947). — BEHRENS, O. K.: Biosynthesis of penicillins. IV. New crystalline biosynthetic penicillins. J. biol. Chem. **175**, 793, 809 (1958). — BEIERSDORF, R., u. W. AHRENS: Untersuchungen über die antibakteriellen und pharmakodynamischen Eigenschaften des neuen Antibiotikums Xanthocillin. Pharmazie **8**, 796 (1953). — BEIGELMAN, P. M., and L. A. RANTZ: The clinical importance of coagulase-positive, penicillin-resistant Staphylococcus aureus. New Engl. J. Med. **242**, 353 (1950). — BENEDICT, R. G., W. DVOUCH, O. L. SHOTWELL, TH. G. PRIDHAM and L. A. LINDENFELS: Cinnamycin, an antibiotic from streptomyces cinnamoneus nov. sp. Antibiot. and Chemother. **2**, 591 (1952). — BENEDICT, R. G., and A. F. LANGLYKKE: Antibiotic activity of bacillus polymyxa. J. Bact. **54**, 24 (1947). — BENEDICT, R. G., O. L. SHOTWELL, T. G. PRIDHAM, L. A. LINDENFELS and W. C. HAYNES: The production of the neomycin complex by Streptomyces albogriseolus, nov. sp. Antibiot. and Chemother. **4**, 653 (1954). — BERGER, J. P.: Verschiedene bakterielle Dermatosen und ihre Behandlung mit Usninsäure. Hautarzt **9**, 512 (1958). — BERGER, U., u. H. MARGGRAF: Versuche an Treponemen zur Erzeugung einer Resistenz gegen Penicillin und Terramycin in vitro. Arch. klin. exp. Derm. **210**, 400 (1960). — BERGMAN, S., R. GRUBB, S. BERGSTRÖM and H. RÖSCH: Studies on an inhibitor of Streptomycin and Neomycin of bacterial origin. Antibiot. and Chemother. **4**, 493 (1954). — BERNHEIM, F., and R. J. FITZGERALD: Effect of streptomycin on metabolism of certain mycobacteria. Science **105**, 435 (1947). — BERNSTEIN, A., u. M. PILLER: Über einige klinische und experimentelle Erfahrungen mit Romicil (Oleandomycin). Schweiz. med. Wschr. **86**, 1247 (1956). — BEYER, K. H.: Functional characteristics of renal transport mechanisms. Pharmacol. Rev. **2**, 227 (1950). —

BIERMAN, H. R., and E. JAWETZ: The effect of prolonged administration of antibiotics on the human fecal flora. J. Lab. clin. Med. **37**, 395 (1951). — BIRD, H. J., and CH. T. PUGH: Separation of tetracycline, chlortetracycline and oxytetracycline by paper chromatography. Antibiot. and Chemother. **4**, 750 (1954). — BLANK, H., and F. J. ROTH: The treatment of dermatomycoses with orally administered Griseofulvin. Arch. Derm. Syph. (Chicago) **79**, 259 (1959). — BOGER, W. P., and J. O. BEATTY: Procaine penicillin administerd orally; comparision with sodium penicillin. J. invest. Derm. **15**, 373 (1950). — BOHN, H., u. E. KOCH: Die intravenöse Behandlung mit dem Pyrrolidino-methyl-tetracyclin (Reverin). Münch. med. Wschr. **100**, 671 (1958). — BORNSTEIN, S.: Action of Pencillin of enterococci and other streptococci. J. Bact. **39**, 383 (1940). — BORSKI, A. A., E. J. PULASKI, J. C. KIMBROUGH and M. H. FUSILLO: Prostatic fluid, semen and prostatic tissue concentrations of the major antibiotics following intravenous administration. Antibiot. and Chemother. **4**, 905 (1954). — BOUCHARD, J.: Influence qu'exerce sur la maladie charboneuse d'inoculation de bacille pyocyanique. C. R. Acad. Sci. (Paris) **108**, 713 (1889). — BOXER, G. E., C. V. JELINEK and A. O. EDISON: Streptomycin: clearance and binding to protein. Pharmacol. exp. Ther. **97**, 93 (1949). — BRANDL, E., u. H. MARGREITER: Untersuchungen über das säurestabile, oral wirksame Phenoxymethyl-Penicillin. Wien. med. Wschr. **103**, 602 (1953). — BRETON, A., B. GAUDIER et CL. PONTE: Action thérapeutique de la colimycine — seule ou en association — dans les gastroentérites à Escherichia coli. G. E. J. Arch. franç. Pédiat. **15**, 1224 (1958). — BRIAN, P. W.: Antibiotics produced by fungi. Bot. Rev. **17**, 357 (1951). — Antibiotics as systemic fungicides and bactericides. Ann. appl. Biol. **39**, 434 (1952). — BRIAN, P. W., P. J. CURTIS and H. J. HEMMING: Biological assay, production and isolation of „Curling Factor". Trans. Brit. mycol. Soc. **29**, 173 (1946). — BRIAN, P. W., H. G. HEMMING and J. C. MCGOWAN: Origin of a toxicity to Mycorrhiza in Wareham Heath Soil. Nature (Lond.) **155**, 637 (1954). — BRINGMANN, G.: Licht- und elektronenoptische Studien an Antibiotika-Formen von Coli-Bakterien. Zbl. Bakt., I. Abt. Orig. **157** (1951/52). — BRODHAGE, H.: Bakteriologische in vitro-Versuche mit einer Kombination von Tetracyclin und Oleandomycin (Sigmamycin). Praxis **26**, 579 (1957). — BROWN, R., and E. L. HAZEN: Nystatine and actidione: two antifungal agents produced by streptomyces noursei. Paper pres. at inter. sympos.: Therap. of Fung. inf. Los Angeles (Univ. of Calif.) Juni 23—25. 1955. — BROWN, R., E. L. HAZEN and A. MASON: Effect of fungicidin (Nystatin) in mice injected with lethal mixtures of aureomycin and Candida albicans. Science **117**, 609 (1953). — BROWNLEE, G., S. R. BUSHBY and E. J. SHORT: The pharmacology of polymyxin A, B and D. Ann. N.Y. Acad. Sci. **51**, 952 (1949). — The chemotherapy and pharmacology of the polymyxins. Brit. J. Pharmacol. **7**, 170 (1952). — BUCKWALTER, F. H., and R. HOLLERAU: Stability studies of penicillin products. XII. Crystalline sodium and crystalline potassium Penicillin G. Antibiot. and Chemother. **4**, 1, 25, 117, 120, 122 (1954). — BÜNGER, P., u. G. SCHÜTZE: Klinische Erfahrungen mit Romicil (Oleandomycin), einem neuen Antibiotikum. Medizinische **51**, 1811 (1956). — BÜNGER, P., G. THIES u. H. DEMUTH: Untersuchungen mit Pyrrolidino-methyl-tetracyclin. Medizinische **35**, 1317 (1958). — BUNN, P. A., and R. E. WESTLAKE: Toxicity of streptomycin in the human. Chapt. 40 in Streptomycin nature and practical applications (S. A. WAKSMAN edit.). Baltimore: Williams & Wilkins 1949. — BURKHOLDER, P. R., J. EHRLICH, Q. R. BARTZ, R. M. SMITH and D. A. JOSLYN: Chloromycetin, a new antibiotic from a soil actinomycete. Science **106**, 417 (1947). — BUSHBY, S. R. M.: Review article. The present status of the chemotherapeutic drugs. J. Pharm. (Lond.) **10**, 673 (1954). — BUSSE, W.: Über die Wirkung des Chloramphenicols auf die Darmmotilität. Naunyn-Schmiedeberg's Arch. exp. Path. Pharmak. **216**, 331 (1952).

CAMPBELL, C. C., E. P. HODGES and G. B. HILL: Therapeutic effect of Nystatin (Fungicidin) in mice experimentally infected with Histoplasma capsulatum. Antibiot. and Chemother. **4**, 406 (1954). — CAMPBELL, C. C., and S. SASLAW: Enhancement of growth of certain fungi by Streptomycin. Proc. Soc. exp. Biol. **70**, 563 (1949). — CARTER, H. E., D. GOTTLIEB and H. W. ANDERSON: Chloromycetin and Streptothricin. Science **107**, 113 (1948). — CERNEA, R.: Neue Methoden zur Erreichung einer protrahierten Penicillinwirkung. Z. Haut- u. Geschl.-Kr. **10**, 180 (1951). — CHAIN, E. B.: The development of bacterial chemotherapy. Antibiot. and Chemother. **4**, 215 (1954). — CHAIN, E. B., H. W. FLOREY, A. D. GARDNER, N. D. HEATLEY, M. A. JENNINGS, J. ORR-EWING and A. G. SANDERS: Penicillin as a chemotherapeutic agent. Lancet **1940 I**, 226. — CLANCY, C. F.: The sensitivity of freshly isolated bacteria to neomycin. J. Bact. **61**, 715 (1951). — CLARK jr., R. K.: The chemistry of erythromycin. 1. Acid degradation products. Antibiot. and Chemother. **3**, 663 (1953). — CLINE, H. L., J. H. HOUSEWORTH and F. W. PITTS: Ototoxicity from intermittent streptomycin sulfate therapy of pulmonary tuberculosis; a study of 100 patients treated 8 months. A.M.A. Arch. Otolaryng. **59**, 100 (1954). — CLUTTERBUCK, P. W., R. LOVELL and H. RAISTRICK: Studies on the biochemistry of microorganisms; the formation of glucose by members of the Penicillium Chrysogenum series on a pigment, an alkali-soluble protein and penicillin. The antibacterial substance of Fleming. Biochem. J. **26**, 1907 (1932). — COFFEE, G. L., A. B.

HILLEGAS, M. P. KNUDSEN, H. J. KOEPSELL, J. E. OYAAS and J. EHRLICH: Azaserine. Microbiological studies. Antibiot. and Chemother. 4, 775 (1954). — *Council on Pharmacy and Chemistry*. Report of the Council. Chloramphenicol. J. Amer. med. Ass. 154, 144 (1954). — COURVOISIER, S., and O. LEAN: Study on the onset of deafness in rats treated with streptomycin, dihydrostreptomycin and neomycin. Antibiot. and Chemother. 6, 411 (1956). — CRAIG, L. C., W. HAUSMANN and J. R. WEISIGER: The molecular weight of bacitracin. J. biol. Chem. 200, 765 (1953). — CRON, M. J., D. L. EVANS, F. M. PALERMITI, D. F. WHITEHEAD, I. R. HOOPER, P. CHU and R. U. LEMIEUX: Kanamycin. V. The structure of kanosamine. J. Amer. chem. Soc. (im Druck). — CRON, M. J., O. B. FARDIG, D. L. JOHNSON, H. SCHMITZ, D. F. WHITEHEAD, I. R. HOOPER and R. U. LEMIEUX: Kanamycin. II. The hexosamine units. J. Amer. chem. Soc. 80, 2342 (1958). — CRON, M. J., O. B. FARDIG, D. L. JOHNSON, D. F. WHITEHEAD, I. R. HOOPER and R. U. LEMIEUX: Kanamycin. IV. The structure of kanamycin. J. Amer. chem. Soc. 80, 4115 (1958). — CRON, M. J., D. L. JOHNSON, F. M. PALERMITI, Y. PERRON, H. D. TAYLOR, D. F. WHITEHEAD and J. R. HOOPER: Kanamycin. I. Characterization and acid hydrolysis studies. J. Amer. chem. Soc. 80, 752 (1958). — CRON, M. J., D. F. WHITEHEAD, J. R. HOOPER, B. HEINEMANN and J. LEIN: Bryamycin, a new antibiotic. Antibiot. and Chemother. 6, 63 (1956). — CRONHEIM, G., M. E. BAIRD and W. N. DANNENBURG: Studies with penicillinase in presence of sulfonamides. Arch. Biochem. 23, 394 (1949). — CUCKLER, A. C., B. M. FROST, L. MCCLELLAND and M. SOLOTOROVSKY: The antimicrobial evaluation of Oxamycin (D-4-amino-3-isoxazolidone); a new broad-spectrum-antibiotic. Antibiot. and Chemother. 5, 191 (1955).

DAVIS, D. S., and M. J. ROMANSKY: Erythromycin: Serum levels following intramuscular administration. Antibiot. Ann. 286 (1954/55). — DECARIS, L. J.: Un Streptomyces lavendulae, producteur d'un nouvel antibiotique. Ann. pharm. franç. 11, 44 (1953). — DELMOTTE, A.: Sensibilité des bactéries cutanées à l'érythromycine et à la néomycine. Arch. belges Derm. 10, 312 (1954). — DEUCHER, F.: Usus und Abusus von Erythromycin. Schweiz. med. Wschr. 85, 430 (1955). — DIETZ, C., and A. BONDI: Penicillinase producing organisms. Proc. Soc. exp. Biol. (N.Y.) 56, 132 (1948). — DIMLING, TH., H. HÜNER, W. LUTZEYER u. G. SIMON: Experimentelle und klinische Untersuchungen mit Pyrrolidino-methyl-tetracyclin (Reverin). Münch. med. Wschr. 100, 676 (1958). — DONOVICK, R., D. HAMRE, F. KAVANAGH and G. RAKE: A broth dilution method for assaying streptomycin and streptothricin. J. Bact. 50, 623 (1945). — DONOVICK, R., F. E. PANSY, H. A. STOUT, H. STANDER, M. J. WEINSTEIN and W. GOLD: Some in vitro characteristics of nystatin. Paper presented at internat. symposium: Therapy of fungus infections, Los Angeles (Univ. of Californ.) Juni 23—25, 1955. — DORNER, G., u. T. LAMMERS: Der Reihenverdünnungstest zur Penicillinwertbestimmung. Med. Klin. 46, 522 (1951). — DOWLING, H. F.: Die Antibiotikatherapie und ihre Probleme. Therapiewoche 5, 642 (1955). — Mixtures of antibiotics. J. Amer. med. Ass. 164, 44 (1957). — DOWLING, H. F., H. H. HUSEY, H. L. HIRSH and F. WILHELM: Penicillin and sulfadiazine, compared with sulfadiazine alone in treatment of pneumococcic pneumonia. Ann. intern. Med. 25, 950 (1946). — DOWLING, H. F., M. H. LEPPER and G. G. JACKSON: When should antibiotics be used in combination? J. Amer. med. Ass. 151, 813 (1953). — DOXIADIS, S. A., L. J. EMERY and S. M. STEWART: Oral penicillin in children. Brit. med. J. 1951 I, 16, 96. — DROUHET, E.: Antifongiques et thérapeutique des mycoses. Semaine Hôp. Paris 20, 843 (1957). — DROUHET, E., J. SCHWARZ and E. BINGHAM: Evaluation of the action of nystatin on histoplasma capsulatum in vitro and in hamsters and mice. Antibiot. and Chemother. 6, 23 (1956). — DUBE, A. H.: Kanamycin in der Behandlung chronischer Harnwegsinfektionen. Ann. N.Y. Acad. Sci. 76, 265 (1958). — DUBOS, R. J.: Studies on a bactericidal agent extracted from a soil bacillus. J. exp. Med. 70, 1—10 (1939). — Studies on a bactericidal agent extracted from a soil bacillus; the protective effect of this bactericidal agent against experimentel pneumococcus infections in mice. J. exp. Med. 70, 11 (1939). — Effect of specific agents extracted from soil microorganisms upon experimental bacterial infections. Ann. intern. Med. 13, 2025 (1940). — DUBOS, R. J., and C. CATTANEO: Studies on bactericidal agents extrected from soil bacillus; the preparation and activity of protein-free fraction. J. exp. Med. 70, 249 (1939). — DUBOS, R. J., and R. D. HOTCHKISS: Production on bactericidal substances by aerobic sporulating bacilli. J. exp. Med. 73, 629 (1941). — Origin, nature and properties of gramicidine and tyrocidine. Trans. Stud. Coll. Phycns Philad. 10, 11 (1942). — DUBOS, R. J., R. D. HOTCHKISS and A. F. COBURN: The effect of gramicidine and tyrocidine on bacterial metabolism. J. biol. Chem. 164, 421—426 (1942). — DUGGAR, B. M.: Aureomycin: a product of the continuing search for new antibiotics. Ann. N.Y. Acad. Sci. 51, 177 (1948). — DUTCHER, J. D., N. HOSANSKY and J. H. SHERMAN: Chemical assay for neomycin. Antibiot. and Chemother. 3, 534 (1953). — DUTCHER, J. D., D. R. WALTER and O. P. WINTERSTEINER: Studies of the chemical properties and structure of nystatin (mycostatin). Paper presented at internat. symposium: Therapy of fungus infections, Los Angeles (Univ. of Californ.) June 23—25, 1955. — DVOUCH, W., O. L. SHOTWELL, R. G. BENEDICT, TH. G. PRIDHAM and L. A. LINDENFELS: Further studies on cinnamycin, a polypeptid antibiotic. Antibiot. and Chemother. 4, 1135 (1954).

EAGLE, H.: The recovery of bacteria from the toxic effects of penicillin. J. clin. Invest. 28, 832 (1949). — The slow recovery of bacteria from the toxic effects of penicillin. J. Bact. 58, 475 (1949). — The mechanism of action of penicillin. J-Lancet 75, 1 (1955). — EAGLE, H., and R. FLEISCHMAN: Therapeutic activity of bacitracin in rabbit syphilis and its synergistic action with penicillin. Proc. Soc. exp. Biol. (N.Y.) 68, 415 (1948). — EAGLE, H., R. FLEISCHMAN and M. LEVY Development of increased bacterial resistance to antibiotics. I. Continous spectrum of resistance to penicillin, chloramphenicol and streptomycin. J. Bact. 63, 623 (1952). — EAGLE, H., R. FLEISCHMAN and A. D. MUSSELMAN: The bactericidal action of penicillin in vivo: the participation of the host, and the slow recovery of the surviving organisms. Ann. intern. Med. 33, 544 (1950). — EAGLE, H., H. J. MAGNUSON and R. FLEISCHMAN: The synergistic action of penicillin and mapharsen (oxophenarsine hydrochloride) in the treatment of experimental Syphilis. J. vener. Dis. Inform. 27, 3 (1946). — Observations on the therapeutic efficacy in experimental syphilis of calcium penicillin in oil and beeswax and their bearing on its use in man. Amer. J. Syph. 31, 246 (1947). — EAGLE, H., and A. D. MUSSELMAN: The spirocheticidal action of penicillin in vitro and its temperature coefficient. J. exp. Med. 80, 493 (1944). — The rate of bactericidal action of penicillin in vitro as a function of its concentration and its paradoxically reduced activity in high concentrations against certain organisms. J. exp. Med. 88, 99 (1948). — EAGLE, H., A. D. MUSSELMAN and R. FLEISCHMAN: The action of bacitracin and subtilin on treponema pallidum in vitro and in vivo. J. Bact. 55, 347 (1948). — EAGLE, H., E. V. NEWMAN, R. GREIF, T. M. BURKHOLDER and S. C. GOODMAN: The blood levels and renal clearance in rabbits and men of an antibiotic derived from B. subtilis. (Bacitracin.) J. clin. Invest. 26, 919 (1947). — EHRLICH, J., L. E. ANDERSON, G. L. COFFEY, W. H. FELDMAN, M. W. FISHER, A. B. HILLEGAS, A. G. KARLSON, M. P. KNUDSEN, J. E. WESTON, A. S. YOUMANST and G. P. YOUMANST: Elaiomycin, a new tuberculostatic antibiotic. Biologic studies. Antibiot. and Chemother. 4, 338 (1954). — EISENBERG, M. G., H. F. FLIPPIN and J. M. O'LOUGHLIN: Bacterial susceptibility to antibiotics. V. Relative susceptibility of staphylococci and enterococci to erythromycin, carbomycin and a combination of chlortetracycline, oxytetracycline and chloramphenicol. Antibiot. and Chemother. 3, 1026 (1953). — ELEK, S. D., and C. R. F. HILSON: Laboratory aspects of combined antibiotic treatment. Brit. med. J. 1953, 1298. — EMMERICH, R., u. O. LÖW: Bakteriolytische Enzyme als Ursache der erworbenen Immunität und die Heilung von Infektionskrankheiten durch dieselben. Z. Hyg. Infekt.-Kr. 31, 1 (1899). — ENGLISH, A. R., S. Y. P'AN, T. J. MCBRIDE, J. F. GARDOCKI, G. VAN HALSEMA and W. A. WRIGHT: Tetracycline: microbiologic, pharmacologic and clinical evaluation. Antibiot. and Chemother. 4, 411 (1954). — ENGLISH, A. R., T. J. MCBRIDE, G. VAN HALSEMA and M. CARLOZZI: Biologic studies on PA 775, a combination of tetracycline and oleandomycin with synergistic activity. Antibiot. and Chemother. 6, 511 (1956). — ENGLISH, A. R., T. J. MCBRIDE, D. L. SIMON and H. L. MULLADY: Additional studies on the chemotherapeutic efficacy of tetracycline. Antibiot. and Chemother. 4, 1082 (1954). — ERSLEV, A.: Hematoetic depression induced by chloromycetin. Blood 8, 170 (1953). — ESCHER, F., u. F. RUPP: Die Schutzfunktion des Vitamin A bei der Streptomycin-Intoxikation. Acta otolaryng. (Stockh.) 43, 311 (1953). — EUFINGER, H., u. G. MOLLOWITZ: Über eine einfache, für die Klinik brauchbare Methode zur Empfindlichkeitsbestimmung von Bakterien gegenüber Penicillin, Streptomycin und Sulfonamiden. Chirurg 22, 11 (1950). — EYLES, D. E., and N. COLEMAN: Notes on the treatment of acute experimental toxoplasmosis of the the mouse with chlortetracycline and tetracycline. Antibiot. and Chemother. 4, 988 (1954).

FARRINGTON, R. F., H. HULL-SMITH, P. A. BUNN and W. MCDERMOTT: Streptomycin toxicity. Reactions to highly purified drug on long-continued administration to human subjetcs. J. Amer. med. Ass. 134, 679 (1947). — FEGELER, F.: Treponema pallidum immobilisierende Wirkung von Penicillin, Streptomycin, Tetracyclinen und Erycin in vitro. Hautarzt 8, 176 (1957). — FELSENFELD, O., J. F. VOLINI, S. J. ISHIHARA, M. C. BACHMAN and V. W. YOUNG: A study of the effect of neomycin and other antibiotics on bacteria, viruses and protozoa. J. Lab. clin. Med. 35, 428 (1950). — FENNER, O.: Der Einfluß oberflächenaktiver Stoffe auf die antibiotische Wirkung von Tyrothricin in vitro. Arzneimittel-Forsch. 4, 368 (1954). — FEYEL-CABANES, TH.: Chloramphenicol und Entzündungsreaktionen. Arch. int. Pharmacodyn. 100, 219 (1954). — FINLAND, M.: Kanamycin (Occasional survey). Lancet 1958 II, 209. — FINLAND, M., P. F. FRANK and C. WILCOX: In vitro susceptibility of pathogenic staphylococci to seven antibiotics (penicillin, streptomycin, bacitracin, polymyxin, aerosporin, aureomycin and chloromycetin); with a note on the changing resistance of staphylococci to penicillin. Amer. J. clin. Path. 20, 325 (1950). — FINLAND, M., M. E. GRIGSBY and T. H. HAIGHT: Efficacy and toxicity of oxytetracycline (terramycin) and chlortetracyclin (aureomycin); with special reference to use of doses of 250 mg every 4—6 hours and to occurence of staphylococcic diarrhea. A.M.A. Arch. intern. Med. 93, 23 (1954). — FINLAND, M., and T. H. HAIGHT: Antibiotic resistance of pathogenic staphylococci; study of 500 strains isolated at Boston City Hospital from October 1951 to February 1952. A.M.A. Arch. intern. Med. 91, 143 (1953). — FINLAND, M., E. M. PURCELL, S. S. WRIGHT, B. D. LOVE, T. W. MON and E. H. KASS: Clinical and laboratory observations of a new antibiotic: tetracycline. J. Amer. med. Ass. **154**, 561 (1954). — FINLAND, M., and S. S. WRIGHT: Bacitracin. Practitioner **171**, 660 (1953). — FINLAY, A. C., G. L. HOBBY, S. Y. P'AN, P. P. REGNA, J. B. ROUTIEN, D. B. SEELEY, G. M. SHULL, B. A. SOBIN, J. A. SOLOMONS, J. W. VINSON and J. H. KANE: Terramycin, a new antibiotic. Science **111**, 85 (1950). — FISCHBACH, H., and J. LEVINE: Separation of the tetracyclines by paper chromatography. Antibiot. and Chemother. **5**, 640 (1955). — FISCHLEWITZ, A., u. O. ALLEMANN: Ilotycin (Erythromycin, Lilly), ein neues Antibioticum. Bull. Galenica **15**, 260 (1952). — FISHER, A. M.: A trial of oral penicillin. N.Z. med. J. **51**, 418 (1952). — FITZGERALD, R. J., F. BERNSTEIN and D. B. FITZGERALD: Inhibition by streptomycin of adaptive enzyme formation in Mycobacteria. J. biol. Chem. **175**, 195 (1948). — FLEMING, A.: The antibacterial action of cultures of penicillin with special reference to their use in isolation of B. influenzae. Brit. J. exp. Path. **10**, 226 (1929). — History and development of penicillin. (A. FLEMING, edit.) Philadelphia: Blakiston & Co. 1946. — FLOREY, H. W.: The use of micro-organisms for therapeutic purposes. Yale J. Biol. Med. **19**, 101 (1946). — FLOREY, H. W., E. CHAIN, N. G. HEATLEY, M. A. JENNINGS, A. G. SANDERS, E. P. ABRAHAM and M. E. FLOREY: Antibiotics: a survey of penicillin, streptomycin and other antimicrobical substances from fungi, actinomycetes, bacteria and plants, vol. II. (Exhaustive bibliography.) New York: Oxford University Press 1949. — FOLEY, G. E., and W. D. WINTER: Increased mortality following penicillin therapy of chick embryos infected with candida albicans var. stellatoidea. J. Inf. Dis. **85**, 268 (1949). — FOWLER jr., E. P., and C. R. FEIND: Toxicity of streptomycin for the auditory and vestibular mechanisms. In: Streptomycin and dihydrostreptomycin in tuberculosis. (H. M. RIGGINS and H. C. HINSHAW, edit.) New York: National Tuberculosis Assoc. 1949. — FREERKSEN, E., u. H. WOLTER: Verminderte Giftigkeit des Streptomycins in Anwesenheit von Isonikotinsäurehydrazid. Naturwissenschaften **40**, 364 (1953). — FREUDENREICH, E. DE: Antagonisme des bacteries. Ann. de Micrographic 1889 in Jahresbericht über Mikroorganismen von P. BAUMGARTEN, S. 530. Braunschweig: H. Bruhn 1890. — FREYSCHUSS, S. K. L., S. O. PEHRSON and B. STEENBERG: Coliformin: Production and isolation. Antibiot. and Chemother. **5**, 218 (1955). — FRISK, A. R., M. DIDING and D. WALLMARK: Influence of probenecid on serum penicillin concentration after oral administration of penicillin. Scand. J. clin. Lab. Invest. **4**, 83 (1952). — FUGA, G. C.: L'amphotericin: antibiotica ad azione antimicotica. Ann. ital. Derm. Silf. **11**, 84 (1956). — FUSILLO, M. H., H. E. NOYES, E. J. PULASKI and J. Y. S. TOM: Antimicrobial spectrum and cross resistance studies on erythromycin and carbomycin. Antibiot. and Chemother. **3**, 581 (1953). — FUSILLO, M. H., M. J. ROMANSKY and D. M. KUHNS: Further investigations on cross-resistance as well as studies on induced sensitivity to the antibiotics. Antibiot. and Chemother. **3**, 35 (1953). — FUSSGÄNGER, R.: Vergleichende biologische Untersuchungen von Pyrrolidinomethyltetracyclin (Reverin) mit Tetracyclin-hydrochlorid. Münch. med. Wschr. **100**, 665 (1958). — FUSSGÄNGER, R., u. H. ROLLY: Zur Frage der Penicillinresistenz nach Penifen. Arzneimittel-Forsch. **4**, 125 (1954). — Experimentelle Untersuchungen einer Kombination von Neomycin und Surfen. Arzneimittel-Forsch. **6**, 260 (1956). — FUST, B., E. BÖHNI, G. ZBINDEN u. A. STUDER: Experimentelle Untersuchungen über Oleandomycin. Schweiz. med. Wschr. **86**, 1245 (1956). — Experimentelle Studien mit Oleandomycin und anderen Antibiotica. Helv. med. Acta **23**, 714 (1956).

GALE, E. F.: Über den Wirkungsmechanismus von Penicillin. Vortrag anl. der wissensch. Tagg zur 100. Wiederkehr der Geburtstage von P. EHRLICH u. E. v. BEHRING. Frankfurt, Hoechst, 16. 3. 1954. — GARRÉ, C.: Über Antagonisten unter den Bakterien. Korresp.-Bl. schweiz. Ärz. **17** (1887). — GARROD, L. P.: The erythromycin group of antibiotics. Brit. med. J. **1957 II**, 57. — L'action antibactérienne comparative de différentes pénicillines. Méd. et Hyg. (Genève) **18**, 476, 665 (1960). — GARROD, L. P., and E. F. SCOWEN: The principles of therapeutic use of antibiotics. Brit. med. Bull. **16**, 23 (1960). — GAUSE, G. F.: Recent studies on albomycin, a new antibiotic. Brit. med. J. **1955 I**, 1177. — GEKS, F.: Tierexperimentelle Versuche über die Wirkungssteigerung des Penicillins durch unspezifische Reizmittel. Arzneimittel-Forsch. **3**, 445 (1953). — GEKS, F. J.: Neue Möglichkeiten der Therapie mit lebenden Colibakterien. Arzneimittel-Forsch. **3**, 517 (1953). — GEKS, F. J., u. H. WILMANNS: Der Einfluß der Magen-Darm-Passage auf die Funktionstüchtigkeit oral zugeführter Colibakterien. Arzneimittel-Forsch. **3**, 193 (1953). — GENTLES, J. C.: Experimental ringworm in guinea pigs; oral treatment with Griseofulvin. Nature (Lond.) **182**, 476 (1958). — GEZON, H. M., D. M. FASAN and G. R. COLLINS: Antibiotic studies on β-hemolytic streptococci. VII. Aquired in vitro resistance to bacitracin. Proc. Soc. exp. Biol. (N.Y.) **74**, 505 (1950). — GILSON, B., u. R. PARKER: Extraction of penicillinase. J. Bact. **55**, 801 (1948). — GLAZKO, A. J., W. A. DILL and M. C. REBSTOCK: Biochemical studies on chloramphenicol. III. Isolation and identification of metabolic products in urine. J. biol. Chem. **183**, 679 (1950). — GLAZKO, A. J., M. L. WOLF, W. A. DILL and A. C. BRATTON: Biochemical studies on chloramphenicol. II. Tissue distribution and excretion studies. J. Pharmacol. exp. Ther. **96**, 445 (1949). —

Gocke, T. M., and M. Finland: Cross resistance to antibiotics. J. Lab. clin. Med. **38**, 719 (1951). — Götz, H., u. H. Röckl: Resistenzbestimmungen der Bakterienflora von Hautkrankheiten gegen Penicillin, Aureomycin und Streptomycin sowie ihre therapeutischen Folgerungen. Hautarzt **3**, 118 (1952). — Gottlieb, B., and C. C. Forsyth: Haemophilus influenzae meningitis in infants. Lancet **1947 II**, 164. — Gould, J. C.: The laboratory control of antibiotic therapy. Brit. med. Bull. **16**, 29 (1960). — Grieder, F., F. Gross, L. Neipp u. R. Meier: Variations morphologiques d'Escherichia coli sous l'influence de substances antibactériennes. Schweiz. Z. Path. **16**, 919 (1953). — Griffith, R. S.: Blood levels and clinical results with erythromycin. Antibiot. Ann. 269 (1954/55). — Grigsby, M. E., E. Chappelle and Th. Peacock: Erythromycin sensitivity of micrococcus pyog. var. aureus in a hospital population. (Development of resistance.) Antibiot. and Chemother. **5**, 350 (1955). — Grigsby, M. E., J. B. Johnson and G. W. Simmons: Some laboratory and clinical experiences with erythromycin. Antibiot. and Chemother. **3**, 1029 (1953). — Grimmer, H.: Experimentelle Beiträge zur Frage der Penicillinempfindlichkeit der Meerschweinchen. Z. Haut- u. Geschl.-Kr. **14**, 210 (1953). — Experimentelle Untersuchungen zur Frage der toxischen Wirkung des Penicillins. Arch. klin. exp. Derm. **201**, 193 (1955). — Grove, J. F., D. Ismay, J. McMillan, T. P. C. Mullholland and M. A. T. Rogers: The structure of griseofulvin. Chem. and Ind. **11**, 219 (1951). — Grove, J. F., and J. C. McGowan: Identity of griseofulvin and „curling factor". Nature (Lond.) **160**, 574 (1947). — Grove, J. F., J. McMillan, T. P. C. Mulholland and M. A. T. Rogers: Griseofulvin. IV. Structure. J. chem. Soc. **1952**, 3977. — Gruhzit, O. M., R. A. Fisken, T. F. Reutner and E. Martino: Chloramphenicol (Chloromycetin). An antibiotic; pharmacological and pathological studies in animals. J. clin. Invest. **28**, 943 (1949). — Grumbach, T., B. Surreau et F. Boyer: Le pénicillinase. Ann. Inst. Pasteur **74**, 12 (1948). — Grundy, W. E., E. F. Alford, E. J. Rdzok and J. C. Sylvester: Ristocetin: The development of resistance and bactericidal activity. Antibiot. Ann. 693 (1956/57). — Gundel, M., u. W. Wagner: Weitere Studien über Bakterienlipoide. Z. Immun.-forsch. **69**, 63 (1930). — Gupta, K. G., and J. C. Chopra: Synergistic action of streptomycin and chloromycetin; in vitro studies. Indian J. med. Res. **41**, 415 (1953).

Hac, L. R.: Experimental chlostridium welchii infection. III. Local therapy (zinc peroxyde, tyrothricin and mixtures of sulfadiazine and urea and sulfadiazine and zephiran. J. lnfect. Dis. **74**, 161 (1944). — Hackl, H.: Über die Bedeutung der Resistenzbestimmung für Klinik und Praxis und die Grenzen ihrer Auswertung. Medizinische **1955**, 679. — Haight, T. H., and M. Finland: The antibacterial action of erythromycin. Proc. Soc. exp. Biol. (N.Y.) **81**, 175 (1952). — Resistance of bacteria to erythromycin. Proc. exp. Biol. (N.Y.) **81**, 183 (1952). — Laboratory and clinical studies on erythromycin. New Engl. J. Med. **247**, 227 (1952). — Halde, C., D. Newcomer, E. T. Wright and Th. H. Sternberg: An evaluation of amphotericin B in vitro und in vivo in mice against coccidioides immitis and candida albicans and preliminary observations concerning the administration of amphotericin B in men. J. invest. Derm. **28**, 217 (1957). — Hallmann, L., u. J. Rieser: Soll die Bakteriensensibilität getestet werden? Dtsch. med. Wschr. **22**, 880 (1954). — Halvorson, H.: Some effects of azaserine on yeast metabolism. Antibiot. and Chemother. **4**, 948 (1954). — Hara, Y., Sh. Watanabe and A. Tamaki: Studies on antibacterial activity and bioassay method of ilotycin (erythromycin). Acta med. biol. (Niigata) **1**, 7 (1953). — Harned, R. L., P. H. Hidy and E. Kropp: Cycloserine. I. A preliminary report. Antibiot. and Chemother. **5**, 204 (1955). — Harper, G. J.: Inhibition of penicillin in routine culture media. Lancet **1943 II**, 569. — Harries, D. A., M. Ruger, M. A. Reagan, F. J. Wolf, R. L. Peck, H. Wallick and H. B. Woodruff: Discovery, development and antimicrobial properties of D-4-amino-3-isoxazolidone (oxamycin), a new antibiotic produced by streptomyces garyphalus n. sp. Antibiot. and Chemother. **5**, 183 (1955). — Haskell, Th. H., A. Ryder and Q. R. Bartz: Elaiomycin, a new tuberculostatic antibiotic. Antibiot. and Chemother. **4**, 141 (1954). — Hata, T., Y. Sano and H. Tatsuta: Amaromycin, a new antibiotic from streptomyces. J. Antibiot. Ser. A **8**, 9 (1955). — Hattori, K., H. Nakano, M. Seki and Y. Hirata: Studies on Trichomycin. IV. J. Antibiot., Ser. A, **9**, 5 (1956). — Haude, H.: Klinisch experimentelle Untersuchungen mit einem neuen, intramuskulär injizierbaren Tetracyclin. Ärztl. Wschr. **13**, 676 (1958). — Haviland, J.: Advances in antibiotic therapy. Ann. intern. Med. **39**, 307 (1953). — Hawkins, J. E., and M. H. Lurie: The ototoxicity of dihydrostreptomycin and neomycin in the cat. Ann. Otol. (St. Louis) **62**, 1128 (1953). — Hazen, E. L., and R. Brown: Fungicidin, an antibiotic produced by a soil actinomycete. Proc. Soc. exp. Biol. (N.Y.) **76**, 93 (1951). — Heilman, D., and W. E. Herrell: Hemolytic effect of gramicidin. Proc. Soc. exp. Biol. (N.Y.) **46**, 182 (1941). — Heilman, F. R., W. E. Herrell, W. E. Wellman and J. E. Geraci: Some laboratory and clinical observations on a new antibiotic erythromycin (ilotycin). Proc. Mayo Clin. **27**, 285 (1952). — Heilman, F. R., and G. Rake: Acitivity of streptomycin in experimental infections. Chapt. 8 in: Streptomycin nature and practical applications. (S. A. Waksman edit.) Baltimore: Williams & Wilkins Company

1949. — HEIN, H.: Bakteriologische Untersuchungen mit Neomycin und Nebacetin. Arzneimittel-Forsch. **4**, 3 (1954). — Bakteriologische Untersuchungen mit Bacitracin. Arzneimittel-Forsch. **4**, 204 (1954). — HENRY, R. J., and G. L. HOBBY: The mode of action of streptomycin. Chapt. 12 in: Streptomycin, nature and practical applications. (S. A. WAKSMAN, edit.) Baltimore: Williams & Wilkins Company 1949. — HERGOTT, J., u. L. THER: Zur Pharmakologie des Pyrrolidino-methyl-tetracyclins (Reverin). Münch. med. Wschr. **100**, 663 (1958). — HETTCHE, H. O.: Untersuchungen über die Natur der bactericiden und hämolytischen Bestandteile der Pyocyaneuslipoide. Klin. Wschr. **12**, 1804 (1933). — HINES, L. R.: An appraisal of the effects of long-term chlortetracycline administration. Antibiot. and Chemother. **6**, 623 (1956). — HIRSCH, H. A., and M. FINLAND: Antibacterial activity of serum of normal subjects after oral doses of Demethylchlortetracycline, Chlortetracycline and Oxytetracycline. New. Engl. J. Med. **260**, 1099 (1959). — HIRSCH, H. A., C. M. KUNIN and M. FINLAND: Demethylchlortetracyclin. Ein neues und stabileres Antibiotikum der Tetracyclingruppe mit höherer und länger anhaltender antibakterieller Wirkung. Münch. med. Wschr. **101**, 1311 (1959). — HISCOX, D. J.: The ultraviolet determination of aureomycin and terramycin. J. Amer. pharm. Ass., sci. Ed. **40**, 237 (1951). — HOBBY, G. L., T. F. LENERT, M. DONIKIAN and D. PIKULA: The tuberculostatic activity of terramycin. Amer. Rev. Tuberc. **63**, 434 (1951). — HODGKINSON, R.: Blood dyscrasias associated with chloramphenicol; an investigation into the cases in the British Isles. Lancet **1954 I**, 285. — HOEKSEMA, H., M. E. BERGY, W. G. JACKSON, J. W. SHELL, J. W. HINMAN, A. E. FONKEN, G. A. BOYACK, E. L. CARON, J. H. FORD, W. H. DEVRIES and G. F. CRUM: Streptonivicin a new antibiotic. II. Isolation and characterisation. Antibiot. and Chemother. **6**, 143 (1956). — HÖPPNER, H.: Amphomycin-Neomycin-Kombination als Lokalantibiotikum. Svenska Läk.-Tidn. **54**, 2742 (1957). — HOFMANN, P.: Resistenzbestimmung bei pathogenen Bakterien. Derm. Wschr. **127**, 275 (1953). — HOFMANN, P., W. BIECHTELER, F. MEYTHALER, E. HOFER, L. RITTER u. R. BEDACHT: Bakteriologische und klinische Ergebnisse mit Resistomycin (Kanamycin „Bayer"). Münch. med. Wschr. **101**, 1444 (1959). — HOLPER, J. C., C. J. RICKHER and J. C. SYLVESTER: Ristocetin: Effect of gamma-globulin on in vivo activity. Antibiot. Ann. 577 (1957/58). — HOSOYA, S., N. KOMATSU, M. SOEDA and Y. SONODA: Trichomycin, an new antibiotic produced by streptomyces hachijoensis with trichomonadicidal and antifungal activity. Jap. J. exp. Med. **22**, 505 (1952). — HOSOYA, S., and S. NAKAZAWA: Development of resistance of trichomonas vaginalis to trichomycin. J. Antibiot. Ser. B. **8**, 92 (1955). — On the in vitro action of trichomycin against leishmania donovani. J. Antibiot., Ser. B **8**, 94 (1955). — HOSOYA, S., S. NAKAZAWA, M. SOEDA, Y. OGATA and K. OKADA: Fundamental experiments of candidiasis treatment. Chemotherapy **3**, 10 (1955). — HOSOYA, S., M. SOEDA, N. KOMATSU, K. OKADA and S. WATANABE: Studies on trichomycin II. Antibiotic activities against trichomonas, candida and treponema pallidum. J. Antiobiot., Ser. A **6**, 92 (1953). — Studies on trichomycin. III. Excretion of trichomycin in the urine by oral or parenteral administration. J. Antibiot., Ser. A **6**, 98 (1953). — HOTTER, J. T., and B. A. WAISBREN: The ineffectiveness of CJD-545, a synthetic analog of chloramphenicol that does not contain a nitrobenzene ring. Antibiot. and Chemother. **4**, 62 (1954). — HUPPERT, M., D. A. MCPHERSON and J. CAZNI: Pathogenesis of candida albicans infection following antibiotic therapy. I. The effect of antibiotics on the growth of Candida albicans. J. Bact. **65**, 171 (1953). — HURIEZ, C., R. DUSANSOY, P. ARQUEMBOURG et N. DARRAS: Etude comparative des concentrations sanguines obtenues par divers modes d'administration de la pénicilline. Bull. Soc. franç. Derm. Syph. **58**, 448 (1951).

ICHIKAWA, T.: Behandlung von Infektionen der Harnwege mit Kanamycin. Ann. N.Y. Acad. Sci. **76**, 242 (1958). — IRRGANG, K.: Zur Laboratoriumstechnik der Penicillin-Wertbestimmung. Z. Naturforsch. **5b**, 155 (1950).

JACCARD, G., u. TH. BECHT: Klinische Erfahrungen mit „toxizitätsgemindertem" Streptomycin (Streptothenat) in der Tuberkulosebehandlung. Schweiz. med. Wschr. **86**, 862 (1956). — JACKSON, D. M., E. J. LOWBURY and E. TOPLEY: Pseudomonas pyocyanea in burns. Its role as a pathogen and the value of local polymyxin therapy. Lancet **1951 II**, 137. — JACOBSON, F. W.: The use of griseofulvin in the treatment of dermatomycoses. W. Indian med. J. **9**, 101 (1960). — JANKE, R. G.: Studien über die Antibiotikawirkung bei Sproßpilzen. Zbl. Bakt., I. Abt. Orig. **160**, 628 (1954). — JANOT, M. M., H. PÉNAU, D. VAN STOLK, G. HAGEMANN et L. PÉNASSE: Constitution chimique de l'antibiotique „framycétine". I. Etude des produits d'hydrolyse acide. Mém. prés. a la soc. chim., p. 1458, 1954. — JAWETZ, E.: Infections with pseudomonas aeruginosa treated with polymyxin B. A.M.A. Arch. intern. Med. **89**, 90 (1952). — JAWETZ, E., and H. R. BIERMAN: Suppression of the intestinal flora in man by means of mixtures of poorly absorbed antibiotics. Gastroenterology **21**, 139 (1952). — JAWETZ, E., and V. R. COLEMAN: Laboratory and clinical observations on aerosporin (Polymyxin B). J. Lab. clin. Med. **34**, 751 (1949). — JAWETZ, E., and J. B. GUNNISON: An experimental basis of combined antibiotic action. J. Amer. med. Ass. **150**, 693 (1952). — Studies on antibiotic synergism and antagonism: a scheme of combined antibiotic action. Antibiot. and Chemother. **2**, 243 (1952). — Antibiotic synergism and antagonism: an assessment of the problem. Pharmacol. Rev. **5**, 175 (1953). — JAWETZ, E,. J. B. GUNNISON and R. S. SPECK: Antibiotic synergism and antagonism. New Engl. J. Med. **245**, 966 (1951). — JAWETZ, E., J. B. GUNNISON, R. S. SPECK and V. R. COLEMAN: Studies on antibiotic synergism and antagonism. The interference of chloramphenicol with the action of penicillin. Arch. intern. med. **87**, 349 (1951). — JENNINGS, M. A.: The activity of penicillin against microorganisms. Chapt. 31 in Antibiotics, vol. II (H. W. FLOREY et al.). New York: Oxford University Press 1949. — JOHNSON, B. A., H. ANKER and F. L. MELENEY: Bacitracin: A new antibiotic produced by a member of the B. subtilis group. Science **102**, 376 (1945). — JOLLY, A.: Etude sur l'activité inhibitrice des differents antibiotiques sur 507 souches microbiennes directement isolées de l'organisme. Maroc méd. **35**, 371 (1956). — JOSSELYN, L. E., and J. C. SYLVESTER: Absorption of erythromycin. Antibiot. and Chemother. **3**, 63 (1953).

KADISON, E. R., J. F. VOLINI, S. J. HOFFMAN and O. FELSENFELD: Neomycintherapy — its use in virus pneumonia, tuberculosis and diseases caused by gram negativ bacteria. J. Amer. med. Ass. **145**, 1307 (1951). — KAGAN, B. M., D. KREVSKY, A. MILZER and M. LOCKE: Polymyxin B and Polymyxin E. J. Lab. clin. Med. **37**, 402 (1951). — KAIPAINEN, W. J.: Effect of antibiotic combinations on bacterial resistance. Ann. Med. exp. Finn. **30**, 61 (1952). KAISER, J. A., C. MAZZARINO, E. M. BAJEK and S. Y. P'AN: Oleandomycin-tetracycline: toxicity in experimental animals. Antibiot. and Chemother. **7**, 255 (1957). — KAPLAN, S., A. E. FISCHER and J. L. KOHN: Treatment of pertussis with polymyxin B (aerosporin). J. Pediat. **35**, 49 (1949). — KARASAKI, T., and N. WATANABE: Blood concentrations of trichomycin following intravenous, intraperitoneal and intramuscular injections. Antibiot. and Chemother. **7**, 227 (1957). — Therapeutic blood concentrations of trochomycin in rabbits with experimental candidiasis. Abstract of Trichomycin-Literature Fujisawa Pharmaceutical Co., Ltd. 22, 1958. — Individual difference in trichomycin blood concentrations in rabbits receiving intravenous administration. Antibiot. and Chemother. (in press). — KARASAKI, T., N. WATANABE and S. KUMADA: Blood concentrations fowlloing oral administration of trichomycin. Antibiot. and Chemother. (in press). — KARLSON, A. G., and J. H. GAINER: Viomycin in tuberculosis of guineapigs due to streptomycin-sensitive and to streptomycin-resistant tubercle bacilli. Proc. Staff Mayo Clin. **26**, 53 (1951). — KAUFMANN, W., u. K. BAUER: Enzymatische Spaltung und Resynthese von Penicillin. Naturwissenschaften **47**, 474 (1960). — KAYSER, H. W.: Der diaplazentare Übertritt von radioaktivem Penicillin. Arch. Gynäk. **185**, 140 (1954). — KELLER, H.: Experimentelle Untersuchungen zur Aufhebung der neurotoxischen Wirkung des Streptomycins. Verh. der Dtsch. Ges. für Inn. Med., 61. Kongr., 1955. München: J. F. Bergmann. — KELLER, H., W. KRUPE, H. SOUS u. H. MÜCKTER: Versuche zur Toxizitätsminderung basischer Streptomyces-Antibiotika. Arzneimittel-Forsch. **5**, 170 (1955). — KELLER, H., and H. E. MORTON: Susceptibilities of Kazan, Nichols and Reiter strains of treponema and PPLO to the antibiotic erythromycin (ilotycin). Amer. J. Syph. **37**, 378 (1953). — KIKUTH, W., u. L. GRÜN: Zur Hygiene und Bakteriologie des Staphylokokken-Hospitalismus. Dtsch. med. Wschr. **16**, 549 (1957). — KIMMIG, J.: Antibiotika in der Behandlung der Haut- und Geschlechtskrankheiten. Arch. Derm. Syph. (Berl.) **191**, 213—245 (1949). — Neuzeitliche Behandlung der Dermatomykosen unter besonderer Berücksichtigung der Mikrosporie. Dtsch. med. Wschr. **75**, 1137 (1950). — Klinische und experimentelle Untersuchungen zur Therapie der Hauttuberkulose. Z. Haut- u. Geschl.-Kr. **3**, 4, 69, 103 (1953). — Neuzeitliche Behandlung mit Antibiotica und Sulfonamiden. Geburtsh. u. Frauenheilk. **13**, 673 (1953). — Kritische Stellungnahme zu den modernen Behandlungsmethoden in der Dermato-Venerologie. LANDES, Heutiger Stand der Therapie der Hautkrankheiten. Tagungsbericht vom 22. u. 23. Okt. 1955 in Frankfurt a. Main. Berlin-Göttingen-Heidelberg: Springer 1956. — KIMMIG, J., u. F. FEGELER: Klinische und experimentelle Untersuchungen zur Chemotherapie der Lepra. Hautarzt **4**, 70 (1953). — KIMMIG, J., H. ÖPPINGER, F. WEYGAND u. A. WACKER: Antibiotika. In ULLMANN, Enzyklopädie der technischen Chemie, 3. Aufl., Bd. 3, S. 733—799. München u. Berlin: Urban & Schwarzenberg 1953. — KIMMIG, J., u. H. RIETH: Antimykotika in Experiment und Klinik. Arzneimittel-Forsch. **3**, 267 (1953). — KIRBY, W. M., and J. J. AHERN: Changing pattern of resistance of staphylococci to antibiotics. Antibiot. and Chemother. **3**, 831 (1953). — KIRBY, W. M., F. M. MAPLE and B. O'LEARY: Erythromycin serum concentrations following administration in acid-resistant tablets. Antibiot. and Chemother. **5**, 473 (1953). — KLAPPER, M. S.: Disseminated Coccidioidomycosis. Apparently cured with Amphotericin B. J. Amer. med. Ass. **167**, 463 1958). — KLEIN, P.: Über die Steigerung der bakteriostatischen Penicillinwirkung durch Sulfonamide und Streptomycin. Zbl. Bakt., I. Abt. Orig. **161**, 395 (1954). — KLUYSKENS, P., u. P. VAN LINDT: Lassen sich die toxischen Nebenwirkungen des Dihydrostreptomycins verhindern? Acta oto-rhino-laryng. belg. **7**, 371 (1953). — KNÖLL, H.: Zur Wertbestimmung des Penicillins. Pharmazie **2**, 392 (1947). — Über Penicillingewinnung und Penicillinwertbestimmung. Zbl. Bakt., I. Abt. Orig. **155**, 99 (1950). — KNÖLL, H., u. K. ZAPF:

Untersuchungen zum Problem des Bakterienzellkerns. Zbl. Bakt., I. Abt. Orig. **157** (1951/52). — KNÖRR, K., u. A. WALLNER: Möglichkeiten zur Bekämpfung des Staphylokokken-Hospitalismus. Dtsch. med. Wschr. **82**, 1473 (1957). — KNOTHE, H.: Die Wirkung von Pyrrolidino-methyl-tetracyclin auf die Darmflora bei intravenöser und intramuskulärer Applikation. Arzneimittel-Forsch. **8**, 518 (1958). — Demethyl-chlor-tetracyclin: Antibakterielle Aktivität sowie Untersuchungen über die Absorption, Diffusion und Ausscheidung in Organen und Körperflüssigkeiten nach oraler Verabreichung bei Hund und Kaninchen. Arzneimittel-Forsch. **9**, 615 (1959). — KNOTHE, H., u. J. DEL CAMPO: Antibiotika-resistente Staphylokokken. Ärztl. Wschr. **10**, 556 (1955). — KNUDSEN, E. T.: Les pénicillines synthétiques. Méd. et Hyg. (Genève) **18**, 476, 667 (1960). — KÖNIGSBAUER, H.: Über die Behandlung bakterieller Hautkrankheiten mit Usninsäure. Hautarzt **6**, 501 (1955). — KOLMER, J. A.: Synergistic or additive activity of chemotherapeutic compounds. Amer. J. med. Sci. **215**, 136 (1948). — KOLMER, J. A., and A. M. RULE: Penicillin alone and in combination with mercury succinimide and potassium iodide in the treatment of acute syphilitic orchitis of rabbits. Amer. J. Syph. **37**, 77 (1953). — KOYAMA, Y.: La colimycine, nouvel antibiotique. J. Antibiot. **3**, 457 (1950). — KOZINN, P. J., C. TASCHDJIAN, D. DRAGUTSKY and A. MINSKY: Treatment of cutaneous candidiasis in infancy and childhood with nystatin and amphotericin B. Antib. Ann. **1956/57**, 128. — KUEMMERLE, P. H.: Das Bacterium lactis acidophilum und seine Bedeutung für die prä- und postoperative Therapie. Med. Klin. **13**, 503 (1957). — KÜSTERMANN, V.: Die Bedeutung der Penicillinase und Untersuchungen zu ihrer Inhibierung. Inaug.-Diss. Hamburg 1955. — KUHN, R.: Vom Lernen und Lehren an unseren Hochschulen. Festschrift zur 100-Jahr-Feier des naturhistorisch-medizinischen Vereins zu Heidelberg. Selbstverlag des Vereins 1956. — KULESZA, J. S.: Report from the laboratory, The Squibb Institute for Medical Research, April 25, and Mai 21, 1957. — KUNIN, C. M., A. C. DORNBUSCH and M. FINLAND: Distribution and excretion of 4 Tetracycline analogues in normal young men. J. clin. Invest. **38**, 1950 (1959). — KUTSCHER, A. H., S. L. LANE and R. SEGALL: The clinical toxicity of antibiotics and sulfonamides; a comparative review of the literature based on 104672 cases treated systematically. J. Allergy **25**, 135 (1954). — KUZEL, N. R., J. M. WOODSIDE, J. P. COMER and E. E. KENNEDY: Spectrophotometric determination of erythromycin in pharmaceutical products. Antibiot. and Chemother. **4**, 1234 (1954).

LAMBRECHT, R.: Nachweis von Reverin in der Galle nach parenteraler Anwendung. Med. Klin. **53**, 1511 (1958). — LANGE-BROCK, TH.: Manometrische Untersuchungen zur Frage der Wachstumsstimulierung von Candida albicans. Inaug.-Diss. Hamburg 1956. — LANGER, H.: Der Einfluß von Xanthocillin auf Dermatophyten und Candida-Stämme bei Untersuchungen in vitro. Dtsch. Gesundh.-Wes. **10**, 1186 (1955). — LARSON, E. J., N. D. CONNOR, O. F. SWOAP, R. A. RUNNELS, M. C. PRESTRUD, E. T. EBLE, W. A. FREYBURGER, W. VELDKAMP and R. M. TAYLOR: Novobiocin, a new antibiotic. VI. Toxicology. Antibiot. and Chemother. **6**, 226 (1956). — LECHEVALIER, H., R. F. ACKER, C. T. CORKE, C. M. HAENSELER and S. A. WAKSMAN: Candicidin, a new antifungal antibiotic. Mycologia **45**, 155 (1953). — LE COULANT, P.: Aktuelles aus der Dermato-Venerologie. J. Méd. Bordeaux **10**, 1124 (1958). — LEDUC, A.: Les nouveaux antibiotiques. Un. méd. Can. **82**, 1149 (1953). — LEE, C. C., R. C. ANDERSON and K. K. CHEN: Site of absorption of erythromycin in rats. Antibiot. and Chemother. **4**, 926 (1954). — LEITNER, Z. A.: Vitamin deficiency and antibiotics. Brit. med. J. **1950 I**, 491. — LEMBKE, A., u. R. BÖNICKE: Experimentelle Störungen des Lebensvorgangs und deren Wert für die Deutung des lebendigen Geschehens bei Einzellern. Zbl. Bakt., I. Abt. Orig. **153** (1948/49). — LEPPER, M. H., and H. F. DOWLING: Treatment of pneumococcic meningitis with penicillin compared with penicillin plus aureomycin; studies inclusing observations on an apparent antagonism between penicillin and aureomycin. A.M.A. Arch. intern. Med. **88**, 489 (1951). — LEPPER, M. H., H. F. DOWLING, J. A. ROBINSON, T. E. STONE, R. L. BRICKHOUSE, E. R. CALDWELL and R. L. WHELTON: Studies on hypersensitivity to penicillin. I. Incidence of reactions in 1303 patients. J. clin. Invest. **28**, 826 (1949). — LEPPER, M. H., H. W. SPIESS, W. F. T. KELOW, J. M. ROSENTHAL and S. PLAUT: Spiramycine in the treatment of infections. Symposion sur les antibiotiques. Washington 1955. —LEVINE, J., E. A. GARLOCK jr. and H. FISCHBACH: Chemical assay of aureomycin. J. Amer. pharm. Ass., sci. Ed. **38**, 473 (1949). — LICHTSTEIN, H. C., and R. F. GILFILLAN: Inhibition of pantothenate synthesis by streptomycin. Proc. Soc. exp. Biol. (N.Y.) **77**, 459 (1951). — LIGHT, A. E., J. A. TORNABEN and E. J. DE BEER: A comparison of the renal effects of polymyxin A, aerosporin and a mercurial diuretic. Antibiot. and Chemother. **2**, 63 (1952). — LIMSON, B. J., and M. R. ROMANSKY: Laboratory and clinical studies with novobiocin, a new antibiotic produced by streptomyces niveus. Antibiot. Med. **2**, 277 (1956). — LIN, F. K., and L. L. CORIELL: Novobiocin, a laboratory and clinical evaluation. Antibiot. Med. **2**, 268 (1956). LIND, H. E., and E. M. SWANTON: The effect of prolonged use of a tyrothricin tooth paste on the tyrothricin resistance of oral microorganisms and their cross resistance to other antibiotics. Antibiot. and Chemother. **4**, 1161 (1954). — LINZENMEIER, G.: Kanamycin. Dtsch.

med. Wschr. **83**, 2298 (1958). — LIPNICK, M. J., A. M. KLIGMAN and R. STRAUSS: Antibiotics and fungus infections. J. invest. Derm. **18**, 247 (1952). — LIQUORI, A.: Klinische und experimentelle Untersuchungen über eine Kobalt-Penicillinverbindung. Minerva med. **43**, 149 (1952). — LOEWE, S.: The problem of synergism and antagonism of combined drugs. Arzneimittel-Forsch. **6**, 285 (1953). — LOMMEL, H.: Messung des Sauerstoffverbrauchs von Streptokokken in Gegenwart von Antibiotika. Inaug.-Diss. Hamburg 1953. — Zur Beurteilung der Wirkungsweise von Antibiotica. Arzneimittel-Forsch. **5**, 176 (1955). — LOUGHLIN, E. H., and W. H. MULLIN: Combined antibiotic therapy of tropical infections with PA 765 and PA 775. Antibiot. Ann. 63 (1956/57). — LOURIA, D. B.: Some aspects of the absorption, distribution and excretion of amphotericin B in man. Antibiot. Med. **5**, 295 (1958). — LOVE, B. D., S. S. WRIGHT, E. M. PURCELL, T. W. MON and M. FINLAND: Antibacterial action of tetracycline: comparisions with oxytetracycline and chlortetracycline. Proc. Soc. exp. Biol. (N.Y.)**85**, 25 (1954). — LUDWIG, E.: Über die Wirksamkeit der Kombination Penicillin-Streptomycin in vitro und bei der Behandlung von Hautkrankheiten. Dtsch. med. Wschr. **41**, 1256 (1952). — LUDWIG, K. A., F. J. MURRAY, J. K. SMITH, CH. R. THOMPSON and H. W. WERNER: Laboratory studies on β-diethylaminoethyl fencholate, a new antifungal agent. Antibiot. and Chemother. **4**, 56 (1954). — LÜTZENKIRCHEN, A., E. GUTMANN u. G. LITERSKI: Zur Reizkörper- und Penicillintherapie bei der Streptokokkensepsis. Dtsch. med. Wschr. **50**, 1858 (1954). — LÜTZENKIRCHEN, A., u. M. SCHOOG: Wirkungssteigerung von Penicillin durch Megaphen und Antihistaminika. Arzneimittel-Forsch. **4**, 560 (1954). — LUND, E.: Amphomycin, ein neues Antibiotikum zur örtlichen Behandlung. Ugeskr. Laeg. **119**, 909 (1957). — LYNCH, J. E., A. R. ENGLISH, B. J. BAMFORTH and D. GOECKERITZ: Protective action of anisomycin in guinea pigs infected with endamoeba histolytica. Antibiot. Ann. 813 (1954/55). — LYNCH, J. E., A. R. ENGLISH, H. BAUCK and H. DELIGIANIS: Studies on the in vitro-activity of anisomycin. Antibiot. and Chemother. **4**, 844, 899 (1954). — LYNCH, J. E., E. C. HOLLEY and J. E. MARGISON: Studies on the use of the mouse as a laboratory animal for the evaluation of antitrichomonal agents. Antibiot. and Chemother. **5**, 508 (1955).

MACCABE, A. F.: Framycetin. Practitioner **182**, 628 (1959). — MACHLOWITZ, R. A., W. P. FISHER, B. S. MCKAY, A. A. TYTELL and J. CHARNEY: Xanthothricin, a new antibiotic. Antibiot. and Chemother. **2**, 259 (1954). — MACHT, D. J., u. T. E. HOFFMASTER: The action of antibiotics on oxydation-reduction enzymes of lupinus seeds. Arch. int. Pharmacodyn. **83**, 207 (1950). — MAGARA, M., E. YOKOUTI, T. SCUDA and E. AMINO: The action of a new antibiotic, trichomycin, upon trichomonas vaginalis, candida albicans and anaerobic bacteria. Antibiot. and Chemother. **4**, 433 (1954). — MANN, F. C., D. H. HEILMAN and W. E. HERRELL: Effect of serum on hemolysis by gramicidin and tryocidine. Proc. Soc. exp. Biol. (N.Y.) **52**, 31 (1943). — MANTEN, A.: Synergism and antagonism between antibiotic mixtures containing erythromycin. Antibiot. and Chemother. **4**, 1228 (1954). — The action of antibiotic combinations on pathogenic staphylococci in vitro. Antibiot. and Chemother. **4**, 480 (1956). — MAPLE, F. M., B. O'LEARY and W. M. KIRBY: Serum concentrations of erythromycin following intravenous administration. Antibiot. and Chemother. **3**, 836 (1953). — MARCHIONINI, A.: Antibiotics in dermatology. Symposium XI. Internat. Derm.-Kongr., Stockholm, 2. 8. 1957. — MARCHIONINI, A., u. H. GÖTZ: Penicillinbehandlung der Hautkrankheiten. Berlin-Göttingen-Heidelberg: Springer 1950. — MARCHIONINI, A., u. H. RÖCKL: Ätiologie, Diagnose, Therapie der gonorrhoischen und nichtgonorrhoischen Urethritiden. Münch. med. Wschr. **99**, 173 (1957). — MARTIN, W. J., F. R. HEILMAN, D. R. NICHOLS, W. E. WELLMAN and J. E. GERACI: Novobiocin treatment of pyodermas. Antibiot. Med. **2**, 201 (1956). — MARTIN, W. J., D. R. NICHOLS and J. E. GERACI: The present status of erythromycin. Proc. Mayo Clin. **28**, 609 (1953). — MARTIN, W. J., D. R. NICHOLS and F. R. HEILMAN: Observations on clinical use of phenoxymethyl penicillin (Penicillin V). J. Amer. med. Ass. **160**, 928 (1956). — MARQUARDT, P., u. E. ZIEGLER: Zur Pharmakologie von Streptomycinsulfat und -pantothenat. Arzneimittel-Forsch. **6**, 213 (1956). — MARTIN, R., B. SUREAN, Y. CHALBERT et B. HUTINEL: La colimycine. Rev. méd. franç. **40**, (2), 105 (1959). — MARWYCK, CH. VAN: Zur Frage der Ausscheidung von Tetracyclin im Stuhl. Münch. med. Wschr. **100**, 684 (1958). — MASSENAT-DEROCHE, B.: La framycétine (un nouvel antibiotique). Diss. Paris 1954. — MATRAS, A., u. J. KOHLER: Erfahrungen mit Ecomytrin-Salbe bei Hautkrankheiten, einer neuartigen Lokalantibiotika-Kombination in einer Öl-Wasser-Emulsion. Wien. med. Wschr. **107**, 778 (1957). — MAYOUX, R., CARRAZ et J.-P. REBATTU: Notions nouvelles sur l'étude de la résistance des germes aux antibiotiques. Rev. Laryng. (Bordeaux) **75**, 467 (1954). — MCCORMICK, J. R. D., N. O. SJOLANDER, N. HIRSCH, E. R. JENSEN and A. P. DOERSCHUK: A new family of antibiotics: The demethyltetracyclines. J. Amer. Chem. Soc. **79**, 4561 (1957). — MCCOWEN, M., M. E. CALLENDER, J. F. LAWLIS and M. C. BRANDT: The effects of erythromycin (ilotycin Lilly) against certain parasitic organisms. Amer. trop. Med. Hyg. **2**, 212 (1953). — MCDERMOTT, W.: Toxicity of streptomycin. Amer. J. Med. **2**, 491 (1947). — MCDERMOTT, W., P. A. BUNN, M. D. R. BENOIT and M. E. REYNOLDS: The absorption, excretion and destruction of orally administered penicillin. J. clin. Invest.

25, 190 (1946). — MCGOVERN, J. J., R. H. PARROT, C. W. EMMONS, S. ROSS, F. G. BURKE and E. C. RICE: The effect of aureomycin and chloramphenicol on the fungal and bacterial flora of children. New Engl. J. Med. **248**, 397 (1953). — MCGUIRE, J. M., R. L. BUNCH, R. C. ANDERSON, A. E. BRAZ, E. H. FLYNN, H. M. POWELL and J. W. SMITH: „Ilotycin", a new antibiotic. Antibiot. and Chemother. **2**, 281 (1952). — MCKEE, C. M., D. M. HAMRE and G. RAKE: The action of antibiotics on organisms producing gas gangrene. Proc. Soc. exp. Biol. (N.Y.) **54**, 211 (1943). — MEADS, M., W. P. ROWE and N. M. HASLAM: Alterations in the bacterial flora of the throat during oral therapy with aureomycin. Arch. intern. Med. **87**, 533 (1951). — MELENY, F. L., A. J. BALBINA, E. J. PULASKI and F. COLONNA: Treatment of mixed infections with penicillin. J. Amer. med. Ass. **130**, 121 (1946). — MELENY, F. L., and B. A. JOHNSON: Bacitracin. Amer. J. Med. **7**, 794 (1949). — MELENY, F. L., B. A. JOHNSON and P. TENG: Further experiences with local and systemic bacitracin in the treatment of various surgical and neuro-surgical infections and certain related medical infections. Surg. Gynec. Obstet. **94**, 401 (1952). — METZGER, W. J., and J. P. SHAPSE: Evaluation of aureomycin for intestinal asepsis. J. Bact. **59**, 309 (1950). — MEYER-ROHN, J.: Die Behandlung der chronischen Furunkulose mit Omnacillin. Dtsch. med. Wschr. **52**, 1796 (1953). — Der Wert der Resistenzbestimmung von Bakterien gegen Antibiotika und Sulfonamide für die Therapie. Arzneimittel-Forsch. **3**, 362 (1953). — Experimentelle Untersuchungen mit der Kombination Omnadin/Penicillin. Arzneimittel-Forsch. **4**, 335 (1954). — Über Penicillinase und ihre Inhibitoren. Hautarzt **5**, 264 (1954). — Experimentelle Untersuchungen über Tetrazykline. Arzneimittel-Forsch. **5**, 446 (1955). — Veränderungen der normalen Darmflora unter Tetrazyklingaben. Ärztl. Forsch. **6**, 299 (1956). — Experimentelle und klinische Erfahrungen mit einer Corticosteroid-Kanamycin-Salbe. Med. Welt. **18**, 1007 (1960). — Experimentelle und klinische Erfahrungen mit Demethylchlortetracyclin. Arzneimittel-Forsch. **10**, 802 (1960). — MEYER-ROHN, J., W. HOPFF u. TH. LANGE-BROCK: Experimentelle Untersuchungen über Wirkungsweise und therapeutische Effekte von Nystatin. Arzneimittel-Forsch. **7**, 355 (1957). — MEYER-ROHN, J., u. TH. LANGE-BROCK: Untersuchungen zur Frage der Wachstumsstimulierung von Candida albicans durch Antibiotika. Arch. klin. exp. Derm. **204**, 58 (1957). — MEYER-ROHN, J., u. C. SCHIRREN: Experimentelle und klinische Erfahrungen mit Pyrrolidino-methyl-tetracyclin (Reverin). Med. Klin. **54**, 1570 (1959). — MEYER-ROHN, J., u. K. TUDYKA: Gestaltsänderungen von E. coli unter der Einwirkung von Antibiotika, Sulfonamiden, chemischen und physikalischen Noxen. Arzneimittel-Forsch. **7**, 151 (1957). — MIESCHER, G., u. C. BOHM: Zur Toxikologie des Penicillins. Schweiz. med. Wschr. **77**, 821 (1947). — MILBERG, M. B., J. COLSKY and S. LERNER: Evaluation of polyvinylpyrrolidon as a retardant agent for penicillin: a preliminary report. Antibiot. and Chemother. **4**, 871 (1954). — MILBERG, M. B., R. D. SCHWARTZ and J. N. SILVERSTEIN: Novobiocin: a preliminary report of therapeutic efficacy. Antibiot. Med. **2**, 286 (1956). — MILLBERGER, H., u. E. BLANK: Versuche zur Nachprüfung der Wirkung von Mycostatin auf die experimentelle Candida-albicans-Infektion der weißen Maus. Naturwissenschaften **21**, 503 (1954). — MILLER, A. K., and W. F. VERWEY: Effect of probenecid on combined penicillin and triple sulfonamide therapy of experimental streptococcal infections. Antibiot. and Chemother. **4**, 169 (1954). — MILLER, C. P., and M. BOHNHOFF: Development of streptomycin-resistant and streptomycin-dependent bacteria. Chapt. 10 in Streptomycin, nature and practical applications (S. A. WAKSMAN, edit.). Baltimore: Williams & Wilkins Company 1949. — MISTRETTA, A. G.: Paper chromatography of the polymyxins. Antibiot. and Chemother. 6, 196 (1956). — MOE, R. A.: Reports from the laboratory, the Squibb Institute for Medical Research, August 3, and 15, 1956. — Reports from the laboratory. The Squibb Institute for Medical Research, Mai 20, 1957. — MONASTERO, F.: A colorimetric determination of streptomycin and dihydrostreptomycin. J. Amer. pharm. Ass., sci. Ed. **41**, 322 (1952). — MONTMORENCY, F. A., E. L. CAFFERY and M. M. MUSSELMAN: Observations on the use of oxytetracycline intramuscularly. Antibiot. and Chemother. **4**, 313 (1954). — MOORE, M.: In vivo and in vitro effect of aureomycin hydrochloride on syringospora (monilia, candida) albicans. J. Lab. clin. Med. **37**, 703 (1951). — MORCH-LUND, E.: Determination of bacterial resistance to penicillin, sulfathiazole and streptomycin. Acta path. microbiol. scand. **26**, 821 (1950). — MORTON, R. F., A. PRIGOT and A. DE L. MAYNARD: The clinical evaluation of novobiocin, a new antibiotic. Antibiot. Med. **2**, 282 (1956). — MÜCKTER, H., E. JANSEN, H. SOUS, W. KRUPE, A. QUAST u. H. KELLER: Darstellung und Eigenschaften eines neuen Depotpenicillins. Arzneimittel-Forsch. **4**, 487 (1954). — MULLI, K., K. UHLENBROOK u. L. LUDWIG: Zum Wirkungsmechanismus des Aureomycins. Arzneimittel-Forsch. **3**, 559 (1953). — MURAO, F.: Synthesis of penicillin: 6-aminopenicillanic acid in penicillin fermentations. Nippon Nogai. Kagaku Kaishi **29**, 400—404 (1955). Zit. Nature (Lond.) **183**, 258 (1959). — MUSSELMAN, M. M.: Terramycin (oxytetracycline). Antibiotic monographs No 6. New York: Medical Encyklopedia 1956.

NAKANO, H.: Studies on trichomycin. II. J. Antibiot., Ser. B **8**, 312 (1955). — Studies on trichomycin. III. J. Antibiot., Ser. A **9**, 172 (1956). — NAKANO, H., K. HATTORI,

M. SEKI and Y. HIRATA: Studies on trichomycin. III. J. Antibiot., Ser. A **9**, 5 (1956). — NAPP, J.-H., u. J. CLAUSS: Die Häufigkeit resistenter Stämme gegen Antibiotika und Sulfonamide. Geburtsh. u. Frauenheilk. **10**, 799 (1950). — NEEDHAM, G. M., and J. E. GERACI: Laboratory studies of oleandomycin. (Matromycin.) A.M. & C.T. **3**, 334 (1956). — NELSON, A. A., and E. C. HAGAN: Comparision of different lots of bacitracin for nephrotoxicity to rats and mice. Fed. Proc. **8**, 363 (1949). — NELSON, A. A., J. A. RADOMSKI and E. C. HAGAN: Renal and other lesions in dogs and rats from i.m. injection of neomycin. Fed. Proc. **10**, 366 (1951). — NEWTON, G. G. F., and E. P. ABRAHAM: Observations of the nature of bacitracin A. Biochem. J. **53**, 604 (1953).

O'CONNOR, J. B., F. J. CHRISTIE and K. S. HOWLETT jr.: Neurotoxizität von Dihydrostreptomycin (Wirkungen der Langzeittherapie). Amer. Rev. Tuberc. **63**, 312 (1951). — OLITSKY, L.: Über die antagonistischen Wirkungen des Bacillus fluorescens liquefaciens und seine hygienische Bedeutung. Inaug.-Diss. Bern 1891. — O'REGAN, C., and S. SCHWARZER: Intramuscular terramycin: laboratory and clinical studies in children. J. Pediat. **44**, 172 (1954). — ORMSBEE, R. A.: Effect of erythromycin, thiomycetin and 3 other antibiotics on leptospira icterohaemorrhagica. Proc. Soc. exp. Biol. (N.Y.) **83**, 4 (1954). — ORZECHOWSKI, G.: Antibiotika. Ärztl. Mitt. Nr 26, 1307 (1960). — OTENASEK, F. J., and D. FAIRMAN: Chemical meningitis following use of tyrothricin. A clinical and experimental study. Arch. Otolaryng. (Chicago) **47**, 21 (1948). — OXFORD, A. E., H. RAISTRICK and P. SIMONET: Studies on the biochemistry of micro-organisms: LX griseofulvin, $C_{17}H_{17}O_6Cl$, a metabolic product of penicillium griseo-fulvum Dierckx. Biochem. J. **33**, 240 (1939). — OZAKI, M., Y. KATAOKA, T. MAESAWA, A. TASHIMA and H. KUBO: Pharmacological action of trichomycin. Kumamoto med. J. **7**, 80 (1954).

PAGET, G. E., and A. L. WALPOLE: Some cytological effects of griseofulvin. Nature (Lond.) **182**, 1320 (1958). — PAINE, T. F.: The similarity in action of bacitracin and penicillin on the staphylococcus. J. Bact. **61**, 259 (1951). — In vitro experiments with monilia and E. coli to explain moniliasis in patients receiving antibiotics. Antibiot. and Chemother. **2**, 654 (1952). — PAINE, T. F., and M. FINLAND: Observations on bacteria sensitive to, resistant to, and dependent from streptomycin. J. Bact. **56**, 207 (1948). — PANSY, F. E., P. KAHN, J. F. PAGANO and R. DONOVICK: The relationship between aureomycin, chloramphenicol and terramycin. Proc. Soc. exp. Biol. (N.Y.) **75**, 618 (1950). — PAPPENFORT, R. B., and E. S. SCHNALL: Moniliasis in patients treated with antibiotics. Arch. intern. Med. **88**, 729 (1951). — PETER, H.: Ergebnisse von bakteriologischen Resistenzprüfungen in den Jahren 1953—1958. Med. Welt **20**, 1100 (1960). — PHILIP, J. E., J. R. SCHENCK and M. P. HARGIE: Ristocetins A and B: 2 new antibiotics. Isolation and properties. Antibiot. Ann. 699 (1956/57). — PHILLIPS, B. P.: Measurements of direct amebicidal potential by a micro-method for the screening of drugs in vitro. Amer. J. trop. Med. **31**, 561 (1951). — PINNERT-SINDICO, S.: Une nouvelle espèce de streptomyces productrice d'antibiotiques: Streptomyces ambofaciens. Caractères culturaux. Ann. Inst. Pasteur **87**, 702 (1954). — PINNERT-SINDICO, S., L. NINET, J. PREU-D'HOMME et C. CORSAR: Un nouvel antibiotique: La spiramycine. Colloque de Washington sur les antibiotiques 25—28 octobre 1954. — PINNERT-SINDICO, S., et J. PELLERAT: Un nouvel antibiotique: La spiramycine. Etude de son activité in vitro. Thérapie **11**, 2, 308 (1956). — PITAL, A., D. T. DISQUE and J. M. LEISE: A new rapid plate method for determining antibiotic sensitivity. Antibiot. and Chemother. **6**, 351 (1956). — PITAL, A., H. J. STAFSETH and E. H. LUCAS: Observations on the cobalt enhancement of penicillin activity against salmonella pullorum. Science **117**, 459 (1953). — PITTENGER, R. C., and R. B. BRIGHAM: Streptomyces orientalis, n. sp. the source of vancomycin. Antibiot. and Chemother. **6**, 642 (1956). — PLATEN, A.: Unsere Erfahrungen mit Tetracyclinhydrochlorid und Pyrrolidinomethyl-tetracyclin in Gynäkologie und Geburtshilfe. Landarzt **34**, 824 (1958). — POWELL, H. M., W. S. BONIECE, R. C. PITTENGER, R. L. STONE and C. G. CULBERTSON: Laboratory studies on „ilotycin". Antibiot. and Chemother. **3**, 165 (1953). — PRATT, R., J. DUFRENOY and L. A. STRAIT: Cytochemical mechanism of penicillin action. VI. The influence of cobalt on the optimal bacteriostatic concentration of penicillin. J. Bact. **55**, 727 (1948). — PULASKI, E. J.: Place of antibiotics in field of surgery. Ann. N.Y. Acad. Sci. **53**, 347 (1950). — PULASKI, E. J., and M. L. ROSENBERG: Use of polymyxin in gramnegative urinary tract infections. J. Urol. (Baltimore) **62**, 564 (1949). — PURCELL, E. M., S. S. WRIGHT, T. W. MON and M. FINLAND: Blood levels and urinary excretion in normal subjects after ingestion of tetracycline analogues. Proc. exp. Biol. (N.Y.) **85**, 61 (1954). — PUTNAM, L. E., and E. F. ROBERTS: Prolonged blood concentrations of penicillin following intramuscular benzathine penicillin G. Antibiot. and Chemother. **4**, 931 (1954).

RAKE, G.: Streptomycin as an essential nutrilite. Proc. Soc. exp. Biol. (N.Y.) **67**, 249 (1948). — RAMMELKAMP, C. H.: Observations of resistance of staphylococcus aureus to action of tyrothricin. Proc. Soc. exp. Biol. (N.Y.) **49**, 346 (1942). — RAMMELKAMP, C. H., and L. WEINSTEIN: Toxic effects of tyrothricin, gramicidin and tyrocidine. J. infect. Dis. **71**,

166 (1942). — RAVINA, A.: Cycloserin, oxamycin, synnematin B. Presse méd. 63, 862 (1955). RAVINA, A., et PH. ELOY: Valeur et indications de la nystatine dans le traitement des mycoses. Presse méd. 63, 99 (1955). — RAVINA, A., et M. PESTEL: Un nouvel antibiotique francais: la rovamycine. Therapiekongr. Karlsruhe 1955. — REEDY, R. J., W. A. RANDALL and H. WELCH: Variations in the antimicrobial activity of the tetracyclines. Antibiot. and Chemother. 5, 115 (1955). — REGNA, P. P.: The chemistry of antibiotics of clinical importance. Amer. J. Med. 18, 686 (1955). — REID, R. D.: Some properties of a bacterial-inhibitory substance produced by a mold. J. Bact. 29, 215 (1935). — REISS, F.: Treatment of fungus diseases with antibiotics. Ann. N.Y. Acad. Sci. 55, 1147 (1952). — REITER, H. F. H.: Antibiotische Lokalbehandlung von infizierten Ekzemen (Neomycin-Amphomycinsalbe). Ugesk. Laeg. 119, 911 (1957). — RENTCHNICK, P.: Editorial. Méd. et Hyg. (Genéve) 18, 476, 665 (1960). — REPLOH, H., u. H. CHEMNITZ: Versuche zur Wirkungssteigerung der Penicillinbehandlung durch Omnadin. Medizinische 16, 536 (1952). — *Report to the Council:* Streptomycin in the treatment of tuberculosis. Current status. J. Amer. med. Ass. 138, 584 (1948). — Current status of the chemotherapy of tuberculosis in man. A summary report. J. Amer. med. Ass. 142, 650 (1950). — RIEHL, G.: Griseofulvin, ein per os wirksames Antimykotikum. Wien. klin. Wschr. 71, 215 (1959). — Griseofulvin als peroral wirksames Antimykotikum. Wien. klin. Wschr. 71, 28 (1959). — RIGGINS, H. M., and H. C. HINSHAW (Editors): Streptomycin and dihydrostreptomycin in tuberculosis. National Tuberculosis Association. New York 1949. — RITZERFELD, W.: Untersuchungen über Novobiocin. Arzneimittel-Forsch. 7, 464 (1957). — ROBINSON, H. J., and H. MOLITOR: Some toxicological and pharmacological properties of gramicidine, tyrocidine and tyrothricin. J. Pharmacol. 74, 75 (1943). — ROLINSON, G. N.: L'acide 6-amino-pénicillanique. Méd. et Hyg. (Genève) 476, 670 (1960). — ROMANSKY, M. J.: The current status of calcium penicillin in beeswax and peanut oil. Data from a study of 600 cases and clinical observation of 4000 patients given 60000 injections. Amer. J. Med. 1, 395 (1946). — ROMANSKY, M. J., and R. HOLMES: Successful short-term therapy of enterococcal and staphylococcal endocarditis with ristocetin. Clin. Res. Proc. 5, 200 (1957). — ROMANSKY, M. J., B. M. LIMSON and J. E. HAWKINS: Ristocetin, a new antibiotic: laboratory and clinical studies. Preliminary report. Antibiot. Ann. 706 (1956/57). — ROSENKRÄNZER, R.: Erfahrungen mit Soframycin in der Dermatologie. Med. Klin. 53, 108 (1958). — ROSS, S., K. G. BURKE and E. C. RICE: The use of chloromycetin palmitate in infants and children: a preliminary report. Antibiot. and Chemother. 2, 199 (1952). — ROTHE, W.: Zur Kenntnis der Penicillinase. Pharmazie 5, 25 (1950). — Das neue Antibiotikum Xanthocillin. Dtsch. med. Wschr. 79, 1080 (1954). — ROTHE, W., H. SOUS, H. KELLER and H. MÜCKTER: Xanthocillin: experimental and clinical studies. Antibiot. Ann. 140 (1956/57). — ROWLANDS, S., D. ROWLEY and H. C. STEWART: Absorption and excretion studies with radioactive penicillin. Lancet 1948, 493. — RUBIN, H., P. H. LEHAN and M. L. FURCOLOW: Severe nonfatal histoplasmosis: Report of a typical case with comments on therapy. New Engl. J. Med. 257, 599 (1957). — Amphotericin B in treatment of cryptococcal meningitis. Read at the Fifth Annual Symposium on Antibiotics, Washington, D. C., Oct. 2, 1957. — RUGE, H.: Resistenzbestimmungen von Eitererregern. Medizinische 24, 892 (1955). — Resistenzbestimmungen bei Tuberkulose. Medizinische 35, 1230 (1955). — RUSCHMANN, E.: Tierexperimentelle Untersuchungen zur Frage der Penicillintoxizität. I. Mitt. Der Einfluß des Penicillins auf den graviden Organismus, insbesondere des Meerschweinchens. Z. Hyg. Infekt.-Kr. 140, 248 (1954). — II. Mitt. Die Colienteritis des Meerschweinchens. Z. Hyg. Infekt-Kr. 140, 264 (1954). — III. Mitt. Serologische und biochemische Untersuchungen der Meerschweinchen-pathogenen Colistämme. Z. Hyg. Infekt.-Kr. 140, 333 (1954). — RUTENBERG, A. M., G. M. KOOTA u. F. B. SCHWEINBURG: Die Anwendung von Kanamycin bei chirurgischen Infektionen. Ann. N.Y. Acad. Sci. 76, 348 (1958).

SAZ, A. K., and R. B. SLIE: Manganese reversal of aureomycin inhibition of bacterial cell-free nitro-reductase. J. Amer. chem. Soc. 75, 4626 (1953). — The inhibition of organic nitroreductase by aureomycin in cell-free extracts. II. Cofactor requirements for the nitroreductase enzyme complex. Arch. Biochem. 51, 5 (1954). — SCHATZ, A., E. BUGIE and S. A. WAKSMAN: Streptomycin, a substance exhibiting antibiotic activity against grampositive and gramnegative bacteria. Proc. Soc. exp. Biol. (N.Y.) 55, 66 (1944). — SCHEIERSON, S. S.: A rapid method for determination of the aureomycin concentration of the blood. Proc. Soc. exp. Biol. (N.Y.) 74, 106 (1950). — Comparative sensitivity to penicillin and erythromycin of 505 strains of micrococcus pyogenes var. aureus; isolated during 1953/54. Antibiot. Med. 1, 442 (1955). — SCHENCK, J. R., and M. A. SPIELMAN: The formation of maltol by the degradation of streptomycin. J. Amer. chem. Soc. 67, 2276 (1945). — SCHERR, G. H.: A new type of impregnated paper disc for determining microbial sensitivity to antibiotics and other chemotherapeutic agents. Antibiot. and Chemother. 4, 1007 (1954). — SCHMITZ, H., O. B. FARDIG, F. A. O'HERRON, M. A. ROUSCHE and I. R. HOOPER: Kanamycin. III. Kanamycin B. J. Amer. chem. Soc. 80, 2911 (1958). — SCHMITZ, H., and R. WOODSIDE: Mycolutein, a new antifungal antibiotic. Antibiot. and Chemother. 5, 652 (1955). — SCHÖNFELD, W., u. J. KIMMIG: Sulfonamide und Penicilline. Stuttgart: Ferdinand Enke 1948. — SCHOOG, M.: Mikrobiologische Untersuchungen zum Wirkungsablauf des Xanthocillins. Arzneimittel-Forsch. 6, 550 (1956). — SCHUERMANN, H.: Untersuchungen an Gonokokken während der Penicillinbehandlung der Gonorrhoe. Dtsch. med. Wschr. **1947**, 353. — SCHULEMANN, W., u. H. FRIEBEL: Chemische und pharmakologische Untersuchungen über einen neuen Antihistaminkörper. Dtsch. med. Wschr. **78**, 15, 540 (1953). — SCUDI, J. V., and W. ANTOPOL: Some pharmacologic characteristics of bacitracin. Proc. Soc. exp. Biol. (N.Y.) **64**, 503 (1947). — SCUDI, J. V., G. E. BOXER and V. C. JELINSEK: Color reaction given by streptomycin. Science **104**, 486 (1946). — SCUDI, J. V., J. A. CORET and W. ANTOPOL: Some pharmacological characteristics of bacitracin. III. Chronic toxicity studies of commercial bacitracin in the dog and monkey. Proc. Soc. exp. Biol. (N.Y.) **66**, 558 (1947). — SEED, J. C., and C. E. WILSON: Fluorometric determination of serum aureomycin levels. Science **110**, 707 (1949). — SEIGA, K., M. ASHIDA and M. NOMA: Influences of trichomycin upon human hepatic functions. J. Obstet. Gynaec. **11**, 757 (1957). — SELIGMAN, E.: Virulence enhancing activities of aureomycin on Candida albicans. Proc. Soc. exp. Biol. (N.Y.) **79**, 481 (1952). — SENECA, H., and D. IDES: The effect of antibiotics on human spermatozoa. J. Urol. (Baltimore) **70**, 306 (1953). — SEYDELL, E. M., and W. P. MCKNIGHT: Disturbances of olfaction resulting from intranasal use of tyrothricin. A clinical report of 7 cases. Arch. Otolaryng. (Chicago) **47**, 465 (1948). — SHEEHAN, J. C.: The total synthesis of penicillin V. J. Amer. chem. Soc. **81**, 3089 (1959). — A general synthesis of the penicillins. J. Amer. chem. Soc. **81**, 5838 (1959). — SHIDLOVSKY, B. A., M. MARMELL and A. PRIGOT: The effect of oleandomycin alone and in combination with neomycin on intestinal microflora. Antibiot. Ann. 228 (1956/57). — SIDI, E., et J. BOURGEOIS SPINASSE: Traitement de certaines mycoses rebelles par un extrait de „penicillium griseofulvum Dierckx" (per os). (Note préliminaire.) Presse méd. **67**, 1099 (1959). — SIEDEL, W., A. SÖDER u. F. LINDNER: Die Aminomethylierung der Tetracycline. Zur Chemie des Reverins. Münch. med. Wschr. **100**, 661 (1958). — SMADEL, J. E., and E. B. JACKSON: Chloromycetin, an antibiotic with chemotherapeutic activity in experimental rickettsial and viral infections. Science **106**, 418 (1947). — SMADEL, J. E., E. B. JACKSON and A. B. CRUISE: Chloromycetin in experimental rickettsial infections. J. Immunol. **62**, 49 (1949). — SMADEL, J. E., T. E. WOODWARD, H. L. LEY and R. LEWTHWAITE: Chloramphenicol (chloromycetin) in the treatment of tsutsugamushi disease (scrub typhus). J. clin. Invest. **28**, 1196 (1949). — SMILEY, R. K., G. E. CARTWRIGHT and M. M. WINTROBE: Fatal aplastic anemia following chloramphenicol administration. J. Amer. med. Ass. **149**, 914 (1952). — SMITH, C. G., A. DIETZ, W. T. SOKOLSKI and G. M. SAVAGE: Streptonivicin, a new antibiotic. I. Discovery and biologic studies. Antibiot. and Chemother. **6**, 135 (1956). — SMITH, D. T.: The disturbance of the normal bacterial ecology by the administration of antibiotics with the development of new clinical syndromes. Ann. intern. Med. **37**, 1135 (1952). — SMITH, J. W., R. W. DYKE and R. S. GRIFFITH: Absorption following oral administration of erythromycin. J. Amer. med. Ass. **151**, 805 (1953). — SMITH, R. M., D. A. JOSLYN, O. M. GRUHZIT, J. W. MACLEAN, M. A. PENNER and J. EHRLICH: Chloromycetin: biological studies. J. Bact. **55**, 425 (1948). — SMITH, R. M., W. H. PETERSON and E. MCCOY: Oligomycin, a new antifungal antibiotic. Antibiot. and Chemother. **4**, 962 (1954). — SOBIN, B. A., A. R. ENGLISH and W. D. CELMER: P.A. 105. A new antibiotic. Antibiot. Ann. 827 (1954/55). — SOEDA, M., and M. SOEDA: The antibiotic activity of trichomycin upon trypanosoma cruzi in vitro. J. Antibiot., Ser. B **7**, 347 (1954). — SOKOLSKI, W. T., S. ULLMANN, H. KOFFLER and P. A. TETRAULT: Paper chromatography of some basic, butyl-alcohol-soluble antibiotics. Antibiot. and Chemother. **4**, 1057 (1954). — SOLOTOROVSKY, M., M. E. VALIANT, B. M. FROST and A. C. CUCKLER: Further studies on microbiological activity of Novobiocin. Antibiot. and Chemother. **2**, 86 (1958). — SOMER, P. DE, P. VAN DIJK and H. VAN DE VOORDE: Griseomycin tissue concentrations following parenteral and oral administration. Antibiot. and Chemother. **4**, 546 (1954). — SOUS, H., H. KELLER, H. E. KLEINE-NATROP, W. KRUPE, W. ROTHE u. H. MÜCKTER: Experimentelle Grundlagen für die Anwendung der Tyrothricin-Xanthocillin-Kombination zur lokalen Behandlung bakterieller Infektionen. Arzneimittel-Forsch. **7**, 98 (1957). — SPECTOR, W. S.: Handbook of toxicology. Vol. II: Antibiotics, p. 91 and p. 222. Philadelphia and London: W. B. Saunders Company 1957. — *Squibb Institute for medical research:* Summery of information on mycostatin. Unpublished report, April 1955. — STADTSBAEDER, S., et J. VAN DEN BOSCH: Resensibilisierung Penicillin-resistenter Staphylokokken. Rev. belge Path. **25**, 442 (1956). — STANSLY, P. G.: The polymyxins (a review and assessment). Amer. J. Med. **7**, 807 (1949). — STANSLY, P. G., R. G. SHEPHERD and H. J. WHITE: Polymyxin: a new chemotherapeutic agent. Bull. Johns Hopk. Hosp. **81**, 43 (1947). — STEENKEN jr., W., and E. WOLINSKY: Resistance of tubercle bacilli to streptomycin. Chapter 11 in Streptomycin, nature and practical applications (S. A. WAKSMAN, edit.). Baltimore: Williams & Wilkins Company 1949. — STEWART, G. T., H. H. NIXON u. H. M. T. COLES: Die klinische

Anwendung von BRL 1241 bei Kindern mit Staphylokokken- und Streptokokkeninfektionen. Brit. med. J. **1960 II**, 703. — STONE, J. L.: Induced resistance to bacitracin in cultures of staphylococcus aureus. J. infect. Dis. **85**, 91 (1949). — STOUT, H. A., and J. F. PAGANO: Resistance studies with nystatin (mycostatin). To be presented at Antibiotics Symposium, Washington, D.C., Nov. 2—4, 1955. — Resistance studies with nystatin. Antibiot. Ann. 704 (1955/56). — STRAUCH, D., u. E. KOCH: Die Reverinkonzentration im Blut und Urin nach einmaliger intravenöser Injektion. Münch. med. Wschr. **100**, 668 (1958). — STRAUCH, D., u. E. NITZSCHKE: Untersuchungen über die therapeutische Wirkung von Penicillin, Oxytetracyclin und Pyrrolidinomethyltetracyclin (Reverin) auf die experimentelle Brucella melitensis-Infektion bei Kaninchen. Ärztl. Forsch. **12**, 513 (1958). — SUTER, L. S., and E. W. ULRICH: Routine bacterial sensitivity studies. Antibiot. and Chemother. **9**, 38 (1959). — SUTTON, W. B., and L. STANFIELD: The reversal cycloserine inhibition by mycobactin, a growth factor for mycobacteria. Antibiot. and Chemother. **5**, 582 (1955). — SUZUKI, S., and S. NAKAZAWA: Effects of trichomycin on intestinal candida of animal. Chemotherapy **4**, 257 (1956). — SYLVEST, B.: Neomycin-Amphomycinsalbe in der dermatologischen Praxis. Ugeskr. Laeg. **119**, 914 (1957). — *Symposium* (multiple authors): Aureomycin, a new antibiotic. Ann. N.Y.. Acad. Sci. **51**, 175 (1948). — *Symposium* (verschiedene Autoren): Antibiotics derived from bacillus polymyxa. Ann. N.Y. Acad. Sci. **51**, 853 (1949). — Terramycin. Ann. N.Y. Acad. Sci. **53**, 221 (1950). — Antibiotics Annual, 1953—1954. New York: Medical Encyklopedia 1953.

TABER, W. A., L. C. VINING and S. A. WAKSMAN: Candidin, a new antifungal antibiotic produced by streptomyces viridoflavus. Antibiot. and Chemother. **4**, 455 (1954). — TAKADA, S.: Antiamebic actions of some antibiotics in vitro. J. Jap. Soc. Parasit. **6**, 441 (1956). — TANNER, F. W., A. R. ENGLISH, T. M. LEES and J. B. ROUTIN: Some properties of magnamycin, a new antibiotic. Antibiot. and Chemother. **2**, 441 (1952). — TAYLOR, R. M., W. L. MILLER and M. J. VAN DER BROOK: Streptonivicin a new antibiotic. V. Absorption, distribution and excretion. Antibiot. and Chemother. **6**, 162 (1956). — TAYLOR, R. M., W. T. SOKOLSKI, G. M. SAVAGE and M. J. VAN DER BROOK: Streptonivicin a new antibiotic. IV. A biologic assay for body tissues and fluids. Antibiot. and Chemother. **6**, 157 (1956). — THEISEN, H.: Erfahrungen mit Ecomytrin-Salbe bei der Behandlung bakterieller Hauterkrankungen. Derm. Wschr. **140**, 1188 (1959). — THOMPSON, R. E. M., S. R. WHITBY u. J. W. HARDING: Behandlung der experimentellen Infektion der Maus mit penicillinresistenten Staphylokokken durch BRL 1241. Brit. med. J. **1960 II**, 706. — TIBALDI, E.: Application of the reaction of SAKAGUCHI and the determination of streptomycin. Farmaco, Ed. sci. 8, 160 (1953). — TRACE, J. C., and G. T. EDDS: The influence of cobalt on the activity of antibiotics. Amer. J. vet. Res. **15**, 639 (1954). — TSCHIRREN, B.: Die Schutzwirkung von Vitamin A bei der Streptomycin- und Neomycinvergiftung des Gehörgangs. Schweiz. med. Wschr. **84**, 1414 (1954). — TUNEVALL, G., and H. ERICSSON: Sensitivity tests by disc method as a guide for chemotherapy. Antibiot. and Chemother. 8, 886 (1954). — TUNEVALL, G., and P. HEDENIUS: Laboratory and clinical studies with erythromycin. Antibiot. and Chemother. **4**, 678 (1954).

UMBREIT, W. W.: Site of action of streptomycin. J. biol. Chem. **177**, 703 (1949). — Metabolic action of streptomycin. Ann. N.Y. Acad. Sci. **53**, 6 (1950). — Mechanisms of antibacterial action. Pharmacol. Rev. **5**, 275 (1953). (99 references.). — UMEZAWA, H., M. UEDA, K. MAEDA, K. YAGASHITA, S. KONDO, Y. OKAMI, R. UTAHARA, Y. OSATO, K. NITTA u. T. TAKEUCHI: Herstellung und Isolierung eines neuen Antibiotikums: Kanamycin. Antibiotica, Ser. A **10**, 181 (1957). — UTZ, J. P.: Clinical and laboratory studies on the use of amphotericin in patients with systemic fungal disease. Read at the Fifth Annual Symposium on Antibiotics, Washington, D. C., Oct. 2, 1957.

VACCA, J. B.: The pattern of combined effect of polymyxin B and oxytetracycline in vitro on pseudomonas aeruginosa. Antibiot. and Chemother. **6**, 130 (1956). — VANDERHAEGE, H.: Die Toxizität von Streptomycin und Dihydrostreptomycin. Arch. int. Pharmacodyn. **81**, 500 (1950). — VIVARELLI, J.: Experimentelle Untersuchungen über die Wirkung von Chloramphenicol auf die Vernarbung. G. ital. Derm. Sif. **94**, 124 (1953). — VOGEL, H.: Die Antibiotika. Nürnberg: Hans Carl 1951. — VOGT, K. E.: Phagozytosesteigerung durch Omnacillin. Vortrag 58. Tagg der Dtsch. Ges. für Inn. Med., Wiesbaden, 1952. — VOLINI, J. F., J. GREENSPAN, J. A. GONNER, O. FELSENFELD and S. O. SCHWARTZ: Hemopoetic changes during administration of chloramphenicol. J. Amer. med. Ass. **142**, 1333 (1950). — VONDERBANK, H.: Aureomycin und Achromycin. Klinische Wirkung und deren experimentelle Grundlagen. Arzneimittel-Forsch. 6. Beih. Aulendorf: Editio Cantor 1956. — VONKENNEL, J.: Ein neues Depot-Antihistamin-Penicillin „Neopenyl“. Dtsch. med. Wschr. **80**, 308 (1955). — VONKENNEL, J., J. KIMMIG u. A. LEMBKE: Die Mycoine, eine neue Gruppe therapeutisch wirksamer Substanzen aus Pilzen. Klin. Wschr. **22**, 321 (1943). — VONKENNEL, J., u. M. SCHOOG: Neuere Erkenntnisse in der Chemotherapie der Hautkrankheiten. In: K. FR. BAUER, Medizinische Grundlagenforschung, S. 590. Stuttgart: Georg Thieme 1959. — VUILLEMIN, P.: Antibiose et symbiose. Assoc. franç. pour l'avance sci. Part **2**, 525 (1889).

WAGNER, W. H.: Über den hemmenden Einfluß von Aureomycin auf den oxydativen Abbau aromatischer Substanzen durch saprophytäre Mycobakterien. Naturwissenschaften **37**, 525 (1950). — WAISBREN, B. A., and W. W. SPRINK: Comparative action of aureomycin, chloromycetin, neomycin, Q 19 and polymyxin B against gramnegative bacilli. Proc. Soc. exp. Biol. (N.Y.) **74**, 35 (1950). — WAKSMAN, S. A. (editor): Streptomycin, nature and practical applications. Baltimore: Williams & Wilkins Company 1949. — Streptomycin: isolation, properties and utilization. J. Hist. Med. **6**, 318 (1951). — The literature on streptomycin 1944—1952. New Brunswick, N. J.: Rutgers University press 1952. (5550 references.) — Neomycin. Nature, formation, isolation and practical application. New Brunswick, N. J.: Rutgers University Press 1953. — WAKSMAN, S. A., E. S. HORNING, M. WELSCH and H. B. WOODRUFF: Distribution of antagonistic actinomycetes in nature. Soil Sci. **54**, 281 (1942). — WAKSMAN, S. A., E. KATZ and H. LECHEVALIER: Antimicrobal properties of neomycin. J. Lab. clin. Med. **36**, 93 (1950). — WAKSMAN, S. A., and H. LECHEVALIER: Neomycin, a new antibiotic active against streptomycin-resistant bacteria including tuberculosis organisms. Science **109**, 305 (1949). — WAKSMAN, S. A., A. H. ROMANO, H. LECHEVALIER and F. RAUBITSCHEK: Antifungal antibiotics. Bull. Wld Hlth Org. **6**, 163 (1952). — WALLENFELS, K.: Symbiose und Antibiose, Chemie **58**, 1 (1945.) — WALLENFELS, K., u. E. F. MOELLER: Bericht der Deutschen Chemischen Gesellschaft 1942. — WALTER, A. M.: Neue Antibiotika. Dtsch. med. Wschr. **50**, 1992 (1956). — WARD, M. H.: Symbiosis. Ann. Botany **13**, 549 (1899). — WEINBERG, E. D.: The influence of inorganic salts on the activity in vitro of oxytetracycline. Antibiot. and Chemother. **4**, 35 (1954). — WEINDLING, R.: Isolation of toxic substances from the culture filtrates of trichoderma and gliocladium. Phytopathology **27**, 1175 (1937). — WEISS, P. J.: A new colorimetric test for the estimation of dihydrostreptomycin. Antibiot. and Chemother. **6**, 653 (1956). — WELCH, H. (editorial): The antibiotic resistant staphylococci. Antibiot. and Chemother. **3**, 561 (1953). — Antibiotic sensitivity testing. Antibiot. and Chemother. **6**, 321 (1956). — A rational approach to combined antibiotic therapy. A.M. and C.T. **3**, 375 (1956). — Opening remarks. Antibiot. Ann. 1 (1956/57). — WELCH, H., and C. N. LEWIS: Antibiotic therapy, p. 21 and 123. New York, N.Y.: Medical Encyclopedia 1953. — WELCH, H., C. N. LEWIS and C. S. KEEFER: Antibiotic therapy. New York, N.Y.: Medical Encyclopedia 1953. — WELCH, H., W. A. RANDALL, R. J. REEDY and J. KRAMER: Bacterial spectrum of erythromycin, carbomycin, chloramphenicol, aureomycin and terramycin. Antibiot. and Chemother. **2**, 693 (1952). — WELCH, H., W. A. RANDALL, R. J. REEDY and E. J. OSWALD: Variations in antimicrobial activity of the tetracyclines. Antibiot. and Chemother. **4**, 741 (1954). — WELCH, H., and W. W. WRIGHT: The common identity of cathomycin and streptonivicin. Antibiot. and Chemother. **5**, 670 (1955). — WELLMAN, W. E., u. W. E. HERREL: Procaine penicilline G in sesame oil; a study of reactions and results in 400 cases. Proc. Mayo Clin. **23**, 595 (1948). — WIGMORE, J. O., and W. M. HENDERSON: The control of yeast contamination by mycostatin in cultures of virus of foot- and mouth disease. Nature (Lond.) **176**, 516 (1955). — WILKINS, J. R., C. LEWIS and A. R. BARBIERS: Streptonivicin a new antibiotic. III. In vitro and in vivo evaluation. Antibiot. and Chemother. **6**, 149 (1956). — WILKINSON, S.: Cristalline derivats of the polymyxins and the identification of the fatty acid component. Nature (Lond.) **164**, 622 (1949). — WILLIAMS, D. J., R. H. MARTENS and J. SAKARNY: Oral treatment of ringworm with griseofulvin. Lancet **1958 II**, 1212. — WILLIAMS, J. A., M. J. MEYNELL and A. B. WATSON: Benethamine penicillin; a study of its use in a clinic for septic hands. Brit. med. J. **1956**, No. 4969, 716. — WINSTON, J.: Clinical problems pertaining to neurotoxicity of streptomycin group of drugs. A.M.A. Arch. Otolaryng. **58**, 55 (1953). — WOODS, J. M., I. H. MANNING and C. N. PATTERSON: Monilial infections complicating the therapeutic use of antibiotics. J. Amer. med. Ass. **145**, 207 (1951). — WORATZ, H.: Über Resistenzbestimmungen in der Chemotherapie. Klin. Wschr. **1950**, Nr 29/30, 512. — Wird Penicillin durch Metallspritzen unwirksam? Dtsch. med. Wschr. **75**, 219 (1950). WORK, T. S.: The biochemistry of antibiotics. Ann. Rev. Biochem. **21**, 431 (1952). — WRIGHT, A.: In KRAUS-LEVADITIS Handbuch der Technik und Methode der Immunitätsforschung, 1. Erg.-Bd., S. 144ff. Jena: Gustav Fischer 1911. — WRIGHT, S. S., and M. FINLAND: Cross-resistance among 3 tetracyclins. Proc. Soc. exp. Biol. (N.Y.) **85**, 40 (1954). — WRIGHT, S. S., E. M. PURCELL, C. WILCOX, M. K. BRODERICK and M. FINLAND: Antibiotic combinations and resistance: response of E. coli to antibiotics, singly and in pairs. Proc. Soc. exp. Biol. (N.Y.) **85**, 128 (1954). — WRIGHT, W. W.: The quantitative determination of penicillin O by infrared analysis. Antibiot. and Chemother. **4**, 71 (1954). — WYSS, O., G. N. SMITH, G. L. HOBBY, E. L. OGINSKY and R. PRATT: Symposion on the mode of action of antibiotics. Bact. Rev. **17**, 17 (1953). (98 references.)

YAGI, K., and T. NISHIMOTO: Action of trichomycin against borrelia duttoni and trypanosoma gambiense. J. Antibiot., Ser. B **7**, 135 (1954). — YOSHIMOTO, S.: Experimental and clinical studies on anti-candida drugs. J. Jap. obstet. gynaec. Soc. **7**, 551 (1955). — YOW, M. D., u. G. K. WOMACK: Die Anwendung von Kanamycin bei Staphylokokkeninfektionen der Säuglinge und Kinder. Ann. N.Y. Acad. Sci. **76**, 363 (1958).

ZAOUI, M.: Traitement des gastro-entérites et des infections à germes gram-négatifs du nourrisson par la colimycine. Thèse Paris 1958. Expansion scientifique ed. Paris. — ZIERZ, P., u. W. ECKERT: Gonokokkenkulturen unter der Einwirkung von Penicillin. Arch. Derm. Syph. **187**, 590 (1949). — ZINTEL, H. A., R. A. MA, A. C. NICHOLS and H. ELLIS: The absorption, distribution, excretion and toxicity of bacitracin in men. Amer. J. med. Sci. **218**, 439 (1949).

B. Klinische Anwendung

ABRAHAM, E. P., E. CHAIN, C. M. FLETCHER, H. W. FLOREY, A. D. GARDNER, N. G. HEATLEY and M. A. JENNINGS: Further observations on penicillin. Lancet **1941 II**, 177. — ADAIR, CH. V., W. G. WOODIN, P. A. BUNN and L. CANARILI: Clinical and pharmacological studies with allylmercaptomethyl penicillin (penicillin O). Amer. J. med. **11**, 188 (1951). — ALDERSON, W. E.: Die örtliche Anwendung von Chloramphenicol. Lancet **1951 II**, 224. — ALEXANDER, M.: Zur Erycinbehandlung der Diphtheriebakterienträger. Ärztl. Wschr. **13**, 353 (1958). — ALLEN, G. A., and M. S. COOPER: The effect of chlortetracycline on the immune response. Antibiot. Ann. 354 (1955). — ALTMANN, G.: Über einen Fall von Penicillin-Heilung bei Gesichts-Erysipel nach vorausgegangener Sulfonamid-Schädigung. Z. Haut- u. Geschl.-Kr. **7**, 56 (1949). — AMSLER, R.: Sur les accidents allergiques provoqués par la streptomycine. Presse méd. **1951**, 1011. — ANDERSON, D. G., u. CH. S. KEEFER: The therapeutic value of penicillin. Ann. Arbor, Mich.: J. W. Edwards 1948. — APPEL, B.: Oxytetracycline-polymyxin B ointment in skin infections. Antibiot. and Chemother. **3**, 1258 (1953). — APPLEBAUM, E., and S. SHTOKALKO: Cryptococcus meningitis arrested with amphotericin B. Ann. intern. Med. **47**, 346 (1957). — ARANDES ADAN, R.: Panniculitis nodular recidivante febril no supurada (enfermedad de WEBER-CHRISTIAN). Med. Klin. (Barcelona) **12**, 25 (1949). — ARON-BRUNETIÈRE, R., J. BOURGEOIS-GAVARDIN et J. KOHEN: La chloromycetin en dermatologie: traitement de la rosacée du visage. Presse méd. **1952**, 424.

BAER, R. L., and O. B. MILLER: Aureomycintherapy of disseminated cutaneous herpes simplex (KAPOSI's varicelliform eruption). J. invest. Derm. **13**, 5 (1949). — BALIÑA, P. L.: Sarcomatosis de KAPOSI. Beneficio de la penicillina en un caso. Rev. argent. Dermatosif. **33**, 68 (1949). — BARWASSER, N. C.: The present status of penicillin in dermatology. Illinois med. J. **93**, 31 (1948). — BATAILLE, J.: L'abus des antibiotiques. L'odontologie **74**, 333 (1954). — BATEMAN, J. C., J. R. BARBERICO, J. K. KROMER, C. T. KLOPP, A. MENDELSON et M. BAZIL: Maladie de Nicolas-Favre et auréomycine. Bull. Soc. franç. Derm. Syph. **59**, 24 (1952). — BECKER, F. T., and M. G. FREDRICKS: Evaluation of antibiotics in the control of pustular acne vulgaris. A.M.A. Arch. Derm. **72**, 157 (1955). — BECKER, R. M.: Eine neue Auffassung in der Behandlung von Penicillin-Reaktionen: Anwendung von Penicillinase. Ann. intern. Med. **48**, 1228 (1958). — BEDFORD, P. D.: Idiosyncrasy to aureomycin. Brit. med. J. **1951**, No. 4720, 1428. — BEINHAUER, L. G.: Therapeutic value of chloroamphenicol in a group of dermatoses of established or questionable virus etiology. Arch. Derm. Syph. (Chicago) **62**, 290 (1950). — BENEDETTI, G., u. C. CONTI: Dermatomiosite (Studio clinico ed etiopatogenetico di due osservazioni). Omnia med. (Pisa) Suppl. **2**, 3 (1949). — BERESTON, E. S., and P. E. CARLINER: The treatment of a case of KAPOSI's varicelliform eruption with aureomycin. J. invest. Derm. **13**, 13 (1949). — BERNHART, G.: Todesfälle infolge Superinfektionen bei der Antibiotikatherapie. Schweiz. med. Wschr. **1952**, 1335. — BERRY, C. Z., and J. FERBER: Reactions to penicillin administered orally for mass prophylaxis of streptococcal disease. U.S. armed. Forces med. J. **5**, 1135 (1954). — BERTRAND, P.: Essais in vitro d'un nouvel antibiotique: la trichomycine contre le trichomonas vaginalis. Bull. Féd. Gynéc. Obstét. franç. 8, 1, 109 (1956). — BERTRAND, P., et J. C. MARTIN: Essais in vitro de la trichomycine sur le candida albicans et action comparative sur le bacille de Döderlein. Bull. Féd. Gynéc. Obstet. franç. 8, 3, 378 (1956). — BESSONE, L.: Erisipeloide del Rosenbach e antibiotici. Un caso di erisipeloide guarito con terramicina. Athena (Roma) **20**, 269. Arch. ital. Derm. **26**, 391 (1954). — BIANCHI, G. E.: Die Penicillinbehandlung der Lymphozytome. Dermatologica (Basel) **100**, 270 (1950). — BICKEL, G., et J. BARAZZONE: Effets seconds des antibiotiques. IV. Les déficiences vitaminiques. Rév. méd. Suisse rom. **73**, 872 (1953). — Effets seconds des antibiotiques. V. Les superinfections bactériennes. Rév. méd. Suisse rom. **73**, 879 (1953). — Effets seconds des antibiotiques. VI. Les superinfections myocosiques. Rév. méd. Suisse rom. **73**, 891 (1953). — BICKEL, G., E. ENGEL, G. GREDER et A. FALBRIARD: Effects seconds des antibiotiques. I. Les manifestations allergiques. Rev. méd. Suisse rom. **73**, 820 (1953). — BICKEL, G., et A. FALBRIARD: Effets seconds des antibiotiques. II. Les réactions du type „Jarisch-Herxheimer". Rev. méd. Suisse rom. **73**, 837 (1953). — BICKEL, G., G. GREDER, P. RENTCHNICK et P. SECRETAN: Effets seconds des antibiotiques. III. Les manifestations toxiques. Rev. méd. Suisse rom. **73**, 854 (1953). — BINDER, E., R. DOEPFMER u. O. HORNSTEIN: Experimentelle Übertragung des Erythema chronicum migrans von Mensch zu Mensch. Hautarzt **6**, 494 (1955). — BINDER, M. L. and L. E. STUBBS: Treatment of herpes zoster with aureomycin. J. Amer. med. Ass. **141**, 1050

(1949). — BLANK, H.: Candida albicans frequent companion. Monographs on therapy, vol. 2/1. New Brunswick, N.Y.: Squibb Inst. for Med. Research 1957. — BLUMENTHAL, B.: Aureomycin treatment of herpes zoster. Acta derm.-venerol. (Stockh.) **32**, 261 (1952). — BÖGER, A., u. H. GROS: Die Behandlung der Dermatomyositis mit Penicillin. Dtsch. med. Wschr. **1949**, 924. — BOLET, E. L., et D. R. MARIN: El problema de la alergia penicillina. Rev. clin. esp. **55**, 351 (1954). — BOLLOBÁS, B.: Die Ohrkomplikationen der akuten Infektionskrankheiten in der antibiotischen Ära. Wschr. Kinderheilk. **107**, 379 (1959). — BORKENSTEIN, E.: Zur Behandlung der Pneumonie mit Omnacillin, insbesondere prognostisch ungünstiger Fälle. Med. Klin. **51**, 606 (1956). — BORRIE, P. F.: KAPOSI's varicelliform eruption treated with aureomycin. Lancet **1950I**, 1037. — BRAINERD, H., E. H. LENNETTE, G. MEIKLEJOHN, H. B. BRUYN jr. and W. H. CLARK: Symposium on antibiotics; clinical evaluation of aureomycin. J. clin. Invest. **28**, 992 (1949). — BRAINERD, H. D., H. B. BRUYN, G. MEIKLEJOHN and M. SCAPARONE: Assay of aureomycin in body fluids; observations on individuals receiving aureomycin. Proc. Soc. exp. Biol. (N.Y.) **70**, 318 (1949). — BRISON, J.: Antibiotiques et synthèse des complexes „B" les sélections en chaine. Presse méd. **61**, 748 (1953). — BROCKSALER, F.: Penicillinbehandlung bei Rattenbißfieber. J. Pediat. 5 (1945). Ref. Z. Haut- u. Geschl.-Krh. **3**, 377 (1947). — BROWN, C., S. PROPP, C. M. GUEST, R. T. BEEBE and L. HARLY: Fatal fungus infections complicating antibiotic therapy. J. Amer. med. Ass. **152**, 206 (1953). — BROWN, E. B., and M. GOODGOLD: Allergic reactions to aureomycin with a demonstration of a positive skin test to serum containing aureomycin. J. Allergy **22**, 273 (1951). — BRUDER, K.: Zur Kasuistik des Erythema chronicum migrans. Hautarzt **3**, 462 (1952). — BÜSING, K. H.: Hyaluronidasehemmung durch Echinacin. Arzneimittel-Forsch. **2**, 467 (1952). — BURCKHARDT, W.: Krankendemonstrationen, XXXIV. Kongr. der Schweiz. Ges. für Dermatol. u. Venerol. 1952, Genf. Dermatologica (Basel) **106**, 309 (1953). — BURCKHARDT, W., u. P. BIGLIARDI: Die Häufigkeit der Penicillinexantheme. Dermatologica (Basel) **110**, 349 (1955). — BUREAU, Y.: Résultats obtenus par les nouveaux antibiotiques (aureomycin et terramycin). Soc. franç. Derm. Syph. **1951**, 350. — BURGER, J. L.: Hautbrucellose. Arch. exp. klin. Derm. **204**, 13 (1957).

CACCIALANZA, P., u. A. G. BELLONE: Essais de pénicillinothérapie à doses très élévées dans certaines dermatoses d'étiologie inconnue. Bull. Soc. franç. Derm. Syph. **58**, 342 (1951). — CALDWELL, E. R., and R. L. WHELTON: Studies on hypersensitivity to penicillin. I. Incidence of reactions in 1303 patients. J. clin. Invest. **28**, 826 (1949). — CAMPELL, C. C., E. P. HODGES and G. B. HILL: Therapeutic effect of nystatin (fungicidin) in mice experimentally infected with histoplasma capsulatum. Antibiot. and Chemother. **4**, 406 (1954). — CANIZARES, O.: Penicillin in dermatology. Arch. Derm. Syph. (Chicago) **54**, 19 (1946). — CANIZARES, O., and H. SHATIN: Dermatitis venenata due to streptomycin. Arch. Derm. Syph. (Chicago) **56**, 676 (1947). — CAREY, B. W.: Photodynamische Reaktion auf ein neues Tetracyclin. J. Amer. med. Ass. **172**, 1196 (1960). — CARPENTIER, ED.: La pénicilline en dermato-syphilographie. Arch. méd. belges **5**, 186 (1950). — CASTANEDA, M. R.: Brucellosis. Ann. Rev. Microbiol. **4**, 331 (1950). — CHAPPAZ, A., et P. BERTRAND: La trichomycine, antibiotique actif contre les trichomonas et le candida albicans. Presse méd. **65**, 425 (1957). — CHARPY, J.: L'association aureomycinealcool pantothénique en thérapeutique dermatologique. Bull. Soc. franç. Derm. Syph. **62**, 507 (1955). — CHEYMOL, J.: Accidents liés à la médication antibiotique. Arzneimittel-Forsch. **5**, 1 (1955). — CHURCH, R.: Neomycin in pyogenic skin diseases. Brit. med. J. **1954I**, 314. — CLAUDON, D. B., and A. A. HOOLBROOK: Fatal aplastic anemia associated with chloramphenicol therapy. J. Amer. med. Ass. **149**, 912 (1952). — COFANO, A. R.: Indagine clinica sull'azione terapeutica dell'iloticina (eritromycina) nelle mallatie cutanea e venerea. Dermatologia (Napoli) **5**, 133 (1954). — COHEN, A. C., and G. C. GLINSKY: Cutaneous lesions occuring in the course of streptomycin therapy. Arch. Derm. Syph. (Chicago) **60**, 373 (1949). — CORMIA, F. E., G. M. LEWIS and M. E. HOPPER: Experimental aspects of penicillin sensitization, with reference to Schultz-Dale phenomenon. J. invest. Derm. **8**, 395 (1947). — CROFTEN, J., and H. M. FOREMAN: Streptomycin dermatitis in nurses. Brit. med. J. **1948**, No 4566, 71. — CRONK, C. A., D. E. NAUMANN, E. J. HEITZMAN, F. N. MARTY, K. J. MCDERMOTT and A. A. VERCILLO: Tetracycline hydrochloride in the treatment of acne vulgaris. Arch. Derm. Syph. (Chicago) **73**, 228 (1956).

DAINOW, J.: Traitment local des pyodermites par la pénicilline. Praxis **37**, 598 (1948). — DALE, W. A., and C. A. HANG: Treatment of carbuncles with local penicillin injections. J. Amer. med. Ass. **149**, 527 (1952). — DAMESHEK, W., and E. W. CAMPBELL: Hypoplastic anemia following the continued administration of chloramphenicol; report of case. Bull. New Engl. med. Cent. **14**, 81 (1952). — DEARING, W. H., and F. R. HEILMAN: The effect of aureomycin on the bacterial flora of the intestinal tract of men. A contribution to preoperative preparation. Proc. Mayo Clin. **25**, 87 (1950). — Micrococcic (staphylococcic) enteritis as a complication of antibiotic therapy; its response to erythromycin. Proc. Mayo Clin. **28**, 121 (1953). — DEARING, W. H., and G. M. NUDHAM: The effect of terramycin on the intestinal bacterial flora of patients beeing prepared for intestinal surgery. Proc. Mayo Clin. **26**, 49 (1951). — DERZAVIS,

J. L., J. S. RICE and L. S. LELAND: Topical bacitracin therapy of pyogenic dermatoses. A clinical report. J. Amer. med. Ass. **141**, 191 (1949). — DESMONTS, T., M. GOUJON et BERNARD: Photosensibilisation par l'auréomycine au cour du traitement de la melitococcie. (Marseille 13. 10. 50.) Soc. franç. Derm. Syph. **1951**, 365. — DIEFFENBACH, W. C. L.: Fatal Jarish-Herxheimer reaction with sudden aneurysmal dilatation and complete bronchial occlusion following penicillin therapy. New Engl. J. Med. **241**, 95 (1949). — DOBIAS, B.: Treatment of cutaneous moniliasis in pediatrics with nystatin. Monogr. therapy **2**, 49 (1957). Squibb Inst. Med. Res. New Brunswick. — DOERR, K. H.: Penicillinbehandlung bei Sklerodermie. Hautarzt **2**, 75 (1950). — DOERR, R.: Immunitätsforschung. Bd. 8: Allergie. Wien: Springer 1951. — DOHN, W.: Kontaktallergien gegen Antibiotika. Literaturübersicht. Hautarzt **11**, 433 (1960). — DORN, H.: Lymphogranuloma inguinale. Primärläsion, Spätstadium, Behandlung mit Erycinum. Z. Haut- u. Geschl.-Kr. **20**, 297 (1956). — DORNER, G.: Experimentelle und klinische Tyrothricin-Untersuchungen. Therapiewoche 10./11. H. (1951/52). — DOWLING, H. F.: Effect of large doses of aureomycin on human liver. Arch. intern. Med. **88**, 271 (1951). — DOWNING, J. G.: Black tongue as a result of antibiotic therapy. Report of a case. J. Med. **242**, 1013 (1950). — DREWS, L.: Ein neues Lokalantibiotikum zur Behandlung dermatologischer Affektionen. Med. Klin. **1955**, 139. — DROUHET, E.: Antifongiques et thérapeutique des mycoses. Sem. Hôp. Paris **33**, 143 (1955). — DUNLOP, D. M., and J. MCM. MURDOCH: The dangers of antibiotic treatment. Brit. med. Bull. **16**, 67 (1960). — DUPERRAT, B., et G. E. GOETSCHEL: La pomade à la chloromycétine en dermatologie. Bull. Soc. franç. Derm. Syph. **59**, 276 (1952). — DUVAL, G., et A. SEBALD: 162 cas de dermatoses infectieuses hospitalisées, traitées par la terramycine. Bull. Soc. franç. Derm. Syph. **60**, 27 (1953).

ENDRES, R.: Antibiotika in der Dermatologie. II. Med. Welt **1951**, 526. — EPPING, H.: Nebenwirkungen des Penicillins. Ther. u. Gegenw. **1949**, 22.

FALK, M. S.: Light sensitivity due to demethylchlortetracycline. J. Amer. med. Ass. **172**, 1156 (1960). — FASAL, P.: Eccema vaccinatum successfully treated with chloramphenicol. J. Amer. med. Ass. **144**, 759 (1950). — FEINBERG, S. M., A. R. FEINBERG and C. F. MORAN: Penicillin anaphylaxis; nonfatal and fatal reactions. J. Amer. med. Ass. **152**, 114 (1953). — Anafilaxia por penicillina reacciones fatales y no fatales. J. med. (B. Aires) **1953**, 106. — FELSENFELD, O., J. F. VOLINI, E. R. KADISON, E. ZIMMERMANN and S. J. ISHIHARA: Neomycin blood levels in men. Amer. J. clin. Path. **20**, 670 (1950). — FELSENFELD, O., I. F. VOLINI, V. M. YOUNG and S. J. ISHIHARA: Laboratory tests with newer antibiotics on microorganisms commonly prevalent in the tropics. Amer. J. trop. Med. **30**, 499 (1950). — FERREIRA-MARQUES, J., u. N. VAN UDEN: Die kombinierte Penicillin-Nicotinsäureamidtherapie des Lichen ruber verrucosus. Arch. Derm. Syph. (Berl.) **191**, 476 (1950). — FINLAND, M., H. S. COLLINS, T. M. GOCKE and E. B. WELLS: Present status of aureomycintherapy. Ann. intern. Med. **31**, 39 (1949). — FINLAND, M., E. F. FINNERTY jr., H. S. COLLINS, J. W. BAIRD and T. M. M. FINLAND: Terramycin therapy of urinary tract infections. Arch. intern. Med. **89**, 240 (1952). — FINLAND, M., M. E. GRIGSBY and T. H. HAIGHT: Efficacy and toxicity of oxytetracyclin (terramycin) and chlortetracyclin (aureomycin) with special reference to use of doses of 250 mg. every 4 to 6 hours and to occurence of staphylococcic diarrheas. Arch. intern. Med. **93**, 23 (1954). — FINNERTY, E. F.: Bacitracin in dermatology; its effectiveness in topical therapy. New Engl. J. Med. **245**, 14 (1951). — FISCHER, H.: Arzneimittelallergie. Tatsachen und Probleme. Schweiz. med. Wschr. **81**, 890 (1951). — FISCHER, R. H.: Lokalbehandlung mit den Tetrazyklinen Aureomycin und Achromycin. Z. Haut- u. Geschl.-Kr. **17**, 55 (1954). — FITZGERALD, P. J.: Fatal bullous dermatitis with multiple lesions of the mucous membranes. U.S. nav. med. Bull. **47**, 134 (1947). — FLINT, M. H., H. GILLIES u. D. A. C. REID: Die lokale Anwendung von Chloramphenicol bei Wundinfektionen. Lancet **1952 I**, 541. — FLOOD, J.: Treatment of pyogenic skin infections with penicillin given orally. Arch. Derm. **67**, 42 (1953). — FLORANGE, W.: Soorpneumonie als Folge massiver Antibiotikatherapie. Med. Klin. **1954**, 225. — FOGARASI, D.: Penicillinumspritzung lokaler Eiterprozesse. Wien. klin. Wschr. **1949**, 631. — FORFAR, J. O., C. L. BALF, T. F. ELIAS-JONES and P. N. EDMUNDS: Staphylococcal infection of the newborn. Brit. med. J. **1953**, No 4829, 170. — FRANK, L., and H. H. PERLMAN: Rat bite fever caused by spirillum minus treated with penicillin. Arch. Derm. Syph. **27**, 261 (1948). — FRANKS, A. G., W. L. DOBES and J. JONES: Tyrothricin in the treatment of diseases of the skin. Arch. Derm. Syph. (Chicago) **53**, 498 (1946). — FRANKS, A. G., W. L. DOBES and D. ROMANO: Penicillin in the treatment of cutaneous disease. Arch. Derm. Syph. (Chicago) **52**, 14 (1945). — FREEDMAN, S. S., and J. T. BARRET: KAPOSI's varicelliform eruption. Report of a case. New Engl. J. Med. **241**, 644 (1949). — FREEMAN, L. C., and R. B. SCOTT: Erythromycin in treatment of pyoderma in children. J. Pediat. **42**, 669 (1953). — FRIEDERICH, H.: Zur Behandlung ästhetisch störender, mikrobiell bedingter Hautkrankheiten im Bereich der frei getragenen Körperanteile. Parfümerie u. Kosmetik **2** (1956). — FUGA, G. C.: Un caso dil dermatomiosite guarito dopo trattamento con aureomycina. Atti Soc. ital. Derm. delle Sez. Rey. Suppl. **2**, 131 (1955).

GADE, M., B. KORNER u. B. SYLVEST: Lokalbehandlung von Hautinfektionen mit Neomycin und Bacitracin. Ugeskr. Laeg. **115**, 156 (1953). — GAEDE, U., u. K. PALM: Panmyelophthise unter Streptomycinbehandlung. Tuberkulosearzt **5**, 26 (1951). — GÄNSEWITZ, P. L., F. S. JONES and G. WORLEY: Fatal generalized moniliasis; report of a case. Amer. J. clin. Path. **21**, 41 (1952). — GARDHENGI, G.: Aureomycina nel trattamento dell'herpes zoster. Atti 37. Congr. Soc. ital. Derm. **92** (1951). — GARNIER, G.: La pomade de l'auréomycine en dermatologie. Presse méd. **1951**, 542. — La poudre de l'auréomycine en dermatovénérologie. Presse méd. **1953**, 1078. — Bilance provisoire de l'auréomycine en dermatologie. Bull. Soc. franç. Derm. Syph. **57**, 578 (1950). — GATTMANN, G. B., and I. ROSENBAUM: Erythromycin suspension in children. J. Pediat. **44**, 547 (1954). — GENTLES, J.: The successfull treatment of ringworm by systemic means. Abstr. of the papers 6. Internat. Congr. on Trop. Med. Mal., p. 156, Lissabon 5.—13. 9. 1958. — GERICKE, D.: Experimentelle Untersuchungen über die Wirkung von Penicillin und Omnadin-Penicillin auf den Antikörpertiter. Medizinische **16** (1952). — GIULIANI, V.: Sul trattamento dell'herpes zoster con chloroamfenicolo. Minerva derm. (Torino) **27**, 187 (1952). — GIUNCHI, G., L. A. SCURO e F. SORICE: La comparasi di anticorpi antientrocitari in ratti trattati con vari antibiotici. Boll. Soc. ital. Biol. sper. **29**, 67 (1953). — GLASER, R. J., and D. E. SMITH: Aplastic anemia in a patient receiving chloramphenicol. Amer. Med. J. **13**, 782 (1952). — GOCKE, T. M., and E. H. KASS: Aureomycintreatment of herpes zoster. New Engl. J. Med. **241**, 1037 (1949). — GÖTZ, H.: Zur Penicillintherapie bakterieller Hautkrankheiten. Hautarzt **1**, 315 (1950). — Die Acrodermatitis chronica atrophicans Herxheimer als Indikation für die Behandlung mit Chloromycetin. Hautarzt **3**, 310 (1952). — Penicillindermatitis infolge Gruppensensibilisierung nach Erythrasma. Hautarzt **2**, 63 (1951). — GÖTZ, H., u. E. LUDWIG: Die Behandlung der Acrodermatitis chronica atrophicans Herxheimer mit Penicillin. Hautarzt **2**, 6 (1951). — GOLDBERG, L.: Treatment of pyogenic dermatoses with tetracyclinhydrochlorid. Arch. Derm. Syph. (Chicago) **71**, 638 (1955). — GOLDFEDER, A., et TH. WACKER: La stomatite streptomycinique. Schweiz. med. Wschr. **1949**, 1190. — GOLDMAN, L., R. R. SUSKIND and F. FRIEND: Topical penicillin therapy. Arch. Derm. Syph. (Chicago) **55**, 793 (1947). — GOLTMAN, J. S.: Mechanisms of penicillin reaction. Ann. Allergy **10**, 278 (1952). — GOUGEROT, H., J. J. MEYER et FLECHNER: Acrodermatite de Pick-Herxheimer au stade de début, traitée par l'auréomycine. Bull. Soc. franç. Derm. Syph. **58**, 386 (1951). — GRAUL, E. H., u. R. MENZEL: Die Penicillinverträglichkeit als Sensibilisierungsproblem (mit einem klinischen Beitrag). Hautarzt **2**, 55 (1951). — GREEN, R., u. D. S. MANKIKAR: Zit. nach MOHR, Seltene Infektionskrankheiten, vorwiegend Zoonosen. In Handbuch der inneren Medizin. Berlin-Göttingen-Heidelberg: Springer 1956. — GREITHER, A.: Die übrigen erythematösen Krankheiten. In Dermatologie und Venerologie, Bd. II, Teil 1, S. 465. Stuttgart: Georg Thieme 1958. — GRUND, J.: Oral administration of aureomycin in the treatment of certain dermatoses. New Engl. J. Med. **242**, 928 (1950). — GSELL, O., u. F. KESSELRING: Klinische Erfahrungen mit Achromycin. Schweiz. med. Wschr. **85**, 721 (1955). — GÜTTICH, F. W., J. WEIK u. D. WENTZ: Streptomycin-Kontaktdermatitis. Klin. Wschr. **1950**, 25. — GNY, W. H., F. M. JACOB and W. B. GUY: Aureomycin in molluscum contagiosum. Arch. Derm. Syph. (Chicago) **60**, 629 (1949).

HAGEDORN, CH.: Ein Beitrag zur Klinik und Behandlung der Pustulosis vacciniformis acuta. Kinderärztl. Prax. **21**, 60 (1953). — HAGERMANN, G.: Penicillin in dermatology. Acta derm.-venerol. (Stockh.) **28**, 95 (1948). — HALDE, C., V. D. NEWCOMER, E. T. WRIGHT and T. H. STERNBERG: An evaluation of amphotericin B in vitro and in vivo in mice against coccidioides immitis and candida albicans, and preliminary observations concerning the administration of amphotericin B in men. J. invest. Derm. **28**, 217 (1957). — HALTER, K.: Zur Frage der Penicillinwirksamkeit bei Dermatomyositis. Derm. Wschr. **1950**, 222. — HANSEN, F., u. K. SCHÜTZ: Vergleichende klinische und serologische Untersuchungen über die Wirkung verschiedener Antibiotika bei Keuchhusten. Mschr. Kinderheilk. **101**, 307 (1953). — HÅRD, ST., and P. HOLMBERG: Penicillin treatment of lichen ruber. Acta derm.-venereol. (Stockh.) **34**, 72 (1954). — HARDING, WM. F. B.: Extensive herpes simplex: response to aureomycin therapy. Arch. Derm. Syph. (Chicago) **63**, 266 (1950). — HARKAVY, J.: Cardiovascular allergy due to penicillin, sulfadiazine and bacterial sensitization. J. Allergy **23**, 104 (1952). — HARRIS, H. J.: Aureomycin and chloramphenicol in brucellosis. J. Amer. med. Ass. **142**, 161 (1950). — HAUSER, W.: Acrodermatitis chronica atrophicans. In GOTTRON-SCHÖNFELD, Dermatologie und Venerologie, Bd. II/2, S. 856. Stuttgart: Georg Thieme 1958. — HAWKINS, L. A., and H. LEDERER: Fatal aplastic anemia after chloramphenicol treatment. Brit. med. J. **1952 II**, 423. — HAZEN, L. N., G. G. JACKSON, S. M. CHANG, E. H. PLACE and M. FINLAND: Antibiotic treatment of pertussis; comparison of penicillin, aureomycin, chloramphenicol and terramycin in 150 cases. J. Pediat. **39**, 1 (1951). — HELLERSTRÖM, S.: Erythema chronicum migrans Afzelius with meningitis. Acta derm.-venerol. (Stockh.) **31**, 227 (1951). — HENLEY, K.: Terramycin in early lymphogranuloma venereum. Brit. J. vener. Dis. **29**, 36 (1953). — HENNEBERG, A.: Ein Fall von Noma durch

Penicillin und Salvarsan geheilt. Z. Haut- u. Geschl.-Kr. **4**, 113 (1948). — HENNEBERG, G.: Chemotherapie, Immunität und Prophylaxe. Antibiot. et Chemother. (Basel) **2**, 91 (1955). — HERRELL, W. E., D. H. HEILMAN and H. L. WILLIAMS: Clinical use of penicillin. Proc. Mayo Clin. **17**, 609 (1942). — HEWES, C. G., and D. E. SHAY: Antibody formation in the guinea pig as a result of oral administration of chlortetracycline and penicillin. Antibiot. and Chemother. **5**, 101 (1955). — HILLEMAND, M. R., G. GIBBIN, R. BRULE et G. FAURE: Stomatite, oesophagite, gastrite, ano-vulvite avec lésions papulovesiculeuses au décours d'une fièvre typhoide traitée par chloromycétine. Bull. Soc. méd. Hôp. Paris **66**, 953 (1950). — HINSHAW, H. C., and W. H. FELDMAN: Zit. nach G. BICKEL, E. ENGEL, G. GREDER u. A. FALBRIARD: Rev. méd. Suisse rom. **73**, 820 (1953). — Proc. Mayo Clin. **20**, 313 (1945). — HITCHMAN, O. B., M. LEIDER and R. L. BAER: Dermatitis due to the procaine fraction of procaine penicillin. J. invest. Derm. **15**, 165 (1950). — HÖRHOLD, K.: Mit Penicillin behandelte Panaritien. Zbl. Chir. **75**, 1682 (1950). — HOFF, F.: Fieber, unspezifische Abwehrvorgänge, unspezifische Therapie. Stuttgart: Georg Thieme 1957. — HOFFMEISTER, W.: Herpes zoster-Behandlung, zugleich eine Beobachtung der Aureomycin-Wirkung. Ärztl. Wschr. **1950**, 657. — HOLLANDER, L., and S. M. HARDY: A new treatment for herpes simplex. Oral Hyg. **40**, 44 (1950). — HOLLANDER, L., and ST. M. HARDY: Use of aureomycin ointment in dermatology. Amer. Practit. **1**, 54 (1950). — HONERLA, H. G.: Bedrohliche Aureomycinnebenwirkungen (Erbrechen, profuse Durchfälle, Kollaps). Arch. Kinderheilk. **150**, 62 (1955). — HOOPS, E. H.: Über die Lokalbehandlung bakterieller Dermatosen mit Leukomycin. Z. Haut- u. Geschl.-Kr. **20**, 65 (1956). — HOSOYA, S., M. SOEDA, S. IMAMURA, K. OKADA, S. NAKAZAWA, N. KOMATSU, T. KOBORI and M. IKENAGA: Antimycotic activities of trichomycin, with special reference to the experimental and clinical studies of trichomycin ointment. G. ital. Chemioter. **1** (2), 217 (1954). — HURIEZ, C., F. DESMONS, C. PONTE, C. DUPUIS et J. LEKIEFFRE: Erythromycine en dermatologie (premiers résultats). Bull. Soc. franç. Derm. Syph. **61**, 135 (1954). — HVID-HANSEN, N.: Zosterbehandlung mit Aureomycin. Ugeskr. Laeg. **1950**, 1640. — HYMAN, CH.: KAPOSI's varicelliform eruption treated with aureomycin. Ann. Allergy **8**, 774 (1950).

IMAMURA, T.: Treatment of disseminated candidiasis (moniliasis) with orally administered trichomycin. J. Derm. and Urol. X **11**, 801 (1956). — ISHIGAMI, J.: Treatment of genitourinary candidiasis (moniliasis) with orally administered trichomycin in massive doses. J. Derm. and Urol. X **8**, 565 (1956). — ISHIGAMI, J., and S. TAKAGI: An oral administration of trichomycin to skin diseases due to fungi. Derm. and Urol. **11**, 351 (1957). — IWASAKI, H., S. TOSHITANI, H. TOKUNAGA, J. KAISAKI and M. TSUDA: Oral trichomycin in fungus infection. Derm. and Urol. **18**, 663 (1956).

JACCARD, G., u. TH. BECHT: Klinische Erfahrungen mit „toxizitätsgemindertem" Streptomycin (Streptothenat) in der Tuberkulosebehandlung. Schweiz. med. Wschr. **86**, 862 (1956). — JACKSON, G. G., T. H. HAIGHT, E. H. KASS, C. R. WOMACK, T. M. GOCKE and M. FINLAND: Terramycin therapy of pneumonia: clinical and bacteriological studies in 91 cases. Ann. intern. Med. **35**, 1175 (1951). — JANBON, M., L. BERTRAND et P. PUECH: Le syndrome sympathique abdominal pseudo-perforatif des fièvres typhoides traitées par le chloramphénicol. Bull. Soc. méd. Hôp. Paris **66**, 1528 (1950). — JAUSON, P.: Penicillinanwendung in der Dermatologie. Dtsch. med. Rdsch. **1949**, 734. — JECIC, H.: Effet thérapeutique de l'auréomycine sur la maladie de Nicolas-Favre. Acta trop. (Basel) **9**, 69 (1952). — JOHNE H. O.: Über die Lokalbehandlung von Hautkrankheiten mit Breitspektrum-Antibiotika. Medizinische **49**, 1648 (1954). — Über die Anwendung der Antibiotika mit begrenztem Wirkungsbereich bei der örtlichen Behandlung von Hautkrankheiten. 1. Mitt. Die Lokalbehandlung mit Tyrothricin. Z. Haut- u. Geschl.-Kr. **20** 14 (1956). 2. Mitt. Die Lokalbehandlung mit einer Kombination Tyrothricin und Xanthocillin. Z. Haut- u. Geschl.-Kr. **20**, 318 (1956). — JOHNSON, A. M., O. O. MEYER, J. W. BROWN and A. F. RASMUSSEN: Preliminary and short reports. Failure of chloramphenicol in the treatment of 3 cases of Lupus erythematodes disseminatus. J. invest. Derm. **14**, 305 (1950). — JOHNSON, H. M.: Penicillin ointment for pyodermas. Arch. Derm. Syph. (Chicago) **51**, 270 (1945). — JOHNSON, S. A. M., and H. P. DAVIS: Streptomycin, cause of dermatitis venenata in a nurse. Report of a case. Arch. Derm. Syph. (Chicago) **59**, 245 (1949). — JOHNSTON, T. G., and A. G. CAZORT: Severe serum sickness reaction with cyanosis following terramycin. Antibiot. and Chemther. **3**, 481 (1953).

KALZ, F., H. PRICHARD and S. Z. SURKIS: Aureomycinfilm in topical treatment of cutaneous virus eruption. Canad. med. Ass. J. **61**, 171 (1949). — KEATING, W. J., and R. F. CHESLEY: Erythromycin and carbomycin evaluation in treatment of puerperal infections. Bull. Margaret Hague matern. Hosp. 46 (1954). — KEINING, E., u. G. DORNER: Penicillin bei schwerem Zoster. Hautarzt **1**, 84 (1950). — KEIZER, D. P. R.: Dermatitis gangraenosa infantum. Ned. T. Geneesk. **1950**, 1129. — KELLER, H.: Experimentelle Untersuchungen zur Aufhebung der neurotoxischen Wirkung des Streptomycins. Verh. der Dtsch. Ges. Inn. Med., 61. Kongr., S. 416, 1955. — KELLER, H., W. KRUPE, H. SOUS u. H. MÜCKTER: Versuche zur Toxizitätsminderung basischer Streptomyces-Antibiotika. Arzneimittel-Forsch. **6**, 61 (1956). — KERNER, L.: Zur Behandlung der Acne necroticans. Hautarzt **2**, 422 (1951). — KIKUTH, W.: Die Leishmaniosen. In GRUMBACH-KIKUTH, Die Infektionskrankheiten des Menschen und ihre Erreger, S. 1508. Stuttgart:: Georg Thieme 1958. — KILE, R. L., E. M. ROCKWELL and J. SCHWARZ: Use of neomycin in dermatology. J. Amer. med. Ass. **148**, 339 (1952). — KIMMIG, J.: Beitrag zur Ursache und Behandlung des Ekcema herpeticatum. Hautarzt **1**, 518 (1950). — Nebenwirkungen der modernen medikamentösen Therapie mit besonderer Berücksichtigung der allergischen Reaktionen. Verh. Dtsch. Ges. für Inn. Med., 60. Kongr., 1954. — Kritische Stellungnahme zu den modernen Behandlungsmethoden in der Dermato-Venerologie aus LANDES, Heutiger Stand der Therapie der Hautkrankheiten. Berlin-Göttingen-Heidelberg: Springer 1956. — Die Gonorrhoe. In GRUMBACH-KIKUTH, Die Infektionskrankheiten des Menschen und ihre Erreger, Bd. II, S. 1145. Stuttgart: Georg Thieme 1958. — Medizinal-Kalender 1959. Sulfonamide und Antibiotika, S. 656. Stuttgart: Georg Thieme. — KING jr., J. H., and R. L. FORREST: Vaccinia of the eyelids. Treatment by aureomycin in a second case. J. Amer. med. Ass. **153**, 31 (1953). — KITCHEN, D. K.: Treatment of pinta with antibiotics. Ann. N.Y. Acad. Sci. **55**, 1186 (1952). — KLEITSCH, W. P.: Fatal gastric hemorrhage following aureomycin. Amer. J. dig. Dis. **18**, 166 (1951). — KLIGMAN, A. M.: Are fungus infections increasing as a result of antibiotic therapy? J. Amer. med. Ass. **149**, 979 (1953). — KOCH, F. E., u. H. HAASE: Eine Modifikation des Spreading-Testes im Tierversuch, gleichzeitig ein Beitrag zum Wirkungsmechanismus von Echinacin. Arzneimittel-Forsch. **2**, 464 (1952). — KOCHTER, N. A.: Zur Therapie der Folliculitis barbae. Vestn. Vener. Derm. **2**, 44 (1951). — KOGOJ, F.: Psoriasis arthropathica treated with penicillin. Liječn. Vjesn. **5/6**, 100 (1945). Ref. Excerpta med. (Amst.) Sect. XIII, **2**, No 2, 379 (1948). — KOZINN, P. J., C. L. TASCHDJIAN, D. DRAGUTSKY and A. MINSKY: Therapy of oral thrush: a comparative evaluation of gentian-violet, Mycostatin and Amphotericin. Monogr. therapy **2**, 16 (1957) Squibb Inst. Med. Res. New Brunswick. — KRAUSE, W.: Erythromycin bei Diphtherie-Bazillenträgern. Dtsch. med. J. **7**, 75 (1956). — KRÜGER, H. H.: Beitrag zur Behandlung von durch Antibiotikatherapie verursachten Komplikationen. Therapiewoche **6**, 442 (1956). — KUEMMERLE, H. P., A. SENN, P. RENTCHNICK u. N. GOOSSENS: Klinik und Therapie der Nebenwirkungen. Stuttgart: Georg Thieme 1960. — KUNSTADER, R. H., H. MCLEAN and J. GREENGARD: Mycotic endocarditis due to candida albicans. J. Amer. med. Ass. **149**, 829 (1952). — KUTSCHER, A. H., J. BUDOWSKY, ST. L. LANE and N. W. CHILTON: Reactions following the use of terramycin troches. J. Allergy **23**, 177 (1952). — KWOCZEK, J., u. W. v. MOERS-MESSMER: Zur antibakteriellen Behandlung pyogener Hautkrankheiten. Z. Haut- u. Geschl.-Kr. **9**, 230 (1950). — Erfahrungen mit Aureomycin und Chloromycetin in der Dermatologie. Z. Haut- u. Geschl.-Kr. **10**, 265 (1951).

LACROUX, R., et P. GALLEY: A propos de 15 cas de maladie de Nicolas-Favre. Essai de traitement par la spiramycine. Bull. Soc. franç. Derm. Syph. **63**, 160 (1956). — LAMMERS, R.: Penicillin und Salvarsandermatitis. Hautarzt **1**, 29 (1950). — LAMMERS, TH., u. D. DORNER: Experimentelle und klinische Tyrothricin-Untersuchungen. Ärztl. Wschr. **6**, 948 (1951). — LAMONT, C. J.: Local antibiotics in skin infections. Brit. J. Derm. **71**, 201 (1959). — LANG, W. R., and J. G. STELLA: Obstetric candida vulvovaginitis: its treatment by nystatin vaginal tablets. Monogr. therapy **2**, 25 (1957). Squibb Inst. Med. Res. New Brunswick. — LANGIER, P.: Acné conglobata chez un enfant de 8 ans; action de la pénicilline par voie buccale. Bull. Soc. franç. Derm. Syph. **58**, 602 (1951). — LAPIN, J. H.: The incidence of allergic reactions to penicillin in infants and children: further evidence collected during the course of penicillin prophylaxis. Ann. Allergy **13**, 169 (1955). — LENNETTE, E. H., G. MEIKLEJOHN and H. M. THELEN: Treatment of Q-fever in man with aureomycin. Ann. N.Y. Acad. Sci. **51**, 331 (1948). — LEONE, R., G. ZINA e G. BONU: L'uso topico della tetraciclina in pomata nelle dermatosi microbiche. Dermatologia (Napoli) **6**, 305 (1955). — LEPPER, M. H.: The use of nystatin in the control of candidiasis, particularly that following the use of antibacterial agents. Monogr. therap. **2**, 7 (1957). Squibb Inst. Med. Res. New Brunswick. — LEWIS, C. N., L. E. PUTNAM, F. D. HENDRICKS, J. KARLEN and H. WELCH: Chloramphenicol (chloromycetin) in relation to blood dyscrasias with observations on other drugs. A special survey. Antibiot. and Chemother. **2**, 601 (1952). — LIEBEGOTT, G., u. C. DOLFF: Colitis fibrinosa nach Antibiotikabehandlung. Medizinische **1955**, 498. — LIEBNER, E.: Über die klinische Bedeutung der durch Penicillin verursachten Exantheme. Börgyögy. vener. Szle **8**, 67 (1954). — LIGHTERMAN, J.: Oral moniliasis — a complication of aureomycintherapy. Oral. Surg. **4**, 1420 (1951). — LILJEDAHL, S. O., u. R. ROMANS: Die Behandlung des Rotlaufs mit Penicillin. Svenska Läk.-Tidn. **1952**, 33. — LINDARS, D. C.: Severe urticaria, complicating streptomycin therapy. Lancet **1950 I**, 110. — LINDEMAYR, W.: Zur Frage der Penicillinüberempfindlichkeit. Arch. Derm. Syph. (Berl.) **193**, 325 (1951). — LIPMAN, W. H., and L. OLEMAN: Incidence and management of penicillin reactions. I. Congr. Internat. d'Allergy, p. 1021. 1952. — LIPNIK, M. J., A. M. KLIGMAN and R. STRAUSS: Antibiotics and fungous infections. J. invest. Derm. **18**, 247 (1952). — LIVINGOOD, C. S., E. S. HEAD, E. A. JOHNSON and S. NILASENA: Erythromycin in local treatment of cutaneous bacterial infections. J. Amer. med. Ass. **153**, 1266 (1953). — LÖHE, H., u. H. TELLER: Ungewöhnliche Nebenwirkungen bei Penicillin. Derm. Wschr. **1947/48**, 645. — LOGAN, M. A., W. J. METZGER, L. W. WRIGHT, A. PIGOT and E. A. ROBINSON: Aureomycin in soft tissue infections. Amer. J. Surg. **79**, 229 (1950). — LUDWIG, E.: Über die Wirksamkeit der Kombination Penicillin/Streptomycin in vitro und bei der Behandlung von Hautkrankheiten. Dtsch. med. Wschr. **1952**, 1256. — Erfolgreiche Aureomycin- und Terramycinbehandlung als Beitrag zur Klärung der Wirkungsweise von Penicillin bei der Acrodermatitis atrophicans Herxheimer. Derm. Wschr. **131**, 169 (1955). — Über die Wirksamkeit der Antibiotica Streptomycin und Tetracyclin bei der Behandlung der Acrodermatitis atrophicans Herxheimer. Arch. klin. exp. Derm. **201**, 495 (1955). — Erythema chronicum migrans im Frühstadium der Acrodermatitis chronica atrophicans Herxheimer. Hautarzt **7**, 41 (1956). — LUDWIG, E., W. SPIER u. E. WOLFF: Klinische Erfahrungen mit Aureomycin bei Hautkrankheiten. Hautarzt **1**, 78 (1950). — LUDWIG, L.: Untersuchungen zur praktischen Synthese von Vitamin B_{12} im menschlichen Magen-Darmkanal. Klin. Wschr. **29**, 770 (1951). — LUNDSGAARD-HANSEN, P., u. A. SENN: Staphylokokkenbedingte Durchfälle nach intravenöser Tetrazyklinbehandlung. Schweiz. med. Wschr. **89**, 985 (1959). — LUTZ, A., et M.-A. WITZ: Recherches sur la fréquence des champignons levuriformes et la thérapeutique des mycoses à candida. Strasbourg med. **10**, 803 (1957). — L'action comparée in vitro de la nystatine et de la trichomycine sur des champignons levuriformes du genre candida provenant de vulvovaginites. Ann. Inst. Pasteur **92**, 272 (1957). — LUTZ, W.: Infektionskrankheiten der Haut (außer Dermatomykosen, Tuberkulose, Lepra). Dermatologica (Basel) **101**, 56 (1950).

MAGARA, M., H. NITTONO and T. SENDA: Application of trichomycin to trichomonas vaginalis, vaginitis and vaginal candidiasis. Antibiot. Med. **1**, 394 (1955). — MAGAURAN, W. H. B.: Örtliche Anwendung von Chloramphenicol. Lancet **1951 II**, 178. — MAHONEY, J. F., R. C. ARNOLD and A. HARRIS: Penicillin treatment of early syphilis preliminary report. Vener. Dis. Inform. **24**, 355 (1943). — MARCHIONINI, A.: Fortschritte in der Behandlung der Orientbeule. Dermatologica (Basel) **94**, 319 (1947). — Neue Indikationen für die Behandlung mit den antibiotischen Heilmitteln Penicillin und Aureomycin in der Dermatologie. Dermosifilografo **25**, Suppl., 56 (1951). — MARCHIONINI, A., u. H. GÖTZ: Sull eziologia e sulla terapia penicillinica dell acrodermatite cronica atrofizzante di Herxheimer. Dermatologia (Napoli) **1**, H. 5 (1950). — Penicillinbehandlung der Hautkrankheiten. Berlin-Göttingen-Heidelberg: Springer 1950. — Neuere Erfahrungen mit der antibiotischen Behandlung der Hautkrankheiten (Aureomycin, Chloromycetin, Terramycin). Münch. med. Wschr. **95**, 71 (1953). — MARCHIONINI, A., u. H. RÖCKL: Moderne Antibiotica in der dermatologischen Praxis. In Fortschritte der praktischen Dermatologie und Venerologie, Bd. II, S. 74. Berlin-Göttingen-Heidelberg: Springer 1955. — Antibiotika in der Dermatologie. Münch. med. Wschr. **1956**, 449, 486. — MARCUSSEN, P. V.: Berufsüberempfindlichkeit gegen Streptomycin bei Krankenhauspersonal. Ugeskr. Laeg. **1949**, 277. — MARCICONDA, A., e G. MONTILLI: Possibilita terapeutice del chloramfinicolo in campo dermatologico. Dermatologia (Napoll) **4**, 12 (1953). — MARMELL, M., and A. PRIGOT: An erythromycin triple sulfonamide combination in the treatment of early lymphogranuloma venereum. Antibiot. Med. **1**, 385 (1955). — MARMELL, M.: Antibacterial action of oral aureomycin on the contents of the colon of man: Antibiot. and Chemother. **2**, 91 (1952). — MARTIN, W. J., D. R. NICHOLS and J. E. GERACI: The present status of erythromycin. Proc. Mayo Clin. **28**, 609 (1953). — MAYER, R. L.: Group-sensitization to compounds of quinone structure and its biochemical basis; Role of these substances in cancer. Progr. Allergy **4**, 79 (1954). — MAYNARD, A., A. PRIGOT and M. MARMELL: The effect of tetracycline hydrochlorid in lymphogranuloma venereum and donovanosis. Amer. J. Syph. **38**, 606 (1954). — MCCULLOCK, K.. and A. P. v. AUERSPERG: Effect of penicillin and antianthrax serum in experimental anthrax, Amer. J. clin. Path. **17**, 151 (1947). — MCGOVERN, J. J., R. H. PARROT, C. W. EMMONS, S. ROSS, F. G. BURKE, P. DE GRACIANSKY et J. H. HARDONIN: Efficacité de l'auréomycine dans un cas de maladie de Brocq-Duhring. Bull. Soc. franç. Derm. Syph. **56**, 490 (1949). — MCHOLMES, D. J.: A case of acute dermatomyositis. Brit. med. J. **1948 II**, 511. — MCJUNIS, K. B.: Allergic reactions from handling penicillin. Ann. Allergy **5**, 102 (1947). — MEADS, M., W. P. ROWE and H. M. HASLAM: Alterations in the bacterial flora of the throat during oral therapy with aureomycin. Arch. intern. Med. **87**, 533 (1951). — MEENAN, F. O. C.: The role of antibiotics in dermatology. Symposium on antibiotics, University College Dublin, Febr. 1956. — MEIREN, L. VAN DER: Erythema de la jambe à colibacilles. Guérison par streptomycine. Arch. belge Derm. **5**, 225 (1949). — MENDIZABAL, A. F., R. INZA y J. A. SALABER: El tricomicin nuevo antibiotico para el tratamiento de colpitis por tricomonas y candida albicans. (Informe preliminar.) Sem. med. (B. Aires) **107**, 790 (1955). — El tricomicin nuevo antibiotico para el tratamiento de colpitis por trichomonas y candida albicans. Rev. Asoc. méd. argent. **71**, 48 (1957). — MERKLEN, F. P., M. MANSOUR et J. RAYNAUD: Succès et echecs dans le traitement des érythrodermies médicamenteuses par la pénicilline. Paris méd. 38, 65 (1948). — MERLISS, R., and A. HOFFMAN: Steatorrhoe following the use of antibiotics. New Engl. J. Med. 245, 328 (1951). — METZGER, W. J., L. T. WRIGHT, R. F. MORTON, J. C. DI LORENZO et J. J. MEYER-DE SCHMID: Action de l'auréomycine dans la sclérodermie (a propos de 3 cas). Bull. Soc. franç. Derm. Syph. 58, 570 (1951). — MEYER-ROHN, J.: Die Behandlung der chronischen Furunkulose mit Omnacillin. Dtsch. med. Wschr. 78, 1796 (1953). — Die Beeinflussung besonders resistenter Bakterienarten durch Farbstoffe und Borsorbit. Z. Haut- u. Geschl.-Kr. 14, 322 (1954). — Experimentelle Untersuchungen mit der Kombination Omnadin/Penicillin. Arzneimittel-Forsch. 4, 335 (1954). — Veränderungen der normalen Darmflora unter Tetrazyklingaben. Ärztl. Forsch. 10 (I), 299 (1956). — Antwortreaktionen des Organismus auf die Applikation von bakteriellen Reizstoffen. Verh. der Dtsch. Ges. für Inn. Med., 62. Kongr., S. 341, 1956. — Unspezifische Reizkörpertherapie mit neueren bakteriellen Reizstoffen. Hautarzt 8, 220 (1956). — Kokkenerkrankungen. In GOTTRON-SCHÖNFELD, Dermatologie und Venerologie, Bd. II/2. Stuttgart: Georg Thieme 1958. — Zusammenhang zwischen Dermatitis und Paraxininjektion. Ärztl. Praxis 12, 1413 (1960). — MEYER-ROHN, J., W. HOPFF u. TH. LANGE-BROCK: Experimentelle Untersuchungen über Wirkungsweise und therapeutische Effekte von Nystatin. Arzneimittel-Forsch. 7, 355 (1957). — MEYER-ROHN, J., u. H. LEHMANN: Penicillinresistente Gonorrhoe durch Penicillinasebildner. Derm. Wschr. 142, 1084 (1960). — MEYER-ROHN, J., u. B. ROHDE: Phagozytierte Gonokokken in der Gewebekultur und ihr Verhalten gegenüber Penicillin. Hautarzt (im Druck). — MIESCHER, G.: Neuere in- und ausländische Ergebnisse auf dem Gebiet der Therapie der Haut- und Geschlechtskrankheiten. Arch. Derm. Syph. (Berl.) 189, 14 (1949). — Die Behandlung der Acrodermatitis atrophicans mit Penicillin. Dermatologica (Basel) 98, 59 (1949). — MIESCHER, G., u. H. STORCK: Demonstrationen. XXXII. Kongr. der Schweiz. Ges. für Dermatol. Zürich, 1950. Dermatologica (Basel) 102, 370 (1951). — MIESFELD, A. P.: Investigation of mechanism and type of jaundice produced by large doses of parenterally administered aureomycin. Antibiot. and Chemother. 3, 1 (1953). — MILLBERGER, H., u. E. BLANK: Versuche zur Nachprüfung der Wirkung von Mycostatin auf die experimentelle Candida albicans-Infektion der weißen Maus. Naturwissenschaften 21, 503 (1954). — MILLER jr., L., H. S. MEYER and B. A. JOHNSON: Evaluation of bacitracin in local treatment of pyogenic infections. Arch. Derm. Syph. (Chicago) 60, 106 (1949). — MISGELD, F. J.: Die Penicillinbehandlung des Erysipeloids. Z. Haut- u. Geschl.-Kr. 5, 99 (1948). — MIYAHARA, M., I. SHU and M. MATSUMOTO: Effects of oral trichomycin upon trichomonas vaginalis in the urinary tract. Pract. Obstet. Gynec. 5, 408 (1956). — MOHR, W.: Milzbrand. In Handbuch der inneren Medizin, 4. Aufl., Bd. I/1, S. 803. Berlin-Göttingen-Heidelberg: Springer 1956. — MONCORPS, C.: Zur Penicillinbehandlung lebensbedrohlicher Hautkrankheiten. Derm. Wschr. 1949, 778. — MOORE, J. E.: Recent advances in the study of veneral diseases. Brit. J. vener. Dis. 25, 169 (1949). — Cardiovascular syphilis. A summary of recent informations with special reference to treatment with penicillin. Amer. J. Syph. 33, 43 (1949). — Die Penicillinbehandlung der Syphilis. Hautarzt 2, 83 (1951). — Evaluation of public health measures for control of syphilis; epidemiologic study. Amer. J. Syph. 35, 101 (1951). — MOOSER, H.: Die Pinta. In GRUMBACH-KIKUTH, Die Infektionskrankheiten des Menschen und ihre Erreger, S. 1181. Stuttgart: Georg Thieme 1958. — MORRIS, W. E.: Photosensitivity due to tetracycline derivative J. Amer. med. Ass. 172, 1155 (1960). — MORTENSON, O.: The efficacy of penicillin and lucosil in the treatment of erysipelas. A comparative study of 150 cases. Acta med. scand. 139, 465 (1951). — MOTTI, F.: Über die therapeutische Wirksamkeit des Chloramphenicols bei lokaler Anwendung in der Dermatologie. Praxis 42, 293 (1953). — MOZER, J. J.: Flores de substitution au cours de traitement par les antibiotiques. Rev. méd. Suisse rom. 72, 734 (1952). — MOZER, J. J., P. SECRÉTAN et C. FLEURY: Moniliase pulmonaire. Helv. med. Acta 19, 495 (1952). — MÜLLER, R., u. H. VOGT: Über die Nebenwirkungen von Aureomycin, Chloromycetin und Terramycin. Praxis 1951, 1047. — MULLINS, J. F.: Pyogenic infections treated with neomycin. J. Amer. med. Ass. 148, 334 (1952). — MULLINS, J. F., and CH. J. WILSON: Novobiocin treatment of pyodermas. Antibiot. Med. 2, 201 (1956).

NERSON, R.: Un cas de maladie de Ritter guéri par la pénicilline. Arch. franç. Pédiat. 9, 55 (1952). — NEUHOLD, R., u. O. THALHAMMER: Staphylokokkenenteritis mit fatalem Kreislaufkollaps als Folge antibiotischer Behandlung. Klin. Med. (Wien) 10, 262 (1955). — NEWMAN, B. A., and F. F. FELDMAN: Treatment of pyogenic dermatoses with topical chloramphenicol. Arch. Derm. Syph. (Chicago) 64, 212 (1951). — NICHOLS, R., and M. FINLAND: Novobiocin; a limited bacteriological and clinical study of its use in 45 patients. Antibiot. Med. 2, 241 (1956). — NÖDL, F.: Zur Penicillinbehandlung der Acrodermatitis chronica atrophicans Herxheimer mit pseudosklerodermatischen Veränderungen. Z. Haut- u. Geschl.-Kr. 15, 153 (1953).

OBLATH, R. W., D. H. DONATH, H. G. JOHNSTONE and W. J. KERR: Pulmonary moniliasis. Ann. intern. Med. 35, 97 (1951). — OETTINGEN, W. F. v.: Complications of antibiotic therapy. Amer. J. Med. 18, 792 (1955). — O'LEARY, P. A.: Diskussionsbemerkung zur Arbeit

G. H. BELOTE u. H. S. V. RATNER Arch. Derm. Syph. (Chicago) 33, 642 (1936). — ORMEROD, F. C., and J. FRIEDMANN: A case of moniliasis. Brit. med. J. 1951 II, 1439. — ORZECHOWSKI, G.: Nebenwirkungen der Antibiotika. Therapiewoche 5, 59 (1954).

PAPPENFORT, R. B., and E. S. SCHNALL: Moniliasis in patients treated with aureomycin. Arch. intern. Med. 88, 729 (1951). — PARETS, A. D.: Angioneurotic edema and rash to aureomycin. Reaction in a patient with multiple sensitivities. J. Amer. med. Ass. 143, 653 (1950). PASCHOUD, J. M.: Die Lymphadenosis cutis benigna als übertragbare Infektionskrankheit. IV. Mitt. Besprechung der Untersuchungsresultate. Teil B: Penicillinbehandlung. Lymphadenosis benigna cutis und Erythema chronicum migrans: Zusammenhänge und Ätiologie — Zusammenfassung. Hautarzt 9, 311 (1958). — PECK, S. M., S. SIEGAL, A. W. GLICK, A. KURTIN and R. BERGAMINI: Clinical problems in penicillin sensitivity. J. Amer. med. Ass. 138, 631 (1948). — PEDOYA, C.: Action de la Spiramycine sur un cas de maladie de Nicolas-Favre. Bull. Soc. franç. Derm. Syph. 63, 159 (1956). — PERRY, D. M., and W. M. M. KIRBY: Acute disseminated coccidioidomycosis: two cases treated with amphotericin B. A.M.A. Arch. intern. Med. 105, 929 (1960). — PERRY, F. G., and P. C. MARTINEAU: Eccema vaccinatum. Rapid recovery following treatment with aureomycin. J. Amer. med. Ass. 141, 657 (1949). — PEYRI, M., T. GIMENEZ, B. GRAU, M. F. SAUCH y D. M. GASSO: La asociacion néomicinica-bacitracina en terapeutica dermatologica local. Act. dermo-sifiliogr. (Madr.) 46, 717 (1955). — PIPER, H. G.: Über Penicillinsalbe. Z. Haut- u. Geschl.-Kr. 3, 226 (1947). — POR, F., u. J. FRIEDEMANN: Die Behandlung der Polymyositis interstitialis (Wagner) mit Penicillin. Schweiz. med. Wschr. 1948, 125. — PRIGOT, A., J. C. WHITAKER, B. A. SHIDLOVSKY and M. MARMELL: Treatment of acute surgical infections with tetracycline. Antibiot. Ann. 603 (1954/55). — PROPPE, A.: Aureomycinheilung einer pemphigoiden Pyocyaneus-Sepsis. Hautarzt 3, 424 (1952). — PULASKI, E. J., and J. R. SHAEFFER: The background of antibiotic therapy in surgical infections. Surg. Gynec. Obstet. 93, 1 (1951).

QUIE, P. G., M. COLLIN and J. B. CARDLE: Neomycinresistant staphylococci. Lancet 1960 II, 124.

RABE, H., u. C. KRUSE: Die Tularämie, eine beachtenswerte Infektionskrankheit im westdeutschen Raum. Med. Welt 1951, 933. — RAUCHWERGER, S., M. F. A. ERSKINE and W. L. NALLS: Streptomycin sensivity. Development of sensitivity in nursing personel through contact during administration of the drug to patients. J. Amer. med. Ass. 136. 614 (1948). — RANKIN, N. E.: Disseminated Aspergillosis and Moniliasis associated with agranulozytosis and antibiotic therapy. Brit. med. J. 1953 I, 918. — RAVINA, A.: Die Behandlung der Obstipation mittels Antibiotika. Presse méd. 66, 1649 (1958). — REICHERT, J.: Pruritus ani and antibiotics. Amer. J. Proctol. 6, 57 (1955). — REICHES, A. J., and P. K. WEBB: Genitocrural-pruritus from oral aureomycin. Arch. Derm. Syph. (Chicago) 64, 63 (1951). — REIN, CH. R., E. L. BODIAN u. L. A. DICK: Die Wirksamkeit von Tetrazyklinen in der konservativen Therapie der pustulösen Dermatosen. An. bras. Derm. Sif. 31, 9 (1956). — REINER, L., M. J. SCHLESINGER and G. M. MILLER: Pseudomembranous colitis following aureomycin and chloramphenicol. Arch. Path. (Chicago) 54, 39 (1952). — RENTCHNIK, P.: Les accidents provoqués par les antibiotiques. Med. et Hyg. (Genève) 10, 359 (1952). — Antibiotika und Chemotherapie, B. 1, 96. Basel u. New York: S. Karger 1954. — Die akute Staphylokokkenenterocolitis, eine ernste Komplikation der Antibiotikatherapie. Dtsch. med. Wschr. 1955, 892. — REPLOH, H., u. H. CHEMNITZ: Versuche zur Wirkungssteigerung der Penicillinbehandlung durch Omnadin. Medizinische 16, 536 (1952). — REQUE, P. G.: Penicillin, streptomycin and tyrothricin in dermatology. J. med. Ass. Ala. 17, 268 (1948). — RESL, V.: Folliculitis sycosiformis atrophicans universalis. Čsl. Derm. 23, 323 (1948). Ref. Excerpta med. (Amst.), Sect. XIII 3, No 5, 1304 (1949). — REYER, W. A.: A study on the pathogenesis and classification of dermatologic penicillin reactions. Ann. Allergy 10, 270 (1952). — REYN, A., B. KORNER and M. WEIS BENTZON: Effects of penicillin, streptomycin and tetracycline on N. gonorrhoeae isolated in 1944 and in 1957. Brit. J. vener. Dis. 34, 227 (1958). — RHEINGOLD, J. J., and C. L. SPURLING: Chloramphenicol and aplastic anemia. J. Amer. med. Ass. 149, 1301 (1952). — RICE, E. C.: The effect of aureomycin and chloramphenicol on the fungal and bacterial flora of children. New Engl. J. Med. 248, 397 (1953). — RICHET, G., et H. DUCROT: Hémorragie gastrique mortelle au cours d'un traitement par l'auréomycine. Sem. Hôp. Paris 29, 2682 (1953). — RICHTER, R.: Diskussionsbemerkung zu ROST, Neue Indikationen für die Penicillinbehandlung. Z. Haut- u. Geschl.-Kr. 5, 108 (1948). — RISMAN, G., and W. P. BOGER: Human skin sensitivity to penicillin G, BT and O. Demonstration of cross sensitization. J. Allergy 21, 425 (1950). — ROBINSON, H. C.: Erythema multiforme. Arch. Derm. Syph. (Chicago) 52, 91 (1945). — ROBINSON, H. M., and H. M. ROBINSON jr.: Aureomycin oral, intravenous and by local application in the treatment of dermatoses. Sth. med. J. (Bgham, Ala) 44, 1116 (1951). — ROBINSON, H. M., H. M. ROBINSON jr. and R. C. V. ROBINSON: Preliminary and short reports. The therapeutic value of aureomycin in dermatitis herpetiformis. J. invest. Derm. 13, 9 (1949). — ROBINSON jr., H. M.: Preliminary and short report. Acquired contact sensitivity to chloromycetin. J. invest. Derm. **17**, 205 (1951). — Antibiotika und Steroide in der dermatologischen Praxis. Therapiewoche **5**, 630 (1955). — ROBINSON jr., H. M., J. ZELIGMAN, R. C. V. ROBINSON, M. M. COHEN and A. SHAPIRO: Erythromycin in treatment of dermatoses, report on 1695 patients. Arch. Derm. Syph. (Chicago) **70**, 325 (1954). — ROBINSON jr., H. M., J. ZELIGMAN, A. SHAPIRO and M. M. COHEN: Leukopenia, a complication of chloromycetin therapy of chronic discoid lupus erythematodes. J. invest. Derm. **19**, 199 (1952). — ROBINSON sr., H. M.: Aureomycin in the treatment of some dermatoses. Arch. Derm. Syph. (Chicago) **61**, 384 (1950). — ROBINSON, R. C. V.: Nystatin in the treatment of cutaneous moniliasis. Monogr. therapy **2**, 55 (1957). Squibb Inst. Med. Res. New Brunswick. — RODMAN, F. B.: Hazards in the use of antibiotics. Canad. med. Ass. J. **70**, 638 (1954). — RÖCKL, H.: Antibiotika in der Dermatologie. Bericht über den XI. Internat. Dermatologenkongr. in Stockholm vom 31. 7. bis 6. 8. 1957. Hautarzt **9**, 283 (1958). — RÖCKL, H.: Nimmt die Penicillinempfindlichkeit der Gonokokken ab? Münch. med. Wschr. **101**, 708 (1959). — RÖTTER, W., u. F. STAIB: Candida tropicalis-Pneumonie. Behandlung und Verlauf. Dtsch. med. Wschr. **83**, 2285 (1958). — ROSSIER, P. H.: Antibiotica und Mykosen. Helv. med. Acta **19**, 261 (1952). — ROTSCHILD, T. P. E., and G. A. HIGGINS: Acute Lymphogranuloma venereum: a short review with observations on the surgical implications and changing geographic distribution. J. Urol. (Baltimore) **68**, 918 (1952). — ROXBURGH, J. A., R. V. CHRISTIE and A. C. ROXBURGH: Penicillin in treatment of certain diseases of the skin. Brit. med. J. **1944 I**, 524. — ROYL, A.: Erfahrungen mit Omnacillin. Z. Haut- u. Geschl.-Kr. **14**, 256 (1953). — RUBIN, H., P. H. LEHAN and M. L. FURCOLOW: Amphotericin B in treatment of cryptococcal meningitis. Read at the 5th annual Symposion Antibiot. Washington D.C. Oct. 2, 1957. — Severe nonfatal histoplasmosis: Report of a typical case with comments on therapy. New Engl. J. Med. **257**, 599 (1957). — RUIZ SANCHEZ, F., A. RUIZ SANCHEZ and E. N. GRANDA: Treatment of human and experimental anthrax with tetracycline. Antibiot. Med. **3**, 250 (1956). — RUTENBURG, A. M., and S. PINKES: The hepatotoxicity of intravenous aureomycin. New Engl. J. Med. **247**, 797 (1952).

SABRY, J.: The role of antibiotics in dermatology. Proc. 10th Int. Congr. of Dermat. London 1952, p. 383 1953. — SAFFRON, M. H.: Dermatitis herpetiformis. Report of two cases in children treated with aureomycin. J. med. Soc. N.J. **46**, 440 (1951). — SANDERS, M., J. M. RUMBALL, C. SALOMON, M. GONZ LORET and N. J. RICCI: Further experiences with intravenous aureomycin therapy. A study of 116 cases. J. clin. Invest. **28**, 1006 (1949). — SANTORI, G.: Experienze con gli antibiotici in dermatologia. Minerva derm. (Torino) **1**, 132 (1951). — SASAKI, H., H. KIN and T. TAKAGI: The use of trichomycin in the treatment of candida cystitis. Obstet. gynec. Surv. **9**, 950 (1957). — SAWICKY, H. H., F. PASCHER, L. FRANK and B. ROSENBERG: Therapeutic essays of the skin and cancer. Unit. of the New York University hospital. Assay IV. J. invest. Derm. **15**, 339 (1950). — SAWICKY, H. H., and CH. R. REIN: Severe reactions to penicillin. Arch. Derm. Syph. (Chicago) **58**, 83 (1948). — SCHÄFER, K. H., u. E. OPPERMANN: Hautschäden durch den Umgang und durch die Behandlung mit Streptomycin. Dtsch. med. Wschr. **74**, 1491 (1949). — SCHÄFFER, G., u. B. SVENDSEN: Aureomycin and chloromycetin in the treatment of herpes zoster. Acta derm.-venerol. **32**, 184 (1952). — SCHAMBERG, J. L., O. M. CARAZZONI and W. P. BOGER: Treatment of early lymphogranuloma venereum with aureomycin. Amer. J. Syph. **35**, 370 (1951). — SCHÖNFELD, K.: Beitrag zur Behandlung des Rhinoskleroms. Derm. Wschr. **135**, 613 (1957). — SCHÖNFELD, W.: Lehrbuch der Haut- und Geschlechtskrankheiten, 7. Aufl., S. 169. Stuttgart: Georg Thieme 1957. — Die neuzeitliche Behandlung des Trippers und das Versagen der Sulfonamide. Dtsch. med. Wschr. **71**, 15 (1946). — SCHREINER, H. E.: Beitrag zur Behandlung der Dermatomyositis mit Terramycin. Arch. klin. exp. Derm. **201**, 266 (1955). — SCHUERMANN, H.: Die Behandlung der Gonorrhoe mit Sulfonamiden und Penicillin. Med. Klin. **41**, 97 (1946). — SCHUERMANN, H., u. O. HORNSTEIN: Dermatomyositis. In GOTTRON-SCHÖNFELD, Dermatologie und Venerologie, Bd. II/1, S. 569. Stuttgart: Georg Thieme 1958. — SCHULZ, K. H., u. E. LUDWIG: Klinisch bedeutungsvolle Nebenwirkungen von Penicillin, Streptomycin, Chloramphenicol und der Breitspektrum-Antibiotika. Fortschr. Med. **74**, 389, 425, 479, 505, 579 (1956). — SCHUPPLI, R.: Über das Auftreten allergischer Reaktionen bei der Therapie mit Penicillin und Streptomycin. Schweiz. med. Wschr. **1951**, 589. — Über allergische Erscheinungen beim Gebrauch von Antibiotika. Dermatologica (Basel) **102**, 291 (1951). — SEELEMANN, K., u. B. KORNATZ-STEGMANN: Zur Vermeidung der Jarisch-Herxheimerschen Reaktion bei der Penicillinbehandlung der Lues connata. Mschr. Kinderheilk. **100**, 472 (1952). — SEIGA, K.: Systematic treatment of vaginal trichomoniasis with trichomycin. J. Jap. obstet. gynaec. Soc. **9**, 1117 (1957). — SENN, A.: Nebenwirkungen der Antibiotika. Praxis **1953**, 407. — SHAW, C.: Preliminary and short reports. Failure of aureomycin and chloromycetin in dermatitis herpetiformis. J. invest. Derm. **14**, 3 (1950). — SHEARD, C.: Impetigo herpetiformis treated with aureomycin. Arch. Derm. Syph. (Chicago) **64**, 64 (1951). — SIEGAL, S.: Allergy to penicillin O and the management of penicillin sensitivity. Amer. J. Med. **11**, 196 (1951). — SIEGEL, J. M., and E. T. SCHAUTZ:

Aureomycin: Its topical use in cutaneous pyogenic infections and its sensitizing potentialities. Amer. Practit. 1, 608 (1950). — SIMON, S. W.: Skin sensitivity to streptomycin. III. J. Allergy **21**, 400 (1950). — SLANETZ, C. A.: Antibiotics in laboratory animal stock diets. Antibiot. Ann. 401 (1953/54). — Influence of antibiotics on antibody production. Antibiot. and Chemother. **3**, 629 (1953). — SMADEL, J. E.: Chloramphenicol (chloromycetin) in the treatment of infectious diseases. Amer. J. Med. **7**, 671 (1949). — SMILEY, R. K., G. E. CARTWRIGHT and M. M. WINTROBE: Fatal aplastic anemia following chloramphenicol administration. J. Amer. med. Ass. **149**, 914 (1952). — SMITH, D. T.: The disturbance of the normal bacterial ecology by the administration of antibiotics with the development of new clinical syndroms. Ann. intern. Med. **37**, 1135 (1952). — SMITH, J. W., R. W. DYKE and R. S. GRIFFITH: Absorption following oral administration of erythromycin. J. Amer. med. Ass. **151**, 805 (1953). — SOLOMONS, B.: The topical use of achromycin in skin diseases. J. Irish med. Ass. **35**, 209, 342 (1954). — SOLOMONS, B.: Aureomycin: its topical use of some skin diseases. Brit. med. J. **1951 II**, 525. — STEIN, J. M., and PH. J. BURDON: Cryptococcus neoformans infection of the central nervous system: a case treated by amphotericin B, with postmortem examination. Ann. intern. Med. **52**, 445 (1960). — STEVENS, K. M.: The effect of antibiotics upon the immune response. J. Immunol. **71**, 119 (1953). — STORCK, H.: Zur Frage der epidermalen Penicillinsensibilisierung. Dermatologica (Basel) **98**, 211 (1949). — STUMPKE, G.: Penicillinbehandlung von Hautkrankheiten. Z. Haut- u. Geschl.-Kr. **5**, 479 (1948). — STURGEON, P.: Fatal aplastic anemia in children following chloramphenicol therapy. J. Amer. med. Ass. **149**, 918 (1952). — SURMANN, TH.: Die Behandlung der Diphtherie und der Diphtheriebakterienträger. Münch. med. Wschr. **100**, 387 (1958). — SUTTON, R. L.: Diseases of the skin. 11. Auflage, p. 846. London: Henry Kimpton 1956. — SZABO, L.: Zwei neue Lokalantibiotika (Neomycin und Bacitracin. Ugeskr. Laeg. **115**, 149 (1953).

TAMURA, M., and T. FUJII: Treatment of urinary candidiasis with trichomycin orally administered in massive doses. J. Derm. and Urol. **11**, 617 (1957). — TEMPLETON, H. J., C. J. LUNSFORD and H. V. ALLINGTON: Cutaneous reactions to penicillin. Arch. Derm. (Chicago) **56**, 325 (1947). — THAYER, J. D., M. J. PERRY, H. J. MAGNUSON and W. GARSON: Failure of penicillin to kill phagozytized neisseria gonorrhoeae in tissue culture. Antibiot. and Chemother. **6**, 311 (1957). — THYRESSON, N.: The penicillin treatment of acrodermatitis atrophicans chronica (Herxheimer). Acta derm.-venerol. (Stockh.) **29**, 572 (1949). — TOMASZEWSKI, T.: Side effects of chloramphenicol and aureomycin with special reference to oral lesions. Brit. med. J. **1951 I**, 388. — TRAPL, J., u. L. HANZKICKOVA: Dermatomyositis and penicillin. Derm. **24**, 181 (1949). Ref. Excerpta med. (Amst.), Sect. XIII **3**, No 11, 2721 (1949). — TRICE, E. R., and J. C. SHAFER: Topical chloramphenicol therapy of pyogenic dermatoses. J. Amer. med. Ass. **149**, 1469 (1952). — TSUBURA, E.: The place of trichomycine in the treatment of candidiasis. Asian Med. J. **1** (1), 56 (1958). — TZANCK, A., et B. MEYER: Maladie de Duhring-Brocq traitée par auréomycin. Bull. Soc. franç. Derm. Syph. **56**, 431 (1949). — TZANCK, A., E. SIDI et A. HUBAULT: Un cas d'intolérance à l'auréomycine. Bull. Soc. franç. Derm. Syph. **57**, 187 (1950).

VOLINI, J. F., J. GREENSPAN, L. EHRLICH, O. FELSENFELD and ST. O. SCHWARTZ: Hemopoetic changes during administration of chloramphenicol (chloromycetin). J. Amer. med. Ass. **142**, 1333 (1950). — VONDERBANK, H.: Aureomycin und Achromycin. Klinische Wirkungen und deren experimentelle Grundlagen, S. 238. Aulendorf: Editio Cantor 1956. — VONKENNEL, J.: Ein neues Depot-Antihistamin-Penicillin „Neopenyl". Dtsch. med. Wschr. **80**, 308 (1955). — VILANOVA, X., F. DE DULANTO u. L. ALVARADO: Örtliche Anwendung von Chloramphenicol in der Dermatologie. Dermatologica (Basel) **4**, 33 (1954).

WALTER, A., u. L. HEILMEYER: Antibiotika-Fibel, S. 782. Stuttgart: Georg Thieme 1954. — WALTHER, H.: Toxikodermien. Literaturübersicht und Mitteilung eigener Beobachtungen. Hautarzt **11**, 241 (1960). — WEINSTEIN, H. J., and H. WELCH: Sensitivity studies on the tetracyclines. 6th Symposium on antibiotics. Oct. 10, 1958, Washington D.C. USA. — WEINSTEIN, L.: The complications of antibiotic therapy. Bull. N.Y. Acad. Sci. **31**, 500. — WELCH, H.: Absorption, excretion and distribution of terramycin. Ann. N.Y. Acad. Sci. **53**, 253 (1950). — WELSH, A. L., and M. EDE: Topically applied tetracycline hydrochlorid (tetracyn) in treatment of selected dermatoses. Preliminary report. Arch. Derm. Syph. (Chicago) **71**, 111 (1955). — WELSH, A. L., and L. C. GOLDBERG: Fixed drug eruption from aureomycin. Arch. Derm. Syph. (Chicago) **64**, 356 (1951). — WENTZ, H. S., and H. H. SEIPLE: Stevens-Johnson syndrome, variation of erythema multiforme exsudativum(Hebra)-report of 2 cases. Ann. intern. Med. **26**, 277 (1945). — WHITAKER, J. C., A. PRIGOT, M. MARMELL and E. G. MORGAN: Magnamycin — a new antibiotic. A preliminary report on its use in gonorrhea, lymphogranuloma venereum and donovanosis. Amer. J. Syph. **37**, 466 (1953). — WILLCOX, R. R.: Anorectal syndrome and other mild side-effects of terramycin. Lancet **1951 II**, 154. — A case of lichen planus treated with terramycin. Med. Press **1951**, 383. — WILLIAMS, M. L., and D. J. WEEKES:

Effect of antacid preparations on serum aureomycin levels. Rev. Gastroent. S. Paulo 18, 128 (1951). — WILLIAMS, R.: Severe vegetative pyoderma of the face due to bacterioides fungiformis resistant to treatment with penicillin but responsive to treatment with streptomycin. Arch. Derm. Syph. (Chicago) 61, 506 (1950). — WILSON, E. H.: The dangers of antibiotics. Med. J. Aust. 1952I, 869. — WILSON, L. E., M. S. HARRIS, H. H. HENSTELL, O. O. WITHERBEE and J. KAHN: Aplastic anemia following prolonged administration of chloramphenicol. J. Amer. med. Ass. 149, 231 (1952). — WOLMAN, B.: Fatal aplastic anemia after chloramphenicol. Brit. med. J. 1952II, 426. — WOMACK, C. R., and E. B. WELLS: Co-existent chronic glanders and multiple cystic osseous tuberculosis treated with streptomycin. Amer. J. Med. 6, 267 (1949). — WOODWARD, T. E.: Chloromycetin and aureomycin: therapeutic results. Ann. intern. Med. 31, 53 (1949). — WRIGHT, C. S., and E. R. GROSS: Topical treatment with penicillin ointment. Arch. Derm. Syph. (Chicago) 55, 52 (1947). — WRIGHT, C. S., and D. N. TSCHAN: Local oxytetracycline („terramycine") therapy of skin infections. Arch. Derm. Syph. (Chicago) 67, 125 (1953). — WRIGHT, D. D., E. M. GOLD and G. JENNINGS: Stevens-Johnson syndrome. Report of 9 patients treated with sulfonamide drugs or penicillin. Arch. intern. Med. 79, 510 (1947). — WRIGHT, E. T., V. D. NEWCOMER, C. HALDE and Th. H. STERNBERG: The use of nystatin for the treatment of candidiasis of the skin and mucous membrans. Monogr. therapy 2, 12 (1957). Squibb Inst. f. Med. Res. New Brunswick. — WRIGHT, L. T., J. C. WHITAKER, R. S. WILKINSON and M. S. BEINFIELD: The treatment of lymphogranuloma venereum with terramycin. Report of 20 successfully treated cases. Antibiot. and Chemotherap. 1, 193 (1951). — WULF, K.: Zur externen antibiotischen Therapie. Derm. Wschr. 127, 27 (1953).

YOW, E. M.: Development of proteus and pseudomonas infections during antibiotic therapy. J. Amer. med. Ass. 149, 1184 (1952).

ZEE, M. L.: Nodular non suppurative panniculitis treated with penicillin. J. Amer. med. Ass. 130, 1219 (1946). — ZELIGMAN, J., and S. J. SINESI: Carbuncle caused by Gaffkya tetragena treated with oxytetracycline (Terramycin). Arch. Derm. Syph. (Chicago) 58, 382 (1953). — ZIERZ, P., u. R. JAKOB: Zur Behandlung der Gonorrhoe mit Streptomycin. Hautarzt 5, 223 (1954). — ZIMMERMANN, L. E.: Candida- and aspergillus-endocarditis. Arch. Path. (Chicago) 50, 591 (1950). — ZINZIUS, J.: Die Antibiotika und ihre Schattenseiten. Stuttgart: Hippokrates-Verlag 1954. — Typische Aureomycinnebenwirkungen. Z. Haut- u. Geschl.-Kr. 15, 234 (1953). — Beitrag zur Kenntnis einiger Nebenwirkungen nach Erythromycin. Z. Haut- u. Geschl.-Kr. 19, 51 (1955). — Komplikationen der antibiotischen Therapie. Z. Haut- u. Geschl.-Kr. 20, 70 (1956). — ZINZLI, PH.: Erfolgreiche Penicillinbehandlung bei einer schweren Allgemeinerkrankung nach Erysipeloid. Schweiz. med. Wschr. 1947, 1201.

Nachtrag bei der Korrektur

FLEISCHHAUER, G.: Resistenzprüfungen und klinische Erfahrungen mit Colistin. Dtsch. med. Wschr. 85, 1717 (1960).

MEYER-ROHN, J.: Antibiotika in der Dermatologie. Ther. d. Gegenw. 100, 52 (1961). — MEYER-ROHN, J., u. B. ROHDE: Zur Klinik und Virologie des Eczema vaccinatum. Hautarzt 10, 344 (1959).

SCHÖNENBERG, H.: Klinische Erfahrungen mit Colistin. Dtsch. med. Wschr. 85, 1714 (1960). — SYLVESTRE, L., Z. GALLAI et J. ETHIER: Traitement de la trichomonase chez l'homme par un nouveau dérivé de l'imidazole. I. Kanad. Sympos. über nichtgonorrh. Urethritis und menschliche Trichomoniasis, S. 230. Montreal 1959. Basel u. New York: S. Karger 1960.

Sulfanilamide und verwandte Chemotherapeutica

Von

Ekkehard Krüger-Thiemer-Borstel

Mit 20 Abbildungen

A. Einleitung

I. Historisches

In diesem Kapitel wird über eine Gruppe von Arzneimitteln, die Sulfanilamide und verwandte Sulfone, berichtet, die Gerhard Domagk kurz nach dem Erscheinen des 5. Bandes, Teil 1, des Handbuchs der Haut- und Geschlechtskrankheiten (Pharmakologie der Haut, Arzneimittel, Allgemeine Therapie) für die Behandlung auch von zahlreichen Haut- und Geschlechtskrankheiten neu erschloß. Daher finden sich in jenem Bande keine analogen Arzneimittel, als deren Weiterentwicklung die Sulfanilamide aufgefaßt werden könnten.

An der von Mietzsch und Klarer im Jahre 1931 (vgl. die Arbeit von 1942) zum Patent angemeldeten Verbindung *2-Methyl-4-[(3''-amino-2''-hydroxy-propyl)-äthyl-amino]-azobenzol-4'-sulfonamid* **(I)** * stellte Domagk zum ersten

(I) $H_2N{-}CH_2{-}CH(OH){-}CH_2 / H_3C{-}CH_2 \rangle N{-}C_6H_3(CH_3){-}N{=}N{-}C_6H_4{-}SO_2{-}NH_2$

Male eine überragende Wirkung bei der mit Aronson-Streptokokken (Streptococcus agalactiae) infizierten Maus fest. Für diese Entdeckung, deren weiterer Ausbau mit Hilfe eines geeigneten Tiertests zur Auffindung zahlreicher therapeutisch verwendbarer Sulfanilamide führte, erhielt Domagk im Jahre 1939 den Nobel-Preis für Medizin. Die ersten klinisch verwendeten Substanzen dieser Art waren das *Prontosil rubrum* **(XIII)** und das *Prontosil solubile* **(XV)** (Domagk 1935; Klee und Römer 1935; Schreus 1935), die noch heute im Handel sind (Abschnitt C, II, 1, S. 1081). Für diese Azofarbstoffe mit Sulfonamidgruppe (vgl. auch **XII** bis **XV**) ist es charakteristisch, daß sie bei teilweise guter in vivo-Wirkung keine deutliche in vitro-Wirkung aufweisen (Abschnitt B, IV, 2 und B, V, 4). Da jedoch in den Tierversuchen mit einer unmittelbar gegen die Bakterien gerichteten Wirkung zu rechnen ist, kann man folgern, daß die Azofarbstoffe **XII** bis **XV** ihre antibakterielle Wirkung in vivo erst nach metabolischer Umwandlung (Abschnitt B, V, 1) ausüben. Dementsprechend fanden J. Tréfouel, Mme J. Tréfouel, Nitti und Bovet (1935), daß schon das *Sulfanilamid* **(II)** deutlich chemotherapeutisch wirkt, und zwar sowohl in vivo als auch in vitro (vgl. auch Colebrook, Buttle und O'Meara 1936). Die meisten weiteren erfolgreichen Sulfanilamidpräparate entstanden aus dieser Substanz durch Substitution der N^1-Aminogruppe des Sulfonamidrestes (**XVI** bis **LXXI**). Eine ausführliche Dar-

* Die halbfettgedruckten römischen Ziffern in diesem Kapitel weisen auf die Strukturformeln der Verbindungen hin. Stoff **II** bis **XCIV** s. Tabelle 1, S. 966—980.

stellung des Entwicklungsganges der Sulfanilamide anhand der Zeitschriftenliteratur und der Patente gaben MIETZSCH und BEHNISCH (1955). Weitere Schilderungen findet man in den im Abschnitt A, III genannten Übersichtsarbeiten (S. 992).

Die auf dem Wege zur Entdeckung der Sulfanilamide benützten Arbeitshypothesen, die von den ursprünglichen Vorstellungen PAUL EHRLICHs über die *unmittelbare* Einwirkung der Chemotherapeutica auf die Bakterien abwichen, haben sich nicht als stichhaltig erwiesen, so daß auf eine Schilderung des Entwicklungsganges der Chemotherapie bis zur Entdeckung der Sulfanilamide hier verzichtet werden kann (vgl. MARSHALL 1940; SCHÖNFELD und KIMMIG 1948; BLUMENTHAL 1950; MIETZSCH 1955; und viele andere Autoren). Die historische Entwicklung der therapeutisch brauchbaren Sulfanilamide macht keine Ausnahme von der noch immer gültigen Regel, daß es zu neuen wirksamen Chemotherapeuticagruppen keinen rationellen Weg gibt und daß Erfolge nur bei Prüfung möglichst zahlreicher Substanzen in geeigneten in vitro- und in vivo-Testen zu erwarten sind. Schon NORTHEY (1948) erwähnt 5400 Derivate und Analoga des Sulfanilamids, von denen nur wenige Dutzend klinische Verwendung gefunden haben. — Bei experimentellen Arbeiten mit den von VONKENNEL, KIMMIG und KORTH (1940) eingeführten Thiadiazolderivaten des Sulfanilamids wurden zwei neue Therapeuticagruppen entdeckt, nämlich die antidiabetischen Sulfanilamide durch JANBON u. Mitarb. (1942) und die antituberkulös wirkenden Thiosemicarbazone durch DOMAGK, BEHNISCH, MIETZSCH und SCHMIDT (1946).

Für die Theorie vom Wirkungsmodus der Sulfanilamide sind einige Arbeiten von grundlegender Bedeutung. In erster Linie sind die Arbeiten von WOODS (1940) und FILDES (1940) über die Entdeckung des Antagonismus der p-Aminobenzoesäure gegenüber der antibakteriellen Sulfanilamidwirkung und die Arbeiten von COWLES (1942), BRUECKNER (1943), BELL und ROBLIN (1942) und KUMLER und DANIELS (1943) über die Beziehungen der physikochemischen Eigenschaften der Sulfanilamide zu deren antibakterieller Wirkung zu nennen. In neuerer Zeit ergaben sich durch Untersuchungen über die Folsäure und das Coenzym F weitere Fortschritte, die mit den Namen zahlreicher Autoren verbunden sind (TSCHESCHE u. Mitarb. 1947—1955; WACKER u. Mitarb. 1954—1959; vgl. Abschnitt B, V, 5). Hierüber hinausgehende Fortschritte sind kürzlich von SEYDEL u. a. (1960) durch Untersuchungen an den Infrarotspektren der Sulfanilamide erzielt worden (Abschnitte B, I, 3; B, V, 4 und 5).

In diesem Artikel kann nicht das gesamte vorliegende Tatsachenmaterial erwähnt werden. Wenn auch die Auswahl der berücksichtigten Publikationen nicht frei von Zufälligkeiten sein kann, so soll die folgende Darstellung doch einerseits rationelle Prinzipien zur Beurteilung der Sulfanilamide herausarbeiten, die über das an Erkenntniswert hinausgehen, was üblicherweise in klinischen Veröffentlichungen geboten zu werden pflegt, und anderseits möglichst viele Literaturhinweise auf experimentelle Ergebnisse liefern, die von einer vollständigen Theorie des Wirkungsmodus der Sulfanilamide zu deuten wären. Wegen der großen Materialfülle muß oft ein Hinweis auf größere Übersichtsarbeiten genügen. Obwohl die Sulfanilamide schon mehr als 20 Jahre klinisch angewendet werden, ist ihre Entwicklung nicht abgeschlossen, da gerade in den letzten Jahren viele neue Sulfanilamidpräparate in den Handel gebracht worden sind. Von diesen jüngsten Sulfanilamidpräparaten wurden alle wesentlichen Originalarbeiten genannt.

II. Einteilung, Nomenklatur und Handelsnamen

Die aus dem Sulfanilamid entwickelten antimikrobiell oder pharmakodynamisch wirkenden Substanzen werden oft in „Sulfonamide“

$\left(-C_6H_4-SO_2-NH-\right)$ und „Sulfone“ $\left(-NH-C_6H_4-SO_2-C_6H_4-NH-\right)$

eingeteilt. Diese Einteilung ist weder chemisch konsequent, noch entspricht sie dem Wesen der biologischen Wirkung der Stoffe, da sich die durch 4-Amino-benzoesäure antagonisierbaren Substanzen auf beide Gruppen verteilen. NORTHEY (1948) hat eine umfassendere Gliederung der Sulfanilamidderivate und analoger Substanzen ausgearbeitet, die jedoch auch noch nach ihrer Wirkung zusammengehörende Stoffe trennt. Im folgenden werden die Sulfanilamide und sonstigen Sulfone nach dem Schema der Abb. 1 eingeteilt. In diesem Schema verteilen sich die antibakteriell wirkenden und die sonstigen Sulfonamide auf mehrere Gruppen. Alle hier behandelten Substanzen sind als *Sulfone* zu bezeichnen, weshalb die Verwendung dieses Namens speziell für die Derivate des *4,4'-Diamino-diphenylsulfons* unzweckmäßig ist. *Sulfanile* (genauer p-Sulfanile) sind die durch 4-Amino-benzoesäure in ihrer antimikrobiellen Wirkung antagonisierbaren Sulfone. Die Sulfonamide aus dieser Gruppe heißen sinngemäß *Sulfanilamide.* Die Derivate des *4,4'-Diamino-diphenylsulfons*, deren therapeutische Bedeutung seit Jahren auf die Lepra beschränkt und noch umstritten ist, werden hier als *Sulfanilaniline*, da in ihnen die Sulfanilsäure formal durch Anilin substituiert ist, bezeichnet. Außerhalb dieser Gruppen hat nur das *4-(Amino-methyl)-benzol-sulfonamid (Homosulfanilamid)* wegen seiner von einigen Autoren angegebenen Wirkung gegenüber Anaerobiern (SCHREUS 1942; und andere) ein gewisses Interesse. Nach der Einteilung der Abb. 1 gehören in die Gruppe des Homosulfanilamids auch einige der gegen manche Diabetesformen verwendeten Sulfonamide. Bei den synthetischen Antidiabetica scheint die Sulfonamidgruppe für die pharmakodynamische Wirkung eine ursächliche Bedeutung zu haben, so daß für sie die Gruppenbezeichnung „Sulfonamide" sinnvoll ist; die manchmal verwendete Gruppenbezeichnung Sulfonylharnstoffe umfaßt nicht alle synthetischen Antidiabetica. In der letzten Gruppe der Abb. 1 steht z.B. das diuretisch wirkende *2-Acetamino-1,3,4-thiadiazol-5-sulfonamid* (Diamox), das kein chemotherapeutisches Interesse hat.

Für die Sulfanilamide findet man in der Literatur eine außerordentlich vielfältige Nomenklatur, die oft nicht frei von Inkonsequenzen oder mißverständlichen Formulierungen ist. In der Tabelle 1 sind die *chemischen Bezeichnungen*, die in diesem Kapitel verwendeten *chemischen Kurznamen*, die Handelsnamen *(Warenzeichen)* und die nicht wortgeschützten *Freinamen* der Weltgesundheitsorganisation (WHO, Genf) mit den Strukturformeln, Summenformeln, Molekulargewichten (nach den Atomgewichten von 1954), dem Prozentgehalt von Sulfanilamid in den Derivaten, den Schmelzpunkten (bzw. -bereichen) und den *pKa'*-Werten zusammengestellt. Die chemischen Bezeichnungen lehnen sich weitgehend an die Regeln der Genfer Nomenklatur und an die Nomenklaturregeln der Internationalen Union für reine und angewandte Chemie (IUPAC-Regeln von 1957) an. Die im folgenden allgemein verwendeten chemischen Kurznamen sind nach vielfach üblichem Gebrauch so gebildet, daß „Sulfanil-" stets für 4-Amino-benzol-sulfonyl- und „Sulfa-" stets für 4-Amino-benzol-sulfonamido-steht. Die Bezeichnungen der N^4-Substituenten (d. h. an der aromatischen Aminogruppe) sind vorgesetzt und die Bezeichnungen der N^1-Substituenten (d. h. an der Sulfonamidgruppe) sind nachgestellt, wobei Stellungsbezeichnungen nur verwendet sind, wenn es zur Unterscheidung von therapeutisch gebräuchlichen Isomeren notwendig ist. Bis auf Stellungsbezeichnungen sind diese chemischen Kurznamen also eindeutig; sie bestehen, abgesehen von „Sulfa-", nur aus Bestandteilen, die in der organischen Chemie allgemein üblich sind. Im Gegensatz hierzu müssen die WHO-Freinamen, soweit sie nicht mit den chemischen Kurznamen identisch sind, als willkürlich gewählte Namen angesehen werden, da in ihnen anstelle von „Sulfanil-" stets „Sulfa-" steht und die Substituenten oft durch willkürlich gebildete Endungen bezeichnet werden, so daß ein Rückschluß vom Namen auf die Formel meist nicht möglich ist. Bei den WHO-Freinamen hat man zu unterscheiden zwischen vorgeschlagenen („proposed international non-proprietary names", Prop. I.N.N.; s. Chron. Wld. Hlth. Org. **7**, 297 (1953); **8**, 216, 313 (1954); **10**, 28 (1956); **11**, 231 (1957); **12**, 102 (1958); WHO-Chronicle **13**, 105 (1959); **14**, 152, 168, 244 (1960)] und empfohlenen Freinamen [recommended international non-proprietary names, Rec. I.N.N.; s. Chron. Wld. Hlth. Org. **9**, 185 (1955); WHO-Chronicle **13**, 106 (1959)].

Leider werden bei manchen Sulfanilamiden mehrere sehr ähnliche Namen als Freinamen angesehen und benutzt, außerdem variiert die Orthographie der Freinamen in verschiedenen

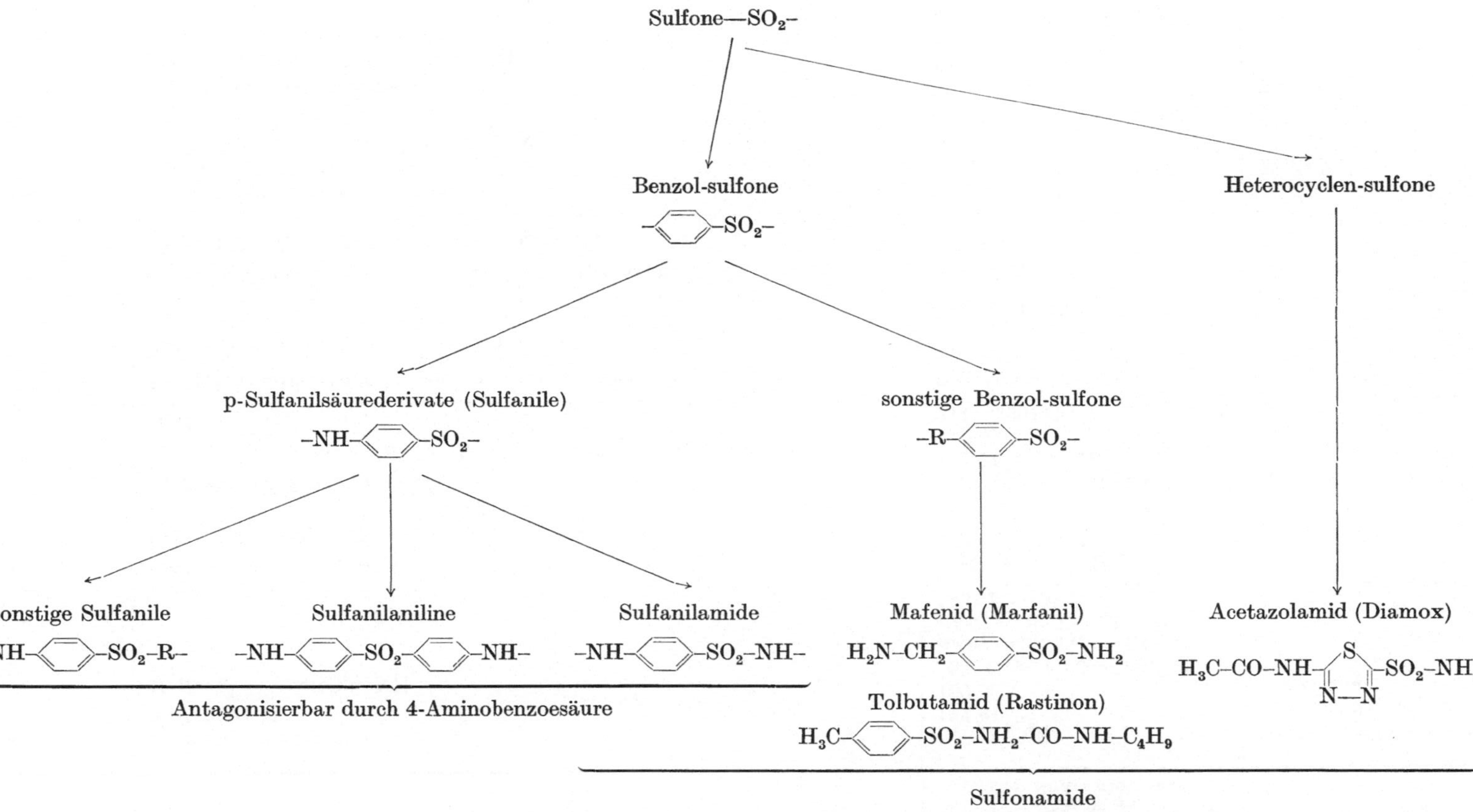

Abb. 1. Einteilung der Sulfonamide und sonstiger Sulfone im Sinne der antibakteriellen Chemotherapie

Tabelle 1. *Liste der in diesem Artikel behandelten Sulfanilamide und sonstigen Sulfone*

Formel-Nr.	Chemische Bezeichnung *Chemischer Kurzname* Strukturformel	Summenformel Molekulargewicht Sulfanilamidgehalt Schmelzbereich pKa'-Werte (Ac: N[4]-Acetylderivat)	Warenzeichen im deutschen Sprachbereich; *WHO-Freiname*
II	4-Amino-benzol-sulfonamid *Sulfanilamid* H_2N—⬡—SO_2—NH_2	$C_6H_8N_2O_2S$ 172,21 100% 163° C (k) (163—168)° C $pKa_1 = 2{,}2$ (1,9—2,4) $pKa_2 = 10{,}5$ (10,3—10,8) (Ac: F. 219° C)	Prontalbin (weitere s. S. 1080); *Sulfanilamidum*
III	*Sulfanilamid-äthylsulfonat* CH_3—CH_2—SO_2—OH · H_2N—⬡—SO_2—NH_2	$C_6H_8N_2O_2S \cdot C_2H_6O_3S$ 172,21 + 110,14 61,0%	
IV	*Sulfanilamid-5-sulfosalicylat* HO—⬡(HOOC)—SO_2—OH · H_2N—⬡—SO_2—NH_2	$C_6H_8N_2O_2S \cdot C_7H_6O_6S$ 172,21 + 218,19 44,1% 214—220° C	Amindan
V	4-(Sulfinatnatrium-methyl-amino)-benzol-sulfonamid NaO—SO—CH_2—HN—⬡—SO_2—NH_2	$C_7H_9N_2NaO_4S$ 240,22 71,7% (Säure: F. 158—160° C)	
VI	4-(Sulfonatnatrium-methyl-amino)-benzol-sulfonamid NaO—SO_2—CH_2—HN—⬡—SO_2—NH_2	$C_7H_9N_2NaO_5S$ 256,22 67,2%	
VII	4-(Benzyl-amino)-benzol-sulfonamid *Benzylsulfanilamid* ⬡—CH_2—HN—⬡—SO_2—NH_2	$C_{13}H_{14}N_2O_2S$ 262,34 65,6% 174—178° C	*Benzylsulfamidum*
VIII	4-(Acetyl-amino)-benzol-sulfonamid CH_3—CO—HN—⬡—SO_2—NH_2	$C_8H_{10}N_2O_3S$ 214,25 80,4% 217—218 (215—219)° C	KP.: Unguforte

IX	4-(Butyryl-amino)-benzol-sulfonamid *Butyrylsulfanilamid* CH_3—CH_2—CH_2—CO—HN—⌬—SO_2—NH_2	$C_{10}H_{14}N_2O_3S$ 214,30 71,1 % 236—237° C (231° C)	
X	4-(Succinylnatrium-amino)-benzol-sulfonamid *Natriumsuccinylsulfanilamid* NaO—CO—CH_2—CH—CO—HN—⌬—SO_2—NH_2	$C_{10}H_{11}N_2NaO_5S$ 294,27 58,5 % (Säure: F. 202—217° C)	
XI	4-Diazo-benzol-sulfonamid HO—N=N—⌬—SO_2—NH_2 oder HN=N(=O)—···	$C_6H_7N_3O_3S$ 201,21 85,6 %	
XII	4-Hydroxy-3-carboxy-azobenzol-4′-sulfonamid *Salicylazosulfanilamid* HO—⌬(HOOC)—N=N—⌬—SO_2—NH_2	$C_{13}H_{11}N_3O_5S$ 321,32 53,6 % (K-Salz: F. 220° C)	*Salazosulfamidum*
XIII	2,4-Diamino-azobenzol-4′-sulfonamid-Hydrochlorid HCl · H_2N—⌬(NH_2)—N=N—⌬—SO_2—NH_2	$C_{12}H_{13}N_5O_2S \cdot HCl$ 291,34 + 36,47 52,5 % 224—232; 247—252° C $pKa' = 4{,}2$; 10,1	Prontosil rubrum, Rubazin
XIV	2,4-Diamino-6-carboxy-azobenzol-sulfonamid H_2N—⌬(COOH)(NH_2)—N=N—⌬—SO_2—NH_2	$C_{13}H_{13}N_5O_4S$ 335,35 51,4 % >300° C	*Sulfachrysoidinum*
XV	3,6-Disulfonatnatrium-7-(acetyl-amino)-1-hydroxy-naphthalin-(2-azo-4′)-benzol-1′-sulfonamid CH_3—CO—HN—naphthalene ring(OH)($NaSO_3$)(SO_3Na)—N=N—⌬—SO_2—NH_2	$C_{18}H_{14}N_4Na_2O_{10}S_3$ 588,52 29,3 %	Prontosil solubile
XVI	Di-(4-amino-benzol-sulfonyl)-amid H_2N—⌬—SO_2—NH—SO_2—⌬—NH_2	$C_{12}H_{13}N_3O_4S_2$ 327,39 52,6 % $pKa' = 2{,}9$	

Tabelle 1. (Fortsetzung)

Formel-Nr.	Chemische Bezeichnung *Chemischer Kurzname* Strukturformel	Summenformel Molekulargewicht Sulfanilamidgehalt Schmelzbereich *pKa'*-Werte (Ac: N^4-Acetylderivat)	Warenzeichen im deutschen Sprachbereich; *WHO-Freiname*
XVII	4-(Sulfonatnatrium-glucosyl-amino)-benzol-sulfonyl-(hydroxy-methyl-amid) $NaO—SO_2—C_6H_{12}O_5—HN—C_6H_4—SO_2—NH—CH_2—OH$	$C_{13}H_{21}N_2NaO_{11}S_2$ 468,45 36,8 %	Ladogal; KP.: Sagittamid
XVIII	4-Amino-benzol-sulfonyl-amino-methyl-sulfonat-Triäthanolamin *Sulfanilamidomethansulfonat-Triäthanolamin* $H_2N—C_6H_4—SO_2—NH—CH_2—SO_3^- \cdot H\overset{+}{N}(CH_2—CH_2—OH)_3$	$C_7H_{10}N_2O_5S_2 \cdot C_6H_{15}NO_3$ 266,30 + 149,19 41,4 % 112—113° C (k) *pKa'* = 7,6	Salthion
XIX	N-(4-Amino-benzol-sulfonyl)-glycin *N-Sulfanilglycin* $H_2N—C_6H_4—SO_2—NH—CH_2—COOH$	$C_8H_{10}N_2O_4S$ 230,25 74,8 % *pKa'* (COOH) = 3,5	
XX	N-(4-Amino-benzol-sulfonyl)-glycyl-(diäthyl-amid) *Sulfanilglycyldiäthylamid* $H_2N—C_6H_4—SO_2—NH—CH_2—CO—N(CH_2—CH_3)_2$	$C_{12}H_{19}N_3O_3S$ 285,37 60,3 % 142—143° C (k) *pKa'* = 10,1	Sulfoglycin
XXI	4-Amino-benzol-sulfonyl-carbamid-Hydrat *Sulfanilcarbamid* $H_2N—C_6H_4—SO_2—NH—CO—NH_2 \cdot H_2O$	$C_7H_9N_3O_3S \cdot H_2O$ 215,24 + 18,02 73,8 % 151—154° C (148—149° C) (Na-Salz: F. 239—241° C [k]) *pKa'* = 1,8; 5,5	Euvernil, Tonil
XXII	N-(4-Amino-benzol-sulfonyl)-N'-butyl-carbamid *Sulfanilbutylcarbamid* $H_2N—C_6H_4—SO_2—NH—CO—NH—CH_2—CH_2—CH_2—CH_3$	$C_{11}H_{17}N_3O_3S$ 271,35 63,5 %; F. 145—146° C (k) *pKa'* = 4,8	Antidiabeticum „Haury", Invenol, Nadisan, Oranil
XXIII	N-(4-Amino-benzol-sulfonyl)-N',N'-dimethyl-carbamid *Sulfanildimethylcarbamid* $H_2N—C_6H_4—SO_2—NH—CO—N(CH_3)_2$	$C_9H_{13}N_3O_3S$ 243,29 70,8 %	Loranil

XXIV	N-(4-Amino-benzol-sulfonyl)-thiocarbamid *Sulfanilthiocarbamid* $H_2N—C_6H_4—SO_2—NH—C(=S)—NH_2$	$C_7H_9N_3O_2S_2$ 231,30 74,5% 189° C (k); 174—183, 200° C (Zers.) $pKa' = 4,8$	Badiocyren, Badional; KP. siehe S. 1081; *Sulfathiourea*
XXV	4-Amino-benzol-sulfonyl-guanidin-Hydrat *Sulfanilguanidin* $H_2N—C_6H_4—SO_2—NH—C(=NH)—NH_2 \cdot H_2O$ Tautomerie mit $\cdots —N=C(NH_2)—NH_2$	$C_7H_{10}N_4O_2S \cdot H_2O$ 214,25 + 18,02 74,1% Hydrat: 142—145° C Wasserfrei: 186—187° C (k) (185—193° C) $pKa' = 9,9$ (Ac: F. 266° C [k], $pKa' = 2,8; > 10$)	Aplona S, Carboguan, Guanicil, Resulfon, Ruocid, Sulfaguanidin, Sulfoguanil; KP. s. S. 1082 *Sulfaguanidinum*
XXVI	4-Amino-benzol-sulfonyl-(acetyl-amid) *Sulfanilacetamid* $H_2N—C_6H_4—SO_2—NH—CO—CH_3$	$C_8H_{10}N_2O_3S$ 214,25 80,4% 180—181° C (k) (176—184° C) $pKa' = 1,8; 5,3$ (Ac: F. 259° C)	Albucid, Beocid, Cetazin, Fluomed, Sulfosellan-Gel; KP. s. S. 1082; *Sulfacetamidum*
XXVII	N[4],N[4']-Methylen-di-(4-amino-benzol-sulfonyl-acetyl-amid) $CH_3—CO—HN—SO_2—C_6H_4—NH—CH_2—HN—C_6H_4—SO_2—NH—CO—CH_3$	$C_{17}H_{20}N_4O_6S$ 440,51 39,1%	Megamid, Persulfon
XXVIII	4-(2'-Carboxy-benzoyl-amino)-benzol-sulfonyl-(acetyl-amid) *Phthaloylsulfanilacetamid* $HOOC—C_6H_4—CO—HN—C_6H_4—SO_2—NH—CO—CH_3$	$C_{16}H_{14}N_2O_6S$ 362,37 47,5% 234° C	Intazin, Talbucid
XXIX	4-Amino-benzol-sulfonyl-(3',3'-dimethyl-acroyl-amid) *Sulfanildimethylacroylamid* $H_2N—C_6H_4—SO_2—NH—CO—CH=C(CH_3)_2$	$C_{11}H_{14}N_2O_3S$ 254,31 67,7% 176—177° C (k) (175—180° C) $pKa' = 5,4$	Irgamid; KP. Irgafen comp. Amp.; *Sulfadicramidum*
XXX	4-Amino-benzol-sulfonyl-(benzoyl-amid) *Sulfanilbenzoylamid* $H_2N—C_6H_4—SO_2—NH—CO—C_6H_5$	$C_{13}H_{12}N_2O_3S$ 244,32 70,5% 181—182° C (k) $pKa' = 1,8; 4,9$	KP. Trisulfonamid Poly-Gel.

Tabelle 1. (Fortsetzung)

Formel-Nr.	Chemische Bezeichnung *Chemischer Kurzname* Strukturformel	Summenformel Molekulargewicht Sulfanilamidgehalt Schmelzbereich *pKa'*-Werte (Ac: N^4-Acetylderivat)	Warenzeichen im deutschen Sprachbereich; *WHO-Freiname*
XXXI	4-Amino-benzol-sulfonyl-[4'-(propyl-2''-oxy)-benzoyl-amid] *Sulfanilisopropoxybenzoylamid* $H_2N-C_6H_4-SO_2-NH-CO-C_6H_4-O-CH(CH_3)_2$	$C_{16}H_{18}N_2O_4S$ 334,40 51,5% 183° C (k) $pKa' = 2{,}8;\ 4{,}9$	KP. Dosulfin; *Sulfaproxylinum*
XXXII	4-Amino-benzol-sulfonyl-(3',4'-dimethyl-benzoyl-amid) *Sulfanildimethylbenzoylamid* $H_2N-C_6H_4-SO_2-NH-CO-C_6H_3(CH_3)_2$	$C_{15}H_{16}N_2O_3S$ 304,37 56,6% 221° C (k) (217—224° C) $pKa' = 4{,}9$	Irgafen; Irgafen comp. Amp.
XXXIII	4-Amino-benzol-sulfonyl-cyanamid *Sulfanilcyanamid* $H_2N-C_6H_4-SO_2-NH-C{\equiv}N$	$C_7H_7N_3O_2S$ 197,22 87,3%	
XXXIV	3-(4'-Amino-benzol-sulfonamido)-5-methyl-isoxazol *3-Sulfamethylisoxazol* $H_2N-C_6H_4-SO_2-NH-$(5-Methyl-isoxazol-3-yl)	$C_{10}H_{11}N_3O_3S$ 253,29 68,0% 167; 170° C (k) $pKa' = 5{,}7$	(jap.: Sinomin)
XXXV	5-(4'-Amino-benzol-sulfonamido)-3,4-dimethyl-isoxazol *5-Sulfadimethylisoxazol* $H_2N-C_6H_4-SO_2-NH-$(3,4-Dimethyl-isoxazol-5-yl)	$C_{11}H_{13}N_3O_3S$ 267,31 64,4% 192° C (k) (193—194° C) $pKa' = 4{,}9$ (Ac: F. 210° C) Na-Salz + $2\,H_2O$ (M = 325,33)	Gantrisin; *Sulfafurazolum*
XXXVI	2-(4'-Amino-benzol-sulfonamido)-4,5-dimethyl-oxazol *2-Sulfadimethyloxazol* $H_2N-C_6H_4-SO_2-NH-$(4,5-Dimethyl-oxazol-2-yl)	$C_{11}H_{13}N_3O_3S$ 267,31 64,4% 188—193° C (k) (193—194° C) $pKa' = 7{,}2$	Sulfuno, Tardamid

XXXVII	2-(4′-Amino-benzol-sulfonamido)-thiazol *Sulfathiazol* H_2N—⟨⟩—SO_2—NH—(N, S) Na-Salz mit 3/2 H_2O	$C_9H_9N_3O_2S_2$ 255,33 67,4% 197—198° C (k) (194—204° C) (andere Modif.: 172° C) *pKa'* = 2,4; 6,8—7,2 (Ac: F. 257; 274° C; *pKa'* = 6,8)	Cibazol, Eleudron, u. a. s. S. 1083; KP. s. S. 1083; *Sulfathiazolum*
XXXVIII	2-[4′-(3″-Carboxy-propionyl-amino)-benzol-sulfonamido]-thiazol-Hydrat *Succinoylsulfathiazol* HOOC—CH_2—CH_2—CO—HN—⟨⟩—SO_2—NH—(N, S) · H_2O	$C_{13}H_{13}N_3O_5S_2 \cdot H_2O$ 355,40 + 18,02 46,1% 188—190° C (183—193° C) *pKa'* (COOH) = 4,5	*Succinylsulfathiazolum*
XXXIX	2-[4′-(2″-Carboxy-benzoyl-amino)-benzol-sulfonamido]-thiazol *Phthaloylsulfathiazol* ⟨⟩(COOH)—CO—HN—⟨⟩—SO_2—NH—(N, S)	$C_{17}H_{13}N_3O_5S_2$ 403,45 42,7% 268—269° C (k, Zers.) (244 bis 277° C)	Colentron, Ilentazol, Phtalazol, Taleudron, Talisulfazol; KP. Sulfamycetin; *Phthalylsulfathiazolum*
XL	2-(4′-Amino-benzol-sulfonamido)-thiazol-N⁴′,3-formaldehydkondensat *Formosulfathiazol* Strukturformel unsicher (vgl. NEGWER 1959, Nr. 1628 Z)	$C_{21}H_{22}N_6O_6S_4$	Forbina, Formo-Cibazol, Sulfa-Kohle-Compretten, Viozol
XLI	2-(4′-Amino-benzol-sulfonamido)-4-methyl-thiazol *Sulfamethylthiazol* H_2N—⟨⟩—SO_2—NH—(N, S, CH_3)	$C_{10}H_{11}N_3O_2S_2$ 269,35 63,9% 242—244° C (234—246° C) *pKa'* = 2,4; 7,8 (Ac: F. 264—269° C)	
XLII	5-(4′-Amino-benzol-sulfonamido)-1-phenyl-pyrazol *Sulfaphenylpyrazol* H_2N—⟨⟩—SO_2—NH—(N—⟨⟩, N)	$C_{15}H_{14}N_4O_2S$ 314,37 54,8% 178—179° C (k) *pKa'* = 5,8	Orisul

Tabelle 1. (Fortsetzung)

Formel-Nr.	Chemische Bezeichnung *Chemischer Kurzname* Strukturformel	Summenformel Molekulargewicht Sulfanilamidgehalt Schmelzbereich *pKa'*-Werte (Ac: N^4-Acetylderivat)	Warenzeichen im deutschen Sprachbereich; *WHO-Freiname*
XLIII	2-(4'-Amino-benzol-sulfonamido)-5-methyl-1,3,4-thiadiazol *Sulfamethylthiadiazol* $H_2N-\langle\bigcirc\rangle-SO_2-NH-$(N—N, S-Ring)$-CH_3$	$C_9H_{10}N_4O_2S_2$ 270,34 63,7% 186—192; 204—211° C *pKa'* = 2,2; 5,5 (Ac: F. 244° C)	Lucosil-Mixtur, Tetracid, Urolucosil, Urosulfin; *Sulfamethizolum*
XLIV	2-(4'-Amino-benzol-sulfonamido)-5-äthyl-1,3,4-thiadiazol *Sulfaäthylthiadiazol* $H_2N-\langle\bigcirc\rangle-SO_2-NH-$(N—N, S-Ring)$-CH_2-CH_3$	$C_{10}H_{12}N_4O_2S_2$ 284,37 60,6% 185° C (k) (184—187° C) *pKa'* = 5,1	Globucid, Sulfa-Perlongit; KP. Andal, Ornal, Protocid, Sulfacillase, Supracid; *Sulfaethidolum*
XLV	2-(4'-Amino-benzol-sulfonamido)-5-(propyl-2'')-thiadiazol *1,3,4-Sulfaisopropylthiadiazol* $H_2N-\langle\bigcirc\rangle-SO_2-NH-$(N—N, S-Ring)$-CH(CH_3)_2$	$C_{11}H_{14}N_4O_2S_2$ 298,40 57,7% 195—197° C	Im Handel unter dem chemischen Namen; *Glyprothiazolum*
XLVI	4-(4'-Amino-benzol-sulfonamido)-benzol-sulfonamid *Sulfanilsulfanilamid* $H_2N-\langle\bigcirc\rangle-SO_2-NH-\langle\bigcirc\rangle-SO_2-NH_2$	$C_{12}H_{13}N_3O_4S_2$ 327,39 52,6% 137° C *pKa'* = 1,9; 7,9	Uliron C
XLVII	4-(4'-Amino-benzol-sulfonamido)-benzol-sulfonyl-(methyl-amid) *Sulfanilsulfanilmethylamid* $H_2N-\langle\bigcirc\rangle-SO_2-NH-\langle\bigcirc\rangle-SO_2-NH-CH_3$	$C_{13}H_{15}N_3O_4S_2$ 341,42 50,4% 148° C (k) (142—144° C) *pKa'* = 7,3	Neo-Uliron
XLVIII	4-(4'-Amino-benzol-sulfonamido)-benzol-sulfonyl-(dimethyl-amid) *Sulfanilsulfanildimethylamid* $H_2N-\langle\bigcirc\rangle-SO_2-NH-\langle\bigcirc\rangle-SO_2-N(CH_3)_2$	$C_{14}H_{17}N_3O_4S_2$ 355,45 48,4% 193—194° C	Uliron

XLIX	4-(4′-Amino-benzol-sulfonamido)-acetophenon *Sulfaacetophenon*  H_2N—SO_2—NH—CO—CH_3	$C_{14}H_{14}N_2O_3S$ 290,35 59,3% 190; 211° C	
L	1-(4′-Amino-benzol-sulfonamido)-3,5-dibrom-benzol *Sulfadibrombenzol* 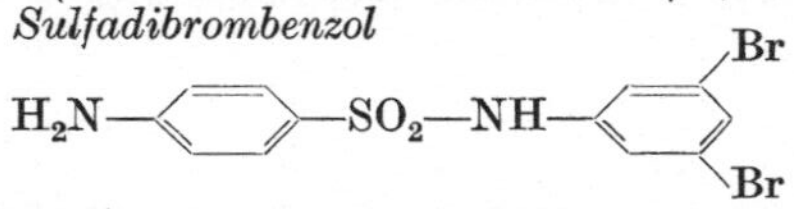 H_2N—SO_2—NH— (Br, Br)	$C_{12}H_{10}Br_2N_2O_2S$ 406,13 42,4% 150° C	
LI	2-(4′-Amino-benzol-sulfonamido)-pyridin *Sulfapyridin* H_2N—SO_2—NH— (N) Mesomerie mit: ···—N= (N, H) 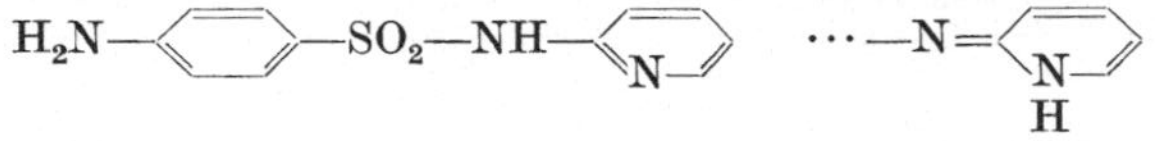	$C_{11}H_{11}N_3O_2S$ 249,30 69,1% 188° C (k) (191—193; 196° C) $pKa' = 1{,}0; 2{,}6; 8{,}4$ (8,1—8,7) (Ac: F. 230° C, $pKa' = 8{,}0$) Na-Salz + 1 H_2O	Eubasinum u. a.; KP. s. S. 1085; *Sulfapyridinum*
LII	3-Carboxy-4-hydroxy-azobenzol-4′-(2″-sulfonamido-pyridin) *Salicylazosulfapyridin* 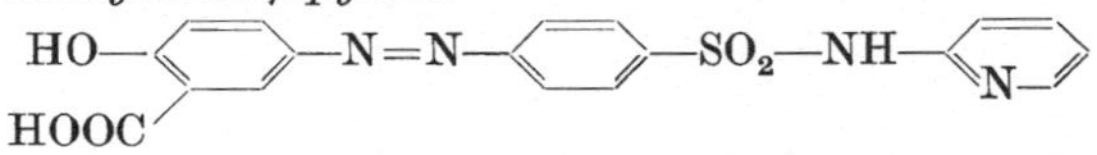 HO— (HOOC) —N=N—SO_2—NH— (N)	$C_{18}H_{14}N_4O_5S$ 398,41 43,2% 220—240° C (Zers.)	Azulfidine, Salazopyrin; *Salazosulfapyridinum*
LIII	2-[3′,6′-Disulfonatnatrium-7′-acetylamino-1′-hydroxy-naphthalin-(2′-azo-4″)-benzol-1″-sulfonamido]-pyridin 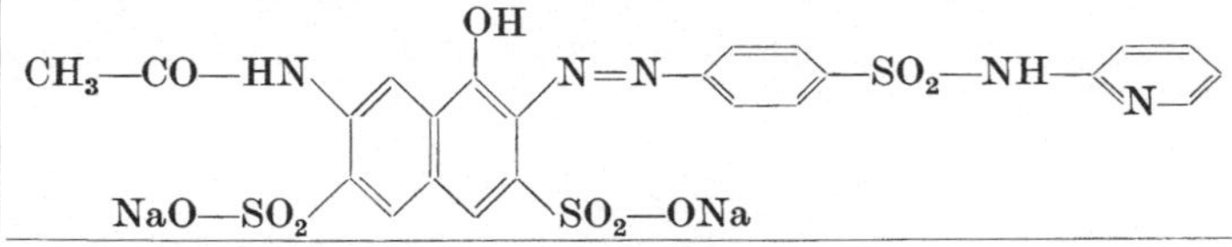 OH CH_3—CO—HN N=N—SO_2—NH— (N) NaO—SO_2 SO_2—ONa	$C_{23}H_{17}N_5Na_2O_{10}S_3$ 665,61 25,9%	
LIV	3-(4′ Amino-benzol-sulfonamido)-pyridazin, *Sulfapyridazin* 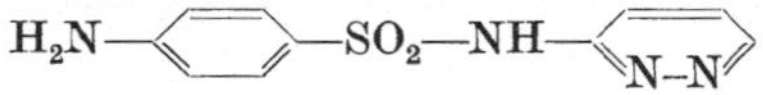 H_2N—SO_2—NH— (N–N)	$C_{10}H_{10}N_4O_2S$ 250,29 68,8% 189—190° C $pKa' = 1{,}3; 2{,}5; 7{,}1$	
LV	3-(4′-Amino-benzol-sulfonamido)-6-chlor-pyridazin *Sulfachlorpyridazin* 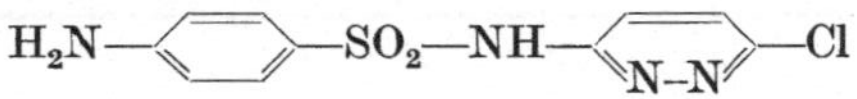 H_2N—SO_2—NH— (N–N) —Cl	$C_{10}H_9ClN_4O_2S$ 284,74 60,5% 190—191° C	

Tabelle 1. (Fortsetzung)

Formel-Nr.	Chemische Bezeichnung *Chemischer Kurzname* Strukturformel	Summenformel Molekulargewicht Sulfanilamidgehalt Schmelzbereich *pKa'*-Werte (Ac: N^4-Acetylderivat)	Warenzeichen im deutschen Sprachbereich; *WHO-Freiname*
LVI	3-(4'-Amino-benzol-sulfonamido)-6-methoxy-pyridazin *Sulfamethoxypyridazin* H_2N—⟨ ⟩—SO_2—NH—⟨N–N⟩—O—CH_3	$C_{11}H_{12}N_4O_3S$ 280,31 61,4% 182° C (k); Ac: F. 226—227° C) *pKa'* = 7,0 (6,7—6,8)	Davosin, Lederkyn; *Sulfamethoxypyridazinum*
LVII	2-(4'-Amino-benzol-sulfonamido)-pyrimidin *2-Sulfapyrimidin* H_2N—⟨ ⟩—SO_2—NH—⟨N= N⟩	$C_{10}H_{10}N_4O_2S$ 250,29 68,8% 260° C (k) (250—262° C) *pKa'* = 2,0; 6,4 (6,3—6,5) (Ac: F. 256—257° C [k], *pKa'* = 5,9)	Pyrimal, Mamellin-S-Salbe, Sulfadiazine (Debenal), KP. s. S. 1085; *Sulfadiazinum*
LVIII	2-(4'-Amino-benzol-sulfonamido)-5-methoxy-pyrimidin *2-Sulfa-5-methoxypyrimidin* H_2N—⟨ ⟩—SO_2—NH—⟨N= N⟩—O—CH_3	$C_{11}H_{12}N_4O_3S$ 280,31 61,4% 212° C (k) *pKa'* = 6,5	Durenat
LIX	2-(4'-Amino-benzol-sulfonamido)-4-methyl-pyrimidin *2-Sulfa-4-methylpyrimidin* H_2N—⟨ ⟩—SO_2—NH—⟨N= N⟩ (CH_3)	$C_{11}H_{12}N_4O_2S$ 264,31 65,1% 235° C (k) (233—242° C) *pKa'* = 2,1; 7,0 (6,8—7,1) (Ac: F. 247—250°C, *pKa'* = 6,6)	Sulfamerazine „Lederle", Sumédine, KP. s. S. 1086; *Sulfamerazinum*
LX	2-(4'-Amino-benzol-sulfonamido)-5-methyl-pyrimidin *2-Sulfa-5-methylpyrimidin* H_2N—⟨ ⟩—SO_2—NH—⟨N= N⟩—CH_3	$C_{11}H_{12}N_4O_2S$ 264,31 65,1% 272—274° C (k) *pKa'* = 6,8	Pallidin

LXI	2-(4′-Amino-benzol-sulfonamido)-4,6-dimethyl-pyrimidin *2-Sulfadimethylpyrimidin* H_2N—SO_2—NH— (N, N; CH_3, CH_3)	$C_{12}H_{14}N_4O_2S$ 278,34 61,9 % 194—196° C(k) (193—207 ° C) $pKa' = 2,4$; 7,4 (Ac: F. 248° C [k], $pKa' = 7,1$)	Diazil, Diazinol, Gynogelin, Sulfamethazine, Sulfamethin, Urazinol; KP. s. S. 1086; *Sulfadimidinum*
LXII	4-(4′-Amino-benzol-sulfonamido)-pyrimidin *4-Sulfapyrimidin* H_2N—SO_2—NH— (N, N)	$C_{10}H_{10}N_4O_2S$ 250,29 68,8 % 234—236° C (k) (231—232 ° C) $pKa' = 6,0$	Roblin, Williams u. a. (1940)
LXIII	4-(4′-Amino-benzol-sulfonamido)-2-methyl-pyrimidin *4-Sulfa-2-methylpyrimidin* H_2N—SO_2—NH— (N, N; CH_3)	$C_{11}H_{12}N_4O_2S$ 264,31 65,1 % 208° C (k) $pKa' = 6,7$	
LXIV	4-(4′-Amino-benzol-sulfonamido)-6-methyl-pyrimidin *4-Sulfa-6-methylpyrimidin* H_2N—SO_2—NH— (CH_3; N, N)	$C_{11}H_{12}N_4O_2S$ 264,31 65,1 % 211° C (k) $pKa' = 6,2$	
LXV	4-(4′-Amino-benzol-sulfonamido)-2,6-dimethoxy-pyrimidin *4-Sulfadimethoxypyrimidin* H_2N—SO_2—NH— (O—CH_3; N, N; O—CH_3)	$C_{12}H_{14}N_4O_4S$ 310,34 55,5 % 204—205° C (k) $pKa' = 5,9$ (Ac: F. 220—223° C)	Madribon
LXVI	4-(4′-Amino-benzol-sulfonamido)-2,6-dimethyl-pyrimidin *4-Sulfadimethylpyrimidin* H_2N—SO_2—NH— (CH_3; N, N; CH_3)	$C_{12}H_{14}N_4O_2S$ 278,34 61,9 % 246 ° C (k) (240—246 ° C) $pKa' = 2,4$; 7,4 (Ac: F. 308° C [k], $pKa' = 6,1$)	Aristamid, Aristasept, Aristavit, Aristogyn, Aristoplomb, Elkosin; KP. s. S. 1086; *Sulfisomidinum*
LXVII	4-Amino-benzol-sulfonamido-pyrazin *Sulfapyrazin* H_2N—SO_2—NH— (N, N)	$C_{10}H_{10}N_4O_2S$ 250,29 68,8 % 251—253° C (251—259 ° C) $pKa' = 1,8$; 6,0	

Tabelle 1. (Fortsetzung)

Formel-Nr.	Chemische Bezeichnung *Chemischer Kurzname* Strukturformel	Summenformel Molekulargewicht Sulfanilamidgehalt Schmelzbereich *pKa'*-Werte (Ac: N⁴-Acetylderivat)	Warenzeichen im deutschen Sprachbereich; *WHO-Freiname*
LXVIII	2-(4'-Amino-benzol-sulfonamido)-4,6-dimethoxy-1,3,5-triazin-Hydrat *Sulfadimethoxytriazin* 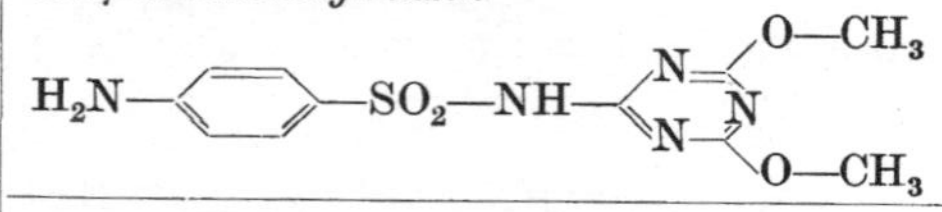 H_2N—⟨⟩—SO_2—NH—(Triazin: N, N, N; O—CH_3, O—CH_3)	$C_{11}H_{13}N_5O_4S \cdot H_2O$ 311,33 + 18,02 52,3 % 140—142° C (k) $pKa' = 4,7$ (Ac: F. 209—212° C [k])	KP. Disulfazin, Sulfo-ralin
LXIX	2-(4'-Amino-benzol-sulfonamido)-chinoxalin *Sulfachinoxalin* 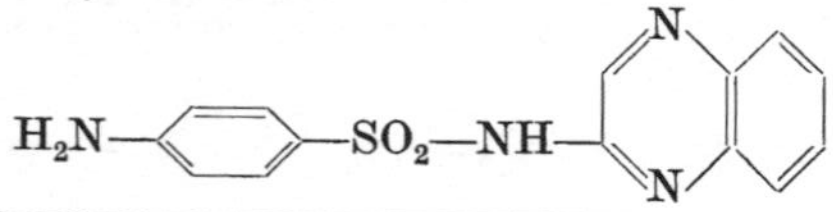 H_2N—⟨⟩—SO_2—NH—(Chinoxalin: N, N)	$C_{14}H_{12}N_4O_2S$ 300,35 57,3 % 248—252° C (Ac: F. 247—249° C)	
LXX	4-Amino-benzol-sulfonamido-(dimethyl-amid) *Sulfanildimethylamid* 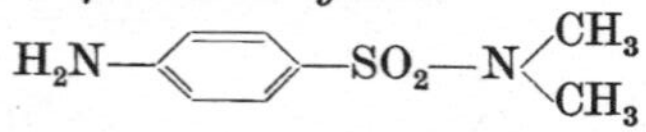 H_2N—⟨⟩—SO_2—N(CH_3)(CH_3)	$C_8H_{12}N_2O_2S$ 200,27 86,0 % 168—172° C $pKa' = 2,1$	N¹-Acetyl-Gantrisin = Gantrisin-Sirup
LXXI	N-(4-Amino-benzol-sulfonyl)-N-(3',4'-dimethyl-isoxazolyl-5')-acetyl-amid *Sulfanildimethylisoxazolacetamid* 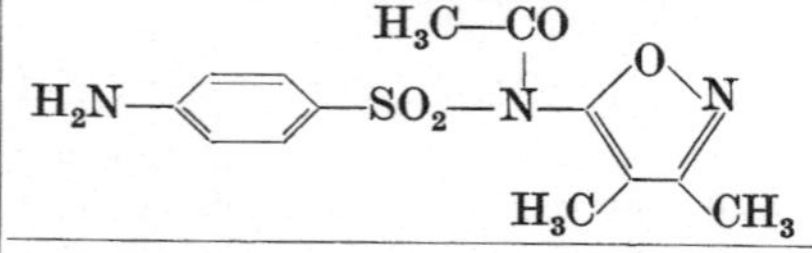 H_2N—⟨⟩—SO_2—N(H_3C—CO)—(Isoxazol: O, N; H_3C, CH_3)	$C_{13}H_{15}N_3O_4S$ 309,35 55,7 % 195—196° C (k)	
LXXII	4,4'-Diamino-diphenylsulfon *Sulfanilanilin* 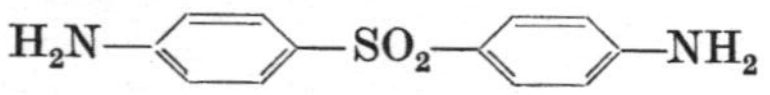 H_2N—⟨⟩—SO_2—⟨⟩—NH_2	$C_{12}H_{12}N_2O_2S$ 248,31 100 % 174—176° C; 177° C (k) $pKa' = 1,3;\ 2,5\ (2,7)$	*Diaphenylsulfonum*

LXXIII	4-Amino-4′-(2″-hydroxy-äthyl-amino)-diphenylsulfon *Sulfanilanilinoäthanol* $H_2N-C_6H_4-SO_2-C_6H_4-NH-CH_2-CH_2-OH$	$C_{14}H_{16}N_2O_3S$ 292,36 84,9%	
LXXIV	4-Amino-4′-(carboxy-methyl-amino)-diphenylsulfon *Sulfanilanilinoessigsäure* $H_2N-C_6H_4-SO_2-C_6H_4-NH-CH_2-COOH$	$C_{14}H_{14}N_2O_4S$ 306,35 81,1% 202—203° C; 206—207° C (k) $pKa' = 3,9$	Sulphone-Cilag; *Acedia-sulfonum-Natrium*
LXXV	4-Amino-4′-(3″-phenyl-1″,3″-disulfonatnatrium-propyl-amino)-diphenyl-sulfon $H_2N-C_6H_4-SO_2-C_6H_4-NH-CH(SO_3Na)-CH_2-CH(SO_3Na)-C_6H_5$	$C_{21}H_{20}N_2Na_2O_8S_3$ 570,59 43,5%	
LXXVI	4-Amino-4′-carbamido-diphenylsulfon *Sulfanilanilinocarboxamid* $H_2N-C_6H_4-SO_2-C_6H_4-NH-CO-NH_2$	$C_{13}H_{13}N_3O_3S$ 291,34 85,2%	
LXXVII	4-Amino-4′-(acetyl-amino)-diphenylsulfon *Sulfanilacetanilid* $H_2N-C_6H_4-SO_2-C_6H_4-NH-CO-CH_3$	$C_{14}H_{14}N_2O_3S$ 290,35 85,5%	
LXXVIII	4-Amino-4′-(3″,12″-dihydroxy-cholanoyl-amino)-diphenylsulfon $H_2N-C_6H_4-SO_2-C_6H_4-NH-CO-CH_2-CH_2-CH(CH_3)-$ [Steroidgerüst mit HO, CH_3, H_3C, HO]	$C_{36}H_{50}N_2O_5S$ 622,88 39,9%	

Tabelle 1. (Fortsetzung)

Formel-Nr.	Chemische Bezeichnung *Chemischer Kurzname* Strukturformel	Summenformel Molekulargewicht Sulfanilamidgehalt Schmelzbereich *pKa'*-Werte (Ac: N⁴-Acetylderivat)	Warenzeichen im deutschen Sprachbereich; *WHO-Freiname*
LXXIX	4,4'-Di-(sulfinatnatrium-methyl-amino)-diphenylsulfon-Tetrahydrat *Sulfoxon-Na* [NaO—SO—CH_2—HN—C₆H₄—]$_2$=$SO_2 \cdot 4\,H_2O$	$C_{14}H_{14}N_2Na_2O_6S_3 \cdot 4\,H_2O$ 448,46 + 72,06 47,7% 175—177° C	*Aldesulfonum-Natrium*
LXXX	4,4'-Di-(sulfonatnatrium-methyl-amino)-diphenylsulfon-Tetrahydrat [NaO—SO_2—CH_2—HN—C₆H₄—]$_2$=$SO_2 \cdot 4\,H_2O$	$C_{14}H_{14}N_2Na_2O_8S_3 \cdot 4\,H_2O$ 480,46 + 72,06 44,9%	
LXXXI	4,4'-Di-(3''-phenyl-1'',3''-disulfonatnatrium-propyl-amino)-diphenylsulfon [C₆H₅—CH(SO_3Na)—CH_2—CH(SO_3Na)—HN—C₆H₄—]$_2$=SO_2	$C_{30}H_{28}N_2Na_4O_{14}S_5$ 892,86 27,8%	*Solasulfonum*
LXXXII	4,4'-Di-(1''-sulfonatnatrium-glucosyl-amino)-diphenylsulfon [HO—CH_2—$(CHOH)_4$—CH(SO_3Na)—HN—C₆H₄—]$_2$=SO_2	$C_{24}H_{34}N_2Na_2O_{18}S_3$ 780,73 31,8%	*Glucosulfonum-Natrium*
LXXXIII	4,4'-Di-(acetyl-amino)-diphenylsulfon *Acetylsulfanilacetanilid* [H_3C—CO—HN—C₆H₄—]$_2$=SO_2	$C_{16}H_{16}N_2O_4S$ 332,39 74,7% 293° C (280° C)	
LXXXIV	4,4'-Di-(galactosyl-amino)-diphenylsulfon [$C_6H_{11}O_5$—HN—C₆H₄—]$_2$=SO_2	$C_{24}H_{32}N_2O_{12}S$ 572,60 43,4% (>) 100° C (Zers.)	
LXXXV	4,4'-Di-(thymol-6''-azo)-diphenylsulfon [HO—C₆H₂(CH_3)(CH(CH_3)$_2$)—N=N—C₆H₄—]$_2$=SO_2 Di-silber-derivat (Mol.-Gew. 784,46)	$C_{32}H_{34}N_4O_4S$ 570,72 43,5%	*Diathymosulfonum*

LXXXVI	4-Amino-benzol-sulfonsäure *4-Sulfanilsäure* 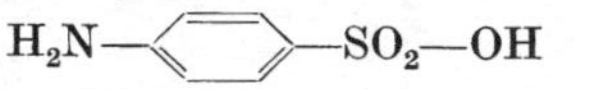 H_2N— —SO_2—OH	$C_6H_7NO_3S$ 173,20 288° C (Zers.) $pKa' = 3{,}2$	
LXXXVII	2-Amino-5-(4′-amino-benzol-sulfonyl)-thiazol 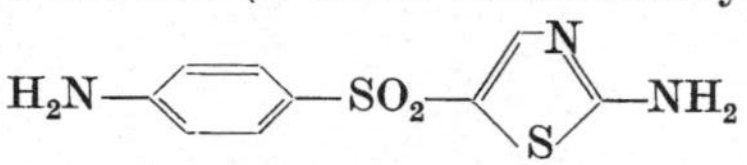 H_2N— —SO_2— N S —NH_2	$C_9H_9N_3O_2S_2$ 255,33	*Thiazolsulfonum*
LXXXVIII	4-(Amino-methyl)-benzol-sulfonamid-Hydrochlorid *Homosulfanilamid* 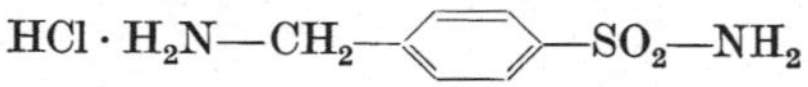 HCl · H_2N—CH_2— —SO_2—NH_2	$C_7H_{10}N_2O_2S \cdot HCl$ 186,24 + 36,47 148° C (k); 153° C; 262-263° C (k) $pKa' = 8{,}4$; 10,2 (7,0; 10,2) (Ac: 170—171° C [k])	*Mafenidum*
LXXXIX	Di-[4-(Amino-methyl)-benzol-sulfonamid]-Naphthalin-1′,5′-disulfonat 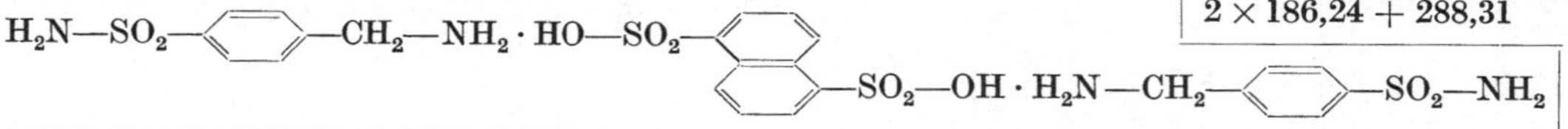 H_2N—SO_2— —CH_2—NH_2 · HO—SO_2— —SO_2—OH · H_2N—CH_2— —SO_2—NH_2	$(C_7H_{10}N_2O_2S)_2 \cdot C_{10}H_8O_6S_2$ 2 × 186,24 + 288,31	
XC	2-[4′-(Amino-methyl)-benzol-sulfonamido]-thiazol *Homosulfathiazol* 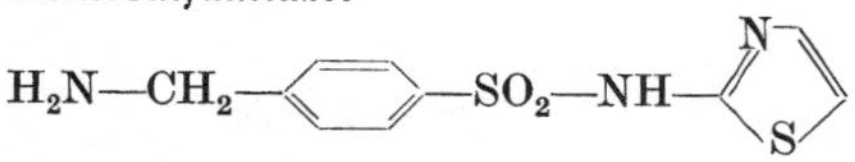 H_2N—CH_2— —SO_2—NH— N S	$C_{10}H_{11}N_3O_2S_2$ 269,35	
XCI	2-[4′-(Amino-methyl)-benzol-sulfonamido]-4,6-dimethyl-pyrimidin *2-Homosulfadimethylpyrimidin* 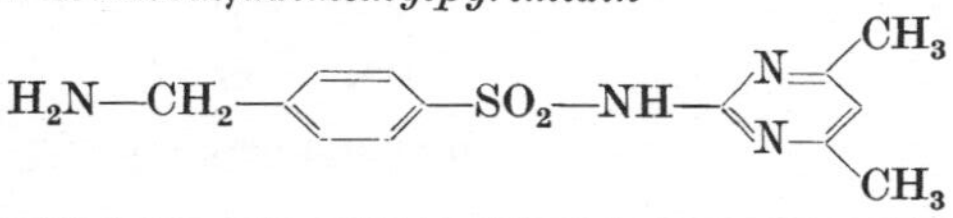 H_2N—CH_2— —SO_2—NH— N N CH_3 CH_3	$C_{13}H_{16}N_4O_2S$ 292,37	
XCII	2-(Acetyl-amino)-1,3,4-thiadiazol-5-sulfonamid *Acetazolamid* 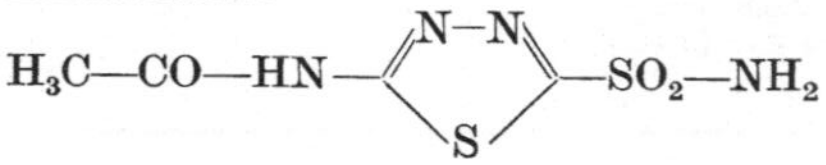 H_3C—CO—HN— N—N S —SO_2—NH_2	$C_4H_6N_4O_3S_2$ 222,25 258—259° C	*Acetazolamidum*

Tabelle 1. (Fortsetzung)

Formel-Nr.	Chemische Bezeichnung *Chemischer Kurzname* Strukturformel	Summenformel Molekulargewicht Sulfanilamidgehalt Schmelzbereich *pKa'*-Werte (Ac: N⁴-Acetylderivat)	Warenzeichen im deutschen Sprachbereich; *WHO-Freiname*
XCIII	Pyridin-3-sulfonamid (Pyridin-3-yl)—SO_2—NH_2	$C_5H_6N_2O_2S$ 158,18	
XCIV	2-(Pyridin-3'-sulfonamido)-pyridin (Pyridin-3-yl)—SO_2—NH—(Pyridin-2-yl)	$C_{10}H_9N_3O_2S$ 235,27	

Sprachen, so daß empfohlen werden muß, bei Verwendung der Freinamen stets auch die chemische Bezeichnung oder die Strukturformel anzugeben. Man vergleiche hierzu die Namenlisten von MARLER (1958) und NEGWER (1959). In experimentellen Arbeiten sollte man außer der genauen chemischen Bezeichnung auch die Schmelzpunkte der Substanzen angeben, um die Gefahr von Stoffverwechselungen zu verringern (Tabelle 1).

In der Tabelle 1 sind die Sulfanilamide und sonstigen Sulfone in folgende Gruppen eingeteilt:

Sulfanilamid und dessen Salze (**II** bis **IV**),

N^4-Derivate des Sulfanilamids (**V** bis **XV**),

N^1-Derivate des Sulfanilamids und deren N^4-Derivate (**XVI** bis **LXXI**),

Sulfanilanilin (4,4'-Diamino-diphenylsulfon) und dessen Derivate (**LXXII** bis **LXXXV**),

sonstige Sulfanile (**LXXXVI** und **LXXXVII**) und

sonstige Sulfone (**LXXXVIII** bis **XCIV**).

Innerhalb dieser Gruppen gilt ohne Ausnahme folgende Substituentenreihenfolge:

1. Einfachbindungen vor Doppelbindung vor Dreifachbindung.
2. Bei gleichem Bindungstyp nach Regel 1 gilt für die angekuppelten Elemente: Nichtmetalle vor Metallen.
3. Die Nichtmetalle folgen einander nach den Spalten und Zeilen des periodischen Systems der Elemente, beginnend bei den Halogenen und innerhalb der Spalten in der obersten Zeile.
4. Die übrigen Elemente folgen in alphabetischer Reihenfolge. Damit ergibt sich die Reihenfolge:

—H, —F, —Cl, —Br, —J, —JO, —JO_2, —O—, —S—, —SO—, —SO_2—, —N<, —N=, —P<, —P=, —PO<, —PO=, —C≤, —C≦, —C≡; =O, =S, =N—, =P—, =C<, =C=; ≡N, ≡C—.

(Zur Verdeutlichung des Prinzips wurden einige hier nicht vorkommende Substituenten aufgezählt.) Ringe werden als Einheiten angesehen; für sie gilt die Reihenfolge:

1. Acyclisch vor cyclisch.
2. Ankupplung durch Heteroatom vor Ankupplung durch Kohlenstoff (Nichtmetallreihenfolge).
3. Reihenfolge der Ringgliederzahl.
4. Reihenfolge der Heteroatomzahl.
5. Bei gleicher Heteroatomzahl gilt die Nichtmetallreihenfolge, also: O, S, N; OO, OS, ON, SS, SN, NN; OON, usw.
6. Gesättigte Ringe vor teilgesättigten und ungesättigten bzw. aromatischen Ringen.

Bei Tautomerie wird die erste der beiden Einordnungsmöglichkeiten unter Hinweis auf die Tautomerie gewählt.

Die Tabelle 2 enthält alle hier festgestellten Warenzeichen, Freinamen, chemischen Kurznamen und inkorrekten chemischen Bezeichnungen sowie die sonstigen in der Literatur verwendeten Bezeichnungen (z. B. Buchstaben und/oder Nummern) der in diesem Artikel

Tabelle 2. *Warenzeichen- und Namenliste*

Name	Nr.
Abiguanil	XXV
Acediasulfone-Na*	LXXIV — Na
Acediasulfonum	LXXIV
Acetasolamid	XCII
Acetasoleamid(e)	XCII
Acetazolamid(e)'	XCII
Acetocid	XXVI
Acetosulfamin	XXVI
Acetyl-Gantrisin	LXXI
Acetyl-Kynex = N^1-Acetyl-Derivat von LVI	
Acetylsulfanilacetanilid	LXXXIII
N^1-Acetyl-sulfanilamid	XXVI
N^4-Acetyl-sulfanilamid	VIII
Acetylsulfisoxazol(e)	LXXI
Acetylsulfonamid	XXVI
Adiazin	LVII
Adiplon	LI
Äthazol	XLIV
AFI-Ftalyl	XXXIX
Aglicolo	XXII
Aktisol album	II
Albasil	XLVIII
Albasil C	XLVI
Albazin	II
Albosal	II
Albucid	XXVI
Albucid soluble	XXVI — Na
Aldanil	V
Aldesulfon(um) natricum*	LXXIX
Aldesulphone sodium*	LXXIX
Aldiazol M	LVII, LIX
Alentin	XXII
Aleral	XLVIII
Alesten	XXVI
Alfa Enteral	XXV
Algolyt	II
Allantomide	II, XXXVII
Ambamide	LXXXVIII
Ambesid	II
Ambesid soluble	X
Ambolin	XXII
Amido-Septine	II
Amindan	IV
4-Aminobenzolsulfoguanidid	XXV
4-Aminobenzolsulfothiocarbamid	XXIV
Anabion	XLVII
Anastreptan	II
Andal	XLIV, LVII, LIX
Angelisulfon	LXXXII
Angesit „SP"	XXXVII
Anicar	XCII
p-Anilinsulfonamid	II
Anitinum „S"	XXXVII
Antidiabeticum „Haury"	XXII
Antistrept	II
Antistreptin	II
Aplona-S	XXV
Aristamid	LXVI
Aristasept	LXVI
Aristavit	LXVI + Vitamine
Aristocillin	LXVI + Penicillin
Aristoform	LXVI
Aristogyn	LXVI
Aristoplomb	LXVI
Arlosulfon	LXXII
Artosin = Tolbutamide	
Aseptil 2	XLI
Aseptilex	LVI
Aseptil guanidina	XXV
Aseptil-Pirimidina	LXI
Aseptil-Tiazolico	XXXVII
Aseptorid	XXIV, LXXXVIII
Astreptine	II
Astriphine	II
Astrocid	II
Aureomycin-Triple-Sulfas	LVII, LIX, LXI + Aureomycin
AVC improved	II u. a.
Avlosulfon	LXXII
Azodetes-Tablets	XXVI, LVII u. a.
Azo-Gantrisin	XXXV u. a.
Azoique 4	XIV
Azolmetazin	LXI
Azoseptal(e)	XXXVII
Azosulfamid(e)	XV
Azosulfanilamid	XV
Azosulphamide	XV (bei NEGWER XIII)
Azulfidine	LII
B 139 = 4-(3''-Hemisuccinoyl-desoxycholyl-amino)-4'-(hemisuccinoyl-amino)-diphenylsulfon	
B 1034	LIII
Ba 10370	LV
Ba 17429	LVI
Bactéramide	II
Bactesid	II
Badiocyren	XXIV u. a.
Badional	XXIV
Bayer 102	XV
Bemural	L
Bensulfamidum	LXXXVIII
Benzamsulfonamid-hydrochlorid	LXXXVIII
Benzothiazol	Thiazolanalogon zu LII
Benzylsulfamid(e, um)	VII
Benzylsulfanilamid	VII
Beocid	XXVI
Biocillin	II

* WHO-Freiname

Tabelle 2. (Fortsetzung)

Bisulfa	LVII, LIX + Penicillin
Brevazin	II
Bucrol	XXII
Butamide	IX (nach NEGWER gibt es für das Antidiabeticum Tolbutamidum auch den Namen Butamid)
Butadiazamidum* = 2-(4′-Chlorbenzolsulfonamido)-5-butyl-1,3,4-thiadiazol	
Butisulfina	XXII
Butyrylsulfanilamid	IX
BZ 55	XXII
C 6257	XL
Ca 1022	XXII
„Carbamid"	XXII
Carboguan	XXV
Carbo-Guanicil	XXV u. a.
Carbutamid(e)	XXII
Cepticide	II
Ceranil	LXXXVI — Ce
Cetazin	XXVI
Chaulmosulfon(e, um)*	4,4′-Di-(hydrochaulmoogroyl-amino)-diphenylsulfone
Chemodyn	II
Chemosept	XXXVII
Chemosil	XIII
Chemotherapeuticum 5269	XXXV
Chlorpropamidum*	3-(4′-Chlorbenzolsulfonyl)-1-propylcarbamid
Ciba 3714	XXXVII
Ciba 3753	XLI
Ciba 4314	LXVI
Ciba 6257	XL
Cibagen 4	LI
Cibazol	XXXVII
Ciloprin(e)	LXXIV — Na
Cilotropin	LXXIV — Na
Cimedon (Cimédone)	LXXXI
Citrasulfas	XXXVII, LVII + Na-citrat
Coccoclase	LI
Cocladin	XLVIII
Colentron	XXXIX
Coliseptal(e)	XXV
Colsulamyl	II
Colistatin	XXXVIII
Colsulanyde	II
Combadine	XXXVII, LVII, LIX
Combisul	XXXVII, LVII, LIX
Combisulfon	XXVI, LVII, LXI
Consistin „S"	XXXVII
Crebon	Sulfaisobutyl-1,3,4-thiadiazol
Cremodiazine	LVII
Cremomerazine	LIX
Cremomycin	XXXVIII + Neomycin u. a.
Cremosuxidine	XXXVIII
Cremothalidin	XXXIX
Cremotres	LVII, LIX, LXI
Crobiazina	LXI
D 860 = Tolbutamid(e)	
DADPS „Bayer"	LXXII
DADPS-N-Acetat	LXXIV — Na
Dagenan	LI
Dagenan sodium	LI — Na
Dai-ichi-seiyaku	LXVI
Danium	XLVIII
Dapsone	LXXII
Davosin	LVI
DB 32	XLVI
DB 87	XLVII
DB 90	XLVIII
DB 96	XLVIII
DB 373	XLVIII
DDS	LXXII
d.d.s. sulphone	LXXII
Deazolo	XXV, XXXIX, XL
Debenal	LVII
Debenal M	LIX
Defonamid	II u. a.
Derganil	X
Derganil guanidina	XXV
Derganil tiazolo	XLI
Dermadynum	II, XXV, LI u. a.
Deseptyl	II
Desulan	II u. a.
Desulan-Pressovulan	II, LI
Diabesulf	XXII
Diaboral	XXII
Diacarb	XCII
„Diamidin"	LXXIX
Diamox	XCII
Diaphenylsulfon(um)*	LXXII
Diason(e)	LXXIX
Diathymosulfon(e, um)*	LXXXV
Diatox	LXXXV
Di-Atox argentique	LXXXV + LXXXV — Ag_2
Diaxogal	XCII
Diazil „Cilag"	LXI
Diazil-Penicillin	LXI + Penicillin
Diazin	LVII
Diazinamida	LXVI
Diazinol	LXI
Diazol	LXI
Diazon(e)	LXXIX
Diazprin	LVII u. a.
Dihomosulfamin	4-((4′-(Aminomethyl)-benzolsulfonyl)-aminomethyl)-benzolsulfonamid
Dimethazil	LXI
Dimethyldebenal	LXI

Tabelle 2. (Fortsetzung)

Dimethylgerison	LXX
Dimethylmiazylsulfonamid	LXI
Dimethylmiazylsulfonamid natrium	LXI — Na
Dimezathine	LXI
Diomax	XCII
Dipron	II
Direx	XCII
Dirian „Bayer“	XXIV, LXXXVIII u. a.
Diseptal A	XLVIII
Diseptal B	XLVII
Diseptal C	XLVI
Disolfamide	XLVIII
Disulfadine	XXXVII, LVII
Disulfamin	XLVIII
Disulfan(e)	XLVI
Disulfanilamid(e)	XLVI
Disulfazin	LIX, LXVIII
Disulon	XLVI
Disulon sodium	XLVI — Na
Disulone „Theraplix“	LXXII
Diuramid	XCII
Diureticum-Holzinger	XCII
Diuribeta	XCII
Diutazol	XCII
DN 77	LXXXIX
Dolipol = Tolbutamide	
Dolmina	Succinoyl-sulfapyridin
Domian	LXVI
Dosulfin	XXXI, LIX
Drometil	XV
Duazin	II . . .
Dulana	XXXVII
Duosulfanyl	LVII, LIX
Duosulfon	II, XXXVII
Duozine	LVII, LIX
Durenat	LVIII
Edemox	XCII
Elektyl	LXX
Eleudron	XXXVII
Elkocillin	LXVI + Penicillin
Elkosin(e), Elcosine	LXVI
Emilen(e)	LXXXVIII
Enterocid	XXVIII
Enterol	XXV
Enterosulfon	XXVIII
Enterosulphamid	XXVIII
Enterozol	XXXIX
Epigranol „Pan-Chemie“	II, LXXXVIII
Ergaseptine	II
Erypin	LXI
Erysipan	II
Erycon	LXVI
Erythrocin mit Sulfas	LVII, LIX, LXI + Erythromycin
Erythrosulfa	LVII, LIX, LXI + Erythromycin
Eskadiamer	LVII, LIX
Eskadiazine	LVII

Estreptocida(e)	II
Estreptosil	II
Eubasept	II, XXV, LI
Eubasin(um)	LI
Eucillin	XXXVII + Penicillin
Eupatin II	LXXXIV
Eurethron	XLVIII
Eutasin	LXI
Euvernil	XXI
Exoseptoplix	II
Exosulfonyl	Monosuccinoylsulfanilanilin
Exsept	II
F 1162	II
F 1358	LXXII
F 1399	LXXXIII
F 1500	Monosuccinoylsulfanilanilin
Feminal-Vaginal-Tabletten	II
Ferrivin	LXXXVI—Fe^{III}
Fluomed-Vaginal-Tabletten	XXVI
Fontamid(e)	XXIV
Fontenal	II u. a.
Fonurit	XCII
Forbina	XL
Formamidinylsulfonamid	XXV
Formo-Cibazol	XL
Formo-Phthalyl-Sulfacarbamid = Intestin-Euvernil	
Formo-Sulfathiazol	XL
Formotiazolo	XL
Ftal-Aseptil	XXXIX
Ftalazol	XXXIX
Ftalilsolfatiazolo	XXXIX
Ftalil-Sulamyd	XXVIII
Ftaltiazol	XXXIX
Ftalysept	XXXIX
Fuxal	LXV
G-33	XII
Galactosulfonum	LXXXIV
Galaphenylsulfone	LXXXIV
Ganda	XXXV
Ganidan	XXV
Gantrimycin	XXXV + Oleandomycin
Gantrisin	XXXV
Gantrisin-Bepanthen Gel (Puder)	XXXV + Pantenol
Gantrisin Gel	XXXV + Pantenol
Gantrisin-Sirup	LXXI
Gantrosan	XXXV
Geigy 290	XXIX
Geigy 867	XXXII
Gerison	II
Glipasol	Glybuthiazol
Globichthol mit Sulfonamid	LXVI u. a.
Globucid	XLIV

Tabelle 2. (Fortsetzung)

Globuvag Sulfathiazol comp. („Seck-Ulm")	XXXVII
Glucidoral	XXII
Glucofren	XXII
Glucostreptocide	N^4-Glucosid von II
Glucosulfamid(um)*	XVII
Glucosulfaminol	XVII
Glucosulfon(e)-Na*	LXXXII—Na
Glucosulfonum	LXXXII
Glybutamide	XXII
Glybuthiazol(um)*	Sulfa-tert.-butyl-1,3,4-thiadiazol
Glyprothiazol(um)*	XLV
Gombardol	II
Guamide	XXV
Guanicil	XXV
Guasept	XXV
Gynogelin	LXI
Haptocil	LI_2—Ca
HES	LXXIII
2-Homosulfadimethylpyrimidin	XCI
Homosulfamethazine	XCI
Homosulfamin	LXXXVIII
Homosulfanilamid(e)	LXXXVIII
Homosulfapyridin	2-[4'-(Amino-methyl)-benzol-sulfonamido]-pyridin
Homosulfathiazol(e)	XC
Hygicillin	LI + Penicillin
Hypoglycamid	XXII
Ichth-Oestren-duplex	II u. a.
Ilentazol(e)	8-Hydroxychinoliniumsalz von XXXIX
Ilotycin-Sulfa	LVII, LIX, LXI + Erythromycin
Ilvin	XLIX (nicht identisch mit Ilvin „Merck und Co", dort Antihistaminicum
Inbuton	XXII
Incroprosul	XXVI, LVII, LIX
Infepan	II
Insoral	XXII
Intazin	XXVIII
Intestin-Euvernil = N-Methylol-phthaloyl-sulfanilcarbamid (s. S. 1081)	
Intoguan	XXV
Invenol	XXII
IPTD	XLV
Irezin	LIX
Irgacin	LXVI
Irgafen	XXXII
Irgamid (Augensalbe)	XXIX
J 51	LXXXV + LXXXV — Ag_2
Jacosulfon	LI u. a.
Kirocid	LVIII
Kiron	LVIII
Kynex	LVI
L 30	LXVI
L 102	XXXVI
Ladogal	XVII
Lederkyn	LVI
Lentosulfa	LVI
Lifusulfas	LVII, LIX
Linobion-Sulfonamid-Salbe	XXXVII
Lipo-Gantrisin	LXXI
Longin	LVI
Longisulf	LVI
Loranil	XXIII
Lozamid	II, XXXVII
Lucosil	XLIII
Luril	II
Lusil	II
Lutazol	XII
Lysamide	II_3—Al · 2,5 H_2O
Lysapyrine	LI_3—Al
Lysococcin(e)	II
Lysothiazol	XXXVII — Al
M 109	VI
M 541	II
M 640	XXXVII — Al
Madribon	LXV
Madriqid	LXV
Mafenid(e, um)*	LXXXVIII
Magmoid Sulfa-Alka-Lac.	XXXVII, LVII
Maleylsulfathiazolum = 2-[4'-(Maleyl-amino)-benzol-sul-fonamido]-thiazol	
Mamellin-S-Salbe „Friska"	LVII
Maphenide	LXXXVIII u. a.
Marbaciletten „Bayer"	XXIV, LXXXVIII + Penicillin
Marbadal „Bayer"	XXIV, LXXXVIII
Marbadal „C"	XXIV, LXXXVIII
Marbadal-Cyren-Vaginaltabletten „Bayer"	XXIV, LXXXVIII u. a.
Marbaletten „Bayer"	XXIV, LXXXVIII
Marfanil	LXXXVIII
Marfanil B	LXXXIX
Marfanil-Prontalbin-Puder „Bayer"	II, LXXXVIII
Marprontil	LXXXVIII
May and Baker 125	VII
May and Baker 693	LI
May and Baker 693 soluble	LI — Na
May and Baker 760	XXXVII
May and Baker 760 soluble	XXXVII — Na
May and Baker 838	XLI
Meditiazol	XXXVII
Mefenal	LXVI
Megamid	XXVII
Merazene	LIX
Merdiazine	LVII, LIX

Tabelle 2. (Fortsetzung)

Mesolan	II
Mesudin	LXXXVIII
Mesudrin	LXXXVIII
Metazin	LXI
Metazina	LVI
Methamerazine	LVII, LIX, LXI
Methazolamidum *	5-Acetyl-amino-4-methyl-1,3,4-thiazolin-2-sulfonamid
Methyldebenal	LIX
Methyldiazin	LIX
Methylensulfathiazol	XL
Methylmiazylsulfonamid	LIX
Methylmiazylsulfonamid natrium	LIX — Na
Methylpyrimal	LIX
Metizol	XLIII
Mezasulfamid	LXI
Mezobols	LXI
Miazylsulfonamid	LVII
Miazylsulfonamid-natrium	LVII — Na
Microtan guanidina	XXV
Microtan Tetra „I.C.I.“	II, XXXVII, LVII
Microtan tiazolo	XXXVII
Microtox	II
Midicel	LVI
Midikel	LVI
Midocil	XXII
Midosal	XXII
M P Dent „Bayer“	II, LXXXVIII
Munitren	XXVI
Nadisan	XXII
Na-Gantrisin	XXXV
Natrionex	XCII
Natriumsuccinylsulfanilamid	X
Neazina „Farmitalia“	LXI
Neococcid	II
Neococcyl	II
Neo-Diseptal	XLI
Neosanamid	N^4-Acetyl XLVI
Neo-Prontosil	XV
Neo-Strepsan	XXXVII
Neostreptosil	N^4-Acetyl-XLVI
Neotresamide	LVII, LIX, LXI
Neotriazine	LVII, LIX, LXI
Neouleron	XLVII
Neo-Uliran	XLVII
Neo-Uliron	XLVII
Nephramid	XCII
Nigma	II
Nipron	II
Nitrosulfathiazol(um) * =2-(4′-Nitro-benzolsulfonamido)-thiazol	
Nizin	LXXXVI—Ni
Noprylsulfamide	Soluseptazine
Norsulfazol	XXXVII
Novoseptale	XLI
Novamide	VI
N.U. 445	XXXV
Ödemin	XCII
Omnosil	II
Onctoses sulfamides	II
Ophcillin-Augensalbe	LVII + Penicillin
Optisulfon	LVII, LIX, LXI
Orabetic	XXII
Oranil	XXII
Orazin	LIX
Orgaseptine	II
Orgasepton	II
Orguanidon	XXV
Orinase	= Tolbutamide
Orisul	XLII
Orisulf	XLII
Ornal	XLIV, LVII, LIX
Orsulon-Calcium	LI_2 — Ca
Orvanil	XXII
Otodyn „Aesca“	LXXXVIII
Ovulamide	II
P.A.B.S.	II
Pallidin	LX
Panasit	II
Pansulfa „Angelini“	XXXVII, LVII, LIX
Pansulfa „Merrel“	XXVI, LVII, LIX
Pa-Puder	II
Paradin	XXXVII, LVII, LIX
Paramid	LVII, LIX, LXI (bei NEGWER XLIX)
Paraminosulfalbin	II
Parazol	XIII
Parkidine	LI
Parkodiazin	LVII
Parkoguanin	XXV
Parkomerazin	LIX
Parmezane	LXI
Pasit	XLV
Penicombisul	XXVI, LVII, LIX + Penicillin
Pentresamide	LVII, LIX, LXI + Penicillin
Pentrisul	LVII, LIX, LXI + Penicillin
Pentrizine	LVII, LIX, LXI + Penicillin
Pepsilphen	LXVI
Percoccid(e)	LIX
Persulfene	LIX + (XXVI)-4-Sulfanilbenzyl-ammonium-Salz
Persulfon (Dr. BECKER)	XXVII
Pharmadiazin	LVII
Pharmamerazin	LIX
Pharmatiazol	XXXVII
Phénopryldiasulfone sodique	LXXXI—Na
Phonocasil	1,3-Di-(sulfanilsulfanil)-carbamid
Phtalazol	XXXIX
Phtalylsulfathiazol	XXXIX

Tabelle 2. (Fortsetzung)

Name	Nr.
Phthalazol	XXXIX
Phthaloylsulfanilacetamid	XXVIII
Phthalyl-sulfacetamid	XXVIII
Phthalylsulfadiazine	N^4-Phthaloyl-LVII
Phthalylsulfamerazine	N^4-Phthaloyl-LIX
Phthalylsulfamethizolum*	N^4-Phthaloyl-XLIII
Phthalylsulfathiazol(e, um)*	XXXIX
Piridene	LI
Piridin Derganil	LI
Pirmazin	LXI
Plurazol	LI
Pluriseptal	LIX, LXI
Plurisulfa	LVII, LIX, LXI
Pneumazol	XXXVII
Pneumolysin	LI
Polidiazina „Wassermann"	XLI, LVII, LIX, LXI
Poliseptil	XXXVII
Polisulfamide „L.F.P."	II, XLI, LVII, LIX
Ponsil	II
Powdalatro	II + Penicillin
Pratonal	XXXII
Probiamide	II
Promacetin	(s. Abschnitt B, VII, 2k)
Promanid(e)	LXXXII
Pro-Ma-Puder	II, LXXXVIII
Prombal	II
Promin(e)	LXXXII
Promizole	LXXXVII
Pronbal	II
Pronson rubrum	XIII
Prontalbin „Bayer"	II
Prontilbena	II
Prontoramin	II
Prontosil	XIII
Prontosil II	XV
Prontosil album	II
Prontosil flavum	XIII
Prontosil pro injectione XV	
Prontosil red	XIII
Prontosil, rotes	XIII
Prontosil rubrum	XIII
Prontosil S	XV
Prontosil solubile	XV
Prontylin	II
Pronzin album	II
Pronzin rubrum	XIII
Proseptal	II
Proseptasine	VII
Proseptazine	VII
Proseptin(e)	II
Proseptol	II
Protocid	XLIV, LIX
Provagin „Birupha"	II
Pulmosolfamina	LXVI
Pulvococcyl	II
Pulvoprobiamide	II
Pyriamid	LI
Pyridin-Derganil	LI
Pyridin-3-sulfonamid	XCIII
Pyridinin = 2-(4'-Amino-benzol-sulfonyl)-5-amino-pyridin	
Pyrimal	LVII
Pyrimal M	LIX
Pyrisulfon	II (bei NEGWER XXXVII)
Pysoccine	II
Pysocossine	II
Rastinon = Tolbutamid(e)	
Reconan (Oto)	LXXXIV
Region	XXVI
Relbazon	XIII
Renamid	XCII
Resulfon	XXV
Resulfon M	XXV
Resulfon S	XXV
Rhinazine	XXXVII, LVII u.a.
Rhinocillin „Petrasch and Co"	II + (Penicillin ?)
Rhinon-Salbe	II u. a.
Ro 1-4217	XXXV
Ro 1-6222	LXXI
Ro 1-9194	5-Sulfa-2,4-dimethyl-pyrimidin
Ro 4-0517	LXV
Ro 4-2130	XXXIV
Rodilone	LXXXIII
Ronin	LI
R.P. 46	VII
R.P. 146	XLI.
R.P. 2090	XXXVII
R.P. 2254	XLV
R.P. 2255	XXIV
R.P. 2256	Sulfaisobutyl-1,3,4-thiadiazol
R.P. 2259	Glybuthiazol
R.P. 2616	LVII
R.P. 2633	LXI
R.P. 2632	LIX
R.P. 2413	XXV
R.P. 3668	LXXXI
R.P. 7522	LVI
Rubazin	XIII
Rubiazol(e)	XIII, später XIV
Rubiazol(e) injectable	XV
Rubiazol I	XIII
Rubiazol(e) IV	XIV
Rubiazol-A	II
Rufol	XLIII
Ruocid	XXV
S.A.B.	XXX
Sagittamid	XVII + XXVI
Sagitralin forte	II
Salatsapyriinin	LII
Salatzopyriinin	LII
Salazopyrin	LII
Salazosulfamidum	XII

Tabelle 2. (Fortsetzung)

Salazosulfapyridine(um)*	LII
Salazosulfathiazol(um)*	Thiazolanalogon zu LII
Salazothiazol	Thiazolanalogon zu LII
Salicylazosulfanilamid	XII
Salicylazosulfapyridin	LII
Salthion	XVIII
Salvoseptyl	XXIV
Sanamid „Dr. Sasse“	II, XXVI u. a.
Sanamid(e)	II
Sanodiazine	LVII
Savazol	LXI
Semi-solapsone	LXXV
N^1-Senecionyl-sulfanilamid	XXIX
Septacil	LIX
Septamid „Assia“	II
Septamide album	II
Septanilam	II
Septazin(e)	VII
Septimax	XVII
Septinal	II
Septinal soluble	X
Septipulmon	LI
Septoplex	II
Septoplix	II
Septosan	XIII
Septosil-Medichemia	II
Septozol	XXXVII
Septuri	II + Hexamethylentetramin
Septuron	XXVI
Setazine	VII
SETD	XLIV
Sethadil	XLIV
SH 613	LVIII
Sinomin	XXXIV
Sionamide	II
SN 44 = 4-(Äthylamino)-4′-aminodiphenylsulfon	
SN 47 = 4-(Isobutylamino)-4′-aminodiphenylsulfon	
SN 112	LVII
SN 166	LXXXII
Sodasulf	LVII, LIX, LXI u.a.
Solan	s. S. 1072
Solapsone	LXXXI
Solasulfone*	LXXXI
Solfadimidina	LXI
Solfaguanidina	XXV
Solfanilamide	II
Solfatiazolo	XXXVII
Solfone	LXXX
Solfone „De Angeli“	LXXXII
Soludagenan	LI — Na
Soludiazine	LVII — Na
Solufone	LXXXIV
Solumédine	LIX — Na
Soluseptasine, Soluseptazin(a)	4-(3′-Phenyl-1′,3′-disulfonatnatrium-propyl-amino)-benzol-sulfonamid
Solu-Supronal	XXIV, LIX, LXXXVIII
Soluthiazamide	XXXVII — Na
Soluthiazomide	XXXVII — Na
Soranil	LI_2 — Ca
Soxisol	XXXV
ST	XXXVII
Staphylamid	XLI
Starfanil	LXXXVIII
Stearylsulfamidum =	N^4-Stearylsulfanilamid
Steramide	XXVI
Steramide soluble	XXVI — Na
Sterathal	XXVIII
Stopton album	II
Stramid(e)	II
Strepamid(e)	II
Strepsan	II
Streptal	II
Streptamid(e)	II
Streptan	II
Streptasol	II
Streptasol	XIX
Streptazol	II
Streptex	XXXVIII
Strepticide	XIII
Streptoalkohol	II
Streptocid(e)	II
Streptocid album	II
Streptocid rubrum	XIII
Streptoclase	II
Streptocom	II
Streptocon	II
Streptolysin	II
Strepton	II
Streptosan	II
Streptosil	II
Streptosil guanidina	XXV
Streptosil piridina	LI
Streptosilpyridine	LI
Streptosil rosso	XIII
Streptosil talidina	XXXIX
Streptosilthiazol	XXXVII (bei NEGWER XLI)
Streptosil tiazolo	XLI
Streptozon	XIII
Streptozon II	XV
Streptozone	II
Streptozon S	XV
Streptozyl	II
Succinyl-sulfanilamid = Freie Säure von X	
Succinyl-sulfathiazol(e, um)*	XXXVIII
Succisulfono	Monosuccinoylsulfanil-anilin
Sufortan	II, LI u. a.
Suladyne	XLIII, LVII u. a.
Sulamyd	XXVI

Tabelle 2. (Fortsetzung)

Sulamyd soluble	XXVI — Na
Sulazine	LVII
Sulcimid	XXXIII
Sul Dextor	LVII, LIX u. a.
Sulfa	II
Sulfaacetophenon	XLIX
Sulfa-Adsorgan =	Intestin-Euveruil
Sulfa-äthyl-thiadiazol	XLIV
Sulfa-äthyl-thiodiazol (um)	XLIV
Sulfa-5-äthyl-thiodiazol	XLIV
Sulfabenzamid(e)	XXX
Sulfabenzamin(e)	LXXXVIII
Sulfabenzid	XXX
Sulfabenzpyrazinum	LXIX
Sulfabiotic	LVII, LIX, LXI + Penicillin
Sulfacaine	LVII, LIX
Sulfacarbamid(e)	XXI
Sulfacet	XXVI
Sulfacetamid(e)*	XXVI
Sulfacetamidum	XXVI
Sulfacetamid soluble	XXVI — Na
Sulfacetimid(e)	XXVI
Sulfachinoxalin	LXIX
Sulfachlorpyridazin (um)*	LV
Sulfachrysoidin(e)*	XIV
Sulfachrysoidinum*	XIV
Sulfacid	LXXVI
Sulfacillase	XLIV, LIX, LXI + Penicillin
Sulfacinol	XXVI, LVII, LXI
Sulfacolene	XXXIX
Sulfacyl(um)	XXVI
Sulfa D	LVII
Sulfadiabet	XXII
Sulfadiamin	LXXVII
Sulfadiasulfonum natricum = Sodium N-Acetyl-2-sulfamyl-4,4'-diamino-diphenyl-sulfone (Abschnitt B, VII, k2)	
Sulfadiazina	LVI
Sulfadiazin(e)*	LVII
Sulfadiazine „Lederle"	LVII
Sulfadiazinum	LVII
Sulfadiazinum natricum	LVII — Na
Sulfadibrombenzol	L
Sulfadicramid(e*, um)	XXIX
Sulfadicrolamide	XXIX
Sulfadigesin	XXXVIII
Sulfadimedin	LXI
Sulfadimerazine	LXI
Sulfadimerazinum	LXI
Sulfadimesin	LXI
Sulfadimeta	XLVI
Sulfadimet(h)in(e)	LXVI
Sulfadimethoxin(e, um)*	LXV
4-Sulfadimethoxypyrimidin	LXV
Sulfadimethoxytriazin	LXVIII
Sulfadimethyldiazin	LXI
5-Sulfadimethylisoxazol	XXXV
2-Sulfadimethyloxazol	XXXVI
2-Sulfadimethylpyrimidin	LXI
4-Sulfadimethylpyrimidin	LXVI
2-Sulfadimethylpyrimidin	LXI
2-Sulfa-4,6-dimethylpyridmidin	LXI
6-Sulfadimethylpyrimidin	LXVI
6-Sulfa-2,4-dimethylpyrimidin	LXVI
Sulfadimetin(e)	LXVI
Sulfadimetossina	LXV
Sulfadimidin(um)*	LXI
Sulfadimin	LIX
Sulfadin „Aesca"	II, LXXXVIII
Sulfadine	LI
Sulfadital	XXXVII, LVII, LIX
Sulfadiurine	XCII
Sulfaethidol(e, um)*	XLIV
Sulfäthizol	XLIV
Sulfaéthylthiodiazol	XLIV
Sulfa-Flexiole, zweiphasig	II, XXVI, LXXXVIII
Sulfafurazol*	XXXV
Sulfa G(e)	XXV
Sulfaguanicil	XXV
Sulfaguanidin(e*, um)	XXV
Sulfaguanidin „Hauser Chepharin"	XXV
Sulfaguanidin „Homburg"	XXV
Sulfaguanil	XXV
Sulfaguanisan	XXV
Sulfaguine	XXV
Sulfaharnstoff	XXI
Sulfaisodimérazine	LXVI
Sulfaisodimidinum	LXVI
Sulfaisopropylthiadiazol	XLV
Sulfa-Kohle-Compretten	XL u. a.
Sulfalex	LVI
Sulfalon	LXI
Sulfa-Mel	II
Sulfamerazin(e, um)*	LIX
Sulfamerazine „Lederle"	LIX
Sulfamerazinum natricum	LIX — Na
Sulfametazina	LXI
Sulfamethazin(e)	LXI
Sulfamethiazol	XLIII

Tabelle 2. (Fortsetzung)

Sulfamethin	LXVI
Sulfamethizol(um)*	XLIII
Sulfamethopyrazine	LVI
Sulfamethoxypyridazin(um)*	LVI
2-Sulfa-5-methoxypyrimidin	LVIII
Sulfamethyldiazin	LIX
5-Sulfa-3-methyl-isothiazol	Sulfasomizolum (ADAMS, FREEMAN u. a. 1960)
3-Sulfamethylisoxazol	XXXIV
Sulfamethylizol	XLIII
Sulfamethylphenylpyrazol = 3-(4'-Amino-benzol-sulfonamido)-2-phenyl-5-methyl-pyrazol	
2-Sulfa-4-methylpyrimidin	LIX
4-Sulfa-2-methylpyrimidin	LXIII
2-Sulfa-5-methylpyrimidin	LX
4-Sulfa-6-methylpyrimidin	LXIV
Sulfamethylthia(o)diazol	XLIII
Sulfamethylthiazol	XLI
Sulfametin	XLIII
Sulfametoyl	XXXII
Sulfamezathin(e)	LXI
Sulfamezathine „Imp. Chem. Ltd."	LXI
Sulfamid(e)	II
Sulfamidine	II
Sulfamidinum	XXV
Sulfamido-chrysoidin-HCl	XIII—HCl
Sulfamidol	II
Sulfamidopyridin	LI
Sulfamidyl	II
Sulfamin	II
Sulfamycetin „Lepitit"	XXXIX, LIX
Sulfamyd	II
Sulfamylacetanilid	VIII
Sulfamylon	LXXXVIII — HCl
Sulfana	II
Sulfanalone	II
Sulfanidyl	II
Sulfanil	II
Sulfanilacetamid(um)	XXVI
Sulfanilacetanilid	LXXVII
Sulfanilamid(e)*	II
Sulfanilamid-äthylsulfonat	III
Sulfanilamide „LFP"	II, LIX, LXI
Sulfanilamid-5-sulfosalicylat	IV IV
6-Sulfanilamido-2,4-dimethylpyrimidin	LXVI
Sulfanilamidomethansulfonat-Triäthynolamin	XVIII
Sulfanilamidothiazol(um)	XXXVII
Sulfanilamidum	II
Sulfanilamidum acetyli	XXVI
Sulfanilamidum acetyli solubile	XXVI — Na
Sulfanilamidum dimethylmiazini	LXI
Sulfanilamidum dimethylmiazini injectabile	LXI
Sulfanilamidum dimethylmiazini solubile	LXI — Na
Sulfanilamidum methylmiazini	LIX
Sulfanilamidum methylmiazini solubile	LIX — Na
Sulfanilamidum miazini	LVII
Sulfanilamidum miazini solubile	LVII — Na
Sulfanilamidum thiazoli	XXXVII
Sulfanilamidum thiazoli solubile	XXXVII — Na
Sulfanilanilin	LXXII
Sulfanilanilinoäthanol	LXXIII
Sulfanilanilinocarbox- amid	LXXXVI LXXVI
Sulfanilanilinoessigsäure	LXXIV
Sulfanilazetamid	XXVI
Sulfanilbenzoylamid	XXX
Sulfanilbutylcarbamid	XXII
Sulfanilcarbamid(um)	XXI
Sulfanilcyanamid	XXXIII
Sulfanildimethylacroylamid	XXIX
Sulfanildimethylamid	LXX
Sulfanildimethylbenzoylamid	XXXII
Sulfanildimethylcarbamid	XXIII
Sulfanildimethylisoxazolacetamid	LXXI
N-Sulfanilglycin	XIX
Sulfanilglycyldiäthylamid	XX
Sulfanilguanidin	XXV
Sulfanilharnstoff	XXI
Sulfanilisopropoxybenzoylamid	XXXI
4-Sulfanilsäure	LXXXVI
Sulfanilsulfanilamid	XLVI
Sulfanilsulfanildimethylamid	XLVIII
Sulfanilsulfanilmethylamid	XLVII
Sulfanilthiocarbamid(um)	XXIV

Tabelle 2. (Fortsetzung)

Sulfanilthioharnstoff	XXIV
Sulfanilylguanidinum	XXV
Sulfanilylxylamidum	XXXII
Sulfa-Oratren	LVII, LIX, LXI + Penicillin
Sulfa P	LI
Sulfa-Perlongit	XLIV
Sulfaphenazol(um) *	XLII
Sulfaphenylpyrazol	XLII
Sulfaphtalylthiazol	XXXIX
Sulfaphthalidin	XXXIX
Sulfaplastil	XXVI, LXVI
Sulfaproxylin(e) *	XXXI
Sulfapyrazin(e)	LXVII
Sulfapyridazin	LIV
Sulfapyridin „Bayer“	LI
Sulfapyridin „Homburg“	LI
Sulfapyridin(e *, um)	LI
2-Sulfapyrimidin	LVII
4-Sulfapyrimidin	LXII
Sulfaquinoxaline	LXIX
Sulfasan „Sanders“	XLIV
Sulfasomidin	LXVI
Sulfasomizolum *	5-Sulfa-3-methyl-isothiazol
Sulfasuccidin(e)	XXXVIII
Sulfasuccinamide = freie Säure von X	
Sulfasuccithiazol	XXXVIII
Sulfa-Sugaracillin	LVII, LIX, LXI + Penicillin u. a.
Sulfasuxidin(e)	XXXVIII
Sulfa T	XXXVII
Sulfatalyl	XXXIX
Sulfa-Tardocillin ‚forte‘	LVII, LIX, LXI + Penicillin
Sulfathalidin(e)	XXXIX
Sulfathiadiazol	2-(4′-Amino-benzolsulfonamido)-1,3,4-thiadiazol
Sulfathiazol(e) *	XXXVII
Sulfathiazol sodium	XXXVII — Na
Sulfathiazolum	XXXVII
Sulfa-Thiazol-Wolfen	XXXVII
Sulfathiocarbamid	XXIV
Sulfathioharnstoff	XXIV
Sulfathiourea *	XXIV
Sulfathiourée	XXIV
Sulfatiazol	XXXVII
Sulfatolamidum *	Sulfanil-thiocarbamidsalz von LXXXVIII
Sulfatriad	XXXVII, LVII, LIX
Sulfatriazine	LVII, LIX, LXI u. a.
Sulfazan	XXXVII
Sulfazamon	LXI
Sulfazide	XV
Sulfazin (jap. Präparat)	XXXV
Sulfazin (russ. Präparat)	LVII
Sulfazinol	XXVI, LVII, LXI
Sulfazol(e)	XXXVII
Sulfazol (russ.)	XLI
Sulfdurazin	LVI
Sulfedex	XXXVII u. a.
Sulfedexan	XXVI u. a.
Sulfenterone „Union Chimique Belge“	XXXVIII
Sulfentidine	XXV
Sulfetron(e)	LXXXI
Sulfidin(e)	LI
Sulfigramid	XXIX
Sulfisomidin(um) *	LXVI
Sulfisoxazol(e)	XXXV
Sulfocid	XXVI
Sulfocidine	II
Sulfocillin „GEWO“	II + Penicillin-Na
Sulfodimesin	LXI
Sulfodimezin	LXI
Sulfofurazol	XXXV
Sulfoglycin	XX
Sulfoglycoside	Diglycosid von LXXII
Sulfoguamid	XXV
Sulfoguanil	XXV
Sulfoguanyl	XXV
Sulfon „Cilag“	LXXIV — Na
Sulfona	LXXII
Sulfonamid Astra	II
Sulfonamide	XIII
Sulfonamideotriplex	XXXVII, LVII, LIX
Sulfonamid(e) P	II
Sulfonamid-Saccharum-Puder	II
Sulfonazina	LXXXI
Sulfonazolum	XXXVII
Sulfone U.C.B.	LXXII
Sulfoniazina	LXXXI
Sulfon mère	LXXII
Sulfonsol	LVII, LIX
Sulfoproxylinum	XXXI
Sulforalin	LXI, LXVIII u. a.
Sulfosellan-Gel	XXVI
Sulfosellan-Präparate (sonstige)	II, LXXXVIII
Sulfothiazol	XXXVII
Sulfotropin-Wander	II u. a.
Sulfoxon(e)-Na	LXXIX—Na
Sulfoxone	LXXIX
Sulfoxone sodium	LXXIX—Na
Sulfoxydiazosulfone sodique	LXXIX—Na
Sulfuno	XXXVI
Sulgin	XXV
Sulmanyde =	II-Mandelat (s. Negwer, S. 37)
Sulmet	LXI
Sulphabenzamine	LXXXVIII
Sulphacalyre	XXVI
Sulphacetamide	XXVI
Sulphacetamide sodium	XXVI
Sulphacid	LXXVI
Sulphadiazine	LVII

Tabelle 2. (Fortsetzung)

Sulphadimidine	LXI
Sulphadine	LI
Sulphadital	XXXVII, LVII, LIX
Sulphaethylthiadiazole	XLIV
Sulphafurazole	XXXV
Sulphaguanidine	XXV
Sulphalazine	LII
Sulphamerazine	LIX
Sulphamethazine	LXI
Sulphamethazole	XXXV
Sulphamethizole	XLIII
Sulphamethoxy-pyridazin	LVI
Sulphamezathine	LXI
Sulphamezathine sodium	LXI — Na
Sulphamid	II
Sulphamylon	LXXXVIII
Sulphanalone	II
Sulphanilamide	II
Sulphaphenazole	XLII
Sulphasalazine	LII
Sulphasil	XXVI
Sulphasomidine	LXVI
Sulphasomizole	s. Sulfasomizolum
Sulphasuxidine	XXXVIII
Sulphathalidine	XXXIX
Sulphathiazole	XXXVII
Sulphathiazole sodium	XXXVII — Na
Sulphathiazolum	XXXVII
Sulphatriad	XXXVII, LVII, LIX
Sulphazol ,,Gross-mann"	XXXIX
Sulphazole	XLI
Sulphedrone	LXXXI
Sulphetrone	LXXXI
Sulphidine	LI
Sulphindon	LVII
Sulphix	LXI
Sulphocidine	II
Sulphonamide P	II
Sulphone ,,Cilag"	LXXIV—Na
Sul-Spansion	XLIV
Sul-Spantab	XLIV
Sultirene	LVI
Sumedin 2632 RP	LIX
Sumédine	LIX
Superseptyl	XXXVII — Na
Superseptyl (ungar.)	LXI
Supracid	XLIV, LIX
Supron	II
Supronal	XXIV, LIX, LXXXVIII
Sycosicillin	XXIV + Neomycin u. a.
Syncillin	XXIV, LIX, LXXXVIII + Penicillin
T. 693	LI
Talamida	XXVIII
Talanton	XXII
Talasulfa	XXVIII
Talbucid	XXVIII
Taleudron	XXXIX
Talidine	XXXIX
Talisulfazol	XXXIX
Tampovagan PSS	II, XXXVII + Penicillin
Tardamid	XXXVI
TB I/698/E ,,Bayer"	XXXVII + Conteben
Terfonyl	LVII, LIX, LXI
Tertiasul	XXXVII, LVII, LIX
Tetracid	XLIII
Tetraseptale ,,Farmitalia"	XXXVII, LVII, LIX, LXI
Tetra-Sulfamid	II, XXXVII, LVII, LIX
Thalajen	XXVIII
Thalamyd	XXVIII
Thalazol	XXXIX
Thalazone	XXXIX
Thalistatyl	XXXIX
Thalisul	XXVIII
Therapol	II
Thiacoccine	XXXVII
Thiacyl	XXXVIII
Thiaminokal	II — Na
Thiaseptol	LI
Thiasin	XXXV
Thiazamide	XXXVII
Thiazamide 2090 RP	XXXVII
Thiazamide sodium	XXXVII — Na
Thiazen 24	XXXVII
,,Thiazin"	XXXVII
Thiazomid(e)	XXXVII
Thiazolsulfone	LXXXVII
Thiazosulfone *	LXXXVII
Thiazylsulfonamid	XXXVII
Thiazylsulfonamid-natrium	XXXVII — Na
Thidicur	XLIII
Thi-Di-Mer	XXXVII, LVII, LIX
Thioseptal	LI
Thiosulfil	XLIII
Three-Sulfonamides	XXXVII, LVII, LIX
Tiazamide	XXXVII
Tiazene 24	XXXVII
Tiazolico	XXXVII
Tibatin	LXXXIV
Tioamide ,,Lepetit"	II
Tioseptale	LI
Tipolin	XXXVII
Tolbutamid(e) = N-(4-Methyl-benzol-sulfonyl)-N'-butyl-carbamid	
Tonil	XXI
Toldertabletten	II
Toriseptin-M	XLI
Tresamides	XXXVII, LVII, LIX

Tabelle 2. (Fortsetzung)

Trianon	LI
Tribolanum-Vaginal-Suppositorien	II, XXV, LI
Tribo-Mel	II, XXV, LI
Tricombisul	XXVI, LVII, LIX
Trifonamide	LVII, LIX, LXI
Trikolpon „Organon"	II
Trionamide	LVII, LIX, LXI
Triple Sulfas	LVII, LIX, LXI
Tri-Sem	LVII, LIX, LXI
Trisulfagen	LVII, LIX, LXI
Trisulfameth	LVII, LIX, LXI
Trisulfan	LVII, LIX, LXI
Trisulfanyl	XXXVII, LVII, LIX, LXI
Trisulfazine-Pen	LVII, LIX, LXI + Penicillin
Trisulfonamid	LVII, LIX, LXI
Trisulfonamid-Poly-Gel	XXVI, XXX, XXXVII
Truozine	LVII, LIX, LXI
Truozin-PEN	LVII, LIX, LXI + Penicillin
U 6987	XXII
Udolac	LXXII
Uleron	XLVIII
Ulicrotan tiazolo	XXXVII
Uliran	XLVIII
Uliron(e)	XLVIII
Uliron C	XLVI
Ultraseptyl	XLI
Unguforte	II, VIII u. a.
Unisulfa	LVI
Unozol	XXXVII
Uramid „Spofa"	XXI
Urazinol	LXI
Urea-Sulphazide	XV
Urigon	II
Uro-diaton	XLIII
Urogantrisin	XXXV + Phenyl-azo-diamino-pyridin-Hydrochlorid
Urolucosil	XLIII
Urosulfin tablets	XLIII u. a.
Urosulfan	XXI
Urosulfon	XXVI
Vertolan	LXI
Vinces	LVI
Viozol	XL
Viramid	II
Vitaglob „Hauser"	XXXVII
VK 53	XLIII
VK 55	XLIV
VK 57	XLV
Volocid	LVI
Weißes Streptozid	II
Wintradine	LVII
Wintrazole	XXXVII
Yuron	XLVIII
501 Siegfried	LXXXII
932	II
„6063"	XCII
2090 R.P.	XXXVII
2255 R.P.	XXIV
10370	LV
17922	XLII

erwähnten Sulfanilamide und sonstigen Sulfone. Die halbfettgedruckten römischen Ziffern hinter den Namen verweisen auf die Strukturformel der Tabelle 1. Die in der Tabelle 1 nicht enthaltenen Präparate sind in Tabelle 2 durch ihre chemischen Bezeichnungen erklärt. Bei Kombinationspräparaten wird durch „u. a." auf andere antibakteriell wirksame Bestandteile der Kombination (z.B. Antibiotica) hingewiesen. Nicht antibakteriell wirkende Bestandteile von Präparaten sind nicht erwähnt.

Die Liste der Tabelle 2 ließe sich noch beträchtlich erweitern, wenn man alle orthographischen Varianten von diesen Namen (z. B. im Dänischen, Niederländischen, Italienischen, Polnischen, Schwedischen, Spanischen und Tschechischen usw.) hinzunehmen wollte. Soweit sich englische oder französische Namen nur durch ein Schluß-„e" von den deutschen Namen unterscheiden, ist dieses (e) eingeklammert. Die im Englischen, nicht aber im Amerikanischen, übliche Schreibweise „Sul*ph*a-" findet sich in der Tabelle 2 nur bei den Namen der britischen Pharmakopöe und bei britischen Warenzeichen. Hierbei und in vielen anderen Richtungen war es jedoch nicht möglich, alle Namen zu erfassen. Daher bedeutet weder die Aufnahme eines Namens in diese Liste eine therapeutische Empfehlung, noch das Fehlen eines Namens eine Ablehnung des Präparates.

III. Übersichtsarbeiten und sonstige Literatur

In der deutschsprachigen Literatur finden sich folgende Übersichtsarbeiten über die Sulfanilamide und sonstigen Sulfone. Die älteste klinische Literatur hat DOMAGK (1939), gegliedert nach Indikationen und Krankheiten, zusammengestellt. Als erste größere Arbeit ist das Buch von DOMAGK und HEGLER (1940) zu nennen, dessen 3. Auflage 1944 erschien;

es stellt die bakteriologisch-tierexperimentellen Forschungsarbeiten und die klinischen Versuche mit Sulfanilamiden ausführlich dar. In dem Buch von SCHÖNFELD und KIMMIG (1948), dessen Zielsetzung ähnlich wie die des vorgenannten ist, wird besonders auch auf die chemischen Grundlagen eingegangen. Ein neueres deutsches Buch von MIETZSCH und BEHNISCH (1955) wendet sich ausschließlich an Chemiker und Biologen, die an der Entwicklung neuer Präparate arbeiten. Es enthält die wahrscheinlich vollständigste Sammlung von Patentnummern über Sulfanilamidpräparate (leider ist der reiche Inhalt des Werkes nicht voll zugänglich, da es kein Sachverzeichnis besitzt). Eine kleinere Übersicht ähnlicher Art stammt von KLOSA (1952). Darstellungen über die therapeutische Anwendung der Sulfanilamide gaben DECHANT (1949), WALTER und HEILMEYER (1954) für die gesamte Medizin, GRUNKE (1949) und DENNIG und HANGLEITER (1949) für die innere Medizin und ihre Grenzgebiete, HÖRMANN (1946) für die Frauenheilkunde und Geburtshilfe und KIMMIG (1955/58) für die Dermatologie. Einige kleinere Übersichtsarbeiten sind im Heft 5/6 der Therapeutischen Berichte Bayer (1955) vereinigt. MEIER (1943) und DOMAGK (1957) beschrieben die experimentellen Grundlagen der Chemotherapie mit den Sulfanilamiden ausführlicher. Eine Monographie von EGGER (1945) behandelt die Verteilung der Sulfanilamide im Organismus. Zahlreiche Angaben über die Pharmakokinetik der Sulfanilamide findet man in dem Buch von DOST (1953). Den beiden letztgenannten Themen ist auch die umfangreiche Habilitationsschrift von WITZGALL (1951) gewidmet. Schließlich sei auf Darstellungen des Wirkungsmodus (KALLINICH 1957), des Metabolismus (KRÜGER-THIEMER 1957) und der Wirkung dieser Substanzen gegenüber Tuberkelbakterien (WAGNER-JAUREGG 1944; RIST 1948; KOELZER und GIESEN 1949; LEMBKE und KRÜGER-THIEMER 1952) hingewiesen. Zehn Arbeiten über neuere Sulfanilamidderivate finden sich im Band 8 von „Antibiotica et Chemotherapia" (S. Karger, Basel-New York 1960).

In der fremdsprachigen Literatur findet sich als umfang- und inhaltsreichste Darstellung über die Sulfanilamide und sonstigen Sulfone das Buch von NORTHEY (1948) mit 2668 Literaturzitaten. Es enthält außer umfassenden Darstellungen der klinischen, tierexperimentellen und bakteriologischen Ergebnisse eine tabellarische Übersicht über etwa 5000 Stoffe dieser Art, wodurch das Buch eine unschätzbare Fundgrube von Vergleichsmaterial für experimentell Arbeitende darstellt. In diesem Buch, bei WORK und WORK (1948) und auch in den mehr auf klinische Bedürfnisse zugeschnittenen Büchern von HAWKING und LAWRENCE (1950) und von LAWRENCE und FRANCIS (1953) findet man gute Zusammenfassungen über den Wirkungsmodus der Sulfanilamide, der bisher am ausführlichsten von HENRY (1944) diskutiert wurde. Moderne Behandlungen des Wirkungsmodus der Sulfanilamide findet man bei SEXTON (1953; deutsche Übersetzung 1958) und bei ALBERT (1960). Die experimentellen Grundlagen und die klinischen Ergebnisse der Sulfanilamidkombinationen hat HELANDER (1954) dargestellt. Eine größere Zusammenfassung über die toxischen Manifestationen bei Behandlung mit Sulfanilamiden hat FORNARA (1954) geschrieben, während KUTSCHER, LANE und SEGALL (1954) die Prozentzahlen der Sulfanilamidtoxicität bei Menschen aus mehr als 200 klinischen Publikationen im Vergleich mit der Toxicität verschiedener Antibiotica zusammenstellten. Das Buch von LAWRENCE und FRANCIS (1953) enthält auch eine vorzügliche Darstellung der Grundlagen und der praktischen Bedeutung der Sulfanilamide in der Veterinärmedizin. Diese kurze Aufzählung fremdsprachiger Übersichtsarbeiten könnte beliebig erweitert werden.

Vollständige Zusammenfassungen der Literatur über die Sulfanilamide und die sonstigen antibakteriell wirkenden Sulfone sind nirgends zu finden. Man wird daher stets verschiedene der genannten Übersichtsarbeiten zu Rate ziehen müssen. Da in den letzten Jahren keine größeren Zusammenfassungen über die Sulfanilamide erschienen sind, muß man zur Zeit die Sachregister des Chemischen Zentralblattes, der Chemical Abstracts und des Index Medicus (bis 1959 Current List of Medical Literature) als die besten Fundgruben für die Literatur über die Sulfanilamide und sonstigen Sulfone ansehen. Über die in die Pharmakopöen aufgenommenen und die im deutschen Sprachgebiet handelsüblichen Sulfanilamide unterrichten die Abschnitte C, I bis C, III.

B. Allgemeiner Teil

I. Chemie und Physikochemie der Sulfanilamide und anderer Sulfone

Die physikalischen und chemischen Eigenschaften der Sulfanilamide und verwandter Chemotherapeutica werden im folgenden aus mehreren Gründen besprochen. Erstens sind die Stoffeigenschaften die Grundlage für die Nachweis- und Bestimmungsmethoden. Zweitens beruht die Gesamtheit der biologischen

Wirkungen eines Stoffes auf den physikalischen und chemischen Eigenschaften des Stoffes, so daß eine vollständige Theorie des Wirkungsmodus diese Stoffeigenschaften und ihre Abhängigkeit von der Molekülstruktur einschließen muß. Damit ergeben sich zugleich Hinweise für die Synthese neuer Präparate. Drittens läßt sich die vergleichende Beurteilung verschiedener Stoffe durch die physikalisch-chemischen Daten sinnvoll ergänzen oder überhaupt erst ermöglichen, wenn ein hinreichender klinischer Vergleich der Präparate mit wissenschaftlich einwandfreier Methodik (doppelt-blinder Versuch mit statistischer Auswertung) nicht vorliegt und wegen der großen Anzahl der Präparate und der relativ geringen vergleichbaren Fallzahlen in den einzelnen Kliniken unerreichbar ist. Daher ist es notwendig, die unzureichende klinische Beurteilung nicht nur durch tierexperimentelle und mikrobiologische, sondern auch durch biochemische und chemisch-physikalische Daten zu stützen. Im Laufe der Entwicklung der Chemotherapie hat sich dieser Trend immer mehr ausgeprägt. Nur so ist es möglich, in die verwirrende Vielfalt der Angaben aus Arzneibüchern, klinischen Veröffentlichungen und Industrieprospekten über Indikationen, Pharmakologie und Toxikologie Ordnung zu bringen, so daß der Arzt nach eigenem begründetem Urteil eine zweckentsprechende Therapie mit Sulfanilamiden verordnen kann. Dazu ist zu betonen, daß es sehr unwahrscheinlich ist, daß ein bestimmtes Sulfanilamidderivat für alle klinischen Anwendungsmöglichkeiten das beste sei. Bei Einführung neuer Präparate sollten daher außer den üblichen biologischen Daten auch die chemisch-physikalischen Eigenschaften der neuen Verbindungen bekanntgegeben werden, um einen vollständigen Wertvergleich mit älteren Präparaten zu ermöglichen.

1. Molekülstruktur

Die biologischen Eigenschaften der Sulfanilamide sind, wie die chemischen und physikalischen Eigenschaften, von ihrer Molekülstruktur abhängig. Der übliche bildhafte Vergleich flächig dargestellter Strukturformeln liefert nur grobe Einsichten in die Zusammenhänge zwischen Struktur und Wirkung. Auch räumliche Molekülmodelle führen nicht viel weiter, da sie verständlicherweise nur mit festen Durchschnittswerten der Atomabstände und Bindungswinkel konstruiert werden können. Es lassen sich jedoch vielfache Belege unter den Sulfanilamiden dafür finden, daß strukturelle Änderungen an einem Molekülende die chemische Reaktivität und die biologischen Wirkungen des anderen Molekülendes modifizieren. Diese induktiven Wirkungen durch das Molekül hindurch lassen sich in verschiedener Weise beschreiben oder veranschaulichen. Zunächst liegen ihnen Verschiebungen der die Atomkerne umhüllenden Elektronenwolke zugrunde. Diesen Elektronenverschiebungen entsprechen Änderungen der Atomkernabstände (bzw. der die wechselseitige Bindung charakterisierenden Kraftkonstante) und der Bindungswinkel (Valenzwinkel). Eine vollständige Beschreibung dieser für die chemischen und biologischen Eigenschaften verantwortlichen Molekülstruktur liefert die Kristallstrukturanalyse mittels Röntgenstrahleninterferenzen an Einkristallen. Leider sind bisher, soweit bekannt, Sulfanilamide mit dieser Methode nicht untersucht worden (Kristallstrukturanalysen von *Isoniazid* und *4-Aminosalicylsäure* lieferten JENSEN 1953, 1954; bzw. BERTINOTTI, GIACOMELLO und LIQUORI 1954; KRC und MCCRONE 1955). Daß von Untersuchungen dieser Art wertvollste Ergebnisse zu erwarten sind, zeigen die Erfolge einer anderen Methode, nämlich der Auswertung von Infrarotabsorptionsspektren, über die im folgenden berichtet wird. — Zur analytischen Anwendung von kristallographischen Untersuchungsmethoden und von Debye-Scherrer-Diagrammen vgl. Abschnitt B, I, 4.

Infrarotabsorptionsspektren wurden bisher zur Klärung einzelner Spezialfragen bezüglich der Struktur von Sulfanilamiden herangezogen (Ziegler und Shabica 1954; Baxter, Cymerman-Craig und Willis 1955; Berczeller 1958). In den Infrarotabsorptionsspektren äußert sich die Molekülstruktur auf andere Weise als bei den Röntgenstrahleninterferenzen. Jede Infrarotabsorptionsbande charakterisiert eine Bindung zwischen zwei Atomkernen oder bei Kopplungsschwingungen die zwei benachbarten Bindungen zwischen drei Atomkernen. Für

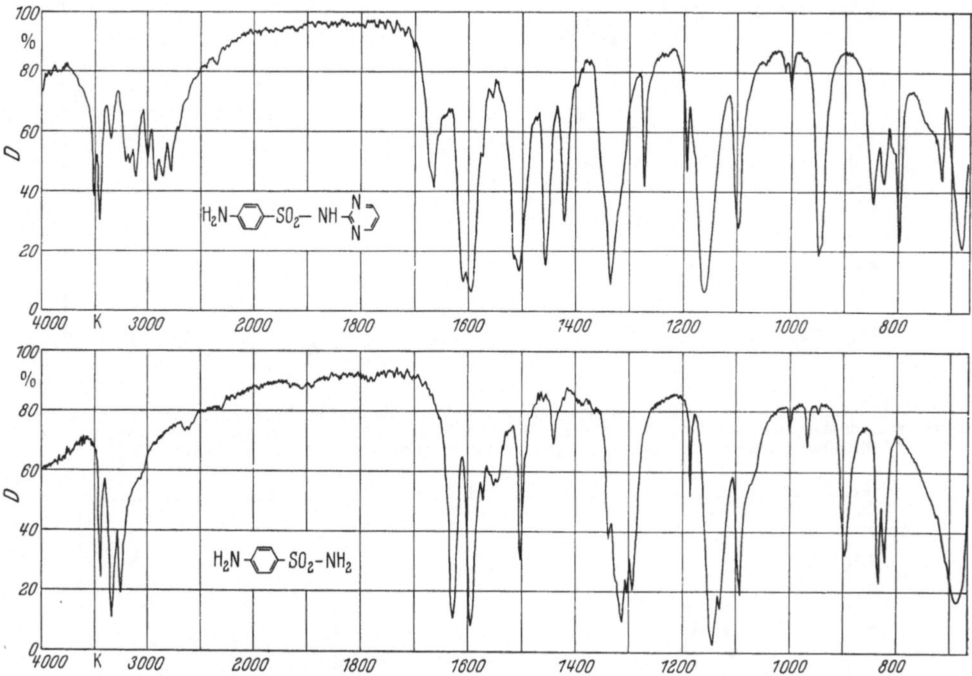

Abb. 2. Infrarotabsorptionsspektren von *Sulfapyrimidin* LVII und *Sulfanilamid* II (KBr-Preßlinge, Leitz-Infrarotspektrograph, Erläuterungen im Text. Nach Seydel 1960)

jeden Bindungstyp lassen sich Erfahrungsbereiche der entsprechenden Schwingungsfrequenzen bzw. Wellenzahlen angeben. Die genaue Lage einer Schwingungsfrequenz in diesem Bereich wird nicht nur von den beiden (oder drei) unmittelbar beteiligten Atomen, sondern von den Wechselwirkungen zwischen allen Atomen des Moleküls und den Molekülen untereinander bestimmt. Unter besonderen Bedingungen lassen sich aus den Absorptionsbanden die Kraftkonstanten und Valenzwinkel für einzelne Teile des Moleküls errechnen. Bei den Sulfanilamiden gilt das für die aromatische Aminogruppe und für die Sulfongruppe. Die Abb. 2 zeigt die Infrarotabsorptionsspektren von Sulfanilamid und Sulfapyrimidin. Seydel (1960) hat an den Infrarotabsorptionsspektren von 52 Sulfanilamidderivaten zeigen können, daß deutliche Beziehungen zwischen den Kraftkonstanten und Valenzwinkeln der aromatischen Aminogruppen und den antibakteriellen in vitro-Wirkungen gegenüber Escherichia coli bestehen (Abb. 3), so daß sich die in vitro-Wirkung neuer Sulfanilamide aus den Infrarotabsorptionsspektren vorhersagen läßt (Seydel, Krüger-Thiemer und Wempe 1960). Hingegen ließen sich analoge Beziehungen zwischen den Schwingungen bzw. Kraftkonstanten und Valenzwinkeln der Sulfongruppen bei diesen 52 Sulfanilamiden gemäß der Theorie von Bell und Roblin (1942) nicht finden (Abb. 4). Nach Seydel (1960) sind diejenigen Sulfanilamide zu den weniger gut oder schlecht wirkenden (minimale in vitro-Hemmkonzentration gegenüber Escherichia coli auf Sauton-Medium nach 24 h höher als 2 μmol/Liter) zu rechnen, deren aromatische Aminogruppe einen Valenzwinkel $\Theta > 109^0$ *und* zugleich eine Kraftkonstante

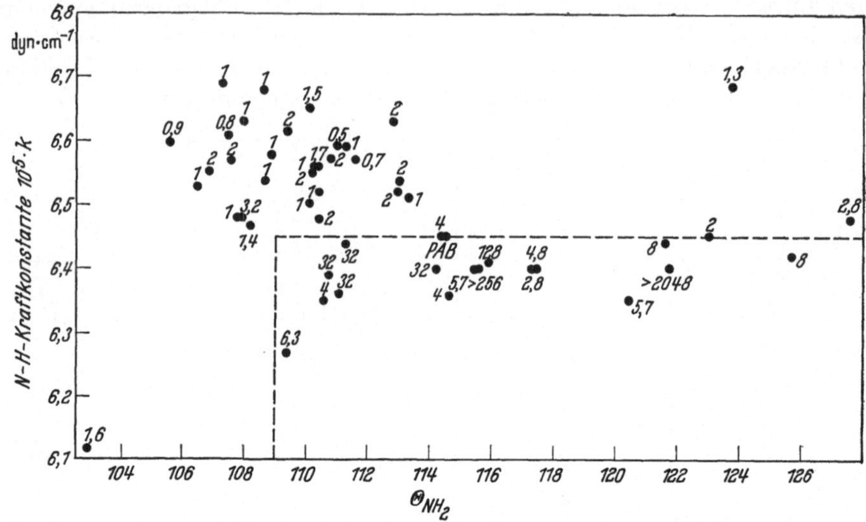

Abb. 3. Beziehung zwischen den Valenzwinkeln und den Kraftkonstanten der NH_2-Gruppe von Sulfanilamiden (errechnet aus den IR-Absorptionen) und den minimalen Hemmkonzentrationen von E. coli (μmol/l; KBr-Preßlinge, Leitz-IR-Spektrograph). (Nach Seydel, Krüger-Thiemer und Wempe 1960)

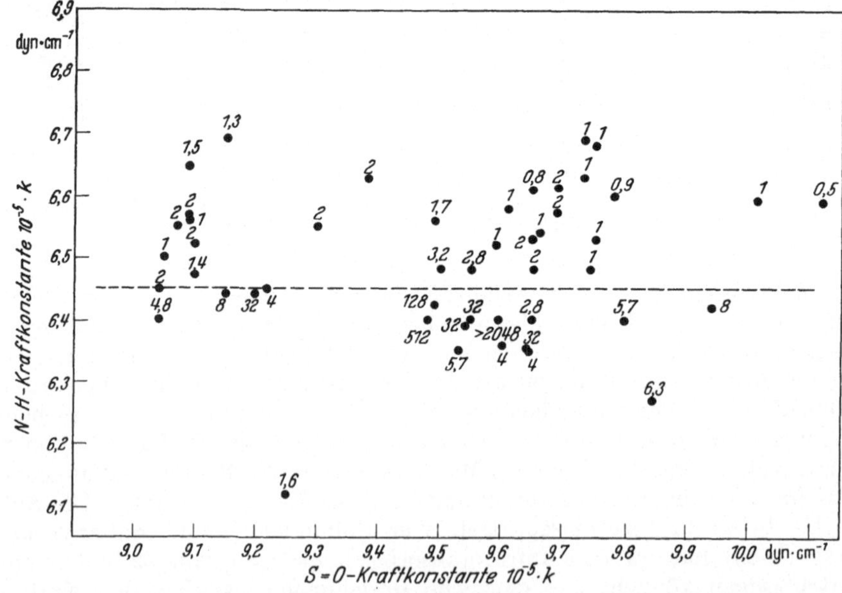

Abb. 4. Beziehung zwischen den N—H- und S=O-Kraftkonstanten von Sulfanilamiden (errechnet aus den IR-Absorptionen) und den minimalen Hemmkonzentrationen von E. coli (μmol/l; KBr-Preßlinge, Leitz-IR-Spektrograph). (Nach Seydel, Krüger-Thiemer und Wempe 1960)

$k_{N-H} < 6{,}45 \times 10^5$ dyn/cm aufweist. Die *Tabelle 3* bringt einige Zahlenbeispiele für diese Beziehung. Danach ist die Elektronenverteilung an der aromatischen Aminogruppe der Sulfanilamide für die Stärke der antibakteriellen in vitro-Wirkung dieser Stoffe maßgebend. Die Bedeutung dieser Tatsache für den Wirkungsmodus der Sulfanilamide wird im Abschnitt B, V, 5 erläutert.

Tabelle 3. *Beziehungen zwischen den minimalen Hemmkonzentrationen (E. coli) und den Infrarotschwingungen der aromatischen Aminogruppe von Sulfanilamiden.* (Nach SEYDEL, KRÜGER-THIEMER und WEMPE 1960)

Nr.	Substanz	Minimale Hemm-konzen-tration µmol/Liter	Valenz-winkel Θ_{NH_2}	Kraft-konstante $10^{-5} \cdot k$	$\nu_{NH_2 asym}$	$\nu_{NH_2 sym}$
XX	Sulfanilglycyldiäthylamid . .	*>2048*	*121,7⁰*	*6,40*	3460	3340
II	Sulfanilamid	*128*	*115,9⁰*	*6,42*	3455	3355
XXI	Sulfanilcarbamid	*32*	*114,2⁰*	*6,40*	3445	3350
XXIV	Sulfanilthiocarbamid	*6,3*	*109,4⁰*	*6,27*	3400	3325
XXIX	Sulfanildimethylacroylamid	*5,7*	*115,6⁰*	*6,40*	3450	3350
LI	Sulfapyridin	*4,8*	*117,4⁰*	*6,40*	3450	3345
XXXI	Sulfanilisopropoxybenzoyl-amid	*4,8*	*114,7⁰*	*6,36*	3435	3340
XXXII	Sulfanildimethylbenzoylamid	*2,8*	*117,4⁰*	*6,40*	3450	3345
XLVII	Sulfanilsulfanilmethylamid .	*2,0*	*109,4⁰*	6,62	3495	3418
XLIV	Sulfaäthylthiadiazol	2,0	*112,8⁰*	6,63	3505	3415
XXXV	5-Sulfadimethylisoxazol . .	2,0	*110,2⁰*	6,55	3480	3400
XXVI	Sulfanilacetamid	2,0	107,6⁰	6,57	3480	3410
LXI	2-Sulfadimethylpyrimidin . .	1,7	*110,3⁰*	6,56	3480	3400
XXXVII	Sulfathiazol	1,6	102,9⁰	*6,12*	3350	3300
LXVI	4-Sulfadimethylpyrimidin . .	1,5	*110,1⁰*	6,65	3505	3425
XLII	Sulfaphenylpyrazol	1,0	108,9⁰	6,58	3485	3410
LIX	2-Sulfa-4-methylpyrimidin .	1,0	108,7⁰	6,68	3510	3435
LVI	Sulfamethoxypyridazin . .	1,0	107,3⁰	6,69	3510	3440
LVII	2-Sulfapyrimidin	0,9	105,6⁰	6,60	3480	3420
XXXIV	3-Sulfamethylisoxazol . . .	0,8	107,5⁰	6,61	3490	3420
LXV	4-Sulfa-2,6-dimethoxypyri-midin	0,7	*111,6⁰*	6,57	3485	3400
LXXI	Sulfanil-3,4-dimethyl-isoxazol-5)-acetamid . . .	0,5	*111,0⁰*	6,59	3488	3405

Durch *kursiven Druck* sind die Zahlenwerte gekennzeichnet, die oberhalb von 109⁰ bzw. unterhalb von 6,45 liegen. Nur die Stoffe sind weniger gut oder schlecht wirksam, bei denen die beiden Werte von Θ und k jenseits dieser Grenzen liegen (vgl. Text).

2. Ionisation

Eine wichtige physikochemische Eigenschaft der Sulfanilamide ist ihr Ionisationsgrad in wäßriger Lösung, dessen Abhängigkeit vom Säuregrad (p_H-Wert) der Lösung sich für schwach saure oder basische Substanzen bei nicht zu hohen Konzentrationen nach dem Massenwirkungsgesetz von GULDBERG und WAAGE (1867) durch die Gleichungen beschreiben läßt:

$$Ka'_1 = \frac{[AH^+]}{[A] \cdot [H^+]} \quad (1) \qquad Ka'_2 = \frac{[A^-] \cdot [H^+]}{[AH]}. \quad (2)$$

In diesen Gleichungen ist Ka' die scheinbare (klassische, nicht thermodynamische) Ionisationskonstante*, deren negativer Logarithmus der pKa'-Wert ist. Hat eine Substanz mehrere pKa'-Werte, so werden diese nach ihrer Größe durch Indizes numeriert. Daraus folgt, daß pKa'_1 nicht stets einer basischen Ionisation entspricht, z. B. bei den Zwitterionen bildenden Aminosäuren. Aus den Gleichungen (1) und (2) ergibt sich folgende kurze Formulierung für

* Die Ionisationskonstante wird auch Dissoziationskonstante genannt. Als basische Ionisationskonstante wurde früher meist die Konstante bezeichnet, deren negativer Logarithmus $pKb' = 14 - pKa'$ ist. In diesem Artikel sind alle pKb'-Werte in die entsprechenden pKa'-Werte umgerechnet worden. Die klassische Ionisationskonstante genügt den biologischen Genauigkeitsansprüchen. Zur Bestimmung der thermodynamischen Ionisationskonstanten Ka müßten in (1) und (2) anstelle der Konzentrationen die „Aktivitäten" der beteiligten Moleküle und Ionen eingesetzt werden (BATES und SCHWARZENBACH 1954; vgl. auch die Lehrbücher der physikalischen Chemie).

die Bedeutung eines *pKa'*-Wertes: In der wäßrigen Substanzlösung mit einem p_H-Wert, der gleich dem *pKa'*-Wert der Substanz ist, liegt die Substanz je zur Hälfte in den beiden entsprechenden Ionisationsformen vor. Eine p_H-Einheit oberhalb oder unterhalb des *pKa'*-Wertes ist das Verhältnis der beiden Formen 10:1 bzw. 1:10 und 2 p_H-Einheiten vom *pKa'*-Wert entfernt 100:1 bzw. 1:100 (Abb. 5).

Zahlreiche Stoffeigenschaften hängen so wesentlich von der Ionisationsform der Moleküle ab, daß es zweckmäßig wäre, in Tabellenwerken die Stoffeigenschaften getrennt für die verschiedenen Ionisationsformen anzugeben: die Löslichkeit (Abschnitt B, I, 3), die Ultraviolettabsorption, die elektrophoretische Beweglichkeit (Kutzim 1952; Wagner 1954[1]; Ljungberg 1957), die papierchromatographi-

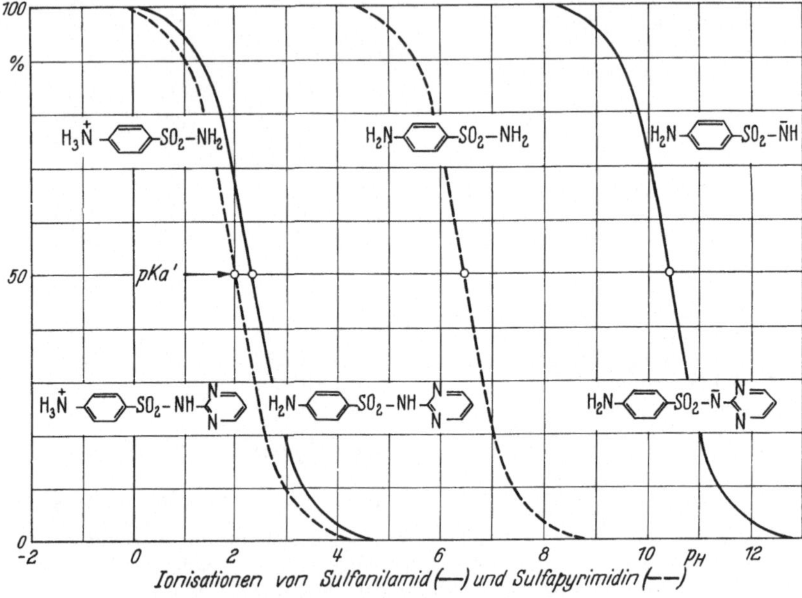

Abb. 5. Prozentuale Anteile der verschiedenen Ionisationsformen von *Sulfanilamid* ($pKa_1' = 2{,}4$ und $pKa_2' = 10{,}4$) und *Sulfapyrimidin* ($pKa_1' = 2{,}0$ und $pKa_2' = 6{,}4$) in Abhängigkeit vom p_H-Wert

schen *Rf*-Werte und die Verteilungsquotienten (Abschnitt B, I, 4) und die Permeabilität durch Zellmembranen (Abschnitt B, II, 1 und B, V, 2). Seit den Untersuchungen von Bell und Roblin (1942), Cowles (1942), Fox und Rose (1942), Schmelkes und anderen (1942), Brueckner (1943) und Klotz (1944) ist bekannt, daß auch die antibakterielle Wirkung der Sulfanilamide mit den sauren *pKa'*-Werten zusammenhängt. Nähere Angaben über die von diesen Autoren aufgestellten Hypothesen sind in den Abschnitten B, V, 2 und B, V, 5 enthalten.

pKa'-Werte können durch Konduktometrie, potentiometrische Titration, durch Spektrometrie und auch durch Löslichkeitsbestimmungen ermittelt werden. Im allgemeinen liefern diese Untersuchungen keine unmittelbaren Hinweise auf die Zuordnung der verschiedenen *pKa'*-Werte zu basischen oder sauren Ionisationen. Diese Hinweise erhält man durch Untersuchung von Derivaten, in denen einzelne der ionisierbaren Gruppen des Moleküls blockiert sind. Auf diesem Wege stellten Klotz und Gruen (1945) fest, daß die *4-Aminobenzoesäure* und die Sulfanilamide ihren basischen *pKa'*-Wert, der der Anlagerung eines Protons an die aromatische Aminogruppe entspricht, in der Nähe von 2 haben (vgl. Kolthoff 1925; Schwyzer 1953). Oberhalb dieses Wertes bis zu den sauren *pKa'*-Werten, die zu der Abgabe eines Protons durch die Sulfonamidgruppe gehören, liegen diese Stoffe danach nicht als Zwitterionen, sondern überwiegend als ungeladene Moleküle vor. Die früher geäußerte Ansicht, daß die Sulfonamidgruppe vor der Protonenabgabe in die Eniminform

$$-\overset{\overset{\displaystyle O}{\|}}{\underset{\underset{\displaystyle OH}{|}}{S}}=N-$$

übergeht, wird heute nicht mehr geteilt (MIETZSCH und BEHNISCH 1955, S. 138). Die *pKa'*-Werte der Sulfanilamide, sonstiger Sulfone, einiger N^4-Acetylderivate und analoger Substanzen sind in den Tabellen 1 und 15 zusammengestellt. Es konnten nicht alle einzelnen Literaturwerte, sondern nur der wahrscheinlichste Wert und der Bereich (in Klammern), innerhalb dessen alle Literaturwerte liegen, angegeben werden. Die Literaturwerte wurden in den Arbeiten folgender Autoren gefunden: ALBERT (1951), ALBERT und GOLDACRE (1942), BELL und ROBLIN (1942), BRUECKNER (1943), COWLES (1942), CYMERMAN-CRAIG, RUBBO und PIERSON (1954), FOX und ROSE (1942), GOLDACRE (1944), HAWKING und LAWRENCE (1950), HEINÄNEN und andere (1951), KLOTZ und GRUEN (1945), KREBS und SPEAKMAN (1946), KUMLER (1955), LWOFF, NITTI, TRÉFOUEL und HAMON (1941), NORTHEY (1948), OSTWALD (1889), RAUEN (1956), RYBÁŘ, TOUŠEK und HAIS (1955), SCHMELKES, WYSS und andere (1942), SEYDEL u. a. (1960), SJÖGREN und ÖRTENBLAD (1947), TOLSTOOUHOV (1955), WALKER (1945), WILLI (1956), WILLI und MEIER (1956), WORK und WORK (1948), ZOLLINGER (1953). Untersuchungen über den Einfluß von Substituenten auf die Acidität der Sulfonamidgruppe haben WILLI (1956) und WILLI und MEIER (1956) durchgeführt. Nach ihren *pKa'*-Werten sind viele Sulfanilamidderivate in wäßriger Lösung als schwache Säuren anzusehen. Das unsubstituierte Sulfanilamid bildet dagegen neutrale wäßrige Lösungen (DOLIQUE und LACOMBE 1955).

Die N^1-substituierten Derivate des Sulfanilamids werden meist in folgender Weise formuliert:

(XCV) $$H_2N^4-C_6H_4-\overset{\overset{\displaystyle O}{\|}}{\underset{\underset{\displaystyle O}{\|}}{S}}-N^1\begin{matrix}R\\H\end{matrix}$$

Es hat sich in den letzten Jahren erwiesen, daß diese Formulierung nicht die Struktur aller Sulfanilamide richtig wiedergibt. Im folgenden werden die Verhältnisse an *Sulfapyridin* **(LI)** und *Sulfathiazol* **(XXXVII)**, die näher untersucht worden sind (SHEPHERD, BRATTON und BLANCHARD 1942; ANGYAL und WARBURTON 1951; ältere Literatur siehe dort), erläutert. Aus ultraviolettspektrometrischen Messungen, im Vergleich mit den Spektren verschiedener Methylderivate dieser Sulfanilamide, ergab sich, daß diese in Äthanol und in Salzsäure + Äthanol teilweise oder vollständig in der Iminoform vorliegen. Unter Berücksichtigung der Ionisationsmöglichkeiten kann daher das *Sulfapyridin*molekül in den folgenden 6 Formen in Lösungen vorliegen (Abb. 6). Da das Ultraviolettabsorptionsspektrum des *Sulfathiazols* sowohl in Äthanol als auch in Salzsäure + Äthanol (1 + 1) nicht unterscheidbar von dem des *2-(4'-Amino-benzol-sulfonamido)-3-methyl-thiazols* ist, nehmen ANGYAL und WARBURTON (1951) an, daß *Sulfathiazol* in neutraler und saurer Lösung hauptsächlich als Iminoform vorliegt. Entsprechendes gilt wahrscheinlich auch für das *Sulfanilguanidin*. Eingehende Untersuchungen über die Elektronenkonfiguration der Sulfanilamide und ihrer N^4-Acetylderivate hat TRAUER (1952) angestellt (vgl. auch YAMABE 1950).

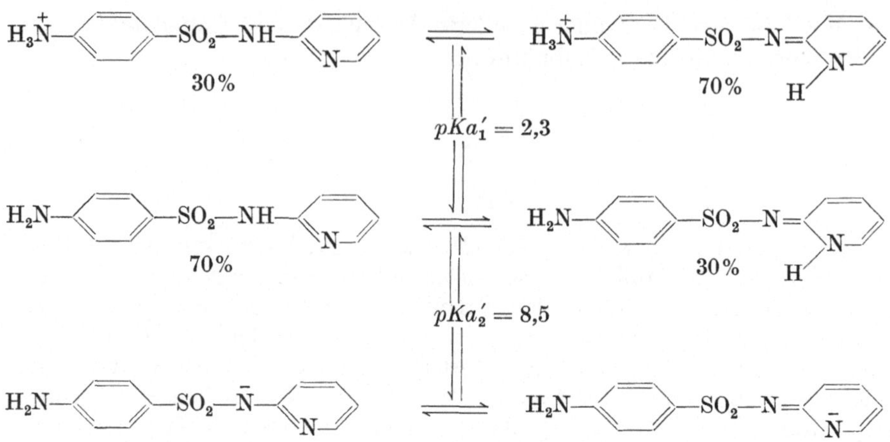

$H_3\overset{+}{N}-C_6H_4-SO_2-NH-C_5H_4N$ (30%) ⇌ $H_3\overset{+}{N}-C_6H_4-SO_2-N{=}C_5H_4NH$ (70%)

$pKa_1' = 2{,}3$

$H_2N-C_6H_4-SO_2-NH-C_5H_4N$ (70%) ⇌ $H_2N-C_6H_4-SO_2-N{=}C_5H_4NH$ (30%)

$pKa_2' = 8{,}5$

$H_2N-C_6H_4-SO_2-\bar{N}-C_5H_4N$ ⇌ $H_2N-C_6H_4-SO_2-N{=}C_5H_4\bar{N}$

Abb. 6. Tautomerie bzw. Mesomerie und Ionisation beim *Sulfapyridin.* (Prozentangaben nach ANGYAL und WARBURTON 1951)

3. Löslichkeit

Die Löslichkeit der Sulfanilamide hat pharmazeutisches und toxikologisches Interesse. Zur lokalen und parenteralen Applikation der Sulfanilamide werden hochkonzentrierte Lösungen (5—20%) benötigt, die bei zahlreichen Präparaten p_H-Werte über 8,5 haben und deshalb gewebsschädigend wirken. Bei den durch Sulfanilamide verursachten Nierenschädigungen (Hämaturie, Oligurie und Anurie, vgl. Abschnitt B, III, 3) werden meist Kristalle der Sulfanilamidderivate und/oder ihrer Acetylderivate in den Harnwegen gefunden. Deshalb ist die Löslichkeit der Sulfanilamide häufig untersucht worden. Umfangreichere Angaben findet man bei KRÜGER-THIEMER (1942, vgl. dort die Literatur bis 1941), KREBS und SPEAKMAN (1946), FRISK, HAGERMAN, HELANDER und SJÖGREN (1947), SJÖGREN und ÖRTENBLAD (1947), LANGECKER (1948), HUCKNALL und TURFITT (1949), GROSS, GYSEL und RINGIER (1950), HAWKING und LAWRENCE (1950), BIAMONTE und SCHNELLER (1952), KOSTENBAUDER, GABLE und MARTIN (1953), HIGUCHI und LACH (1954), WALTER und HEILMEYER (1954), ZIEGLER, BAGDON und SHABICA (1954), HOLZ und andere (1955, 1956) und HOM und AUTIAN (1956).

KREBS und SPEAKMAN (1946) untersuchten die von den meisten Autoren gefundene p_H-Abhängigkeit der Löslichkeit der Sulfanilamide und fanden eine einfache Beziehung zwischen der Löslichkeit S bei einem beliebigen p_H-Wert, der Löslichkeit S_0 der nichtionisierten Verbindung und dem (klassischen) sauren pKa_2'-Wert der Substanzen. Diese Beziehung läßt sich in einfacher Weise aus der Definitionsgleichung der Ionisationskonstanten herleiten (vgl. Abschnitt B, I, 1):

$$S = S_0 \cdot (1 + 10^{p_H - pKa'}). \qquad (3)$$

Wenn pKa_2' bekannt ist, benötigt man zur Bestimmung von S_0 nur eine Löslichkeitsbestimmung bei einem $p_H \geq pKa_2'$. Andernfalls sind zwei (oder mehr) Bestimmungen bei verschiedenen p_H-Werten hierzu notwendig. Die Gleichung (3) gilt für nicht stark alkalische Lösungen, in denen noch nicht alle Moleküle ionisiert sind, und auch nur in nicht zu stark sauren Lösungen (bis etwa 2 p_H-Einheiten oberhalb des basischen pKa_1'-Wertes, der meist in der Nähe von 2,0 liegt). Aus dieser Gleichung folgt, daß für $p_H = pKa_2'$ die Löslichkeit S gerade gleich $2 \cdot S_0$ ist, weiter daß die Löslichkeit S in dem Bereich von 2 p_H-Einheiten unterhalb von pKa_2' und 2 p_H-Einheiten oberhalb von pKa_1' annähernd konstant gleich S_0 ist (KIENLE und SAYWARD 1942), und daß der dekadische Logarithmus von $(S - S_0)$: S_0 eine lineare Funktion des p_H-Werts mit der Steigerung 1 ist. KREBS und

Speakman (1946) gaben ein Leiternomogramm für die Gleichung (3) an (abgebildet auch bei Hawking und Lawrence 1950). Die Abb. 7 zeigt ein neues, etwas weiter reichendes Netznomogramm für diese Gleichung, mit dessen Hilfe die S_7-Werte der Tabelle 15 aus Literaturwerten von S ermittelt worden sind. —

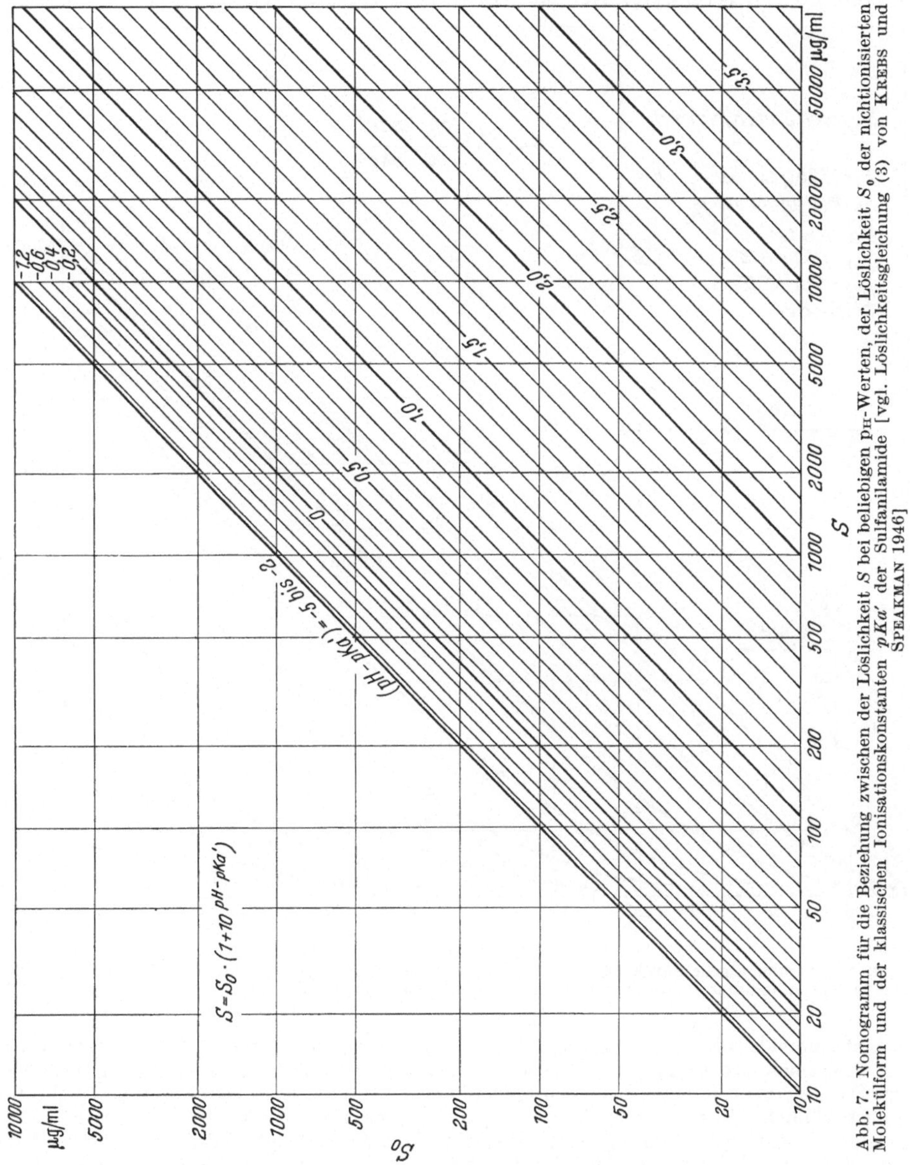

Abb. 7. Nomogramm für die Beziehung zwischen der Löslichkeit S bei beliebigen p_H-Werten, der Löslichkeit S_0 der nichtionisierten Molekülform und der klassischen Ionisationskonstanten pKa' der Sulfanilamide [vgl. Löslichkeitsgleichung (3) von Krebs und Speakman 1946]

Für den Fall der Unkenntnis von pKa' läßt sich Gleichung (3) so umformen, daß man aus zwei Löslichkeitsbestimmungen bei verschiedenen p_H-Werten entweder die Löslichkeit S_0 der nichtionisierten Verbindung oder deren pKa'-Wert (vgl. Abb. 8) errechnen oder nomographisch ermitteln kann.

Die Löslichkeit vieler Sulfanilamide ist sehr temperaturabhängig (Krüger-Thiemer 1942 und andere). Kienle und Sayward (1942) haben die Lösungswärme von *Sulfanilamid* ermittelt (unter 37° C 10860 cal/mol, über 37° C 9050 cal/mol). Die Ionenstärke (Kienle und Sayward 1942), jedoch nicht die Zusammensetzung (Kostenbauder, Gable und Martin

1953), einer Pufferlösung beeinflußt die Löslichkeit der Sulfanilamide. Die daraufhin untersuchten Sulfanilamide und ihre N⁴-Acetylderivate beeinflussen sich bezüglich ihrer Löslichkeit gegenseitig nicht oder nur wenig, worauf das „Sulfa-Kombinationsprinzip" von Sjögren und Örtenblad (1947) und Frisk, Hagerman, Helander und Sjögren (1947) beruht. Manche Sulfanilamide und deren N⁴-Acetylderivate bilden, besonders in Körperflüssigkeiten, stark übersättigte Lösungen, was vermutlich zum Teil auf der Adsorption an die Plasmaeiweißkörper usw. beruht (vgl. Abschnitt B, II, 1 d). Versuche zur Erhöhung der Löslichkeit

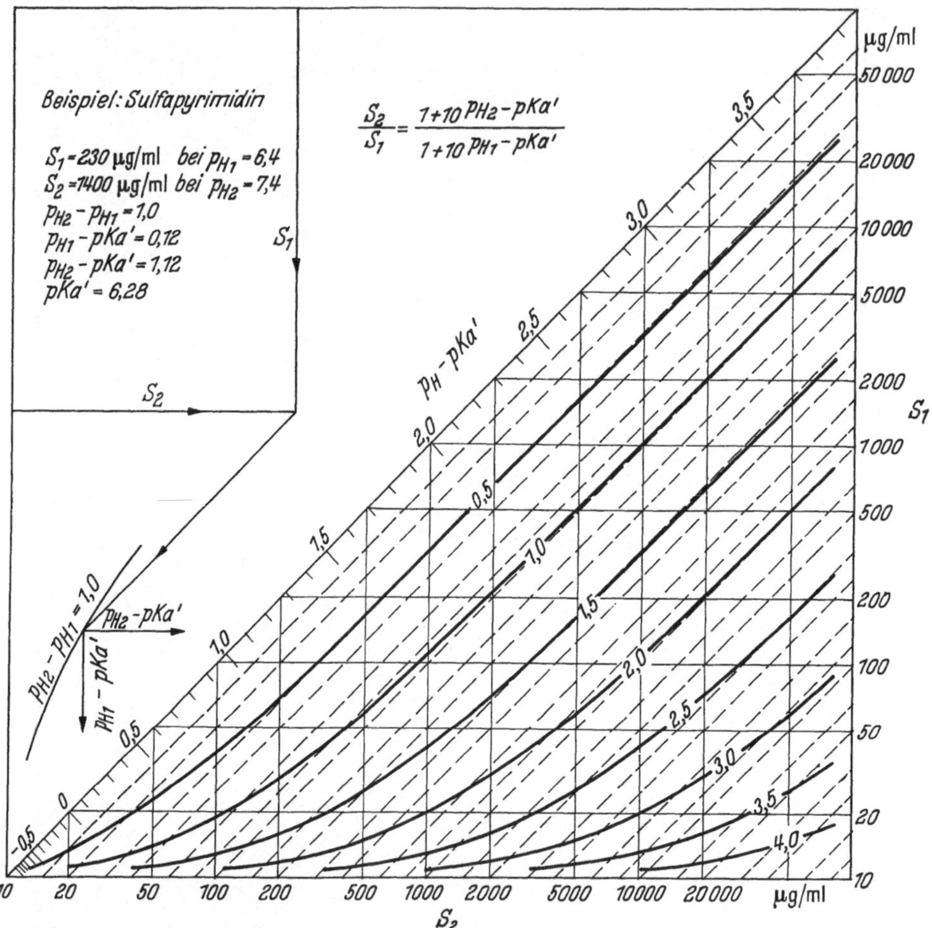

Abb. 8. Nomogramm für die Beziehung zwischen den Löslichkeiten S_1 und S_2 der Sulfanilamide bei zwei verschiedenen pH-Werten p_{H_1} und p_{H_2} und der klassischen Ionisationskonstante pKa' nach der Löslichkeitsgleichung (3)

der Sulfanilamide für hochprozentige Injektionslösungen ohne deren Alkalisierung waren nicht erfolgreich (Hom und Autian 1956), jedoch läßt sich die Löslichkeit der Sulfanilamide durch Zusatz von Coffein auf das Zwei- bis Dreifache steigern. Für hochprozentige Injektionslösungen können deshalb nur solche Sulfanilamide verwendet werden, deren pKa_2' möglichst weit unter 7 liegt (vgl. Köchel 1956). — Auf der unterschiedlichen Löslichkeit der Sulfanilamide und ihrer Natriumsalze hat De Reeder (1952) eine Methode zur Trennung von Gemischen dieser Substanzen (vgl. Abschnitt B, I, 5) aufgebaut.

4. Sonstige physikalische Eigenschaften

Die sonstigen physikalischen Eigenschaften der Sulfanilamide und anderer Sulfone haben überwiegend analytische Bedeutung.

Schmelzpunkt (F. in °C, besser Schmelzbereich). Seine Bestimmung ist die einfachste Identitätsprobe, die notfalls durch die Mischschmelzpunktsbestimmung mit einer authentischen Probe zu ergänzen ist. Es sollte stets angegeben werden, ob sich beim Schmelzen der Substanz Zersetzungserscheinungen zeigen (Zers.) und ob die verwendete Thermometerskala mit Eichsubstanzen korrigiert (*k*) ist oder nicht (*u*). In der Tabelle 1 sind zahlreiche Schmelzpunktangaben aus der Literatur enthalten (häufigste Werte, Gesamtbereich der Literaturwerte und eigene Meßwerte an Industriepräparaten mit dem Leitz-Schmelzpunktmikroskop). Die Schmelzpunkte sehr vieler weiterer Sulfanilamide und sonstiger Sulfone findet man bei NORTHEY (1948). Einige Sulfanilamide besitzen mehrere Schmelzbereiche, die verschiedenen Kristallmodifikationen der Substanzen zuzuordnen

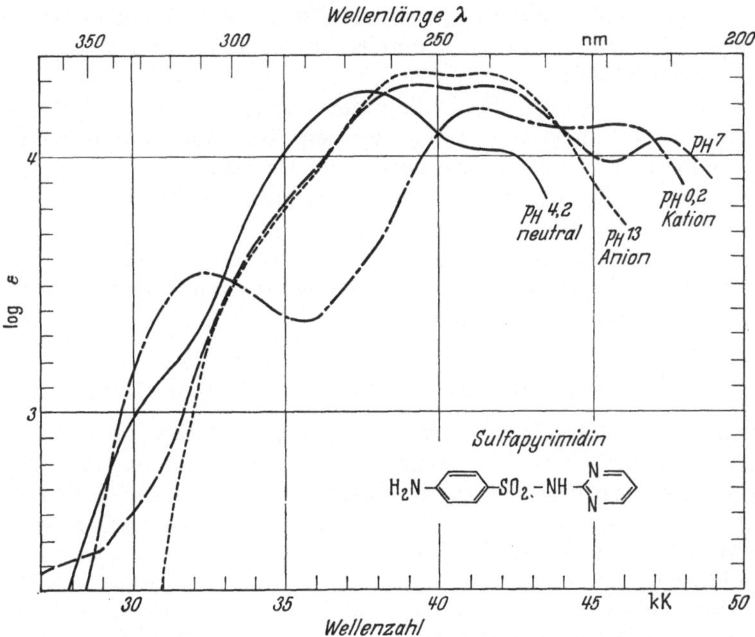

Abb. 9. Ultraviolettabsorptionsspektren der neutralen, negativ oder positiv geladenen Molekülform des *Sulfapyrimidins*, sowie des Gemisches der ersten beiden Formen bei p_H 7

sind. Wasserhaltige Substanzen geben das Kristallwasser oft unter vorübergehendem Schmelzen bei Temperaturen unterhalb des eigentlichen Schmelzpunktes ab.

Kristallographische Eigenschaften der Sulfanilamide wurden von WATANABE (1941), WILKERSON (1942), KEENAN (1948), TILLSON und EISENBERG (1954), BILES (1955), ROSE und VON CAMP (1957), SHELL, WITT und POE (1957) und SHELL (1958) untersucht. Diese Eigenschaften ermöglichen unter Umständen die Identifizierung von winzigen Substanzspuren, auch in Gemischen, die einer chemischen Analyse nicht mehr zugänglich sind. Daher können die mikroskopisch-kristallographischen Untersuchungsmethoden gelegentlich forensische Bedeutung haben (vgl. auch die Abbildungen bei HUCKNALL und TURFITT 1949).

Röntgenstrahlenbeugungsdiagramme von 13 Sulfanilamiden hat DE WIJS (1951) aufgenommen. In Gemischen von zwei Sulfanilamiden ist deren Identifizierung mit Hilfe der Debye-Scherrer-Diagramme nur dann möglich, wenn die beiden Substanzen in ungefähr gleicher Menge vorliegen (vgl. auch WATANABE 1941).

Ultraviolettabsorptionsspektren von mehreren Sulfanilamiden und verwandten Substanzen, darunter den drei isomeren Aminobenzoesäuren, veröffentlichten schon KIMMIG und RÖMBKE (1944). Systematische Untersuchungen über die

Zuordnung einzelner Absorptionsmaxima führten YAMABE (1950), TRAUER (1952) und MASCHKA, STEIN und TRAUER (1953, 1954) an Sulfanilamiden, N^4-Acetylsulfanilamiden und einzelnen Molekülbestandteilen dieser Substanzen durch. Dabei ergab sich eine starke p_H-Abhängigkeit der Lage und Höhe der Absorptionsmaxima. In der näheren Umgebung der pKa'-Werte ändern sich die Absorptionsspektren meist sehr (Abb. 9). Darauf ist Rücksicht zu nehmen, wenn man die Absorptionsspektren zur quantitativen Bestimmung von zwei oder drei Stoffen nebeneinander benutzen will (Zwei- oder Dreiwellenzahlenmethode, vgl. Abschnitt B, I, 7). Weitere Ultraviolettabsorptionsspektren findet man bei ROTHMANN und RUBIN (1942), KIMMIG (1947), MCCHESNEY und andere (1949), GRAMMATICAKIS (1954), QUAN, DANIELS und KUMLER (1954) und WALJASCHKO und ROMASANOWITSCH (1956).

Dipolmomente von einigen Sulfanilamiden haben KUMLER und HALVERSTADT (1941) gemessen. Damit konnte gezeigt werden, daß beim Sulfanilamid etwa 3% der Moleküle in einer Resonanzform vorliegen. Das Dipolmoment hat vermutlich eine Bedeutung für die Adsorption der Sulfanilamide an Proteine (vgl. auch die Abschnitte B, V, 2 und B, V, 5).

Einige weitere physikochemische Eigenschaften von Sulfanilamid in Lösungen (Dichte, Viscosität, Brechungsindex, Oberflächenspannung und p_H-Wert) haben DOLIQUE und LACOMBE (1955) untersucht.

5. Synthesen und chemische Eigenschaften

Innerhalb dieses Artikels erübrigen sich nähere Angaben über die Synthesen der Sulfanilamide und sonstigen Sulfone. Es sei nur auf die drei wichtigsten Sammlungen von Syntheseliteratur aus Zeitschriften und Patenten hingewiesen (NORTHEY 1948; MIETZSCH und BEHNISCH 1955; EVERS und CALDWELL 1959). Bei ANGYAL (1952) sind Untersuchungen über den Reaktionsmechanismus einiger Sulfanilamidderivatsynthesen beschrieben (vgl. auch SHEPHERD 1946). Neuere Synthesemethoden zur selektiven, einseitigen Substitution von Sulfanilamid haben BRETSCHNEIDER und KLÖTZER (1956; s. auch KLÖTZER und BRETSCHNEIDER 1956; SHEPHERD 1947) angegeben.

Die Synthese radioaktiv markierter Sulfanilamidderivate ist für Untersuchungen über den Metabolismus und den Wirkungsmodus bedeutungsvoll. Allgemeine Angaben hierüber findet man bei FRIMMER (1952), HUTCHINS und CHRISTIAN (1953) und MIETZSCH und BEHNISCH (1955, S. 139). Folgende Sulfanilamide und andere Sulfone sind in radioaktiv markierter Form hergestellt und verwendet worden: Sulfanilamid (FINGL, CHRISTIAN und EDWARDS 1950; HUTCHINS und CHRISTIAN 1953; WACKER, TREBST und SIMON 1957), Sulfanilthiocarbamid (MIETZSCH und BEHNISCH 1955, auch doppelt mit ^{35}S markiert), Sulfathiazol (NOLL, BANG, SORKIN und ERLENMEYER 1951), Sulfamethylthiazol (PERSCHIN und SCHTSCHERBAKOWA 1955), Sulfathiadiazole (MIETZSCH und BEHNISCH 1955), Sulfapyridin (BRAY und andere 1950; LACASSAGNE, BUU-HOI und andere 1950), Sulfapyrimidine (HUTCHINS und CHRISTIAN 1953; MIETZSCH und BEHNISCH 1955), Sulfanilanilin (4,4'-Diamino-diphenylsulfon; MIETZSCH und BEHNISCH 1955; SARAIYA und andere 1956; CHATTERJEE und PODDAR 1956/57) und Homosulfanilamid (MIETZSCH und BEHNISCH 1955). Alle genannten Verbindungen außer Sulfathiazol enthielten den ^{35}S in der Sulfonylgruppe. Eine Synthese von 4-Amino-benzoesäure-(2,6-^{14}C) beschrieben KORTE und BARKEMEYER (1957).

Die chemischen Eigenschaften interessieren hier hauptsächlich in ihrer Bedeutung für den Metabolismus (Abschnitt B, V, 1) und für die qualitativen und quantitativen Nachweismethoden (folgende Abschnitte). Einzelheiten findet man in den genannten Abschnitten. Hier sei noch folgender Befund erwähnt: Sulfanilamide geben ebenso wie 4-Aminobenzoesäure, 4-Aminosalicylsäure und andere Stoffe mit primärer aromatischer Aminogruppe mit dem zur Desinfektion sanitärer Gefäße verwendeten Calciumhypochlorit eine rötliche Farbe, die bei oberflächlicher Betrachtung zur Verwechslung mit Hämaturie geführt hat (HOROWITZ, SALKIN und GILRANE 1954). Die Reaktion kann als Schnelltest zur Kontrolle der Tabletteneinnahme dienen. Succinoylsulfathiazol liefert mit Calciumhypochlorit eine grünliche Färbung.

6. Qualitative Nachweise

Die zum qualitativen Nachweis von Sulfanilamiden geeigneten Methoden sind abhängig von der Menge des zur Verfügung stehenden Materials, von der Art und Anzahl der Substanzen, neben denen das einzelne Sulfanilamidderivat identifiziert werden soll, und von den unspezifischen Begleitstoffen. Die Methoden zur Identifizierung einzelner oder mehrerer Sulfanilamidderivate nebeneinander haben hauptsächlich pharmazeutisches Interesse, gelegentlich werden solche Methoden aber auch zur Klärung von Fragen der Pharmakokinetik und des Metabolismus herangezogen (Abschnitt B, II, 1 und B, V, 1). Manche qualitative Nachweismethoden lassen sich bzw. sind schon zu quantitativen Bestimmungsmethoden ausgearbeitet worden (folgender Abschnitt).

Zahlreiche (in England) handelsübliche Sulfanilamide lassen sich nach folgendem Schema identifizieren (HUCKNALL und TURFITT 1949): 1. Reinigung des Rohmaterials mit Tierkohle in Aceton, danach Schmelzpunktbestimmung. 2. Vorläufige Identifizierung als Sulfonamidverbindung durch Zersetzung mit Natriumcarbonat und Calciumoxyd. 3. Erkennung der freien Aminogruppe durch Kondensation mit Furfural. 4. Einfache Kristallteste basierend auf der Fällung aus Ammoniaklösungen durch Essigsäuredämpfe (Kristallabbildungen). 5. Vanillintest für Sulfamethylpyrimidin und 2-Sulfadimethylpyrimidin. 6. Mischschmelzpunktbestimmung.

Ein weiteres umfassendes Schema zum qualitativen Nachweis der wichtigsten Sulfanilamide in Mischpräparaten stellte DE REEDER (1952/53) auf. Nach einigen Vorproben folgt ein Trennschema, das die Löslichkeit der Substanzen in kaltem und kochendem Wasser, verdünnter Essigsäure, Äthanol, verdünnter Natronlauge und verdünnter Salzsäure benutzt. Die Substanzen werden schließlich durch ihre Schmelzpunkte, Kristallformen und spezielle Tüpfelreaktionen oder sonstige typische Eigenschaften charakterisiert. Die ausführlichen Arbeitsvorschriften enthalten zugleich umfangreiches Beobachtungsmaterial über die Eigenschaften und Reaktionen der Sulfanilamide (vgl. auch BAGGESGAARD RASMUSSEN, BERGER und ESPERSEN 1957).

Während die vorgenannten Methoden größere Substanzmengen voraussetzen, gelingt die Trennung kleiner Substanzproben durch chromatographische Methoden. Die in der Literatur enthaltenen papierchromatographischen Methoden zur Trennung der Sulfanilamide voneinander oder von anderen Substanzen sind außerordentlich vielfältig. Einzelne Methoden können hier nicht besonders empfohlen werden, da die zu wählende Technik der vorliegenden Aufgabe anzupassen ist. Wenn viele Substanzen voneinander getrennt werden sollen, wird man meist zweidimensionale Verfahren verwenden müssen. Folgende Autoren haben papierchromatographische Trennungen von Sulfanilamiden beschrieben: ABAFFY und KVEDER (1956), BOYER, SAVIARD und DECHAVASSINE (1956), DE REEDER (1953), HEINÄNEN, NYYSSÖNEN und TUDERMAN (1951), HEINÄNEN, TUDERMAN und RÄMÖ (1954), ILLARI, MARENGHI und SEVERI (1956), JAKUBEC und ZAHRADNICEK (1956), MILHAUD, AUBERT und BOYER (1955), VAN DEN NOORTGAETE (1953), PAULUS und MALLACH (1957), PUCHER (1954), RYBÁŘ und TOUŠEK (1955), RYBÁŘ, TOUŠEK und HAIS (1955), STEEL (1951), SEYDEL, KRÜGER-THIEMER und WEMPE (1960/61), VITOLO (1952), G. WAGNER (1952, 1954, 1956), WANKMÜLLER (1952/53) (vgl. auch die Monographien von CRAMER 1958 und HAIS und MACEK, Bd. I, 1958, und Bd. II 1960; hier 49 Literaturangaben auf den S. 425—427).

RYBÁŘ, TOUŠEK und HAIS (1955) untersuchten die Abhängigkeit der *Rf*-Werte von den *pKa*-Werten einiger Sulfanilamide unter Verwendung gepufferter Papiere. Die *Rf*-Werte der nichtionisierten Moleküle sind wesentlich höher als die der Ionen. Die Reihenfolge der *Rf*-Werte der beiden Molekülformen für die verschiedenen Substanzen ist nicht gleich. Eine einfache Formulierung für die Abhängigkeit zwischen *Rf*-Wert und *pKa*-Wert ließ sich nicht aufstellen (s. auch HEINÄNEN u. Mitarb. 1951).

Zur Chromatographie einiger Sulfanilamide sind pyridinhaltige Laufmittel ungeeignet (WAGNER 1956). In Gegenwart von Pyridin neigen Sulfanilcarbamid zum Zerfall in Sulfanilamid und Sulfanilthiocarbamid, Sulfathiazol und Sulfamethylthiazol zum Zerfall in Sulfanilcyanamid (XXXIII).

Die Säulenchromatographie zur Trennung von Sulfanilamiden wurde von HUTCHINS und CHRISTIAN (1953) und PAULUS und MALLACH (1957) verwendet.

Zur Markierung und Identifizierung der Sulfanilamide auf dem Chromatographiepapier sind zahlreiche Reaktionen brauchbar, die für qualitative oder quantitative Teste verwendet werden. Es empfiehlt sich, die Lage der Flecken auf dem Papier zunächst unter einer UV-Lampe mit Hauptemission bei 254 nm (geeignet ist z. B. die Kombination Hg-Niederdrucklampe Hanau Nr. NN 15/44 mit Schottfilter UG 5 oder Corning-Filter Nr. 9863, 7—54, 3 mm dick) mit Bleistift zu markieren. Die Flecke stellen sich in diesem UV-Licht als Schatten

(Fluorescenzlöschung) auf dem dunkelblau-violett fluorescierenden Schleicher & Schüll-Papier Nr. 2043a oder b dar. Sodann halbiert man den Papierstreifen in der Mittellinie der Flecken, um jeweils 2 Sprühteste durchführen zu können. Geeignete Sprühteste haben Cooper (1956), Sample (1945), San und Ultée (1952), Steel (1951), Vitolo (1952) und Wankmüller (1953) beschrieben.

Zum qualitativen Nachweis von Sulfanilamiden in histologischen Schnitten sind die Methoden von Hackmann (1942) und MacKee, Herrmann, Baer und Sulzberger (1943) zu empfehlen. Wegen der Wasserlöslichkeit muß dabei das Material vor der Einbettung durch Gefriertrocknung vom Wasser befreit werden.

7. Quantitative Bestimmungsmethoden

Eine Übersicht über zahlreiche quantitative Bestimmungsmethoden für Sulfanilamide findet man bei Mietzsch und Behnisch (1955). Im folgenden wird die Einteilung dieser Autoren verwendet und erweitert. Dabei werden nur die wichtigsten Literaturstellen wiederholt; einige Angaben aus der neueren Zeit werden hinzugefügt. Im vorliegenden Rahmen ist es nicht möglich, auf Einzelheiten der vielen Methoden einzugehen. Hinsichtlich ihrer Anwendbarkeit zur Untersuchung von Körperflüssigkeiten und Ausscheidungen zeigen die Methoden gewisse Unterschiede. Im folgenden wird nur eine vielfach verwendete Methode näher beschrieben. Soweit die Bestimmungsmethoden die freie aromatische Aminogruppe voraussetzen, hat man bei Untersuchungen über den Acetylierungsstoffwechsel die Proben in Parallelbestimmungen saurer oder alkalischer Verseifung zu unterwerfen.

1. *Colorimetrische Bestimmung der durch Diazotieren und Kuppeln gebildeten Azofarbstoffe.* Dieses von Fuller (1937) angegebene Verfahren wurde von Marshall (1937), Kimmig (1938), Bratton und Marshall (1939), Krebs und Franke (1939) und vielen anderen Autoren modifiziert (vgl. Laurent-Saviard 1958, 1959). Viele verschiedene Kupplungsreagentien wurden angegeben. Genannt seien hier nur β-Naphthol, Thymol und 1-Sulfomethylaminonaphthalin-8-sulfonsäure. Dieses letzte Reagens wurde von Druey und Oesterheld (1942) eingeführt. Die Methode dieser Autoren sei hier als Beispiel näher erläutert: Der gebildete Farbstoff ist leichter löslich als die Farbstoffe bei Anwendung mancher anderer Kupplungsreagenzien, so daß Ungenauigkeiten als Folge von Farbstoffausflockungen nicht zu erwarten sind. Der violette Farbstoff ist gegen p_H-Schwankungen zwischen 1 und 2 unempfindlich, er bleibt etwa 2 Std stabil. Das Kupplungsreagens wird aus 1-Amino-naphthalin-8-sulfonsäure, Formaldehyd und Natriumhydrogensulfit gewonnen. Bei Bestimmung im Blut ist die Probe vor dem Enteiweißen stark zu verdünnen, da sonst ein Teil der an die Eiweißkörper gebundenen Sulfanilamide (s. Abschnitt B, II, 1d) gefällt wird und der Bestimmung entgeht.

Bestimmung von Sulfanilamiden im Blut nach Druey und Oesterheld (1942). Reagentien: Trichloressigsäure 10%, Natriumnitritlösung wäßrig, 0,1% (nur einige Tage haltbar), Sulfaminsäurelösung, wäßrig 0,5%, 1-(Sulfonatnatrium-methylamino)-naphthalin-8-sulfonat natrium 0,1% (nur einige Tage haltbar). Sulfanilamidderivat, 10 und 30 μg/ml in Wasser.

a) Hämolyse von 1 ml Blut mit 9 ml destilliertem Wasser.

b) Blutlösung unter leichtem Schwenken bis fast 100° C erhitzen und unter Schütteln 5 ml Trichloressigsäurelösung zufügen und sofort filtrieren.

c) Nach Abkühlen 5 ml Filtrat mit 1 ml Nitritlösung diazotieren.

d) Nach 3 min oder später überschüssiges Nitrit durch Zusatz von 1 ml Sulfaminsäurelösung zerstören, dabei gut umschwenken zur Entfernung der Stickstoffbläschen.

e) Nach 1 min oder später 1 ml Kupplungsreagens zusetzen und umschwenken.

f) Photometrieren nach wenigen Minuten (längstens 2 Std).

Bestimmung von Sulfanilamiden im Urin nach Druey und Oesterheld (1942). Reagentien wie oben. Der eiweißfreie Urin wird so weit verdünnt, daß er 10—20 μg Sulfanilamidderivat pro ml enthält (Verdünnung meist 1:100). 50 ml des verdünnten Urins werden mit 20 ml n-HCl versetzt und auf 100 ml mit Wasser aufgefüllt. 5 ml dieser Lösung werden mit 1 ml Na-Nitritlösung diazotiert, Weiterbehandlung wie oben.

Bestimmung der gesamten Sulfanilamidderivatmenge (frei und acetyliert) in Blut, Urin und Muttermilch nach DRUEY und OESTERHELD (1942). Reagentien wie oben. In Reagensgläsern mit 7 ml-Marke werden 5 ml Blut- oder Milchfiltrat mit 1n-HCl auf 7 ml aufgefüllt. Die mit Salzsäure versetzte Urinverdünnung wird sogleich bis 7 ml aufgefüllt. Nach 1stündigem Erhitzen im siedenden Wasserbad abkühlen und Auffüllen bis zur 7 ml-Marke und Zugabe der Reagentien wie oben.

Für die Colorimetrie bereitet man Vergleichsfarblösungen aus den wäßrigen Sulfanilamidlösungen in Konzentrationen, die dem in der Probe erwarteten Sulfanilamidgehalt entsprechen. Dabei ist selbstverständlich dasselbe Sulfanilamidderivat zu verwenden. Für die Photometrie bereitet man in entsprechender Weise Vergleichslösungen für eine Eichkurve. Die Proben sind jedoch gegen Wasser oder besser gegen Luft zu messen, da nur so die Möglichkeit zu einer exakten Bestimmung der unteren Empfindlichkeitsgrenze gegeben ist (KAISER und SPECKER 1956). Zur Definition der Standardabweichung und der Nachweisgrenze der Methode richte man sich nach den Angaben von KAISER und SPECKER (1956).

Es sei noch bemerkt, daß auch 4-Aminosalicylsäure als Kupplungsreagens bei Anwendung der Diazoreaktion zum Nachweis der Sulfanilamide in Körperflüssigkeiten verwendet werden kann (HERBAIN 1952). Eine Kombination der Diazoreaktion auf Sulfanilamide mit Papierchromatographie erwähnt STEEL (1951). In neuerer Zeit wurden verschiedene Diazoreaktionen auf Sulfonilamide im Hinblick auf eine mögliche Erhöhung der Genauigkeit und Empfindlichkeit von GEORGES und SARTON (1956) untersucht. ZÖLLNER und VASTAGH (1957) modifizierten die Bestimmungsmethode von KIMMIG (1938) durch Entfernen des überschüssigen Nitrits mit Harnstoff vor Zugabe des Thymols. Sie erzielten dadurch mit 4-Aminobenzoesäure, Sulfanilamid, Sulfanilguanidin, Sulfathiazol, Sulfamethylthiazol und 2-Sulfadimethylpyrimidin gute Ergebnisse, die sich in festen Eichfaktoren ausdrücken ließen. Sulfanilthiocarbamid kann mit den Diazotierungsmethoden nicht zuverlässig bestimmt werden, da der Thiocarbamidrest des Moleküls mit der salpetrigen Säure unter teilweiser Zersetzung reagiert. Auch Homosulfanilamid **(LXXXVIII)** läßt sich mit den Diazotierungsmethoden nicht bestimmen, dagegen sind die Methoden für Derivate des Sulfanilanilins **(LXXII)** (RICHTER 1954) und für 4-Aminobenzoesäure geeignet (KIMMIG 1943[2]). Neuere Modifikationen beschrieben FISCHBACH (1956) und KUCHARSKY, ERBEN und MIKULE (1954).

2. *Colorimetrische Bestimmung der Schiffschen* Basen aus Sulfanilamiden und Aldehyden ist von mehreren Autoren empfohlen worden (WERNER 1939 und andere; vgl. MIETZSCH und BEHNISCH 1955). SAN und ULTÉE (1952) verwendeten eine solche Methode zur quantitativen Bestimmung nach papierchromatographischer Trennung. Auch Chinone (1,2-Naphthochinon-4-sulfonsäure) reagieren wie Aldehyde mit Sulfanilamiden (SCHMIDT 1938).

3. *Bromometrische Bestimmung.* Diese von WOJAHN (1943, 1947, 1948, 1951, 1955) eingeführte Methode beruht auf dem Verbrauch gut definierter Brommengen durch verschiedene Sulfanilamide. Je Molekül werden verbraucht: 4 Atome Brom von Sulfanilamid und Sulfanilguanidin, 2 Atome Brom von Succinoylsulfathiazol, 6 Atome Brom von Sulfanildimethylacroylamid, Sulfathiazol, Sulfapyridin, Sulfapyrimidin und Sulfamethylpyrimidin und 8 Atome Brom von Tibatin **(LXXXIV)** (vgl. auch CONWAY 1945). Sulfanilthiocarbamid läßt sich wegen seines Gehaltes an oxydierbarem Thioharnstoffschwefel mit dieser Methode nicht unmittelbar bestimmen. Nach WOJAHN (1950) muß zunächst der Schwefel mit ammoniakalischer Silbersulfatlösung entfernt werden (vgl. WAGNER 1956).

4. *Bestimmung als Sulfat.* Bei dieser Methode wird der Schwefel der Sul fonamidgruppe und gegebenenfalls der Schwefel im Substituenten (Thiocarbamid

Thiazol, Thiadiazol) durch Wasserstoffperoxyd in Gegenwart von Eisen-(III)-Ionen zu Sulfat oxydiert (Wojahn 1948). Als Nebenprodukt entsteht Aminosulfonsäure, die durch Natriumnitrit in Schwefelsäure umgewandelt wird (vgl. Jaschke 1955; Mietzsch und Behnisch 1955).

5. *Argentometrische Bestimmung* ist nur bei Sulfathiazol, dessen Derivaten, Sulfapyridin und den Pyrimidinderivaten des Sulfanilamids anwendbar, die mit ammoniakalischer Silbersalzlösung einen schwerlöslichen Niederschlag bilden (Mietzsch und Behnisch 1955). Die Methode wurde neuerdings von Buben (1953), Szabolcs (1955), Beguin (1957) und Kum-Tatt (1957) geprüft.

6. *Sonstige Fällungsmethoden* sind nach Mietzsch und Behnisch (1955) weniger zu empfehlen. Meist handelt es sich um Fällungsreaktionen mit verschiedenen Metallsalzen. Kürzlich hat Zawacki (1958) eine solche Methode zur Bestimmung von Sulfanilcarbamid und Sulfamethylpyrimidin nebeneinander im Vollblut ausgearbeitet. Das Prinzip ist dabei die Ausfällung des Sulfamethylpyrimidins mit Kaliumquecksilberjodid nach dem Diazotieren und Entfärbung des Filtrates mit Aceton vor Zugabe des Kupplungsreagens. Jen (1957) verwendete Phosphorwolframsäure als Fällungsreagens.

7. *Papierchromatographische Methoden.* Außer den oben erwähnten quantitativen papierchromatographischen Bestimmungsmethoden von San und Ultée (1952) und Steel (1951) sei die papierchromatographisch-spektrometrische Bestimmungsmethode von Heinänen, Tuderman und Rämö (1954) genannt.

8. *Spektrometrische Methoden.* Außer der eben genannten Methode ist die von Thomas und Lagrange (1951) zu erwähnen, bei der Sulfapyrimidin und Sulfamethylpyrimidin nach Reaktion mit Resorcin und Schwefelsäure (80° C, 30 min) bei passenden Wellenlängen photometriert werden. Neben diesen Stoffen können Sulfathiazol oder Sulfaäthylthiadiazol durch einfache Extinktionsmessung und Subtraktion der vorher bestimmten anderen Bestandteile des Gemisches ermittelt werden. — Einige Sulfanilamide können auch nach Komplexbildung mit $K_3Fe(CN)_6$ im stark alkalischen Milieu bei 420 nm photometriert werden (Vulterin und Zýka 1954).

9. *Säuretitration in nichtwäßrigen Medien* (Dimethylformamid oder Butylamin) mit Natriummethoxyd und dem Indicator Thymolblau ist für die Bestimmung von Succinoyl- und Phthaloylsulfathiazol geeignet (Fritz und Keen 1952; Vespe und Fritz 1952; Macarovici 1956; vgl. auch Meulenhoff 1958; Voorhies u. Furman 1958).

10. *Polarometrische Titration* von Sulfanilamiden wurde von Rybář und Skřivan (1956) beschrieben.

11. *Homosulfanilamidbestimmung.* Zur quantitativen Bestimmung von Homosulfanilamid (**LXXXVIII**) im Blut ist eine Modifikation der colorimetrischen Aminosäurebestimmungsmethode nach Folin geeignet (McChesney und andere 1949). Homosulfanilamid reagiert in alkalischem Milieu mit Natrium-β-naphthochinonsulfonat unter Bildung eines gelben Farbstoffs, der im Gegensatz zu den mit Aminosäuren gebildeten Farbstoffen mit Methyl-n-amyl-keton extrahierbar ist (Photometrie bei 420 nm).

Zum Nachweis von Sulfanilamiden in pharmazeutischen Produkten neben anderen Arzneimitteln müssen die Bestimmungsmethoden meist modifiziert werden (Hait 1956).

Mikrobiologische Bestimmungsmethoden haben neben den chemischen Methoden für die quantitative Bestimmung der Sulfanilamide keine praktische Bedeutung gewonnen (z.B. Rüther 1951).

II. Pharmakologie der Sulfanilamide und anderer Sulfone

1. Pharmakokinetik

Zur Beurteilung von Chemotherapeutica ist die Kenntnis der Pharmakokinetik ebenso wichtig wie die Kenntnis der antibakteriellen Wirkung. Obwohl durch die ausgezeichneten Arbeiten von WIDMARK und TANDBERG (1924), GEHLEN (1933), TEORELL (1937), DRUCKREY und KÜPFMÜLLER (1949) und in praktischer

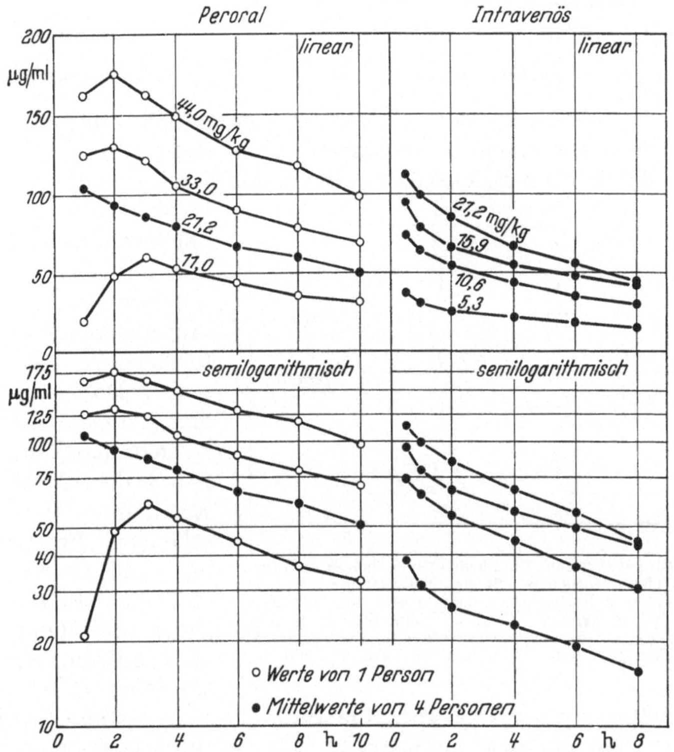

Abb. 10. Blutkonzentrations-Zeit-Kurven von Sulfaäthylthiadiazol bei Menschen in linearer oder semilogarithmischer Darstellung. (Nach SWINTOSKY u. Mitarb. 1957)

Hinsicht besonders von DOST (1953) und von WITZGALL (1953) bereits alle wesentlichen Voraussetzungen für eine rationelle Darstellung pharmakokinetischer Zusammenhänge gegeben worden sind, stellt die Masse des hierzu vorliegenden medizinischen Schrifttums nur ein Rohmaterial dar, das noch auf seine Auswertung wartet.

DOST (1953) hat gezeigt, daß die Sulfanilamide zu den Arzneimitteln gehören, deren Pharmakokinetik mit relativ einfachen mathematischen Ansätzen beschrieben werden kann. Die in den Dostschen Gleichungen auftretenden Konstanten sind zur Charakterisierung des Verhaltens einer Substanz in einem bestimmten Organismus geeignet. Die besondere Bedeutung der Arbeit von DOST liegt darin, daß er das an sich komplizierte Gesamtproblem der Pharmakokinetik (vgl. TEORELL 1937; DRUCKREY und KÜPFMÜLLER 1949) unter Vernachlässigung praktisch weniger wichtiger Gesichtspunkte so vereinfacht hat, daß man seinen pharmakokinetischen Konstanten sinnfällige Bedeutungen beilegen und sie nach einfachen Vorschriften bestimmen kann.

Besonders umfangreiche experimentelle Untersuchungen über die Pharmakokinetik der Sulfanilamide haben EGGER (1946), REISER (1951, 1952) und LANGECKER u. Mitarb. (1953—1955) veröffentlicht. Weitere wichtige Darstellungen dieses Themas sind die von NORTHEY (1948) und HAWKING und LAWRENCE (1950). Im Rahmen dieses Artikels ist es unmöglich, das vorliegende Material vollständig zu besprechen, so daß im folgenden nur einige wesentliche Punkte hervorgehoben werden. Als Beispiel einer weitgehenden pharmakokinetischen Analyse eines Sulfanilamidderivats sei die Untersuchung von Sulfaäthylthiadiazol durch SWINTOSKY u. Mitarb. (1957) genannt (Abb. 10).

a) Zusammenhang zwischen Dosierung und Pharmakokinetik

Kürzlich ist gezeigt worden (KRÜGER-THIEMER 1960), daß sich funktionale Beziehungen zwischen einem in bestimmter Weise definierten Dosierungsschema und einigen biologischen Eigenschaften der Sulfanilamide aus fünf experimentell begründeten Voraussetzungen ableiten lassen. Bei Kenntnis der die biologischen Eigenschaften eines Stoffes charakterisierenden 7 Konstanten kann man mit Hilfe von 2 Dosierungsgleichungen das therapeutisch wirksame Dosierungsschema errechnen. Durch diese Methode wird die Ermittlung der Dosierungsschemata für neue Sulfanilamidderivate wesentlich vereinfacht (BÜNGER, DILLER, FÜHR und KRÜGER-THIEMER 1961; ausführliche Darstellung s. KRÜGER-THIEMER 1961).

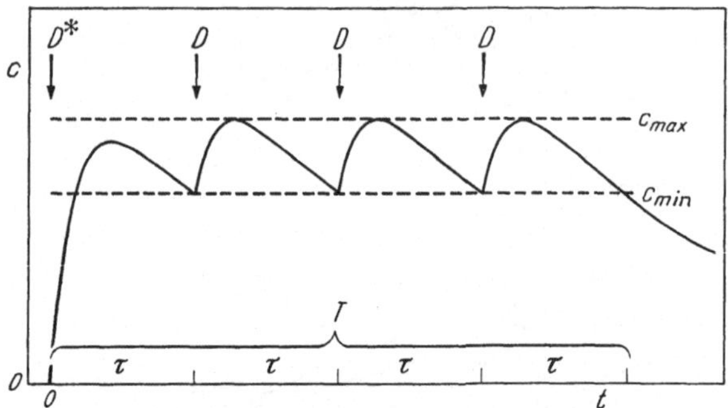

Abb. 11. Konzentrationsverlauf im Plasmawasser bei Einhaltung eines optimalen Therapieschemas mit der Anfangsdosis D^*, den Erhaltungsdosen D, dem Dosierungsintervall τ und der Therapiedauer T. c_{max} = Maximalkonzentration der Chemotherapeuticums im Plasmawasser, c_{min} = Minimalkonzentration im Plasmawasser während der Therapiedauer. (Nach KRÜGER-THIEMER 1960)

Das Grundprinzip der Dosierung der Sulfanilamide besteht darin, die therapeutisch wirksame Minimalkonzentration c_{min} im Blutplasmawasser schnell zu überschreiten und während der notwendigen Therapiedauer T nicht wieder zu unterschreiten, ohne dabei toxische Konzentrationen zu erreichen. Bei Applikation gleicher Dosen D in konstanten Zeitabständen (Dosierungsintervall τ) erreicht man dieses Ziel je nach der Höhe der Dosis in einigen Applikationsschritten. Verabfolgt man die Dosis D, die gerade genügt, um von c_{min} ausgehend nach der Zeit τ wieder die Plasmakonzentration c_{min} zu erreichen (wodurch die Erhaltungsdosis D definiert ist), so nähert man sich der gewünschten Konzentration c_{min} nur asymptotisch (DOST 1953, S. 254). Gibt man jedoch zunächst eine höhere Anfangsdosis D^*, die nach Ablauf der Zeit τ gerade zu der Konzentration c_{min} führt, und danach die kleineren Erhaltungsdosen D, so erreicht man mit diesem Dosierungsschema D^*, D und τ einen Konzentrationsverlauf im Blutplasmawasser gemäß Abb. 11. Eine erfolgreiche Therapie ist ferner daran gebunden, daß man die notwendige Minimalkonzentration c_{min} im Plasmawasser während einer Minimalzeit, nämlich der notwendigen Therapiedauer T aufrechterhält (vgl. MEIER 1943; v. WASIELEWSKI, ALBRECHT u. v. GRAEVENITZ 1960). Keiner dieser beiden Minimalwerte kann ohne Wirkungsverlust unterschritten werden. Höhere Konzentrationen oder längere Therapiezeiten steigern die Wirkung nicht wesentlich. Ursache dafür ist, daß die Sulfanilamide im therapeutischen Konzentrationsbereich nur bakteriostatisch wirken [d.h., daß sie Konzentrationsgifte im Sinne von GEHLEN (1933) sind] und daß dem Körper zur Beseitigung der vermehrungsgehemmten Bakterien durch seinen Abwehrapparat Zeit gelassen werden muß. Das eigentliche pharmakokinetische Problem ist also die Aufrechterhaltung der wirksamen Minimalkonzentration $c_{\min}$ während der Therapiedauer T. Die notwendige Therapiedauer hängt offenbar hauptsächlich von den unübersichtlichen Wechselwirkungen zwischen dem Wirt und den Bakterien ab; diese Wechselwirkungen werden mit den Begriffen Pathogenität (= Fähigkeit zur Störung des Wirtsorganismus), Virulenz (= Fähigkeit der Bakterien zur Vermehrung im Wirtsorganismus) und Abwehrreaktionen (gegen die Pathogenität oder die Virulenz gerichtete Regulationsmechanismen des Wirtsorganismus) beschrieben. Diese Wechselwirkungen zeigen große Unterschiede bei verschiedenen Arten, Individuen oder Bakterienstämmen, auch in Abhängigkeit von der individuellen Vorgeschichte (Immunität, Allergie, Superinfektionsschutz, vgl. z.B. FREERKSEN und ROSENFELD 1957); diese Probleme können hier nicht behandelt werden. Deshalb muß sich die folgende Behandlung des Therapieschemas auf die Anfangsdosis D^*, die Erhaltungsdosis D und das Dosierungsintervall τ beschränken. Dieses Problem ließ sich näherungsweise lösen unter Zugrundelegung folgender fünf Voraussetzungen, die experimentell begründet sind und durch die die biologischen Konstanten des Chemotherapeuticums definiert werden, die die therapeutische Wirkung wesentlich beeinflussen.

1. Voraussetzung. Die chemotherapeutische Wirkung ist dosisabhängig *wegen* der Konzentrationsabhängigkeit der antibakteriellen in vitro- und in vivo-Wirkung (DRUCKREY 1953). Der Therapieerfolg (z.B. definiert als 95%iger Therapieerfolg nach BROCK und GEKS 1951, und W.-H. WAGNER 1953) ist an die Aufrechterhaltung einer *Minimalkonzentration* $c_{\min}$ *frei gelöster Substanz im Plasmawasser* und in allen von den Bakterien befallenen Körperflüssigkeiten gebunden (DAVIS 1942, 1943). Ein vermindertes $c_{\min}$ läßt sich *nicht* durch ein erhöhtes T kompensieren. $c_{\min}$ ist voraussetzungsgemäß der *minimalen in vitro-Hemmkonzentration* μ proportional:

$$c_{\min} = \mu \cdot \sigma. \tag{4}$$

Der Proportionalitätsfaktor σ, den man *Therapiesicherheitsfaktor* nennen könnte, wird durch die Definition der Heilungsquote (z.B. 95%) bei der Anwendung des Therapieschemas, den Gehalt der Körperflüssigkeiten an Antagonisten, die Standardisierung des bakteriologischen Hemmversuchs und wahrscheinlich auch durch den Wirkungscharakter des Chemotherapeuticums beeinflußt.

2. Voraussetzung. Nach Untersuchungsergebnissen von DAVIS (1942) und WITZGALL (1951, 1953) wird angenommen, daß nach der Einstellung des Verteilungsgleichgewichtes die Konzentrationen c_i des freigelösten Chemotherapeuticums im Gewebs- und Zellwasser aller Teilräume des Körpers, in die das Chemotherapeuticum permeieren kann, gleich der Konzentration c im Plasmawasser sind:

$$c = c_1 = c_2 = c_3 = \ldots \tag{5}$$

In allen diesen Teilräumen des Körpers müssen danach die Bedingungen für die Wirksamkeit des Chemotherapeuticums identisch sein, unabhängig von den unterschiedlichen Gesamtkonzentrationen, die auf verschiedener chemischer Akkumulation (Adsorption) in den einzelnen Teilräumen beruhen.

3. Voraussetzung. Der Konzentrationsverlauf im Plasmawasser nach einmaliger extravasaler Applikation der Dosis D des Chemotherapeuticums läßt sich mit hinreichender Genauigkeit durch die Gleichung beschreiben, die Dost (1953) zur Beschreibung der Konzentrationsverläufe im Vollblut oder Blutplasma empfohlen hat:

$$c = \frac{C_0 \cdot k_1}{k_1 - k_2} \cdot (\mathrm{e}^{-k_2 t} - \mathrm{e}^{-k_1 t}). \tag{6}$$

Durch diese Gleichung sind die *Invasionskonstante* k_1 (h^{-1}), die *Eliminationskonstante* k_2 (h^{-1}) bzw. die *Eliminationshalbwertszeit*

$$t_{50\%} = \frac{\ln 2}{k_2} = \frac{0{,}6931}{k_2} \tag{6a}$$

(gemessen in h) und die *fiktive Anfangskonzentration* C_0 (μmol/l) definiert (C_0 ist keine Konstante, vgl. Voraussetzung 4). k_1 beschreibt nach Dost (1953, S. 36) die Gesamtheit der Absorptions- und Verteilungsvorgänge des Chemotherapeuticums; k_2 beschreibt nach Dost (1953, S. 37) zusammenfassend folgende Vorgänge: Ausscheidung durch Nieren, Magen, Darm, Drüsen, Lunge usw., chemischer Abbau und Umbau zu nicht antibakteriell wirksamen Metaboliten, endgültige Fixation im Gewebe und auch die Rückdiffusion aus dem Gewebe in das Blut; C_0 ist die Anfangskonzentration, die sich im Plasmawasser ergeben würde, wenn sich nach der Applikation der Dosis D das Verteilungsgleichgewicht momentan einstellen würde; t ist die seit der Applikation abgelaufene Zeit (h); e ist die Basis der natürlichen Logarithmen (2,71828 ...). Nach Witzgall (1951) sollten für die Errechnung von k_1, k_2 und $t_{50\%}$ Verlaufskurven der Plasma*wasser*konzentration c verwendet werden. Bisher sind hierfür jedoch stets (Dost 1953; Swintosky und andere 1957; Portwich und Büttner 1956; Bünger und andere 1961) die Konzentrationen c' im Plasma verwendet worden. Welchen Fehler man dabei macht, ist an anderer Stelle untersucht worden (Krüger-Thiemer 1961).

4. *Voraussetzung.* Der Quotient aus der applizierten relativen Dosis D/G (mg/kg) und der fiktiven Anfangskonzentration C_0 (μmol/l) mit einem vom Konzentrationsmaß abhängigen Faktor wird als *Plasmawasser-Distributionskoeffizient* oder *relatives Verteilungsvolumen* Δ (ml/g) bezeichnet:

$$\Delta = \frac{D}{G \cdot C_0} \cdot \frac{1000}{M}. \tag{7}$$

Darin sind G das Körpergewicht (kg) und M das Molekulargewicht (g/mol) des Chemotherapeuticums. Nach Dost (1953, S. 32 und 132) und auch nach eigenen Versuchen (Bünger und andere 1961) ist der *auf das Plasma bezogene* Distributionskoeffizient Δ', der aus der fiktiven Anfangskonzentration C_0' im Plasma errechnet wird, bei einigen Sulfanilamiden in weitem Bereich von der Dosis D unabhängig. Mit Hilfe der Gleichung (8) ergibt sich als Beziehung zwischen Δ und Δ' die Gleichung:

$$\Delta = \Delta' \cdot A(C_0) = \Delta' \cdot \left(w + \frac{\beta \cdot p}{\alpha + C_0}\right). \tag{7a}$$

Δ' wird hier zu den biologischen Konstanten gerechnet, obwohl es sicher nur in einem begrenzten Bereich von D/G als annähernd konstant angesehen werden kann.

5. *Voraussetzung.* Bei allen Chemotherapeutica, bei denen die üblichen chemischen oder mikrobiologischen Bestimmungsmethoden nicht die *Konzentration c im Plasmawasser*, sondern die „*Gesamtkonzentration*“ *c' im Plasma*[1] liefern, wie z.B. bei den Sulfanilamiden die Methoden von Marshall (1937), Kimmig (1938), Bratton und Marshall (1939), Krebs und Franke (1939) und Druey und

[1] Siehe Fußnote S. 1013.

OESTERHELD (1942), ist die Kenntnis der Beziehung zwischen diesen beiden Größen notwendig. Es wird angenommen, daß diese Beziehung mit ausreichender Genauigkeit durch die aus dem Massenwirkungsgesetz abgeleitete Langmuirsche Adsorptionsisotherme (LANGMUIR 1917; vgl. NETTER 1959, S. 226) beschrieben wird, die hier folgende Form annimmt:

$$c' = c \cdot \left(w + \frac{\beta \cdot p}{\alpha + c}\right) = c \cdot A(c). \tag{8}$$

α ist die *Konzentration* (μmol/l) *des Chemotherapeuticums im Plasmawasser bei Adsorptionshalbsättigung*, β ist die *spezifische Sättigungsmenge* (μmol/g) *des Chemotherapeuticums* an den adsorbierenden Proteinen, bezogen auf die *Gesamtproteinkonzentration* p (g/l) des Blutplasmas, w ist der *Wassergehalt des Plasmas* (ml/ml); der von c abhängige *Adsorptionsfaktor* A gibt an, das Wievielfache von c die Gesamtkonzentration[1] c' jeweils ist. Die manchmal angegebene *prozentuale Adsorption* P_a ist von c abhängig und steht in folgender Beziehung zu c bzw. A:

$$P_a(c) = \frac{100}{1 + \frac{w}{\beta \cdot p}(\alpha + c)} = 100 \cdot \left(1 - \frac{w}{A}\right). \tag{8a}$$

In Analogie zu Rechnungen von DRUCKREY und KÜPFMÜLLER (1949, S. 579 bis 583) und von DOST (1953, S. 252—255) für das Grenzminimum beim kumulativen Konzentrationsverlauf nach wiederholter Applikation der Dosis D ließen sich aus diesen fünf Voraussetzungen zwei Dosierungsgleichungen ableiten (vgl. KRÜGER-THIEMER 1961), in denen das Dosierungsintervall τ als unabhängige, d.h. frei wählbare Variable auftritt. Die Gleichung für das Dosisverhältnis D^*/D, d.h. für den Quotienten aus Anfangsdosis D^* und Erhaltungsdosis D, lautet:

$$\frac{D^*}{D} = \frac{\Delta^*}{(1 - e^{-k_2\tau}) \cdot \Delta} = \frac{A(C_0^*)}{(1 - e^{-k_2\tau}) \cdot A(C_0)} \approx \frac{1}{1 - e^{-k_2\tau}}. \tag{9}$$

Für die relative Erhaltungsdosis D/G ergibt sich die Gleichung:

$$\frac{D}{G} = \frac{M}{1000} \cdot \mu \cdot \sigma \cdot \Phi(\tau; k_1, k_2) \cdot A(\mu \cdot \sigma \cdot \Phi) \cdot \Delta'. \tag{10}$$

Darin ist Φ der pharmakokinetische Faktor:

$$\Phi = \left(1 - \frac{k_2}{k_1}\right) \cdot \frac{1 - e^{-k_2\tau}}{e^{-k_2\tau} - e^{-k_1\tau}}. \tag{10a}$$

Entsprechende Gleichungen für die intravenöse Applikation und für die intravenöse Dauerinfusion ergeben sich hieraus durch den Grenzübergang $k_1 \to \infty$ und den weiteren Grenzübergang $\tau \to 0$ (KRÜGER-THIEMER 1960/61).

Aus den Dosierungsgleichungen (9) und (10), die sich mit Hilfe der Nomogramme Abb. 12 und 13 ohne wesentliche Rechenarbeit auswerten lassen, ergeben sich folgende Dosierungsregeln:

1. Die Wahl von τ beeinflußt bei festem $c_{\min}$ nur die Höhe von $c_{\max}$ und damit die Wahrscheinlichkeit toxischer Nebenwirkungen (vgl. Abb. 11 und 14). Unter der Voraussetzung gleicher Wirksamkeit (festes $c_{\min}$) ist die intravenöse Dauerinfusion mit $\tau = 0$ das Dosierungsschema mit der geringsten Toxicität.

[1] Hiermit ist nicht die oft „Sulfonamid-Gesamtkonzentration" genannte Summe aus der Plasmakonzentration des unveränderten Sulfanilamidderivats und der Plasmakonzentration des N^4-Acetylderivats gemeint, sondern nur die Plasmakonzentration des unveränderten Sulfanilamidderivats als Summe der Konzentrationen des freigelösten Stoffes im Plasmawasser und der Menge der adsorbierten Substanz, jedoch bezogen auf das Plasmavolumen. Bei dieser Umrechnung ist die Volumenkorrektur für das Eiweiß nach DAVIS (1942) zu berücksichtigen.

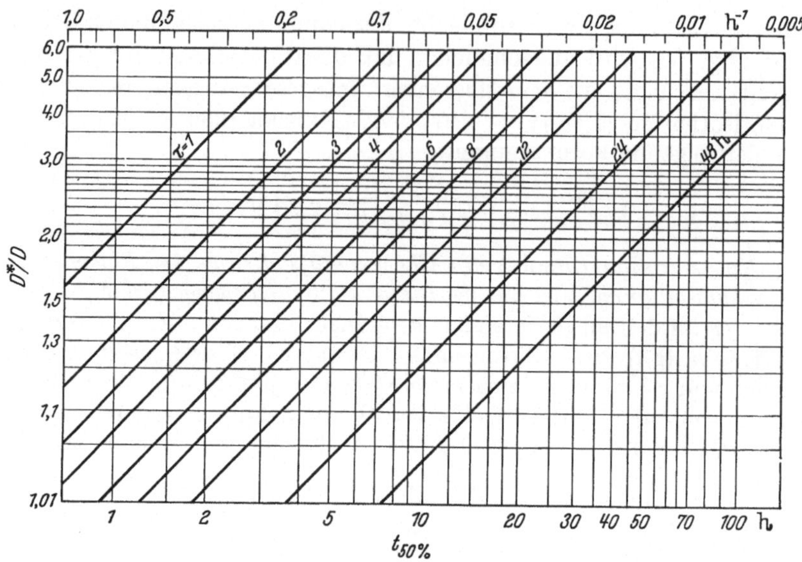

Abb. 12. Nomogramm für das Dosisverhältnis D^*/D als Funktion von $t_{50\%}$ bzw. k_2 und τ nach der Gleichung $D^*/D = 1/(1-e^{-k_2\tau})$

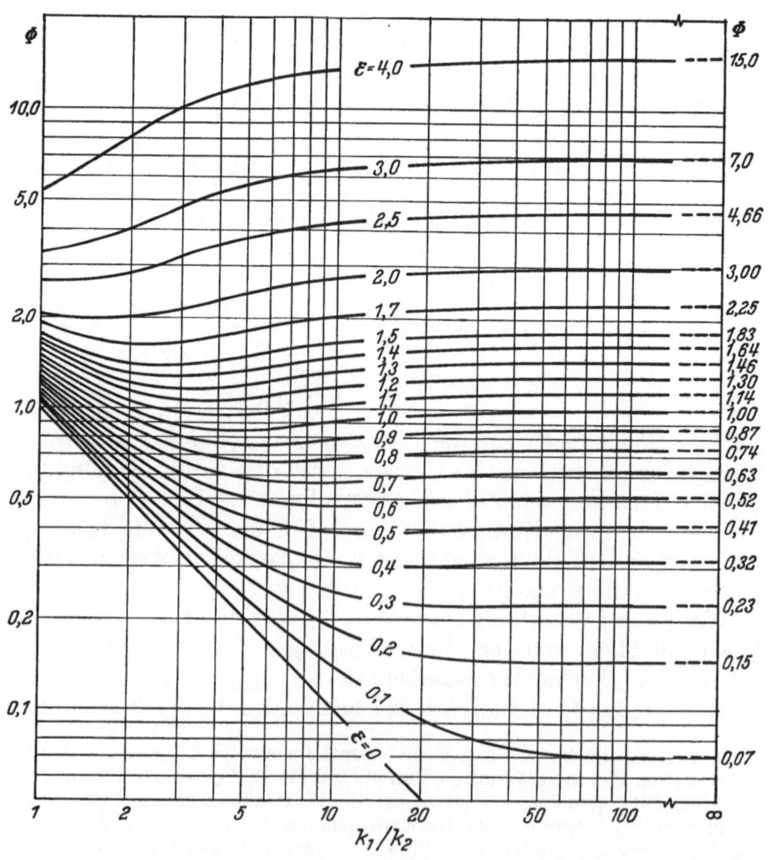

Abb. 13. Nomogramm des pharmakokinetischen Faktors Φ in Abhängigkeit von k_1/k_2 und $\varepsilon = \tau/t_{50\%}$

2. Wählt man τ genau gleich $t_{50\%} = 0{,}6931/k_2$, so ergibt sich in Übereinstimmung mit klinischer Erfahrung das zugehörige Dosisverhältnis $D^*/D = 2{,}0$ nach Gleichung (9) und Abb. 12.

3. In der Praxis wählt man das Dosierungsintervall τ möglichst nahe bei $t_{50\%}$ aus der Zahlenreihe 1, 2, 3, 4, 6, 8, 12, 24 oder 48 h (ganzzahlige Teile oder Vielfache von 24 h) mit Hilfe der Abb. 12, aus der der zugehörige Wert des Dosisverhältnisses D^*/D abgelesen werden kann. Dabei gilt die Regel, daß $D^*/D > 2$ ist, wenn $\tau < t_{50\%}$ gewählt wird (und umgekehrt).

4. Wählt man τ genau gleich $t_{50\%}$, so liegt der pharmakokinetische Faktor Φ, der den Einfluß der Invasion und der Elimination auf die Höhe der relativen Erhaltungsdosis D/G angibt, nach Gleichung (10) und Abb. 13 für $k_1/k_2 \geqq 2$ zwischen 0,85 und 1,0, d.h., daß der Einfluß der Pharmakokinetik auf die relative Erhaltungsdosis D/G vernachlässigt werden kann.

5. Wählt man τ größer als $t_{50\%}$, so wird Φ größer und damit muß auch D/G größer sein. Bei $\tau = 2 \cdot t_{50\%}$ ist $\Phi = 3{,}0$, bei $\tau = 3 \cdot t_{50\%}$ ist $\Phi = 7{,}0$ für große Werte von k_1/k_2, d.h., daß mit steigendem τ der Wert von Φ steigt und damit die Höhe von D/G schnell toxische Bereiche erreicht (vgl. Abb. 13 und 14). Allgemein gilt die Regel, daß die zur Aufrechterhaltung einer Plasmawasserkonzentration $c_{\min}$ pro Tag erforderliche Menge um so kleiner ist, je kleiner τ gewählt wird. Der Quotient Φ/τ erreicht bei der intravenösen Dauerinfusion mit $\tau = 0$ sein Minimum mit dem Wert $\Phi/\tau = k_2$.

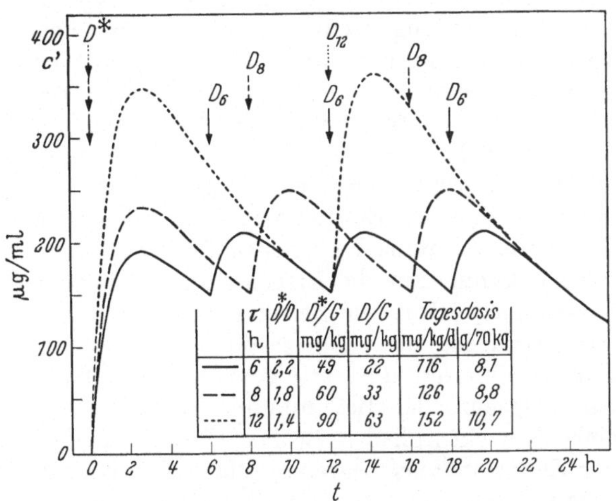

	τ h	D*/D	D*/G mg/kg	D/G mg/kg	Tagesdosis mg/kg/d	Tagesdosis g/70 kg
——	6	2,2	49	22	116	8,1
– –	8	1,8	60	33	126	8,8
-----	12	1,4	90	63	152	10,7

Abb. 14. Einfluß der Wahl des Dosierungsintervalls τ auf das Dosisverhältnis D^*/D, die relative Erhaltungsdosis D/G und den Plasmakonzentrationsverlauf des Chemotherapeuticums in einem Modellbeispiel mit den Konstanten $k_1 = 1{,}0\ \text{h}^{-1}$, $k_2 = 0{,}1\ \text{h}^{-1}$, $t_{50\%} = 6{,}93$ h, $\Delta' = 0{,}2$ ml/g, $c'_{\min} = 150\ \mu$g/ml

Die Abb. 14 verdeutlicht an einem Modellbeispiel den Einfluß der Wahl von τ auf die Einzeldosen und die Tagesdosis. Aus dieser Abbildung ist auch abzulesen, wie man verfahren muß, wenn man ein Chemotherapeuticum tagsüber häufiger und nachts seltener applizieren will. Ein solches Dosierungsschema hätte z.B. so auszusehen:

1. Tag: 8 Uhr relative Anfangsdosis . . . . $D^*/G = 40$ mg/kg
14 Uhr relative Tagerhaltungsdosis . . . . $D_T/G = 22$ mg/kg
20 Uhr relative Nachterhaltungsdosis . . . . $D_N/G = 63$ mg/kg

2. Tag: 8 Uhr relative Tagerhaltungsdosis . . . . $D_T/G = 22$ mg/kg
14 Uhr relative Tagerhaltungsdosis . . . . $D_T/G = 22$ mg/kg
20 Uhr relative Nachterhaltungsdosis . . . . $D_N/G = 63$ mg/kg

3. Tag: wie 2. Tag usw.

Entsprechende unregelmäßige Therapiepläne für andere Stoffe und andere Tageseinteilungen lassen sich mit Hilfe der Nomogramme Abb. 12 und 13 gewinnen, in die die unterschiedlichen Dosierungsintervalle τ_T für den Tag und τ_N für die Nacht einzusetzen sind.

In den beiden folgenden Abschnitten werden die pharmakokinetischen Konstanten und die Distributionskonstanten sowie deren Berechnungsverfahren diskutiert, während die minimale in vitro-Hemmkonzentration und der Therapiesicherheitsfaktor in den Abschnitten B, IV, 1 und B, VI besprochen werden.

b) Die pharmakokinetischen Konstanten

Die Invasionskonstante k_1, die Eliminationskonstante k_2 und der Distributionskoeffizient Δ' lassen sich aus einer einzigen Plasmakonzentrationskurve nach peroraler Applikation der Dosis D eines Chemotherapeuticums rechnerisch (oder graphisch) bestimmen, wenn die Plasmakonzentrationskurve durch eine nicht zu kleine Zahl (5 oder mehr) von Meßpunkten t_i, c_i' gegeben ist. Die Kenntnis des Patientengewichts ist dafür erforderlich. Da Δ' nach Dost (1953) altersabhängig sein kann, sollte stets auch das Patientenalter angegeben werden. Die Eliminationskonstante k_2 (und damit auch die Eliminationshalbwertszeit $t_{50\%}$) ergibt sich aus der Steigung der Regressionsgeraden durch die Punkteschar des abfallenden Kurvenastes hinter dem Kurvenmaximum, die sich im semilogarithmischen Koordinatensystem (t, $\lg c'$) einer Geraden anpaßt. Dabei wird angenommen, daß der Einfluß von k_1 auf den abfallenden Kurvenast so gering ist, daß dieser als reine Exponentialfunktion mit dem Exponenten $-k_2 t$ aufgefaßt werden kann. Für die Errechnung von k_1 und Δ' eignet sich eine kürzlich von Dost (1958) gefundene Beziehung zwischen k_2, C_0' und der Fläche F', die von der Abszissenachse und der gesamten Plasmakonzentrationskurve begrenzt wird. Für den Fall, daß die letzte gemessene Ordinate c_n' noch außerhalb der Nachweisbarkeitsgrenze der Bestimmungsmethode liegt, bedarf die Dostsche Gleichung eines Korrekturgliedes (wobei F_n' die von der Kurve, der Abszissenachse und der Endordinate c_n' begrenzte Fläche ist, Krüger-Thiemer 1960/61):

$$C_0' = F' \cdot k_2 = F_n' \cdot k_2 + c_n'. \tag{11}$$

F_n' gewinnt man durch Planimetrieren oder mit Hilfe der Trapezsummenformel. Damit läßt sich der Plasmadistributionskoeffizient Δ' nach Gleichung (7) errechnen. Für die Ermittlung von k_1 benötigt man nach einem neuen Verfahren von Diller den Schnittpunkt $\bar{c}_0'$ der obenerwähnten Regressionsgeraden des abfallenden Kurvenastes mit der Ordinatenachse (Bünger, Diller, Führ und Krüger-Thiemer 1961):

$$k_1 = \frac{k_2}{1 - \frac{C_0'}{\bar{c}_0'}}. \tag{12}$$

Gelegentlich versagt dieses Verfahren, nämlich dann, wenn infolge starker Streuung der Meßwerte $C_0' > \bar{c}_0'$ ist. Dann lassen sich ungenauere Näherungswerte von k_1 aus den Punkten des aufsteigenden Kurvenastes nomographisch ermitteln (Krüger-Thiemer 1960). Wie man sieht, ist die Bestimmung von k_2 die Grundlage der Bestimmung von Δ' und k_1. Man kann daher die Genauigkeit der erhaltenen Meßwerte mit Hilfe des Korrelationskoeffizienten r für die Anpassung der Punkte des abfallenden Kurvenastes an die erwähnte Regressionsgerade oder mit Hilfe der Standardabweichung von k_2 beurteilen.

Aus den Dosierungsregeln des vorhergehenden Abschnitts folgt, daß die Eliminationskonstante k_2 (bzw. die ihr entsprechende Eliminationshalbwertszeit $t_{50\%} = 0{,}6931/k_2$) unter den pharmakokinetischen Konstanten die größte praktische Bedeutung hat. Das Dosierungsintervall τ und das Dosisverhältnis D^*/D hängen nahezu ausschließlich von $t_{50\%}$ ab. Nach dem gegenwärtigen Stand der Kenntnisse scheint es sicher zu sein, daß $t_{50\%}$ nur für das einzelne Individuum eine Konstante ist. Dagegen fanden sich beträchtliche Unterschiede bei verschiedenen Säugetierarten (Cycloserin: FREERKSEN, KRÜGER-THIEMER und ROSENFELD 1959; ebenso für zahlreiche Sulfanilamidderivate) und ebenfalls von Mensch zu Mensch (BÜNGER, DILLER, FÜHR und KRÜGER-THIEMER 1961). Meist lassen sich für jedes Sulfanilamidderivat zwei Personengruppen abgrenzen, deren durchschnittliche Eliminationshalbwertszeiten sich etwa wie 1:2 verhalten. Die Zugehörigkeit einzelner Personen zu der Gruppe der Schnell- oder Langsamausscheider kann von Stoff zu Stoff wechseln. Ob es sich dabei um erbliche Eigenschaften handelt, ist unbekannt; für die Langsam- und Schnellausscheider des Isoniazids (BÖNICKE und REIF 1953) hat sich in Zwillingsuntersuchungen die Erblichkeit nachweisen lassen (BÖNICKE und LISBOA 1957). Die bisher in der Therapie unbeachteten individuellen Unterschiede von $t_{50\%}$ haben besonderes toxikologisches Interesse, seitdem GRASSI u. Mitarb. (1959) bei Patienten, die während der Therapie mit Pyrazinamid ikterisch wurden, extrem hohe $t_{50\%}$-Werte fanden (32 h gegenüber 8 h bei Normalpersonen). Wahrscheinlich beruht die wiederholt berichtete Toxicität des *2-Sulfa-4-methyl-pyrimidins* **(LIX)** (SHEPPARD 1948; RICE-EDWARDS 1950; ATKINSON 1951; LORING 1951; RENDLE-SHORT 1951 und andere) darauf, daß es ebenso dosiert wurde wie die Sulfanilamide, die schnell eliminiert werden, obgleich es zu den Langzeit-Sulfanilamiden gehört. Die Speciesunterschiede von $t_{50\%}$ machen die einfache Übertragung von wirksamen Therapieschemata aus Tierversuchen unmöglich. Die individuellen Unterschiede von $t_{50\%}$ lassen die Angabe von Mittelwerten mit allgemeiner klinischer Bedeutung problematisch erscheinen. Beide Schwierigkeiten ließen sich nur durch die Messung von $t_{50\%}$ an jedem zu behandelnden Individuum und die Anwendung der Dosierungsregeln exakt lösen.

Für die Eliminationshalbwertszeit $t_{50\%}$ von Sulfanilthiocarbamid fand DOST (1953) bei Säuglingen und Erwachsenen unterschiedliche Werte (5,0 und 3,3 h). Es ist noch nicht bekannt, ob sich diese Versuchsergebnisse mit der erwähnten individuellen Schwankungsbreite der biologischen Konstanten erklären lassen, oder ob ein echter Unterschied besteht, der dann als Ausdruck der Unreife der Nierenfunktion aufzufassen wäre. RUBIN, BRUCK und RAPOPORT (1949) fanden erst vom vierten Lebensjahr ab stets ausgereifte Werte der renalen Clearance. Ob die großen Artunterschiede der Eliminationshalbwertszeit $t_{50\%}$ auf unterschiedlichem Metabolismus beruhen, steht noch nicht fest. Bekanntlich können Hunde die Sulfanilamide nicht in N^4-Stellung acetylieren, wohl aber das Sulfanilamid in N^1-Stellung (vgl. Tabelle 8). Einige Sulfanilamide werden im menschlichen Körper mehr oder weniger in die Glucuronidderivate umgewandelt (KOECHLIN und andere 1959), während man dies bei Meerschweinchen und Kaninchen bisher nicht feststellen konnte (vgl. Abschnitt B, V, 1).

Bei zwei strukturverwandten Sulfanilamiden, *2-Sulfa-4-methylpyrimidin* **(LIX)** und *4-Sulfadimethylpyrimidin* **(LXVI)**, fanden PORTWICH und BÜTTNER (1956) keine gegenseitige Beeinflussung der Eliminationshalbwertszeit. Dagegen sah ZAWACKI (1958) bei kombinierter Applikation von *Sulfanilcarbamid* **(XXI)** und *2-Sulfa-4-methylpyrimidin* **(LIX)** Veränderungen der Eliminationshalbwertszeiten an Kaninchen (bei **XXI** Abfall von 1,8 auf 1,3 h und bei **LIX** Anstieg von 4,1 auf 6,6 h innerhalb von 2—3 h), die nach 7—12 h wieder in die Normalwerte übergingen. ZAWACKI diskutiert zwei Erklärungsmöglichkeiten: 1. Hemmung der tubulären Sekretion des *Acetylsulfamethylpyrimidins* durch *Sulfanilcarbamid* und Hemmung der tubulären Resorption des *Acetylsulfanilcarbamids* durch *Sulfamethylpyrimidin.* 2. Unter der Annahme tubulärer Exkretion beider Stoffe könnte auch eine kompetitive Hemmung bei der Rivalität um die sekretorische Funktion des Tubulusapparates vorliegen. Daß hierbei die N^4-Acetylderivate der

Substanzen eine Rolle spielen, ist naheliegend, weil nach PORTWICH, BÜTTNER und PAULINI (1955) bei *4-Sulfadimethylpyrimidin* im Gegensatz zu anderen Sulfanilamiden die Acetylierungsgrade in Serum und Urin während der ersten 6 h nach intravenöser Applikation nahezu gleich sind, was mit der Resorption des *N^4-Acetyl-6-sulfadimethylpyrimidins* aus den Tubuli in demselben Umfang wie bei der freien Verbindung erklärt werden kann (vgl. auch SHANNON 1943).

Die in den beiden vorhergehenden Absätzen berührten ungelösten Fragen hinsichtlich der Elimination werden sich erst lösen lassen, wenn sie mit Methoden untersucht werden, die eine Aufspaltung der Elimination in ihre zahlreichen Komponenten ermöglichen. In Anlehnung an Rechnungen von DOST (1953) haben PORTWICH und BÜTTNER (1956) die Abspaltung einer empirischen Acetylierungskonstante k_3 von der Eliminationskonstante k_2 versucht. An anderer Stelle ist untersucht worden, unter welchen Bedingungen diese empirische Konstante gleich der exakten Acetylierungskonstante k_a ist (KRÜGER-THIEMER 1961). Dabei ergab sich, daß die Differenz zwischen der Eliminationskonstante k_2 und der Acetylierungskonstante k_a gleich der renalen Exkretionskonstante k_e des unveränderten Sulfanilamidderivats ist:

$$k_e = k_2 - k_a. \tag{13}$$

Für zwei Stoffe haben PORTWICH und BÜTTNER (1956) folgende Werte dieser Konstanten ermittelt: 2-Sulfa-4-methyl-pyrimidin $k_2 = 0{,}039 \pm 0{,}007\ \mathrm{h}^{-1}$, $k_e = 0{,}034 \pm 0{,}003\ \mathrm{h}^{-1}$, $k_a = 0{,}005\ \mathrm{h}^{-1}$; 4-Sulfa-2,6-dimethyl-pyrimidin $k_2 = 0{,}079 \pm 0{,}007\ \mathrm{h}^{-1}$, $k_e = 0{,}064 \pm 0{,}009\ \mathrm{h}^{-1}$, $k_a = 0{,}015\ \mathrm{h}^{-1}$.

Schließlich sei darauf hingewiesen, daß man Näherungswerte der Eliminationshalbwertszeit $t_{50\%}$ aus den Kurven der Gesamtausscheidung des unveränderten und des acetylierten Derivates in den Urin gewinnen kann. Diese Zahlen vernachlässigen jedoch das noch im Körper befindliche Acetylderivat. Ebenso unzuverlässig sind die Näherungswerte, die man dadurch gewinnt, daß man als $t_{50\%}$ die Zeit zwischen dem Kurvenmaximum und dem Abfall der Plasmakonzentration auf die halbe Maximalkonzentration graphisch ermittelt. — Auch die übliche Methode zur Ermittlung von $t_{50\%}$ (DOST 1953) unter Benutzung von Plasmakonzentrationswerten anstelle der Konzentrationen im Plasmawasser liefert — wie schon oben erwähnt wurde — nach WITZGALL (1951) nur Näherungswerte. Wenn man jedoch, wie es meist geschieht, für die pharmakokinetischen Versuche mit Dosierungen arbeitet, die im therapeutischen Bereich liegen, und wenn man niedrige Meßwerte am Schluß der Konzentrationskurve unberücksichtigt läßt, so ist der Fehler dieses Verfahrens nur gering (ausführliche Diskussion s. KRÜGER-THIEMER 1961).

Am Rande sei erwähnt, daß der Farbstoff *Prontosil solubile* **XV** wegen der Besonderheiten seiner Pharmakokinetik (Ausscheidung etwa je zur Hälfte durch die Leber und die Niere, keine Resorption durch die Darmwand) für einen Leberfunktionstest (SIEDE und SCHNEIDER 1954; DÖRKEN und BENNECKE 1955) und für eine Nierenfunktionsprobe (v. HODENBERG und SIEMENROTH 1955) verwendet werden kann.

c) Die Distributionskonstanten

Die Verteilung der Sulfanilamide im Organismus hat einen entscheidenden Einfluß auf die therapeutische Wirkung dieser Stoffe. Jedoch sind die zuverlässige Messung und die richtige Beurteilung dieser Verteilung bisher umstrittene Probleme, obwohl ihnen sehr viele Arbeiten in der Literatur gewidmet sind. Gerade auf diesem Teilgebiet der Chemotherapie finden sich bis in die neueste Zeit grobe Fehlbeurteilungen, die ein volles Verständnis der Zusammenhänge zwischen Dosierung und therapeutischer Wirkung verhindern. Hier kann nur eine knappe Darstellung des gegenwärtigen Standes der Kenntnisse ohne volle Berücksichtigung der Entwicklung und der Irrwege gegeben werden.

Zum Verständnis der Verteilung der Sulfanilamide im Körper kann man sich diesen entsprechend der Abb. 15 (modifiziert nach ALBERT 1960) als ein vielkammeriges System vorstellen. Neben einer Hauptkammer, dem Blutgefäßsystem befinden sich sehr viele unterschiedliche kleinere Kammern (Interstitium, Zellen, Körperhöhlen). Diese Kammern sind durch zum Teil unterschiedliche Membranen voneinander getrennt. Zu der Einstellung des Verteilungsgleichgewichts eines Stoffes in diesem vielkammerigen System tragen zwei Typen von Vorgängen bei, die zahlreichen chemischen (adsorptiven) Gleichgewichtsreaktionen innerhalb jeder einzelnen Kammer und die Transportvorgänge von Kammer zu Kammer, die aus der Konvektion im Gefäßsystem, der Diffusion und der Permeation durch Membranen bestehen. Der Zeitbedarf der chemischen Gleichgewichtsreaktionen bis zur Gleichgewichtseinstellung darf als gering veranschlagt werden, nicht jedoch der Zeitbedarf für die Transportvorgänge. So erreicht Sulfathiazol mit einem $pKa' = 7{,}0$ sein Verteilungsgleichgewicht zwischen dem

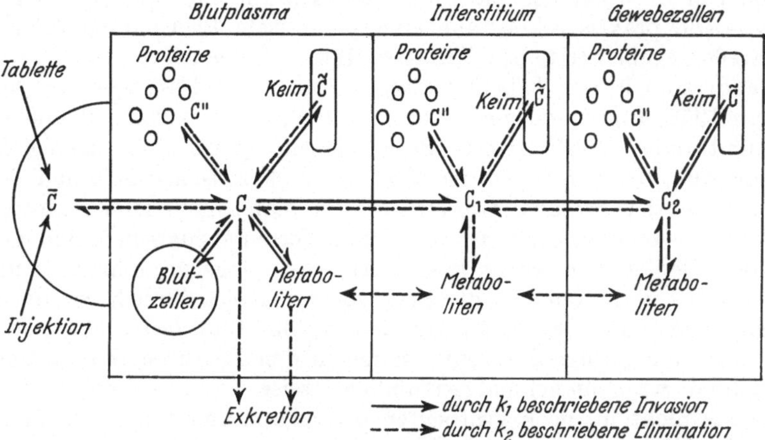

Abb. 15. Gleichgewichte und Transportvorgänge während eines chemotherapeutischen Konzentrationsablaufs (erweitert nach ALBERT 1960)

Blutplasma und den Erythrocyten in vitro in weniger als 4 min, während das Sulfanilacetamid mit $pKa' = 5{,}3$ hierzu etwa 1 h benötigt (WITZGALL 1953; vgl. auch LANGECKER und SCHULZE 1954). Ähnliche Verhältnisse fanden VONKENNEL und SCHMIDT (1939) auch in vivo, wo sich für Sulfanilamid ($pKa' = 10{,}5$), den am schnellsten permeierenden Stoff dieser Gruppe, eine durchschnittliche Diffusionszeit von 3—4 h für den Gesamtkörper ergab; der Wert für Sulfanilacetamid, das zu den am langsamsten permeierenden Stoffen gehört, liegt bei 6 h. Für einzelne Organe ergeben sich unterschiedliche Werte in Abhängigkeit von der Durchblutung. Im Vergleich zur üblichen Dauer einer Sulfanilamidtherapie sind diese Zeiten kurz, weshalb man nach WITZGALL (1953) die Diffusionszeiten in ihrem Einfluß auf die Therapie vernachlässigen kann.

Für die Beurteilung eines Sulfanilamidderivats ist daher in erster Näherung der Zustand nach Einstellung des Verteilungsgleichgewichts wichtig. Nach der 1. Voraussetzung (Abschnitt B, II, 1a) entscheidet allein die Konzentration c im Plasma*wasser* über das Therapieergebnis; nach der 2. Voraussetzung liegt die gleiche Konzentration c in den wäßrigen Phasen aller Kammern vor, in die der Stoff permeieren kann. Das bedeutet, daß entgegen vielfach geäußerter Ansicht die Gesamtkonzentrationen c_i' in verschiedenen Geweben für die Chemotherapie ohne wesentliches Interesse sind. Die einzelne Gesamtkonzentration c_i' in einer Kammer braucht daher für die Beurteilung des Stoffes nicht ermittelt zu werden. Jedoch hat selbstverständlich der Mittelwert aus allen verschiedenen Gesamtkonzentrationen einen mittelbaren Einfluß auf den Therapieerfolg, da bei durchschnittlich starker Bindung (Adsorption) des Stoffes dessen Konzentration c

in den wäßrigen Phasen bei gleicher Dosis geringer sein muß als bei einem weniger stark gebundenen Stoff. Ein Maß für die durch die relative Dosis D/G erreichbare Konzentration C_0 (unter Außerachtlassung der Elimination) im Plasmawasser ist der Plasmawasser-Distributionskoeffizient Δ nach der 4. Voraussetzung (Abschnitt B, II, 1a).

Der Plasmawasser-Distributionskoeffizient Δ, der mit Hilfe der Gleichungen (7) und (11) berechnet werden kann, ist sicherlich keine Konstante für variable Werte von D/G, da der relative Anteil der Konzentration c der freien Verbindung mit steigender Gesamtkonzentration c' nach Gleichung (8) ansteigt. Anders scheint es, jedenfalls in gewissen Bereichen von D/G, beim Plasma-Distributionskoeffizient Δ' in bezug auf die Plasmakonzentration c' zu sein; Δ' ist für einige Sulfanilamide nach Messungen von Bünger, Diller, Führ und Krüger-Thiemer (1961) in weitem Bereich von D/G praktisch konstant; eine theoretische Begründung dafür wird an anderer Stelle gegeben (Krüger-Thiemer 1961). Zahlenwerte von Δ' für einige Sulfanilamide sind in der Tabelle 15 angegeben (nach Messungen von Northey 1948; Dost 1953; Portwich und Büttner 1956; Swintosky und andere 1957; Bünger und andere 1961). Unter Berücksichtigung der vorstehenden Erläuterungen zur Abb. 15 dürfen niedrige Werte von Δ' zwischen 0,15 und 0,20 ml/g nicht so interpretiert werden, daß sich die Substanz nur auf das extracelluläre Körperwasser verteile; vielmehr ist aus diesen Werten abzulesen, daß im gesamten extravasalen Gebiet nur wenig adsorbiert wird, dagegen sehr viel im Blutplasma. Hierbei verhalten sich die Erythrocyten meist ähnlich wie die übrigen Körperzellen; man hat bei Sulfanilamiden, die im Blutplasma stark adsorbiert werden, meist nur geringe Konzentrationen in den Erythrocyten nachgewiesen. Dieser Befund wird manchmal irrtümlicherweise so interpretiert, daß diese Sulfanilamide nicht in die Erythrocyten permeieren könnten. Witzgall (1951) hat diesen Problemen umfangreiche Untersuchungen gewidmet, deren Ergebnisse er folgendermaßen zusammenfaßt: 1. Für eine spezifische Organanreicherung der einzelnen Sulfanilamide besteht kein Anhaltspunkt. 2. Für die Gesamtverteilung eines Sulfanilamidderivats kann die Erythrocytenbindung als Modell betrachtet werden. 3. Die Verteilungskinetik wird vor allem durch die vitale Kraft der Membranen bestimmt, die für die Sulfanilamide kein absolutes Hindernis darstellen. Die Konzentration in den durch Schrankenmembranen getrennten Räumen hängt von den vorhandenen Adsorptionsmöglichkeiten ab. In wasserähnlichem Milieu, wie Liquor cerebrospinalis oder Kammerwasser, gleicht sie deshalb der Konzentration im Plasmaultrafiltrat. — Diese Auffassung entspricht genau der Sorptionstheorie der Zellpermeabilität, die Troschin (1958) kürzlich eingehend dargestellt hat. Danach kommt den Membranen nur ein Einfluß auf die Geschwindigkeit der Einstellung des Verteilungsgleichgewichts zu, nicht aber ein Einfluß auf die Lage dieses Gleichgewichts, was von den Vertretern der Membrantheorie der Zellpermeabilität bisher angenommen worden ist. Man kann nach Albert (1960) vier Typen von Membranen unterscheiden. Eine Diskussion der Eigenschaften der verschiedenen Membrantypen vom Standpunkt der Sorptionstheorie der Zellpermeabilität, insbesondere hinsichtlich der Sulfanilamide, steht noch aus. Als ausreichend geklärt, und zwar hauptsächlich durch die Untersuchungen von Witzgall (1951, 1953), darf die Verteilung der Sulfanilamide zwischen dem Blut und dem Liquor cerebrospinalis gelten. Die Konzentration der Sulfanilamide im nicht entzündlichen Liquor cerebrospinalis entspricht nach Einstellung des Verteilungsgleichgewichts stets der gleichzeitigen Konzentration im Plasmawasser. Abweichungen hiervon sind zu beobachten, wenn die Untersuchung bei stark schwankender Blutkonzentration vorgenommen wird; bei den Sulfanilamiden mit verzögertem Membrandurchtritt (s. oben), die durch niedrige

pKa'-Werte gekennzeichnet sind, kann die Liquorkonzentration deutlich hinter der Plasmawasserkonzentration herhinken (LANGECKER und CLERK 1955). Untersuchungen zm Verteilungsproblem siehe auch: DAVIS (1942, 1943), FISHER u. a. (1943), GILLIGAN (1943), SHANNON (1943), EGGER (1945), NORTHEY (1948, S. 461), FINGL und andere (1950), WAGNER (1957), KUNITZ und SANCHEZ (1958).

Ein weiteres, von manchen Autoren verwendetes Distributionsmaß ist der Verteilungsquotient q' für den ganzen Körper; q' ist als Quotient aus der durchschnittlichen Konzentration c'_k im Extravasalraum einschließlich der Erythrocyten dividiert durch die fiktive Anfangskonzentration C'_0 definiert (DOST 1953):

$$q' = \frac{D - C'_0 \cdot v_{PL}}{C'_0 \cdot v_K} = \frac{\Delta' \cdot G - v_{PL}}{v_K} \approx \frac{25}{24} \cdot \Delta' - \frac{1}{24}. \tag{14}$$

Darin ist v_{PL} das Volumen des Plasmas und v_K das Volumen des Körpers außer dem Plasma; das Verhältnis dieser beiden Größen ist etwa 1/24, womit sich der rechts stehende Näherungsausdruck ergibt, wenn die Konzentrationen in mg/l, und die Volumina in Liter gemessen werden und die Dichte des Körpers gleich 1 gesetzt wird. — Die auch verwendeten Verteilungsquotienten für einzelne Gewebe und Organe sind nach den vorstehenden Erläuterungen ohne chemotherapeutisches Interesse. — Wichtiger als der durch Gleichung (14) definierte Verteilungsquotient q' in bezug auf das Plasma wäre der Verteilungsquotient q in bezug auf das Plasmawasser; diese Größe ist bisher nicht verwendet worden.

Wenn eine bequeme Methode zur routinemäßigen Messung der Konzentrationen c der Sulfanilamide im Plasma*wasser* verfügbar wäre, dann bestünde kein Anlaß, der Adsorption der Sulfanilamide an die Plasmaeiweißkörper besondere Aufmerksamkeit zu widmen, da diese Bindung gemeinsam mit den sonstigen Bindungen der Sulfanilamide im Gewebe durch die Größe Δ nach Gleichung (7) erfaßt würde. Da dies nicht der Fall ist, ergab sich die Notwendigkeit zu der Voraussetzung 5 (Abschnitt B, II, 1a), in der die Langmuirsche Adsorptionsisotherme, d.h. das Massenwirkungsgesetz, zur Beschreibung der Beziehung zwischen c und c' verwendet wird. Manche Autoren, z.B. WITZGALL (1951) bevorzugen dagegen die Freundlichsche Adsorptionsisotherme für diesen Zweck. Diese ist jedoch nicht mit dem Massenwirkungsgesetz identisch und stellt nur eine in mittleren Konzentrationsbereichen brauchbare Näherungsformel dar, deren rechnerische Auswertung jedoch nicht einfacher ist als die von Gleichung (8); zudem lassen sich die in der Freundlichschen Gleichung auftretenden Konstanten nicht anschaulich interpretieren. Die Ermittlung der beiden Adsorptionskonstanten α und β nach Gleichung (8) ist an anderer Stelle ausführlich dargestellt worden (KRÜGER-THIEMER 1960/61). Bei Untersuchungen an einigen Sulfanilamiden (BÜNGER, DILLER, FÜHR und KRÜGER-THIEMER 1961) hat sich die überraschende Tatsache ergeben, daß die Meßwerte von β (vgl. Tabelle 15) auf eine Bindung von 1 mol Sulfanilamidderivat je 1 mol Serumalbumin hindeuten; der theoretische Wert für die mol:mol-Bindung ist $\beta = 8{,}7\ \mu$mol/g Plasmaprotein, wenn der Anteil des Albumins an den Plasmaproteinen gleich 60% und sein Molekulargewicht gleich 69000 g/mol gesetzt wird. Schon lange ist bekannt, daß unter den Plasmaproteinen nur das Albumin die Fähigkeit hat, Sulfanilamide zu binden (BENNHOLD 1938; SCHÖNHOLZER 1940, bei Prontosil; KIMMIG und WESELMANN 1941; DAVIS 1942/43, bei anderen Sulfanilamiden). Nun erscheint es zweifelhaft, ob es noch sinnvoll ist, die Bindung der Sulfanilamide an das Serumalbumin als Adsorption zu bezeichnen; bei diesem Begriff denkt man üblicherweise an die konzentrationsabhängige dichte Flächenbelegung eines Makromoleküls mit kleinen Molekülen. Bei einem mol:mol-Verhältnis kann jedoch keine Rede von einer Flächenbelegung sein.

Die Bedeutung der Bindung der Sulfanilamide an das Serumalbumin (und an gewisse intracellulär liegende Proteine) liegt darin, daß die chemotherapeutische Wirkung von der Diffusion der Stoffe durch Zellmembranen und von chemischen Reaktionen abhängig ist. Die Geschwindigkeiten dieser Vorgänge sind der Konzentration der frei gelösten, d.h. der nicht adsorbierten Moleküle proportional. Adsorbierte Moleküle nehmen für die Dauer ihrer reversiblen Bindung an die Proteine weder an Diffusionen durch Membranen noch an chemischen Reaktionen teil. Die Bindung eines einzelnen Moleküls an ein bestimmtes Proteinmolekül ist nicht permanent, da es sich, wie bei allen chemischen Reaktionen, um ein kinetisches Gleichgewicht handelt. Daher ist die unbewiesene Annahme überflüssig, daß die adsorptive Bindung an Zellmembranen gelöst würde, soweit damit eine besondere Fähigkeit der Membranen gemeint ist. Daß nur das ungebundene Sulfanilamidderivat im Plasma antibakteriell wirksam ist, haben viele Versuche ergeben (DAVIS 1942; ALLGÖWER 1944; ANTON 1959; SAKAI und andere 1959; NEWBOULD und KILPATRICK 1960; SEYDEL u. a. 1961).

Zur Messung der Bindung der Sulfanilamide an die Plasmaeiweißkörper stehen die Methoden der Dialyse (DAVIS 1942/43; GILLIGAN 1943; NEWBOULD und KILPATRICK 1960) und der Ultrafiltration (ALLGÖWER 1944; BÜNGER und andere 1961) zur Verfügung. Für die Messung der Plasmawasserkonzentration c im Vergleich mit der jeweiligen Plasmakonzentration c' kommt natürlich nur die Ultrafiltration in Frage. Die rechnerische Auswertung der Meßergebnisse ist an anderer Stelle dargestellt (KRÜGER-THIEMER 1960/61), einige auf diese Weise aus fremden und eigenen Meßergebnissen errechnete Adsorptionskonstanten α und β finden sich in der Tabelle 15. Es ist notwendig darauf hinzuweisen, daß bei der Dialysemethode die Konzentrationen sowohl im Dialysat (c_D) als auch in der äquilibrierten Eiweißlösung (c'_D) *nach* der Dialyse gemessen werden müssen. Außerdem muß der Wassergehalt (w_D) und der Proteingehalt (p_D) der Proteinlösung *nach* der Dialyse bestimmt werden, da die Eiweißlösung während des Versuchs Wasser aufnimmt. Aus diesen Werten errechnet sich die prozentuale Adsorption P_a nach der Gleichung, in der die von DAVIS (1942) vorgeschlagene Volumenkorrektur für den Eiweißgehalt berücksichtigt ist [vgl. die Gleichungen (8) und (8a)]:

$$P_a = \frac{(c'_D - c_D \cdot w_D) \cdot \dfrac{70\ \text{g/l}}{p_D}}{c_D \cdot w_D + (c'_D - c_D \cdot w_D) \cdot \dfrac{70\ \text{g/l}}{p_D}} \cdot 100. \tag{15}$$

Das Resultat ist auf eine Proteinkonzentration von 70 g/l reduziert. Nach Gleichung (8a) ist die Größe P_a von c abhängig, d.h., daß ein sinnvoller Vergleich der prozentualen Adsorptionen von verschiedenen Sulfanilamiden voraussetzt, daß eine der beiden Konzentrationen c'_D oder c_D für den Vergleich konstant gehalten wird. Das ist technisch nicht möglich, daher muß man Kurven von P_a bezüglich c'_D oder c_D aufnehmen (NEWBOULD und KILPATRICK 1960). Man erhält jedoch stets tiefere Einsichten in das Wesen der Bindung der Sulfanilamide an die Plasmaproteine, wenn man zum Vergleich die Adsorptionskonstanten α und β verwendet (Tabelle 15).

2. Pharmakodynamik

Bei Untersuchungen mit den klassischen pharmakologischen Methoden haben sich die Sulfanilamide in therapeutischen Dosierungen als verhältnismäßig wirkungsarm erwiesen. Die bei der Therapie auftretenden ernsteren Wirkungen werden im folgenden Abschnitt über die Toxikologie behandelt (s. auch Abschnitt B, V, 3). Angaben aus der älteren Literatur findet man z. B. bei KIMMIG (1941[1]) und bei HAWKING und LAWRENCE (1950).

Die vielfach beschriebene Häm*i*globinbildung (früher Methämoglobinämie genannt; ALYEA, DANIEL und YATES 1939) tritt anscheinend nicht bei allen Sulfanilamiden und nicht bei allen Patienten auf. Sie soll nach HEUBNER (1949) und MAYER (1958) auf einer Oxydation der aromatischen Aminogruppe beruhen. Kürzlich berichteten FRIEDERISZICK und TOUSSAINT (1960), daß Sulfaäthylthiadiazol bei Säuglingen im Alter bis 3 Monaten nahezu regelmäßig Hämiglobinbildung hervorruft (Dosierung 250—400 mg/kg/d); jenseits des 6. Lebensmonats wurde die Erscheinung selten beobachtet. Die Autoren nehmen eine besondere Empfindlichkeit des fetalen Hämoglobins als Ursache an. Sulfanilamide bewirken sowohl in vivo als auch in vitro die Bildung von Heinzschen Innenkörpern und Röhlschen Randkörpern in Erythrocyten (LINKE und MÜLLER 1949). In den Untersuchungen von FRIEDERISZICK und TOUSSAINT (1960) ergab sich keine vollständige Korrelation zwischen Innenkörperbildung und Hämiglobinämie. Möglicherweise hat die vielfach beobachtete Porphyrinurie nach Applikation von Sulfanilamidderivaten (z. B. RIMINGTON 1940) Beziehungen zu diesen Befunden (Dosisbereich 200—900 mg/kg). Bei mehrwöchiger Gabe in höherer Dosierung (1% des Futters, d. h. etwa 500 mg/kg/d) bewirken Sulfathiazol und Sulfapyrimidin, in geringerem Maße auch Sulfanilamid an Ratten Anämie und Granulocytopenie (KORNBERG, DAFT und SEBRELL 1943).

Eine antithyroide Wirkung wurde bei allen daraufhin untersuchten Sulfanilamiden gefunden (ANDERSON 1951). Es handelt sich dabei um eine morphologische Aktivierung der Schilddrüse als Ausdruck einer funktionellen Inaktivierung durch das Arzneimittel. Diese Wirkung ist reversibel nach Absetzen der Therapie, durch Gaben von Schilddrüsenpulver (Glandulae thyreoideae siccatae) wird die antithyroide Wirkung der Sulfanilamide aufgehoben. Diese Wirkung wurde in folgenden Dosisbereichen beobachtet: Sulfanilamid 2,5% des Futters bei Ratten (etwa 1200 mg/kg/d, VAN HUNG und DELOST 1952), Sulfamethoxypyridazin 80 mg pro kg/d bei Ratten und 40 mg/kg/d bei Hunden (ROEPKE, MAREN und MAYER 1957), 2-Sulfadimethyloxazol 1% des Futters bei Ratten (etwa 500 mg/kg/d, BRAUN, STAUBESAND und STILLE 1959), 2-Sulfa-5-methylpyrimidin 400 mg/kg/d bei Ratten (HEPDING, HOFFMANN und WAHLIG 1960). Die analoge, jedoch schwächere Wirkung der 4-Aminobenzoesäure läßt sich durch gleichzeitige Gabe von Natriumacetat vermindern, was bei Sulfanilamid nicht der Fall ist (VAN HUNG und DELOST 1952). Eine Monographie zu diesem Thema stammt vom WOITKEWITSCH (1957).

Homosulfanilamid soll nach BRENDLER (1955) den Cyclus weißer Mäuse beeinflussen. Nach zufälliger Überdosierung von Sulfapyridin beim Menschen wurden motorische Unruhe, Reizbarkeit, Erbrechen und Singultus beobachtet, die durch Barbiturate kaum beeinflußt werden konnten (HAWKING und LAWRENCE 1950). Bei der experimentellen Lebernekrose nach Applikation von Allylalkohol zeigen einige Sulfanilamidderivate einen deutlichen Schutzeffekt (Sulfanilamid, Sulfanilthiocarbamid 2,4-Diamino-azobenzol-4′-sulfonamid, Sulfaphenylpyrazol, Sulfanilbutylcarbamid und N′-(4-methyl-benzol-sulfonyl)-N″-butyl-carbamid (EGER und REINCKE 1959). Diese Wirkung ist schwächer als die von Cystein, sie ist offensichtlich von der antibakteriellen Wirkung dieser Stoffe unabhängig. — Nach BRAUN, STAUBESAND und STILLE (1959) bewirkt 2-Sulfadimethyloxazol bei Ratten in der Dosierung von 1% des Futters (etwa 500 mg/kg/d) eine deutliche Verschmälerung der Nebennierenrinden mit fast völligem Lipoidschwund. Das Bild erinnert an Nebennierenrinden nach Hypophysektomie. Dadurch wurde eine Prüfung der Wirkung dieses Stoffes auf die experimentell durch Desoxycorticosteronacetat und Natriumchlorid verursachte Hypertonie von Ratten veranlaßt, die eine deutliche Verhinderung oder Abschwächung der Gefäßveränderungen und der Blutdruckerhöhung ergab.

Frühzeitig beobachtet und untersucht wurde die Eigenschaft des Sulfanilamids, den p_H-Wert des Blutes zu erniedrigen und den des Urins zu erhöhen (MANN und KEILIN 1940; FREE und andere 1943; HAWKING und LAWRENCE 1950). Als Ursache dieser Erscheinung, deren Folge eine Hyperpnoe bei Sulfanilamidvergiftung ist, wird die Carboanhydrasehemmung durch das Sulfanilamid angesehen, die offensichtlich an die freie Sulfonamidgruppe —SO_2—NH_2 gebunden ist, da die N^1-substituierten Sulfanilamide diese Wirkungen nicht haben. Neuerdings wird auch die krampfhemmende Wirkung des Sulfanilamids mit der Carboanhydrasehemmung in Zusammenhang gebracht, da auch das Acetazolamid **(XCII)** diese beiden Wirkungen besitzt; jedoch gibt es auch krampfhemmende Stoffe, die diese Enzymwirkung nicht aufweisen (MILLICHAP, WOODBURY und GOODMAN 1955). Während die krampfhemmende Wirkung des Sulfanilamids auf der Hemmung der Carboanhydrase des Gehirns beruhen soll, scheint es nicht sicher zu sein, daß die deutliche diuretische Wirkung des Sulfanilamids bei Herzkranken mit der Hemmung der Nierencarboanhydrase zusammenhängt. Während Sulfanilamid diese Wirkungen nur in hohen, fast schon toxischen Dosierungen zeigt, sind inzwischen neue peroral anwendbare Diuretica gefunden worden, die wesentlich wirksamer sind (Acetazolamid, **XCII**, FALBRIARD 1954; WILUTZKY und HERKEN 1955; Diphenylmethan-4,4′-disulfonamid, SCHRAUFSTÄTTER, SCHMIDT-KASTNER und WIRTH 1956, s. dort die ältere Literatur; BUCHBORN 1960). Neuerdings gibt es auch stark wirksame

Diuretica (6-Trifluormethyl-7-sulfaminyl-3,4-dihydro-1,2,4-benzothiadiazin-1,1-dioxyd und dessen 3-Benzylderivat, Rodiuran bzw. Benzyl-Rodiuran), deren Carboanhydrasehemmung nur gering ist.

Besonderes Interesse hat in den letzten Jahren die Wirkung einiger Derivate des Sulfanilamids auf den Blutzucker erregt. Im Laufe der Untersuchungen hat sich gezeigt, daß die blutzuckersenkende Wirkung nicht für die Sulfanilamide, sondern für die Sulfonamide charakteristisch ist. Deshalb sollte man zukünftig diesen Namen für die auf den Blutzucker einwirkenden Medikamente vorbehalten (vgl. Abschnitt A, II). Die ersten Beobachtungen dieser Art veröffentlichten Janbon u. Mitarb. (1942), Bovet und Dubost (1944) und Loubatières (1944), an dem von Vonkennel und Kimmig (1941) dargestellten Sulfaisopropylthiadiazol **(XLV)** (diese Substanz befindet sich für experimentelle Zwecke im Handel, Schering AG, Berlin). V. Holt, v. Holt, Kröner und Kühnau (1955) konnten nachweisen, daß die Blutzuckersenkungen durch Sulfaisopropylthiadiazol (1000—2000 mg/kg per os bei Kaninchen und durch 600—1250 mg/kg intraperitoneal bei Ratten) auf schweren degenerativen Veränderungen oder Zerstörungen der Langerhansschen Inseln beruhen. Aus diesen Beobachtungen hat sich die neue Therapie mancher Diabetesformen mit einigen Sulfonamidpräparaten entwickelt, denen jedoch nicht notwendigerweise auch eine antibakterielle Wirkung zukommen muß. Die wichtigsten heute gebräuchlichen Präparate sind Carbutamid = Sulfanilbutylcarbamid **(XXII)** und Tolbutamid [= N-(4-Methyl-benzol-sulfonyl)-N'-butyl-carbamid]. Der neueste Stand der Forschung über die Blutzuckerwirkung der Sulfonamide ist in den 16 Arbeiten eines Sonderheftes der Zeitschrift „Arzneimittel-Forschung" 8 (1958) H. 7a dargestellt (vgl. auch Hanusch und Jorke 1957; Loubatières 1957; Maier 1957; Mihich und Prino 1957; Strässle und Pletscher 1957; Hasselblatt und Bludau 1958; Lamprecht und Trautschold 1958; Mohnike, Wittenhagen und Langenbeck 1958). Das Problem der antidiabetischen Wirkung der Sulfonamide liegt außerhalb des Bereichs dieses Artikels. Es muß jedoch darauf hingewiesen werden, daß manche therapeutisch üblichen Sulfanilamide in normaler Dosierung zu Blutzuckersenkungen führen können (z. B. 2-Sulfa-4-methyl-pyrimidin nach Bünger 1960[2]).

III. Toxikologie der Sulfanilamide und anderer Sulfone

Alle toxikologischen Untersuchungen dienen dem Ziel, die möglichen Gefahren der Arzneitherapie für die Patienten infolge Überdosierung so weit wie möglich zu beschränken. Für die Beurteilung der Toxicität eines Sulfanilamids bei Menschen sind selbstverständlich nur klinische Untersuchungen relevant, die erst durch großen Umfang genügenden Aussagewert gewinnen. Zu Beginn der klinischen Erprobung eines neuen Präparates ist man jedoch stets auf Angaben aus Tierversuchen angewiesen. Viele verschiedene Gründe machen die Übertragung von Tierversuchsergebnissen auf klinische Verhältnisse problematisch; der wichtigste Grund ist, daß man sich in der Klinik für alle Arten auch minimaler Funktionsstörungen durch das Medikament interessiert, während man im Tierversuch meist nur gröbere Störungen, hauptsächlich die Letalität, erfaßt. Eine Übertragung von Tierversuchsergebnissen auf den Menschen ist jedoch bei Berücksichtigung der unterschiedlichen Pharmakokinetik möglich, was z.B. in einfachster Form durch die Angabe einer mittleren Blutplasmakonzentration anstelle der Dosis geschehen kann. Eine bessere Methode ist unten im Abschnitt B, III, 2 beschrieben.

1. Akute Toxicität bei Versuchstieren

Angaben zur akuten Toxicität der Sulfanilamide liegen in großer Zahl vor. Sie zeigen untereinander eine ausreichende Übereinstimmung. Hier interessieren besonders die Angaben für die orale Applikation, weshalb entsprechende Werte für die wichtigsten Sulfanilamide in der Tabelle 15 (Abschnitt D) wiedergegeben sind. Soweit es möglich war, wurden dabei außer den üblichen Angaben der $DL_{50\,\%}$ (Dosis letalis) auch die Werte der Dosis tolerata maxima ($DT_{95\%}$; Brock und Geks 1951; Wagner 1953) ermittelt, da erst mit diesen beiden Werten die Toxicitätsgerade in der graphischen Darstellung (vgl. Abschnitt B, VI und Abb. 18) eindeutig bestimmt ist. (Literatur bei den einzelnen Präparaten Abschnitt C, II.) Für die Auswertung von Toxicitätsversuchen empfiehlt sich ebenfalls das Dosis-Wirkungs-Netz nach DRUCKREY (1953, 1959), anstelle des Dosis-Wahrscheinlichkeitsnetzes nach PRIGGE (1941; vgl. WAGNER 1953). Bestimmungen der akuten Toxicität, d.h. der Toxicität einer einmaligen Dosis der Substanz, sind für Unfälle und Suicidversuche von Interesse.

2. Chronische Toxicität bei Versuchstieren

Da jede Chemotherapie mit Sulfanilamiden mehrere Tage oder auch länger dauert, ist die Kenntnis der chronischen Toxicität dieser Stoffe mindestens ebenso wichtig wie die der akuten Toxicität. Es gibt bisher für die Ergebnisse chronischer Toxicitätsversuche keine so kurze und klare Ausdrucksweise wie für die akute Toxicität $DL_{50\%}$. Die Angaben verschiedener Autoren sind nicht ohne weiteres vergleichbar, da es kein allgemein anerkanntes Versuchsschema gibt. Ein besonders eindrucksvolles Versuchsschema hat MEIER (1943) verwendet, der den chronischen Toxicitätsversuch mit dem Therapieversuch bei Mäusen kombinierte, indem er nach Festlegung einer Dosisanzahl für eine bestimmte Anzahl von Tagen die Dosierungen in Parallelversuchen bis weit in den toxischen Bereich hinein steigerte. In Abhängigkeit von der Dosisgröße (logarithmische Abszisse) erhielt er dabei Kurven für die Zahl der überlebenden Tiere (lineare Ordinate), deren mehr oder weniger breiter Gipfel nahe beim 100%igen Überleben der Tiere ein guter Ausdruck für die therapeutische Breite des Stoffes ist (Abb. 19 und 20).

Eine klare Definition für die chronische Toxicität erhält man bei Berücksichtigung der Pharmakokinetik in der Form der Dosierungsregeln (S. 1013). Es empfiehlt sich, $\tau = t_{50\%}$ und $D^*/D = 2{,}0$ zu wählen. Man variiert dann nur D/G und wertet den Versuch in üblicher Weise mit dem Wahrscheinlichkeitspapier (PRIGGE 1941) oder dem Dosis-Wirkungspapier (DRUCKREY 1953, 1959) aus. Man erhält so die Erhaltungsdosen, die von 50% oder von 95% der behandelten Tiere ohne toxische Symptome toleriert werden (Dosis sustinens tolerata $DST_{50\%}$ und $DST_{95\%}$; KRÜGER-THIEMER 1960). Mit dem letztgenannten Wert und der entsprechenden Angabe für die 95%ige therapeutische Wirkung ergibt sich die Möglichkeit, den Ehrlichschen chemotherapeutischen Index unter Berücksichtigung einer exakt definierten chronischen Toxicität des Chemotherapeuticums zu formulieren:

$$\text{Chemotherapeutischer Index} = \frac{DST_{95\%}}{DSC_{95\%}}.$$

3. Toxische Symptome beim Menschen

Die von Sulfanilamiden und anderen Sulfonen verursachten toxischen Symptome lassen sich in folgender Weise nach ihrer klinischen Bedeutung gliedern (modifiziert nach HAWKING und LAWRENCE 1950):

1. *Häufig auftretende Symptome, die nicht zur Unterbrechung der Therapie zwingen*: a) Cyanose (häufig bei Sulfanilamid, weniger häufig bei Sulfapyridin, noch weniger bei Sulfathiazol, selten bei den Sulfapyrimidinderivaten **LVII**, **LIX**, **LXI** und **LXVI**). b) Übelkeit und Erbrechen (besonders bei Sulfapyridin, auch bei Sulfanilamid und Sulfathiazol, selten bei den vier Sulfapyrimidinderivaten. c) Kopfschmerzen, Depression, allgemeine Unpäßlichkeit (meist bei Sulfapyridin, auch bei 2-Sulfadimethylpyrimidin).

2. *Ziemlich häufige Symptome, bei denen man je nach der Schwere die Therapie vorsichtig fortsetzen kann oder unterbrechen muß.* a) Arzneimittelausschlag. b) Arzneimittelfieber. c) Acidose (nur bei Sulfanilamid, s. Abschnitt B, II, 2).

Tabelle 4. *Klinische Toxikologie von 9 Sulfanilamidderivaten.* (Zusammengestellt aus 210 Publikationen mit 64836 Patienten von KUTSCHER, LANE und SEGALL 1954)

A = Prozentzahl der Patienten mit dem jeweiligen Symptom, bezogen auf die Zahl der Patienten aus den Publikationen, in denen das betreffende Symptom ausdrücklich erwähnt ist.

B = Prozentzahl der Patienten mit dem jeweiligen Symptom, bezogen auf die Gesamtzahl der Patienten, die das betreffende Sulfanilderivat erhalten hatten.

In Abhängigkeit vom Charakter des einzelnen Symptoms liegt der „wahre" Prozentsatz für das Auftreten dieser toxischen Erscheinung zwischen A und B. Bei nicht übersehbaren Symptomen (z. B. Anurie, Erbrechen, Exanthem) liegt der wahre Wert näher bei B, bei Symptomen, die nur durch eine Spezialuntersuchung erkannt werden können, welche nicht zur klinischen Routine gehört, liegt der wahre Wert näher bei A. Rein subjektive Symptome liegen je nach der Bedeutung, die Patient und/oder Arzt ihnen zumessen, näher bei A oder B.

Symptom-gruppen	Gesamtzahl der Publikationen / Gesamtzahl der Fälle	21 / 14573		19 / 3955		15 / 2010		42 / 12863		20 / 1230		43 / 10484		30 / 15852		17 / 2875		3 / 994	
	Sulfanilamidderivate / Symptome	Sulfanil-amid (II)		Sulfanil-guanidin (XXV)		Sulfa-dimethyl-isoxazol (XXXV)		Sulfa-thiazol (XXXVII)		Succinoyl-sulfathiazol (XXXVIII)		Sulfa-pyridin (LI)		Sulfa-pyrimidin (LVII)		Sulfa-methyl pyrimidin (LIX)		4-Sulfa-dimethyl-pyrimidin (LXVI)	
		A	B	A	B	A	B	A	B	A	B	A	B	A	B	A	B	A	B
Allgemein	Kopfschmerz	2,32	1,26	5,83	0,30			0,45	0,20	1,64	0,08	36,05	2,02	0,59	0,11	1,05	0,14		
	Unpäßlichkeit	2,08	1,10	23,56	1,14	2,11	0,25	0,80	0,02			12,00	0,52	30,00	0,19				
	Cyanose	20,90	4,62					0,38	0,01			6,55	1,11	0,46	0,01				
	Hitzeaufwallung (Hyperämie)					4,00	0,05												
	Fieber und Schüttelfrost	7,70	7,29	1,78	0,96	0,73	0,45	5,59	3,21	0,80	0,65	3,38	2,18	1,57	1,36	3,15	3,27	0,24	0,20
	Brennen			6,82	0,08									11,00	0,07	3,74	0,56		
	Gelbsucht	1,15	0,17					0,82	0,03			10,00	0,01	0,07	0,01				
	Ödeme					6,45	0,10							5,64	0,02	0,66	0,04		
	Pruritus									1,96	0,16	0,79	0,03	0,44	0,03				
	Schwitzen							0,02	0,01										
	Hodenbeschwerden											1,43	0,01						
Allergie	Überempfindlichkeitsreaktionen					1,79	0,10												
	Urticaria	0,12	0,01	1,57	0,08	0,17	0,10	10,00	0,01			0,85	0,02	0,22	0,08			0,29	0,10
	Arthritis und Gelenkschmerzen	0,50	0,21					0,59	0,07	0,78	0,33	0,93	0,01	0,38	0,03	0,36	0,04		
Herz	Herzbeschwerden	0,97	0,41					2,82	0,02										
	Bradykardie													63,00	0,40				
	Schmerzen in der Herzgrube											0,80	0,03						
	Tachykardie, Palpitationen							0,28	0,01			1,05	0,04						
	Hypertension					4,00	0,05												

Augen	Augenbeschwerden	0 0								
	Conjunctivitis		2,00 0,03		1,85 0,72		0,38 0,03	0,46 0,08	1,64 0,21	
	Episkleritis, Iritis, injizierte Sklera			0,94 0,05			0,98 0,01	0,22 0,01		
	Sehstörungen	0,10 0,04			0,31 0,02		0 0	0,15 0,01		
Magen, Darm	Bauchschmerzen, Gastrointestinalbeschwerden	1,12 0,47					2,99 0,14			4,44 2,21
	Anorexie	1,34 0,71	2,62 0,13	0,80 0,45		2,00 0,08	14,79 0,68	2,40 0,08	0,74 0,04	
	Erbrechen und /oder Nausea	2,01 1,22	1,33 0,38	2,02 1,79	7,12 6,30	0,88 0,49	39,50 29,49	1,50 1,17	2,43 2,05	0,80 0,40
	Diarrhoe	0,73 0,39			0,64 0,07	7,14 1,22	0,73 0,07			
	Gastritis	3,69 0,41					0,69 0,49			
	Verschiedenes				0 0		0 0		0,34 0,04	
	Intestinalblutung	0,02 0,01								
	Proktitis			12,00 0,15		3,64 0,33				
Blut	Anämie	1,56 0,48	0,34 0,05	1,14 0,10	2,82 0,22	7,14 0,16	2,57 0,04			
	Akute hämolytische Anämie	0,67 0,43			0,34 0,09		1,75 0,90	0,31 0,08	0,28 0,14	
	Sonstige Blutdyskrasien	0 0	0 0	3,23 0,15	0 0	0 0		0 0	0 0	
	Eosinophilie					2,00 0,08				
	Leukocytose	0,33 0,01	0 0		0,22 0,02		0,35 0,03	0,29 0,02	0 0	0 0
	Leukemoid							0,41 0,02		
	Leukopenie	0,52 0,38	0,17 0,03	8,81 0,70	0,70 0,71	0 0	2,12 1,34	1,64 1,15	2,33 1,84	
	Granulocytopenie	0,23 0,17	0 0	2,94 0,15	0,36 0,06		0,79 0,27	0,02 0,01	1,46 0,38	
	Thrombocytopenie	0,10 0,01			0 0				0,22 0,07	
Leber	Hepatitis und Ascites	0,52 0,12			0,09 0,02		0,26 0,06	0 0		
Lokale Reaktionen	Myalgie						1,25 0,01			
Nerven	Geistesstörungen, Psychosen			3,33 0,45					0,95 0,63	
	Cerebrale Stimulation	1,62 0,03			0,51 0,02		17,33 0,74	15,00 0,10	6,62 0,35	
	Depression	1,74 0,21			1,92 0,01		4,72 0,36	3,00 0,20		0 0
	Gehörstörungen	0,60 0,12			0 0		5,00 0,05	0,53 0,01		
	Encephalopathie (*toxische Neuropathie)							2,84 0,03	0 0	
	Periphere Neuritis	0 0			0,10 0,01		0,86 0,10	0,33 0,03		
	Paraesthesie	2,80 0,50		16,00 0,19	0,04 0,02		0 0		0,66 0,04	
	Vertigo	3,80 2,06		4,00 0,05	2,51 1,10	2,00 0,08	16,71 1,24	0,38 0,04	0,66 0,04	
	Vestibularstörungen	0,08 0,03								

Tabelle 4. (Fortsetzung)

Symptom-gruppen	Gesamtzahl der Publikationen / Gesamtzahl der Fälle	21 14 573		19 3955		15 2010		42 12 863		20 1230		43 10 484		30 15 852		17 2875		3 994	
	Sulfanilamidderivate / Symptome	Sulfanil-amid (II)		Sulfanil-guanidin (XXV)		Sulfa-dimethyl-isoxazol (XXXV)		Sulfa-thiazol (XXXVII)		Succinoyl-sulfathiazol (XXXVIII)		Sulfa-pyridin (LI)		Sulfa-pyrimidin (LVII)		Sulfa-methyl-pyrimidin (LIX)		4-Sulfa-dimethyl-pyrimidin (LXVI)	
		A	B	A	B	A	B	A	B	A	B	A	B	A	B	A	B	A	B
	Stomatitis											0,04	0,02	0,03	0,01	3,23	0,04		
	Atembeschwerden	0,89	0,37																
Haut	Hautreaktionen	1,66	0,54					4,31	1,94			2,09	1,10	1,57	1,00				
	Dermatitis					0,67	0,50												
	Dermatitis venenata	0	0					0,91	0,01										
	Hautausschlag (*flüchtiges Erythem)	2,26	1,85	2,67	0,78	1,41	0,05	4,79	0,93			3,85	1,18	1,18	0,79	2,69	2,02	2,00	1,71
Harn-system	Nierenstörungen (*Nephritis, Nephrotoxicität)	0,12	0,01	0,12	0,03	0,65	0,05	1,01	0,10			0	0	1,45	0,69	2,05	0,42	0,83	0,70
	Verminderte Nierenfunktion (*Rest-N erhöht, Oligurie)	1,73	0,04	0,52	0,03	0,61	0,05	3,64	0,23	0	0	2,04	1,01	0,63	0,09	0,42	0,04		
	Albuminurie (*Cylindrurie, Nierenausgüsse)	1,89	0,01	0	0											0,74	0,04		
	Nephrose							0,48	0,09					0,60	0,02				
	Nierensteine (*Nierenkolik, Nierenverschluß, Kristallurie)	0	0	31,30	13,70	1,59	1,29	2,01	0,85	0,43	0,16	2,12	0,59	4,04	0,06	7,78	4,28		
	Anurie	0	0					0,54	0,02			1,06	0,08	0	0	0,40	0,07		
	Hämaturie	0,58	0,06	0,53	0,10	3,23	0,05	5,74	1,98	0,39	0,16	3,94	2,45	1,81	0,26	0	0		
	Mikroskopische Hämaturie					0,68	0,55	5,51	0,50			2,64	0,45	2,82	1,64	6,35	3,44		
	Makroskopische Hämaturie					0	0	0,35	0,03			1,67	0,24	1,59	0,16	1,23	0,66		
	Nierenschmerzen (*Rückenschmerzen usw.)			1,05	0,05							2,25	0,11	2,70	0,21	0,78	0,28		

* einschließlich.

3. *Seltene Symptome, bei denen die Therapie sofort unterbrochen werden muß.* a) Cholostatische Hepatose. b) Hämaturie, Nierenschmerzen, Oligurie (weniger als 500 ml Urin/Tag), Anurie oder andere Zeichen eines Harnwegverschlusses. c) Agranulocytose. d) Aplastische Anämie. e) Purpura. f) Hämolytische Anämie. g) Exfoliative Dermatitis. h) Periphere Neuritis (nur bei Uliron und Neo-Uliron).

Der Ätiologie nach sind die toxischen Symptome in drei Gruppen einzuordnen: 1. Schäden, die durch die Kristallabscheidung in den Nieren und Harnwegen bedingt sind. 2. Schäden, die auf Sensibilisierung gegenüber den Substanzen beruhen (Ausschläge, Fieber, Nierenschäden, wahrscheinlich auch die Störungen am hämatopoetischen System). 3. Schäden durch unmittelbare toxische Wirkungen der Substanz (Übelkeit, Erbrechen, Cyanose, Nervenschädigungen).

Eine Übersicht über die Häufigkeit der toxischen Erscheinungen bei Therapie mit Sulfanilamiden liefert die Tabelle 4, die von KUTSCHER, LANE und SEGALL (1954) aus 210 Publikationen über toxische Erscheinungen an 64836 Patienten bei Behandlung mit Sulfanilamiden zusammengestellt wurde (Sulfadimethylisoxazol und 4-Sulfadimethylpyrimidin bis Dezember 1952, alle anderen Stoffe bis Oktober 1950). Die Autoren erwähnen nicht, daß unter den ausgewerteten Publikationen solche waren, in denen über doppeltblinde Versuche mit Placebo berichtet wurde. Da jedoch nur solche Versuche Sicherheit darüber geben können, ob beobachtete toxische Symptome durch das Arzneimittel bedingt sind, wird man besonders die geringeren Prozentzahlen aus der Tabelle 4 mit Vorsicht zu betrachten haben. Zum Vergleich sei auf den Bericht von MURRAY (1956) über doppelt blinde Versuche mit Cycloserin hingewiesen, aus dem sich ergibt, daß nur sehr wenige der von den Patienten angegebenen (subjektiven) toxischen Symptome dem Cycloserin zugeschrieben werden können. Eine weitere, halbquantitative Übersicht über die Toxicität von 10 Sulfanilamidpräparaten gibt die Abb. 16.

Über die Anzahl tödlicher Vergiftungen mit Sulfanilamiden liegen keine zuverlässigen Angaben vor. HAWKING und LAWRENCE (1950) erwähnen einen Bericht, nach dem im Jahre 1941 in der Stadt New York 28 durch Sulfanilamide verursachte Todesfälle bekannt geworden sind. Die wirkliche Anzahl liegt wahrscheinlich höher; die toxische Mortalität durch die damals verwendeten Sulfanilamidpräparate wurde auf etwa 0,06% geschätzt.

Es besteht eine eindeutige Beziehung zwischen der Häufigkeit toxischer Nebenwirkungen und der Blutkonzentration der Sulfanilamide. PLUMMER und WHEELER (1944) beobachteten bei Sulfapyrimidin unter 50 μg/ml in 1,8% und bei Konzentrationen über 150 μg/ml in 14,8% der Fälle toxische Nebenwirkungen. Aus Beobachtungen an 1155 Fällen ergibt sich mit Hilfe des Wahrscheinlichkeitspapiers von Schleicher und Schüll (Selecta Nr. $423^1/_2$) ein Wert von 85 μg/ml als die Konzentration, die bei 95% der behandelten Individuen keine toxischen Erscheinungen hervorruft (Sulfapyrimidin LVIII).

Einige Nebenwirkungen der Sulfanilamide müssen näher erläutert werden. Bei den renalen Komplikationen (ältere Literatur s. bei KRÜGER-THIEMER 1942; weitere ausführliche Besprechungen bei SCUDI 1946; NORTHEY 1948 und HAWKING und LAWRENCE 1950; weitere Literatur: ALKEN 1953; ATKINSON 1951; BILECKI 1947; BOROWSKI und BRANDENBURG 1951; CLOTTEN 1951; CORSTEN 1950; DRESCHERS 1948; FÖLLMER 1948; FUNK 1952; HEINTZ 1949; HEUBNER 1946; HEUCHEL 1950; HOHLWEG 1947; LEHR 1944, 1945; LONG, HAVILAND, EDWARDS und BLISS 1940; LORING 1951; LÜDERS 1949; MÜLLER 1952; PFISTERER 1953; RENDLE-SHORT 1951; RICE-EDWARDS 1950; SHEPPARD 1948; SOLGMOSS 1949; TRAUTWEIN 1949; UHLBACH 1949; WILDE 1949) ist von der primär mechanisch bedingten Hauptform eine primär allergisch bedingte Form der Nierenschädigung abzugrenzen, die offensichtlich sehr selten ist (VELTMAN 1946; MOELLER 1953; BÜCKERT 1955) und schon durch geringe Dosen ausgelöst werden kann. Die primär mechanische Ursache der Hauptform wird dadurch nahegelegt, daß außer einer individuellen Empfindlichkeit die Löslichkeit der Sulfanilamide

(KRÜGER-THIEMER 1942), der Acetylierungsgrad, das Urinvolumen, der p_H-Wert des Urins und die Ausscheidungsgeschwindigkeit der Sulfanilamide und ihrer Acetylderivate einen Ein-

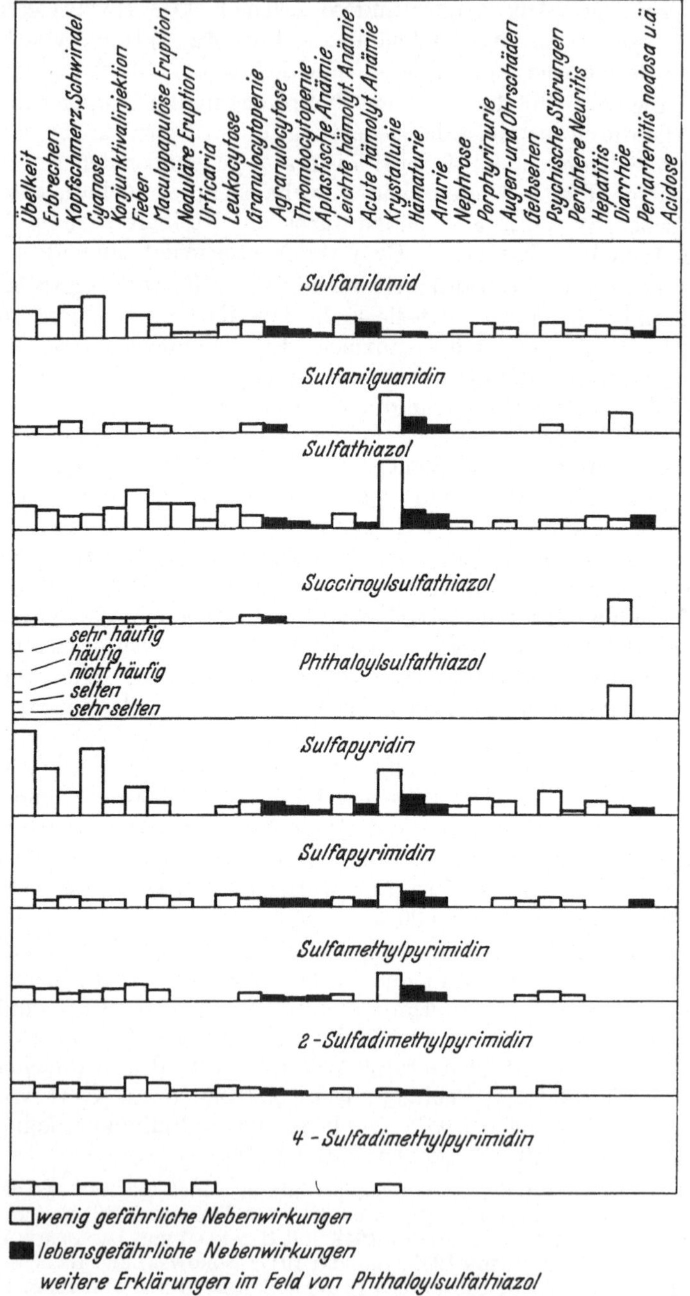

Abb. 16. Toxische Nebenwirkungen einiger Sulfanilamide. (Nach HAWKING und LAWRENCE 1950)

fluß auf die Nierenschädigung haben (HAWKING und LAWRENCE 1950). Eine Faustregel für den Zusammenhang zwischen der Löslichkeit, der Dosierung und der Gefahr der Auskristallisation in den Nieren ist im Abschnitt D, 3 gegeben. Man kann sich nach den vorliegenden Berichten den pathogenetischen Ablauf so vorstellen, daß die in den Nierentubuli gebildeten winzigen Kristalle zur Reizung der Tubuliwände und dadurch zu „reflektorischer“ Diuresehemmung mit Oligurie und eventuell Anurie führen. Nebenher kommt es zur Hämaturie. Aus der „reflektorischen" Oligurie oder Anurie kann sich eine mechanisch bedingte Anurie entwickeln, wenn Kristallmassen oder Blutgerinnsel (oder beide gemeinsam) die Ureteren oder die Urethra verstopfen. Hierzu schreibt SARRE (1958): „Manche der älteren Sulfonamidpräparate sind im sauren Harn schlecht löslich, insbesondere in acetylierter Form. Dazu gehören vor allem die 2-Sulfapyrimidine und die Sulfathiazole. Sie führen zu Konkrementbildungen in Harnkanälchen und Nierenbecken mit Anurie und Urämie. Die ausgedehnten Kristallniederschläge in den Tubuli und Harnkanälchen von Sulfapyridin, Sulfapyrimidin und Sulfathiazol, die der Pathologe ALLEN (1951) in seinem Lehrbuch von Sektionspräparaten abbildet, sind eine ernste Mahnung. Diese Sulfonamide sollten heute nicht mehr verwandt werden, da es besser lösliche und im Körper wenig acetylierbare Verbindungen gibt. Auch durch die Kombination von mehreren Sulfapräparaten hat sich die Löslichkeit im Harn steigern lassen." Daneben kann es eigenartigerweise auch ohne Auskristallisation zur Tubulusnekrose, nekrotisierenden Glomerulitis und interstitiellen Nephritis kommen (ALLEN 1951). Diese wahrscheinlich allergisch-toxischen Reaktionen kann man nach MOELLER (1954) an einem positiven Hauttest mit dem verabfolgten Medikament erkennen. — Den Vorstellungen von der überwiegend mechanischen Ursache der Nierenschäden durch Sulfanilamide entsprechen die vielfachen Erfolge aktiver therapeutischer Maßnahmen (Ureterensondierung, Ureterenspülung, operative Bougierung der Ureteren vom Nierenbecken aus), ohne die letale Ausgänge sicherlich noch häufiger wären. In der Literatur bis 1941 stehen 6 Todesfällen 9 erfolgreiche Behandlungen dieser Art gegenüber (KRÜGER-THIEMER 1942). Weitere Fälle wurden von SHEPPARD (1948) und UNGER (1952) beschrieben. Eine primär reflektorisch bedingte Anurie, die sich spontan oder unter geeigneter Allgemeinbehandlung lösen könnte, darf nach BOEMINGHAUS (1954) nur dann angenommen werden, wenn eine sekundäre, mechanisch bedingte Anurie durch sorgfältige urologische Untersuchung mit Sicherheit ausgeschlossen worden ist. Diese Unterscheidung hat wichtige therapeutische Konsequenzen, da z.B. forcierte Flüssigkeitsgaben bei der Verschlußanurie gelegentlich nützlich sein können, während sie bei der reflektorisch bedingten Anurie bedenklich sind (weiteres zur Urämiebehandlung s. bei MOELLER 1953 und BOEMINGHAUS 1954). Ausdrücklich muß vor einer ausschließlich konservativen Therapie im Sinne von KUGEL (1947) und RÖLLINGHOFF (1949) gewarnt werden, da bereits zu viele Fälle durch Ureterensondierung usw. geheilt worden sind, als daß man in pathogenetisch unklaren Fällen mit gutem Gewissen auf diese aktive Maßnahme verzichten könnte. Möglicherweise läßt sich die Anurie bei Therapie mit Sulfanilamiden auch durch die Procaintherapie (perirenale Injektion und intravenöse Dauerinfusion einer 0,1%igen Lösung) nach RIVA CRUGNOLA (1958) behandeln. — Die Annahme einer primär cytotoxisch bedingten Form der Nierenschädigung durch Sulfanilamide (neben der mechanisch und der allergisch bedingten Form) ist nicht experimentell belegt. KRAUTWALD (1956) sah bei Ratten nur nach Applikation hoher Dosen (Sulfapyridin 200 oder 300 mg/kg/d intraperitoneal oder 2-Sulfadimethylpyrimidin 500 mg/kg/d intraperitoneal einmal täglich für 21 Tage) deutliche histologische Nierenveränderungen (glomeruläre und tubuläre Degenerationen und Verfettungen). — Nach SARRE (1958) führt die kombinierte Gabe von Hexamethylentetramin mit Sulfanilamiden zu Kristallausscheidungen in den Harnkanälchen. Diese wenig bekannte Störung soll auf der Bildung einer unlöslichen Verbindung aus dem Sulfanilamidderivat und Formaldehyd beruhen, die in den Tubuli ausfallen und zur Anurie und Urämie führen kann (KIMMIG 1953).

Allergische Sensibilisierung wird bei verschiedenen Sulfanilamiden mit unterschiedlicher Häufigkeit beobachtet. Besonders leicht kommt es zur Sensibilisierung gegenüber Homosulfanilamid (**LXXXVIII**; KIMMIG 1954). Außer den für einzelne Präparate spezifischen Allergien gibt es eine Gruppenallergie für alle Sulfanilamide mit nicht substituierter aromatischer Aminogruppe. Diese Gruppenallergie beruht nach MAYER (1958) auf der aromatischen Aminogruppe, die im Stoffwechsel in ein Chinonimin umgewandelt wird (Abschnitt B, V, 1). Zu dieser Gruppe gehören alle Stoffe, aus denen Chinonimine oder Chinone metabolisch gebildet werden können, und die Chinonimine und Chinone selbst (z.B. p-Phenylendiamin, Anilin, 4-Acetylamino-2-hydroxy-5-chlorazobenzol, Pikrinsäure, 4-Aminobenzoesäure und deren Ester, darunter Novocain sowie Saccharin). Die als Allergen wirksamen Chinonimine haben nach MAYER (1958) Haptencharakter. Sie sollen sich mit bestimmten Eiweißkörpern unter Vernetzung derselben zum Vollantigen vereinigen. Durch die Lokalisation der entsprechenden Antikörper wird der Ort der allergischen Erkrankung bestimmt, die letzten Endes durch die Freisetzung von Histamin bewirkt zu werden scheint. Eine ausführliche Darstellung des Sensibilisierungsproblems bei der Therapie mit Sulfanilamiden findet man bei HAWKING und LAWRENCE (1950), dargestellt an Hand der beiden wichtigsten Erscheinungsformen, des Arzneifiebers und der Hautausschläge (vgl. auch BRUGSCH 1956). Auch die Agranulocytose nach Applikation von Sulfanilamiden wird als allergische Reaktion des Knochenmarks aufgefaßt. Bei den antidiabetischen Sulfonamiden (Tolbutamid) ohne aromatische Aminogruppe soll die Gefahr allergischer Schädigungen geringer sein (WENDEROTH und BALZEREIT 1958).

Die bei der Therapie mit Sulfanilamid und Sulfapyridin häufig beobachtete Cyanose soll nach KALLNER (1942), SVARTZ und KALLNER (1940) auf der Bildung einer lockeren Verbindung zwischen diesen Substanzen und Hämoglobin in seiner reduzierten Form beruhen. Diese Verbindung wird bei der Oxydation des Hämoglobins zu Oxyhämoglobin sofort gelöst.

Die vielfach beobachtete Steigerung der Prophyrinausscheidung während der Therapie mit Sulfanilamiden (vgl. HAWKING und LAWRENCE 1950) wurde von WEISSBECKER und STEIN (1953) näher untersucht. Während einer mehr als vierwöchigen Therapie mit 110—120 mg/kg/d war die Porphyrinausscheidung bei gesunden Personen regelmäßig nur in den ersten 5—7 Tagen erhöht. Die Erscheinung trat bei allen Präparaten außer einem in N^4-Stellung substituierten (**XVII**) auf. Verschiedene, bei Porphyrinurie aus anderer Ursache wirksame Vitamine beeinflußten die Sulfanilamidporphyrinurie nicht. Die gegebenen Erklärungsversuche sind unbefriedigend. Im Anschluß an die Feststellung von WEISSBECKER und STEIN (1953), daß die Schädigung beim Hämoglobinabbau zu suchen sei, läßt sich vermuten, daß die Sulfanilamide mit freier aromatischer Aminogruppe in höherer Dosierung ein stoßartiges Absterben der ältesten Erythrocyten herbeiführen. Während der Applikation der Sulfanilamide hätten die Erythrocyten danach ein verringertes Maximalalter. Nach Eintreten dieser Umstellung bewirkt die fortlaufende Applikation der Sulfanilamide keinen über das Normale hinausgehenden Erythrocytenzerfall. Möglicherweise hängt die durch Sulfanilamide ausgelöste Prophyrinurie mit der Hämiglobinbildung (Methämoglobinbildung) zusammen, die sich nach ZIERZ (1940) leicht durch Applikation von Methylenblau beseitigen läßt. Die Hämiglobinbildung beruht wahrscheinlich auf der Oxydation der aromatischen Aminogruppen zu Hydroxylaminogruppen (KIMMIG und FEGELER 1953; MAYER 1958); die Toxicität des Sulfanilanilins (4,4′-Diamino-diphenylsulfon) soll hauptsächlich auf Hämiglobinbildung zurückzuführen sein (vgl. S. 1023).

Über die Ursachen der sonstigen toxischen Symptome bei Applikation von Sulfanilamiden ist nichts genaues bekannt (vgl. HAWKING und LAWRENCE 1950).

4. Beeinflussung der toxischen Wirkungen

Die heute in der Therapie mit Sulfanilamiden gebräuchlichen Präparate sind im allgemeinen arm an toxischen Wirkungen im therapeutischen Dosisbereich. Beim Auftreten von Symptomen, die als toxische Wirkungen applizierter Sulfanilamide angesehen werden müssen, empfiehlt es sich stets, die Therapie zu unterbrechen. Meist verschwinden die Symptome dann spontan. Trotzdem seien hier einige Befunde erwähnt, die Hinweise für therapeutische Maßnahmen geben können. So verschwindet die Cyanose infolge von Hämiglobinbildung fast schlagartig nach intravenöser Applikation von Methylenblau (0,1 g in 10 ml Aqua bidest. iv; ZIERZ 1940; KIMMIG 1941[1]). Die nach starker Überdosierung von Sulfapyridin zu beobachtende Übererregbarkeit mit Erbrechen und Singultus wird durch Barbiturate nur wenig beeinflußt, obwohl Barbiturate der Krampfwirkung des Sulfapyridins bei Tieren entgegen wirken (HAWKING und LAWRENCE 1950). Andererseits ist bemerkenswert, daß Sulfanilthiocarbamid und Sulfathiazol in der Dosierung 2×50 mg/kg/d die chronische Toxicität von Thiobarbitursäurederivaten deutlich steigern, während dieser Effekt bei N-methylierten Barbituratsäurederivaten geringer ist (KÖRNER 1952). Ob diese Befunde einen Zusammenhang mit der Hemmung der Acetylierung von Sulfanilamid durch Pentobarbital (GOVIER und GIBBONS 1954) haben, ist ungewiß. Erwähnt sei noch, daß die Hemmung der Entwicklung von Kaulquappen durch Sulfanilamide von der 4-Aminobenzoesäure antagonisiert wird (FÖLLMER und ROCKER 1952). Entsprechende antitoxische Wirkungen der 4-Aminobenzoesäure bei höheren Organismen sind nicht bekanntgeworden. Die Kaulquappenhemmung der Sulfanilamide wird durch Cobalamin und Folsäure gesteigert.

Eine Versuchsreihe von LEHR (1944) gibt Hinweise zur Therapie der Sulfanilamid-Niere. Sulfapyrimidin (Na-Salz 1500 mg/kg intraperitoneal in 5%iger Lösung) führt bei Ratten nach 2—3 Tagen zum Tod von etwa 80% der Tiere unter Nierenkonkrementbildung. Durch vermehrte Zufuhr von Wasser (30 ml/kg per os) oder Ammoniumchloridlösung (1,67%, 30 ml/kg per os) oder Natriumhydrogencarbonatlösung (3,33%, 30 ml/kg per os) wird das Absterben der Tiere deutlich bis stark beschleunigt. Dagegen sind alle Tiere zu retten durch Natriumchloridlösung (3,33%, 30 ml/kg per os) oder eine Mischlösung von Ammoniumchlorid und Natriumhydrogencarbonat (in denselben Konzentrationen und Mengen wie oben). Es wird daher bei Nierenschäden nach Applikation von Sulfanilamiden vor hohen Wassergaben oder starker Alkalisierung des Urins gewarnt und die Verabfolgung von Neutralsalzlösungen oder schwach alkalischen Salzlösungen empfohlen (vgl. auch KLIKA 1956).

In Tierversuchen zeigte Hyaluronidase eine deutliche Schutzwirkung gegenüber der auf Nierenschädigung durch Kristallbildung beruhenden chronischen Toxicität des Sulfathiazols (FARISH und WILLIAMS 1957).

IV. Antimikrobielle Wirkung der Sulfanilamide und anderer Sulfone

1. Allgemeines zur Sensibilitätstestung

Es wird heute allgemein anerkannt (vgl. jedoch HÖRING 1944), daß die Chemotherapie mit Sulfanilamiden eine antibakterielle Therapie ist, bei der Wirkungen der Sulfanilamide auf die Bakterientoxine (STICKL und WEGNER 1957) und auf den Makroorganismus unbeteiligt sind und die körpereigenen Abwehrmechanismen nur eine sekundäre Rolle spielen (KIMMIG 1943). Daher hat die Testung der Empfindlichkeit der Infektionserreger gegenüber den Sulfanilamiden eine wesentliche Bedeutung. Während sich jedoch für die wichtigsten Antibiotica brauchbare Vergleichstabellen über den Bereich der häufigsten minimalen Hemmkonzentrationen von Patientenstämmen für alle wichtigen Infektionserreger aufstellen ließen (WALTER und HEILMEYER 1954, S. 184—189), war das für die Sulfanilamide bisher nicht möglich. Das beruht auf einigen Besonderheiten der Voraussetzungen für eine optimale Wirkung der Sulfanilamide in vitro, die zwar frühzeitig erkannt (vgl. z.B. IVÁNOVICS 1943; MEIER 1943; WAGNER und KIMMIG 1946), jedoch in der Praxis nicht beachtet wurden (z.B. SCHWEINBURG und RUTENBERG 1949; ZEISSLER 1949 und viele andere). Die Wiedergabe einiger Literaturwerte in den Tabellen 5 und 6 geschieht hier mit dem Vorbehalt, daß diese Daten nur für spezielle Versuchsbedingungen Gültigkeit haben und nur innerhalb derselben Versuchsreihe vergleichbar sind. Ungezählte andere Autoren haben Hemmkonzentrationswerte veröffentlicht, die zum Teil erheblich von den hier genannten abweichen (meist liegen die Werte höher). An dieser Stelle ist keine vollständige Behandlung des Problems möglich (vgl. HIRSCH 1941/42/43, 1945/46; MEIER 1943; WHITE s. NORTHEY 1948; LEINBROCK 1950; CHRIST und KROPP 1952; WALTER und HEILMEYER 1954; KLEIN 1957). Es sei nur kurz auf die wesentlichsten Faktoren hingewiesen, die nach BUNGE und KLEIN (1956) die in vitro-Teste mit Sulfanilamiden komplizieren (vgl. auch WILDE 1947).

1. Kompetitive Antagonisten der Sulfanilamide. Die Hemmkonzentrationen der Sulfanilamide sind der Konzentration der 4-Aminobenzoesäure im Nährmedium proportional. Jedoch ist der Gehalt der üblichen Nährbodenzusätze an 4-Aminobenzoesäure so gering, daß die minimalen Hemmkonzentrationen der wirksameren Sulfanilamide nur innerhalb der Fehlergrenze der Methode verändert werden[1]. Folgende 4-Aminobenzoesäurekonzentrationen wurden gefunden: 40%iger Hefeextrakt 0,11 μg/ml, 40%ige Peptonlösung 0,014 μg/ml, 40%ige Lösung von Liebigs Fleischextrakt 0,028 μg/ml, und 10fach eingedickte Kalbfleischbrühe 0,026 μg/ml; unter 28 Serumproben enthielt nur eine 0,008 μg/ml, während in den anderen der Gehalt unter 0,004 μg/ml lag. Unter Berücksichtigung der Größe der üblichen Zusätze dieser Stoffe zu Nährmedien sind Konzentrationen an 4-Aminobenzoesäure in der Größenordnung von 0,001 μg/ml zu erwarten. Da der Antagonismusquotient bei Sulfanilamid 1:20000, bei Sulfapyrimidin aber nur 1:100 beträgt, sind Störungen wohl bei Sulfanilamid, nicht aber bei Sulfapyrimidin zu erwarten. — Als kompetitive, jedoch unspezifische Antagonisten der Sulfanilamide sind die Serumalbumine aufzufassen, da die von ihnen adsorbierten Moleküle keine antibakterielle Wirkung ausüben (Literatur s. Abschnitte B, II, 1c und B, V, 2).

2. Nichtkompetitive Antagonisten der Sulfanilamide. Wesentlicher sind die Antagonisten aus den Gruppen der Peptone und anderer unbekannter Stoffe

[1] Bei Bakterien, die bezüglich der 4-Aminobenzoesäure heterotroph sind, bewirkt schon eine Konzentration von 0,0001 μg/ml optimales Wachstum (vgl. KALLINICH 1956).

(MEIER 1943). Während Rindfleischinfus diese Antagonisten praktisch nicht enthält, finden sie sich in „Pepton Proteose“ und Liebigs Fleischextrakt in so großer Menge, daß geringe Erhöhungen des Gehalts an diesen Extrakten die minimale Hemmkonzentration von Sulfapyrimidin gegenüber Bacillus subtilis-Sporen auf mehr als das Tausendfache ansteigen läßt. Alle mit peptonhaltigen Nährböden gewonnenen Hemmkonzentrationen (FRANCIS 1952; s. Tabelle 6; ZEISSLER 1949, usw.) bedürfen daher einer Überprüfung. Einer Bestätigung bedarf noch die Angabe von FRANCIS (1952), daß Pferdeblut die Wirkung von Sulfanilamidantagonisten aufheben soll, nicht dagegen Blut von anderen Tierarten. Der Forderung von ZEISSLER (1949) nach „optimalen, dem tierischen bzw. menschlichen lebenden Körpergewebe soweit wie möglich angeglichenen Nährbodenkombinationen“ entsprechen peptonhaltige Nährböden nicht, da die auf ihnen ermittelten minimalen Hemmkonzentrationen in solcher Höhe liegen, daß nach ihnen klinische Wirkungen der Sulfanilamide überhaupt nicht erwartet werden dürften. Nach den Untersuchungen von BUNGE und KLEIN (1956) hat *Blutserum im Gegensatz zu Pepton keine antagonistischen Eigenschaften*; ein Serumzusatz von 6% erhöht die Hemmkonzentration nur unwesentlich, bei weiterer Steigerung des Zusatzes auf 50% bleibt die Hemmkonzentration konstant. Ein praktisch antagonistenfreier Nährboden kann z. B. so hergestellt werden: Selbsthergestelltes Fleischwasser (aus Rind-, Kalb- oder Pferdefleisch, *nicht* Liebigs Fleischextrakt) mit 3% des von Antagonisten völlig freien Caseinhydrolysats „Bayer“ und 1% Glucose. Auch Extrakt aus Rinderleber enthält praktisch keine Sulfanilamidantagonisten (SIEBENMANN und PLUMMER 1945). Dazu kann Agar (3%, auf Antagonistenfreiheit prüfen!) zum Gießen von 5%igen Blutplatten gegeben werden. Sofern das verwendete Blut frisch ist, wachsen auf diesem Blutagar auch schwer züchtbare Keime wie Pneumokokken. — Unter optimalsten Bedingungen (Einsaat von 100 Keimen/ml, s. unten) beobachteten BUNGE und KLEIN (1956) auf ihrem Nährmedium folgende Hemmkonzentrationen: Escherichia coli 3 μg/ml, Shigella flexneri 0,2 μg/ml, Streptococcus pyogenes 1,6 μg/ml und Bacillus subtilis 0,02 μg/ml. Nahezu identische Werte erreichten ROTHES, HOLLENDER und LANGE (1957) auf einem anderen, ebenfalls empfehlenswerten Nährmedium (vgl. auch SCHÖNFELD und KIMMIG 1948, S. 54ff.). — Auch eigene Versuche mit Escherichia coli und Mycobacterium smegmatis in Sauton-Nährlösung lieferten minimale Hemmkonzentrationen in dieser Größenordnung (s. Tabelle 15; Beschreibung der Methode s. BÜNGER und andere 1961; und SEYDEL und andere 1961). Dagegen ist es zweifelhaft, ob die von HALLMANN (1955) empfohlene Leinbrock-Lösung, die 1 g Pepton/Liter enthält, vergleichbare Ergebnisse liefert, da die empfohlenen Testkonzentrationen nur den Bereich von 31—1000 μg Sulfanilamidderivat je ml Nährlösung umfassen.

3. *Einsaatgröße.* Die Hemmkonzentrationen der Sulfanilamide hängen besonders stark von der Einsaatgröße ab, während diese bei Penicillin, Chloramphenicol und den Tetracyclinen nur einen geringen Einfluß auf die Ergebnisse hat. Man sollte deshalb die Einsaaten zwischen 10 und 1000 Keimen/ml Nährmedium wählen (turbidimetrische Einstellung). Bei Verwendung fester Nährmedien wähle man die Einsaat so, daß sich kein geschlossener Bakterienrasen bildet, sondern Einzelkolonien erkennbar bleiben. Die Einwände von ZEISSLER (1949) gegen die schon von FELDT (1943) verwendeten geringen Einsaaten werden von neueren Untersuchern nicht geteilt. Nach BERG (1941) ist es bei beabsichtigter Beimpfung mit 10 Keimen höchst unwahrscheinlich, daß einzelne Impfdosen keine Keime enthalten. Vielmehr liegen die Keimzahlen nach dem Poissonschen Gesetz im Bereich von 3 bis zu 18 Keimen. Dementsprechend findet man entgegen der Befürchtung von ZEISSLER (1949) in der Literatur keine „sinnlos niedrigen“ Hemm-

konzentrationsangaben. Vielmehr befinden sich die mitgeteilten niedrigen Angaben (s. oben) gerade in dem Bereich, der unter Berücksichtigung der in vivo erreichbaren Blut- und Gewebekonzentrationen der Sulfanilamide (von denen nur der frei gelöste Anteil wirksam ist, Abschnitt B, II, 1 d) die therapeutische Wirkung dieser Stoffe verständlich erscheinen läßt.

4. Bebrütungsdauer. Auch der Einfluß der Bebrütungsdauer auf das Testergebnis ist bei den Sulfanilamiden größer als bei den Antibiotica. Das beruht

Tabelle 5. *Reproduzierbarkeit von Bestimmungen der minimalen Hemmkonzentrationen mit Laboratoriumsstämmen in Standardtests.* (Nach WHITE in: NORTHEY 1948)

Bakterienart	Zahl der Teste	Testsubstanz	Bereich der MHK (μg/ml)
Pseudomonas aeruginosa	24	Sulfathiazol	20—80
Escherichia coli	22	Sulfathiazol	10—40
Klebsiella pneumoniae	10	Sulfathiazol	1280
Proteus vulgaris		Sulfathiazol	0,31—0,63
Salmonella typhosa	6	Sulfathiazol	160—640
Salmonella schottmuelleri	7	Sulfathiazol	320—640
Shigella flexneri	11	Sulfathiazol	160—640
Pasteurella multocidum	30	Sulfathiazol	2,5—10
Bordetella pertussis	6	Sulfathiazol	1280
Brucella abortus	11	Sulfathiazol	1280
Staphylococcus aureus	43	Sulfathiazol	80—320
Neisseria gonorrhoeae	6	Sulfathiazol	10—20
Neisseria meningititis		Sulfathiazol	10—40
Diplococcus pneumoniae	101	Sulfathiazol	4—40
Streptococcus pyogenes	47	Sulfathiazol	80—1280
Streptococcus agalactiae	15	Sulfathiazol	20—80
Streptococcus mitis	15	Sulfathiazol	20—80
Streptococcus faecalis	8	Homosulfanilamid	160—320
Erysipelothrix insidiosa	36	Homosulfanilamid	160
Clostridium septicum		Homosulfanilamid	10—40
Clostridium novyi		Homosulfanilamid	160—640
Clostridium perfringens	20	Homosulfanilamid	20—40
Clostridium tetani		Homosulfanilamid	20—80
Clostridium histolyticum		Homosulfanilamid	5—20
Mycobacterium tuberculosis		Sulfanilanilin	2,5—10
Mycobacterium smegmatis Nr. 607		Sulfanilanilin	1,3—5,0

Konzentrationsstufen der Teste 1:2. Reihenfolge der Bakterien nach BERGEY (1957).

hauptsächlich darauf, daß die Sulfanilamide bei manchen Keimen, z.B. Escherichia coli und Staphylococcus aureus, die Vermehrung nur verlangsamen (BONÉT-MAURY 1953; BUNGE und KLEIN 1956). Man wähle deshalb die kürzeste Bebrütungsdauer, die noch eine sichere Ablesung ermöglicht.

5. Bebrütungstemperatur. Der Einfluß der Bebrütungstemperatur auf das Testergebnis ist ebenso groß wie der der Einsaat und der Versuchsdauer (vgl. Abschnitt B, V, 2). Wegen der notwendigen Analogie zu den klinischen Verhältnissen kommt nur eine Testung bei 37° C in Betracht. Fieberhafte Temperaturerhöhungen bei Patienten stören die Therapie nicht; sie verstärken eher die Wirkung der Sulfanilamide (WHITE 1939).

Aus allen Untersuchungen ergibt sich, daß die Testergebnisse um so weniger schwanken, je besser alle Versuchsbedingungen standardisiert sind. Die Tabelle 5 gibt einen Überblick über die Schwankungsbreite von minimalen Hemmkonzentrationen bei häufiger Wiederholung der Versuche mit denselben Teststämmen. Für die Beurteilung dieser Tabelle muß erwähnt werden, daß nicht die absoluten

Konzentrationen, sondern deren Logarithmen biologisch bedeutsam sind. Nur bei den Diplokokken und Streptococcus pyogenes schwanken die Werte um eine Zehnerpotenz. Es sei nochmals ausdrücklich betont, daß die Sulfanilamidwirkung in vitro wesentlich empfindlicher gegen unzureichende Standardisierung ist als die Wirkung der Antibiotica. Das hat wohl dazu geführt, daß es noch heute Bakteriologen gibt, die die therapeutische Bedeutung der direkten antibakteriellen Wirkung der Sulfanilamide leugnen. Für wissenschaftliche Untersuchungen sollte stets der Röhrchenverdünnungstest mit *flüssigem* Medium verwendet werden, da nur dieses, im Gegensatz zu einer oft wiederholten Behauptung, den in vivo-Verhältnissen im blutdurchströmten Gewebe annähernd entspricht. In zirkulationslosen Gebieten (Nekrosen, Eiter) sind die Sulfanilamide wegen der antagonistischen Wirkung von Eiweißzerfallsprodukten ohnehin wenig wirksam. Die Agardiffusionsteste können, auch in der Form der Papierplättchenteste, in fachkundiger Hand für den klinischen Gebrauch gute Ergebnisse liefern (Dimmling 1953; Walther 1957). Doch wird empfohlen, die günstigsten Substanzkonzentrationen in den Papierplättchen unter den Bedingungen des einzelnen Laboratoriums im Vergleich mit Röhrchenverdünnungstesten zu erproben. Auch die handelsüblichen Testbestecke unterwerfe man dieser Prüfung. Die Testung von Kombinationspräparaten (beide Kombinationspartner in denselben Röhrchen oder Platten) ist ohne wesentlichen klinischen Nutzen, da die Testergebnisse im allgemeinen die Wirkung des gegenüber dem Teststamm wirksameren Kombinationspartners anzeigen (Klein und Hollender 1955; Klein 1957). Eine vollständige Resistenz gegenüber einem der Kombinationspartner, dessen Applikation an den Patienten ohne Sinn ist, kann nur durch Einzeltestung der Kombinationspartner erkannt werden. Die zusätzliche gemeinsame Testung kann synergistische oder antagonistische Effekte, deren klinische Bedeutung jedoch begrenzt ist, offenbaren.

2. Spezifität der Hemmwirkung gegenüber Bakterien

Zwei Spezifitätsprobleme der Hemmwirkung der Sulfanilamide gegenüber Bakterien sind zu erörtern. Das erste betrifft die Hemmbarkeit verschiedener Bakterienarten und Bakterienstämme durch ein Sulfanilamidderivat, das zweite Problem betrifft die Unterschiede der Wirkung verschiedener Sulfanilamide gegenüber demselben Bakterienstamm. Von klinischer Bedeutung ist eine Kombination beider Spezifitätsprobleme, nämlich die Frage, ob es Sulfanilamidpräparate gäbe, die zur Behandlung einzelner Infektionskrankheiten besser geeignet seien als andere, die bei anderen Erkrankungen wirksamer seien.

Die durch Sulfanilamide und verwandte Chemotherapeutica hemmbaren Bakterien verteilen sich ziemlich wahllos durch nahezu alle Familien der Ordnung Eubacteriales. Außerhalb dieser Ordnung sind einige Pseudomonasarten, in begrenztem Umfang einige Arten von Mycobacterium, Actinomyces, Nocardia und Streptomyces (Mariat 1957), sowie einige Arten aus der Ordnung Rickettsiales (Chlamydia, Miyagawanella) hemmbar. Die Tabellen 5, 6 und 15 sowie die Abschnitte B, VII, 2c—j liefern einiges Vergleichsmaterial. Alle im Abschnitt A, III genannten Übersichtsarbeiten enthalten weitere Angaben (vgl. auch Linzenmeier 1956). Besonders ist aber auf die sehr umfangreiche Literatursammlung über die in vitro-Wirkung der Sulfanilamide und anderer Sulfone gegenüber etwa 70 Bakterienarten in dem von White verfaßten Abschnitt der Monographie von Northey (1948) hinzuweisen. Daneben wären ungezählte einzelne Veröffentlichungen zu nennen. Es liegen jedoch keine Arbeiten vor, die mit modernen Methoden (s. vorhergehender Abschnitt) bei möglichst allen wesentlichen Infektionserregern ermittelte Hemmkonzentrationen enthalten. Deshalb kann eine abschließende Beurteilung des ersten Spezifitätsproblems hier nicht gegeben werden.

Vergleichsmaterial zum zweiten Spezifitätsproblem findet man in den Tabellen 6 und 15. In den 13 Versuchen der Tabelle 6 findet sich die geringste Konzentration der 50%igen Hemmung nur bei Sulfathiazol, Sulfapyrimidin, Sulfanilanilin und Sulfamethylpyrimidin (in dieser Reihenfolge). Da die logarithmischen Unterschiede (s. oben) jedoch nur sehr gering sind, ist es zweckmäßiger, jeweils die drei wirksamsten Stoffe herauszuheben. Wenn man dabei das sehr toxische Sulfanilanilin, das bei Dipl. pneum. und Strept. pyogenes 4mal an der

Tabelle 6. *Mittlere Hemmkonzentrationen* (μg/ml; 50%ige Hemmung) *von 7 Sulfanilamiden und Sulfanilanilin bei 8 Bakterienarten.* (Nach FRANCIS 1952)

Bakterienart	Sulfanilamid	Sulfanilguanidin	Sulfathiazol	Sulfapyridin	Sulfapyrimidin	Sulfamethylpyrimidin	2-Sulfadimethylpyrimidin	Sulfanilanilin
Escherichia coli	124	155	2,4	13,6	2,4	2,4	7,1	37
Salmonella choleraesuis.	830	450	6,4	44	5,7	12	21	123
	155	64	0,57	3,3	0,88	0,99	3,3	24
Salmonella dublin . . .	10000	3300	111	400	94	192	270	1250
Pasteurella multocida .	71	17	4,1	3,7	2,4	0,93	1,7	19
	216	89	2,7	37	4,6	9,9	12,3	72
Neisseria gonorrhoeae .	138	64	12,3	27	8,0	21	27	46
Neisseria meningitidis .	111	27	0,46	7,1	0,88	2,6	8,0	11,1
Diplococcus pneumoniae	124		30	15	18	28	37	6,4
	24	6,4	1,4	8,9	3,6	4,6	5,7	1,1
	30	7,1	0,79	5,7	7,1	5,1	3,0	0,79
Streptococcus pyogenes.	64	52	17	64	17	40	64	17
	25	24	4,1	24	11,1	25	43	6,4

Konzentrationsstufen der Teste 1:3, die angegebenen Werte wurden graphisch ermittelt.

Spitze liegt, beiseite läßt, ergibt sich aus diesen 13 Versuchen folgende Wertigkeitsreihenfolge: Sulfapyrimidin (12mal), Sulfathiazol (11mal), Sulfamethylpyrimidin (11mal), Sulfapyridin (4mal), 2-Sulfadimethylpyrimidin (3mal), Sulfanilguanidin (1mal) und Sulfanilamid (kein Mal in der Spitzengruppe). Da die Hemmkonzentrationen sich in den Spitzengruppen der einzelnen Versuche nur bis zum 6fachen unterscheiden, kann man die drei erstgenannten Präparate als nahezu gleichwertig ansehen. (Die Deutung durch den Autor weicht von der hier gegebenen etwas ab, offenbar weil er zur Beurteilung als Referenzsubstanz gerade die unwirksamste ausgewählt hat). Besonders bemerkenswert ist, daß die gegenseitige Bewertung der drei Pyrimidinderivate in diesem Versuch vollständig der Bewertung durch WAGNER (1953) in Mäuseversuchen mit Streptococcus agalactiae entspricht. Mit nur geringem Vorbehalt kann man diese Übereinstimmung als eine starke Stütze der These ansehen, daß die therapeutische Rangordnung der wirksameren Sulfanilamidpräparate bei verschiedenen Infektionskrankheiten gleich ist. Bei anders lautenden Schlüssen vergleiche man zunächst die Hemmkonzentrationsunterschiede, auf denen diese Schlüsse beruhen, mit den Schwankungsbreiten der Tabelle 5.

Abweichungen von der hier für die Sulfanilamide abgeleiteten Regel sind mit Sicherheit zu erwarten bei den Substanzen, die nicht oder nicht nur den Wirkungsmodus der Sulfanilamide besitzen. Solche Substanzen werden sich sowohl in den von ihnen hemmbaren Bakterienarten („Wirkungsspektrum“) als auch in der therapeutischen Rangordnung von Krankheit zu Krankheit von der Spitzensulfanilamiden unterscheiden. Zu solchen Stoffen gehören: Sulfathiazol und

Sulfaäthylthiadiazol (Tuberkelbakterien; DOMAGK u. Mitarb. 1946; LEMBKE 1947; MIURA 1950), Sulfanilthiocarbamid (Staphylokokken, Tuberkelbakterien, Pilze und pleuropneumoniekeimartige Organismen = Mykoplasma-Arten; SCHOLTEN 1950; LIEBERMEISTER 1952, 1956), Sulfanilanilin (4,4'-Diamino-diphenylsulfon, Tuberkelbakterien, Leprabakterien, Diplokokken und Streptokokken, einige Nocardia-Arten; MIURA 1950; MARIAT 1957 u. v. a.), Homosulfanilamid (Clostridiumarten, auch Erysipelothrix und Streptococcus faecalis; DOMAGK 1942; s. Tabelle 5 und 6). Die ersten vier von diesen Stoffen sind in ihrer antibakteriellen Wirkung durch 4-Aminobenzoesäure antagonisierbar, das Homosulfanilamid dagegen nicht. Über die besonderen Wirkungsmodi dieser Stoffe ist nichts Näheres bekannt. Bemerkenswert ist auch die unterschiedliche Wirkung von 4-Amino-, 4-Hydroxyamino- und 4-Nitro-benzolsulfonamid; während die ersten beiden etwa gleich wirksamen Stoffe Clostridien viel weniger hemmen als Meningokokken, Pneumokokken und Gonokokken, verhält sich das 4-Nitrobenzol-sulfonamid gegenüber diesen Bakterien umgekehrt (BURTON und andere 1940).

3. Hemmwirkung bei anderen Mikroorganismen, Pflanzen und Tieren

Die Hemmwirkung der Sulfanilamide erstreckt sich in gewissem Umfang auch auf andere Mikroorganismen, niedere Pflanzen und Tiere. Die Wirkung des Sulfanilamids bei Kaulquappen wurde schon an anderer Stelle erwähnt (B, III, 4). Die minimale Hemmkonzentration ist jedoch sehr hoch (FÖLLMER und ROCKER 1952). Auch Flagellaten (Polytomella caeca) werden durch Sulfanilamid in der Vermehrung gehemmt, wobei die maximale ohne Vermehrungsstörung tolerierte Konzentration p_H-abhängig ist. Die Flagellaten sind im Zustand der Hemmung größer als normal. Sie werden durch Sulfanilamid nicht getötet (LWOFF, NITTI TRÉFOUEL und HAMON 1941). Bei der Hemmung der Weizenkeimung nimmt die toxische Wirkung der Sulfanilamide in der Reihenfolge ab: Sulfaguanidin, Sulfanilamid, Sulfathiazol, Sulfapyrimidin, Sulfapyridin, Sulfamethylpyrimidin und Sulfanildimethylbenzoylamid (BHARDWAJ und RAO 1954). Die Hemmwirkung von Sulfanilamid (86—172 μg/ml) auf die Teilung von Lemma minor wird durch 4-Aminobenzoesäure (14 μg/ml) aufgehoben (FROM und O'DONNELL 1953). Sulfanilamide hemmen auch die Entwicklung von Getreiderost (HASSEBRAUK 1953). Bei einigen Pilzen (Trichophyton gypseum und Torulopsis minor) liegt die minimale Hemmkonzentration von Sulfanilanilin (**LXXII**) über 500 μg/ml, während Sulfapyrimidin schon bei 100 μg/ml auf Histoplasma capsulatum fungistatisch wirkt (LOURIA und FEDER 1957). Bei 60 parasitären oder saprophytischen Pilzstämmen ließ sich das Wachstum in vitro durch 18 Sulfanilamidderivate nicht oder nur unwesentlich hemmen, so daß eine therapeutische Anwendung dieser Präparate höchstens bei bakteriell superinfizierten Dermatomykosen aussichtsreich erscheint (KOCH 1957). Hierzu sei erwähnt, daß BUU-HOI (1954) die fungistatische Wirkung von Chemotherapeutica neben der antituberkulösen Wirkung und der Löslichkeit in Fetten als eine Voraussetzung für eine antilepröse Wirkung ansieht (vgl. Abschnitt B, VII, 2k und o).

4. Synergisten und Antagonisten

Wechselseitige Synergismen zwischen Sulfanilamiden und anderen Chemotherapeutica, besonders verschiedenen Antibiotica, wurden vielfach beobachtet. Die Effekte sind bei verschiedenen Bakterienarten und -stämmen unterschiedlich, jedoch sind sie im allgemeinen nicht so groß, daß ihnen eine wesentliche klinische Bedeutung zukommen könnte (vgl. z. B. SCHWEINBURG und andere 1950; RICHTER 1952; KLEIN 1954; KNAPP und JACHERTS 1955; MASCITELLI-CORIANDOLI und andere 1958). Über die Ursachen dieser Erscheinung ist bisher nichts Wesentliches bekanntgeworden (vergleiche jedoch die Antipenicillinasewirkung der Sulfanilamide, Abschnitt B, V, 3). Zahlreiche andere Substanzen, Vitaminanaloga und sogar einige Aminosäuren, potenzieren unter bestimmten Umständen die Wirkung der Sulfanilamide (Literatur s. bei NORTHEY 1948, S. 473; LEE, EPSTEIN und FOLEY 1943; KAYSER und HADOT 1951; BEETZ 1952; LAGRANGE 1957).

Seit LOCKWOOD (1938) die antagonistische Wirkung von Peptonen und WOODS (1940) die der 4-Aminobenzoesäure gegenüber den Sulfanilamiden entdeckten, sind zahlreiche Untersuchungen zu diesem Problem durchgeführt worden (in vivo-Antagonismus: SELBIE 1940; vgl. NORTHEY 1948, S. 467; RAOUL 1948; POPE und SMITH 1950). Wesentlich ist, daß frische Lebern verschiedener Tiere praktisch frei von Antagonisten sind, während sich durch Autolyse oder Hydrolyse in ihnen, wie in anderen Organen, Antagonisten bilden. Eiter enthält danach verständlicherweise stets beträchtliche Mengen von Antagonisten. Die zahlreichen Einzelbefunde können hier nicht erörtert werden. Der in den letzten

Tabelle 7. *Aufhebung der Wachstumshemmung von Sulfapyrimidin bei E. coli durch verschiedene Stoffe* (Konzentrationen in μg/ml). (Nach ALIMCHANDANI und SREENIVASAN 1955)

Nr.	Zusätze zum Basalmedium														Kulturwachstum (Trübung) in % der Kontrolle	
	4-Aminobenzoesäure	Cobalamin	Vitamingemisch *	Glycin	Serin	Threonin	Methionin	Valin	Aminosäuregemisch **	Uracil	Thymin	Xanthin	Guanin	Adenin	ohne Sulfapyrimidin	mit Sulfapyrimidin (500 μg/ml)
1															Kontrolle	0
2					20		50	50			25	25			104	0
3					20		50	50		10	25	25	10	10	102	0
4					20	40	50	50			25	25			100	40
5		0,001			20		50	50			25	25			104	49
6		0,001	+		20		50	50			25	25			98	53
7				25	20		50	50			25	25			102	57
8				25	20	40	50	50			25	25			102	60
9		0,001		25	20		50	50			25	25			100	85
10	50														100	98
11		0,001		25	20		50	50			25	10	10	10	106	102
12				20	20	20	50	50	280		25	25			153	113

* Vitamingemisch: Thiamin-HCl, Riboflavin, Nicotinsäure, Pantothensäure und Pyridoxin-HCl je 1 μg/ml, Pteroylglutaminsäure 0,3 μg/ml, Leucovorin „Lederle" 0,3 μg/ml.

** Aminosäuregemisch: Alanin, Arginin, Asparagin, Asparaginsäure, Cystein, Glutaminsäure, Histidin, Isoleucin, Leucin, Lysin, Phenylalanin, Prolin, Tryptophan und Tyrosin je 20 μg/ml.

Jahren erreichte Stand des Antagonistenproblems ist in der Tabelle 7 dargestellt (vgl. auch die neueste Arbeit dieser Autoren: ALIMCHANDANI und SREENIVASAN 1957). Über die Bedeutung der verschiedenen Antagonisten für die Theorie des Wirkungsmodus der Sulfanilamide wird im Abschnitt B, V, 5 einiges gesagt. Interessant ist, daß 4-Aminosalicylsäure die 4-Aminobenzoesäure als Sulfathiazolantagonist bei Staphylococcus aureus vertreten kann (KOELZER und GIESEN 1950). Ebenfalls können die als Lokalanaesthetica verwendeten Ester der 4-Aminobenzoesäure (Procain usw.) die Sulfanilamidwirkung antagonisieren (KIMMIG 1941[2], PETERSON, FINLAND und andere 1944; FISCHBACH und andere 1949; KUBO 1956/57).

5. Resistenzentwicklung und Kreuzresistenz

Resistenzentwicklung während einer Therapie mit Sulfanilamiden ist oft einwandfrei beobachtet worden. Das weitgehende Versagen der Sulfanilamidtherapie bei der Gonorrhoe wird hierauf zurückgeführt (Abschnitt B, VII, 2g). Als Beispiel für die Häufigkeit der Resistenz gegenüber Sulfathiazol bei Patientenstämmen seien die Zahlen von EUFINGER und MOLLOWITZ (1951) genannt: Staphylokokken 42%, Streptokokken 50%, Enterokokken (Streptococcus faecalis) 40%, Escherichia coli 55%, Proteus vulgaris und Pseudomonas aeruginosa 0%. Auch in vitro ist Resistenzentwicklung möglich. GOTS und SEVAG (1948) erreichten bei Pneumokokken folgende Anstiege der minimalen Hemmkonzentration von Sulfathiazol: Typ I von 31 auf 250 μg/ml, Typ II und III von 16 auf 630 μg/ml in 47 Passagen. Dabei änderten sich auch einige andere Eigenschaften der Stämme. Die Resistenz war über lange Zeit stabil. Gegenüber Sulfapyridin bestand Kreuzresistenz. Dasselbe wird von vielen Autoren für die ganze Gruppe der Sulfanilamide berichtet, so daß die allgemeine Kreuzresistenz zwischen Sulfanilamiden als Regel betrachtet werden kann. Gegen 4-Aminosalicylsäure resistent gezüchtete Tuberkelbakterien weisen keine Kreuzresistenz gegenüber Sulfanilamiden oder Sulfanilanilin (4,4'-Diamino-diphenylsulfon) auf, obwohl alle diese Stoffe durch 4-Aminobenzoesäure antagonisiert werden. Wahrscheinlich ist danach die Kreuzresistenz ein besseres Gruppenmerkmal für die Sulfanilamide als die Antagonisierbarkeit durch 4-Aminobenzoesäure (vgl. Abschnitt B, V, 4). Ob dem Befund von Clapper und Heatherman (1950[1]), daß bei 4 Stämmen von Streptococcus mitis die Resistenz gegen Sulfathiazol mit Resistenz gegen Chlortetracyclin, Bacitracin, Penicillin und Streptomycin gekoppelt war, allgemeine Bedeutung zukommt, ist fraglich. Yaniv und Davis (1953) fanden bei Mutationsversuchen mit einem Bakterienstamm, der 4-Aminobenzoesäure zum Wachstum benötigte, klare Hinweise darauf, daß es verschiedene Arten der Mutation zur Resistenz gegen Sulfanilamide gibt. Weitere Literaturangaben hierzu findet man bei Hawking und Lawrence (1950), Tsukamura (1957, 1959) und Wiedemann (1960). Offenbar gibt es einen Typ, bei dem die resistenten Mutanten mehr 4-Aminobenzoesäure produzieren als der Ausgangsstamm. Bei zahlreichen anderen Stämmen ließ sich jedoch keine erhöhte 4-Aminobenzoesäureproduktion nachweisen. Clapper und Heatherman (1950) fanden bei Stämmen von Streptococcus mitis, die gegen Sulfathiazol, Chlortetracyclin oder Penicillin resistent gezüchtet waren, freie Glutaminsäure (bis 400 μg/ml), die in den Ausgangsstämmen fehlte. Die resistenten Stämme waren im Gegensatz zu den sensiblen Stämmen abhängig von der Anwesenheit von Pteroylglutaminsäure (Harrison und Clapper 1950). Es sei noch erwähnt, daß nach Emmart und Smith (1942) gegen das Sulfanilanilinderivat Promin (**LXXXII**) resistent gezüchtete Tuberkelbakterien sich bei Meerschweinchen und Hühnerembryonen als abgeschwächt virulent erwiesen.

Hotchkiss und Evans (1957) haben wesentliche Fortschritte durch genetische Untersuchungen über die Sulfanilamidresistenz erzielt. Sie isolierten eine hochresistente Mutante aus einem Pneumokokkenstamm, der nur einmal der Sulfanilamidwirkung ausgesetzt worden war. Diese Resistenz ließ sich mit Hilfe der Desoxyribonucleinsäure dieses Stammes auf sensible Pneumokokken übertragen (Transformation). Dabei zeigte sich, daß diese hohe Resistenz auf drei unabhängigen Erbkomponenten beruht, die beliebig miteinander kombinierbar sind. Bei einem anderen Stamm fand sich eine weitere Erbkomponente für Resistenz gegenüber Sulfanilamiden. Jede Komponente oder Kombination von Komponenten bedingt eine bestimmte Resistenzstufe.

Zur Überwachung der Sensibilität von Infektionserregern bei längerer Therapie sind die Papierblättchenteste nicht genau genug, da es darauf ankommt, schon die erste Sensibilitätsminderung zu erfassen (s. Abschnitt B, IV, 1), da dann sofort zur Therapie mit Antibiotica übergegangen werden sollte.

V. Biochemie der Sulfanilamide und anderer Sulfone

1. Metabolismus

Untersuchungen über den Metabolismus von Chemotherapeutica haben in mehrfacher Hinsicht Bedeutung. Möglichst genaue qualitative und quantitative Kenntnisse von den metabolischen Umwandlungen eines Chemotherapeuticums sind die Voraussetzung für die Beurteilung des Wertes quantitativer Bestimmungsmethoden in Körperflüssigkeiten, für die Beurteilung pharmakokinetischer, pharmakodynamischer und toxikologischer Phänomene und für jeden Versuch zur Aufstellung von Hypothesen über den Wirkungsmodus des Chemotherapeuticums. So ist es verständlich, daß der Metabolismus bis in die neueste Zeit reges Interesse gefunden hat. Trotz aller geleisteten Arbeit auf diesem Gebiet ist es jedoch noch nicht möglich, ein vollständiges Bild vom Metabolismus der Sulfanilamide zu entwerfen. So sind einige mit Sicherheit auftretende Metaboliten, deren Existenz aus toxischen Erscheinungen oder den erreichten Kenntnissen über die antibakterielle Wirkung gefolgert werden kann, noch nicht analytisch erfaßt worden. Zwar ist daran zu denken, daß manche Intermediärprodukte nur kurzfristig und in geringsten Konzentrationen auftreten, doch sollte man meist irgendwelche stabileren Folgeprodukte erwarten dürfen.

Die ersten Untersuchungen über den Metabolismus des Prontosil rubrum (**XIII**) brachten die fundamentale Erkenntnis, daß einer der durch reduktive Spaltung entstehenden Metaboliten, das Sulfanilamid, die eigentlich antibakteriell wirksame Substanz ist (TRÉFOUEL, TRÉFOUEL, NITTI und BOVET 1935). Jedoch fand KELLNER (1936) kein Sulfanilamid, aber neben 22% unveränderten Prontosils eine partiell reduzierte Hydrazoverbindung, wenn das Prontosil rubrum injiziert wurde. Danach geschieht wenigstens die erste Stufe der Reduktion des Azofarbstoffes wahrscheinlich im Darm (vgl. Abb. 17, Reaktion 15; ähnliches wurde auch bei den Derivaten des Sulfanilanilins beobachtet, s. unten). Möglicherweise beruht hierauf die Verwendbarkeit von Prontosil solubile (**XV**) für Leberfunktionsproben (Abschnitt B, II, 1b).

Die Abb. 17 gibt eine Übersicht über die bei Sulfanilamiden nachgewiesenen oder vermuteten Stoffwechselreaktionen, die im folgenden besprochen werden. Eingehender sind in dieser Hinsicht nur die älteren Sulfanilamide, besonders Sulfanilamid (**II**) und Sulfapyridin (**LI**) untersucht worden. Auch bei den neueren Präparaten gibt es vielfältige Umwandlungen. So erwähnen ROEPKE und andere (1957) unveröffentlichte Untersuchungen von BELL und anderen, wonach im Urin von Hunden, denen die Acetylierungsfähigkeit fehlt, nach Verabfolgung von Sulfamethoxypyridazin (**LVI**) mindestens sechs verschiedene Fraktionen durch Papierchromatographie und Gegenstromverteilung abtrennbar waren, die eine positive Reaktion nach der Methode von BRATTON und MARSHALL (1939) gaben. Zwei Drittel der Gesamtmenge entfielen auf die unveränderte Substanz. Eine von den übrigen fünf Fraktionen schien ein Glucuronid zu sein. Nach diesem Ergebnis ist es ungewiß, ob die folgende Aufzählung der metabolischen Reaktionen vollständig ist.

1. *N^4-Acetylierung.* Nachgewiesen bei allen Sulfanilamiden mit unsubstituierter aromatischer Aminogruppe (ausführliche Besprechung s. unten).

2. *N^1-Acetylierung.* Diese Reaktion wurde von BOYER, SAVIARD und DECHAVASSINE (1956) für Sulfanilamid und Acetylsulfanilamid nachgewiesen (s. Tabelle 8; vgl. auch DOHRN und DIEDRICH 1938; MILHAUD, AUBERT und BOYER 1955). Sie findet sich auch beim Hund, der Sulfanilamid in N^4-Stellung nicht zu acetylieren vermag (s. unten). Die N^1- und N^4-Acetylierungen des Sulfanilamids verhalten sich, wie aus der Tabelle 8 ersichtlich ist, entgegengesetzt. Die unterschiedliche Acetylierung des Sulfanilamids in N^1- oder N^4-Stellung bei verschiedenen Tierarten ist nicht verwunderlich, da es auch in vitro durch Anwendung geeigneter Reaktionsbedingungen möglich ist, die Einführung von Acetylresten in die N^1- oder die N^4-Stellung zu lenken (ZIEGLER und SHABICA 1954; BRETSCHNEIDER und KLÖTZER 1956). ZIEGLER, BAGDON und SHABICA (1954) vermuten, daß unter

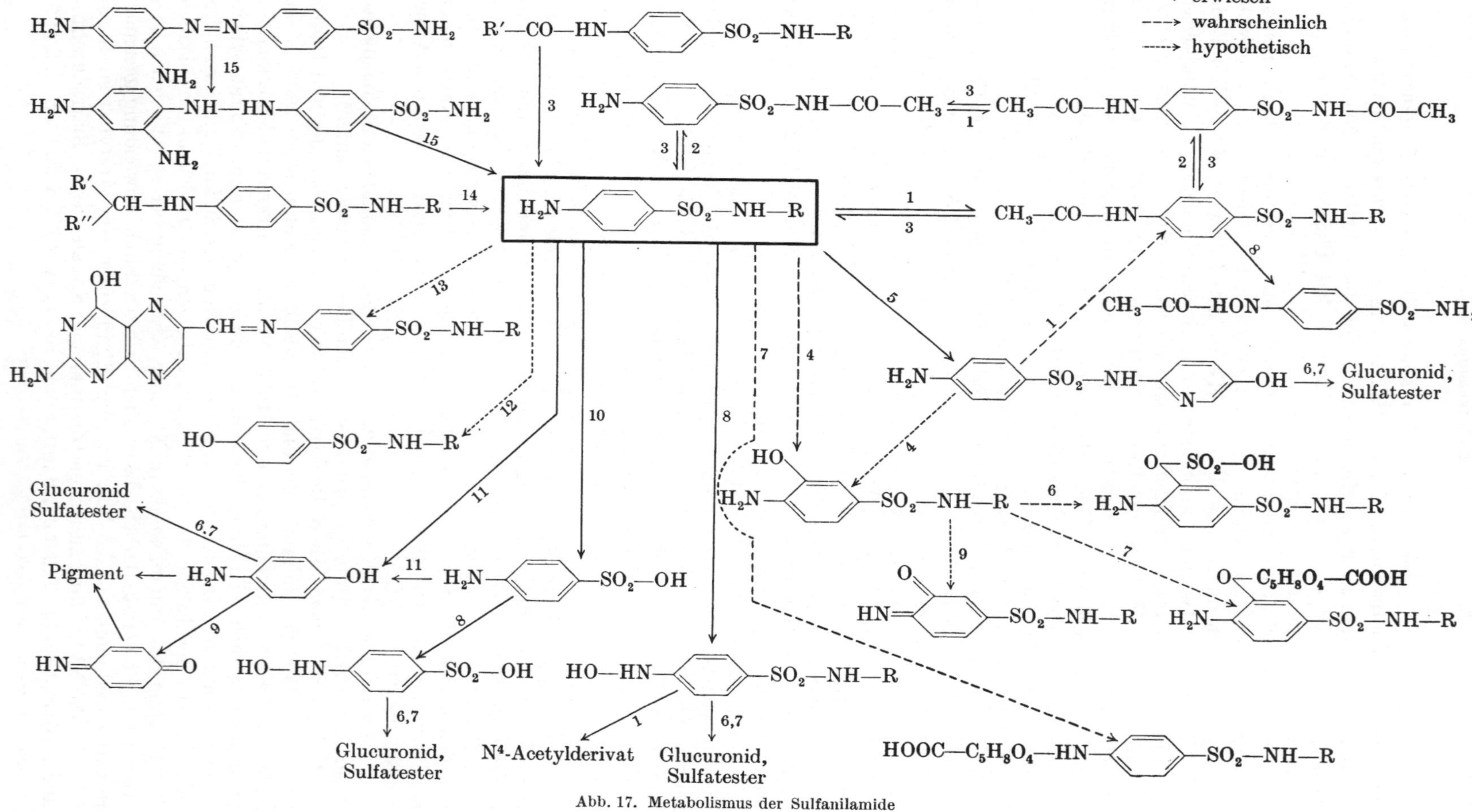

Abb. 17. Metabolismus der Sulfanilamide

besonderen Bedingungen auch das 2-Sulfadimethylpyrimidin in vivo in N^1-Stellung acetyliert werden kann.

3. *Carbonsäureamidspaltung.* Nach Applikation eines der drei verschiedenen Acetylderivate des Sulfanilamids fanden sich im Urin von Ratten jeweils die drei Acetylderivate und Sulfanilamid (BOYER, SAVIARD und DECHAVASSINE 1956). Damit wurden zahlreiche ältere Beobachtungen über die Spaltung von Acetylsulfanilamiden (z.B. KARBE 1939; VONKENNEL und BULLERJAHN 1944; LANGECKER 1953) bestätigt. Nach SMITH und WILLIAMS (1948) ist die Carbonsäureamidspaltung jedoch nicht die Umkehrung der Acetylierungsreaktion, da Kaninchen nach ihren Befunden die Acetylderivate nicht zu spalten vermögen. Auch Blutserum ist zu dieser Spaltung nicht befähigt. SMITH und WILLIAMS (1948) nehmen an, daß die Carbonsäureamidspaltung von einem besonderen Enzym (Acylase) bewirkt wird. Diese Reaktion ist auch die notwendige Voraussetzung für die antibakterielle Wirkung von Succinoyl- und Phthaloylsulfanilamiden (**X**, **XXVIII**, **XXXVIII**, **XXXIX**), nicht jedoch von Sulfanildimethylisoxazolacetamid (**LXXI**), das wirksamer als die entsprechende acetylfreie Verbindung (**XXXV**) ist (vgl. Tabelle 15).

Tabelle 8. *Prozentuale N^4-, N^1- und N^1,N^4-Acetylierung von Sulfanilamid beim Menschen (einmalige Dosis von 3 g) und verschiedenen Tierarten (1000 mg/kg)*
Quantitative Bestimmung nach Papierchromatographie des 24 h-Urins mit Butanol + Ammoniak + Wasser (12 + 3 + 15). (Nach BOYER, SAVIARD und DECHAVASSINE 1956.)

Substanzen im Urin	*Rf*	Mensch	Hund	Kaninchen	Ratte	Maus
Sulfanilacetamid	0,15	5%	15%	1%	5%	3,5%
Acetylsulfanilacetamid . .	0,35	0	0	8—10	1,5—2	0
Sulfanilamid.	0,57	60	85	35—40	80	71
Acetylsulfanilamid	0,73	35—40	0	40	10	25

Tabelle 9. *Urinausscheidung von Sulfanilamiden und deren Metaboliten beim Menschen nach Applikation von 4 g/Person* (Mittelwerte von 3 Individuen) (Nach LANGECKER 1950)

	Gesamtausscheidung %	Unverändertes Sulfanilamid %	Acetyl-Sulfanilamid und Ac-ÄUA %	ÄUA %
Sulfanilsäure	58	45	13	0
Sulfanilamid	67	38	29	1
Sulfanilacetamid . . .	64	39	23	1
Sulfanilthiocarbamid. .	93	66	19	6
Sufathiazol	80	57	22	3,6
Sulfaäthylthiadiazol . .	100	87	0	13
Sulfapyridin	72	13	48	34
Sulfapyrimidin	62	52	10	2
Sulfamethylpyrimidin .	50	17	28	4

ÄUA = Metabolit, der einen *ätherunlöslichen* Naphtholazofarbstoff bildet (diese Fraktion ist bei manchen Sulfanilamiden möglicherweise mit einem Glucuronsäurederivat identisch).

4. *Benzolringoxydation.* Diese Reaktion findet in unterschiedlichem Ausmaß wahrscheinlich bei allen Sulfanilamiden und auch bei Sulfa-5'-hydroxypyridin (vgl. die folgende Reaktion) statt. Die Reaktionsprodukte sind noch nicht isoliert und eindeutig identifiziert worden (SMITH und WILLIAMS 1948; LANGECKER 1950). Es wird angenommen, daß die phenolische OH-Gruppe in 3-Stellung steht. Diese Oxydationsprodukte werden gewöhnlich schnell als Schwefelsäureester oder Glucuronid ausgeschieden (vgl. unten und Tabelle 9).

5. *Substituentenringoxydation.* SMITH und WILLIAMS (1948) folgerten aus der Tatsache, daß sie nur beim Sulfapyridin sowohl Acetylierung als auch Oxydation

an demselben Molekül beobachteten, daß in diesem Falle die Oxydation nicht am Benzol-, sondern am Pyridinring angreife (vgl. James 1940). Ihre Annahme einer 5'-Stellung der Hydroxygruppe wurde von Bray, Neale und Thorpe (1950) und von Scudi und Childress (1956) bewiesen. Dieses Sulfa-5'-hydroxypyridin ist gegenüber Streptococcus pyogenes und Escherichia coli in vitro ebenso wirksam wie Sulfapyridin, dagegen ist es in vivo kaum wirksam, offenbar weil es nach Konjugation (Reaktion 6 oder 7) sehr schnell eliminiert wird (Scudi und andere 1955). — Möglicherweise erklärt sich die in vivo-Unwirksamkeit des in vitro gut wirksamen 4-(4'-Aminobenzol-sulfonamido)-pyrimidin (**LXII**; Tabelle 15), die früher durch Ringspaltung gedeutet wurde, auch auf diese Weise (Roblin und andere 1942).

6. *Schwefelsäureveresterung* und

7. *Glucuronierung*. Die durch die Reaktionen 4, 5 und 8 gebildeten Oxydationsprodukte finden sich in gekoppelter Form im Urin. In der Tabelle 9 sind Meßwerte aus menschlichem Urin (Langecker 1950) wiedergegeben. Analoge Verhältnisse wurden bei Kaninchen gefunden (Smith und Williams 1948). Die durch die Reaktionen 4, 5, 6 und 7 gebildeten Metaboliten der Sulfanilamide sind bisher die einzigen praktisch wichtigen neben den Acetylderivaten (vgl. Hartiala und andere 1956[1, 2]; Koechlin und andere 1959). — Daneben ist auch eine Glucuronierung der aromatischen Aminogruppe denkbar. 4-Sulfadimethoxypyrimidin (**LXV**) findet sich im menschlichen Urin fast vollständig glucuroniert (Koechlin u. a. 1959).

8. *Oxydation der aromatischen Aminogruppe*. Hydroxaminverbindungen wurden eine Zeit lang als die eigentlich antibakteriell wirksamen Metaboliten der Sulfanilamide angesehen (Mayer und Oechslin 1937; Burton und andere 1940). Seit dem aber bekannt ist, daß die antibakterielle Wirkung dieser Substanzen durch 4-Aminobenzoesäure nicht antagonisiert wird, vertritt man diese Ansicht nicht mehr. Jedoch spielen Hydroxaminoderivate der Sulfanilamide wahrscheinlich eine Rolle bei der Hämiglobinbildung durch Sulfanilamide (Kimmig 1941[1]; Heubner 1949; Mayer 1958). Einen Nachweis für das Auftreten dieser Metaboliten hat James (1940) erbracht. Wenn man die Anschauungen von Heubner über die Hämiglobinbildung zugrunde legt, kann auch nicht mit größeren Mengen der Hydroxaminoverbindungen gerechnet werden, da diese nur ein Intermediärprodukt innerhalb eines Kreisprozesses mit Übertragung von Sauerstoff auf das Hämoglobin darstellen.

9. *Oxydative Chinoniminbildung*. Mayer (1958) konnte durch umfangreiche Vergleichsuntersuchungen wahrscheinlich machen, daß Chinonimine die Ursache der gruppenspezifischen Allergie gegenüber Sulfanilamiden, Phenylendiamin und einigen anderen Stoffen sei. Wahrscheinlich genügen unter bestimmten Umständen bereits geringe Mengen dieser Stoffe für die Auslösung der Allergie, so daß der analytische Nachweis dieser Stoffe große Schwierigkeiten machen dürfte (s. Reaktion 11). Nach James (1940) bilden sich aus Chinonimin in vivo Pigmente.

10. *Spaltung der Sulfonamidgruppe*. Diese Reaktion ist bisher nicht erwiesen, sie spielt höchstens eine geringe Rolle (Langecker 1950). Metabolische Veränderungen an der Sulfonamidgruppe $R—SO_2—NH_2$ sind weitgehend vom Charakter von R abhängig. Bei aromatischem R ist die Sulfonamidgruppe in vivo meist sehr beständig, ebenfalls bei Acetazolamid (**XCII**), wogegen Benzothiazol-2-sulfonamid von Hunden überwiegend als Benzothiazol-2-thiol ausgeschieden wird (Clapp 1956).

11. *Entsulfonierung*. Die Abspaltung der Sulfonamidgruppe in vivo ist von James (1940) nachgewiesen worden. Sie ist die notwendige Vorstufe zur Bildung von p-Chinonimin, das zu den Allergenen der Phenylendiamingruppe gehört.

Mayer (1958) formuliert die Allergene aus Sulfanilamiden jedoch als o-Chinonimine (s. Reaktion 9).

12. *Desaminierung.* Eine Desaminierung an der aromatischen Aminogruppe ist bisher nicht nachgewiesen worden (Langecker 1950).

13. *Bildung einer Schiffschen Base mit Pteridinaldehyd.* Es kann heute als sehr wahrscheinlich gelten, daß die Sulfanilamide die Coenzym F-Synthese stören, wodurch weiterhin der Aufbau von Nucleinsäuren verhindert wird (vgl. Kallinich 1956). Einer der denkbaren Wege für den Eingriff der Sulfanilamide ist die Bildung einer Schiffschen Base mit Pteridinaldehyd (Tschesche 1947; Kimmig und Fegeler 1953). Diese Substanz ist jedoch bisher noch nicht in Bakterien nach Einwirkung von Sulfanilamiden nachgewiesen worden (Wacker, Trebst und Simon 1957; vgl. Abschnitt B, V, 5). Auch sonstige Schiffsche Basen sind noch nicht als Sulfanilamidmetaboliten gefunden worden. Bekanntlich reagieren Sulfanilamide jedoch leicht mit Aldehyden; diese Reaktionen werden in verschiedenen Bestimmungsmethoden verwendet (Abschnitt B, I, 6; vgl. auch Mietzsch und Behnisch 1955).

14. *Spaltung einer Alkylaminbindung.* Es gibt verschiedene antibakteriell wirkende Sulfanilamidderivate, bei denen die aromatische Aminogruppe mit verschieden substituierten Alkylresten besetzt ist (**V, VI, VII** und andere), deren Wirksamkeit nur mit einer Abspaltung der Substituenten erklärt werden kann (**VII**: James und Fuller 1940; vgl. auch Hawking u. Lawrence 1950).

15. *Reduktive Azobenzolspaltung.* Über diese Reaktion wurde das Notwendige bereits im zweiten Absatz dieses Abschnittes gesagt.

Einige Angaben in der Literatur deuten darauf hin, daß die Sulfanilamide in vivo noch weiteren metabolischen Umwandlungen unterworfen werden können. Simesen (1941), Alexander (1943) und Langecker (1948) fanden, daß bei vollständiger Analyse der Körper und der Exkremente von Mäusen bei einigen Sulfanilamiden 30—50% der applizierten Menge nicht mehr nachweisbar sind. Bei Untersuchungen mit radioaktiv markiertem Sulfapyridin fanden Bray und andere (1950) 3 Tage nach der Applikation keine nennenswerten Aktivitäten mehr im Tierkörper, womit eine Bindung an strukturfeste Körpersubstanzen ausgeschlossen wird. Einige andere Befunde, deren Zusammenhang mit dem Metabolismus der Sulfanilamide unsicher ist, seien kurz erwähnt. Wahrscheinlich handelt es sich bei den beschriebenen Substanzen nicht um Metaboliten der Sulfanilamide, sondern um Substanzen, deren Bildung durch die von den Sulfanilamiden bewirkte Stoffwechselstörung veranlaßt wird. Manche sulfanilamidresistenten Staphylokokken bilden in Gegenwart höherer Konzentrationen verschiedener Sulfanilamide ein orangebraunes Pigment. Möglicherweise wird dieses Pigment aus 4-Aminobenzoesäure gebildet (Spink und Vivino 1943). Sulfapyridin verursacht bei Ratten unter bestimmten Umständen eine Porphyrinurie (Rimington 1940). Auch Figge, Carey und Weiland (1946) fanden während der Therapie mit Sulfanilamid oder Sulfapyrimidin abnorme Mengen von Coproporphyrin III im menschlichen Urin. Stetten und Fox (1945) fanden in verschiedenen Bakterien nach Einwirkung von Sulfanilamiden ein diazotierbares Amin, das später als 4-Amino-imidazol-5-carboxamid, ein Nebenprodukt bei der biologischen Synthese der Inosinsäure, erkannt wurde (Gots 1950).

Die N^4-Acetylderivate der Sulfanilamide sind nach den Zahlen der Tabelle 8 und 9 und den übrigen Erläuterungen zum Metabolismus der Sulfanilamide deren wichtigste Metaboliten. Die N^4-Acetylderivate sind antibakteriell wenig wirksam. Sie sind bei den meisten Sulfanilamiden schwerer wasserlöslich als die Sulfanilamide (Krüger-Thiemer 1942; Langecker 1948 und andere; s. Abschnitt B, I, 2) und verursachen daher unter bestimmten Bedingungen häufig Störungen der Nierenfunktion (s. Abschnitt B, III, 3). Ihre akute Toxicität bei Versuchstieren ist im allgemeinen geringer als die der Sulfanilamide; trotzdem darf die N^4-Acetylierung nicht als Entgiftungsmechanismus bezeichnet werden. Schon Karbe (1939) deutete die Acetylierung der Sulfanilamide als unspezifische enzymatische Reaktion, was durch neuere Untersuchungen vollauf bestätigt wurde, wenn auch gewisse toxische Wirkungen des Sulfanilamids durch Acetatapplikation vermindert werden können (James 1940). N^4-Acetyl-sulfanilamid wurde als Metabolit des Sulfanilamids bei Menschen und Kaninchen von Marshall, Cutting und Emerson (1937) entdeckt und identifiziert. Diese Autoren fanden auch, daß Hunde Sulfanilamid in 4-Stellung nicht zu acetylieren vermögen. Dasselbe hatten Muenzen, Cercedo und Sherwin (1926) schon für 3- und 4-Aminobenzoesäure festgestellt. Diese Acetylierungsunfähigkeit wurde bei Untersuchung vieler Tierarten nur noch an Schildkröten,

Leopardenfröschen und Ochsenfröschen, nicht aber bei vielen anderen Kröten- und Froscharten gefunden (vgl. MARSHALL 1954). Möglicherweise hängt es hiermit zusammen, daß Acetylsulfanilamid, das beim Menschen keine toxischen Erscheinungen macht, in entsprechender Dosierung bei Hunden Dyspnoe hervorruft (OCKERBLAD und CARLSON 1939). Aus ihrem (relativ kleinen) Vergleichsmaterial schlossen MUENZEN und andere (1926), daß Hunde ausschließlich aliphatische Amine und Aminogruppen an aliphatischen Seitenketten von aromatischen Verbindungen acetylieren können. Offensichtlich (s. Tabelle 8 und oben Reaktion 2) ist dieser Schluß auf die Sulfonamidgruppe auszudehnen. Technische Einzelheiten zum Nachweis der N^4-Acetylierung vergleiche man bei MARSHALL (1954), PORTWICH und BÜTTNER (1956) und BOGNER und andere (1958). Im allgemeinen wird seit der Arbeit von KLEIN und HARRIS (1938) mit Leberschnitten angenommen, daß die Acetylierung hauptsächlich in der Leber stattfindet. Jedoch konnte BLONDHEIM (1955) auch in heparinisiertem Blut die Acetylierung von Sulfanilamid und 4-Aminobenzoesäure nachweisen. Kürzlich stellten MATTHIES und PFEFFERKORN (1960) fest, daß diese Fähigkeit des Blutes ausschließlich auf seinem Gehalt an Reticulocyten beruht. Die meisten Autoren geben die Acetylierung verschiedener Sulfanilamide in Prozent der jeweiligen Blut-, Serum- oder Urinkonzentration an gesamtem Sulfanilamidderivat an. Die Werte differieren zum Teil beträchtlich, was nicht verwunderlich ist, da die Prozentangabe im genannten Sinne keine pharmakokinetische Konstante darstellt. Die Werte werden stark beeinflußt vom Zeitpunkt der Bestimmung nach der Applikation, von der Art der Probe (Einzelurin oder 24-Std-Urin) und von den Eliminationskonstanten des verwendeten Sulfanilamidpräparates und seines Acetylderivates. Kürzlich haben PORTWICH und BÜTTNER (1956) eine pharmakokinetische Acetylierungskonstante k_3 angegeben, die durch folgende Näherungsgleichung definiert ist:

$$\frac{c}{c + c_a} = e^{-k_3 t}. \tag{24}$$

(c = Konzentration des „freien“ Sulfanilamidderivats im Serum, c_a = Konzentration des Acetylderivats im Serum, t = Zeit nach der Applikation). Der Logarithmus von (1 — Acetylierungsgrad) ist also eine lineare Funktion der Zeit, k_3 ist die Steigung dieser Geraden. Man braucht jedoch nicht die Acetylierungsgrade für jeden Zeitpunkt zu errechnen, da sich k_3 auch indirekt nach folgender Näherungsgleichung bestimmen läßt:

$$k_3 = k_2 - k_2^+. \tag{25}$$

Darin ist k_2 die Eliminationskonstante des Sulfanilamidderivates [Gleichung (4)] und k_2^+ die Eliminationskonstante des „Gesamtsulfanilamidderivates“ (freie und acetylierte Verbindung). Näheres vergleiche man im Abschnitt B, II, 1b. Aus der Arbeit von PORTWICH und BÜTTNER (1956) sind die Acetylierungskonstanten für Sulfamethylpyrimidin (k_3=0,005 h^{-1}) und 4-Sulfadimethylpyrimidin (k_3=0,015 h^{-1}) zu entnehmen. Angaben über Acetylierungsgrade einzelner Sulfanilamide findet man in sehr vielen Veröffentlichungen (unter anderem: BEYER und andere 1946; LANGECKER 1948; SMITH und WILLIAMS 1948; HAWKING und LAWRENCE 1950; WALTER und HEILMEYER 1954; PORTWICH, BÜTTNER und PAULINI 1955; vgl. Tabelle 15). Da die Acetylierungsgeschwindigkeit von der Konzentration des frei gelösten Stoffes abhängt, wird sie durch dessen Adsorption an Eiweißkörper beeinflußt (NEWBOULD und KILPATRICK 1960).

Die biochemischen Grundlagen der Acetylierung der Sulfanilamide haben BOGNER, ENGELHARDT-GÖLKEL, PIRNER und WOLLER (1958, dort 115 Literaturangaben) dargestellt (vgl. auch SCHWYZER 1953). Die Acetylierung hängt ab von Coenzym A, das bei Untersuchungen über die Acetylierung der Sulfanilamide entdeckt wurde (LIPMANN 1953), von Energiezufuhr und Acetylquellen, am besten in Form von Brenztraubensäure (KIMMIG 1948) oder auch in Form der leicht spaltbaren Fructose (BOGNER und andere 1958). Diphosphopyridinnucleotid ist in dieser Reaktion beteiligt:

$$\text{Brenztraubensäure} + \text{CoA} + \text{DPN}^+ \rightleftharpoons \text{Acetyl-CoA} + \text{CO}_2 + \text{DPNH} + \text{H}^+$$

Zahlreiche ebenfalls leicht zu acetylierende Stoffe (Isoniazid, 4-Aminosalicylsäure und andere) hemmen die Acetylierung der Sulfanilamide kompetitiv (JOHNSON 1955[1,2]; vgl. KRÜGER-THIEMER 1957, S. 318, 319, 354ff.). Auch Narkotica beeinflussen die Acetylierung (JOHNSON und QUASTEL 1953; GOVIER und GIBBONS 1954), ebenso α-Phenyl-fettsäuren und verwandte Stoffe (WAGNER-JAUREGG 1957; WAGNER-JAUREGG u. SANER 1959; vgl. auch CREMA 1954 und VECELLIO DEL MONEGO 1955). Blut von Patienten im diabetischen Koma soll, im Gegensatz zu Normalblut, die Sulfanilamide nicht acetylieren (NAVAZIO und SILIPRANDI 1955; vgl. oben den Hinweis auf die Funktion der Reticulocyten).

Der Metabolismus der Sulfanilaniline (Derivate des 4,4′-Diamino-diphenylsulfons, **LXXII** bis **LXXXV**) ist dem der Sulfanilamide sehr ähnlich. Nach oraler Applikation von Sulfanilanilin findet man im Urin von Hunden (die die aromatischen Aminogruppen nicht acetylieren können, s. oben) neben der unveränderten Substanz zwei noch unbekannte Metaboliten, ein mit Butanol extrahierbares phenolisches Amin und eine sehr wasserlösliche, säurelabile aminosubstituierte Verbindung (TITUS und BERNSTEIN 1949). Papierchromatogramme von Rattenurin zeigten nach Sulfanilanilinapplikation mehrere Metaboliten (RIST, BOYER, SAVIARD und HAMON 1954). Die klinisch verwendeten, beidseitig substituierten Sulfanilanilinderivate **LXXIX, LXXXI, LXXXII** und **LXXXIII**, die in vitro kaum wirksam sind, üben ihre antibakterielle Wirkung in vivo erst nach wenigstens einseitiger Abspaltung der Substituenten aus (Reaktionen 3 und 14, s. oben). Es wird angenommen, daß diese Spaltung hauptsächlich eine saure Hydrolyse im Magen ist (TITUS und BERNSTEIN 1949; KUMLER und SAH 1952). Für die Substanz **LXXXV** kommt die Reaktion 15 wie beim Prontosil rubrum in Frage (RIST, BOYER, SAVIARD und HAMON 1954). In Kaninchenurin fand sich nach peroraler Applikation von Sulfanilanilin neben einer geringen Menge der unveränderten Substanz viel von der einseitig mit Glucuronsäure zur Schiffschen Base gekoppelten Verbindung und wenig von der doppelseitigen Schiffschen Base (Reaktion 13). Im menschlichen Urin konnten diese beiden Metaboliten nicht nachgewiesen werden, dafür aber eine ähnliche, säurestabilere Substanz, wahrscheinlich ein Hydroxyaminoderivat (Reaktion 8; BUSHBY und WOIWOD 1955). Es wird aus diesen Untersuchungen gefolgert, daß alle Derivate des Sulfanilanilins, einschließlich der Stammsubstanz, im Blut gewöhnlich in einseitig gekoppelter Form, die antibakteriell wirksam ist, vorliegen. Wohl aus diesem Grunde rücken neuerdings die einseitig gekoppelten Sulfanilanilinpräparate (**LXXIII** bis **LXXVIII**) in den Vordergrund des Interesses. Das Sulfanilanilinderivat **LXXIII** wird von Katzen in den Stoff **LXXIV** umgewandelt (SMITH, JACKSON und andere 1949).

Über den Metabolismus des Homosulfanilamids (**LXXXVIII**) ist bisher nur bekannt, daß es bei Kaninchen durch oxydative Desaminierung in 4-Carboxy-benzol-sulfonamid umgewandelt wird (HARTLES und WILLIAMS 1946, 1949). Möglicherweise ist an dieser Umwandlung die Diaminoxydase beteiligt, die von Homosulfanilamid gehemmt wird (SCHREUS und STÜTTGEN 1950[2]). — Das Antidiabeticum N-(4-Methyl-benzol-sulfonyl)-N′-butyl-carbamid wird im Stoffwechsel des Menschen an der Methylgruppe zur Carbonsäure oxydiert, während der Hund nur die Butylgruppe abspaltet (MOHNIKE, WITTENHAGEN und LANGENBECK 1958).

4-Aminobenzoesäure wird in vivo in 4-(Acetyl-amino)-benzoesäure, 4-Aminobenzoylglycin, 4-Amino-benzoyl-glucuronsäure und 4-(Acetyl-amino)-benzoyl-glucuronsäure umgewandelt (SALASSA und andere 1948). Bei Kaninchen fand UMEDA (1957) außer dem Acetylderivat dieselben Metaboliten, dazu noch 4-(Acetyl-amino)-benzoyl-glycin.

2. Physikochemische Wirkungsbedingungen

Die antibakterielle Wirkung der Sulfanilamide in vitro und in vivo ist von einigen physikochemischen Milieubedingungen stark abhängig. Durch Temperaturerhöhung wird die Wirkung der Sulfanilamide in vitro (WHITE und PARKER 1938; WHITE 1939; RANTZ und KIRBY 1944; weitere Literatur s. bei HENRY 1944, S. 168) und in vivo (BALLENGER, ELDER und MCDONALD 1937; BERGER 1951; vgl. auch HENRY 1944, S. 169) deutlich erhöht. Durch Steigerung der Bebrütungstemperatur um wenige Grade über 37° C wird aus der Sulfanilamidbakteriostase eine deutliche Baktericidie. In vivo kann dieser Effekt durch andere Erscheinungen überdeckt sein (HENRY 1944). Diese Beobachtungen sind wiederholt in der Klinik nutzbar gemacht worden (z.B. VONKENNEL und KIMMIG 1943, s. Abschnitt B, VII, 2g). Eine befriedigende Deutung dieses Phänomens ist nicht bekannt geworden. Auffallend ist, daß mit steigender Bebrütungstemperatur der Antagonismus der 4-Aminobenzoesäure gegenüber den Sulfanilamiden abnimmt (vgl. HENRY 1944, S. 169).

Eine weitere wesentliche physikochemische Wirkungsbedingung für die Sulfanilamide ist der p_H-Wert des Milieus (LWOFF, NITTI, TRÉFOUEL und HAMON 1941; SCHMELKES und andere 1942; BRUECKNER 1943). Die Wirkung des Sulfanilamids gegenüber Escherichia coli, Aspergillus niger und Polytomella caeca ist im Sauren geringer als im Neutralen. Bei Pseudomonas aeruginosa, Escherichia coli, Staphylococcus aureus, Bacillus subtilis und Polytomella ist die antagonistische Wirkung der 4-Aminobenzoesäure bei p_H 3,6 wesentlich stärker als bei p_H 7,6. Diese Wirkungen des p_H-Wertes haben offensichtlich Beziehung zu den *pKa*-Werten der Substanzen (vgl. Abschnitt B, I, 1 und B, V, 5), von denen auch die Permeationsgeschwindigkeit durch Zellmembranen abhängt.

Die Wirkung der Sulfanilamide wird auch durch ihre Adsorption an Milieubestandteile (Eiweißkörper) beeinflußt (Kimmig und Weselmann 1941). Nach Davis (1942) ist die antibakterielle Wirkung der Sulfanilamide von der Konzentration der *frei* gelösten Substanz abhängig. Dieser Befund ist inzwischen an vielen Sulfanilamidderivaten experimentell bestätigt worden (Anton 1959; Sakai, Tochino und Kishiwada 1959; Newbould und Kilpatrick 1960; Seydel und andere 1961). Bei stärkerer Eiweißbindung ist die Wirkung also geringer. Außerdem hat die Eiweißbindung in vivo einen großen Einfluß auf die Pharmakokinetik der Sulfanilamide (Schulze 1955). Bei geringerer Eiweißbindung werden die Sulfanilamide schneller durch die Nieren ausgeschieden (vgl. Abschnitt B, I, 1d) und schneller acetyliert (Newbould und Kilpatrick 1960).

3. Wechselwirkungen mit Enzymen

Vielfach wurde und wird angenommen, daß die Sulfanilamide ihre antibakterielle Wirkung durch spezifische Hemmung eines Enzyms (oder Enzymsystems) ausüben (Woods 1940; Klotz 1944). Zum Beweis dieser Annahme wurden sehr große, jedoch bisher erfolglose Anstrengungen unternommen. Das einzige, praktisch bedeutsame Ergebnis dieser Untersuchungen ist die Feststellung der Carboanhydrasehemmung durch Sulfanilamid (Mann und Keilin 1940; vgl. Abschnitt B, II, 2).

Die umfangreiche Literatur zum Problem der Wechselwirkungen der Sulfanilamide mit einzelnen Enzymen oder Enzymsystemen wurde von Henry (1944), Northey (1948), Sevag, Gots und Steers (1951) und von Uecker (1954) besprochen. Die beschriebenen Enzymwirkungen hängen größtenteils mit dem Energiestoffwechsel der Bakterien zusammen und sind meist nur in wachsenden Kulturen nachweisbar. Bisher war es nicht möglich zu entscheiden, ob die beobachteten Enzymhemmungen Ursache oder Folge der Vermehrungshemmung der Bakterien durch die Sulfanilamide sind. Da diese Untersuchungen weder klinische Bedeutung gewonnen haben noch einen Beitrag zur Klärung der Frage nach dem Wirkungsmodus der Sulfanilamide geleistet haben, kann auf eine ausführliche Besprechung hier verzichtet werden (Ercoli und Ravazzoni 1940; Mellon, Locke und Shinn 1940; Baur und Rüf 1942; Schreus und Stüttgen 1950; Jacobsohn und Azevedo 1952; Quastel, Scholefield und Stevenson 1952; Sevag und Stewart 1952; Gots 1953; Ishii und Sevag 1956; Lam und Sevag 1957 und viele andere). Von Interesse für die Kombination von Penicillin mit Sulfanilamiden ist, daß diese die Penicillinase sowohl in vitro (Plattentest) als auch in vivo (Aronson-Streptokokkensepsis der Maus, Str. agalactiae) hemmen (Kimmig 1953; Meyer-Rohn 1954). 4-Aminobenzoesäure — und in geringem Maße Isoniazid — zeigen auch diese Wirkung.

Allein beim Homosulfanilamid (**LXXXVIII**) kann auf Grund der Versuche von Schreus und Stüttgen (1950[2]) angenommen werden, daß die Anaerobierhemmwirkung mit der Diaminoxydasehemmung durch Homosulfanilamid zusammenhängt, da verschiedene Diamine (Putrescin, Spermin, Agmatin) auf manche Clostridien wachstumsfördernd wirken.

Daß die von Hanzlik und Cutting (1943) beobachtete Hemmung anorganischer Katalysatoren durch Sulfanilamide irgendeinen Zusammenhang mit deren antibakterieller Wirkung hat, ist äußerst unwahrscheinlich.

4. Strukturspezifität der antimikrobiellen Hemmwirkung

Die Strukturspezifität der antimikrobiellen Hemmwirkung der Sulfanilamide ist vielfach untersucht worden. Dazu sind so viele Stoffe synthetisiert worden, daß man sich nur mit Mühe Derivate oder Analoga des Sulfanilamids ausdenken kann, die nicht in den Übersichten von Northey (1940, 1948), Mietzsch und Behnisch (1955) und Behnisch (1956) zu finden sind. Leider sind die zugehörigen in vitro- und in vivo-Untersuchungen nicht ebenso vollständig veröffentlicht worden wie die Synthesen. Northey (1940) konnte schon frühzeitig Regeln für die Strukturspezifität der Sulfanilamidwirkung aufstellen, an denen seither kaum etwas zu ändern war.

Zunächst muß ein Kriterium für die Zugehörigkeit eines antibakteriell wirkenden Stoffes zu der hier behandelten Gruppe festgelegt werden, da Substituenten mit eigener starker antibakterieller Wirkung denkbar sind (z.B. Sulfanilthiocarbamid, LIEBERMEISTER 1956), so daß der Stoff wegen des Überwiegens des zweiten Wirkungsfaktors zu einer anderen Gruppe von Hemmstoffen gezählt werden könnte. Es stehen zwei Kriterien zur Wahl, von denen noch nicht entschieden werden kann, ob sie identisch sind oder ob eines von ihnen das „bessere“ ist: 1. Kreuzresistenz mit Sulfanilamid, dem Stammkörper der Gruppe, und 2. Antagonisierbarkeit durch 4-Aminobenzoesäure. — Es ist üblich, die Sulfanilamide als Hemmstoffgruppe mit dem zweiten Kriterium zu definieren. Deshalb seien die Regeln für die Strukturspezifität der antagonistischen Wirkung der 4-Aminobenzoesäure vorangestellt (JOHNSON, GREEN und PAULI 1944): 1. Monosubstitution durch neutrale oder schwach elektropositive Gruppen in 2- oder 3-Stellung der 4-Aminobenzoesäure liefert Stoffe mit bakteriostatischen Eigenschaften (ERLENMEYER, BLUMER und andere 1947). Die beiden Stellungen sind hinsichtlich der Aktivität dieser Stoffe nahezu gleichwertig. Die Beurteilung der Eigenschaften verschiedener Derivate ist in der Literatur uneinheitlich (ARIËNS 1954; vgl. die Deutung im folgenden Abschnitt). 2. Disubstitution in 2,3-Stellung oder in 3,5-Stellung liefert Stoffe ohne bakteriostatische Wirkung. 3. Ersatz der Aminogruppe durch alle bisher geprüften Substituenten außer der Nitrogruppe liefert inaktive Stoffe (KIMMIG 1943[1]). 4. Variationen an der Carbonylgruppe durch Ersatz oder Substitution können Stoffe mit Sulfanilamidantagonismus, bakteriostatischer Wirkung oder ohne eine von diesen Eigenschaften liefern, ohne daß sich bisher hierüber Regeln aufstellen ließen (vgl. KIMMIG 1943[1], DANN und MÖLLER 1947). 5. Gleichzeitige Variationen an der Aminogruppe (einschließlich Ersatz durch die Nitrogruppe) und Substitutionen am Benzolring führen stets zu inaktiven Verbindungen. 6. Gleichzeitige Variationen an der Aminogruppe und an der Carboxylgruppe führen stets zu inaktiven Verbindungen (vgl. jedoch MEISER und SCHÖNHÖFER 1942). Hinzugefügt sei, daß die Aminogruppe in 4-Stellung stehen muß (KIMMIG 1941[2]). Als neuere Ergänzung sei erwähnt, daß die 4-Aminobenzoylglutaminsäure bei manchen Bakterien gegenüber den Sulfanilamiden wesentlich stärker antagonistisch wirkt als die 4-Aminobenzoesäure (AUHAGEN 1943, 1948). Die strukturanaloge 2-Aminopyrimidin-5-carbonsäure wirkt 2000mal weniger sulfanilamidantagonistisch als 4-Aminobenzoesäure (MARTIN, ROSE und SWAIN 1944).

Die Strukturregeln für die Sulfanilamide nach NORTHEY (1940) mit einigen Ergänzungen nach KIMMIG (1947) lauten: 1. Der Benzolring kann nicht ohne Wirkungsverlust durch andere Ringe ersetzt werden (im Gegensatz zur trypanosomenwirksamen Arsanilsäure, in der Benzol durch Pyridin ersetzt werden kann). 2. Im Benzolring substituierte Derivate des Sulfanilamids können wirksam oder unwirksam sein (QUAN, DANIELS und MEYER 1954; vgl. folgenden Abschnitt). 3. Die Aminogruppe muß in 4-Stellung zur Sulfonamidgruppe stehen. 4. N^4-Substituierte Sulfanilamidderivate sind in dem Maße antibakteriell wirksam, wie sich aus ihnen in vitro oder in vivo die in N^4-Stellung unsubstituierte Verbindung freisetzen kann. Nicht, oder schwer spontan, durch Bakterien oder Körperzellen abspaltbare Substituenten sind solche mit Sulfonyl-, größeren Alkyl- und Arylresten. In vivo (im Darm oder durch den Stoffwechsel) abspaltbar sind die Methyl- und Äthylgruppen, aliphatische und aromatische Carbonsäurereste, ebenso auch Aldehyde (Schiffsche Basen), Azoreste (z.B. Prontosil rubrum und Prontosil solubile), Methansulfonat- und Methansulfinatverbindungen der aromatischen Aminogruppe. 5. N^1-Disubstitution führt oft, aber nicht immer (vgl. Stoff **LXXI**), zu unwirksamen Verbindungen. N^1-Monosubstitution kann wirksame Verbindungen liefern. Reine Kohlenwasserstoffe (Alkyl- oder Arylreste) ergeben wenig wirksame Stoffe. Unter den heterocyclischen Derivaten finden sich die wirksamsten der ganzen Gruppe, jedoch gibt es auch unter ihnen unwirksame. Auch unter den Acylderivaten finden sich gut wirksame Stoffe. Sulfonylderivate sind meist unwirksam. 6. Der Ersatz der N^4-Aminogruppe durch H—, HO—, RO—, HOOC—, $H_2N—SO_2—$, Alkyl— oder Halogen— liefert praktisch unwirksame Stoffe. 7. Der Ersatz der Sulfonamidgruppe durch $—NH_2$, —CN, $—SO_3H$, $—AsO_3H_2$, $—CO—NH_2$, —NH—$—CO—CH_3$ oder $—NO_2$ liefert unwirksame Stoffe. Geringe oder deutliche Wirkung bleibt erhalten bei Ersatz durch $—SO_2H$, $—SO_2—C_6H_4—NH_2$, $—SO—C_6H_4—NH_2$, $—S—S—C_6H_4—NH_2$, $—SO—SO—C_6H_4—NH_2$ oder $—SO_2—CH_2—C_6H_4—NH_2$.

Diese Regeln lassen sich so zusammenfassen, daß eine Verbindung mit Sulfanilamidwirkung so beschaffen sein muß, daß sie, unter Umständen nach Umwandlung in vivo, am Infektionsort in der Form $H_2N—C_6H_4—R$ zur Verfügung steht. Ringsubstitutionen bewirken Abschwächung oder Verlust der Wirkung. Diese eigentliche Strukturregel wird durch die Forderung ergänzt, das R die Aminogruppe möglichst reaktiv machen muß. Für den Fall, daß R gleich $—SO_2—N\langle{R' \atop R''}$ ist, ergibt sich hieraus die Regel, daß R′ und R″ so beschaffen sein müssen, daß die Bedingungen von SEYDEL (1960, s. Abschnitt B, I, 1) für die NH_2-Schwingungen des Infrarotabsorptionsspektrums erfüllt sein müssen, wenn der Stoff zur

Gruppe der in vitro gut wirksamen gehören soll. Unter den Stoffen mit R'=H haben die gut wirksamen meist saure pKa_2'-Werte in der Nähe von 6,5 (BELL und ROBLIN 1942; vgl. auch ERLENMEYER, AEBERLI und SORKIN 1947). Diese Regeln gelten nur für die in vitro-Wirkung. Für eine entsprechend gute in vivo-Wirkung bestehen die Voraussetzungen, daß die Substanz im Stoffwechsel nicht leicht in unwirksamere oder schnell eliminierbare umgewandelt werden kann und daß die Verbindung wenig adsorbiert wird und nicht zu schnell durch die Nieren oder auf anderem Wege ausgeschieden wird.

Sulfanilanilin (4,4'-Diamino-diphenylsulfon) und seine Derivate sind durch die Strukturregeln für die Sulfanilamide bereits erfaßt. YOUMANS und DOUB (1946) untersuchten die Strukturspezifität der Wirkung innerhalb dieser speziellen Gruppe. Sie fanden eine maximale Aktivität bei zwei freien Aminogruppen in 4,4'-Stellung, also beim Sulfanilanilin selbst. Ersatz einer Aminogruppe oder Verschiebung einer Aminogruppe in 2- oder 3-Stellung schwächt die Wirkung ab. Alkylierung einer Aminogruppe stört die Wirkung nicht wesentlich. Ein Benzolring kann durch einen heterocyclischen Ring ohne Wirkungsminderung ersetzt werden, wenn die sonstige Konfiguration unverändert bleibt (z.B. **LXXXVII**). BUSHBY und WOIWOD (1955) schlossen aus Stoffwechseluntersuchungen, daß für die Wirkung des Sulfanilanilins nur *eine* freie Aminogruppe erforderlich ist.

Schließlich sei erwähnt, daß die antibakterielle Wirkung von Homosulfanilamid weder durch 4-Aminobenzoesäure noch durch deren Analogon 4-(Amino-methyl)-benzoesäure aufgehoben wird (JENSEN und SCHMITH 1944).

5. Antimikrobieller Wirkungsmodus

Der antimikrobielle Wirkungsmodus der Sulfanilamide ist noch nicht vollständig aufgeklärt. Deshalb wäre hier eine Darstellung aller wesentlichen Versuchsergebnisse zu diesem Problem notwendig, was jedoch nicht möglich ist, da HENRY (1944) und NORTHEY (1948) allein zur Besprechung der älteren Literatur etwa 200 bzw. 50 Seiten benötigten. Seither sind nach der Entdeckung, daß der wichtigste Antagonist der Sulfonilamide, die 4-Aminobenzoesäure, ein Bestandteil der Folsäure und des Coenzyms F ist, viele weitere Tatsachen bekannt geworden.

Der Begriff des Wirkungsmodus ist in der vorliegenden Literatur bisher nicht scharf definiert worden. Für das Ziel der vollständigen Deutung aller Versuchsergebnisse durch eine einheitliche Theorie des Wirkungsmodus ist es notwendig, diesen Begriff in umfassendstem Sinne zu verwenden, d.h., er muß alle Wechselwirkungen des Chemotherapeuticums mit dem Makroorganismus und dem Mikroorganismus einschließlich der Kinetik der Reaktionsabläufe und der für die einzelnen Vorgänge notwendigen Milieubedingungen umschließen. Alle vorliegenden Wirkungsmodushypothesen betreffen nur einen Teil des Gesamtgeschehens, wobei sich ihre Bereiche zum Teil überschneiden, zum anderen Teil aber auch nicht berühren, so daß sie voneinander unabhängig sind und sich im Falle ihrer Richtigkeit ergänzen könnten. Weitere Übersichten zum Problem des Wirkungsmodus der Sulfanilamide stammen von MEIER (1943), WORK und WORK (1948), TSCHESCHE (1951), SEXTON (1953, 1958), MIETZSCH und BEHNISCH (1955), KALLINICH (1956) und WACKER (1959), ALBERT (1960).

Es kann als sicher gelten, daß die therapeutische Wirkung der Sulfanilamide auf *unmittelbarer* Einwirkung dieser Stoffe auf die Bakterien beruht, da diese Stoffe weder die Aktivität der Leukocyten oder anderer Phagocyten, noch die Antikörperbildung oder sonstige mit Infektionskrankheiten zusammenhängenden Reaktionen beeinflussen. Bisher liegen keine Hinweise dafür vor, daß der Wirkungsort der Sulfanilamide die Bakterienzellwand sei. Die wirksamen Sulfanilamide haben also die Bakterienzellmembran und je nach der klinischen Situation vorher Membranen des Makroorganismus zu durchdringen. COWLES (1942) und BRUECKNER (1943) haben die von anderen Arzneimitteln bekannte Tatsache (vgl. ALBERT 1957, 1960; EAGLE, LEVY und FLEISCHMAN 1952), daß Ionen nicht oder nur sehr langsam permeieren, zur Deutung der pKa'-Abhängigkeit und p_H-Abhängigkeit der Wirkung der Sulfanilamide verwendet (vgl. NORTHEY 1948). Im semilogarithmischen Koordinatensystem ergibt sich eine parabelförmige Beziehung zwischen dem pKa'-Wert der Substanz und dem Logarithmus der minimalen Hemmkonzentration mit einem Minimum, das dem Wirkungsmaximum entspricht, bei $p_H = pKa'$. Diese Beziehung gilt unter der Voraussetzung, daß nur das Anion die wirksame Form darstelle und daß die Anionen verschiedener Sulfanilamide gleich wirksam seien. Entsprechendes scheint für die Permeation der Sulfanilamide durch Zellmembranen des Makroorganismus zu gelten. Die genannte Voraussetzung hat sich inzwischen als falsch erwiesen (SEYDEL und andere 1960); besonders die starke in vitro-Wirkung der N^1-Acetylderivate der Sulfanilamide (z.B. **LXXI**, Tabelle 15) spricht gegen sie. Zwischen der Adsorption und der Ionisation scheinen jedoch Beziehungen zu bestehen. Im ganzen läßt sich der Permeationsvorgang der Sulfanilamide zu ihrem Wirkungsort als Teil der Pharmakokinetik auffassen, die als solche Bestandteil des Wirkungsmodus ist (s. Abschnitt B, II, 1). Bei der Deutung unterschiedlicher Wirkungen von Sulfanilamidderivaten ist daher stets zu prüfen, ob die beobachteten Unterschiede nicht schon durch unterschiedliche Pharmakokinetik, Adsorption und Permeationsfähigkeit erklärt werden könnten (vgl. YEGIAN und BUDD 1945).

Nach Erreichen des Wirkungsortes in genügender Konzentration reagiert das Chemotherapeuticum mit einem Zellbestandteil. Von den meisten Autoren wurde die Ansicht von WOODS (1940/50) übernommen, daß die Sulfanilamide in Konkurrenz mit der 4-Aminobenzoesäure mit einem Enzym reagieren, obwohl hierfür noch keinerlei Beweis vorgebracht werden konnte. FILDES (1940) hatte diese Verdrängungstheorie als eines der allgemeinen Prinzipien der Chemotherapie aufgestellt. Aus der Strukturverwandtschaft der 4-Aminobenzoesäure mit den Sulfanilamiden wurde geschlossen, daß die aromatische Aminogruppe die Bindung der Substanzen an das fragliche Enzym vermittele. Sicher ist, daß sich dieser Antagonismus mit dem Massenwirkungsgesetz beschreiben läßt (KLOTZ 1944). Nach FILDES (1940) und WOODS (1940) soll die Empfindlichkeit von Bakterien gegenüber Sulfanilamiden von der Fähigkeit zur Synthese der 4-Aminobenzoesäure abhängen. Sehr sensible Stämme sollen wenig oder keine 4-Aminobenzoesäure bilden, während resistente Stämme mehr als den Minimalbedarf an dieser Substanz produzieren. An einigen resistent gezüchteten Stämmen hat sich diese Annahme bestätigen lassen, bei vielen anderen jedoch nicht. Die älteren Autoren (vgl. HENRY 1944 und NORTHEY 1948) diskutierten die Hypothese von WOODS (1940) und FILDES (1940) in Unkenntnis der Beziehungen zwischen der 4-Aminobenzoesäure und den Substanzen der Folsäuregruppe, die inzwischen entdeckt und vielerorts untersucht wurden, in Deutschland besonders von AUHAGEN (1943, 1948) ,TSCHESCHE u. Mitarb. (1947—1955), KIMMIG und WEHRMANN (1949), MÖLLER, WEYGAND, WACKER u. Mitarb. (1949—1959), RAUEN (1958) (vgl. auch LAMPEN und JONES 1946; WOOLLEY 1948; ZALOKAR 1948; WOODS 1950; DENKO 1951; LASCELLES und WOODS 1952; VOGEL und KNOBLOCH 1955; TSCHESCHE 1955; WEYGAND u. a. 1956; BARANOW 1958; SEXTON 1953, 1958; ALBERT 1960). Der Metabolismus der 4-Aminobenzoesäure und der Folsäure in Abhängigkeit von Sulfanilamiden oder anderen Hemmstoffen (4-Aminosalicylsäure, Salicylsäure, Aminofolsäure und andere) zeigt große Unterschiede bei verschiedenen Bakterienstämmen. So ist es erklärlich, daß sich bisher noch keine einheitliche Auffassung über diese entscheidende Phase des Wirkungsmodus der Sulfanilamide bilden konnte.

Wie schon angedeutet wurde, findet sich im gesamten Versuchsmaterial kein Beweis für eine Reaktion der 4-Aminobenzoesäure bzw. der Sulfanilamide mit einem Enzym, wenn man von der Oxydierbarkeit der 4-Aminobenzoesäure absieht, die offensichtlich keinen Zusammenhang mit der Wachstumshemmung durch Sulfanilamide hat (DURHAM 1957). Die andere Alternative, die rein chemische Reaktion, ist bisher auch nicht zweifelsfrei bewiesen worden, wenn sich auch gute Gründe für sie und für die Schwierigkeit ihres Nachweises angeben lassen

(Seydel und andere 1960). In der Tabelle 10 sind wahrscheinliche oder erwiesene Vorstufen des Coenzyms F (Coenzym der Formylierung) mit den Möglichkeiten ihrer Bildung genannt. Danach kann als sehr wahrscheinlich gelten, daß die metabolische Primärreaktion der 4-Aminobenzoesäure, möglicherweise nach Kupplung mit L-Glutaminsäure zu N-(4-Amino-benzoyl)-L-glutaminsäure, die Bildung einer Schiffschen Base mit einem Aldehyd ist (O'Meara, McNally und Nelson 1944, 1947). Als Reaktionspartner kommen in Frage: Redukton (HOCH=COH—CHO) oder eine ähnliche Verbindung, die mit 4-Hydroxy-2,5,6-triamino-pyrimidin oder einem verwandten Stoff den Pteridinring bilden kann (Forrest und Walker 1948/49; Bell, Cocker und O'Meara 1948/49); oder 2-Amino-4-hydroxy-pteridin-6-aldehyd bzw. ein Kupplungsprodukt dieses Stoffes, z.B. mit Zuckern an der Aminogruppe (Tschesche 1955; Kimmig und Wehrmann 1949). Schiffsche Basen bilden sich in zweistufiger Reaktion. Zuerst wandert ein H-Atom der Aminogruppe an das Sauerstoffatom der Carbonylgruppe, wobei sich eine Einfachbindung zwischen Stickstoff und Kohlenstoff bildet. In der zweiten Stufe wird von diesem N,O-Halbacetal ein Molekül Wasser abgespalten, so daß sich die N=C—Doppelbindung bilden kann. Beide Stufen sind Gleichgewichtsreaktionen, bei denen die Reaktionsbedingungen den Reaktionsablauf maßgeblich bestimmen (Pieper 1958). Wenn das Reaktionsprodukt, wie bei der Reaktion der 4-Aminobenzoesäure mit dem fraglichen Aldehyd, in physiologischer Weise weiterreagieren kann, sammelt es sich nicht an, so daß es nicht nachweisbar zu sein braucht. Kann das Reaktionsprodukt, wie bei der hypothetischen Reaktion der Sulfanilamide mit dem fraglichen Aldehyd, nicht weiterreagieren, so bildet sich nur die dem Gleichgewichtszustand entsprechende Menge. Wird dieses Gleichgewicht bei der chemischen Aufarbeitung des Materials zum Substanznachweis durch die üblichen Waschprozeduren gestört, so kann sich die Schiffsche Base wieder spalten und man findet nur das Ausgangsprodukt, das Sulfanilamidderivat (vgl. Wacker, Trebst und Simon 1957; diese Autoren deuten ihre Versuchsergebnisse jedoch anders).

Ariëns u. Mitarb. (1954—1956) haben einen Formalismus zur Beschreibung und Deutung von kompetitiven Antagonismen entwickelt, der von der Annahme ausgeht, daß man bei der antibakteriellen Wirkung der Sulfanilamide und bei den antagonistischen Wirkungen der 4-Aminobenzoesäure zwei voneinander unabhängige Qualitäten der zu vergleichenden Substanzen zu unterscheiden habe, die *chemische Affinität* („affinity"), die nach dem oben Gesagten wohl mit der Gleichgewichtskonstante für die Bildung der Schiffschen Base identisch ist, und die *metabolische Aktivität* („intrinsic activity"), die ein Maß für die Verwertbarkeit der gebildeten Schiffschen Base für die Synthese eines stoffwechselaktiven Coenzyms F ist. Diese Vorstellungen liefern eine befriedigende Deutung der bisher unverständlichen Eigenschaften der im Benzolring substituierten Derivate der 4-Aminobenzoesäure und der Sulfanilamide (vgl. den vorhergehenden Abschnitt). Substanzen mit mittlerer metabolischer Aktivität können bei niedrigen Konzentrationen wie Sulfanilamide und bei hohen Konzentrationen wie 4-Aminobenzoesäure auf das Bakterienwachstum wirken. Zu den Substanzen dieser Art gehört z.B. die 4-Aminosalicylsäure (Koelzer und Giesen 1950). Nach Messungen von Seydel und anderen (1960) ist die chemische Affinität der 4-Aminobenzoesäure gegenüber einer Modellsubstanz (Methylredukton) wesentlich geringer als die verschiedener Sulfanilamide. Da die Schiffsche Base mit der 4-Aminobenzoesäure zur Folsäure weiterverarbeitet werden kann, muß man schließen, daß der Antagonismus der 4-Aminobenzoesäure in Übereinstimmung mit der Ansicht von Ariëns und entgegen der üblichen Auffassung stoffwechselkinetischen Charakter im Sinne eines Fließgleichgewichts hat.

Tabelle 10. *Folsäure und ihre möglichen oder erwiesenen metabolischen Vorstufen*
Die vielleicht durch Sulfanilamide kompetitiv hemmbaren Reaktionen sind mit einem Stern gekennzeichnet.

Nr.	Substanzformel (und Name)	Bildung aus Stoff-Nr.
1	$H_2N—CH—CH_2—CH_2—COOH$ $\quad\;\;|$ $\quad COOH$ L-Glutaminsäure	
2	$H_2N—C_6H_4—COOH$ 4-Aminobenzoesäure	
3	$HO—CH{=}C—CHO$ $\qquad\qquad|$ $\qquad\quad OH$ Redukton (als Metabolit gefunden)	
4	OH NH_2 N H_2N N NH_2 4-Hydroxy-2,5,6-triamino-pyrimidin (bisher nicht gefunden)	
5	$H_2N—C_6H_4—CO—NH—CH—CH_2—CH_2—COOH$ $\qquad\qquad\qquad\qquad|$ $\qquad\qquad\qquad COOH$ N-(4-Amino-benzoyl)-L-glutaminsäure	1 + 2
6	$HO—CH{=}C—CH{=}N—C_6H_4—COOH$ $\qquad\qquad|$ $\qquad\quad OH$ (in Hefen nachgewiesen)	2 + 3*
7	OH N CHO N H_2N N N OH 2-Amino-4,7-dihydroxy-pteridin-6-aldehyd	3 +4
8	$HO—CH{=}C—CH{=}N—C_6H_4—CO—NH—CH—CH_2—CH_2—COOH$ $\qquad\qquad|\qquad\qquad\qquad\qquad\qquad\qquad\qquad|$ $\qquad\quad OH\qquad\qquad\qquad\qquad\qquad\quad COOH$	3 + 5*, 1+6
9	OH N $CH{=}N—C_6H_4—COOH$ N H_2N N N	2+ 7*, 4+6
10	OH N $CH_2—HN—C_6H_4—COOH$ N H_2N N N Pteroinsäure	9 (Hydrierung)
11	OH N $CH{=}N—C_6H_4—CO—NH—CH—CH_2—CH_2—COOH$ N $\qquad\qquad\qquad\qquad\qquad\qquad|$ $\qquad\qquad\qquad\qquad\qquad\qquad COOH$ H_2N N N	5 + 7*, 4+8, 1 + 9
12	OH N $CH_2—HN—C_6H_4—CO—NH—CH—CH_2—CH_2—COOH$ N $\qquad\qquad\qquad\qquad\qquad\qquad|$ $\qquad\qquad\qquad\qquad\qquad\qquad COOH$ H_2N N N Folsäure = Pteroylglutaminsäure	11 (Hydrierung), 1 + 10

Zur Deutung der physikochemischen Ursachen der unterschiedlichen chemischen Affinität der Sulfanilamide sind verschiedene Hypothesen aufgestellt worden. Am bekanntesten ist die Hypothese von BELL und ROBLIN (1942), nach der die bakteriostatische Wirkung der Sulfanilamide um so größer sei, je negativer die —SO_2-Gruppe ist, d.h., je stärker die S=O-Bindung polarisiert ist (vgl. auch PERKOW 1957). Dabei wird der saure pKa'-Wert als indirekter Indicator dieser Negativität angesehen. Die Polarisation der S=O-Bindung ist vom N^1-Substituenten abhängig. Nach der Hypothese von BELL und ROBLIN (1942) soll es bei Kenntnis der Induktionskonstante des Substituenten —SO_2—NH—R möglich sein, die minimale in vitro-Hemmkonzentration μ von Sulfanilamiden vorauszuberechnen. In Übereinstimmung mit COWLES (1942) und BRUECKNER (1943) schrieben BELL und ROBLIN (1942) die antibakterielle Wirkung überwiegend oder ausschließlich der negativ ionisierten Form der Sulfanilamide zu. — Zu erwähnen ist noch die Hypothese von KUMLER und DANIELS (1943), nach der die Bildung von Resonanzstrukturen mit coplanarer Aminogruppe (vgl. COOK und andere 1945) die Voraussetzung für eine starke antibakterielle Wirkung der Sulfanilamide sein soll. Diese Hypothese ist inzwischen von BELL, BONE und ROBLIN (1944), QUAN, DANIELS und KUMLER (1954) und QUAN, DANIELS und MEYER (1954) experimentell widerlegt worden. — TOLSTOOUHOV (1955; vgl. CANTAREL 1957) hat angegeben, daß die basischen pKa'_1-Werte aller wirksamen Sulfanilamide im Bereich von 1,64 bis 2,34 zu finden seien; die Werte der wirksamsten Stoffe sollen in dem engeren Bereich von 1,91 bis 2,34 liegen. An dem größeren Zahlenmaterial von BELL und ROBLIN (1942) bestätigt sich die Ansicht von TOLSTOOUHOV nicht. Jedoch zeigt ein dreidimensionales Diagramm mit pKa'_1, pKa'_2 und der minimalen in vitro-Hemmkonzentration μ, daß die basischen pKa'_1-Werte einen Einfluß auf die Hemmkonzentrationen haben könnten, vielleicht über eine Beeinflussung der Stabilitätskonstanten der Schiffschen Basen. — Auch KLOTZ (1944) ging bei seiner mathematischen Beschreibung der Beziehungen zwischen antibakterieller Wirkung, dem p_H-Wert des Milieus und der Konzentration der 4-Aminobenzoesäure davon aus, daß eine feste Beziehung zwischen den sauren pKa'_2-Werten der Sulfanilamide und der Hemmkonzentration μ in der Form der von BELL und ROBLIN (1942) beschriebenen parabelähnlichen Kurve bestehe. Zu den wenigen von BELL und ROBLIN (1942) angegebenen Ausnahmen sind inzwischen viele andere gekommen (SEYDEL und andere 1960/61), so daß allein darum alle genannten Hypothesen hinfällig sind. — Durch die Analyse der Infrarotabsorptionsspektren der Sulfanilamide hat SEYDEL (1960; vgl. auch SEYDEL und andere 1960/61) zeigen können, daß zwischen der speziellen Struktur der —SO_2-Gruppe und der Hemmwirkung keine Beziehungen bestehen (s. Abb. 3), dagegen ließ sich zwischen dem Valenzwinkel der aromatischen Aminogruppe, deren Kraftkonstante und der minimalen in vitro-Hemmkonzentration eine deutliche Beziehung erkennen (Abb. 3, Tabelle 3, Abschnitt B, I, 1). Diese Beziehung gilt auch für die durch die Hypothese von BELL und ROBLIN (1942) nicht erklärbaren Ausnahmen, z.B. den Stoff **LXXI**. Je ausgeprägter die Tetraederform der Aminogruppe ist (kleiner Valenzwinkel, große Kraftkonstante), desto wirksamer ist das Sulfanilamidderivat. Je mehr sich das Tetraeder in Richtung auf eine coplanare Aminogruppe deformiert, desto weniger wirksam ist der Stoff. Ebenso wie die Wirksamkeit verhält sich die chemische Reaktivität (vgl. oben die Besprechung der Auffassungen von ARIËNS). Damit ist die Hypothese von BELL und ROBLIN (1942), nach der die Stärke der antibakteriellen Wirkung eines Sulfanilamidderivats von der Negativität der —SO_2-Gruppe abhängen sollte, widerlegt (s. auch ROBLIN und BELL 1943).

Die weiteren Stufen des Wirkungsmodus der Sulfanilamide scheinen sicherer bekannt zu sein. Als Folge der Störung der Synthese des Coenzyms F ergibt sich eine Störung der Bildung zahlreicher Metaboliten, die aus anderen durch Ankupplung einer Formyl- oder Methylgruppe entstehen (FATTERPAKER u. a. 1955). Für diese Metaboliten ist charakteristisch, daß sie die Wirkung der Sulfanilamide nichtkompetitiv antagonisieren, jeweils einzeln aber nur in beschränktem Umfang, während ein Gemisch vieler Aminosäuren, Vitamine, Pyrimidin- und Purinbasen

Tabelle 11. *Folsäuremetabolismus und Antagonismus der Sulfanilamidhemmwirkung bei Bakterien.* (Nach LAMPEN und JONES 1946; AUHAGEN 1948; MÖLLER, WEYGAND und WACKER 1949 und TSCHESCHE 1947; vgl. KALLINICH 1956 und ALBERT 1960)

Bakteriengruppe	Vermehrung durch Sulfanilamide hemmbar	Sulfanilamidhemmwirkung				Pteroylglutaminsäure als Nährstoff		Bakterienarten und Bakterienstämme (Beispiele *)
		kompetitiv		nichtkompetitiv				
		antagonisierbar durch						
		4-Aminobenzoesäure	4-Aminobenzoylglutaminsäure	Pteroylglutaminsäure	Thymin	verwertbar	notwendig	
A_1	+	+	+	—	—	—	—	Staph. aureus Streptoc. agalactiae (ARONSON) Corynebact. diphtheriae
A_2	+	+	+	—	+	—	—	Bacillus subtilis Escherichia coli Proteus vulgaris Salm. enteritidis
B	+	+	(+)	+	+	+	—	Lactobac. plantarum (arabinosus) ** Streptococcus faecalis, Stamm Ralston Streptoc. mitis (viridans)
C	—	—	—			+	+	Streptococcus faecalis

* Ob die Einordnung aller genannten Arten und Stämme richtig ist, kann nicht entschieden werden, da mit den genannten Bakterien nicht alle den vorhergehenden Spalten der Tabelle entsprechenden Versuche durchgeführt worden sind.

** Obligat heterotroph für 4-Aminobenzoesäure.

die Wirkung der Sulfanilamide ebenso vollständig aufheben kann wie die 4-Aminobenzoesäure allein (Tabelle 7). In der obenstehenden Tabelle 11 sind einige Bakterien nach ihren unterschiedlichen Wechselbeziehungen zwischen Sulfanilamiden, 4-Aminobenzoesäure und Folsäure gruppiert. Es ist anzunehmen, daß sich die Zahl der Gruppen in diesem Schema bei Untersuchung weiterer Bakterienarten erhöhen wird.

Alle anderen Hypothesen über den Wirkungsmodus der Sulfanilamide (vgl. HENRY 1944 und NORTHEY 1948) erklären bei weitem nicht so viele Versuchsergebnisse wie die hier geschilderte Hypothese, die der unterschiedlichen Pharmakokinetik als Folge unterschiedlicher Permeations- und Adsorptionsfähigkeit ebenso gerecht wird wie den Beobachtungen über den kompetitiven Antagonismus der 4-Aminobenzoesäure und die nichtkompetitiven Antagonismen anderer Metaboliten. Verbleibende Widersprüche könnten sich als Folge unterschiedlicher Coenzym F-Bildungswege bei verschiedenen Bakterien aufklären. Ausreichend erklärt wird durch die dargelegte Hypothese die hauptsächlich bakteriostatische Wirkung der Sulfanilamide (SCHULER 1945), da sich die Schiffsche Base mit dem Sulfanilamidderivat durch Waschungen spalten muß und da die Hemmung der Folsäuresynthese keine irreversiblen

Folgereaktionen hat; ebenso ist auch die Verzögerungszeit bis zum Einsetzen der Wirkung der Sulfanilamide leicht dadurch zu erklären, daß zunächst die Reserven derjenigen Metaboliten verbraucht werden, deren Bildung von den Sulfanilamiden gestört wird; daß die Produkte einer Proteolyse (Peptone) die Wirkung der Sulfanilamide antagonisieren können, ergibt sich aus dem Tätigkeitsbereich des Coenzyms F. Hinsichtlich der Strukturspezifität der Wirkungsstärke der Sulfanilamide und sonstiger Sulfone scheinen noch einige Fragen offen zu sein, doch liegt das wohl überwiegend am Mangel an pharmakokinetischen und reaktionskinetischen Daten. Auch das Problem der Sulfanilamidresistenz scheint noch nicht gelöst zu sein (vgl. Abschnitt B, IV, 5), ebenso die Frage der Stimulierung des Bakterienwachstums durch geringe Konzentrationen der Sulfanilamide (dieser Effekt scheint auf einer allgemeinen Stoffwechseleigentümlichkeit zu beruhen, da auch andere Chemotherapeutica diese als Hormesis bezeichnete Wirkung haben; vgl. Lembke und andere 1953) und der Zusammenhang zwischen dem Wirkungsmodus der Sulfanilamide und den morphologischen Änderungen der Bakterien während der Einwirkung der Sulfanilamide (Vonkennel, Kimmig und Lembke 1943; Meyer-Rohn und Tudyka 1957).

VI. Experimentelle Therapie mit Sulfanilamiden und anderen Sulfonen

Ein erfolgreicher therapeutischer Tierversuch bildete den Ausgangspunkt für die Entwicklung der klinisch verwendbaren Sulfanilamide (Abschnitt A, I). Da die in den ersten Versuchen verwendeten Präparate in vitro praktisch unwirksam sind, wäre die therapeutische Wirkung der Sulfanilamide bei Infektionskrankheiten ohne diesen Tierversuch vielleicht erst wesentlich später entdeckt worden. Auch im weiteren Verlauf der Entwicklung bis in die neueste Zeit bilden die therapeutischen Tierversuche einen wesentlichen Bestandteil der chemotherapeutischen Forschung (Domagk 1957).

Für die Beurteilung neuer Präparate sind die therapeutischen Tierversuche den klinischen Versuchen eindeutig überlegen durch die Wählbarkeit des Therapiebeginns, der Therapiedauer, der Dosierung und des Applikationsweges sowie durch die Möglichkeit zur Vergrößerung der Fallzahl bis zur statistischen Sicherung der Therapieergebnisse und durch die Möglichkeit zur direkten Toxicitätsbestimmung. In der Klinik ist der Therapiebeginn zufallsabhängig; er liegt nie vor dem Auftreten der ersten Krankheitssymptome. Dosis, Applikationsweg und Therapiedauer sind in der Klinik weitgehend durch die ärztliche Verantwortung unter Berücksichtigung vorliegender therapeutischer und toxikologischer Erfahrungen mit ähnlichen Präparaten bei derselben Erkrankung bestimmt. Eine genauere Festlegung der für den Menschen letalen Dosis ist erst nach Zufallsbeobachtungen von Unfällen oder Suicidversuchen möglich. Die Fallzahl des einzelnen Untersuchers ist ebenfalls zufallsabhängig; sie wird von der Häufigkeit der zu untersuchenden Infektionskrankheit und der Gesamtpatientenzahl des Untersuchers bestimmt. Der Einfluß der erwähnten und aller sonstigen klinischen Unsicherheitsfaktoren auf die Versuchsbeurteilung läßt sich durch die Anwendung des doppelten Blindversuches mit Placeboapplikation vermindern. Dieses Verfahren beschränkt die Fallzahl des Hauptversuchs noch weiter; es findet die Grenzen seiner Anwendbarkeit bei der ärztlichen Verantwortung für den Einzelfall. Die Überlegenheit des therapeutischen Tierversuchs hinsichtlich der Reproduzierbarkeit seiner Ergebnisse ist besonders deutlich bei der weitergehenden Frage nach dem relativen therapeutischen Wert mehrerer wirksamer Präparate.

Den eindeutigen Vorzügen der therapeutischen Tierversuche im Vergleich mit dem klinischen Versuch stehen drei Nachteile gegenüber, die gerade bei den Sulfanilamiden eine beträchtliche Bedeutung haben. Keineswegs alle Erreger von menschlichen Infektionskrankheiten erzeugen auch bei einem der üblichen kleinen Versuchstiere eine Infektionskrankheit. Bei vielen analogen Tierinfektionen ist

Tabelle 12. *Therapeutische Tierversuche mit einigen Sulfanilamiden an Mäusen nach Infektion mit Streptococcus agalactiae* (ARONSON). Infektionsdosis 0,1 oder 0,2 ml einer 1:10^6 verdünnten Kultur in unterschiedlicher Dosierung. (Nach KIMMIG 1960)

Stoff	Applikationsart	Therapiebeginn* (Std)	Dosis (mg/20 g Maus)			Tierzahl	Am									
			1. Tag	2. Tag	3. Tag		1.	2.	3.	4.	5.	6.	7.	8.	9.	10.
							Tag nach der Infektion leben noch:									
Sulfanilamid	per os	−16	5	—	—	10	5	1	0	0	0	0	0	0	0	0
	per os	+1	5	—	—	10	10	7	1	0	0	0	0	0	0	0
2-Sulfadimethyloxazol (Sulfuno, Tardamid)	per os		1	1	1	10	10	10	8	3	3	0	0	0	0	0
	per os		2	2	2	10	10	7	7	6	6	0	0	0	0	0
	per os		3	3	3	10	10	10	10	6	6	0	0	0	0	0
	per os		4	4	4	10	10	10	10	8	8	1	1	0	0	0
	per os		5	5	5	10	10	10	10	10	10	1	1	1	1	1
Sulfaphenylpyrazol (Orisul)	per os	+2	0,5	0,5	—	10	9	0	0	0	0	0	0	0	0	0
	per os	+16	0,5	0,5	0,5	10	10	2	1	1	1	0	0	0	0	0
	intraperit.		0,5	0,5	0,5	10	9	1	0	0	0	0	0	0	0	0
	per os	+2	1	1	—	10	10	2	0	0	0	0	0	0	0	0
	per os	+16	1	1	—	10	10	4	0	0	0	0	0	0	0	0
	intraperit.		1	1	—	10	10	0	0	0	0	0	0	0	0	0
	per os	−16	5	—	—	10	9	2	0	0	0	0	0	0	0	0
	per os	+1	5	—	—	10	10	6	1	1	1	0	0	0	0	0
Sulfamethoxypyridazin (Davosin, Lederkyn)	per os	+2	0,5	0,5	0,5	10	10	7	1	1	1	0	0	0	0	0
	per os	+16	0,5	0,5	0,5	10	9	4	3	2	2	1	0	0	0	0
	intraperit.		0,5	0,5	0,5	10	6	1	0	0	0	0	0	0	0	0
	per os	+2	1	1	1	10	10	6	4	4	4	0	0	0	0	0
	per os	+16	1	1	—	10	10	3	0	0	0	0	0	0	0	0
	intraperit.		1	1	—	10	9	0	0	0	0	0	0	0	0	0
	per os	−16	5	—	—	10	8	4	2	1	1	1	1	1	1	1
	per os	+1	5	—	—	10	10	9	5	3	3	0	0	0	0	0
	intraperit.		5	5	5	10	10	10	10	8	2	0	0	0	0	0
	intraperit.		6	6	6	10	10	10	6	2	0	0	0	0	0	0
Sulfapyrimidin (Pyrimal, Debenal)	intraperit.		3	3	3	10	10	10	10	10	9	9	9	8	8	8
	intraperit.		3	3	3	10	10	10	10	10	10	10	10	10	10	10
	per os		3	3	3	10	10	10	10	10	10	10	10	10	10	10
	per os	−16	5	—	—	10	10	8	3	3	1	0	0	0	0	0
	per os	+1	5	—	—	10	10	10	8	6	3	0	0	0	0	0
2-Sulfa-4-methylpyrimidin	per os	−16	5	—	—	10	10	5	1	0	0	0	0	0	0	0
	per os	+1	5	—	—	10	10	10	7	3	2	2	2	2	2	2
2-Sulfa-5-methylpyrimidin (Pallidin)	per os	+2	0,5	0,5	0,5	10	10	9	6	4	4	0	0	0	0	0
	per os	+16	0,5	0,5	0,5	10	10	5	3	2	1	1	0	0	0	0
	per os	+2	1	1	1	10	10	10	5	4	4	0	0	0	0	0
	per os	+16	1	1	1	10	10	5	2	2	2	0	0	0	0	0
	per os		3	3	3	10	10	10	10	10	10	8	5	5	4	4
2-Sulfa-5-äthylpyrimidin	intraperit.		4	4	4	10	10	10	10	10	7	3	0	0	0	0
2-Sulfa-5-isopropyl-pyrimidin	intraperit.		3	3	3	10	10	9	9	8	6	4	4	1	0	0
4-Sulfa-2,6-dimethoxy-pyrimidin (Madribon)	per os	+2	0,5	—	—	10	10	0	0	0	0	0	0	0	0	0
	per os	+16	0,5	0,5	0,5	10	10	5	3	2	0	0	0	0	0	0
	per os	+2	1	—	—	10	10	0	0	0	0	0	0	0	0	0
	per os	+16	1	1	1	10	10	5	2	2	2	2	0	0	0	0
Kontrollen						75	58	3	0	0	0	0	0	0	0	0

* −16 = Therapiebeginn 16 Std vor der Infektion, +1 = 1 Std nach Infektion usw.

der Krankheitsverlauf wesentlich anders als bei der menschlichen Infektionskrankheit. Hinzu kommen die Unterschiede der Pharmakokinetik bei Mensch und Tier (Abschnitt B, II, 1b). Aus dem erstgenannten Umstand folgt, daß die chemotherapeutische Forschung bei manchen Infektionskrankheiten ohne Tierversuch auskommen muß. Aus dem zweiten und dritten Umstand folgt, daß aus Tierversuchen gewonnene Therapieergebnisse, besonders die relativen, nur mit Vorsicht auf klinische Verhältnisse übertragen werden können. Diesen Umständen entsprechend sind viele Sulfanilamide bei selteneren Infektionskrankheiten ohne

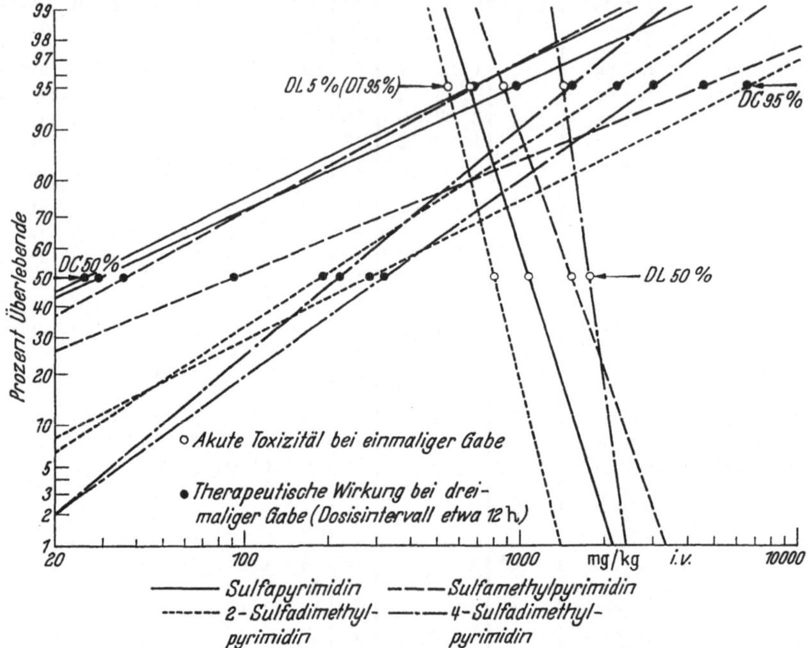

Abb. 18. Dosis-Wirkungs-Geraden im logarithmischen Wahrscheinlichkeitsnetz für die akute Toxicität und die therapeutische Wirkung (Aronson-Streptokokkensepsis) von Sulfapyrimidin, Sulfamethylpyrimidin, 2-Sulfadimethylpyrimidin und 4-Sulfadimethylpyrimidin bei Mäusen. (Nach W.-H. Wagner 1953)

vorbereitende Tierversuche klinisch erprobt worden. Im folgenden wird an einigen Beispielen gezeigt, daß sich in Tierversuchen keine eindeutige Rangordnung der Sulfanilamide für verschiedene Infektionskrankheiten bei einer Tierart aufstellen läßt. Ohne damit die Bedeutung der therapeutischen Tierversuche für die chemotherapeutische Forschung in Frage zu stellen, muß gesagt werden, daß sie keinen entscheidenden Beitrag zur Klärung der heute wichtigen Fragen nach der Wirkung der Sulfanilamide bei einer bestimmten Infektionskrankheit des Menschen, nach der therapeutischen Rangordnung der Sulfanilamide bei verschiedenen menschlichen Infektionskrankheiten und nach dem optimalen Dosierungsschema leisten können, wenn man, wie es bisher üblich ist, die Unterschiede der Pharmakokinetik bei Tieren und Menschen außer acht läßt. Deshalb ist im Rahmen dieses Artikels eine ausführliche Darlegung der tierexperimentellen Technik oder ihrer Ergebnisse nicht notwendig (Übersichten s. bei Meier 1943; Domagk und Hegler 1944; Schönfeld und Kimmig 1948; Northey 1948; Hawking und Lawrence 1950; Kimmig 1953; Domagk 1957).

Das Versuchsprotokoll[1] einer Serie von Tierversuchen mit einigen neueren Sulfanilamiden im Vergleich mit 2-Sulfapyrimidin (**LVII**) und Sulfanilamid (**II**) zeigt die Tabelle 12. Keines der geprüften Präparate hat in dieser Versuchsanordnung eine Wirkung, die der des 2-Sulfa-

[1] Der Verfasser dankt Herrn Prof. Dr. Dr. J. Kimmig für dieses Versuchsprotokoll.

pyrimidins (**LVII**) vergleichbar wäre. Gut erkennbar ist die Bedeutung der Therapiedauer für den Therapieerfolg (vgl. Abschnitte B, II, 1a und D).

Für die vergleichende Auswertung größerer Tierversuchsmaterialien sind die Versuchsprotokolle zu unhandlich. Sie ermöglichen zudem keine statistischen Prüfungen der beobachteten Unterschiede. Man ermittelt daher besser aus den Versuchsdaten Kennzahlen in der Art der mittleren Überlebensdauer ($T_{50\%}$; BLISS 1937; LITCHFIELD 1949) oder der mittleren therapeutischen Dosis (Dosis curativa media, $DC_{50\%}$; MILLER und TAINTER 1944; LITCHFIELD und WILCOXON 1949; HORN 1956) oder der „sicheren“ therapeutischen Dosis (Dosis certe curativa minima, $DC_{95\%}$; BROCK und GEKS 1951; WAGNER und SCHULZ 1952; WAGNER 1953). Unter Verwendung der maximalen „sicher“ verträglichen Dosis (Dosis letalis minima = Dosis certe tolerata maxima, $DL_{5\%}$, Abschnitt B, III, 1) haben BROCK und GEKS (1951) den Ehrlichschen chemotherapeutischen Index schärfer definiert:

$$\text{Ch. I.} = \frac{DL_{5\%}}{DC_{95\%}} \equiv \frac{DT_{95\%}}{DC_{95\%}}. \qquad (26)$$

Methoden zur Ermittlung der statistischen Sicherheit von chemotherapeutischen Indices haben WAGNER und SCHULZ (1952) angegeben. In den genannten Publikationen ist die mathematische Methodik zur Ermittlung des chemotherapeutischen Index ausführlich dargestellt. Unter der in der Praxis stets realisierten Voraussetzung, daß der Prozentsatz der überlebenden oder geheilten Tiere mit den Logarithmen der applizierten Dosen über die Summenkurve der Normalverteilung (Gaußsches Integral) zusammenhängt, ist die Dosis-Wirkungs-Kurve im logarithmischen Wahrscheinlichkeitsnetz (z. B. Schleicher- & Schüll-Papier Selecta Nr. 297 1/2 A 3) mit genügender Näherung eine Gerade. Die Schnittpunkte dieser extrapolierten Geraden mit der 5%- oder 95%-Linie liefern die beiden Zahlenwerte $DL_{5\%}$ und $DC_{95\%}$ (Abb. 18). — In den zitierten Publikationen werden die Ordinatenachsen für Heilungs- und Toxicitätsversuche gegensinnig beschriftet, d.h., daß beide Geraden mit wachsenden Dosen ansteigen. Hieraus ist ersichtlich, daß eine einfachere Darstellungsweise (noch ohne Verwendung des Wahrscheinlichkeitspapiers) in Vergessenheit geraten ist. MEIER (1943) hat Heilungs- und Toxicitätsversuche mit Sulfathiazol und Sulfapyrimidinderivaten in gemeinsamen Schaubildern dargestellt, wobei die Dosierung in Therapieversuchen bis in den toxischen Bereich gesteigert wurde. Man erhält auf diese Weise eine geschlossene Kurve, deren Maximum die optimale Dosis oder den optimalen Dosisbereich kennzeichnet, der jedoch nur dann therapeutisch verwertbar ist, wenn er oberhalb der 95%-Linie liegt (Abb. 19 und 20). Die Abb. 19 zeigt den Einfluß der Therapiedauer auf die Wirkung. Als Beispiel für eine Substanz, deren therapeutischer Wert (unter den Bedingungen dieses Tierversuchs) an der unteren Grenze der Brauchbarkeit liegt, zeigt die Abb. 20 den Tierversuch von MEIER (1943) mit 2-Sulfadimethylpyrimidin, das bei 6tägiger Gabe nur in der Dosis von 500 mg/kg/d optimal wirkt. Kürzere oder längere Dosierung ist stets ungünstiger. Diese Darstellungsform des Therapieergebnisses legt zugleich die therapeutisch sinnvollste Form der Toxicitätsversuche nahe, nämlich die, bei der die Substanz genauso lange und so häufig appliziert wird wie in dem entsprechenden therapeutischen Versuch. Im Gegensatz hierzu wird für den chemotherapeutischen Index meist ein $DL_{5\%}$-Wert verwendet, der aus Versuchen mit einmaliger Applikation des Stoffes stammt. Im Sinne dieser Darstellung nach MEIER (1943) schreibt man besser $DT_{95\%}$ (Dosis certe tolerata maxima) anstelle von $DL_{5\%}$ (Dosis letalis minima). Unter Beachtung der Dosierungsregeln (Abschnitt B, II, 1a) läßt sich der Ehrlich-Index exakt formulieren (KRÜGER-THIEMER 1960/61).

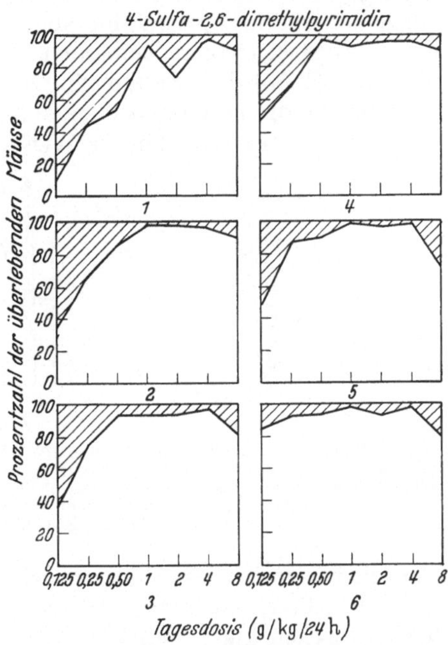

Abb. 19. Vergleich der Heilwirkung von 4-Sulfa-2,6-dimethylpyrimidin an der mit Streptokokken infizierten Maus bei 1—6tägiger (Feld 1—6) Behandlung (Applikation täglich einmal, $\tau = 24$ h; 7 abgestufte Tagesdosierungen von 0,125—8,0 g/kg/24 h). Abszisse (logarithmisch): Tagesdosis D/τ in g/kg/24 h. Ordinate: Heilwirkung als Prozentzahl der überlebenden Tiere. (Nach MEIER, ALLEMANN und V. MEYENBURG 1944)

Bisher liegt nur *eine* sorgfältige Bestimmung der chemotherapeutischen Indices von Sulfanilamiden, nämlich Sulfapyrimidin, Sulfamethylpyrimidin,

2-Sulfadimethylpyrimidin, 4-Sulfadimethylpyrimidin und 10 weiteren Derivaten des 4-Sulfapyrimidins vor (WAGNER 1953). Bei den mit Streptococcus agalactiae (Str. Aronson) in zwei Stärken infizierten Mäusen fanden sich für die chemotherapeutischen Indices der vier erstgenannten Sulfanilamide, die therapeutisch gebräuchlich sind, Werte zwischen 0,084 und 1,28, die sich bei Prüfung mit dem *t*-Test nach STUDENT als nicht signifikant unterschiedlich erwiesen. (Zufallswahrscheinlichkeit nur in 4 Fällen zwischen 1 und 5%, in den anderen mehr als 50 Vergleichspaaren größer als 5%). WAGNER (1953) schließt hieraus, daß die vier genannten Sulfapyrimidine eine Spitzengruppe ohne signifikante Unterschiede bilden. Dies ist insofern bemerkenswert, als DOMAGK (1957) in Übereinstimmung mit LEHR (1955) dem Sulfapyrimidin eine eindeutige Spitzenstellung vor Sulfamethylpyrimidin und den beiden anderen Pyrimidinderivaten zuordnet, wobei die Versuchsergebnisse in üblicher Weise ohne mathematisch-statistische Methoden

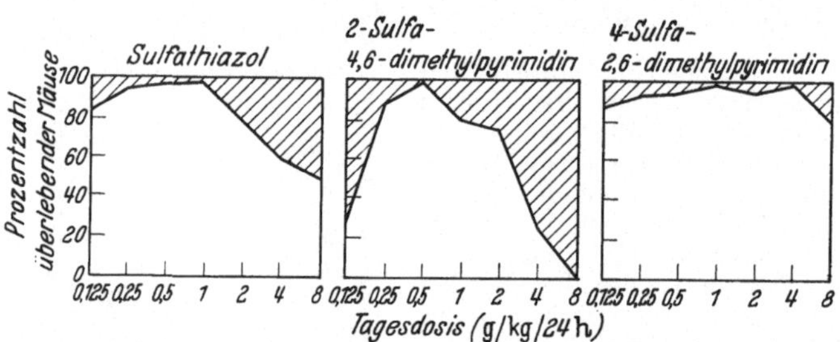

Abb. 20. Vergleich der Heilwirkung von Sulfathiazol, 2-Sulfa-4,6-dimethyl-pyrimidin und 4-Sulfa-2,6-dimethylpyrimidin an der mit Streptokokken infizierten Maus bei 6tägiger Behandlung (Applikation täglich einmal, $\tau = 24$ h; 7 abgestufte Tagesdosierungen von 0,125—8,0 g/kg/24 h). Abszisse (logarithmisch): Tagesdosis D/τ in g/kg/24 h. Ordinate: Heilwirkung als Prozentzahl der überlebenden Tiere. (Nach MEIER, ALLEMANN und v. MEYENBURG 1944)

beurteilt wurden. Diese Widersprüche werden verständlich, wenn man bei WAGNER (1953) liest, daß schon geringe Änderungen der Infektionsdosis den chemotherapeutischen Index stark verändern können (Zahlenwerte s. in Tabelle 15, Abschnitt D). Die geringste Wirkung von den 4 Substanzen zeigte in beiden Versuchsreihen das 2-Sulfadimethylpyrimidin. Auch aus Versuchen mit Beurteilung der $T_{50\%}$-Werte (HOGGARTH, MARTIN und YOUNG 1948) ergab sich eine geringere Wirkung dieses Stoffes im Vergleich mit Sulfapyrimidin und Sulfamethylpyrimidin.

Während sich aus den soeben zitierten Publikationen bei derselben Tierinfektion eine ungefähr übereinstimmende Rangordnung für einige Sulfanilamide ablesen läßt, ist dies bei verschiedenen Infektionen anscheinend prinzipiell nicht mehr möglich. Als Beispiel seien die Untersuchungen von RHODES, BARD und McCAUGHAN (1957) genannt, in denen die in vivo- und in vitro-Wirkung von Sulfapyrimidin (**LVII**), Sulfäthylthiadiazol (**XLIV**) und Sulfadimethylisoxazol (**XXXV**) bzw. dessen N^1-Acetylderivat (**LXXI**) miteinander verglichen wurden. Es ergaben sich nahezu völlig regellose Reihenfolgen, sowohl beim Vergleich von in vitro-Versuchen mit etwa 30 Bakterienarten, als auch bei Vergleich von diesen mit Tierversuchen (Diplococcus pneumoniae, Streptococcus pyogenes, Staphylococcus aureus) als auch beim Vergleich der in vivo-Versuche untereinander (vgl. auch FUST und andere 1960). Hier sei angemerkt, daß eine Auswertung der Versuchsdaten von RHODES und anderen (1957) mit den oben erwähnten mathematischen Methoden ($DC_{50\%}$ oder $DC_{95\%}$) eine Versuchsbeurteilung liefert, die von der der Autoren zum Teil deutlich abweicht.

Schließlich sei erwähnt, daß man in den letzten Jahren den Derivaten des Sulfanilanilins (4,4′-Diamino-diphenylsulfon, **LXXII**) wieder vermehrte Aufmerksamkeit schenkt, hauptsächlich im Hinblick auf mögliche antituberkulöse oder antilepröse Wirkung, wovon zahlreiche tierexperimentelle Arbeiten zeugen (Rist 1948; Chakravarti, Gupta und Mukerji 1956; Rist, Boyer und andere 1955; Donovick, Bernstein und andere 1951; Hoggarth und Martin 1948; Gupta und Mukerji 1952; Gupta, Dhar und Vora 1956; Hadler und Ziti 1956; vgl. auch Abschnitt B, VII, 2k).

Andere als die üblichen Versuchstiere (Maus, Meerschweinchen, Kaninchen und Ratte) sind für Tierversuche mit Sulfanilamiden nur selten verwendet worden. Einige Autoren haben auch den bebrüteten Hühnerembryo verwendet, ohne daß die Versuche jedoch praktische Bedeutung erlangten (Weil und Gall 1941; Sellers und Alexander 1948; Francis und Hoggarth 1953; Lee 1950). Auch die Versuche mit der Rattenlepra (Wagner-Jauregg 1944; Kimmig und Fegeler 1953; Hadler und Ziti 1956) als Modell für die Suche nach antileprösen Stoffen haben sich bisher nicht besonders bewährt.

VII. Klinische Therapie mit Sulfanilamiden und anderen Sulfonen

Der klinische Anwendungsbereich der Sulfanilamide dehnte sich in den ersten 10 Jahren nach ihrer Entdeckung ständig aus. Dann kam es infolge der inzwischen allgemein gewordenen Verwendung des Penicillins um das Jahr 1948 (in den USA, vgl. Mietzsch und Behnisch 1955) zu einer kurzdauernden Vertrauenskrise gegenüber den Sulfanilamiden, so daß ihre Produktion auf die Hälfte des vorherigen Standes absank. Jetzt nehmen die Sulfanilamide neben anderen Chemotherapeutica, hauptsächlich den aus Pilzen gewonnenen Antibiotica, einen gesicherten Platz im Arzneischatz ein. Zu dieser Entwicklung trug neben äußerlichen Gründen (orale Applizierbarkeit, Preis) hauptsächlich die Verminderung der Empfindlichkeit (Entwicklung von Resistenz) gegenüber verschiedenen Antibiotica bei den im Krankenhausmilieu ubiquitären Krankheitserregern (Hospitalismus) bei. Die gegenwärtige Situation der Empfindlichkeit der häufigsten Eitererreger gegenüber 10 Antibiotica (Tabelle 13) zeigt die Unumgänglichkeit von Resistenzuntersuchungen vor oder sofort nach Therapiebeginn. Diese Untersuchungen sind zugleich die wichtigste Maßnahme zur Abgrenzung der Indikation der Sulfanilamide von der Indikation der Antibiotica. Dabei kann heute als Regel gelten, daß Krankheitserreger, die ausreichend empfindlich gegenüber Sulfanilamiden sind, auch mit diesen bekämpft werden sollten, damit die Antibiotica für schwerere Krankheitszustände verfügbar bleiben (zur bakteriologischen Technik vgl. Klein 1957).

Tabelle 13. *Resistenz von je 100 Patientenstämmen von Staphylococcus aureus (koagulasepositiv) aus Krankenhausmilieu oder von sonstiger Herkunft gegenüber 10 Antibiotica* (Nach Pecori, Cimino, Mazzacca, Altucci und Riccardi 1958)

Antibioticum	Normale minimale Hemmkonzentration µg/ml	Prozentsatz resistenter Stämme	
		aus Krankenhausmilieu	von sonstiger Herkunft
Penicillin	1,5 (= 2,5 IE/ml)	70	33
Erythromycin	6	13	12
Oxytetracyclin	6	17	10
Chlortetracyclin	6	11	7
Tetracyclin	6	10	6
Streptomycin	20	25	2
Novobiocin	10	12	0
Oleandomycin	3	9	0
Chloramphenicol	25	7	0
Spiramycin	3	5	0

1. Applikation, Dosierung und Therapieschemata

Für die Applikation der Sulfanilamide galten bisher die Richtlinien von Walter und Heilmeyer (1954). In der Regel werden die Sulfanilamide *peroral* verabfolgt. Einige Derivate des Sulfanilanilins sind jedoch nur intravenös applizierbar (vgl. Acklin, Rossi und Schmid 1946; Abschnitt C, II, 2). Parenterale, meist *intravenöse* Gaben neutraler Lösungen (p_H nicht über 8) von Sulfanilamiden sind zum Therapiebeginn bei schweren Krankheitszuständen mit Somnolenz empfehlenswert, jedoch sollte man möglichst bald auf die perorale Therapie übergehen, da diese ebenso wirksam, billiger und für den Patienten angenehmer ist. Bei *rectaler* Applikation (Suppositorien, hohe Einläufe, kleine Arzneiklysmen oder Dauertropfeinläufe) ist die Absorption individuell verschieden und oft nicht vollständig, so daß die Dosis um etwa 30% höher als bei peroraler Gabe zu wählen ist; hochkonzentrierte und stark alkalische Lösungen sind zu vermeiden. Gelegentlich kann eine Applikation mit der *Duodenalsonde* zweckmäßig sein; dabei ist jedoch zu bedenken, daß die Sulfanilamide nach parenteraler Gabe durch die Magenschleimhaut sezerniert werden (Davenport 1942), so daß eine vollständige Schonung des Magens bei Sulfanilamidtherapie nicht möglich ist. *Intralumbale* Applikation alkalischer Sulfanilamidlösungen ist streng kontraindiziert (Vonkennel 1942) und auch unnötig, da alle Sulfanilamide entsprechend ihrer Ultrafiltratkonzentration aus dem Blut in den Liquor cerebrospinalis übergehen (Abschnitt B, II, 1d). *Intrapleural, intravesical* und *intraperitoneal* (Tunze 1947; Stucke 1949) sollen nur neutrale Sulfanilamidlösungen appliziert werden; alkalische Lösungen und Pulver können zu Reizungen und zu Verwachsungen führen. Die *externe lokale* Anwendung von Sulfanilamiden in Form von Pudern, Salben, Pasten, Gelen, Schüttelmixturen und Lösungen wird vielfach als überflüssig angesehen; sie führt häufiger als die interne Applikation zu Sensibilisierungen, selten jedoch bei kurzer Therapiedauer (bis zu 5 Tagen), weshalb die Infektionsprophylaxe frischer Wunden und die Therapie kleinerer Pyodermien durch lokale Sulfanilamidapplikation als unbedenklich angesehen werden kann (weiteres zur externen Therapie mit Sulfanilamiden s. Abschnitt C, IV). Bei Hauterkrankungen sind die Sulfanilamide nach denselben Regeln wie bei inneren Erkrankungen zu applizieren.

Die früher üblichen Dosierungsrichtlinien haben Walter und Heilmeyer im Jahre 1954 zusammengestellt (vgl. auch Arzneiverordnungen, Ratschläge für Ärzte, 10. Aufl., 1956). Diese Richtlinien machen außer bei den schwer absorbierbaren Sulfanilamiden *keine Unterschiede* zwischen den verschiedenen Sulfanilamidderivaten. Es werden also die Unterschiede der minimalen Hemmkonzentrationen, der Eliminationshalbwertszeiten und der Distributionskoeffizienten der einzelnen Sulfanilamide in diesem Dosierungsschema nicht berücksichtigt. Daher kann dieses Schema nur rohe Anhaltspunkte für die Dosierung der bis 1954 bekannten Sulfanilamide liefern. Dabei ist von vielen Autoren nicht beachtet worden, daß zwei von den alten Präparaten (Sulfapyrimidin = Sulfadiazin; 2-Sulfa-4-methyl-pyrimidin = Sulfamerazin) nach jetziger Ausdrucksweise zu den „Langzeit"-Sulfanilamiden gehören; hierauf sind die zahlreichen toxischen Zwischenfälle mit 2-Sulfa-4-methyl-pyrimidin zurückzuführen (Abschnitt B, II, 1b, und B, III, 3). Auf die in den letzten Jahren entwickelten Präparate mit protrahierter Wirkung (durch verzögerte Absorption oder verlangsamte Elimination) darf dieses Schema *nicht* angewendet werden. Es muß darum vor einer pauschalen Dosierungsangabe für alle Sulfanilamide nachdrücklich gewarnt werden (vgl. Boger und Gavin 1959). Zudem verleitet es zu bedenklicher Vereinfachung, wenn in einem solchen Therapieschema die Dosierungen in Gramm pro Tag (g/d) oder Gramm pro Dosis (g) angegeben werden, da dann die danebenstehenden besseren Angaben in Milligramm pro Kilogramm Körpergewicht pro Tag oder Dosis leicht außer acht gelassen werden. Man sollte daher stets die relative Dosis in mg/kg angeben.

Rationelle Dosierungsschemata, die bei den einzelnen Sulfanilamidderivaten unterschiedlich sind, lassen sich aus den Dosierungsregeln (Abschnitt B, II, 1a, S. 1013) ableiten. Dort wurde dargelegt, daß ein Dosierungsschema grundsätzlich aus zwei Zeitangaben und zwei Dosisangaben zu bestehen hat:

Dosierungsintervall τ (h),
Therapiedauer T (d),

Dosisverhältnis D^*/D oder relative Anfangsdosis D^*/G (mg/kg),
Relative Erhaltungsdosis D/G (mg/kg).

Falls die Therapiedauer T nach dem klinischen Verlauf festgelegt wird, genügt die Angabe der *relativen Anfangsdosis* und der *relativen Erhaltungsdosis pro Dosierungsintervall*, also z.B. $D^*/G = 14$ mg/kg und $D/G/\tau = 7$ mg/kg/8 h für ein Sulfanilamidderivat mit einer Eliminationshalbwertszeit von etwa 8 h. Diese letzte Bezeichnungsweise ist gegenüber der bisher gebräuchlichen „pro Tag" besonders zu empfehlen, da in ihr neben der relativen Erhaltungsdosis D/G auch das Dosierungsintervall τ ausdrücklich genannt ist. In der Tabelle 16 (Abschnitt D, S. 1078) sind die Dosierungsschemata aus der Literatur den nach den Gleichungen (9) und (10) mit Hilfe gemessener biologischer Konstanten errechneten Dosierungsschemata gegenübergestellt, wobei die Annahme gemacht wurde, daß die therapeutisch notwendige Plasmawasserkonzentration $c_{\min}$ fünfmal höher sein muß als die minimale Hemmkonzentration μ in unserem Standardtest mit E. coli (Krüger-Thiemer 1960[3], Seydel u. a. 1961).

Für die Dosierung von Sulfanilamiden bei Kindern vom 1. Lebensjahr ab gibt Augsberger (1952) folgende Faustregel für das Verhältnis zwischen der Erwachsenen-Erhaltungsdosis D_E und der Kinder-Erhaltungsdosis D_K bei einem Lebensalter A_K (in Jahren) an:

$$D_K = D_E \cdot \frac{4 \cdot A_K + 20}{100},$$

die mit klinischer Erfahrung genauer übereinstimmen soll als die Dosierung nach dem Körpergewicht. Einzelangaben vergleiche man bei Walter und Heilmeyer (1954) und in den „Arzneiverordnungen, Ratschläge für Ärzte" (1956).

2. Indikationen bei Haut- und Geschlechtskrankheiten

In diesem Artikel können nur allgemeine Hinweise auf die Indikationen der Sulfanilamide und anderen Sulfonen bei Haut- und Geschlechtskrankheiten gegeben werden. Hierfür sind hauptsächlich zwei Gründe maßgebend. Da hier pharmakologische Gesichtspunkte zur Beurteilung von Therapiemöglichkeiten besonders hervorzuheben sind, kann das unübersehbare klinische Schrifttum in keiner Form vollständig oder gar kritisch besprochen werden. Außerdem ist die Beurteilung der Indikationen der Sulfanilamide und anderer Sulfone durch verschiedene Dermatologen nicht einheitlich, was zum Teil dadurch bedingt ist, daß sich die Entwicklung infolge des Erscheinens neuer Sulfanilamide und Antibiotica noch immer im Fluß befindet. Jede Zusammenfassung dieser Art muß daher nach einiger Zeit überholt oder wenigstens ergänzungsbedürftig sein. In den folgenden Abschnitten sind auch Infektionserkrankungen kurz erwähnt, die kein speziell dermatologisches Interesse haben.

Bei Planung einer Chemotherapie infektiöser Hauterkrankungen sind neben den Sulfanilamiden stets auch die Antibiotica in die Erwägungen einzubeziehen (Spector und andere 1957; vgl. auch den Artikel von Meyer-Rohn in diesem Bande). Viele sulfanilamidempfindliche Krankheitserreger sind auch oder sogar besser durch manche Antibiotica zu bekämpfen. Zur Entscheidung über die zweckmäßigste Therapieform ist die Durchführung einer Sensibilitätsbestimmung (Abschnitt B, IV, 1 und 5) unumgänglich. Es hat sich jedoch die Meinung durchgesetzt, daß bei annähernd gleicher Sensibilität eines Krankheitserregers gegenüber einem Antibioticum und den Sulfanilamiden diese zur Therapie zu verwenden sind. Von wenigen Ausnahmen abgesehen bestehen keine speziellen Indikationen für einzelne Sulfanilamidpräparate, so daß in den folgenden Abschnitten meist nur allgemein von Sulfanilamiden gesprochen wird. Es empfiehlt sich natürlich, stets die wirksamsten unter den wenig toxischen Sulfanilamiden zu verwenden (Abschnitte B, IV und D).

Für die Indikationsstellung einer Therapie mit Sulfanilamiden hat die genaue bakteriologische Artdiagnose des Krankheitserregers keine Bedeutung. Daher genügt zur bakteriologischen Stützung eines Therapieplans die Sensibilitätsbestimmung mit Sulfanilamiden und den wichtigsten Antibiotica. Trotzdem werden im folgenden die bakteriell bedingten Erkrankungen in der Bakterienreihenfolge nach BERGEY's Manual of Determinative Bacteriology (7. Aufl., 1957) behandelt, da dies didaktische Vorzüge bietet vor anderen Anordnungen, z.B. nach klinischen Gesichtspunkten oder alphabetisch nach Krankheitsnamen. Die Bakteriennomenklatur nach BERGEYs Handbuch wird hier in einzelnen Fällen durch die Angabe noch gebräuchlicher älterer Bakteriennamen (in Klammern) ergänzt.

Für die folgenden Abschnitte wurde neben einiger Originalliteratur besonders die Antibiotica-Fibel von WALTER und HEILMEYER (1954) verwendet, in der zahlreiche weitere Literaturangaben zu finden sind. Dort sind auch ausführlichere Angaben zu den einzelnen Therapievorschlägen gemacht. Weiter wurden verwendet: „Documenta Geigy, wissenschaftliche Tabellen" (1955) und eine Broschüre der Firma Ciba AG., Basel (ohne Datum). Hinzu kamen die Antworten von sechs deutschen Dermatologen (BRETT, FELKE, HAGERMAN, KIMMIG, LÖHE und SCHREUS) auf eine Umfrage nach dem therapeutischen Wert der Sulfanilamide [Dermat. Wschr. **125**, 268—281 (1952)]. Weiteres umfangreiches Material zur klinischen Anwendung der Sulfanilamide findet man bei NORTHEY (1948), SCHÖNFELD und KIMMIG (1948), HAWKING und LAWRENCE (1950), BUNGE (1954) und FORNARA, QUATTRIN und andere (1954). Zuletzt sei auf das Handbuch „Die Infektionskrankheiten des Menschen und ihre Erreger", herausgegeben von GRUMBACH und KIKUTH (1958), mit den Artikeln von KIMMIG (1958) über die Geschlechtskrankheiten hingewiesen. Zahlreiche therapeutische Hinweise zu diesem Abschnitt verdankt der Verfasser Herrn Dr. PAUL BÜNGER, Hamburg-Langenhorn. — Entsprechend der Einteilung dieses Handbuchs steht in diesem Artikel die Besprechung der besonderen Eigenschaften der einzelnen Stoffe und der gemeinsamen Eigenschaften der Gruppe der Sulfanilamide im Vordergrund. Daher werden im folgenden nur kürzeste Therapiehinweise für die einzelnen Krankheiten gegeben; diese Hinweise betreffen nur die antibakterielle Therapie, nicht aber die eventuell erforderliche Allgemeinbehandlung. Einzelheiten über die erwähnten Krankheiten und über ihre Therapie sind in den anderen Bänden dieses Handbuchs nachzulesen.

a) Erkrankungen durch Pseudomonadaceen

Pseudomonas aeruginosa (Bacillus pyocyaneus). Das manchmal mit Staphylokokken oder Streptokokken mischinfizierte Ecthyma gangraenosum bei Säuglingen und Kleinkindern läßt sich oft mit Penicillin behandeln, obwohl Ps. aerug. in vitro gegen Penicillin wenig empfindlich ist (WALTER und HEILMEYER 1954). Bei Angulus infectiosus (Faulecke, Perlèche) wird Lokalbehandlung mit Sulfanilamiden oder Antibiotica empfohlen. Bei Urethritis, Cystitis, Epididymitis und Prostatitis sowie Wundinfektionen und Enteritiden durch Ps.aerug. sind Sulfanilamide nicht angezeigt. Polymyxin B, das für die Nieren sehr toxisch ist, wird als bestes Mittel bezeichnet, daneben auch die Tetracycline.

Pseudomonas pseudomallei (Malleomyces pseudomallei). Die südostasiatische Melioidosis ließ sich in Einzelfällen bisher am wirksamsten durch eine Kombination von Sulfanilamiden und Chloramphenicol behandeln.

b) Erkrankungen durch Spirillaceen

Vibrio comma. Bei der Choleratherapie stehen symptomatische Maßnahmen im Vordergrund (Flüssigkeits- und Elektrolytbehandlung). Durch Chemotherapie wurden keine sicheren Besserungen erzielt. Der Empfehlung einer Kombinationstherapie von Sulfanilamiden mit Streptomycin steht die Angabe gegenüber, daß bei einer Therapie mit Sulfanilamidderivaten eine erhöhte Letalität beobachtet wurde. Auch über die Wirkung von Chloramphenicol und den Tetracyclinen finden sich unterschiedliche Angaben.

Spirillum minus. Das Rattenbißfieber (Sodoku) ist durch Sulfanilamide nicht zu beeinflussen, Salvarsan, Penicillin und die Tetracycline werden empfohlen.

c) Erkrankungen durch Enterobacteriaceen

Escherichia coli. Bei Infektionen des Respirationstrakts und des Urogenitalapparats und bei Rectalstrikturen durch E. coli sind Sulfanilamide ebenso wirksam wie einige Antibiotica (Tetracycline, Chloramphenicol). Nach BÜNGER (1960[2]) ist Streptomycin das Mittel der Wahl.

Aerobacter aerogens, A. cloacae. Diese häufigen Erreger von Infektionen des Urogenitalsystems können durch Streptomycin und die Tetracycline wirksam bekämpft werden. Angaben über die Wirksamkeit der Sulfanilamide liegen hier nicht vor.

Klebsiella pneumoniae (Friedländer-Bacillus). Die seltenen durch den Friedländer-Bacillus verursachten Pneumonien werden am besten mit Chloramphenicol oder den Tetracyclinen behandelt. Die Sulfanilamide und Streptomycin sind weniger gut wirksam, sind aber zur Kombination geeignet. Penicillin ist völlig unwirksam.

Klebsiella rhinoscleromatis. Das Rhinosklerom läßt sich durch langdauernde Streptomycinbehandlung beeinflussen. Auch die Tetracycline werden empfohlen.

Proteus vulgaris, P. mirabilis, P. morganii. Die Enteritiden (z. B. nach Tetracyclinanwendung) und Infektionen des Urogenitalsystems durch die Proteus-Arten lassen sich mit Sulfanilamiden, weniger gut auch mit Chloramphenicol oder Streptomycin behandeln. Andere Autoren empfehlen besonders Neomycin B, das bei parenteraler Gabe sehr ototoxisch und nephrotoxisch ist, weshalb es nur lokal oder kurzfristig peroral (1—3 d, 6—10 g/d) appliziert werden soll.

Salmonella typhosa, S. paratyphi, S. schottmuelleri, S. enteritidis und andere. Alle Salmonellosen lassen sich am besten mit Chloramphenicol behandeln. Auch die Tetracycline sind deutlich wirksam. Sulfanilamide sind höchstens zusätzlich indiziert (BERGER 1951; HARTGEN, LIPPELT u. a. 1957); hierfür kommen nur die wirksamsten Präparate, wie Sulfapyrimidin usw. in Frage, nicht jedoch die schwerlöslichen sog. „Darm"-Sulfanilamide. Bei den Salmonellosen ist die Sensibilitätstestung zu empfehlen, da große Empfindlichkeitsunterschiede unter den serologischen Typen gefunden werden.

Shigella dysenteriae, Sh. flexneri (paradysenteriae), *Sh. alkalescens, Sh. sonnei* und andere. Die Bakterienruhr läßt sich mit Sulfanilamiden (eventuell in Kombination mit Streptomycin, den Tetracyclinen oder Chloramphenicol) schnell und sicher heilen. Ob anstelle der leicht aus dem Darm absorbierbaren Sulfanilamide auch die schwerlöslichen Präparate mit Erfolg gegeben werden können, wird unterschiedlich beurteilt. Unter den Antibiotica wird besonders Chloramphenicol empfohlen; meist kommt man jedoch ohne Antibiotica aus.

d) Erkrankungen durch Brucellaceen

Pasteurella pestis. Als wirksamste Behandlung der Pest gilt eine Kombinationstherapie mit Streptomycin (in maximaler Dosierung) und Sulfanilamiden (vor allem denen aus der Sulfapyrimidinreihe) etwa 10—14 Tage lang. Beigaben von Tetracyclinen oder Chloramphenicol und Antipestserum werden besonders bei schwersten Verlaufsformen empfohlen. Der Therapieerfolg hängt weitgehend vom frühzeitigen Therapiebeginn ab (möglichst in den ersten 20 Std). Bei Bubonenpest können die Sulfanilamide auch allein verabfolgt werden. Die Tetracycline sind ebenso wirksam wie Streptomycin und haben den für Pestländer wichtigen Vorteil der peroralen Applikation (Tierversuche: QUAN, MCMANUS und MEYER 1955; ZAKI 1955).

Pasteurella tularensis. Die Tularämie kann mit Streptomycin oder den Tetracyclinen behandelt werden. Auch Chloramphenicol ist wirksam. Angaben über Sulfanilamide liegen hier nicht vor.

Bordetella pertussis (Haemophilus pertussis). Die Sulfanilamide haben, ebenso wie Penicillin, nur bei pulmonalen Komplikationen des Keuchhustens eine therapeutische Bedeutung. Chloramphenicol und die Tetracycline sollen auch den Keuchhusten selbst beeinflussen, nach anderen Autoren sind die Tetracycline nicht besser als andere Mittel.

Brucella melitensis, B. abortus, B. suis. Die Brucellosen lassen sich durch eine Kombination von Streptomycin und Sulfanilamiden gut beeinflussen, doch soll eine Therapie mit Tetracyclinen oder Tetracyclinen kombiniert mit Streptomycin wirksamer sein.

Haemophilus influenzae. Infektionen mit H. infl. (Tracheobronchitis, Concjunctivitis, purulente Meningitis) lassen sich mit Streptomycin, Chloramphenicol oder Tetracyclinen in Kombination mit Sulfanilamiden behandeln.

Haemophilus ducreyi. Der weiche Schanker (Ulcus molle, Ulcus venereum, Chancroid) läßt sich etwa gleich gut mit Sulfanilamiden, Streptomycin, Chloramphenicol und den Tetracyclinen behandeln. Wegen der Gefahr der Maskierung einer Syphilis wird die Therapie mit Sulfapyrimidin (4 g/d für 7—10 d) oder Streptomycin (2—4mal 0,5 g/d für 5 — 7 d), bei Bubonen auch eine Kombination von Sulfanilamiden mit Streptomycin empfohlen (vgl. KIMMIG 1958; NIKOLOWSKI 1960; s. auch Abschnitt g).

Actinobacillus mallei (Malleomyces mallei). Zur Rotzbehandlung sind Streptomycin, Chlortetracyclin oder Chloramphenicol, nicht dagegen Penicillin und die Sulfanilamide geeignet. Über die Heilung eines Rotzfalles mit Sulfanilamiden in hoher Dosierung (insgesamt 469 g) und Rotzserum haben EGHBAL und andere (1953) berichtet.

Calymmatobacterium granulomatis (Donovania granulomatis). Die venerische Donovaniosis (Granuloma inguinale Donovani) läßt sich am besten mit den Tetracyclinen oder Chloramphenicol behandeln. Streptomycin zeigt nur in hoher Dosierung (4 g/d) eine Wirkung. Sulfanilamide sind nicht indiziert. Durch die Antibioticatherapie kann eine Syphilis maskiert werden (vgl. Abschnitt g).

e) Erkrankungen durch Bacteriodaceen

Fusobacterium fusiforme. Dieser Organismus wird gemeinsam mit Borrelia vincenti (s. Abschnitt m) bei folgenden Erkrankungen gefunden: Ulcus tropicum, Plaut-Vincent-Angina und Noma. Diese Erkrankungen können mit Penicillin, den Tetracyclinen, Chloramphenicol und auch mit den Sulfanilamiden, darunter z. B. mit dem Kombinationspräparat Supronal (180 mg/kg/d für 6 d), behandelt werden.

Streptobacillus moniliformis. Das Haverhill-Fieber (Rattenbißfieber, Erythema arthriticum epidemicum) kann mit Penicillin, Streptomycin, den Tetracyclinen oder Chloramphenicol behandelt werden.

f) Erkrankungen durch Mikrococcaceen

Staphylococcus aureus. Dieser häufigste Eitererreger wird meist bei folgenden Krankheitsbildern gefunden: Impetigo contagiosa staphylococcogenes, Staphylodermia bullosa neonatorum, Erythrodermia exfoliativa generalisata neonatorum (Dermatitis exfoliativa neonatorum), Impetigo follicularis Bockhart, Folliculitis simplex disseminata, Folliculitis barbae, Furunkulose, Karbunkel, Hidrosadenitis axillaris, manchmal auch bei Ecthyma simplex, Acne vulgaris, parasitärem Ekzem, Folliculitis scleroticans nuchae, Folliculitis und Perifolliculitis suffodiens et abscedens, Pyodermia chronica vegetans, Acne varioliformis sowie als Mischinfekt mit Pseudomonas aeruginosa bei Ecthyma gangraenosum; als Hospitalismus nach Anwendung von Tetracyclinen sind Staphylokokken-Enteritiden beobachtet worden. Einige dieser Erkrankungen werden häufig durch spezielle Staphylokokkentypen hervorgerufen, so die Impetigo contagiosa durch den Typ 71 der Gruppe II (LINDENMANN 1958). — Bei allen oft oder stets durch Staphylokokken hervorgerufenen Krankheitsbildern ist der Sensibilitätstest mit Sulfanilamiden und verschiedenen Antibiotica angezeigt; sein Ausfall entscheidet über die zu wählende Therapie. Je nach der anatomischen Situation und dem Stadium der Erkrankung besteht die Therapie nur aus Lokalbehandlung, Lokal- und Allgemeinbehandlung oder Chemotherapie mit chirurgischen Maßnahmen. Bei akut bedrohlichen Zuständen kann schon vor Abschluß des Sensibilitätstests eine Allgemeinbehandlung mit Penicillin oder Tetracyclinen und Sulfanilamiden begonnen werden. Dabei ist jedoch daran zu denken, daß es Staphylokokkeninfektionen gibt, die auf kein Sulfanilamidderivat oder Antibioticum reagieren. In diesen Fällen kommt unter Umständen eine Staphylokokken-Serum- oder Vaccinetherapie in Betracht. Bei einigen der genannten Hauterkrankungen ist es nicht sicher, daß die bakterielle Infektion die eigentliche Krankheitsursache darstellt, so daß in diesen Fällen weitere therapeutische Maßnahmen erforderlich sein können, z. B. beim Ulcus cruris (PROSSER 1957). Auch bei Wundinfektionen sind oft Staphylokokken beteiligt (DOMAGK 1942; DOMAGK und HEGLER 1944; SCHÖNFELD und KIMMIG 1948).

Staphylococcus epidermidis. Dieser Keim wurde bei kleinen infizierten Wunden gefunden. Therapie wie bei Staph. aureus, von dem er sich durch negativen Koagulasetest unterscheidet.

g) Erkrankungen durch Neisseriaceen

Neisseria gonorrhoeae. Zunächst erzielte die Gonorrhoetherapie mit Sulfanilamiden eindrucksvolle Erfolge (BALLENGER u. a. 1937; KIMMIG 1938, 1941[2]; VONKENNEL 1941; VONKENNEL und KIMMIG 1941). Durch Selektion weniger empfindlicher Gonokokkenstämme sank die Heilungsquote, so in der Schweiz von 96% im Jahre 1941 auf 55% im Jahre 1943 und in späteren Jahren auf 25%. VONKENNEL und KIMMIG (1943) zeigten, daß die klinisch zu beobachtende Empfindlichkeitsminderung der Gonokokken nur relativ ist und daß durch besonders hohe Dosierung stark wirkender Sulfanilamide auch Gonorrhoefälle mit mehrfachen erfolglosen Therapieversuchen ausgeheilt werden konnten. Besonders günstige Ergebnisse wurden bei Kombination mit der Fiebertherapie erzielt (vgl. auch SCHÖNFELD 1946). Ein damals erprobtes Dosierungsschema war: 1. und 2. Tag Pyrifer Dosis III je 1 ml intravenös; 3. Tag Pyrifer Dosis IV 1 ml intravenös, dazu Sulfaäthylthiadiazol 2mal 4 g/d intravenös + 3mal 2 g/d per os; 4. Tag Pyrifer Dosis IV 1 ml intravenös, dazu Sulfaäthylthiadiazol 2mal 4 g/d intravenös + 3mal 1,5 g/d per os; 5. Tag Pyrifer Dosis IV 1 ml intravenös, dazu Sulfaäthylthiadiazol 3mal 1,5 g/d per os. — Seit der Einführung der wesentlich wirkungsvolleren Penicillintherapie werden die Sulfanilamide nur noch für Sonderfälle empfohlen, so bei penicillinüberempfindlichen Patienten und zur Vermeidung der Maskierung einer Syphilis (SCHÖNFELD und KIMMIG 1948). Jetzt wird vielfach die Penicillintherapie der Gonorrhoe gerade bei gleichzeitig erworbener Syphilis empfohlen, da eindeutige Syphilisheilungen durch solche Abortivkuren beobachtet worden sind (NIKOLOWSKI 1960). In diesen beiden Fällen kann auch Streptomycin angewendet werden, während die Tetracycline, ebenso wie Penicillin, die Syphilisdiagnose erschweren können. — Ist heute eine Gonorrhoetherapie mit Sulfanilamiden erforderlich, so wendet man eines der hochwirksamen Präparate in seiner maximalen Dosierung an (Abschnitt D und Tabelle 16). Bei Mißerfolg der Therapie schließt man eine Wiederholungskur nach 7 Tagen an. Ausdrücklich sei betont, daß jede Gonorrhoetherapie ohne *bakteriologische* Sicherung der Diagnose als Kunstfehler angesehen wird (KIMMIG 1952/53, 1958).

Neisseria meningitidis. Die Sulfanilamide hemmen den Erreger der epidemischen Meningitis stärker als Penicillin; es empfiehlt sich, sie kombiniert mit Penicillin oder anderen Antibiotica zu verabfolgen. In Epidemiezeiten hat sich die prophylaktische Gabe von Sulfanilamiden zur Sanierung von Keimträgern und zur Verhütung von Neuinfektionen bewährt (2—6 d in kleiner bis mittlerer Dosierung). Da die Prognose weitgehend vom schnellen Therapiebeginn abhängt und die Wirkung der Sulfanilamide erst in einigen Stunden die volle Stärke erreicht, empfiehlt es sich, die Therapie stets mit Penicillin zu beginnen. Die Sulfanilamide dürfen *niemals intralumbal* verabfolgt werden, da dies gefährlich und unnötig ist (vgl. Abschnitte B, V, 2, und B, VII, 1).

h) Erkrankungen durch Lactobacillaceen

Diplococcus pneumoniae. Die Pneumokokken rufen 70—90% aller Lobärpneumonien hervor, die in Frühfällen und bei mittlerem Lebensalter des Patienten am besten mit Sulfanilamiden behandelt werden. In anderen Fällen empfiehlt sich die Kombination mit Penicillin oder Tetracyclinen. Man kennt schon etwa 75 Serotypen von Pneumokokken.

Streptococcus pyogenes (haemolyticus) und andere. Bei folgenden Hauterkrankungen finden sich manchmal Streptokokken der Pyogenes-Gruppe: Impetigo contagiosa (streptococcogenes), Ecthyma simplex, Ecthyma gangraenosum (Mischinfektion mit Pseudomonas aeruginosa), Angulus infectiosus (Faulecke, Perlèche), parasitäres Ekzem, Erythematodes acutus disseminatus und Erythematodes discoides. Die Chemotherapie dieser Hauterkrankungen folgt denselben Regeln wie bei den durch Staphylokokken hervorgerufenen oder superinfizierten Erkrankungen (Abschnitt f). Auch in infizierten Wunden finden sich oft Streptokokken der Pyogenes-Gruppe (DOMAGK 1942; SCHÖNFELD und KIMMIG 1948). Diese Infektionen haben meist phlegmonösen, diffusen Charakter mit Nekroseneigung im Gegensatz zu den circumscripten, purulenten Staphylokokkeninfektionen. — Das durch Streptokokken der serologischen Gruppe A, seltener auch C oder G, verursachte Erysipel ist einer Therapie mit Sulfanilamiden, besonders den stark wirkenden, gut zugänglich. Es werden auch Kombinationspräparate empfohlen. Auch Penicillin und die Tetracycline sind wirksam. — Bei Scharlach werden erythrotoxinbildende Streptokokken (Gruppe A zu 95%, daneben C oder G) gefunden. Die Keime sind oft gegen Sulfanilamide resistent, daher wird die Behandlung mit Penicillin oder den Tetracyclinen empfohlen. Das handelsübliche Scharlach-Serum richtet sich hauptsächlich gegen die toxischen Symptome. — Auch bei Angina und Tonsillitis, die häufig durch hämolytische Streptokokken verursacht werden, zeigen die Sulfanilamide keine zuverlässige Wirksamkeit. Ein Placeboversuch von LANDSMAN u. a. (1951) bei Angina ergab keine signifikanten Unterschiede der durchschnittlichen Dauer des Fiebers, der Entzündung und der Schmerzen bei Behandlung mit Sulfanilamid (**II**) (26 Patienten), „Sulfatriad" = Sulfathiazol (**XXXVII**), Sulfapyrimidin (**LVII**) und 2-Sulfa-4-methylpyrimidin (**LIX**) (26 Patienten) oder Lactose (43 Patienten). — Zur Bakteriologie der Streptokokken vgl. SEELEMANN (1958).

Streptococcus agalactiae. Dieser zur serologischen Gruppe B (SEELEMANN 1958) gehörige Keim verursacht den gelben Galt der Rinder (Agalactia catarrhalis contagiosa); er wird in seltenen Fällen auch bei menschlichen Erkrankungen (Urogenitaltraktinfektionen) gefunden. — Besonderes Interesse für die Chemotherapie mit Sulfanilamiden hat dieser Keim darum, weil der für Tierversuche mit Sulfanilamiden häufig verwendete *Streptococcus Aronson*, der von einem Scharlachfall isoliert worden sein soll, wahrscheinlich mit S. agalactiae identisch ist.

Streptococcus salivarius, S. mitis, S. bovis. Die nichthämolytischen oder vergrünenden Streptokokken der Viridans-Gruppe finden sich oft als Erreger der Infektionen von Tonsillen, Nebenhöhlen, Mittelohren, Zähne, Gallenblase und Blinddarm, wo sie subakute oder chronische Entzündungen bewirken. Besonders wichtig ist ihr Auftreten bei der Endocarditis lenta, bei der jedoch auch folgende andere Keime isoliert worden sind: Streptoc. equisimilis, S. dysgalactiae, S. sanguis (die zur Pyogenes-Gruppe gehören) und S. faecalis (Enterokokken). Die Abgrenzung zwischen S. salivarius und S. mitis ist noch strittig (SEELEMANN 1958; BERGEY 1957). Die erstgenannten Infektionen und besonders die Endocarditis lenta sind einer Chemotherapie nur schwer zugänglich. Als Mittel der Wahl gilt das Penicillin in Kombination mit Streptomycin (oder eventuell den Sulfanilamiden), wobei der Therapieerfolg ganz von möglichst hoher Dosierung und langer Therapiedauer abhängt (vgl. BÖHMIG und KLEIN 1953; SEELEMANN 1958).

Streptococcus faecalis. Die Enterokokken werden gelegentlich bei Infektionen des Urogenitaltrakts, bei Zahngranulomen und bei Endocarditis lenta gefunden. Nach DOMAGK und HEGLER (1944), SEELEMANN (1958) und anderen lassen sich Enterokokkeninfektionen durch Sulfanilamide weniger gut beeinflussen als Infektionen mit Keimen der Pyogenes-Gruppe. Dagegen ist Penicillin, eventuell in Kombination mit Streptomycin wirksam (vgl. auch SCHÖNFELD und KIMMIG 1948). Andere Autoren empfehlen auch die Tetracycline.

i) Erkrankungen durch Corynebacteriaceen

Corynebacterium diphtheriae. Der Diphtherieerreger wird durch Sulfanilamide in vivo ungenügend beeinflußt. Dagegen ist eine Therapie mit Penicillin in hoher Dosierung möglich; doch werden dadurch die vom Diphtherietoxin bewirkten Symptome nicht beeinflußt, so daß stets Diphtherie-Serum angewendet werden muß.

Corynebacterium acnes. Dieser Keim wird manchmal in Acnepusteln gefunden. Er ist wahrscheinlich nicht der Erreger der Erkrankung, die durch Sulfanilamide nicht beeinflußt wird. Tetracycline sind bei Acne manchmal nützlich, nach anderer Angabe auch Penicillin.

Listeria monocytogenes. Die Listeriose (infektiöse Mononucleose) des Menschen kann durch eine Kombination von Penicillin mit Sulfanilamiden in hoher Dosierung wirksam behandelt werden. Auch die Tetracycline sind wirksam.

Erysipelothrix insidiosa. Der auch auf den Menschen übertragbare Schweinerotlauf (Erysipeloid) läßt sich durch Penicillin oder die Tetracycline gut behandeln. Die Sulfanilamide sind kaum wirksam. Besonders empfohlen wird eine Kombination von Penicillin und Streptomycin. Zusätzlich wird ein handelsübliches Rotlauf-Serum empfohlen.

j) Erkrankungen durch Bacillaceen

Bacillus anthracis. Beim Milzbrand ist die Wirkung der Sulfanilamide erheblich geringer als die einiger Antibiotica (Penicillin, Tetracycline, Chloramphenicol), so daß ihre Anwendung nur zusätzlich empfohlen wird. Außerdem kann das handelsübliche Milzbrand-Serum verabfolgt werden.

Clostridium fallax, Cl. septicum, Cl. novyi, Cl. perfringens und andere. Beim Gasbrand steht die chirurgische Versorgung zusammen mit schnellster Applikation von polyvalentem Gasbrand-Serum (auch bei jedem Verdachtsfall) an erster Stelle (möglichst innerhalb der ersten 4 Std). Gegen die starken Toxine ist keine Chemotherapie wirksam. Die Wirkung der Sulfanilamide beim Gasbrand ist umstritten; nach FELDT (1943) wirkt Sulfapyrimidin wesentlich besser als das früher vielfach empfohlene Homosulfanilamid (Marfanil), das jetzt nur noch in Kombinationspräparaten mit anderen Sulfanilamiden im Handel ist (Marbadal, Supronal, Marfanil-Prontalbin-Puder und andere, S. 1087, dort auch Literatur). Da Penicillin noch wirksamer ist, wird eine Kombinationstherapie mit Sulfapyrimidin oder anderen hochwirksamen Sulfanilamiden (z. B. in der Form des Präparates Supronal) und Penicillin empfohlen. Auch die Tetracycline sind wirksam.

Clostridium botulinum. Bei Botulismus werden die Vergiftungserscheinungen ausschließlich durch das Toxin bewirkt, so daß keine Chemotherapie möglich ist. Zur Behandlung dient das handelsübliche Botulismus-Serum.

Clostridium tetani. Entscheidend für die Therapie ist die rechtzeitige Gabe von Tetanus-Serum. Die weitere Toxinbildung durch die Tetanusbacillen am Infektionsherd kann durch Chemotherapie mit Penicillin, den Tetracyclinen, Chloramphenicol und eventuell auch den Sulfanilamiden unterdrückt werden.

k) Erkrankungen durch Mycobacteriaceen

Mycobacterium tuberculosis, Mycobacterium bovis. Zur Zeit spielen die Sulfanilamide und die sonstigen Sulfone in der Tuberkulosetherapie keine Rolle, wenigstens nicht als Antituberculotica. Eine Besprechung der älteren Literatur über Versuche mit diesen Stoffen findet man bei FITZGERALD und FEINSTONE (1943), WAGNER-JAUREGG (1944), RIST (1948), POPE und SMITH (1950) und LEMBKE und KRÜGER-THIEMER (1952). Neuerdings hat auch LONG (1958) diese Versuche zusammenfassend besprochen. Danach kann als sicher gelten, daß die Sulfanilamide gegenüber Tuberkelbakterien in vivo nahezu unwirksam sind, was ihrer sehr schwachen in vitro-Wirkung entspricht. In den letzten Jahren wurden die Sulfanilamide jedoch wiederholt zur Behandlung mischinfizierter Lungen-, Nieren- und Knochentuberkulosen empfohlen (MARKIEWICZ, JUCKER und andere 1952; TÜNNERHOFF, SEELIGER und SCHWABE 1953; BARTH 1954). Die heute übliche Chemotherapie der pulmonalen und extrapulmonalen Tuberkulosen mit Isoniazid und Streptomycin, eventuell kombiniert mit den weniger wirksamen Mitteln 4-Aminosalicylsäure, Thiosemicarbazone, Cycloserin, Pyrazinamid und Viomycin ist ausführlich bei WALTER und HEILMEYER (1954) und auch in diesem Bande in den Artikeln über die Antibiotica (MEYER-ROHN) und über die Isoniazidderivate beschrieben. Die Entwicklung befindet sich noch im Fluß, so daß es sich empfiehlt, für Dosierungsfragen die neueste Tuberkuloseliteratur zu Rate zu ziehen. Im Gegensatz zu den Sulfanilamiden sind die Derivate des Sulfanilanilins (4,4'-Diaminodiphenylsulfon, DDS) deutlich wirksam bei der Tuberkulose (FOURNEAU u. a. 1937). Sie haben sich jedoch wegen ihrer hohen Toxicität ($DL_{50\%}$ bei der Maus 375 mg/kg; CHANG 1952/53) in der Klinik nicht durchzusetzen vermocht (vgl. RENOVANZ 1951; LEMBKE und KRÜGER-THIEMER 1952; LONG 1958). Die Derivate des Sulfanilanilins (synthetisiert erstmalig von FROMM und WITTMANN 1908) sind jedoch als erste echte Tuberkulosechemotherapeutica (FOURNEAU, TRÉFOUEL, NITTI, BOVET und TRÉFOUEL 1937; BUTTLE, STEPHENSON, SMITH, DEWING und FOSTER 1937; ACKLIN, ROSSI und SCHMID 1946; RIST 1948) bemerkenswert. Von den Sulfanilamiden haben die Sulfathiadiazole als Wegweiser zu den Thiosemicarbazonen eine historische Bedeutung für die Chemotherapie der Tuberkulose. In den letzten Jahren sind wieder Versuche mit einseitig substituierten Derivaten des Sulfanilanilins bekannt geworden (Stoff **LXXIII**, **LXXIV**, **LXXVIII** und andere; PAYNE, HACKNEY und andere 1953; KHOSLA, ANAND und DHAR 1955; BERCZELLER 1958; weitere Literatur s. S. 1087).

Mycobacterium leprae. Für die Therapie der Lepra gelten zur Zeit die Sulfanilanilinderivate (oft kurz als „Sulfone" bezeichnet, vgl. Abschnitt A, II) neben den Thiosemicarbazonen (z. B. Conteben) als wirksamste Heilmittel, während die Therapieergebnisse mit Streptomycin, Isoniazid und 4-Aminosalicylsäure uneinheitlich beurteilt werden. Ausführliche Angaben mit zahlreichen Literaturhinweisen findet man bei WALTER und HEILMEYER (1954). Folgendes Dosierungsschema wird empfohlen: Sulfanilanilin zunächst 50 mg/d, nach 2 bis 4 Wochen auf 100 mg/d erhöhen, bei guter Verträglichkeit kann die Dosis weiter auf 200 bis 300 mg/d erhöht werden. Die Chemotherapie mit Sulfanilanilin ist fortzusetzen, bis bakteriologische Untersuchungen 2 Jahre lang negativ sind und der Prozeß inaktiv geworden ist. Es empfiehlt sich, weiterhin reduzierte Dosen zu applizieren. Als Beispiel für das mit dieser Therapie Erreichbare sei der Bericht von ROY (1957) zitiert, der 99 Leprapatienten mit Sulfanilanilin (etwa 100 mg/d) 14—60 Monate (Durchschnitt 44,5 Monate) behandelte. Nur 9 Fälle wurden bakteriologisch negativ, 10 Fälle wurden fast negativ, weitere Fälle waren deutlich gebessert. Nur 4 Fälle mit kurzer Behandlungsdauer waren stationär geblieben. Wenn auch das Gesamtergebnis nicht ermutigend ist, so zeigt der letzte Befund doch die Möglichkeiten der Langzeittherapie. Diese nicht sehr deutlichen Erfolge und der oft wechselvolle Verlauf der Lepra sind die Ursache dafür, daß eine klare Abgrenzung der Indikation des Sulfanilanilins von denen der neueren Mittel (Thiosemicarbazone und Isoniazid) noch nicht möglich ist (KIMMIG und FEGELER 1953). — Von den Derivaten des Sulfanilanilins ist nur eines, das Natrium-sulfanil-anilino-acetat (**LXXIV**; Sulfon-Cilag), in Deutschland handelsüblich gewesen. Über klinische Ergebnisse mit diesem Präparat hat RAMANUJAM (1953) berichtet. Einige Derivate des Sulfanilanilins sind hauptsächlich oder ausschließlich zur intravenösen Applikation bestimmt, was deren Anwendung in den Leproserien erschwert und für die ambulante Behandlung praktisch unmöglich macht. Weitere neuere Literatur über die Behandlung der Lepra mit Derivaten des Sulfanilanilins: CHANG (1952/53), DHARMENDRA (1953), GEORGES, LECHAT u. a. (1956), HADLER und ZITI (1956), Leitartikel des „Lancet" (1955). BUU-HOI, KHUYEN und XUONG (1955) und DAVEY, KISSAUN und MONETA (1957) berichteten über die Behandlung von Leprakranken mit 4,4'-Diamino-diphenyl-sulfoxyd, das nicht zu den Sulfonen gehört und in vitro im Gegensatz zu Sulfanilanilin bei Streptokokken unwirksam ist (WAGNER und KIMMIG 1946; KIMMIG 1947). — Die besondere Schwierigkeit der Weiterentwicklung der Leprachemotherapie liegt auf der Hand, da mit dem Mycobacterium leprae weder in vitro-Hemmversuche, noch therapeutische Tierversuche angestellt werden können. Man hilft sich gewöhnlich mit Analogieschlüssen von anderen Mykobakteriosen, der Tuberkulose und der Rattenlepra (WAGNER-JAUREGG 1944; KIMMIG und FEGELER 1953). Daß solche Rückschlüsse nur mit Vorsicht gezogen werden dürfen, ergibt sich aus der Tatsache, daß Promacetin (4,4'-Diaminodiphenylsulfon-2-sulfonyl-acetamid-natrium) bei deutlicher Leprawirkung gegenüber der experimentellen Meerschweinchentuberkulose unwirksam ist (JOHANSEN und andere

1950). Selektionsregeln für Lepraheilmittel hat BUU-HOI (1954) aufgestellt: Erste Voraussetzung sei eine gute Wirkung in vitro und in vivo gegenüber möglichst vielen Tuberkelbakterienstämmen. Zweite Voraussetzung sei eine gute fungistatische Wirkung auf Grund der Annahme, daß das Mycobacterium leprae den Pilzen noch näher stehe als das Mycobacterium tuberculosis; vielleicht beinhaltet diese Regel zugleich die Forderung nach guter Lipoidlöslichkeit. Dritte Voraussetzung sei eine geringe Toxicität wegen der Notwendigkeit langdauernder Therapie. Vierte Voraussetzung sei die billige Herstellbarkeit wegen der Notwendigkeit der Anwendung bei sehr vielen Kranken in wirtschaftlich schwachen Ländern. — Auf der Anwendung dieser Regeln beruht der Vorschlag von BUU-HOI (1954) zur Erprobung von 4,4′-Diamino-diphenyl-sulfoxyd (s. oben).

l) Erkrankungen durch Actinomycetaceen und Streptomycetaceen

Nocardia asteroides, N. leishmanii, N. madurae, N. lutea und andere. Die Nocardiosen, zu denen der Madurafuß gehört, machen etwa 10% der „Actinomycosen" aus. Zur Therapie eignet sich am besten eine Kombination von Sulfanilamiden mit Penicillin 1—2 Millionen i E/d). Auch die Tetracycline und Chloramphenicol zeigen eine Wirkung. MARIAT (1957) empfiehlt Sulfanilanilin bei Nokardiosen.

Actinomyces israelii. Die menschliche Aktinomykose erfordert, wie die Nokardiosen, eine hochdosierte und lange Behandlung mit Sulfanilamiden und Penicillin. Es sollen nicht alle Sulfanilamidpräparate gleichwertig sein. Besonders empfohlen werden Kombinationspräparate mit Homosulfanilamid (Marbadal, Supronal; WOLFF und TEUSCH 1952). Vielfach werden auch Sulfanilamide allein angewendet.

Streptomyces sp. Häufig werden bei Fällen von Aktinomykose auch die verschiedensten Streptomycesarten gefunden. Behandlung wie bei den Nokardiosen.

m) Erkrankungen durch Treponemataceen

Borrelia recurrentis, B. berberi, B. carteri und andere. Das Rückfallfieber mit allen seinen geographischen Varianten läßt sich im Fieberanstieg mit hohen Dosierungen von Penicillin, Streptomycin, den Tetracyclinen oder Neosalvarsan wirksam bekämpfen. Die Sulfanilamide sind unwirksam.

Borrelia vincentii. Dieser Keim findet sich gemeinsam mit Fusobacterium fusiforme (Abschnitt e, Therapie s. dort) bei der Plaut-Vincent-Angina, bei Noma und Ulcus tropicum.

Treponema pallidum, T. pertenue. Die Treponematosen Syphilis und Frambösie lassen sich mit Sulfanilamiden nicht beeinflussen. Penicillin und die Tetracycline sind bei ihnen wirksam (KIMMIG 1958; NIKOLOWSKI 1960; zur Frage der Syphilismaskierung s. Abschnitt g).

Leptospira icterohaemorrhagiae und andere. Bei den Leptospirosen sind die Sulfanilamide unwirksam, zur Behandlung sind die Tetracycline und, weniger gut, auch Penicillin geeignet.

n) Erkrankungen durch Rickettsiales

Rickettsia prowazekii, R. typhi, R. tsutsugamushi, R. rickettsii und andere. Vor der heute üblichen Therapie mit Tetracyclinen oder Chloramphenicol war die weniger wirksame Therapie mit 4-Aminobenzoesäure gebräuchlich (Anfangsdosis 100 mg/kg, dann 25 mg/kg/2 h bis 2 d nach Entfieberung). Besonders bemerkenswert ist, daß die Sulfanilamide die Erkrankungen eindeutig verschlechtern; sie sind daher auch bei Komplikationen durch sulfanilamidempfindliche Bakterien streng kontraindiziert.

Coxiella burnetii. Die Coxiellose (Queensland-Fieber) kann mit den Tetracyclinen oder Chloramphenicol behandelt werden. Beeinflußbarkeit durch Sulfanilamide ist nicht bekannt.

Chlamydia trachomatis, Chl. oculogenitalis. Die Erreger des Trachoms und der Paratrachome (Einschlußblennorrhoe, Neugeborenen- und Schwimmbadconjunctivitis) werden durch die Sulfanilamide spezifisch beeinflußt (lokale und perorale Therapie); von den Antibiotica haben sich nur die Tetracycline bewährt, nach anderer Angabe soll beim Trachom auch Penicillin wirken, jedoch schwächer als die Sulfanilamide.

Miyagawanella lymphogranulomatosis. Das venerische Lymphogranuloma inguinale ist einer langdauernden Behandlung mit hohen Dosen von Sulfanilamiden zugänglich, z. B. 2mal 14 Tage 4 g Sulfapyrimidin täglich (FINDLAY 1940). Die Tetracycline und Chloramphenicol wirken schneller; ihre Anwendung ist jedoch kontraindiziert, wenn die Gefahr der Maskierung einer Syphilis besteht. Aus demselben Grund kann auch das etwas schwächer wirkende Penicillin kontraindiziert sein (vgl. jedoch NIKOLOWSKI 1960 und Abschnitt g).

Miyagawanella psittaci, M. ornithosis. Die Erreger der Psittakose und der Ornithose können durch Sulfanilamide oder Penicillin in hohen Dosierungen bekämpft werden. Empfehlenswerter ist jedoch die Therapie mit Tetracyclinen, da diese auch bei anderen atypischen Pneumonien wirksam sind. Auch Chloramphenicol ist wirksam. Nach anderer Angabe (Bergey 1957) soll M. ornithosis gegen Sulfanilamide nicht empfindlich sein.

Miyagawanella pneumoniae, M. illinii und andere. Diese Erreger atypischer Pneumonien sind ebenso wie M. ornithosis zu behandeln (s. oben).

Bartonella bacilliformis. Der Erreger der Verruga peruana kann mit den meisten Antibiotica bekämpft werden. Angaben über die Wirkung der Sulfanilamide liegen nicht vor.

o) Erkrankungen durch sonstige Mikroorganismen

Viruserkrankungen sind durch Sulfanilamide und durch die heute üblichen Antibiotica nicht heilbar (die Miyagawanellen zählen nicht zu den Virales, sondern zu den Rickettsiales, s. vorhergehenden Abschnitt). Die Sulfanilamide können jedoch zur Bekämpfung von Sekundärinfektionen bei Viruserkrankungen geeignet sein.

Auch bei Pilzerkrankungen sind die Sulfanilamide im allgemeinen unwirksam (die Genera Nocardia, Actinomyces und Streptomyces sind keine Pilze, sondern Bakterien). Wenige Ausnahmen sind bekannt: Die Sulfanilamide, speziell die Sulfapyrimidine, zeigen eine zuverlässige Wirksamkeit bei der südamerikanischen Blastomykose, die durch Blastomyces brasiliensis (Paracoccidioides brasiliensis) hervorgerufen wird. Bei einigen oberflächlichen Formen von Hautpilzerkrankungen durch Trichophyton granulosum und Microsporon gypseum können 10%ige Salben der wirksameren Sulfanilamide eine Besserung bewirken; diese Therapie wird jedoch nicht empfohlen, da es wesentlich bessere Antimycotica gibt (Kimmig 1950; Koch 1957). Bei Interdigitalmykose, Mikrosporie und anderen Hautpilzerkrankungen werden Pinselungen mit 50%iger oder verdünnterer Lösung von Sulfanilthiocarbamid (oder entsprechende Gele) empfohlen.

Protozoenkrankheiten sind durch Sulfanilamide im allgemeinen nicht zu beeinflussen. Die Sulfanilamide der Pyrimidinreihe zeigen eine geringe, therapeutisch nicht verwertbare Wirkung bei den Malariaerregern Plasmodium vivax, Pl. malariae und Pl. falciparum. Die Antimalariawirkung der Sulfanilamide wird durch 4-Aminobenzoesäure antagonisiert (Maier und Riley 1942; Greenberg 1949). Nur bei Toxoplasma gondii-Infektionen gilt zur Zeit als günstigste Therapie die Kombinationsbehandlung mit Sulfanilamiden (insbesondere Sulfapyrimidin) und Pyrimethamin (2,4-Diaminopyrimidin; Daraprim), eventuell mit Tetracyclinen (vgl. Eyles und Coleman 1955—1957).

p) Erkrankungen unklarer Genese

Unter den Hauterkrankungen mit ungeklärter Ätiologie sind die folgenden manchmal oder stets mit Antibiotica, nicht aber mit Sulfanilamiden therapeutisch zu beeinflussen: Acrodermatitis chronica atrophicans (Herxheimer, Dermatitis chronica atrophicans), Dermatomyositis, Pemphigus vegetans, Sclerodermia circumscripta, Dermatitis exfoliativa Wilson-Brocq, Eczema herpeticatum, Eczema vaccinatum, Sarcoma haemorrhagicum idiopathicum multiplex Kaposi, Erythema chronicum migrans Lipschütz.

Auch die Sulfanilamide sind gelegentlich wirksam bei Acne varioliformis (Acne necroticans) und Erythema exsudativum multiforme.

Eine besondere Gruppe bilden die 4 Krankheiten Pemphigus vulgaris, Dermatitis herpetiformis Duhring, Lupus erythematodes (vgl. Abschnitt h) und Acne rosacea, die durch Sulfanilsulfanilmethylamid (Neo-Uliron) oder Sulfapyridin in kleiner Dosierung für einige Monate deutlich gebessert werden können. Für diese spezielle Indikation ist das Neo-Uliron, das um das Jahr 1940 erfolgreich gegen die Gonorrhoe angewandt wurde und wegen seiner Toxicität von anderen Sulfanilamiden verdrängt wurde, vor einigen Jahren in Form kleiner Tabletten (125 mg) erneut in den Handel gebracht worden. Es wird bei den genannten 4 Indikationen eine Dosierung von 4—6mal 0,125 g/d für mehrere Monate empfohlen. Die Tabletten sind über den Tag verteilt einzunehmen; während der Therapie sind körperliche Anstrengungen, Alkohol- und Nicotinabusus zu meiden. In der genannten Dosierung ist Neo-Uliron gut verträglich. Für Sulfapyridin wird eine Dosis von 1,5—3 g/d für mehrere Monate angegeben. In dieser Dosierung soll eine antibakterielle Wirkung der Präparate nicht erwartet werden können. Daraus ergab sich die Vermutung, daß hier ein besonderer Wirkungsmodus im Spiele wäre, was auch daraus folgen sollte, daß die anderen stark antibakteriell wirkenden Sulfanilamide bei diesen 4 Erkrankungen keine Wirkung hätten (außer auf Sekundärinfektionen). Weitere Therapievorschläge vgl. bei Walter und Heilmeyer (1954).—Neuerdings zeigte jedoch auch Sulfamethoxypyridazin **(LVI)** bei Dermatitis herpetiformis Duhring eine deutliche Wirkung (Perry und Winkelmann 1958), wodurch erneut die Frage zur Diskussion gestellt wird, ob die Wirkung der Sulfanilamide bei dieser Erkrankung und den anderen drei oben genannten doch eine antibakterielle sei. Hierzu sei auf die Arbeiten von Hackmann (1958/59) und

HACKMANN und HACKMANN (1958) hingewiesen, in denen über Besserung von Alterserscheinungen bei Ratten (Haarausfall, Arthrosis und Altersstar) bei monatelanger Verabfolgung von Sulfapyrimidin in der Dosierung von etwa 20—80 mg/kg (im Futter) berichtet wird. Auch in einigen Fällen von Altersstar bei Menschen bewirkte eine Behandlung mit Sulfapyrimidin (3mal täglich 0,25 g über mehrere Monate) deutliche Besserung. Den angegebenen Visusbesserungen entsprach die Aufhellung oder das Verschwinden von Trübungen. Es ist unwahrscheinlich, daß die Sulfanilamide in diesen geringen Dosierungen und bei so verschiedenartigen Krankheitsprozessen spezifische pharmakodynamische Wirkungen ausüben. Naheliegender scheint die Annahme einer antibakteriellen Wirkung auf chronische Infektionsherde, die in noch unbekannter Weise die genannten Krankheitserscheinungen hervorrufen.

q) Sonstige Indikationen

Verschiedene Derivate und Analoga der Sulfanilamide werden als Diuretica und Antidiabetica therapeutisch verwendet. Einige antibakteriell wirksame Sulfanilamide zeigen diese Wirkungen ebenfalls. Es werden jedoch für diese Zwecke am besten solche Substanzen ausgesucht, die keine antibakterielle Wirkung besitzen (Näheres vgl. Abschnitt B, II, 2.)

Eine dermatologische Indikation der Sulfanilamide, die nicht mit deren antibakterieller Wirkung zusammenhängt, ist die Anwendung in Salben als Lichtschutzmittel (MIETZSCH 1942; ZENNER 1942; ZENNER und BEUTNAGEL 1950; ZENNER 1951; vgl. die Zusammenstellung aller im Handel befindlichen Lichtschutzmittel bei KIMMIG 1955[1]). Diese Wirkung der Sulfanilamide ist völlig unspezifisch und beruht ausschließlich auf ihrer starken Absorption von Ultraviolettstrahlen unterhalb der Wellenlänge von 300 nm (vgl. Abschnitt B, I, 4, und Abb. 9; s. auch KIMMIG und RÖMBKE 1944; SCHÖNFELD und KIMMIG 1948, S. 32). ZENNER und BEUTNAGEL (1950) empfehlen besonders ein Sulfonamid Solan (Pharm. Kosm. Prod. AG, Zürich), das vermutlich mit der von KIMMIG und RÖMBKE (1944) beschriebenen 4-Sulfanilaminobenzoesäure = 4-(4′-Amino-benzol-sulfonamido)-benzoesäure identisch ist. Nach diesen Autoren haben die Acetylderivate der Aminobenzoesäuren dieselbe Schutzwirkung wie die freien Säuren. Nach den neueren Erkenntnissen (MAYER 1958) über die Sensibilisierung durch aromatische Amine ist die Verwendung dieser Acetylderivate für Lichtschutzsalben zu empfehlen. Im Abschnitt D wird erwähnt, daß vor Sonnen- und Höhensonnenbestrahlung von Patienten während einer Sulfanilamidtherapie gewarnt wird. Schon ROTHMAN und RUBIN (1942) beobachteten, daß intradermal injizierte 4-Aminobenzoesäure die Empfindlichkeit der Haut gegen Ultraviolettstrahlen an der Injektionsstelle stark erhöht. Dieser Effekt beruht vermutlich auf erhöhter Strahlenabsorption durch die Substanz in Hautschichten, die normalerweise nur einen kleineren Teil der Strahlung absorbieren. Weitere nicht antibakteriell wirkende Strahlenschutzmittel findet man bei v. CZETSCH-LINDENWALD und SCHMIDT-LA BAUME (1950, 1956).

C. Spezieller Teil

I. Sulfanilamide und andere Sulfone im Arzneischatz

Von den zahlreichen experimentell erprobten und klinisch gebräuchlichen Sulfanilamiden und anderen Sulfonen sind nur wenige in die Arzneibücher verschiedener Staaten aufgenommen worden (Tabelle 14). In der unterschiedlichen Auswahl der Präparate für die verschiedenen Pharmakopöen spiegelt sich die Unsicherheit der wissenschaftlichen Beurteilung dieser Chemotherapeutica wider. Besonders bemerkenswert ist, daß in den westdeutschen Nachtrag zum Deutschen Arzneibuch (DAB. VI, 3. Nachtrag 1959) kein Präparat aufgenommen ist, das in der neuesten Ausgabe der amerikanischen Pharmakopöe enthalten ist (USPh. XV). In Preußen wurden die Sulfanilamide durch eine Polizeiverordnung vom 30. Juni 1938 rezeptpflichtig (Preußische Gesetzessammlung 1938, Nr. 14, S. 76). Diese Verordnung gilt auch in der Bundesrepublik Deutschland.

Über die Qualität handelsüblicher Präparate von Sulfanilamidderivaten orientiert eine Untersuchung von BAGNALL und STOCK (1957). Bei Prüfung von 195 Tablettensorten von 10 Sulfanilamidderivaten nach den Vorschriften der Britischen Pharmakopöe auf Gehalt, Einheitlichkeit und Leichtigkeit des Tablettenzerfalls fanden sich 31 Fehler (15 Gehaltsfehler, 6 Einheitlichkeitsfehler und 21 Zerfallsfehler). Es fiel auf, daß bei 24 Firmen unter 145 Tablettensorten nur 2 fehlerhaft waren, während die Erzeugnisse von 6 anderen Firmen unter 50 Tablettensorten 27 fehlerhafte aufwiesen (vgl. auch NELSON, ARNDT und BUSSE 1957).

Tabelle 14. *Sulfanilamide und sonstige Sulfone in den Arzneibüchern der deutschsprachigen Länder, Englands, Frankreichs und der USA*

	Chemische Kurzbezeichnung	Pharmacopoea Internationalis I (1951, 1955)	Deutsches Arzneibuch VI, 3. Nachtrag 1959 (Westdeutschland)*	Deutsches Arzneibuch VI, Nachtrag 1954**	Österreichisches Arzneibuch***	Pharmacopoea Helvetica V Supplementum I (1948)	Pharmacopoea Helvetica V Supplementum II (1955)	Pharmacopoea Gallica VII (1949)	British Pharmacopoeia (1953)	United States Pharmacopoeia XIV (1950)	United States Pharmacopoeia XV (1955)
II	Sulfanilamid .	RT	R	R		R		R	RT	RT	
XIII	2,4-Diamino-azobenzol-4′-sulfonamid			R							
XXI	Sulfanil-carbamid . .			R							
XXIV	Sulfanilthio-carbamid . .		R	R							
XXV	Sulfanil-guanidin . .	RT	R	R	R		R	R	RT	RT	
XXVI	Sulfanilacet-amid			R	RNa				NaS		RNaTSI
XXXV	Sulfadimethyl-isoxazol . . .										RT
XXXVII	Sulfathiazol . .	RNaT	R	R	RNa		R	R	RNaTI	RNaTI	
XXXVIII	Succinoylsulfa-thiazol . . .	RT							RT	RT	RT
XXXIX	Phthaloylsulfa-thiazol . . .						R			RT	RT
XLIV	Sulfaäthylthia-diazol			R							
LI	Sulfapyridin .							R			RT
LVII	2-Sulfapyri-midin . . .	RNaT			RNa			R	RNaTI	RNaTI	RNaTI
LIX	2-Sulfa-4-me-thylpyrimidin	RNaT			RNa			R		RNaTI	RNaT
LXI	2-Sulfadi-methylpyri-midin . . .				RNaI		R		RT		R
LXVI	4-Sulfadi-methylpyri-midin . . .		R	R							
LXXIX	Sulfoxon-Natrium . .										RT

R = Reinsubstanz; Na = Natriumsalz; T = Tabletten; S = Salbe; I = Injektionslösung.
* 3. Nachtrag 1959 zum Deutschen Arzneibuch, VI. Ausgabe, gültig für die Bundesrepublik Deutschland.
** Nachtrag 1954 zum Deutschen Arzneibuch, VI. Ausgabe, gültig für Mitteldeutschland.
*** Zur Aufnahme in das Österreichische Arzneibuch vorgesehen. (Nach WICHTL 1956.)

Die beiden folgenden Abschnitte enthalten die Handelspräparate der Sulfanilamide und sonstigen Sulfone aus dem deutschen Sprachbereich, soweit sie in den folgenden Arzneimittellisten enthalten sind oder in neueren medizinischen Wochenschriften angezeigt worden sind:

Tabelle 15. *Chemische und biologische Konstanten handelsüblicher Sulfanilamide.* (Nach *Ziffern*; BÜNGER und andere 1961; SEYDEL

Formel-Nr. (Tabelle 1)	Chemischer Kurzname	Molekulargewicht	Säure-Ionisations-konstanten	Löslichkeit bei PH 7,0 37° C; µg/ml S_7		Minimale Hemmkonzentration µ (µmol/l)	
			pKa'_2	frei	acetyliert	Escherichia coli	Mycobact. smegm.
II	Sulfanilamid	172,21	10,5	*12600*	*2920*	*128*	*81*
XX	Sulfanilglycyldiäthylamid	285,37	10,1			*>2048*	*>2048*
XXI	Sulfanilcarbamid	215,24 +18,02	5,5	>25000	>25000	*32*	*16*
XXIV	Sulfanilthiocarbamid	231,30	4,8			*6,3*	*4,0*
XXV	Sulfanilguanidin	214,25 +18,02	>11	2200	800	*64*	*32*
XXVI	Sulfanilacetamid	214,25	5,3	*17700*	*6990*	*2,6*	*2,0*
XXIX	Sulfanildimethylacroylamid	254,31	5,9			*5,7*	*5,7*
XXXI	Sulfanilisopropoxybenzoylamid	334,40	4,9			*4,0*	*2,8*
XXXII	Sulfanildimethylbenzoylamid	304,37	4,7	780	780	*2,8*	*4,0*
XXXIV	3-Sulfamethylisoxazol	253,29	5,7	*1360*		*0,7*	*0,8*
XXXV	5-Sulfadimethylisoxazol	267,31	4,9	21350 15000	7580 9700	*2,3*	*4,6*
XXXVI	2-Sulfadimethyloxazol	267,31	7,2	3400	900	*4,0*	*2,0*
XXXVII	Sulfathiazol	255,33	7,0	*1610*	*188*	*1,6*	*0,5*
XLII	Sulfaphenylpyrazol	314,37	5,8	1500	1150	*1,0*	*0,8*
XLIV	Sulfaäthylthiadiazol	284,37	5,1	*6520*	*7500*	*2,0*	*1,7*
XLVII	Sulfanilsulfanilmethylamid	341,42	7,5	*580*	*51*	*2,5*	*2,5*
LI	Sulfapyridin	249,30	8,4	*1060*	*330*	*4,8*	*6,7*
LVI	Sulfamethoxypyridazin	250,29	6,8	1900	750	*1,0*	*1,7*

Literaturangaben [gerade Ziffern; s. Abschnitt C, II] und eigenen Untersuchungen [*kursive* und andere 1960/61; KRÜGER-THIEMER 1942])

Pharmakokinetische Konstanten						Metabolismus			Akute Toxicität (per os) bei Mäusen [andere Applikation]		Therapeut. Tierversuche (Maus po.; Strept. agalact. od. pyog.)	
Invasion	Elimination		Distribution			Acetylierung		Glucuronierung				
k_1 (*po*.)	k_2	$t_{50\%}$	Δ'	α	β	Blut	Urin	Urin	$DL_{50\%}$	$DT_{95\%}$	$DC_{50\%}$	$DC_{95\%}$
h^{-1}	h^{-1}	h	ml/g	µmol/l	µmol/g	%	%	%	mg/kg	mg/kg	mg/kg/d	mg/kg/d
>0,40	0,079	8,8	0,69	640 bis 830	5,8 bis 8,0	10—15	50—60		3300 4000 +3000 [2790 sc.]	1000	300	1000
		1—2										
	0,25	1,7; 2,8 (2—4)	0,62 bis 1,32				20—30		[12500 sc.]			
			1,46			10	10—15					
						25—40	25—35					
	0,054	12,8 (4—6)	1,23			23	30		[6000 sc.]			
	0,07	9,9	0,65				7—20		[2000 sc.]			
	0,05	13,9	0,2						[1000 sc.]			
1,7	*0,0694*	*10,0*	*0,224*	*40* bis *110*	*4,3* bis *5,6*	*4—15*						
2,0	*0,1139*	*6,1*	*0,178*	*14*	*9,3*	15—35	20—35	+	7500 600		(245) 50 350	100
1,8	*0,0653*	*10,6*	*0,25*	*25*	*7,2*	*15—50*						
>0,17	0,17 bis 0,19	3,6—4	0,58	150 bis 850	6,4 bis 43,6	20	25—35		6000 34000 [1000 bis 1670 sc.]	>8000	30 250	250
>0,6 *0,81*	0,058 *0,0809*	12,0 *8,6*	0,15 bis 0,50 *0,239*	*12,4*	*5,3*	6—11	15—33		5000 2500		5 (258) 230	
19,4	0,144	4,8 (8—10)	0,19 bis 0,40	18,7	10,0	5—10	10—15	13?	[1150 sc.] [1500 sc.]		71 <500	2300 >500
	0,041	17							>3000			
	0,074 bis 0,11	6,5 bis 9,4	0,68	300 bis 850	7,7 bis 13,8	10—20	50—80	34	[920 sc.] 1700 >16000	8000	50 >250	300
0,85	*0,0200*	*34,6*	*0,191*	*5,3*	*8,4*	10—20	28—50	14—20	[1010 sc. Ratte] 10000 950 2500		15—60 74 (104) 3,6	100 bis 230

Tabelle 15.

Formel-Nr. (Tabelle 1)	Chemischer Kurzname	Molekulargewicht	Säure-Ionisationskonstanten	Löslichkeit bei p_H 7,0 37° C; µg/ml S_7		Minimale Hemmkonzentration µ (µmol/l)	
			pKa'_2	frei	acetyliert	Echeria coli	Mycobact. smegm.
LVII	2-Sulfapyrimidin	250,29	6,4	600 500	2220 *1660*	*0,9*	*1,1*
LVIII	2-Sulfa-5-methoxy-pyrimidin	280,31	6,5	1000	1500	*2,0*	*1,0*
LIX	2-Sulfa-4-methyl-pyrimidin	264,31	7,0	750	1950	*0,9*	*1,1*
LX	2-Sulfa-5-methyl pyrimidin	264,31	6,8	**112**		*1,0*	*0,7*
LXI	2-Sulfadimethyl-pyrimidin	278,34	7,4	950	1450	*1,7*	*2,4*
LXII	4-Sulfapyrimidin	250,29	6,0			*1,0*	*0,5*
LXV	4-Sulfadimethoxy-pyrimidin	310,34	5,9	580	700	*0,7*	*0,8*
LXVI	4-Sulfadimethyl-pyrimidin	278,34	7,4	3000 4000	90 230	*1,5*	*1,3*
LXVIII	Sulfadimethoxytriazin	311,33 +18,02	4,7	7700	8700	*5,7*	*6,7*
LXXI	Sulfanildimethylisoxazolacetamid	309,35	—	**103**		*0,5*	*0,6*

„Arzneiverordnungen, Ratschläge für Ärzte" (herausgegeben von der Arzneimittelkommision der Deutschen Ärzteschaft, 1952 und 1956, hier abgekürzt als AVO. 1952 und AVO. 1956).

„Rote Liste 1957" und „Rote Liste 1959" (Verzeichnis pharmazeutischer Spezialpräparate der Mitglieder des Bundesverbandes der Pharmazeutischen Industrie e.V., abgekürzt als RL. 1957 und RL. 1959).

„Arzneimittelverzeichnis" (3. Ausgabe, 1957, herausgegeben vom Staatlichen Institut für Arzneimittelprüfung Berlin-Ost, abgekürzt als AVZ. 1957).

„Austria-Codex 1956" (Verzeichnis der in Österreich zum allgemeinen Apothekenvertrieb zugelassenen pharmazeutischen Spezialitäten, abgekürzt als Aust.C. 1956).

Auch die in der Schweiz handelsüblichen Präparate sind, soweit sie hier bekannt geworden sind, erwähnt. Die speziell für die Veterinärmedizin bestimmten Präparate wurden nicht aufgenommen. Die Reihenfolge der Präparate ist im Abschnitt II (Einzelpräparate) systematisch entsprechend der Reihenfolge in der Strukturformel-Tabelle 1 (S. 966—980), auf die durch die römischen Formelnummern hinter den chemischen Kurznamen verwiesen wird. Außer den Angaben über Hersteller, Handelsformen und Gehalt der Präparate enthalten die folgenden Abschnitte auch kurze Charakteristiken der Substanzen und, hauptsächlich bei den neueren Präparaten, auch einige Literaturangaben, aus denen

(Fortsetzung.)

Pharmakokinetische Konstanten						Metabolismus			Akute Toxicität (per os) bei Mäusen [andere Applikation]		Therapeut. Tierversuche (Maus; po.; Strept. agalact. od. pyog.)	
Invasion	Elimination		Distribution			Acetylierung		Glucuronierung				
k_1 (*po.*)	k_2	$t_{50\%}$	Δ'	α	β	Blut	Urin	Urin	$DL_{50\%}$	$DT_{95\%}$	$DC_{50\%}$	$DC_{95\%}$
h^{-1}	h^{-1}	h	ml/g	μmol/l	μmol/g	%	%	%	mg/kg	mg/kg	mg/kg/d	mg/kg/d
0,71	*0,0415*	*16,7*	*0,924*	342	5,8	5—15	15—50		1070 2000 29000 [1290 sc.] [1000 sc.]	657	26 bis 29 <200 2,5	671 bis 965 200
1,19	*0,0189*	*36,6*	*0,261*	*46*	*8,3*	*4—15*	*19—37*	*26—42*				
3,2 *0.60*	0,059 *0,0295*	11,8 *23,5*	0,62 *0,362*	31—72	3,3 bis 7,4	8—25	35—70	*7—22*	1530, 2900 >16000	870	36—92 11	680 bis 4570
 0,44	0,021 *0,0170*	31,9 *40,8*	0,63 *1.14*	*78*		*5—20*			>16000		3,6	
	0,1	(6—8)	0,28	46 bis 116	7,9 bis 13,4	15—50	40—80		806 1900 bis 5000	550	190 bis 290	2200 bis 6600
0,56	*0,0172*	*40,3*	*0,169*	4,2	8,8	*3—15*	ca. 10	80—85	>16000	(114)	16	
	0,094	7,4 (6—8)				10	10—35		[>1250 sc.] 1780 50000 10000	1428	220 bis 320 570	1540 bis 3000
								5	[3060 sc.]			
1,25	*0,0528*	*13,1*	*0,494*									

die Daten der Tabellen 15 und 16 entnommen sind. Die Angaben über Dosierung, Applikationsweise und besondere Indikationen beruhen meist auf Mitteilungen der Hersteller und sind nur soweit aufgenommen worden, wie sie von der allgemeinen Indikation und den Dosierungsvorschlägen nach den „Arzneiverordnungen, Ratschläge für Ärzte“ (1956) abweichen:

„Sulfonamide: Bakteriostatisch wirkende Chemotherapeutica mit der typischen Benzolsulfonamid-Gruppierung. Die Sulfonamide wirken besonders auf Escherichia coli, Shigella dysenteriae, Streptococcus pyogenes, Meningokokken, Pneumokokken und Salmonella enteritidis. Marfanil-haltige (Homosulfanilamid) Kombinationen wirken auf Anaerobier.“ Dosierung etwa 6—10 (oder 12) g/d, meist 3—8 Tage lang (Gesamtdosis etwa 30—40 g, Kinderdosen vgl. Arzneiverordnungen S. 300ff.). Tagesdosis in 4—6 gleichen Teilen verabfolgen zur Aufrechterhaltung einer gleichmäßigen Sulfanilamidkonzentration im Blutserum. Wegen der Möglichkeit von Kristallabscheidung in den Nieren wird reichliche Flüssigkeitszufuhr empfohlen (etwa 200 ml/g Sulfanilamidderivat). Bei hoher Dosierung außerdem perorale Applikation etwa gleicher Mengen Natriumhydrogencarbonat zur Alkalisierung des Urins.

Es muß ausdrücklich darauf hingewiesen werden, daß *diese Dosierungsempfehlung nicht dem neuesten Stand der Kenntnisse entspricht*, da diese Dosierung nicht für alle Sulfanilamide, sondern *nur* für die Präparate mit *schneller Elimination* ($t_{50\%} < 7$ h) annähernd gültig ist (vgl. Abschnitte B, II, 1a, B, VII, 1 und D). Es wird empfohlen, sich an die Dosierungsvorschläge der Tabelle 16 zu halten.

Tabelle 16. *Klinisch übliche* und aus den Dosierungsgleichungen* (9) *und* (10) *errechnete** Dosierungen handelsüblicher Sulfanilamide*

		Meßwerte und Konstanten **							Errechnete Dosierung **			Klinisch übliche Dosierung *		
		$t_{50\%}$	k_1/k_2	Φ	$c'_{\min}$	C_0	$A(C_0)$	Δ'	τ	D^*/D	D/G	τ	D^*/D	D/G
		h	—	—	µg/ml	µmol/l		ml/g	h	—	mg/kg	h	—	mg/kg
II	Sulfanilamid (Prontalbin)	8,8	>5	0,39 0,76	150	250 486	1,45 1,35	0,69	4 8	3,7 2,1	43 78	4 8	4 1	14 14
XXI	Sulfanilcarbamid (Euvernil)	1,7		3,7	44	592	1,11	1	4	1,25	153	4	2	28
XXIV	Sulfanilthiocarbamid (Badional)	3,0	32	0,97	15,3	30,6	2,10	1,0	**3**	**2,0**	**14,9**	3	1	14
XXVI	Sulfanilacetamid (Albucid)	12,8		0,4 0,5 0,8	3,6	5,2 6,5 10,4	1,30 1,30 1,30	1,23	4 8 **12**	5,1 2,8 **2,1**	1,9 2,4 **3,8**	4 8 12	2 1	14 14 43
XXXIV	3-Sulfamethylisoxazol (Sinomin, Ragonil)	10,0	>10	0,67 1,17	4,2	2,2 3,9	5,12 4,98	0,22	8 **12**	2,3 **1,8**	0,6 **1,1**			
XXXV	5-Sulfadimethylisoxazol (Gantrisin)	6,1	36	0,55 0,94	80	6,3 10,8	32,4 26,8	0,18	4 **6**	2,7 **2,0**	9,9 **13,9**	4 6	3—4 1	14—28 14
XXXVI	2-Sulfadimethyloxazol (Sulfuno, Tardamid)	10,8	31	1,15	65	20	12,1	0,25	12	1,8	16,2	12	3	7
XXXVII	Sulfathiazol (Cibazol)	3,6	>1	0,96	3,4	7,7	1,66	0,58	4	1,9	1,9†	4	3—4	14—21
XLII	Sulfaphenylpyrazol (Orisul)	9,9	50	1,27	35	6,4	20,7	0,29	**12**	**1,8**	**12,0**	12	2	7—14
XLIV	Sulfaäthylthiadiazol (Globucid)	4,8	134	0,77 1,37	72	7,7 13,7	27,5 22,6	0,30	4 6	2,3 1,7	18,0 26,4	4 6	1 1	14 14
XVII	Sulfanilsulfanilmethylamid (Neo-Uliron)	17		0,28 0,58 1,49		3,5 7,2 18,6			6 12 24	4,5 2,6 1,6		4—6		1,8

LI	Sulfapyridin (Eubasin)	9,4		0,34 0,73	76	8,2 17,5	1,20 1,18	0,68	4 8	4 2,3	1,7 3,5†	4 8	4 1	14 14
LVI	Sulfamethoxypyridazin (Davosin, Lederkyn)	34,7	40	0,60	80	3,0	70,8	0,19	24	2,6	11,3	24	2	7
LVII	2-Sulfapyrimidin (Pyrimal)	16,7	18	0,18 0,27 0,61	2,9	0,8 1,2 2,7	2,62 2,61 2,60	0,92	4 6 **12**	6,5 4,5 **2,6**	0,45 0,67 **1,65**	4 6	4 4	14 14
LVIII	2-Sulfa-5-methoxy-pyrimidin (Durenat)	36,6	64	0,57	34,4	5,7	11,43	0,26	**24**	**2,7**	4,8	24	2	7
LIX	2-Sulfa-4-methylpyrimidin (Debenal-M)	23,5	26	0,25 0,98	8,9	1,2 4,6	7,68 7,23	0,36	8 **24**	4,7 **2,0**	0,9 **3,1**	8 24	4	14 50
LX	2-Sulfa-5-methyl-pyrimidin (Pallidin)	40,8	29	0,49	11,0	2,5	8,62	1,14	**24**	**3,0**	**6,5**	24	3—4	7
LXI	2-Sulfadimethylpyrimidin (Diazil)	7		0,45 0,74 1,10	32	3,8 6,3 9,4	15,3 14,4 13,4	0,28	4 6 8	3,1 2,2 **1,8**	4,5 7,1 **9,8**	4 6	4 1	14 21
LXV	4-Sulfadimethoxypyrimidin (Madribon)	38,4	20	0,52	85	1,7	105,0	0,23	24	2,8	12,9	24	2	7
LXVI	4-Sulfadimethylpyrimidin (Aristamid, Elkosin)	7,4		0,41 0,68 1,00		3,1 5,1 7,5			4 6 8	3,2 2,3 1,9		4 6	4 2	14 14—28
LXXI	Sulfanildimethylisoxazolacetamid (Gantrisin-Sirup)	13,1	24	0,36 0,86		0,9 2,2		0,49	6 12	3,7 2,1		6	2—3	14—28

* Nach Walter und Heilmeyer (1954), Møller (1958), den „Arzneiverordnungen, Ratschläge für Ärzte", 10. Aufl. (1956) und nach Angaben der Herstellerfirmen.

** Errechnet aus den biologischen Konstanten $t_{50\%}$, k_1/k_2, μ, α, β und Δ' (Tabelle 15, Durchschnittswerte) unter der Annahme, daß der Therapiesicherheitsfaktor $\sigma = 5$ ist. Φ siehe Nomogramm Abb. 13 oder Krüger-Thiemer (1961; Tabelle 4). $c'_{\min} = \frac{M \cdot \mu \cdot \sigma \cdot A(\mu \cdot \sigma)}{1000}$ nach Gl. (4) und (8), $c'_{\min}$ in μg/ml. $C_0 = c_{\min} \cdot \Phi$ nach Krüger-Thiemer [1961; Gl. (15a)]. $A(C_0)$ nach Gl. (8), S. 1013, mit $p = 70$ g/l und $w = 0{,}95$. D^*/D siehe Nomogramm Abb. 12, S. 1014. $D/G = C_0 \cdot A(C_0) \cdot \Delta' \cdot M/1000$ nach den Gl. (7) und (7a).

Halbfette Ziffern = errechnete Dosierungen, die der Dosierungsregel 3 (S. 1015) entsprechen und deren relative Erhaltungsdosis etwa gleich der klinisch üblichen oder geringer als diese ist.

† Diese beiden Dosierungen gehören eigentlich zu den in der vorhergehenden Fußnote erwähnten Dosierungen; sie sind jedoch nicht durch halbfetten Druck hervorgehoben, weil Sufathiazol und Sulfapyridin eine zu hohe Nierentoxicität aufweisen (vgl. die Faustregel auf S. 1093, Unterabschnitt 3).

II. Einzelpräparate (systematisch geordnet)

In der folgenden Liste sind die Handelspräparate einzelner Sulfanilamide (nicht kombiniert mit anderen antibakteriell wirkenden Partnern, jedoch zum Teil mit anderen Pharmaka) aus dem deutschen Sprachgebiet systematisch nach der Tabelle 1 (S. 966) geordnet. Dem chemischen Kurznamen folgt die Formelnummer, danach sind die Pharmakopöen genannt, in denen das Sulfanilamidderivat oder sonstige Sulfon aufgeführt ist. Sonstige Abkürzungen siehe im vorhergehenden Abschnitt. Die angegebene Literatur ist auch bei den neuesten Präparaten nicht vollständig.

Sulfanilamid (II) (Ph.Int., DAB VI West und Ost, Ph.Gall., Brit.Ph.). MARSHALL und andere (1937), LONG u. a. (1940), SIMESEN (1941), WATANABE (1941), KIENLE und SAYWARD (1942), ALEXANDER (1943), KIMMIG und RÖMBKE (1944), YEGIAN und BUDD (1945), BARBER und WILKINSON (1946), LANGECKER (1953), WITZGALL (1953), DOLIQUE und LACOMBE (1955), LANGECKER und LOPPNOW (1955), LJUNGBERG (1957).

Algolyt (Aust.C. 1956; Hersteller: Asid-Serum-Institut GmbH, Wien XII). Ohrtropfen 5% (mit Phenolhomologen 0,05%, Tetracain 1% und Benzylalkohol in wasserfreiem Glycerin).

Brevazin (Aust.C. 1956; Hersteller: Österreichische Stickstoffwerke AG, Linz). Tabletten zu 0,50 g.

Defonamid (RL. 1959; Hersteller: Blücher-Schering & Co., Lübeck). Vaginalzäpfchen zu 0,80 g (mit Glucose und Glyceringelatinat).

Duazin (Aust.C. 1956; Hersteller: Österr. Stickstoffwerke AG, Linz). Wundstreupuder 99,5% (mit 3,6-Diamino-10-methyl-acridinium-chlorid 0,5%).

Feminal-Vaginal-Tabletten (Aust.C. 1956; Hersteller: Apotheker Mr. O. Petrasch & Co., Dornbirn, Vorarlberg). Vaginaltabletten zu 0,50 g (mit Borsäure).

Fontenal (RL. 1959; Hersteller: Frenon Arzneimittel GmbH, Werne a. d. Lippe). Salbe mit 3% Sulfanilamid-Paraformaldehyd-Kondensat (1:2), Hexamethylentetramin 2% und p-Hydroxybenzoesäuremethylester 0,1% zur Behandlung von Hyperhydrosis, Intertrigo und mykotischen Ekzematoiden.

Ichth-Oestran duplex (Aust.C. 1956; Hersteller: Österr. Ichthyol-Ges., Seefeld). Vaginalkugeln zu 6,6%.

Mesolan (Aust.C. 1956; Hersteller: J. F. Mayer, Klagenfurt). Salbe 5% (mit Lebertran).

PA (AVZ. 1957; Hersteller: VEB Promassolwerk, Erfurt). Puder 20%, Salbe 10%.

Prontalbin (RL. 1957 — nicht mehr RL. 1959 —; Aust.C. 1956; Hersteller: Farbfabriken Bayer AG, Leverkusen). Tabletten zu 0,50 g.

Provagin (Aust.C. 1956; Hersteller: Birupha GmbH, Wien III). Vaginaltabletten zu 0,50 g (mit Borsäure und Zinksulfat).

Pyrisulfon (Aust.C. 1956; Hersteller: Heilmittelwerke GmbH, Wien III). Puder 20% (mit Borsäure).

Rhinon-Salbe (Aust.C. 1956; Hersteller: Apotheker Mr. O. Petrasch, Dornbirn, Vorarlberg). Nasensalbe 5% (mit 2-Naphthylmethylimidazolin-HCl 0,1%).

Sagitralin forte (Hersteller: Sagitta-Werk GmbH, München). Paste mit Sulfanilamid, Zinkoxyd, Talkum und Karion.

Septurid (Aust.C. 1956; Hersteller: Sanabo, Wien XII). Tabletten zu 0,75 g der Molekularverbindung von Sulfanilamid mit Hexamethylentetramin, Ampullen zu 5 ml $\triangleq$ 0,75 g der genannten Verbindung.

Sulfa-Mel (RL. 1959; Hersteller: Visuvia GmbH, Geesthacht a. d. Elbe). Paste 20% (mit Honig), Vaginalkapseln 20% (mit Honig).

Sulfanilamid (AVZ. 1957; Hersteller: VEB Deutsches Hydrierwerk, Rodleben, Post Roßlau a. d. Elbe) Tabletten zu 0,50 g.

Sulfonamid-Saccharum (AVZ. 1957; VEB (K) Chem. Fabrik Buche, Bad Schmiedeberg, Dübener Heide. Puder 20% (mit Saccharose, Glucose und Stärke).

Sulfonamid-Spuman (AVO. 1956, Aust.C. 1956; Hersteller: Luitpold-Werk, Chem.-pharmazeut. Fabrik, München). Styli zu 0,5 g und zu 2,0 g (mit 50% Corp. spumans = schaumbildende Grundmasse).

Sulfotropin (RL. 1959, Aust.C. 1956; Hersteller: Dr. A. Wander, GmbH, Frankfurt a.M. und Wien). Tabletten zu 0,28 g (mit Hexamethylentetramin 0,27 g und Calciumgluconat 0,20 g), Ampullen zu 5 ml $\triangleq$ 0,25 g (mit Hexamethylentetramin 1,0 g).

Trikolpon (Aust.C. 1956; Hersteller: N. V. Organon, Oss, Niederlande). Vaginaltabletten zu 0,20 g (mit Carbarson 0,1 g und Borsäure 0,03 g).

Viramid-Salbe (Aust.C. 1956; Hersteller: F. Jacoby & Co., Hallein, Österreich). Salbe 10% (mit Antivirus staphylococcus 6% und Antivirus streptococcus 1,5%).

Enthalten in den Kombinationspräparaten: Biocillin, Dermadynum, Desulan-Pressovulen, Epigranol, Eubasept, Marfanil-Prontalbin-Puder, M.P.-Dent-Salbe, Otodyn, Procain-Penicillin-Puder, Pro-Ma-Puder, Rhinocillin, Sanamid, Sufortan-Vaginalkugeln, Sulfadin,

Sulfocillin, Sulfosellan-Präparate (außer Sulfosellan-Gel), Sulfa-flexiole-zweiphasig, Tampovagan Pss, Tribolanum und Unguforte.

Sulfanilamid-Sulfosalicylat (IV). RIETSCHEL und WEITZEL (1951), WANKMÜLLER (1952), OERIU und andere (1955).

Amindan (RL. 1959; Hersteller: Vial & Uhlmann, Fabrik chem.-pharmaz. Präparate, Frankfurt a. M.). Tabletten zu 0,50 g, Salbe 20%, Streupuder 25%.

Acetylsulfanilamid (VIII). Nicht antibakteriell wirksam.

Enthalten in dem Kombinationspräparat Unguforte (S. 1090).

2,4-Diamino-azobenzol-4'-sulfonamid-HCl XIII (DAB VI, Ost).

Prontosil (RL. 1959, AVZ. 1957, Aust.C. 1956; Hersteller: Farbenfabriken Bayer AG, Leverkusen; VEB Farbenfabrik Wolfen, Wolfen, Krs. Bitterfeld). Tabletten zu 0,50 g (auch bei Lymphogranuloma inguinale, Variola, Morbus Bang und Febris undulans).

Rubazin (Aust.C. 1956; Hersteller: Österr. Stickstoffwerke AG, Linz). Tabletten zu 0,50 g.

3,6-Disulfonatnatrium-7-(acetyl-amino)-1-hydroxy-naphthalin-(2-azo-4')-benzol-1'-sulfonamid (XV).

Prontosil solubile (RL. 1957 [nicht RL. 1959]; Hersteller: Farbenfabriken Bayer AG, Leverkusen). Ampullen zu 5 ml ≙ 0,25 g, Lösung 5% (ad usum externum).

4-(Sulfonatnatrium-glucosyl-amino)-benzol-sulfonyl-(hydroxy-methyl-amid) (XVII).

Ladogal (AVO. 1956, RL. 1959; Hersteller: C. F. Boehringer & Söhne, GmbH, Mannheim). Ampullen zu 20 ml ≙ 8,0 g (nicht in RL. 1959), Lösung 40%, Salbe 35%.

Enthalten in dem Kombinationspräparat Sagittamid.

Sulfanilamidomethansulfonat-Triäthanolamin (XVIII). BIEHLER (1956), MARTIN (1956), GOLTERMANN und RAUCH (1957).

Salthion (RL. 1959; Hersteller: Knoll AG, Chem. Fabriken, Ludwigshafen a.Rh.). Lösung 90%, Salbe 30%.

Sulfanilglycyldiäthylamin (XX). ROGMANS (1953), ANDERS und STEPHAN (1955).

Sulfoglycin (RL. 1957; Hersteller: Dr. Kade, Pharm. Fabrik, Berlin). Tabletten zu 0,50 g, Ampullen zu 5 ml ≙ 2,5 g; RL. 1959 nur noch Augentropfen 20%, Augensalbe 10%.

Sulfanilcarbamid (XXI) (DAB VI, Ost). HOHENDORF (1959), SCHÜTZE (1959). Anwendung bei Infektionen der Harnwege.

Euvernil (AVO. 1956, RL. 1959, AVZ. 1957; Hersteller: Chem. Fabrik von Heyden AG, München; VEB Chem. Fabrik von Heyden, Radebeul bei Dresden). Tabletten zu 0,50 g, Ampullen zu 10 ml ≙ 2,0 g, zu 25 ml ≙ 5,0 g, zu 10 ml ≙ 2,5 g (des Na-Salzes), Lösung 25% (Na-Salz), Sirup (Saft) 10%.

Tonil (AVZ. 1957; Hersteller: VEB Chem. Fabrik von Heyden, Radebeul bei Dresden). Calciumsalz mit Bromsalicylsäureisopropylamidcalcium als Pulvis subtilis und als Grieß.

N-Methylol-phthaloylsulfanilcarbamid. HOLLE, DIMMLING und DEININGER (1956), HILLER und EHLERT (1957), FREYTAG (1960). Schwer aus dem Darm absorbierbar; gegen Darminfektionen, auch prophylaktisch.

Intestin-Euvernil (RL. 1959; Hersteller: Chem. Fabrik von Heyden AG, München). Tabletten zu 0,50 g, Granulat 60%, Saft 10%.

Sulfanilthiocarbamid (XXIV) (DAB VI, West und Ost). SCHOLTEN (1950), WANKMÜLLER (1952), SCHOOG (1954), HEGEMANN, GLEITZ und WACHTELBORN (1955), LEGLER und GERNER (1959).

Badiocyren (RL. 1959; Hersteller: Farbenfabriken Bayer AG, Leverkusen). Vaginaltabletten zu 0,50 g (mit Cyren B 0,1 mg).

Badional (AVO. 1956, RL. 1959, Aust.C. 1956; Hersteller: Farbenfabriken Bayer AG, Leverkusen). Tabellen zu 0,50 g, Ampullen zu 6 ml ≙ 3,0 g, Lösung 50%, Gel 10%, Brandbinde mit Paste 3%, Verbandstoffe 5%, Puder 30% (mit Milchzucker), Pulvis subtilis (Reinsubstanz).

Enthalten in den Kombinationspräparaten: Aseptorid, Dirian-Pulvis, Marbaciletten, Marbadal, Marbadal-C-Vaginaltabletten, Marbaletten, Solu-Supronal, Supronal, Supronal-B-Puder, Sycocillin und Syncillin.

Sulfanilguanidin (XXV) (Ph.Int., DAB VI West und Ost, Öst. AB, Ph.Helv., Ph.Gall., Brit.Ph.). ROBLIN, WILLIAMS und andere (1940), COSAR und KOLSKY (1955), FREYTAG (1960). Wird zu 40—60% aus dem Darm absorbiert. Anwendung bei Infektionen des Magendarmtraktes und vor und nach Operationen am Magendarmtrakt.

Aplona S (RL. 1959; Hersteller: Kali-Chemie AG, Hannover). Kautabletten zu 0,50 g (mit 4,5 g Aplona-Apfeldiät).

Carboguan (Aust.C. 1956; Hersteller: Aesca, Wien XI). Tabletten zu 0,25 g (mit Carbo medicinalis 0,30 g).

Carbo-Guanicil (Aust.C. 1956; Hersteller: Cilag AG, Schaffhausen, Schweiz). Tabletten zu 0,13 g (mit Carbo medicinalis 0,13 g, Bismutum subnitricum 0,04 g, Pektin 0,04 g).

Guanicil (AVO. 1956; Aust.C. 1956; Hersteller: Cilag GmbH, Alsbach a. d. Bergstraße und Schaffhausen, Schweiz). Tabletten zu 0,50 g, Suspension 10%.

Resulfon (AVO. 1956, RL. 1959; Hersteller: Nordmarkwerke GmbH, Uetersen, Holstein). Tabletten zu 0,50 g.

Resulfon M = Resulfon mucilaginosum (RL. 1959; Hersteller: Nordmarkwerke GmbH, Uetersen, Holstein). Granulat 5% (mit Apfelpektin und anderen Quellstoffen).

Resulfon S = Resulfon-Suspension (AVO. 1956, RL. 1959; Hersteller: Nordmarkwerke GmbH, Uetersen, Holstein). Saft 10%.

Ruocid (AVO. 1956, RL. 1959; Hersteller: Chemiewerk Homburg AG, Frankfurt a. M.). Tabletten zu 0,50 g.

Sulfaguanidin (AVZ. 1957; Hersteller: VEB Farbenfabrik Wolfen, Wolfen, Krs. Bitterfeld). Tabletten zu 0,50 g.

Sulfaguanidin „Hauser-Chepharin" (Aust.C. 1956; Hersteller: Paul Hauser-Chepharin, Klagenfurt, Österreich). Tabletten zu 0,50 g.

Sulfaguanidin „Homburg" = Ruocid (s. oben).

Sulfoguanil (Aust.C. 1956; Hersteller: Dr. A. Wander GmbH, Wien). Tabletten zu 0,50 g.

Enthalten in den Kombinationspräparaten: Dermadynum, Eubasept und Tribolanum.

Sulfanilacetamid (XXVI) (DAB VI Ost, Öst. AB, Brit.Ph., USPh.). DOHRN und DIEDRICH (1938), VONKENNEL und KORTH (1938), VONKENNEL und SCHMIDT (1939), BUCKREUS (1940), KIMMIG und WESELMANN (1941), KIMMIG (1943), KIMMIG und RÖMBKE (1944), SELLERS und ALEXANDER (1948), WHITE und andere (1952), WITZGALL (1953), LANGECKER (1953). Anwendung besonders bei Infektionen der Harnwege, auch bei Trachom und zur lokalen Anwendung bei Hauterkrankungen.

Albucid (AVO. 1956, RL. 1959, AVZ. 1957, Aust.C. 1956; Hersteller: Schering AG, Berlin; VEB Berlin-Chemie (früher Schering), Berlin-Adlershof). Tabletten zu 0,50 g, Ampullen zu 10 ml ≙ 3,0 g als Na-Salz (intravenös), Augensalbe 10% (Na-Salz, von VEB Berlin-Chemie mit Retinol = Vitamin A), Augentropfen 20% (Na-Salz), Kinderpuder 1%, Reinsubstanz zur Rezeptur.

Beocid (Aust.C. 1956; Hersteller: Metochem. Dr. Partisch & Co., Wien). Tabletten zu 0,50 g, Ampullen zu 10 ml ≙ 3,0 g (Na-Salz), Streupuder 10%, Salbe 15%.

Cetazin (Aust.C. 1956; Hersteller: Österr. Stickstoffwerke AG, Linz). Tabletten zu 0,50 g, Augensalbe 10% (Na-Salz), Augentropfen 10% (Na-Salz).

Fluomed-Vaginal-Tabletten (Aust.C. 1956; Hersteller: Dr. B. Becker, Wien). Vaginaltabletten zu 0,035 g (mit Borsäure und Kohlensäurebildner).

Sulfosellan-Gel (RL. 1959; Hersteller: Dr. G. Mann, Berlin-Charlottenburg). Gel 5% (Na-Salz). (Die anderen Sulfosellan-Präparate enthalten kein Sulfanilacetamid, vgl. Kombinationspräparate).

Enthalten in den Kombinationspräparaten: Combisulfon, Sagittamid, Sanamid, Sulfa-Flexiole-zwei-phasig, Trisulfonamid Poly-Gel.

N^4,N^4-Methylen-di-(4-amino-benzol-sulfonyl-acetyl-amid) (XXVII).

Megamid (Aust.C. 1956; Hersteller: Dr. B. Becker, Wien). Salbe 4,35%.

Persulfon = Megamid.

Phthaloylsulfanilacetamid (XXVIII). FREYTAG (1960). Anwendung bei Gastroenteritiden und sonstigen bakteriellen Infektionen des Magendarmtraktes außer den Salmonellosen.

Intazin (Aust.C. 1956; Hersteller: Österr. Stickstoffwerke AG, Linz). Tabletten zu 0,50 g.

Talbucid (Aust.C. 1956; Hersteller: Schering AG, Berlin). Tabletten zu 0,50 g.

Sulfanildimethylacroylamid (XXIX).

Irgamid-Augensalbe (AVO. 1956, RL. 1959, Aust.C. 1956; Hersteller: J. R. Geigy AG, Basel; Vertrieb für Deutschland: Dr. K. Thomae GmbH, Biberach a. d. Riss). Augensalbe 15%.

Enthalten in dem Kombinationspräparat Irgafen comp.-Ampullen.

Sulfanilbenzoylamid (XXX). BRETSCHNEIDER u. KLÖTZER (1956)[1].

Enthalten in dem Kombinationspräparat Trisulfonamid Poly-Gel.

Sulfanilisopropoxybenzoylamid (XXXI).

Enthalten in dem Kombinationspräparat Dosulfin.

Sulfanildimethylbenzoylamid (XXXII). BRETSCHNEIDER und KLÖTZER (1956)[1].

Irgafen (Aust.C. 1956; Hersteller: J. R. Geigy AG, Basel). Tabletten zu 0,50 g.

Enthalten in dem Kombinationspräparat Irgafen comp.-Ampullen.

3-Sulfamethylisoxazol (XXXIV). Brit.P. 814276, SAKAI und andere (1959), BÜNGER (1960), BÜNGER und andere (1961).

Sinomin (jap. Präparat). *Ragonil* (= Ro 4-2130; F. Hoffmann-La Roche AG, Basel).

5-Sulfadimethylisoxazol (XXXV). (USPh.). WHITE und andere (1952), NISHIMURA und andere (1953), RANDALL, ENGELBERG und andere (1954), SCHOOG (1954), YOW (1955), BESSON und LEDER (1956), FUST und BOEHNI (1957), NEIPP und MAYER (1957), RHODES und andere (1957), ROEPKE und andere (1957), YOSHIDA und MATSUDA (1957), CLARK und andere (1958), NEIPP und andere (1958), DELORENZO und SCHNITZER (1959), FUST und BOEHNI (1959), HARTIG (1959), LEGLER und GERNER (1959), LEMING und FLANIGAN (1959), SAKAI und andere (1959), BÜNGER und andere (1961).

Anwendung besonders bei Infektionen der Harnwege, auch bei Allgemeininfektionen.

Gantrisin (AVO. 1956, RL. 1959, Aust.C. 1956; Hersteller: Deutsche Hoffmann-La Roche AG, Grenzach, Baden; F. Hoffmann-La Roche AG, Basel). Tabletten zu 0,50 g, Ampullen zu 1 ml $\triangleq$ 0,40 g und zu 5 ml $\triangleq$ 2,0 g (als Diäthanolaminsalz), Augentropfen 4% (mit Diäthanolamid 1,5% und Phenylhydrarg. nitricum 0,002%), Reinsubstanz zur Rezeptur (Na-Salz), Gantrisin-Bepanthen-Instillation (Lösung) 5% (mit Penthenol 2,5%), Gantrisin-Bepanthen-Gel 5% (mit Panthenol 2,5%), Gantrisin-Bepanthen-Puder 10% (mit Ca-pantothenat 5%). (Gantrisin-Sirup enthält nicht 5-Sulfadimethylisoxazol, sondern dessen N^1-Acetylderivat, s. S. 1087).

Uro-Gantrisin (Hersteller: wie Gantrisin). Tabletten zu 0,50 g (mit Phenylazo-diaminopyridin-Hydrochlorid 50 mg, anaesthesierend und antibakteriell wirkend); besonders für Harnwegsinfektionen.

2-Sulfadimethyloxazol (XXXVI). LOOP, LÜHRS und HAUSCHILDT (1955/1957), BRAUN, STAUBESAND und STILLE (1959), VOM BRUCK und andere (1960), DEININGER und GUTBROD (1960), DZIUBA (1960), GERNER (1960), HAGEN (1960), HINZ (1960), LINZENMEIER (1960), RASCHKE (1960), SCHMÖGER (1960), WEHRMANN (1960).

Sulfuno (Hersteller: Nordmarkwerke GmbH, Hamburg). Tabletten zu 0,50 g, Ampullen zu 10 ml $\triangleq$ 2,0 g (als Na-Salz), Saft 10%.

Tardamid (Hersteller: Chemie Grünenthal GmbH., Stolberg, Rhld.). Tabletten zu 0,50 g.

5-Sulfa-3-methyl-isothiazol. ADAMS, FREEMAN und andere (1960).

Sulfathiazol (XXXVII). (Ph.Int., DAB VI West und Ost, Öst.AB, Ph.Helv., Ph.Gall., Brit.Ph. Wegen häufiger Nebenerscheinungen, vgl. Tabelle 4 und Abb. 16, aus der Liste der „New and Non Official Remedies" des Council on Pharmacy and Chemistry und aus der USPh gestrichen. KUNZ 1951). LONG u. a. (1940), ROBLIN, WILLIAMS und andere (1940), WOJAHN (1943), KIMMIG und WESELMANN (1941), SIMESEN (1941), DAVIS (1942), FELDT (1943), KIMMIG (1943), KIMMIG und RÖMBKE (1944), MEIER und andere (1944), YEGIAN und BUDD (1945), SIEBENMANN und PLUMMER (1945), BARBER und WILKINSON (1946), WOJAHN und WITTKER (1948), LANGECKER (1953), WITZGALL (1953), ANDERSEN und OVERGÅRD (1956), DALGAARD-MIKKELSEN und POULSEN (1956), ISHII und SEVAG (1956), SWINTOSKY (1956), LJUNGBERG (1957), TSUKAMURA (1957), FUST und BOEHNI (1959).

Angesit-S (Aust.C. 1956; Hersteller: E. Klimitschek, Salzburg. Tabletten zu 0,025 g (mit Paraform 0,02 g, Menthol und andere) als Rachendesinfiziens.

Anitinum „S" (Aust.C. 1956; Hersteller: J. Toplak, Wien). Halspastillen zu 0,005 g (mit Paraformaldehyd, Schieferteeröl, Acid. tannicum und andere), Anitinum „S", pulvis = Streupulver 1% (mit Paraformaldehyd, Schieferteeröl, Acid. tannicum, Sacch. lact., zur Anwendung bei eitrigen Wunden, auch in Mund und Rachen).

Cibazol (AVO. 1956, RL. 1959, Aust.C. 1956; Hersteller: Ciba AG, Basel, und Wehr, Baden). Tabletten zu 0,50 g, Ampullen zu 5 ml $\triangleq$ 1,0 g (als Na-Salz), Augensalbe 10%, Salbe 5% und 10%, Streupulver 20% (mit Borsäure; in Österreich: Cibazol-N-Streupulver-Reinsubstanz).

Consistin „S" (Aust.C. 1956; Hersteller: J. Toplak, Wien). Vaginaltabletten zu 0,02 g (mit Anitinum pulv., Milchsäure, Borsäure, Milchzucker).

Eleudron (AVO. 1956, RL. 1959, Aust.C. 1956; Hersteller: Farbenfabriken Bayer AG, Leverkusen). Tabletten zu 0,50 g, Ampullen zu 5 ml $\triangleq$ 1,0 g (nicht mehr RL. 1959).

Globuvag Sulfathiazol comp. „Seck-Ulm" (RL. 1959; Hersteller: Ernst Seck, Ulm). Vaginalkugeln zu 0,20 g (mit Milchsäure 0,08 g).

Linobion-Sulfonamid-Salbe (Aust.C. 1956; Hersteller: Dr. N. Ruef, Wien). Salbe.

Privin-Cibazol (Aust.C. 1956, RL. 1959; Hersteller: Ciba AG, Basel). Emulsion mit 5%.

Sulfathiazol „Hauser-Chepharin" (Aust.C. 1956; Hersteller: P. Hauser-Chepharin, Klagenfurt). Tabletten zu 0,50 g.

Sulfa-Thiazol-Wolfen (AVZ. 1957; Hersteller: VEB Farbenfabrik Wolfen, Wolfen, Krs. Bitterfeld). Tabletten zu 0,50 g, Ampullen zu 5 ml $\triangleq$ 1,0 g.

Vitaglo-Globuli (Aust.C. 1956; Hersteller: P. Hauser-Chepharin, Klagenfurt). Vaginalkugeln zu 1,0 g (mit Retinol = Vitamin A 5000 iE, Calciferol = Vitamin D_2 2000 iE).

Enthalten in den Kombinationspräparaten: Angesit-SP, Eucillin, Tampovagan PSS und Trisulfonamid Poly-Gel.

Succinoylsulfathiazol (XXXVIII) (Ph.Int., Brit.Ph., USPh.). Im deutschen Sprachgebiet nicht handelsüblich. Streicher (1945), Krebs und Speakman (1946).

Phthaloylsulfathiazol (XXXIX) (Ph.Helv., USPh.). Freytag (1960). Wird kaum aus dem Darm absorbiert. Zur Behandlung von Infektionen des Magendarmtrakts, unter anderem Salmonellosen, Colitis ulcerosa und zur Operationsvorbereitung. Streicher (1945), Daecke (1952), Poth (1953), Freytag (1960).

Colentron (Aust.C. 1956; Hersteller: E. Bertalanffy, Unterach, Österreich). Tabletten zu 0,25 g (mit Carbo med. 0,25 g).

Ilentazol (Hersteller: Gewo GmbH, Baden-Baden; Ed. Geistlich Söhne AG, Wolhusen, Schweiz). 8-Hydroxychinolinsalz von Phthaloylsulfathiazol. Tabletten und Dragées zu 0,25 g.

Phthalazol (Aust.C. 1956; Hersteller: Ed. Geistlich Söhne AG, Wolhusen, Schweiz). Tabletten zu 0,50 g.

Taleudron (AVO. 1956, RL. 1959; Hersteller: Farbenfabriken Bayer AG, Leverkusen). Tabletten zu 0,50 g, Saft 15% (zuckerfrei, gesüßt mit 2-Sulfonyl-benzoyl-imid 0,02%), Reinsubstanz.

Talisulfazol (AVZ. 1957; Hersteller: VEB Farbenfabrik Wolfen, Wolfen, Krs. Bitterfeld) Tabletten zu 0,50 g.

Enthalten in dem Kombinationspräparat Sulfamycetin.

Formosulfathiazol (XL). Wird kaum aus dem Darm absorbiert. Zur Behandlung von Infektionen des Magendarmtraktes.

Forbina (Aust.C. 1956, RL. 1959; Hersteller: Ciba AG, Basel, und Wehr, Baden). Kinder- und Hautpuder 1% (mit Zinkoxyd, Borsäure und Talkum).

Formo-Cibazol (AVO. 1956, RL. 1959; Hersteller: Ciba AG, Wehr, Baden). Tabletten zu 0,50 g (mit Sapamin), Saft 10%, Reinsubstanz.

Sulfa-Kohle-Compretten „MBH“ (RL. 1959; Hersteller: E. Merck AG, Darmstadt, C. F. Boehringer & Söhne Mannheim; Knoll AG, Ludwigshafen). Compretten zu 0,125 g (mit Carbo med. 0,15 g).

Viozol (AVO. 1956, RL. 1959; Hersteller: Ciba AG, Wehr, Baden). Vaginaltabletten zu 0,50 g (mit Jodochloroxychinolin 0,25 g, Sapamin, Borax, Borsäure, Glucose, Lactose), Puder 33% (nicht mehr RL. 1959; mit Jodochloroxychinolin 16,7% und Sapamin 0,3%).

Sulfaphenylpyrazol (XLII). Bachmann und andere (1958), Brockhaus (1958), Essellier und andere (1958), Goldhammer (1958), Nahnsen (1958), Neipp und andere (1958), Rentchnick (1958), De Lorenzo und Schnitzer (1959), Eger und Reincke (1959), Fust und Boehni (1959), Ruiz-Torres (1958/59), Hepding und andere (1960), Bünger und andere (1961).

Orisul (RL. 1959; Hersteller: Ciba AG, Basel, und Wehr, Baden). Tabletten zu 0,50 g, Ampullen zu 5 ml ≙ 1,0 g (als Na-Salz), Saft 5%, Sirup 10%, Gel 10%, Augensalbe 5%.

Sulfamethylthiadiazol (XLIII). Vonkennel, Kimmig und Korth (1940).

Lucosil-Mixtur (Aust.C. 1956; Hersteller: H. Lundbeck & Co., Popenhagen-Malmö). Lösung 10%.

Tetracid (Versuchspräparat der Schering AG, Berlin).

Urolucosil (Aust.C. 1956; Hersteller: H. Lundbeck & Co., Kopenhagen-Malmö). Tabletten zu 0,10 g.

Urosulfin (Aust. C. 1956; Hersteller: Nepera Chemical Co., Yonkers, N.Y., USA). Dragées zu 0,25 g (mit 2,6-Diamino-3-phenylazopyridin-Hydrochlorid 0,05 g).

Sulfaäthylthiadiazol (XLIV) (DAB VI Ost). Vonkennel, Kimmig und Korth (1940), Kimmig und Weselmann (1941), Vonkennel und Kimmig (1941), Krüger-Thiemer (1942), Feldt (1943), Kimmig (1943[1]), Kimmig und Römbke (1944), Clerc (1951), Witzgall (1951, 1953), Schoog (1952), Langecker und Loppnow (1955), Yow (1955), Rhodes und andere (1957), Swintosky und andere (1957), Legler und Gerner (1959), Friederiszik und Toussaint (1960).

Globucid (AVO. 1956, RL. 1959, AVZ. 1957; Hersteller: Schering AG, Berlin; VEB Berlin-Chemie [früher Schering], Berlin-Adlershof). Tabletten zu 0,50 g, Ampullen zu 10 ml ≙ 2,0 g (als Na-Salz zur intravenösen Injektion), Reinsubstanz zur Rezeptur.

Sulfa-Perlongit (RL. 1959; Hersteller: C. H. Boehringer Sohn, Ingelheim a. Rh.). Saft (Suspension von wirkstoffhaltigen Fettkügelchen) 13%, 5 ml ≙ 0,65 g, wegen der besonderen Konfektionierung vom üblichen Schema abweichende Dosierung.

Enthalten in den Kombinationspräparaten: Andal, Protocid, Ornal, Sulfacillase, Supracid.

Sulfaisopropylthiadiazol (XLV). Nur für wissenschaftliche Untersuchungen im Handel (experimentelle Ausschaltung der Langerhansschen A-Zellen des Pankreas, Unterdrückung der Glucagonbildung? Vgl. Abschnitt B, II, 2, S. 1024). Vonkennel, Kimmig und Korth

(1940), VONKENNEL und KIMMIG (1941), JANBON und andere (1942), v. HOLT und andere (1955), LOUBATIÈRES (1957). (Hersteller: Schering AG, Berlin.)

Sulfanilsulfanilmethylamid (XLVII). *Nur* anzuwenden bei Pemphigus vulgaris, Dermatitis herpetiformis Duhring, Lupus erythematodes und Acne rosacea mehrere Monate lang in kleiner Dosierung (4—6mal 0,125 g/d, über den Tag verteilt, vgl. Abschnitte B, VII, 1 und 2*p*). Bei Lupus erythematodes wurde auch eine Kombination mit der Wismut-Chinin-Jod-Behandlung empfohlen. KIMMIG (1943[1]), DOEBEL (1949/50), WESENER (1953), STÜHMER (1954).

Sulfapyridin (LI) (Ph.Gall., USPh.). Wird wegen seiner Toxicität (Abb. 16) innerlich nur noch selten angewendet. LONG u. a. (1940), SIMESEN (1941), DAVIS (1942), KRÜGER-THIEMER (1942), KIMMIG und RÖMBKE (1944), YEGIAN und BUDD (1945), BARBER und WILKINSON (1946), RAOUL (1948), WITZGALL (1951, 1953), LANGECKER (1953), DUTZ und andere (1954), SWINTOSKY (1956).

Eubasinum (RL. 1959; Hersteller: Nordmark-Werke GmbH, Uetersen, Holstein; Konfektionierung: Visuvia GmbH, Geesthacht a. d. Elbe). Mikrosuppositorien zu 0,40 g; Makrosuppositorien zu 1,0 g.

Haptocil (Aust.C. 1956; Hersteller: Cilag AG, Schaffhausen). Salbe 5% (des Di-sulfapyridin-calcium-tetrahydrates), Puder 20% (Ca-Salz).

Jacosulfon (RL. 1959; Hersteller: Jacopharm, Hamburg-Schenefeld). Vaginaltabletten, Lösung Salbe und Pulver 30% (mit Harnstoff, Lebertran bzw. Vitamin F[?]).

Sulfapyridin „Homburg“ (Aust.C. 1956; Hersteller: Chemiewerk Homburg AG, Frankfurt a. M.). Tabletten zu 0,50 g.

Enthalten in den Kombinationspräparaten: Dermadynum, Desulan-Pressovulen, Eubasept, Hygicillin, Ophcillin, Sufortan-Vaginalkugeln und Tribolanum.

Salicylazosulfapyridin (LII). Anwendung bei Colitis ulcerosa und anderen Colitiden, die nicht durch Amöben oder Fäulnisbakterien verursacht sind.

Azulfidine (Hersteller: AB „Pharmacia“, Uppsala, Schweden; Pharmacia GmbH, Bad Nauheim). Tabletten zu 0,50 g.

Salazopyrin (Aust.C. 1956; AB „Pharmacia“, Uppsala, Schweden). Tabletten zu 0,50 g.

Sulfachlorpyridazin (LV). Versuchspräparat (Ba-10370) der Firmen Ciba AG, Basel, und der Ciba Pharmaceutical Products, Inc., Summit, N.J., USA. JONES und FINLAND (1957), NEIPP und MAYER (1957), CLARK, ENGLISH und andere (1958), NEIPP und andere (1958), RENTCHNICK (1958).

Sulfamethoxypyridazin (LVI). BOGER und andere (1956), NICHOLS, JONES und FINLAND (1956), FINLAND und andere (1957), JACKSON und GRIEBLE (1957), JONES und FINLAND (1957), NEIPP und MAYER (1957), NICHOLS und FINLAND (1957), ROEPKE und andere (1957), ROSS und andere (1957), CLARK und andere (1958), GUTBROD und WOLF (1958), NEIPP und andere (1958), PERRY und WINKELMANN (1958), RENTCHNICK (1958), SCHOOG (1958), BOGER und GAVIN (1959), DELORENZO und SCHNITZER (1959), FUST und BOEHNI (1959), ROSS und andere (1959), SMITH und andere (1959), HEPDING und andere (1960), BÜNGER und andere (1961).

Davosin (Hersteller: Parke Davis & Co., München). Tabletten zu 0,50 g (mit Kreuzkerbung).

Kynex (Hersteller: Lederle Laboratories Division, American Cyanamid Company, Peark River, N.Y., USA).

Lederkyn (RL. 1959; Hersteller: Lederle Arzneimittel Cyanamid GmbH, München; Vertrieb auch durch Chemie Grünenthal GmbH, Stolberg, Rheinland). Tabletten zu 0,50 g.

Sulfapyrimidin (LVII) (Ph.Int., Öst. AB, Ph.Gall., Brit.Ph., USPh.). Sehr umfangreiche Literatur; oft als Vergleichspräparat verwendet. ROBLIN, WILLIAMS und andere (1940), ROBLIN, WINNEK und ENGLISH (1942), DAVIS (1942), KRÜGER-THIEMER (1942), FELDT (1943), GILLIGAN (1943), WOJAHN (1947), SIEBENMANN und PLUMMER (1945), YEGIAN und BUDD (1945), WHITE und andere (1952). WAGNER (1953), WITZGALL (1951, 1953), DUTZ und andere (1954), LOOP (1955), YOW (1955), DAESCHNER u. a. (1957), DOMAGK (1957), LJUNGBERG (1957), NEIPP und MAYER (1957), RHODES und andere (1957), ROEPKE und andere (1957), ROSS und andere (1957), HACKMANN (1958), LEGLER und GERNER (1959), LEMING und FLANIGAN (1959), HEPDING und andere (1960), BÜNGER und andere (1961).

Mamellin „S“-Salbe (Aust.C. 1956; Frika, Dr. F. Klein, Wien). Salbe 20% (mit Mamellin und „Vitamin F“[?]).

Pyrimal (Aust.C. 1956; Hersteller: Schering AG, Berlin). Tabletten zu 0,50 g.

Sulfadiazine (Aust.C. 1956; Hersteller: Lederle Lab. Division, New York, N.Y., USA). Tabletten zu 0,50 g.

Enthalten in den Kombinationspräparaten: Andal, Combisulfon, Optisulfon, Ornal, Paramid, Sulfa-Oratren, Sulfa-Tardocillin, Trisulfan, Trisulfonamid.

2-Sulfa-5-methoxy-pyrimidin (LVIII). Arzneimittelforsch. 11, Heft 8 (1961).

Durenat (SH 613; Hersteller: Schering AG, Berlin; und Farbenfabr. Bayer AG, Leverkusen).

2-Sulfa-4-methyl-pyrimidin (LIX) (Ph.Int., Öst.AB, Ph.Helv., Brit.Ph., USPh.). Roblin und Williams (1940), Roblin, Winnek und English (1941), Gilligan (1943), Joules und Weller (1947), Johnston (1948), Sheppard (1948), Rice-Edwards (1950), Atkinson (1951), Clerk (1951), Loring (1951), Rendle-Short (1951), Witzgall (1951, 1953), Wankmüller (1952), Langecker (1953), Wagner (1953), Loop (1955), Domagk (1957), Ljungberg 1957), Ross und andere (1957), Hackmann (1958), Legler und Gerner (1959), Hepding und andere (1960), Nabert-Bock (1960), Bünger und andere (1961).

Sulfamerazine „Lederle“ (Aust.C. 1956; Hersteller: Lederle Lab. Division, New York, N.Y., USA). Tabletten zu 0,50 g.

Sumédine (Aust.C. 1956; Hersteller: Soc. Parisienne d'Expansion Chimique „Specia“, Paris). Tabletten zu 0,50 g.

Enthalten in den Kombinationspräparaten: Andal, Combisulfon, Disulfazin, Dosulfin, Optosulfon, Ornal, Paramid, Pluriseptal, Protocid, Solu-Supronal, Sulfacillase, Sulfamycetin, Sulfa-Oratren, Sulfa-Tardocillin, Supracid, Supronal, Supronal-B-Puder, Syncillin, Trisulfan, Trisulfonamid.

2-Sulfa-5-methyl-pyrimidin (LX). Hepding, Hoffmann und Wahlig (1960), Kimmig (1960), Knick (1960), Wehrmann (1960).

Pallidin (Hersteller: E. Merck AG, Darmstadt). Tabletten zu 0,50 g, Saft 10%.

2-Sulfadimethylpyrimidin (LXI) (Öst.AB, Ph.Helv., Brit.Ph., USPh.). Caldwell, Kornfeld und Donnell (1941), Roblin, Winnek und English (1942), Gilligan (1943), Meier und andere (1944), Dutz und andere (1954), Loop (1955), Dalgaard-Mikkelsen und Poulsen (1956), Klötzer und Bretschneider (1956), Domagk (1957), Ljungberg (1957).

Diazil (AVO. 1956, Aust.C. 1956, RL. 1959; Hersteller: Cilag GmbH, Schaffhausen und Alsbach a. d. Bergstraße). Tabletten zu 0,50 g, Suppositorien zu 0,50 g und 1,00 g, Ampullen zu 5 ml ≙ 1,0 g, Sirup 5% und 10%, Augensalbe 5%.

Diazinol (Aust.C. 1956; Hersteller: Dr. A. Wander, Wien). Tabletten (auch das Calciumsalz enthaltend).

Gynogelin-Fluortherapeuticum (Aust.C. 1956; Hersteller: Chemoflux, Wien). 5%.

Sulfamethazine Sodium Ampullen (Aust.C. 1956; Hersteller: Imperial Chemical Ltd., Manchester, England). Ampullen zu 3 ml ≙ 1,0 g, und zu 9 ml ≙ 3,0 g.

Sulfamethin (AVZ. 1957; Hersteller: VEB Farbenfabriken Wolfen, Wolfen, Krs. Bitterfeld). Tabletten zu 0,50 g.

Urazinol (Aust.C. 1956; Hersteller: Dr. A. Wander GmbH, Wien). Tabletten zu 0,10 g.

Enthalten in den Kombinationspräparaten: Diazil-Penicillin-Tabletten, Optisulfon, Paramid, Pluriseptal, Sulfacillase, Sulfa-Oratren, Sulfa-Tardocillin, Sulforalin, Trisulfan, Trisulfonamid.

4-Sulfadimethoxypyrimidin (LXV). Bretschneider und Klötzer (USP 2703800 vom 25. 8. 1952), Semenitz (1954), Klötzer und Bretschneider (1956), Boger und Gavin (1959), Brandman, Oyer und Engleberg (1959), DeLorenzo und Schnitzer (1959), De Lorenzo und Schumacher (1959), Fust und Boehni (1959), Koechlin, Kern und Engelberg (1959), Leming und Flanigan (1959), Ross, Puig und Zaremba (1959), Schnitzer und De Lorenzo (1959), Schütze (1959), Townsend und Borgstedt (1959), Bünger (1960), Bünger und andere (1961).

Madribon (Hersteller: Deutsche Hoffmann-La Roche AG, Grenzach, Baden, und F. Hoffmann-La Roche AG, Basel). Tabletten zu 0,50 g (mit Kreuzkerbung), Tropfen 20%.

4-Sulfadimethylpyrimidin (LXVI) (DAB VI West und Ost). Meier, Allemann und v. Meyenburg (1944), Röttger (1951), White und andere (1952), Loop und Lührs (1953), Wagner (1953), Witzgall (1951, 1953), Dutz und andere (1954), Semenitz (1954), Loop (1955), Portwich und andere (1955), Yow (1955), Klötzer und Bretschneider (1956), Portwich und Büttner (1956), Dennig (1957), Hirsch (1957), Joest (1957), Prosser (1957), Yoshida und Matsuda (1957), Gutbrod und Wolf (1958), Neipp und andere (1958), Schoog (1958), Fust und Boehni (1959), Legler und Gerner (1959), Hepding und andere (1960), Nabert-Bock (1960).

Aristamid (AVO. 1956, RL. 1959, Aust.C. 1956; Hersteller: Nordmark-Werke GmbH, Uetersen, Holstein). Tabletten zu 0,50 g, Suppositorien zu 0,95 g, Suppositorien für Kinder zu 0,50 g, Ampullen zu 3 ml ≙ 1,0 g und zu 10 ml ≙ 3,0 g, Lösung 30% (nur zur lokalen Anwendung), Ohrentropfen 30% (mit Phenyldimethylpyrazolon 5%), Augentropfen 10% (auch als Lichtschutzmittel gegen ultraviolette Strahlen), Saft 10%, Gel 5% (bei Verbrennungen, Sonnenbrand, Pyodermien, zum Nahtschutz), Augensalbe 10% (auch als Lichtschutzmittel gegen ultraviolette Strahlen).

Aristasept (AVO. 1956, RL. 1959; Hersteller: Nordmark-Werke GmbH, Uetersen, Holstein). Dragées zu 0,25 g Aristamid-Z (?) (mit Mandelsäure 0,05 g, Phenylsalicylat 0,06 g,

Spasmaparid 0,05 g), Lösung 5% (mit Papaverin-HCl 0,2%, Kamillen-Azulen 0,01%; zur Blaseninstillation).

Aristavit (RL. 1959; Hersteller: Nordmark-Werke GmbH, Uetersen, Holstein). Saft 5% (mit Bestandteilen von Hefe, Leber, Joghurt und Weizenkeimen, darunter Cobalamin 0,15 μg pro ml und Orotsäure 0,1%).

Aristogyn (RL. 1959; Hersteller: wie Aristamid). Vaginalsalbe 5% (wasserlöslich), Ovula 0,30 g.

Aristoplomb (RL. 1959; Hersteller: wie Aristamid). Gel 20% (für Operationshöhlen usw.).

Elkosin (AVO. 1956, RL. 1959, Aust.C. 1956; Hersteller: Ciba AG, Basel, und Wehr, Baden). Tabletten zu 0,50 g, Ampullen zu 5 ml ≙ 1,0 g (als Na-Salz), Sirup 10%, Reinsubstanz zur Rezeptur.

Globichthol mit Sulfonamid (AVO. 1956, RL. 1959, Aust.C. 1956; Hersteller der Reinsubstanz: Nordmark-Werke GmbH., Uetersen, Holstein; Konfektion: Ichthyol-Gesellschaft Cordes, Hermanni & Co., Hamburg-Lockstedt). Vaginalkugeln zu 0,20 g (mit Ichthyol hell 0,2 oder 0,3 g).

Mefenal (Hersteller: Dehydag-Deutsche Hydrierwerke GmbH, Düsseldorf).

Enthalten in den Kombinationspräparaten: Aristocillin, Elkocillin.

Sulfadimethoxytriazin (LXVIII). SEMENITZ (1954), BRETSCHNEIDER und KLÖTZER (1956), EHRENREICH und HASCHECK (1956), RISSEL und STEFENELLI (1957), NABERT-BOCK (1958, 1960).

Enthalten in den Kombinationspräparaten: Disulfazin und Sulforalin.

Sulfanildimethylisoxazolacetamid (LXXI). RANDALL, ENGELBERG und andere (1954), YOW (1955), SVENSON und andere (1956), DAESCHNER u. a. (1957), RHODES und andere (1957), BÜNGER (1960), BÜNGER und andere (1961).

Gantrisin-Sirup (AVO. 1956, RL. 1959, Aust.C. 1956; Hersteller: Deutsche Hoffmann-La Roche AG, Grenzach, Baden; F. Hoffmann-La Roche AG, Basel). Sirup 10% (enthält nicht Gantrisin, sondern dessen N^1-Acetylderivat, aus dem durch die Darmenzyme Gantrisin freigesetzt werden soll; vgl. jedoch die antibakterielle Wirkung in Tabelle 15).

Sulfanilanilin (LXXII). Zur Anwendung des sehr toxischen Sulfanilanilins (4,4'-Diaminodiphenylsulfon) und seiner weniger toxischen Derivate zur Therapie der Lepra vgl. man den Abschnitt B, VII, 2k.

Im deutschen Sprachgebiet ist zur Zeit kein Derivat des Sulfanilanilins handelsüblich. Tibatin (s. unten) war noch in den AVO. 1952 aufgeführt, fehlt jedoch in den AVO. 1956 und in der RL. 1957 und 1959. Für den Export wird in der Schweiz Sulphone-Cilag (s. unten) hergestellt. Sulfoxon-Natrium (s. unten) ist in die USPh. XV neu aufgenommen worden.

FOURNEAU und andere (1937), YEGIAN und BUDD (1945), ACKLIN und andere (1946), HOGGARTH und MARTIN (1948), RIST (1948), DONOVICK u. a. (1951), CHANG (1952/53), PAYNE und andere (1953), ANAND, DUDANI und WADIA (1955), ANAND, KOHLI und KHOSLA (1955), KHOSLA, WADIA, ANAND und DHAR (1955), WADIA, KHOSLA und ANAND (1955), CHATTERJEE und PODDAR (1956), GEORGES u. a. (1956), SARAIYA und andere (1956), TANDAN und andere (1956), BERCZELLER (1958/59), GUPTA und andere (1956/58), LAURENT-SAVIARD (1958).

Sulfanilanilinoessigsäure (LXXIV). KHOSLA, ANAND und DHAR (1955).

Sulphone-Cilag (Hersteller: Cilag AG, Schaffhausen, Schweiz). Tabletten zu 0,20 g, Ampullen zu 5 ml ≙ 0,5 g.

Sulfoxon-Natrium (LXXIX) (USPh.)

4,4'-Di-(galactosyl-amino)-diphenylsulfon (LXXXIV).

Tibatin (AVO. 1952 [!]); Hersteller: Farbenfabriken Bayer AG, Leverkusen). Ampullen zu 5 ml ≙ 2,0 g (nur zur intravenösen Injektion, perorale Gabe gefährlich!), Dosierung 150 mg/kg/d, Säuglinge 300—400 mg/kg/d.

Homosulfanilamid (LXXXVIII). Wirksam hauptsächlich gegen Anaerobier (vgl. Abschnitt B, IV, 2; B, V, 3). DOMAGK (1942), SCHREUS (1942), FELDT (1943), SIEBENMANN und PLUMMER (1945), BELL, COCKER, O'MEARA (1949), MCCHESNEY u. a. (1949), ANGYAL und JENKIN (1950), WANKMÜLLER (1952), WOLFF und TEUSCH (1952), CHANG (1953), NISHIMURA u. a. (1953), GIOVAMBATTISTA (1956).

Marfanil (Hersteller: Farbenfabriken Bayer AG, Leverkusen; als Einzelpräparat nicht handelsüblich). Marfanil B ist das Naphthalin-1,5-disulfonat des Homosulfanilamids **(LXXXIX).** Enthalten in den Kombinationspräparaten: Asepturid, Dirian-Pulvis, Epigranol, Marbaciletten, Marbadal, Marbadal-C-Vaginaltabletten, Marbaletten, Marfanil-Prontalbin-Puder, M.P.-Dent. Salbe, Otodyn, Pro-Ma-Puder, Solu-Supronal, Sulfadin, Sulfa-Flexiole zweiphasig, Sulfosellan, Supronal, Supronal-B-Puder, Syncillin.

2-(Acetyl-amino)-1,3,4-thiadiazol-5-sulfonamid (XCII). Nicht antibakteriell wirksam. Diureticum bei Stauungsödemen, Glaukom, Epilepsie, Präeklampsie, Menstruationsbeschwerden.

Diamox (RL. 1959; Hersteller: Lederle Lab. Division, New York, N. Y., USA; Vertrieb: Chemie Grünenthal GmbH, Stolberg, Rhld.). Tabletten zu 0,25 g, Ampullen zu 0,50 g.

III. Kombinationspräparate (alphabetisch geordnet)

Andal (RL. 1959; Hersteller: Schering AG, Berlin). Sulfaäthylthiadiazol, Sulfapyrimidin und Sulfamethylpyrimidin zu gleichen Teilen. Tabletten zu 0,50 g, Ampullen zu 10 ml ≙ 2,0 g (als Na-Salze, zur intravenösen-Injektion), Saft (Suspension) 10%. Ehlert und Hiller (1956), Steinhoff (1956).

Angesit-SP (Aust.C. 1956; Hersteller: E. Klimitschek, Salzburg). Tabletten mit Sulfathiazol 0,025 g und Penicillin 0,6 mg (Hals- und Rachendesinfiziens).

Aristocillin (RL. 1959; Hersteller: Chemie Grünenthal GmbH, Stolberg, Rheinland). Tabletten mit 6-Sulfadimethylpyrimidin (Aristamid Nordmark-Werke) 0,50 g und gepuffertem Penicillin G 0,03 g, Forte-Tabletten mit 6-Sulfadimethylpyrimidin 0,50 g und gepuffertem Penicillin G 0,06 g, Pulver (ein leicht gehäufter Teelöffel ≙ 6-Sulfadimethylpyrimidin 0,50 g + Penicillin G 0,09 g).

Aseptorid (RL. 1959; Hersteller: Vulnoplast Lakemeier KG, Bad Godesberg). Kompresse mit Marbadal 10% (s. dort).

Biocillin (Aust.C. 1956; Hersteller: Biochemie GmbH, Kundl, Tirol, Österreich). Salbe mit Sulfanilamid 2% und Procain-Penicillin 1000 iE/g.

Combisulfon (Aust.C. 1956; Hersteller: Frika, Dr. F. Klein, Wien IX). Sulfanilacetamid, Sulfapyrimidin und Sulfamethylpyrimidin zu gleichen Teilen. Tabletten zu 0,50 g, Suppositorien 1,0 g, Suppositorien für Kinder 0,50 g, Ampullen zu 5 ml ≙ 1,5 g, Aerosol (wäßrige Lösung) 33% (als Na-Salze), Sirup 5% und 10%, Augensalbe 5%, Streupuder 15%.

Dermadynum (RL. 1959; Hersteller: Visuvia GmbH, Geesthacht a. d. Elbe). Streupuder mit Sulfanilamid 10%, Sulfanilguanidin (Resulfon) 10%, Sulfapyridin (Eubasinum) 10% und Chlorophyllum solubile 1%.

Desulan (RL. 1959; Hersteller: Cilag AG, Schaffhausen, Schweiz). Vaginaltabletten mit Sulfanilamid 0,07 g, Sulfapyridin 0,039 g, N,N'-Dihydroxymethylcarbamid 0,01 g, Pyridinmercuri chloratum 0,001 g, Borsäure, Lactose und Glucose.

Desulan-Pressovulen (Aust.C. 1956; Hersteller und Zusammensetzung s. Desulan).

Diazil-Penicillin-Tabletten (Aust.C. 1956; Hersteller: Cilag AG, Schaffhausen, Schweiz). Tabletten mit 2-Sulfadimethyl-pyrimidin 0,50 g und Penicillin G-Procain 100000 iE.

Dirian-Pulvis (Aust.C. 1956; Hersteller: Farbenfabriken Bayer AG, Leverkusen). Marbadal (s. dort)-Harnstoff-Zinkoxyd-Gemisch (mit Wasser als Paste anzurühren, Anwendung bei Gingivitis ulcerosa).

Disulfazin (Hersteller: Österreich. Stickstoffwerke AG, Linz). Tabletten mit Sulfamethylpyrimidin 0,25 g und Sulfadimethoxytriazin 0,25 g. Rissel und Stefenelli (1957).

Dosulfin (RL. 1959; Hersteller: J. R. Geigy AG, Basel; Vertrieb: Dr. K. Thomae GmbH, Biberach a. d. Riss). Sulfanil-4-isopropoxybenzoylamid und Sulfamethylpyrimidin zu gleichen Teilen. Tabletten zu 0,75 g, Sirup 10%. Aufdermaur und Pulver (1955), Zbinden und Pulver (1955), Dziuba (1958).

Elkocillin (RL. 1959, Aust.C. 1956; Hersteller: Ciba AG, Basel, Schweiz, und Wehr, Baden). Tabletten mit 6-Sulfadimethylpyrimidin 0,50 g und Penicillin G-Procain 50000 iE oder 100000 iE.

Epigranol (Aust.C. 1956; Hersteller: Austria-Pan-Chemie GmbH, Wolfsberg, Kärnten, Österreich). Salbe mit Sulfanilamid und Homosulfanilamid 5%.

Eubasept (RL. 1959; Hersteller: Visuvia GmbH, Geesthacht a. d. Elbe). Salbe und Zinkpaste mit Sulfanilamid (Chemodyn), Sulfanilguanidin (Resulfon) und Sulfapyridin (Eubasinum) je 3%.

Eucillin (Aust.C. 1956; Hersteller: Apotheker Mr. O. Petrasch, Dornbirn, Österreich). Salbe mit Sulfathiazol 10% und Penicillin G-Natrium 500 iE/g.

Hygicillin (Aust.C. 1956; Hersteller: Arcana KG, Lieserbrücke, Kärnten, Österreich). Salbe mit Sulfapyridin und Penicillin 1500 OE/g.

Irgafen comp.-Ampullen (Aust.C. 1956; Hersteller: J. R. Geigy AG, Basel). Ampullen zu 5 ml ≙ Sulfanildimethylacroylamidnatrium 0,875 g + Sulfanildimethylbenzoylamid 0,125 g.

Marbaciletten (Aust.C. 1956; Hersteller: Farbenfabriken Bayer AG, Leverkusen). Tabletten mit Marbadal (s. dort) 0,0217 g und Procain-Penicillin 5000 iE (zur Kieferbehandlung).

Marbadal (AVO. 1956, RL. 1959, Aust.C. 1956; Hersteller: Farbenfabriken Bayer AG, Leverkusen). Sulfanilthiocarbamidsalz des Homosulfanilamids (XXVII + LXXXVIII). Wirkt gegen aerobe und anaerobe Krankheitserreger. Styli steril. zu 1,25 g, Tamponade für Nasen und Ohren (Paste 5%), Verbandstoffe 10%, Reinsubstanz (Wolff und Teusch 1952).

Marbadal-Cyren-Vaginaltabletten = Marbadal „C" (AVO. 1956, RL. 1959, Aust.C. 1956; Hersteller: Farbenfabriken Bayer AG, Leverkusen). Tabletten mit Marbadal 0,50 g und Cyren B 0,05 mg.

Marbaletten (Hersteller: Farbenfabriken Bayer AG, Leverkusen). Enthielten Marbadal.

Marfanil-Prontalbin-Puder (AVO. 1956, RL. 1959, Aust.C. 1956; Hersteller: Farbenfabriken Bayer AG, Leverkusen). Streupulver (Reinsubstanz) mit Sulfanilamid 90% und Homosulfanilamid 10%.

M.P.-Dent-Salbe (Aust.C. 1956; Hersteller: Farbenfabriken Bayer AG, Leverkusen). Salbe mit Sulfanilamid und Homosulfanilamid (9 + 1).

Ophcillin (Aust.C. 1956; Hersteller: Apotheker Mr. O. Petrasch, Dornbirn, Österreich). Augensalbe mit Sulfapyridin 5% und Penicillin 500 iE/g.

Optisulfon (Aust.C. 1956; Hersteller: Sigmapharm, Wien IX). Sulfapyrimidin, Sulfamethylpyrimidin und 2-Sulfadimethylpyrimidin zu gleichen Teilen. Tabletten zu 0,50 g.

Ornal (Hersteller: Schering AG, Berlin). Sulfaäthylthiadiazol, Sulfapyrimidin und 2-Sulfa-4-methylpyrimidin zu gleichen Teilen. Saft 15% (Wirksubstanzen mikronisiert und teilweise mit Fettstoffen überzogen).

Otodyn (Aust.C. 1956; Hersteller: Aesca, Wien XII). Ohrentropfen mit Sulfanilamid + Homosulfanilamid 5%, Chlorbutanol 3% und Harnstoff 10%.

Paradin (Hersteller: Hommel, Schweiz). Sulfathiazol, Sulfapyrimidin und Sulfamethylpyrimidin zu gleichen Teilen. Tabletten zu 0,50 g, Sirup 5%. Markiewicz, Jucker und andere (1952).

Paramid (Aust.C. 1956; Hersteller: Joh. Kwizda, Wien I). Sulfapyrimidin, Sulfamethylpyrimidin und 2-Sulfadimethylpyrimidin zu gleichen Teilen. Tabletten zu 0,45 g.

Pluriseptal (Aust.C. 1956, RL. 1959; Hersteller: Farbenfabriken Bayer AG, Leverkusen). Sulfamethylpyrimidin und 2-Sulfadimethylpyrimidin (2 + 3 Teile). Tabletten zu 0,50 g, Saft 10%.

Procain-Penicillin-Puder „Biochemie" (Aust.C. 1956; Hersteller: Biochemie GmbH, Kundl, Tirol, Österreich). Puder mit Sulfanilamid 5%, Phenylmurcuriacetat 25% und Procain-Penicillin G 2500 iE/g.

Pro-Ma-Puder (AVZ. 1957; Hersteller: VEB Farbenfabriken Wolfen, Wolfen, Krs. Bitterfeld). Puder mit Sulfanilamid 90% und Homosulfanilamid 10%.

Protocid (AVO. 1956, RL. 1959, Aust.C. 1956; Hersteller: Schering AG, Berlin). Sulfaäthylthiadiazol und Sulfamethylpyrimidin zu gleichen Teilen. Tabletten zu 0,50 g, Ampullen zu 10 ml ≙ 2,0 g (als Na-Salze), Saft 10%, wasserlösliche Salbe 10% (als Na-Salze). Reinsubstanz. Clerc (1951), Schulz und Voth (1952).

Rhinocillin (Aust.C. 1956; Hersteller: Apotheker Mr. O. Petrasch, Dornbirn, Vorarlberg, Österreich). Nasensalbe mit Sulfonamid 5% und Penicillin 188 iE/g.

Sagittamid (RL. 1959; Hersteller: Sagitta-Werk, München). Sagitta-Sirup cum Sulfonamid 4-(Sulfonatrium-glucosyl-amino)-benzol-sulfonyl-(hydroxy-methyl-amid) + Sulfanilacetamid, Sirup mit 4,73% und 2,3%.

Sanamid „Dr. Sasse" (RL. 1959; Hersteller: Dr. F. Sasse, Berlin-Reinickendorf). Puder (auf Kieselsäuregrundlage) und Salbe mit Sulfanilamid 6%, Sulfanilacetamid 2%, verschiedenen Kresolen, Teerdestillaten und Pflanzenextrakten.

Solu-Supronal (AVO. 1956, RL. 1957 [nicht mehr RL. 1959], Aust.C. 1956; Hersteller: Farbenfabriken Bayer AG, Leverkusen). Marbadal (Sulfanilthiocarbamidsalz des Homosulfanilamids) und Sulfamethylpyrimidin zu gleichen Teilen. Ampullen zu 10 ml ≙ 2,0 g (mit Natrium-1-phenyl-3-hydroxy-propan-1,3-disulfonat 29,9%). Lösung 20% (mit Natrium-1-phenyl-3-hydroxy-propan-1,3-disulfonat 29,9%). Anwendung auch bei Anaerobierinfektionen und Aktinomykose (intravenös).

Sufortan-Vaginalkugeln (AVO. 1956, RL. 1959; Hersteller: Chemiewerk Homburg AG, Frankfurt a. M.). Vaginalkugeln mit Sulfanilamid 0,3 g, Sulfapyridin 0,3 g und Harnstoff 0,9 g.

Sulfacillase (RL. 1959; Hersteller: Penicillin-Ges. Dauelsberg & Co., Göttingen). Tabletten mit Sulfaäthylthiadiazol 0,167 g, Sulfamethylpyrimidin 0,167 g, 2-Sulfadimethylpyrimidin 0,166 g, Penicillin G-Kalium 25000 iE, Procain-Penicillin 75000 iE und Trypsin 4 E.

Sulfadin (Aust.C. 1956; Hersteller: Aesca, Wien XII). Streupuder mit Sulfanilamid und Homosulfanilamid (Mesudin), zusammen 15%.

Sulfa-Flexiole-zweiphasig (RL. 1957). Hersteller: Dr. G. Mann, Arzneimittelwerk, Berlin). Weiße Flexiolen mit Sulfanilacetamidnatrium 9% und Homosulfanilamid 1% (Anwendung tagsüber); braune Flexiolen mit Sulfanilamid 15%, Sulfanilacetamidnatrium 4% und Homosulfanilamid 1% (Anwendung nachts). Für die Augenheilkunde.

Sulfa-Flexiole (RL. 1959; Hersteller: Dr. G. Mann, Arnzeimittelwerk Berlin). Lösung in Tropfflasche 10% Na-p-aminobenzolsulfonacetylamid-p-aminomethylbenzolsulfonamid (?).

Sulfamycetin (Aust.C. 1956; Hersteller: Lepetit AG, Mailand, Italien). Tabletten mit Phthaloylsulfathiazol 0,30 g, Sulfamethylpyrimidin und Chloramphenicol 0,10 g, Sirup mit Phthaloylsulfathiazol 3,32%, Sulfamethylpyrimidin 1,10% und Chloramphenicolpalmitat 2,0%. Anwendung bei Infektionen des Magen-Darm- und Urogenitaltrakts.

Sulfa-Oratren (RL. 1959; Hersteller: Farbenfabriken Bayer AG, Leverkusen). Tabletten mit Sulfapyrimidin 0,167 g, Sulfamethylpyrimidin 0,167 g, 2-Sulfadimethylpyrimidin 0,166 g und Penicillin V (Phenoxymethylpenicillin) 0,06 g.

Sulfa-Tardocillin (RL. 1959; Hersteller: Farbenfabriken Bayer AG, Leverkusen). Saft mit Sulfapyrimidin 3,3%, Sulfamethylpyrimidin 3,3%, 2-Sulfadimethylpyrimidin 3,4% und Dibenzyläthylendiamindipenicillin G (Tardocillin) 300000 i E/ml. (Dieses Präparat wurde in der RL. 1957 unter dem Namen Sulfa-Tardocillin „forte" geführt.)

Sulfazinol (Hersteller: Dr. Wander AG, Bern, Schweiz). Sulfanilacetamid, Sulfapyrimidin und Sulfamethylpyrimidin zu gleichen Teilen.

Sulfocillin (Aust.C. 1956; Hersteller: Ed. Geistlich Söhne AG, Wolhusen, Schweiz). Lutschtabletten mit Sulfanilamid 0,025 g und Penicillin-Na 500 OE, Nasensalbe mit Sulfanilamid 5% und Penicillin-Na 300 OE/g und Atropinmethylnitrat 0,2%, Salbe und Augensalbe mit Sulfanilamid 5% und Penicillin-Na 300 OE/g, Puder mit Sulfanilamid 10% und aenicillin-Na 2500 OE/g.

Sulforalin (RL. 1959; Hersteller: Penicillin-Gesellschaft Dauelsberg & Co., Göttingen). 2-Sulfadimethylpyrimidin und Sulfadimethoxytriazin zu gleichen Teilen. Tabletten zu 0,50 g (mit 2,6-Diamino-3-phenylazopyridin 0,025 g). Bei schwerer Angina, Pneumonie, Cholecystitis, Pyelitis, Cystitis. SEMENITZ (1954), NABERT-BOCK (1958).

Sulfosellan-Präparate (AVO. 1956, RL. 1959; Hersteller: Dr. G. Mann, Berlin-Charlottenburg). Sulfanilamid 5 Teile und Homosulfanilamid 1 Teil. Vaginaltabletten 20% (mit Borsäure 40%, Harnstoff 5%, dazu Paste mit Oestrogen 20000 i E, Ascorbinsäure und Kohlenhydraten), Schüttelmixtur 5%, Salbe 5%, Augensalbe 10%.

Sulfosellan-nasale 5% (mit Ephedrin 0,2%, Menthol 0,08% und Thymian 0,05%), Puder 10%. Sulfosellan-Gel enthält nicht Sulfanilamid und Homosulfanilamid, sondern Sulfanilacetamid.

Supracid (AVZ. 1957; Hersteller: VEB Berlin-Chemie, Berlin-Adlershof). Sulfaäthylthiadiazol und Sulfamethylpyrimidin zu gleichen Teilen. Tabletten zu 0,50 g, Ampullen zu 10 ml $\triangleq$ 2,0 g (der Na-Salze), Saft (Sirup) 10%, Gel 20% (Na-Salze).

Supronal (AVO. 1956, RL. 1959, Aust.C. 1956; Hersteller: Farbenfabriken Bayer AG, Leverkusen). Anwendung auch bei Anaerobierinfektionen und Aktinomykose. Marbadal (Sulfanilthiocarbamidsalz des Homosulfanilamids) und Sulfamethylpyrimidin zu gleichen Teilen. Tabletten zu 0,50 g, Augensalbe 10%, Reinsubstanz. CHRIST und KROPP (1952), WOLFF und TEUSCH (1952), HEGEMANN, GLEITZ und WACHTELBORN (1955).

Supronal-B-Puder (AVO. 1956; Hersteller: Farbenfabriken Bayer AG, Leverkusen). Puder mit Supronal (s. oben) 90% und Marfanil B Di-(4-Amino-methyl)-benzol-sulfonamid)-Naphthalin-1',5'-disulfonat **(LXXXIX)**.

Sycosicillin (RL. 1959; Hersteller: Dr. J. Ellendorff & Co., Wuppertal-Barmen). Salbe mit Sulfanilthiocarbamid 0,2%, Neomycin 0,02%, medizinischer Seife und anderen Bestandteilen. Anwendung täglich beim Rasieren gegen Folliculitis barbae, Sycosis simplex und Impetigo contagiosa.

Syncillin (RL. 1959; Hersteller: Farbenfabriken Bayer AG, Leverkusen). Tabletten mit Supronal (s. oben) 0,50 g und Penicillin G-Kalium 50000 i E oder 100000 i E (forte).

Tampovagan PSS (RL. 1959; Hersteller: AG für medizinische Produkte, Berlin). Vaginalkugeln mit Sulfanilamid 0,40 g, Sulfathiazol 0,10 g und Penicillin G. 5000 i E.

Tribolanum (RL. 1959; Visuvia GmbH, Geesthacht a. d. Elbe). Vaginalsuppositorien mit Sulfanilamid 0,33 g, Sulfanilguanidin 0,33 g und Sulfapyridin 0,34 g. Tribo-Mel (RL. 1959): Kurpackung aus Sulfa-Mel (s. bei Sulfanilamid, S. 1080) und Tribolanum.

Trisulfan-„Erba" (Aust.C. 1956; Hersteller: Carlo Erba, Mailand, Italien). Sulfapyrimidin, Sulfamethylpyrimidin und 2-Sulfadimethylpyrimidin zu gleichen Teilen. Tabletten zu 0,50 g, Suppositorien zu 0,50 g und 1,0 g, Ampullen zu 5 ml $\triangleq$ 1,0 g, Sirup etwa 5%.

Trisulfonamid (Aust.C. 1957; Hersteller: Chemipharm, Villach, Österreich). Sulfapyrimidin, Sulfamethylpyrimidin und 2-Sulfadimethylpyrimidin zu gleichen Teilen. Suppositorien zu 0,50 g.

Trisulfonamid Poly-Gel (Hersteller: Bio-Activine GmbH, Ludwigshafen a. Rh.). Gepuffertes Gel mit Sulfanilacetamid 2,8%, Sulfanilbenzoylamid 3,7% und Sulfathiazol 3,42%.

Unguforte (RL. 1959; Hersteller: Heyl & Co., Chem. Pharm. Fabrik, Berlin-Steglitz und Hildesheim). Vaginalkapseln, Salbe und Augensalbe mit Dorschlebertran 22,5% und „stabilisiertem polyvalentem" Sulfanilamidgemisch 7,5% (bestehend aus Sulfanilamid 89,7%, Acetylsulfanilamid 4,6% und anderen).

IV. Rezeptur von Sulfanilamiden und anderen Sulfonen

Einige der im vorhergehenden Abschnitt aufgeführten Sulfanilamide sind auch als Reinsubstanz zur Rezeptur handelsüblich. Da sich die Rezeptur überwiegend auf die externe Applikation bezieht, sei hier nochmals daran erinnert, daß die äußerliche Anwendung der Sulfanilamide vielfach als gefährlich wegen der Sensibilisierungsmöglichkeit (Dermatitiden und photoallergische Ekzeme) und als therapeutisch überflüssig angesehen wird, da die interne Applikation das Erreichbare leistet. Dennoch kann in Sonderfällen eine Rezeptur von Sulfanilamiden wünschenswert erscheinen. Allgemeine Bemerkungen zur externen Applikation der Sulfanilamide vgl. im Abschnitt B, VII, 1.

Einzelheiten zur Anwendung der Sulfanilamide in Salben, Pudern oder sonstigen Externa findet man in den Büchern von Bosse, Bosse und Jäger (1946), Schönfeld und Kimmig (1948, S. 12—16), von Czetsch-Lindenwald und Schmidt-La Baume (1950, 1956), Gemmell und Morrison (1957), in denen die ältere Literatur und spezielle Angaben nachzulesen sind. Allgemein gilt die externe Applikation in Form von Pudern oder Lösungen als wirksamer als die in Salbenform, was sich in Tierversuchen an infizierten Wunden nachweisen ließ. Zur Testung verschiedener Salbengrundlagen verwendeten v. Czetsch-Lindenwald und Schmitd-La Baume (1956) mit Staphylokokken beimpfte Agarplatten. Je nach der Diffusionsgeschwindigkeit der Sulfanilamide aus den Salbengrundlagen in den Agar ergaben sich unterschiedlich große Hemmhöfe. Dabei zeigte sich, daß die Diffusion aus Adeps lanae langsamer geschieht als aus Lanettewachssalbe. In die Salben inkorporierte Lösungen diffundieren leichter als inkorporierte Pulver. Durch Zinkoxyd (20%) wird das Hinausdiffundieren etwas behindert. Im Gegensatz zu diesen Ergebnissen, die mit Erfahrungen anderer Autoren übereinstimmen, sahen dieselben Autoren (1950) bei Pyodermien und Ecthyma keinen Unterschied zwischen der Verreibung der Substanzen (Prontosil rubrum oder Sulfathiazol 10%) in Vaseline, der Suspension in der Ölphase einer Lanolinsalbe, der Suspension in der Wasserphase einer Lanettewachssalbe oder der Suspension bzw. Lösung in einer mit Borsäure versetzten Glycerinsalbe. Salben aus den festen Substanzen oder Lösungen von deren Salzen zeigten ebenfalls die gleiche klinische Wirksamkeit. Das ist jedoch nicht erstaunlich, da die bei der lokalen Applikation erreichbaren Konzentrationen viel höher als die minimalen Hemmkonzentrationen der Sulfanilamide sind. Trotzdem sollte man für Salben nur die Grundlagen verwenden, aus denen die Sulfanilamide leicht herausdiffundieren können. Inwieweit die handelsüblichen Sulfanilamidderivatsalben dieser Forderung entsprechen, ist nicht bekannt. Selbstverständlich verwendet man auch zur Rezeptur möglichst die wirksamsten Sulfanilamide. Einen Überblick über die Möglichkeiten gibt eine kleine Schrift „Anregungen zur Rezeptur mit Gantrisin" (Sulfadimethylisoxazol), die die Deutsche Hoffmann-La Roche AG, Grenzach, Baden, auf Wunsch versendet. Darin findet man Rezepturvorschläge für Augensalbe, wasserfreie Suspensions-Augensalbe, Inhalationslösungen, Klistier, Lösung zur Feuchtbehandlung von Wunden, Nasentropfen, Öl, Ohrtropfen. Pulver (per os), Salben für Chirurgie und Dermatologie, Schüttelmixturen, Vaginal-Kugeln und Zäpfchen. Entsprechende Rezepturen sind auch mit anderen Sulfanilamiden möglich.

D. Bewertung der Sulfanilamide und anderer Sulfone

Schon vor 15 Jahren schrieben Wagner und Kimmig (1946): „Für die Sulfanilamide läßt sich aus der chemischen Struktur, der kulturellen und tierexperimentellen Prüfung, der Feststellung der Löslichkeit, der Bestimmung der Verträglichkeit, der Absorption, Acetylierung und Ausscheidung im Menschen die praktische Brauchbarkeit mit einer Sicherheit voraussagen, die der so gern angeführte klinische Eindruck nie und die Erfahrung nur an einem statistisch verwertbaren Material erreichen.“ In unerklärlichem Gegensatz zu dieser heute erst recht gültigen Feststellung steht die Unsicherheit der Beurteilung der Sulfanilamide in Klinik und Praxis; diese Unsicherheit hat zu unterschiedlicher Auswahl der Präparate für die Arzneibücher verschiedener Staaten (man vergleiche hierzu auf der Tabelle 14 die Nachträge zum Deutschen Arzneibuch VI mit der US-Pharmakopoe XV) und zu einer fast unübersehbaren Fülle von Handelspräparaten (Abschnitt C, II und C, III) geführt. Welches von diesen Präparaten ist für einen bestimmten Krankheitsfall am geeignetsten und in welcher Dosierung soll man es verordnen?

Diese Frage enthält viele andere: Wie grenzt sich die Indikation für die Sulfanilamide von der für die Antibiotica ab? Gibt es echte Erregerspezifitäten? Wie werden diese bei der Therapie berücksichtigt? Sind alle angebotenen Präparate annähernd gleichwertig, so daß man die Auswahl dem Zufall oder der Reklame überlassen kann? Oder sind manche Handelspräparate von geringem Wert und daher im Arzneischatz überflüssig? Gibt es ein optimales Sulfanilamidderivat oder kann es ein solches überhaupt geben, das in jedem beliebigen Krankheitsfall als das geeignetste zu beurteilen wäre? Welchen Maßstab hat man bei der Frage nach einem optimalen Präparat anzulegen? Welches Dosierungsschema ist für den Patienten, den Arzt oder das Pflegepersonal als optimal zu beurteilen? Mit welchen Laboratoriumstests kann oder soll man eine Therapie mit Sulfanilamiden einleiten oder verfolgen? Welche Informationen benötigt man über ein neues Präparat, zu dessen klinischer Erprobung man aufgefordert wird? Wie sind die in der Arzneimittelwerbung verwendeten Argumente zugunsten neuer Präparate zu beurteilen? Sind Kombinationspräparate zweckmäßig? Gibt es echte Organspezifitäten? Kommt es auf hohe Konzentration im Blut oder im Gewebe an? Gibt es eine Kumulationsgefahr? Ist Depotbildung erwünscht, wenn ja, in welcher Form? Was sind steuerbare und nicht steuerbare Präparate? Ist geringe oder intensive metabolische Umwandlung der Stoffe erwünscht? Kann oder muß man die individuellen Schwankungen der Eliminationshalbwertszeit $t_{50\%}$ berücksichtigen? Welchen Einfluß hat die Löslichkeit auf die Toxicität? Wie beeinflussen die sauren Ionisationskonstanten (pKa_2'-Werte) die Wirkung der Sulfanilamide? Ist eine Wirkungsvorhersage aus der Struktur der Sulfanilamide möglich?

In den vorhergehenden Abschnitten ist gezeigt worden, daß sich für einige Teile des Gesamtvorgangs, der zur therapeutischen Wirkung der Sulfanilamide führt, allgemeingültige Regeln angeben lassen. Mit diesen Regeln werden im folgenden die oben gestellten Fragen an Hand des Zahlenmaterials der Tabellen 15 und 16 beantwortet. Verständlicherweise erlauben diese Zahlenwerte keine vollständige Beurteilung der Präparate, insbesondere da sie unvollständig und zum Teil wegen unterschiedlicher Herkunft nicht exakt miteinander vergleichbar sind (die senkrecht gedruckten Zahlenwerte stammen aus der im Abschnitt C, II zitierten Literatur, die kursiv gedruckten Zahlenwerte stammen aus eigenen Arbeiten: (KRÜGER-THIEMER 1942, 1960; SEYDEL, KRÜGER-THIEMER und WEMPE 1960; BÜNGER, DILLER, FÜHR und KRÜGER-THIEMER 1961). Zudem enthalten diese Tabellen keine Angaben über die klinische Toxicität, da sich diese nicht in einfachen Zahlen fassen läßt und bei den vielen neuen Präparaten noch unbekannt ist.

1. Molekülstruktur

Aus den Strukturformeln in üblicher ebener Darstellung (Tabelle 1) oder aus räumlichen Molekülmodellen lassen sich keine Vorhersagen über die antibakterielle Wirkung oder andere Eigenschaften der Sulfanilamide ableiten. *Man kann jedoch mit Hilfe der Infrarotspektralanalyse von* SEYDEL (1960) *vorhersagen, ob ein neues Sulfanilamidderivat zu den in vitro gut wirksamen oder zu den weniger gut wirksamen Stoffen gehört* (vgl. Abschnitt B, I, 1, Tabelle 3 und Abb. 3 und 4).

2. Ionisation

Nach BELL und ROBLIN (1942) sollten in vitro gut wirksame Sulfanilamide pKa_2'-Werte im Bereich von 5 bis 8 haben. Inzwischen sind jedoch viele Ausnahmen von dieser Regel gefunden worden (SEYDEL und andere 1960/61), und zwar sowohl wirksame Substanzen außerhalb dieses Bereiches (z.B. Sulfanildimethylisoxazolacetamid (**LXXI**) und andere N^1-Acetylderivate) als auch unwirksame innerhalb dieses Bereiches. Die Annahme eines echten Zusammenhangs zwischen den sauren pKa_2'-Werten und der antibakteriellen in vitro-Wirkung ist daher nicht mehr haltbar. Die Ionisation ist jedoch wichtig für die Löslichkeit (s. den folgenden Absatz) und für die Permeationsgeschwindigkeit, durch die die Dauer bis zur Einstellung des Verteilungsgleichgewichts im Körper bestimmt wird; Sulfanilamide mit pKa_2'-Werten unter 6 permeieren deutlich langsamer als die anderen (Abschnitt B, II, 1c).

3. Löslichkeit

Je höher die Löslichkeiten eines Sulfanilamidderivats und seiner Metaboliten sind, um so geringer ist wahrscheinlich die Toxicität des Stoffes für die Nieren. Die Löslichkeit dieser Stoffe ist nach KREBS und SPEAKMAN (1946) eine Funktion der Differenz zwischen ihrem pKa_2'-Wert und dem p_H-Wert des Milieus [Gleichung (3) auf S. 1000 und Nomogramme Abb. 7 und 8]. Nach der Analogie zwischen Löslichkeiten und toxikologisch-klinischen Befunden (KRÜGER-THIEMER 1942) läßt sich für die kritische Grenze der Löslichkeit der Bereich zwischen 2000 und 5000 μg/ml bei p_H 7 und 37° C schätzen. Diese Grenze wird beeinflußt durch die Eliminationsgeschwindigkeit des Stoffes, das Ausmaß seiner metabolischen Umwandlung und die Ausscheidungsgeschwindigkeiten und Löslichkeiten der Metaboliten. Je stärker eine Substanz acetyliert wird, um so größer ist die Gefahr für die Nieren, wenn die Löslichkeit des N^4-Acetylderivates geringer ist als die des freien Sulfanilamids selbst. Die Glucuronsäurederivate sind dagegen sehr gut löslich, so daß starke Glucuronierung zugleich eine geringe Gefährdung für die Nieren bedeutet [z.B. bei 4-*Sulfa*-*2*,6-dimethoxy-pyrimidin (**LXV**)]. Es gibt auch eine Gefährdung der Nieren durch Überdosierung, zu der es z.B. kommt, wenn man ein „Langzeit"-Sulfanilamid wie die Kurzzeit-Sulfanilamide dosiert, also z.B. nach den Empfehlungen von WALTER und HEILMEYER (1954), von MØLLER (1958), oder nach den „Arzneiverordnungen, Ratschläge für Ärzte" (1956), was wiederholt beim *2-Sulfa-4-methyl-pyrimidin* (Abschnitt B, II, 1b und B, VII, 1, Literatur s. S. 1086) geschehen ist. Schäden dieser Art werden mit Sicherheit vermieden, wenn man die Stoffe nach den Dosierungsregeln (Abschnitt B, II, 1a, S. 1013) appliziert. Der Vermeidung dieser Störung dient auch die Kombination mehrerer Sulfanilamide; nach HAGERMAN (1944), LEHR (1945), SJÖGREN und ÖRTENBLAD (1947), HELANDER (1954) beeinflussen sich mehrere Sulfanilamide in derselben Lösung hinsichtlich ihrer Löslichkeit nicht (vgl. hierzu jedoch den folgenden Absatz 5). — Als besonders gefährlich für die Nieren haben folgende Präparate zu gelten: *Sulfapyridin* (**LI**), *Sulfathiazol* (**XXXVII**), *Sulfanilguanidin* (**XXV**); wegen langsamer Ausscheidung weniger gefährlich sind (bei richtiger Dosierung!) *Sulfanilsulfanilmethylamid* (**XLVII**), *Sulfapyrimidin* (**LVII**), *2-Sulfa-4-methyl-pyrimidin* (**LIX**), *2-Sulfa-5-methyl-pyrimidin* (**LX**) und *4-Sulfa-2,6-dimethoxy-pyrimidin* (**LXV**); wegen besonders hoher Löslichkeit ganz ungefährlich sind *Sulfanilamid* (**II**), *Sulfanilcarbamid* (**XXI**), *Sulfanilacetamid* (**XXVI**), *5-Sulfa-dimethylisoxazol* (**XXXV**), *Sulfaäthylthiadiazol* (**XLIV**) und *Sulfadimethoxy-triazin* (**LXVIII**). Eine Faustregel gibt einen Überblick über die mögliche Nierengefährdung: *Wenn die absolute tägliche Dosis* $D \cdot \frac{24\,\text{h}}{\tau}$ (= Erhaltungsdosis mal

Anzahl der Dosierungsintervalle pro Tag) *dividiert durch die tägliche Urinmenge* (etwa 1,0 bis 1,5 Liter) *größer ist als die Löslichkeit des Stoffes* (in mg/l = μg/ml) bei p_H 7 und *37⁰ C, so besteht eine Gefahr für die Nieren; wird der Stoff weitgehend acetyliert, so sind bei dieser Rechnung der Prozentanteil des Acetylderivats im Urin und die Löslichkeit des Acetylderivats bei* p_H 7 *und 37⁰* C *zu berücksichtigen.* In eiweißhaltigem Urin ist die Löslichkeit der Stoffe wegen der Adsorption höher als normal.

4. Antibakterielle Wirkung

Die relative Erhaltungsdosis D/G der Sulfanilamide ist nach der Gleichung (10) der minimalen in vitro-Hemmkonzentration μ annähernd proportional. In bezug auf den Standardtest mit Escherichia coli, der den Werten der Tabelle 15 zugrunde liegt, können die Sulfanilamide mit Hemmkonzentrationen μ zwischen *0,5 und 2,0 μmol/l* als *gut wirksam* bezeichnet werden; in diesem Sinne *mäßig wirksam* sind die Präparate mit $2{,}0 < \mu \leqq 10$ μmol/l und *schlecht wirksam* die Präparate mit $\mu > 10$ μmol/l. Unter der Annahme sonst gleicher Verhältnisse müssen die hier als schlecht wirksam bezeichneten Stoffe allein wegen ihrer geringen antibakteriellen Wirkung *mindestens fünfmal höher* dosiert werden als die gut wirksamen Sulfanilamide. Von den 28 Präparaten der Tabelle 15 sind 4 als schlecht wirksam zu bezeichnen [*Sulfanilglycyldiäthylamid* **(XX)**, *Sulfanilamid* **(II)**, *Sulfanilguanidin* **(XXV)** und *Sulfanilcarbamid* **(XXI)**]; mäßig wirksam sind 6 Präparate [*Sulfanilthiocarbamid* **(XXIV)**, *Sulfanildimethylacroylamid* **(XXIX)**, *Sulfadimethoxytriazin* **(LXVIII)**, *Sulfapyridin* **(LI)**, *Sulfanilisopropoxybenzoylamid* **(XXXI)** und *Sulfanildimethylbenzoylamid* **(XXXII)**]; gut wirksam sind die übrigen 18 Präparate. Diese Einteilung gilt exakt nur für (hypothetische) Infektionen mit dem in diesem Test verwendeten Stamm von Escherichia coli. Bei anderen Infektionserregern könnten sich Verschiebungen dieser Gruppeneinteilung ergeben. Immerhin ist es auffallend, daß die minimalen in vitro-Hemmkonzentrationen gegenüber einem Stamm von Mycobacterium smegmatis mit den für E. coli gültigen Werten weitgehend übereinstimmen. Trotzdem soll die Möglichkeit einer Erregerspezifität, die von verschiedenen Autoren gefunden worden ist, durch Sensibilitätstestung bei Therapiebeginn geprüft werden; damit ergibt sich zugleich die Indikationsabgrenzung gegenüber den Antibiotica. Nicht alle üblichen bakteriologischen Testanordnungen sind hierfür brauchbar, z.B. ist die Testanordnung, nach der *Sulfanilcarbamid* bei drei geprüften Erregerarten mindestens eine gleich hohe Aktivität ($\mu = 230$ bis 1160 μmol/l) besitzen soll wie Sulfapyrimidin ($\mu = 1000$ bis 2000 μmol/l), sicher ungeeignet: entweder waren die verwendeten Teststämme gegen Sulfanilamide resistent oder das verwendete Nährmedium enthielt reichliche Mengen von Sulfanilamidantagonisten oder die wirksame Einzeldosis von Sulfapyrimidin müßte nach diesem Testergebnis im Bereich von 17 bis 35 g/70 kg liegen, was allen klinischen Erfahrungen widerspricht. Daß die Nährmedien zur Empfindlichkeitstestung gegenüber Sulfanilamiden *antagonistenfrei* sein sollen, ist oft gefordert worden (Abschnitt B, IV, 1). Bisher hat jedoch allein Witzgall (1951) auf die Notwendigkeit hingewiesen, daß diese Nährmedien auch *adsorbensfrei* (also z.B. auch frei von Serumalbumin) sein müssen; diese Forderung ist mit festen Nährmedien kaum zu erfüllen. Exakt können diesen beiden Forderungen wohl nur flüssige, sog. synthetische Nährmedien entsprechen, auf denen sich jedoch nicht alle pathogenen Keime züchten lassen; diese Nährmedien werden von manchen Autoren abgelehnt, weil sie nicht den in vivo-Verhältnissen entsprächen. Für die vorliegende Frage ist dieser Einwand jedoch hinfällig, da Adsorption und Antagonismus im Wirtsorganismus durch andere biologische Konstanten (α, β, σ) gesondert von der minimalen in vitro-Hemmkonzentration μ berücksichtigt werden. — In den Dosierungsempfehlungen der pharmazeutischen Industrie wird eine mögliche Erregerspezifität der Sulfanilamide im allgemeinen außer acht gelassen. Wollte man die Erregerspezifität bei der Auswahl eines Sulfanilamidderivats und der Festlegung der Höhe der Erhaltungsdosis berücksichtigen, so müßte zur Sensibilitätsprüfung ein Test verwendet werden, der reproduzierbare 1:2-Unterschiede der Hemmkonzentration liefert. — Über den Zusammenhang der in vitro-Hemmwirkung mit physiko-chemischen Eigenschaften der Stoffe vergleiche man die Absätze 1 und 2 (oben).

5. Pharmakokinetik

Mit der Pharmakokinetik hängen die Fragen nach dem optimalen Dosierungsschema und seiner Kontrolle während der Therapie, nach der Zweckmäßigkeit von Kombinationspräparaten, nach der Kumulationsgefahr, der Depotbildung, nach der Steuerbarkeit der Therapie und nach den individuellen Schwankungen der pharmakokinetischen Konstanten (hauptsächlich $t_{50\%}$) zusammen. *Das Dosierungsintervall τ und das Dosisverhältnis D^*/D (Anfangsdosis/Erhaltungsdosis) werden überwiegend durch die Eliminationshalbwertszeit $t_{50\%}$ bestimmt* [Gleichung (9) und Abb. 12], die eine individuelle Konstante darstellt, jedoch von Mensch zu Mensch (und mehr noch von Tierart zu Tierart) schwanken kann. *Die Höhe der Erhaltungsdosis D* [Gleichung (10)] *ist annähernd proportional der minimalen Hemmkonzentration μ, dem Therapiesicherheitsfaktor σ, dem Körpergewicht G, dem Adsorptionsfaktor A, dem Plasmadistributionskoeffizient Δ' und dem pharmakokinetischen Faktor Φ, der nach Gleichung (10a) und Abb. 13 von τ, $t_{50\%}$ und in geringerem Maße von k_1 abhängt.* Durch Anwendung der Dosierungsregeln (S. 1013) läßt sich der Einfluß der Pharmakokinetik auf die Dosierung in solcher Weise berücksichtigen bzw. ausschalten, daß Wirkungsunterschiede zwischen zwei Stoffen dann nur noch auf Unterschieden der antibakteriellen Wirkung (μ) oder der Verteilung (Δ') bzw. der Adsorption (α) beruhen können. Berücksichtigt man auch diese Größen in der Dosishöhe, so ergeben sich gleichwirksame Dosierungsschemata für alle Sulfanilamide [Gleichung (9) und (10) und Tabelle 16]. Bei allen Sulfanilamiden der Tabelle 16 liegt der Quotient k_1/k_2 oberhalb von 2, so daß bei diesen Präparaten die perorale und die parenterale Applikation etwa die gleiche Wirkung haben (Abb. 13). Nach der mittleren Eliminationshalbwertszeit $t_{50\%}$ bei Menschen lassen sich die Sulfanilamide in Präparate mit schneller Elimination ($t_{50\%} < 7$ h) mit mittlerer Elimination ($t_{50\%} = 7$ bis 16 h) und mit langsamer Elimination ($t_{50\%} > 16$ h) einteilen. Zu diesen drei Gruppen gehören die Dosierungsintervalle $\tau = 3$, 4 oder 6 h für die erste Gruppe, 8 oder 12 h für die zweite Gruppe und 24 oder 48 h für die „Langzeit"-Sulfanilamide (Abb. 12). Zu der Gruppe der schnell eliminierten Sulfanilamide gehören z. B. *Sulfanilcarbamid* **(XXI)**, *Sulfanilthiocarbamid* **(XXIV)**, *5-Sulfadimethylisoxazol* **(XXXV)** und *Sulfathiazol* **(XXXVII)**. Zur mittleren Gruppe gehören z. B. *Sulfanilamid* **(II)**, *3-Sulfamethylisoxazol* **(XXXIV)**, *Sulfaphenylpyrazol* **(XLII)** (das in der Literatur oft fälschlicherweise zu den „Langzeit"-Sulfanilamiden gerechnet wird), *Sulfapyridin* **(LI)**, *2-Sulfadimethylpyrimidin* **(LXI)** und *4-Sulfadimethylpyrimidin* **(LXVI)**. Zu der Gruppe der langsam eliminierten Sulfanilamide („Langzeit"-Sulfanilamide) gehören z. B. *Sulfanilsulfanilmethylamid* **(XLVII)**, *Sulfapyrimidin* **(LVII)** (das ebenso wie das folgende in der Literatur meist nicht zu dieser Gruppe gezählt wird), *2-Sulfa-4-methyl-pyrimidin* **(LIX)**, *2-Sulfa-5-methyl-pyrimidin* **(LX)**, *Sulfamethoxypyridazin* **(LVI)**, *2-Sulfa-5-methoxy-pyrimidin* **(LVIII)** und *4-Sulfadimethoxypyrimidin* **(LXV)**. — Bei der Festlegung eines Dosierungsschemas nach den Dosierungsgleichungen (9) und (10) kann man das Dosierungsintervall τ frei wählen; je kürzer man es wählt, um so geringer ist die toxische Gefährdung des Patienten, die ihr Minimum bei $\tau = 0$ h, d.h. bei der intravenösen Dauerinfusion hat; damit erreicht jedoch die physische Belastung des Patienten und des Pflegepersonals durch die Therapie ein Maximum. Wenn kein Anlaß zu besonderer Vorsicht vor toxischen Nebenwirkungen vorliegt, empfiehlt es sich, den Dosierungsregeln 2 und 3 zu folgen, die klinischer Erfahrung entsprechen, d.h. man wählt $D^*/D = 2{,}0$ und $\tau \approx t_{50\%}$. Gewöhnlich stehen nur Mittelwerte für $t_{50\%}$ von anderen Personen zur Verfügung. Im Abschnitt B, II, 1b wurde erwähnt, daß man bei verschiedenen Personen $t_{50\%}$-Werte finden kann, die sich wie 1:2 zueinander verhalten. Will man bei einem Patienten prüfen, ob ein verordnetes Dosierungsschema zu einem Konzentrationsverlauf im Plasma (bzw. Plasmawasser) gemäß Abb. 11 führt, so braucht man nicht den gesamten Kurvenverlauf mit vielen Einzelpunkten zu messen; *es genügt, die Minimalpunkte unmittelbar vor der Applikation jeder neuen Dosis zu messen.* Liegen diese Minimalpunkte auf einer Parallelen zur Zeitachse, so ist zur Errechnung des Dosierungsschemas der richtige $t_{50\%}$-Wert verwendet worden. Ergibt sich eine ansteigende Kurve, so ist der individuelle $t_{50\%}$-Wert des Patienten größer als der verwendete Mittelwert; D^*/D oder τ sind zu klein gewählt worden. Diesen Zustand bezeichnet man als *Kumulation,* man korrigiert ihn durch Herabsetzen von D/G oder Heraufsetzen von τ. Es gibt also keine „Kumulationsgefahr" bei diesem oder jenem Stoff; Kumulation ist stets die Folge einer *falschen* Dosierungsfestsetzung, wobei D^*/D und τ nicht zu dem $t_{50\%}$-Wert des Stoffes bei diesem Patienten passen (Abb. 12). Jede Kumulation führt zu einem Grenzwert von $c'_{\min}$, der von D/G und τ abhängt. Ist es zur Einstellung des Gleichgewichts zwischen Zufuhr und Elimination gekommen, so erscheint die ganze Tagesdosis (soweit sie aufgenommen worden ist und nicht auf anderem Wege ausgeschieden wird) im Urin, zum Teil in Form von Metaboliten. — Die Frage der Depotbildung an der Applikationsstelle (Darm, Subcutis usw. mit kleinem k_1-Wert), im Blut (durch starke Adsorption an das Serumalbumin mit kleinem α-Wert) oder im Gewebe (durch Adsorption oder sonstige reversible chemische Bindung in den Geweben mit großem Δ'-Wert) hängt mit der Frage der Steuerbarkeit der Therapie zusammen. Dieser Begriff, der wohl aus der Digitalis- bzw. Strophanthintherapie übernommen zu sein scheint (vgl. AUGSBERGER 1954), soll besagen, daß ein steuerbares Arzneimittel nach Therapieabbruch (z.B. wegen toxischer Nebenwirkungen) schnell aus dem Körper verschwindet. In diesem Sinne sind alle „Kurzzeit"-Sulfanilamide steuerbar. Ob diesem Begriff bei der Therapie mit Sulfanilamiden eine Bedeutung zukommt, ergibt sich aus der Diskussion über die Löslichkeit (3. Absatz dieses Abschnitts), wonach die wenig steuerbaren „Langzeit"-Sulfanilamide bei richtiger Dosierung kaum Anlaß zu Nierenschäden geben werden. Anders ist es vielleicht hinsichtlich allergischer Erscheinungen und sonstiger schwerer toxischer Symptome. Der Wunsch nach seltener und niedriger Dosierung (ermöglicht durch Depotbildung) steht daher im Gegensatz zum Wunsch nach der Steuerbarkeit der Therapie (ermöglicht durch schnelle Elimination). Beide Wünsche lassen sich gleichzeitig nur annähernd durch Wahl eines Sulfanilamidderivats aus der mittleren Gruppe mit Eliminationshalbwertszeiten $t_{50\%}$ zwischen 7 und 16 h erfüllen. — Bei Kombinationspräparaten kann man nicht erwarten, das Verhältnis der Kombinationspartner im Blut ständig so vorzufinden wie in den Tabletten. Richtet man die Wahl von τ und D^*/D nach einem Mittelwert der verschiedenen $t_{50\%}$-Werte, so muß das Präparat mit dem längsten $t_{50\%}$-Wert im Laufe der Behandlung kumulieren; es stellt sich schließlich kurz vor jeder neuen Dosis ein zugunsten dieses Kombinationspartners stark verschobenes Verhältnis im Blut ein. Richtet man sich zur Vermeidung dieser Kumulation nach dem $t_{50\%}$-Wert dieses Bestandteiles, so können andere Kombinationspartner mit wesentlich kleineren $t_{50\%}$-Werten in die Rolle von therapeutisch kaum wirksamen Beigaben gedrängt werden. Ideal wäre daher nur ein Kombinationspräparat mit Bestandteilen, die annähernd gleiche $t_{50\%}$-Werte aufweisen.

6. Metabolismus

Das Ausmaß metabolischer Umwandlungen (Acetylierung, Glucuronierung usw., s. Abschnitt B, V, 1) der Sulfanilamide hat bei Allgemeininfektionen keinen gesonderten Einfluß auf die Dosierung, da der Metabolismus nach DOST (1953) als Bestandteil der Elimination aufzufassen ist und mit $t_{50\%}$ berücksichtigt wird (vgl. die Definition von k_2 auf S. 1012). Dies gilt jedoch nur, wenn die verwendete Sulfanilamidbestimmungsmethode zur Ermittlung von $t_{50\%}$ ausschließlich das unveränderte Sulfanilamidderivat erfaßt (Glucuronierung, vgl. KOECHLIN und andere 1959). Auch bei den Harnwegsinfektionen und bei schweren Infektionen der Darmschleimhaut ist die Sulfanilamidkonzentration im Blutplasmawasser der wesentliche therapeutische Faktor (BÜNGER 1960[2]), weshalb ein hoher Anteil an Metaboliten im Urin die therapeutische Wirkung bei Harnwegsinfektionen nicht stört.

7. Adsorption und Distribution

Da die antibakterielle Wirkung der Sulfanilamide von der Konzentration c der frei gelösten Substanz im Plasmawasser und im Gewebswasser abhängt (Abschnitt B, II, 1a und B, II, 1c), stellen alle Adsorptionen und sonstigen reversiblen chemischen Bindungen im Blut und in den Geweben Störungen für die antibakterielle Wirkung dar. Je mehr von der Substanz im Blut und in den Geweben gebunden ist, um so höher muß die relative Erhaltungsdosis D/G sein, die zur Aufrechterhaltung einer bestimmten Konzentration $c_{\min}$ im Plasmawasser erforderlich ist. Diesen ungünstigen Einfluß der Adsorption oder anderer chemischer Bindungen, der sich in kleinen Werten der Affinitätskonstante α und durch unterschiedliche Gewebsverteilung der Substanz ausdrückt, findet sich sowohl bei einigen „Langzeit"- als auch bei einigen „Kurzzeit"-Sulfanilamiden. Daher ist nicht anzunehmen, daß die Adsorption an die Plasmaalbumine die entscheidende Ursache der langsamen Elimination der Langzeit-Sulfanilamide ist. Für die Beziehung zwischen der Höhe der relativen Erhaltungsdosis D/G und der Plasmawasserkonzentration $c_{\min}$ ist der Plasmawasser-Distributionskoeffizient $\Delta = \Delta' \cdot A(C_0)$ maßgebend. Fände bei einem Stoff keine Adsorption oder sonstige chemische Bindung statt, so müßte sich ein dem Gehalt des Körpers an lösungsfähigem Wasser entsprechender Wert von $\Delta = 0{,}7$ ergeben unter der Voraussetzung, daß die Substanz in alle wasserhaltigen Räume des Körpers frei permeieren kann. Bei stark gebundenen Sulfanilamiden kann Δ bis zum 100fachen dieses Minimalwertes ansteigen. Ungünstig durch Adsorption oder sonstige chemische Bindung beeinflußt sind z.B. *Sulfamethoxypyridazin* (**LVI**), *4-Sulfadimethoxypirimidin* (**LXV**), *Sulfaphenylpyrazol* (**XLII**) und *5-Sulfadimethylisoxazol* (**XXXV**). Geringer ist dieser Einfluß auf die drei „Langzeit"-Sulfanilamide *Sulfapyrimidin* (**LVII**), *2-Sulfa-4-methyl-pyrimidin* (**LIX**) und *2-Sulfa-5-methylpyrimidin* (**LX**). Den kleinsten gemessenen Wert von Δ hat *Sulfanilamid* (**II**). Über den Zusammenhang zwischen der Adsorption an das Serumalbumin und der Struktur der Sulfanilamide ist wenig Sicheres bekannt. Notwendig ist wohl eine gewisse Elektronenkonfiguration an der SO_2-Gruppe im Zusammenwirken mit anderen Substituenten, unter denen die Methoxygruppen besonders wirksam zu sein scheinen (SEYDEL und andere 1960/61). — Es kommt also für eine gute antibakterielle in vivo-Wirkung weder auf hohe Blut- noch auf hohe Gewebskonzentrationen an. Allein entscheidend sind die Konzentrationen in den wäßrigen Phasen, die nach der Voraussetzung 2 (S. 1011) im Verteilungsgleichgewicht annähernd gleich sind. Daher gibt es *keine* echten Organspezifitäten bei der Therapie mit verschiedenen Sulfanilamiden. Ebenso ist Depotbildung von diesem Standpunkt aus stets unerwünscht, da sie gleichbedeutend mit hohen Werten von Δ ist (vgl. Abschnitt B, II, 1c).

8. Toxicität

Klinische Bedeutung für den Beginn der Erprobung eines neuen Sulfanilamidpräparates hat nur die chronische Toxicität, die sich z.B. zahlenmäßig unter Berücksichtigung der Pharmakokinetik erfassen ließe als die Erhaltungsdosis $DST_{95\%}$ (*Dosis sustinens tolerata maxima* 95%); das ist die von 95% der behandelten Individuen ohne erkennbare toxische Symptome vertragene Erhaltungsdosis. Zahlenwerte dieser Art liegen nicht vor, weshalb in die Tabelle 15 die üblichen Werte über die akute Toxicität ($DL_{50\%}$ und $DT_{95\%}$) als rohe Anhaltspunkte ohne klinische Bedeutung eingetragen sind. Über die endgültige Beurteilung der Toxicität eines Präparates entscheidet nur eine ausgedehnte klinische Erfahrung, wobei zur Prüfung des ursächlichen Zusammenhangs bei geringeren und subjektiven Störungen Placeboversuche (Murray 1956) unläßlich sind (vgl. Plummer und Wheeler 1944).

9. Therapeutische Wirkung bei Tieren

In der Literatur finden sich Tierversuche mit unterschiedlichster Methodik und entsprechend abweichenden Ergebnissen, so daß sich fast jede beliebige Ansicht über irgendein Sulfanilamidderivat aus der Literatur belegen ließe. Meist sind die Tierversuche bei völliger Unkenntnis der Pharmakokinetik der geprüften Präparate in der verwendeten Tierart durchgeführt worden, so daß keine Möglichkeit zu einer sinngemäßen Übertragung der Ergebnisse auf klinische Verhältnisse besteht. Als Beispiel sei erwähnt, daß die vielfach übliche Technik mit einmaliger Applikation des Chemotherapeuticums an die infizierten Tiere stets zu einer Begünstigung der „Langzeit"-Sulfanilamide gegenüber den anderen hinsichtlich des therapeutischen Effekts führen muß. — Den in der Tabelle 15 angegebenen Werten der Dosis curativa media ($DC_{50\%}$) und Dosis curativa maxima ($DC_{95\%}$) kommt daher nur eine begrenzte Bedeutung für die Frage nach dem klinischen Wert der Präparate zu.

10. Klinische Dosierungsschemata

In der Tabelle 16 sind die klinisch empfohlenen Dosierungsschemata (aus der Literatur oder nach Industrieprospekten) den nach den Dosierungsgleichungen (9) und (10) errechneten Dosierungsschemata gegenübergestellt. Dabei wurden die links in der Tabelle aufgeführten biologischen Konstanten oder Zwischengrößen als Rechengrundlagen verwendet. Für den Therapiesicherheitsfaktor σ wurde in Ermangelung von Meßwerten der Schätzwert 5 verwendet. Diese Rechnung läßt sich nur bei den Präparaten durchführen, bei denen Adsorptionsmessungen vorliegen. Unter diesen Präparaten zeigt *Sulfapyrimidin* **(LVII)** die größte Abweichung der errechneten von der klinisch üblichen Dosierung, und zwar ist die errechnete Dosierung wesentlich kleiner als die übliche. Auch bei *2-Sulfa-4-methyl-pyrimidin* **(LIX)** und bei *3-Sulfamethylisoxazol* **(XXXIV)** findet sich eine deutliche Abweichung nach unten. Bei den übrigen Präparaten ist die Übereinstimmung ausreichend, wenn man bedenkt, daß die minimale in vitro-Hemmkonzentration μ in der Rechnung als Faktor auftritt; dieser Wert wird jedoch nur in 1 : 2-Konzentrationsstufen bestimmt, d. h., daß man Abweichungen von etwa $\pm 50\%$ allein wegen möglicher Fehler an diesem Wert im Ergebnis erwarten kann.

Jede Dosierungsempfehlung mit Anspruch auf Allgemeingültigkeit vernachlässigt die individuellen Unterschiede der einzelnen biologischen Konstanten der Sulfanilamide bei verschiedenen Menschen (BÜNGER und andere 1961) und bei verschiedenen Bakterienstämmen (FUST und andere 1960, und andere). Nimmt man es genau, so machen diese Unterschiede *allgemeingültige* Aussagen über die therapeutische Brauchbarkeit einzelner Sulfanilamide unmöglich. Die Schwierigkeit ließe sich nur dadurch korrekt überwinden, daß man die Beurteilung nach den hier dargestellten Prinzipien zu Beginn einer *jeden* Behandlung eines an einer bakteriellen Infektion erkrankten Patienten *erneut* durchführte, was die Bestimmung der wesentlichen biologischen Konstanten $t_{50\%}$, Δ', α und μ bei Therapiebeginn voraussetzte. Diese Idealtherapie liegt jedoch so weit außerhalb der Möglichkeiten selbst gut eingerichteter Kliniken, daß man sich mit der bisher üblichen Methode der Beurteilung nach durchschnittlichen Verhältnissen begnügen muß. Bei langdauernder Therapie mit Sulfanilamiden kann diese Vernachlässigung jedoch problematisch sein.

Will man entscheiden, ob ein neues Sulfanilamidderivat der klinischen Prüfung wert ist, so benötigt man alle in den vorhergehenden 10 Absätzen erwähnten experimentellen Daten. Vermutlich haben weitere hier nicht erwähnte Größen Einflüsse auf die therapeutische Wirkung der Stoffe; die hinreichende Übereinstimmung zwischen den klinisch üblichen und den errechneten Dosierungen der Tabelle 16 spricht jedoch dafür, daß die hier behandelten Größen den funktionalen Zusammenhang zwischen der therapeutischen Wirkung und den biologischen Eigenschaften der Sulfanilamide in erster Näherung ausreichend beschreiben.

Betrachtet man die Werte einer einzelnen biologischen Konstante bei vielen Sulfanilamiden, so lassen sich einige Präparate mit Extremwerten als therapeutisch weniger geeignet erkennen; das gilt z. B. für die minimale in vitro-Hemmkonzentration μ, den Plasmadistributionskoeffizient Δ', die Löslichkeit S_7, für andere Größen nur mit Vorbehalt. Woran erkennt man optimale Sulfanilamide? Sicher nicht an dem Wert irgendeiner bestimmten biologischen Konstante. Man denke an das *Sulfapyrimidin* (**LVII**), das von vielen Autoren (WHITE und andere 1952; LEHR 1954; DOMAGK 1957; RHODES und andere 1957; HACKMANN 1958; KIMMIG 1958) als Spitzensulfanilamid bezeichnet wird. Keine von seinen biologischen Konstanten (Tabelle 15) hebt dieses Präparat eindeutig aus der Menge der anderen klinisch gebräuchlichen Präparate hervor. Auffallend und offenbar entscheidend ist wohl, daß die errechnete Dosierung wesentlich niedriger liegt als die klinisch gebräuchliche; das bedeutet, daß dieses Präparat bisher stets relativ höher dosiert worden ist als die anderen Sulfanilamide. Bekanntlich erweist sich Sulfapyrimidin auch in Tierversuchen verschiedenster Art meist als das beste Präparat. *Daher sollte jedes neue Präparat sowohl in Laboratoriumsversuchen als auch in der Klinik stets im Vergleich mit Sulfapyrimidin geprüft werden.* Nur dieser Vergleich kann über den wahren Wert des neuen Präparats Auskunft geben. Gibt es noch weitere Spitzensulfanilamide? Oft werden die „Sulfapyrimidine" als optimale Gruppe unter den Sulfanilamiden bezeichnet. Wie wenig diese Verallgemeinerung erlaubt ist, zeigen die Zahlen der Tabelle 16 (Stoffe Nr. **LVII** bis **LXVI**). Wegen des noch unvollständigen Zahlenmaterials kann keine Reihenfolge der Sulfanilamide nach ihrer vermutlichen klinischen Brauchbarkeit aufgestellt werden. Sollten sich die bisher vorliegenden Zahlenwerte reproduzieren lassen, so kämen vielleicht *2-Sulfa-4-methyl-pyrimidin* (**LIX**), *2-Sulfa-5-methoxy-pyrimidin* (**LVIII**) und *3-Sulfamethylisoxazol* (**XXXIV**) dem *Sulfapyrimidin* (**LVII**) am nächsten. *Ein optimales Sulfanilamidderivat hat sich dadurch auszuzeichnen, daß die Werte von μ, Δ, $A(C_0)$, D/G und die Acetylierung möglichst niedrig sind, die Werte von k_1, S_7, $DST_{95\%}$ und eventuell pKa_2' möglichst hoch sind und die Eliminationshalbwertszeit $t_{50\%}$ mittlere Werte aufweist.* Nur dann, wenn diese Bedingungen gleichzeitig weitgehend erfüllt sind, kann ein Sulfanilamidderivat als optimal bezeichnet werden. Daher geht es am Wesen des Problems vorbei, wenn man bei einem neuen Präparat *eine* besondere Eigenschaft als besonders wichtig oder gar entscheidend in den Vordergrund stellt. Nicht diese oder jene günstige Eigenschaft macht ein Sulfanilamidderivat empfehlenswert, sondern *das günstige Zusammenwirken aller Eigenschaften des Stoffes, die einen wesentlichen Einfluß auf die therapeutische Wirkung ausüben.*

Zum Abschluß seien einige Prinzipien für den therapeutischen Gebrauch der Sulfanilamide wiedergegeben, die NORTHEY (1948) unter Benutzung des umfangreichen klinischen Schrifttums formuliert hat:

1. Man wähle ein Sulfanilamidderivat mit erwiesener hoher Wirksamkeit gegenüber dem bekannten oder vermuteten Infektionserreger; es soll den Sitz der Infektion in maximaler Konzentration (Gewebswasser) und mit geringstem Risiko toxischer Reaktionen erreichen.

2. Man verabfolge so hohe Dosierungen, wie es ohne die Gefahr ernster toxischer Reaktionen für den Patienten möglich ist. Unterdosierte Chemotherapie kann schlechter sein als keine, da sie zur Entwicklung von resistenten Bakterienstämmen führen kann.

3. Bei Behandlung lokalisierter Infektionsprozesse entferne man Eiter und nekrotisches Gewebe, da in diesen starke Antagonisten gegenüber der Wirkung der Sulfanilamide enthalten sind.

4. Man verabfolge die Natriumsalze (p_H nicht höher als 8,0) intravenös, wenn sich die Infektion in den Stunden bis zum Erreichen wirksamer Blutkonzentrationen nach peroraler Gabe gefährlich ausbreiten könnte; in allen anderen Fällen sollte möglichst peroral appliziert werden (bei **LVIII** wird noch p_H 9,5 intravenös reaktionslos vertragen; BÜNGER 1960[2]).

5. Man lasse die Flüssigkeitsaufnahme und die Urinausscheidung registrieren. Die Urinausscheidung sollte wenigstens 1000 ml/d betragen, wenn Sulfathiazol, Sulfapyridin, Sulfapyrimidin, 2-Sulfa-4-methylpyrimidin, 2-Sulfadimethylpyrimidin oder Sulfapyrazin verabfolgt werden. Falls dies nicht möglich ist, sollten Sulfapyridin und Sulfathiazol nicht verabfolgt werden und mit den anderen Sulfanilamiden sollte genügend Natriumhydrogencarbonat (oder ein anderes Alkalisalz) zur Alkalisierung des Urins auf p_H 7,0 bis 8,0 gegeben werden, um Auskristallisationen in den Nieren zu verhindern.

6. Man frage alle Patienten nach Überempfindlichkeitsreaktionen gegenüber Sulfanilamiden. Wenn nach der Gabe eines Sulfanilamidderivats früher einmal Arzneifieber, Ausschläge oder sonstige Idiosynkrasien aufgetreten sind, verabfolge man Penicillin, Streptomycin oder andere Antibiotica (möglichst nach Empfindlichkeitstestung der Infektionserreger).

7. Man verabfolge Sulfanilamide lokal nicht länger als 5 Tage, da längere örtliche Anwendung eine Sensibilisierung bewirken kann.

8. Beim Auftreten ernster toxischer Reaktionen setze man die Sulfanilamide sofort ab und lasse viel trinken (jedoch nicht bei Urämiegefahr: künstliche Niere!), um die Substanz so schnell wie möglich aus dem Körper zu entfernen.

9. Man verhindere, daß sich Patienten während der Behandlung mit Sulfanilamiden der Sonne oder einer Ultraviolettbestrahlung aussetzen.

10. Man transfundiere niemals Blut von einem Patienten, der gerade Sulfanilamide einnimmt, auf einen gegen diese Stoffe überempfindlichen Patienten.

Literatur

ABAFFY, F., u. S. KVEDER: Papierchromatographie einiger Sulfonamide. Nachweis von Sulfadiazin, Sulfathiazol und Sulfamethazin in Tabletten. Acta pharm. jugosl. **6**, 197 (1956). Ref. in Chem. Zbl. **1957**, 12545. — ACKLIN, O., E. ROSSI u. M. SCHMID: Zur Chemotherapie der Sulfone gegen Tuberkulose. Experimentelle Untersuchungen am Meerschweinchen und klinische Erfahrungen beim Menschen mit der 4,4'-Diamino-diphenylsulfon-Glukose-Bisulfitverbindung. Helv. paediat. Acta Suppl. **3** (1946), 25 S. — ADAMS, A., W. A. FREEMAN, A. HOLLAND, D. HOSSACK, J. INGLIS, J. PARKINSON, H. W. READING, K. RIVETT, R. SLACK, R. SUTHERLAND and R. WIEN: Sulphasomizole (5-p-aminobenzenesulphonamido-3-methylisothiazole): a new antibacterial sulphonamide. Nature (Lond.) **186**, 221 (1960). — ALBERT, A.: The relationship between structure and biological activity: some fundamental aspects. Ergebn. Physiol. **49**, 425—461 (1957). — Selective toxicity. London: Methuen & Co., Ltd.; New York: John Wiley & Sons, Inc. 1960, 2nd ed. — ALBERT, A., and R. J. GOLDACRE: Relative acidity and basicity of sulphanilamide and p-aminobenzoic acid. Nature (Lond.) **149**, 245 (1942). — ALEXANDER, F.: A study of the distribution of sulphanilamide. Quart. J. exp. Physiol. **32**, 21 (1943). — ALIMCHANDANI, H. R., and A. SREENIVASAN: Inhibition steps in sulfonamide bacteriostasis. Nature (Lond.) **176**, 702 (1955). — Inhibition steps in sulphonamide bacteriostasis of Escherichia coli. J. Bact. **73**, 538 (1957[1]). — Inactivity of pteroylglutamic acid and leucovorin in overcoming sulfonamide growth inhibition of Escherichia coli. J. Bact. **74**, 171 (1957[2]). — ALKEN, C.-E.: Leitsymptom: Anurie, Harnsperre und Harnverhaltung. Münch. med. Wschr. **95**, 1055 (1953). — ALLEN, A. C.: The kidney. Medical and surgical diseases. New York: Grune and Stratton 1951. — ALLGÖWER, M.: Vorkommen, Natur und Bedeutung von Sulfonamid-Antagonisten (Inhibitoren) in Körpermedien. Helv. physiol. pharmacol. Acta **2**, 569 (1944). — ALYEA, E. P., W. E. DANIEL and ANNE YATES: Sulfanilamide and disulfanilamide concentrations in the blood and urine. J. Urol. (Baltimore) **41**, 14 (1939). — ANAND, NITYA, A. T. DUDANI and P. S. WADIA: Studies in potential antimycobacterial agents. VI. Estimation of p-ethylamino-p'-aminodiphenyl sulphone in tissues and fluids of experimental animals. J. Sci. Ind. Res. (New Delhi), Sect. C **14**, 145 (1955). — ANAND, NITYA, J. D. KOHLI and M. C. KHOSLA: Studies in potential antimycobacterial agents. IX. Distribution and excretion studies on p-ethylamino-p'-aminodiphenyl sulphone. J. Sci. Ind. Res. (New Delhi), Sect. C **14**, 156 (1955). — ANDERS, W., u. W. STEPHAN: Die Therapie bakterieller Infektionen mit Sulfoglycin. Int. Rec. Med. Gen. Pract. Clin. N.Y. **168**, 378 (1955). — ANDERSEN, A. H., and K. S. OVERGÅRD: Binding sulphathiazole to plasma, estimated by means of ultrafiltration and dialysis. Acta pharmacol. (Kbh.) **12**, 240 (1956). — ANDERSON, G. W.: Antithyroid compounds. In: Medical chemistry. A series of reviews prepared under the auspices of the division of medical chemistry of the American Chemical Society, vol. 1, edit. by C. M. SUTER et al. New York: John Wiley and Sons 1951. — ANGYAL, S. J.: Sulphonamides. IV. The reaction of n-heterocyclic amines with sulphonyl halides. Aust. J. Sci. Res., Ser. A **5**, 374 (1952). — ANGYAL, S. J., and S. R. JENKIN: Sulphonamides. I. „Marfanil" and its o- and m-isomers. Aust. J. Sci. Res., Ser. A **3**, 461 (1950).— ANGYAL, S. J., and W. K. WARBURTON: Sulphonamides. II. Structure and tautomerism of sulphapyridine, sulphathiazole, and sulphanilylbenzamidine. Aust. J. Sci. Res., Ser. A **4**, 93 (1951). — ANTON, A. N.: The relation between the binding of sulfonamides to albumin and their chemotherapeutic efficacy. Pharmacologist **1** (2), 79 (1959). — ARIËNS, E. J.: Affinity and intrinsic activity in the theory of competitive inhibition. I. Problems and theory. Arch. int. Pharmacodyn. **99**, 32 (1954). — ARIËNS, E. J., J. M. VAN ROSSUM and A. M. SIMONIS: A theoretical basis of molecular pharmacology. I, II, III. Interactions of one or two compounds with two interdependent receptor systems. Arzneimittel-Forsch. **6**, 282, 611, 737 (1956). — ARIËNS, E. J., and A. M. SIMONIS: Affinity and intrinsic activity in the theory of competitive inhibition. II. Experiments with para-aminobenzoic acid derivatives. Arch. int. Pharmacodyn. **99**, 175 (1954). — Considerations concerning "competitive inhibition". Acta physiol. pharmacol. neerl. **4**, 130 (1955). — ARIËNS, E. J., A. M. SIMONIS and W. M. DE GROOT: Affinity and intrinsic-activity in the theory of competitive- and non-comptetitive inhibition and an analysis of some forms of dualism in action. Arch. int. Pharmacodyn. **100**, 298 (1955). — ATKINSON, E. C.: Sulphamerazine dangerous. Brit. med. J. **1951 I**, 674. — AUFDERMAUR, A., u. W. PULVER: Die Behandlung von Harnwegsinfektionen mit dem Mischsulfonamid Dosulfin „Geigy". Medizinische **1955**, 886—889. — AUGSBERGER, A.: Faustregeln für die Arzneidosierung bei Kindern. Med. Klin. **47**, 14 (1952). — Quantitatives zur Therapie mit Herzglykosiden. II. Kumulation und Abklingen der Wirkung. Klin. Wschr. **32**, 945 (1954). — AUHAGEN, E.: p-Aminobenzoyl-glutaminsäure, ein gegen Sulfonamide wirksames Derivat des Vitamin H. Versuche an Streptobacterium plantarum. Hoppe-Seylers Z. physiol. Chem. **277**, 197 (1943). — Über die Bedeutung der Folinsäure für die Sulfonamidresistenz. Hoppe-Seylers Z. physiol. Chem. **283**, 195 (1948).

BACHMANN, D., H. PAULY u. W. SCHMIDT: Erfahrungsbericht über die klinische Anwendung eines neuen Sulfonamids mit Depot-Charakter. Dtsch. med. Wschr. **83**, 1494, 1497 (1958). — BAGGESGAARD RASMUSSEN, H., J. BERGER and G. ESPERSEN: Identifikation af laegmidler. II. Sulfonamider. Dansk. T. Farm. **31**, 53 (1957). — BAGNALL, H. H., and F. G. STOCK: Sulphonamide tablets. Pharm. J. **179**, 336 (1957). — BALLENGER, E., D. ELDER and H. MCDONALD: Sulfanilamide and thermotherapy in gonococcic infections: preliminary report. J. Amer. med. Ass. **109**, 1037 (1937). — BARANOW, Ss. N.: Chemie der Pteridine. Fortschr. Chem. **27**, 1337 (1958). — BARBER, H. J., and J. H. WILKINSON: A study of the equilibria in solutions of neutral derivatives of sulphonamides. Quart. J. Pharm. **19**, 248 (1946). — BARTH, E. F.: Über die Behandlung mischinfizierter Lungentuberkulosen mit Sulfonamiden. Diss. Bonn 1954. — BATES, R. G., u. G. SCHWARZENBACH: Die Bestimmung thermodynamischer Aciditätskonstanten. Helv. chim. Acta **37**, 1069 (1954). — BAUR, E., u. H. RÜF: Über die inhibitorische Wirkung der Sulfonamide. Helv. chim. Acta **25**, 523 (1942). — BAXTER, J. N., J. CYMERMAN-CRAIG and J. B. WILLIS: The infrared spectra of some sulphonamides. J. chem. Soc. **1955**, 669. — BEETZ, S.: Bakteriologische Untersuchungen der Steigerung des bakteriostatischen Effektes von Sulfonamiden durch Dextrosezusatz. Ärztl. Forsch. **6** (II), 126 (1952). — BÉGUIN, M.: Dosage de sulfonamidés dans des comprimés. Pharm. Acta Helv. **32**, 13 (1957). — BEHNISCH, R.: Arbeiten auf dem Sulfonamidgebiet (unter besonderer Berücksichtigung der Versuche von JOSEF KLARER). Medizin u. Chemie **5**, 69 (1956). — BELL, E. A., W. COCKER and R. A. Q. O'MEARA: Mode of action of the sulphonamide derivatives. Lancet **1948 I**, 924. — The intracellular mode of action of the sulphonamide derivatives. Some condensation products of reductone. Biochem. J. **45**, 373 (1949). — BELL, P. H., J. F. BONE and R. O. ROBLIN: The relationship of structure to activity of sulfanilamide type compounds. J. Amer. chem. Soc. **66**, 847 (1944). — BELL, P. H., and R. O. ROBLIN jr.: A theory of the relation of structure to activity of sulfanilamide type compounds. J. Amer. chem. Soc. **64**, 2905 (1942). — BENNHOLD, H.: In: H. BENNHOLD, E. KYLIN u. ST. RUSZNYAK: Die Eiweißkörper des Blutplasmas, S. 276. Dresden u. Leipzig: Theodor Steinkopff 1938. — BERCZELLER, A.: Steroic acid amides of diamino diphenyl sulfone. Dis. Chest **33**, 474—481 (1958). — The action of a new steroid acid amide of diamino diphenyl sulfone on the PR8 strain of influenza virus A in the chick embryo. Antibiot. Ann. **1958/59**, 88 (1959). — BERG, W. N.: The law of small numbers, as applied to virulence measurement. Amer. Rev. Tuberc. **43**, 685 (1941). — BERGER, W.: Bisherige Erfahrungen mit einer kombinierten Chloromycetin-Sulfonamid-Pyrifer-Therapie bei typhösen Erkrankungen. Dtsch. med. Wschr. **76**, 1592 (1951). — *Bergey's Manual of Determinative Bacteriology*. Edit. by R. S. BREED, E. G. D. MURRAY and N. R. SMITH. 7th edit. London: Baillière, Tindall & Cox, Ltd. 1957. — BERTINOTTI, F., G. GIACOMELLO u. A. M. LIQUORI: Kristall- und Molekularstruktur von p-Aminosalicylsäure. Acta crystallogr. **7**, 808 (1954). — BESSON, SUZANNE, et MICHELINE LEDER: Le comportement du sulfafurazol (gantrisine) en présence de sang. C.R. Soc. Biol. (Paris) **150**, 552 (1956). — BEYER, K. H., H. F. RUSSO, ELIZABETH A. PATCH, L. L. PETERS and K. L. SPRAGUE: The formation and excretion of acetylated sulfonamides. J. Lab. clin. Med. **31**, 65 (1946). — BHARDWAJ, S. N., u. I. M. RAO: Die relative Toxicität von Sulfonamiden für Weizen. Curr. Sci. **23**, 296 (1954). — BIAMONTE, A. R., and G. H. SCHNELLER: Observations on the solubility of certain sulfonamides. J. Amer. pharm. Ass., sci. Ed. **41**, 341 (1952). — BIEHLER, W.: Das Natriumsalz der Aminobenzolsulfonylaminomethansulfonsäure. Arzneimittel-Forsch. **6**, 99 (1956). — BILECKI, G.: Die Sulfonamidnephrose. Z. ges. inn. Med. **2**, 722 (1947). — BILES, J. A.: The optical crystallographic properties of some N.F.X. substances. J. Amer. pharm. Ass., sci. Ed. **44**, 74 (1955). — BLISS, C. I.: The calculation of the time-mortality curve. Ann. appl. Biol. **24**, 815 (1937). — BLONDHEIM, S. H.: Acetylation by blood cells. Arch. Biochem. **55**, 365 (1955). — BLUMENTHAL, G.: Chemotherapie mit besonderer Berücksichtigung der Sulfonamide. Münch. med. Wschr. **92**, 178 (1950). — BÖHMIG, R., u. P. KLEIN: Pathologie und Bakteriologie der Endokarditis. Berlin-Göttingen-Heidelberg: Springer 1953. — BOEMINGHAUS, H.: Akute Anurie. Ursachen und Behandlung des akuten Nierenversagens. Medizinische **1954**, 525. — BÖNICKE, R., u. B. P. LISBOA: Über die Erbbedingtheit der intraindividuellen Konstanz der Isoniazidausscheidung beim Menschen. (Untersuchungen an eineiigen und zweieiigen Zwillingen.) Naturwissenschaften **44**, 314 (1957). — BÖNICKE, R., u. WALTRAUD REIF: Enzymatische Inaktivierung von Isonicotinsäurehydrazid im menschlichen und tierischen Organismus. Naunyn-Schmiedeberg's Arch. exp. Path. Pharmak. **220**, 321 (1953). — BOGER, W. P., and J. J. GAVIN: Low-dose, long-active sulfonamides are different. Ann. N.Y. Acad. Sci. **82**, 18 (1959). — BOGER, W. P., C. S. STRICKLAND and JULINA M. GYLFE: Sulfamethoxypyridazine (Kynex), a new long-acting sulfonamide. Antibiot. Med. **3**, 378 (1956). — BOGNER, K., A. ENGLHARDT-GÖLKEL, F. PIRNER u. I. WOLLER: Über den Einfluß von Krankheit und Nahrungsaufnahme, sowie von Pantothensäure und Kohlenhydratgaben auf die Acetylierungsfähigkeit des menschlichen Organismus. Klin. Wschr. **36**, 301 (1958). — BONÉT-MAURY, P.: Photometre automatique pour l'enregistrement de 6 courbes de multiplication bacteriennes. Atti VI Congr. Internaz. Microbiol. Roma **1**, 799 (1953). — BOROWSKI, I., u. W. BRANDENBURG: Über experimentelle Sulfonamidschäden. Ärztl. Wschr. **6**, 13 (1951). — BOSSE, R., G. BOSSE u. K. H. JÄGER: Die örtliche Behandlung mit den Sulfonamiden, 1. u. 2. Aufl. Stuttgart: Wissenschaftliche Verlagsanstalt 1943, 1946. — BOVET, D., et P. DUBOST: Activité hypoglycémiante des aminobenzenesulfamidoalkylthiodiazols. Rapports entre la constitution et l'activité pharmacodynamique. C.R. Soc. Biol. (Paris) **138**, 764 (1944). —

BOYER, F., MICHELINE SAVIARD et M. DECHAVASSINE: Étude sur le métabolism du p-aminophénylsulfonamide in vivo. Ann. Inst. Pasteur **90**, 339 (1956). — BRANDMAN, O., C. OYER and R. ENGLEBERG: Blood levels and urinary excretion of a long-acting sulfonamide. J. med. Soc. N.J. **56**, 24 (1959). — BRATTON, A. C., and E. K. MARSHALL jr.: A new coupling component for sulfanilamide determination. J. biol. Chem. **128**, 537 (1939). — BRAUN, W., J. STAUBESAND u. G. STILLE: Zur Beeinflussung experimenteller Hochdruck- und Gefäßschäden durch 2-(p-Aminobenzolsulfonamido)-4,5-dimethyloxazol. Arzneimittel-Forsch. **9**, 359 (1959). — BRAY, H. G., G. E. FRANCIS, F. C. NEALE and W. V. THORPE: The metabolism of sulphapyridine containing radioactive sulphur in the rabbit. Biochem. J. **46**, 267 (1950). — BRAY, H. G., F. C. NEALE and W. V. THORPE: The constitution of hydroxysulphapyridine and synthesis of 2-aminohydroxypyridines. Biochem. J. **46**, 506 (1950). — BRENDLER, G.: Über den Einfluß von Conteben, PAS und Marfanil auf den Zyklus weißer Mäuse (Tierversuche). Diss. Frankfurt/Main 1955. — BRETSCHNEIDER, H., u. W. KLÖTZER: (Anmelder: Österreichische Stickstoffwerke AG. Linz.) Process of producing N_1-heterocyclically substituted benzene-sulfonic acid amides. A.P. 2,703,800 1952—1955, Österreichische Priorität 1951. — Neue Reaktionen am Sulfanilamid und neue N_1-substituierte Sulfanilamide. I. N_1-Acetylierungen mit Carbonsäureestern. II. N_1-Arylierungen bzw. Heteroarylierungen mit Alkoxyaryl- bzw. Alkoxyheteroarylverbindungen. Mh. Chem. **87**, 47, 120 (1956). — BROCK, N., u. F. J. GEKS: Die Bestimmung der therapeutischen Breite von Arzneimitteln. Naturwissenschaften **38**, 351 (1951). — Die Bestimmung der therapeutischen Breite von Arzneimitteln. Zur Pharmakotherapie der Oxyuriasis II (Pararosanilinderivate). Arzneimittel-Forsch. **1**, 63, 378 (1951). — BROCKHAUS, L.: Ein neues langwirkendes Sulfonamid in der Kinderpraxis. Med. Klin. **53**, 1505 (1958). — BRUCK, C. G. VOM, F. M. DELFS, E. SERICK u. V. WOLF: Verhalten des Sulfadimethyloxazols im menschlichen Organismus. Arzneimittel-Forsch. **10**, 621 (1960). — BRUECKNER, A. H.: Sulfonamide activity as influenced by variation in p_H of culture media. Yale J. Biol. Med. **15**, 813 (1943). — BRUGSCH, H.: Vergiftungen im Kindesalter. Stuttgart: Ferdinand Enke 1956. — BUBEN, F.: Beitrag zur volumetrischen Titration der Sulfonamide und ihrer Derivate. Čsl. Farm. **2**, 295 (1953). — BUCHBORN, E.: Heutige Möglichkeiten einer diuretischen Therapie. Ärztl. Mitt. **45**, 1533 (1960). — BUCKREUS, F.: Beitrag zur Verträglichkeit von Albucid. Münch. med. Wschr. **87**, 351 (1940). — BÜCKERT, A.: Über die therapeutische Beeinflussung von Nierenschädigungen bei Sulfonamidanwendung (Albucid, Eleudron und Globucid). Münch. med. Wschr. **97**, 1528 (1955). — BÜNGER, P.: Untersuchungen mit einem neuen Langzeitsulfonamid. Ärztl. Forsch. **14**, 52 (1960[1]). — Persönliche Mitteilung 1960[2]. — BÜNGER, P., W. DILLER, J. FÜHR u. E. KRÜGER-THIEMER: Vergleichende Untersuchungen an neueren Sulfanilamiden. I. Arzneimittel-Forsch. **11**, 247 (1961). — BUNGE, R.: Die Indikationen der Sulfonamide und Antibiotica „Bayer" sowie ihrer Kombinationen. (Eine Übersicht für die Praxis.) Therap. Ber. **7**, 195 (1954). — BUNGE, R., u. P. KLEIN: Grundlagen und Voraussetzungen des mikrobiologischen Tests zur Beurteilung der Sulfonamid-Therapie. Medizin u. Chemie **5**, 91 (1956). — BURTON, H., J. W. MCLEOD, T. S. MCLEOD and ANNA MAYR-HARTING: On the relationship between the respiratory activities of bacteria and their sensitiveness to sulphanilamide, p-hydroxylamino- and p-nitrobenzene sulphonamide. Brit. J. exp. Path. **21**, 288 (1940). — BUSHBY, S. R. M., and A. J. WOIWOD: Excretion products of 4:4'-diaminodiphenyl-sulfone. Amer. Rev. Tuberc. **72**, 123 (1955). — BUTTLE, G. A. H., DORA STEPHENSON, S. SMITH, T. DEWING and G. E. FOSTER: The treatment of streptococcal infections in mice with 4,4'-diaminodiphenylsulphone. Lancet **1937 I**, 1331. — BUU-HOI, N. P.: The selection of drugs for chemotherapy research in leprosy. Int. J. Leprosy **22**, 16 (1954). — BUU-HOI, N. P., N. B. KHUYEN et N. D. XUONG: Six mois de chimiothérapie antilepreuse au Sud-vietnam avec le 4,4-diaminodiphénylsulfoxyde et le 4,4'-diéthoxythiocarbanilide. Bull. Acad. nat. Méd. (Paris) **1955**, 275.

CALDWELL, W. T., E. C. KORNFELD and C. K. DONNELL: Substituted 2-sulfanilamidopyrimidines. J. Amer. chem. Soc. **63**, 2188 (1941). — CANTAREL, R.: Pouvoir toxique et constantes physico-chimiques. J. Méd. Bordeaux **134**, 597 (1957). — CHAKRAVARTI, R. N., S. K. GUPTA and M. MUKERJI: The combined effect of p-ethylamino-p'-aminodiphenyl sulfone (S.N. 44) and dihydrostreptomycin sulphate (DHS) in experimental tuberculosis of guinea pigs. Indian J. med. Res. **44**, 421 (1956). — CHANG, Y.-T.: Pharmakologische Studien über Sulfonamidderivate. I. Giftigkeit von Sulfamin, Disulfamin, Sulfathiazol und einigen Nitro- und Aminoderivaten von Diphenylsulfon. II. Giftigkeit von Promin. III. Giftigkeit von Homosulfamin und seinen Derivaten. Folia pharmacol. jap. **48**, 336, 363 (1952); **49**, 11 (1953). [Orig. japan.]. Rev. in Chem. Zbl. **1956**, 1372. — CHATTERJEE, K. R., and R. K. PODDAR: Preferential uptake of sulphone by affected skin tissue of leprosy patients as detected by a tracer method. Nature (Lond.) **178**, 799 (1956). — Radioactive tracer studies on uptake of diamino-diphenyl-sulphone by leprosy patients. Proc. Soc. exp. Biol. (N.Y.) **94**, 122 (1957). — CHRIST, P., u. H. KROPP: Zur Empfindlichkeitsprüfung von Krankheitserregern gegen Chemotherapeutica bei bakteriellen Infektionen. Beitrag zur klinischen Beurteilung. Arzneimittel-Forsch. **2**, 103 (1952). — CLAPP, J. W.: A new metabolic pathway for a sulfonamide group. J. biol. Chem. **223**, 207 (1956). — CLAPPER, W. E., and MARY HEATHERMAN: Biochemical properties of sulfonamide-resistant strains of Streptococcus mitis, and their similarity to enterococci. Proc. Soc. exp. Biol. (N.Y.) **73**, 153 (1950[1]). — Free glutamic acid content of viridans streptococci and some trained resistant strains. Proc. Soc. exp. Biol. (N.Y.) **75**, 458 (1950[2]). — CLARK, J. H., J. P. ENGLISH, G. R. JANSEN, H. W. MARSON, M. M. ROGERS and W. E. TAFT: 3-Sulfanilamido-6-alkoxypyridazines and related compounds. J. Amer. chem. Soc. **80**, 980 (1958). — CLERC, E.: Ein Beitrag zu den Gesetzmäßigkeiten der Verteilung und Ausscheidung von Pharmaka. Inaug.-Diss. Berlin 1951. — CLOTTEN, R.: Zur Frage der renalen Sulfonamidschäden. Ärztl. Wschr. **6**, 416 (1951). — COLEBROOK, L., G. A. H. BUTTLE and R. A. Q. O'MEARA: The mode of action of p-aminobenzenesulphonamide and prontosil in haemolytic streptococcal infections. Lancet **1936 II**, 1323. — CONWAY, H. S.: Determination of sulfonamides in tablets. J. Amer. pharm. Ass., sci. Ed. **34**, 236 (1945). — COOK, A. H., I. M. HEILBRON, K. J. REED and M. N. STRACHAN: Some sulphanilamidophenyl cyanides and related compounds. J. chem. Soc. **1945**, 861. — COOPER, P.: Tablet identification by spot tests on paper. I. Complexes with copper and cobalt. II. Reactions with ferric iron and dimethylaminobenzaldehyde. Pharm. J. **177**, 53, 495 (1956). — CORSTEN, M.: Überblick über die Sulfonamidschäden nebst kasuistischen Beiträgen. Med. Mschr. **4**, 508 (1950). — COSAR, CH., et MADELEINE KOLSKY: Étude chez le hamster des diarrhées cholériformes consecutives à l'administration d'antibiotiques par voie buccale, essais de traitement par la sulfaguanidine. C.R. Soc. Biol. (Paris) **149**, 1163 (1955). — COWLES, P. B.: The possible role of ionisation in the bacteriostatic action of the sulfonamides. Yale J. Biol. Med. **14**, 599 (1942). — COWLES, P. B., and I. M. KLOTZ: The effect of p_H upon the bacteriostatic activity of certain nitrophenols. J. Bact. **56**, 277 (1948). — CRAMER, F.: Papierchromatographie, 4. Aufl. Weinheim: Verlag Chemie 1958. — CREMA, A.: Über die Acetylierung der Sulfonamide bei Hypoxie. Riv. Med. aeron. **17**, 403 (1954). — CYMERMAN-CRAIG, J., S. D. RUBBO and BARBARA J. PIERSON: Chemical constitution and anti-tuberculous activity. I. Primary aromatic amines. Brit. J. exp. Path. **35**, 478 (1954). — CZETSCH-LINDENWALD, H. v., u. F. SCHMIDT-LA BAUME: Salben, Puder, Externa. Die äußeren Heilmittel der Medizin, 3. Aufl. Berlin-Göttingen-Heidelberg: Springer 1950. — Die äußeren Heilmittel 1950—1955. Ergänzungen zu „Salben, Puder, Externa". Berlin-Göttingen-Heidelberg: Springer 1956.

DAECKE, K.: Beitrag zur Bestimmung des bakteriostatischen Effektes schwer löslicher Sulfonamide. Klin. Wschr. **30**, 810 (1952). — DAESCHNER, CH. W., W. R. BELL, PATRICIA C. STIVRINS, E. M. YOW u. EDNA TOWNSEND: Orale Sulfonamidgaben in Fettemulsionen. Eine vergleichende Untersuchung über den Blutspiegel an freien Sulfonamiden bei oraler Anwendung von Sulfonamiden in wäßriger Suspension und Fettemulsion bei Kleinkindern und Kindern. A.M.A.J. Dis. Child. **93**, 370 (1957). — DALGAARD-MIKKELSEN, S., and E. POULSEN: Renal excretion of sulphathiazole and sulphadimidine in pigs. Acta pharmacol. (Kbh.) **12**, 233 (1956). — DANN, O., u. E. F. MÖLLER: Zur Spezifität der antagonistischen Wirksamkeit von p-Amino-benzoesäureestern gegenüber Sulfanilamid. Chem. Ber. **80**, 21 (1947). — DAVENPORT, H. W.: The mechanism of the secretion of sulfonamide drugs in gastric juice. Yale J. Biol. Med. **14**, 589 (1942). — DAVEY, T. F., A. M. KISSAUN and G. MONETA: The treatment of leprosy with diamino-diphenyl sulphoxide: A progress report. Leprosy Rev. **28**, 51 (1957). — DAVIS, B. D.: Binding of sulfonamides by plasma proteins. Science **95**, 78 (1942). — The binding of sulfonamide drugs by plasma proteins. A factor in determining the distribution of drugs in the body. J. clin. Invest. **22**, 753 (1943). — DECHANT, H.: Die Sulfonamidtherapie — Anzeigen, Grenzen, Medikation. Wien: Springer 1949. — DEININGER, R., u. HANNELORE GUTBROD: Die pharmakodynamische Wirkung des neuen Sulfonamids 2-(p-Amino-benzolsulfonamido)-4,5-dimethyloxazol. Arzneimittel-Forsch. **10**, 612 (1960). — DELORENZO, W. F., and R. J. SCHNITZER: Comparative chemotherapeutic studies with newer sulfonamides. Ann. N.Y. Acad. Sci. **82**, 10 (1959). — DELORENZO, W. F., and A. M. SCHUMACHER: Antibacterial activity of parenterally administered Madribon in experimental infections. Antibiot. Med. **6**, Suppl. 1, 11 (1959). — DENKO, C. W.: Pteroylglutamic acid clearance in normal adults. J. appl. Physiol. **3**, 559 (1951). — DENNIG, H.: Welche Bedeutung haben die Sulfonamide heute noch? Fortschr. Med. **75**, 589 (1957). — DENNIG, H., u. H. HANGLEITER: Sulfonamide, Penicillin, Streptomycin in der inneren Medizin. Saulgau: Haug 1949. — DHARMENDRA: Chemotherapie der Lepra. Indian med. Gaz. **88**, 35 (1953). Ref. Chem. Zbl. **1954**, 5801. — DIMMLING, TH.: Eignen sich Testblättchenbestecke zur Empfindlichkeitsbestimmung von Bakterien gegenüber antibiotischen und chemotherapeutischen Substanzen durch den Nichtbakteriologen? Ärztl. Wschr. **8**, 633 (1953). — DÖBEL, G.: Erfahrungen bei der Behandlung des Pemphigus vulgaris. Dtsch. Gesundh.-Wes. **4**, 1112 (1949). — Über den Wert einer zusätzlichen Teerbehandlung bei der Therapie des Pemphigus vulgaris mit hohen Dosen Neo-Uliron. Dtsch. Gesundh.-Wes. **5**, 109 (1950). — DÖRKEN, H., u. M. BENNECKE: Untersuchung über den Wert der Leberfunktionsprüfung mit Prontosil solubile. Klin. Wschr. **33**, 434 (1955). — DOHRN, M., u. P. DIEDRICH: Albucid, ein neues Sulfanilsäurederivat. Münch. med. Wschr. 85, 2017 (1938). — DOLIQUE, R., et R. LACOMBE: Étude physico-chimique de quelques solutions de sulfamides en présence ou non d'urée. A. Solutions de sulfanilamide. 1. (Dichte der Lösungen.) 2. Viscosité des solutions. 3. Indice de réfraction des solutions. 4. Tension superficielle. 5. p_H des solutions. Trav. Soc. Pharm. Montpellier 15, 107, 181, 189, 194, 198 (1955). — DOMAGK, G.: Ein Beitrag zur Chemotherapie der bakteriellen Infektionen. Dtsch. med. Wschr. 61, 250 (1935). — Der derzeitige Stand der Chemotherapie der bakteriellen Infektionen. Z. klin. Med. 136, 167 (1939). — Bedeutung der allgemeinen und lokalen Behandlung infizierter Wunden mit Sulfonamiden. Medizin u. Chemie 4, 82 (1942). — Experimentelle Grundlagen der Chemotherapie mit den Sulfonamiden. Antibiot. et Chemother. (Basel) 4, 1 (1957). — Entwicklung der Chemotherapie in den letzten 25 Jahren und Ausblick in die Zukunft. Münch. med. Wschr. 100, 16 (1958). — DOMAGK, G., R. BEHNISCH, F. MIETZSCH u. H. SCHMIDT: Über eine neue, gegen Tuberkelbazillen in vitro wirksame Verbindungsklasse. Naturwissenschaften 33, 315 (1946). — DOMAGK, G., u. C. HEGLER: Chemotherapie bakterieller Infektionen, 3. Aufl. Leipzig: S. Hirzel 1944. — DONOVICK, R., J. BERNSTEIN, C. McKEE and G. RAKE: Chemotherapy of tuberculosis. IV. Studies with sulfones in the mouse. Amer. Rev. Tuberc. 63, 556 (1951). — DOST, F. H.: Der Blutspiegel. Kinetik der Konzentrationsabläufe in der Kreislaufflüssigkeit. Leipzig: Georg Thieme 1953. — Über ein einfaches statistisches Dosis-Umsatz-Gesetz. Klin. Wschr. 36, 655 (1958). — DRESCHERS, MARIANNE: Urolithiasis nach Eleudronstoßbehandlung. Med. Klin. 43, 153 (1948); 44, 999 (1949). — DRUCKREY, H.: Dosis und Wirkung (im Wahrscheinlichkeitsnetz). Arzneimittel-Forsch. 3, 394 (1953). — Linear titration curves. Science 129, 1492 (1959). — DRUCKREY, H., u. K. KÜPFMÜLLER: Dosis und Wirkung. Beiträge zur theoretischen Pharmakologie. Pharmazie. 8. Beih. 1. Erg.-Bd. Aulendorf i. Württ. Editio Cantor 1949. — DRUEY, J., u. G. OESTERHELD: Zur Bestimmung des Cibazols und anderer Sulfanilamide. Helv. chim. Acta 25, 753 (1942). — DURHAM, N. N.: Effect of structurally related compounds on the oxidation of p-aminobenzoic acid by Pseudomonas fluorescens. J. Bact. 73, 612 (1957). — DUTZ, H., A. KRAUTWALD u. G. KRETZSCHMAR: Über die renale Ausscheidung einiger Sulfonamidpräparate (2-Sulfanilamido-4,6-dimethylpyrimidin, 6-Sulfanilamido-2,4-dimethylpyrimidin, Sulfapyridin). Z. ges. inn. Med. 9, 387 (1954). — DZIUBA, K.: Die Behandlung akuter und chronischer Coli-Infektionen der Gallenwege mit dem Mischsulfonamid „Dosulfin". Medizinische 1958, 1591. — Klinische Erfahrungen mit dem Sulfonamid 2-Sulfa-4,5-dimethyloxazol in unterschiedlicher Dosierung. Med. Klin. 55, 1551 (1960).

EAGLE, H., MINA LEVY and R. FLEISCHMAN: The effect of the p_H of the medium on the antibacterial action of penicillin, streptomycin, chloramphenicol, terramycin, and bacitracin. Antibiot. and Chemother. 2, 563 (1952). — EGER, W., u. A. REINCKE: Sulfonamid-Derivate als nekrotrope Leberschutzstoffe. Arzneimittel-Forsch. 9, 363 (1959). — EGGER, P.: Die Verteilung der Sulfonamide im Organismus. (Beitrag zur Frage der Organpassage von Pharmaka). Helv. med. Acta, Ser. A, Suppl. 17 (1946). — EGHBAL, M., A. RAFYI, H. M. CHAMSY u. B. FARVAR: Über die Heilung eines Falles von menschlichem Rotz mit Sulfonamiden. Resistenzentwicklung des Rotzbacillus gegenüber Sulfonamiden im Verlauf der Behandlung. Presse méd. 61, 1535 (1953). — EHLERT, H., u. J. HILLER: Klinische Chemie und Klinik eines neuen Triplesulfonamids. Medizinische 1956, 1143. — EHRENREICH, R., u. H. HASCHEK: Erfahrungen mit einem neuen Sulfonamid (2-Sulfanilamido-dimethoxy-triazin) bei der Behandlung von Harninfektionen. Wien. klin. Wschr. 68, 45 (1956). — EMMART, E. W., and M. I. SMITH: The attenuating effect of promin on virulence of the tub. bac. Proc. Soc. exp. Biol. (N.Y.) 51, 320 (1942). — ERCOLI, A., e CARLA RAVAZZONI: Influenza della sulfanilamide sull'attività di alcuni enzimi. Rend. Ist. Lomb. Sci. Lett. 73, 573 (1940). — ERLENMEYER, H., M. AEBERLI u. E. SORKIN: Zur Kenntnis des p-Aminobenzolsulfonsäure-(2-nitroanilids). Beiträge zum Problem der Ähnlichkeit zwischen Pyridin und Nitrobenzol. II. Helv. chim. Acta 30, 2066 (1947). — ERLENMEYER, H., M. E. BLUMER, E. SORKIN, H. BLOCH u. E. SUTER: Über den Einfluß von Derivaten der p- und m-Aminobenzoesäure auf das Wachstum von Tuberkelbazillen. Helv. chim. Acta 30, 2063 (1947). — ESSELLIER, A. F., H. HUNZIKER u. R. GOLDSAND: Klinische Erfahrungen mit Orisul, einem langwirkenden Sulfonamid. Schweiz. med. Wschr. 88, 813 (1958). — EUFINGER, H., u. G. MOLLOWITZ: Über die Notwendigkeit der Empfindlichkeitsbestimmung von Bakterien gegenüber Penicillin, Streptomycin und Sulfonamiden bei der Behandlung bakterieller Infektionen. Zbl. Chir. 76, 1416 (1951). — EVERS, N., and D. CALDWELL: The chemistry of drugs. 3nd edit. London: Ernest Benn Ltd. 1959. — EYLES, D. E.: Newer knowledge of the chemotherapy of toxoplasmosis. Ann. N.Y. Acad. Sci. 64, 252 (1956). — EYLES, D. E., and N. COLEMAN: The effect of sulfadimetine, sulfisoxazole, and sulfapyrazine against mouse toxoplasmosis. Antibiot. and Chemother. 5, 525 (1955). — An evaluation of the effect of sulfones on experimental toxoplasmosis in the mouse. Antibiot. and Chemother. 7, 577 (1957).

FALBRIARD, A.: Die Wirkung der Sulfonamidinhibitoren der Kohlensäureanhydrase auf die Niere. Praxis 43, 265 (1954). — FARISH, P. T., and B. B. WILLIAMS: A note on the effect of hyaluronidase on sulfathiazole renal toxicity. J. Amer. Pharm. Ass., sci. Ed. 46, 206

(1957). — FATTERPAKER, P., U. MARFATIA and A. SREENIVASAN: Role of folic acid and vitamin B_{12} in transmethylations. I. Formations of creatine in vitro and in vivo. II. A sparing effect by formate of methanol on the impairment of creatine metabolism in folic acid deficiency. III. An influence of folic acid on the methylation of nicotinamide. IV. Non-participation of folic acid in the biosynthesis of methyl compounds from precursors. Indian J. med. Res. **43**, 43, 337, 343, 349 (1955). — FELDT, A.: Kultur- und Tierversuche mit Sulfonamiden bei Gasödemerregern. Klin. Wschr. **22**, 742 (1943). — FIGGE, F. H. J., T. N. CAREY and G. S. WEILAND: Studies on the toxicity of sulfonamide drugs. I. Porphyrin excretion by a patient treated with sulfadiazine and later with sulfanilamide. J. Lab. clin. Med. **31**, 752 (1946). — FILDES, P.: A rational approach to research in chemotherapy. Lancet **1940 I**, 955. — FINDLAY, G. M.: The action of sulphanilamide on the virus of lymphogranuloma venereum. Brit. J. exp. Path. **21**, 356 (1940). — FINGL, E. G., J. E. CHRISTIAN and L. D. EDWARDS: Tissue distribution of S^{35} in the rat following oral administration of labeled sulfanilamide. J. Amer. Pharm. Ass., sci. Ed. **39**, 693 (1950). — FINLAND, M., W. F. JONES jr., M. ZIAI and G. R. CHERRICK: Sulfamethoxypyridazine: Concentrations in blood and urine during oral administration of various dosages. Amer. J. med. Sci. **234**, 505 (1957). — FISCHBACH, C. E.: p-Dimethylaminobenzaldehyd als Indikator bei der Bestimmung von Sulfanilamid und Sulfaguanidin. Acta cient. venez. **7**, 152 (1956). Ref. Chem. Zbl. **1958**, 2824. — FISCHBACH, H., H. WELCH, E. Q. KING, J. LEVINE, C. W. PRICE and W. A. RANDALL: Procaine penicillin and sulfonamide antagonism. J. Amer. Pharm. Ass., sci. Ed. **38**, 544 (1949). Ref. Ber. Biol., Abt. B **143**, 368 (1951). — FISHER, S. H., L. TROAST, ALICE WATERHOUSE and J. A. SHANNON: The relation between chemical structure and physiological disposition of a series of substances allied to sulfanilamide. J. Pharmacol. (Kyoto) **79**, 373 (1943). — FITZGERALD, R. J., and W. H. FEINSTONE: Nature of the activity of sulfonamides for tubercle bacillus. Proc. Soc. exp. Biol. (N.Y.) **52**, 27 (1943). — FÖLLMER, W.: Zur Toxikologie der Sulfonamide. (Parenchymschädigungen der Niere und Störungen des KH-Stoffwechsels. Pro Med. (Mainz) **17**, 265 (1948). — FÖLLMER, W., u. H. ROCKER: Die Wirkung von wachstumsbeeinflussenden Stoffen auf embryonales Gewebe. Ärztl. Forsch. **5**, (I), 513 (1952). — FORNARA, P.: Le manifestazioni tossiche da sulfamidici. Minerva med. (Torino) **45**, II, 1471 (1954). — FORNARA, P., N. QUATTRIN, A. BRANACACCIO, L. CAVALLI-SVORZA, G. JACONO, A. SCHIAVINI e F. SELLA: Moderni aspetti della chemioterapia sulfamidica nelle mallattie infettive. Minerva med. (Torino) **45**, II, 1455 (1954). — FORREST, H. S., and J. WALKER: Reductone and the synthesis of pteridines. Nature (Lond.) **161**, 721 (1948). — J. chem. Soc. **1949**, 2002. — FOURNEAU, M. E., J. TRÉFOUEL, F. NITTI, D. BOVET et TH. TRÉFOUEL: C. R. Acad. Sci. (Paris) **204**, 1763 (1937). — FOURNEAU, M. E., J. TRÉFOUEL, TH. TRÉFOUEL, F. NITTI et D. BOVET: Chimiothérapie de l'infection pneumococcique par la di-(p-acétylaminophényl)-sulfone (1399 F.). C.R. Acad. Sci. (Paris) **205**, 299 (1937). — FOX jr., CH. L., and H. M. ROSE: Ionization of sulfonamides. Proc. Soc. exp. Biol. (N.Y.) **50**, 142 (1942). — FRANCIS, J.: The sulphonamides: relative potencies and specifity of action. Brit. J. Pharmacol. **7**, 189 (1952). — FRANCIS, J., and E. HOGGARTH: The use of the chick embryo in the search for antituberculosis drugs. Brit. J. Pharmacol. **8**, 125 (1953). — FREE, A. H., D. F. DAVIES and V. C. MYERS: Effect of sulfanilamide accompanied by acid or alkali upon the acid-base equilibrium of the dog. Possible influence of carbonic anhydrase. J. biol. Chem. **147**, 167 (1943). — FREERKSEN, E., E. KRÜGER-THIEMER u. MAGDALENA ROSENFELD: Cycloserin (D-4-Amino-isoxazolidin-3-on). Antibiot. et Chemother. (Basel) **5**, 303 (1959). — FREERKSEN, E., u. MAGDALENA ROSENFELD: Die Beziehungen zwischen Resistenz, Allergie und Immunität bei der Tuberkulose. Jber. Borstel **4**, 207 (1957). — FREUNDLICH, H.: Über die Adsorption in Lösungen. Z. phys. Chem. **57**, 385 (1907). — FREYTAG, BL.: Bakteriologische Untersuchungen im Darm wirksamer Sulfonamid-Präparate. Arzneimittel-Forsch. **10**, 165 (1960). — FRIEDERISZICK, F. K., u. W. TOUSSAINT: Nebenwirkungen eines modernen „Langzeitsulfonamids" bei therapeutischer Anwendung im Säuglingsalter. Med. Klin. **55**, 459 (1960). — FRIMMER, M.: Die Anwendung von radioaktiven und stabilen Isotopen in der pharmakologischen Forschung. Angew. Chem. **64**, 638 (1952). — FRISK, A. R., GÖSTA HAGERMAN, ST. HELANDER and B. SJÖGREN: „Sulpha-combination" — A new chemotherapeutic principle. Brit. med. J. **1947 I**, 7. — FRITZ, J. S., and R. T. KEEN: Titration of „Sulpha" drugs and sulphonamides, in non-aqueous solvents. Analyt. Chem. **24**, 308 (1952). Ref. J. Pharm. (Lond.) **4**, 655 (1952). — FROM, F., e M. L. O'DONNELL: Accion simultánea del acido p-aminobenzoico y derivados del grupo SO_2NH_2 sobre lentejas de agua (Lemma minor). Acta cient. venez. **4**, 66 (1953). — FROMM, E., u. J. WITTMANN: Derivate des p-Nitrothiophenols. Ber. dtsch. chem. Ges. **41**, 2264 (1908). — FULLER, A. T.: Is p-aminobenzenesulphonamide the active agent in prontosil therapy? Lancet **1937 I**, 194. — FUNK, H.: Anurie nach Sulfonamidmedikation. Z. ärztl. Fortbild. **46**, 538 (1952). Ref. Pharm. Zentralh. **92**, 298 (1953). — FUST, B., u. E. BÖHNI: Beitrag zum Problem der Resistenz- und Sensibilitätsprüfung gegen Antibiotica und Sulfonamide. Bull. schweiz. Akad. med. Wiss. **13**, 560 (1957). — Tolerance and antibacterial properties of 2,4-dimethoxy-6-sulfanilamido-1,3-diazine (Madribon) and some other sulfonamides.

Antibiot. Med. **6**, Suppl. 1, 3 (1959). — FUST, B., E. BÖHNI, R. J. SCHNITZER, J. RIEDER u. TH. STRULLER: Experimentelle und klinische Daten über Madribon. Antibiot. et Chemother. (Basel) **8**, 32 (1960).

GEHLEN, W.: Wirkungsstärke intravenös verabreichter Arzneimittel als Zeitfunktion. Ein Beitrag zur mathematischen Behandlung pharmakologischer Probleme. Naunyn-Schmiedeberg's Arch. exp. Path. Pharmak. **171**, 541 (1933). — GEMMELL, D. H. O., and J. C. MORRISON: The release of medicinal substances from topical applications and their passage through the skin. J. Pharmacy Pharmacol. **9**, 641 (1957). — GEORGES, A., M. LECHAT, B. SARTON et F. STOUFFS: Étude de la sulfonémie après administration d'une préparation de D.D.S. solubilisée à des lépreux. Ann. Soc. belge Méd. trop. **36**, 525 (1956). — GEORGES, A., et B. SARTON: Contribution à l'étude d'une technique de dosage de la sulfonémie chez l'homme. Ann. Soc. belge Méd. trop. **36**, 537 (1956). — GERNER, G.: Über das neue Sulfonamid Sulfa-dimethyl-oxazol (Sulfuno) mit besonderer Berücksichtigung seiner Ausscheidung über die Galle. Münch. med. Wschr. **102**, 1611 (1960). — GILLIGAN, D. R.: Blood levels of sulfadiazine, sulfamerazine and sulfamethazine in relation to binding in the plasma. J. Pharmacol. exp. Ther. **79**, 320 (1943). — GIOVAMBATTISTA, N.: Derivate des Homosulfanilamids. Rev. Asoc. bioquím. argent. **21**, 150 (1956). Ref. Chem. Zbl. **1958**, 3860. — GOLDACRE, R. J.: Mode of action of benzylamine sulphonamide („Marfanil"). Nature (Lond.) **154**, 796 (1944). — GOLDHAMMER, H.: Das Sulfonamid 3-(p-Amino-benzol-sulfonamido)-2-phenyl-pyrazol. Pharmakologische und klinische Eigenschaften. Dtsch. med. Wschr. **83**, 188, 1488 (1958). — GOLTERMANN, H., u. G. RAUCH: Zur Frage der Wundbehandlung mit Salthion. Münch. med. Wschr. **99**, 1057 (1957). — GOTS, J. S.: The accumulation of 4-amino-5-imidazolecarboxamide by a purine-requiring mutant of Escherichia coli. Arch. Biochem. **29**, 222 (1950). — Occurence of 4-amino-5-imidazolecarboxamide as a pentose derivative. Nature (Lond.) **172**, 256 (1953). — GOTS, J. S., and M. G. SEVAG: Enzymatic studies on the mechanism of the resistance of pneumococcus to drugs. I. Studies of the dehydrogenase activities and interrelationships of pneumococci susceptible and resistant to acriflavine, atabrine, optochine, propamidine and sulfonamides. J. Bact. **56**, 709 (1948). — GOVIER, W. M., and ANNA J. GIBBONS: Pentobarbital inhibition of sulfanilamide acetylation in pigeon liver extracts. Science **119**, 185 (1954). — GRAMMATICAKIS, P.: Contribution à l'étude de l'absorption dans l'U.-V. moyen et dans le visible des arylamines isomères et de leurs dérivés N-substitués. Bull. Soc. chim. Fr. **21**, 92, 99 (1954). — GRASSI, C., G. TANSINI, F. LEIDI e G. PERNA: Tassi ematici di pirazinamide e di acido pirazinoico in soggetti trattati con il chemioterapico. Atti. Soc. lombarda Sci. med. biol. **14**, 8 (1959). — GREENBERG, J.: The potentiation of the antimalarial activity of chlorguanide by p-aminobenzoic acid competitors. J. Pharmacol. exp. Ther. **97**, 238 (1949). — GROSS, F., H. GYSEL u. B. H. RINGIER: Löslichkeit und Ausscheidung von Elkosin im Harn. Schweiz. med. Wschr. **80**, 31 (1950). — GRUMBACH, A., u. W. KIKUTH: Die Infektionskrankheiten des Menschen und ihre Erreger, Bd. 1 u. 2. Stuttgart: Georg Thieme 1958. — GRUNKE, W.: Die Anwendung der Sulfonamide in der inneren Medizin und ihren Grenzgebieten. Stuttgart: Wissenschaftliche Verlagsanstalt 1949. — GUPTA, S. K., D. C. DHAR and V. C. VORA: Effect of p-ethylamino-p'-aminodiphenylsulphone (S.N. 44) and p-isobutyl-amino-p'-amino-diphenyl sulphone (S.N. 47) on the changes in the serum protein composition in experimental tuberculosis of guinea pigs. J. Sci. Ind. Res. (New Delhi), Sect. C **15**, 60 (1956). — GUPTA, S. K., and I. S. MATHUR: The evaluation of some nuclear and side-chain substituted sulphones in experimental tuberculosis of guinea pigs. Arch. int. Pharmacodyn. **114**, 354 (1958). — GUPTA, S. K., I. S. MATHUR and M. C. KHOSLA: The therapeutic activity of p-amino-p'-(hydrazido methylamino) diphenyl sulphone (S.N. 322) and its copper chelate in experimental tuberculosis of guinea-pigs and mice. Arch. int. Pharmacodyn. **114**, 373 (1958). — GUPTA, S. K., I. S. MATHUR and B. MUKERJI: The influence of ethylsulphone (S.N. 44) and isoniazid (INH) on chronic re-infection experimental tuberculosis of guinea-pigs. Arch. int. Pharmacodyn. **114**, 364 (1958). — GUPTA, S. K., and B. MUKERJI: Combined therapeutic action of p-ethyl-amino-p'-amino-diphenylsulphone (S.N. 44) and dihydrostreptomycin (DHS) in experimental tuberculosis of guinea pigs. J. Sci. Ind. Res. (New Delhi), Sect. C **15**, 53 (1956[1]). — Combined therapeutic action of p-ethyl-amino-p'-aminodiphenyl sulphone (S.N. 44) and isoniazid (INH) in experimental tuberculosis of guinea-pigs. J. Sci. Ind. Res. (New Delhi), Sect. C **15**, 56 (1956[2]). — GUTBROD, HANNELORE, u. V. WOLF: Toxizität und Wirksamkeit von 6-Sulfanilamido-2,4-dimethyl-pyrimidin (Aristamid) und 3-Sulfanilamido-6-methoxypyridazin. Mat. Med. Nordmark **10**, 130 (1958).

HACKMANN, CHR.: Der Nachweis von Sulfonamidverbindungen in histologischen Schnitten. Med. Chem. **4**, 134 (1942). — Beobachtungen über die Beeinflußbarkeit von Alterserscheinungen bei Versuchstieren durch perorale Verabreichung von Verbindungen des 2-(p-Aminobenzolsulfonamido)-pyrimidins. Münch. med. Wschr. **100**, 1814 (1958). — Über den Einfluß des 2-(p-Aminobenzol-sulfonamido)-pyrimidins (Debenal) auf das Wachstum und auf Alterserscheinungen (Haarausfall, Arthrosis, Altersstar) bei Versuchstieren. Naturwissenschaften **46**, 79 (1959). — HACKMANN, H., u. CHR. HACKMANN: Über die Beeinflussung des

Sehvermögens bei Cataracta senilis durch perorale Behandlung mit 2-(p-Aminobenzolsulfonamido-pyrimidin. Münch. med. Wschr. **100**, 1817 (1958). — HADLER, W. A., u. L. M. ZITI: Chemotherapie der Lepra. Experimentelle Untersuchungen über die Wirksamkeit von drei strukturmäßig dem 4,4′-Diaminodiphenylsulfon verwandten Verbindungen und einem Derivat desselben. Arzneimittel-Forsch. **6**, 534 (1956). — HAGEN, H.: Klinische Erfahrungen mit 2-(p-Aminobenzolsulfonamido)-4,5-dimethyloxazol. Arzneimittel-Forsch. **10**, 628 (1960). HAGERMAN, GÖSTA: Nyare metoder för behandling av kemoresistent gonorré. Nord. Med. **22**, 1093, 1223 (1944). — HAIS, I. M., u. K. MACEK: Handbuch der Papierchromatographie, Bd. 1, Grundlagen und Technik, 1958; Bd. 2, Bibliographie und Anwendung, 1960. Jena: Gustav Fischer. — HAIT, HENRIETTE: Verfahren zur Bestimmung von Sulfonamiden in pharmazeutischen Produkten von komplexer Struktur. Rev. Sanid. Asist. Soc. **21**, 217 (1956). Ref. Chem. Zbl. **1958**, 5159. — HALLMANN, L.: Bakteriologie und Serologie. 2. Aufl. Stuttgart: Georg Thieme 1955. — HANUSCH, A., u. D. JORKE: Sulfonamid-Blutspiegel-Bestimmungen bei Diabetikern. Ärztl. Forsch. **11** (I), 451 (1957). — HANZLIK, P. J., and W. C. CUTTING: Sulfonamide depression of inorganic catalytic action. Science **98**, 389 (1943). — HARRISON, VIRGINIA M., and W. E. CLAPPER: Growth requirements of Streptococcus mitis and sulfonamide resistance. Proc. Soc. exp. Biol. (N.Y.) **74**, 857 (1950). — HARTGEN, H., H. LIPPELT, E. MANNWEILER u. K. MATZ: Untersuchungen über bakteriologische Konzentrationen der Sulfonamide und Antibiotika bei seltenen Salmonellen. Z. Tropenmed. Parasit. 8, 141 (1957). — HARTIALA, K. J. V., and L. HIRVONEN: Studies on detoxication mechanisms. VI. Effect of radioactive iodine on the glucuronide synthesis of various organs. Ann. Med. exp. Fenn. **34**, 122 (1956). — HARTIALA, K. J. V., L. HIRVONEN and A. KASSINEN: Studies on detoxication mechanisms. V. Effect of thyroxine on glucuronide detoxication synthesis of various organs. Ann. Med. exp. Fenn. **34**, 117 (1956). — HARTIG, D.: Ein Beitrag zur Behandlung von Harninfektionen mit Uro-Gantrisin. Med. Klin. **1959**, 2222 (1959). — HARTLES, R. L., and R. T. WILLIAMS: The metabolism of marfanil (Homosulphanilamide) in the rabbit. Biochem. J. **40**, XXIV (1946). — The metabolism of sulphonamides. VI. The fate of some N^4-n-acyl derivatives of ambamide (Marfanil) and the sulphone, V 335, in the rabbit. Biochem. J. **44**, 335 (1949). — HASSEBRAUK, K.: Untersuchungen über die Einwirkung von Sulfonamiden und Sulfonen auf Getreiderost. 4. Anatomische Untersuchungen über den Infektionsverlauf bei mit Sulfonamid behandelten Getreidekeimpflanzen. Phytopath. Z. **21**, 218 (1953). — HASSELBLATT, A., u. W. BLUDAU: Dosisabhängigkeit von Serumkonzentration und Blutzuckerwirkung des N-4-Methyl-benzolsulfonyl-N-butylharnstoff („Rastinon, D 860, Artosin“) bei intravenösen Dauerinfusionen. Klin. Wschr. **36**, 157 (1958). — HAWKING, F., and J. ST. LAWRENCE: The sulphonamides. London: H. K. Lewis & Co. 1950. — HEGEMANN, F., K. GLEITZ u. G. WACHTELBORN: Über die Ausscheidung von Sulfonamiden und antibiotischen Mitteln in der menschlichen Galle. 1. Ausscheidung von Badional, Supronal, Streptomycin und Penicillin. Z. klin. Med. **153**, 162 (1955). — HEINÄNEN, P., S. NYYSSÖNEN u. L. TUDERMAN: Über die papierchromatographische Isolierung von Sulfonamiden. Farmaseuttinen Aikakauslehti **1951**, Nr 5, 84, dtsch. Zus.fass. S. 96. — HEINÄNEN, P., L. TUDERMAN u. L. RÄMÖ: Über die Papierchromatographie der Sulfonamide. 2. Quantitative Bestimmung. Farmaseuttinen Aikakauslehti **1954**, Nr 3, 56, dtsch. Zus.fass. S. 66. — HEINTZ, R.: Behandlung hochgradiger Oligurie und Anurie mit Röntgenstrahlen. Med. Klin. **44**, 496 (1949). — HELANDER, ST.: Sulfonamide combinations. Antibiot. et Chemother. (Basel) **1**, 76 (1954). — HENNING, N., u. G. GERNER: Gebrauch und Mißbrauch der Antibiotica. Med. Klin. **54**, 2256 (1959). — HENRY, R. J.: The mode of action of sulfonamides. Bact. Rev. **7**, 175 (1943); erw. Fassung: Publication of JOSIAH MACY jr., Foundation, Review Series, vol. II, No 1. New York **1944**, 258 S. — HEPDING, L., A. HOFFMANN u. H. WAHLIG: Experimentelle Untersuchungen über 2-(Sulfanilamido)-5-methyl-pyrimidin. Arzneimittel-Forsch. **10**, 440 (1960). — HERBAIN, M.: L'application du P.A.S. selon pesez, au microdosage des sulfamides dans le sang. Bull. Soc. Chim. biol. (Paris) **34**, 431 (1952). — HEUBNER, W.: Nierenkoliken durch Pyrimal. Dtsch. Gesundh.-Wes. **1**, 352 (1946). — Theoretisches zur Toxikologie des Blutfarbstoffs. Dtsch. Arch. klin. Med. **195**, 439 (1949). — HEUCHEL, G.: Über die Pathogenese des Sulfonamid-Nierensyndroms. Ärztl. Forsch. **4** (I), 629 (1950). — HIGUCHI, T., and J. L. LACH: Investigation of some complexes formed in solution by caffeine. IV. Interactions between caffeine and sulfathiazole, sulfadiazine, p-aminobenzoic acid, benzocaine, phenobarbital, and barbital. J. Amer. pharm. Ass., sci. Ed. **43**, 349 (1954). — HILLER, J., u. H. EHLERT: Resorption und Wirkung N_1-N_4-substituierter Sulfonamide. Arzneimittel-Forsch. **7**, 138 (1957). — HINZ, W.: Experimentelle Untersuchungen zur Gewebsaffinität des Sulfadimethyloxazols. Arzneimittel-Forsch. **10**, 626 (1960). — HIRSCH, J.: Studien über die mikrobiologischen Grundlagen der Sulfanilamid-Therapie. C.R. Soc. Turque Sci. Phys. Nat. **10**, 1 (1941/42). — Die „parasitotropen“ Eigenschaften der Sulfanilamide. Schweiz. med. Wschr. **73**, 1470 (1943). — In vitro Studien zur lokalen Sulfanilamid-Therapie. C.R. Soc. Turque Sci. Phys. Nat. **13**, 1 (1945/46). — HIRSCH, W.: Vergleichende Sulfonamidkonzentrationsbestimmungen im Gallensaft klinisch Gesunder. Ther. d. Gegenw. **96**, 367 (1957). —

HODENBERG, D. Frhr. v., u. H. SIEMENROTH: Die Prontosilausscheidung als Nierenfunktionsprobe. Z. klin. Med. **153**, 1 (1955). — HÖBER, R.: Physikalische Chemie der Zelle und der Gewebe, 6. Aufl. Leipzig: Wilhelm Engelmann 1926. — HÖRING, F. O.: Die Indikation zur Sulfonamid-Behandlung. Klin. Wschr. **23**, 153 (1944). — HÖRMANN, G.: Sulfonamide in Frauenheilkunde und Geburtshilfe. Anwendungsmöglichkeiten und Leistungen. Stuttgart: Wissenschaftliche Verlagsgesellschaft 1946. — HOGGARTH, E., and A. R. MARTIN: Studies in the chemotherapy of tuberculosis. I. Sulphones. Brit. J. Pharmacol. **3**, 146 (1948). — HOGGARTH, E., A. R. MARTIN and E. H. P. YOUNG: Studies in the chemotherapy of tuberculosis. II. Sulphonamides. Brit. J. Pharmacol. **3**, 153 (1948). — HOHENDORF, J.: Klinisch-pharmakologische Untersuchungen mit Sulfa-Harnstoff. Arzneimittel-Forsch. **9**, 286 (1959). — HOHLWEG, E.: Heilung einer Sulfonamidanurie durch beiderseitige Nephrostomie. Zbl. Chir. **1947**, 250. Ref. Ärztl. Wschr. **4**, 287 (1949). — HOLLE, F., TH. DIMMLING u. W. DEININGER: Die präoperative Verminderung der Darmflora unter Verwendung von Achromycin, Neomycin und Intestin-Euvernil. Langenbecks Arch. Dtsch. Z. Chir. **283**, 171 (1956). — HOLT, C. v., L. v. HOLT, B. KRÖNER u. J. KÜHNAU: 1. Chemische Ausschaltung der A-Zellen der Langerhansschen Inseln. 2. Über die Wirkung der chemischen Ausschaltung der A-Zellen der Langerhansschen Inseln auf den Alloxandiabetes. Naunyn-Schmiedeberg's Arch. exp. Path. Pharmak. **224**, 66, 78 (1955). — HOLZ, ELLY, S. HOLZ u. A. GARCIA ONANDIA: Das Problem der Löslichkeit von Sulfonamidzubereitungen in alkalischem Medium. Rev. Sanid. Asist. soc. **21**, 337 (1956). — HOLZ, ELLY, A. GARCIA ONANDIA u. S. HOLZ: Die Löslichkeit von Sulfonamidgemischen in Lösungen von NaOH. Acta cient. venez. **6**, 68 (1955). — HOM, F. S., and J. AUTIAN: Study of stability of sulfadiazine sodium injection. I. Determination of solubility of sulfadiazine sodium as a function of p_H in several parenteral solvent systems. J. Amer. pharm. Ass., sci. Ed. **45**, 608 (1956). — HORN, H. J.: Simplified LD_{50} (or ED_{50}) calculations. Biometrics **12**, 311 (1956). — HOROWITZ, L. B., D. SALKIN and J. GILRANE: Pseudohematuria caused by para-aminosalicylic acid, sulfonamides and para-aminobenzoic acid. J. Amer. med. Ass. **154**, 676 (1954). — HOTCHKISS, R. D., and A. H. EVANS: Genetic and metabolic mechanisms underlying multiple levels of sulphonamide resistance in pneumococci. Ciba Foundation **1957**, 183, 193. — HUCKNALL, E., and G. E. TURFITT: The identification of the clinically important sulphonamides. J. Pharmacy (Lond.) **1**, 368 (1949). — HUNG, L. VAN, u. P. DELOST: Beeinflussung der Kropfwirkung von PAB und Sulfanilamid bei der Ratte durch Natriumacetat. C.R. Soc. Biol. (Paris) **146**, 665 (1952). — HUTCHINS, H. H., and J. E. CHRISTIAN: Sulfonamide separations based on ion-exchange chromatography in combination with radioactive techniques. J. Amer. pharm. Ass., sci. Ed. **42**, 310 (1953).

ILLARI, G., G. MARENGHI u. T. SEVERI: Papierchromatographische Untersuchungen von Sulfonamiden. Ateneo parmense **27**, 673 (1956). Ref. Chem. Zbl. **1958**, 798. — ISHII, K., and M. G. SEVAG: Inhibition sulfathiazole of the biosynthesis of 5-amino-4-imidazolecarboxamide (AICA) by Escherichia coli, strain B-96. Fed. Proc. **15**, 279 (1956). — IVÁNOVICS, G.: Bakteriostatische Wirkung verschiedener Sulfanilamidderivate auf den Streptococcus haemolyticus. Z. Immun.-Forsch. **103**, 469 (1943).

JACKSON, G. G., and H. G. GRIEBLE: Sulfamethoxypyridazine: Pharmacological observations and clinical use in the treatment of urinary tract infections. Ann. N.Y. Acad. Sci. **69**, 493 (1957). — JACOBSOHN, K. P., u. M. D. AZEVEDO: Wirkung von Sulfonamiden auf die pflanzliche Thiaminase. C.R. Soc. Biol. (Paris) **146**, 953 (1952). — JAKUBEC, I., u. M. ZAHRADNICEK: Bestimmung des Gemisches von Sulfonamiden mit Hilfe der Papierchromatographie. Čsl. Farm. **5**, 400 (1956). Ref. Chem. Zbl. **1958**, 2220. — JAMES, G. V.: The effect of administration of an acetate on the detoxication and therapeutic activity of sulphanilamide. II. Biochem. J. **34**, 633 (1940[1]). — The oxidation of sulphanilamide and sulphapyridine by hydrogen peroxide. Biochem. J. **34**, 636 (1940[2]). — The isolation of some oxidation products of sulphanilamide from urine. Biochem. J. **34**, 640 (1940[3]). — JAMES, G. V., and A. T. FULLER: The absorption, conversion and therapeutic aciton of benzyl sulphanilamide. Biochem. J. **34**, 648 (1940). — JANBON, M., J. CHAPTAL, A. VEDEL et J.-D. SCHAAP: Accidents hypoglycémique graves par un sulfamidothiodiazol. (Le VK 57 ou 2224 RP). Montpellier méd. **21/22**, 441 (1942). — JASCHKE, F.: Zum Identitätsnachweis der Sulfonamide und des Thiantan. Pharmaz. Praxis **1955**, Nr 12, 110. — JEN, CH.: Die Anwendung von Phosphorwolframsäure bei der quantitativen Bestimmung von Sulfonamidpräparaten. Apothekenwes. **6**, Nr 4, 29 (1957). Ref. Chem. Zbl. **1958**, 3687. — JENSEN, K. A., u. K. SCHMITH: Über die Konstitutionsspezifität der bakteriostatischen Wirkung von p-(Aminomethyl)-benzolsulfonamid. Hoppe-Seylers Z. physiol. Chem. **280**, 35 (1944). — JENSEN, L. H.: Crystal structure of iso-nicotinic acid hydrazide. Nature **171**, 217 (1953). — J. Amer. chem. Soc. **76**, 4663 (1954). — JOEST, W.: Resistenzbestimmungen mit 6-(Sulfanilamido)-2,5-dimethylpyrimidin. Laborarzt **3**, Nr 11 (1957). — JOHANSEN, F. A., P. T. ERICKSON, ROLLA R. WOLCOTT, W. H. MEYER, H. H. GRAY, B. M. PREJEAN and S. HILARY ROSS: Promacetin in treatment of leprosy. — Progress report. Publ. Hlth Rep. (Wash.) **65**, 195 (1950). —

JOHNSON, O. H., D. E. GREEN and RUTH PAULI: The antibacterial action of derivatives and analogues of p-aminobenzoic acid. J. biol. Chem. **153**, 37 (1944). — JOHNSON, W. J.: Effect of inhibitors of sulphanilamide acetylation on sulphonamide blood concentrations. Canad. J. Biochem. **33**, 523 (1955[1]). — The inhibition of sulphanilamide acetylation by aromatic and heterocyclic carboxamides and carboxhydrazides. Canad. J. Biochem. **33**, 107 (1955[2]). — JOHNSON, W. J., and H. H. QUASTEL: Narcotics and biological acetylations. Nature (Lond.) **171**, 602 (1953[1]). — A comparison of the effects of narcotics and of 2,4-dinitrophenol on sulfanilamide acetylation. J. biol. Chem. **205**, 163 (1953[2]). — JOHNSTON, R. N.: Sulphamerazine treatment of pneumonia in adults. Brit. med. J. **1948 I**, 73. — JONES, W. F., and M. FINLAND: Sulfamethoxypyridazine and sulfachloropyridazine. Ann. N.Y. Acad. Sci. **69**, 473 (1957). — JOULES, H., and S. D. V. WELLER: Sulphamerazine treatment of pneumonia in adults. Brit. med. J. **1947 II**, 947.

KAISER, H., u. H. SPECKER: Bewertung und Vergleich von Analysenverfahren. Z. analyt. Chem. **149**, 46 (1956). — KALLINICH, G.: Konkurrenzphänomene als Grundlagen für die Aufklärung des Wirkungsmechanismus der Chemotherapie mit Sulfonamiden. Arch. Pharm. (Weinheim) **289** (61), 394 (1956). — KALLNER, S.: The cyanosis developing during treatment with sulfanilamide preparations. Acta med. scand. Suppl. **130** (1942). — KARBE, P.: Die Sulfonamidderivate. Ihr Verhalten im Körper, Blutspiegel und Ausscheidung im Harn, unter besonderer Berücksichtigung des Paraaminobenzolsulfonacetylamids (Albucid). Arch. Derm. Syph. (Berl.) **178**, 742 (1939). — KAYSER, F., et J. J. HADOT: Effects de l'association de divers composes chimiques sur l'action antibiotique des sulfamides. Bull. Soc. Chim. biol. (Paris) **33**, 1591 (1951). Ref. Ber. Biol., Abt. B **156**, 252 (1953). — KEENAN, G. L.: Sulphon amides, microscopic identification. J. Amer. pharm. Ass., sci. Ed. **37**, 202 (1948). — KELLNER, K.: Étude sur l'élimination de la sulphamidochrysoidine. Thèse Paris 1936. Zit. bei FULLER, 1937. — KHOSLA, M. C., NITYA ANAND and M. L. DHAR: Studies in potential antimycobacterial agents. XI. Synthesis of p-Amino-p'-(carboxyalkylamino)diphenyl sulphones, their esters, hydrazides and amides. J. Sci. Ind. Res. (New Delhi), Sect. C **14**, 222 (1955). — KHOSLA, M. C., P. S. WAIDA, NITYA ANAND and M. L. DHAR: Studies in potential antimycabacterial agents. VIII. Metabolism and mode of excretion of p-ethylamino-p'-aminodiphenyl sulphone and p-methylamino-p'-aminodiphenyl sulphoxide. J. Sci. Ind. Res. (New Delhi), Sect. C **14**, 152 (1955). — KIENLE, R. H., and J. M. SAYWARD: Solubilities of orthanilamide, metanilamide and sulfanilamide. J. Amer. chem. Soc. **64**, 2464 (1942). — KILLMANN, S. A., and J. H. THAYSEN: The permeability of the human parotid gland to a series of sulfonamide compounds, paraaminohippurate and inulin. Scand. J. clin. Lab. Invest. **7**, 86 (1955). — KIMMIG, J.: Zur Chemotherapie der Gonorrhöe. Arch. Derm. Syph. (Berl.) **176**, 722 (1938). — Die Chemotherapie der Kokkenerkrankungen mit Sulfonamiden. Ergebn. Hyg. Bakt. **24**, 396 (1941[1]). — Der Einfluß der Paraaminobenzoesäure auf die gonocide Wirkung der Sulfonamide im Kulturversuch. Klin. Wschr. **20**, 235 (1941[2]). — Die p-Aminobenzoesäure und die Wirkung der Sulfonamide. Klin. Wschr. **22**, 31 (1943[1]). — Die quantitative Bestimmung der p-Aminobenzoesäure. Dtsch. med. Wschr. **69**, 531 (1943[2]). — Beziehungen zwischen chemischer Konstitution und chemotherapeutischer Wirkung. Arch. Derm. Syph. (Berl.) **186**, 156 (1947). — Experimentelle und klinische Beiträge zur Chemotherapie mit Sulfonamiden. Habil.-Schr. Heidelberg 1948. — Neuzeitliche Behandlung der Dermatomykosen unter besonderer Berücksichtigung der Mikrosporie. Dtsch. med. Wschr. **75**, 1137 (1950). — Die Behandlung der Gonorrhöe der Frau. Biol. Path. Weib. **5**, 491 (1952). — Neuzeitliche Behandlung mit Antibiotika und Sulfonamiden. Geburtsh. u. Frauenheilkd. **13**, 673, 805 (1953). — Biochemie und Klinik der Antibiotika und Chemotherapeutika unter besonderer Berücksichtigung der Nebenwirkungen. Vortragsref. Bielefelder ärztl. Fortbild.-kurse 1954. — Lichtdermatosen und Lichtschutz. Arch. Derm. Syph. (Berl.) **200**, 68—86 (1955[1]). — Kritische Stellungnahme zu den modernen Behandlungsmethoden in der Dermato-Venerologie. Aus LANDES, Heutiger Stand der Therapie der Hautkrankheit nach Berichten auf der Therapietagg. der Südwestdtsch. Dermatologen-Vereinig. am 22./23. 10. 1955. 1955[2], 7—39. — Die Gonorrhöe, Die Syphilis, Die Frambösie, Das Ulcus molle. In: Die Infektionskrankheiten des Menschen und ihre Erreger. Hrsg. von A. GRUMBACH u. W. KIKUTH. S. 1145—1157, 1158—1175, 1175—1181, 1185—1190. Stuttgart: Georg Thieme 1958. — Persönliche Mitteilung 1960; s. Tabelle 12. — KIMMIG, J., u. F. FEGELER: Klinische und experimentelle Untersuchungen zur Chemotherapie der Lepra. Hautarzt **4**, 70 (1953). — KIMMIG, J., u. RÖMBKE: Untersuchungen über die Verwendbarkeit von Derivaten der aromatischen Aminokarbonsäuren als Lichtschutzmittel. Strahlentherapie **75**, 131 (1944). — KIMMIG, J., u. RENATE WEHRMANN: Untersuchungen über den Einfluß der Folsäure auf die chemotherapeutische Wirkung der Sulfanilamide im Kultur- und im Tierversuch. Arch. Derm. Syph. (Berl.) **187**, 586 (1949). — KIMMIG, J., u. H. WESELMANN: Die Bindungsverhältnisse zwischen Bluteiweißkörper und Sulfonamiden. Arch. Derm. Syph. (Berl.) **182**, 436 (1941). — KLEE, PH., u. H. RÖMER: Prontosil bei Streptokokkenerkrankungen. Dtsch. med. Wschr. **61**, 253 (1955). — KLEIN, J. R., and J. S. HARRIS: The acetylation of sulfanilamide in vitro. J. biol. Chem. **124**, 613 (1938). — KLEIN, P.: Über die Steigerung der bakteriostatischen Penicillinwirkung durch Sulfonamide und Streptomycin. Zbl. Bakt., I. Abt. Orig. **161**, 395 (1954). — Bakteriologische Grundlagen der chemotherapeutischen Laboratoriumspraxis. Berlin-Göttingen-Heidelberg: Springer 1957. — KLEIN, P., u. E. HOLLENDER: Auswertung der Hofgröße im Agar-Lochtest bei Kombination zweier Hemmstoffe. Zbl. Bakt., I. Abt. Orig. **163**, 518 (1955). — KLIKA, M.: Prophylaxe der Urolithiasis, ihre experimentell-theoretischen Grundlagen und praktische Durchführung. Münch. med. Wschr. **98**, 805 (1956). — KLÖTZER, W., u. H. BRETSCHNEIDER: Neue Reaktionen am Sulfanilamid und neue N^1-substituierte Sulfanilamide. III. N_1-Heteroarylierungen mit quartärsubstituierten Pyrimidinen. Mh. Chem. **87**, 136 (1956). — KLOSA, J.: Entwicklung und Chemie der Heilmittel, Bd. 3, Synthetische Pharmazeutika, S. 253—284. Berlin: Verl. Technik 1952. — KLOTZ, I. M.: Acidity and activity of sulfonamides. Science **98**, 62 (1943). — The mode of action of sulfonamides. J. Amer. chem. Soc. **66**, 459 (1944). — KLOTZ, I. M., and D. M. GRUEN: The isoelectric nature of sulfanilamide and p-aminobenzoic acid. J. Amer. chem. Soc. **67**, 843 (1945). — KNAPP, W., u. D. JACHERTS: Untersuchungen über die synergistische bzw. antagonistische Wirkung kombinierter Antibiotica-Sulfonamid-Präparate. Medizinische **1955**, 107. — KNICK, B.: Zum klinischen Wirkungsbereich moderner Sulfonamide der Sulfanilamidodiazinreihe. Münch. med. Wschr. **102**, 1550 (1960). — KOCH, H.: Experimentelle Untersuchungen über den Einfluß neuerer Sulfonamide auf hautpathogene und andere Pilze. Arch. klin. exp. Derm. **205**, 1 (1957). — KÖCHEL, F.: Über Kombinationsmöglichkeiten einiger Lokalanaesthetika mit Lösungen von Sulfonamiden und Adstringentien für Instillationszwecke. Mitt. dtsch. pharm. Ges. **26**, 149 (1956). — KOECHLIN, B. A., W. KERN and R. ENGELBERG: A comparative study of the metabolism and the urinary excretion of 2,4-dimethoxy-6-sulfanilamido-1,3-diazine (Madribon). Antibiot. Med. **6**, Suppl. **1**, 22 (1959). — KOELZER, P. P., u. J. GIESEN: Der heutige Stand der Chemotherapie des Mycobact. tubercul. mit synthetischen Verbindungen. Ärztl. Forsch. **3** (II), 241 (1949). — Aufhebung der bakteriostatischen Kraft der Sulfanilamide durch Para-Aminosalizylsäure (PAS). Naturwissenschaften **37**, 476 (1950). — KÖRNER, F.: Die Wirkung von Sulfonamiden und von Penicillin auf die Toxicität einiger intravenöser Narkosemittel. Anaesthesist **1**, 70 (1952). — KOLTHOFF, J. M.: Die Dissoziationskonstante, das Löslichkeitsprodukt und die Titrierbarkeit von Alkaloiden. Biochem. Z. **162**, 288 (1925). — KORNBERG, A., F. S. DAFT and W. H. SEBRELL: Production and treatment of granulocytopenia and anemia in rats fed sulfonamides in purified diets. Science **98**, 20 (1943). — KORTE, F., u. H. BARKEMEYER: Heterocyclen im Stoffwechsel. IV. Die Synthese ringmarkierter 4-Amino-benzoesäure-(2,6-^{14}C). Chem. Ber. **90**, 2739 (1957). KOSTENBAUDER, H. B., F. B. GABLE and A. N. MARTIN: A buffer system for ophthalmic solutions of sodium sulfonamides. J. Amer. pharm. Ass., sci. Ed. **42**, 210 (1953). — KRAUTWALD, A.: Beeinflussung der experimentellen Nephritis bei Ratten durch Chemotherapeutica. Verh. dtsch. Ges. inn. Med. **62**, 614 (1956). — KRC jr., J., and W. C. MCCRONE: 4-Aminosalicylic acid. Analyt. Chem. **27**, 1503 (1955); **28**, 1793 (1956). — KREBS, H. A., and J. C. SPEAKMAN: The solubility of sulphonamides in relation to hydrogenion concentration. Brit. med. J. **1946 I**, 47. — KREBS, K. G., u. H. FRANKE: Zur Bestimmung der „Sulfonamide" (Prontosil, Uliron, Albucid u. ä.). Klin. Wschr. **18**, 1248 (1939). — KRÜGER-THIEMER, E.: Löslichkeitsbestimmungen der Sulfonamidverbindungen. Zur klinischen Frage der Nierenschädigung. Arch. Derm. Syph. (Berl.) **183**, 90 (1942). — Biochemie des Isoniazids. I. Isoniazidmetabolismus. Jber. Borstel **4**, 299 (1957). — Dosage schedule and pharmacokinetics in chemotherapy. J. Amer. pharm. Ass., sci. Ed. **49**, 311 (1960[1]). — Funktionale Beziehungen zwischen den pharmakokinetischen Eigenschaften und der Dosierung von Chemotherapeutica. Klin. Wschr. **38**, 514 (1960[2]). — Theorie der Wirkung bakteriostatischer Chemotherapeutica. Jber. Borstel **5**, 316 (1961). — KRÜGER-THIEMER, E., u. P. BÜNGER: Arzneimittel-Forsch. (im Druck). — KUBO, S.: Antagonismus zwischen Thiamin und Sulfapräparaten in Mikroben. 1. Der Antagonismus zwischen Sulfadiazin (Sulfapyrimidin) und Sulfathiazol. 2. Der Antagonismus von Thiamin und Sulfathiazol sowie Sulfadiazin (Sulfapyrimidin) im Tierkörper. 3. Antagonismus von Thiamin und Sulfapräparaten auf die Atmung der Mikroben. Vitamins (Kyoto) **10**, 262 (1956); **12**, 402, 405 (1957). Ref. in Chem. Zbl. **1958**, 1604, 2499, 2472. — KUCHARSKÝ, J., J. ERBEN u. V. MIKULE: Die elektrometrische Titration von Sulfonamiden. Čsl. Farm. **3**, 284 (1954). Ref. in Chem. Zbl. **1956**, 1969. — KUGEL, V. H.: Management of acute toxic nephrosis. Amer. J. Med. **3**, 188 (1947). — KUMLER, W. D.: Acidic and basic dissociation constants and structure. J. org. Chem. **20**, 700 (1955). — KUMLER, W. D., and T. C. DANIELS: The relation between chemical structure and bacteriostatic activity of sulfanilamide type compounds. J. Amer. chem. Soc. **65**, 2190 (1943). — KUMLER, W. D., and I. F. HALVERSTADT: The dipole moment of sulfanilamide and related compounds. J. Amer. chem. Soc. **63**, 2182 (1941). — KUMLER, W. D., and P. T. SAH: Antitubercular agent formed by condensing bis(4-aminophenyl)-sulfone with l-ascorbic acid. J. Amer. pharm. Ass., sci. Ed. **41**, 445 (1952). — KUM-TATT, L.: A rapid, simple and accurate method for the determination of sulphonamides. Analyst **82**, 185 (1957). — KUNITZ, E., e P. SANCHEZ: Sulla localizzazione della sulfonamidopiridina nel rene e nel polmone, studiata col metodo della pressione frazionata. Boll. Soc. ital. Biol. sper. **34**, 81 (1958). — KUNZ, W.: Neue Arzneimittel der Nachkriegszeit. Arch. Pharm. (Weinheim) **284** (56), 138 (1951). — KUTSCHER, A. H., ST. L. LANE and R. SEGALL: The clinical toxicity of antibiotics and sulfonamides. A comparative review of the literature based on 104,672 cases treated systemically. J. Allergy **25**, 135 (1954). — KUTZIM, H.: Das Verhalten der Bluteiweißkörper zu den Sulfonamiden bei der Papierelektrophorese. Naturwissenschaften **39**, 135 (1952).

LACASSAGNE, A., N. P. BUU-HOI, F. ZAJDELA et D. XUONG: Mise en évidence autoradiographique de l'absorption, par des bactéries, de la 2-sulfanilamidopyridine. C.R. Acad. Sci. (Paris) **231**, 89 (1950). — LAGRANGE, E.: L'effet des colorants sur l'action inhibitrice des sulfamidés. C.R. Soc. Biol. (Paris) **151**, 411 (1957). — LAM, G. T., and M. G. SEVAG: Drug-induced depression of transaminases of drug-sensitive Staphylococcus aureus. Bact. Proc. **1957**, G 18. — LAMPEN, J. O., and M. J. JONES: Antagonism of sulfonamide inhibition of certain lactobacilli and enterococci by pteroylglutamic acid and related compounds. J. biol. Chem. **166**, 435 (1946[1]). — The antagonism of sulfonamides by pteroylglutamic acid and related compounds. J. biol. Chem. **164**, 485 (1946[2]). — LAMPRECHT, W., u. I. TRAUTSCHOLD: Zum Wirkungsmechanismus des N_1-sulfanilyl-N_2-n-butylcarbamid. Arzneimittel-Forsch. 8, 462 (1958). — LANDSMAN, J. B., N. R. CHRIST, R. BLACK, D. MCFARLANE, W. BLAID and T. ANDERSON: Brit. med. J. **1951 I**, 326. — LANGECKER, HEDWIG: Über Sulfonamide. Naunyn-Schmiedeberg's Arch. exp. Path. Pharmak. **205**, 291 (1948). — Über das Schicksal der Sulfonamide im Organismus. Naunyn-Schmiedeberg's Arch. exp. Path. Pharmak. **211**, 367 (1950). — Die Verteilung von Sulfanilsäure und Sulfonamiden beim nierenlosen Hund. Ein Beitrag zu den Gesetzmäßigkeiten von Verteilungsvorgängen im Körper. I. Naunyn-Schmiedeberg's Arch. exp. Path. Pharmak. **218**, 278—285 (1953). — Die Verteilung von Hexamethylentetramin auf die Phasen des Blutes, Liquor, Kammerwasser und Pericardflüssigkeit beim nierenlosen Hund. Ein Beitrag zur Dynamik der Verteilung. III. Naunyn-Schmiedeberg's Arch. exp. Path. Pharmak. **221**, 166 (1954[1]). — Die Verteilung von Inulin und Dextran auf die Phasen des Blutes, Liquor, Kammerwasser und Pericardflüssigkeit beim nierenlosen Hund. Ein Beitrag zur Dynamik der Verteilung IV. Naunyn-Schmiedeberg's Arch. exp. Path. Pharmak. **223**, 495 (1954[2]). — Der Einfluß physikalisch-chemischer Eigenschaften von Stoffen auf Verteilungsvorgänge. Berl. Med. 8, H. 10 (1957). — LANGECKER, HEDWIG, u. E. CLERC: Die Verteilung von CNS′, S_2O_3'' und Li^+ auf die Phasen des Blutes, Liquor, Kammerwasser und Pericardflüssigkeit beim nierenlosen Hund. Ein Beitrag zur Dynamik der Verteilung VI. Naunyn-Schmiedeberg's Arch. exp. Path. Pharmak. **226**, 417 (1955). — LANGECKER, HEDWIG, u. H. LOPPNOW: Die Adsorption von Sulfanilsäure, Sulfanilamid und Sulfaäthylthiodiazol an Plasmaeiweiß und ihr Einfluß auf Verteilungsvorgänge. Ein Beitrag zur Dynamik der Verteilung V. Naunyn-Schmiedebergs Arch. exp. Path. Pharmak. **226**, 36 (1955). — LANGECKER, HEDWIG, u. E. SCHULZE: Die Verteilung von Sulfanilsäure, Sulfanilamid und Sulfacarbamid auf die Phasen des Blutes, Liquor, Kammerwasser und Pericardflüssigkeit beim nierenlosen Hund. Ein Beitrag zur Dynamik der Verteilungsvorgängen. II. Naunyn-Schmiedeberg's Arch. exp. Path. Pharmak. **221**, 160 (1954). — LANGMUIR, I.: The constitution and fundamental properties of solids and liquids I, II. J. Amer. chem. Soc. **37**, 2221 (1916); **39**, 1848 (1917). — LASCELLES, JUNE, and D. D. WOODS: The synthesis of "folic acid" by Bacterium coli and Staphylococcus aureus and its inhibition by sulphonamides. Brit. J. exp. Path. **33**, 288 (1952). — LAURENT-SAVIARD, MICHELINE: Sur le dosage colorimétrique des sulfones. Ann. Inst. Pasteur **95**, 98 (1958). — Dosage colorimétrique des sulfones dans le sang. Path. Biol. **7**, 1589 (1959). — LAWRENCE, J. ST., and J. FRANCIS: The sulphonamides and antibiotics in man and animals. London: H. K. LEWIS & Co. 1953. — LEE, H. F.: Use of the chick embryo for preliminary in vitro evaluation of tuberculostatic substances. Ann. N.Y. Acad. Sci. **52**, 692 (1950). — LEE, S. W., JEANNE A. EPSTEIN and E. J. FOLEY: Synergistic action of thiourea and guanidine with sulfathiazole. Proc. Soc. exp. Biol. (N.Y.) **54**, 105 (1943). — LEGLER, F., u. G. GERNER: Die Empfindlichkeit häufiger Erreger von Harn- und Gallenweg-Infekten gegen Sulfonamide in vitro. Arzneimittel-Forsch. **9**, 212 (1959). — LEHR, D.: Treatment of experimental renal obstruction from sulfadiazine. I. "Forcing of fluids" and alkalinization. Proc. Soc. exp. Biol. (N.Y.) **56**, 82 (1944). — Inhibition of drug precipitation in the urinary tract by use of sulfonamide mixture. I. Sulfathiazole-sulfadiazine mixture. Proc. Soc. exp. Biol. (N.Y.) **58**, 11 (1945). — Der gegenwärtige Stand der Sulfonamid-Therapie. Mod. Med. (Minneapolis) **23**, 111 (1955). Ref. Ther. Ber. „Bayer" **27**, 158 (1955). — LEINBROCK, A.: Bakteriostasewirkung der Sulfonamide als p_H-Effekt. Z. ges. inn. Med. **5**, 129 (1950). — LEMBKE, A.: Untersuchungen an den Erregern der Tuberkulose. Zbl. Bakt., I. Abt. Orig. **152**, 239 (1947). — LEMBKE, A., u. E. KRÜGER-THIEMER: Literaturstudien zum Tuberkuloseproblem unter besonderer Berücksichtigung antituberkulöser Stoffe. Zbl. Bakt., I. Abt. Ref. **149**, Erg.-H. (1952). — LEMBKE, A., E. KRÜGER-THIEMER, R. B. KUHN u. W. UECKER: Untersuchungen über die Isoniazidwirkung auf Mikroorganismen. Schweiz. Z. allg. Path. Bakt. **16**, 222 (1953). — LEMING, B. H., and C. FLANIGAN:

Comparative sensitivity of pathogenic bacteria to modern antibacterial agents. Ann. N.Y. Acad. Sci. **82**, 31 (1959). — LIEBERMEISTER, K.: Zur Wirkungsweise von Badional (Sulfathionharnstoff). Klin. Wschr. **30**, 279 (1952). — Der Nachweis von zwei Wirkungskomponenten bei Badional (Sulfathioharnstoff). Medizin u. Chemie **5**, 81 (1956). — LINDENMANN, J.: Die Staphylokokkeninfektionen, S. 413—444 in: GRUMBACH u. KIKUTH, Die Infektionskrankheiten des Menschen und ihre Erreger. Stuttgart: Georg Thieme 1958. — LINKE, A., u. ELISABETH MÜLLER: Heinzsche Innenkörper, Röhlsche Randkörper und Sulfanilamide. (Vergleichende Untersuchungen im Hellfeld und Dunkelfeld.) Z. ges. inn. Med. **115**, 206 (1949). — LINZENMEIER, G.: Zur Antibiotika- und Sulfonamid-Empfindlichkeit einiger praktisch wichtiger Bakterien. Dtsch. med. Wschr. **81**, 965 (1956). — Versuche in vitro mit neuen Sulfonamiden. Arzneimittel-Forsch. **10**, 619 (1960). — LIPMANN, F.: On chemistry and function of coenzyme A. Bact. Rev. **17**, 1 (1953). — LITCHFIELD jr., J. T.: A method for rapid graphic solution of time—percent effect curves. J. Pharmacol. exp. Ther. **97**, 399 (1949). — LITCHFIELD jr., J. T., and F. WILCOXON: A simplified method of evaluation dose-effect experiments. J. Pharmacol. exp. Ther. **96**, 99 (1949). — LJUNGBERG, S.: Analyse quantitative des associations de sulfamides par électrophorèse sur papier. Svensk farm. T. **61**, 529 (1957). — LOCKWOOD, J. S., A. F. COBURN and H. E. STOKINGER: Studies on the mechanism of the action of sulfonamide. I. The bearing of the character of the lesion on the effectiveness of the drug. J. Amer. med. Ass. **111**, 2259 (1938). — LONG, E. R.: The chemistry and chemotherapy of tuberculosis. A compilation and critical review of existing knowledge on the chemistry of tubercle bacilli and their products, chemical changes and processes in the host, and chemical aspects of the treatment of tuberculosis, 3nd edit. Baltimore: Williams & Wilkins Company 1958. — LONG, P. H., J. W. HAVILAND, LYDIA B. EDWARDS and ELEANOR A. BLISS: The toxic manifestations of sulfanilamide and its derivatives. With reference to their importance in the course of therapy. J. Amer. med. Ass. **115**, 364 (1940). — LOOP, W.: Die Sulfapyrimidine. Wiss. Beibl. Mat. Med. Nordmark Nr 14, 1 (1955). — LOOP, W., u. E. LÜHRS: Über 4-Sulfanilamidopyrimidine. Justus Liebigs Ann. Chem. **580**, 225 (1953). — LOOP, W., E. LÜHRS u. P. HAUSCHILDT (Nordmarkwerke GmbH. Hamburg): Herstellung des 2-(p-Aminobenzolsulfonamido)-4,5-dimethyloxazols. D.B.P. 1003737 1955/1957.— LORING, N.: Sulphamerazine dangerous. Brit. med. J. **1951 II**, 794. — LOUBATIÈRES, A.: Analyse du mécanisme de l'action hypoglycémiante du p-Aminobenzènesulfamidothiodiazole (2254 R.P.). C.R. Soc. Biol. (Paris) **138**, 766 (1944). — Sulfamides hypoglycémiants et anti-diabétique. (Historique et déveleopments récents.) Antibiot. et Chemother. (Basel) **4**, 69 (1957[1]). — Le mécanisme d'action des sulfamidés hypoglycémiants et de leurs dérivés. Ann. Endocr. (Paris) **18**, 161 (1957[2]). — LOURIA, D. B., u. N. FEDER: Sulfonamide bei der experimentellen Histoplasmose. Antibiot. and Chemother. **7**, 471 (1957). — LÜDERS, C.-J.: Über eine besondere Form der Sulfonamidschädigung der Nieren. Z. ges. inn. Med. **4**, 212 (1949). — LWOFF, A., F. NITTI, J. TRÉFOUEL et V. HAMON: Recherches sur le sulfamide et les antisulfamides. I. Action du sulfamide sur le flagellé Polytomella caeca. II. Action antisulfamide de l'acide p-aminobenzoique en fonction du p_H. Ann. Inst. Pasteur **67**, 9 (1941).

MACAROVICI, C. G.: Die konduktometrische Titierung der Sulfonamide mit wäßrigen Reagentien in nichtwäßrigen Lösungen. Rev. Chim. (Bucarest) **1**, 79 (1956). Ref. in Chem. Zbl. **1957**, 3613. — MACKEE, G. M., F. HERRMANN, R. L. BAER and MARION B. SULZBERGER: Demonstrating the presence of sulfonamides in the tissues. Science **98**, 66 (1943). — MAIER, E.: Todesfall unter peroraler Diabetesbehandlung mit Oranil (N_1-sulfanilyl-N_2-n-butylcarbamid). Z. ges. inn. Med. **12**, 567 (1957). — MAIER, J., and E. RILEY: Inhibition of antimalarial action of sulfonamides by p-aminobenzoic acid. Proc. Soc. exp. Biol. (N. Y.) **50**, 152 (1942). — MANN, T., and D. KEILIN: Sulphanilamide as a specific inhibitor of carbonic anhydrase. Nature (Lond.) **146**, 164 (1940). — MARIAT, F.: Action in vitro de la 4,4'-diaminodiphényl sulfone les actinomycètes aérobies pathogênes. C. R. Acad. Sci. (Paris) **244**, 3095 (1957). — MARKIEWICZ, K., P. JUCKER, M. EYBAND u. C. TÜTSCH: Unsere Erfahrungen mit dem Sulfonamidpräparat Paradin (Hommel). Schweiz. med. Wschr. **82**, 264 (1952). — MARLER, E. E. J.: Pharmacogical and chemical synonyms. A collection of more than 5000 references from the medical literature of the world, 2. Aufl. Amsterdam u. New York: Excerpta Medica Foundation 1958. — MARSHALL jr., E. K.: Determination of sulfanilamide in blood and urine. J. biol. Chem. **122**, 263 (1937). — The story of sulfanilamide. J. Amer. med. Ass. **115**, 1143 (1940). — Acetylation of sulfonamides in the dog. J. biol. Chem. **211**, 499 (1954). — MARSHALL jr., E. K., W. C. CUTTING and E. EMERSON: Acetylation of para-aminobenzene-sulfonamide in the animal organism. Science **85**, 202 (1937). — MARTIN, A. R., F. L. ROSE and G. SWAIN: Anti-sulphanilamide activity of 2-aminopyrimidine-5-carboxylic acid. Nature (Lond.) **154**, 639 (1944). — MARTIN, ELFRIEDE: Beitrag zur Lokalbehandlung infizierter Wunden und Geschwüre. Medizinische **1956**, 1857. — MASCHKA, A., M. STEIN u. W. TRAUER: Ultraviolettabsorptionsspektren von Benzolsulfonamiden. 1. N^1-substituierte Benzolsulfonamide. Mh. Chem. **84**, 1071 (1953). — UV-Absorptionsspektren von Benzolsulfonamiden. 2. N^4-substituierte Benzolsulfonamide. Mh. Chem. **85**, 168 (1954). — MASCITELLI-CORIANDOLI,

E., R. BOLDRINI e C. CITTERIO: Influenza della velocità di assorbimento e di eliminazione dei sulfamidici sul potenziamento dell'effetto antibiotico delle penicilline orali. Boll. chim.-farm. **97**, 325 (1958). — MATTHIES, H., u. B. PFEFFERKORN: Die Acetylierung aromatischer Amine durch kernlose Erythrocyten. Naturwissenschaften **47**, 355 (1960). — MAYER, R. L.: Die Beziehungen zwischen toxischen, allergischen und carcinogenen Eigenschaften aromatischer Amine. Gruppenempfindlichkeit gegen Körper von Chinonstruktur. Klin. Wschr. **36**, 885 (1958). — MAYER, R. L., et CH. OECHSLIN: Extrait du pli cacheté sur l'activité et la toxicité de corps dérivés de la benzène-sulfamide. C. R. Acad. Sci. (Paris) **205**, 181 (1937). — MCCHESNEY, E. W., M. E. AUERBACH, J. P. MCAULIFF and H. W. ECKERT: Determination of homosulfanilamide hydrochloride (sulfamylon hydrochloride) with observations on its absorption in dogs and man. J. Pharmacol. exp. Ther. **96**, 356 (1949). — MEIER, R.: Die Chemotherapie der Sulfanilamide. Experimentelle pharmakologische Ergebnisse. Helv. med. Acta **10**, 147 (1943). — MEIER, R., O. ALLEMANN u. H. v. MEYENBURG: 6-Sulfanilamido-2,4-dimethylpyrimidin. Schweiz. med. Wschr. **74**, 1091 (1944). — MEIER, R., u. L. NEIPP: Verstärkung der chemotherapeutischen Wirkung von Sulfonamiden durch zusätzliche Behandlung mit chemotaktisch wirkenden Polysacchariden aus Harn und Bakterien. Schweiz. med. Wschr. **86**, 249 (1956). — MEISER, W., u. F. SCHÖNHÖFER: Über eine neue Klasse von pneumokokkenwirksamen Verbindungen. Medizin u. Chemie **4**, 130 (1942). — MELLON, R. R., A. P. LOCKE and L. E. SHINN: Antienzymatic nature of sulfanilamide's bacteriostatic action. Amer. J. med. Sci. **199**, 749 (1940). — MEULENHOFF, J.: Die wasserfreie Perchlorsäuretitration der Sulfonamide. Pharm. Weekl. **93**, 262 (1958). — MEYER-ROHN, J.: Über die Penicillinase und ihre Inhibitoren. Hautarzt **5**, 264 (1954). — MEYER-ROHN, J., u. K. TUDYKA: Gestaltsänderungen von Escherichia coli unter der Einwirkung von Antibioticis, Sulfonamiden, chemischen und physikalischen Noxen. Arzneimittel-Forsch. **7**, 151 (1957). — MIETZSCH, F.: Bemerkungen zum chemotherapeutischen Wirkungsmechanismus der Sulfon(amid)e. Hoppe-Seylers Z. physiol. Chem. **274**, 19 (1942). — Entwicklungslinien unserer chemotherapeutischen Forschung. Ther. Ber. „Bayer" **27**, 131 (1955). — MIETZSCH, F., u. R. BEHNISCH: Therapeutisch verwendbare Sulfonamid- und Sulfonverbindungen, 2. Aufl. Weinheim: Verlag Chemie 1955. — MIETZSCH, F., u. J. KLARER: (Anmelder I. G. Farbenindustrie AG.) D.R.P. 633084 1931/1936. Zur Entwicklung der Chemotherapie auf dem Gebiete der Azo- und Sulfonamid-Verbindungen. Medizin u. Chemie **4**, 73 (1942). — MIHICH, E., and G. PRINO: Studies on the mechanism of action of a new hypoglycemizing compound N_1-sulfanylil-N_2-n-butylcarbamide. Arch. int. Pharmacodyn. **110**, 443 (1957). — MILHAUD, G., J.-P. AUBERT et F. BOYER: Isolement et identication du N_1-acétyl-p-aminophénylsulfamide dans l'urine de rats traités au p-aminophénylsulfamide. C. R. Acad. Sci. (Paris) **240**, 2090 (1955). — MILLER, L. C., and M. L. TAINTER: Estimation of the ED_{50} and its error by means of logarithmic-probit graph paper. Proc. Soc. exp. Biol. (N. Y.) **57**, 261 (1944). — MILLICHAP, J. G., D. M. WOODBURY and L. S. GOODMAN: Mechanism of the anticonvulsant action of acetazoleamide, a carbonic anhydrase inhibitor. J. Pharmacol. exp. Ther. **115**, 251 (1955). — MIURA, Y.: On the tuberculostatic actions of various organic compounds. I. Sulfa compounds. II. Fatty acids and their derivatives. J. Biochem. (Tokio) **37**, 205, 387 (1950). — MÖLLER, E. F., F. WEYGAND u. A. WACKER: Folinsäure als Wuchsstoff bei verschiedenen Bakterien; ein neuer Folinsäuretest mit Staphyloccocus aureus. Z. Naturforsch. **4b**, 92 (1949[1]). — Beziehungen zwischen Sulfonamiden und Folinsäure; durch Sulfonamide bedingtes Folinsäurebedürfnis von Bakterien. Z. Naturforsch. **4b**, 100 (1949[2]). — Beziehungen zwischen Sulfonamiden und Folinsäure II. Z. Naturforsch. **5b**, 18 (1950). — MOELLER, J.: Zur Behandlung der Urämie bzw. Anurie. Ärztl. Wschr. **8**, 1041 (1953). — Dextran-Allergie und Glomerulonephritis. Verh. dtsch. Ges. inn. Med. **60**, 716 (1954). — MOHNIKE, G., G. WITTENHAGEN u. W. LANGENBECK: Über das Ausscheidungsprodukt von N(4-Methyl-benzol-sulfonyl)-N'-butylharnstoff beim Hund. Naturwissenschaften **45**, 13 (1958). — MØLLER, K. O.: Pharmakologie als theoretische Grundlage einer rationellen Pharmakotherapie, 3. Aufl. Basel u. Stuttgart: Benno Schwabe & Co. 1958. — MÜLLER, H. G.: Geformte Harnbestandteile nach Sulfonamidgaben und Möglichkeiten zu ihrer Verhinderung. Z. Urol. Sdh. Verh.ber. dtsch. Ges. Urol. **1951**, 363 (1952). — MUENZEN, J. B., L. R. CERECEDO and C. P. SHERWIN: Comparative metabolism of certain aromatic acids. VIII. Acetylation of amino compounds. J. biol. Chem. **67**, 469 (1926). — MUNSHI, S. K., B. D. TILAK and K. VENKATARAMAN: Ammonium salts of sulphanilamides and sulphonic acid. Nature (Lond.) **161**, 55 (1948). — MURRAY, F. J.: A pilot study of cycloserine toxicity. A united states health service cooperative clinical investigation. Amer. Rev. Tuberc. **74**, 196 (1956).

NABERT-BOCK, GERTRAUDE: Bakteriologische Untersuchungen über eine neue Sulfonamid-Kombination. Arzneimittel-Forsch. **8**, 79 (1958). — Vergleichende bakteriologische Untersuchungen über Azo-Sulfonamid-Salze und Sulfonamide. Arzneimittel-Forsch. **10**, 125 (1960). — NAHNSEN, LORE: Erfahrungen mit einem protrahiert wirkenden Sulfonamid in der Kinderheilkunde. Medizinische **1958**, 1400. — NAVAZIO, F., and N. SILIPRANDI: The failure of acetylation in diabetic coma. Lancet **1955 II**, 1174. — NEGWER, M.: Organischchemische Arzneimittel und ihre Synonyma. (Eine tabellarische Übersicht.) Berlin: Akademie-Verlag 1959. — NEIPP, L., and R. L. MAYER: Experimental activities of new sulfonamides. Ann. N.Y. Acad. Sci. **69**, 448 (1957). — NEIPP, L., W. PADOWETZ, W. SACKMANN u. J. TRIPOD: Experimentelle Untersuchungen über neue Sulfonamidderivate unter besonderer Berücksichtigung der Beziehungen zwischen Blutkonzentration, Intensität und Dauer der Heilwirkung. Schweiz. med. Wschr. **88**, 835, 858 (1958). — NELSON, E., J. R. ARNDT and L. W. BUSSE: The effect of type and concentration of binders on the hardness and compressibility of sulfathiazole tablets made at constant pressure. J. Amer. pharm. Ass., sci. Ed. **46**, 257 (1957). — NETTER, H.: Theoretische Biochemie. Physikalisch-chemische Grundlagen der Lebensvorgänge. Berlin-Göttingen-Heidelberg: Springer 1959. — NEWBOULD, B. B., and R. KILPATRICK: Long-acting sulphonamides and protein-binding. Lancet **1960 I**, 887. — NICHOLS, R. L., and M. FINLAND: Absorption and excretion of sulfamethoxypyridazine: a new, long- acting antibacterial sulfonamide. J. Lab. clin. Med. **49**, 410 (1957). — NICHOLS, R. L., W. F. JONES jr. and M. FINLAND: Sulfamethoxypyridazine: Preliminary observations on absorption and excretion of a new, long acting antibacterial sulfonamide. Proc. Soc. exp. Biol. (N.Y.) **92**, 637 (1956). — NIKOLOWSKI, W.: Über den derzeitigen Stand der Behandlung der Geschlechtskrankheiten. Med. Welt **1960**, 2638. — NISHIMURA, H., K. NAKAJIMA, S. SUDA, M. CHIKANO and N. SHIMAOKA: Studies on sulfaisoxazole-homosulfamin salt (3,4-dimethyl-5-sulfanilamido-isoxazole-p-aminomethyl-benzene-sulfonamide salt). On the antibacterial activity, antagonism, blood levels therapeutic activity in experimental infection and toxicity. Annu. Rep. Shionogi Res. Lab. **1953**, 367. — NOLL, H., J. BANG, E. SORKIN u. H. ERLENMEYER: Über die Wirkung eines mit ^{35}S indizierten Sulfathiazols auf Kulturen von Escherichia coli. Helv. chim. Acta **34**, 340 (1951). — NOORTGAETE, C. H. VAN DEN: Einige Gesichtspunkte über den Nachweis von Sulfonamiden und Antibioticis durch Papierchromatographie. Fermentatio (Gland) **1953**, 151. Ref. in Chem. Zbl. **1955**, 4883. — NORTHEY, E. H.: Structure and chemotherapeutic activities of sulfanilamide derivatives. Chem. Rev. **27**, 85 (1940). — The sulfonamides and allied compounds. New York: Reinhold Publ. Corp. 1948.

OCKERBLAD, N. F., and H. E. CARLSON: Acetylsulfanilamide. Its absorption, excretion and toxicity in man. J. Urol. (Baltimore) **41**, 801 (1939). — OERIU, S.: Beiträge zur Darstellung therapeutischer Substanzen mit erhöhtem Diffusionsvermögen in Geweben (p-Aminobenzolsulfonamidsulfosalicylat. 1. Chemische Untersuchung. 2. Toxizität, Resorption und Ausscheidung und bakteriostatische Wirkung in vitro und in vivo. Bul. şti. Sec. Şti. med. (Bucureşti) **7**, 121, 124 (1955). — O'MEARA R. A. Q., P. A. MCNALLY and H. G. NELSON: Bacteriostatic action of sulphonamide derivatives. Nature (Lond.) **154**, 796 (1944). — The intracellular mode of action of the sulphonamide derivatives. Lancet **1947 II**, 747. — OSTWALD, W.: Über die Affinitätsgrößen organischer Säuren und ihre Beziehungen zur Zusammensetzung und Konstitution derselben. Z. phys. Chem. **3**, 170 241, 369 (1889).

PARKER, R. T.: Curr. Ther. **1953**, 46. — PAULUS, W., u. H. J. MALLACH: Die Trennung von Diaethyl-p-nitrophenyl-thiophosphat und Sulfonamiden mit Hilfe der Säulenchromatographie. Arzneimittel-Forsch. **7**, 197 (1957[1]). Der Nachweis von Diaethyl-p-nitrophenylthiophosphorsäureester und Sulfonamiden mit Hilfe der Papierchromatographie. Arzneimittel-Forsch. **7**, 520 (1957[2]). — PAYNE, H. M., R. L. HACKNEY, CH. M. DOMON, E. E. MARSHALL, K. A. HARDEN and O. D. TURNER: The use of 4-amino-4'-B hydroxyethylaminodiphenyl sulfone (hydroxyethyl sulfone) in pulmonary tuberculosis. Amer. Rev. Tuberc. **68**, 103 (1953). — PECORI, V., R. CIMINO, G. MAZZACCA, P. ALTUCCI e C. RICCARDI: Diversa incidenza percentuale della resistenza a 10 antibiotici di 100 ceppi di stafilococco coagulase-positivi provenienti da ambienti ospedalieri e 100 ceppi provenienti da ambienti extra-ospedalieri. Boll. Soc. ital. Biol. sper. **34**, 122 (1958). — PERKOW, W.: Konstitution und Wirkung biologisch aktiver Verbindungen. 5. Insektizide, akarizid und chemotherapeutisch wirksame Sulfone und Sulfoxyde. Z. Naturforsch. **12** b, 232 (1957). — PERRY, H. O., and R. K. WINKELMANN: Dermatitis herpetiformis treated with sulfamethoxypyridazine. Proc. Mayo Clin. **33**, 164 (1958). — PERSCHIN, G. N., u. L. I. SCHTSCHERBAKOWA: Die Aufnahme von Sulfonamidpräparaten durch Bakterienzellen (Untersuchung mit Hilfe der Methode der markierten Atome). Pharmakol. n. Toxikol. **18**, Nr 5, 49 (1955). — PETERSON, O. L., M. FINLAND, M. W. BARNES and CLARE WILCOX: Sulfonamide inhibiting action of procaine. Amer. J. med. Sci. **207**, 166 (1944). — PFISTERER, H. G.: Nierensteinbildung bei antibiotisch-chemisch behandelter Knochengelenktuberkulose. Zbl. Chir. **78**, 1243 (1953). — PIEPER, G.: Umsetzungen von Aminen mit Carbonylverbindungen. In: Methoden der Organischen Chemie (HOUBEN-WEYL), herausgeg. von E. MÜLLER, Bd. XI/2, S. 73 (1958). — PLUMMER, N., and C. WHEELER: The toxicity of sulfadiazine. Observations on 1357 cases. Amer. J. med. Sci. **207**, 175 (1944). — POPE, HILDA, and D. T. SMITH: Inhibition of growth of tubercle bacilli by certain vitamin analogues. Amer. Rev. Tuberc. **62**, 34 (1950). — PORTWICH, F., u. H. BÜTTNER: Sulfonamidkonzentrationen im Serum nach Verabreichung kombinierter Sulfonamide. Naunyn-Schmiedeberg's Arch. exp. Path.

Pharmak. **229**, 75 (1956). — Über die Beeinflussung der Tubulusfunktion bei der Nierenausscheidung des 4-Sulfanilamido-2,6-dimethylpyrimidins. Naunyn-Schmiedeberg's Arch. exp. Path. Pharmak. **229**, 513 (1956[2]). — PORTWICH, F., H. BÜTTNER u. J. PAULINI: Über die Ausscheidung des 6-Sulfanilamido-2,4-dimethyl-yprimidins und seines Acetylderivates durch die gesunde menschliche Niere. Naunyn-Schmiedeberg's Arch. exp. Path. Pharmak. **227**, 123 (1955). — POTH, E. J.: Intestinal antisepsis in surgery. J. Amer. med. Ass. **153**, 1516 (1953). — PROSSER, M.: Mitteilung über die Wirkung von Aristamid-Gel beim Ulcus cruris. Wien. med. Wschr. **107**, 626 (1957). — PUCHER, J.: Improved method of separation of sulfonamides with paper chromatography. Farm. pol. **10**, 15 (1954). Ref. Curr. L. med. Lit. **26**, 36361.

QUAN, S. F., A. G. MCMANUS and K. F. MEYER: Vergleich von Sulfisoxazol mit Sulfadiazin und von Thiocymatin mit Chloramphenicol in der Chemotherapie der experimentellen Pest von Mäusen. Amer. J. trop. Med. Hyg. **4**, 1028 (1955). — QUAN, S. F., T. C. DANIELS and W. D. KUMLER: Biologically active nuclear- substituted sulfonamides. I. Chemical and physical properties of some nuclear-substituted sulfanilamido-2-thiazoles and their syntheses. J. Amer. Pharm. Ass., sci. Ed. **43**, 321 (1954). — QUAN, S. F., T. C. DANIELS and K. F. MEYER: Biologically active nuclear-substituted sulfonamides. II. Bacteriostatic and biological activity of some nuclear-substituted sulfathiazoles. J. Amer. pharm. Ass., sci. Ed. **43**, 326 (1954). — QUASTEL, J. H., P. G. SCHOLEFIELD and J. W. STEVENSON: Oxidation of pyruvic acid oxime by soil organism. Biochem. J. **51**, 278 (1952).

RAMANUJAM, K.: Treatment of leprosy with sulfon-cilag. Leprosy Rev. **24**, 156 (1953). — RANDALL, L. O., V. ENGELBERG, V. ILIEV, M. ROE, H. HAAR and T. H. MCGAVACK: Comparative studies on blood levels and urinary excretion of sulfisoxazole and acetyl sulfisoxazole. Antibiot. and Chemother. **4**, 877 (1954). — RANTZ, L. A., and W. M. M. KIRBY: Quantitative studies of sulfonamide inhibitors. J. Immunol. **48**, 29 (1944). — RAOUL, Y.: Substitution et antagonisme dans le domaine de la vitamin PP. Bull. Soc. Chim. biol. (Paris) **30**, 896 (1948). — RASCHKE, G.: Über Erfahrungen mit Sulfadimethyloxazol unter besonderer Berücksichtigung intestinaler Infektionen. Med. Klin. **55**, 1548 (1960). — RAUEN, H. M.: Biochemisches Taschenbuch. Berlin-Göttingen-Heidelberg: Springer 1956. — Die aerobe N^{10}-Formylierung der Pteroylglutaminsäure. Z. Naturforsch. **13b**, 45 (1958). — REEDER, P. L. DE: Qualitative and quantitative analysis of mixtures of sulfonamides. I, II, III, IV, V. Analyt. chim. Acta **7**, 42, 417, 428 (1952); 8, 6, 325 (1953). — REISER, K. A.: Studien zur Sulfonamidtherapie. I. Das Verhalten der Sulfonamide im Blut. II. Die Ausscheidung der Sulfonamide. III. Die Verteilung der Sulfonamide über Gewebe und Organe. IV. Experimentelle Untersuchungen über die örtliche Sulfonamidanwendung am Auge. Klin. Mbl. Augenheilk. **118**, 508 (1951); **120**, 236, 561; **121**, 257 (1952). — RENDLE-SHORT, J.: Sulphamerazine dangerous. Brit. med. J. **1951 II**, 794. — RENOVANZ, H. D.: Der heutige Stand der Chemotherapie der Tuberkulose mit den Sulfonamiden. Berl. med. Z. **2**, 384 (1951). — RENTCHNICK, P.: Nouveaux sulfamidés et sulfamidés-retard. Schweiz. med. Wschr. **88**, 362 (1958). — RHODES, R. E., R. C. BARD and J. A. MCCAUGHAN: Sulfaethylthiadiazole: In vitro and in vivo evaluation. Antibiot. and Chemother. **7**, 175 (1957). — RICE-EDWARDS, J. T.: Urethra obstructed by crystals. Brit. med. J. **1950 I**, 1445. — RICHTER, J.: Die bakteriostatische Wirksamkeit der Kombination von Sulfonamiden und Antibiotika (in vitro-Versuche). Z. Hyg. Infekt.-Kr. **134**, 549 (1952). — Beitrag zur photometrischen Bestimmung von Acetanilid, Lactophenin, Phenacetin, Rodilone, Tibatin und Tebethion in Arzneimitteln. Z. analyt. Chem. **142**, 277 (1954). — RIETSCHEL, H. G., u. H. WEITZEL: Klinische Erfahrungen mit dem Sulfonamidpräparat „Amindan". Med. Klin. **46**, 480 (1951). — RIMINGTON, C.: Porphyrinuric action of 2-(p-amino-benzenesulphonamido)-pyrididine (M and B 693). Comparison with sulphanilamide. Biochem. J. **34**, 78 (1940). — RISSEL, E., u. N. STEFENELLI: Zur Sulfonamidbehandlung der Gallenwegsinfektionen. Wien. klin. Wschr. **69**, 263 (1957). — RIST, N.: Pathologie et thérapeutique expérimentales de la tuberculose. Fortschr. Tuberk.-Forsch. **1**, 55 (1948). — RIST, N., F. BOYER, MICHELINE SAVIARD et VIVIANE HAMON: Sur le mode d'action une sulfone thymolée argentique. Rev. Tuberc. (Paris) **18**, 179 (1954). — RIVA CRUGNOLA, G.: Contributo alla conoscenza della terapia novocainica nella anuria. Atti. Soc. lombarda Sci. med. biol. **13**, 415 (1958). — ROBLIN jr., R. O., and P. H. BELL: The relation of structure to activity of sulfanilamide type compounds. Ann. N.Y. Acad. Sci. **44**, 449 (1943). — ROBLIN jr., R. O., J. H. WILLIAMS, P. S. WINNEK and J. P. ENGLISH: Chemotherapy. II. Some sulfanilamido heterocycles. J. Amer. chem. Soc. **62**, 2002 (1940). — ROBLIN jr., R. O., P. S. WINNEK and J. P. ENGLISH: Studies in chemotherapy. IV. Sulfanilamidopyridines. J. Amer. chem. Soc. **64**, 567 (1942). — RÖLLINGHOFF, W.: Allergische Nierenschädigung durch Sulfonamide. Klin. Wschr. **27**, 553 (1949). — ROEPKE, R. R., TH. H. MAREN and E. MAYER: Experimental investigations of sulfamethoxypyridazine. Ann. N.Y. Acad. Sci. **69**, 457 (1957). — RÖTTGER, H.: Experimentelle Untersuchungen über das Verhalten des 6-Sulfonilamido-2,4-dimethylpyrimidins im Organismus. Arzneimittel-Forsch. **1**, 225 (1951). — ROGMANS, G.: Lokalbehandlung infektiöser Augenerkrankungen. Ärztl. Praxis **5**, Nr 38 (1953). — ROSE, H. A., and ANN VON CAMP: A note on the crystallography of carbutamide (BZ-55). J. Amer. pharm. Ass., sci. Ed. **46**, 452 (1957). — ROSS, S., W. E. AHRENS and E. A. ZAREMBA: Sulfamethoxypyridazine, a long-acting sulfonamide: some preliminary clinical and laboratory observations in infants and children. Ann. N.Y. Acad. Sci. **69**, 501 (1957). — ROSS, S., J. R. PUIG and E. A. ZAREMBA: Sulfadimethoxine, a new long-acting sulfonamide. Some preliminary clinical and laboratory observations in infants and children. Antibiot. Ann. **1958/59**, 56—63 (1959). — ROTHES, INGRID, ELLEN HOLLENDER u. A. LANGE: Untersuchungen über einen Sulfonamid-Antagonisten-freien Nährboden. Z. Hyg. **143**, 513 (1957). — ROTHMAN, ST., and J. RUBIN: Sunburn and para-aminobenzoic acid. J. invest. Derm. **5**, 445 (1942). — ROY, A. T.: Bacteriological results of treatment of lepromatous cases with diaminidiphenyl sulfone by mouth for periods up to five years. Int. J. Leprosy **24**, 45 (1957). — RUBIN, M. J., ERICA BRUCK and M. RAPOPORT: (techn. assist.: M. SNIVELY, HELEN MCKAY and ALVERNA BAUMLER): Maturation of renal function in childhood clearance studies. J. clin. Invest. **28**, 1144 (1949). — RÜTHER, H. E.: Zur Blutperitonealschranke für Sulfonamide und Antibiotika. Zbl. Gynäk. **73**, 1130 (1951). — RUIZ-TORRES, A.: Über „langwirkende“ Sulfonamide (Orisul). Münch. med. Wschr. **100**, 1611—1615 (1958). — Über den Wirkungsmechanismus von langwirkenden Sulfonamiden. Medizinische **1959**, 1167. — RYBÁŘ, D., u. V. SKŘIVAN: (Bestimmung von Sulfonamiden mit Hilfe von polarometrischer Titration). Čsl. Farm. **5**, 147 (1956). — RYBÁŘ, D., u. B. TOUŠEK: Ringpapierchromatographische Trennung von Sulfonamiden. Pharmazie **10**, 32 (1955). — RYBÁŘ, D., B. TOUŠEK u. I. M. HAIS: Verteilungschromatographie von Sulfonamiden auf mit Puffer imprägniertem Papier. Coll. českoslov. chem. Commun. **20**, 724 (1955).

SAKAI, K., Y. TOCHINO and K. KISHIWADA: Concentrations in the body fluid of sinomin (sulfisomezole, MS-53), a new sulfonamide. Jap. Antibiotic. Res. Assoc., 14. 2. 1959. — SALASSA, R. M., J. L. BOLLMAN and TH. J. DRY: The effect of para-aminobenzoic acid on the metabolism and excretion of salicylate. J. Lab. clin. Med. **33**, 1393 (1948). — SAMPLE, A. B.: Simple tests for idendification of sulfonamides. Ind. Engng Chem., analyt. Edit. **17**, 151 (1945). — SAN, G. L., and A. J. ULTÉE: Paper partition chromatography of sulphonamides. Nature (Lond.) **169**, 586 (1952). — SARAIYA, P. R., V. R. KHANOLKAR and A. R. GOPAL-AYENGAR: Synthesis of 4,4′-diaminodiphenylsulphone-S^{35} (DDS) and its use in leprosy research. Proc. Intern. Conf. Peaceful Uses Atomic Engery, vol. **10**, Radioactive Isotopes and Nuclear Radiations in Medicine, p. 487, 1956. — SARRE, H.: Nierenkrankheiten, 2. Aufl. Stuttgart: Georg Thieme 1959. — SCHMELKES, F. C., O. WYSS, H. C. MARKS, B. J. LUDWIG and F. B. STRANDSKOV: Mechanism of sulfonamide action. I. Acidic dissociation and antibacterial effect. Proc. Soc. exp. Biol. (N.Y.) **50**, 145 (1942). — SCHMIDT, E. G.: The determination of sulfanilamide in tungstic acid blood filtrates by means of sodium β-naphthoquinone-4-sulfonate. J. biol. Chem. **122**, 757 (1938). — SCHMÖGER, R.: Erfahrungen mit Sulfadimethyloxazol, einem neuen Sulfonamid, in der Kinderheilkunde. Med. Welt **1960**, 1884. — SCHNITZER, R. J., and W. F. DE LORENZO: Influence of p-aminobenzoic acid on the chemotherapeutic activity of sulfadimethoxine (Madribon) Antibiot. Med. **6**, Suppl. 1, 17 (1959). — SCHÖNFELD, W.: Über verstärkte Sulfonamidwirkung bei Gonorrhoe durch Pyrifer. Dtsch. med. Wschr. **71**, 15 (1946). — SCHÖNFELD, W., u. J. KIMMIG: Sulfonamide und Penicilline. Stuttgart: Ferdinand Enke 1948. — SCHÖNHOLZER, G.: Die Bindung von Prontosil an die Bluteiweißkörper. Klin. Wschr. **19**, 790 (1940). — SCHOLTEN, C.: Zur Frage der Wirkungsweise des Sulfanil-Thioharnstoffs. Ärztl. Forsch. **4 II**, 25 (1950). — SCHOOG, M.: Hyaluronidase und Sulfonamidresorption. Arzneimittel-Forsch. **2**, 351 (1952). — Kollidon und Chemotherapeutica. Arzneimittel-Forsch. **4**, 36 (1954). — Zur Resorption und Ausscheidung von Sulfamethoxypyridazin. Arzneimittel-Forsch. **8**, 197 (1958). — SCHRAUFSTÄTTER, E., G. SCHMIDT-KASTNER u. W. WIRTH: Neue Sulfonamide als Carboanhydrase-Hemmstoffe. Medizin u. Chemie **5**, 107 (1956). — SCHREUS, H. TH.: Chemotherapie des Erysipels und anderer Infektionen mit Prontosil. Dtsch. med. Wschr. **61**, 255 (1935). — Wirkungsmechanismus von Sulfanilen bei Gasbranderregern. VI. Mitt. Klin. Wschr. **21**, 671 (1942). — SCHREUS, H. TH., u. G. STÜTTGEN: Die Beeinflussung des Histaminstoffwechsels durch Sulfonamide. Z. ges. exp. Med. **115**, 547 (1950[1]). — Zum Wirkungsmechanismus des Marfanils. Z. ges. exp. Med. **115**, 553 (1950[2]). — SCHÜTZE, E.: Erfahrungen mit dem langwirkenden Sulfonamid Madribon. Med. Klin. **54**, 2339 (1959). — SCHULER, W.: Die Wirkung von „Penicillin“ auf den Staphylokokkengaswechsel im Vergleich zur Wirkung anderer antibakterieller Stoffe. Schweiz. med. Wschr. **75**, 34 (1945). — SCHULZ, W., u. H. VOTH: Erfahrungen über die bakteriostatische Behandlung akuter und chronischer Gallenwegsinfektionen mit Protocid. Dtsch. med. Wschr. **77**, 170 (1952[1]). — Experimentelle Untersuchungen über die Leber-Galle-Passage von „Protocid“. Z. ges. exp. Med. **118**, 169 (1952[2]). — SCHULZE, G.: Über Sulfonamidbindungsfähigkeit des Blutes. Klin. Wschr. **33**, 686 (1955). — SCHWEINBURG, F. B., and A. M. RUTENBERG: Nu 445 in the treatment of urinary infections due to gram negative bacilli. Proc. Soc. exp. Biol. (N.Y.) **71**, 20 (1949). — In vitro sensitivity of bacteria to sulfonamide combinations as compared to single sulfonamides. Proc. Soc. exp. Biol. (N.Y.) **74**, 480 (1950). — SCHWYZER, R.:

Coenzym A. Modellversuche zur biologischen Acylierungsreaktion. Über die Reaktionsfähigkeit von Thiolcarbonsäuren und ihren Estern. Helv. chim. Acta **36**, 414 (1953). — SCUDI, J. V.: Sulfonamid-Urolithiasis. Amer. J. med. Sci. **211**, 615 (1946). — SCUDI, J. V., and S. J. CHILDRESS: Constitution of the hydroxysulfapyridine isolated from dog urine. J. biol. Chem. **218**, 587 (1956). — SCUDI, J. V., S. J. CHILDRESS and O. J. PLEKSS: Chemotherapeutic activity of some hydroxysulfapyridines. Proc. Soc. exp. Biol. (N.Y.) **89**, 571 (1955). SEELEMANN, M.: Biologie der Streptokokken, 3. Aufl. Nürnberg: C. Mann 1958. — SELBIE, F. R.: The inhibition of the action of sulphanilamide in mice by p-aminobenzoic acid. Brit. J. exp. Path. **21**, 90 (1940). — SELLERS, K. C., and F. ALEXANDER: The fate of a sulphonamide, sodium sulphacetamide, in the incubating egg. J. comp. Path. **58**, 138 (1948). — SEMENITZ, E.: Ergebnisse der bakteriologischen Prüfung zweier neuer Sulfonamide. Z. Immun.-Forsch. **111**, 386 (1954). — SEVAG, M. G., J. S. GOTS and E. STEERS: Enzymes in relation to genes, viruses, vitamins, and chemotherapeutic drug action. In: J. B. SUMNER and K. MYRBÄCK, The enzymes, vol. 1, Part 1, p. 116, 1951. — SEVAG, M. G., and R. STEWART: 4-Amino-5-imidazolecarboxamide. The relation of its metabolism to citric acid cycle. Arch. Biochem. **41**, 14 (1952). SEXTON, W. A.: Chemische Konstitution und biologische Wirkung. Weinheim: Verlag Chemie 1958. (Dtsch. Übersetzung der 2. Aufl. von: Chemical constitution and biological activity. London 1953.) — SEYDEL, J.: Neue physikochemische Befunde zum antibakteriellen Wirkungsmodus der Sulfanilamide. Vortr. auf der Tagg. der Öst. Ges. für Mikrobiol. u. Hyg. in Pörtschach, Öst. am 12.—14. 9. 1960. — SEYDEL, J., E. KRÜGER-THIEMER u. ELLEN WEMPE: Beziehungen zwischen der antibakteriellen Wirkung und den Infrarotabsorptionsbanden von Sulfanilamiden. Z. Naturforsch. **15** b, 628 —641 (1960). — Physikochemische und chemische Untersuchungen über den antibakteriellen Wirkungsmodus der Sulfanilamide und der 4-Aminosalicylsäure. Jber. Borstel **5** (1961). — SHANNON, J. A.: The relation between chemical structure and physiological disposition of a series of substances allied sulfanilamide. Ann. N.Y. Acad. Sci. **44**, 455 (1943). — SHELL, J. W.: Tolbutamide. Analyt. Chem. **30**, 1576 (1958). — SHELL, J. W., N. F. WITT and C. F. POE: Optical crystallographic properties of some sulfonamides and their diliturates. Microchim. Acta **1957**, 145. — SHEPHERD, R. G.: Sulfonamide preparations in glacial acetic acid. J. org. Chem. **12**, 275 (1947). — SHEPHERD, R. G., A. C. BRATTON and K. C. BLANCHARD: Properties of the nitrogen-carbon-nitrogen system in N^1-heterocyclic sulfanilamides. J. Amer. chem. Soc. **64**, 2532 (1942). — SHEPPARD, M. D.: Sulphamerazine treatment of pneumonia in adults. Brit. med. J. **1948 I**, 73. — SIEBENMANN, CH. O., and HELEN PLUMMER: On the action of marfanil and other anticlostridial agents on anaerobic blood agar plates. J. Pharmacol. exp. Ther. **84**, 291 (1945). — SIEDE, W., and H. SCHNEIDER: Klinische Ergebnisse der Leberfunktionsprüfung durch Belastung mit Prontosil. Klin. Wschr. **32**, 18 (1954). — SIMESEN, MARGRETHE HEJDE: Untersuchungen über die Verteilung der Sulfanilamide im Blut. Naunyn-Schmiedeberg's Arch. exp. Path. Pharmak. **197**, 12 (1941). — SJÖGREN, B., and B. ÖRTENBLAD: The solubilities of separate sulphanilamides and their mixtures („Sulpha-combination"). Acta chem. scand. **1**, 605 (1947). — SMITH, G. F., R. W. HEFFNER, W. W. CLEVELAND and R. B. LAWSON: Blood and cerebrospinal fluid levels of sulfamethoxypyridazine after intravenous administration in children. Antibiot. Ann. **1958/59**, 69 (1959). — SMITH, J. N., and R. T. WILLIAMS: The metabolism of sulphonamides. V. A study of the oxidation and acetylation of sulphonamide drugs and related compounds in the rabbit. Biochem. J. **42**, 351 (1948). — SMITH, M. I., E. L. JACKSON, J. M. JUNGE and B. K. BHATTACHARYA: The pharmacologic and chemotherapeutic action of some new sulfones and streptomycin in experimental tuberculosis. Amer. Rev. Tuberc. **60**, 62 (1949). — SOLGMOSS, A.: Anuria following ischaemia of the renal cortex. Lancet **1949 I**, 957. Ref. Med. Klin. **49**, 1455 (1949). — SPECTOR, W. S. (Editor): Handbook of toxicology, vol. II: Antibiotics. Philadelphia u. London: W. B. Saunders Company 1957. — SPINK, W. W., and J. J. VIVINO: Pigment production by sulfonamide-resistant staphylococci in the presence of sulfonamides. Science **98**, 44 (1943). — STEEL, A. E.: Identification of sulphonamides on paper chromatograms. Nature (Lond.) **168**, 877 (1951). — STEINHOFF, A.: Erfahrungen mit dem Trisulfonamid Andal in der Kinderheilkunde. Medizinische **1956**, 1761. — STETTEN, M. R., and C. L. FOX: An amine formed by bacteria during sulfonamide bacteriostasis. J. biol. Chem. **161**, 333 (1945). — STICKL, H., u. P. WEGNER: Zur Wirkung antibakterieller Substanzen auf bakterielle Giftstoffe. Klin. Wschr. **35**, 1084 (1957). — STRÄSSLE, R., u. A. PLETSCHER: Über Hemmung von Insulinase durch Sulfonylharnstoffe. Klin. Wschr. **35**, 719 (1957). — STREICHER, M. H.: Phthalylsulfathiazole. Clinical, chemical and bacteriologic evaluations in infectious disesaes of the colon. J. Amer. med. Ass. **129**, 1080 (1945). — STUCKE, K.: Ist die intraabdominelle Anwendung der Sulfonamide ungefährlich? Ärztl. Wschr. **4**, 535 (1949). — STÜHMER, A.: Neo-Uliron bei Pemphigus und Erythematodes. Klin. Wschr. **32**, 237 (1954). — SVARTZ, N., u. S. KALLNER: Fortsatta undersökningar över biverkningar vid behandling med sulfonamidpreparat samt en kort redogörelse för nya terapeutiska försök. Nord. Med. **8**, 1935 (1940). — SVENSON, S. E., W. F. DE LORENZO, R. ENGELBERG, M. SPOONER and L. O. RANDALL: Absorption and chemotherapeutic activity of acetyl sulfisoxazole suspended in an oil in water emulsion. Antibiot. Med. 2, 148 (1956). — SWINTOSKY, J. V.: Illustrations and pharmaceutical interpretations of first order drug elimination rate from the bloodstream. J. Amer. pharm. Ass., sci. Ed. 45, 395 (1956). — SWINTOSKY, J. V., M. J. ROBINSON and E. L. FOLTZ: Sulfaethylthiadiazole. II. Distribution and disappearance from the tissues following intravenous injection. J. Amer. pharm. Ass., sci. Ed. 46, 403 (1957). — SWINTOSKY, J. V., M. J. ROBINSON, E. L. FOLTZ and S. M. FREE: Sulfaethylthiadiazole. I. Interpretations of human blood level concentrations following oral doses. J. Amer. pharm. Ass., sci. Ed. 46, 399 (1957). — SZABOLCS, E.: Bestimmung von Sulfamethylthiazol (Ultraseptyl) in Form seines Silbersalzes. Acta pharm. hung. 25, 17 (1955).

TANDAN, J. K., S. K. CHATTERJEE and N. ANAND: An improved method for the synthesis of p-alkylamino-p-aminodiphenyl sulphides, sulphoxides and sulphones. J. Sci. Ind. Res. (New Delhi), Sect. B 15, 419 (1956). — TEORELL, T.: Kinetics of distribution of substances administered to the body. I. The extravascular modes of administration. II. The intravascular modes of administration. Arch. int. Pharmacodyn. 57, 205, 226 (1937). — THOMAS, J., et G. LAGRANGE: Détermination spectrographique de sulfamidés en mélange. J. Pharm. Belg., N.S. 6, 355 (1951). — TILLSON, A. H., and W. V. EISENBERG: Tables for the identification of national formulary X crystalline substances by microscopic-crystallographic method. J. Amer. pharm. Ass., sci. Ed. 43, 760 (1954). — TITUS, E., and J. BERNSTEIN: The pharmacology of the sulfones. Ann. N.Y. Sci. 52, 719 (1949). — TOLSTOOUHOV, A. V.: Ionic interpretation of drug action in chemotherapeutic research. New York: Chem. Publ. Comp. 1955. — TOWNSEND jr., E. H., and AGNETE BORGSTEDT: Preliminary report of clinical experience with sulfadimethoxine, a new long-acting sulfonamide. Antibiot. Ann. 1958/59, 64 (1959). — TRAUER, W.: Absorptionsspektrographische Untersuchungen an Sulfonamiden. Diss. Wien. 1952. — TRAUTWEIN, H.: Nierenschäden nach Sulfonamidbehandlung. Ärztl. Wschr. 4, 212 (1949). — TRÉFOUEL, J., MME J. TRÉFOUEL, F. NITTI et D. BOVET: Activité du p-aminophénylsulfamide sur les infections streptococciques expérimentales de la souris et du lapin. C. R. Soc. Biol. (Paris) 120, 756 (1935). — TROSCHIN, A. S.: Das Problem der Zellpermeabilität. Jena: Gustav Fischer 1958. — TSCHESCHE, R.: Eine neue Deutung des antibakteriellen Wirkungsmechanismus der Sulfonamide. Z. Naturforsch. 2b, 10 (1947). — Der antibakterielle Wirkungsmodus der Sulfonamide. Arzneimittel-Forsch. 1, 335 (1951). — Pteridine. In: HOPPE-SEYLER/THIERFELDER, Physiologisch-chemische Analyse, 10. Aufl., III/2, Bausteine des Tierkörpers I, 2. Bandteil, S. 1355—1373. Berlin-Göttingen-Heidelberg: Springer 1955. — TSCHESCHE, R., u. G. CREMER-BARTELS: Zur Frage des antibakteriellen Wirkungsmechanismus der Sulfonamide. VI. Beeinflussung der Sulfonamidempfindlichkeit von Enterokokken und E. coli durch 2-Amino-6,9-dioxypteridinaldehyd-(8), Aminosäuren und Wuchsstoffe. Z. Naturforsch. 5b, 367—373 (1950). — TSCHESCHE, R., C. H. KÖHNCKE u. F. KORTE: Zur Frage der antibakteriellen Wirkung der Sulfonamide. IV. 9-Oxy-pteridinaldehyd, 9-Oxypterinsäure und 9-Oxy-pteroylglutaminsäure als Wachstumsfaktoren für Streptococcus faecalis R. Z. Naturforsch. 5b, 132 (1950). — TSCHESCHE, R., u. F. KORTE: Zum biochemischen Syntheseweg der Pteroylglutaminsäure. Z. Naturforsch. 8b, 87 (1953). — TSCHESCHE, R., F. KORTE u. INGEBORG KORTE: Zur Frage der antibakteriellen Wirkung der Sulfonamide. V. Wachstumswirkung einer Reihe von Pteridinderivaten bei Streptococcus faecalis R und ihre Beeinflussung durch Sulfathiazol. Z. Naturforsch. 5b, 312 (1950). — Zur Frage des antibakteriellen Wirkungsmechanismus der Sulfonamide. VII. Weitere Untersuchungen über die der Folsäure ähnliche Wachstumswirkung einiger einfacher Pteridinderivate bei Streptococcus faecalis R und ihre Beeinflussung durch Hemmstoffe. Z. Naturforsch. 6b, 304 (1951). — TSCHESCHE, R., F. KORTE u. LIESELOTTE REICHLE: Zur Biogenese der Folsäure und des Coenzyms F. II. Weitere Untersuchungen über die Natur der Wachstumswirkung verschie dener Pteridin-Derivate bei Streptococcus faecalis R. Z. Naturforsch. 10b, 346 (1955). — TSCHESCHE, R., W. LOOP u. K. SOEHRING: Zur Frage des antibakteriellen Wirkungsmechanismus der Sulfonamide. III. Z. Naturforsch. 3b, 298 (1948). — TSCHESCHE, R., K. SOEHRING u. KÄTHI HARDER: Folinsäure-Synthese und antibakterielle Wirkung der Sulfonamide. Z. Naturforsch. 2b, 244 (1947). — TSUKAMURA, M.: The decrease of mutation rate to streptomycin resistance in sulfathiazole-resistant Mycobacterium avium produced by the presence of sulfathiazole. A specific effect of sulfathiazole in reducing the emergence of streptomycin resistance by a nonselective mechanisms. Amer. Rev. Tuberc. 76, 301 (1957). — Theoretical basis of multiple chemotherapy from bacteriological aspects. Chemotherapy 7, 157 (1959). — TÜNNERHOFF, F., H. SEELIGER u. H. SCHWABE: Experimentelle und klinische Untersuchungen über den Einfluß lokaler Sulfonamidbehandlung auf tuberkulöse Lungenzerfallsherde. Arzneimittel-Forsch. 3, 277 (1953). — TUNZE, W.: Ist die intra-abdominelle Anwendung der Sulfonamide ungefährlich? Ärztl. Wschr. 1/2, 790 (1947).

UECKER, W.: Untersuchungen an Enzymen von Mykobakterien. Diss. Kiel. 1954. — UHLBACH, P.: Morphologische Befunde nach Sulfathiazolschäden. Frankfurt. Z. Path. 61, 168 (1949). — UMEDA, Y.: Untersuchungen über den Stoffwechsel der p-Aminobenzoesäure beim Kaninchen. Fukuoka Acta med. **48**, 299 (1957). — UNGER, K.: Zur Sulfonamidurie. Zbl. Chir. **77**, 358 (1952).

VECELLIO DEL MONEGO, DINA: Die Acetylierung von Sulfonamiden während Schwangerschaft und Wochenbett. Med. Klin. **50**, 1566 (1955). — VELTMAN, G.: Über die Klinik der Sulfonamidschäden. Zugleich Bericht über einen Exitus letalis nach Eleudron. Med. Klin. **41**, 607 (1946). — VESPE, V., and J. S. FRITZ: Titration of barbiturates and sulfa drugs in nonaqueous solution. J. Amer. pharm. Ass., sci. Ed. **41**, 197 (1952). — VITOLO, A. E.: Nuovo ricerche per la caratterizzazione dei sulfamidici con il reattivo di Roux. Boll. chim.-farm. **91**, 180 (1952[1]). — Sul comportamento di alcuni preparati sulfamidici alla luce di WOOD. Boll. chim.-farm. **91**, 264 (1952[2]). — VOGEL, H.: Chemie und Technik der Vitamine. Bearb. von H. KNOBLOCH. Bd. 2, Teil 1: Die wasserlöslichen Vitamine. p-Aminobenzoesäure und die Folsäure-Gruppe (Pteroylglutaminsäuren-Leucovorin, S. 328—348. Stuttgart: Ferdinand Enke 1955. — VONKENNEL, J.: Merkblatt zur Gonorrhoebehandlung mit Sulfonamiden. Kiel: Selbstverlag 1941. — Die Wirkung und die Anwendung der Sulfanilamide. Dtsch. med. Wschr. **68**, 953, 985 (1942). — VONKENNEL, J., u. BULLERJAHN: Die Acetylierung primär aromatischer Amine unter dem Einfluß von Vitamin B_1, Traubenzucker, Adrenalin und Insulin untersucht am Sulfaäthylthiodiazol und der p-Aminobenzoesäure. Arch. Derm. Syph. (Berl.) **185**, 502 (1944). — VONKENNEL, J., u. J. KIMMIG: Versuche und Untersuchungen mit neuen Sulfonamiden. Klin. Wschr. **20**, 2 (1941). — Zur Problem der sulfanilamid-resistenten Gonorrhoe. Klin. Wschr. **22**, 302 (1943). — VONKENNEL, J., J. KIMMIG u. B. KORTH: Versuche und Untersuchungen mit neuen Sulfonamiden. Z. klin. Med. **138**, 695 (1940). — VONKENNEL, J., J. KIMMIG u. A. LEMBKE: Gasanalytische und elektronenoptische Untersuchungen zur Wirkungsweise der Sulfonamide. Dtsch. med. Wschr. **69**, 129 (1943). — VONKENNEL, J., u. B. KORTH: Zur Chemotherapie der Gonorrhöe mit „Albucid". Münch. med. Wschr. **85**, 2018 (1938). — VONKENNEL, J., u. W. SCHMIDT: Die Permeabilität der Blutliquorschranke für Sulfonamide. Klin. Wschr. **18**, 150 (1939). — VOORHIES, J. D., and N. H. FURMAN: Quantitative anodic chronopotentiometry at a platinum electrode. Application to the sulfa drug. Analyt. Chem. **30**, 1656 (1958). — VULTERIN, J., u. H. ZÝKA: Beitrag zur Analytik von Sulfonamiden. Chem. Listy **48**, 1696 (1954).

WACKER, A.: Chemotherapie und Bakterienresistenz. Klin. Wschr. **37**, 1 (1959). — WACKER, A., MARIA EBERT u. H. KOLM: Über den Stoffwechsel der p-Aminobenzoesäure, Folsäure und Aminofolsäure bei Enterococcus. Z. Naturforsch. **13**b, 141 (1958). — WACKER, A., H. GRISEBACH, A. TREBST, MARIA EBERT u. F. WEYGAND: Über den Wirkungsmechanismus der p-Aminosalicylsäure. Stoffwechseluntersuchungen bei Mikroorganismen mit radioaktiven Isotopen. Angew. Chem. **66**, 712 (1954). — WACKER, A., H. GRISEBACH, A. TREBST u. F. WEYGAND: Der Wirkungsmechanismus der Sulfonamide. I. Mitt. über Coenzym F. Angew. Chem. **66**, 326 (1954). — WACKER, A., H. KOLM u. MARIA EBERT: Über den Stoffwechsel der p-Aminosalicylsäure und Salicylsäure bei Enterococcus. Z. Naturforsch. **13**b, 147 (1958). — WACKER, A., A. TREBST u. H. SIMON: Über den Stoffwechsel des Sulfanilamids-(^{35}S) bei empfindlichen und resistenten Bakterien. Z. Naturforsch. **12**b, 315 (1957). — WADIA, P. S., M. C. KHOSLA and NITYA ANAND: Studies in potential antimycobacterial agents. VII. Separation of diaminodiphenyl sulphides, sulphoxides and sulphones by paper partition chromatography. J. Sci. Ind. Res. (New Delhi), Sect. C **14**, 148 (1955). — WAGNER, G.: Die Trennung einiger Sulfonamide auf papierchromatographischem Wege. Arch. Pharm. (Weinheim) **285** (57), 409 (1952). — Die papierelektrophoretische Feststellung von p-Aminobenzoesäure in Novocain und von m-Aminophenol in p-Aminosalicylsäure. Pharmazie **9**, 556 (1954[1]). — Zur Mikroanalyse von Marfanilpräparaten. Pharmazie **9**, 979—982 (1954[2]). — Über Umsetzungsprodukte bei Sulfathiocarbamid-Gehaltsbestimmungen. Arch. Pharm. (Weinheim) **289** (61), 39 (1956[1]). — Über die Zersetzung verschiedener Sulfonamide in Pyridinlösung. Arch. Pharm. (Weinheim) **289** (61), 87—90 (1956[2]). — WAGNER, J.: Über die Bindung der Sulfonamide an die roten Blutkörperchen. Vortr. 2. Symp. über Fragen der Struktur und Funktion der roten Blutkörperchen. Berlin 1957, Humboldt-Univ. Berlin, Pharmakolog. Institut. — WAGNER, W.-H.: Chemotherapeutische Untersuchungen über Sulfapyrimidine. Arzneimittel-Forsch. **3**, 66 (1953). — WAGNER, W.-H., u. J. KIMMIG: Vergleichende Untersuchungen über die Wirkung einiger Sulfone und Sulfonamide in vitro und in vivo bei Streptokokken. Klin. Wschr. **24/25**, 12 (1946). — WAGNER, W.-H., u. W. SCHULZ: Chemotherapeutische Untersuchungen über Spirotrypan. Z. ges. exp. Med. **119**, 204 (1952). — WAGNER-JAUREGG, TH.: Versuche zur Chemotherapie der Lepra und der Tuberkulose. Z. ges. exp. Med. **113**, 505 (1944). — Hemmung der Acetylierungsfunktion des Coenzym A. Experientia (Basel) **13**, 277 (1957). — WAGNER-JAUREGG, TH., u. H. SANER: Hemmung der enzymatischen Acetylierung von p-Sulfanilamid und von p-Aminobenzol. Arzneimittel-Forsch. **9**, 579 (1959). — WALJASCHKO, N. A., u. N. P. ROMASANOWITSCH: Absorptionsspektren und Struktur von Benzolderivaten. 20. Spektrographische Untersuchung von p-Aminobenzolsulfonsäure und ihren Derivaten. J. allg. Chem. **26**, 2509 (1956). — WALKER, J.: Chemotherapeutic agents of the sulphone type. I. Sulphones containing a p-aminophenyl group. J. chem. Soc. **1945**, 630. — WALTER, A. M., u. L. HEILMEYER: Antibiotika-Fibel: Indikation und Anwendung der Chemotherapeutika und Antibiotika. Stuttgart: Georg Thieme 1954. — WALTHER, H.: Kasuistische Beiträge zur experimentellen Empfindlichkeitsprüfung auf Antibiotica und Sulfonamide mit dem Sebastest. Derm. Wschr. **136**, 1001 (1957). — WANKMÜLLER, A.: Zur Papierchromatographie aromatischer Amine. Naturwissenschaften **39**, 133 (1952[1]). — Zur Papierchromatographie von Arzneimittelkombinationen. Naturwissenschaften **39**, 302—303 (1952[2]); **40**, 57 (1953). — WASIELEWSKI, E. v., J. ALBRECHT u. A. v. GRAEVENITZ: Zur Persistenz Antibiotica-sensibler Keime bei antibiotischer Behandlung. Arzneimittel-Forsch. **10**, 186 (1960). — WATANABE, A.: Über den Polymorphismus des Sulfanilamids. Naturwissenschaften **29**, 116 (1941). — WEHRMANN, RENATE: Persönliche Mitteilung 1958. — Experimentelle Untersuchungen über neue Sulfonamid-Derivate unter besonderer Berücksichtigung der Beziehungen zwischen ihrer Kon zentration im Serum und ihrem Eiweißbindungsvermögen. Arzneimittel-Forsch. **10**, 726 (1960). — WEIL, A. J., and L. S. GALL: Chemotherapeutic testing with sodium sulfathiazole in the developing chick embryo. J. infect. Dis. **69**, 97 (1941). — WEISSBECKER, L., u. W. STEIN: Porphyrinurie nach Sulfonamiden und ihre Beeinflußbarkeit. Arzneimittel-Forsch. **3**, 619 (1953). — WELLING, ELISABETH J., u. F. J. DIENSBERG: Neuere Untersuchungen über Resorption und Ausscheidung von Sulfonamiden im Wochenbett. Arch. Gynäk. **179**, 514 (1951). — WENDEROTH, H., u. F. BALZEREIT: Zwei Agranulocytosefälle nach Sulfonamidtherapie des Diabetes. Med. Klin. **53**, 1560 (1958). — WERNER, A. E. A.: Estimation of sulphonamide in biological fluids. Lancet **1939 I**, 18. — WESENER, G.: Über protahierte-Neo-Uliron-Behandlung in der Dermatologie. Derm. Wschr. **128**, 979 (1953). — WEYGAND, F., A. WACKER, A. TREBST u. O. P. SWOBODA: Über die Biosynthese der Folsäure. Z. Naturforsch. **11b**, 689 (1956). — WHITE, H. J.: The relationship between temperature and the streptococcidal activity of sulfanilamide and sulfapyrimidine in vitro. J. Bact. **38**, 549 (1939). — WHITE, H. J., and J. M. PARKER: The bactericidal effect of sulfanilamide upon Beta hemolytic streptococci in vitro. J. Bact. **36**, 481 (1938). — WHITE, H. J., BARBARA C. WADSWORTH, G. S. REDIN and A. J. GENTILE: An evaluation of elkosin, gantrisin, and sulfacetamide in standardized infections in mice. Antibiot. and Chemother. **2**, 659 (1952). — WIDMARK, E., u. J. TANDBERG: Über die Bedingungen für die Akkumulation indifferenter Narkotica. Theoretische Berechnungen. Biochem. Z. **147**, 358 (1924). — WIEDEMANN, O.: Das Resistenzproblem bei der Therapie bakterieller Infektionen in klinisch-bakteriologischer Hinsicht. Internist **1**, 64 (1960). — WIJS, J. C. DE: Identification of sulfonamides by x-ray powder photographs. Analyt. chim. Acta **5**, 513 (1951). — WILDE, J.: Kritische Studie der derzeitigen Resistenzbestimmungsmethoden gegenüber Sulfonamiden. Z. ges. inn. Med. **12**, 100 (1957). — WILDE, W.: Urolithiasis nach Eleudronstoßbehandlung. Med. Klin. **44**, 999 (1949). — WILKERSON, A. S.: Optical properties of 2-sulfanilamidopyrimidine (sulfadiazine). J. Amer. chem. Soc. **64**, 2230 (1942). — WILLI, A. V.: Die Aciditätskonstanten von Benzolsulfonamiden und ihre Beeinflußbarkeit durch Substitution. Helv. chim. Acta **39**, 46 (1956). — WILLI, A. V., u. W. MEIER: Die Aciditätskonstanten von Benzolsulfonamiden mit heterocyclischer Amino-Komponente. Helv. chim. Acta **39**, 54 (1956). — WILUTZKY, H., u. H. HERKEN: Über die Wirkung von Acetylamino-thiodiazol-sulfonamid (Diamox) auf die Natriumbilanz und Wasserausscheidung bei kardialen Ödemen. Dtsch. Arch. klin. Med. **202**, 477 (1955). — WITZGALL, H.: Die Verteilung von körpereigenen Stoffen im Blut und ihr Einfluß auf die Pharmakodynamik. (Am Beispiel von 15 Sulfonamiden und verwandten Verbindungen.) Habil.-Schr. Berlin 1951. — Die Blut-Liquorverteilung von Arzneimitteln an dem Beispiel der gebräuchlichsten Sulfonamide. Ärztl. Wschr. 8, 643 (1953). — WOITKEWITSCH, A. A.: Die antithyreoide Wirkung der Sulfonamide und Thioureate. Moskau: Medgis 1957. — WOJAHN, H.: Quantitative Bestimmung der Sulfonamide. Arch. Pharm. (Weinheim) **281** (53), 124—140 (1943). — Zur Kenntnis der Brom-Sulfonamid-Verbindungen. Bromometrische Bestimmung von Sulfathiazol (Cibazol, Eleudron) und Tibatin. II. u. III. Mitt. über Sulfonamide. Arch. Pharm. (Weinheim) **281** (53), 193, 289 (1943). — Quantitative Bestimmung von Irgamid, Irgafen und Pyrimal. Pharm. Zentralh. **86**, 262 (1947). — Zur Kenntnis von Schwermetallverbindungen in der Sulfonamid-Reihe. Pharmazie **3**, 254 (1948[1]). — Die bromometrische Sulfonamidtitration. Süddtsch. Apoth.-Ztg. **1948**[2], 395. — Wertbestimmung von Badional, Marbadal und Supronalum. Pharmazie **5**, 158 (1950). — Zur maßanalytischen Bestimmung von Badional und Marbadal. Erwiderung auf eine Veröffentlichung von R. BROESE. Dtsch. Apoth.-Ztg/Süddtsch. Apoth.-Ztg **1951**, 357. — Zur Bromierung von Sulfapyrimidin- und Sulfathiazol-Verbindungen. II. Mitt. Arch. Pharm. (Weinheim) **288** (60), 321 (1955). — WOJAHN, H., u. MAGDALENE WITTKER: Zur Bromierung von Sulfathiazol- und Sulfapyrimidinverbindungen. Pharmazie **3**, 488 (1948). — WOLFF, L., u. W. TEUSCH: Das Aktinomykoseproblem. Münch. med. Wschr. **94**, 1653 (1952). — WOODS, D. D.: The relation of p-aminobenzoic acid to the mechanism of the action of sulphanilamide. Brit. J. exp. Path. **21**, 74 (1940). — Biochemical significance of the competition between p-aminobenzoic acid and the sulphonamides. Ann. N.Y. Acad. Sci. **52**, 1199 (1950). — WOODS,

D. D., and P. FILDES: The anti-sulphanilamide activity (in vitro) of p-aminobenzoic acid and related compounds. Chem. and Ind. **59**, 133 (1940). — WOOLLEY, D. W.: Some structural analogs antagonistic to pteroyl glutamic acid (folic acid). Bull. Soc. Chim. biol. (Paris) **30**, 805 (1948). — WORK, TH. S., and ELIZABETH WORK: The basis of chemotherapy. Edinburgh and London: Oliver & Boyd Ltd. 1948.

YAMABE, S.: Spectroscopic study of sulfa drugs. Jap. J. Pharmacol. Chem. **22**, 23 (1950). YANIV, H., and B. D. DAVIS: The relation between sulfonamide resistance and p-aminobenzoic acid requirement. J. Bact. **66**, 238 (1953). — YEGIAN, D., and VERA BUDD: The permeability of mycobacteria to sulfonamides and sulfonamide-like agents. J. Pharmacol. exp. Ther. **84**, 318 (1945). — YOSHIDA, H., and Y. MATSUDA: Über die Toxizität neuer Sulfonamide, insbesondere oral zu verabreichender Antidiabetica. Folia endocr. japon. **33**, 190 (1957). Ref. in Chem. Zbl. **1957**, 13102). — YOUMANS, G. P., and L. DOUB: The relation between chemical structure of sulfones and their bacteriostatic activity. In vitro studies with virulent human type tubercle bacilli. Amer. Rev. Tuberc. **54**, 287 (1946). — YOW, E. M.: A reevaluation of sulfonamide therapy. Ann. intern. Med. **43**, 323 (1955).

ZAKI, O. A.: Untersuchungen über die Antisulfonamidaktivität von p-Aminobenzoesäure und verwandten Verbindungen bei experimenteller Pasteurellosis. Brit. vet. J. **111**, 112 (1955). — ZALOKAR, M.: The p-aminobenzoic acid requirement of the "sulfonamide requiring" mutant strain of neurospora. Proc. nat. Acad. Sci. (Wash.) **34**, 32 (1948). — ZAWACKI, F.: Gegenseitige Ausscheidungsbeeinflussung von Sulfonamiden. Acta Biol. med. Germ. **1**, 85 (1958). — ZBINDEN, F., u. R. PULVER: Erfahrungen mit dem Sulfonamid-Mischpräparat Dosulfin. Dtsch. med. Wschr. **80**, 1035 (1955). — ZEISSLER, J.: Welche Voraussetzungen muß die Technik von Kulturversuchen zur Bestimmung der bakteriostatischen Wirkung der Sulfonamide erfüllen? Z. Immun.-Forsch. **106**, 273 (1949). — ZENNER, B.: Sulfonamide als Lichtschutzmittel. Klin. Wschr. **21**, 227 (1942). — ZENNER, B., u. J. BEUTNAGEL: Vergleich und Erprobung derzeitiger Lichtschutzmittel. Ther. d. Gegenw. **89**, 108 (1950). — ZENNER, B., J. BEUTNAGEL u. H. C. FRIEDERICH: Zur Diagnose und Therapie lichtbedingter oder lichtverschlimmerter Hautkrankheiten. Dtsch. med. Wschr. **76**, 578 (1951). — ZIEGLER, J. B., R. E. BAGDON and A. C. SHABICA: The solubility of some sulfonamides of current clinical importance. Amer. J. dig. Dis. **21**, 74 (1954). — ZIEGLER, J. B., and A. C. SHABICA: The acetylation of some sulfapyrimidines. J. Amer. chem. Soc. **76**, 594 (1954). — ZIERZ, P.: Zur Therapie der Sulfonamidzyanosen. Med. Klin. **36**, 1022 (1940). — ZÖLLNER, EVA, u. G. VASTAGH: Kolorimetrische Bestimmung von diazotierbaren Aminen (Novocain, Anästhesin, Sulfonamide) durch Kuppeln mit Thymol. Pharm. Zentralh. **96**, 199 (1957). — ZOLLINGER, H.: Mesomeric effect of the sulphonic acid group. Nature (Lond.) **172**, 257 (1953). — Anonym: Antileprotic action of dapsone and derivatives. Lancet **1955 II**, 916.

Chemotherapeutica mit tuberkulostatischer Wirkung

Von

Josef Kimmig und **Renate Wehrmann**-Hamburg

Mit 4 Abbildungen

I. Historische Entwicklung der Chemotherapie der Hauttuberkulose

Die Entdeckung der Heilwirkung der Sulfonamide lenkte die Behandlung vieler Infektionskrankheiten in eine neue Richtung. In Anlehnung an diese Arbeiten versuchte man auch für die Tuberkulose spezifisch wirkende Chemotherapeutica zu finden, zumal die jahrelangen Versuche mit Goldcyanverbindungen (BRUCK und GLÜCK) keine befriedigenden Ergebnisse erbracht hatten (RUETE, MENTBERGER). Ein gewisser Einfluß der Goldpräparate scheint allerdings, auch nach den tierexperimentellen Untersuchungen von FELDT, vorhanden zu sein. Er beruht vielleicht auf der allgemeinen pharmakologischen Wirkung des Goldes als Capillargift; die günstigen Beeinflussungen des Krankheitsbildes im Tierexperiment wären dann auf eine an den tuberkulösen Herden besonders starke und anhaltende Hyperämie zurückzuführen. In neuerer Zeit lebte das Interesse für die Goldtherapie durch die Versuche MOLLGARDs wieder auf. Die Goldbehandlung wurde aber bald wieder aufgegeben, da die für eine ausreichende Therapie notwendigen Dosierungen toxische Nebenerscheinungen hervorrufen können. In Tabelle 1 sind die neueren Goldpräparate zusammengefaßt.

Tabelle 1. *Im Handel befindliche Goldpräparate*

Sanochrysin	$(AuO_3S_2)\langle^{Na}_{Na_2SO_3}$
Chrysolgan .	HOOC—⟨Benzolring⟩—SAu
Solganal . .	NaO_3S—⟨Benzolring, SAu⟩—NH—CH_2—SO_3—Na
Triphal . .	Aurothiobenzimidazolcarbonsaures Na
Lepion. . .	Auroallylthioharnstoffbenzoesaures Na

Bessere Ergebnisse als mit der Goldtherapie erzielte man mit Kupferverbindungen, vor allem einer komplexen Kupferlecithinverbindung. DEYCKE und MUCH hatten gezeigt, daß die Lecithinspaltprodukte Neurin und Cholin die Tuberkelbakterien aufzulösen vermögen. Von MEHLER und ASCHER wurde das Borcholin in die Therapie der Tuberkulose eingeführt; in Verbindung mit Kupfersalzen konnten Heilerfolge erzielt werden. Die theoretischen und experimentellen Grundlagen der Kupfertherapie wurden von der Gräfin v. LINDEN erbracht. Sie konnte zeigen, daß Kupfer in vitro das Wachstum der Tuberkelbakterien hemmt, und daß auch im Tierversuch bei der experimentellen Meerschweinchentuberkulose eine Lebensverlängerung, wenn nicht sogar ein Stillstand der Erkrankung zu beobachten ist.

Auch andere Metallsalze wurden in den Kreis der Untersuchungen einbezogen. Erbium, Platin, Wolfram, Aluminium, Barium, Cadmium, Cer, Lanthan, Molybdän, Ruthenium und Selen zeigten zwar in vitro eine Hemmwirkung gegenüber Mycobacterium tuberculosis, im Tierexperiment und klinisch konnten jedoch keine gesicherten Ergebnisse erzielt werden.

Die gleichen Ergebnisse erzielte man mit Phenolverbindungen. Günstigen in vitro-Versuchen standen die klinischen Versager gegenüber. Nach Wagner-Jauregg ist die Unwirksamkeit der Phenolderivate auf ihre schnelle Ausscheidung aus dem Organismus zurückzuführen, so daß die Präparate nicht voll zur Wirkung kommen können.

Nachdem die Wirkung des Chaulmoograöles auf die Leprabakterien, also einem dem Tuberkelbacterium verwandten Organismus, bekannt geworden war, und auch gewisse praktische Erfolge in der Behandlung der Lepra erzielt worden waren, versuchte man das Chaulmoograöl sowie Derivate desselben für die Therapie der Tuberkulose einzusetzen. Chaulmoograöl selbst hat keine Hemmwirkung, während einige Ester der Chaulmoograsäure, wie der Ester des 4-n-Hexylresorcins, des Guajacols und des p-Chlor-m-kresols im Tierversuch eine schwache Wirkung zeigten. Klinisch-therapeutisch sind diese Präparate ohne Bedeutung.

Auf der Suche nach neuen chemotherapeutisch wirksamen Stoffen wurde mit Beginn der Sulfonamidära auch diese Verbindungsklasse auf ihre tuberkulostatische Wirkung geprüft. Die systematische Untersuchung von Hunderten von Sulfonamiden in den Elberfelder Laboratorien ergab, daß nur die Sulfathiazol- und Sulfathiodiazolderivate eine tuberkulostatische Wirkung auszuüben vermögen. Im Tierexperiment wurde wohl eine Lebensverlängerung, aber nie eine Heilung festgestellt. Trotz der ungünstigen experimentellen Ergebnisse wurden die Sulfomanide auch klinisch eingesetzt. Im ganzen gesehen haben die Sulfonamide nur eine geringe Bedeutung für die Chemotherapie der Tuberkulose. Ihre Wirkung beruht nach Ansicht von Metz und Dennig u. Fischer nicht auf einer direkten Beeinflussung der Tuberkelbakterien sondern mehr auf der Zurückdrängung der Kokkenmischflora. Die Weiterentwicklung dieser Arbeiten führte zu der Entdeckung der Thiosemicarbazone, Zwischenprodukten bei der Synthese von Thiodiazolderivaten. Behnisch, Mietzsch und Schmidt synthetisierten eine Reihe von Thiosemicarbazonen, von denen das des 4-Acetylaminobenzaldehyds (TB I/698) und das Diäthanolaminsalz des Thiosemicarbazons der Benzaldehydcarbonsäure (TB VI) eine stärkere tuberkulostatische Wirkung als die Sulfathiazole oder Sulfathiodiazole auszuüben vermögen.

Bessere Ergebnisse als die Sulfonamide zeigten die Sulfone. Das 4,4′-Diamino-di-phenyl-sulfon, das im Pasteur-Institut in Paris gefunden wurde, besitzt eine spezifische Wirkung gegenüber dem Tuberkelbacterium (Rist u. Mitarb.). Als noch wirksamer wurde von amerikanischen Autoren das Promin, das 4,4′-Diamino-di-phenyl-sulfon-di-dextrosesulfat bezeichnet. Die tierexperimentellen Untersuchungen zeigten, daß die Versuchstiere unter Prominbehandlung erscheinungsfrei wurden, eine vollständige Ausheilung wurde aber selten oder nie erreicht. In der Humanmedizin erwies sich Promin als zu toxisch, als daß es in den notwendigen hohen Dosierungen und über längere Zeiträume eingesetzt werden konnte. Vielfach wurde es in Kombination mit Streptomycin angewandt (Brownlee und Kennedy, Cocchi und Pasquinucci, Moeschlin und Schreiner,

SMITH u. Mitarb.). In dieser Kombination soll es nicht als Tuberkulostaticum wirken, sondern die Entwicklung einer Streptomycinresistenz verhindern.

Neben dem Promin hat das Sulphetron in der Kombinationstherapie mit Streptomycin noch Beachtung gefunden (BROWNLEE). MADIGAN u. Mitarb. stellten aber unter der kombinierten Streptomycin-Sulphetron-Therapie auch eine Resistenzentwicklung fest. Von neuen Prominderivaten war ein Diamino-diphenyl-sulfon-N-acetat-sulfon im Tierversuch wirksam. Die tuberkulostatische Wirkung war aber nie dem Grundkörper überlegen; eine Ausheilung der Tuberkulose wurde nicht erreicht.

Die Entdeckung des Penicillins führte zu der Einführung der Antibiotica in die Chemotherapie der Infektionskrankheiten. Penicillin selbst besitzt keine tuberkulostatische Wirkung. In Weiterentwicklung der Antibioticaforschung wurde 1943 von WAKSMAN u. Mitarb. das Streptomycin entdeckt, das durch eine hohe in vitro- und in vivo-Wirksamkeit gegenüber Tuberkelbakterien ausgezeichnet ist. In der Folgezeit wurde noch eine Reihe weiterer Antibiotica, wie das Neomycin, Viomycin, Cycloserin, Kanamycin und Streptovaricin isoliert, die für die Therapie der Tuberkulose von Bedeutung wurden.

Die wachstumshemmenden Eigenschaften der p-Aminosalicylsäure gegenüber Tuberkelbakterien im Reagensglas wurde 1946 von LEHMANN entdeckt. Im Tierversuch ist die p-Aminosalicylsäure nur gering wirksam.

Mit der Entdeckung des Isonicotinsäurehydrazids wurde eine Körperklasse in die Chemotherapie der Tuberkulose eingeführt, die neben geringer Toxicität eine um 2 Zehnerpotenzen höhere Wirksamkeit als die Thiosemicarbazone besitzt. Neben dem Isonicotinsäurehydrazid und verwandter Isonicotinoylderivate erwies sich noch das Cyanessigsäurehydrazid als tuberkulostatisch wirksam.

Weitere therapeutisch wichtige tuberkulostatische Substanzen, die sich aber noch im Versuchsstadium befinden, sind Derivate des Pyrazins, Phenazins und der Rhodanwasserstoffsäure.

II. Die experimentelle Chemotherapie der Tuberkulose

Die endgültige Entscheidung über den therapeutischen Wert einer neuen Verbindung kann nur auf Grund des klinischen Erfolges oder Versagens getroffen werden. Jede neue Substanz kann aber nicht gleich beim Menschen eingesetzt werden. Es müssen zunächst in vitro-Versuche und bei positivem Ausfall derselben Tierversuche durchgeführt werden. Aus einem positiven Ergebnis des in vitro-Versuches kann man noch keinen Rückschluß auf die tuberkulostatische Wirkung in vivo ziehen. Dagegen entspricht in den meisten Fällen einem negativen Ergebnis des in vitro-Versuches auch ein Versagen im Tierexperiment. Es gibt aber auch Ausnahmen von dieser Regel, wie z. B. im Falle der Sulfonamide, welche in vitro nur eine geringe bakteriostatische Wirkung zeigen (1:500 bis 1:2000), im Tierversuch die Aronsonsepsis der weißen Maus vollkommen zur Ausheilung bringen.

1. Der in vitro-Versuch

Ein Vergleich der tuberkulostatischen Wirkung einer Substanz mit derjenigen anderer Substanzen ist nur möglich, wenn konstante Versuchsbedingungen eingehalten und diese zugleich mit dem Ergebnis angegeben werden:

1. Zusammensetzung des Nährmediums.
2. Einsaatmenge.
3. Verwendeter Bakterienstamm oder Typ.

4. Lösungsmittel für die zu testende Substanz.
5. Hemmwert einer Standardverbindung.

Als Nährmedium benutzen wir einen hier entwickelten festen Nährboden, in dem die Vorzüge des Dubos-Nährbodens mit denen eines Eiernährbodens vereinigt sind (MEYER-ROHN).

1. Basalmedium: In 500 ml etwa 80° warmen Aqua dest. werden nacheinander folgende Substanzen gelöst:

Na_2HPO_4 nach SÖRENSEN	1,5 g
KH_2PO_4 nach SÖRENSEN	2,0 g
$MgSO_4$	0,3 g
Mg-Citrat	1,25 g
Alanin	2,0 g
Asparagin	3,0 g

Hierzu kommen 60 ml Glycerin; 2mal im Dampftopf sterilisieren.

2. Vor dem Gebrauch werden zu 50 ml Basalmedium (1.) 5 ml einer 0,5%igen Malachitgrünlösung zugesetzt.

3. 165 ml Eimischung (aus 4 Eiern, die in einer sterilen Flasche durch Schütteln mit Glasperlen homogenisiert worden sind) werden zu der Nährlösung (2.) gegeben.

Anschließend werden zu 200 ml der Lösung (3.) 10 ml „Tween 80“-Lösung gegeben. 0,12 ml „Tween 80“ werden in 10 ml n/20 NaOH gelöst.)

5. Die Nährlösung (4.) wird in sterile Röhrchen (je 6 ml) abgefüllt und in schräger Lage 2 Std im Heißluftsterilisator bei 90° coaguliert. Nach dem Abkühlen wird in jedes Röhrchen noch 0,5 ml Bouillon gegeben.

Die zu prüfende Substanz wird dem Nährmedium vor dem Erhitzen im Heißluftsterilisator in Konzentrationen von 10^{-5} bis 10^{-7} (10—0,1 γ/ml) zugesetzt.

Die Einsaat erfolgt mit einer Capillarpipette; 10 mg einer 3 Wochen alten Kultur werden in 10 ml physiologischer Kochsalzlösung suspendiert. In jedes Röhrchen wird ein Tropfen dieser Impflösung pipettiert und anschließend die Kulturen 6 Wochen lang bei 37° bebrütet.

2. Der Tierversuch

Experimentell kann eine Tuberkulose bei verschiedenen Tierarten hervorgerufen werden. Als ideales Versuchstier für den in vivo-Versuch hat sich uns das Meerschweinchen erwiesen. Meerschweinchen sind rentabler als Kaninchen und anspruchsloser in der Pflege. Ein Nachteil ist die lange Versuchsdauer bis zu 6 Monaten. Amerikanische Autoren (DENNIS u. Mitarb.) weisen auf die Vorzüge des syrischen Goldhamsters hin, bei welchem man früher als beim Meerschweinchen die tuberkulostatische Wirkung einer Substanz erkennen soll. In neuerer Zeit wird auch die Maus mehr und mehr für in vivo-Versuche, besonders von amerikanischer Seite eingesetzt (D'ARCY HART und REES, STEWART, YOUMANS). Die Vorteile der Maus als Versuchstier liegen in der Rentabilität, kurzer Versuchsdauer (2 Wochen), isolierter Lungentuberkulose und der Verwendung von geringen, zum Teil oft kostbaren Substanzmengen. Der Nachteil höherer interkurrenter Sterblichkeit kann durch größere Versuchstiermengen pro Substanz ausgeglichen werden. Eine Infektionsgefahr bei der intravenösen Applikation kann durch das Arbeiten in einer UV-Kapelle vermindert werden.

Für unsere Versuche benutzen wir sowohl Mäuse als auch Meerschweinchen. Wegen der langen Versuchsdauer mit Meerschweinchen werden die Vorversuche als „screening-Test“ mit der experimentellen Mäusetuberkulose durchgeführt. Erweist sich eine Substanz im „screening-Test“ als unwirksam, so ist es nicht mehr notwendig sie im Meerschweinchen- oder Kaninchenversuch einzusetzen. Für die Durchführung des „screening-Testes“ sei auf die Monographie von

J. Meyer-Rohn hingewiesen. Die Prüfung einer Substanz bei der experimentellen Meerschweinchentuberkulose wird nach folgender Methodik durchgeführt:

20 Meerschweinchen, durchschnittlich 200 g schwer, werden mit 1 ml einer 10^{-8} verdünnten Tuberkelaufschwemmung inguinal infiziert. 11 Tage nach der Infektion wird mit der Therapie begonnen. Die Dosierung richtet sich nach dem Ergebnis der vorher durchgeführten Toxicitätsbestimmungen. In jeder Versuchsreihe läßt man eine Kontrolle mit Streptomycin (60 mg/kg) mitlaufen. Nach etwa 10 Wochen bis 6 Monate langer Behandlung wird die Hälfte der Tiere getötet, um einen Einblick in die Wirkungsweise der Substanz zu bekommen. Zunächst wird makroskopisch bei der Sektion auf tuberkulöse Veränderungen geachtet. Zeigen sich hier schon Veränderungen, so erübrigt sich die sonst durchzuführende histologische Untersuchung der Organe. Die zuverlässigsten Resultate erhält man bei der kulturellen Verarbeitung der Organe.

Der Rest der behandelten Tiere wird ohne Behandlung weiter beobachtet, etwa $^1/_2$ Jahr lang, um festzustellen, ob es sich um eine wirkliche Heilung handelt oder ob die Tuberkulose nur zurückgedrängt ist. Falls die Tiere nicht nach Absetzen der Behandlung sofort eingehen, werden in bestimmten Zeitabständen einzelne Tiere getötet und bei der Sektion genau untersucht.

III. Experimentelle Untersuchungen von für die Chemotherapie der Hauttuberkulose wichtigen Substanzen

Im folgenden sollen die experimentellen Untersuchungen der für die Chemotherapie der Hauttuberkulose wichtigen Präparate gebracht werden.

Aus den Versuchsergebnissen ist zu ersehen, daß mit in vitro- und Tierversuchen allein das Problem der Tuberkulose nicht zu lösen ist. Viele hochwirksame Substanzen können wegen ihrer Toxicität nicht in der Humanmedizin eingesetzt werden. Durch Änderungen am Molekül wird zwar z. B. bei den Sulfonen die Toxicität herabgesetzt, dafür nimmt durch die Substitution die tuberkulostatische Wirksamkeit ab.

1. Die Thiosemicarbazone

Auf der Suche nach tuberkulostatisch wirksamen Substanzen prüfte Domagk nicht nur die Sulfonamide, sondern auch die zur Synthese der Sulfathiodiazole führenden Zwischenprodukte, die Thiosemicarbazone. Neben ihrer tuberkulostatischen Wirkung waren die Thiosemicarbazone insofern auch den Sulfonamiden überlegen, als ihre Hemmwirkung gegenüber Tuberkelbakterien durch p-Aminobenzoesäure, Peptone, Campolon und Eiweißspaltprodukte nur ganz gering beeinflußt wird.

Die in vitro am besten tuberkulostatisch wirkenden Verbindungen waren das Thiosemicarbazon des p-Acetylaminobenzaldehyds, TB I/698, Conteben

$$H_3C{-}CO{-}NH{-}C_6H_4{-}C(H){=}N{-}NH{-}C({=}S){-}NH_2$$

und das Diäthanolaminsalz des Thiosemicarbazons der p-Benzaldehydcarbonsäure, TB VI, Solvoteben

$$(HO{-}CH_2{-}CH_2)_2NH \cdot HOOC{-}C_6H_4{-}C(H){=}N{-}NH{-}C({=}S){-}NH_2$$

Conteben ist eine gut kristallisierende, aber wasserunlösliche Verbindung, die in vitro eine hohe tuberkulostatische Wirksamkeit besitzt. In Konzentrationen von 1:1 Mill. verhindert sie das Wachstum von Mycobacterium tuberculosis. Das entspricht größenordnungsmäßig der Hemmwirkung von Streptomycin und PAS. Im Tierexperiment zeigt TB I deutlich einen hemmenden Effekt. DOMAGK gelang es mit 150 mg/Meerschweinchen über 30 Tage die Generalisierung der Tuberkulose zu verhindern. Rezidive traten nach Absetzen der Therapie nicht auf. Unter den Versuchsbedingungen unserer Klinik konnten die Ergebnisse von DOMAGK nicht bestätigt werden. Das mag zum Teil an dem verwendeten Impfstamm und der langen Beobachtungszeit liegen (Tabelle 2).

Der Wirkungsmechanismus des Conteben ist noch nicht geklärt. Auf Grund der beobachteten Senkung des Blutkupferspiegels nehmen CARL und MARQUARDT sowie LIEBERMEISTER an, daß Conteben zu einer Gruppe von tuberkulostatischen Substanzen gehört, die ein Kupferkomplexsalz zu bilden vermögen. Auffallend ist, daß Streptomycin, das sicherlich andere Angriffspunkte als PAS oder Conteben hat, keinen schwerlöslichen Kupferkomplex bildet.

Tabelle 2. *Behandlung der Meerschweinchentuberkulose mit Conteben*

Dosierung: 100 mg/kg täglich per os.
Therapiebeginn: 14 Tage post infect.
Therapiedauer: 66 Tage.

Lebenstage	Milz	Lunge	Leber	Lymphknoten inguinal	Lymphknoten iliacal
21	+	+	0	+	+
25	+	+	0	+	+
38	+	+	0	+	+
57	+	+	+	+	+
60	++	+	+	+	+
75	++	+	+	+	+
80	+	++	+	+	+
80	++	+	+	+	+
89	+	+	+	+	+
92	++	+	+	+	+
95	++	++	+	+	+
97	Generalisierung	+++			
99	Generalisierung	+++			
99	Generalisierung	+++			
47	+	+	+	+	+
50	Generalisierung	+++			
67	Generalisierung	+++			
90	Generalisierung	+++			
91	Generalisierung	+++			

Andere Autoren vertreten auf Grund der Änderungen der physiologisch-chemischen Reaktionen, wie der Blutsenkungsgeschwindigkeit, der Verminderung der α-Globuline und Vermehrung von Fibrinogen und γ-Globulin (KNÜCHEL) und der Abnahme der Tuberkulinempfindlichkeit (AUE), die Ansicht, daß Conteben nicht nur unmittelbar auf die Bakterien, sondern auch auf den kranken Körper einwirkt (KUHLMANN und KNORR). Mit Hilfe eines mit S^{35} radioaktiv markiertem Contebenmoleküls wurde von HINRICHS u. Mitarb. eine Anreicherung in der Nebennierenrinde festgestellt, die wahrscheinlich durch Conteben selbst oder ein Abbauprodukt desselben bedingt ist. Sie ist als Ausdruck einer aktiven Beteiligung des Organismus am Stoffwechselgeschehen des Contebens aufzufassen. Auch die Arbeiten von HEILMEYER und seiner Schule weisen auf einen Angriffspunkt des Contebens im regulatorischen Ablauf des Mechanismus von Nebennierenrinde und Hypophyse hin.

Neuerdings wird auch die Wirkung der Thiosemicarbazone auf eine Stimulierung von Hypophyse und Zwischenhirn zurückgeführt, wodurch es zu einer vermehrten Ausschüttung von ACTH bzw. Cortison kommt (HAUSCHILD).

Über Resorption und Ausscheidung von TB I liegen viele Arbeiten vor. Danach wird es nur wenig resorbiert. Bei oraler Belastung wird das Maximum der Serumkonzentration zwischen 3 bis 6 Std erreicht; nach 72 Std ist kein TB I mehr im Serum nachweisbar. Mit einer Dosierung von $2 \times 0{,}05$ g/Tag liegt die Serumkonzentration an der Grenze der tuberkulostatischen Wirksamkeit. Die

Ausscheidung im Urin beträgt bei einmaliger, peroraler Gabe nach 24 Std etwa 30%, die Gesamtausscheidung liegt zwischen 40—50%; am 3. Tag sind aber nur noch Spuren der Substanz im Urin nachweisbar (HEILMEYER und HEILMEYER).

2. p-Aminosalicylsäure und Derivate

Die experimentellen Untersuchungen über die tuberkulostatische Wirkung der p-Aminosalicylsäure gehen auf Beobachtungen von BERNHEIM (1940) zurück, wonach Benzoesäure und Salicylsäure die Atmung der Tuberkelbakterien hemmen. Diese Beobachtungen griff LEHMANN auf. Er stellte eine Reihe von Derivaten der Benzoesäure und Salicylsäure her und prüfte sie tierexperimentell und klinisch. Hinsichtlich der tuberkulostatischen Wirkung war die p-Aminosalicylsäure am wirksamsten. In vitro zeigt sie eine sehr hohe tuberkulostatische Aktivität (1:2 bis 1:5 Mill.). Ihre Wirkung ist spezifisch von ihrer chemischen

Tabelle 3. *Antagonismus PAS—PAB (p-Aminobenzoesäure)*

Nährmedium: Ho-Du-Nährboden.
Impfstamm: Mycobact. tuberc. var. hum. „Greifswald".
Einsaat: 1 Tropfen Aufschwemmung (1 mg Tuberkelbakterien/1 ml physiologischer NaCl-Lösung).
Bebrütung: 6 Wochen, 37°.
Zusatz von p-Aminobenzoesäure zum Nährmedium: 1:50000.

	Konzentration in γ/ml								Kontrollen
	100	10	5	1	0,5	0,25	0,2	0,1	
PAS	0	0	0	0	0	+	+	++	++
PAS + PAB	++	++	++	++	++	++	++	++	++

Konstitution abhängig. Die Isomeren m- und o-Aminosalicylsäure sind zwei Zehnerpotenzen weniger wirksam als die para-Verbindung.

Trotz der hohen in vitro-Aktivität war ihre Wirkung im Tierexperiment wohl erkennbar, aber nicht überzeugend. Hierfür gibt es verschiedene Gründe:

1. Die PAS wird aus dem Organismus sehr schnell wieder durch die Nieren ausgeschieden. Durch gleichzeitige Verabreichung von sog. Nierenblockern, Benemid oder Caronamid, wird die Ausscheidung zwar verzögert (HEILMEYER); es gelang aber nicht einen dauernden PAS-Spiegel zu halten (MEYER, LAUENER und DETTWEILER). Auch Versuche durch Kombination von PAS mit Dihydroxyaluminiumacetat und Calciumcarbonat eine Depotwirkung zu erzielen, erbrachten kein positives Ergebnis.

2. Durch Acetylierung der paraständigen Aminogruppe, Decarboxylierung und Umwandlung in m-Aminophenol oder totalen Abbau zu CO_2 und Wasser kann sie zum Teil im Körper inaktiviert werden.

3. Ein dritter Grund ist der Antagonismus von p-Aminosalicylsäure und p-Aminobenzoesäure. Setzt man dem Nährmedium p-Aminobenzoesäure in einer Konzentration von 10^{-5} zu, so wird dadurch die tuberkulostatische Wirkung der PAS vollständig aufgehoben (Tabelle 3). Ein weiterer schwacher Antagonist für die p-Aminosalicylsäure ist Methionin, das auch den Sulfonamiden gegenüber eine schwache antagonistische Wirkung zeigt.

Tabelle 4. *Tuberkulostatische Wirkung von PAS und Derivaten*

Nährmedium: Ho-Du-Nährboden.

Impfstamm: Mycobact. tuberc. var. hum. „Greifswald".

Einsaat: 1 Tropfen Aufschwemmung (1 mg Tuberkelbakterien/ml physiologischer NaCl-Lösung).

Bebrütung: 6 Wochen, 37°.

Grundformel 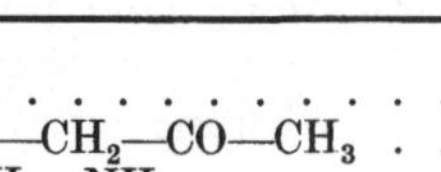 R_1R_2N—⟨Ring⟩—C(=O)OH (OH am Ring)	Totale Hemmung	
	Verd.	Konzentration in γ/ml
I. R_1, R_2 = H	$0,5 \times 10^{-6}$	0,5
II. R_1, R_2 = —CH_2—CH_2—CO—CH_3	10^{-7}	0,1
III. R_1 = —CH_2—CH_2—NH_2 R_2 = H	10^{-5}	10,0
IV. R_1 = Lävuninyl R_2 = H	$0,2 \times 10^{-6}$	0,2
V. 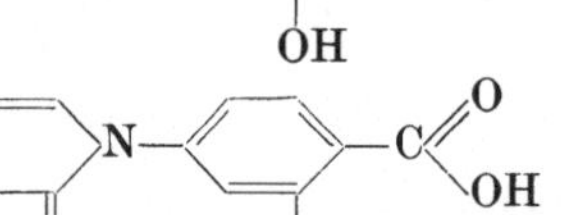 ⟨Fünfring⟩N—⟨Ring⟩—C(=O)OH (OH am Ring)	10^{-6}	1,0
VI. 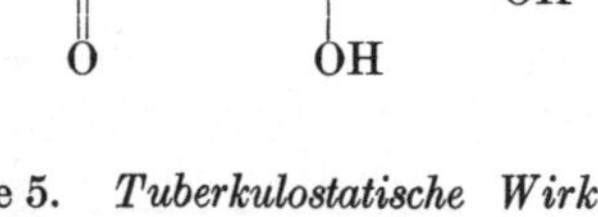 ⟨Ring, =O⟩N—⟨Ring⟩—C(=O)OH (OH am Ring)	10^{-7}	0,1

Tabelle 5. *Tuberkulostatische Wirkung von Thioharnstoffderivaten der PAS*

Nährmedium: Ho-Du-Nährboden.

Stamm: Mycobact. tuberc. var. hum. „Greifswald".

Einsaat: 1 Tropfen Aufschwemmung (1 mg Tuberkelbakterien/ml physiologischer NaCl-Lösung).

Bebrütung: 6 Wochen, 37°.

Grundformel 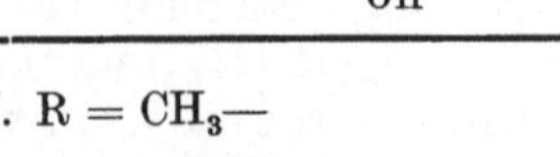 R—NH—C(=S)—NH—⟨Ring⟩—C(=O)OH (OH am Ring)	Hemmkonzentration in γ/ml
I. R = CH_3—	10,0
II. R 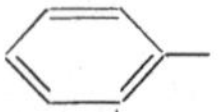 = ⟨Ring⟩—	1,0
III. R 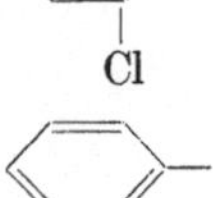 = ⟨Ring⟩— (Cl)	0,5
IV. R 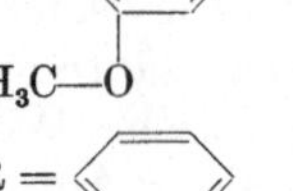 = ⟨Ring⟩— (H_3C—O)	1,0
V. R 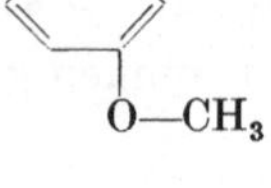 = ⟨Ring⟩— (O—CH_3)	1,0

Um diese Fehlerquellen auszuschalten, wurden zahlreiche Derivate der PAS synthetisiert, in welchen die Aminowasserstoffatome durch aromatische oder aliphatische Reste substituiert waren (Tabelle 4). Ein Derivat, die p-Benzoylsalicylsäure (Benzacyl) fand

⟨Ring⟩—CO—NH—⟨Ring⟩—COOH
(OH am Ring)

wegen ihrer langsameren Ausscheidung und ungefähr gleichem tuberkulostatischem Effekt wie die PAS bei der Meerschweinchentuberkulose Eingang in die Therapie.

Eine tuberkulostatisch sehr wirksame Gruppe sind Derivate der PAS, bei welchen der Wasserstoff der p-Aminogruppe durch aryl- oder alkylsubstituierten Thioharnstoff ersetzt ist (Tabelle 5).

Amerikanische Forscher (AMERICANO FREIRE u. a.) hatten experimentell gefunden, daß der Phenylester der PAS sowohl in vitro wie in vivo wirksamer als die p-Aminosalicylsäure selbst wäre. Von den von uns untersuchten Estern übertrafen der Propanol- und der Chloräthanolester die p-Aminosalicylsäure weitgehend (Tabelle 6).

Annähernd 400 PAS-Derivate wurden bei uns zunächst im in vitro-Test auf ihre tuberkulostatische Wirkung geprüft. Wie aus den obigen Tabellen ersichtlich ist, waren eine Reihe von ihnen wirksamer als die p-Aminosalicylsäure. Der Antagonismus PAS—PAB konnte aber auch durch die Substitution

Tabelle 6. *Tuberkulostatische Wirkung von p-Aminosalicylsäureestern*

Nährmedium: Ho-Du-Nährboden.

Stamm: Mycobact. tuberc. var. hum. „Greifswald".

Einsaat: 1 Tropfen Aufschwemmung (1 mg Tuberkelbakterien/ml physiologischer NaCl-Lösung).

Bebrütung: 6 Wochen, 37°.

Substanz	Hemmkonzentration in γ/ml
NH_2—C_6H_3(OH)—C(=O)—O—CH_2—CH_2—CH_3	0,05
NH_2—C_6H_3(OH)—C(=O)—O—CH_2—CH_2Cl	0,01

der paraständigen Aminogruppe nicht aufgehoben werden, so daß die Präparate für die Therapie den gleichen Bedingungen wie PAS unterliegen.

Auf Grund der Beobachtung, daß das Aminomethylphenylsulfonamid durch p-Aminobenzoesäure nicht gehemmt wird, stellte KUHN ein entsprechendes Salicylsäurederivat, das p-Aminomethylsalicylsäureamid dar.

$$NH_2—CH_2—C_6H_3(OH)—CO—NH_2$$

Diese Verbindung hemmt zwar das Wachstum von Mycobact. tuberc. var. gallineus und wird auch durch p-Aminobenzoesäure in ihrer Aktivität nicht beeinflußt; bei humanen und bovinen Stämmen ist sie aber noch in Konzentrationen von 0,1 mg/ml unwirksam, so daß sie für die Therapie wertlos ist.

Die Prüfung der PAS und ihrer in vitro wirksamsten Derivate zeigte keine Beeinflussung der Tuberkulose beim Meerschweinchen (Tabelle 7). Nur mit Streptomycin konnte während der Dauer der Behandlung die Tuberkulose inaktiviert werden.

Wird PAS oder eines ihrer Derivate gleichzeitig mit Hyaluronidase verabreicht, um dadurch die Gewebsdurchdringung zu verbessern und das Präparat leichter an die tuberkulösen Herde heranzubringen, so zeigt sich keine Erhöhung der tuberkulostatischen Wirkung, sondern vielmehr eine Aktivierung der tuberkulösen Erscheinungen (MEYER-ROHN). Es trat eine besonders schnelle Generalisierung ein (Tabelle 8). Möglicherweise handelt es sich um einen ähnlichen Aktivierungseffekt wie beim Cortison (D'ARCY HART u. Mitarb.).

Tabelle 7. *PAS und ihre in vitro wirksamsten Derivate*

Substanz	Therapie- während der Behandlung						
	1	2	3	4	5	6	7
PAS:							
100 mg/Tag, p. o.							
Lebenstage p. infect.	11	22	35	50	52	59	60
I	2	2	3	4	4	4	4
II	3	2	3	4	4	4	4
III	+	+	++	+++	+++	+++	+++
$(CH_3CO-CH_2-CH_2)_2-N-C_6H_3(OH)-COOH$							
200 mg/Tag, p. o.							
Lebenstage p. infect.	53	56	60	68	69	75	76
I	4	4	4	4	4	4	4
II	4	4	4	4	4	4	4
III	+++	+++	+++	+++	+++	+++	+++
Phenylthioharnstoff:							
30 mg/Tag, subcutan							
Lebenstage p. infect.	12	18	27	28	35	39	40
I	2	3	3	4	4	4	4
II	2	2	3	4	4	4	4
III	++	++	++	+++	+++	+++	+++
Kontrolle:							
Dihydrostreptomycin							
Lebenstage p. infect.	28	87	87	87	87	87	87
I	1	0	0	0	0	0	0
II	1	0	0	0	0	0	0
III	(+)	(+)	0	0	0	0	0

I: Makroskopisches Bild bei der Sektion. 0 = keine tuberkulösen Veränderungen; 1 = Milz
3 = Milz, Leber, Lunge zeigen vermehrte tuberkulöse Veränderungen; 4 = allgemeine Gene-

II: Histologie. 1—4 wie unter I.

III: Ziehl-Neelsen; Anzahl der Tuberkelbakterien je Gesichtsfeld. 0 = keine Tuberkel-

Tabelle 8. *Phenylthioharnstoff der p-Aminosalicylsäure + Hyaluronidase*

Dosierung: 400 mg/kg/Tag, intramuskulär + 5 E Kinetin intramuskulär.

Therapiebeginn: 10 Tage post infect.

Therapiedauer: 60 Tage.

Lebenstage	Milz	Lunge	Leber	Lymphknoten inguinal	Lymphknoten iliacal	Lebenstage	Milz	Lunge	Leber	Lymphknoten inguinal	Lymphknoten iliacal
49	++	0	0	+	+	24	+	0	0	+	+
58	+++	+++	+++	++	++	55	Generalisierung +++				
71	Generalisierung +++					71	Generalisierung +++				
71	Generalisierung +++					72	Generalisierung +++				
72	Generalisierung +++										
72	Generalisierung +++										
72	Generalisierung +++										
72	Generalisierung +++										

Da unter der „Therapie“ bereits Generalisierung eingetreten war, wurde der Versuch abgebrochen.

bei der experimentellen Meerschweinchentuberkulose

tiere												
Nach Absetzen der Behandlung									Kontrollen			
8	9	10	11	12	13	14	15	16	17	18	19	20
65	70	70	78	85	90	92	92	15	37	48	52	55
4	4	4	4	4	4	4	4	3	4	4	4	4
4	4	4	4	4	4	4	4	2	3	4	4	4
+++	++	+++	+++	+++	+++	+++	+++	++	+++	+++	+++	+++
79	80	81	85	85	90	90	90	32	33	43	80	87
4	4	4	4	4	4	4	4	4	4	4	4	4
4	4	4	4	4	4	4	4	4	4	4	4	4
+++	+++	+++	+++	+++	+++	+++	+++	+++	+++	+++	+++	+++
42	42	44	45	49	49	49	55	12	28	33	41	49
4	4	4	4	4	4	4	4	2	4	4	4	4
4	4	4	4	4	4	4	4	2	3	4	4	4
+++	+++	+++	+++	+++	+++	+++	+++	++	+++	+++	+++	+++
96	110	142	145	150	159	165	165	6	28	73	84	96
0	1	1	1	1	2	2	2	1	3	4	4	4
1	1	1	1	1	1	2	2	2	4	4	4	4
0	(+)	(+)	(+)	0	+	+	+	(+)	++	+++	+++	+++

vergrößert mit vereinzelten Knötchen; 2 = Milz und Leber mit kleinknotiger Herdsetzung; ralisierung.

bakterien; (+) = vereinzelt; + = spärlich; ++ = viele; +++ = massenhaft.

Der Angriffspunkt der PAS ist nicht genau bekannt. Es scheint, daß sie in ähnlicher Weise wie die Sulfonamide bei den Kokkenerkrankungen in den Stoffwechsel der Tuberkelbakterien eingreift, wobei wie die Folsäure bzw. die p-Aminobenzoesäure in ihren Funktionen gehemmt werden.

3. Die Antibiotica

Die Entwicklung der Antibioticaforschung brachte eine Reihe von Stoffen, die für die Behandlung der Tuberkulose von Bedeutung geworden sind. Es handelt sich um Streptomycin, Dihydrostreptomycin, Neomycin, Viomycin, Cycloserin, Kanamycin und Streptovaricin.

a) Streptomycin und Dihydrostreptomycin

Streptomycin wurde 1944 von WAKSMAN u. Mitarb. aus Actinomyces griseus isoliert. Seine Konstitutionsformel

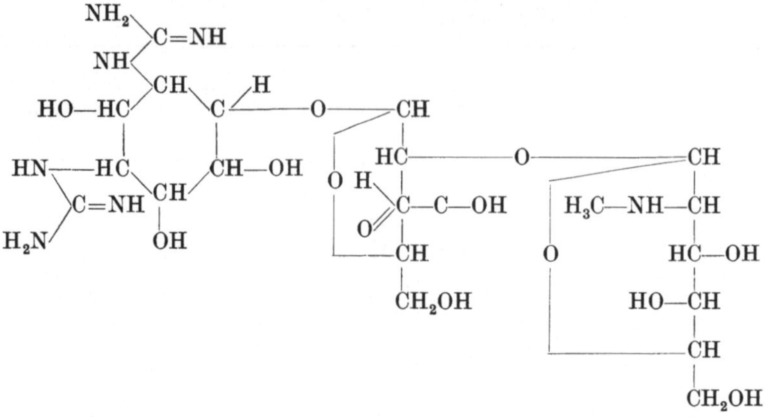

Streptidin Streptose N-Methylglucosamin

Streptobiosamin

zeigt, daß es aus drei Ringsystemen — Streptidin, Streptose und N-Methylglucosamin — kompliziert zusammengesetzt ist.

Durch vorsichtige katalytische Hydrierung kann die Carbonylgruppe der Streptose zur Hydroxylgruppe reduziert werden. Man erhält das Dihydrostreptomycin. Die tuberkulostatische Grenzkonzentration der beiden Streptomycine beträgt etwa 5 γ/ml. Durch Zusatz von Serum oder höheren Fett- und Nucleinsäuren zum Nährmedium wird die Wirksamkeit vermindert. Bei gleicher Wirksamkeit ist Dihydrostreptomycin ungefähr $^1/_5$ weniger toxisch als Streptomycin.

Trotz der guten Wirksamkeit im Reagensglas- wie auch im Tierversuch haben sich die beiden Antibiotica nicht für die Therapie der Hauttuberkulose durchgesetzt. Das hat seinen Grund in der hohen Toxicität des Streptomycins, die seine Medikation über einen langen Zeitraum nicht für geeignet erscheinen läßt. Durch gleichzeitige Verabreichung von pantothensaurem Calcium soll nach SIMON und KELLER u. Mitarb. die Toxicität herabgesetzt werden, während die tuberkulostatische Wirkung erhalten bleibt. KIMMERLE und GÖSSWALD wiederholten die Versuche von KELLER und SIMON und kamen nicht zu den gleichen Ergebnissen. Ihrer Ansicht nach ist diese scheinbare Toxicitätsminderung in der Hauptsache als ein Calciumeffekt aufzufassen; auch das Chlorcalcium-Doppelsalz des Streptomycins ist weniger toxisch als das Sulfat.

Ein weiterer Nachteil des Streptomycins ist die schnelle Resistenzentwicklung der Tuberkelbakterien, die zum Teil irreversibel ist (HENNEBERG).

Die tuberkulostatische Wirkung von Streptomycin und Dihydrostreptomycin ist stark vom Nährmedium und von der Wasserstoffionenkonzentration am Wirkungsort abhängig. Bei Anstieg der H-Ionenkonzentration im Nährmedium nimmt sie ab.

Beide Verbindungen sind auf Grund der aliphatischen Aminogruppen stark basisch. Sie dringen besser in undissoziierter als in dissoziierter Form in die Tuberkelbakterien ein; eine Eigenschaft, die auch von anderen biologisch aktiven Basen bekannt ist. Durch den Anstieg der H-Ionenkonzentration, im sauren Milieu also, werden sie stärker dissoziiert. Dadurch nimmt ihre Permeationsfähigkeit durch die Zellwände ab. Dies erklärt auch die Tatsache, daß Streptomycin und Dihydrostreptomycin in tuberkulösen Käseherden weniger wirksam sind, da in diesen nach HEILMEYER die H-Ionenkonzentration meist erhöht ist

Angriffspunkt und Wirkungsmechanismus des Streptomycins sind noch nicht genau geklärt. Viele biochemische Einzelergebnisse sind bekannt, die aber je nach den Versuchsbedingungen differieren und noch kein einheitliches Bild ergeben.

Der Angriffspunkt des Streptomycins ist wahrscheinlich im intermediären Stoffwechsel der Tuberkelbakterien zu suchen. Die Untersuchungen von ZELLER haben ergeben, daß Streptomycin in die enzymatischen Prozesse der Bakterienzellen eingreifen kann und die Wirkung verschiedener Enzyme, wie der Diaminooxydase hemmt. Nach BARKER u. Mitarb. beruht die Wirkung des Streptomycins auf der Hemmung von Enzymsystemen, die für die Synthese und den Abbau der Oligo- und Polysaccharide verantwortlich sind. Einige spezifische Polysacharide der Mycobakterienkapsel sind dem Zuckeranteil des Streptomycins strukturell sehr ähnlich. Eine ähnliche Auffassung vertreten GAUSE, KÖNIG und TSCHESCHE, die in der Ähnlichkeit des chemischen Aufbaus der Polysaccharide der Tuberkelbakterienkapsel (d-Glucosamin und Inosit) und der Konfiguration des Streptobiosamins die Ursache der Streptomycinwirkung im Sinne einer Verdrängungstheorie sehen.

Nach MULÉ, DROUHET und KEPES führt die Erhöhung des Redoxpotentials zu einer Blockierung von Dehydrierungsenzymen, die sich als Atmungshemmung auswirkt. Wie das Streptomycinmolekül an diesen Hemmungsvorgängen beteiligt ist, ist noch nicht bekannt.

Es ist auch möglich, daß den einzelnen Komponenten des Moleküls auf Grund ihrer chemischen Struktur bestimmte Funktionen zukommen. So wird nach UMBREIT durch die Guanidingruppen des Streptidins die Kondensation von Oxalsäure und Brenztraubensäure in der Bakterienzelle gehemmt. PERETZ und POLGLASE konnten zeigen, daß Streptomycin mit Ribonucleinsäure und Desoxyribonucleinsäure der Bakterienzelle unlösliche Komplexe bildet, die durch Enzyme nicht mehr gespalten werden können.

Tabelle 9. *Streptomycin bei der Mäusetuberkulose (Screening-Test)*

Therapiebeginn: 2 Tage post infect.
Therapiedauer: 40 Tage.
Dosierung: 5 mg/20 g Maus intraperitoneal, täglich.

Streptomycin		Unbehandelte Kontrollen	
Lebenstage	Befund	Lebenstage	Befund
33	++	1	+++
34	++	3	+++
111	+++	15	++++
127	+	15	++++
127	+	16	++++
140	+	18	++++
188	0	19	++++
188	+	19	++++
188	(+)	19	++++
188	0	28	++++

Tabelle 10. *Streptomycin bei der Meerschweinchentuberkulose*

Dosis: 60 mg/kg intramuskulär, täglich.
Therapiebeginn: 14 Tage post infect.
Therapiedauer: 73 Tage.

Lebens-tage	Milz	Lunge	Leber	Lymphknoten	
				inguinal	iliacal
28	+	0	0	+	(+)
+87	0	0	0	+	0
+87	0	0	0	+	(+)
+87	0	0	0	(+)	0
+87	0	0	0	+	0
+87	0	0	0	+	0
+87	0	0	0	(+)	(+)
96	+	0	0	+	+
+110	+	0	0	+	+
142	+	(+)	0	+	+
+145	+	0	0	+	+
150	+	0	0	+	++
159	+	+	(+)	(+)	++
+165	+	+	0	++	++
+165	+	+	0	+	++
30	+	+	0	+	+
47	+++	+++	+++	+++	+++
50	+++	+++	+++	+++	++
67	+++	+++	+++	+++	+++
90	+++	+++	+++	+++	+++

+ vor der Zahl der Lebenstage = Tier wurde getötet.

Die in vitro gefundene hohe Aktivität der beiden Streptomycine wird auch im Tierversuch bei der experimentellen Tuberkulose von Meerschweinchen und Maus bestätigt (Tabelle 9 und 10). Aus den Versuchsergebnissen ist zu ersehen, daß unter der Therapie die Generalisierung der Meerschweinchentuberkulose verhindert wird. Nach Absetzen der Behandlung kommt es zum Rezidiv, das vor allem von den nicht sanierten Lymphknoten der Infektionsstelle bzw. Mesenteriallymphknoten ausgeht.

b) Neomycin

Neomycin wurde von WAKSMAN u. Mitarb. aus der Kulturflüssigkeit eines Bodenactinomyceten, Streptomyces fradiae, isoliert. SWART, LECHEVALIER und WAKSMAN konnten mit Hilfe der Gegenstromverteilung zeigen, daß es keine einheitliche Substanz, sondern ein Komplex aus mindestens vier antibiotisch wirksamen Komponenten, Neomycin A, B, C und Fracidin, ist, von denen das Neomycin B die größte Aktivität besitzt. Der Neomycinkomplex, der zu 90% aus Neomycin B besteht, wirkt in Konzentrationen von $1:10^{-6}$ ($1\ \gamma$/ml) hemmend auf das Wachstum von Mycobacterium tuberculosis ein (FELSENFELD u. Mitarb.). Bisher wurde nur die Konstitution von Neomycin A als 1,3-Diamino-4,5,6-trioxycyclohexan aufgeklärt, dessen Struktur eine gewisse Ähnlichkeit mit dem Streptidinanteil des Streptomycins besitzt.

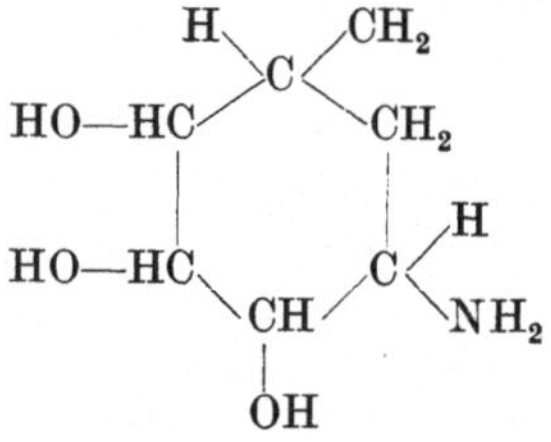

```
             H    CH2
              \  /
               C
              / \
      HO—HC        CH2
         |          |
         |          |   H
         |          |  /
      HO—HC         C
            \      / \
             CH       NH2
             |
             OH
```

Zwischen Neomycin und Streptomycin besteht keine Kreuzresistenz. Gegen Neomycin resistente Erreger sind meistens streptomycinempfindlich und umgekehrt.

Tabelle 11. *Wirkung von Neomycin bei der Meerschweinchentuberkulose* (Nach KARLSON u. Mitarb.)

Dosierung: 2 × 2,000 bis 2 × 8,000 E/kg/Tag.
Impfstamm: Mycobact. tuberc. H 37 Rv, Streptomycinresistent.
Therapiebeginn: 21 Tage post. infect.
Therapiedauer: 77 Tage.

Präparat	Lunge	Leber	Milz
Neomycin	0	+	+
Streptomycin 6 mg/kg/Tag.	+++	+++	+++
Kontrollen, unbehandelt .	+++	+++	+++

Die experimentelle Meerschweinchentuberkulose wird durch Neomycin günstig beeinflußt (GRUMBACH und RIST, RAKE, KARLSON). Die Wirkung ist allerdings nur $^1/_5$ so groß wie diejenige des Streptomycins.

Bei neomycinresistenten Stämmen wurde im Tierversuch eine Heilung mit Streptomycin erreicht (STEENKEN, WOLINSKY und BOLINGER).

c) Viomycin

aus Actinomyces vinaceus isoliert (FINLAY u. Mitarb., BARTZ u. Mitarb.), ist in vitro und in vivo gegenüber Mycobacterium tuberculosis wirksam. Der Stamm H 37 Rv wird in vitro mit etwa 1—3 γ/ml gehemmt, bei 10% Serumzusatz mit 6,25—12,5 γ/ml. Vor allem streptomycin- und neomycinresistente Tuberkelstämme sind zwischen 5—10 γ/ml viomycinempfindlich (HEIN, YOUMANS und YOUMANS).

Die Erfolge bei der experimentellen Meerschweinchentuberkulose sind gut (STEENKEN und WOLINSKY, Tabelle 12).

Über Resorption und Ausscheidung von Viomycin geben die Arbeiten von ADAMS u. Mitarb. und von WERNER Auskunft. Die maximale Serumkonzentration von 82—125 γ/ml wird nach einmaliger Gabe von 25—50 mg/kg innerhalb von 2 Std erreicht. Bei hohen Serumkonzentrationen von 100—125 γ/ml

Tabelle 12. *Wirksamkeit von Viomycin bei der Meerschweinchentuberkulose.* (Nach STEENKEN und WOLINSKY)

Präparat	Dosis mg/Tag	Therapiedauer Tage	Überlebenszeit in Tagen	Lunge	Leber	Milz	Lymphknoten
Viomycin intramuskulär (strept.-empfindl. Stamm)	+20	48	112	(+)	(+)	0	+
	80	38					
	+40	48	112	0	0	0	+
	80	38					
Streptomycin, intramuskulär . . .	10	86	112	0	0	0	+
Viomycin, intramuskulär (strept.-resistent. Stamm)	20	48	74	+	+	+	+++
	40	48	74	+	(+)	(+)	++
Kontrolle, unbehandelt				++	+++	+++	+++

kann auch eine geringe Konzentration von 10—12,5 γ/ml in der Cerebrospinalflüssigkeit festgestellt werden. Im Urin wird Viomycin innerhalb von 24 Std zu 65—100% ausgeschieden.

Wegen der toxischen Nebenerscheinungen (Nierenschädigungen und Schädigung des 8. Hirnnervs) kommt Viomycin keine große therapeutische Bedeutung zu; seine Anwendung ist nur dann indiziert, wenn die übrigen Tuberkulostatica versagen. Für die Therapie der Hauttuberkulose spielt es keine Rolle.

d) Cycloserin

Ein weiteres tuberkulostatisches Antibioticum, Cycloserin, wurde von HARNED u. Mitarb. aus der Kulturflüssigkeit von Streptomyces orchydaceus, garyphalus und lavendulae isoliert. Auf Grund chemischer und physikalischer Untersuchungen ist ihm die Struktur eines 4-Amino-3-isooxalidons ($\rightleftarrows$ 4-Amino-2-isoxazolin-3-ol) zuzuschreiben.

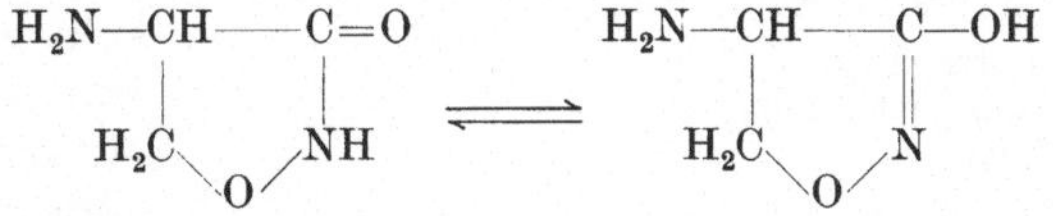

```
H2N—CH——C=O              H2N—CH——C—OH
    |    |                     |    ||
   H2C   NH       ⇌           H2C   N
     \  /                       \  /
      O                          O
```

Der hohen Aktivität in vitro (5—10 γ/ml, CUMMINGS u. Mitarb., HARRIES u. Mitarb.) steht eine geringe Wirksamkeit im Tierversuch gegenüber (PATNODE u. Mitarb.) (Tabelle 13). Die Erklärung scheint darin zu liegen, daß Cycloserin ebenso wie PAS außerordentlich schnell ausgeschieden wird, so daß der therapeutisch notwendige Blutspiegel nicht gehalten werden kann.

Tabelle 13. *Wirksamkeit von Cycloserin bei der Meerschweinchentuberkulose.* (Nach PATNODE, HUDGINS u. CUMMINGS)

Präparat	Dosierung mg/kg/Tag	Durchschnittlicher Tb-Index (Max. = 16)
Cycloserin	37,5	11,8
	75,0	9,8
	150,0	8,5
Isonicotinsäurehydrazid .	37,5	0,2
Kontrolle (unbehandelt) . .	—	10,8

Der therapeutische Wert des Cycloserins liegt darin, daß es auch Streptomycin-, Viomycin-, Isonicotinsäurehydrazid-, Pyrazinamid- und PAS-resistenten Stämmen gegenüber voll wirksam ist. Außerdem wird bei gleichzeitiger Gabe von Dihydrostreptomycin + 10 mg Cycloserin/20 g Maus die Wirksamkeit des

Dihydrostreptomycins um das Dreifache erhöht (CUCKLER u. Mitarb., FREERKSEN u. Mitarb.).

e) Kanamycin

1957 wurde von UMEZAWA u. Mitarb. ein neues Antibioticum, Kanamycin entdeckt, welches ein breites Wirkungsspektrum zeigt und auch gegen Mycobacterium tuberculosis wirksam ist. Das Molekül besteht aus drei Ringsystemen, von denen der mittlere Ring identisch mit dem Desoxystreptamin, einem Abbauprodukt des Streptomycinmoleküls ist. In den Stellungen 4 und 6 ist das 2-Desoxystreptamin glucosidisch mit 2 konfigurativ ähnlichen Aminozuckern verknüpft.

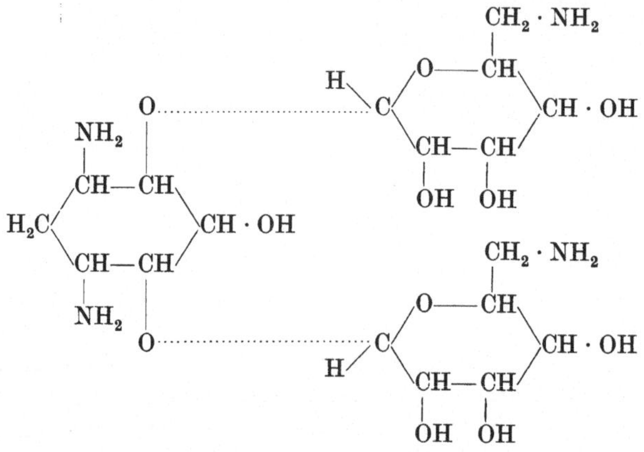

```
                                                   CH2 · NH2
                                                    |
                                      H      O——CH
               O...................... \ C/          \CH · OH
       NH2     |                          \CH—CH/
        |      |                           |    |
       CH—CH                              OH   OH
 H2C/        \CH · OH
      \CH—CH/                              CH2 · NH2
        |     |                             |
       NH2    |                         O——CH
              O.........................C/          \CH · OH
                                     H/    \CH—CH/
                                            |    |
                                           OH   OH
```

In seinem Wirkungsspektrum ähnelt es dem Neomycin, mit dem eine Kreuzresistenz besteht (SIDI u. Mitarb.). Im in vitro-Versuch wird Mycobacterium tuberculosis H 37 Rv durch Konzentrationen von 0,4—6 γ/ml gehemmt (GOUREVITCH u. Mitarb.). Serumzusatz zum Nährmedium vermindert seine Aktivität nicht, verbessert sie vielmehr; eine Eigenschaft, die außer dem Neomycin kein weiteres Antibioticum besitzt (WELCH u. Mitarb.). Stämme, die anderen Tuberkulostatica gegenüber resistent sind, sprechen auf Kanamycin (2,5 γ/ml) an. Nur neomycin- und viomycin-resistente Stämme werden in ihrem Wachstum nicht gehemmt. Eine Resistenz von 1000 γ Kanamycin/ml gegenüber Tuberkelbakterien kann experimentell in 4 Passagen erzeugt werden (STEENKEN u. Mitarb.).

Tabelle 14. *Kanamycin, Streptomycin und Isonicotinsäurehydrazid bei der experimentellen Meerschweinchentuberkulose.* (Nach YANAGISAWA u. Mitarb.)

Dosierung: 20 mg subcutan/Tag.
Therapiebeginn: 42 Tage post infect.
Therapiedauer: 105 Tage.
Beobachtungszeit: 187 Tage

Präparat	Lunge	Leber	Milz	Lymphknoten
Kanamycin	0	0	0	0
Streptomycin	0	0	(+)	0
Isonicotinsäurehydrazid	0	0	0	0
Kontrollen, unbehandelt	+++	++++	++++	++++

Bei der experimentellen Meerschweinchentuberkulose ergab sich bei gleicher Dosierung kein Unterschied zwischen Kanamycin, Streptomycin und Isonicotinsäurehydrazid.

Versuche mit Streptomycin-, Isonicotinsäurehdyrazid- und PAS-resistenten Stämmen zeigten auch im Tierversuch günstige Ergebnisse (YANAGISAWA u. Mitarb.).

f) Streptovaricin

Im gleichen Jahr wie Kanamycin wurde von einer amerikanischen Forschergruppe (SIMINOFF, SMITH, SOKOLSKI und SAVAGE) ein weiteres tuberkulostatisch wirksames Antibioticum, Streptovaricin, aus der Kulturflüssigkeit eines unbekannten Streptomycesstammes isoliert. Neben seiner tuberkulostatischen Wirksamkeit hat Streptovaricin ein breites Wirkungsspektrum gegenüber grampositiven und -negativen Mikroorganismen.

Die minimale Hemmkonzentration in vitro gegenüber Mycobacterium tuberculosis H 37 Rv beträgt 0,16 γ/ml. Vergleicht man seine Wirksamkeit mit der des Streptomycins, PAS oder Isonicotinsäurehydrazid, so ist Streptovaricin 10mal wirksamer als Streptomycin, 100mal als PAS und etwa halb so wirksam wie Isonicotinsäurehydrazid.

Die ersten in vivo-Versuche zeigten gute Ergebnisse (RHULAND, STERN und REAMER). Die Verträglichkeit ist gut. Die Dosis tolerata pro Kilogramm Maus beträgt 1000 mg bei oraler Verabreichung und 800 mg bei subcutaner Applikation. Im screening-Test wurde festgestellt, daß eine 100%ige Heilung der infizierten Tiere mit einer Dosierung von 200 mg/kg erreicht wird. 40 mg/kg Maus zeigen eine deutliche Wirkung und schützen die Tiere vor der Generalisierung, bei einer Behandlungsdauer von 84 Tagen. Während dieser Zeit wurde auch keine Resistenzentwicklung oder Verminderung der Aktivität beobachtet.

Abschließend ist zu der Antibioticatherapie zu sagen, daß Kanamycin, Cycloserin, Neomycin, Viomycin und Streptovaricin zu den sog. kleinen Tuberkulostatica gehören, die bei der Behandlung der Hauttuberkulose keine Rolle spielen.

4. Isonicotinsäurehydrazid und Derivate

Mit der Entdeckung der tuberkulostatischen Wirkung des Isonicotinsäurehydrazids wurde eine Verbindung bekannt, die sich gegenüber den bisher bekannten Tuberkulostatica nicht nur durch höhere Wirksamkeit in vitro und in vivo, sondern auch durch geringe Toxicität und bessere Verträglichkeit auszeichnete. Die Entdeckung des Isonicotinsäurehydrazids geschah fast gleichzeitig in verschiedenen Ländern (1950 OFFE, SIEFKEN und DOMAGK in Deutschland, 1952 GRUNBERG und SCHNITZER in Amerika, 1952 FUST in der Schweiz) und führte zu solch einer intensiven Prüfung des Präparates in Kliniken und Laboratorien, wie sie bisher keine chemotherapeutisch wichtige Substanz erfahren hatte.

Tabelle 15. *Hemmkonzentrationen von Isonicotinsäurehydrazid*

Nach	Totale Hemmung in γ/ml
MEYER-ROHN	0,1
SATO	1,0
KNOX u. Mitarb. . . .	0,0128
MACKANESS u. Mitarb.	0,05

In vitro-Versuche in unserer Klinik zeigten, daß das Präparat das Wachstum der Tuberkelbakterien in Konzentrationen von 0,1 γ/ml hemmt, während von Streptomycin 0,5 γ/ml benötigt werden. Je nach den Versuchsbedingungen werden in der Literatur Hemmkonzentrationen von 0,01—1,0 γ/ml angegeben (Tabelle 15). Als Vergleichswert ist in vielen Angaben nicht immer die Hemmkonzentration von Streptomycin unter den gleichen Bedingungen angegeben worden.

Aus den Ergebnissen der in vitro-Versuche ist aber zu ersehen, daß mit dem Isonicotinsäurehydrazid eine Substanz in die Chemotherapie der Tuberkulose eingeführt worden ist, die nicht nur die Wirkung des Streptomycins erreicht, sondern diejenige der anderen Tuberkulostatica weitgehend übertrifft. Die Aktivität des Isonicotinsäurehydrazids ist spezifisch gegen Mycobacterium tuberculosis gerichtet. Andere Bakterienstämme werden noch in Konzentrationen von

100 γ/ml und darüber nicht in ihrem Wachstum beeinflußt. Nach den Untersuchungen von FREERKSEN ist die tuberkulostatische Wirkung von der Einsaatmenge und der Bebrütungsdauer abhängig (Tabelle 16).

Tabelle 16. *Abhängigkeit der tuberkulostatischen Wirkung von Einsaatmenge und Bebrütungsdauer.* (Nach FREERKSEN)

Nährmedium: Dubos-Medium

Keimeinsaat	Bebrütungszeit in Tagen	Hemmkonzentration
10^0	15	1:32 Mill.
10^0	28	1:1 Mill.
10^{-5}	15	1:1024 Mill.
10^{-5}	28	1:256 Mill.

Tabelle 17. *Tuberkulostatische Wirksamkeit gegenüber intracellulär und freiwachsenden Bakterien.* (Nach MACKANESS und SMITH)

Substanz	Minimale Hemmkonzentration in γ/ml	
	Dubos-Davis-Medium	Makrophagen-Kultur
Isonicotinsäurehydrazid	0,03	0,05
Streptomycin	0,6	10,0
Neomycin B	1,56	25,0
Viomycin	6,25	100,0
PAS	1,56	100,0

In Gegenwart von p-Aminobenzoesäure behält Isonicotinsäurehydrazid seine volle Wirksamkeit und ist auch deshalb PAS und den Thiosemicarbazonen überlegen. Streptomycin zeigt eine synergistische Wirkung im Sinne einer das Nach-

Tabelle 18. *Isonicotinsäurehydrazid + Lactoflavin in vitro*

Nährmedium: Ho-Du.
Impfstamm: Myc. tuberc. var. hum. „Greifswald".
Einsaat: 1 Tropfen Aufschwemmung (1 mg Tuberkelbakterien/ml physiologisches NaCl).
Bebrütungsdauer: 6 Wochen, 37°.

Substanz	Konzentration in γ/ml							Kontrollen
	1,0	0,5	0,1	0,05	0,02	0,01	0,005	
Isonicotinsäurehydrazid	0	0	0	+	+	++	++	++
Isonicotinsäurehydrazid + Lactoflavin (1:100000)	0	0	0	0	0	0	(+)	++
Isonicotinsäurehydrazid + Lactoflavin (1:1 Mill.)	0	0	0	0	(+)	+	++	++
	100 γ	50 γ	25 γ	10 γ				
Lactoflavin	0	0	+	++				++

Tabelle 19. *Isonicotinsäurehydrazid + Lactoflavin in vivo*

Dosierung: Isonicotinsäurehydrazid 1,5 mg/kg subcutan. Lactoflavin 1,5 mg/kg subcutan.
Therapiebeginn: 6 Tage post infect.
Therapiedauer: 50 Tage.

Lebenstage	Milz	Lunge	Leber	Lymphknoten	
				inguinal	iliacal
I. Während der Therapie, 56	+	0	0	+	+
II. Nach Absetzen der Therapie, innerhalb 90 Tagen	Generalisierung +++				
III. Kontrollen, unbehandelt, 50—72	Generalisierung +++				

wachsen resistenter Keime verhindernden Wirkung (PANSY u. Mitarb., FREERKSEN). Weitere Synergisten von Isonicotinsäurehydrazid sind Lactoflavin (MEYER-ROHN; Tabelle 18 und 19), Adenin, Adenosin und Pyridoxal (BÖNICKE, GRUNBERG und BLENCOWE).

Im Gegensatz zu anderen Tuberkulostatica ist Isonicotinsäurehydrazid sowohl bei intracellulär wie frei wachsenden Tuberkelbakterien in der gleichen Konzentration wirksam. Bei den meisten anderen Tuberkulostatica ist eine Abnahme der Wirksamkeit gegenüber intracellulären Bakterien festzustellen (MACKANESS und SMITH, SUTER).

Ob die Wirkung des Isonicotinsäurehydrazids tuberkulostatisch oder tuberkulocid ist, wird von den Autoren verschieden beurteilt. Für eine Bakteriostase sprechen FREERKSEN, ENGEL und GSELL, FUST, STUDER und BÖHNI, JANSEN, während DÜGGELI und TRENDELENBURG, GRUNBERG u. Mitarb., KONIECZNY, MIDDLEBROOK, STEENKEN und WOLINSKY, UEHLINGER u. Mitarb., SCHAEFER eine bactericide Wirkung annehmen. Man kann die Wirkung vielleicht nach den Darlegungen von LEMBKE u. Mitarb. im Sinne einer mit zunehmender Einwirkungsdauer irreversiblen Vermehrungshemmung auffassen.

Isonicotinsäurehydrazid ist gut wasserlöslich und wird leicht resorbiert. Im Tierversuch fanden RUBIN u. Mitarb. 1—2 Std nach der Verabreichung die höchsten Plasmakonzentrationen. Es besteht kein Unterschied in der Höhe des Blutspiegels, ob das Präparat peroral, intravenös oder intramuskular verabreicht wird. Beim Menschen werden bei einer Dosierung von 3 mg/kg postoperativ Maximalkonzentrationen von 1,3—3,4 γ/ml innerhalb von 1—6 Std (ELMENDORF u. Mitarb., KLEE und DOMAGK) gefunden. Es ist aber nicht möglich, eine Relation zwischen dem maximalen Blutspiegel und der Dosierung aufzustellen; vielleicht gibt es schlechte Resorbierer, wie es nach BÖNICKE gute und schlechte Ausscheider gibt. Dieser Individualfaktor ist in starkem Maße von den Erbanlagen abhängig, wie die Untersuchungen von BÖNICKE über die Ausscheidungsverhältnisse bei eineiigen und zweieiigen Zwillingen ergeben haben. Die Ausscheidung im Urin schwankt innerhalb 24 Std zwischen 30 und 70%; etwa 25% der ausgeschiedenen Menge sind unverändertes Isonicotinsäurehydrazid, der Rest setzt sich aus dem 1-Isonicotinoyl-2-acetylhydrazid, der Isonicotinursäure und anderen Abbauprodukten zusammen.

Bevor ich auf die Umwandlungen des Isonicotinsäurehydrazids und seinen Wirkungsmechanismus gegenüber Tuberkelbakterien eingehe, möchte ich, wegen der Wichtigkeit des Präparates, kurz auf die Bestimmungsmethoden in Urin und Plasma eingehen, denn nur bei Vorhandensein exakter und empfindlicher Nachweismethoden ist es möglich auf Grund der Ausscheidungsverhältnisse etwas über das Schicksal der Substanz im Organismus auszusagen.

Für die Bestimmung von Isonicotinsäurehydrazid wurden sowohl mikrobiologische wie chemische Methoden ausgearbeitet. BÖNICKE hat eine quantitative mikrobiologische Bestimmungsmethode für Isonicotinsäurehydrazid in Körperflüssigkeiten entwickelt, die auf dem Synergismus zwischen Isonicotinsäurehydrazid und Lactoflavin gegenüber saprophytären Mycobakterien (Mycobacterium phlei) beruht. Mit dieser Methode kann Isonicotinsäurehydrazid im Bereich von 2,5—30 γ/ml bestimmt werden.

Eine viel angewandte, chemische Bestimmungsmethode wurde von KELLY und POET entwickelt, die auf der Erfassung des abspaltbaren Hydrazins mit Ehrlich-Reagens beruht. Sie ist aber nicht spezifisch für Isonicotinsäurehydrazid, da auch andere NH_2-haltige Stoffwechselprodukte erfaßt werden und man dadurch zu hohe Werte erhält.

Eine spezifische auf die Bestimmung von Isonicotinsäure gerichtete Methode wurde von RUBIN u. Mitarb. auf Grund der Beobachtungen von KÖNIG, daß sich bei der Reaktion von Pyridin mit Halogenverbindungen, z. B. Bromcyan oder Chlorcyan ein tiefgelber Farbstoff bildet, entwickelt. Beim Behandeln

Isonicotinsäurehydrazid-haltiger Lösungen mit Permanganat wird das Isonicotinsäurehydrazid oxydativ in Isonicotinsäure und Hydrazin gespalten und die freie Isonicotinsäure colorimetrisch bestimmt.

Eine sehr empfindliche Modifikation dieser Methode wurde von Nielsch und Giefer ausgearbeitet, in welcher nach Reaktion von Isonicotinsäure mit Kaliumcyanid und Chloramin T bei p_H 5 durch Aufspaltung des Pyridinringes ein Glutaconaldehydderivat entsteht, welches mit Barbitursäure einen Polymethinfarbstoff bildet, dessen Farbintensität im Spektralphotometer gemessen wird. Die Bestimmung wird in zwei Versuchsreihen durchgeführt, um einmal die freie Isonicotinsäure in Urin, Plasma oder anderen Körperflüssigkeiten direkt zu erfassen; durch alkalische Hydrolyse des Untersuchungsmaterials werden in einem zweiten Arbeitsgang alle Isonicotinsäurederivate, also auch Isonicotinsäurehydrazid, Isonicotinsäurehydrazid-Derivate und im Körper entstandene Abbauprodukte des Isonicotinsäurehydrazids als Isonicotinsäure bestimmt. Mit Hilfe von Umrechnungsfaktoren wird der Isonicotinsäurehydrazidgehalt der Probe berechnet. Die Methode erlaubt Bestimmungen im Bereich von 0,5—50 γ/ml, mit einer Genauigkeit von $\pm 4\%$.

Wie bereits ausgeführt, wird nur ein Teil des verabreichten Isonicotinsäurehydrazids in unveränderter Form wieder ausgeschieden; die Hauptmenge wird entweder im Körper acetyliert oder in andere, zum Teil unwirksame Stoffwechselprodukte umgewandelt. Die Kenntnis der Abbauprodukte und der Reaktionswege, die zu ihnen führen, ist im Hinblick auf die Wirksamkeit des Isonicotinsäurehydrazids von Bedeutung. Unter Umständen wäre es möglich, durch Blockierung oder Verzögerung gewisser Reaktionen den Isonicotinsäurehydrazidspiegel im Blut länger auf wirksamer Höhe zu halten.

Wieweit Isonicotinsäurehydrazid im Organismus in die einzelnen Komponenten abgebaut wird, ist individuell verschieden, ist aber bei ein und derselben Person konstant (Bönicke und Reif). Bei Personen, die Isonicotinsäurehydrazid leicht abbauen, ist die Plasmakonzentration an freiem, aktivem Isonicotinsäurehydrazid relativ niedrig.

Bisher sind folgende Stoffwechselprodukte experimentell nachgewiesen worden:

Tabelle 20. *Ausscheidungsprodukte im Urin nach oraler Verabreichung von Isonicotinsäurehydrazid*

Isonicotinsäurehydrazid	$N\langle\overline{\quad}\rangle$—CO—NH—$NH_2$
Isonicotinsäure	$N\langle\overline{\quad}\rangle$—COOH
Isonicotinursäure	$N\langle\overline{\quad}\rangle$—CO—NH—$CH_2$—COOH
N-Isonicotinoyl-N'-acetyl-hydrazin	$N\langle\overline{\quad}\rangle$—CO—NH—NH—CO—$CH_3$
N,N'-Di-isonicotinoyl-hydrazin	$N\langle\overline{\quad}\rangle$—CO—NH—NH—CO—$\langle\overline{\quad}\rangle N$
N-Isonicotinoyl-N'-brenztraubensäure-hydrazon	$N\langle\overline{\quad}\rangle$—CO—NH—N=C$\langle^{CH_3}_{COOH}$
N-Isonicotinoyl-N'-ketoglutarsäure-hydrazon	$N\langle\overline{\quad}\rangle$—CO—NH—N=C$\langle^{CH_2 \cdot CH_2 \cdot COOH}_{COOH}$

Die ersten Untersuchungen über die Umwandlung des Isonicotinsäurehydrazids im Organismus machten Roth und Manthel. Mit in der Carboxylgruppe mit

C^{14} markiertem Isonicotinsäurehydrazid konnten sie autoradiographisch an Urinchromatogrammen von Mäusen feststellen, daß neben unverändertem Isonicotinsäurehydrazid und Isonicotinsäure noch weitere, nicht näher identifizierte Abbauprodukte im Urin ausgeschieden werden. In der Ausatmungsluft der Mäuse wurde auch markiertes CO_2 nachgewiesen.

Als Hauptumwandlungsort des Isonicotinsäurehydrazids wird die Leber angesehen. Ein Schema der möglichen Isonicotinsäurehydrazidumwandlungen ist in Tabelle 21 zusammengestellt.

Tabelle 21. *Biochemisch mögliche Umwandlungen von Isonicotinsäurehydrazid.* (Nach KRÜGER-THIEMER)

N⟨⟩—CONH—N=C(CH₃)COOH

VI

N⟨⟩—CO—NH · CH_2—COOH

IV

Isonicotinsäurehydrazid-Metallkomplexe

VII

N⟨⟩—CO—NH—NH_2 —I→ N⟨⟩—COOH + a)[×] b)[×]

III

V

+ NH_2 · NH—CO · CH_3

N⟨⟩—CO—NH—NH—CO—⟨⟩N

II

N⟨⟩—CO—NH—NH—CO · CH_3

[×]a) NH_2—NH_2→NH_3 + H_2O

[×]b) N_2 + H_2O

In der Leber wird einmal Isonicotinsäurehydrazid in Isonicotinsäure und Hydrazin gespalten (I), und dieses weiter zu NH_3 abgebaut, worauf ein Ansteigen des Blutammoniakspiegels während der Isonicotinsäurehydrazidtherapie zurückzuführen ist (PORCELLATI und PREZIOSI). Nach KRÜGER-THIEMER kann die Hydrolyse auch unter gleichzeitiger Oxydation des Hydrazins zu N_2 und H_2O erfolgen. Ein anderer Abbauweg ist die Acetylierung zum Acetylisonicotinsäurehydrazid, dem quantitativ größten Isonicotinsäurehydrazidmetaboliten (II) (DEFRANCESCHI und ZAMBONI). Die Einführung des Acetylrestes erfolgt wahrscheinlich durch das acetylierte Coenzym A, wie es von den Sulfonamiden und anderen Aminen bekannt ist. Diese Anschauung erklärt auch die Beobachtung von LAUENER und FAVEZ und von BRETTONI, daß der Isonicotinsäurehydrazidspiegel bei gleichzeitiger Verabreichung von p-Aminosalicylsäure und Isonicotinsäurehydrazid ansteigt. Da die PAS die Hauptmenge des Acetylrestes des Coenzyms A für sich beansprucht, verringert sich die Menge des acetylierten

Isonicotinsäurehydrazids. Die gleiche Wirkung wie die PAS hat auch die Glutaminsäure. Bei gleichzeitiger Applikation von Isonicotinsäurehydrazid und Glutaminsäure kommt es zu einer Senkung der Acetyl-Isonicotinsäurehydrazid-Ausscheidung und einer Erhöhung des Isonicotinsäurehydrazid-Blutspiegels (PIAZZA u. Mitarb., SIMANÉ). Die Glutaminsäure wirkt außerdem noch entgiftend, da sie den bei der Hydrolyse des Isonicotinsäurehydrazids gebildeten Ammoniak unter Bildung des nicht toxischen Glutamins bildet.

In Reagensglasversuchen konnte von WENZEL gezeigt werden, daß Acetyl-Isonicotinsäurehydrazid im Serum zu Isonicotinsäure und Acetylhydrazin hydrolysiert wird (III). Intermediär gebildetes Isonicotinsäurehydrazid wurde nicht nachgewiesen.

Die Bildung von Glycinderivaten aromatischer Amine in vivo ist seit langem bekannt. Für die Bildung der Isonicotinursäure nahm man ursprünglich an, daß die bei der Hydrolyse frei gewordene Isonicotinsäure zu einem geringen Teil mit Glykokoll zu Isonicotinursäure gekuppelt wird, wobei die erforderliche Energie die Hydrolyse des Hydrazins zu liefern scheint. In vitro-Versuche von WENZEL ergaben aber, daß eine Kupplung von Isonicotinsäurehydrazid und Glykokoll, auch in Gegenwart von Adenosintriphosphorsäure nicht stattfindet. Dagegen lieferten Vergleichsversuche mit Isonicotinsäurehydrazid an Stelle von Isonicotinsäure eindeutig Isonicotinursäure (IV). Auch bei Bebrütung der beiden Komponenten (Isonicotinsäurehydrazid und Glykokoll) bei 37^0 ohne Adenosinphosphorsäure wurde Isonicotinursäure gebildet. Demnach ist die Kupplung ein einfacher chemischer Prozeß und kein fermentativer Vorgang. In vivo werden wahrscheinlich beide Wege, der enzymatische, durch Adenosinphosphorsäure geförderte, wie der direkte unter Verwendung der Hydrolyseenergie, erfolgen. Auch mit anderen Aminosäuren, Asparagin, Serin und Cystein kann Isonicotinsäurehydrazid ohne Fermentierung gekuppelt werden.

Interessant ist die Feststellung von POPE-WILLETT über den Einfluß der Isonicotinsäure auf die Bildung von Aminosäuren. Je nachdem, ob es sich um einen isonicotinsäurehydrazidempfindlichen oder isonicotinsäurehydrazidresistenten Stamm handelt, verschiebt sich der Aminosäurespiegel des Mediums. Wachsen isonicotinsäurehydrazidempfindliche Stämme in Gegenwart von subinhibierenden Konzentrationen von Isonicotinsäurehydrazid, so ist eine Verminderung in der Bildung von Arginin, Glutaminsäure, Lysin und Threonin festzustellen; dagegen wurde eine vermehrte Synthese von Leucin, Isoleucin und Phenylalanin beobachtet. Isonicotinsäurehydrazidresistente Stämme hingegen zeigten eine signifikante Verminderung im Arginin-, Lysin-, Threonin-, Glycin- und Valingehalt, eine Zunahme des Asparaginsäure-, Leucin-, Isoleucin- und Phenylalaningehaltes.

N,N'-Di-isonicotinoylhydrazin (V) wurde erstmalig von KIMMIG und MEYER-ROHN (KRÜGER-THIEMER) nach Applikation von Isonicotinsäurehydrazid im Urin von Patienten festgestellt. Es ist anzunehmen, aber noch nicht bewiesen, daß zu seiner Bildung ein zweifach positiv geladenes und ein einfach positiv geladenes Isoniazidmolekül miteinander reagieren. N,N'-Di-isonicotinoylhydrazin besitzt eine geringe tuberkulostatische Wirkung. Ob dieser Effekt dem unveränderten Molekül zukommt, oder ob in vivo eine Spaltung in Isoniazid und Isonicotinsäure stattfindet, ist unbekannt.

Die Bildung von Hydrazonen der Isonicotinsäure mit Brenztraubensäure (VI) und α-Ketoglutarsäure wurde erstmalig von ZAMBONI und DEFRANCESCHI beschrieben. Zum Unterschied von den übrigen Metaboliten sind die Hydrazone biologisch aktiv und weniger toxisch als Isonicotinsäurehydrazid selbst.

Im Tierversuch greift Isonicotinsäurehydrazid in den Histaminstoffwechsel ein und bewirkt im Gegensatz zu Streptomycin und Conteben eine direkte

Hemmung der Diaminooxydase (STÜTTGEN). Es hat damit einen Einfluß auf die Inaktivierung des Histamins. Ferner zeigt Isonicotinsäurehydrazid im Tierversuch eine entzündungshemmende (DOMENJOZ) und phagocytosefördernde Wirkung (SCHMIDT und SPROCKHOFF, UNVERRICHT, SUTER).

Zur Klärung des Wirkungsmechanismus des Isonicotinsäurehydrazids wurden von verschiedenen Standpunkten ausgehend eine Reihe von Hypothesen aufgestellt.

a) Die Hypothese über die Strukturspezifität des Isonicotinsäurehydrazids

OFFE, SIEFKEN und DOMAGK stellten auf Grund der Untersuchungen von SCHOENE und HOFFMANN mit Maleinsäurehydrazid, von JOUIN und BUU-HOI und von BUU-HOI u. Mitarb. mit Phthalylhydrazid und der eigenen Arbeiten über Thiosemicarbazone fest, daß die tuberkulostatische Wirkung einer Substanz an die allgemeine Konfiguration

$$R_1\text{—CX—NH—N=C}\begin{matrix} \diagup R_2 \\ \diagdown R_3 \end{matrix}$$

geknüpft ist. Für die Hemmwirkung ist der Molekülanteil R_1—CX—NH—N= von Wichtigkeit, während der Rest $=\text{C}\begin{matrix} \diagup R_2 \\ \diagdown R_3 \end{matrix}$ einen modifizierenden Einfluß ausübt. Die Substituenten, R_2 und R_3, können cyclische Reste sein, wie es bei den Hydrazonen des Isonicotinsäurehydrazids und den Thiosemicarbazonen der Fall ist.

Für die Wirksamkeit des Isonicotinsäurehydrazids und seiner Derivate, die nicht als Hydrazone vorliegen, vermutet man, daß das Isonicotinsäurehydrazid im Organismus oder im Bakterienleib mit Carbonylverbindungen unter Bildung von Hydrazonen reagiert. Zur Erklärung der Wirkung der Hydrazone auf den Stoffwechsel der Tuberkelbakterien kann man vergleichend die Untersuchungen von NEUBURG und FORREST heranziehen, die bei der Zuckergärung von Hefen zeigen konnten, daß durch einen solchen Bindungsmechanismus der Stoffwechsel der Mikroorganismen durch Isonicotinsäurehydrazid gehemmt wird.

b) Die Schwermetallkomplex-Hypothese

Schon CARL und MARQUARDT, LIEBERMEISTER und GRUMBACH hatten die Wirksamkeit der Thiosemicarbazone auf ihre Fähigkeit Kupferkomplexsalze zu bilden zurückgeführt. Das Isonicotinsäurehydrazid vermag auch Enzymkupfer zu binden, wodurch die Bakterienenzyme, zu deren Funktion Spurenelemente wie Kupfer erforderlich sind, gehemmt werden.

$$2\,\text{R—CO—NH—NH}_2 \rightleftharpoons 2\,\text{R—}\underset{\text{OH}}{\underset{|}{\text{C}}}\text{=N—NH}_2 \rightarrow \text{Cu-Komplex}$$

$$\begin{array}{ccccc} & & \text{NH}_2\text{—N} & & \\ & & \vdots & \diagdown & \\ & & \vdots & & \text{C—R} \\ & \text{O} & \text{—Cu—} & \text{O} & \\ \text{R—C} & & \vdots & & \\ & \text{N} & \text{——} & \text{NH}_2 & \end{array}$$

Die Fähigkeit zur Chelatbildung hängt vom Vorhandensein des Wasserstoffatoms am N^1 der Hydrazingruppe ab. Die Substitution dieses H-Atoms ergibt Derivate, die keine Cu-Komplexe zu bilden vermögen, aber auch tuberkulostatisch inaktiv sind.

c) Die Katalase-Hämin-Hypothese

BÖNICKE, ARONSON u. Mitarb. u. a. schreiben die Wirksamkeit des Isonicotinsäurehydrazids der Beeinflussung der Mycobakterienkatalase zu; vielleicht wird aber nicht die Synthese der Katalase selbst, sondern die einer für die Tuberkelbakterien spezifischen Peroxydase gehemmt.

Eine interessante Beziehung ergab sich durch die Entdeckung des Antagonismus Isonicotinsäurehydrazid—Hämin durch FISCHER. Isonicotinsäure und Di-isonicotinoyl-hydrazin sind nach KRÜGER-THIEMER und KNOX u. Mitarb. zwei durch die Wirkung des Hämins entstehende Abbauprodukte des Isonicotinsäurehydrazids. Wahrscheinlich wird der Abbau durch das Eisen des Hämins katalytisch beeinflußt. Sowohl in rein synthetischen Nährmedien wie auch bei Albumin- und Serumzusatz zu diesem ist die Verminderung der Wirksamkeit in Gegenwart von Hämin festzustellen. BÖNICKE konnte zeigen, daß bei Häminzusatz das Angehen der Tuberkelkulturen wesentlich verbessert wird. Demnach besteht ein Zusammenhang zwischen der Hemmung des Eisenporphyrinstoffwechsels bzw. der Synthese und damit der Hemmung der Wirksamkeit des Hämins als Bestandteil der Katalase im Tuberkelbacterium und der Wachstumshemmung der Bakterien.

d) Die Isonicotinsäure-Hypothese

Auf Grund zahlreicher Versuche von GOLDMAN ist anzunehmen, daß Isonicotinsäurehydrazid in vivo in das Molekül des Coenzyms I an Stelle des Nicotinamids eingebaut wird und diese Reaktion in Beziehung zum Wirkungsmodus des Isonicotinsäurehydrazids steht. Wie dieser Reaktionsablauf vor sich geht, wurde von KRÜGER-THIEMER zu klären versucht.

Es ist bekannt, daß Isonicotinsäurehydrazid schnell durch die Zellmembran hindurch diffundiert, bis sich ein Gleichgewicht innerhalb und außerhalb der Zelle einstellt. In der Zelle wird es unter Mitwirkung des aus dem Zellstoffwechsel stammenden Wasserstoffperoxyds durch die in den Zellen vorhandene Peroxydase zu Isonicotinsäure und N_2H_4 bzw. $NH_3 + H_2O$ oxydativ gespalten. Die intracellulär gebildete Isonicotinsäure kann nur langsam nach außen diffundieren, da sie oberhalb p_H 6 als negatives Ion vorliegt. Dadurch kommt es zu einem Überschuß an Isonicotinsäure innerhalb der Zelle.

Die Isonicotinsäure bzw. das aus ihr gebildete Isonicotinsäureamid stört die Funktion des Coenzyms I (oder II) durch Verdrängung des Nicotinamids im Molekül des Diphosphorpyridinnucleotids (DPN). Es entsteht ein unwirksames Analogon des Coenzyms.

Im normalen Ablauf des Zellstoffwechsels fungieren die Pyridinnucleotide als Wasserstoffacceptoren und -donatoren. Von den reduzierten Pyridinnucleotiden wird der Wasserstoff des Substrates über sog. Atmungsketten (Cytochromsystem) unter Wasserbildung oxydiert (Tabelle 23). Es konnte festgestellt werden, daß nach Reduktion des Coenzyms I mit einem deuteriumhaltigen H-Donator sich das Deuterium in para-Stellung zum Pyridinstockstiff befindet.

$$\text{R–Pyridinium–CO–NH}_2 \xrightarrow{D_2} \text{R–(4-H,D)-Dihydropyridin–CO–NH}_2$$

Tritt das Isonicotinsäureamid in das Molekül des Coenzyms ein, so ist das parastständige C-Atom besetzt und damit die Funktion des Coenzyms als Wasserstoffüberträger blockiert (Tabelle 22). Dadurch kommt es kompensatorisch zu

Tabelle 22

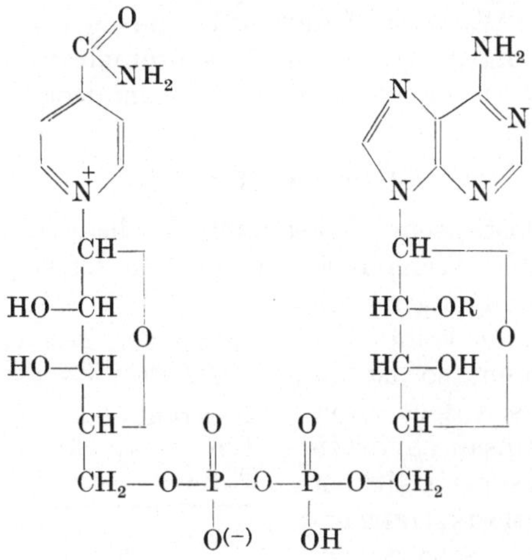

O
C
NH$_2$ NH$_2$
N N
N$^+$ N N
CH— CH—
HO—CH HC—OR
O O
HO—CH HC—OH
CH— O O CH—
CH$_2$—O—P—O—P—O—CH$_2$
O$^{(-)}$ OH

Tabelle 23

NH$_2$
—CO—NH$_2$ N N Adenin
N$^+$ N N
CH— CH—
HO—CH HC—O—R
O O Ribose
HO—CH HC—OH
CH— O O CH—
CH$_2$—O—P—O—P—O—CH$_2$
O$^{(-)}$ OH

H H NH$_2$
—CO—NH$_2$ N N
N N N
CH— HC—
+2 H ⇌ −2 H HO—CH HC—OR
O O
HO—CH HC
CH— O O CH—
CH$_2$—O—P—O—P—CH$_2$
OH OH

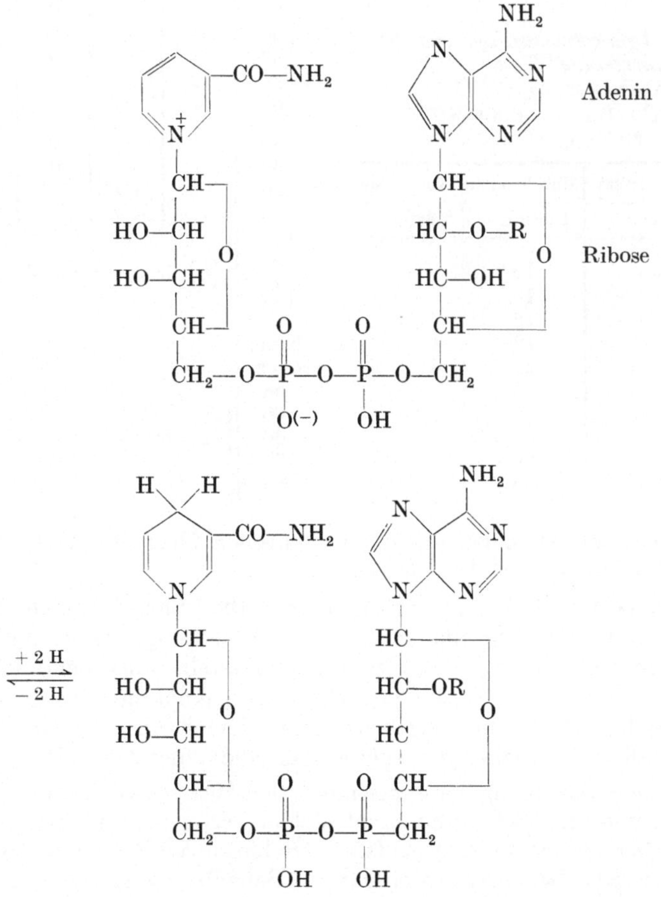

Diphosphorpyridinnucleotid: R = H; Triphosphorpyridinnucleotid: R = H_2PO_3.

einer vermehrten Oxydation des Substratwasserstoffes über die autoxydablen Flavinenzyme. Das Endprodukt dieses Oxydationsweges ist Wasserstoffperoxyd. Das vermehrt gebildete Wasserstoffperoxyd ist die eigentliche Ursache der tuberkulostatischen Wirksamkeit des Isonicotinsäurehydrazids, zunächst der Vermehrungshemmung, dann der irreversiblen Degeneration der Tuberkelbakterien.

Die in vivo-Versuche

Die große tuberkulostatische Wirksamkeit des Isonicotinsäurehydrazids zeigt sich auch im Tierversuch. Wenn auch die Angaben der verschiedenen Autoren je nach den Versuchsbedingungen voneinander abweichen und keine Vergleichsmöglichkeit bieten, so ist aus ihren Versuchsergebnissen doch zu ersehen, daß das Isonicotinsäurehydrazid eine in vivo hoch wirksame antituberkulöse Substanz ist (DOMAGK, OFFE und SIEFKEN, UEHLINGER, SIEBENMANN und FREI, LEVADITI u. Mitarb. u. v. a.).

Unter unseren Versuchsbedingungen (MEYER-ROHN) wurden sowohl im „screening"-Test als auch bei der experimentellen Meerschweinchentuberkulose günstige Ergebnisse erzielt (Tabelle 24).

Tabelle 24. *Isonicotinsäurehydrazid im „screening"-Test*

Dosierung: 500 γ/20 g Maus.
Therapiebeginn: 8 Tage post infect.
Therapiedauer: 60 Tage.

Isonicotinsäurehydrazid		Unbehandelte Kontrollen	
Lebenstage	Befund	Lebenstage	Befund
27	+++	12	+++
30	+++	13	+++
52	+	15	++++
59	+	19	++++
70	++	21	++++
78	+	25	++++
92	++	25	++++
141	+++	29	++++
149	++++	29	++++
189	+++	30	++++

Tabelle 25. *Isonicotinsäurehydrazid bei der experimentellen Meerschweinchentuberkulose*

Dosierung: 8 mg/kg, per os.
Therapiebeginn: 14 mg post infect.
Therapiedauer: 50 Tage.

Lebenstage	Milz	Lunge	Leber	Lymphknoten inguinal	Lymphknoten iliacal
58	0	0	0	+	(+)
66	0	0	0	+	+
66	0	0	0	+	+
66	0	0	0	++	+
66	0	0	0	++	(+)
66	0	0	0	+	+
66	0	0	0	+	+
80	+	+	0	+	+
80	+	+	0	++	+
120	++	++	++	++	+
120	+++	++	+	+++	++
120, 120, 120, 120	Generalisierung +++				
Kontrollen:					
58, 66, 66, 79, 85	Generalisierung +++				

Bei der experimentellen Meerschweinchentuberkulose (Tabelle 25) wurden während der Dauer der Therapie makroskopisch in Lunge, Leber und Milz keine Veränderungen festgestellt. Von der Infektionsstelle ausgehend, die verkäste Lymphknoten zeigten, zogen sich perlschnurartig Knötchen bis zu den Iliacal-Lymphknoten hin. Von hier ausgehend kam es nach Absetzen der Behandlung zu einem Befall der Organe, der später das Bild einer Generalisierung zeigte.

Eine wirkliche Sanierung der experimentellen Meerschweinchentuberkulose ist bei einer relativ kurzen Behandlungszeit nicht zu erreichen, da die antibakterielle Wirkung des Isonicotinsäurehydrazids in vivo hauptsächlich bakteriostatisch und nicht bactericid ist. Bei einer extrem langen Behandlungszeit tuberkulöser Meerschweinchen gelingt es, die Tuberkulose zur Ausheilung zu bringen (Tabelle 26).

Tabelle 26. *Isonicotinsäurehydrazid-Dauerversuch*

Dosierung: 10 mg/kg, intraperitoneal, pro Tag:
Therapiebeginn: 14 Tage post infect.
Therapiedauer: 356 Tage.

	Während der Behandlung				Nach Abschluß der Behandlung				Unbehandelte Kontrollen				
Überlebenstage	234	237	370	370	469	469	588	588	64	77	79	84	99
Sektionsbefund	0	0	0	0	0	0	0	0	G	G	G	G	G
Drüsenbefund	+	+	(+)	(+)	0	0	0	0	+++	+++	+++	+++	+++
Ziehl-Neelsen	+	(+)	+	(+)	0	0	0	0	+++	+++	+++	+++	+++
Kultur	+	+	+	(+)	0	0	0	0	+++	+++	+++	+++	+++

Wichtig für die Isonicotinsäurehydrazidtherapie ist das *Resistenzproblem*. Man unterscheidet zwischen primärer und sekundärer Isonicotinsäurehydrazidresistenz. Primär resistente Tuberkelbakterien zeigen nach RIST eine 100—500fache geringere Empfindlichkeit als normal sensible Keime. Die Häufigkeit primär resistenter Tuberkelstämme ist aber relativ gering (MEISSNER, LIEBERMEISTER, MEYER-ROHN).

Klinisch wichtiger ist die Entwicklung der sekundären Resistenz. Wenige Wochen nach Behandlungsbeginn isolierten STEENKEN u. Mitarb. aus Material von Patienten isonicotinsäurehydrazid-resistente Stämme. Ähnlich sind die Ergebnisse anderer Autoren.

Im in vitro-Versuch konnten GOULDING u. Mitarb. zeigen, daß die Isonicotinsäurehydrazidresistenz mit wenigen Passagen entwickelt werden kann und daß diese in vitro resistent gemachten Keime auch nach Überimpfung auf Meerschweinchen nicht auf Isonicotinsäurehydrazid ansprechen. Die Ansichten über die Häufigkeit der Isonicotinsäurehydrazid-Resistenz sind verschieden. Nach einem Bericht des British Medical Research Council sollen nach einer Behandlungsdauer von 4 Wochen in 11%, von 8 Wochen in 52%, von 12 Wochen in 71% der positiven Fälle Isonicotinsäurehydrazid-Resistenz auftreten.

Tabelle 27. *Versuche zur Prüfung der Resistenzentwicklung*

Methodik: Die Tiere wurden mit Mycobact. tbc. var. hum. Stamm Greifswald infiziert. Die während des Versuchsverlaufs aus behandelten Tieren gezüchteten Tuberkelbakterien wurden auf ihre Isonicotinsäurehydrazid-Empfindlichkeit im in vitro-Test geprüft.

Lebenstage	Isonicotinsäurehydrazid-Empfindlichkeit in $\gamma\gamma$/ml
60	0,1
100	0,05
150	0,1
234	0,1
237	0,05
370	0,1
370	0,1
370	0,1
370	0,1
Kontrolle des Impfstammes:	0,1

THOMSEN bringt eine gute Übersicht über die Meinungen führender englischer und amerikanischer Ärzte zum Resistenzproblem. Bei unserem eigenen Patientenmaterial — über 70 untersuchte Fälle, die mehrere Monate mit Isonicotinsäurehydrazid behandelt worden sind — ist bisher in 2 Fällen eine Isonicotinsäurehydrazid-Resistenz aufgetreten. Ferner fanden wir bei Tierversuchen, bei denen sich die Insonicotinsäurehydrazidbehandlung über 1 Jahr erstreckte, keinerlei Resistenzerscheinungen (Tabelle 27).

Isonicotinsäurehydrazid-Derivate

Die großen Erfolge, die mit dem Isonicotinsäurehydrazid bei der Bekämpfung der Tuberkulose erreicht worden waren, brachten es mit sich, daß zahlreiche Derivate synthetisiert und ihre Wirksamkeit in vitro und in vivo geprüft wurde. Ziel dieser Arbeiten war es, Verbindungen herzustellen, deren tuberkulostatische

Aktivität noch gesteigert wurde, bzw. bei gleicher Wirksamkeit wie Isonicotinsäurehydrazid die Verträglichkeit zu erhöhen und die toxischen Nebenerscheinungen zu vermindern. Die Zahl der untersuchten Verbindungen aufzuführen ist unmöglich; allein in den Elberfelder Laboratorien wurden insgesamt etwa 350 Isonicotinsäurehydrazid-Abkömmlinge geprüft, die jedoch die Wirksamkeit des Isonicotinsäurehydrazids nicht erreichten oder übertrafen (Offe, Siefken und Domagk, Lipp und Dallacker, Katz, Fox, Bavin u. Mitarb.).

Tabelle 28. *In vitro-Aktivität von Isonicotinsäurehydrazid-Derivaten*

Substanz	Strukturformel	Totale Hemmung in γ/ml
Isonicotinsäure-propargyl-hydrazid	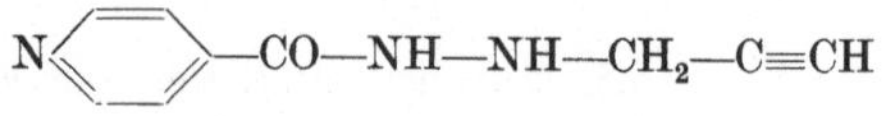 N⬡—CO—NH—NH—CH_2—C≡CH	0,05
Di-isonicotinsäurehydrazon des Methylglutardialdehyds	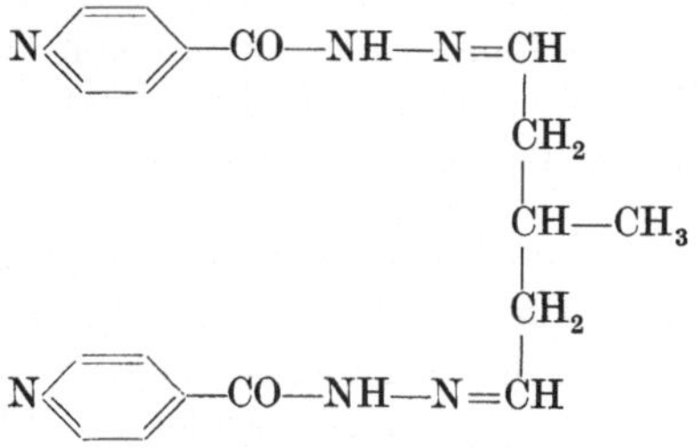 N⬡—CO—NH—N=CH │ CH_2 │ CH—CH_3 │ CH_2 │ N⬡—CO—NH—N=CH	0,05
Isonicotinsäurehydrazid des Cyclooctylaldehyds	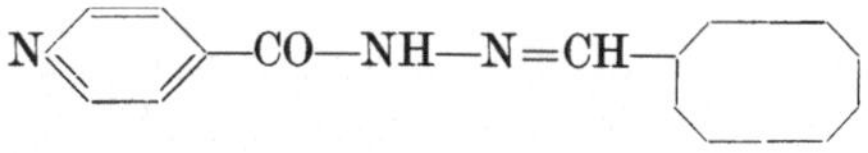 N⬡—CO—NH—N=CH—(Cyclooctyl)	0,05
Isonicotinsäurehydrazid des Cyclooctanons	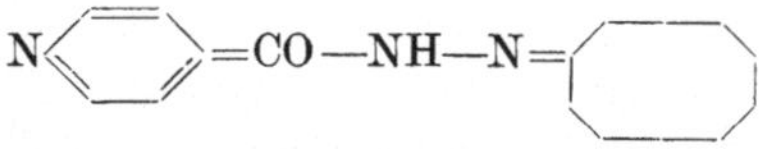 N⬡=CO—NH—N=(Cyclooctan)	0,05
Isonicotinsäurehydrazid des Cyclohexylaldehyds	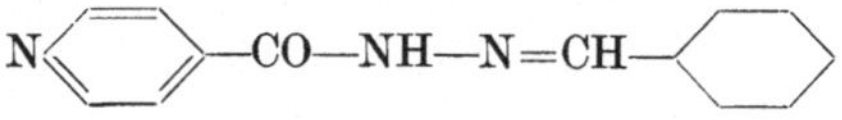 N⬡—CO—NH—N=CH—⬡	0,05
Isonicotinsäurehydrazid des Cyclohexanons	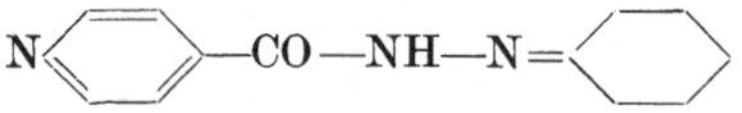 N⬡—CO—NH—N=⬡	0,025
Isonicotinsäurehydrazid des N-Acetyl-D-glucosamins	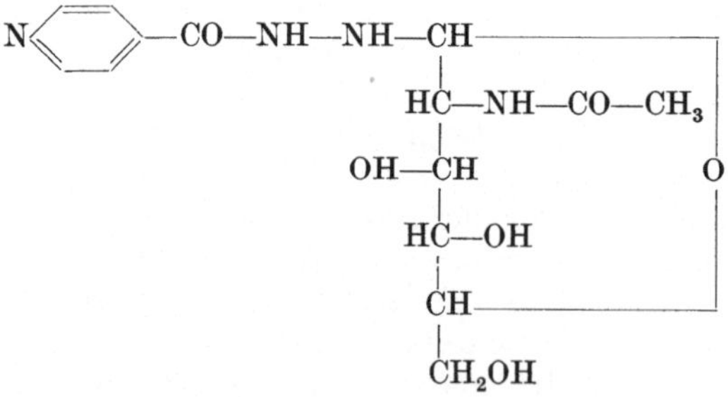 N⬡—CO—NH—NH—CH ─┐ HC—NH—CO—CH_3 │ OH—CH O HC—OH │ CH ─┘ CH_2OH	0,1

Von den uns zur Verfügung stehenden Isonicotinsäurehydrazid-Derivaten zeichneten sich verschiedene durch eine hohe in vitro- und in vivo-Aktivität aus (Tabelle 28—30).

Die Substanzen hemmen im Reagensglasversuch das Wachstum der Tuberkelbakterien ungefähr in der gleichen Größenordnung wie Isonicotinsäurehydrazid, zum Teil sogar noch besser. Die Ergebnisse der Tierversuche sind bei einzelnen Präparaten sehr günstig. Die Isonicotinsäurehydrazone des Cyclooctanons, des

Tabelle 29. *Screening-Test verschiedener Isonicotinsäurehydrazid-Derivate*

Therapiebeginn: 8 Tage post infect.
Therapiedauer: 90 Tage.

Substanz	Applikation	Dosis mg/Maus	Therapietiere a) Lebenstage p. inf. b) Befund									
			1	2	3	4	5	6	7	8	9	10
Di-Isonicotinsäurehydrazon des Methylglutaraldehyds	Trinkbirne	500	15	15	19	19	21	25	42	53	129	129
			++	++++	++	++++	++++	(+)	+	(+)	++	+
Isonicotinsäurehydrazon des Cyclootcylaldehyds	Trinkbirne	500	15	15	19	27	80	90	156	170	170	170
			+	+	+	(+)	+	(+)	++	++	+	+
Isonicotinsäurehydrazon des Cyclooctanons	Trinkbirne	500	23	32	41	68	77	77	80	80	170	170
			+++	+	+	(+)	(+)	(+)	+	+	+	++
Isonicotinsäurehydrazon des Cyclohexylaldehyds	Trinkbirne	500	15	27	47	56	57	58	85	118	156	156
			+	(+)	+	+	0	0	(+)	0	++	+
Isonicotinsäurehydrazon des Cyclohexanons	Trinkbirne	500	15	15	26	28	52	60	116	116	117	117
			+	++	(+)	++	+	(+)	+	+	(+)	+
Unbehandelte Kontrollen			15	15	17	20	20	20	21	22	23	26

Tabelle 30. *Therapieversuch bei der experimentellen Meerschweinchentuberkulose mit verschiedenen Isonicotinsäurehydrazid-Derivaten*

Substanz	Therapiebeginn Tage p. inf.	Therapiedauer	Dosis mg/kg/Tag	Befund	Lebenstage										Unbehandelte Kontrollen: durchschnittl. Lebensdauer	Unbehandelte Kontrollen: Befund
					1	2	3	4	5	6	7	8	9	10		
Isonicotinsäurepropargylhydrazid	14	60	10		74	74	74	74	74	150	150	150	150	150	74	Generalisierung +++
				a	0	0	0	0	0	+	(+)	++	++	++		
				b	++	++	+	+	+	++	++	++	++	++		
				c	0	0	0	0	0	0	0	+	0	0		
				d	+	+	+	+	0	+	+	+	+	+		
Di-isonicotinsäurehydrazon des Methylglutaraldehyds	20	90	10		59	75	79	79	111	114	195	195	257	257	128	Generalisierung +++
				a	0	0	+	(+)	0	(+)	0	0	0	0		
				b	0	++	++	++	0	0	+	++	+	(+)		
				c	0	0	0	0	0	0	0	0	0	0		
				d	0	0	0	0	0	+	+	0	0	0		
Isonicotinsäurehydrazon des Cyclooctylaldehyds	14	60	10		73	73	73	73	73	137	137	137	137	137	92	Generalisierung +++
				a	+	0	0	+	++	++	+++	++	++	0		
				b	0	0	0	0	+	0	++	+	++	++		
				c	0	0	0	0	0	0	++	0	0	0		
				d	+	+	+	+	+	+	+	+	+	+		
Isonicotinsäurehydrazon des Cyclooctanons	14	60	10		73	73	73	73	73	92	137	137	137	137	73	Generalisierung +++
				a	0	0	0	0	0	++	+	+++	++	+		
				b	0	0	0	0	0	0	++	++	+	0		
				c	0	0	0	0	0	0	0	0	0	0		
				d	+	+	+	+	+	+	+	+	+	+		

Tabelle 30 (Fortsetzung)

Substanz	Therapiebeginn Tage p. inf.	Therapiedauer	Dosis mg/kg/Tag	Befund	Lebenstage 1	2	3	4	5	6	7	8	9	10	Unbehandelte Kontrollen: durchschnittl. Lebensdauer	Unbehandelte Kontrollen: Befund
Isonicotinsäure-hydrazon des cyclohexyl-aldehyds	15	120	10		38	135	135	135	135	185	185	445	445	445	121	Generalisierung +++
				a	+	0	0	0	0	0	0	0	+	0		
				b	+	0	0	0	0	0	0	0	0	0		
				c	+	0	0	0	0	0	0	0	0	0		
				d	+	0	0	0	0	0	0	0	0	0		
Isonicotinsäure-hydrazon des Cyclohexanons	15	130	10		135	135	135	135	135	185	185	185	449	449	121	Generalisierung +++
				a	0	0	0	0	0	0	0	0	(+)	0		
				b	0	0	0	0	0	0	0	0	(+)	0		
				c	0	0	0	0	0	0	0	0	0	0		
				d	0	0	0	0	0	0	0	0	0	0		
Isonicotinsäure-hydrazid des N-Acetylglu-cosamins	16	120	400		97	98	111	112	116	150	182	227	290	371	60	Generalisierung +++
				a	0	0	0	0	0	0	0	0	0	0		
				b	0	0	0	0	0	0	0	0	0	0		
				c	0	0	0	0	0	0	0	0	0	0		
				d	+	0	0	0	0	0	0	0	0	0		

a = Milz; b = Lunge; c = Leber; d = Lymphknoten.

Cyclooctylaldehyds und des Cyclohexanons wirkten bei langer Therapiedauer (120 bzw. 160 Tage) besser als die Muttersubstanz. 80 bzw. 174 Tage nach Abschluß der Behandlung konnten nur ganz vereinzelte Tuberkelbakterien in den befallenen Organen nachgewiesen werden.

Ebenso verhielt sich auch das Isonicotinsäurehydrazid des N-Acetylglucosamins. Wegen der guten Verträglichkeit konnte das Präparat mit einer Dosierung von 400 mg/kg/Tag verabreicht werden, während bei Isonicotinsäurehydraziddauerversuchen nicht über eine tägliche Gabe von 10 mg/kg hinausgegangen werden darf. Mit 400 mg/kg N-Acetyl-glucosamin-Isonicotinsäurehydrazid gelang es, die experimentelle Meerschweinchentuberkulose in 120 Tagen auszuheilen. Während der Nachbeobachtung über 3—8 Monate wurden keine Rezidive festgestellt (KIMMIG, KRÜGER, MEYER-ROHN).

Das Isonicotinoyl-propargyl-hydrazid und das D-isonicotinsäurehydrazid des Methylglutaraldehyds waren nicht so wirksam. Schon während der Behandlung entwickelten sich spezifische Veränderungen in Lunge und Milz; nach Absetzen der Therapie breitete sich die Tuberkulose kontinuierlich aus.

5. Cyanessigsäurehydrazid

Von dem Gedanken ausgehend, daß nicht der Pyridinkern selbst, sondern die sterische Anordnung der Stickstoffatome in Pyridinkern und Seitenkette zueinander für die tuberkulostatische Wirksamkeit des Isonicotinsäurehydrazids verantwortlich sei, wurde von spanischen Forschern (SALVA u. Mitarb.) eine Reihe von Substanzen geprüft, in welchen der Pyridinkern durch aliphatische Ketten ersetzt wurde. Von diesen hat das Cyanessigsäurehydrazid

$$N{\equiv}C{-}CH_2{-}C\begin{matrix}{\nearrow}O\\ \searrow NH{-}NH_2\end{matrix}$$

als Reazid Eingang in die Therapie der Tuberkulose gefunden. Die Toxicität des Cyanessigsäurehydrazids ist gering; es ist ungefähr 2—3mal weniger toxisch als Isonicotinsäurehydrazid.

Seine tuberkulostatische Wirksamkeit in vitro und in vivo entspricht ungefähr derjenigen des Streptomycins. 5—10 γ/ml hemmen das Wachstum von Myc. tuberc. H 37 Rv (Tabelle 31).

Tabelle 31. *Wirksamkeit in vitro von Cyanessigsäurehydrazid.* (Nach HARTL)

Stamm	Nährmedium	Minimale Hemmkonzentration in γ/ml
H 37 Rv	Kirchner	2
	Kirchner + 10% Serum	10
	Dubos	5
H 37 Rv, streptomycinresistent; PAS, isonicotinsäurehydrazidempfindlich	Dubos	10
H 37 Rv, PAS- und streptomycinresistent, isonicotinsäurehydrazidempfindlich	Dubos	10
H 37 Rv, isonicotinsäureresistent, PAS- und streptomycinempfindlich	Dubos	20
H 37 Rv, Streptomycin, PAS- und isonicotinsäurehydrazidresistent	Dubos	20

Experimentell läßt sich eine Resistenz gegen 100 γ Cyanessigsäurehydrazid pro ml erzeugen.

Im Tierversuch besitzt das Cyanessigsäurehydrazid bei sehr guter Verträglichkeit einen günstigen Einfluß auf die Intensität und Generalisierung der Meerschweinchentuberkulose. Allerdings ist dieser günstige Effekt nicht von Dauer, sondern kommt nach einer gewissen Behandlungszeit zum Stillstand, läßt sogar nach. Die Wirkung besteht anscheinend darin, die Manifestation der hämatogenen Generalisierung zu verzögern (PRAUSMÜLLER u. Mitarb., HOFSTETTER, HARTL).

Zwar besitzt das Cyanessigsäurehydrazid sowohl in vitro wie in vivo nicht die gleiche Aktivität wie die anderen Tuberkulostatica; es ist aber bei isonicotinsäurehydrazid-, PAS- oder streptomycinresistenten Stämmen wirksam. Wegen dieser Eigenschaft ist es für Überbrückungszeit therapeutisch wichtig.

6. 1-Isonicotinoyl-2-veratrylidenhydrazid (Verazid)

wurde neben vielen anderen Hydrazinderivaten von OFFE, SIEFKEN und DOMAGK bereits 1952 auf seine tuberkulostatische Wirksamkeit geprüft.

$$\mathrm{N}\langle\bigcirc\rangle\mathrm{—CO—NH—N{=}CH—}\langle\bigcirc\rangle\mathrm{—OCH_3}\quad(\mathrm{OCH_3})$$

Es hemmt das Wachstum der Tuberkelbakterien in einer Konzentration von 0,06 γ/ml (Isonicotinsäurehydrazid unter den gleichen Bedingungen 0,07 γ/ml) (RUBBO u. Mitarb.). Der hohen tuberkulostatischen Wirkung in vitro entspricht nicht die Wirksamkeit in vivo. Zwar wurde mit wöchentlichen Gaben von 30 mg/kg intramuskulär unter den gleichen Versuchsbedingungen sowohl mit Verazid als auch mit Isonicotinsäurehydrazid eine fast vollständige Heilung der Meerschweinchentuberkulose erreicht. Bei der wegen der toxischen Nebenerscheinungen klinisch notwendigen Dosierung von 5—8 mg Isonicotinsäurehydrazid/kg war das

Isonicotinsäure-veratryliden-hydrazid jedoch unwirksam. Hier ist allerdings zu berücksichtigen, daß die DL_{50} für Isonicotinsäurehydrazid 200 mg/kg, für Verazid aber 700 mg/kg beträgt, so daß Verazid klinisch wesentlich höher dosiert werden könnte.

Weitere Isonicotinsäurederivate, die Eingang in die Klinik gefunden haben, sind

o-Hydroxybenzal-isonicotinoyl-hydrazon (Nupasal)

N⟨pyridin⟩—CO—NH—N=CH—⟨benzol⟩ (OH)

Vanillin-isonicotinoyl-hydrazon (Phtiazid, Vanizid)

N⟨pyridin⟩—CO—NH—N=CH—⟨benzol⟩—OH (OCH_3)

3-Äthoxy-4-hydroxybenzaldehyd-isonicotinoylhydrazon (Bourbonal-Isonicotinsäurehydrazid)

N⟨pyridin⟩—CO—NH—N=CH—⟨benzol⟩—OH (OC_2H_5)

1-Isonicotinoyl-2-isopropylhydrazid (Iproniazid)

N⟨pyridin⟩CO—NH—NH—CH⟨CH_3, CH_3⟩

und Isonicotinsäurehydrazid-p-aminosalicylat (Dipasic)

N⟨pyridin⟩—CO—NH—NH—CO—⟨benzol⟩—NH_2 (OH)

Über die Behandlung der Hauttuberkulose mit diesen Präparaten liegen noch keine Berichte vor; bei der hohen Wirksamkeit von Isonicotinsäurehydrazid ist nicht zu erwarten, daß diese Substanzen Eingang in die Therapie der Hauttuberkulose finden werden.

Über ihre Wirksamkeit gegenüber Myc. tuberculosis in vivo und in vitro ist kurz folgendes zu berichten:

7. o-Hydroxybenzal-isonicotinoylhydrazon (Nupasal)

entspricht in seiner Wirksamkeit dem Isonicotinsäurehydrazid. In vitro wird das Wachstum der Tuberkelbakterien in Konzentrationen von 0,06 γ/ml gehemmt. Gegenüber isonicotinsäurehydrazidresistenten Stämmen nimmt die Wirksamkeit auf 10—25 γ/ml ab. Interessant ist das Resistenzproblem. Wie bekannt, wird die Aktivität des Isonicotinsäurehydrazids mit 8 Passagen von 0,03 γ/ml auf 7,81 γ/ml verringert, also um das 260fache verschlechtert. Nupasal verhält sich genauso. Unter den gleichen Versuchsbedingungen tritt eine Verminderung der Wirksamkeit um das 130fache, von 0,06 γ/ml auf 7,81 γ/ml ein. Dieses Verhalten ist nicht verwunderlich, da beide Substanzen chemisch sehr ähnlich sind. Wird aber ein Tb-Stamm über mehrere (10) Passagen einem Gemisch beider Substanzen ausgesetzt, so wird die Resistenzentwicklung zurückgedrängt. Isonicotinsäurehydrazid hat dann eine konstante Hemmkonzentration von 0,01 γ/ml, während diejenige von Nupasal von 0,06 auf 0,48 γ/ml ansteigt. Es tritt nur eine Aktivitätsminderung um das 8fache ein. Isonicotinsäurehydrazid und o-Hydroxybenzal-isonicotinsäurehydrazid scheinen wechselseitig die Entwicklung einer Resistenz gegenüber dem anderen Präparat zu verhindern.

In in vivo-Versuchen erreichte Nupasal, bei gleicher Dosierung wie Isonicotinsäurehydrazid, nicht die gleiche Wirksamkeit. Allerdings erlaubt die geringere Toxicität des Hydrazons höhere Dosen. Für Nupasal ist die Dos. tol.$_{max}$ 1,5 mg/g Maus, per os und pro Tag, über 6 Wochen gegeben, während unter den gleichen Versuchsbedingungen für Isonicotinsäurehydrazid 0,02 mg/g Maus als Toleranzgrenze ermittelt wurden.

Eine Resistenz gegenüber Nupasal entwickelt sich in vivo langsamer als gegenüber Isonicotonsäurehydrazid (Bavin u. Mitarb., Steenken u. Mitarb.).

Besonders in England wurde Nupasal klinisch als Tuberkulostaticum eingesetzt (Katz u. Mitarb.). Die Berichte über die Behandlung lauten günstig (Vargas, Yiminez, Allan u. Mitarb.). Ob es sich aber um eine Verbesserung gegenüber der Isonicotinsäurehydrazidtherapie handelt, ist noch nicht entschieden.

8. Vanillin-isonicotinoyl-hydrazon (Phtivazid, Vanizid)

wurde neben einer Reihe anderer Hydrazone von Rubbo u. Mitarb. dargestellt und auf seine tuberkulostatische Wirksamkeit geprüft. Es hemmt in vitro das Wachstum der Tuberkelbakterien in Konzentrationen von 0,13 γ/ml. Im Tierversuch wurde es im Vergleich mit Isonicotinsäurehydrazid und anderer Hydrazone getestet. Bei gleicher Dosierung, 20 mg/kg/Woche und gleicher Versuchsdauer (84 Tage), war es weniger wirksam als Isonicotinsäurehydrazid, Verazid oder Nupasal.

Klinisch wird es in der Sowjetunion eingesetzt.

9. 3-Äthoxy-4-hydroxybenzaldehyd-isonicotinoyl-hydrazon (Bourbonal-Isonicotinsäurehydrazid)

Wird die Methoxygruppe des Vanizids durch Äthoxy ersetzt, so erhält man eine Verbindung, das *3-Äthoxy-4-hydroxybenzaldehyd-isonicotinoyl-hydrazon* (Bourbonal-Isonicotinsäurehydrazid), die nach Sah und Peoples das Vanillin-Isonicotinsäurehydrazid um das 5—10fache in seiner Wirkung übertrifft und auch wirksamer als Streptomycin sein soll. Seine Toxicität ist wesentlich geringer als diejenige des Isonicotinsäurehydrazids. Für Boubonal-Isonicotinsäurehydrazid beträgt die Dosis tolerata 4 g/kg Maus, bei subcutaner, intraperitonealer oder oraler Verabreichung, während die LD_{50} 145 mg/kg Maus beträgt (Sah und Sah). Die Ergebnisse der Tierversuche entsprechen dem Isonicotinsäurehydrazid. Durch die Kupplung des 3-Äthoxy-4-hydroxybenzaldehyds wird auch die Entwicklung einer Resistenz der Keime zurückgedrängt.

10. Pyrazinamid

Die tuberkulostatische Wirksamkeit des Pyrazinamids wurde 1952 von Yeager u. Mitarb. entdeckt. Die Ergebnisse der in vitro- und in vivo-Versuche waren zunächst nicht übereinstimmend, erst die Arbeiten von McDermott und Thompsen zeigten, daß die Wirksamkeit der Substanz wesentlich vom p_H-Wert des Mediums abhängig ist (Tabelle 32).

Durch Serumzusatz wird die Aktivität nicht gemindert.

Die Wirksamkeit von Pyrazinamid richtet sich speziell gegen Myc. tuberc. var. humanus, allen anderen Stämmen gegenüber ist es unwirksam.

In vitro kann mit 7 Passagen eine Resistenz gegen 500 γ/ml erzeugt werden. Zwischen Isonicotinsäurehydrazid und Pyrazinamid besteht keine Kreuzresistenz. Tuberkelbakterien, die gegenüber 5—15 γ Isonicotinsäurehydrazid/ml resistent sind, sprechen auf relativ niedrige Pyrazinamidkonzentrationen (25 γ/ml) an; umgekehrt werden pyrazinamidresistente Stämme von Isonicotinsäurehydrazid in ihrem Wachstum gehemmt (Perry und Morse).

Tabelle 32. *In vitro-Wirksamkeit von Pyrazinamid.* (Nach McDermott und Thompson)

Stamm	pH	Hemmkonzentration in γ/ml
H37 Rv	7,5	250
	7,0	250
	6,5	250
	6,0	125
	5,5	16
	5,0	15

Im Screening-Test zeigt Pyrazinamid eine günstige Wirkung. Verglichen mit PAS und Streptomycin liegt die Wirkung des Pyrazinamids zwischen derjenigen der beiden Tuberkulostatica. Mit 2,5 mg/20 g Maus wird eine signifikante Verlängerung der Überlebensrate gegenüber den unbehandelten Kontrollen erreicht (Malone u. Mitarb.). Die Ergebnisse bei der experimentellen Meerschweinchentuberkulose sind nicht so gut. Die mit 55 mg/kg/Tag behandelten Tiere unterschieden sich nach 100 Tagen Behandlung nur wenig von den Kontrolltieren (Steenken u. Mitarb.). Die Toxicität ist gering (nach Robinson 0,5—2,5 g/kg Maus). Im Tierversuch wurden keine toxischen Nebenerscheinungen beobachtet. Klinisch treten bei längeren Pyrazinamidverabreichungen öfter toxische Nebenerscheinungen in Form von Leberschädigungen auf, so daß bei klinisch manifestem oder laboratoriumsmäßig erfaßtem Leberschaden eine Behandlung mit Pyrazinamid zu vermeiden ist. Ein abschließendes Urteil über die Pyrazinamidtherapie ist trotz zahlreicher experimenteller und klinischer Prüfungen noch nicht auszusprechen.

11. Rhodanverbindungen

Bereits in den Jahren 1938/39 war von Lockemann und Ulrich die starke tuberkulostatische Wirksamkeit der Rhodanwasserstoffsäure festgestellt worden. Von Rhodanid-Ionen ist bekannt, daß sie im Gewebe quellend wirken, die Auflockerung der Kolloidstruktur bewirken und die Viscosität der Gewebssäfte herabsetzen; Eigenschaften, die für eine Substanz als Tuberkulostaticum günstig sind. Um die Stabilität der Rhodanwasserstoffsäure zu erhöhen, wurden eine Reihe von Rhodanverbindungen synthetisiert, von denen das 2,4-Diamino-azobenzol-rhodanid (Dairin) am besten den gewünschten Forderungen entsprach.

$$C_6H_5\text{—N=N—}C_6H_3(NH_2)\text{—}NH_2 \cdot HCNS$$

Die Substanz ist in vitro und in vivo gut wirksam. Im Reagensglasversuch hemmt sie bis zu einer Verdünnung von 1 : 8 Mill. das Wachstum des Teststammes H37 Rv (Wilde). Über die Wirkungen bei der experimentellen Meerschweinchentuberkulose liegen wohl auch auf Grund verschiedener Versuchsbedingungen unterschiedliche Beurteilungen vor (Bartmann u. Mitarb., Wilde, Renovanz). Bei der experimentellen Lymphknotentuberkulose des Meerschweinchens entsprach die Wirkung ungefähr derjenigen des Streptomycins. Eine Beeinflussung der generalisierten Tuberkulose war aber nicht feststellbar. Nach den Ergebnissen von Renovanz ist das Diamino-azo-benzol-rhodanid vor allem in der Depotform für die lokale Behandlung tuberkulöser Lymphome geeignet, zumal Nebenerscheinungen und Resistenzbildungen nach 8monatiger Behandlungsdauer nicht festzustellen waren.

12. Phenazinderivate

Nachdem BIRKOFER und BIRKOFER bereits 1949 über die tuberkulostatische Wirkung der Phenazin-α-carbonsäure berichtet hatten, wurden von BARRY u. Mitarb. (1957) eine Reihe von Phenazinderivaten der allgemeinen Konstitution

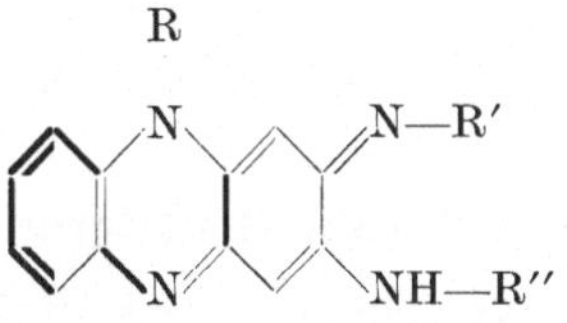

R

N—R′

NH—R″

synthetisiert und auf ihre tuberkulostatische Wirkung geprüft. Von diesen ist das N-p-Chlorphenyl-1,4-isopropylamino-phenazin (B 663) besonders wirksam und besitzt auffallende kumulierende Eigenschaften, da es in vielen Organen und Geweben festgehalten wird; es scheint auch nach Absetzen der Therapie nur langsam von diesen abgegeben zu werden.

Seine Wirksamkeit in vivo und in vitro wurde von ACHARYA u. Mitarb. untersucht. Die minimale Hemmkonzentration beträgt 0,8 γ/ml. Unter anaeroben Bedingungen wird die stark gefärbte Verbindung, wahrscheinlich unter der Wirkung reduzierender Enzyme (Flavoproteine) entfärbt. Die Reaktion ist reversibel, bei Luftzutritt wird das gelborange Phenazinderivat zurückgebildet.

Im screening-Test der weißen Maus ist B 663 wirksamer als Isonicotinsäurehydrazid. Mit 2 mg/kg/Tag werden 95% der Tiere 14 Tage lang vor der Generalisierung der Tuberkulose geschützt. Die gleiche Dosis Isonicotinsäurehydrazid gibt nur etwa 7% der Tiere einen Schutz (BARRY u. Mitarb.).

Die gleichen guten Ergebnisse wurden von ACHARYA u. Mitarb. bei der experimentellen Meerschweinchentuberkulose erzielt. Unter scharfen Bedingungen — Therapiebeginn 21 Tage p. inf. — wurde mit einer Dosierung von 144 mg/kg/Tag und einer Therapiedauer von 100 Tagen die gesetzte Tuberkulose weitgehend zurückgedrängt. Weitere Versuchsergebnisse liegen noch nicht vor.

13. Thioisonicotinsäureamide

Von LIBERMANN, RIST und GRUMBACH wurde festgestellt, daß sowohl das Thioisonicotinsäureamid, wie in α-Stellung substituierte Derivate desselben hemmend auf das Wachstum isonicotinsäurehydrazid-, PAS- und streptomycinresistenter Tuberkelbakterien einwirkt. Ferner konnten sie nachweisen, daß Tuberkelbakterien unter der Einwirkung von Thioisonicotinamid ihre Säurefestigkeit verlieren. Von den Derivaten war das α-Äthylthioisonicotinamid

S

N —C

NH_2

C_2H_5

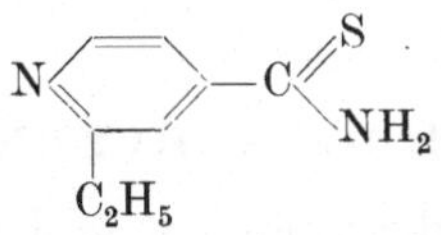

mit einer minimalen Hemmkonzentration von 0,6 γ/ml am wirksamsten.

Im Tierversuch sind die Thioamide wirksamer als nach den in vitro-Ergebnissen anzunehmen war. Das Äthylthioisonicotinamid besitzt ungefähr $^1/_{10}$ der Wirksamkeit des Isonicotinsäurehydrazids (Tabelle 33).

Tabelle 33. *Vergleich der Wirksamkeit der Thioisonicotinamide mit Isonicotinsäurehydrazid und Streptomycin.* (Nach RIST u. Mitarb.)

Substanz	Minimale Hemmkonzentration in γ/ml	Protektive Dose mg/kg/Maus	Toxicität DL_{50} mg/kg
Isonicotinsäurehydrazid	0,05	1,2	200
Thioisonicotinamid	20,0	50	1000
α-Äthyl-thioisonicotinamid . . .	0,6	12	1000
Streptomycin	1	100	2000

Klinische Berichte liegen über das Präparat noch nicht vor.

14. Vitamin D_2-Therapie

Unter den Stoffen, die zur Therapie der Hauttuberkulose herangezogen werden, nimmt das Vitamin D_2 eine Sonderstellung ein. Die Vitamin D_2-Therapie geht von der Überlegung aus, daß die bisher angewandte Lichttherapie (Finsen, Krohmayer) auf einer Steigerung der Umwandlung von Ergosterin in der Haut in Vitamin D beruht, so daß durch Verabreichung von reinem Vitamin D die gleichen Resultate erzielt werden können.

Die D_2-Therapie wurde zuerst von CHARPY (1943) in Frankreich und von JORDAN in Deutschland angewandt. Der Wirkungsmechanismus des D_2 ist noch ungeklärt. Eine direkte Wirkung des Vitamins auf das Wachstum der Tuberkelbakterien wird von den meisten Autoren abgelehnt. CHARPY vermutet eine Aktivierung der Phosphatasen. Die Untersuchungen von KLINGMÜLLER, der eine Steigerung der Nierenphosphatasenaktivität durch wäßrige Aufschwemmungen von Vitamin D_2 nachweisen konnte, bestätigten diese Annahme. BOMMER nimmt eine Beeinflussung der gestörten Oxydationsvorgänge im tuberkulösen Gewebe an. ICKERT weist darauf hin, daß Sterine (Cholesterin, Sexualhormone und Vitamin D_2) den pathologischen Stoffwechsel normalisieren. WEITZEL und SCHRAUFSTÄTTER führen die Abschwächung der Moroschen Tuberkulinreaktion bei D_2-Behandlung auf eine Herabsetzung der Reaktionsfähigkeit der Haut zurück. Alle diese Einzelergebnisse können aber noch nicht den eigentlichen Wirkungsmechanismus erklären.

Die experimentellen Untersuchungen in unserer Klinik zeigten in vitro keinerlei Effekt, sowohl bei Anwendung hoher Vitamin D_2-Konzentrationen wie bei Verwendung von Serum von Lupuspatienten für den Test. Die experimentelle Meerschweinchentuberkulose konnte ebenfalls nicht mit D_2 beeinflußt werden. Es ist anzunehmen, daß das Vitamin D_2 im Körper verändert wird und daß Abbauprodukte desselben eventuell tuberkulostatische Eigenschaften haben. Aus diesem Grunde wurden von uns Zwischenprodukte der D_2-Synthese, wie auch Abbauprodukte von D_2 in vitro geprüft. Bisher konnte mit den untersuchten Verbindungen keine Wirkung festgestellt werden. Die Arbeiten werden aber fortgesetzt, da hier eventuell ein Ansatzpunkt zur Klärung des Wirkungsmechanismus liegt.

IV. Klinische Untersuchungen

Die Behandlung der Hauttuberkulose ist in den letzten Jahren nach der Entdeckung der Vitamin D_2-Wirkung und der fortschreitenden Entwicklung der Chemotherapie auf eine völlig neue Grundlage gestellt worden. Die bisherigen Methoden, die Bestrahlung mit Natursonne oder künstlichem UV-Licht, Röntgen- und Radiumtherapie, wie die chirurgischen und Ätzmethoden, sind durch die neue

Vitamin- und Chemotherapie weitgehend zurückgedrängt worden. Bei kleineren isolierten Lupusherden ist die Totalexcision aber auch heute noch die Therapie der Wahl.

1. Die Vitamin D_2-Therapie

Im Vergleich zu den früher angewandten Ätzmethoden bedeutete die Behandlung mit Vitamin D_2 ohne Zweifel einen großen Fortschritt. Da bei 10% aller mit D_2 behandelten Patienten Nebenerscheinungen in Form von Übelkeit, Brechreiz,

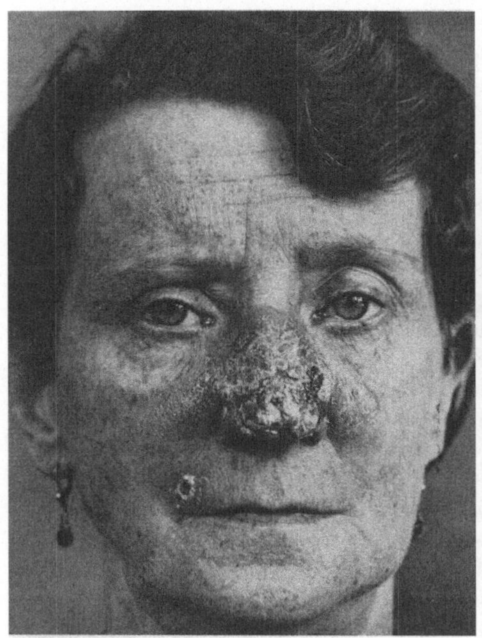

Abb. 1. Vor der Behandlung mit Vigantol

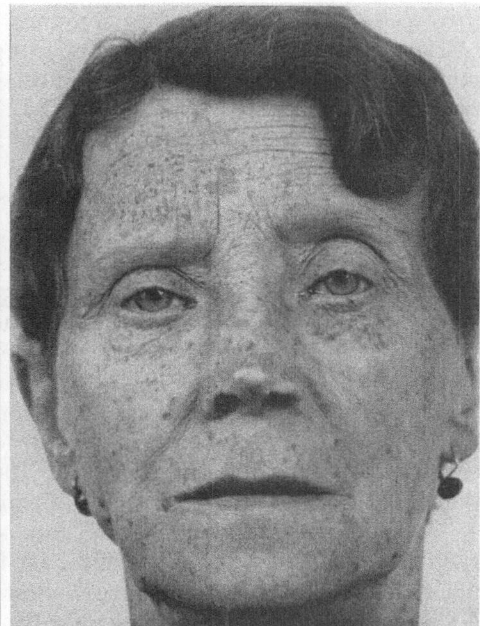

Abb. 2. Nach der Behandlung mit Vigantol

Durst, Albuminurie und Mikrohämaturie auftreten, wurde versucht, durch Verwendung eines D_2-Eiweißpräparates (Vigorsan forte) diese Störungen auszuschalten. In diesem Präparat ist das Vitamin D_2 an das Albumin des Milcheiweißes gebunden. Bei einer Dosierung von 5 mg/Tag (Gesamtdosis 800 mg) treten die Nebenerscheinungen praktisch nicht mehr auf. Die Auswertung eines Krankengutes von etwa 250 Patienten ergab, daß bei einer Nachbeobachtungszeit von mindestens 3 Jahren 13% der Patienten geheilt wurden, 85% zeigten gutes Ansprechen auf die Therapie, rezidivierten jedoch, 2% blieben unbeeinflußt.

Wenn auch die Erwartungen hinsichtlich des Heilerfolges nicht erfüllt wurden, so muß doch betont werden, daß die kosmetischen Erfolge ausgezeichnet sind (Abb. 1 und 2).

Die Behandlung kann bei normaler Nierenfunktion ambulant durchgeführt werden.

2. Die Thiosemicarbazontherapie

Kalkoff hat die Chemotherapie der Hauttuberkulose mit Conteben an Hand eines umfangreichen Patientenmaterials am gründlichsten bearbeitet und seine Erfahrungen hinsichtlich Dosierung, Abheilungsvorgang, Nachbeobachtung und Auftreten von Nebenerscheinungen in 2 Monographien niedergelegt.

Der therapeutische Effekt des Contebens scheint demjenigen des Vitamin D_2 nur wenig nachzustehen. Die lupösen Hautveränderungen bessern sich unter der Contebentherapie in den meisten Fällen. Rezidive sind leider relativ häufig. Die Behandlung muß daher noch mindestens 6—12 Monate nach der klinischen Erscheinungsfreiheit fortgesetzt werden.

Der Nachteil der Contebentherapie liegt in dem häufigen Auftreten von Nebenerscheinungen, Schüttelfrost, Albuminurie, Erniedrigung der Hämoglobinwerte, Eosinophilie, Leukopenie, Hepatitiden und Exantheme. Diese Nebenerscheinungen verschwinden zwar meistens nach Absetzen des Medikamentes, zwingen aber manchmal zum Abbrechen der Therapie.

Eigene Erfahrungen liegen mit ungefähr 50 Patienten vor. Diese teilen sich diagnostisch auf in 36 Patienten mit Lupus vulgaris, 3 Patienten mit Tbc. eutis colliquativa, 4 Patienten mit Tbc. miliaris ulcerosa, 8 Patienten mit Erythema induratum Bazin.

Ausgezeichnete Erfolge sahen wir bei 3 Patienten mit einer ulcerösen Schleimhauttuberkulose der Zunge. Die Ulcera waren 10 pfennig- bis markstückgroß. Nach 6—8 g Conteben über 6—8 Wochen waren die Ulcera abgeheilt. Ein bei einem abgeheilten Ulcus der Zunge auftretendes Rezidiv heilte nach weiteren 4 g Conteben ab.

Beim Lupus vulgaris mußte die anfangs angewandte Dosierung von 200 mg/Tag wegen der auftretenden Nebenerscheinungen wie Anämie (2,2 Mill. Ery. bei 48% Hb), Hämaturie, Albuminurie, Übelkeit, Urobilinogenurie usw. aufgegeben werden. Eine durchschnittliche Dosis von 2×50 mg/Tag wurde dagegen gut vertragen. Bei einer Behandlungsdauer von 12—15 Monaten wurden zwischen 25 und 45 g Conteben verabreicht. Die ersten Rückbildungserscheinungen konnten erst nach 3—4monatiger Behandlung (10—12 g) festgestellt werden. Klinisch erscheinungsfrei wurden 14 von 36 Lupuspatienten, nach 3—5 Monaten traten bei 11 Patienten Rezidive auf. Bei 16 Lupuspatienten war nur eine klinische Besserung mit verbleibenden Restinfiltraten festzustellen. 6 Patienten waren selbst nach 45 g Conteben nur wenig gebessert.

Diese Resultate entsprechen den Ergebnissen der Tierversuche; hinsichtlich der relativen Häufigkeit von Rezidiven waren diese zu erwarten.

Da die Thiosemicarbazone für den menschlichen Organismus sehr differente Stoffe sind — die Diskussion der schädlichen Nebenwirkungen nimmt in der Contebenliteratur einen breiten Raum ein —, hat sich die Überlegenheit der Vitamin D-Therapie gegenüber der Contebenbehandlung bestätigt.

Trotzdem ist die Einführung der Thiosemicarbazone von besonderer Bedeutung für die Therapie der Hauttuberkulose. Zum ersten Mal war es gelungen, einen bestehenden Lupus vulgaris durch alleinige Anwendung eines Chemotherapeuticums zur Erscheinungsfreiheit zu bringen, ohne daß während einer 5jährigen Nachbeobachtungszeit Rezidive aufgetreten wären.

Durch die Entdeckung der tuberkulostatischen Wirkung des Isonicotinsäurehydrazids ist die Bedeutung der Vigantol- wie der Thiosemicarbazonbehandlung in den Hintergrund gerückt worden.

3. Die Isonicotinsäurehydrazid-Therapie

Über klinische Erfahrungen mit dem Isonicotinsäurehydrazid bei der Hauttuberkulose wurde bereits von Grütz, Marchionini, Spier und Röckl, Schoch, Esteves, Lucius, Obermayer, Wilson u. Smith u. a. berichtet. Übereinstimmend geht aus allen Publikationen hervor, daß Isonicotinsäurehydrazid eine gute therapeutische Wirkung bei allen Formen der Hauttuberkulose besitzt.

Das von uns seit dem Jahre 1952 mit Isonicotinsäurehydrazid behandelte Krankengut von 446 Patienten setzt sich wie folgt zusammen:

Lupus vulgaris	246
Tbc. cutis colliquativa + Lymphknotentbc.	37
Tbc. cutis verrucosa	16
Tbc. ulcerosa der Mundschleimhaut	8
Tuberkulide	7
Erythema induratum Bazin	65

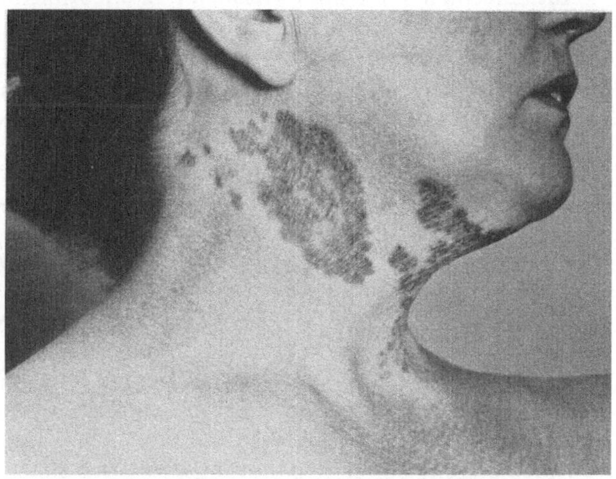

Abb. 3. Vor der Behandlung mit Isonicotinsäurehydrazid

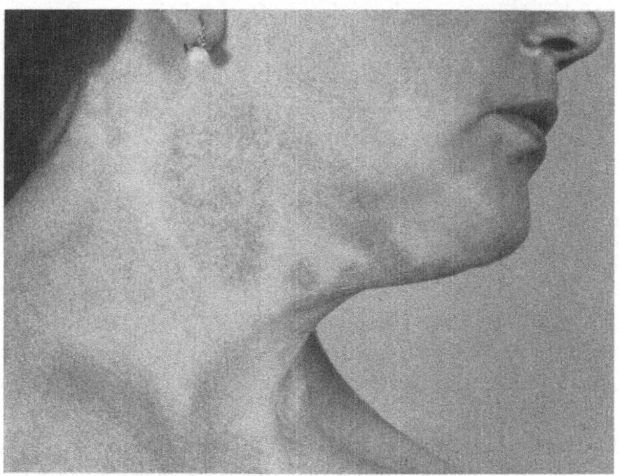

Abb. 4. Nach der Behandlung mit Isonicotinsäurehydrazid

Nach einer allgemeinen stationären Durchuntersuchung wurde die Behandlung ambulant durchgeführt.' Zur Anwendung kamen die handelsüblichen Isonicotinsäurehydrazid-Präparate Neoteben (Bayer), Ertuban (Schering), Bacillin (Chem. Werke Minden) und Rimifon (Hoffmann-La Roche). Ein Unterschied in der Wirkung oder Verträglichkeit der einzelnen Präparate wurde nicht festgestellt.

Klee hatte für die Behandlung der Hauttuberkulose eine optimale Tagesdosis von 10 bis 15 mg/kg in 4 Einzeldosen p.o. empfohlen. Wir behandelten zunächst die Patienten mit 10 mg/kg/die. Da bei einigen Patienten unerwünschte Nebenerscheinungen während der 3monatigen Behandlung auftraten, wurde die Dosis reduziert auf 5—8 mg/kg pro Tag; eine Tagesmenge von 0,6 g wurde nie überschritten. Jüngere Personen, die im allgemeinen Isonicotinsäurehydrazid besser vertragen, erhielten die höhere Dosis. Die Tagesdosis wurde in 3—4 Einzeldosen geteilt, die nach dem Essen eingenommen wurden.

Die gesamte Behandlungsdauer betrug 12—18 Monate (120—160 g Isonicotinsäurehydrazid). Dabei wurde darauf geachtet, daß noch mehrere Monate, nachdem die Patienten erscheinungsfrei geworden waren, hinaus behandelt wurde.

Während der Behandlung wurden in 2—4wöchigem Abstand Kontrolluntersuchungen des Blutbildes, Urins und der Serumeiweißlabilitätsproben durchgeführt.

Von den 246 *Lupus vulgaris*-Patienten fallen 49 für die Beurteilung aus, da der Lupusherd durch Excision entfernt wurde und Isonicotinsäurehydrazid nur zur Nachbehandlung benutzt wurde; von den restlichen 197 Patienten wurden 172 geheilt, davon sind 120 seit 3 Jahren erscheinungsfrei. Bei 5 Patienten traten Rezidive auf. 20 Patienten befinden sich noch in Behandlung, sind aber deutlich gebessert.

Im einzelnen sieht man unter der Isonicotinsäurehydrazidtherapie nach 4 bis 6 Wochen die ersten Rückbildungserscheinungen; die Lupusherde flachen ab, die entzündliche Rötung geht in eine braune Verfärbung über, die bei weiterer Behandlung zu einer zart-braunen, blassen Narbe abblaßt.

Aus Tabelle 34 ist zu ersehen, wie wichtig die Dauer der Behandlung ist.

Tabelle 34

I. Klinisch erscheinungsfrei	120,	länger als 10 Monate behandelt
II. Deutlich gebessert, noch geringe Restinfiltrate	52	
III. Gebessert, noch deutliche Lupusinfiltrate	20,	noch in Behandlung
IV. Unbeeinflußt	2	

In der ersten Gruppe der klinisch Geheilten ist die Mehrzahl der Patienten erst nach 10monatiger Behandlung erscheinungsfrei geworden. In Gruppe II sind die Patienten zusammengefaßt, die zwar deutliche Besserung, aber noch geringe Restinfiltrate zeigen, deren Behandlungszeit auch noch unter 10 Monaten lag. Noch deutlicher zeigt sich die Abhängigkeit des Heilungserfolges von der Therapiedauer in der Gruppe III, wo nach höchstens 6monatiger Behandlung noch deutliche Lupusinfiltrate neben einer offensichtlichen Besserung festzustellen waren.

Diese Ergebnisse zeigen wie wichtig es ist, die Isonicotinsäurehydrazid-Therapiebehandlung des Lupus vulgaris mindestens über 8—12 Monate durchzuführen mit Gesamtdosen von 100—140 g Isonicotinsäurehydrazid.

Bei der Vitamin D_2- und Contebentherapie hatte sich gezeigt, daß Lupusherde im Gesicht schneller und besser zur Abheilung zu bringen sind als am übrigen Körper. Die gleiche Beobachtung machten wir bei der Isonicotinsäurehydrazid-Therapie. Die elevierten, saftreichen Lupusherde waren auch schneller zu beeinflussen als die planen Veränderungen.

Hervorzuheben sind noch 5 Fälle von Lupus vulgaris, die nach 600 mg Vitamin D_2 nur eine geringfügige Besserung zeigten; nach 6—9monatiger Isonicotinsäurehydrazid-Behandlung geheilt oder wenigstens wesentlich gebessert waren. Analoge Beobachtungen wurden mit contebenresistenten Lupusherden gemacht.

Um festzustellen, ob sich in klinisch abgeheilten Lupusherden noch Tuberkelbakterien befinden, wurden bei Patienten in verschiedenen Zeitabständen Gewebsmaterial excidiert und kulturell und histologisch untersucht. Die Ergebnisse der Kulturversuche sind in Tabelle 35 zusammengefaßt.

Danach vermag Isonicotinsäurehydrazid nicht alle Tuberkelbakterien im lupösen Gewebe zu vernichten. Auf Grund dieser Ergebnisse war mit dem Auftreten von Rezidiven nach kürzerer oder längerer Beobachtungszeit zu rechnen.

Beim Lupus vulgaris traten 2 Rezidive 4 Monate nach Abschluß der 12monatigen Isonicotinsäurehydrazidbehandlung auf. In beiden Fällen waren nach Beendigung der Therapie aus excidiertem Gewebsmaterial voll virulente Tuberkelbakterien gezüchtet worden. Auf eine erneute Isonicotinsäurehydrazid-Behandlung sprachen beide Patienten gut an.

Gleichzeitig mit den im Laboratorium durchgeführten in vitro-Versuchen wurde das Excisionsmaterial auch histologisch untersucht. Nach 4—5monatiger Behandlung waren keine tuberkuloiden Strukturen nachweisbar. Weitere 4 bis 5 Monate später vorgenommene Prüfungen zeigten histologisch nur noch geringfügige lymphoidzellige Infiltrationen.

Aus diesen Befunden geht hervor, daß mit Isonicotinsäurehydrazid in den therapeutisch angewandten Dosen keine Abtötung der Tuberkelbakterien erzielt wird. Dabei ist die Haut für die Isonicotinsäurehydrazidtherapie nach den Untersuchungen von ROTH und MANTHEL als Speicherungsorgan für Isonicotinsäurehydrazid besonders prädestiniert. Mit ^{14}C markiertem Isonicotinsäurehydrazid untersuchten die beiden Autoren die Verteilung des Isonicotinsäurehydrazids im Organismus und fanden, daß es besonders in Lunge, Leber, Haut, Gehirn und Nieren lokalisiert wird.

Auch die *Tbc. cutis colliquativa* einschließlich der Halsdrüsentuberkulose spricht gut auf Isonicotinsäurehydrazid an. Unter Isonicotinsäurehydrazid heilten die Scrophulodermherde relativ schnell ab, innerhalb 6—10 Wochen waren die Ulcerationen und Perforationen geschlossen. Demgegenübersprachen die Fälle mit geschlossener Halsdrüsentuberkulose schlechter auf Isonicotinsäurehydrazid an. 2 Patienten mit walnußgroßen Lymphomen mußten 6 bis 10 Monate behandelt werden, bis es zur vollständigen Rückbildung kam.

Tabelle 35

Patienten	Alter in Jahren	Dauer der Behandlung in Monaten	Verabfolgte Isonicotinsäure-hydrazid-Dosis in g	Klinische Beurteilung	Kulturelle Ergebnisse
K. B.	10	3	16	+	+
E. Sch.	47	2	18	+	+
A. K.	35	2	20	+	+
H. D.	35	2	22	+	+
H. W.	45	2	22	+	+
H. L.	37	3,5	34	++	+
M. H.	40	4	41	++	∅
A. M.	48	4	42	+	+
K. D.	60	5	55	++	+
E. Sch.	45	5,5	56	++	+
A. Sch.	49	5	58	++	∅
H. W.	45	5,5	62	++	+
M. M.	53	7	95	+	+
A. T.	52	12	110	+++	+
E. Sch.	45	12	128	+++	∅
K. D.	60	11	130	+++	+
M. M.	53	12	135	+++	+
K. D.	61	11	130	+++	+

In der Rubrik Klinische Beurteilung bedeutet: + = Lupus in Rückbildung; ++ = noch geringe Restfiltrate; +++ = klinisch abgeheilt.

Um eine sichere und schnellere Ausheilung zu erreichen, sind wir in den letzten Jahren dazu übergegangen die tuberkulösen Halslymphome operativ unter Antibioticaschutz auszuräumen, wie von anderen Autoren schon vorgeschlagen worden war (NASSUPHIS, GOETERS, BRÜGGER, KAISER, JAKOB, WISSLER).

Ein ganz anderes Verhalten zeigen die *Tuberkulide* (Erythema induratum Bazin und papulonekrotische Tuberkulide).

Die Erfolgsbeurteilung ist wegen des schubweisen, spontan zur Remission neigenden Verlaufes nicht einfach. Auffallend ist die Häufigkeit von Rezidiven. Unter 65 Patienten konnten 15 Rezidive beobachtet werden.

Um die Erfolgsquote zu verbessern, gingen wir dazu über, die Isonicotinsäurehydrazidtherapie mit Prednison zu kombinieren (3×5 mg Decortin, Gesamtdosis 1500 mg und $4 \times 0{,}1$ g Isonicotinsäurehydrazid, Gesamtdosis 150 g). Wie wir aus Tierversuchen wissen, läßt sich eine Tuberkulose mit Cortison oder Prednison aktivieren. Es konnte aber auch bewiesen werden, daß dieser Effekt durch eine kombinierte Isonicotinsäurehydrazid-Cortisontherapie aufgehoben wird (MEYER-ROHN) (Tabelle 36 und 37).

Der Heilungserfolg bei den 8 Fällen von *Tbc. ulcerosa der Mundschleimhaut* bei gleichzeitiger offener Lungentuberkulose war besonders eindrucksvoll. Innerhalb von 6—8 Wochen waren die Ulcerationen abgeheilt, ohne daß die Tuberkelbakterien aus dem Sputum der offenen, kavernösen Lungentuberkulose

Tabelle 36. *Cortison bei der Meerschweinchentuberkulose.* (Nach Meyer-Rohn)
Dosierung: 2,5 mg täglich, intraperitoneal.
Therapiebeginn: unmittelbar post infect.
Therapiedauer: 60 Tage.
Infektionsdosis: 1 ml einer 10^{-10} Aufschwemmung humaner Tuberkelbakterien.

Versuchsdauer in Tagen	Makroskopischer Befund von	Cortison	Kontrollen
40	Milz	++	0
		++	0
	Lunge	0	0
		+	0
	Leber	++	0
		++	0
	Lymphknoten	+	0
		+	0
60	Milz	+++	(+)
		+++	+
	Lunge	+++	(+)
		+++	(+)
	Leber	+++	0
		+++	0
	Lymphknoten	+++	+
		+++	+
80	Milz	+++	+++
		+++	+++
	Lunge	+++	+++
		+++	+++
	Leber	+++	+++
		+++	+++
	Lymphknoten	+++	+++
		+++	+++

verschwunden waren. Röntgenologisch war noch keine Besserung der Lungentuberkulose feststellbar. Mit der schnellen Heilung der Tbc. ulcerosa war eine Besserung des Allgemeinzustandes verbunden; die Blutsenkungsgeschwindigkeit wurde niedriger, die Appetitlosigkeit verschwand und die Patienten nahmen an Gewicht zu. Ebenso wie Riehl vertreten wir die Ansicht, daß trotz der schnellen klinischen Heilung der Schleimhautulcera die Therapie über einen längeren Zeitraum fortgesetzt werden soll. Wir geben das Präparat noch mindestens 3—4 Monate nach erfolgter Abheilung.

Die Fälle von *Tbc. cutis verrucosa* sprachen gut auf Isonicotinsäurehydrazid an. In vielen Fällen genügte eine Gesamtmenge von 50—60 g bei einer Behandlungsdauer von 5—6 Monaten.

Nebenwirkungen der Isonicotinsäurehydrazid-Therapie

Die Nebenwirkungen der über viele Monate durchgeführten Isonicotinsäurehydrazid-Behandlung waren im allgemeinen leichterer Art und reversibel.

Tabelle 37. *Isonicotinsäurehydrazid + Cortison bei der Meerschweinchentuberkulose.* (Nach Meyer-Rohn)
Dosierung: Isonicotinsäurehydrazid 500 γ/20 g Maus, täglich, intraperitoneal.
Cortison 250 γ/20 g Maus subcutan.
Therapiebeginn: 8 Tage post infect.
Therapiedauer: 40 Tage.

Isonicotinsäurehydrazid		Isonicotinsäurehydrazid + Cortison		Unbehandelte Kontrolle	
Überlebenstage	Bakteriologischer Befund	Überlebenstage	Bakteriologischer Befund	Überlebenstage	Bakteriologischer Befund
30	++	29	++	10	+++
41	++	33	+	12	+++
48	++	49	+	15	++++
60	+	55	++	19	++++
72	++	58	+	21	++++
89	+	60	+	25	++++
96	++	84	++	26	++++
105	++	121	+++	27	++++
148	+++	131	+++	27	+++
172	++++	146	+++	27	++++

Zu Beginn der Behandlung traten bei einzelnen Patienten Erscheinungen von Schwindel auf, die nach Reduktion der Tagesdosis oder Unterbrechung der Therapie wieder verschwanden. Nachdem wir dazu übergegangen waren zu

Beginn der Behandlung nicht gleich die volle Dosis zu verabreichen, sondern einschleichend mit einer niedrigen Dosis beginnend und innerhalb von 10 Tagen auf die volle Tagesdosis überzugehen, wurden diese Erscheinungen nicht mehr beobachtet.

Schwerwiegend sind die Unverträglichkeitserscheinungen von seiten des Zentralnervensystems. Sie können in Form von akuten Psychosen im Sinne von Erregungszuständen mit Halluzinationen auftreten, worüber auch HEILMEYER, TUSCEK und SAUPE, HUNTER, CONRAD und SCHEIB berichtet haben. Nach DOMENJOZ besitzt Isonicotinsäurehydrazid eine erregbarkeitssteigernde und krampfauslösende Wirkung. Die gleichzeitige Applikation von Isonicotinsäurehydrazid und Pyramidon, Irgapyrin und ähnlichen Präparaten ist daher zu vermeiden.

Die Acropareasthesien, die als Vorläufer einer Polyneuritis anzusehen sind, zwingen zum Absetzen der Isonicotinsäurehydrazid-Therapie. Nach einer Pause konnte die Therapie mit einer niedrigeren Dosis fortgesetzt werden.

Bei 2 Lupuspatienten traten Exantheme in Form morbilliformer, urticarieller und skarlatiniformer Eruptionen auf. Nach Absetzen des Isonicotinsäurehydrazids verschwanden die Exantheme innerhalb 3 Tagen. Nach 5tägiger Pause konnte die Isonicotinsäurehydrazid-Behandlung ohne Störung fortgesetzt werden.

Schädigungen der Leber, Nieren oder des Blutes wurden in keinem Fall beobachtet.

Literatur

ACHARYA, B. K., J. M. ROBSON and F. M. SULLIVAN: Antituberculous activity of a phenothiazine derivative (B 663). Amer. Rev. Tuberc. **80**, 871 (1959). — AUE, H.: Beeinflussung der lokalen Tuberkulinempfindlichkeit durch Thiosemicarbazon-Behandlung. Tuberk.-Arzt **4**, 2, 2 (1952).

BARKER, S. A., E. J. BOURNE, M. STACEY and R. B. WARD: Effect of streptomycin on various enzymes responsible for synthesis and degradations of higher saccharides. Nature (Lond.) **175**, 203 (1955). — BARRY, V. C., J. G. BELTON, M. L. CONALTY, D. W. EDWARDS, J. F. O'SULLIVAN and F. WINDER: A new series of phenothiazins (Rimino-compounds) with high antituberculous activity. Nature (Lond.) **179**, 1013 (1957). — BARTMANN, K., J. VILLNOW u. L. ZANDER: Kann die experimentelle Meerschweinchentuberkulose durch eine Azorhodanid-H-Behandlung beeinflußt werden? Beitr. klin. Tuberk. **113**, 75 (1955). — BAVIN, E. M., D. J. DRAIN, M. SEILER and D. E. SEYMOUR: Some further studies on tuberculostatic compounds. J. Pharm. (Lond.) **4**, 844 (1952). — BAVIN, E. M., E. KAY, D. E. SEYMOUR and M. M. NAGLEY: A new derivative of isoniazid. Lancet **1954 II**, 337. — An isoniazid derivative. Lancet **1955 I**, 303. — BIRKOFER, L., u. A. BIRKOFER: Bakteriostatische Wirkung einiger Phenoderivate auf Mycobact. tuberculosis, typ. gallineus. Naturwissenschaften **36**, 92 (1949). — BÖNICKE, R.: Eine mikrobiologische Methode zur quantitativen Bestimmung von INH. Jahresbericht Borstel **1952/53**, S. 88. — Die Ursache des Antagonismus INH-Hämin. Naturwissenschaften **41**, 377 (1954). — Über die Bedeutung des Hämins für die Vermehrung der Tuberkelbakterien in synthetischen Nährsubstraten. Naturwissenschaften **41**, 378 (1954). — BÖNICKE, R., u. B. P. LISBOA: Über die Erbbedingtheit der intraindividuellen Konstanz der Isoniazidausscheidung beim Menschen. Naturwissenschaften **44**, 314 (1957). — BÖNICKE, R., u. W. REIF: Enzymatische Inaktivierung von INH im menschlichen und tierischen Organismus. Naunyn-Schmiedeberg's Arch. exp. Path. Pharmak. **220**, 321 (1953). — BÖNICKE, R., u. E. H. ORLOWSKI: Bestehen Beziehungen zwischen Höhe der INH-Ausscheidung und dem therapeutischen Behandlungsergebnis? Klin. Wschr. **33**, 803 (1955). — BOMMER, S.: Zur Frage der Vitamin D-Behandlung des Lupus vulgaris. Derm. Wschr. **120**, 602 (1949). — BROWNLEE, G.: Sulphetrone: Therapeutics and toxicology. Lancet **1948 II**, 131. — BROWNLEE, G., and C. R. KENNEDY: The treatment of experimental tuberculosis with sulphetron. Brit. J. Pharmacol. **3**, 29 (1948). — BRUCK, C., u. A. GLÜCK: Über die Wirkung von intravenösen Infusionen mit Aureum-Kaliumcyanatum (Merck) bei äußerer Tuberkulose und Lues. Münch. med. Wschr. **60**, 56 (1913).

CARL, E., u. M. P. MARQUARDT: Kupferkomplexbindung und tuberkulostatische Chemotherapeutica. Z. Naturforsch **4b**, 280 (1949). — COCCHI, C., and G. PASQUINUCCI: Treatment of tuberculosis menengitis. Bull. Org. mond. Santé **3**, 215 (1950). — CRON, M. J., O. B. FARDIG, D. L. JOHNSON, D. F. WHITHEAD, I. R. HOOPER and R. U. LEMINIEUX: Kanamycin. IV. The structure of kanamycin. J. Amer. chem. Soc. **80**, 4115 (1958). — CRON, M. J.,

D. L. JOHNSON, F. M. PALERMITI, Y. PERRON, H. D. TAYLOR, D. F. WHITHEAD and I. R. HOOPER: Kanamycin I. Characterization, acid hydrolysis studies. J. Amer. chem. Soc. **80**, 752 (1958). — CUCKLER, A. C., B. M. FROST, L. MCCLELLAND and M. SOLOTOROVSKY: The antimicrobial evaluation of oxamycin (D-4-amino-3-isoxazolidone), a new broad-spectrum antibiotic. Antibiot. and Chemother. **5**, 191 (1955). — CUMMINGS, M. M., R. A. PATNODE and P. C. HUDGINS: Effects of cycloserine on mycobact. tuberculosis in vitro. Antibiot. and Chemother. **5**, 198 (1955). — CYMERMAN-CRAIG, J., D. WILLIS, S. D. RUBBO and J. EDGAR: Mode of action of isonicotinic hydrazide. Nature (Lond.) **1955**, 34.

D'ARCY HART, P., and R. J. W. REES: Enhancing effect of cortisone on tuberculosis in the mouse. Lancet **1950II**, 391. — DEFRANCESCHI, A., u. V. ZAMBONI: Identification of two metabolities isoniazid (isonicotinoylglycine and 1-isonicotinoyl-2-acetylhydrazine) by paperchromatography in rat urine. Biochim. biophys. Acta **13**, 304 (1954). — DELATTRÉ, M.: Action de la pyrazinamide sur la tuberculose experimentale et clinique. Presse méd. **60**, 1007 (1952). — DENGLER, H., u. E. BECK: Zur Pharmakologie und Biochemie des 2,4-Diaminoazobenzol-monorhodanids. Arzneimittel.-Forsch. **7**, 553 (1957). — DENNIS, E. W., F. C. GABLE, D. A. BERBERIAN and E. J. FRELICH: Experimental tuberculosis of syrian hamster. Ann. N.Y. Acad. Sci. **52**, 646 (1949). — DESSAU, F. J., R. L. YEAGER, F. J. BURGER and J. H. WILLIAMS: Pyrazinamide (Aldinamide) in experimental tuberculosis of guinea pig. Amer. Rev. Tuberc. **65**, 519 (1952). — DEYCKE, G., u. H. MUCH: Bakteriolyse von Tuberkelbazillen. Münch. med. Wschr. **56**, 1185 (1909). — DOMAGK, G.: Chemotherapie der bakteriellen Infektionen. Angew. Chem. **48**, 657 (1935). — Chemotherapie der Tuberkulose mit den Thiosemicarbazonen. Stuttgart: Georg Thieme 1950. — Fortschritte der experimentellen Chemotherapie der Tuberkulose. Verh. dtsch. Ges. inn. Med. **58**, 312 (1952). — DOMAGK, G., R. BEHNISCH, F. MIETZSCH u. H. SCHMIDT: Über eine neue gegen Tuberkelbazillen in vitro wirksame Verbindungsklasse. Naturwissenschaften **33**, 315 (1946). — DOMAGK, G., L. HEILMEYER u. P. KLEE: Chemotherapie der Tuberkulose. Angew. Chem. **61**, 493 (1949). — DOMAGK, G., H. A. OFFE u. W. SIEFKEN: Ein Beitrag zur experimentellen Chemotherapie der Tuberkulose (Neoteben). Dtsch. med. Wschr. **77**, 573 (1952). — DOMENJOZ, R.: Die Wirkung des INH auf die Formalinentzündung und das Dextranödem. Schweiz. med. Wschr. **82**, 1023 (1952). — DROUHET, E., et A. KEPES: Action de la streptomycine sur la potentiel d'oxyderéduction des cultures microbiennes de staphylocoque doré. Ann. Inst. Pasteur **76**, 174 (1949). — DÜGGELI, O., u. F. TRENDELENBURG: Vergleichende Frühergebnisse der Rimifonbehandlung bei Lungentuberkulose. Schweiz. Z. Tuberk. **9**, 267 (1952).

EHRING, F. J.: Die Behandlung des Lupus vulgaris mit Paraaminosalicylsäure. Derm. Wschr. **124**, 833 (1951). — ELMENDORF, D. F., W. N. CAWTHAN, C. MUSCHENHEIM and W. MCDERMOTT: The absorption, distribution, excretion and short term toxicity of isonicotinic hydrazid in man. Amer. Rev. Tuberc. **65**, 429 (1952). — ENGEL, M., u. O. GSELL: Chemotherapie der Tuberkulose mit Rimifon (Isoniconylhydrazin). Schweiz. med. Wschr. **1952**, 825. — ESTEVES, J.: First results obtained in the treatment of cutaneous tuberculosis with isonicotinic acid hydrazid; preliminary note. J. Medico (Portugal) **19**, 1269 (1952).

FELDMAN, W. H., H. C. HINSHAW and H. E. MOSES: Effect of promin (sodium salt of p,p'-diamino-diphenyl-sulfone-N,N'-dextrose sulfonate) on experimental tuberculosis. Proc. Mayo Clin. **15**, 695 (1940). — FELDT, A.: Zur Chemotherapie der Tuberkulose mit Gold. Dtsch. med. Wschr. **1913**, 549. — FELSENFELD, O., I. F. VOLINI, J. S. ISHIHARA, M. C. BACHMAN and V. W. YOUNG: A study of the effect of neomycin and other antibiotics on bacteria, viruses and protozoen. J. Lab. clin. Med. **35**, 428 (1950). — FINLAY, A. C., G. L. HOBBY, F. A. HOCHSTEIN, T. M. LEES, T. F. LEHNERT, J. A. MEANS, S. Y. P'AN, P. P. REGNA, J. B. ROUTIEN, B. A. SOBIN, K. B. TATE and J. H. KANE: Viomycin, a new antibiotic active against mycobacteria. Amer. Rev. Tuberc. **63**, 1 (1951). — FOX, H. H.: Newer synthetic structures of interest as tuberculostatic drugs. Science **118**, 497 (1953). — Synthetische Tuberkulostatica. 12. Mitt. J. org. Chem. **23**, 468 (1958). — FREERKSEN, E.: Zum Problem der Verteilung von Streptomycin, PAS und Conteben im Organismus. Vortrag. Wiss. Tagg Dtsch. Tbk.-Ges. Kissingen. 1951. Beitr. Klin. Tuberk. **108**, 157 (1953). — FREIRE, AMERICANO S.: Activité tuberculostatique du para-aminosalicylate de phenyle sur le bacille tuberculeux in vitro et sur la tuberculose de la souris. C. R. Acad. Sci. (Paris) **231**, 728 (1950). — FRIED, R.: Chemisches und biochemisches Verhalten von Isonicotinsäurehydrazid-paraaminosalicylat. Arzneimittel-Forsch. 8, 671 (1958). — FUST, B., A. STUDER u. E. BÖHNI: Experimentelle Erfahrungen mit dem Antituberkulotikum „Rimifon“ in der Schweiz. Schweiz. Z. Tuberk. **9**, 226 (1952).

GARCIA VALDECASAS, F., J. A. SALVAY y P. PUIG MUSET: Contrebution al estudio de nuevos quimioterápicos antituberculosos; datos experimentales y clinicos sobre la hidracida del ácide cianacêtico. Med. clin. (Portugal) **19**, 275 (1952). — GAUSE, G. F.: Biologische Wirkung des Streptomycins. Uspechi sovrenennoj biologii, zit. n. d. Titel: Fortschr. d. gegenw. Biol. (Moskau) **23**, 405 (1947). — GIERHAKE, F. W.: Dauerheilung der experimentellen Meerschweinchentuberkulose durch Isonikotinsäurehydrazid. Beitr. klin. Tuberk. **113**,

415 (1955). — Beitrag zur Methodik und zum Wert der Virulenzbestimmung von Tuberkelbakterien im Tierversuch. Beitr. klin. Tuberk. **114**, 295 (1955). — GOULDING, R., M. B. KING, R. KNOX and J. H. ROBSON: Relation between in vitro and in vivo resistance to isoniconylhydrazid. Lancet **1952 II**, 69. — GOULDING, R., and J. M. ROBSON: Isoniazid in the control of experimental corneal tuberculosis. Lancet **1952 II**, 849. — GOUREVITCH, A., G. A. HUNT and J. LEIN: Antibacterial activity of kanamycin. Antibiot. and Chemother. **8**, 149 (1958). — GRÜTZ, O.: Vorläufiger Bericht über die Wirkung des Neoteben (Isonicotinsäurehydrazid) auf die Hauttuberkulose. Münch. med. Wschr. **1952**, 1297. — GRUMBACH, F.: Zum Wirkungsmechanismus von Schwermetallsalzen auf Bakterien; Cu-Salze. Schweiz. Z. Path. **12**, 97 (1949). — GRUMBACH, F., u. N. RIST: Comparaison de l'activité antituberculeuse de la neomycine, de la viomycine et de la streptomycine. Ann. Inst. Pasteur **81**, 320 (1951). — GRUNBERG, E., and W. BLENCOWE: The influence of pyridoxine on the in vivo antituberculous activity of isoniazid. Amer. Rev. Tuberc. **71**, 898 (1955). — GRUNBERG, E., B. LEIWANT, I. L. D'ASCENSIV and R. J. SCHNITZER: On the lasting protective effect of hydrazine derivatives of isonicotinic acid in the experimental tbc. infection of mice. Dis. Chest. **21**, 369 (1952). — GRUNDLAND, J.: Sur la recherche des antituberculeux de synthèse en fonction bacteriostatique des résultats de bactériostase in vitro. C. R. Acad. Sci. (Paris) **236**, 152 (1953).

HARNED, R. L., P. H. HIDY and E. KROPP LA BAW: Cycloserine. I. A preliminary report. Antibiot. and Chemother. **5**, 204 (1955). — HARRIES, D. A., M. RUGER, M. A. REAGAN, F. J. WOLF, R. L. PECK, H. WALLICK and H. B. WOODRUFF: Discovery, development and antimicrobial properties of D-4-amino-3-isoxalidon (oxamycin), a new antibiotic produced by streptomyces garyphalus n. sp. Antibiot. and Chemother. **5**, 183 (1955). — HARTL, W.: Erste Erfahrungen mit Reazid bei experimenteller Tuberkulose. Schweiz. Z. **11**, 65 (1954). — HEILMEYER, I., u. L. HEILMEYER: Über Resorption und Ausscheidung von TB I 698 (Conteben) nach peroraler Belastung. Klin. Wschr. **27**, 790 (1949). — Quantitative Bestimmung von Benzaldehydthiosemicarbazonderivaten (Tb I 698) in Serum, Exsudat und Harn bei oraler und parenteraler Belastung sowie bei therapeutischen Gaben. Naunyn-Schmiedeberg's Arch. exp. Path. Pharmak. **211**, 312 (1950). — HEILMEYER, L.: Ergebnisse der gesamten Tuberkulose-Forschung, Bd. XIII, S. 57—107. 1956. — HEIN, H.: Bakteriologische und pharmakologische Untersuchungen mit Viomycin. Arzneimittel-Forsch. **2**, 521 (1952). — HENNEBERG, G.: Antibiotische Stoffe. Zbl. Bakt., I. Abt. Orig. **155**, 76 (1950). — HINRICHS, K., H. POPPE u. H. STEYER: Untersuchung von Verteilung, Resorption und Ausscheidung von etikettiertem Conteben. Naunyn-Schmiedeberg's Arch. exp. Path. Pharmak. **218**, 193 (1953). — Verteilung, Resorption und Ausscheidung nach wiederholter oraler Gabe von Conteben. 2. Mitt. Naunyn-Schmiedeberg's Arch. exp. Path. Pharmak. **221**, 6 (1954). — HIRSCH, J.: Zur experimentellen Chemotherapie der Isonicotinsäure (INH)-resistenten Tuberkulose. Naturwissenschaften **39**, 525 (1952). — HOFSTETTER, M.: Die Behandlung der Lungentuberkulose mit Hydrazid der Cyanessigsäure (CEH) (Reazide). Schweiz. Z. Tbk. **13**, 430 (1956). — HUGHES, H. B.: On the metabolic fate of isoniazid. J. Pharmacol. exp. Ther. **109**, 444 (1953).

IWAINSKY, H.: Zum Stoffwechsel des INH und seiner Derivate im Makroorganismus. Arzneimittel-Forsch. **7**, 745 (1957).

JANSEN, H.: Kurzer Beitrag zur Frage der Bakteriostase-Bactericidie des Isonikotinsäurehydrazids. Klin. Wschr. **1952**, 829.

KARLSON, A. G., and J. H. GAINER: The effect of viomycin in tuberculosis of guinea pigs including in vitro effects against tubercle bacilli resistant to certain drugs. Amer. Rev. Tuberc. **63**, 36 (1951). — KARLSON, A. G., J. H. GAINER and W. H. FELDMAN: The effect of neomycin on tuberculosis in guinea pigs infected with streptomycin-resistant tubercle bacilli. Amer. Rev. Tuberc. **62**, 345 (1950). — KATZ, L.: Antituberculous compounds. II. 2-Benzalhydrazinobenzothiazoles. J. Amer. chem. Soc. **73**, 4007 (1951). — III. Benzothiazole and benzoxazole derivatives. J. Amer. chem. Soc. **75**, 712 (1952). — KATZ, S., G. F. MCCORMICK, P. B. STOREY, A. LEON, M. J. ROMANSKY and E. E. MARSHALL: A pilot study of salizid (1595), an analogue of isonicotinic acid hydrazide. Trans. of the 13th Conf. on the Chemotherapy of Tuberculosis, Washington, 1954, p. 374. — KELLER, H., W. KRUSPE, H. SOUS u. H. MÜCKTER: Versuche zur Toxicitätsminderung basischer Streptomyces-Antibiotica. 1. Mitt. Streptomycin und Dihydrostreptomycin. Arzneimittel-Forsch. **5**, 170 (1955). — 3. Mitt. Zum Wirkungsmechanismus der Streptomycinvergiftung und ihre Beeinflußbarkeit durch Pantothensäure. Arzneimittel-Forsch. **6**, 585 (1956). — KELLER, R.: Der Einfluß von Iproniazid auf den Histamin-Stoffwechsel der Albino-Ratte in vivo. Arzneimittel-Forsch. **9**, 346 (1959). — KELLY, J. M., and R. B. POET: The estimation of isonicotinic acid hydrazide in biological fluids. Amer. Rev. Tuberc. **65**, 484 (1952). — KIMMERLE, G., u. R. GÖSSWALD: Versuche zur Entgiftung von Streptomycin und Dihydrostreptomycin. Arzneimittel-Forsch. **8**, 99 (1958). — KIMMIG, J.: Hauterscheinungen bei INH-Behandlungen. Dtsch. med. Wschr. **78**, 614 (1953). — Symptomatologie und Therapie der Hauttuberkulose.

Regensburg. Jb. ärztl. Fortbild. **4**, 358 (1958). — Kimmig, J., F. Krüger u. J. Meyer-Rohn: Tuberkulostatische Wirkung und Verträglichkeit des N-Acetyl-D-glucosaminyl-isonicotinsäurehydrazids. Arzneimittel-Forsch. **7**, 157 (1957). — Kimmig, J., u. J. Meyer-Rohn: Experimentelle und klinische Untersuchungen zur Chemotherapie der Hauttuberkulose. Hautarzt **4**, 24 (1953). — Kimmig, J., u. K. H. Schulz: Zur Chemotherapie der Hauttuberkulose. Münch. med. Wschr. **97**, 1557 (1955). — Klee, P.: Die Behandlung der Tuberkulose mit Neoteben (INH). Dtsch. med. Wschr. **77**, 578 (1952). — Klingmüller, G.: Über alkalische Phosphomonoesterase bei der Hauttuberkulose, ihren Einfluß auf Tuberkelbacillen und ihre Aktivierung durch Vitamin D_2. Hautarzt **4**, 357 (1953). — Knox, R., M. B. King and R. C. Woodroffe: In vitro action of isoniazid on mycobacterium tuberculosis. Lancet **1952 II**, 854. — Knüchel, F., u. F. Kienle: Klinische, blutchemische und morphologische Veränderungen nach TB I-Therapie der Lungentuberkulose. Ärztl. Forsch. **4** (I), 81 (1950). — König, H. B.: Zur Chemie des Streptomycins. Angew. Chem. **61**, 6 (1949). — Krüger-Thiemer, E.: Chemismus der Isoniazidspaltung durch Hämin. Naturwissenschaften **42**, 47 (1955). — Biochemie des Isoniazids. Jahresbericht Borstel 1956/57. — Kuhlmann, F., u. R. Knorr: Über klinische Erfahrungen bei der Behandlung der Tuberkulose mit Tb I, 698.

Lauener, H., and G. Favez: The inhibition of INH inactivation by means of PAS and Benzoyl-PAS in man. Amer. Rev. Tuberc. **80**, 26 (1959). — Lembke, A., E. Krüger-Thiemer, R. B. Kuhn u. W. Uecker: Untersuchungen über die Isoniazidwirkungen auf Mikroorganismen. Schweiz. Z. Path. **2**, 222 (1953). — Levaditi, C., A. Vaisman et H. Chaigneau-Ehrhardt: Activité antituberculeux de l'isonicotinhydrazone de l'aldehyde de p-phénoxy-acétique. Presse méd. **61**, 299 (1953). — Libermann, D., N. Rist, F. Grumbach and S. Cals: Sur les reactions entre la constitution chimique et le pouvoir tuberculostatique des thioamides, isonicotiniques substitués. Bull. Soc. Chim. biol. **39**, 1195 (1957). — Liebermeister, K.: Zum Wirkungsprinzip schwefelhaltiger tuberkulostatischer Chemotherapeutica. Z. Naturforsch. **5b**, 254 (1950). — Linden, Gräfin v.: Beiträge zur Chemotherapie der Tuberkulose. Beitr. Klin.-Tuberk. **23**, 201 (1812). — Lipp, M., u. F. Dallacker: Tuberculostatische Aktivität des INH und einiger seiner Derivate. Arzneimittel-Forsch. **8**, 165 (1958). — Lockemann, G., u. W. Ulrich: Die Bedeutung von Azoverbindungen für Desinfektion und Chemotherapie. Arzneimittel-Forsch. **5**, 522 (1955). — Lucius, K.: Behandlung der Hauttuberkulose mit Isonikotinsäurehydrazid. Z. Haut- u. Geschl.-Kr. **13**, 367 (1952).

Mackaness, G. B., and N. Smith: The action of isoniazid on intracellular tubercle bacilli. Amer. Rev. Tuberc. **66**, 125 (1952). — Madigan, D. G., P. N. Swift and G. Brownlee: Treatment of tuberculosis with streptomycin and sulphetrone. Lancet **1947 II**, 897. — Malone, L., A. Schurr, H. Lindh, D. McKenzie, J. S. Kiser and J. H. Williams: The effect of pyrazinamide (aldinamide) on experimental tuberculosis in mice. Amer. Rev. Tuberc. **65**, 511 (1952). — McDermott, W., L. Ormond, C. Muschenheim, K. Deutschle, R. McCune jr. and R. Tommsett: Pyrazinamide-isoniazid in tuberculosis (of man). Amer. Rev. Tuberc. **69**, 319 (1954). — McDermott, W., and R. Tompsett: Activation of pyrazinamide and nicotinamide in acid environments in vitro. Amer. Rev. Tuberc. **70**, 748 (1954). — Mehler, H., u. L. Ascher: Beitrag zur Chemotherapie der Tuberkulose. Versuche mit Borcholin (Enzytol). Münch. med. Wschr. **1913**, 1041. — Mentberger, V.: Beitrag zur Gold- und Kupferbehandlung des Lupus vulgaris. Derm. Wschr. **58**, 169 (1914). — Metz, E.: Intravitale Anreicherung des Sputums mit Tuberkelbazillen durch Sulfonamidgaben. Med. Klin. **44**, 581 (1949). — Meyer, H., H. Lauener u. E. Dettweiler: Blutspiegel- und Ausscheidungsverhältnisse bei der Benacyltherapie mit Berücksichtigung der Kumulationsfrage. Schweiz. Z. Tuberk. **13**, 420 (1956). — Meyer-Rohn, J.: Über den Synergismus von INH und Lactoflavin. Tuberk.-Arzt **7**, 300 (1953). — Aktivierung der experimentellen Mäuse- und Meerschweinchentuberkulose durch Hyaluronidase. Arzneimittel-Forsch. **6**, 275 (1956). — Untersuchungen zur Chemotherapie der Hauttuberkulose. Stuttgart: Georg Thieme 1956. — Meyer-Rohn, J., u. K. H. Schulz: Experimentelle und klinische Erfahrungen bei der Isonicotinsäurehydrazid-Therapie der Hauttuberkulose. Arch. Derm. **197**, 160 (1954). — Mitchell, R. S., and J. C. Bell: Clinical implications of INH-bloodlevels in pulmonary tuberculosis. J. Med. New Engl., **257**, 1066 (1957). — Moeschlin, S., u. W. Schreiner: Vergleich der Kombinationstherapie von Streptomycin mit Sulfon oder p-Aminosalicylsäure (PAS) bei der experimentellen Tuberkulose. Schweiz. med. Wschr. **79**, 117 (1949). — Mollgard, H.: Über den fraglichen Entwicklungscyclus des Tuberkelbacillus. Beitr. Klin. Tuberk. **77**, 83 (1931). — Mulé, F.: Sul meccanismo di azione della streptomicinea. Experientia (Basel) **4**, 115 (1948).

Nasu, Y.: Studies on the metabolic fate of INH by means of azotometry. Kekkaku (Tokyo) **33**, 373 (1958). — Nick, J.: Weitere Beobachtungen mit Pyrazinamid. Schweiz. Z. Tuberk. **13**, 490 (1956). — Nielsch, W., u. L. Giefer: Photometrische Bestimmung von INH-Derivaten und ihren Metaboliten in biologischen Proben. 1. Mitt. Arzneimittel-Forsch. **9**, 636 (1959). — 2. Mitt. Arzneimittel-Forsch. **9**, 700 (1959).

OBERMAYER, M. E., J. W. WILSON and P. N. SMITH: Isonicotinylhydrazine (Rimifon) in the treatment of lupus vulgaris. Report of a case. J. invest. Derm. **19**, 311 (1952). — OFFE, H. A., W. SIEFKEN u. G. DOMAGK: Hydrazinderivate und ihre Wirksamkeit gegenüber Myc. tuberculosis. Z. Naturforsch. **7**b, 446 (1952). — Hydrazinderivate aus Pyridincarbonsäuren und Carbonylverbindungen und ihre Wirksamkeit gegenüber Myc. tuberculosis. Z. f. Naturforsch. **7**b, 462 (1952). — OSTERBERG, A. C., J. J. OLESON, N. N. YUDA, C. E. RAUH, H. G. PARR and L. W. WILL: Cochlear, vistubular and acute toxicity studies of streptomycin and dihydrostreptomycin pantothenate salts. Antibiotics Ann. **1956/57**.

PANSY, F., H. STANDER and R. DONOVICK: In vitro studies on isonicotinic acid hydrazide. Amer. Rev. Tuberc. **65**, 761 (1952). — PATNODE, R. A., P. C. HUDGINS and M. M. CUMMINGS: Effect of cycloserine on experimental tuberculosis in guinea pigs. Amer. Rev. Tuberc. **72**, 117 (1955). — PERETZ, S., and W. J. POLGLASE: The action of streptomycin. Antibiot. Ann. **1956/57**, 533. — PERRY, C. R., and W. C. MORSE: The pyrazinamide susceptibility of INH-resistant mutants of tubercle bacilli. Amer. Rev. Tuberc. **72**, 840 (1955). — PEUKERT, D.: Der Stoffwechsel des INH und seiner Derivate im Makroorganismus. 2. Mitt. Arzneimittel-Forsch. **7**, 304 (1957). — PEUKERT, D., H. IWAINSKY u. H. SIEBERT: Der Stoffwechsel des INH und seiner Derivate im Makroorganismus. 1. Mitt. Arzneimittel-Forsch. **7**, 159 (1957). — POPE, H.: The neutralization of isoniazid activity in mycobacterium tuberculosis by certain metabolites. Amer. Rev. Tuberc. **73**, 735 (1956). — POPE-WILLETT, H.: The effect of isoniazid on the synthesis of certain aminoacids and vitamins by mycobacterium tuberculosis. Amer. Rev. Tuberc. **80**, 404 (1959). — PORCELLATI, G., e P. PREZIOSI: Accorgimento di ternica per lo studio ed il dosagio dell' Inh e dei susi prodotti di scissione nei liquidi biologici. Boll. Soc. ital. Biol. sper. **29**, 269 (1953). — PRAUSMÜLLER, K. H., W. ZISCHKA u. G. WIEDMANN: Zur tuberkulostatischen Wirkung des Cyanessigsäurehydrazids. Wien. med. Wschr. **105**, 857 (1955).

RAKE, G.: Streptomycin and neomycin in murine tuberculosis. Ann. N.Y. Acad. Sci. **52**, 765 (1949). — RENOVANZ, H. D.: Tierexperimentelle Untersuchungen über die Wirkung des 2,4-Diaminoazobenzolrhodanids gegen Lymphknoten-Tuberkulose. Arzneimittel-Forsch. **7**, 504 (1957). — RHULAND, L. E., K. F. STERN and H. R. REAMES: Streptovaricin, III. In vivo studies in the tuberculous mouse. Amer. Rev. Tuberc. **75**, 588 (1957). — RIST, N.: La résistance du bacille tuberculeux à l'hydrazide iso-nicotinique. Presse méd. **60**, 806 (1952). — RIST, N., F. BLOCH u. V. HAMON: Action inhibitrice du p-Aminophenylsulfonamide et de la p-Diaminodiphenylsulfone sur la multiplication in vivo d'un bacille tuberculeux aviaire. C.R. Soc. Biol. (Paris) **130**, 976 (1939). — RIST, N., F. GRUMBACH and D. LIBERMANN: Experiments on the antituberculous activity of alpha-äthyläthioisonicotinamide. Amer. Rev. Tuberc. **79**, 1 (1959). — ROBINSON, H. J., H. SIEGEL and J. PIETROWSKI: Toxicity of pyrazinamid. Amer. Rev. Tuberc. **70**, 423 (1954). — ROTH, L. J., and R. W. MANTHEL: The distribution of C^{14} labeled INH in normal mice. Proc. Soc. exp. Biol. (N.Y.) **81**, 566 (1952). — RUBBO, S. D., J. ADGAR and G. VAUGHAM: Antituberculous activity of verazide and related hydrazones. Amer. Rev. Tuberc. **76**, 331 (1957). — RUBBO, S. D., and J. CYMERMAN-CRAIG: Antituberculous activity of verazide. Nature (Lond.) **176**, 887 (1955). — RUBBO, S. D., L. C. ROUCH, J. B. EGAN, A. L. WADDINGTON and W. G. TELLESSON: Chemotherapy of tuberculosis III. Verazide in the treatment of pulmonary tuberculosis. Amer. Rev. Tuberc. **78**, 251 (1958). — RUBIN, B., G. L. HASSERT jr., B. G. H. THOMAS and J. C. BURKE: Pharmacology of isonicotinic acid hydrazide. Amer. Rev. Tuberc. **65**, 392 (1952). — RUBIN, S., H. L. DREKTER, J. SCHEINER and E. RITTER: Determination of blood plasma levels of hydrazine derivatives of isonicotinic acid. Dis. Chest. **21**, 439 (1952). — RUETE, A.: Über den Wert des Aurum-Kalium-Cyanatums bei der Behandlung des Lupus vulgaris und erythematodes. Dtsch. med. Wschr. **1913**, 1727. — RUSSE, H. P., and W. R. BARCLAY: The effect of isoniazid on lipids of the tubercle bacillus. Amer. Rev. Tuberc. **72**, 713 (1955).

SAH, P. P. T., and S. A. PEOPLES: Isonicotinyl hydrazones as antitubercular agents and derivatives for identification of aldehyds and ketones. J. Amer. Pharm. Ass. sci. Ed. **43**, 513 (1954). — SAH, P. P. T., and H. SAH: Anti-tuberculosis agents derived from 3-ethoxy-4-hydroxy-benzaldehyde. Arzneimittel-Forsch. **8**, 172 (1958). — SCHAEFER, W. B.: The effect of isoniazid on growing and resting tubercle bacilli. Amer. Rev. Tuberc. **69**, 125 (1954). — SCHATZ, A., E. BUGIE and S. A. WAKSMAN: Streptomycin, a substance exhibiting antibiotic activity against grampositiv and gramnegativ bacteria. Proc. Soc. exp. Biol. (N.Y.) **55**, 66 (1944). — SCHNIEWIND, H., u. K. SOEHRING: Chemotherapie der Tuberkulose. Arzneimittel-Forsch. **8**, 679 (1958). — SCHOCH, A.: Vorläufige Erfahrungen mit Rimifon bei Haut- und Genitaltuberkulose. Schweiz. Z. Tuberk. **9**, 281 (1952). — SCHOOG, M.: Studien zur Wirkung von D-Cycloserin. Arzneimittel-Forsch. **8**, 119 (1958). — Experimentell-chemotherapeutische Grundlagen der Wirkung des Kanamycins. Arzneimittel-Forsch. **9**, 393 (1959). — SIDI, E., M. HINCKY and R. LONGUEVILLE: Cross-sensitization between neomycin and streptomycin. J. invest. Derm. **30**, 225 (1958). — SIMANÉ, Z.: Zur Wirkung der Glutaminsäure auf den Stoffwechsel des Isonicotinsäurehydrazids. Arzneimittel-Forsch. **9**, 441 (1959). —

Siminoff, P., R. M. Smith, W. T. Sokolski and G. M. Savage: Streptovaricin, I. Discovery and biologi activity. Amer. Rev. Tuberc. **75**, 576 (1957). — Simon, K.: Experimentelle Untersuchungen zur toxischen und bakteriostatischen Wirkung von tuberkulostatischen Mischpräparaten. Beitr. Klin. Tuberk. **114**, 547 (1955). — Smith, M. I., E. L. Jackson and H. Bommer: Evaluation of sulfones and streptomycin in experimental tuberculosis. Ann. N.Y. Acad. Sci. **52**, 704 (1949). — Steenken jr., W., G. M. Meade, E. Wolinsky and E. O. Coates jr.: Demonstration of increased drug resistance of tubercle bacilli from patients treated with hydrazines of isonicotinic acid. Amer. Rev. Tuberc. **65**, 754 (1952). — Steenken jr., W., V. Montalbine and J. R. Thurston: The antituberculous activity of kanamycin in vitro and in experimental animal. Ann. N.Y. Acad. Sci. **76**, 103 (1958). — The antituberculous activity of kanamycin in vitro and in the experimental animal. Amer. Rev. Tuberc. **79**, 66 (1959). — Steenken jr., W., and E. Wolinsky: Viomycin in experimental tuberculosis. Amer. Rev. Tuberc. **63**, 30 (1951). — Antituberculous properties of hydrazines of isonicotinic acid. Amer. Rev. Tuberc. **65**, 365 (1952). — The antituberculous activity of pyrazinamide in vitro and in the guinea pigs. Amer. Rev. Tuberc. **70**, 367 (1954). — Steenken jr., W., E. Wolinsky and B. J. Bolinger: Effect of neomycin on the tubercle bacillus and in experimental tuberculosis of guinea pigs. Amer. Rev. Tuberc. **62**, 300 (1950). — Steenken jr., W., E. Wolinsky and V. Montalbine: Effect of two isoniacid derivatives and PAS-hydrazide an isoniazid susceptible and resistant tubercle bacilli. Proc. Soc. exp. Biol. (N.Y.) **87**, 245 (1954). — Steenken jr., W., E. Wolinsky, M. M. Smith and V. Montalbine: Firther observations on pyrazinamide alone and in combination with other drugs in experimental tuberculosis. Amer. Rev. Tuberc. **76**, 643 (1957). — Stewart, G. T.: The pathogenesis of tuberculosis in mice infected intravenously with human tubercle bacilli; the use of mice in chemotherapeutic tests. Brit. J. exp. Path. **31**, 5 (1950). — Stüttgen, G.: Zur Einwirkung des INH auf den Histaminstoffwechsel. Klin. Wschr. **30**, 904 (1952). — Suter, E.: The multiplication of tubercle bacilli within normal phagocytes in tissue culture. J. exp. Med. **96**, 137 (1952). — Multiplication tubercle bacilli within phagocytes in vitro and effect of streptomycin and INH. Amer. Rev. Tuberc. **65**, 775 (1952). — Swart, E. A., H. A. Lechevalier and S. A. Waksman: The identity of the neomycin complex as measured by counter current distribution and microbiological analysis. J. Amer. chem. Soc. **73**, 3253 (1951).

Uehlinger, E., R. Siebenmann u. H. Frei: Erste Erfahrungen mit Rimifon bei experimenteller Meerschweinchentuberkulose. Schweiz. med. Wschr. **82**, 335 (1952). — Umbreit, W. W.: A site of action of streptomycin. J. biol. Chem. **177**, 703 (1949). — Umezawa, H., M. Ueda, K. Maeda, K. Yagashita, S. Kondo, Y. Okami, R. Utahara, Y. Osato, K. Nitta and T. Takeuchi: Production and isolation of a new antibiotic, kanamycin. J. Antibiot. Ser. A **10**, 181 (1957). — Unverricht, W., K. Schattmann u. W. Biedermann: Untersuchungen über die Wirkung von INH als Tuberkulostaticum. Ärztl. Wschr. **9**, 175 (1954). — Unverricht, W., u. K. Schattmann: Über das Tuberkulostaticum Isonicotinsäurehydrazid. Ärztl. Wschr. **8**, 1065 (1953).

Vivien, J. N., R. Thibier, J. Grosset and A. Lepeuple: Résults précoces de l'isoniazodothérapie en fonction du taux d'isoniazide actif dans le serum. Rev. tuberc. (Paris) **22**, 208 (1958).

Wagner-Jauregg, Th.: Experimentelle Chemotherapie der Lepra und Tuberkulose. In Naturforschung und Medizin in Deutschland 1939—1945. Bd. 43: Chemotherapie. — Walter, X.: Über intravenöse Infusionen von Aurum-Kalium-cyanatum bei Hauttuberkulose. Arch. Derm. Syph. (Berl.) **117**, 385 (1913). — Weitzel, G., u. E. Schrauffstätter: Biochemie verzweigter Carbonsäuren II. Hoppe Seylers Z. physiol. Chem. **285**, 172 (1950). — Welch, H., W. W. Wright, H. I. Weinstein and A. W. Staffa: In vitro and pharmacological studies with kanamycin. Ann. N.Y. Acad. Sci. **76**, 66 (1958). — Wenzel, M.: Acetyl-INH-Hydrolyse durch Serum. Naturwissenschaften **42**, 370 (1955). — Zur Frage der Isonikotinursäurebildung nach Gaben von INH. Arzneimittel-Forsch. **6**, 58 (1956). — Einige Beiträge zur Frage des INH-Stoffwechsels. Z. ges. inn. Med. **11**, 935 (1956). — Kupplung von INH mit Aminosäuren. Naturwissenschaften **42**, 424 (1955). — Kupplung von INH mit Glykokoll und Glutaminsäure. Arzneimittel-Forsch. **7**, 662 (1957). — Werner, C. A., C. Adams and R. Du Bois: Absorption and excretion of viomycin in humans. Proc. Soc. exp. Biol. (N.Y.) **76**, 292 (1951). — Wernitz, W., u. H. Quecke: Quantitative Contebenstudien. Z. klin. Med. **149**, 94 (1952). — Wilde, W.: Neuartige Rhodanverbindung zur Tuberkulosebehandlung. Med. Klin. **99**, 445 (1954). — Die Verschiedenheit der Ergebnisse bakteriologischer Untersuchungen im Tierexperiment und im in vivo-Test. Arzneimittel-Forsch. **5**, 232 (1955). — Klinische und experimentelle Probleme der Anwendung tuberculocider Chemotherapeutica. Beitr. Klin. Tbk. **116**, 42 (1956).

Yanagisawa, K., K. Kanai, N. Sato, T. Hashimoto and H. Takahashi: Effects of kanamycin in experimental tuberculosis of guinea pigs. Ann. N.Y. Acad. Sci. **76**, 88 (1958). — Yeager, R. L., W. G. C. Munroe and F. I. Dessau: Pyrazinamide (aldinamide) in the treatment of pulmonary tuberculosis. Amer. Rev. Tuberc. **65**, 523 (1952). — YOUMANS, G. P.: Use of mouse for testing of chemotherapeutic agents against mycobacterium tuberculosis. Ann. N.Y. Acad. Sci. **52**, 662 (1949). — YOUMANS, G. P., G. W. RALEIGH and A. S. YOUMANS: The tuberculostatic action of para-aminosalicylic acid. J. Bact. **54**, 409 (1947). — YOUMANS, G. P., and A. S. YOUMANS: The effect of viomycin in vitro and in vivo on mycobacterium tuberculosis. Amer. Rev. Tuberc. **63**, 25 (1951).

ZELLER, E. A., J. BARSKY, J. R. FOUTS, W. F. KIRSCHHEIMER and L. S. VAN ORDEN: Influence of isonicotinic acid hydrazide (INH) and 1-isonicotinyl-2-isopropyl hydrazide (IIH) on bacterial and mammalian enzymes. Experientia (Basel) 8, 349 (1952). — ZELLER, F.: Zur Behandlung der Hauttuberkulose mit Paraaminosalicylsäure. Z. Haut- u. Geschl.-Kr. **13**, 207 (1952).